NOUVELLES TABLES

DONNANT AVEC CINQ DÉCIMALES

LES LOGARITHMES

VULGAIRES ET NATURELS DES NOMBRES

DE 1 A 10800

ET DES FONCTIONS CIRCULAIRES ET HYPERBOLIQUES POUR TOUS LES DEGRÉS DU QUART DE CERCLE DE MINUTE EN MINUTE;

PAR LE MAJOR VLADIMIR VASSAL,

EX-INGÉNIEUR.

PARIS,

GAUTHIER-VILLARS, IMPRIMEUR-LIBRAIRE

DU BUREAU DES LONGITUDES, DE L'ÉCOLE POLYTECHNIQUE,

SUCCESSEUR DE MALLET-BACHELIER,

Quai des Augustins, 55.

1872

NOUVELLES TABLES

DONNANT AVEC CINQ DÉCIMALES

LES LOGARITHMES

VULGAIRES ET NATURELS DES NOMBRES

DE 1 A 10800

ET DES FONCTIONS CIRCULAIRES ET HYPERBOLIQUES POUR TOUS LES DEGRÉS DU QUART DE CERCLE DE MINUTE EN MINUTE;

PAR LE MAJOR VLADIMIR VASSAL,

EX-INGÉNIEUR.

PARIS,

GAUTHIER-VILLARS, IMPRIMEUR-LIBRAIRE

DU BUREAU DES LONGITUDES, DE L'ÉCOLE POLYTECHNIQUE,

SUCCESSEUR DE MALLET-BACHELIER,

Quai des Augustins, 55.

1872

A MON PÈRE.

SOUVENIR D'AFFECTION ET DE RECONNAISSANCE.

PRÉFACE.

Dans les Tables logarithmiques publiées en France jusqu'à ce jour :

1° On ne distingue pas les cas où la dernière décimale conservée d'un nombre a été forcée en vertu de la règle connue des cas où cette décimale n'a subi aucune altération; il s'ensuit que le calculateur ne peut jamais savoir si le nombre qu'il emploie est en erreur par excès ou par défaut, bien que cette erreur puisse s'élever parfois à près d'une demi-unité du dernier chiffre conservé;

2° On n'accorde aux logarithmes naturels qu'une place fort secondaire, malgré l'importance de ces logarithmes dans les hautes Mathématiques et leur application aux Sciences naturelles;

3° On n'a absolument rien fait pour faciliter et répandre l'usage des fonctions hyperboliques, fonctions pourtant si remarquables tant par leur analogie avec les fonctions circulaires que par les simplifications qu'elles apportent souvent dans les formules des calculs transcendants.

L'objet essentiel de mon Livre est de combler les lacunes que je viens d'indiquer (la dernière avait été déjà signalée par le professeur Gudermann dans ses travaux sur les fonctions exponentielles et elliptiques), et, par conséquent, de servir en quelque sorte de complément aux recueils de Tables habituelles.

Je me suis borné à cinq décimales, ce nombre étant très-suffisant dans la plupart des cas de la pratique.

Comme il existe déjà d'excellentes instructions sur l'usage des logarithmes en général, je n'ai admis dans l'Introduction à mes Tables que les explications strictement exigées par les additions qui les distinguent des Tables habituelles, ayant préféré y joindre un recueil assez étendu de formules se rapportant, en grande partie, au sujet même du Livre.

Quant à ce qui concerne le degré de correction de mon travail, je dirai que les nombres, calculés par moi-même, l'ont été à plusieurs reprises, avec huit ou dix décimales pour n'en conserver que cinq ; et que le reste a été soigneusement collationné avec les Tables de MM. Callet, Hoüel, Véga-Hülse, Dahse et Schrön.

Enfin, si l'on me reprochait d'avoir supprimé les parties proportionnelles, je me permettrai d'observer : 1° que ces parties n'auraient pas été d'un bien grand secours pour les Méthodes II et III d'interpolation indiquées aux §§ 18 et 19 de l'Introduction ; 2° que, quand les différences tabulaires sont considérables, il faut souvent aller chercher les parties proportionnelles soit à d'autres pages que celles où se trouvent les nombres donnés, soit même recourir à des Tables particulières (*voir* Callet et Schrön), ce qui certes ne peut conduire à une bien grande économie de temps. Du reste, la meilleure preuve du peu d'usage qu'on fait dans la pratique des parties proportionnelles se tire des observations suivantes de M. Saigey, dans sa Préface aux *Tables de Callet*, tirage de 1864 (page *c*) : « J'ai dû refaire toutes les parties proportionnelles, négligemment calculées par Callet ; » et (page *g*) : « mais en faisant ces » changements, au nombre de plus de 300, le correcteur, demeuré inconnu, avait » négligé les différences, dont 600 environ étaient à modifier : ce que nous avons fait » en les revoyant toutes. »

En terminant ici une Préface, déjà trop longue peut-être, il ne me reste qu'à souhaiter l'accueil bienveillant du public français pour un livre inspiré par la lecture des ouvrages de géomètres allemands, parmi lesquels je me contenterai de citer Gudermann.

15 avril 1867.

V. VASSAL.

INTRODUCTION.

CHAPITRE PREMIER.

NOTATIONS ET DÉFINITIONS.

§ 1.

i...... racine carrée positive de -1.

(1) $i.i = (-i)(-i) = i^2 = -1$; (2) $i(-i) = (-i)i = -i^2 = 1$;

(3) $i = -\frac{1}{i}$; (4) $-i = \frac{1}{i}$;

(5) $1 + i^2 = 0$; (6) $1 - i^2 = (1+i)(1-i) = 2$;

(7) $\frac{1+i}{\sqrt{2}} = \frac{\sqrt{2}}{1-i}$; (8) $i = \frac{1+i}{1-i} = \frac{(1+i)^2}{2} = \frac{2}{(1-i)^2}$;

(9) $-i = \frac{1-i}{1+i} = \frac{(1-i)^2}{2} = \frac{2}{(1+i)^2}$.

§ 2.

e.......... base des logarithmes naturels (hyperboliques ou népériens);

10........ base des logarithmes vulgaires (ou de Brigg);

loh x...... logarithme naturel du nombre réel positif x;

Lov x...... logarithme vulgaire du nombre réel positif x;

$\mathrm{M} = \mathbf{Lov}\, e$.. module des logarithmes vulgaires par rapport aux logarithmes naturels;

$\frac{1}{\mathrm{M}} = \mathbf{loh}\, 10$. module des logarithmes naturels par rapport aux logarithmes vulgaires;

(1) $x = (10)^{\mathrm{Lov}\, x} = (10)^{\mathrm{M}\, \mathrm{loh}\, x}$; (2) $x = e^{\mathrm{loh}\, x} = e^{\frac{1}{\mathrm{M}} \mathrm{Lov}\, x}$;

(3) $\mathbf{Lov}\, e . \mathbf{loh}\, 10 = 1$; (4) $\mathbf{loh}\, i = \mathbf{loh}\left(\frac{1+i}{1-i}\right) = 2\,\mathbf{loh}(1+i) - \mathbf{loh}\, 2$;

(5) $\mathbf{loh}(-i) = \mathbf{loh}\left(\frac{1-i}{1+i}\right) = 2\,\mathbf{loh}(1-i) - \mathbf{loh}\, 2$; (6) $\mathbf{loh}(-x) = \mathbf{loh}(-1) + \mathbf{loh}\, x$;

(7) $\mathbf{loh}(ix) = \mathbf{loh}\, i + \mathbf{loh}\, x$; (8) $\mathbf{loh}(-ix) = \mathbf{loh}(-i) + \mathbf{loh}\, x$.

§ 3.

Sih$x$..........	sinus hyperbolique de x,	$\sin x$.........	sinus circulaire de x;
Cosh$x$........	cosinus hyperbolique de x,	$\cos x$........	cosinus circulaire de x;
Tah$x = \dfrac{\mathbf{Sih}x}{\mathbf{Cosh}x}\cdot$	tangente hyperbolique de x,	$\mathrm{tang}x = \dfrac{\sin x}{\cos x}\cdot$	tangente circulaire de x;
Coth$x = \dfrac{\mathbf{Cosh}x}{\mathbf{Sih}x}\cdot$	cotangente hyperbolique de x,	$\cot x = \dfrac{\cos x}{\sin x}\cdot\cdot$	cotangente circulaire de x;
Séh$x = \dfrac{1}{\mathbf{Cosh}x}\cdot\cdot$	sécante hyperbolique de x,	$\mathrm{séc}x = \dfrac{1}{\cos x}\cdot\cdot$	sécante circulaire de x;
Coséh$x = \dfrac{1}{\mathbf{Sih}x}\cdot$	cosécante hyperbolique de x,	$\mathrm{coséc}x = \dfrac{1}{\sin x}\cdot$	cosécante circulaire de x.

§ 4.

e^x..... exponentielle réelle, ou nombre dont le logarithme naturel $= x$, nombre réel;

e^{ix}..... exponentielle imaginaire ou nombre dont le logarithme naturel $= ix$, nombre imaginaire.

(1) $e^x = \mathbf{Cosh}x + \mathbf{Sih}x,$ (2) $e^{ix} = \cos x + i.\sin x;$

(3) $e^{-x} = \mathbf{Cosh}x - \mathbf{Sih}x,$ (4) $e^{-ix} = \cos x - i.\sin x;$

(5) $e^{2x} = \dfrac{\mathbf{Cosh}x + \mathbf{Sih}x}{\mathbf{Cosh}x - \mathbf{Sih}x} = \dfrac{1 + \mathbf{Tah}x}{1 - \mathbf{Tah}x},$ (6) $e^{2ix} = \dfrac{\cos x + i.\sin x}{\cos x - i.\sin x} = \dfrac{1 + i.\mathrm{tang}x}{1 - i.\mathrm{tang}x};$

(7) $\mathbf{Cosh}x = \dfrac{e^x + e^{-x}}{2} = \dfrac{e^{2x} + 1}{2e^x},$ (8) $\cos x = \dfrac{e^{ix} + e^{-ix}}{2} = \dfrac{e^{2ix} + 1}{2e^{ix}},$

(9) $\mathbf{Sih}x = \dfrac{e^x - e^{-x}}{2} = \dfrac{e^{2x} - 1}{2e^x},$ (10) $\sin x = \dfrac{e^{ix} - e^{-ix}}{2i} = \dfrac{e^{2ix} - 1}{2i.e^{ix}};$

(11) $\mathbf{Tah}x = \dfrac{e^{2x} - 1}{e^{2x} + 1},$ (12) $\mathrm{tang}x = \dfrac{1}{i}\cdot\dfrac{e^{2ix} - 1}{e^{2ix} + 1}.$

§ 5.

Désignons par :

Hyp(x) l'une quelconque des fonctions hyperboliques (§§ 3 et 4),
circ (x) l'une quelconque des fonctions circulaires (§§ 3 et 4);

et posons

(1) $\mathbf{Hyp}(x) = u,$ (2) $\mathrm{circ}(x) = v;$

x est alors ce qu'on appelle l'*argument hyperbolique* de u et l'*argument circulaire* de v, relations qu'on est convenu d'indiquer ainsi :

(3) $x = \mathbf{Arh}(\mathbf{Hyp} = u),$ (4) $x = \mathrm{arc}(\mathrm{circ} = v).$

§ 6.

u étant un argument circulaire quelconque,
v un argument hyperbolique quelconque,

On est convenu, pour abréger, d'indiquer :

1° Par $\mathrm{L}u$ les arguments hyperboliques pour lesquels ont lieu les relations suivantes :

(1) $\mathbf{Sih}(\mathrm{L}u) = \mathrm{tang}u;$ (2) $\mathbf{Cosh}(\mathrm{L}u) = \mathrm{séc}u;$ (3) $\mathbf{Coth}(\mathrm{L}u) = \mathrm{coséc}u;$

(4) $\mathbf{Tah}(\mathrm{L}u) = \sin u;$ (5) $\mathbf{Séh}(\mathrm{L}u) = \cos u;$ (6) $\mathbf{Coséh}(\mathrm{L}u) = \cot u;$

2° Par $\mathrm{l}v$ les arguments circulaires pour lesquels ont lieu les relations suivantes :

(7) $\sin(\mathrm{l}v) = \mathbf{Tah}\,v$; (8) $\cos(\mathrm{l}v) = \mathbf{S\acute{e}h}\,v$; (9) $\cot(\mathrm{l}v) = \mathbf{Cos\acute{e}h}\,v$;

(10) $\mathrm{tang}(\mathrm{l}v) = \mathbf{Sih}\,v$; (11) $\mathrm{s\acute{e}c}(\mathrm{l}v) = \mathbf{Cosh}\,v$; (12) $\mathrm{cos\acute{e}c}(\mathrm{l}v) = \mathbf{Coth}\,v$.

Observation. — Quant à la signification géométrique des arguments hyperboliques et circulaires, *voir* le Chapitre VI, §§ 25 et 26, pages XVI et XVII.

§ 7.

π demi-circonférence du cercle de rayon $= 1$; $\frac{\pi}{4}$ le plus petit des arcs positifs dont la tangente $= 1$.

En substituant $\frac{\pi}{4}$ à x dans la formule (6) du § 4, on a

(1) $e^{\frac{\pi}{2}i} = \frac{1+i}{1-i} = i$, d'où (2) $\mathbf{loh}\,i = \mathbf{loh}\,\frac{1+i}{1-i} = \frac{\pi}{2}i$.

Observation. — Désignant par $\|\mathbf{loh}\,x\|$ les logarithmes naturels de x quand ils sont pris dans le sens algébrique et donnant à n successivement toutes les valeurs entières positives réelles, zéro compris, l'on a plus généralement :

(3) $\|\mathbf{loh}\,i\| = \left(2n+\frac{1}{2}\right)\pi i$, (4) $\|\mathbf{loh}(-1)\| = (2n+1)\pi i$, (5) $\|\mathbf{loh}\,1\| = 2n\pi i$.

CHAPITRE II.

DESCRIPTION DES TABLES.

§ 8.

La Table I donne les logarithmes vulgaires et naturels, à cinq décimales, de tous les nombres entiers depuis 1 jusqu'à 10800 inclusivement. Quant à sa diposition, elle ne diffère de la Table analogue de M. Hoüel que par l'addition de colonnes pour les logarithmes naturels et leurs différences.

§ 9.

La Table II donne avec cinq décimales, pour le rayon $= 1$ et la division du quart de cercle en 90 degrés, la grandeur naturelle des fonctions circulaires et hyperboliques, de minute en minute, de zéro à 90 degrés. Sa disposition ne diffère de celle adoptée pour d'autres Tables du même genre que par l'addition :

1° D'une colonne pour la longueur des arcs de cercle;

2° De colonnes pour la fonction $\mathrm{L}x$ (voir § 6) et ses différences;

3° Des indices **Sih**, **Cosh**, **Tah**, etc., aux en-tête.

§ 10.

La Table III donne avec cinq décimales, pour le rayon $= 1$ et la division du quart de cercle en 90 degrés, les logarithmes vulgaires des fonctions circulaires et hyperboliques, de minute en minute, de zéro à 90 degrés. Quant à sa disposition, elle ne diffère de la Table analogue de M. Hoüel que par les additions déjà indiquées au § 9.

§ 11.

La Table IV a la même disposition que la Table III, et donne avec cinq décimales, pour le rayon $= 1$ et la division du quart de cercle en 100 grades, les logarithmes vulgaires des fonctions circulaires et hyperboliques :

1° De minute en minute, de zéro à 6 grades et de 94 à 100 grades;

2° De 2 en 2 minutes, de 6 à 18 grades et de 82 à 94 grades;

3° De 5 en 5 minutes, de 18 à 82 grades.

CHAPITRE III.

REMARQUES GÉNÉRALES.

§ 12.

Le dernier chiffre décimal d'un nombre tabulaire est marqué du signe ou indice * quand ce chiffre a été augmenté d'une unité en vertu de la règle connue ; l'absence du signe ou indice * rappelle, au contraire, qu'en vertu de la même règle le dernier chiffre décimal du nombre tabulaire n'a subi aucune altération. Soient :

w le dernier chiffre décimal du nombre tabulaire N;

α l'unité de ce chiffre :

1° La vraie valeur du nombre N, terminé par w sans l'indice *, sera comprise entre les deux nombres qui résultent du changement de w en $w+0$ et $w+\frac{\alpha}{2}$;

2° La vraie valeur du nombre N, terminé par w, suivi de l'indice *, sera comprise entre les deux nombres qui résultent du changement de w en $w-\frac{\alpha}{2}$ et $w+0$;

3° En ajoutant $\frac{\alpha}{4}$ dans le premier cas et retranchant $\frac{\alpha}{4}$ dans le second cas, on aura donc la vraie valeur des nombres tabulaires à $\pm\frac{\alpha}{4}$ près au plus.

Exemples. — La Table I donne

Lov 5 = 0,69897 et **loh** 5 = 1,60944*.

Ainsi, d'après ce qui précède,

(a) $0,698970 \lesseqgtr$ vraie valeur de **Lov** 5 $< 0,698975$ et **Lov** 5 $= 0,6989725$ à $\pm 0,0000025$ près au plus,
(b) $1,609435 \lesseqgtr$ vraie valeur de **loh** 5 $< 1,609440$ et **loh** 5 $= 1,6094375$ à $\pm 0,0000025$ près au plus.

§ 13.

Les différences tabulaires sont prises abstraction faite de l'indice *, et sont, par conséquent, identiques à celles des Tables habituelles. L'application de la règle § **12**, 3°, n'apporte aucun changement dans les différences quand les nombres correspondants sont *tous deux* avec ou sans l'indice * ; mais lorsqu'un *seul* de ces nombres est avec l'indice * :

1° Il faut *ajouter* $\frac{\alpha}{2}$ à la différence tabulaire quand c'est le nombre à *soustraire* qui est affecté de l'indice * ;

2° Il faut *retrancher* $\frac{\alpha}{2}$ de la différence tabulaire dans le cas *contraire*.

Exemples. — La Table I donne

(a)	**Lov** 7 = 0,84510*	**Lov** 8 = 0,90309*	diff. tab. = 5799	ne varie pas;
(b)	**loh** 7 = 1,94591	**loh** 8 = 2,07944	diff. tab. = 13353	ne varie pas;
(c)	**Lov** 23 = 1,36173*	**Lov** 24 = 1,38021	diff. tab. = 1848	diff. plus approchée = 1848,5;
(d)	**loh** 28 = 3,33220	**loh** 29 = 3,36730*	diff. tab. = 3510	diff. plus approchée = 3509,5.

§ 14.

Pour que la méthode §§ **12**, 3°, et **13** acquière toute l'approximation qu'elle comporte, nous mentionnerons encore le cas exceptionnel où l'on *sait* de *certains* nombres qu'ils sont *exactement* donnés par les Tables, comme par exemple **Lov** 10, **Lov** 1000, sin 30°, **Sih** L 45°, etc. Ces nombres n'ont pas l'indice *, et cependant leur ajouter la correction $\frac{\alpha}{4}$, en vertu de la règle § 12, 3°, serait évidemment commettre une erreur gratuite. Dans ce cas, du reste assez rare, la règle du § 13 doit aussi se modifier ainsi qu'il suit :

1° Quand c'est *le nombre exact* qu'on soustrait, la différence tabulaire sera *diminuée* ou *augmentée* de $\frac{\alpha}{4}$, selon que le nombre *approché* sera *avec* ou *sans* l'indice *;

2° Quand c'est *du nombre exact* qu'on soustrait, la différence tabulaire sera *augmentée* ou *diminuée* de $\frac{\alpha}{4}$, selon que le nombre *approché* sera *avec* ou *sans* l'indice *.

Exemples. — La Table donne

(*a*) **Lov** 999 = 2,99957* **Lov** 1000 = 3,00000 diff. tab. = 43 diff. plus approchée = 43,25,
(*b*) **Lov** 1000 = 3,00000 **Lov** 1001 = 3,00043 diff. tab. = 43 diff. plus approchée = 43,25.

§ 15.

Le tableau comparatif ci-dessous fera mieux apprécier la méthode et sa signification.

NOMBRES.	TABLES LOGARITHMIQUES à 7 décimales.	TABLES LOGARITHMIQUES A 5 DÉCIMALES.			
		Méthode ordinaire.	Erreur.	D'après les §§ 12, 3° et 14.	Erreur.
995	2,9978231	2,99782	− 0,31	2,9978225	− 0,06
996	82593	826	+ 0,07	82575	− 0,18
997	86952	870	+ 0,48	86975	+ 0,23
998	91305	913	− 0,05	91325	+ 0,20
999	95655	957	+ 0,45	95675	+ 0,20
1000	3,0000000	3,00000	+ 0,00	3,0000000	+ 0,00
1001	04341	043	− 0,41	04325	− 0,16
1002	08677	087	+ 0,23	08675	− 0,02
1003	13009	130	− 0,09	13025	+ 0,16
1004	17337	173	− 0,37	17325	− 0,12
1005	3,0021661	3,00217	+ 0,39	3,0021675	+ 0,14

Observation. — Soit R la valeur exacte de la partie décimale dont la suppression a conduit à un nombre tabulaire, il est clair que la méthode des §§ 12, 3°, et 14 fournira des résultats plus approchés que la méthode ordinaire toutes les fois qu'on aura

$$\frac{1}{8}\alpha < R < \frac{7}{8}\alpha,$$

c'est-à-dire plus de *trois* fois sur *quatre*.

Enfin, *si l'on indiquait encore dans les Tables, par un signe particulier, les cas où la correction* $\pm\frac{\alpha}{4}$ *est défavorable, on obtiendrait des nombres qui auraient* $\pm\frac{\alpha}{8}$ *pour limite supérieure d'erreur dans ces cas-là.*

CHAPITRE IV.

INTERPOLATION.

§ 16.

Soient :

$F(x)$, $F(x+\delta)$, $F(x+2\delta)$, trois valeurs tabulaires consécutives d'une fonction quelconque de x;

$F(x+\delta)-F(x)=\Delta$, $F(x+2\delta)-F(x+\delta)=\Delta_1$, les différences tabulaires correspondantes;

β, un nombre réel tel, qu'on ait $0 \overline{\leq} \beta \leqq \delta$;

$F(x+\beta)$, valeur de la fonction correspondant à la valeur $x+\beta$ de la variable;

α, comme au § 12, l'unité de l'ordre de la dernière décimale conservée aux nombres tabulaires; par conséquent, dans nos Tables, $\alpha = 0{,}00001$, $\frac{1}{2}\alpha = 0{,}000005$, $\frac{1}{4}\alpha = 0{,}0000025$, $\frac{1}{8}\alpha = 0{,}00000125$.

L'interpolation a pour objet les deux Problèmes suivants :

1° Problème direct. — *Étant donnés* x, $x+\beta$, $x+\delta$, $F(x)$ et $F(x+\delta)$, *trouver* $F(x+\beta)$.

2° Problème inverse. — *Étant donnés* $F(x)$, $F(x+\beta)$, $F(x+\delta)$, x et $x+\delta$, *trouver* $x+\beta$.

§ 17.

Quand la différence seconde

$$\Delta_1 - \Delta = F(x+2\delta) - 2F(x+\delta) + F(x) = 0,$$

on a, pour le Problème direct,

$$(1) \qquad F(x+\beta) = F(x) + \frac{\beta}{\delta}\Delta \quad \text{pour l'interpolation progressive,}$$

$$(2) \qquad F(x+\beta) = F(x+\delta) - \frac{\delta-\beta}{\delta}\Delta \quad \text{pour l'interpolation régressive,}$$

et, pour le Problème inverse,

$$(3) \qquad \beta = \frac{\delta}{\Delta}[F(x+\beta) - F(x)],$$

$$(4) \qquad \delta - \beta = \frac{\delta}{\Delta}[F(x+\delta) - F(x+\beta)].$$

Remarque I. — Quand $\Delta_1 - \Delta$ n'est pas nul (voir au Recueil de formules celles de la section I, § 5), ces formules nous montrent que, pour $\Delta_1 - \Delta = \pm P$, l'erreur résultant de l'emploi des formules (1) et (2) serait $= \mp \frac{P}{8}$ au plus.

Remarque II. — Dans les applications, il faut faire :

$\delta = 1$ lorsqu'il s'agit de la Table I,

$\delta = 1$ ou $\delta = 60$ pour les Tables II et III, selon que l'on interpole par fractions de minute ou par secondes; enfin

$\delta = 1$, $\delta = 2$ et $\delta = 5$, selon qu'il s'agit de la première, de la seconde ou de la troisième partie de la Table IV.

§ 18.

D'après la disposition des Tables et les remarques §§ 12 à 15, on peut établir trois méthodes pour la détermination de $F(x+\beta)$.

Méthode I. — Elle consiste *à faire abstraction* du sens attaché à la présence ou à l'absence de l'indice * après le dernier chiffre décimal des nombres tabulaires. On rentre alors dans le cas des Tables habituelles, et les formules (1) et (2) du § 17 s'appliquent directement. Les termes $\frac{\beta}{\delta}\Delta$ et $\frac{\delta-\beta}{\delta}\Delta$ ne se calculent qu'en unités α, en forçant le dernier chiffre quand la partie fractionnaire $\overline{\gtrless}\frac{\alpha}{2}$. $F(x+\beta)$ s'obtient ainsi avec *autant* de chiffres décimaux que les nombres tabulaires, mais avec $\pm\alpha$ pour limite supérieure d'erreur.

Exemple. — La Table I donne

$$\text{Lov}(6576) = 3{,}81796 \quad \text{Lov}(6577) = 3{,}81803* \quad \text{diff.} = 7;$$

donc

$$\text{Lov}(6576{,}5) = 3{,}81796 + 0{,}5 \times 0{,}00007 = 3{,}81796 + 0{,}00004 = 3{,}81800, \text{ d'après Callet} = 3{,}8179948.$$

MÉTHODE II. — Quand *on fait abstraction* du sens attaché à la présence ou à l'absence de l'indice *, les nombres tabulaires sont exacts à $\pm\frac{\alpha}{2}$ près au moins, de sorte que l'erreur sur Δ et Δ_1 ne peut monter à plus de $\pm\alpha$, et celle sur $\Delta_1-\Delta$ à plus de $\pm 2\alpha$; l'influence de cette dernière ne pourra par conséquent dépasser $\mp\frac{\alpha}{4}$, en vertu du § 17, *Rem. I*, soit environ *deux* unités de la première décimale des produits en Δ, et dans la majeure partie des cas restera même fort au-dessous. Donc, en conservant aux produits $\frac{\beta}{\delta}\Delta$ et $\frac{\delta-\beta}{\delta}\Delta$ leur première décimale (qu'on forcera d'une unité, le cas échéant, d'après la règle connue), le nombre $F(x+\beta)$ s'obtiendra avec une décimale de plus que les nombres tabulaires; mais aussi avec $\pm\frac{\alpha}{2}$ pour limite supérieure d'erreur.

Exemple. — D'après cette méthode, l'Exemple ci-dessus donnerait

$$\text{Lov}(6576{,}5) = 3{,}81796 + 0{,}5\times 0{,}00007 = 3{,}81796 + 0{,}000035 = 3{,}817995, \text{ d'après Callet} = 3{,}8179948.$$

§ 19.

MÉTHODE III, POUR LA DÉTERMINATION DE $F(x+\beta)$. — Elle consiste dans la *stricte observation* du sens attaché à la présence ou à l'absence de l'indice * après le dernier chiffre décimal des nombres tabulaires. Mais alors, en vertu des §§ 13 et 14, on a trois cas à considérer.

Premier cas. Les nombres tabulaires $F(x)$ et $F(x+\delta)$ sont *tous deux* avec ou sans l'indice *. Les formules (1) et (2) du § 17 deviennent alors

(1) $$F(x+\beta) = F(x) \mp \frac{\alpha}{4} + \frac{\beta}{\delta}\Delta \quad \text{pour l'interpolation progressive,}$$

(2) $$F(x+\beta) = F(x+\delta) \mp \frac{\alpha}{4} - \frac{\delta-\beta}{\delta}\Delta \quad \text{pour l'interpolation régressive,}$$

les signes supérieurs correspondant à la présence et les signes inférieurs à l'absence de l'indice *.

Deuxième cas. L'un des nombres tabulaires $F(x)$ et $F(x+\delta)$ est avec et *l'autre* sans l'indice *. Les formules (1) et (2) du § 17 deviennent alors :

(3) $$F(x+\beta) = F(x) \mp \frac{\alpha}{4} + \frac{\beta}{\delta}\left(\Delta \pm \frac{\alpha}{2}\right) \quad \text{pour l'interpolation progressive,}$$

(4) $$F(x+\beta) = F(x+\delta) \pm \frac{\alpha}{4} - \frac{\delta-\beta}{\delta}\left(\Delta \pm \frac{\alpha}{2}\right) \quad \text{pour l'interpolation régressive,}$$

les signes supérieurs correspondant au cas où c'est le nombre $F(x)$ qui a l'indice *, et les signes inférieurs au cas contraire.

Troisième cas. L'un des nombres tabulaires $F(x)$ et $F(x+\delta)$ étant *exact* et l'autre *approché*, les formules (1) et (2) du § 17 deviennent alors :

(5) $$F(x+\beta) = F(x) + \frac{\beta}{\delta}\left(\Delta \pm \frac{\alpha}{4}\right) \quad \text{pour l'interpolation progressive,}$$

(6) $$F(x+\beta) = F(x+\delta) \pm \frac{\alpha}{4} - \frac{\delta-\beta}{\delta}\left(\Delta \pm \frac{\alpha}{4}\right) \quad \text{pour l'interpolation régressive,}$$

quand $F(x)$ *est* le nombre *exact* et les signes supérieurs correspondant à l'absence, les signes inférieurs à la présence de l'indice * après $F(x+\delta)$;

$$(7) \qquad F(x+\beta) = F(x) \pm \frac{\alpha}{4} + \frac{\beta}{\delta}\left(\Delta \mp \frac{\alpha}{4}\right) \quad \text{pour l'interpolation progressive,}$$

$$(8) \qquad F(x+\beta) = F(x+\delta) - \frac{\delta-\beta}{\delta}\left(\Delta \mp \frac{\alpha}{4}\right) \quad \text{pour l'interpolation régressive,}$$

quand $F(x+\delta)$ *est* le nombre *exact* et les signes supérieurs correspondant à l'absence, les signes inférieurs à la présence de l'indice * après $F(x)$.

Remarque. — D'après les §§ **12** à **15**, les nombres corrigés ont deux décimales de plus que les nombres tabulaires et sont exacts à $\pm\frac{\alpha}{4}$ près au moins, de sorte que l'erreur sur Δ et Δ_1 ne peut monter à plus de $\pm\frac{\alpha}{2}$ dans les deux premiers cas (à plus de $\pm\frac{\alpha}{4}$ dans le cas exceptionnel), et celle sur $\Delta_1 - \Delta$ à plus de $\pm\alpha$; l'influence de cette dernière ne pourra par conséquent dépasser $\mp\frac{\alpha}{8}$, en vertu du § **17**, *Remarque I*, soit environ *une* unité de la première décimale des termes en Δ, $\Delta\pm\frac{\alpha}{2}$, $\Delta\pm\frac{\alpha}{4}$, et dans la majeure partie des cas restera même fort au-dessous. Donc, en conservant aux produits $\frac{\beta}{\delta}\Delta$, $\frac{\beta}{\delta}\left(\Delta\pm\frac{\alpha}{2}\right)$, $\frac{\beta}{\delta}\left(\Delta\pm\frac{\alpha}{4}\right)$, etc., leurs deux premières décimales, le nombre $F(x+\beta)$ s'obtiendra avec deux décimales de plus que les nombres tabulaires, mais aussi avec $\pm\frac{\alpha}{4}$ pour limite supérieure d'erreur.

Exemple du premier cas. — La Table I donne

$$\mathbf{Lov}(3062) = 3{,}48601* \quad \mathbf{Lov}(3063) = 3{,}48615* \quad \text{diff.} = 14;$$

donc

$\mathbf{Lov}(3062{,}6) = 3{,}4860075 + 0{,}6 \times 0{,}00014 = 3{,}4860075 + 0{,}000084 = 3{,}4860915$, d'après Callet $= 3{,}4860903$.

Exemple du deuxième cas. — La Table I donne

$$\mathbf{Lov}(6576) = 3{,}81796 \quad \mathbf{Lov}(6577) = 3{,}81803* \quad \text{diff.} = 7;$$

donc

$\mathbf{Lov}(6576{,}5) = 3{,}8179625 + 0{,}5 \times 0{,}000065 = 3{,}8179625 + 0{,}0000325 = 3{,}8179950$, d'après Callet $= 3{,}8179948$.

Exemple du troisième cas. — La Table I donne

$$\mathbf{Lov}(999) = 2{,}99957* \quad \mathbf{Lov}(1000) = 3{,}00000 \quad \text{diff.} = 43;$$

donc

$\mathbf{Lov}(999{,}7) = 2{,}9995675 + 0{,}7 \times 0{,}0004325 = 2{,}9995675 + 0{,}0003028 = 2{,}9998703$, d'après Callet $= 2{,}9998697$.

§ 20.

Ainsi, d'après ce qui précède :

1° La Méthode I revient à ne considérer, dans les nombres tabulaires $F(x)$ et $F(x+\delta)$, strictement que les chiffres écrits; la Méthode II à supposer qu'outre leurs chiffres écrits ces nombres ont encore zéro pour décimale complémentaire; enfin la Méthode III consiste à supposer qu'outre leurs chiffres écrits les nombres tabulaires, selon qu'ils sont suivis ou non de l'indice *, ont encore deux décimales complémentaires qui se déterminent d'après les règles des §§ **12**, 3°, et **14**;

2° Les différences tabulaires se modifient en conséquence;

3° Le nombre interpolé $F(x+\beta)$ a toujours : d'après la Méthode I, autant de chiffres écrits que les nombres tabulaires eux-mêmes; d'après la Méthode II, un chiffre décimal de plus; enfin, d'après la Méthode III, deux chiffres décimaux écrits de plus que $F(x)$ et $F(x+\delta)$.

Le tableau ci-dessous, servant de complément à celui du § 15, fera mieux ressortir les avantages de chacune des trois Méthodes :

NOMBRES.	LOGARITHMES VULGAIRES d'après Callet.	LOGARITHMES VULGAIRES INTERPOLÉS DE 657 A 658, D'APRÈS LA					
		Méthode I.	Erreur.	Méthode II.	Erreur.	Méthode III.	Erreur.
657,0	2,8175654	2,81757	+ 0,46	2,817570	+ 0,46	2,8175675	+ 0,21
657,1	76315	764	+ 0,85	7636	+ 0,45	76335	+ 0,20
657,2	76976	770	+ 0,24	7702	+ 0,44	76995	+ 0,19
657,3	77636	777	+ 0,64	7768	+ 0,44	77655	+ 0,19
657,4	78297	783	+ 0,03	7834	+ 0,43	78315	+ 0,18
657,5	78958	790	+ 0,42	7900	+ 0,42	78975	+ 0,17
657,6	79618	797	+ 0,82	7966	+ 0,42	79635	+ 0,17
657,7	80278	803	+ 0,22	8032	+ 0,42	80295	+ 0,17
657,8	80939	810	+ 0,61	8098	+ 0,41	80955	+ 0,16
657,9	81599	816	+ 0,01	8164	+ 0,41	81615	+ 0,16
658,0	2,8182259	2,81823	+ 0,41	2,818230	+ 0,41	2,8182275	+ 0,16

NOMBRES.	LOGARITHMES VULGAIRES d'après Callet.	LOGARITHMES VULGAIRES INTERPOLÉS DE 6576 A 6577, D'APRÈS LA					
		Méthode I.	Erreur.	Méthode II.	Erreur.	Méthode III.	Erreur.
6576,0	3,8179618	3,81796	— 0,18	3,817960	— 0,18	3,8179625	+ 0,07
6576,1	79684	797	+ 0,16	7967	— 0,14	79690	+ 0,06
6576,2	79750	797	— 0,50	7974	— 0,10	79755	+ 0,05
6576,3	79816	798	— 0,16	7981	— 0,06	79820	+ 0,04
6576,4	79882	799	+ 0,18	7988	— 0,02	79885	+ 0,03
6576,5	79948	800	+ 0,52	7995	+ 0,02	79950	+ 0,02
6576,6	80014	800	— 0,14	8002	+ 0,06	80015	+ 0,01
6576,7	80080	801	+ 0,20	8009	+ 0,10	80080	+ 0,00
6576,8	80146	802	+ 0,54	8016	+ 0,14	80145	— 0,01
6576,9	80212	802	— 0,12	8023	+ 0,18	80210	— 0,02
6577,0	3,8180278	3,81803	+ 0,22	3,818030	+ 0,22	3,8180275	— 0,03

NOMBRES.	LOGARITHMES VULGAIRES d'après Callet.	LOGARITHMES VULGAIRES INTERPOLÉS DE 6576 A 6577, D'APRÈS LA					
		Méthode I.	Erreur.	Méthode II.	Erreur.	Méthode III.	Erreur.
6576,50	3,8179948		+ 0,52	3,817995	+ 0,02	3,8179950	+ 0,02
6576,51	79955		+ 0,45	7996	+ 0,05	79957	+ 0,02
6576,52	79961		+ 0,39	7996	— 0,01	79963	+ 0,02
6576,53	79968		+ 0,32	7997	+ 0,02	79970	+ 0,02
6576,54	79974		+ 0,26	7998	+ 0,06	79976	+ 0,02
6576,55	79981	3,81800	+ 0,19	7999	+ 0,09	79983	+ 0,02
6576,56	79988		+ 0,12	7999	+ 0,02	79989	+ 0,01
6576,57	79994		+ 0,06	8000	+ 0,06	79996	+ 0,02
6576,58	80001		— 0,01	8001	+ 0,00	80002	+ 0,01
6576,59	80007		— 0,07	8001	+ 0,03	80009	+ 0,02
6576,60	3,8180014		— 0,14	3,818002	+ 0,06	3,8180015	+ 0,01

Observations. — 1° Le cas d'interpolation entre 657 et 658 est un des moins favorables.

2° De la formule $F(x+\beta) = F(x) + \frac{\beta}{\delta}\Delta$, il résulte qu'on aura :

Dans le cas de la Méthode I,

$$F(x+\beta) = F(x) \quad \text{pour} \quad 0 \leqq \frac{\beta}{\delta}\Delta < \frac{\alpha}{2},$$

$$F(x+\beta) = F(x)+\alpha \quad \text{pour} \quad \frac{\alpha}{2} \leqq \frac{\beta}{\delta}\Delta < \frac{3\alpha}{2};$$

Dans le cas de la Méthode II,

$$F(x+\beta) = F(x) \quad \text{pour} \quad 0 \leqq \frac{\beta}{\delta}\Delta < \frac{\alpha}{20},$$

$$F(x+\beta) = F(x)+\frac{\alpha}{10} \quad \text{pour} \quad \frac{\alpha}{20} \leqq \frac{\beta}{\delta}\Delta < \frac{3\alpha}{20}.$$

3° Enfin, si nous représentons par $|Fx|$ et $|\Delta|$ les nombres $F(x)$ et Δ, corrigés, d'après la Méthode III, de la formule $F(x+\beta) = |Fx| + \frac{\beta}{\delta}|\Delta|$, nous conclurons que pour cette dernière Méthode on aura

$$F(x+\beta) = |Fx| \quad \text{pour} \quad 0 \leqq \frac{\beta}{\delta}|\Delta| < \frac{\alpha}{200},$$

$$F(x+\beta) = |Fx|+\frac{\alpha}{100} \quad \text{pour} \quad \frac{\alpha}{200} \leqq \frac{\beta}{\delta}|\Delta| < \frac{3\alpha}{200}.$$

§ 21.

Problème inverse. — *Étant donné* $F(x+\beta)$, *trouver* $x+\beta$.

En vertu des §§ 17, 2°, et 20, on a :

1° Pour la Méthode I, α étant l'unité de la dernière décimale de $F(x)$ et $F(x+\beta)$,

(1) $$\beta = \frac{\delta}{\Delta}[F(x+\beta) - F(x)];$$

2° Pour la Méthode II, $\frac{\alpha}{10}$ étant l'unité de la dernière décimale de $F(x)$ et $F(x+\beta)$,

(2) $$\beta = \frac{\delta}{\Delta}[F(x+\beta) - F(x)];$$

3° Pour la Méthode III, $\frac{\alpha}{100}$ étant l'unité de la dernière décimale de $|Fx|$ et de $F(x+\beta)$,

(3) $$\beta = \frac{\delta}{|\Delta|}[F(x+\beta) - |Fx|],$$

formule dans laquelle $|Fx|$ et $|\Delta|$ ont la signification du § 20, *Observ.* 3°.

Exemple pour la Méthode I. — Trouver le nombre dont le logarithme vulgaire égale 3,81800.

La formule (1) donne

$$\beta = \frac{381800 - 381796}{7} = \frac{4}{7} = 0,5714\ldots;$$

donc

$$x+\beta = 6576,57 \quad \text{ou à cinq chiffres} \quad 6576,6.$$

Exemple pour la Méthode II. — Trouver le nombre dont le logarithme vulgaire égale 3,818000.

La formule (2) donne

$$\beta = \frac{3818000 - 3817960}{70} = \frac{40}{70} = 0,5714\ldots;$$

donc

$$x+\beta = 6576,57 \quad \text{avec six chiffres.}$$

Exemple pour la Méthode III. — Trouver le nombre dont le logarithme vulgaire égale 3,8180000.

La formule (3) donne

$$\beta = \frac{38180000 - 38179625}{650} = \frac{375}{650} = 0,57692\ldots;$$

donc

$$x+\beta = 6576,577, \quad \text{avec sept chiffres.}$$

Remarque. — D'après la Méthode I, les Tables de Callet donnent, avec sept chiffres, 6576,579 pour le nombre dont le logarithme vulgaire égale 3,8180000. Les mêmes Tables donneraient, d'après la Méthode II, avec huit chiffres, 6576,5788 pour le nombre dont le logarithme vulgaire égale 3,81800000. En appliquant la Méthode III aux logarithmes à sept décimales, on trouverait, avec neuf chiffres, 6576,57841 pour le nombre dont le logarithme vulgaire égale 3,818000000, tandis qu'avec dix décimales le logarithme vulgaire de 6576,578374 égale 3,8180000000.

§ 22.

$F(x)$ et $\theta(x)$ étant deux fonctions quelconques d'une même variable réduites en Tables suivant les mêmes valeurs de x, soient

$$F(x+\delta)-F(x)=\Delta F,\quad \theta(x+\delta)-\theta(x)=\Delta\theta$$

leurs différences et

$$0 \overline{\leqq} \beta \leqq \delta,$$

en vertu et dans les conditions du § 17 on aura

$$F(x+\beta)=F(x)+\frac{\beta}{\delta}\Delta F=F(x+\delta)-\frac{\delta-\beta}{\delta}\Delta F,$$

$$\theta(x+\beta)=\theta(x)+\frac{\beta}{\delta}\Delta\theta=\theta(x+\delta)-\frac{\delta-\beta}{\delta}\Delta\theta;$$

par conséquent,

$$(1)\qquad \frac{F(x+\beta)-F(x)}{\theta(x+\beta)-\theta(x)}=\frac{F(x+\delta)-F(x+\beta)}{\theta(x+\delta)-\theta(x+\beta)}=\frac{\Delta F}{\Delta\theta}=\text{const.};$$

d'où

$$(2)\qquad F(x+\beta)=F(x)+[\theta(x+\beta)-\theta(x)]\frac{\Delta F}{\Delta\theta}=F(x+\delta)-[\theta(x+\delta)-\theta(x+\beta)]\frac{\Delta F}{\Delta\theta},$$

formule qui sert à trouver les valeurs interpolées d'une fonction quand on connaît les valeurs interpolées de l'autre, et à laquelle s'appliquent évidemment toutes les considérations des §§ 18 à 21.

CHAPITRE V.

USAGE DE LA TABLE I.

§ 23.

Nous nous contenterons, à ce sujet, des observations suivantes :

1° Comme l'on a

Lov 2 = 0,30103* avec une erreur en plus $<$ 0,000000005,
Lov 5 = 0,69897 avec une erreur en moins $<$ 0,000000005,
Lov 89 = 1,94939 avec une erreur en moins $<$ 0,000000007,

il est clair qu'on obtiendra, quand il s'agit de la Méthode III, plus d'exactitude dans les résultats en traitant par les règles des §§ 14 et 19, 3e *cas*, tous les nombres de la forme $2^k\times 5^m\times 89^n$, où k, m et n désignent des nombres entiers positifs (zéro compris), tels que $k+m+n \overline{\leqq} 120$. (Voir aux Tables supplémentaires, p. 63, la série de ces nombres jusqu'à 1000000) ;

2° Pour les logarithmes des nombres plus petits que 1, nous avons adopté la Méthode des mantisses positives à caractéristiques négatives. Ainsi, par exemple,

$$\textbf{Lov}\,\frac{1}{23}=0,63827-2=\bar{2},63827 \quad\text{et}\quad \textbf{loh}\,\frac{1}{23}=0,86451^*-4=\bar{4},86451^*.$$

3° La Table I donnant les valeurs de la fonction e^x, soit directement, soit par interpolation, depuis $e^x = 1$ jusqu'à $e^x = 10800$, a pour complément indispensable la Table II, qui donne $e^{\mathrm{L}x}$ au moyen des fonctions hyperboliques (voir § 28).

CHAPITRE VI.

USAGE DE LA TABLE II.

§ 24.

Remarque I. — En vertu du § 15, *Observation,* il est avantageux de ne pas appliquer la correction $\pm\frac{\alpha}{4}$ aux fonctions $\text{séc}\,x = \textbf{Cosh}\,(\mathrm{L}x)$, $\cos x = \textbf{Séh}\,(\mathrm{L}x)$ pour $x \overline{\gtrless} 5'$, et aux fonctions $\text{coséc}\,x = \textbf{Coth}\,(\mathrm{L}x)$, $\sin x = \textbf{Tah}\,(\mathrm{L}x)$ pour $x \geqq 89°\,55'$.

Remarque II. — Quand la fonction qu'on cherche n'est pas directement donnée par la Table, on aura recours à l'une des méthodes développées au Chapitre IV.

Exemple I, par la Méthode III. — *Étant donné* $\mathrm{L}(x+\beta) = 3$, *trouver* $x+\beta$.

La Table donne, eu égard aux indices *,

$$\mathrm{L}(84°\,17') = 2{,}9971575 \qquad \mathrm{L}(84°\,18') = 3{,}0000825 \qquad \text{diff. corr.} = 29250;$$

donc, en vertu du § 21, 3°, et en se bornant aux secondes entières,

$$\beta = 58'' \quad \text{et} \quad x+\beta = 84°\,17'\,58''.$$

Exemple II. — *Etant donné* $\mathrm{L}(x+\beta) = 3$, *trouver* $\textbf{Sih}\,\mathrm{L}(x+\beta)$. (Voir la formule du § 22, en ayant égard aux §§ 19 à 21).

La Table donne

$$\mathrm{L}(84°\,17') = 2{,}9971575 \qquad \mathrm{L}(84°\,18') = 3{,}0000825 \qquad \text{diff. corr.} = 29250,$$
$$\textbf{Sih}\,\mathrm{L}(84°\,17') = 9{,}9893250 \qquad \textbf{Sih}\,\mathrm{L}(84°\,18') = 10{,}0187250 \qquad \text{diff. invar.} = 294000;$$

donc enfin, avec six décimales,

$$\textbf{Sih}\,\mathrm{L}(x+\beta) = 9{,}9893250 + 0{,}0028425\,\frac{29400}{2925} = 10{,}017896.$$

§ 25.

Construction par points de l'ellipse rapportée à ses axes principaux.

Soient a, b les demi-axes et k la demi-distance des foyers, on a

$$(1) \quad k^2 = a^2 - b^2, \qquad \text{et} \qquad (2) \quad y = \frac{b}{a}\sqrt{a^2 - x^2}.$$

Posant

$$(3) \quad b = a\cos\alpha, \qquad \text{et} \qquad (4) \quad x = a\sin\varphi,$$

il vient

$$(5) \quad k = a\sin\alpha, \qquad (6) \quad y = a\cos\alpha\cos\varphi,$$

$$(7) \qquad \sigma = \int_0^x \sqrt{dx^2 + dy^2} = a\int_0^\varphi d\varphi\sqrt{1 - \sin^2\alpha\sin^2\varphi},$$

$$(8) \qquad \varpi = \int_0^x y\,dx = a^2\cos\alpha\int_0^\varphi \cos^2\varphi\,d\varphi = \frac{1}{2}a^2\cos\alpha\,(\varphi + \sin\varphi\cos\varphi).$$

Remarque. — Quand $\alpha = 0$, l'ellipse devient un cercle de rayon a, pour lequel on a

(9) $k = 0$, (10) $x = a \sin\varphi$, (11) $y = a \cos\varphi$,

(12) $\sigma = a\varphi$, et (13) $\varpi = \frac{1}{2}a^2\varphi + \frac{1}{2}a^2 \sin\varphi \cos\varphi$.

Ainsi, dans l'équation $e^{\varphi i} = \cos\varphi + i \sin\varphi$, l'argument circulaire φ représente l'*arc* même du secteur circulaire $\frac{1}{2}\varphi$ pour $a = 1$.

§ 26.

Construction par points de l'hyperbole rapportée à ses axes principaux.

Soient a, b les demi-axes et k la demi-distance des foyers, on a

(1) $k^2 = a^2 + b^2$, et (2) $y = \frac{b}{a}\sqrt{x^2 - a^2}$.

Posant

(3) $b = a\,\mathbf{Sih}\,\alpha$, et (4) $x = a\,\mathbf{Cosh}\,\varphi$,

il vient

(5) $k = a\,\mathbf{Cosh}\,\alpha$, (6) $y = a\,\mathbf{Sih}\,\alpha\,\mathbf{Sih}\,\varphi$,

(7) $$\sigma = \int_a^x \sqrt{dx^2 + dy^2} = a\int_0^\varphi d\varphi\sqrt{\mathbf{Cosh}^2\alpha\,\mathbf{Cosh}^2\varphi - 1},$$

(8) $$\varpi = \int_a^x y\,dx = a^2\,\mathbf{Sih}\,\alpha\int_0^\varphi \mathbf{Sih}^2\varphi\,d\varphi = \frac{1}{2}a^2\,\mathbf{Sih}\,\alpha\,(\mathbf{Sih}\,\varphi\,\mathbf{Cosh}\,\varphi - \varphi).$$

Remarque. — Quand $\alpha = \mathrm{L}\frac{\pi}{4}$, l'hyperbole devient équilatère avec a pour demi-axes; on a alors

(9) $k = \sqrt{2}\,a$, (10) $x = a\,\mathbf{Cosh}\,\varphi$, (11) $y = a\,\mathbf{Sih}\,\varphi$,

(12) $\sigma = a\int_0^\varphi d\varphi\sqrt{2\,\mathbf{Cosh}^2\varphi - 1}$, et (13) $\varpi = \frac{1}{2}a^2\,\mathbf{Sih}\,\varphi\,\mathbf{Cosh}\,\varphi - \frac{1}{2}a^2\varphi$.

Ainsi, dans l'équation $e^\varphi = \mathbf{Cosh}\,\varphi + \mathbf{Sih}\,\varphi$, l'argument hyperbolique φ ne représente pas l'*arc* d'hyperbole équilatère correspondant au secteur hyperbolique $\frac{1}{2}\varphi$, mais *peut* être considéré comme *arc* du *secteur circulaire* équivalent, pour $a = 1$.

A moins d'une unité près de la quatrième décimale, on peut poser

(14) $$\int_0^\varphi d\varphi\sqrt{2\,\mathbf{Cosh}^2\varphi - 1} = \sqrt{2}\left(\mathbf{Sih}\,\varphi - 0{,}26967\,\mathrm{l}\varphi - 0{,}01967\,\frac{\mathbf{Tah}\,\varphi\,\mathbf{Séh}\,\varphi}{1 - 0{,}1372\,\mathbf{Séh}^2\varphi}\right)$$
$$= \sqrt{2}\left(\mathbf{Sih}\,\varphi - 0{,}26967\,\mathrm{l}\varphi - 0{,}01967\,\frac{\mathbf{Sih}\,\varphi}{\mathbf{Sih}^2\varphi + 0{,}8628}\right).$$

§ 27.

Construction par points de la parabole rapportée à son sommet et à son axe principal.

L'on a, p étant le paramètre,

(1) $y^2 = 2px$.

Posant

(2) $y = p\,\mathbf{Sih}\,\varphi$,

il vient

(3) $x = \frac{1}{2}p\,\mathbf{Sih}^2\varphi$, (4) $\sigma = \int_0^x \sqrt{dx^2 + dy^2} = p\int_0^\varphi \mathbf{Cosh}^2\varphi\,d\varphi = \frac{1}{2}p(\mathbf{Sih}\,\varphi\,\mathbf{Cosh}\,\varphi + \varphi)$.

(5) $$\varpi = \int_0^x y\,dx = p^2\int_0^\varphi \mathbf{Cosh}\,\varphi\,\mathbf{Sih}^2\varphi\,d\varphi = \frac{1}{3}p^2\,\mathbf{Sih}^3\varphi.$$

Remarque. — Soient Y, X les coordonnées de l'hyperbole, x, y celles de la parabole, Π la valeur de σ pour l'hyperbole, σ l'arc de la parabole; la comparaison des formules (§§ 26 et 27), relatives à ces deux courbes, montre que, pour un même argument φ, on a les relations

(6) $\frac{2\Pi + ab\varphi}{2\sigma - p\varphi} = \frac{ab}{p}$, (7) $\frac{Y}{y} = \frac{b}{p}$, et (8) $X^2 = 2\frac{a^2}{p}x + a^2$,

cette dernière équation représentant encore, avec X et x pour coordonnées rectangulaires, une parabole dont $\frac{a^2}{p}$ serait le paramètre, et $\frac{1}{2}p$ la distance du sommet à l'origine des coordonnées.

§ 28.

Problème I. — *Étant donné* Lx *ou l'une des fonctions* **Hyp** (Lx), *trouver* $e^{\pm Lx}$.

En vertu des formules (1) et (3) du § 4, on a

$$e^{\pm Lx} = \text{Cosh}\,Lx \pm \text{Sih}\,Lx.$$

Problème II. — *Étant donné* $e^{\pm Lx} = N$, *trouver* Lx *ou l'une des fonctions* **Hyp** (Lx).

Posant

$$N = \text{Cosh}\,Lx + \text{Sih}\,Lx,$$

on a, en vertu des formules (7), (9) et (11) du § 4,

$$\text{Cosh}\,Lx = \frac{N^2+1}{2N}, \quad \text{Sih}\,Lx = \frac{N^2-1}{2N}, \quad \text{Tah}\,Lx = \frac{N^2-1}{N^2+1}.$$

Problème III. — *Trouver la valeur arithmétique de* $\sqrt[m]{N^k}$.

Posant

$$\text{Cosh}\,Lx = \frac{N^2+1}{2N}, \quad \text{et} \quad \text{Sih}\,Lx = \frac{N^2-1}{2N},$$

il vient

$$\sqrt[m]{N^k} = N^{\frac{k}{m}} = \text{Cosh}\,\frac{k}{m}\,Lx + \text{Sih}\,\frac{k}{m}\,Lx.$$

Remarque. — Posant

$$M = e^{Lx} \quad \text{et} \quad N = e^{Lx'},$$

on a encore

$$MN = \text{Cosh}\,(Lx + Lx') + \text{Sih}\,(Lx + Lx') \quad \text{et} \quad \frac{M}{N} = \text{Cosh}\,(Lx - Lx') + \text{Sih}\,(Lx - Lx').$$

§ 29.

Résolution par les fonctions hyperboliques de l'équation du second degré $y^2 + my \mp a = 0$, *où* $m \gtrless 0$, $a > 0$; *donc* $y = -\frac{m}{2}\left(1 \mp \sqrt{1 \pm \frac{4a}{m^2}}\right)$, *où* $\frac{4a}{m^2} > 0$ *et* $\sqrt{\ }$ *étant pris dans le sens arithmétique.*

Premier cas. $y^2 + my - a = 0$, $y = -\frac{m}{2}\left(1 \mp \sqrt{1 + \frac{4a}{m^2}}\right)$ et $\frac{4a}{m^2} \gtreqless 1$.

Posant

$$\frac{4a}{m^2} = \text{Sih}^2 Lx, \quad \text{d'où} \quad \sqrt{1 + \frac{4a}{m^2}} = \text{Cosh}\,Lx \quad \text{et} \quad \frac{m}{2} = \pm\frac{\sqrt{a}}{\text{Sih}\,Lx},$$

on a d'abord

(1) $$y = -\frac{m}{2}(1 \mp \text{Cosh}\,Lx);$$

d'où, en substituant à $\frac{m}{2}$ sa valeur,

(2) $$y_1 = \pm\sqrt{a}\,\text{Tah}\,\frac{1}{2}Lx \quad \text{et} \quad y_2 = \mp\sqrt{a}\,\text{Coth}\,\frac{1}{2}Lx.$$

Deuxième cas. $y^2 + my + a = 0$, $y = -\frac{m}{2}\left(1 \mp \sqrt{1 - \frac{4a}{m^2}}\right)$ et $1 \lesseqgtr \frac{4a}{m^2} > 0$.

Posant

$$\frac{4a}{m^2} = \text{Tah}^2\,\text{L}x, \quad \text{d'où} \quad \sqrt{1 - \frac{4a}{m^2}} = \text{Séh}\,\text{L}x \quad \text{et} \quad \frac{m}{2} = \pm\frac{\sqrt{a}}{\text{Tah}\,\text{L}x},$$

on a d'abord

(3) $$y = -\frac{m}{2}(1 \mp \text{Séh}\,\text{L}x);$$

d'où, en substituant à $\frac{m}{2}$ sa valeur,

(4) $$y_1 = \mp\sqrt{a}\,\text{Tah}\,\tfrac{1}{2}\text{L}x \quad \text{et} \quad y_2 = \mp\sqrt{a}\,\text{Coth}\,\tfrac{1}{2}\text{L}x.$$

Troisième cas. $y^2 + my + a = 0$, $y = -\frac{m}{2}\left(1 \mp \sqrt{1 - \frac{4a}{m^2}}\right)$ et $\frac{4a}{m^2} > 1$.

Posant

$$\frac{4a}{m^2} = \text{Cosh}^2\,\text{L}x, \quad \text{d'où} \quad \sqrt{1 - \frac{4a}{m^2}} = i\,\text{Sih}\,\text{L}x \quad \text{et} \quad \frac{m}{2} = \pm\frac{\sqrt{a}}{\text{Cosh}\,\text{L}x},$$

on a d'abord

(5) $$y = -\frac{m}{2}(1 \mp i\,\text{Sih}\,\text{L}x);$$

d'où, en substituant à $\frac{m}{2}$ sa valeur,

(6) $$y = \pm\sqrt{a}\,(\text{Séh}\,\text{L}x \mp i\,\text{Tah}\,\text{L}x) = \pm\sqrt{a}\,(\cos x \mp i \sin x).$$

Remarque. — Les formules (1) et (3) donnent les solutions les plus simples quand on se sert de la Table II; les formules (2) et (4) sont, au contraire, plus avantageuses quand on n'a à sa disposition que les Tables III et IV.

Dans tout ce paragraphe, le signe supérieur du coefficient $\sqrt{a}$ correspond au cas de $m > 0$, et le signe inférieur à celui de $m < 0$.

§ 30.

Résolution par les fonctions hyperboliques de l'équation du troisième degré $y^3 \pm ay + m = 0$, *où* $m \gtrless 0$, $a > 0$; *donc* $y_1 = w + v$, $y_2 = \alpha_2 w + \alpha_3 v = -\frac{w+v}{2} + \frac{w-v}{2}\sqrt{3}\,i$ et $y_3 = \alpha_3 w + \alpha_2 v = -\frac{w+v}{2} - \frac{w-v}{2}\sqrt{3}\,i$ *pour* $\alpha_2 = -\frac{1}{2} + \frac{\sqrt{3}}{2}i$, $\alpha_3 = -\frac{1}{2} - \frac{\sqrt{3}}{2}i$, $w = \sqrt[3]{-\frac{m}{2}}\sqrt[3]{1 - \sqrt{1 \pm \frac{4a^3}{27m^2}}}$, $v = \sqrt[3]{-\frac{m}{2}}\sqrt[3]{1 + \sqrt{1 \pm \frac{4a^3}{27m^2}}}$ *et* $\sqrt[3]{\ }$, $\sqrt{\ }$ *étant pris dans le sens arithmétique.*

Premier cas. $y^3 + ay + m = 0$, $w = -\sqrt[3]{\frac{m}{2}}\sqrt[3]{1 - \sqrt{1 + \frac{4a^3}{27m^2}}}$, $v = -\sqrt[3]{\frac{m}{2}}\sqrt[3]{1 + \sqrt{1 + \frac{4a^3}{27m^2}}}$ et $\frac{4a^3}{27m^2} \gtreqless 1$.

Posant

$$\frac{4a^3}{27m^2} = \text{Coséh}^2\,\text{L}x, \quad \text{d'où} \quad \sqrt{1 + \frac{4a^3}{27m^2}} = \text{Coth}\,\text{L}x \quad \text{et} \quad \frac{m}{2} = \pm\sqrt{\frac{a^3}{27}}\,\text{Sih}\,\text{L}x;$$

donc

$$w = -\sqrt[3]{\frac{m}{2}}\sqrt[3]{1 - \text{Coth}\,\text{L}x} = \pm\sqrt{\frac{a}{3}}\left(\text{Cosh}\,\tfrac{1}{3}\text{L}x - \text{Sih}\,\tfrac{1}{3}\text{L}x\right),$$

$$v = -\sqrt[3]{\frac{m}{2}}\sqrt[3]{1 + \text{Coth}\,\text{L}x} = \mp\sqrt{\frac{a}{3}}\left(\text{Cosh}\,\tfrac{1}{3}\text{L}x + \text{Sih}\,\tfrac{1}{3}\text{L}x\right),$$

et, par suite,

$$y_1 = \mp 2\sqrt{\frac{a}{3}}\,\mathrm{Sih}\,\frac{1}{3}\,\mathrm{L}x,\quad y_2 = \pm\left(\sqrt{\frac{a}{3}}\,\mathrm{Sih}\,\frac{1}{3}\,\mathrm{L}x + i\sqrt{a}\,\mathrm{Cosh}\,\frac{1}{3}\,\mathrm{L}x\right),$$

$$y_3 = \pm\left(\sqrt{\frac{a}{3}}\,\mathrm{Sih}\,\frac{1}{3}\,\mathrm{L}x - i\sqrt{a}\,\mathrm{Cosh}\,\frac{1}{3}\,\mathrm{L}x\right).$$

Deuxième cas. $y^3 - ay + m = 0$, $w = -\sqrt[3]{\frac{m}{2}}\sqrt[3]{1-\sqrt{1-\frac{4a^3}{27m^2}}}$, $v = -\sqrt[3]{\frac{m}{2}}\sqrt[3]{1+\sqrt{1-\frac{4a^3}{27m^2}}}$ et $\frac{4a^3}{27m^2} < 1$.

Posant

$$\frac{4a^3}{27m^2} = \mathrm{S\acute{e}h}^2\,\mathrm{L}x,\quad \text{d'où}\quad \sqrt{1-\frac{4a^3}{27m^2}} = \mathrm{Tah}\,\mathrm{L}x \quad\text{et}\quad \frac{m}{2} = \pm\sqrt{\frac{a^3}{27}}\,\mathrm{Cosh}\,\mathrm{L}x;$$

donc

$$w = -\sqrt[3]{\frac{m}{2}}\sqrt[3]{1-\mathrm{Tah}\,\mathrm{L}x} = \mp\sqrt{\frac{a}{3}}\left(\mathrm{Cosh}\,\frac{1}{3}\,\mathrm{L}x - \mathrm{Sih}\,\frac{1}{3}\,\mathrm{L}x\right),$$

$$v = -\sqrt[3]{\frac{m}{2}}\sqrt[3]{1+\mathrm{Tah}\,\mathrm{L}x} = \mp\sqrt{\frac{a}{3}}\left(\mathrm{Cosh}\,\frac{1}{3}\,\mathrm{L}x + \mathrm{Sih}\,\frac{1}{3}\,\mathrm{L}x\right),$$

et, par suite,

$$y_1 = \mp 2\sqrt{\frac{a}{3}}\,\mathrm{Cosh}\,\frac{1}{3}\,\mathrm{L}x,\quad y_2 = \pm\left(\sqrt{\frac{a}{3}}\,\mathrm{Cosh}\,\frac{1}{3}\,\mathrm{L}x + i\sqrt{a}\,\mathrm{Sih}\,\frac{1}{3}\,\mathrm{L}x\right),$$

$$y_3 = \pm\left(\sqrt{\frac{a}{3}}\,\mathrm{Cosh}\,\frac{1}{3}\,\mathrm{L}x - i\sqrt{a}\,\mathrm{Sih}\,\frac{1}{3}\,\mathrm{L}x\right).$$

Troisième cas. $y^3 - ay + m = 0$, $w = -\sqrt[3]{\frac{m}{2}}\sqrt[3]{1-\sqrt{1-\frac{4a^3}{27m^2}}}$, $v = -\sqrt[3]{\frac{m}{2}}\sqrt[3]{1+\sqrt{1-\frac{4a^3}{27m^2}}}$ et $\frac{4a^3}{27m^2} \geqq 1$.

Posant

$$\frac{4a^3}{27m^2} = \mathrm{Cosh}^2\,\mathrm{L}x,\quad \text{d'où}\quad \sqrt{1-\frac{4a^3}{27m^2}} = i\,\mathrm{Sih}\,\mathrm{L}x \quad\text{et}\quad \frac{m}{2} = \pm\sqrt{\frac{a^3}{27}}\,\mathrm{S\acute{e}h}\,\mathrm{L}x;$$

donc

$$w = -\sqrt[3]{\frac{m}{2}}\sqrt[3]{1-i\,\mathrm{Sih}\,\mathrm{L}x} = \mp\sqrt{\frac{a}{3}}\sqrt[3]{\mathrm{S\acute{e}h}\,\mathrm{L}x - i\,\mathrm{Tah}\,\mathrm{L}x} = \mp\sqrt{\frac{a}{3}}\left(\cos\frac{x}{3} - i\sin\frac{x}{3}\right)$$

et

$$v = -\sqrt[3]{\frac{m}{2}}\sqrt[3]{1+i\,\mathrm{Sih}\,\mathrm{L}x} = \mp\sqrt{\frac{a}{3}}\sqrt[3]{\mathrm{S\acute{e}h}\,\mathrm{L}x + i\,\mathrm{Tah}\,\mathrm{L}x} = \mp\sqrt{\frac{a}{3}}\left(\cos\frac{x}{3} + i\sin\frac{x}{3}\right),$$

et, par suite,

$$y_1 = \mp 2\sqrt{\frac{a}{3}}\cos\frac{x}{3},$$

$$y_2 = \pm\sqrt{\frac{a}{3}}\left(\cos\frac{x}{3} - \sqrt{3}\sin\frac{x}{3}\right) = \pm 2\sqrt{\frac{a}{3}}\cos\left(60^\circ + \frac{x}{3}\right),$$

$$y_3 = \pm\sqrt{\frac{a}{3}}\left(\cos\frac{x}{3} + \sqrt{3}\sin\frac{x}{3}\right) = \pm 2\sqrt{\frac{a}{3}}\cos\left(60^\circ - \frac{x}{3}\right).$$

Remarque. — Les deux premiers cas ne se résolvent par les fonctions circulaires qu'au moyen d'un angle auxiliaire.

N. B. Dans tout ce paragraphe, les signes supérieurs correspondent au cas de $m > 0$ et les signes inférieurs à celui de $m < 0$.

CHAPITRE VII.

REMARQUES AU SUJET DES TABLES III ET IV ET DE QUELQUES TABLES SUPPLÉMENTAIRES.

§ 31.

Les Chapitres précédents nous paraissant contenir des indications suffisantes tant sur les méthodes d'interpolation que sur l'utilité des fonctions hyperboliques, nous nous bornerons encore ici aux observations suivantes :

1° En vertu du § 15, *Observation,* il est avantageux de ne pas appliquer la correction $\pm \frac{a}{4}$:

Dans la Table III, aux fonctions	$\mathbf{Lov}\,\text{séc}\,x = \mathbf{Lov\,Cosh}\,\mathrm{L}x$,	$\mathbf{Lov}\cos x = \mathbf{Lov\,Séh}\,\mathrm{L}x$	pour $x \leqq 0°\ 5'$,
»	$\mathbf{Lov}\,\text{coséc}\,x = \mathbf{Lov\,Coth}\,\mathrm{L}x$,	$\mathbf{Lov}\sin x = \mathbf{Lov\,Tah}\,\mathrm{L}x$	pour $x \geqq 89°55'$;
Dans la Table IV, aux fonctions	$\mathbf{Lov}\,\text{séc}\,x = \mathbf{Lov\,Cosh}\,\mathrm{L}x$,	$\mathbf{Lov}\cos x = \mathbf{Lov\,Séh}\,\mathrm{L}x$	pour $x \leqq 0^{gr},15$,
»	$\mathbf{Lov}\,\text{coséc}\,x = \mathbf{Lov\,Coth}\,\mathrm{L}x$,	$\mathbf{Lov}\sin x = \mathbf{Lov\,Tah}\,\mathrm{L}x$	pour $x \geqq 99^{gr},85$;

2° Lorsque la fonction qu'on cherche n'est pas directement donnée par la Table, on aura recours à l'une des méthodes développées au Chapitre IV;

3° Les Tables supplémentaires, destinées spécialement à faciliter certaines recherches et certains calculs, n'ont en général pas besoin d'explication, et, dans les cas exceptionnels, contiennent en marge les renseignements indispensables;

4° Enfin, le Recueil de formules qui est joint à nos Tables a pour objet de compléter en quelque sorte les indications contenues dans la présente Introduction.

FORMULES

RELATIVES AUX

LOGARITHMES ET FONCTIONS HYPERBOLIQUES ET CIRCULAIRES

AINSI QU'A LA

RÉSOLUTION DES TRIANGLES RECTILIGNES ET SPHÉRIQUES.

SECTION PREMIÈRE.

NOTATION ET FORMULES D'INTERPOLATION.

§ 1.

Du signe $\sum\limits_{\alpha=n}^{\alpha=m}$.

u_α terme général d'une suite, l'indice α pouvant recevoir toutes les valeurs réelles entières depuis zéro jusqu'à $\pm\infty$; m, n et p nombres réels entiers positifs (zéro compris).

(1) $$\sum_{\alpha=m}^{\alpha=m+n} u_\alpha = u_m + u_{m+1} + u_{m+2} + \ldots + u_{m+n}$$

somme algébrique de $n+1$ termes, dont le premier est u_m et le dernier u_{m+n}; $m+n$ limite supérieure, m limite inférieure de la somme.

(2) $$\sum_{\alpha=m-n}^{\alpha=m} u_\alpha = u_{m-n} + u_{m-n+1} + \ldots + u_{m-1} + u_m$$

somme algébrique de $n+1$ termes, dont le premier est u_{m-n} et le dernier u_m. Ici m est la limite supérieure et $m-n$ la limite inférieure, n pouvant être $> m$.

(3) $\sum\limits_{\alpha=m}^{\alpha=m} u_\alpha = u_m$, (4) $\sum\limits_{\alpha=m}^{\alpha=m+n+p} u_\alpha = \sum\limits_{\alpha=m}^{\alpha=m+p+n} u_\alpha$, (5) $\sum\limits_{\alpha=m}^{\alpha=m+n+p} u_\alpha = \sum\limits_{\alpha=m}^{\alpha=m+n} u_\alpha + \sum\limits_{\alpha=m+n+1}^{\alpha=m+n+p} u_\alpha$,

(6) $\sum\limits_{\alpha=m}^{\alpha=m+n-p} u_\alpha = \sum\limits_{\alpha=m}^{\alpha=m+n} u_\alpha - \sum\limits_{\alpha=m+n-p+1}^{\alpha=m+n} u_\alpha$, (7) $\sum\limits_{\alpha=m}^{\alpha=m-1} u_\alpha = 0$, (8) $\sum\limits_{\alpha=m}^{\alpha=m-p} u_\alpha = -\sum\limits_{\alpha=m-p+1}^{\alpha=m-1} u_\alpha$.

§ 2.

Du signe $\mathop{\mathbf{P}}\limits_{\alpha=n}^{\alpha=m}$.

u_α terme général d'une suite, l'indice α pouvant recevoir toutes les valeurs réelles entières depuis zéro jusqu'à $\pm\infty$, m, n et p nombres réels entiers positifs (zéro compris).

$$(1)\qquad \mathop{\mathbf{P}}\limits_{\alpha=m}^{\alpha=m+n} u_\alpha = u_m \times u_{m+1} \times \ldots \times u_{m+n}$$

produit algébrique de $n+1$ facteurs, dont le premier est u_m et le dernier u_{m+n}, $m+n$ limite supérieure, m limite inférieure du produit.

$$(2)\qquad \mathop{\mathbf{P}}\limits_{\alpha=m-n}^{\alpha=m} u_\alpha = u_{m-n} \times u_{m-n+1} \times \ldots \times u_{m-1} \times u_m$$

produit algébrique de $n+1$ facteurs, dont le premier est u_{m-n} et le dernier u_m. m est ici la limite supérieure, $m-n$ la limite inférieure, n pouvant être $> m$.

$$(3)\quad \mathop{\mathbf{P}}\limits_{\alpha=m}^{\alpha=m} u_\alpha = u_m, \qquad (4)\quad \mathop{\mathbf{P}}\limits_{\alpha=m}^{\alpha=m+n+p} u_\alpha = \mathop{\mathbf{P}}\limits_{\alpha=m}^{\alpha=m+p+n} u_\alpha, \qquad (5)\quad \mathop{\mathbf{P}}\limits_{\alpha=m}^{\alpha=m+n+p} u_\alpha = \mathop{\mathbf{P}}\limits_{\alpha=m}^{\alpha=m+n} u_\alpha \times \mathop{\mathbf{P}}\limits_{\alpha=m+n+1}^{\alpha=m+n+p} u_\alpha,$$

$$(6)\quad \mathop{\mathbf{P}}\limits_{\alpha=m}^{\alpha=m+n-p} u_\alpha = \mathop{\mathbf{P}}\limits_{\alpha=m}^{\alpha=m+n} u_\alpha : \mathop{\mathbf{P}}\limits_{\alpha=m+n-p+1}^{\alpha=m+n} u_\alpha, \qquad (7)\quad \mathop{\mathbf{P}}\limits_{\alpha=m}^{\alpha=m-1} u_\alpha = 1, \qquad (8)\quad \mathop{\mathbf{P}}\limits_{\alpha=m}^{\alpha=m-p} u_\alpha = 1 : \mathop{\mathbf{P}}\limits_{\alpha=m-p+1}^{\alpha=m-1} u_\alpha.$$

§ 3.

De la factorielle $a^{m/d}$.

a, d nombres réels quelconques (zéro excepté); m et n nombres réels entiers positifs (zéro compris).

$$(1)\qquad a^{m/d} = a(a+d)(a+2d)\ldots[a+(m-2)d][a+(m-1)d],$$

produit de m facteurs en progression arithmétique.

a base de la factorielle, d sa raison, m son exposant.

$$(2)\quad a^{m/d} = [a+(m-1)d]^{m/-d}, \qquad (3)\quad a^{m/d} = a^m . 1^{m/\frac{d}{a}} = a^m\left[1+(m-1)\frac{d}{a}\right]^{m/-\frac{d}{a}}, \qquad (4)\quad a^{1/d} = a,$$

$$(5)\quad a^{m+n/d} = a^{m/d}(a+md)^{n/d} = a^{n/d}(a+nd)^{m/d}, \qquad (6)\quad a^{m-n/d} = \frac{a^{m/d}}{[a+(m-n)d]^{n/d}} = \frac{a^{m/d}}{[a+(m-1)d]^{n/-d}},$$

$$(7)\quad a^{0/d} = 1, \qquad (8)\quad a^{-n/d} = \frac{1}{(a-nd)^{n/d}} = \frac{1}{(a-d)^{n/-d}}, \qquad (9)\quad a^{-n/d} = a^{-n} . 1^{-n/\frac{d}{a}},$$

$$(10)\quad a^{-n/d} = [a-(n+1)d]^{-n/-d}, \qquad (11)\quad a^{-m-n/d} = a^{-m/d}(a-md)^{-n/d} = a^{-n/d}(a-nd)^{-m/d}.$$

N. B. 1° Quand $d = 0$, les factorielles se transforment en puissances.

2° Pour abréger, on représente souvent la factorielle $1^{m/1} = 1.2.3\ldots m$ par $m!$, de sorte que $0! = 1$ et $1! = 1$.

§ 4.

Notation de quelques nombres particuliers.

i unité imaginaire (*Introduction*, § 1).

$e = 2,71828\,18284\,59045$ (*Introduction*, § 2), $\quad \pi = 3,14159\,26535\,89793$ (*Introduction*, § 7);

$\frac{1}{e} = 0,36787\,94411\,71442$, $\quad \frac{1}{\pi} = 0,31830\,98861\,83791$.

$B_{2\alpha-1}$, $\alpha^{\text{ième}}$ nombre de Bernoulli; on a

$$B_1 = \frac{1}{6},\quad B_3 = \frac{1}{30},\quad B_5 = \frac{1}{42},\quad B_7 = \frac{1}{30},\quad B_9 = \frac{5}{66}.$$

$E_{2\alpha-1}$, $\alpha^{\text{ième}}$ nombre d'Euler; on a

$$E_1 = 1,\quad E_3 = 5,\quad E_5 = 61,\quad E_7 = 1385,\quad E_9 = 50521.$$

N. B. On a $\pi = \frac{355}{113}$, avec une erreur par excès inférieure à 0,000 000 3.

§ 5.

Formules d'interpolation.

m étant un nombre réel positif, soient

$$y_0,\ y_1,\ y_2, \ldots,\ y_m$$

les valeurs de la fonction y_x correspondant aux valeurs

$$x_0,\ x_1,\ x_2, \ldots,\ x_m$$

de la variable x. Il se présente ici deux cas, savoir :

1° Les différences $x_1 - x_0$, $x_2 - x_1, \ldots,$ $x_m - x_{m-1}$ sont inégales;

2° Ces différences sont *toutes* égales.

Premier cas. — *Interpolation à différences inégales de la variable.*

Soient

$$\delta_0^1 = \frac{y_1 - y_0}{x_1 - x_0},\qquad \delta_1^1 = \frac{y_2 - y_1}{x_2 - x_1}, \ldots,\qquad \delta_\alpha^1 = \frac{y_{\alpha+1} - y_\alpha}{x_{\alpha+1} - x_\alpha};$$

$$\delta_0^2 = \frac{\delta_1^1 - \delta_0^1}{x_2 - x_0},\qquad \delta_1^2 = \frac{\delta_2^1 - \delta_1^1}{x_3 - x_1}, \ldots,\qquad \delta_\alpha^2 = \frac{\delta_{\alpha+1}^1 - \delta_\alpha^1}{x_{\alpha+2} - x_\alpha};$$

$$\ldots\ldots\ldots\ldots,\qquad \ldots\ldots\ldots\ldots\ldots\ldots,\qquad \ldots\ldots\ldots\ldots\ldots;$$

$$\delta_0^\beta = \frac{\delta_1^{\beta-1} - \delta_0^{\beta-1}}{x_\beta - x_0},\quad \delta_1^\beta = \frac{\delta_2^{\beta-1} - \delta_1^{\beta-1}}{x_{\beta+1} - x_1}, \ldots,\quad \delta_\alpha^\beta = \frac{\delta_{\alpha+1}^{\beta-1} - \delta_\alpha^{\beta-1}}{x_{\beta+\alpha} - x_\alpha};$$

de plus

$$\delta_u^0 = y_u \quad \text{et} \quad x_0 < x < x_m;$$

on aura

$$(1)\quad y_x = y_0 + \sum_{\beta=1}^{\beta=\beta} \delta_0^\beta \prod_{\alpha=0}^{\alpha=\beta-1} (x - x_\alpha) = y_0 + (x - x_0)\delta_0^1 + (x - x_0)(x - x_1)\delta_0^2 + (x - x_0)(x - x_1)(x - x_2)\delta_0^3 + \ldots$$

Deuxième cas. — *Interpolation à différences égales de la variable.*

Posant

$$x_1 - x_0 = d,$$

on a dans ce cas

$$x_\alpha = x_0 + \alpha d;$$

par conséquent

$$\prod_{\alpha=0}^{\alpha=\beta-1} (x - x_\alpha) = (x - x_0)^{\beta/-d}.$$

Faisant ensuite

$$\Delta_\alpha^1 = y_{\alpha+1} - y_\alpha,\quad \Delta_\alpha^2 = \Delta_{\alpha+1}^1 - \Delta_\alpha^1, \ldots,\quad \Delta_\alpha^\beta = \Delta_{\alpha+1}^{\beta-1} - \Delta_\alpha^{\beta-1};$$

de plus

$$\Delta_\alpha^0 = y_\alpha \quad \text{et} \quad x_0 < x < x_0 + md;$$

il viendra encore

$$\delta_\alpha^\beta = \frac{1}{1^{\beta/1}}\,\frac{\Delta_\alpha^\beta}{d^\beta},$$

de sorte que la formule du premier cas se transforme en celle-ci :

$$(2)\qquad y_x = y_0 + \sum_{\beta=1}^{\beta=\beta} \frac{(x-x_0)^{\beta/-d}}{1^{\beta/1}}\,\frac{\Delta_0^\beta}{d^\beta} = y_0 + (x-x_0)\,\frac{\Delta_0^1}{d} + \frac{(x-x_0)^{2/-d}}{1^{2/1}}\,\frac{\Delta_0^2}{d^2} + \frac{(x-x_0)^{3/-d}}{1^{3/1}}\,\frac{\Delta_0^3}{d^3} + \ldots,$$

formule qui, pour $d = 1$ et $x - x_0 = n$, devient

$$(3)\qquad y_{x_0+n} = y_0 + \sum_{\beta=1}^{\beta=\beta} \frac{n^{\beta/-1}}{1^{\beta/1}}\,\Delta_0^\beta = y_0 + n\,\Delta_0^1 + \frac{n^{2/-1}}{1^{2/1}}\,\Delta_0^2 + \frac{n^{3/-1}}{1^{3/1}}\,\Delta_0^3 + \ldots.$$

N. B. Il est évident que la formule (1) s'applique au cas où toutes les différences ne seraient pas inégales.

SECTION II.

FORMULES RELATIVES AUX LOGARITHMES NATURELS ET AUX FONCTIONS EXPONENTIELLES, CIRCULAIRES ET HYPERBOLIQUES.

§ 6.

Des logarithmes.

a nombre réel positif > 1, N nombre réel positif quelconque, ${}^a\log N$ logarithme de N par rapport à la base a.

(1) $a^{{}^a\log N} = N$, (2) ${}^e\log N = \mathbf{loh}\,N$, (3) ${}^{10}\log N = \mathbf{Lov}\,N$ (*Introduction*, § 2),

(4) $1 = \mathbf{loh}\,a.{}^a\log e = \mathbf{Lov}\,a.{}^a\log 10 = \mathbf{loh}\,10.\mathbf{Lov}\,e$.

Suites logarithmiques.

x nombre réel positif $\overline{\overline{<}}\, 1$, y et z nombres réels positifs quelconques.

(1) $\mathbf{loh}(1+x) = \sum_{\alpha=1}^{\alpha=\infty} (-1)^{\alpha-1}\frac{x^\alpha}{\alpha}$,

(2) $\mathbf{loh}(1+ix) = \sum_{\alpha=1}^{\alpha=\infty} (-1)^{\alpha-1}\frac{x^{2\alpha}}{2\alpha} + i\sum_{\alpha=0}^{\alpha=\infty} (-1)^{\alpha}\frac{x^{2\alpha+1}}{2\alpha+1}$;

(3) $\mathbf{loh}(1-x) = -\sum_{\alpha=1}^{\alpha=\infty} \frac{x^\alpha}{\alpha}$,

(4) $\mathbf{loh}(1-ix) = \sum_{\alpha=1}^{\alpha=\infty} (-1)^{\alpha-1}\frac{x^{2\alpha}}{2\alpha} - i\sum_{\alpha=0}^{\alpha=\infty} (-1)^{\alpha}\frac{x^{2\alpha+1}}{2\alpha+1}$;

(5) $\mathbf{loh}(1-x^2) = -2\sum_{\alpha=1}^{\alpha=\infty} \frac{x^{2\alpha}}{2\alpha}$,

(6) $\mathbf{loh}(1+x^2) = 2\sum_{\alpha=1}^{\alpha=\infty} (-1)^{\alpha-1}\frac{x^{2\alpha}}{2\alpha}$;

(7) $\mathbf{loh}\,\frac{1+x}{1-x} = 2\sum_{\alpha=0}^{\alpha=\infty} \frac{x^{2\alpha+1}}{2\alpha+1}$,

(8) $\mathbf{loh}\,\frac{1+ix}{1-ix} = 2i\sum_{\alpha=0}^{\alpha=\infty} (-1)^{\alpha}\frac{x^{2\alpha+1}}{2\alpha+1}$;

(9) $$\mathbf{loh}(2y+z) = \mathbf{loh}\,2 + \mathbf{loh}(y+z) + \sum_{\alpha=1}^{\alpha=\infty}(-1)^{\alpha}\frac{1}{\alpha}\left(\frac{z}{2y+z}\right)^{\alpha} = \mathbf{loh}\,2 + \mathbf{loh}\,y + \sum_{\alpha=1}^{\alpha=\infty}\frac{1}{\alpha}\left(\frac{z}{2y+z}\right)^{\alpha}$$

$$= \mathbf{loh}\,2 + \frac{1}{2}\mathbf{loh}\,y + \frac{1}{2}\mathbf{loh}(y+z) + \sum_{\alpha=1}^{\alpha=\infty}\frac{1}{2\alpha}\left(\frac{z}{2y+z}\right)^{2\alpha};$$

(10) $$\mathbf{loh}(y+2z) = \mathbf{loh}(y+z) + \sum_{\alpha=1}^{\alpha=\infty}(-1)^{\alpha-1}\frac{1}{\alpha}\left(\frac{z}{y+z}\right)^{\alpha} = 2\,\mathbf{loh}(y+z) - \mathbf{loh}\,y - 2\sum_{\alpha=1}^{\alpha=\infty}\frac{1}{2\alpha}\left(\frac{z}{y+z}\right)^{2\alpha}$$

$$= \mathbf{loh}\,y + 2\sum_{\alpha=0}^{\alpha=\infty}\frac{1}{2\alpha+1}\left(\frac{z}{y+z}\right)^{2\alpha+1};$$

(11) $$\mathbf{loh}(y+z) = \mathbf{loh}\,y + \sum_{\alpha=1}^{\alpha=\infty}\frac{1}{\alpha}\left(\frac{z}{y+z}\right)^{\alpha} = \mathbf{loh}\,2 + \mathbf{loh}\,y - \sum_{\alpha=1}^{\alpha=\infty}(-1)^{\alpha-1}\frac{1}{\alpha}\left(\frac{y-z}{y+z}\right)^{\alpha}$$

$$= \mathbf{loh}\,2 + \frac{1}{2}\mathbf{loh}\,y + \frac{1}{2}\mathbf{loh}\,z + \sum_{\alpha=1}^{\alpha=\infty}\frac{1}{2\alpha}\left(\frac{y-z}{y+z}\right)^{2\alpha} = \mathbf{loh}\,y + 2\sum_{\alpha=0}^{\alpha=\infty}\frac{1}{2\alpha+1}\left(\frac{z}{2y+z}\right)^{2\alpha+1};$$

(12) $$\mathbf{loh}\,y = \mathbf{loh}\,z + 2\sum_{\alpha=0}^{\alpha=\infty}\frac{1}{2\alpha+1}\left(\frac{y-z}{y+z}\right)^{2\alpha+1}.$$

N. B. Les radicaux étant pris dans le sens arithmétique, on a encore :

1° Pour $y > z$,

(13) $$\mathbf{loh}(y+z) = \mathbf{loh}\sqrt{y^2-z^2} + 2\sum_{\alpha=0}^{\alpha=\infty}\frac{1}{2\alpha+1}\left(\frac{y-\sqrt{y^2-z^2}}{z}\right)^{2\alpha+1};$$

(14) $$\mathbf{loh}(y-z) = \mathbf{loh}\sqrt{y^2-z^2} - 2\sum_{\alpha=0}^{\alpha=\infty}\frac{1}{2\alpha+1}\left(\frac{y-\sqrt{y^2-z^2}}{z}\right)^{2\alpha+1};$$

(15) $$\mathbf{loh}\frac{y+z}{y-z} = 4\sum_{\alpha=0}^{\alpha=\infty}\frac{1}{2\alpha+1}\left(\frac{y-\sqrt{y^2-z^2}}{z}\right)^{2\alpha+1};$$

2° Pour $y \gtrless z$,

(16) $$\mathbf{loh}(y+iz) = \mathbf{loh}\sqrt{y^2+z^2} + 2i\sum_{\alpha=0}^{\alpha=\infty}(-1)^{\alpha}\frac{1}{2\alpha+1}\left(\frac{\sqrt{y^2+z^2}-y}{z}\right)^{2\alpha+1};$$

(17) $$\mathbf{loh}(y-iz) = \mathbf{loh}\sqrt{y^2+z^2} - 2i\sum_{\alpha=0}^{\alpha=\infty}(-1)^{\alpha}\frac{1}{2\alpha+1}\left(\frac{\sqrt{y^2+z^2}-y}{z}\right)^{2\alpha+1};$$

(18) $$\mathbf{loh}\frac{y+iz}{y-iz} = 4i\sum_{\alpha=0}^{\alpha=\infty}(-1)^{\alpha}\frac{1}{2\alpha+1}\left(\frac{\sqrt{y^2+z^2}-y}{z}\right)^{2\alpha+1}.$$

§ 7.

Des fonctions exponentielles.

a nombre réel positif > 1, N et x nombres réels positifs quelconques (*Introduction*, §§ 2 et 4).

(1) $$e^{x} = \sum_{\alpha=0}^{\alpha=\infty}\frac{x^{\alpha}}{1^{\alpha/1}};$$

(2) $$e^{ix} = \sum_{\alpha=0}^{\alpha=\infty}(-1)^{\alpha}\frac{x^{2\alpha}}{1^{2\alpha/1}} + i\sum_{\alpha=0}^{\alpha=\infty}(-1)^{\alpha}\frac{x^{2\alpha+1}}{1^{2\alpha+1/1}};$$

(3) $$e^{-x} = \sum_{\alpha=0}^{\alpha=\infty} (-1)^{\alpha} \frac{x^{\alpha}}{1^{\alpha/1}};$$

(4) $$e^{-ix} = \sum_{\alpha=0}^{\alpha=\infty} (-1)^{\alpha} \frac{x^{2\alpha}}{1^{2\alpha/1}} - i \sum_{\alpha=0}^{\alpha=\infty} (-1)^{\alpha} \frac{x^{2\alpha+1}}{1^{2\alpha+1/1}};$$

(5) $$a^{x} = \sum_{\alpha=0}^{\alpha=\infty} \frac{(x \,\mathbf{loh}\, a)^{\alpha}}{1^{\alpha/1}} = \sum_{\alpha=0}^{\alpha=\infty} \frac{1}{1^{\alpha/1}} \left(\frac{x}{{}^{a}\log e}\right)^{\alpha};$$

(6) $$\mathrm{N} = \sum_{\alpha=0}^{\alpha=\infty} \frac{1}{1^{\alpha/1}} (\mathbf{loh}\,\mathrm{N})^{\alpha} = \sum_{\alpha=0}^{\alpha=\infty} \frac{1}{1^{\alpha/1}} \left(\frac{{}^{a}\log \mathrm{N}}{{}^{a}\log e}\right)^{\alpha};$$

N. B. On a aussi

(7) $$\mathbf{loh}(1^{m/1}) = \mathbf{loh}\sqrt{2\pi} + m \,\mathbf{loh}\, m + \mathbf{loh}\sqrt{m} - m + \sum_{\alpha=1}^{\alpha=k} (-1)^{\alpha-1} \frac{\mathrm{B}_{2\alpha-1}}{2\alpha(2\alpha-1)\,m^{2\alpha-1}} + (-1)^{k} \mathrm{R}_k$$

où m est un nombre entier positif, k l'indice du terme auquel on arrête la suite, $\mathrm{B}_{2\alpha-1}$ (*voir* Section I, § 4); enfin R_k est le reste, savoir :

$$\mathrm{R}_k = \theta \frac{\mathrm{B}_{2k+1}}{(2k+2)(2k+1)\,m^{2k+1}} \quad \text{pour} \quad 0 < \theta < 1.$$

§ 8.

Des fonctions circulaires et hyperboliques (voir *Introduction*, §§ 3 et 4).
x nombre réel positif quelconque.

(1) $$\mathbf{Cosh}\, x = \sum_{\alpha=0}^{\alpha=\infty} \frac{x^{2\alpha}}{1^{2\alpha/1}},$$

(2) $$\cos x = \sum_{\alpha=0}^{\alpha=\infty} (-1)^{\alpha} \frac{x^{2\alpha}}{1^{2\alpha/1}};$$

(3) $$\mathbf{Sih}\, x = \sum_{\alpha=0}^{\alpha=\infty} \frac{x^{2\alpha+1}}{1^{2\alpha+1/1}},$$

(4) $$\sin x = \sum_{\alpha=0}^{\alpha=\infty} (-1)^{\alpha} \frac{x^{2\alpha+1}}{1^{2\alpha+1/1}};$$

(5) $$\mathbf{Tah}\, x = 2 \sum_{\alpha=1}^{\alpha=\infty} (-1)^{\alpha-1} \frac{(2^{2\alpha}-1)\,\mathrm{B}_{2\alpha-1}}{1^{2\alpha/1}} (2x)^{2\alpha-1},$$

(6) $$\mathrm{tang}\, x = 2 \sum_{\alpha=1}^{\alpha=\infty} \frac{(2^{2\alpha}-1)\,\mathrm{B}_{2\alpha-1}}{1^{2\alpha/1}} (2x)^{2\alpha-1};$$

(7) $$\mathbf{Coth}\, x = \frac{1}{x} + 2 \sum_{\alpha=1}^{\alpha=\infty} (-1)^{\alpha-1} \frac{\mathrm{B}_{2\alpha-1}}{1^{2\alpha/1}} (2x)^{2\alpha-1},$$

(8) $$\cot x = \frac{1}{x} - 2 \sum_{\alpha=1}^{\alpha=\infty} \frac{\mathrm{B}_{2\alpha-1}}{1^{2\alpha/1}} (2x)^{2\alpha-1};$$

(9) $$\mathbf{S\acute{e}h}\, x = 1 + \sum_{\alpha=1}^{\alpha=\infty} (-1)^{\alpha} \frac{\mathrm{E}_{2\alpha-1}}{1^{2\alpha/1}} x^{2\alpha},$$

(10) $$\mathrm{s\acute{e}c}\, x = 1 + \sum_{\alpha=1}^{\alpha=\infty} \frac{\mathrm{E}_{2\alpha-1}}{1^{2\alpha/1}} x^{2\alpha};$$

(11) $$\mathbf{Cos\acute{e}h}\, x = \frac{1}{x} + 2 \sum_{\alpha=1}^{\alpha=\infty} (-1)^{\alpha} \frac{(2^{2\alpha-1}-1)\,\mathrm{B}_{2\alpha-1}}{1^{2\alpha/1}} x^{2\alpha-1},$$

(12) $$\mathrm{cos\acute{e}c}\, x = \frac{1}{x} + 2 \sum_{\alpha=1}^{\alpha=\infty} \frac{(2^{2\alpha-1}-1)\,\mathrm{B}_{2\alpha-1}}{1^{2\alpha/1}} x^{2\alpha-1};$$

(13) $\mathbf{Sih}(-x) = -\mathbf{Sih}\, x,$ (14) $\sin(-x) = -\sin x;$

(15) $\mathbf{Cosh}(-x) = \mathbf{Cosh}\, x,$ (16) $\cos(-x) = \cos x;$

(17) $\mathbf{Tah}(-x) = -\mathbf{Tah}\, x,$ (18) $\mathrm{tang}(-x) = -\mathrm{tang}\, x;$

(19) $\mathbf{Coth}(-x) = -\mathbf{Coth}\, x,$ (20) $\cot(-x) = -\cot x;$

(21) $\mathbf{S\acute{e}h}(-x) = \mathbf{S\acute{e}h}\, x,$ (22) $\mathrm{s\acute{e}c}(-x) = \mathrm{s\acute{e}c}\, x;$

(23) $\mathbf{Cos\acute{e}h}(-x) = -\mathbf{Cos\acute{e}h}\, x,$ (24) $\mathrm{cos\acute{e}c}(-x) = -\mathrm{cos\acute{e}c}\, x;$

(25) $\mathbf{Cosh}(ix) = \cos x$,

(26) $\cos(ix) = \mathbf{Cosh}\,x$;

(27) $\mathbf{Sih}(ix) = i\sin x$,

(28) $\sin(ix) = i\,\mathbf{Sih}\,x$;

(29) $\mathbf{Tah}(ix) = i\,\mathrm{tang}\,x$,

(30) $\mathrm{tang}(ix) = i\,\mathbf{Tah}\,x$;

(31) $\mathbf{Coth}(ix) = \frac{1}{i}\cot x$,

(32) $\cot(ix) = \frac{1}{i}\mathbf{Coth}\,x$;

(33) $\mathbf{Séh}(ix) = \mathrm{séc}\,x$,

(34) $\mathrm{séc}(ix) = \mathbf{Séh}\,x$;

(35) $\mathbf{Coséh}(ix) = \frac{1}{i}\,\mathrm{coséc}\,x$,

(36) $\mathrm{coséc}(ix) = \frac{1}{i}\,\mathbf{Coséh}\,x$.

N. B. (*Introduction*, § 5). Il résulte des formules (3) et (4) du présent paragraphe qu'on a

$$\mathbf{Arh}\,(\mathbf{Sih} = x) < x, \qquad \mathrm{arc}\,(\sin = x) > x.$$

§ 9.

Relations entre les fonctions circulaires ou hyperboliques d'un même argument x.

(1) $\mathbf{Cosh}^2 x - \mathbf{Sih}^2 x = 1$,

(2) $\cos^2 x + \sin^2 x = 1$;

(3) $\mathbf{Coth}^2 x - \mathbf{Coséh}^2 x = 1$,

(4) $\mathrm{coséc}^2 x - \cot^2 x = 1$;

(5) $\mathbf{Séh}^2 x + \mathbf{Tah}^2 x = 1$,

(6) $\mathrm{séc}^2 x - \mathrm{tang}^2 x = 1$;

(7) $\mathbf{Cosh}\,x + \mathbf{Sih}\,x = \frac{1}{\mathbf{Cosh}\,x - \mathbf{Sih}\,x}$,

(8) $\cos x + i\sin x = \frac{1}{\cos x - i\sin x}$;

(9) $\mathbf{Séh}\,x\,\mathbf{Cosh}\,x = 1$,

(10) $\mathrm{séc}\,x\cos x = 1$;

(11) $\mathbf{Sih}\,x\,\mathbf{Coséh}\,x = 1$,

(12) $\sin x\,\mathrm{coséc}\,x = 1$;

(13) $\mathbf{Tah}\,x\,\mathbf{Coth}\,x = 1$,

(14) $\mathrm{tang}\,x\cot x = 1$;

(15) $\mathbf{Cosh}\,2x + \mathbf{Sih}\,2x = \frac{\mathbf{Cosh}\,x + \mathbf{Sih}\,x}{\mathbf{Cosh}\,x - \mathbf{Sih}\,x} = \frac{1 + \mathbf{Tah}\,x}{1 - \mathbf{Tah}\,x} = \frac{\mathbf{Coth}\,x + 1}{\mathbf{Coth}\,x - 1}$,

(16) $\cos 2x + i\sin 2x = \frac{\cos x + i\sin x}{\cos x - i\sin x} = \frac{1 + i\,\mathrm{tang}\,x}{1 - i\,\mathrm{tang}\,x} = \frac{\cot x + i}{\cot x - i}$;

(17) $\mathbf{Cosh}\,2x - \mathbf{Sih}\,2x = \frac{\mathbf{Cosh}\,x - \mathbf{Sih}\,x}{\mathbf{Cosh}\,x + \mathbf{Sih}\,x}$,

(18) $\cos 2x - i\sin 2x = \frac{\cos x - i\sin x}{\cos x + i\sin x}$.

§ 10.

Conséquences des équations $e^{\pm x} = \mathbf{Cosh}\,x \pm \mathbf{Sih}\,x$ *et* $e^{\pm ix} = \cos x \pm i\sin x$.

N. B. On prend ou les signes supérieurs ou les signes inférieurs. Quand l'exposant est un nombre fractionnaire, les formules (5) et (6) se prennent dans le sens arithmétique.

(1) $\mathbf{Cosh}(x+y) \pm \mathbf{Sih}(x+y) = (\mathbf{Cosh}\,x \pm \mathbf{Sih}\,x)(\mathbf{Cosh}\,y \pm \mathbf{Sih}\,y)$,

(2) $\cos(x+y) \pm i\sin(x+y) = (\cos x \pm i\sin x)(\cos y \pm i\sin y)$;

(3) $\mathbf{Cosh}(x-y) \pm \mathbf{Sih}(x-y) = \frac{\mathbf{Cosh}\,x \pm \mathbf{Sih}\,x}{\mathbf{Cosh}\,y \pm \mathbf{Sih}\,y}$,

(4) $\cos(x-y) \pm i\sin(x-y) = \frac{\cos x \pm i\sin x}{\cos y \pm i\sin y}$;

(5) $\mathbf{Cosh}(xy) \pm \mathbf{Sih}(xy) = (\mathbf{Cosh}\,x \pm \mathbf{Sih}\,x)^y = (\mathbf{Cosh}\,y \pm \mathbf{Sih}\,y)^x$,

(6) $\cos(xy) \pm i\sin(xy) = (\cos x \pm i\sin x)^y = (\cos y \pm i\sin y)^x$;

(7) $$x = \text{loh}(\text{Cosh}\,x + \text{Sih}\,x) = \frac{1}{2}\,\text{loh}\,\frac{1+\text{Tah}\,x}{1-\text{Tah}\,x} = 2\sum_{\alpha=0}^{\alpha=\infty}\frac{1}{2\alpha+1}\left(\frac{\text{Cosh}\,x-1}{\text{Sih}\,x}\right)^{2\alpha+1} = \sum_{\alpha=0}^{\alpha=\infty}\frac{1}{2\alpha+1}(\text{Tah}\,x)^{2\alpha+1},$$

(8) $$ix = \text{loh}(\cos x + i\sin x) = \frac{1}{2}\,\text{loh}\,\frac{1+i\,\text{tang}\,x}{1-i\,\text{tang}\,x} = 2i\sum_{\alpha=0}^{\alpha=\infty}(-1)^{\alpha}\frac{1}{2\alpha+1}\left(\frac{1-\cos x}{\sin x}\right)^{2\alpha+1} = i\sum_{\alpha=0}^{\alpha=\infty}(-1)^{\alpha}\frac{1}{2\alpha+1}(\text{tang}\,x)^{2\alpha+1}.$$

N. B. (*Introduction*, § 6). De la formule (7) il résulte

(9) $$\text{L}x = \frac{1}{2}\,\text{loh}\,\frac{1+\sin x}{1-\sin x} = \text{loh}(\text{séc}\,x + \text{tang}\,x) = \sum_{\alpha=0}^{\alpha=\infty}\frac{1}{2\alpha+1}(\sin x)^{2\alpha+1} = 2\sum_{\alpha=0}^{\alpha=\infty}\frac{1}{2\alpha+1}\left(\frac{1-\cos x}{\sin x}\right)^{2\alpha+1}.$$

§ 11.

Fonctions circulaires et hyperboliques de la somme ou de la différence de deux arcs.

(1) $\text{Sih}(x+y) = \text{Sih}\,x\,\text{Cosh}\,y + \text{Sih}\,y\,\text{Cosh}\,x,$

(2) $\sin(x+y) = \sin x\cos y + \sin y\cos x;$

(3) $\text{Sih}(x-y) = \text{Sih}\,x\,\text{Cosh}\,y - \text{Sih}\,y\,\text{Cosh}\,x,$

(4) $\sin(x-y) = \sin x\cos y - \sin y\cos x;$

(5) $\text{Cosh}(x+y) = \text{Cosh}\,x\,\text{Cosh}\,y + \text{Sih}\,x\,\text{Sih}\,y,$

(6) $\cos(x+y) = \cos x\cos y - \sin x\sin y;$

(7) $\text{Cosh}(x-y) = \text{Cosh}\,x\,\text{Cosh}\,y - \text{Sih}\,x\,\text{Sih}\,y,$

(8) $\cos(x-y) = \cos x\cos y + \sin x\sin y;$

(9) $\text{Tah}(x+y) = \dfrac{\text{Tah}\,x+\text{Tah}\,y}{1+\text{Tah}\,x\,\text{Tah}\,y},$

(10) $\text{tang}(x+y) = \dfrac{\text{tang}\,x+\text{tang}\,y}{1-\text{tang}\,x\,\text{tang}\,y};$

(11) $\text{Tah}(x-y) = \dfrac{\text{Tah}\,x-\text{Tah}\,y}{1-\text{Tah}\,x\,\text{Tah}\,y},$

(12) $\text{tang}(x-y) = \dfrac{\text{tang}\,x-\text{tang}\,y}{1+\text{tang}\,x\,\text{tang}\,y};$

(13) $\text{Coth}(x\pm y) = \dfrac{1\pm\text{Tah}\,x\,\text{Tah}\,y}{\text{Tah}\,x\pm\text{Tah}\,y},$

(14) $\cot(x\pm y) = \dfrac{1\mp\text{tang}\,x\,\text{tang}\,y}{\text{tang}\,x\pm\text{tang}\,y};$

(15) $\text{Séh}(x\pm y) = \dfrac{\text{Séh}\,x\,\text{Séh}\,y}{1\pm\text{Tah}\,x\,\text{Tah}\,y},$

(16) $\text{séc}(x\pm y) = \dfrac{\text{séc}\,x\,\text{séc}\,y}{1\mp\text{tang}\,x\,\text{tang}\,y};$

(17) $\text{Coséh}(x\pm y) = \dfrac{\text{Coséh}\,x\,\text{Coséh}\,y}{\text{Coth}\,y\pm\text{Coth}\,x},$

(18) $\text{coséc}(x\pm y) = \dfrac{\text{coséc}\,x\,\text{coséc}\,y}{\cot y\pm\cot x};$

(19) $\text{Cosh}\,2x = \text{Cosh}^2x + \text{Sih}^2x,$

(20) $\cos 2x = \cos^2x - \sin^2x;$

(21) $\text{Sih}\,2x = 2\,\text{Sih}\,x\,\text{Cosh}\,x,$

(22) $\sin 2x = 2\sin x\cos x;$

(23) $\text{Tah}\,2x = \dfrac{2\,\text{Tah}\,x}{1+\text{Tah}^2x} = \dfrac{2\,\text{Coth}\,x}{\text{Coth}^2x+1} = \dfrac{2}{\text{Coth}\,x+\text{Tah}\,x},$

(24) $\text{tang}\,2x = \dfrac{2\,\text{tang}\,x}{1-\text{tang}^2x} = \dfrac{2\cot x}{\cot^2x-1} = \dfrac{2}{\cot x-\text{tang}\,x};$

(25) $\text{Coth}\,2x = \dfrac{1+\text{Tah}^2x}{2\,\text{Tah}\,x} = \dfrac{\text{Coth}\,x+\text{Tah}\,x}{2}.$

(26) $\cot 2x = \dfrac{1-\text{tang}^2x}{2\,\text{tang}\,x} = \dfrac{\cot x-\text{tang}\,x}{2};$

(27) $\text{Séh}\,2x = \dfrac{\text{Séh}^2x}{1+\text{Tah}^2x},$

(28) $\text{séc}\,2x = \dfrac{\text{séc}^2x}{1-\text{tang}^2x};$

(29) $\text{Coséh}\,2x = \dfrac{\text{Coséh}^2x}{2\,\text{Coth}\,x},$

(30) $\text{coséc}\,2x = \dfrac{\text{coséc}^2x}{2\cot x};$

§ 12.

Sommes et différences de fonctions circulaires et hyperboliques exprimées en produits des mêmes fonctions.

(1) $\mathrm{Cosh}\,a = \mathrm{Cosh}\,\frac{a+b}{2}\,\mathrm{Cosh}\,\frac{a-b}{2} + \mathrm{Sih}\,\frac{a+b}{2}\,\mathrm{Sih}\,\frac{a-b}{2}$,

(2) $\cos a = \cos\frac{a+b}{2}\cos\frac{a-b}{2} - \sin\frac{a+b}{2}\sin\frac{a-b}{2}$;

(3) $\mathrm{Cosh}\,b = \mathrm{Cosh}\,\frac{a+b}{2}\,\mathrm{Cosh}\,\frac{a-b}{2} - \mathrm{Sih}\,\frac{a+b}{2}\,\mathrm{Sih}\,\frac{a-b}{2}$,

(4) $\cos b = \cos\frac{a+b}{2}\cos\frac{a-b}{2} + \sin\frac{a+b}{2}\sin\frac{a-b}{2}$;

(5) $\mathrm{Sih}\,a = \mathrm{Sih}\,\frac{a+b}{2}\,\mathrm{Cosh}\,\frac{a-b}{2} + \mathrm{Sih}\,\frac{a-b}{2}\,\mathrm{Cosh}\,\frac{a+b}{2}$,

(6) $\sin a = \sin\frac{a+b}{2}\cos\frac{a-b}{2} + \sin\frac{a-b}{2}\cos\frac{a+b}{2}$;

(7) $\mathrm{Sih}\,b = \mathrm{Sih}\,\frac{a+b}{2}\,\mathrm{Cosh}\,\frac{a-b}{2} - \mathrm{Sih}\,\frac{a-l}{2}\,\mathrm{Cosh}\,\frac{a+b}{2}$,

(8) $\sin b = \sin\frac{a+b}{2}\cos\frac{a-b}{2} - \sin\frac{a-b}{2}\cos\frac{a+b}{2}$;

(9) $\mathrm{Cosh}\,a + \mathrm{Cosh}\,b = 2\,\mathrm{Cosh}\,\frac{a+b}{2}\,\mathrm{Cosh}\,\frac{a-b}{2}$,

(10) $\cos a + \cos b = 2\cos\frac{a+b}{2}\cos\frac{a-b}{2}$;

(11) $\mathrm{Cosh}\,a - \mathrm{Cosh}\,b = 2\,\mathrm{Sih}\,\frac{a+b}{2}\,\mathrm{Sih}\,\frac{a-b}{2}$,

(12) $\cos b - \cos a = 2\sin\frac{a+b}{2}\sin\frac{a-b}{2}$;

(13) $\mathrm{Sih}\,a + \mathrm{Sih}\,b = 2\,\mathrm{Sih}\,\frac{a+b}{2}\,\mathrm{Cosh}\,\frac{a-b}{2}$,

(14) $\sin a + \sin b = 2\sin\frac{a+b}{2}\cos\frac{a-b}{2}$;

(15) $\mathrm{Sih}\,a - \mathrm{Sih}\,b = 2\,\mathrm{Cosh}\,\frac{a+b}{2}\,\mathrm{Sih}\,\frac{a-b}{2}$,

(16) $\sin a - \sin b = 2\cos\frac{a+b}{2}\sin\frac{a-b}{2}$;

(17) $\mathrm{Tah}\,a \pm \mathrm{Tah}\,b = \frac{\mathrm{Sih}\,(a \pm b)}{\mathrm{Cosh}\,a\,\mathrm{Cosh}\,b}$,

(18) $\mathrm{tang}\,a \pm \mathrm{tang}\,b = \frac{\sin(a \pm b)}{\cos a\cos b}$;

(19) $\mathrm{Coth}\,b \pm \mathrm{Coth}\,a = \frac{\mathrm{Sih}\,(a \pm b)}{\mathrm{Sih}\,a\,\mathrm{Sih}\,b}$,

(20) $\cot b \pm \cot a = \frac{\sin(a \pm b)}{\sin a\sin b}$;

(21) $\mathrm{Coth}\,a \pm \mathrm{Tah}\,b = \frac{\mathrm{Cosh}\,(a \pm b)}{\mathrm{Sih}\,a\,\mathrm{Cosh}\,b}$,

(22) $\cot a \pm \mathrm{tang}\,b = \frac{\cos(a \mp b)}{\sin a\cos b}$;

(23) $\mathrm{Coth}\,b \pm \mathrm{Tah}\,a = \frac{\mathrm{Cosh}\,(a \pm b)}{\mathrm{Cosh}\,a\,\mathrm{Sih}\,b}$,

(24) $\cot b \pm \mathrm{tang}\,a = \frac{\cos(a \mp b)}{\cos a\sin b}$;

(25) $\mathrm{Séh}\,a + \mathrm{Séh}\,b = 2\,\frac{\mathrm{Cosh}\,\frac{a+b}{2}\,\mathrm{Cosh}\,\frac{a-b}{2}}{\mathrm{Cosh}\,a\,\mathrm{Cosh}\,b}$,

(26) $\mathrm{séc}\,a + \mathrm{séc}\,b = 2\,\frac{\cos\frac{a+b}{2}\cos\frac{a-b}{2}}{\cos a\cos b}$;

(27) $\mathrm{Séh}\,b - \mathrm{Séh}\,a = 2\,\frac{\mathrm{Sih}\,\frac{a+b}{2}\,\mathrm{Sih}\,\frac{a-b}{2}}{\mathrm{Cosh}\,a\,\mathrm{Cosh}\,b}$,

(28) $\mathrm{séc}\,a - \mathrm{séc}\,b = 2\,\frac{\sin\frac{a+b}{2}\sin\frac{a-b}{2}}{\cos a\cos b}$;

(29) $\mathrm{Coséh}\,a + \mathrm{Coséh}\,b = 2\,\frac{\mathrm{Sih}\,\frac{a+b}{2}\,\mathrm{Cosh}\,\frac{a-b}{2}}{\mathrm{Sih}\,a\,\mathrm{Sih}\,b}$,

(30) $\mathrm{coséc}\,a + \mathrm{coséc}\,b = 2\,\frac{\sin\frac{a+b}{2}\cos\frac{a-b}{2}}{\sin a\sin b}$;

$$(31)\quad \operatorname{Cos\acute{e}h} b - \operatorname{Cos\acute{e}h} a = 2\,\frac{\operatorname{Cosh}\frac{a+b}{2}\operatorname{Sih}\frac{a-b}{2}}{\operatorname{Sih} a \operatorname{Sih} b},$$

$$(32)\quad \operatorname{cos\acute{e}c} b - \operatorname{cos\acute{e}c} a = 2\,\frac{\cos\frac{a+b}{2}\sin\frac{a-b}{2}}{\sin a \sin b};$$

$$(33)\quad \operatorname{Sih}(a+b)\operatorname{Sih}(a-b) = \operatorname{Cosh}^2 a - \operatorname{Cosh}^2 b = \operatorname{Sih}^2 a - \operatorname{Sih}^2 b,$$

$$(34)\quad \sin(a+b)\sin(a-b) = \cos^2 b - \cos^2 a = \sin^2 a - \sin^2 b;$$

$$(35)\quad \operatorname{Cosh}(a+b)\operatorname{Cosh}(a-b) = \operatorname{Cosh}^2 a + \operatorname{Sih}^2 b = \operatorname{Cosh}^2 b + \operatorname{Sih}^2 a,$$

$$(36)\quad \cos(a+b)\cos(a-b) = \cos^2 a - \sin^2 b = \cos^2 b - \sin^2 a;$$

$$(37)\quad \operatorname{Cosh} a \operatorname{Cosh} b = \frac{\operatorname{Cosh}(a\pm b)}{1\pm\operatorname{Tah} a \operatorname{Tah} b} = \frac{\operatorname{Cosh}(a+b)+\operatorname{Cosh}(a-b)}{2},$$

$$(38)\quad \cos a \cos b = \frac{\cos(a\pm b)}{1\mp\operatorname{tang} a \operatorname{tang} b} = \frac{\cos(a+b)+\cos(a-b)}{2};$$

$$(39)\quad \operatorname{Sih} a \operatorname{Sih} b = \frac{\operatorname{Cosh}(a\pm b)}{\operatorname{Coth} a \operatorname{Coth} b \pm 1} = \frac{\operatorname{Cosh}(a+b)-\operatorname{Cosh}(a-b)}{2},$$

$$(40)\quad \sin a \sin b = \frac{\cos(a\pm b)}{\cot a \cot b \mp 1} = \frac{\cos(a-b)-\cos(a+b)}{2};$$

$$(41)\quad \operatorname{Sih} a \operatorname{Cosh} b = \frac{\operatorname{Sih}(a\pm b)}{1\pm\operatorname{Coth} a \operatorname{Tah} b} = \frac{\operatorname{Sih}(a+b)+\operatorname{Sih}(a-b)}{2},$$

$$(42)\quad \sin a \cos b = \frac{\sin(a\pm b)}{1\pm\cot a \operatorname{tang} b} = \frac{\sin(a+b)+\sin(a-b)}{2};$$

$$(43)\quad \operatorname{Cosh} a \operatorname{Sih} b = \frac{\operatorname{Sih}(a\pm b)}{\operatorname{Tah} a \operatorname{Coth} b \pm 1} = \frac{\operatorname{Sih}(a+b)-\operatorname{Sih}(a-b)}{2},$$

$$(44)\quad \cos a \sin b = \frac{\sin(a\pm b)}{\operatorname{tang} a \cot b \pm 1} = \frac{\sin(a+b)-\sin(a-b)}{2};$$

$$(45)\quad \operatorname{Tah} a + \operatorname{Tah}(a\pm b) = \frac{\operatorname{Sih}(2a\pm b)}{\operatorname{Cosh} a \operatorname{Cosh}(a\pm b)},$$

$$(46)\quad \operatorname{tang} a + \operatorname{tang}(a\pm b) = \frac{\sin(2a\pm b)}{\cos a \cos(a\pm b)};$$

$$(47)\quad \operatorname{Tah} a - \operatorname{Tah}(a\pm b) = \mp\frac{\operatorname{Sih} b}{\operatorname{Cosh} a \operatorname{Cosh}(a\pm b)},$$

$$(48)\quad \operatorname{tang} a - \operatorname{tang}(a\pm b) = \mp\frac{\sin b}{\cos a \cos(a\pm b)};$$

$$(49)\quad \operatorname{Coth} a + \operatorname{Coth}(a\pm b) = \frac{\operatorname{Sih}(2a\pm b)}{\operatorname{Sih} a \operatorname{Sih}(a\pm b)},$$

$$(50)\quad \cot a + \cot(a\pm b) = \frac{\sin(2a\pm b)}{\sin a \sin(a\pm b)};$$

$$(51)\quad \operatorname{Coth} a - \operatorname{Coth}(a\pm b) = \pm\frac{\operatorname{Sih} b}{\operatorname{Sih} a \operatorname{Sih}(a\pm b)},$$

$$(52)\quad \cot a - \cot(a\pm b) = \pm\frac{\sin b}{\sin a \sin(a\pm b)};$$

$$(53)\quad \operatorname{Tah} a + \operatorname{Coth}(a\pm b) = \frac{\operatorname{Cosh}(2a\pm b)}{\operatorname{Cosh} a \operatorname{Sih}(a\pm b)},$$

$$(54)\quad \operatorname{tang} a + \cot(a\pm b) = \frac{\cos b}{\cos a \sin(a\pm b)};$$

$$(55)\quad \operatorname{Coth}(a\pm b) - \operatorname{Tah} a = \frac{\operatorname{Cosh} b}{\operatorname{Cosh} a \operatorname{Sih}(a\pm b)},$$

$$(56)\quad \cot(a\pm b) - \operatorname{tang} a = \frac{\cos(2a\pm b)}{\cos a \sin(a\pm b)};$$

$$(57)\quad \operatorname{Coth} a + \operatorname{Tah}(a\pm b) = \frac{\operatorname{Cosh}(2a\pm b)}{\operatorname{Sih} a \operatorname{Cosh}(a\pm b)},$$

$$(58)\quad \cot a + \operatorname{tang}(a\pm b) = \frac{\cos b}{\sin a \cos(a\pm b)};$$

$$(59)\quad \operatorname{Coth} a - \operatorname{Tah}(a\pm b) = \frac{\operatorname{Cosh} b}{\operatorname{Sih} a \operatorname{Cosh}(a\pm b)},$$

$$(60)\quad \cot a - \operatorname{tang}(a\pm b) = \frac{\cos(2a\pm b)}{\sin a \cos(a\pm b)};$$

$$(61)\quad \operatorname{Tah} 2a - \operatorname{Tah} a = \frac{\operatorname{Tah} a}{\operatorname{Cosh} 2a},$$

$$(62)\quad \operatorname{tang} 2a - \operatorname{tang} a = \frac{\operatorname{tang} a}{\cos 2a};$$

$$(63)\quad \operatorname{Coth} a - \operatorname{Tah} 2a = \frac{\operatorname{Coth} a}{\operatorname{Cosh} 2a},$$

$$(64)\quad \cot a + \operatorname{tang} 2a = \frac{\cot a}{\cos 2a};$$

$$(65)\quad \operatorname{Cos\acute{e}h} 2a = \operatorname{Coth} a - \operatorname{Coth} 2a = \operatorname{Coth} 2a - \operatorname{Tah} a,$$

$$(66)\quad \operatorname{cos\acute{e}c} 2a = \cot a - \cot 2a = \cot 2a + \operatorname{tang} a.$$

§ 13.

Dans ce paragraphe, le signe du $\sqrt{\ }$ se détermine par la fonction même.

(1)
$$\begin{aligned}
\mathrm{Sih}\,x &= \frac{1}{\mathrm{Coséh}\,x} = \sqrt{\mathrm{Cosh}^2 x - 1} = \mathrm{Cosh}\,x\,\mathrm{Tah}\,x \\
&= \frac{\mathrm{Tah}\,x}{\mathrm{Séh}\,x} = \frac{\mathrm{Tah}\,x}{\sqrt{1-\mathrm{Tah}^2 x}} = \frac{1}{\sqrt{\mathrm{Coth}^2 x - 1}} \\
&= \frac{\sqrt{1-\mathrm{Séh}^2 x}}{\mathrm{Séh}\,x} = \frac{1}{\mathrm{Coth}\frac{x}{2} - \mathrm{Coth}\,x} \\
&= \frac{1}{\mathrm{Coth}\,x - \mathrm{Tah}\frac{x}{2}} = \frac{2}{\mathrm{Coth}\frac{x}{2} - \mathrm{Tah}\frac{x}{2}} \\
&= \frac{2\,\mathrm{Tah}\frac{x}{2}}{1-\mathrm{Tah}^2\frac{x}{2}} = \frac{2\,\mathrm{Coth}\frac{x}{2}}{\mathrm{Coth}^2\frac{x}{2} - 1} = 2\,\mathrm{Sih}\frac{x}{2}\,\mathrm{Cosh}\frac{x}{2} \\
&= \frac{\mathrm{Sih}\,2x}{2\,\mathrm{Cosh}\,x} = \sqrt{\frac{\mathrm{Cosh}\,2x - 1}{2}},
\end{aligned}$$

(2)
$$\begin{aligned}
\sin x &= \frac{1}{\operatorname{coséc} x} = \sqrt{1-\cos^2 x} = \cos x \operatorname{tang} x \\
&= \frac{\operatorname{tang} x}{\operatorname{séc} x} = \frac{\operatorname{tang} x}{\sqrt{1+\operatorname{tang}^2 x}} = \frac{1}{\sqrt{\cot^2 x + 1}} \\
&= \frac{\sqrt{\operatorname{séc}^2 x - 1}}{\operatorname{séc} x} = \frac{1}{\cot\frac{x}{2} - \cot x} \\
&= \frac{1}{\cot x + \operatorname{tang}\frac{x}{2}} = \frac{2}{\cot\frac{x}{2} + \operatorname{tang}\frac{x}{2}} \\
&= \frac{2\operatorname{tang}\frac{x}{2}}{1+\operatorname{tang}^2\frac{x}{2}} = \frac{2\cot\frac{x}{2}}{\cot^2\frac{x}{2} + 1} = 2\sin\frac{x}{2}\cos\frac{x}{2} \\
&= \frac{\sin 2x}{2\cos x} = \sqrt{\frac{1-\cos 2x}{2}};
\end{aligned}$$

(3)
$$\begin{aligned}
\mathrm{Cosh}\,x &= \frac{1}{\mathrm{Séh}\,x} = \sqrt{1+\mathrm{Sih}^2 x} = \mathrm{Sih}\,x\,\mathrm{Coth}\,x \\
&= \frac{\mathrm{Coth}\,x}{\mathrm{Coséc}\,x} = \frac{\mathrm{Coth}\,x}{\sqrt{\mathrm{Coth}^2 x - 1}} = \frac{1}{\sqrt{1-\mathrm{Tah}^2 x}} \\
&= \frac{\sqrt{\mathrm{Coséh}^2 x + 1}}{\mathrm{Coséh}\,x} = \mathrm{Cosh}^2\frac{x}{2} + \mathrm{Sih}^2\frac{x}{2} \\
&= 1 + 2\,\mathrm{Sih}^2\frac{x}{2} = 2\,\mathrm{Cosh}^2\frac{x}{2} - 1 \\
&= \frac{\mathrm{Coth}^2\frac{x}{2} + 1}{\mathrm{Coth}^2\frac{x}{2} - 1} = \frac{1+\mathrm{Tah}^2\frac{x}{2}}{1-\mathrm{Tah}^2\frac{x}{2}} \\
&= \frac{1}{1-\mathrm{Tah}\,x\,\mathrm{Tah}\frac{x}{2}} = \frac{1}{\mathrm{Tah}\,x\,\mathrm{Coth}\frac{x}{2} - 1} \\
&= \frac{\mathrm{Coth}\frac{x}{2} + \mathrm{Tah}\frac{x}{2}}{\mathrm{Coth}\frac{x}{2} - \mathrm{Tah}\frac{x}{2}} = \frac{\mathrm{Sih}\,2x}{2\,\mathrm{Sih}\,x} \\
&= \sqrt{\frac{\mathrm{Cosh}\,2x + 1}{2}},
\end{aligned}$$

(4)
$$\begin{aligned}
\cos x &= \frac{1}{\operatorname{séc} x} = \sqrt{1-\sin^2 x} = \sin x \cot x \\
&= \frac{\cot x}{\operatorname{coséc} x} = \frac{\cot x}{\sqrt{1+\cot^2 x}} = \frac{1}{\sqrt{\operatorname{tang}^2 x + 1}} \\
&= \frac{\sqrt{\operatorname{coséc}^2 x - 1}}{\operatorname{coséc} x} = \cos^2\frac{x}{2} - \sin^2\frac{x}{2} \\
&= 1 - 2\sin^2\frac{x}{2} = 2\cos^2\frac{x}{2} - 1 \\
&= \frac{\cot^2\frac{x}{2} - 1}{\cot^2\frac{x}{2} + 1} = \frac{1-\operatorname{tang}^2\frac{x}{2}}{1+\operatorname{tang}^2\frac{x}{2}} \\
&= \frac{1}{1+\operatorname{tang} x \operatorname{tang}\frac{x}{2}} = \frac{1}{\operatorname{tang} x \cot\frac{x}{2} - 1} \\
&= \frac{\cot\frac{x}{2} - \operatorname{tang}\frac{x}{2}}{\cot\frac{x}{2} + \operatorname{tang}\frac{x}{2}} = \frac{\sin 2x}{2\sin x} \\
&= \sqrt{\frac{1+\cos 2x}{2}};
\end{aligned}$$

(5)
$$\begin{aligned}
\mathrm{Tah}\,x &= \frac{1}{\mathrm{Coth}\,x} = \frac{\mathrm{Sih}\,x}{\mathrm{Cosh}\,x} = \frac{\mathrm{Sih}\,x}{\sqrt{1+\mathrm{Sih}^2 x}} \\
&= \frac{\sqrt{\mathrm{Cosh}^2 x - 1}}{\mathrm{Cosh}\,x} = \sqrt{1-\mathrm{Séh}^2 x} \\
&= \frac{1}{\sqrt{\mathrm{Coséh}^2 x + 1}} = \frac{2\,\mathrm{Tah}\frac{x}{2}}{1+\mathrm{Tah}^2\frac{x}{2}}
\end{aligned}$$

(6)
$$\begin{aligned}
\operatorname{tang} x &= \frac{1}{\cot x} = \frac{\sin x}{\cos x} = \frac{\sin x}{\sqrt{1-\sin^2 x}} \\
&= \frac{\sqrt{1-\cos^2 x}}{\cos x} = \sqrt{\operatorname{séc}^2 x - 1} \\
&= \frac{1}{\sqrt{\operatorname{coséc}^2 x - 1}} = \frac{2\operatorname{tang}\frac{x}{2}}{1-\operatorname{tang}^2\frac{x}{2}}
\end{aligned}$$

$$= \frac{2}{\mathrm{Coth}\frac{x}{2} + \mathrm{Tah}\frac{x}{2}} = 2\,\mathrm{Coth}\,2x - \mathrm{Coth}\,x$$

$$= \frac{2\,\mathrm{Coth}\frac{x}{2}}{\mathrm{Coth}^2\frac{x}{2} + 1} = \frac{\mathrm{Cosh}\,2x - 1}{\mathrm{Sih}\,2x} = \frac{\mathrm{Sih}\,2x}{\mathrm{Cosh}\,2x + 1}$$

$$= \sqrt{\frac{\mathrm{Cosh}\,2x - 1}{\mathrm{Cosh}\,2x + 1}},$$

$$= \frac{2}{\cot\frac{x}{2} - \mathrm{tang}\frac{x}{2}} = \cot x - 2\cot 2x$$

$$= \frac{2\cot\frac{x}{2}}{\cot^2\frac{x}{2} - 1} = \frac{1 - \cos 2x}{\sin 2x} = \frac{\sin 2x}{1 + \cos 2x}$$

$$= \sqrt{\frac{1 - \cos 2x}{1 + \cos 2x}}.$$

§ 14.

De quelques relations particulières aux fonctions circulaires.

(1) $$\cos a + \sin b = 2\sin\left(45^\circ + \frac{a+b}{2}\right)\sin\left(45^\circ - \frac{a-b}{2}\right)$$
$$= 2\cos\left(45^\circ - \frac{a+b}{2}\right)\cos\left(45^\circ + \frac{a-b}{2}\right)$$
$$= 2\sin\left(45^\circ + \frac{a+b}{2}\right)\cos\left(45^\circ + \frac{a-b}{2}\right)$$
$$= 2\cos\left(45^\circ - \frac{a+b}{2}\right)\sin\left(45^\circ - \frac{a-b}{2}\right),$$

(2) $$\cos a - \sin b = 2\sin\left(45^\circ - \frac{a+b}{2}\right)\sin\left(45^\circ + \frac{a-b}{2}\right)$$
$$= 2\cos\left(45^\circ + \frac{a+b}{2}\right)\cos\left(45^\circ - \frac{a-b}{2}\right)$$
$$= 2\sin\left(45^\circ - \frac{a+b}{2}\right)\cos\left(45^\circ - \frac{a-b}{2}\right)$$
$$= 2\cos\left(45^\circ + \frac{a+b}{2}\right)\sin\left(45^\circ + \frac{a-b}{2}\right);$$

(3) $$\cos b + \sin a = 2\sin\left(45^\circ + \frac{a+b}{2}\right)\sin\left(45^\circ + \frac{a-b}{2}\right)$$
$$= 2\cos\left(45^\circ - \frac{a+b}{2}\right)\cos\left(45^\circ - \frac{a-b}{2}\right)$$
$$= 2\sin\left(45^\circ + \frac{a+b}{2}\right)\cos\left(45^\circ - \frac{a-b}{2}\right)$$
$$= 2\cos\left(45^\circ - \frac{a+b}{2}\right)\sin\left(45^\circ + \frac{a-b}{2}\right),$$

(4) $$\cos b - \sin a = 2\sin\left(45^\circ - \frac{a+b}{2}\right)\sin\left(45^\circ - \frac{a-b}{2}\right)$$
$$= 2\cos\left(45^\circ + \frac{a+b}{2}\right)\cos\left(45^\circ + \frac{a-b}{2}\right)$$
$$= 2\sin\left(45^\circ - \frac{a+b}{2}\right)\cos\left(45^\circ + \frac{a-b}{2}\right)$$
$$= 2\cos\left(45^\circ + \frac{a+b}{2}\right)\sin\left(45^\circ - \frac{a-b}{2}\right);$$

(5) $$\mathrm{tang}(45^\circ + x) = \cot(45^\circ - x) = \frac{\cos x + \sin x}{\cos x - \sin x} = \frac{1 + \mathrm{tang}\,x}{1 - \mathrm{tang}\,x} = \frac{\cot x + 1}{\cot x - 1} = \sqrt{\frac{1 + \sin 2x}{1 - \sin 2x}} = \frac{1 + \sin 2x}{\cos 2x}$$
$$= \frac{\cos 2x}{1 - \sin 2x} = \mathrm{s\acute{e}c}\,2x + \mathrm{tang}\,2x = \frac{1}{\mathrm{s\acute{e}c}\,2x - \mathrm{tang}\,2x};$$

(6) $$\frac{1 + \sin 2x}{1 - \sin 2x} = \frac{\mathrm{s\acute{e}c}\,2x + \mathrm{tang}\,2x}{\mathrm{s\acute{e}c}\,2x - \mathrm{tang}\,2x} = \mathrm{tang}^2(45^\circ + x) = \cot^2(45^\circ - x) = \mathrm{tang}(45^\circ + x)\cot(45^\circ - x)$$
$$= \frac{\mathrm{tang}(45^\circ + x)}{\mathrm{tang}(45^\circ - x)};$$

(7) $$1 + \sin x = 2\sin^2\left(45^\circ + \frac{x}{2}\right) = 2\cos^2\left(45^\circ - \frac{x}{2}\right) = 2\sin\left(45^\circ + \frac{x}{2}\right)\cos\left(45^\circ - \frac{x}{2}\right),$$

(8) $$1 - \sin x = 2\sin^2\left(45^\circ - \frac{x}{2}\right) = 2\cos^2\left(45^\circ + \frac{x}{2}\right) = 2\sin\left(45^\circ - \frac{x}{2}\right)\cos\left(45^\circ + \frac{x}{2}\right);$$

(9) $$\sin x = \frac{1}{\mathrm{cos\acute{e}c}\,x} = \sin(60^\circ + x) - \sin(60^\circ - x)$$
$$= \frac{\cos(60^\circ - x) - \cos(60^\circ + x)}{\sqrt{3}}$$
$$= \frac{\sin(30^\circ + x) - \sin(30^\circ - x)}{\sqrt{3}}$$

(10) $$\cos x = \frac{1}{\mathrm{s\acute{e}c}\,x} = \frac{\sin(60^\circ + x) + \sin(60^\circ - x)}{\sqrt{3}}$$
$$= \cos(60^\circ + x) + \cos(60^\circ - x)$$
$$= \sin(30^\circ + x) + \sin(30^\circ - x)$$

$$= \cos(30^\circ - x) - \cos(30^\circ + x)$$

$$= \frac{\sin(45^\circ + x) - \sin(45^\circ - x)}{\sqrt{2}}$$

$$= \frac{\cos(45^\circ - x) - \cos(45^\circ + x)}{\sqrt{2}}$$

$$= \frac{\operatorname{tang}\left(45^\circ + \frac{x}{2}\right) - \operatorname{tang}\left(45^\circ - \frac{x}{2}\right)}{\operatorname{tang}\left(45^\circ + \frac{x}{2}\right) + \operatorname{tang}\left(45^\circ - \frac{x}{2}\right)},$$

$$= \frac{\cos(30^\circ + x) + \cos(30^\circ - x)}{\sqrt{3}}$$

$$= \frac{\sin(45^\circ + x) + \sin(45^\circ - x)}{\sqrt{2}}$$

$$= \frac{\cos(45^\circ + x) + \cos(45^\circ - x)}{\sqrt{2}}$$

$$= \frac{2}{\operatorname{tang}\left(45^\circ + \frac{x}{2}\right) + \operatorname{tang}\left(45^\circ - \frac{x}{2}\right)};$$

(11) $$\operatorname{tang} x = \frac{1}{\cot x} = \frac{\operatorname{tang}\left(45^\circ + \frac{x}{2}\right) - \operatorname{tang}\left(45^\circ - \frac{x}{2}\right)}{2} = \frac{\cot\left(45^\circ - \frac{x}{2}\right) - \cot\left(45^\circ + \frac{x}{2}\right)}{2}$$

$$= \frac{\operatorname{tang}(45^\circ + x) - 1}{\operatorname{tang}(45^\circ + x) + 1} = \frac{1 - \operatorname{tang}(45^\circ - x)}{1 + \operatorname{tang}(45^\circ - x)}.$$

N. B. De la formule (6) ou des formules (7 et 8) on conclut (*voir* § 10),

(12) $$\mathrm{L}x = \frac{1}{2} \,\mathbf{loh}\, \frac{1 + \sin x}{1 - \sin x} = \mathbf{loh} \operatorname{tang}\left(45^\circ + \frac{x}{2}\right) = \mathbf{loh} \cot\left(45^\circ - \frac{x}{2}\right).$$

§ 15.

Formules pour les fonctions circulaires et hyperboliques d'arcs multiples.

n nombre réel entier positif

(1) $\mathbf{Sih}(2n+1)x$

$$= \sum_{\alpha=0}^{\alpha=n} \frac{(2n+1)^{2\alpha+1/-1}}{1^{2\alpha+1/1}} (\mathbf{Sih}\,x)^{2\alpha+1} (\mathbf{Cosh}\,x)^{2n-2\alpha}$$

$$= \mathbf{Sih}\,x \sum_{\alpha=0}^{\alpha=n} (-1)^\alpha \frac{(2n-\alpha)^{\alpha/-1}}{1^{\alpha/1}} (2\,\mathbf{Cosh}\,x)^{2n-2\alpha}$$

$$= (2n+1) \sum_{\alpha=0}^{\alpha=n} \frac{(2n+2)^{\alpha/2} (2n)^{\alpha/-2}}{1^{2\alpha+1/1}} \times (\mathbf{Sih}\,x)^{2\alpha+1},$$

(2) $\sin(2n+1)x$

$$= \sum_{\alpha=0}^{\alpha=n} (-1)^\alpha \frac{(2n+1)^{2\alpha+1/-1}}{1^{2\alpha+1/1}} (\sin x)^{2\alpha+1} (\cos x)^{2n-2\alpha}$$

$$= \sin x \sum_{\alpha=0}^{\alpha=n} (-1)^\alpha \frac{(2n-\alpha)^{\alpha/-1}}{1^{\alpha/1}} (2\cos x)^{2n-2\alpha}$$

$$= (2n+1) \sum_{\alpha=0}^{\alpha=n} (-1)^\alpha \frac{(2n+2)^{\alpha/2} (2n)^{\alpha/-2}}{1^{2\alpha+1/1}} \times (\sin x)^{2\alpha+1};$$

(3) $\mathbf{Sih}\,2nx$

$$= \sum_{\alpha=0}^{\alpha=n-1} \frac{(2n)^{2\alpha+1/-1}}{1^{2\alpha+1/1}} (\mathbf{Sih}\,x)^{2\alpha+1} (\mathbf{Cosh}\,x)^{2n-2\alpha-1}$$

$$= \mathbf{Sih}\,x \sum_{\alpha=0}^{\alpha=n-1} (-1)^\alpha \frac{(2n-\alpha-1)^{\alpha/-1}}{1^{\alpha/1}} (2\,\mathbf{Cosh}\,x)^{2n-2\alpha-1}$$

$$= 2n\,\mathbf{Cosh}\,x \sum_{\alpha=0}^{\alpha=n-1} \frac{(2n+2)^{\alpha/2} (2n-2)^{\alpha/-2}}{1^{2\alpha+1/1}} \times (\mathbf{Sih}\,x)^{2\alpha+1},$$

(4) $\sin 2nx$

$$= \sum_{\alpha=0}^{\alpha=n-1} (-1)^\alpha \frac{(2n)^{2\alpha+1/-1}}{1^{2\alpha+1/1}} (\sin x)^{2\alpha+1} (\cos x)^{2n-2\alpha-1}$$

$$= \sin x \sum_{\alpha=0}^{\alpha=n-1} (-1)^\alpha \frac{(2n-\alpha-1)^{\alpha/-1}}{1^{\alpha/1}} (2\cos x)^{2n-2\alpha-1}$$

$$= 2n\cos x \sum_{\alpha=0}^{\alpha=n-1} (-1)^\alpha \frac{(2n+2)^{\alpha/2} (2n-2)^{\alpha/-2}}{1^{2\alpha+1/1}} \times (\sin x)^{2\alpha+1};$$

(5) $\mathbf{Cosh}\,(2n+1)\,x$

$$=\sum_{\alpha=0}^{\alpha=n}\frac{(2n+1)^{2\alpha/-1}}{1^{2\alpha/1}}(\mathbf{Cosh}\,x)^{2n+1-2\alpha}(\mathbf{Sih}\,x)^{2\alpha}$$

$$=\frac{1}{2}(2\,\mathbf{Cosh}\,x)^{2n+1}+\frac{2n+1}{2}\sum_{\alpha=1}^{\alpha=n}(-1)^{\alpha}\frac{(2n-\alpha)^{\alpha-1/-1}}{1^{\alpha/1}}\times(2\,\mathbf{Cosh}\,x)^{2n+1-2\alpha}$$

$$=\mathbf{Cosh}\,x\sum_{\alpha=0}^{\alpha=n}\frac{(2n+2)^{\alpha/2}(2n)^{\alpha/-2}}{1^{2\alpha/1}}(\mathbf{Sih}\,x)^{2\alpha},$$

(6) $\cos(2n+1)\,x$

$$=\sum_{\alpha=0}^{\alpha=n}(-1)^{\alpha}\frac{(2n+1)^{2\alpha/-1}}{1^{2\alpha/1}}(\cos x)^{2n+1-2\alpha}(\sin x)^{2\alpha}$$

$$=\frac{1}{2}(2\cos x)^{2n+1}+\frac{2n+1}{2}\sum_{\alpha=1}^{\alpha=n}(-1)^{\alpha}\frac{(2n-\alpha)^{\alpha-1/-1}}{1^{\alpha/1}}\times(2\cos x)^{2n+1-2\alpha}$$

$$=\cos x\sum_{\alpha=0}^{\alpha=n}(-1)^{\alpha}\frac{(2n+2)^{\alpha/2}(2n)^{\alpha/-2}}{1^{2\alpha/1}}(\sin x)^{2\alpha};$$

(7) $\mathbf{Cosh}\,2nx$

$$=\sum_{\alpha=0}^{\alpha=n}\frac{(2n)^{2\alpha/-1}}{1^{2\alpha/1}}(\mathbf{Cosh}\,x)^{2n-2\alpha}(\mathbf{Sih}\,x)^{2\alpha}$$

$$=\frac{1}{2}(2\,\mathbf{Cosh}\,x)^{2n}+n\sum_{\alpha=1}^{\alpha=n}(-1)^{\alpha}\frac{(2n-\alpha-1)^{\alpha-1/-1}}{1^{\alpha/1}}\times(2\,\mathbf{Cosh}\,x)^{2n-2\alpha}$$

$$=\sum_{\alpha=0}^{\alpha=n}\frac{(2n)^{\alpha/2}(2n)^{\alpha/-2}}{1^{2\alpha/1}}(\mathbf{Sih}\,x)^{2\alpha},$$

(8) $\cos 2nx$

$$=\sum_{\alpha=0}^{\alpha=n}(-1)^{\alpha}\frac{(2n)^{2\alpha/-1}}{1^{2\alpha/1}}(\cos x)^{2n-2\alpha}(\sin x)^{2\alpha}$$

$$=\frac{1}{2}(2\cos x)^{2n}+n\sum_{\alpha=1}^{\alpha=n}(-1)^{\alpha}\frac{(2n-\alpha-1)^{\alpha-1/-1}}{1^{\alpha/1}}\times(2\cos x)^{2n-2\alpha}$$

$$=\sum_{\alpha=0}^{\alpha=n}(-1)^{\alpha}\frac{(2n)^{\alpha/2}(2n)^{\alpha/-2}}{1^{2\alpha/1}}(\sin x)^{2\alpha};$$

(9) $2^{2n}(\mathbf{Sih}\,x)^{2n+1}$

$$=\sum_{\alpha=0}^{\alpha=n}(-1)^{\alpha}\frac{(2n+1)^{\alpha/-1}}{1^{\alpha/1}}\,\mathbf{Sih}\,(2n+1-2\alpha)\,x,$$

(10) $2^{2n}(\sin x)^{2n+1}$

$$=(-1)^{n}\sum_{\alpha=0}^{\alpha=n}(-1)^{\alpha}\frac{(2n+1)^{\alpha/-1}}{1^{\alpha/1}}\sin(2n+1-2\alpha)\,x;$$

(11) $2^{2n-1}(\mathbf{Sih}\,x)^{2n}$

$$=\sum_{\alpha=0}^{\alpha=n-1}(-1)^{\alpha}\frac{(2n)^{\alpha/-1}}{1^{\alpha/1}}\,\mathbf{Cosh}\,(2n-2\alpha)\,x+(-1)^{n}\frac{(2n)^{n/-1}}{2\,.\,1^{n/1}},$$

(12) $2^{2n-1}(\sin x)^{2n}$

$$=(-1)^{n}\sum_{\alpha=0}^{\alpha=n-1}(-1)^{\alpha}\frac{(2n)^{\alpha/-1}}{1^{\alpha/1}}\cos(2n-2\alpha)\,x+\frac{(2n)^{n/-1}}{2\,.\,1^{n/1}};$$

(13) $2^{2n}(\mathbf{Cosh}\,x)^{2n+1}$

$$=\sum_{\alpha=0}^{\alpha=n}\frac{(2n+1)^{\alpha/-1}}{1^{\alpha/1}}\,\mathbf{Cosh}\,(2n+1-2\alpha)\,x,$$

(14) $2^{2n}(\cos x)^{2n+1}$

$$=\sum_{\alpha=0}^{\alpha=n}\frac{(2n+1)^{\alpha/-1}}{1^{\alpha/1}}\cos(2n+1-2\alpha)\,x;$$

(15) $2^{2n-1}(\mathbf{Cosh}\,x)^{2n}$

$$=\sum_{\alpha=0}^{\alpha=n-1}\frac{(2n)^{\alpha/-1}}{1^{\alpha/1}}\,\mathbf{Cosh}\,(2n-2\alpha)\,x+\frac{(2n)^{n/-1}}{2\,.\,1^{n/1}},$$

(16) $2^{2n-1}(\cos x)^{2n}$

$$=\sum_{\alpha=0}^{\alpha=n-1}\frac{(2n)^{\alpha/-1}}{1^{\alpha/1}}\cos(2n-2\alpha)\,x+\frac{(2n)^{n/-1}}{2\,.\,1^{n/1}}.$$

§ 16.

Formules relatives aux arcs hyperboliques et circulaires.

(1) $\mathbf{Arh}\,(\mathbf{Sih}=x)=\mathbf{Arh}\left(\mathbf{Cos\acute{e}h}=\frac{1}{x}\right)$

$$=\mathbf{Arh}\,(\mathbf{Cosh}=\sqrt{1+x^2})$$

$$=\mathbf{Arh}\left(\mathbf{S\acute{e}h}=\frac{1}{\sqrt{1+x^2}}\right)$$

$$=\mathbf{Arh}\left(\mathbf{Tah}=\frac{x}{\sqrt{1+x^2}}\right)$$

$$=\mathbf{Arh}\left(\mathbf{Coth}=\frac{\sqrt{1+x^2}}{x}\right),$$

(2) $\mathrm{arc}\,(\sin=x)=\mathrm{arc}\left(\mathrm{cos\acute{e}c}=\frac{1}{x}\right)$

$$=\mathrm{arc}\,(\cos=\sqrt{1-x^2})$$

$$=\mathrm{arc}\left(\mathrm{s\acute{e}c}=\frac{1}{\sqrt{1-x^2}}\right)$$

$$=\mathrm{arc}\left(\mathrm{tang}=\frac{x}{\sqrt{1-x^2}}\right)$$

$$=\mathrm{arc}\left(\cot=\frac{\sqrt{1-x^2}}{x}\right);$$

(3) $\mathbf{Arh}(\mathbf{Cosh} = x) = \mathbf{Arh}\left(\mathbf{S\acute{e}h} = \frac{1}{x}\right)$
$= \mathbf{Arh}\left(\mathbf{Sih} = \sqrt{x^2 - 1}\right)$
$= \mathbf{Arh}\left(\mathbf{Cos\acute{e}h} = \frac{1}{\sqrt{x^2 - 1}}\right)$
$= \mathbf{Arh}\left(\mathbf{Tah} = \frac{\sqrt{x^2 - 1}}{x}\right)$
$= \mathbf{Arh}\left(\mathbf{Coth} = \frac{x}{\sqrt{x^2 - 1}}\right),$

(4) $\mathrm{arc}(\cos = x) = \mathrm{arc}\left(\mathrm{s\acute{e}c} = \frac{1}{x}\right)$
$= \mathrm{arc}\left(\sin = \sqrt{1 - x^2}\right)$
$= \mathrm{arc}\left(\mathrm{cos\acute{e}c} = \frac{1}{\sqrt{1 - x^2}}\right)$
$= \mathrm{arc}\left(\mathrm{tang} = \frac{\sqrt{1 - x^2}}{x}\right)$
$= \mathrm{arc}\left(\cot = \frac{x}{\sqrt{1 - x^2}}\right);$

(5) $\mathbf{Arh}(\mathbf{Tah} = x) = \mathbf{Arh}\left(\mathbf{Coth} = \frac{1}{x}\right)$
$= \mathbf{Arh}\left(\mathbf{S\acute{e}h} = \sqrt{1 - x^2}\right)$
$= \mathbf{Arh}\left(\mathbf{Cosh} = \frac{1}{\sqrt{1 - x^2}}\right)$
$= \mathbf{Arh}\left(\mathbf{Sih} = \frac{x}{\sqrt{1 - x^2}}\right)$
$= \mathbf{Arh}\left(\mathbf{Cos\acute{e}h} = \frac{\sqrt{1 - x^2}}{x}\right),$

(6) $\mathrm{arc}(\mathrm{tang} = x) = \mathrm{arc}\left(\cot = \frac{1}{x}\right)$
$= \mathrm{arc}\left(\mathrm{s\acute{e}c} = \sqrt{1 + x^2}\right)$
$= \mathrm{arc}\left(\cos = \frac{1}{\sqrt{1 + x^2}}\right)$
$= \mathrm{arc}\left(\sin = \frac{x}{\sqrt{1 + x^2}}\right)$
$= \mathrm{arc}\left(\mathrm{cos\acute{e}c} = \frac{\sqrt{1 + x^2}}{x}\right);$

(7) $\mathbf{Arh}(\mathbf{Coth} = x) = \mathbf{Arh}\left(\mathbf{Tah} = \frac{1}{x}\right)$
$= \mathbf{Arh}\left(\mathbf{Cos\acute{e}h} = \sqrt{x^2 - 1}\right)$
$= \mathbf{Arh}\left(\mathbf{Sih} = \frac{1}{\sqrt{x^2 - 1}}\right)$
$= \mathbf{Arh}\left(\mathbf{Cosh} = \frac{x}{\sqrt{x^2 - 1}}\right)$
$= \mathbf{Arh}\left(\mathbf{S\acute{e}h} = \frac{\sqrt{x^2 - 1}}{x}\right),$

(8) $\mathrm{arc}(\cot = x) = \mathrm{arc}\left(\mathrm{tang} = \frac{1}{x}\right)$
$= \mathrm{arc}\left(\mathrm{cos\acute{e}c} = \sqrt{1 + x^2}\right)$
$= \mathrm{arc}\left(\sin = \frac{1}{\sqrt{1 + x^2}}\right)$
$= \mathrm{arc}\left(\cos = \frac{x}{\sqrt{1 + x^2}}\right)$
$= \mathrm{arc}\left(\mathrm{s\acute{e}c} = \frac{\sqrt{1 + x^2}}{x}\right);$

(9) $\mathbf{Arh}(\mathbf{S\acute{e}h} = x) = \mathbf{Arh}\left(\mathbf{Cosh} = \frac{1}{x}\right)$
$= \mathbf{Arh}\left(\mathbf{Tah} = \sqrt{1 - x^2}\right)$
$= \mathbf{Arh}\left(\mathbf{Coth} = \frac{1}{\sqrt{1 - x^2}}\right)$
$= \mathbf{Arh}\left(\mathbf{Sih} = \frac{\sqrt{1 - x^2}}{x}\right)$
$= \mathbf{Arh}\left(\mathbf{Cos\acute{e}h} = \frac{x}{\sqrt{1 - x^2}}\right),$

(10) $\mathrm{arc}(\mathrm{s\acute{e}c} = x) = \mathrm{arc}\left(\cos = \frac{1}{x}\right)$
$= \mathrm{arc}\left(\mathrm{tang} = \sqrt{x^2 - 1}\right)$
$= \mathrm{arc}\left(\cot = \frac{1}{\sqrt{x^2 - 1}}\right)$
$= \mathrm{arc}\left(\sin = \frac{\sqrt{x^2 - 1}}{x}\right)$
$= \mathrm{arc}\left(\mathrm{cos\acute{e}c} = \frac{x}{\sqrt{x^2 - 1}}\right);$

(11) $\mathbf{Arh}(\mathbf{Cos\acute{e}h} = x) = \mathbf{Arh}\left(\mathbf{Sih} = \frac{1}{x}\right)$
$= \mathbf{Arh}\left(\mathbf{Coth} = \sqrt{x^2 + 1}\right)$
$= \mathbf{Arh}\left(\mathbf{Tah} = \frac{1}{\sqrt{1 + x^2}}\right)$
$= \mathbf{Arh}\left(\mathbf{Cosh} = \frac{\sqrt{1 + x^2}}{x}\right)$
$= \mathbf{Arh}\left(\mathbf{S\acute{e}h} = \frac{x}{\sqrt{1 + x^2}}\right),$

(12) $\mathrm{arc}(\mathrm{cos\acute{e}c} = x) = \mathrm{arc}\left(\sin = \frac{1}{x}\right)$
$= \mathrm{arc}\left(\cot = \sqrt{x^2 - 1}\right)$
$= \mathrm{arc}\left(\mathrm{tang} = \frac{1}{\sqrt{x^2 - 1}}\right)$
$= \mathrm{arc}\left(\cos = \frac{\sqrt{x^2 - 1}}{x}\right)$
$= \mathrm{arc}\left(\mathrm{s\acute{e}c} = \frac{x}{\sqrt{x^2 - 1}}\right).$

(13) $\mathbf{Arh}(\mathbf{Sih} = x) = \mathbf{loh}\left(\sqrt{1 + x^2} + x\right),$ (14) $\operatorname{arc}(\sin = x) = \frac{1}{i}\,\mathbf{loh}\left(\sqrt{1 - x^2} + ix\right);$

(15) $\mathbf{Arh}(\mathbf{Cosh} = x) = \mathbf{loh}\left(x + \sqrt{x^2 - 1}\right),$ (16) $\operatorname{arc}(\cos = x) = \frac{1}{i}\,\mathbf{loh}\left(x + i\sqrt{1 - x^2}\right);$

(17) $\mathbf{Arh}(\mathbf{Tah} = x) = \frac{1}{2}\,\mathbf{loh}\,\frac{1 + x}{1 - x},$ (18) $\operatorname{arc}(\operatorname{tang} = x) = \frac{1}{2i}\,\mathbf{loh}\,\frac{1 + ix}{1 - ix};$

(19) $\mathbf{Arh}(\mathbf{Coth} = x) = \frac{1}{2}\,\mathbf{loh}\,\frac{x + 1}{x - 1},$ (20) $\operatorname{arc}(\cot = x) = \frac{1}{2i}\,\mathbf{loh}\,\frac{x + i}{x - i};$

(21) $\mathbf{Arh}(\mathbf{Séh} = x) = \mathbf{loh}\,\frac{1 + \sqrt{1 - x^2}}{x},$ (22) $\operatorname{arc}(\text{séc} = x) = \frac{1}{i}\,\mathbf{loh}\,\frac{1 + i\sqrt{x^2 - 1}}{x};$

(23) $\mathbf{Arh}(\mathbf{Coséh} = x) = \mathbf{loh}\,\frac{1 + \sqrt{1 + x^2}}{x},$ (24) $\operatorname{arc}(\text{coséc} = x) = \frac{1}{i}\,\mathbf{loh}\,\frac{\sqrt{x^2 - 1} + i}{x}.$

(25) $$\mathbf{loh}\,x = 2\,\mathbf{Arh}\left(\mathbf{Tah} = \frac{x - 1}{x + 1}\right) = 2\,\mathbf{Arh}\left(\mathbf{Coth} = \frac{x + 1}{x - 1}\right) = \mathbf{Arh}\left(\mathbf{Sih} = \frac{x^2 - 1}{2x}\right) = \mathbf{Arh}\left(\mathbf{Cosh} = \frac{x^2 + 1}{2x}\right)$$
$$= \mathbf{Arh}\left(\mathbf{Séh} = \frac{2x}{x^2 + 1}\right) = \mathbf{Arh}\left(\mathbf{Coséh} = \frac{2x}{x^2 - 1}\right);$$

(26) $\mathbf{Arh}(\mathbf{Cosh} = x) = \pm i \operatorname{arc}(\cos = x);$ (27) $\mathbf{Arh}(\mathbf{Sih} = x) = \frac{1}{i}\operatorname{arc}(\sin = ix);$

(28) $\mathbf{Arh}(\mathbf{Coth} = x) = i \operatorname{arc}(\cot = ix).$

§ 17.

Différentiation de fonctions logarithmiques, exponentielles, circulaires et hyperboliques.

u, v fonctions quelconques de la variable x; $\frac{du}{dx} = u'$, $\frac{dv}{dx} = v'$ coefficients différentiels de u et de v; par conséquent $du = u'\,dx$, $dv = v'\,dx$. Quand $u = x$, $du = dx$ et $u' = 1$.

(1) $d\,\mathbf{loh}\,u = \frac{du}{u},$ (2) $d\,{}^a\!\log u = \frac{1}{\mathbf{loh}\,a}\,\frac{du}{u} = {}^a\!\log e\,\frac{du}{u},$ (3) $d\,e^u = e^u\,du,$

(4) $d\,a^u = \mathbf{loh}\,a\,a^u\,du = \frac{a^u\,du}{{}^a\!\log e},$ (5) $d\,u^v = u^{v-1}(v\,du + \mathbf{loh}\,u\,u\,dv),$ (6) $d\,u^u = u^u(1 + \mathbf{loh}\,u)\,du.$

(7) $d\,\mathbf{Sih}\,u = \mathbf{Cosh}\,u\,du,$ (8) $d\sin u = \cos u\,du;$

(9) $d\,\mathbf{Cosh}\,u = \mathbf{Sih}\,u\,du,$ (10) $d\cos u = -\sin u\,du;$

(11) $d\,\mathbf{Tah}\,u = \frac{du}{\mathbf{Cosh}^2 u} = \mathbf{Séh}^2 u\,du,$ (12) $d\operatorname{tang} u = \frac{du}{\cos^2 u} = \text{séc}^2 u\,du;$

(13) $d\,\mathbf{Coth}\,u = -\frac{du}{\mathbf{Sih}^2 u} = -\mathbf{Coséh}^2 u\,du,$ (14) $d\cot u = -\frac{du}{\sin^2 u} = -\text{coséc}^2 u\,du;$

(15) $d\,\mathbf{Séh}\,u = -\frac{\mathbf{Sih}\,u}{\mathbf{Cosh}^2 u}\,du = -\mathbf{Tah}\,u\,\mathbf{Séh}\,u\,du,$ (16) $d\,\text{séc}\,u = \frac{\sin u}{\cos^2 u}\,du = \operatorname{tang} u\,\text{séc}\,u\,du;$

(17) $d\,\mathbf{Coséh}\,u = -\frac{\mathbf{Cosh}\,u}{\mathbf{Sih}^2 u}\,du = -\mathbf{Coth}\,u\,\mathbf{Coséh}\,u\,du,$ (18) $d\,\text{coséc}\,u = -\frac{\cos u}{\sin^2 u}\,du = -\cot u\,\text{coséc}\,u\,du;$

(19) $d\,\mathbf{Arh}(\mathbf{Sih} = u) = d\,\mathbf{loh}\left(\sqrt{1 + u^2} + u\right) = \frac{du}{\sqrt{1 + u^2}},$ (20) $d\operatorname{arc}(\sin = u) = \frac{1}{i}\,d\,\mathbf{loh}\left(\sqrt{1 - u^2} + iu\right) = \frac{du}{\sqrt{1 - u^2}};$

(21) $d\,\mathbf{Arh}(\mathbf{Cosh} = u) = d\,\mathbf{loh}\left(u + \sqrt{u^2 - 1}\right) = \frac{du}{\sqrt{u^2 - 1}},$ (22) $d\operatorname{arc}(\cos = u) = \frac{1}{i}\,d\,\mathbf{loh}\left(u + i\sqrt{1 - u^2}\right) = -\frac{du}{\sqrt{1 - u^2}};$

(23) $d\,\mathbf{Arh}(\mathbf{Tah} = u) = \frac{1}{2} d \log \frac{1+u}{1-u} = \frac{du}{1-u^2}$,

(24) $d \operatorname{arc}(\operatorname{tang} = u) = \frac{1}{2i} d\,\mathbf{loh} \frac{1+iu}{1-iu} = \frac{du}{1+u^2}$;

(25) $d\,\mathbf{Arh}(\mathbf{Coth} = u) = \frac{1}{2} d\,\mathbf{loh} \frac{u+1}{u-1} = -\frac{du}{u^2-1}$,

(26) $d \operatorname{arc}(\cot = u) = \frac{1}{2i} d\,\mathbf{loh} \frac{u+i}{u-i} = -\frac{du}{1+u^2}$;

(27) $d\,\mathbf{Arh}(\mathbf{S\acute{e}h} = u) = d\,\mathbf{loh} \frac{1+\sqrt{1-u^2}}{u} = -\frac{du}{u\sqrt{1-u^2}}$,

(28) $d \operatorname{arc}(\text{séc} = u) = \frac{1}{i} d\,\mathbf{loh} \frac{1+i\sqrt{u^2-1}}{u} = \frac{du}{u\sqrt{u^2-1}}$;

(29) $d\,\mathbf{Arh}(\mathbf{Cos\acute{e}h} = u) = d\,\mathbf{loh} \frac{1+\sqrt{1+u^2}}{u} = -\frac{du}{u\sqrt{u^2+1}}$,

(30) $d \operatorname{arc}(\text{cosséc} = u) = \frac{1}{i} d\,\mathbf{loh} \frac{\sqrt{u^2-1}+i}{u} = -\frac{du}{u\sqrt{u^2-1}}$;

(31) $d\,\mathbf{loh}\,\mathbf{Sih}\,u = -d\,\mathbf{loh}\,\mathbf{Cos\acute{e}h}\,u = \mathbf{Coth}\,u\,du$,

(32) $d\,\mathbf{loh} \sin u = -d\,\mathbf{loh}\,\text{cosséc}\,u = \cot u\,du$;

(33) $d\,\mathbf{loh}\,\mathbf{Cosh}\,u = -d\,\mathbf{loh}\,\mathbf{S\acute{e}h}\,u = \mathbf{Tah}\,u\,du$,

(34) $d\,\mathbf{loh} \cos u = -d\,\mathbf{loh}\,\text{séc}\,u = -\operatorname{tang} u\,du$;

(35) $d\,\mathbf{loh}\,\mathbf{Tah}\,u = -d\,\mathbf{loh}\,\mathbf{Coth}\,u = \frac{du}{\mathbf{Sih}\,u\,\mathbf{Cosh}\,u} = \frac{2\,du}{\mathbf{Sih}\,2u}$,

(36) $d\,\mathbf{loh} \operatorname{tang} u = -d\,\mathbf{loh} \cot u = \frac{du}{\sin u \cos u} = \frac{2\,du}{\sin 2u}$;

(37) $d\mathrm{L}u = d\,\mathbf{Arh}(\mathbf{Tah} = \sin u) = \frac{du}{\cos u}$,

(38) $d\,\mathrm{l}\,u = d \operatorname{arc}(\operatorname{tang} = \mathbf{Sih}\,u) = \frac{du}{\mathbf{Cosh}\,u}$.

§ 18.

Intégration de fonctions logarithmiques, exponentielles, circulaires et hyperboliques.

u et *du* comme au paragraphe précédent. La constante d'intégration est partout sous-entendue.

(1) $\int \frac{du}{u} = \mathbf{loh}\,u = \mathbf{loh}\,a\,{}^a\!\log u = \frac{{}^a\!\log u}{{}^a\!\log e}$,

(2) $\int e^u\,du = e^u$,

(3) $\int a^u\,du = \frac{a^u}{\mathbf{loh}\,a} = {}^a\!\log e\; a^u$;

(4) $\int \mathbf{Sih}\,u\,du = \mathbf{Cosh}\,u$,

(5) $\int \sin u\,du = -\cos u$;

(6) $\int \mathbf{Cosh}\,u\,du = \mathbf{Sih}\,u$,

(7) $\int \cos u\,du = \sin u$;

(8) $\int \frac{du}{\mathbf{Sih}^2 u} = \int \mathbf{Cos\acute{e}h}^2 u\,du = -\mathbf{Coth}\,u$,

(9) $\int \frac{du}{\sin^2 u} = \int \text{cosséc}^2 u\,du = -\cot u$;

(10) $\int \frac{du}{\mathbf{Cosh}^2 u} = \int \mathbf{S\acute{e}h}^2 u\,du = \mathbf{Tah}\,u$,

(11) $\int \frac{du}{\cos^2 u} = \int \text{séc}^2 u\,du = \operatorname{tang} u$;

(12) $\int \frac{\mathbf{Tah}\,u\,du}{\mathbf{Cosh}\,u} = \int \mathbf{Tah}\,u\,\mathbf{S\acute{e}h}\,u\,du = -\mathbf{S\acute{e}h}\,u$,

(13) $\int \frac{\operatorname{tang} u}{\cos u}\,du = \int \operatorname{tang} u\,\text{séc}\,u\,du = \text{séc}\,u$;

(14) $\int \frac{\mathbf{Coth}\,u\,du}{\mathbf{Sih}\,u} = \int \mathbf{Coth}\,u\,\mathbf{Cos\acute{e}h}\,u = -\mathbf{Cos\acute{e}h}\,u$,

(15) $\int \frac{\cot u}{\sin u}\,du = \int \cot u\,\text{cosséc}\,u = -\text{cosséc}\,u$;

(16) $\int \mathbf{Tah}\,u\,du = \mathbf{loh}\,\mathbf{Cosh}\,u = -\mathbf{loh}\,\mathbf{S\acute{e}h}\,u$,

(17) $\int \operatorname{tang} u\,du = -\mathbf{loh} \cos u = \mathbf{loh}\,\text{séc}\,u$;

(18) $\int \mathbf{Coth}\,u\,du = \mathbf{loh}\,\mathbf{Sih}\,u = -\mathbf{loh}\,\mathbf{Cos\acute{e}h}\,u$,

(19) $\int \cot u\,du = \mathbf{loh} \sin u = -\mathbf{loh}\,\text{cosséc}\,u$;

$$(20)\quad \int \frac{du}{\mathbf{Sih}\,u\,\mathbf{Cosh}\,u} = 2\int \frac{du}{\mathbf{Sih}\,2u} = \mathbf{lot\,Tah}\,u = -\,\mathbf{loh\,Coth}\,u,$$

$$(21)\quad \int \frac{du}{\sin u \cos u} = 2\int \frac{du}{\sin 2u} = \mathbf{loh}\,\mathrm{tang}\,u = -\,\mathbf{loh}\,\cot u,$$

$$(22)\quad \int \frac{du}{\mathbf{Cosh}\,u} = lu = \mathrm{arc}\,(\mathrm{tang} = \mathbf{Sih}\,u),$$

$$(23)\quad \int \frac{du}{\cos u} = \mathrm{L}u = \mathbf{Arh}\,(\mathbf{Tah} = \sin u);$$

$$(24)\quad \int \frac{du}{\sqrt{1+u^2}} = \mathbf{Arh}\,(\mathbf{Sih} = u) = \mathbf{loh}\,(\sqrt{1+u^2} + u),$$

$$(25)\quad \int \frac{du}{\sqrt{u^2-1}} = \mathbf{Arh}\,(\mathbf{Cosh} = u) = \mathbf{loh}\,(u + \sqrt{u^2-1}),$$

$$(26)\quad \int \frac{du}{\sqrt{1-u^2}} = \mathrm{arc}\,(\sin = u) = -\,\mathrm{arc}\,(\cos = u);$$

$$(27)\quad \int \frac{du}{1-u^2} = \mathbf{Arh}\,(\mathbf{Tah} = u) = \mathbf{loh}\sqrt{\frac{1+u}{1-u}},$$

$$(28)\quad \int \frac{du}{u^2-1} = -\,\mathbf{Arh}\,(\mathbf{Coth} = u) = \mathbf{loh}\sqrt{\frac{u-1}{u+1}},$$

$$(29)\quad \int \frac{du}{1+u^2} = \mathrm{arc}\,(\mathrm{tang} = u) = -\,\mathrm{arc}\,(\cot = u);$$

$$(30)\quad \int \frac{du}{u\sqrt{1-u^2}} = -\,\mathbf{Arh}\,(\mathbf{S\acute{e}h} = u) = -\,\mathbf{loh}\,\frac{\sqrt{1-u^2}+1}{u},$$

$$(31)\quad \int \frac{du}{u\sqrt{1+u^2}} = -\,\mathbf{Arh}\,(\mathbf{Cos\acute{e}h} = u) = -\,\mathbf{loh}\,\frac{\sqrt{1+u^2}+1}{u},$$

$$(32)\quad \int \frac{du}{u\sqrt{u^2-1}} = \mathrm{arc}\,(\mathrm{s\acute{e}c} = u) = -\,\mathrm{arc}\,(\mathrm{cos\acute{e}c} = u);$$

$$(33)\quad \int \mathbf{Sih}^m u\,\mathbf{Cosh}^n u\,du$$

$$= \frac{1}{m+1}\mathbf{Sih}^{m+1}u\,\mathbf{Cosh}^{n-1}u - \frac{n-1}{m+1}\int \mathbf{Sih}^{m+2}u\,\mathbf{Cosh}^{n-2}u\,du$$

$$= \frac{1}{n+1}\mathbf{Sih}^{m-1}u\,\mathbf{Cosh}^{n+1}u - \frac{m-1}{n+1}\int \mathbf{Sih}^{m-2}u\,\mathbf{Cosh}^{n+2}u\,du$$

$$= \frac{1}{m+1}\mathbf{Sih}^{m+1}u\,\mathbf{Cosh}^{n+1}u - \frac{m+n+2}{m+1}\int \mathbf{Sih}^{m+2}u\,\mathbf{Cosh}^{n}u\,du$$

$$= -\frac{1}{n+1}\mathbf{Sih}^{m+1}u\,\mathbf{Cosh}^{n+1}u + \frac{m+n+2}{n+1}\int \mathbf{Sih}^{m}u\,\mathbf{Cosh}^{n+2}u\,du$$

$$= \frac{1}{m+n}\mathbf{Sih}^{m-1}u\,\mathbf{Cosh}^{n+1}u - \frac{m-1}{m+n}\int \mathbf{Sih}^{m-2}u\,\mathbf{Cosh}^{n}u\,du$$

$$= \frac{1}{m+n}\mathbf{Sih}^{m+1}u\,\mathbf{Cosh}^{n-1}u + \frac{n-1}{m+n}\int \mathbf{Sih}^{m}u\,\mathbf{Cosh}^{n-2}u\,du,$$

$$(34)\quad \int \sin^m u \cos^n u\,du$$

$$= \frac{1}{m+1}\sin^{m+1}u\cos^{n-1}u + \frac{n-1}{m+1}\int \sin^{m+2}u\cos^{n-2}u\,du$$

$$= -\frac{1}{n+1}\sin^{m-1}u\cos^{n+1}u + \frac{m-1}{n+1}\int \sin^{m-2}u\cos^{n+2}u\,du$$

$$= \frac{1}{m+1}\sin^{m+1}u\cos^{n+1}u + \frac{m+n+2}{m+1}\int \sin^{m+2}u\cos^{n}u\,du$$

$$= -\frac{1}{n+1}\sin^{m+1}u\cos^{n+1}u + \frac{m+n+2}{n+1}\int \sin^{m}u\cos^{n+2}u\,du$$

$$= -\frac{1}{m+n}\sin^{m-1}u\cos^{n+1}u + \frac{m-1}{m+n}\int \sin^{m-2}u\cos^{n}u\,du$$

$$= \frac{1}{m+n}\sin^{m+1}u\cos^{n-1}u + \frac{n-1}{m+n}\int \sin^{m}u\cos^{n-2}u\,du;$$

$$(35)\quad \int \mathbf{Sih}^m u\,du$$

$$= \frac{1}{m+1}\mathbf{Sih}^{m+1}u\,\mathbf{Cosh}\,u - \frac{m+2}{m+1}\int \mathbf{Sih}^{m+2}u\,du$$

$$= \frac{1}{m}\mathbf{Sih}^{m-1}u\,\mathbf{Cosh}\,u - \frac{m-1}{m}\int \mathbf{Sih}^{m-2}u\,du,$$

$$(36)\quad \int \sin^m u\,du$$

$$= \frac{1}{m+1}\sin^{m+1}u\cos u + \frac{m+2}{m+1}\int \sin^{m+2}u\,du$$

$$= -\frac{1}{m}\sin^{m-1}u\cos u + \frac{m-1}{m}\int \sin^{m-2}u\,du;$$

$$(37)\quad \int \mathbf{Cosh}^n u\,du$$

$$= -\frac{1}{n+1}\mathbf{Sih}\,u\,\mathbf{Cosh}^{n+1}u + \frac{n+2}{n+1}\int \mathbf{Cosh}^{n+2}u\,du$$

$$= \frac{1}{n}\mathbf{Sih}\,u\,\mathbf{Cosh}^{n-1}u + \frac{n-1}{n}\int \mathbf{Cosh}^{n-2}u\,du,$$

$$(38)\quad \int \cos^n u\,du$$

$$= -\frac{1}{n+1}\sin u\cos^{n+1}u + \frac{n+2}{n+1}\int \cos^{n+2}u\,du$$

$$= \frac{1}{n}\sin u\cos^{n-1}u + \frac{n-1}{n}\int \cos^{n-2}u\,du;$$

(39) $\int \mathrm{Tah}^m u\,du = \frac{1}{m+1}\mathrm{Tah}^{m+1}u + \int \mathrm{Tah}^{m+2}u\,du$
$= -\frac{1}{m-1}\mathrm{Tah}^{m-1}u + \int \mathrm{Tah}^{m-2}u\,du;$

(40) $\int \mathrm{tang}^m u\,du = \frac{1}{m+1}\mathrm{tang}^{m+1}u - \int \mathrm{tang}^{m+2}u\,du$
$= \frac{1}{m-1}\mathrm{tang}^{m-1}u - \int \mathrm{tang}^{m-2}u\,du.$

SECTION III.

RÉSOLUTION DES TRIANGLES RECTILIGNES.

§ 19.

Équations relatives aux angles.

A, B, C étant les trois angles, on a :

(1) $A+B+C=180°$, (2) $\sin(A+B)=\sin C$, (3) $\cos(A+B)=-\cos C$, (4) $\mathrm{tang}(A+B)=-\mathrm{tang}\,C$,

(5) $\sin\frac{A+B}{2}=\cos\frac{C}{2}$, (6) $\cos\frac{A+B}{2}=\sin\frac{C}{2}$, (7) $\mathrm{tang}\frac{A+B}{2}=\cot\frac{C}{2}$,

(8)
$$\begin{cases}\sin A+\sin B+\sin C=4\cos\frac{A}{2}\cos\frac{B}{2}\cos\frac{C}{2},\\ \sin A+\sin B-\sin C=4\sin\frac{A}{2}\sin\frac{B}{2}\cos\frac{C}{2},\\ \sin A+\sin C-\sin B=4\sin\frac{A}{2}\sin\frac{C}{2}\cos\frac{B}{2},\\ \sin B+\sin C-\sin A=4\sin\frac{B}{2}\sin\frac{C}{2}\cos\frac{A}{2};\end{cases}$$

(9)
$$\begin{cases}\sin 2A+\sin 2B+\sin 2C=4\sin A\sin B\sin C,\\ \sin 2A+\sin 2B-\sin 2C=4\cos A\cos B\sin C,\\ \sin 2A+\sin 2C-\sin 2B=4\cos A\cos C\sin B,\\ \sin 2B+\sin 2C-\sin 2A=4\cos B\cos C\sin A;\end{cases}$$

(10)
$$\begin{cases}\sin^2A+\sin^2B+\sin^2C=2+2\cos A\cos B\cos C,\\ \sin^2A+\sin^2B-\sin^2C=2\sin A\sin B\cos C,\\ \sin^2A+\sin^2C-\sin^2B=2\sin A\sin C\cos B,\\ \sin^2B+\sin^2C-\sin^2A=2\sin B\sin C\cos A;\end{cases}$$

(11)
$$\begin{cases}\cos A+\cos B+\cos C-1=4\sin\frac{A}{2}\sin\frac{B}{2}\sin\frac{C}{2}\\ \qquad=\frac{1}{2}\frac{\sin 2A+\sin 2B+\sin 2C}{\sin A+\sin B+\sin C},\\ \cos 2A+\cos 2B+\cos 2C+1=-4\cos A\cos B\cos C,\\ \cos^2A+\cos^2B+\cos^2C=1-2\cos A\cos B\cos C;\end{cases}$$

(12) $\mathrm{tang}\frac{A}{2}+\mathrm{tang}\frac{B}{2}+\mathrm{tang}\frac{C}{2}=\dfrac{1+\sin\frac{A}{2}\sin\frac{B}{2}\sin\frac{C}{2}}{\cos\frac{A}{2}\cos\frac{B}{2}\cos\frac{C}{2}}$; (13) $\mathrm{tang}A+\mathrm{tang}B+\mathrm{tang}C=\mathrm{tang}A\,\mathrm{tang}B\,\mathrm{tang}C$;

(14) $\cot\frac{A}{2}+\cot\frac{B}{2}+\cot\frac{C}{2}=\cot\frac{A}{2}\cot\frac{B}{2}\cot\frac{C}{2}$; (15) $\cot A+\cot B+\cot C=\dfrac{1+\cos A\cos B\cos C}{\sin A\sin B\sin C}$;

(16) $\mathrm{tang}\frac{A}{2}\mathrm{tang}\frac{B}{2}+\mathrm{tang}\frac{A}{2}\mathrm{tang}\frac{C}{2}+\mathrm{tang}\frac{B}{2}\mathrm{tang}\frac{C}{2}=1$; (17) $\mathrm{tang}A\,\mathrm{tang}B+\mathrm{tang}A\,\mathrm{tang}C+\mathrm{tang}B\,\mathrm{tang}C$
$=1+\mathrm{s\acute{e}c}A\,\mathrm{s\acute{e}c}B\,\mathrm{s\acute{e}c}C$;

(18) $\cot\frac{A}{2}\cot\frac{B}{2}+\cot\frac{A}{2}\cot\frac{C}{2}+\cot\frac{B}{2}\cot\frac{C}{2}$
$=1+\mathrm{cos\acute{e}c}\frac{A}{2}\mathrm{cos\acute{e}c}\frac{B}{2}\mathrm{cos\acute{e}c}\frac{C}{2}$. (19) $\cot A\cot B+\cot A\cot C+\cot B\cot C=1$.

Dans ces formules, on peut remplacer A, B, C par $60°+n(60°-A)$, $60°+n(60°-B)$, $60°+n(60°-C)$.

§ 20.

Relations entre les côtés.

a, b, c étant les côtés opposés aux angles A, B, C, on a :

$$(1)\quad a+b>c,\qquad (2)\quad a+c>b,\qquad (3)\quad b+c>a,$$

$$(4)\quad 2p=a+b+c,\qquad (5)\quad p-a=\frac{b+c-a}{2},\qquad (6)\quad p-b=\frac{a+c-b}{2},\qquad (7)\quad p-c=\frac{a+b-c}{2}.$$

§ 21.

Relations entre les côtés et les angles.

$$(1)\quad \begin{cases} a\sin B = b\sin A,\\ b\sin C = c\sin B,\\ c\sin A = a\sin C;\end{cases}\qquad (2)\quad \begin{cases} a = c\cos B + b\cos C,\\ b = a\cos C + c\cos A,\\ c = a\cos B + b\cos A;\end{cases}$$

$$(3)\quad \begin{cases} \operatorname{tang} A = \dfrac{a\sin B}{c-a\cos B} = \dfrac{a\sin C}{b-a\cos C},\\ \operatorname{tang} B = \dfrac{b\sin A}{c-b\cos A} = \dfrac{b\sin C}{a-b\cos C},\\ \operatorname{tang} C = \dfrac{c\sin A}{b-c\cos A} = \dfrac{c\sin B}{a-c\cos B};\end{cases}$$

$$(4)\quad \begin{cases} a\cos\dfrac{B-C}{2} = (b+c)\sin\dfrac{A}{2} = (b+c)\cos\dfrac{B+C}{2},\\ b\cos\dfrac{A-C}{2} = (a+c)\sin\dfrac{B}{2} = (a+c)\cos\dfrac{A+C}{2},\\ c\cos\dfrac{A-B}{2} = (a+b)\sin\dfrac{C}{2} = (a+b)\cos\dfrac{A+B}{2};\end{cases}$$

$$(5)\quad \begin{cases} a\sin\dfrac{B-C}{2} = (b-c)\cos\dfrac{A}{2} = (b-c)\sin\dfrac{B+C}{2},\\ b\sin\dfrac{A-C}{2} = (a-c)\cos\dfrac{B}{2} = (a-c)\sin\dfrac{A+C}{2},\\ c\sin\dfrac{A-B}{2} = (a-b)\cos\dfrac{C}{2} = (a-b)\sin\dfrac{A+B}{2};\end{cases}$$

$$(6)\quad \begin{cases} \cot\dfrac{B-C}{2} = \dfrac{b+c}{b-c}\operatorname{tang}\dfrac{A}{2} = \dfrac{b+c}{b-c}\cot\dfrac{B+C}{2},\\ \cot\dfrac{A-C}{2} = \dfrac{a+c}{a-c}\operatorname{tang}\dfrac{B}{2} = \dfrac{a+c}{a-c}\cot\dfrac{A+C}{2},\\ \cot\dfrac{A-B}{2} = \dfrac{a+b}{a-b}\operatorname{tang}\dfrac{C}{2} = \dfrac{a+b}{a-b}\cot\dfrac{A+B}{2};\end{cases}$$

$$(7)\quad \begin{cases} a^2 = b^2+c^2-2bc\cos A = (b+c)^2-4bc\cos^2\dfrac{A}{2} = (b-c)^2+4bc\sin^2\dfrac{A}{2} = (b+c)^2\sin^2\dfrac{A}{2}+(b-c)^2\cos^2\dfrac{A}{2},\\ b^2 = a^2+c^2-2ac\cos B = (a+c)^2-4ac\cos^2\dfrac{B}{2} = (a-c)^2+4ac\sin^2\dfrac{B}{2} = (a+c)^2\sin^2\dfrac{B}{2}+(a-c)^2\cos^2\dfrac{B}{2},\\ c^2 = a^2+b^2-2ab\cos C = (a+b)^2-4ab\cos^2\dfrac{C}{2} = (a-b)^2+4ab\sin^2\dfrac{C}{2} = (a+b)^2\sin^2\dfrac{C}{2}+(a-b)^2\cos^2\dfrac{C}{2};\end{cases}$$

$$(8)\quad \begin{cases} 1+\cos A = 2\cos^2\dfrac{A}{2} = 2\,\dfrac{p(p-a)}{bc},\\ 1+\cos B = 2\cos^2\dfrac{B}{2} = 2\,\dfrac{p(p-b)}{ac},\\ 1+\cos C = 2\cos^2\dfrac{C}{2} = 2\,\dfrac{p(p-c)}{ab};\end{cases}\qquad (9)\quad \begin{cases} 1-\cos A = 2\sin^2\dfrac{A}{2} = 2\,\dfrac{(p-b)(p-c)}{bc},\\ 1-\cos B = 2\sin^2\dfrac{B}{2} = 2\,\dfrac{(p-a)(p-c)}{ac},\\ 1-\cos C = 2\sin^2\dfrac{C}{2} = 2\,\dfrac{(p-a)(p-b)}{ab};\end{cases}$$

$$(10)\quad \begin{cases} \operatorname{tang}\dfrac{A}{2} = \sqrt{\dfrac{(p-b)(p-c)}{p(p-a)}},\\ \operatorname{tang}\dfrac{B}{2} = \sqrt{\dfrac{(p-a)(p-c)}{p(p-b)}},\\ \operatorname{tang}\dfrac{C}{2} = \sqrt{\dfrac{(p-a)(p-b)}{p(p-c)}};\end{cases}\qquad (11)\quad \begin{cases} \sin A = \dfrac{2}{bc}\sqrt{p(p-a)(p-b)(p-c)},\\ \sin B = \dfrac{2}{ac}\sqrt{p(p-a)(p-b)(p-c)},\\ \sin C = \dfrac{2}{ab}\sqrt{p(p-a)(p-b)(p-c)};\end{cases}$$

(12) $$\frac{a^2+b^2+c^2}{2abc} = \frac{\cos A}{a} + \frac{\cos B}{b} + \frac{\cos C}{c}.$$

En faisant $R = \sqrt{\frac{(p-a)(p-b)(p-c)}{p}}$, on aurait

$$bc\sin A = ac\sin B = ab\sin C = 2pR, \quad (p-a)\operatorname{tang}\tfrac{1}{2}A = (p-b)\operatorname{tang}\tfrac{1}{2}B = (p-c)\operatorname{tang}\tfrac{1}{2}C = R$$

et

$$pR = \text{surface du triangle}.$$

§ 22.

Cas du triangle rectangle.

Soit $A = 90°$. Les formules principales sont alors :

(1) $B + C = 90°$, (2) $\sin B = \cos C$, (3) $\cos B = \sin C$, (4) $\operatorname{tang} B = \cot C$,

(5) $$\sin\frac{B+C}{2} = \cos\frac{B+C}{2} = \frac{1}{\sqrt{2}},$$ (6) $$\operatorname{tang}\frac{B+C}{2} = \cot\frac{B+C}{2} = 1,$$

(7) $$\operatorname{s\acute{e}c}\frac{B+C}{2} = \operatorname{cos\acute{e}c}\frac{B+C}{2} = \sqrt{2},$$

(8) $$\begin{cases} b\sin C = c\sin B, \\ b\cos B = c\cos C, \end{cases}$$ (9) $$\begin{cases} a = c\cos B + b\cos C = c\sin C + b\sin B, \\ b = a\cos C = a\sin B, \\ c = a\cos B = a\sin C, \end{cases}$$

(10) $$\operatorname{tang} B = \cot C = \frac{b}{c} = \frac{b\sin C}{a - b\cos C}, \quad \operatorname{tang} C = \cot B = \frac{c}{b} = \frac{c\sin B}{a - c\cos B},$$

(11) $$\begin{cases} a\cos\frac{B-C}{2} = \frac{b+c}{\sqrt{2}}, \\ \cot\frac{B}{2} = \frac{a+c}{b}, \\ \cot\frac{C}{2} = \frac{a+b}{c}, \end{cases}$$ (12) $$\begin{cases} a\sin\frac{B-C}{2} = \frac{b-c}{\sqrt{2}}, \\ \operatorname{tang}\frac{B}{2} = \frac{a-c}{b}, \\ \operatorname{tang}\frac{C}{2} = \frac{a-b}{c}, \end{cases}$$ (13) $$\cot\frac{B-C}{2} = \frac{b+c}{b-c}.$$

(14) $$\begin{cases} a^2 = b^2 + c^2 = (b+c)^2 - 2bc = (b-c)^2 + 2bc = \frac{1}{2}(b+c)^2 + \frac{1}{2}(b-c)^2, \\ b^2 = a^2 + c^2 - 2ac\cos B = (a+c)^2 - 4ac\cos^2\frac{B}{2} = (a-c)^2 + 4ac\sin^2\frac{B}{2}, \\ c^2 = a^2 + b^2 - 2ab\cos C = (a+b)^2 - 4ab\cos^2\frac{C}{2} = (a-b)^2 + 4ab\sin^2\frac{C}{2}. \end{cases}$$

(15) $$\begin{cases} \cos\frac{B}{2} = \sqrt{\frac{p(p-b)}{ac}}, \quad \sin\frac{B}{2} = \sqrt{\frac{(p-a)(p-c)}{ac}}, \quad \operatorname{tang}\frac{B}{2} = \sqrt{\frac{(p-a)(p-c)}{p(p-b)}}, \\ \cos\frac{C}{2} = \sqrt{\frac{p(p-c)}{ab}}, \quad \sin\frac{C}{2} = \sqrt{\frac{(p-a)(p-b)}{ab}}, \quad \operatorname{tang}\frac{C}{2} = \sqrt{\frac{(p-a)(p-b)}{p(p-c)}}. \end{cases}$$

(16) $$\sin B = \frac{2}{ac}\sqrt{p(p-a)(p-b)(p-c)}, \quad \sin C = \frac{2}{ab}\sqrt{p(p-a)(p-b)(p-c)}.$$

§ 23.

Soient : h la perpendiculaire abaissée du sommet B d'un triangle sur le côté opposé b, M l'angle de h avec

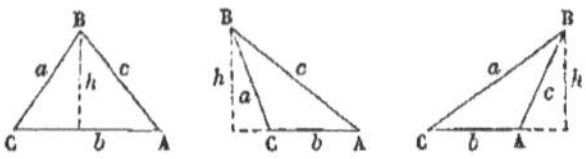

le côté a, N l'angle de h avec le côté c, m et n les projections des côtés a, c sur b.

En ne considérant que la valeur absolue de M et N, on a :

1° $\quad M + N = B$ et $m + n = b$, $\quad C < 90°$ et $A < 90°$;

2° $\quad N - M = B$ et $n - m = b$, $\quad C > 90°$ et $A < 90°$;

3° $\quad M - N = B$ et $m - n = b$, $\quad C < 90°$ et $A > 90°$;

et, en général,

(1) $M = 90° - C$, $N = 90° - A$; $\quad$ (2) $m = a\cos C$, $n = c\cos A$; $\quad$ (3) $h = a\sin C = c\sin A$.

§ 24.

Soient : S la surface du triangle, R le rayon du cercle circonscrit, r le rayon du cercle inscrit, h la hauteur du triangle par rapport à la base b, on aura

(1) $$S = \sqrt{p(p-a)(p-b)(p-c)} = \frac{1}{2}bh = pr = \frac{abc}{4R} \quad \text{pour} \quad p = \frac{a+b+c}{2}.$$

§ 25.

TABLEAU POUR LA RÉSOLUTION DES TRIANGLES RECTANGLES.

DONNÉES.	SOLUTIONS.	OBSERVATIONS.
a, b	1° $\sin B = \cos C = \frac{b}{a}$, $\quad c = a\cos B = a\sin C$;	
	2° $c = \sqrt{a^2 - b^2}$, $\quad \tan\frac{C}{2} = \sqrt{\frac{a-b}{a+b}}$, $\quad B = 90° - C$.	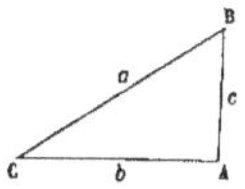
b, c	1° $\tan B = \cot C = \frac{b}{c}$, $\quad a = b\,\text{séc}\,C = b\,\text{coséc}\,B$;	
	2° $\frac{B+C}{2} = 45°$, $\quad \tan\frac{B-C}{2} = \frac{b-c}{b+c}$, $\quad a = \sqrt{b^2+c^2}$.	$A = 90°$,
a, B	1° $C = 90° - B$, $\quad b = a\sin B$, $\quad c = a\cos B$;	a = hypoténuse.
	2° $C = 90° - B$, $\quad b + c = a\sqrt{2}\cos\frac{B-C}{2}$, $\quad b - c = a\sqrt{2}\sin\frac{B-C}{2}$.	
b, B	1° $C = 90° - B$, $\quad a = b\,\text{coséc}\,B$, $\quad c = b\cot B$;	$S = \frac{bc}{2}$
	2° $C = 90° - B$, $\quad a + c = b\cot\frac{B}{2}$, $\quad a - c = b\tan\frac{B}{2}$.	$R = \frac{a}{2}$ Voir § 24.
b, C	1° $B = 90° - C$, $\quad a = b\,\text{séc}\,C$, $\quad c = b\tan C$;	$r = p - a$
	2° $B = 90° - C$, $\quad a + c = b\cot\frac{B}{2}$, $\quad a - c = b\tan\frac{B}{2}$.	

§ 26.

TABLEAU POUR LA RÉSOLUTION DES TRIANGLES OBLIQUANGLES.

DONNÉES.	SOLUTIONS.	OBSERVATIONS.
a, b, c	1° $\tang\frac{A}{2}=\sqrt{\frac{(p-b)(p-c)}{p(p-a)}}$, $\tang\frac{B}{2}=\sqrt{\frac{(p-a)(p-c)}{p(p-b)}}$, $\tang\frac{C}{2}=\sqrt{\frac{(p-a)(p-b)}{p(p-c)}}$; 2° $\sin A=\frac{2}{bc}\sqrt{p(p-a)(p-b)(p-c)}$, $\sin B=\frac{2}{ac}\sqrt{p(p-a)(p-b)(p-c)}$, $\sin C=\frac{2}{ab}\sqrt{p(p-a)(p-b)(p-c)}$.	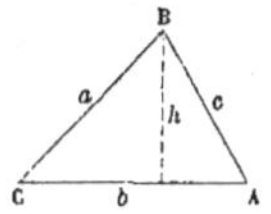 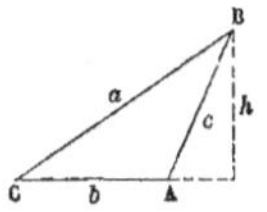
a, b, C	1° $A+B=180°-C$, $\cot\frac{A-B}{2}=\frac{a+b}{a-b}\tang\frac{C}{2}$, $c=a\,\text{coséc}\,A\sin C=b\,\text{coséc}\,B\sin C$; 2° $A+B=180°-C$, $\cot\frac{A-B}{2}=\frac{a+b}{a-b}\tang\frac{C}{2}$, $c=(a-b)\,\text{coséc}\frac{A-B}{2}\cos\frac{C}{2}=(a+b)\,\text{séc}\frac{A-B}{2}\sin\frac{C}{2}$.	*Voir* §§ 23 et 24.
a, b, B	$\sin A=\frac{a}{b}\sin B$, $C=180°-(A+B)$, $c=b\,\text{coséc}\,B\sin C$. *N. B.* Impossible quand $b<a\sin B$ ou bien quand $b\overline{\overline{<}}a$ et $B\overline{\overline{>}}90°$; deux solutions quand $b>a\sin B$ et $b<a$, l'angle B′ étant plus petit que 90°.	$h=a\sin C=c\sin A$. $S=\frac{bh}{2}=\sqrt{p(p-a)(p-b)(p-c)}$. $R=\frac{1}{2}a\,\text{coséc}\,A=\frac{abc}{4S}$. $r=(p-a)\tang\frac{A}{2}=\frac{S}{p}$.
a, B, C	1° $A=180°-B-C$, $b=a\,\text{coséc}\,A\sin B$, $c=a\,\text{coséc}\,A\sin C$, 2° $A=180°-B-C$, $b+c=a\,\text{coséc}\frac{A}{2}\cos\frac{B-C}{2}$, $b-c=a\,\text{séc}\frac{A}{2}\sin\frac{B-C}{2}$.	
a, A, C	1° $B=180°-A-C$, $b=a\,\text{coséc}\,A\sin B$, $c=a\,\text{coséc}\,A\sin C$; 2° $B=180°-A-C$, $b+c=a\,\text{coséc}\frac{A}{2}\cos\frac{B-C}{2}$, $b-c=a\,\text{séc}\frac{A}{2}\sin\frac{B-C}{2}$.	

SECTION IV.

RÉSOLUTION DES TRIANGLES SPHÉRIQUES.

§ 27.

Formules générales.

Soient A, B, C les angles opposés aux côtés a, b, c; $2p = a+b+c$, $2P = A+B+C$ et $2E = A+B+C-180°$ (l'excès sphérique), on a :

(1) $360° > 2p,\quad a+b > c,\quad a+c > b,\quad b+c > a,\quad 540° > A+B+C > 180°$ (conditions de possibilité),

(2) $\sin b \sin A = \sin a \sin B,\quad \sin c \sin A = \sin a \sin C,\quad \sin c \sin B = \sin b \sin C$;

(3)
$$\begin{aligned}\cos a &= \cos b \cos c + \sin b \sin c \cos A\\ &= \cos(b+c) + 2\sin b \sin c \cos^2\frac{A}{2}\\ &= \cos(b-c) - 2\sin b \sin c \sin^2\frac{A}{2}\\ &= \cos(b+c)\sin^2\frac{A}{2} + \cos(b-c)\cos^2\frac{A}{2},\end{aligned}$$

(4)
$$\begin{aligned}\cos A &= -\cos B \cos C + \sin B \sin C \cos a\\ &= -\cos(B+C) - 2\sin B \sin C \sin^2\frac{a}{2}\\ &= -\cos(B-C) + 2\sin B \sin C \cos^2\frac{a}{2}\\ &= -\cos(B+C)\cos^2\frac{a}{2} - \cos(B-C)\sin^2\frac{a}{2};\end{aligned}$$

(5)
$$\begin{aligned}\cos b &= \cos a \cos c + \sin a \sin c \cos B\\ &= \cos(a+c) + 2\sin a \sin c \cos^2\frac{B}{2}\\ &= \cos(a-c) - 2\sin a \sin c \sin^2\frac{B}{2}\\ &= \cos(a+c)\sin^2\frac{B}{2} + \cos(a-c)\cos^2\frac{B}{2},\end{aligned}$$

(6)
$$\begin{aligned}\cos B &= -\cos A \cos C + \sin A \sin C \cos b\\ &= -\cos(A+C) - 2\sin A \sin C \sin^2\frac{b}{2}\\ &= -\cos(A-C) + 2\sin A \sin C \cos^2\frac{b}{2}\\ &= -\cos(A+C)\cos^2\frac{b}{2} - \cos(A-C)\sin^2\frac{b}{2},\end{aligned}$$

(7)
$$\begin{aligned}\cos c &= \cos a \cos b + \sin a \sin b \cos C\\ &= \cos(a+b) + 2\sin a \sin b \cos^2\frac{C}{2}\\ &= \cos(a-b) - 2\sin a \sin b \sin^2\frac{C}{2}\\ &= \cos(a+b)\sin^2\frac{C}{2} + \cos(a-b)\cos^2\frac{C}{2},\end{aligned}$$

(8)
$$\begin{aligned}\cos C &= -\cos A \cos B + \sin A \sin B \cos c\\ &= -\cos(A+B) - 2\sin A \sin B \sin^2\frac{c}{2}\\ &= -\cos(A-B) + 2\sin A \sin B \cos^2\frac{c}{2}\\ &= -\cos(A+B)\cos^2\frac{c}{2} - \cos(A-B)\sin^2\frac{c}{2};\end{aligned}$$

(9)
$$\left\{\begin{aligned}\sin b \sin c \sin^2\frac{A}{2} &= \sin(p-b)\sin(p-c),\\ \sin b \sin c \cos^2\frac{A}{2} &= \sin p \sin(p-a),\\ \sin a \sin c \sin^2\frac{B}{2} &= \sin(p-a)\sin(p-c),\\ \sin a \sin c \cos^2\frac{B}{2} &= \sin p \sin(p-b),\\ \sin a \sin b \sin^2\frac{C}{2} &= \sin(p-a)\sin(p-b),\\ \sin a \sin b \cos^2\frac{C}{2} &= \sin p \sin(p-c),\end{aligned}\right.$$

(10)
$$\left\{\begin{aligned}\sin B \sin C \sin^2\frac{a}{2} &= -\cos P \cos(P-A);\\ \sin B \sin C \cos^2\frac{a}{2} &= \cos(P-B)\cos(P-C);\\ \sin A \sin C \sin^2\frac{b}{2} &= -\cos P \cos(P-B);\\ \sin A \sin C \cos^2\frac{b}{2} &= \cos(P-A)\cos(P-C);\\ \sin A \sin B \sin^2\frac{c}{2} &= -\cos P \cos(P-C);\\ \sin A \sin B \cos^2\frac{c}{2} &= \cos(P-A)\cos(P-B);\end{aligned}\right.$$

$$(11)\quad \begin{cases} \operatorname{tang}\frac{A}{2} = \sqrt{\frac{\sin(p-b)\sin(p-c)}{\sin p \sin(p-a)}}, \\ \operatorname{tang}\frac{B}{2} = \sqrt{\frac{\sin(p-a)\sin(p-c)}{\sin p \sin(p-b)}}, \\ \operatorname{tang}\frac{C}{2} = \sqrt{\frac{\sin(p-a)\sin(p-b)}{\sin p \sin(p-c)}}, \end{cases}$$

$$(12)\quad \begin{cases} \operatorname{tang}\frac{a}{2} = \sqrt{-\frac{\cos P \cos(P-A)}{\cos(P-B)\cos(P-C)}}; \\ \operatorname{tang}\frac{b}{2} = \sqrt{-\frac{\cos P \cos(P-B)}{\cos(P-A)\cos(P-C)}}; \\ \operatorname{tang}\frac{c}{2} = \sqrt{-\frac{\cos P \cos(P-C)}{\cos(P-A)\cos(P-B)}}; \end{cases}$$

posant

$$(13)\quad k = \sin a \sin b \sin C = \sin a \sin c \sin B = \sin b \sin c \sin A,$$

$$(14)\quad K = \sin a \sin B \sin C = \sin b \sin A \sin C = \sin c \sin A \sin B,$$

on a

$$(15)\quad \frac{K}{k} = \frac{\sin A}{\sin a} = \frac{\sin B}{\sin b} = \frac{\sin C}{\sin c},$$

$$(16)\quad kK = \sin a \sin b \sin c \sin A \sin B \sin C;$$

$$(17)\quad k^2 = 4 \sin p \sin(p-a)\sin(p-b)\sin(p-c) = 1 - \cos^2 a - \cos^2 b - \cos^2 c + 2\cos a \cos b \cos c,$$

$$(18)\quad K^2 = -4\cos P \cos(P-A)\cos(P-B)\cos(P-C) = 1 - \cos^2 A - \cos^2 B - \cos^2 C - 2\cos A \cos B \cos C,$$

$$(19)\quad K^2 = 4 \sin E \sin(A-E)\sin(B-E)\sin(C-E);$$

$$(20)\quad \begin{cases} \sin A = k \operatorname{coséc} b \operatorname{coséc} c, \\ \sin B = k \operatorname{coséc} a \operatorname{coséc} c, \\ \sin C = k \operatorname{coséc} a \operatorname{coséc} b, \end{cases}$$

$$(21)\quad \begin{cases} \sin a = K \operatorname{coséc} B \operatorname{coséc} C; \\ \sin b = K \operatorname{coséc} A \operatorname{coséc} C; \\ \sin c = K \operatorname{coséc} A \operatorname{coséc} B; \end{cases}$$

$$(22)\quad \begin{cases} \cot a \sin b - \cot A \sin C = \cos b \cos C, \\ \cot a \sin c - \cot A \sin B = \cos c \cos B, \\ \cot b \sin a - \cot B \sin C = \cos a \cos C, \\ \cot b \sin c - \cot B \sin A = \cos c \cos A, \\ \cot c \sin a - \cot C \sin B = \cos a \cos B, \\ \cot c \sin b - \cot C \sin A = \cos b \cos A. \end{cases}$$

Formules de Cagnoli :

$$(23)\quad \begin{cases} \sin b \sin c + \cos b \cos c \cos A = \sin B \sin C - \cos B \cos C \cos a, \\ \sin a \sin c + \cos a \cos c \cos B = \sin A \sin C - \cos A \cos C \cos b, \\ \sin a \sin b + \cos a \cos b \cos C = \sin A \sin B - \cos A \cos B \cos c. \end{cases}$$

Formules Gauss-Delambre :

$$(24)\quad \begin{cases} \sin\frac{A+B}{2}\cos\frac{c}{2} = \cos\frac{a-b}{2}\cos\frac{C}{2}, \\ \cos\frac{A+B}{2}\cos\frac{c}{2} = \cos\frac{a+b}{2}\sin\frac{C}{2}, \\ \sin\frac{A+C}{2}\cos\frac{b}{2} = \cos\frac{a-c}{2}\cos\frac{B}{2}, \\ \cos\frac{A+C}{2}\cos\frac{b}{2} = \cos\frac{a+c}{2}\sin\frac{B}{2}, \\ \sin\frac{B+C}{2}\cos\frac{a}{2} = \cos\frac{b-c}{2}\cos\frac{A}{2}, \\ \cos\frac{B+C}{2}\cos\frac{a}{2} = \cos\frac{b+c}{2}\sin\frac{A}{2}, \end{cases}$$

$$(25)\quad \begin{cases} \sin\frac{A-B}{2}\sin\frac{c}{2} = \sin\frac{a-b}{2}\cos\frac{C}{2}; \\ \cos\frac{A-B}{2}\sin\frac{c}{2} = \sin\frac{a+b}{2}\sin\frac{C}{2}; \\ \sin\frac{A-C}{2}\sin\frac{b}{2} = \sin\frac{a-c}{2}\cos\frac{B}{2}; \\ \cos\frac{A-C}{2}\sin\frac{b}{2} = \sin\frac{a+c}{2}\sin\frac{B}{2}; \\ \sin\frac{B-C}{2}\sin\frac{a}{2} = \sin\frac{b-c}{2}\cos\frac{A}{2}; \\ \cos\frac{B-C}{2}\sin\frac{a}{2} = \sin\frac{b+c}{2}\sin\frac{A}{2}. \end{cases}$$

Formules de Néper :

$$(26)\quad\left\{\begin{aligned}
&\tang\frac{A+B}{2}\cos\frac{a+b}{2}=\cot\frac{C}{2}\cos\frac{a-b}{2},\\
&\tang\frac{A+C}{2}\cos\frac{a+c}{2}=\cot\frac{B}{2}\cos\frac{a-c}{2},\\
&\tang\frac{B+C}{2}\cos\frac{b+c}{2}=\cot\frac{A}{2}\cos\frac{b-c}{2},\\
&\tang\frac{a+b}{2}\cos\frac{A+B}{2}=\tang\frac{c}{2}\cos\frac{A-B}{2},\\
&\tang\frac{a+c}{2}\cos\frac{A+C}{2}=\tang\frac{b}{2}\cos\frac{A-C}{2},\\
&\tang\frac{b+c}{2}\cos\frac{B+C}{2}=\tang\frac{a}{2}\cos\frac{B-C}{2},
\end{aligned}\right.$$

$$(27)\quad\left\{\begin{aligned}
&\tang\frac{A-B}{2}\sin\frac{a+b}{2}=\cot\frac{C}{2}\sin\frac{a-b}{2};\\
&\tang\frac{A-C}{2}\sin\frac{a+c}{2}=\cot\frac{B}{2}\sin\frac{a-c}{2};\\
&\tang\frac{B-C}{2}\sin\frac{b+c}{2}=\cot\frac{A}{2}\sin\frac{b-c}{2};\\
&\tang\frac{a-b}{2}\sin\frac{A+B}{2}=\tang\frac{c}{2}\sin\frac{A-B}{2};\\
&\tang\frac{a-c}{2}\sin\frac{A+C}{2}=\tang\frac{b}{2}\sin\frac{A-C}{2};\\
&\tang\frac{b-c}{2}\sin\frac{B+C}{2}=\tang\frac{a}{2}\sin\frac{B-C}{2};
\end{aligned}\right.$$

$$(28)\quad\left\{\begin{aligned}
&\tang\frac{A+B}{2}\tang\frac{a-b}{2}=\tang\frac{A-B}{2}\tang\frac{a+b}{2};\\
&\tang\frac{A+C}{2}\tang\frac{a-c}{2}=\tang\frac{A-C}{2}\tang\frac{a+c}{2};\\
&\tang\frac{B+C}{2}\tang\frac{b-c}{2}=\tang\frac{B-C}{2}\tang\frac{b+c}{2}.
\end{aligned}\right.$$

§ 28.

Cas du triangle sphérique rectangle.

Soit $A = 90°$, les formules essentielles sont alors :

$$(1)\quad \begin{aligned}\cos a &= \cos b\cos c\\ &= \cot B\cot C;\end{aligned}\qquad (2)\left\{\begin{aligned}\cos B &= \cos b\sin C,\\ \cos C &= \cos c\sin B;\end{aligned}\right.\qquad (3)\quad\begin{aligned}\cot a &= \cot c\cos B\\ &= \cot b\cos C;\end{aligned}$$

$$(4)\left\{\begin{aligned}\cot B &= \cot b\sin c,\\ \cot C &= \cot c\sin b;\end{aligned}\right.\qquad (5)\left\{\begin{aligned}\sin b &= \sin a\sin B,\\ \sin c &= \sin a\sin C,\\ \sin c\sin B &= \sin b\sin C;\end{aligned}\right.\qquad (6)\left\{\begin{aligned}\tang\frac{B+C}{2} &= \cos\frac{b-c}{2}\,\text{séc}\,\frac{b+c}{2},\\ \tang\frac{B-C}{2} &= \sin\frac{b-c}{2}\,\text{coséc}\,\frac{b+c}{2}.\end{aligned}\right.$$

§ 29.

Cas du triangle sphérique rectilatere.

Soit $a = 90°$, les formules essentielles sont alors :

$$(1)\quad \begin{aligned}\cos A &= -\cos B\cos C\\ &= -\cot b\cot c;\end{aligned}\qquad (2)\left\{\begin{aligned}\cos b &= \sin c\cos B,\\ \cos c &= \sin b\cos C;\end{aligned}\right.\qquad (3)\quad\begin{aligned}\cot A &= -\cot B\cos c\\ &= -\cot C\cos b;\end{aligned}$$

$$(4)\left\{\begin{aligned}\cot b &= \sin C\cot B,\\ \cot c &= \sin B\cot C;\end{aligned}\right.\qquad (5)\left\{\begin{aligned}\sin B &= \sin A\sin b,\\ \sin C &= \sin A\sin c,\\ \sin B\sin c &= \sin C\sin b;\end{aligned}\right.\qquad (6)\left\{\begin{aligned}\tang\frac{b+c}{2} &= \cos\frac{B-C}{2}\,\text{séc}\,\frac{B+C}{2},\\ \tang\frac{b-c}{2} &= \sin\frac{B-C}{2}\,\text{coséc}\,\frac{B+C}{2}.\end{aligned}\right.$$

§ 30.

Soit S la surface du triangle sphérique et R le rayon de la sphère, on aura

$$(1)\qquad S = \frac{E}{90^\circ}\pi R^2,$$

E ayant la signification du § 27, c'est-à-dire étant le demi-excès sphérique.

De plus, on a :

$$(2)\quad \sin E = \frac{\sin\frac{a}{2}\sin\frac{b}{2}\sin C}{\cos\frac{c}{2}} = \frac{\sin a\sin b\sin C}{4\cos\frac{a}{2}\cos\frac{b}{2}\cos\frac{c}{2}},\qquad (3)\quad \cos E = \frac{1+\cos a+\cos b+\cos c}{4\cos\frac{a}{2}\cos\frac{b}{2}\cos\frac{c}{2}},$$

$$(4)\qquad \operatorname{tang}\frac{E}{2} = \sqrt{\operatorname{tang}\frac{p}{2}\operatorname{tang}\frac{p-a}{2}\operatorname{tang}\frac{p-b}{2}\operatorname{tang}\frac{p-c}{2}},$$

$$(5)\qquad \frac{1}{4}k = \cos\frac{a}{2}\cos\frac{b}{2}\cos\frac{c}{2}\sin E = \cos\frac{a}{2}\cos\frac{b}{2}\sin\frac{c}{2}\sin(A-E) = \cos\frac{b}{2}\sin\frac{a}{2}\sin\frac{c}{2}\sin(B-E)$$
$$= \cos\frac{c}{2}\sin\frac{a}{2}\sin\frac{b}{2}\sin(C-E),$$

$$(6)\qquad \frac{1}{4}K = \sin\frac{A}{2}\sin\frac{B}{2}\sin\frac{C}{2}\sin p = \sin\frac{A}{2}\cos\frac{B}{2}\cos\frac{C}{2}\sin(p-a) = \sin\frac{B}{2}\cos\frac{A}{2}\cos\frac{C}{2}\sin(p-b)$$
$$= \sin\frac{C}{2}\cos\frac{A}{2}\cos\frac{B}{2}\sin(p-c).$$

§ 31.

Soient : h l'arc de grand cercle mené du sommet B d'un triangle perpendiculairement au côté opposé b,

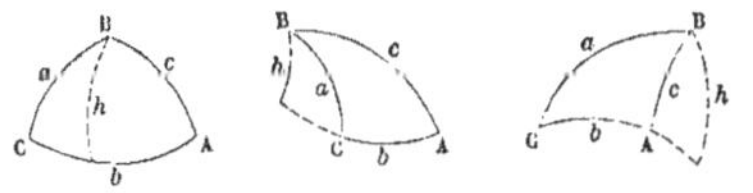

M l'angle de h avec le côté a, N l'angle de h avec le côté c, m et n les parties de b (ou son prolongement) opposées aux angles M et N.

En ne considérant que la valeur absolue de M et N, on a :

1°	$M+N=B$ et $m+n=b$,	$A<90^\circ$ et $C<90^\circ$;
2°	$N-M=B$ et $n-m=b$,	$A<90^\circ$ et $C>90^\circ$;
3°	$M-N=B$ et $m-n=b$;	$A>90^\circ$ et $C<90^\circ$.

et en général

$$(1)\ \begin{cases}\cot M = \cos a\operatorname{tang} C,\\ \cot N = \cos c\operatorname{tang} A;\end{cases}\qquad (2)\ \begin{cases}\operatorname{tang} m = \operatorname{tang} a\cos C,\\ \operatorname{tang} n = \operatorname{tang} c\cos A;\end{cases}\qquad (3)\ \begin{aligned}\sin h &= \sin a\sin C\\ &= \sin c\sin A;\end{aligned}$$

$$(4)\ \frac{\operatorname{tang} M}{\operatorname{tang} N} = \frac{\operatorname{tang} m}{\operatorname{tang} n},\qquad (5)\ \frac{\cos M}{\cos N} = \frac{\operatorname{tang} c}{\operatorname{tang} a},\qquad (6)\ \frac{\cos m}{\cos n} = \frac{\cos a}{\cos c},\qquad (7)\ \frac{\sin(M+N)}{\sin(M-N)} = \frac{\sin(m+n)}{\sin(m-n)}.$$

§ 32.

TABLEAU POUR LA RÉSOLUTION DES TRIANGLES RECTANGLES.

DONNÉES.		SOLUTIONS.	OBSERVATIONS.
a, b		$\cos c = \cos a \,\text{séc}\, b$, $\sin B = \sin b \,\text{coséc}\, a$, $\cos C = \text{tang}\, b \cot a$ (*).	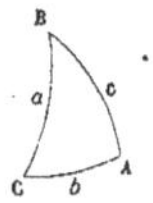
b, c	1°	$\cos a = \cos b \cos c$, $\cot B = \cot b \sin c$, $\cot C = \cot c \sin b$;	
	2°	$\cos a = \cos b \cos c$, $\text{tang}\,\frac{B+C}{2} = \cos\frac{b-c}{2}\,\text{séc}\,\frac{b+c}{2}$,	
		$\text{tang}\,\frac{B-C}{2} = \sin\frac{b-c}{2}\,\text{coséc}\,\frac{b+c}{2}$.	$A = 90°$.
a, B		$\sin b = \sin a \sin B$, $\text{tang}\, c = \text{tang}\, a \cos B$, $\cot C = \text{tang}\, B \cos a$ (**).	(*) Indéterminé pour $a = b = 90°$.
b, C		$\cot a = \cot b \cos C$, $\text{tang}\, c = \text{tang}\, C \sin b$, $\cos B = \cos b \sin C$.	(**) Indéterminé pour $a = B = 90°$.
b, B		$\sin a = \sin b \,\text{coséc}\, B$, $\sin c = \text{tang}\, b \cot B$, $\sin C = \text{séc}\, b \cos B$ (***).	(***) Indéterminé pour $b = B = 90°$.
B, C		$\cos a = \cot B \cot C$, $\cos b = \cos B \,\text{coséc}\, C$, $\cos c = \cos C \,\text{coséc}\, B$.	

§ 33.

TABLEAU POUR LA RÉSOLUTION DES TRIANGLES RECTILATÈRES.

DONNÉES.		SOLUTIONS.	OBSERVATIONS.
A, B		$\cos C = -\cos A \,\text{séc}\, B$, $\sin b = \sin B \,\text{coséc}\, A$, $\cos c = -\text{tang}\, B \cot A$ (*).	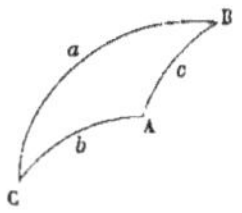
B, C	1°	$\cos A = -\cos B \cos C$, $\cot b = \cot B \sin C$, $\cot c = \cot C \sin B$;	
	2°	$\cos A = -\cos B \cos C$, $\text{tang}\,\frac{b+c}{2} = \cos\frac{B-C}{2}\,\text{séc}\,\frac{B+C}{2}$,	
		$\text{tang}\,\frac{b-c}{2} = \sin\frac{B-C}{2}\,\text{coséc}\,\frac{B+C}{2}$.	$a = 90°$.
A, b		$\sin B = \sin A \sin b$, $\text{tang}\, C = -\text{tang}\, A \cos b$, $\cot c = -\text{tang}\, b \cos A$ (**).	(*) Indéterminé pour $A = B = 90°$.
B, c		$\cot A = -\cot B \cos c$, $\text{tang}\, C = \text{tang}\, c \sin B$, $\cos b = \cos B \sin c$.	(**) Indéterminé pour $A = b = 90°$.
B, b		$\sin A = \sin B \,\text{coséc}\, b$, $\sin C = \text{tang}\, B \cot b$, $\sin c = \cos b \,\text{séc}\, B$ (***).	(***) Indéterminé pour $B = b = 90°$.
b, c		$\text{séc}\, A = -\text{tang}\, b \,\text{tang}\, c$, $\cos B = \cos b \,\text{coséc}\, c$, $\cos C = \cos c \,\text{coséc}\, b$.	

§ 34.

TABLEAU POUR LA RÉSOLUTION DES TRIANGLES OBLIQUANGLES.

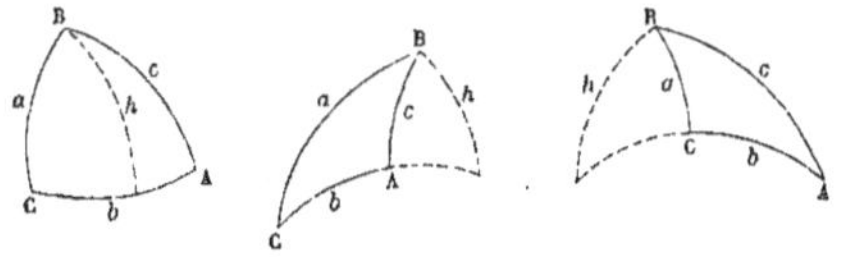

DONNÉES.	SOLUTIONS.
$a,\ b,\ c$	1° $\operatorname{tang}\frac{A}{2}=\sqrt{\frac{\sin(p-b)\sin(p-c)}{\sin p\sin(p-a)}}$, $\operatorname{tang}\frac{B}{2}=\sqrt{\frac{\sin(p-a)\sin(p-c)}{\sin p\sin(p-b)}}$, $\operatorname{tang}\frac{C}{2}=\sqrt{\frac{\sin(p-a)\sin(p-b)}{\sin p\sin(p-c)}}$; 2° $\sin A = k\,\text{coséc}\,b\,\text{coséc}\,c$, $\sin B = k\,\text{coséc}\,a\,\text{coséc}\,c$, $\sin C = k\,\text{coséc}\,a\,\text{coséc}\,b$.
$a,\ b,\ C$	$\operatorname{tang}\frac{A+B}{2}=\cot\frac{C}{2}\cos\frac{a-b}{2}\,\text{séc}\,\frac{a+b}{2}$, $\operatorname{tang}\frac{A-B}{2}=\cot\frac{C}{2}\sin\frac{a-b}{2}\,\text{coséc}\,\frac{a+b}{2}$; 1° $\operatorname{tang}\frac{c}{2}=\operatorname{tang}\frac{a-b}{2}\sin\frac{A+B}{2}\,\text{coséc}\,\frac{A-B}{2}$; 2° $\sin c=\sin b\sin C\,\text{coséc}\,B$.
$a,\ b,\ B$	$\sin A = \sin B\sin a\,\text{coséc}\,b$, $\cot\frac{C}{2}=\operatorname{tang}\frac{A-B}{2}\sin\frac{a+b}{2}\,\text{coséc}\,\frac{a-b}{2}$ (*) 1° $\operatorname{tang}\frac{c}{2}=\operatorname{tang}\frac{a-b}{2}\sin\frac{A+B}{2}\,\text{coséc}\,\frac{A-B}{2}$; 2° $\sin c=\sin b\sin C\,\text{coséc}\,B$.
$a,\ B,\ C$	$\operatorname{tang}\frac{b+c}{2}=\operatorname{tang}\frac{a}{2}\cos\frac{B-C}{2}\,\text{séc}\,\frac{B+C}{2}$, $\operatorname{tang}\frac{b-c}{2}=\operatorname{tang}\frac{a}{2}\sin\frac{B-C}{2}\,\text{coséc}\,\frac{B+C}{2}$; 1° $\cot\frac{A}{2}=\operatorname{tang}\frac{B-C}{2}\sin\frac{b+c}{2}\,\text{coséc}\,\frac{b-c}{2}$; 2° $\sin A=\sin a\sin C\,\text{coséc}\,c$.
$a,\ A,\ B$	$\sin b=\sin a\sin B\,\text{coséc}\,A$, $\operatorname{tang}\frac{c}{2}=\operatorname{tang}\frac{a-b}{2}\sin\frac{A+B}{2}\,\text{coséc}\,\frac{A-B}{2}$ (**); 1° $\cot\frac{C}{2}=\operatorname{tang}\frac{A-B}{2}\sin\frac{a+b}{2}\,\text{coséc}\,\frac{a-b}{2}$; 2° $\sin C=\sin A\sin c\,\text{coséc}\,a$.
$A,\ B,\ C$	1° $\operatorname{tang}\frac{a}{2}=\sqrt{-\frac{\cos P\cos(P-A)}{\cos(P-B)\cos(P-C)}}$, $\operatorname{tang}\frac{b}{2}=\sqrt{-\frac{\cos P\cos(P-B)}{\cos(P-A)\cos(P-C)}}$, $\operatorname{tang}\frac{c}{2}=\sqrt{-\frac{\cos P\cos(P-C)}{\cos(P-A)\cos(P-B)}}$; 2° $\sin a = K\,\text{coséc}\,B\,\text{coséc}\,C$, $\sin b = K\,\text{coséc}\,A\,\text{coséc}\,C$, $\sin c = K\,\text{coséc}\,A\,\text{coséc}\,B$.

OBSERVATIONS.

$\sin h = \sin a\sin C = \sin c\sin A$, $S=\frac{E}{90''}\pi R^2$.

(*) Impossible pour $1 < \sin B\sin a\,\text{coséc}\,b$; une seule solution pour .... $\left\{\begin{array}{l}180^\circ > a+b > 2b,\\ \text{ou } 180^\circ < a+b < 2b.\end{array}\right.$

(**) Impossible pour $1 < \sin a\sin B\,\text{coséc}\,A$; une seule solution pour .... $\left\{\begin{array}{l}180^\circ > A+B > 2B,\\ \text{ou } 180^\circ < A+B < 2B.\end{array}\right.$

SECTION V.

FORMULES DIVERSES.

---

§ 35.

Binôme de Newton.

m et *n* nombres réels entiers positifs; *a* et *b* nombres positifs quelconques.

(1) $$(a+b)^m = \sum_{\alpha=0}^{\alpha=m} \frac{m^{\alpha/-1}}{1^{\alpha/1}} a^{m-\alpha} b^\alpha = a^m \sum_{\alpha=0}^{\alpha=m} \frac{m^{\alpha/-1}}{1^{\alpha/1}} \left(\frac{b}{a}\right)^\alpha.$$

(2) $$(a-b)^m = \sum_{\alpha=0}^{\alpha=m} (-1)^\alpha \frac{m^{\alpha/-1}}{1^{\alpha/1}} a^{m-\alpha} b^\alpha = a^m \sum_{\alpha=0}^{\alpha=m} (-1)^\alpha \frac{m^{\alpha/-1}}{1^{\alpha/1}} \left(\frac{b}{a}\right)^\alpha.$$

(3) $$(a+b)^{-m} = \sum_{\alpha=0}^{\alpha=\infty} (-1)^\alpha \frac{m^{\alpha/1}}{1^{\alpha/1}} a^{-m-\alpha} b^\alpha = a^{-m} \sum_{\alpha=0}^{\alpha=\infty} (-1)^\alpha \frac{m^{\alpha/1}}{1^{\alpha/1}} \left(\frac{b}{a}\right)^\alpha \quad \text{cond. } a > b.$$

(4) $$(a-b)^{-m} = \sum_{\alpha=0}^{\alpha=\infty} \frac{m^{\alpha/1}}{1^{\alpha/1}} a^{-m-\alpha} b^\alpha = a^{-m} \sum_{\alpha=0}^{\infty} \frac{m^{\alpha/1}}{1^{\alpha/1}} \left(\frac{b}{a}\right)^\alpha \quad \text{cond. } a > b.$$

(5) $$(a+b)^{\frac{m}{n}} = \sum_{\alpha=0}^{\alpha=\infty} \frac{m^{\alpha/-n}}{n^{\alpha/n}} a^{\frac{m}{n}-\alpha} b^\alpha = a^{\frac{m}{n}} \sum_{\alpha=0}^{\alpha=\infty} \frac{m^{\alpha/-n}}{n^{\alpha/n}} \left(\frac{b}{a}\right)^\alpha \quad \text{cond. } a > b.$$

(6) $$(a-b)^{\frac{m}{n}} = \sum_{\alpha=0}^{\alpha=\infty} (-1)^\alpha \frac{m^{\alpha/-n}}{n^{\alpha/n}} a^{\frac{m}{n}-\alpha} b^\alpha = a^{\frac{m}{n}} \sum_{\alpha=0}^{\alpha=n} (-1)^\alpha \frac{m^{\alpha/-n}}{n^{\alpha/n}} \left(\frac{b}{a}\right)^\alpha \quad \text{cond. } a > b.$$

(7) $$(a+b)^{-\frac{m}{n}} = \sum_{\alpha=0}^{\alpha=\infty} (-1)^\alpha \frac{m^{\alpha/n}}{n^{\alpha/n}} a^{-\frac{m}{n}-\alpha} b^\alpha = a^{-\frac{m}{n}} \sum_{\alpha=0}^{\alpha=\infty} (-1)^\alpha \cdot \frac{m^{\alpha/n}}{n^{\alpha/n}} \left(\frac{b}{a}\right)^\alpha \quad \text{cond. } a > b.$$

(8) $$(a-b)^{-\frac{m}{n}} = \sum_{\alpha=0}^{\alpha=\infty} \frac{m^{\alpha/n}}{n^{\alpha/n}} a^{-\frac{m}{n}-\alpha} b^\alpha = a^{-\frac{m}{n}} \sum_{\alpha=0}^{\alpha=\infty} \frac{m^{\alpha/n}}{n^{\alpha/n}} \left(\frac{b}{a}\right)^\alpha \quad \text{cond. } a > b.$$

(9) $$(a+b)^{\frac{1}{n}} = a^{\frac{1}{n}} + a^{\frac{1}{n}} \sum_{\alpha=1}^{\alpha=\infty} (-1)^{\alpha-1} \frac{(n-1)^{\alpha-1/n}}{n^{\alpha/n}} \left(\frac{b}{a}\right)^\alpha \quad \text{cond. } a > b.$$

(10) $$(a-b)^{\frac{1}{n}} = a^{\frac{1}{n}} - a^{\frac{1}{n}} \sum_{\alpha=1}^{\alpha=\infty} \frac{(n-1)^{\alpha-1/n}}{n^{\alpha/n}} \left(\frac{b}{a}\right)^\alpha \quad \text{cond. } a > b.$$

(11) $$(a+b)^{-\frac{1}{n}} = a^{-\frac{1}{n}} + a^{-\frac{1}{n}} \sum_{\alpha=1}^{\alpha=\infty} (-1)^\alpha \frac{(n+1)^{\alpha-1/n}}{n^{\alpha/n}} \left(\frac{b}{a}\right)^\alpha \quad \text{cond. } a > b.$$

(12) $$(a-b)^{-\frac{1}{n}} = a^{-\frac{1}{n}} + a^{-\frac{1}{n}} \sum_{\alpha=1}^{\alpha=\infty} \frac{(n+1)^{\alpha-1/n}}{n^{\alpha/n}} \left(\frac{b}{a}\right)^{\alpha} \quad \text{cond. } a > b.$$

(13) $$(a+b)^m = a^m \sum_{\alpha=0}^{\alpha=\infty} \frac{m^{\alpha/1}}{1^{\alpha/1}} \left(\frac{b}{a+b}\right)^{\alpha}.$$

(14) $$(a+b)^{-m} = a^{-m} \sum_{\alpha=0}^{\alpha=m} (-1)^{\alpha} \frac{m^{\alpha/-1}}{1^{\alpha/1}} \left(\frac{b}{a+b}\right)^{\alpha}.$$

(15) $$(a+b)^{\frac{1}{n}} = a^{\frac{1}{n}} + a^{\frac{1}{n}} \sum_{\alpha=1}^{\alpha=\infty} \frac{(n+1)^{\alpha-1/n}}{n^{\alpha/n}} \left(\frac{b}{a+b}\right)^{\alpha}.$$

(16) $$(a+b)^{-\frac{1}{n}} = a^{-\frac{1}{n}} - a^{-\frac{1}{n}} \sum_{\alpha=1}^{\alpha=\infty} \frac{(n-1)^{\alpha-1/n}}{n^{\alpha/n}} \left(\frac{b}{a+b}\right)^{\alpha}.$$

(17) $$\sqrt{1+x} = 1 + \sum_{\alpha=1}^{\alpha=\infty} (-1)^{\alpha-1} \frac{1^{\alpha-1/2}}{2^{\alpha/2}} x^{\alpha} = 1 + \frac{1}{2}x - \frac{1}{2.4}x^2 + \frac{1.3}{2.4.6}x^3 - \dots \quad 1 > x > -1.$$

(18) $$\frac{1}{\sqrt{1+x}} = 1 + \sum_{\alpha=1}^{\alpha=\infty} (-1)^{\alpha} \cdot \frac{3^{\alpha-1/2}}{2^{\alpha/2}} x^{\alpha} = 1 - \frac{1}{2}x + \frac{3}{2.4}x^2 - \frac{3.5}{2.4.6}x^3 + \dots \quad 1 > x > -1.$$

(19) $$\sqrt[3]{1+x} = 1 + \sum_{\alpha=1}^{\alpha=\infty} (-1)^{\alpha-1} \frac{2^{\alpha-1/3}}{3^{\alpha/3}} x^{\alpha} = 1 + \frac{1}{3}x - \frac{2}{3.6}x^2 + \frac{2.5}{3.6.9}x^3 - \dots \quad 1 > x > -1.$$

§ 36.

Binôme des factorielles.

m nombre réel entier positif; a, b, r nombres positifs quelconques.

(1) $$(a+b)^{m/r} = \sum_{\alpha=0}^{\alpha=m} \frac{m^{\alpha/-1}}{1^{\alpha/1}} a^{m-\alpha/r} b^{\alpha/r} = a^{m/r} \sum_{\alpha=0}^{\alpha=m} \frac{m^{\alpha/-1}}{1^{\alpha/1}} \frac{b^{\alpha/r}}{[a+(m-\alpha)r]^{\alpha/r}}.$$

(2) $$(a-b)^{m/-r} = \sum_{\alpha=0}^{\alpha=m} (-1)^{\alpha} \frac{m^{\alpha/-1}}{1^{\alpha/1}} a^{m-\alpha/-r} b^{\alpha/r} = a^{m/-r} \sum_{\alpha=0}^{\alpha=m} (-1)^{\alpha} \frac{m^{\alpha/-1}}{1^{\alpha/1}} \frac{b^{\alpha/r}}{[a-(m-\alpha)r]^{\alpha/-r}}.$$

§ 37.

Suites arithmétiques du $m^{\text{ième}}$ ordre.

a, n nombres réels entiers; t_a premier terme de la suite; t_{a+n} $(n+1)^{\text{ième}}$ terme; $t_{a+1} - t_a = \Delta_a^1$ première différence; $\Delta_{a+1}^1 - \Delta_a^1 = \Delta_a^2$ seconde différence, ... ; $\Delta_{a+1}^{n-1} - \Delta_a^{n-1} = \Delta_a^n$ $n^{\text{ième}}$ différence. On a

(1) $$\Delta_a^n = \sum_{\alpha=0}^{\alpha=n} (-1)^{\alpha} \frac{n^{\alpha/-1}}{1^{\alpha/1}} t_{a+n-\alpha},$$ (2) $$t_{a+n} = \sum_{\alpha=0}^{\alpha=n} \frac{n^{\alpha/-1}}{1^{\alpha/1}} \Delta_a^{\alpha},$$ (3) $$\sum_{\alpha=0}^{\alpha=n} t_{a+\alpha} = \sum_{\alpha=0}^{\alpha=n} \frac{(n+1)^{\alpha+1/-1}}{1^{\alpha+1/1}} \Delta_a^{\alpha}.$$

N. B. On a

$$\Delta_a^0 = t_a, \quad \Delta_a^{m+1} = \Delta_a^{m+2} = \dots = 0,$$

n est positif, a peut être négatif.

§ 38.

Suites géométriques.

n nombre entier positif réel ; a, d, r nombres quelconques ; $t_0 = a$ premier terme de la suite ; t_n dernier terme :

1° Pour

(1) $$t_n = (a + nd)\, r^n,$$

(2) $$\sum_{\alpha=0}^{\alpha=n} t_\alpha = \frac{(a+nd)\, r^{n+1} - a}{r-1} - \frac{rd\,(r^n - 1)}{(r-1)^2};$$

2° Pour

(3) $$t_n = a\, r^n,$$

(4) $$\sum_{\alpha=0}^{\alpha=n} t_\alpha = a\, \frac{r^{n+1} - 1}{r-1}.$$

§ 39.

Suites diverses.

n, k nombres réels entiers positifs; les autres quelconques.

(1) $$\sum_{\alpha=0}^{\alpha=k} (a + \alpha r)^{n-1/r} = \frac{1}{nr}\left[(a+kr)^{n/r} - (a-r)^{n/r}\right],$$

(2) $$\sum_{\alpha=0}^{\alpha=k} \frac{1}{[a + (\alpha-1)\, r]^{n+1/r}} = \frac{1}{nr}\left[\frac{1}{(a-r)^{n/r}} - \frac{1}{(a+kr)^{n/r}}\right],$$

(3) $$\sum_{\alpha=1}^{\alpha=\infty} \frac{1}{\alpha^{2n}} = \frac{(2\pi)^{2n}\, B_{2n-1}}{2\,.\,1^{2n/1}},$$

(4) $$\sum_{\alpha=1}^{\alpha=\infty} \frac{1}{(2\alpha-1)^{2n}} = \frac{(2^{2n}-1)\,(\pi)^{2n}\, B_{2n-1}}{2\,.\,1^{2n/1}},$$

(5) $$\sum_{\alpha=1}^{\alpha=\infty} \frac{(-1)^{\alpha-1}}{(2\alpha-1)^{2n+1}} = \frac{\left(\frac{1}{2}\pi\right)^{2n+1} E_{2n-1}}{2\,.\,1^{2n/1}}.$$

N. B. Voir Section I, § 4.

§ 40.

Formule de Taylor.

$f^{(\alpha)}(x)$ la dérivée d'ordre α ; R_n reste quand on arrête la suite au terme qui renferme $f^{(n)}(x)$.

(1) $$f(x+h) = f(x) + \sum_{\alpha=1}^{\alpha=n} f^{(\alpha)}(x)\, \frac{h^\alpha}{1^{\alpha/1}} + R_n,$$

(2) $$R_n = \frac{h^{n+1}}{1^{n+1/1}}\, f^{(n+1)}(x + \theta h) \quad \text{pour } 0 < \theta < 1.$$

§ 41.

Formules de Maclaurin ou de Stirling.

Notation comme au § 40.

(1) $$f(x) = f(a) + \sum_{\alpha=1}^{\alpha=n} f^{(\alpha)}(a)\, \frac{(x-a)^\alpha}{1^{\alpha/1}} + R_n,$$

(2) $$R_n = \frac{(x-a)^{n+1}}{1^{n+1/1}}\, f^{(n+1)}[a + \theta(x-a)] \quad \text{pour } 0 < \theta < 1.$$

(3) $$f(x) = f(0) + \sum_{\alpha=1}^{\alpha=n} f^{(\alpha)}(0)\, \frac{x^\alpha}{1^{\alpha/1}} + R_n,$$

(4) $$R_n = \frac{x^{n+1}}{1^{n+1/1}}\, f^{(n+1)}(\theta x) \quad \text{pour } 0 < \theta < 1.$$

§ 42.

Formules de quadrature.

n nombre entier positif réel; y_α valeur de la fonction correspondant à la valeur $x_\alpha = x_1 + (\alpha - 1)h$ de la variable x.

$$(1)\quad \int_1^n y\,dx = \frac{h}{2}\left[y_1 + y_n + 2\sum_{\alpha=2}^{\alpha=n-1} y_\alpha\right], \qquad (2)\quad \frac{x_n - x_1}{n-1} = h.$$

$$(3)\quad \int_1^{2n+1} y\,dx = \frac{h}{3}\left[y_1 + y_{2n+1} + 4\sum_{\alpha=1}^{\alpha=n} y_{2\alpha} + 2\sum_{\alpha=1}^{\alpha=n-1} y_{2\alpha+1}\right], \qquad (4)\quad \frac{x_{2n+1} - x_1}{2n} = h, \text{ formule de Simpson.}$$

$$(5)\quad \int_1^{2n+1} y\,dx = \frac{h}{4}\left[y_1 + y_{2n+1} - (y_2 + y_{2n}) + 8\sum_{\alpha=1}^{\alpha=n} y_{2\alpha}\right], \qquad (6)\quad \frac{x_{2n+1} - x_1}{2n} = h, \text{ formule de Poncelet.}$$

$$(7)\quad \int_1^{2n+1} y\,dx = \frac{h}{6}\left[y_1 + y_{2n+1} - (y_2 + y_{2n}) + 12\sum_{\alpha=1}^{\alpha=n} y_{2\alpha}\right], \qquad (8)\quad \frac{x_{2n+1} - x_1}{2n} = h, \text{ formule de Parmentier.}$$

$$(9)\quad \int_1^{3n+1} y\,dx = \frac{3h}{8}\left[y_1 + y_{3n+1} + 3\sum_{\alpha=1}^{\alpha=n} (y_{3\alpha-1} + y_{3\alpha}) + 2\sum_{\alpha=2}^{\alpha=n} y_{3\alpha-2}\right], \qquad (10)\quad \frac{x_{3n+1} - x_1}{3n} = h.$$

TABLE I

DONNANT AVEC CINQ DÉCIMALES

LES LOGARITHMES VULGAIRES ET NATURELS

DES NOMBRES

DE 1 A 10800.

0°	N	Lov N	D	loh N	D
0.′ 0″	0	— ∞		— ∞	
	1	0,0 0000	30103	0,0 0000	69315
	2	0,3 0103*	17609	0,6 9315*	40546
	3	0,4 7712	12494	1,0 9861	28768
	4	0,6 0206*	9691	1,3 8629	22315
0. 5	5	0,6 9897	7918	1,6 0944*	18232
	6	0,7 7815	6695	1,7 9176*	15415
	7	0,8 4510*	5799	1,9 4591	13353
	8	0,9 0309*	5115	2,0 7944	11778
	9	5424	4576	2,1 9722	10537
0.10	10	1,0 0000	4139	2,3 0259*	9531
	11	4139	3779	9790*	8701
	12	7918	3476	2,4 8491*	8004
	13	1,1 1394	3219	2,5 6495*	7411
	14	4613*	2996	2,6 3906*	6899
0.15	15	1,1 7609	2803	2,7 0805	6454
	16	1,2 0412*	2633	7259*	6062
	17	3045*	2482	2,8 3321	5716
	18	5527	2348	9037	5407
	19	7875	2228	2,9 4444*	5129
0.20	20	1,3 0103*	2119	2,9 9573	4879
	21	2222*	2020	3,0 4452	4652
	22	4242	1931	9104	4445
	23	6173*	1848	3,1 3549	4256
	24	8021	1773	7805	4083
0.25	25	1,3 9794	1703	3,2 1888*	3922
	26	1,4 1497	1639	5810*	3774
	27	3136	1580	9584*	3636
	28	4716*	1524	3,3 3220	3510
	29	6240*	1472	6730*	3390
0.30	30	1,4 7712	1424	3,4 0120*	3279
	31	9136	1379	3399*	3175
	32	1,5 0515*	1336	6574*	3077
	33	1851	1297	9651*	2985
	34	3148	1259	3,5 2636	2899
0.35	35	1,5 4407*	1223	3,5 5535*	2817
	36	5630	1190	8352*	2740
	37	6820	1158	3,6 1092*	2667
	38	7978	1128	3759*	2597
	39	9106	1100	6356	2532
0.40	40	1,6 0206*	1072	3,6 8888*	2469
	41	1278	1047	3,7 1357	2410
	42	2325*	1022	3767*	2353
	43	3347*	998	6120	2299
	44	4345	976	8419*	2247
0.45	45	1,6 5321	955	3,8 0666	2198
	46	6276*	934	2864	2151
	47	7210*	914	5015*	2105
	48	8124	896	7120	2062
	49	9020*	877	9182	2020
0.50	50	1,6 9897	860	3,9 1202	1981
	51	1,7 0757	843	3183*	1941
	52	1600	828	5124	1905
	53	2428*	811	7029	1869
	54	3239	797	8898	1835
0.55	55	1,7 4036	783	4,0 0733	1802
	56	4819*	768	2535	1770
	57	5587	756	4305	1739
	58	6343*	742	6044	1710
	59	7085	730	7754*	1680
0.60 ′ ″	60	1,7 7815		4,0 9434	
0°	N	Lov N	D	loh N	D

0°	N	Lov N	D	loh N	D
1.′ 0″	60	1,7 7815	718	4,0 9434	1653
	61	8533*	706	4,1 1087	1626
	62	9239	695	2713	1600
	63	9934	684	4313	1575
	64	1,8 0618*	673	5888	1551
1. 5	65	1,8 1291	663	4,1 7439*	1526
	66	1954	653	8965	1504
	67	2607	644	4,2 0469	1482
	68	3251*	634	1951*	1460
	69	3885*	625	3411*	1439
1.10	70	1,8 4510*	616	4,2 4850*	1418
	71	5126*	607	6268*	1399
	72	5733	599	7667*	1379
	73	6332	591	9046*	1361
	74	6923	583	4,3 0407*	1342
1.15	75	1,8 7506	575	4,3 1749*	1324
	76	8081	568	3073	1308
	77	8649	560	4381*	1290
	78	9209	554	5671*	1274
	79	9763*	546	6945*	1258
1.20	80	1,9 0309*	540	4,3 8203*	1242
	81	0849*	532	9445*	1227
	82	1381	527	4,4 0672*	1212
	83	1908*	520	1884	1198
	84	2428*	514	3082*	1183
1.25	85	1,9 2942*	508	4,4 4265	1170
	86	3450*	502	5435*	1156
	87	3952*	496	6591*	1143
	88	4448	491	7734*	1130
	89	4939	485	8864*	1117
1.30	90	1,9 5424	480	4,4 9981*	1105
	91	5904	475	4,5 1086*	1093
	92	6379*	469	2179*	1081
	93	6848	465	3260*	1069
	94	7313*	459	4329	1059
1.35	95	1,9 7772	455	4,5 5388*	1047
	96	8227	450	6435*	1036
	97	8677	446	7471	1026
	98	9123*	441	8497*	1015
	99	9564*	436	9512*	1005
1.40	100	2,0 0000	432	4,6 0517	995
	101	0432	428	1512	985
	102	0860	424	2497	976
	103	1284*	419	3473*	966
	104	1703	416	4439	957
1.45	105	2,0 2119*	412	4,6 5396	948
	106	2531*	407	6344*	939
	107	2938	404	7283*	930
	108	3342	401	8213	922
	109	3743*	396	9135*	913
1.50	110	2,0 4139	393	4,7 0048	905
	111	4532	390	0953	897
	112	4922*	386	1850*	889
	113	5308*	382	2739*	881
	114	5690	380	3620*	873
1.55	115	2,0 6070*	376	4,7 4493	866
	116	6446*	373	5359	858
	117	6819*	369	6217	851
	118	7188	367	7068	844
	119	7555*	363	7912	837
1.60 ′ ″	120	2,0 7918		4,7 8749	
0°	N	Lov N	D	loh N	D

0°	N	Lov N	D	loh N	D
2.′ 0″	120	2,0 7918	361	4,7 8749	830
	121	8279*	357	9579	823
	122	8636*	355	4,8 0402	816
	123	8991*	351	1218	810
	124	9342	349	2028	803
2. 5	125	2,0 9691	346	4,8 2831	797
	126	2,1 0037	343	3628	791
	127	0380	341	4419*	784
	128	0721*	338	5203	778
	129	1059*	335	5981	772
2.10	130	2,1 1394	333	4,8 6753	767
	131	1727	330	7520*	760
	132	2057	328	8280	755
	133	2385	325	9035*	749
	134	2710	323	9784*	743
2.15	135	2,1 3033	321	4,9 0527	738
	136	3354*	318	1265	733
	137	3672	316	1998	727
	138	3988*	313	2725	722
	139	4301	312	3447	717
2.20	140	2,1 4613*	309	4,9 4164	712
	141	4922*	307	4876*	707
	142	5229*	305	5583*	701
	143	5534*	302	6284	697
	144	5836	301	6981	692
2.25	145	2,1 6137*	298	4,9 7673	688
	146	6435	297	8361*	682
	147	6732*	294	9043	678
	148	7026	293	9721	674
	149	7319*	290	5,0 0395*	669
2.30	150	2,1 7609	289	5,0 1064*	664
	151	7898*	286	1728*	660
	152	8184	285	2388	656
	153	8469	283	3044*	651
	154	8752	281	3695	648
2.35	155	2,1 9033	279	5,0 4343*	643
	156	9312	278	4986*	639
	157	9590*	276	5625*	635
	158	9866*	274	6260*	630
	159	2,2 0140*	272	6890	627
2.40	160	2,2 0412*	271	5,0 7517	623
	161	0683*	269	8140	620
	162	0952*	267	8760*	615
	163	1219*	265	9375	612
	164	1484	264	9987*	608
2.45	165	2,2 1748	263	5,1 0595*	604
	166	2011*	261	1199*	600
	167	2272*	259	1799	597
	168	2531*	258	2396	594
	169	2789*	256	2990*	590
2.50	170	2,2 3045*	255	5,1 3580*	586
	171	3300*	253	4166	583
	172	3553*	252	4749	580
	173	3805*	250	5329	577
	174	4055*	249	5906*	573
2.55	175	2,2 4304*	247	5,1 6479*	569
	176	4551	246	7048	567
	177	4797	245	7615*	563
	178	5042	243	8178	561
	179	5285	242	8739*	557
2.60 ′ ″	180	2,2 5527		5,1 9296*	
0°	N	Lov N	D	loh N	D

0°	N	Lov N	D	loh N	D
3′ 0″	180	2,2 5527	241	5,1 9296*	554
	181	5768*	239	9850*	551
	182	6007	238	5,2 0401*	548
	183	6245	237	0949*	545
	184	6482*	235	1494*	542
3. 5	185	2,2 6717	234	5,2 2036*	539
	186	6951	233	2575*	536
	187	7184	232	3111*	533
	188	7416*	230	3644	531
	189	7646	229	4175*	527
3.10	190	2,2 7875	228	5,2 4702	525
	191	8103	227	5227	523
	192	8330	226	5750*	519
	193	8556*	224	6269	517
	194	8780	223	6786*	314
3.15	195	2,2 9003	223	5,2 7300*	511
	196	9226*	221	7811	509
	197	9447*	220	8320	507
	198	9667*	218	8827*	503
	199	9885	218	9330	502
3.20	200	2,3 0103*	217	5,2 9832*	498
	201	0320*	216	5,3 0330	497
	202	0535	215	0827*	494
	203	0750*	213	1321*	491
	204	0963	212	1812*	489
3.25	205	2,3 1175	212	5,3 2301*	487
	206	1387*	210	2788*	484
	207	1597	209	3272*	482
	208	1806	209	3754*	479
	209	2015*	207	4233	478
3.30	210	2,3 2222*	206	5,3 4711*	475
	211	2428	206	5186*	473
	212	2634*	204	5659*	470
	213	2838*	203	6129	469
	214	3041	203	6598*	466
3.35	215	2,3 3244*	201	5,3 7064*	464
	216	3445	201	7528*	462
	217	3646*	200	7990*	460
	218	3846*	198	8450*	457
	219	4044	198	8907	456
3.40	220	2,3 4242	197	5,3 9363*	453
	221	4439	196	9816	452
	222	4635	195	5,4 0268*	449
	223	4830	195	0717	448
	224	5025*	193	1165*	445
3.45	225	2,3 5218	193	5,4 1610	443
	226	5411*	192	2053	442
	227	5603*	190	2495	440
	228	5793	191	2935*	437
	229	5984*	189	3372	436
3.50	230	2,3 6173*	188	5,4 3808*	434
	231	6361	188	4242*	432
	232	6549*	187	4674*	430
	233	6736*	186	5104*	428
	234	6922*	185	5532	427
3.55	235	2,3 7107*	184	5,4 5959*	424
	236	7291	184	6383	423
	237	7475*	183	6806	421
	238	7658*	182	7227	419
	239	7840*	181	7646	418
3.60 ′ ″	240	2,3 8021		5,4 8064*	
0°	N	Lov N	D	loh N	D

0°	N	Lov N	D	loh N	D
4′ 0″	240	2,3 8021	181	5,4 8064*	416
	241	8202*	180	8480*	414
	242	8382*	179	8894*	412
	243	8561*	178	9306	411
	244	8739*	178	9717*	409
4. 5	245	2,3 8917*	177	5,5 0126*	407
	246	9094*	176	0533	406
	247	9270*	175	0939*	404
	248	9445	175	1343*	402
	249	9620*	174	1745	401
4.10	250	2,3 9794	173	5,5 2146	399
	251	9967	173	2545	398
	252	2,4 0140	172	2943*	396
	253	0312	171	3339*	394
	254	0483	171	3733	393
4.15	255	2,4 0654	170	5,5 4126	392
	256	0824*	169	4518*	390
	257	0993	169	4908*	388
	258	1162*	168	5296*	387
	259	1330*	167	5683*	385
4.20	260	2,4 1497	167	5,5 6068	384
	261	1664	166	6452	382
	262	1830	166	6834	381
	263	1996*	164	7215	380
	264	2160	165	7595*	378
4.25	265	2,4 2325*	163	5,5 7973*	377
	266	2488	163	8350*	375
	267	2651	162	8725*	374
	268	2813	162	9099*	372
	269	2975	161	9471	371
4.30	270	2,4 3136	161	5,5 9842	370
	271	3297*	160	5,6 0212*	368
	272	3457*	159	0580	367
	273	3616	159	0947	366
	274	3775	158	1313*	364
4.35	275	2,4 3933	158	5,6 1677	363
	276	4091*	157	2040	362
	277	4248*	156	2402*	360
	278	4404	156	2762	359
	279	4560	156	3121	358
4.40	280	2,4 4716*	155	5,6 3479*	356
	281	4871*	154	3835	356
	282	5025*	154	4191*	354
	283	5179*	153	4545*	352
	284	5332*	152	4897	352
4.45	285	2,4 5484	153	5,6 5249*	350
	286	5637*	151	5599	349
	287	5788	151	5948	348
	288	5939	151	6296	347
	289	6090*	150	6643*	345
4.50	290	2,4 6240*	149	5,6 6988	344
	291	6389	149	7332	343
	292	6538	149	7675	342
	293	6687*	148	8017	341
	294	6835*	147	8358*	340
4.55	295	2,4 6982	147	5,6 8698*	338
	296	7129	147	9036*	337
	297	7276*	146	9373	336
	298	7422*	145	9709	335
	299	7567	145	5,7 0044	334
4.60 ′ ″	300	2,4 7712		5,7 0378	
0°	N	Lov N	D	loh N	D

0°	N	Lov N	D	loh N	D
5′ 0″	300	2,4 7712	145	5,7 0378	333
	301	7857*	144	0711	332
	302	8001*	143	1043*	330
	303	8144	143	1373	330
	304	8287	143	1703*	328
5. 5	305	2,4 8430*	142	5,7 2031	328
	306	8572	142	2359*	326
	307	8714*	141	2685*	325
	308	8855	141	3010*	324
	309	8996*	140	3334	323
5.10	310	2,4 9136	140	5,7 3657	322
	311	9276	139	3979	321
	312	9415	139	4300	320
	313	9554	139	4620	319
	314	9693*	138	4939	318
5.15	315	2,4 9831	138	5,7 5257	317
	316	9969*	137	5574	316
	317	0106*	137	5890	315
	318	0243*	136	6205	314
	319	0379	136	6519	313
5.20	320	2,5 0515*	136	5,7 6832	312
	321	0651*	135	7144	311
	322	0786*	134	7455	310
	323	0920	135	7765	309
	324	1055*	133	8074	309
5.25	325	2,5 1188	134	5,7 8383*	307
	326	1322*	133	8690*	306
	327	1455*	132	8996	305
	328	1587	133	9301	305
	329	1720*	131	9606*	303
5.30	330	2,5 1851	132	5,7 9909	303
	331	1983*	131	5,8 0212*	301
	332	2114*	130	0513	301
	333	2244	131	0814	300
	334	2375*	129	1114	299
5.35	335	2,5 2504	130	5,8 1413	298
	336	2634*	129	1711	297
	337	2763*	129	2008	297
	338	2892*	128	2305*	295
	339	3020*	128	2600	295
5.40	340	2,5 3148*	127	5,8 2895*	293
	341	3275	128	3188	293
	342	3403*	126	3481	292
	343	3529	127	3773	291
	344	3656*	126	4064	290
5.45	345	2,5 3782*	126	5,8 4354	290
	346	3908*	125	4644*	288
	347	4033*	125	4932	288
	348	4158*	125	5220	287
	349	4283*	124	5507	286
5.50	350	2,5 4407*	124	5,8 5793	286
	351	4531*	123	6079*	284
	352	4654	123	6363	284
	353	4777	123	6647*	283
	354	4900	123	6930*	282
5.55	355	2,5 5023*	122	5,8 7212*	281
	356	5145*	122	7493	281
	357	5267*	121	7774*	279
	358	5388	121	8053	279
	359	5509	121	8332	278
5.60 ′ ″	360	2,5 5630		5,8 8610	
0°	N	Lov N	D	loh N	D

0°	N	Lov N	D	loh N	D
6.′ 0″	360	2,5 5630	121	5,8 8610	278
	361	5751*	120	8888*	276
	362	5871*	120	9164	276
	363	5991*	119	9440	275
	364	6110	119	9715	275
6. 5	365	2,5 6229	119	5,8 9990*	273
	366	6348	119	5,9 0263	273
	367	6467*	118	0536	272
	368	6585*	118	0808	272
	369	6703*	117	1080*	270
6.10	370	2,5 6820	117	5,9 1350	270
	371	6937	117	1620	269
	372	7054	117	1889	269
	373	7171*	116	2158*	268
	374	7287	116	2426*	267
6.15	375	2,5 7403	116	5,9 2693*	266
	376	7519*	115	2959*	266
	377	7634	115	3225*	264
	378	7749	115	3489	265
	379	7864*	114	3754*	263
6.20	380	2,5 7978	114	5,9 4017	263
	381	8092	114	4280*	262
	382	8206	114	4542	261
	383	8320*	113	4803	261
	384	8433	113	5064	260
6.25	385	2,5 8546	113	5,9 5324	260
	386	8659*	112	5584*	258
	387	8771	112	5842	259
	388	8883	112	6101*	257
	389	8995*	111	6358*	257
6.30	390	2,5 9106	112	5,9 6615*	256
	391	9218*	111	6871*	255
	392	9329*	110	7126	255
	393	9439	111	7381*	254
	394	9550*	110	7635	254
6.35	395	2,5 9660*	110	5,9 7889*	252
	396	9770*	109	8141	253
	397	9879	109	8394*	251
	398	9988	109	8645	251
	399	2,6 0097	109	8896	250
6.40	400	2,6 0206*	108	5,9 9146	250
	401	0314	109	9396	249
	402	0423*	108	9645	249
	403	0531*	107	9894*	247
	404	0638	108	6,0 0141	248
6.45	405	2,6 0746*	107	6,0 0389*	246
	406	0853*	106	0635	246
	407	0959	107	0881	246
	408	1066	106	1127*	245
	409	1172	106	1372*	244
6.50	410	2,6 1278	106	6,0 1616*	243
	411	1384	106	1859	243
	412	1490*	105	2102	243
	413	1595	105	2345*	242
	414	1700	105	2587*	241
6.55	415	2,6 1805*	104	6,0 2828*	241
	416	1909	105	3069*	240
	417	2014*	104	3309*	239
	418	2118*	103	3548	239
	419	2221	104	3787	238
6.′60″	420	2,6 2325*		6,0 4025	
0°	N	Lov N	D	loh N	D

0°	N	Lov N	D	loh N	D
7.′ 0″	420	2,6 2325*	103	6,0 4025	238
	421	2428	103	4263	238
	422	2531	103	4501*	236
	423	2634	103	4737	236
	424	2737*	102	4973	236
7. 5	425	2,6 2839*	102	6,0 5209*	235
	426	2941*	102	5444*	234
	427	3043*	101	5678	234
	428	3144	102	5912	234
	429	3246*	101	6146*	233
7.10	430	2,6 3347*	101	6,0 6379*	232
	431	3448*	100	6611*	232
	432	3548	101	6843*	231
	433	3649*	100	7074*	230
	434	3749*	100	7304	231
7.15	435	2,6 3849*	100	6,0 7535*	229
	436	3949*	99	7764	229
	437	4048	99	7993	229
	438	4147	99	8222*	228
	439	4246	99	8450*	227
7.20	440	2,6 4345	99	6,0 8677	227
	441	4444*	98	8904	227
	442	4542	98	9131*	226
	443	4640	98	9357*	225
	444	4738	98	9582	225
7.25	445	2,6 4836	97	6,0 9807	225
	446	4933	98	6,1 0032*	224
	447	5031*	97	0256*	223
	448	5128*	97	0479	223
	449	5225*	96	0702	223
7.30	450	2,6 5321	97	6,1 0925*	222
	451	5418*	96	1147*	221
	452	5514*	96	1368	221
	453	5610*	96	1589	221
	454	5706*	95	1810*	220
7.35	455	2,6 5801	95	6,1 2030*	219
	456	5896	96	2249	219
	457	5992*	95	2468	219
	458	6087*	94	2687*	218
	459	6181	95	2905	218
7.40	460	2,6 6276*	94	6,1 3123*	217
	461	6370	94	3340*	216
	462	6464	94	3556	217
	463	6558	94	3773*	215
	464	6652*	93	3988	216
7.45	465	2,6 6745	94	6,1 4204*	215
	466	6839*	93	4419*	214
	467	6932*	93	4633*	214
	468	7025*	92	4847*	213
	469	7117	93	5060	213
7.50	470	2,6 7210*	93	6,1 5273	213
	471	7302	92	5486*	212
	472	7394	92	5698*	212
	473	7486	92	5910*	211
	474	7578*	91	6121*	210
7.55	475	2,6 7669	92	6,1 6331	211
	476	7761*	91	6542*	210
	477	7852*	91	6752*	209
	478	7943*	91	6961	209
	479	8034*	90	7170	209
7.′60″	480	2,6 8124		6,1 7379*	
0°	N	Lov N	D	loh N	D

0°	N	Lov N	D	loh N	D
8.′ 0″	480	2,6 8124	91	6,1 7379*	208
	481	8215*	90	7587*	207
	482	8305*	90	7794	208
	483	8395*	90	8002*	206
	484	8485*	89	8208	207
8. 5	485	2,6 8574	90	6,1 8415*	206
	486	8664*	89	8621*	205
	487	8753*	89	8826	206
	488	8842*	89	9032*	204
	489	8931*	89	9236	205
8.10	490	2,6 9020*	88	6,1 9441*	203
	491	9108	89	9644	204
	492	9197*	88	9848*	203
	493	9285*	88	6,2 0051*	203
	494	9373*	88	0254*	202
8.15	495	2,6 9461*	87	6,2 0456*	202
	496	9548	88	0658*	201
	497	9636*	87	0859	201
	498	9723*	87	1060	201
	499	9810	87	1261*	200
8.20	500	2,6 9897	87	6,2 1461*	200
	501	9984*	86	1661*	199
	502	2,7 0070	87	1860	199
	503	0157*	86	2059	199
	504	0243	86	2258*	198
8.25	505	2,7 0329	86	6,2 2456*	198
	506	0415	86	2654*	197
	507	0501*	85	2851	197
	508	0586	86	3048	197
	509	0672*	85	3245*	196
8.30	510	2,7 0757	85	6,2 3441	196
	511	0842	85	3637*	195
	512	0927*	85	3832	196
	513	1012*	84	4028*	194
	514	1096	85	4222	195
8.35	515	2,7 1181*	84	6,2 4417*	194
	516	1265*	84	4611*	193
	517	1349	84	4804	194
	518	1433*	84	4998*	192
	519	1517*	83	5190	193
8.40	520	2,7 1600	84	6,2 5383*	192
	521	1684*	83	5575	192
	522	1767	83	5767*	191
	523	1850	83	5958	191
	524	1933	83	6149	191
8.45	525	2,7 2016*	83	6,2 6340*	190
	526	2099*	82	6530	190
	527	2181	82	6720	190
	528	2263	83	6910*	189
	529	2346*	82	7099*	189
8.50	530	2,7 2428*	81	6,2 7288*	188
	531	2509	82	7476	188
	532	2591	82	7664	188
	533	2673*	81	7852	188
	534	2754	81	8040*	187
8.55	535	2,7 2835	81	6,2 8227*	186
	536	2916	81	8413	187
	537	2997	81	8600*	186
	538	3078	81	8786*	186
	539	3159*	80	8972*	185
8.′60″	540	2,7 3239		6,2 9157*	
0°	N	Lov N	D	loh N	D

0°	N	Log N	D	log N	D
9′ 0″	540	2,7 3239	81	6,2 9157*	185
	541	3320*	80	9342*	185
	542	3400*	80	9527*	184
	543	3480*	80	9711*	184
	544	3560*	80	9895*	184
9. 5	545	2,7 3640*	79	6,3 0079*	183
	546	3719	80	0262*	183
	547	3799*	79	0445*	183
	548	3878	79	0628*	182
	549	3957	79	0810*	182
9.10	550	2,7 4036	79	6,3 0992*	181
	551	4115	79	1173	182
	552	4194*	79	1355*	181
	553	4273*	78	1536*	180
	554	4351*	78	1716	181
9.15	555	2,7 4429	78	6,3 1897*	180
	556	4507	79	2077*	180
	557	4586*	77	2257*	179
	558	4663	78	2436*	179
	559	4741	78	2615*	179
9.20	560	2,7 4819*	77	6,3 2794*	178
	561	4896	78	2972	178
	562	4974*	77	3150	178
	563	5051*	77	3328*	177
	564	5128*	77	3505	178
9.25	565	2,7 5205*	77	6,3 3683*	176
	566	5282*	76	3859	177
	567	5358	77	4036*	175
	568	5435*	76	4212	176
	569	5511	76	4388	176
9.30	570	2,7 5587	77	6,3 4564*	175
	571	5664*	76	4739*	175
	572	5740*	75	4914*	175
	573	5815	76	5089*	174
	574	5891	76	5263*	174
9.35	575	2,7 5967*	75	6,3 5437	174
	576	6042	76	5611*	173
	577	6118*	75	5784	173
	578	6193*	75	5957	173
	579	6268*	75	6130	173
9.40	580	2,7 6343*	75	6,3 6303*	172
	581	6418*	74	6475	172
	582	6492	75	6647	172
	583	6567*	74	6819*	171
	584	6641	75	6990	171
9.45	585	2,7 6716*	74	6,7 7161	171
	586	6790*	74	7332*	170
	587	6864*	74	7502	171
	588	6938*	74	7673*	170
	589	7012*	73	7843*	169
9.50	590	2,7 7085	74	6,3 8012*	170
	591	7159*	73	8182*	169
	592	7232	73	8351*	168
	593	7305	74	8519	169
	594	7379*	73	8688*	168
9.55	595	2,7 7452*	73	6,3 8856	168
	596	7525*	72	9024	168
	597	7597	73	9192*	167
	598	7670	73	9359	167
	599	7743*	72	9526	167
9.60	600	2,7 7815		6,3 9693*	
′ ″ 0°	N	Log N	D	log N	D

0°	N	Log N	D	log N	D
10′ 0″	600	2,7 7815	72	6,3 9693*	166
	601	7887	73	9859	167
	602	7960*	72	6,4 0026*	166
	603	8032*	72	0192*	165
	604	8104*	72	0357	166
10. 5	605	2,7 8176*	71	6,4 0523*	165
	606	8247	72	0688*	165
	607	8319*	71	0853*	164
	608	8390	72	1017	165
	609	8462*	71	1182*	164
10.10	610	2,7 8533*	71	6,4 1346*	164
	611	8604	71	1510*	163
	612	8675	71	1673	163
	613	8746	71	1836	163
	614	8817*	71	1999	163
10.15	615	2,7 8888*	70	6,4 2162	163
	616	8958	71	2325*	162
	617	9029*	70	2487*	162
	618	9099*	70	2649*	162
	619	9169	70	2811*	161
10.20	620	2,7 9239	70	6,4 2972*	161
	621	9309	70	3133	161
	622	9379	70	3294	161
	623	9449*	69	3455*	160
	624	9518	70	3615	160
10.25	625	2,7 9588	69	6,4 3775	160
	626	9657	70	3935	160
	627	9727*	69	4095*	159
	628	9796*	69	4254	159
	629	9865	69	4413	159
10.30	630	2,7 9934	69	6,4 4572*	159
	631	2,8 0003*	69	4731*	158
	632	0072*	68	4889*	158
	633	0140	69	5047	158
	634	0209*	68	5205*	157
10.35	635	2,8 0277	69	6,4 5362*	158
	636	0346*	68	5520*	157
	637	0414*	68	5677*	157
	638	0482	68	5834*	156
	639	0550	68	5990	157
10.40	640	2,8 0618*	68	6,4 6147*	156
	641	0686*	68	6303*	156
	642	0754*	67	6459*	155
	643	0821	68	6614	156
	644	0889*	67	6770*	155
10.45	645	2,8 0956*	67	6,4 6925	155
	646	1023	67	7080*	155
	647	1090	68	7235*	154
	648	1158*	66	7389	154
	649	1224	67	7543	154
10.50	650	2,8 1291	67	6,4 7697	154
	651	1358	67	7851*	153
	652	1425*	66	8004	154
	653	1491	67	8158*	153
	654	1558*	66	8311*	153
10.55	655	2,8 1624	66	6,4 8464*	152
	656	1690	67	8616	152
	657	1757*	66	8768	152
	658	1823*	66	8920	152
	659	1889*	65	9072	152
10.60	660	2,8 1954		6,4 9224*	
′ ″ 0°	N	Log N	D	log N	D

0°	N	Log N	D	log N	D
11′ 0″	660	2,8 1954	66	6,4 9224*	151
	661	2020	66	9375	152
	662	2086*	65	9527*	150
	663	2151	66	9677	151
	664	2217*	65	9828	151
11. 5	665	2,8 2282	65	6,4 9979*	150
	666	2347	66	6,5 0129*	150
	667	2413*	65	0279	150
	668	2478*	65	0429*	149
	669	2543*	64	0578	150
11.10	670	2,8 2607	65	6,5 0728*	149
	671	2672	65	0877*	149
	672	2737*	65	1026*	149
	673	2802*	64	1175*	148
	674	2866*	64	1323	148
11.15	675	2,8 2930	65	6,5 1471	148
	676	2995*	64	1619	148
	677	3059*	64	1767	148
	678	3123*	64	1915*	147
	679	3187*	64	2062	147
11.20	680	2,8 3251*	64	6,5 2209	147
	681	3315*	63	2356	147
	682	3378	64	2503*	146
	683	3442	64	2649	147
	684	3506*	63	2796*	146
11.25	685	2,8 3569	63	6,5 2942*	146
	686	3632	64	3088*	145
	687	3696*	63	3233	146
	688	3759*	63	3379*	145
	689	3822*	63	3524	145
11.30	690	2,8 3885*	63	6,5 3669	145
	691	3948*	63	3814*	145
	692	4011*	62	3959*	144
	693	4073	63	4103	144
	694	4136*	62	4247	144
11.35	695	2,8 4198	63	6,5 4391	144
	696	4261*	62	4535*	144
	697	4323	63	4679*	143
	698	4386*	62	4822*	143
	699	4448*	62	4965	143
11.40	700	2,8 4510*	62	6,5 5108	143
	701	4572*	62	5251*	142
	702	4634*	62	5393	143
	703	4696*	61	5536*	142
	704	4757	62	5678*	142
11.45	705	2,8 4819*	61	6,5 5820*	142
	706	4880	62	5962*	141
	707	4942*	61	6103	141
	708	5003	62	6244	142
	709	5065*	61	6386*	140
11.50	710	2,8 5126*	61	6,5 6526	141
	711	5187*	61	6667	141
	712	5248*	61	6808*	140
	713	5309*	61	6948	140
	714	5370*	61	7088	140
11.55	715	2,8 5431*	60	6,5 7228	140
	716	5491	61	7368	140
	717	5552*	60	7508*	139
	718	5612	61	7647*	139
	719	5673*	60	7786	139
16.60	720	2,8 5733		6,5 7925	
′ ″ 0°	N	Log N	D	log N	D

0°	N	Lov N	D	loh N	D
12′ 0″	720	2,8 5733	61	6,5 7925	139
	721	5794*	60	8064*	139
	722	5854*	60	8203*	138
	723	5914*	60	8341*	138
	724	5974*	60	8479	138
12. 5	725	2,8 6034*	60	6,5 8617	138
	726	6094*	59	8755	138
	727	6153	60	8893*	137
	728	6213	60	9030	137
	729	6273*	59	9167	137
12.10	730	2,8 6332	60	6,5 9304	137
	731	6392*	59	9441	137
	732	6451	59	9578	137
	733	6510	60	9715*	136
	734	6570*	59	9851*	136
12.15	735	2,8 6629*	59	6,5 9987	136
	736	6688*	59	6,6 0123	136
	737	6747*	59	0259*	135
	738	6806*	58	0394	136
	739	6864	59	0530*	135
12.20	740	2,8 6923	59	6,6 0665	135
	741	6982*	58	0800	135
	742	7040	59	0935*	135
	743	7099*	58	1070*	134
	744	7157	59	1204	134
12.25	745	2,8 7216*	58	6,6 1338	135
	746	7274*	58	1473*	134
	747	7332	58	1607*	133
	748	7390	58	1740	134
	749	7448	58	1874*	133
12.30	750	2,8 7506	58	6,6 2007	134
	751	7564*	58	2141*	133
	752	7622*	57	2274*	133
	753	7679	58	2407*	132
	754	7737	58	2539	133
12.35	755	2,8 7795*	57	6,6 2672*	132
	756	7852	58	2804	132
	757	7910*	57	2936	132
	758	7967*	57	3068	132
	759	8024	57	3200	132
12.40	760	2,8 8081	57	6,6 3332*	131
	761	8138	57	3463	132
	762	8195	57	3595*	131
	763	8252	57	3726*	131
	764	8309	57	3857*	131
12.45	765	2,8 8366	57	6,6 3988*	130
	766	8423*	57	4118	131
	767	8480*	56	4249*	130
	768	8536	57	4379*	130
	769	8593*	56	4509	130
12.50	770	2,8 8649	56	6,6 4639	130
	771	8705	57	4769*	129
	772	8762*	56	4898	130
	773	8818*	56	5028*	129
	774	8874	56	5157	129
12.55	775	2,8 8930	56	6,6 5286	129
	776	8986	56	5415	129
	777	9042	56	5544	129
	778	9098*	56	5673*	128
	779	9154*	55	5801	128
12.60	780	2,8 9209		6,6 5929	
0°	N	Lov N	D	loh N	D

0°	N	Lov N	D	loh N	D
13′ 0″	780	2,8 9209	56	6,6 5929	129
	781	9265	56	6058*	127
	782	9321*	55	6185	128
	783	9376	56	6313	128
	784	9432*	55	6441*	127
13. 5	785	2,8 9487*	55	6,6 6568	128
	786	9542	55	6696*	127
	787	9597	56	6823*	127
	788	9653*	55	6950*	127
	789	9708*	55	7077*	126
13.10	790	2,8 9763*	55	6,6 7203	127
	791	9818*	55	7330*	126
	792	9873*	54	7456	126
	793	9927	55	7582	126
	794	9982	55	7708	126
13.15	795	2,9 0037*	54	6,6 7834	126
	796	0091	55	7960*	125
	797	0146*	54	8085	126
	798	0200	55	8211*	125
	799	0255*	54	8336	125
13.20	800	2,9 0309*	54	6,6 8461	125
	801	0363	54	8586	125
	802	0417	55	8711*	124
	803	0472*	54	8835	125
	804	0526*	54	8960*	124
13.25	805	2,9 0580*	54	6,6 9084	124
	806	0634*	53	9208	124
	807	0687	54	9332	124
	808	0741	54	9456	124
	809	0795*	54	9580*	123
13.30	810	2,9 0849*	53	6,6 9703	124
	811	0902	54	9827*	123
	812	0956*	53	9950	123
	813	1009	53	6,7 0073	123
	814	1062	54	0196	123
13.35	815	2,9 1116*	53	6,7 0319*	122
	816	1169	53	0441	123
	817	1222	53	0564*	122
	818	1275	53	0686	122
	819	1328	53	0808	122
13.40	820	2,9 1381	53	6,7 0930	122
	821	1434	53	1052	122
	822	1487	53	1174	122
	823	1540*	53	1296*	121
	824	1593*	52	1417	121
13.45	825	2,9 1645	53	6,7 1538	121
	826	1698	53	1659	121
	827	1751*	52	1780	121
	828	1803	52	1901	121
	829	1855	53	2022	121
13.50	830	2,9 1908*	52	6,7 2143*	120
	831	1960	52	2263*	120
	832	2012	53	2383	120
	833	2065*	52	2503	120
	834	2117*	52	2623	120
13.55	835	2,9 2169*	52	6,7 2743	120
	836	2221*	52	2863*	119
	837	2273*	51	2982	120
	838	2324	52	3102*	119
	839	2376	52	3221	119
13.60	840	2,9 2428*		6,7 3340	
0°	N	Lov N	D	loh N	D

0°	N	Lov N	D	loh N	D
14′ 0″	840	2,9 2428*	52	6,7 3340	119
	841	2480*	51	3459	119
	842	2531	52	3578	119
	843	2583*	51	3697*	118
	844	2634	52	3815	119
14. 5	845	2,9 2686*	51	6,7 3934*	118
	846	2737	51	4052*	118
	847	2788	52	4170	118
	848	2840*	51	4288	118
	849	2891*	51	4406*	118
14.10	850	2,9 2942*	51	6,7 4524*	117
	851	2993*	51	4641	118
	852	3044*	51	4759*	117
	853	3095*	51	4876*	117
	854	3146*	51	4993	117
14.15	855	2,9 3197*	50	6,7 5110	117
	856	3247	51	5227	117
	857	3298	51	5344*	116
	858	3349*	50	5460	117
	859	3399	51	5577*	116
14.20	860	2,9 3450*	50	6,7 5693	116
	861	3500	51	5809	117
	862	3551*	50	5926*	115
	863	3601	50	6041	116
	864	3651	51	6157	116
14.25	865	2,9 3702*	50	6,7 6273*	115
	866	3752*	50	6388	116
	867	3802*	50	6504*	115
	868	3852*	50	6619	115
	869	3902*	50	6734	115
14.30	870	2,9 3952*	50	6,7 6849	115
	871	4002*	50	6964	115
	872	4052*	49	7079*	115
	873	4101	50	7194*	114
	874	4151	50	7308	114
14.35	875	2,9 4201*	49	6,7 7422	115
	876	4250	50	7537*	114
	877	4300*	49	7651*	114
	878	4349	50	7765*	113
	879	4399*	49	7878	114
14.40	880	2,9 4448	50	6,7 7992	114
	881	4498*	49	8106*	113
	882	4547*	49	8219	114
	883	4596	49	8333*	113
	884	4645	49	8446*	113
14.45	885	2,9 4694	49	6,7 8559*	113
	886	4743	49	8672*	112
	887	4792	49	8784	113
	888	4841	49	8897	113
	889	4890	49	9010*	112
14.50	890	2,9 4939	49	6,7 9122	112
	891	4988*	48	9234	113
	892	5036	49	9347*	112
	893	5085	49	9459*	112
	894	5134*	48	9571*	111
14.55	895	2,9 5182	49	6,7 9682	112
	896	5231*	48	9794	112
	897	5279	49	9906*	111
	898	5328*	48	6,8 0017	111
	899	5376*	48	0128	111
14.60	900	2,9 5424		6,8 0239	
0°	N	Lov N	D	loh N	D

0°	N	Lov N	D	loh N	D
15.′ 0″	900	2,9 5424	48	6,8 0239	112
	901	5472	49	0351*	110
	902	5521*	48	0461	111
	903	5569*	48	0572	111
	904	5617*	48	0683*	110
15. 5	905	2,9 5665*	48	6,8 0793	111
	906	5713*	48	0904*	110
	907	5761*	48	1014	110
	908	5809*	47	1124	111
	909	5856	48	1235*	109
15.10	910	2,9 5904	48	6,8 1344	110
	911	5952*	47	1454	110
	912	5999	48	1564*	110
	913	6047	48	1674*	109
	914	6095*	47	1783	109
15.15	915	2,9 6142	48	6,8 1892	110
	916	6190*	47	2002*	109
	917	6237*	47	2111*	109
	918	6284	48	2220*	109
	919	6332*	47	2329*	108
15.20	920	2,9 6379*	47	6,8 2437	109
	921	6426*	47	2546	109
	922	6473	47	2655*	108
	923	6520	47	2763*	108
	924	6567	47	2871	108
15.25	925	2,9 6614	47	6,8 2979	108
	926	6661	47	3087	108
	927	6708*	47	3195	108
	928	6755*	47	3303	108
	929	6802*	46	3411*	107
15.30	930	2,9 6848	47	6,8 3518	108
	931	6895*	47	3626*	107
	932	6942*	46	3733	108
	933	6988	47	3841*	107
	934	7035*	46	3948*	107
15.35	935	2,9 7081	47	6,8 4055*	107
	936	7128*	46	4162*	106
	937	7174*	46	4268	107
	938	7220	47	4375*	107
	939	7267*	46	4482*	106
15.40	940	2,9 7313*	46	6,8 4588*	106
	941	7359*	46	4694	107
	942	7405	46	4801*	106
	943	7451	46	4907*	106
	944	7497	46	5013*	105
15.45	945	2,9 7543	46	6,8 5118	106
	946	7589	46	5224	106
	947	7635*	46	5330*	105
	948	7681*	46	5435	106
	949	7727*	45	5541*	105
15.50	950	2,9 7772	46	6,8 5646	105
	951	7818	46	5751	106
	952	7864*	45	5857*	104
	953	7909	46	5961	105
	954	7955*	45	6066	105
15.55	955	2,9 8000	46	6,8 6171	105
	956	8046*	45	6276*	104
	957	8091	46	6380	105
	958	8137*	45	6485*	104
	959	8182*	45	6589	104
15.60 ′ ″	960	2,9 8227		6,8 6693	
0°	N	Lov N	D	loh N	D

0°	N	Lov N	D	loh N	D
16.′ 0″	960	2,9 8227	45	6,8 6693	104
	961	8272	46	6797	104
	962	8318*	45	6901	104
	963	8363*	45	7005	104
	964	8408*	45	7109	104
16. 5	965	2,9 8453*	45	6,8 7213*	103
	966	8498*	45	7316	104
	967	8543*	45	7420*	103
	968	8588*	44	7523	103
	969	8632	45	7626	104
16.10	970	2,9 8677	46	6,8 7730*	103
	971	8722*	45	7833*	103
	972	8767*	44	7936*	102
	973	8811	45	8038	103
	974	8856*	44	8141	103
16.15	975	2,9 8900	45	6,8 8244*	102
	976	8945*	44	8346	103
	977	8989	45	8449*	102
	978	9034*	44	8551*	102
	979	9078	45	8653	102
16.20	980	2,9 9123*	44	6,8 8755	102
	981	9167*	44	8857	102
	982	9211	44	8959	102
	983	9255	45	9061*	102
	984	9300*	44	9163*	101
16.25	985	2,9 9344*	44	6,8 9264	102
	986	9388*	44	9366*	101
	987	9432*	44	9467	101
	988	9476*	44	9568	101
	989	9520*	44	9669	101
16.30	990	2,9 9564*	43	6,8 9770	101
	991	9607	44	9871	101
	992	9651	44	9972	101
	993	9695*	44	6,9 0073	101
	994	9739*	43	0174*	100
16.35	995	2,9 9782	44	6,9 0274	101
	996	9826*	44	0375*	100
	997	9870*	43	0475	100
	998	9913	44	0575	100
	999	9957*	43	0675	101
16.40	1000	3,0 0000	43	6,9 0776*	99
	1001	0043	44	0875	100
	1002	0087*	43	0975	100
	1003	0130	43	1075	100
	1004	0173	44	1175*	99
16.45	1005	3,0 0217*	43	6,9 1274	100
	1006	0260*	43	1374*	99
	1007	0303*	43	1473	99
	1008	0346	43	1572	100
	1009	0389	43	1672*	99
16.50	1010	3,0 0432	43	6,9 1771*	99
	1011	0475	43	1870*	98
	1012	0518	43	1968	99
	1013	0561*	43	2067	99
	1014	0604*	43	2166*	98
16.55	1015	3,0 0647*	42	6,9 2264	99
	1016	0689	43	2363*	98
	1017	0732	43	2461	99
	1018	0775*	42	2560*	98
	1019	0817	43	2658*	98
16.60 ′ ″	1020	3,0 0860		6,9 2756*	
0°	N	Lov N	D	loh N	D

0°	N	Lov N	D	loh N	D
17.′ 0″	1020	3,0 0860	43	6,9 2756*	98
	1021	0903*	42	2854*	98
	1022	0945	43	2952*	97
	1023	0988*	42	3049	98
	1024	1030*	42	3147	98
17. 5	1025	3,0 1072	43	6,9 3245*	97
	1026	1115*	42	3342	98
	1027	1157	42	3440*	97
	1028	1199	43	3537	97
	1029	1242*	42	3634	97
17.10	1030	3,0 1284*	42	6,9 3731	97
	1031	1326*	42	3828	97
	1032	1368*	42	3925	97
	1033	1410	42	4022	97
	1034	1452	42	4119	97
17.15	1035	3,0 1494	42	6,9 4216*	96
	1036	1536*	42	4312	97
	1037	1578*	42	4409*	96
	1038	1620*	42	4505	96
	1039	1662*	41	4601	97
17.20	1040	3,0 1703	42	6,9 4698*	96
	1041	1745	42	4794*	96
	1042	1787*	41	4890*	96
	1043	1828	42	4986*	95
	1044	1870	42	5081	96
17.25	1045	3,0 1912*	41	6,9 5177	96
	1046	1953	42	5273*	95
	1047	1995*	41	5368	96
	1048	2036	42	5464*	95
	1049	2078*	41	5559	96
17.30	1050	3,0 2119*	41	6,9 5655*	95
	1051	2160	42	5750*	95
	1052	2202*	41	5845*	95
	1053	2243*	41	5940*	95
	1054	2284	41	6035*	95
17.35	1055	3,0 2325	41	6,9 6130*	94
	1056	2366	41	6224	95
	1057	2407	42	6319*	95
	1058	2449*	41	6414*	94
	1059	2490*	41	6508	94
17.40	1060	3,0 2531*	41	6,9 6602	95
	1061	2572*	40	6697*	94
	1062	2612	41	6791*	94
	1063	2653	41	6885	94
	1064	2694	41	6979	94
17.45	1065	3,0 2735*	41	6,9 7073	94
	1066	2776*	40	7167*	94
	1067	2816	41	7261*	93
	1068	2857	41	7354	94
	1069	2898*	40	7448*	93
17.50	1070	3,0 2938	41	6,9 7541	94
	1071	2979*	40	7635*	93
	1072	3019	41	7728	93
	1073	3060*	40	7821	94
	1074	3100	41	7915*	93
17.55	1075	3,0 3141*	40	6,9 8008*	93
	1076	3181	41	8101*	92
	1077	3222*	40	8193	93
	1078	3262*	40	8286	93
	1079	3302	40	8379*	93
17.60 ′ ″	1080	3,0 3342		6,9 8472*	
0°	N	Lov N	D	loh N	D

0°	N	Lov N	D	loh N	D
18.′ 0″	1080	3,0 3342	41	6,9 8472*	92
	1081	3383*	40	8564	93
	1082	3423*	40	8657*	92
	1083	3463*	40	8749	92
	1084	3503*	40	8841	93
18. 5	1085	3,0 3543*	40	6,9 8934*	92
	1086	3583*	40	9026*	92
	1087	3623*	40	9118*	92
	1088	3663*	40	9210*	92
	1089	3703*	40	9302*	91
18.10	1090	3,0 3743*	39	6,9 9393	92
	1091	3782	40	9485*	92
	1092	3822	40	9577*	91
	1093	3862	40	9668	92
	1094	3902*	39	9760*	91
18.15	1095	3,0 3941	40	6,9 9851*	91
	1096	3981	40	9942	91
	1097	4021*	39	7,0 0033	92
	1098	4060	40	0125*	91
	1099	4100*	39	0216*	91
18.20	1100	3,0 4139	40	7,0 0307*	90
	1101	4179*	39	0397	91
	1102	4218	40	0488	91
	1103	4258*	39	0579*	91
	1104	4297*	39	0670*	90
18.25	1105	3,0 4336	40	7,0 0760	91
	1106	4376*	39	0851*	90
	1107	4415*	39	0941*	90
	1108	4454*	39	1031	90
	1109	4493	39	1121	91
18.30	1110	3,0 4532	39	7,0 1212*	90
	1111	4571	39	1302*	90
	1112	4610	40	1392*	89
	1113	4650*	39	1481	90
	1114	4689*	39	1571	90
18.35	1115	3,0 4727	39	7,0 1661*	90
	1116	4766	39	1751*	89
	1117	4805	39	1840	90
	1118	4844	39	1930*	89
	1119	4883	39	2019	89
18.40	1120	3,0 4922*	39	7,0 2108	90
	1121	4961*	38	2198*	89
	1122	4999	39	2287*	89
	1123	5038*	39	2376*	89
	1124	5077*	38	2465*	89
18.45	1125	3,0 5115	39	7,0 2554*	89
	1126	5154*	38	2643*	88
	1127	5192	39	2731	89
	1128	5231*	38	2820	89
	1129	5269	39	2909*	88
18.50	1130	3,0 5308*	38	7,0 2997	89
	1131	5346	39	3086*	88
	1132	5385*	38	3174	88
	1133	5423*	38	3262	89
	1134	5461	39	3351*	88
18.55	1135	3,0 5500*	38	7,0 3439*	88
	1136	5538*	38	3527*	88
	1137	5576	38	3615*	88
	1138	5614	38	3703*	88
	1139	5652	38	3791*	87
18.60	1140	3,0 5690		7,0 3878	
′ ″ 0°	N	Lov N	D	loh N	D

0°	N	Lov N	D	loh N	D
19.′ 0″	1140	3,0 5690	39	7,0 3878	88
	1141	5729*	38	3966	88
	1142	5767*	38	4054*	87
	1143	5805*	38	4141	88
	1144	5843*	38	4229*	88
19. 5	1145	3,0 5881*	37	7,0 4316*	87
	1146	5918	38	4403	88
	1147	5956	38	4491*	87
	1148	5994	38	4578*	87
	1149	6032	38	4665*	87
19.10	1150	3,0 6070*	38	7,0 4752*	87
	1151	6108*	37	4839*	86
	1152	6145	38	4925	87
	1153	6183*	38	5012	87
	1154	6221*	37	5099*	87
19.15	1155	3,0 6258	38	7,0 5186*	86
	1156	6296*	37	5272	87
	1157	6333	38	5359*	86
	1158	6371*	37	5445*	86
	1159	6408	38	5531	87
19.20	1160	3,0 6446*	37	7,0 5618*	86
	1161	6483	38	5704*	86
	1162	6521*	37	5790*	86
	1163	6558*	37	5876*	86
	1164	6595	38	5962*	86
19.25	1165	3,0 6633*	37	7,0 6048*	85
	1166	6670*	37	6133	86
	1167	6707	37	6219	86
	1168	6744	37	6305*	85
	1169	6781	38	6390	86
19.30	1170	3,0 6819*	37	7,0 6476*	85
	1171	6856*	37	6561	86
	1172	6893*	37	6647*	85
	1173	6930*	37	6732*	85
	1174	6967*	37	6817	85
19.35	1175	3,0 7004*	37	7,0 6902	85
	1176	7041*	37	6987	85
	1177	7078*	37	7072	85
	1178	7115*	36	7157	85
	1179	7151	37	7242	85
19.40	1180	3,0 7188	37	7,0 7327*	85
	1181	7225*	37	7412*	84
	1182	7262*	36	7496	85
	1183	7298	37	7581*	84
	1184	7335	37	7665	85
19.45	1185	3,0 7372*	36	7,0 7750*	84
	1186	7408	37	7834	84
	1187	7445	37	7918	85
	1188	7482*	36	8003*	84
	1189	7518	37	8087*	84
19.50	1190	3,0 7555*	36	7,0 8171*	84
	1191	7591	37	8255*	84
	1192	7628*	36	8339*	84
	1193	7664	36	8423*	83
	1194	7700	37	8506	84
19.55	1195	3,0 7737*	36	7,0 8590	84
	1196	7773	36	8674*	83
	1197	7809	37	8757	84
	1198	7846*	36	8841*	83
	1199	7882*	36	8924	84
19.60	1200	3,0 7918		7,0 9008*	
′ ″ 0°	N	Lov N	D	loh N	D

0°	N	Lov N	D	loh N	D
20.′ 0″	1200	3,0 7918	36	7,0 9008*	83
	1201	7954	36	9091*	83
	1202	7990	37	9174	83
	1203	8027*	36	9257	83
	1204	8063*	36	9340	83
20. 5	1205	3,0 8099*	36	7,0 9423	83
	1206	8135*	36	9506	83
	1207	8171*	36	9589	83
	1208	8207*	36	9672	83
	1209	8243*	36	9755*	83
20.10	1210	3,0 8279*	35	7,0 9838*	82
	1211	8314	36	9920	83
	1212	8350	36	7,1 0003*	82
	1213	8386	36	0085	83
	1214	8422*	36	0168*	82
20.15	1215	3,0 8458*	35	7,1 0250*	82
	1216	8493	36	0332	82
	1217	8529	36	0414	83
	1218	8565*	35	0497*	82
	1219	8600	36	0579*	82
20.20	1220	3,0 8636*	36	7,1 0661*	82
	1221	8672*	35	0743*	81
	1222	8707	36	0824	82
	1223	8743*	35	0906	82
	1224	8778	36	0988*	82
20.25	1225	3,0 8814*	35	7,1 1070*	81
	1226	8849	35	1151	82
	1227	8884	36	1233*	81
	1228	8920*	35	1314	82
	1229	8955	36	1396*	81
20.30	1230	3,0 8991*	35	7,1 1477*	81
	1231	9026*	35	1558	81
	1232	9061	35	1639	82
	1233	9096	36	1721*	81
	1234	9132*	35	1802*	81
20.35	1235	3,0 9167*	35	7,1 1883*	81
	1236	9202*	35	1964*	80
	1237	9237*	35	2044	81
	1238	9272	35	2125	81
	1239	9307	35	2206*	81
20.40	1240	3,0 9342	35	7,1 2287*	80
	1241	9377	35	2367	81
	1242	9412	35	2448*	80
	1243	9447	35	2528	81
	1244	9482	35	2609*	80
20.45	1245	3,0 9517*	35	7,1 2689	80
	1246	9552*	35	2769	81
	1247	9587*	34	2850*	80
	1248	9621	35	2930*	80
	1249	9656	35	3010*	80
20.50	1250	3,0 9691	35	7,1 3090*	80
	1251	9726*	34	3170*	80
	1252	9760	35	3250*	80
	1253	9795	35	3330*	79
	1254	9830*	34	3409	80
20.55	1255	3,0 9864	35	7,1 3489	80
	1256	9899*	35	3569*	79
	1257	9934*	34	3648	80
	1258	9968	35	3728*	79
	1259	3,1 0003*	34	3807	80
20.60	1260	3,1 0037		7,1 3887*	
′ ″ 0°	N	Lov N	D	loh N	D

0°	N	Lov N	D	lob N	D
21′. 0″	1260	3,1 0037	35	7,1 3887*	79
	1261	0072*	34	3966	79
	1262	0106*	34	4045	80
	1263	0140	35	4125*	79
	1264	0175*	34	4204*	79
21. 5	1265	3,1 0209	34	7,1 4283*	79
	1266	0243	35	4362*	79
	1267	0278*	34	4441*	79
	1268	0312*	34	4520*	78
	1269	0346	34	4598	79
21.10	1270	3,1 0380	35	7,1 4677	79
	1271	0415*	34	4756*	79
	1272	0449*	34	4835*	78
	1273	0483*	34	4913	79
	1274	0517*	34	4992*	78
21.15	1275	3,1 0551	34	7,1 5070	79
	1276	0585	34	5149*	78
	1277	0619	34	5227*	78
	1278	0653	34	5305	78
	1279	0687	34	5383	79
21.20	1280	3,1 0721*	34	7,1 5462*	78
	1281	0755*	34	5540*	78
	1282	0789*	34	5618*	78
	1283	0823*	34	5696*	78
	1284	0857*	33	5774*	77
21.25	1285	3,1 0890	34	7,1 5851	78
	1286	0924	34	5929	78
	1287	0958*	34	6007*	78
	1288	0992*	33	6085*	77
	1289	1025	34	6162	78
21.30	1290	3,1 1059*	34	7,1 6240*	77
	1291	1093*	33	6317	78
	1292	1126	34	6395*	77
	1293	1160*	33	6472	77
	1294	1193	34	6549	78
21.35	1295	3,1 1227*	34	7,1 6627*	77
	1296	1261*	33	6704*	77
	1297	1294*	33	6781*	77
	1298	1327	34	6858*	77
	1299	1361*	33	6935	77
21.40	1300	3,1 1394	34	7,1 7012*	77
	1301	1428*	33	7089*	77
	1302	1461	33	7166*	76
	1303	1494	34	7242	77
	1304	1528*	33	7319	77
21.45	1305	3,1 1561	33	7,1 7396*	76
	1306	1594	34	7472	77
	1307	1628*	33	7549*	76
	1308	1661*	33	7625	77
	1309	1694*	33	7702*	76
21.50	1310	3,1 1727	33	7,1 7778	77
	1311	1760	33	7855*	76
	1312	1793	33	7931*	76
	1313	1826	34	8007*	76
	1314	1860*	33	8083	76
21.55	1315	3,1 1893*	33	7,1 8159	76
	1316	1926*	33	8235	76
	1317	1959*	33	8311	76
	1318	1992*	32	8387	76
	1319	2024	33	8463*	76
21.60	1320	3,1 2057		7,1 8539*	
0°	N	Lov N	D	lob N	D

0°	N	Lov N	D	lob N	D
22′. 0″	1320	3,1 2057	33	7,1 8539*	75
	1321	2090	33	8614	76
	1322	2123	33	8690	76
	1323	2156*	33	8766*	75
	1324	2189*	33	8841	76
22. 5	1325	3,1 2222*	32	7,1 8917*	75
	1326	2254	33	8992	76
	1327	2287	33	9068*	75
	1328	2320*	32	9143*	75
	1329	2352	33	9218	75
22.10	1330	3,1 2385	33	7,1 9293	76
	1331	2418*	32	9369*	75
	1332	2450	33	9444*	75
	1333	2483	33	9519*	75
	1334	2516*	32	9594*	75
22.15	1335	3,1 2548	33	7,1 9669*	75
	1336	2581*	32	9744*	74
	1337	2613	33	9818	75
	1338	2646*	32	9893	75
	1339	2678	32	9968*	74
22.20	1340	3,1 2710	33	7,2 0042	75
	1341	2743*	32	0117	75
	1342	2775	33	0192*	74
	1343	2808*	32	0266	75
	1344	2840*	32	0341*	74
22.25	1345	3,1 2872	33	7,2 0415*	74
	1346	2905*	32	0489	75
	1347	2937*	32	0564*	74
	1348	2969*	32	0638*	74
	1349	3001	32	0712*	74
22.30	1350	3,1 3033	33	7,2 0786*	74
	1351	3066*	32	0860	74
	1352	3098*	32	0934	74
	1353	3130*	32	1008*	74
	1354	3162*	32	1082*	74
22.35	1355	3,1 3194*	32	7,2 1156*	73
	1356	3226*	32	1229	74
	1357	3258*	32	1303	74
	1358	3290*	32	1377*	73
	1359	3322*	32	1450	74
22.40	1360	3,1 3354*	32	7,2 1524*	74
	1361	3386*	32	1598*	73
	1362	3418*	32	1671*	73
	1363	3450*	31	1744	74
	1364	3481	32	1818*	73
22.45	1365	3,1 3513	32	7,2 1891*	73
	1366	3545	32	1964	73
	1367	3577*	32	2037	74
	1368	3609*	31	2111*	73
	1369	3640	32	2184*	73
22.50	1370	3,1 3672	32	7,2 2257*	73
	1371	3704*	31	2330*	72
	1372	3735	32	2402	73
	1373	3767	32	2475	73
	1374	3799*	31	2548	73
22.55	1375	3,1 3830	32	7,2 2621*	73
	1376	3862*	31	2694*	72
	1377	3893	32	2766	73
	1378	3925*	31	2839*	72
	1379	3956	32	2911	73
22.60	1380	3,1 3988*		7,2 2984*	
0°	N	Lov N	D	lob N	D

0°	N	Lov N	D	lob N	D
23′. 0″	1380	3,1 3988*	31	7,2 2984*	72
	1381	4019	32	3056	73
	1382	4051*	31	3129*	72
	1383	4082	32	3201	72
	1384	4114*	31	3273	73
23. 5	1385	3,1 4145*	31	7,2 3346*	72
	1386	4176	32	3418*	72
	1387	4208*	31	3490*	72
	1388	4239*	31	3562*	72
	1389	4270	31	3634*	72
23.10	1390	3,1 4301	32	7,2 3706*	72
	1391	4333*	31	3778*	72
	1392	4364*	31	3850*	72
	1393	4395	31	3921	71
	1394	4426	31	3993	72
23.15	1395	3,1 4457	32	7,2 4065*	72
	1396	4489*	31	4137*	71
	1397	4520*	31	4208	72
	1398	4551*	31	4280*	71
	1399	4582*	31	4351	72
23.20	1400	3,1 4613*	31	7,2 4423*	71
	1401	4644*	31	4494	72
	1402	4675*	31	4566*	71
	1403	4706*	31	4637*	71
	1404	4737*	31	4708	71
23.25	1405	3,1 4768*	31	7,2 4779	71
	1406	4799*	30	4850	72
	1407	4829	31	4922*	71
	1408	4860	31	4993*	71
	1409	4891	31	5064*	70
23.30	1410	3,1 4922*	31	7,2 5134*	71
	1411	4953*	30	5205	71
	1412	4983	31	5276	71
	1413	5014	31	5347	71
	1414	5045*	31	5418*	70
23.35	1415	3,1 5076*	30	7,2 5488	71
	1416	5106	31	5559	71
	1417	5137*	31	5630*	70
	1418	5168*	30	5700	71
	1419	5198	31	5771*	70
23.40	1420	3,1 5229*	30	7,2 5841	71
	1421	5259	31	5912*	70
	1422	5290*	30	5982*	70
	1423	5320	31	6052	71
	1424	5351*	30	6123*	70
23.45	1425	3,1 5381	31	7,2 6193*	70
	1426	5412*	30	6263*	70
	1427	5442	31	6333*	70
	1428	5473*	30	6403	70
	1429	5503	31	6473	70
23.50	1430	3,1 5534*	30	7,2 6543*	70
	1431	5564*	30	6613*	70
	1432	5594	31	6683*	70
	1433	5625*	30	6753*	69
	1434	5655*	30	6822	70
23.55	1435	3,1 5685	30	7,2 6892	70
	1436	5715	31	6962*	69
	1437	5746*	30	7031	70
	1438	5776*	30	7101*	69
	1439	5806	30	7170	70
23.60	1440	3,1 5836		7,2 7240*	
0°	N	Lov N	D	lob N	D

0°	N	Log N	D	log N	D
24′ 0″	1440	3,1 5836	30	7,2 7240*	69
	1441	5866	31	7309*	70
	1442	5897*	30	7379*	69
	1443	5927*	30	7448*	69
	1444	5957*	30	7517	69
24. 5	1445	3,1 5987*	30	7,2 7586	70
	1446	6017*	30	7656*	69
	1447	6047*	30	7725*	69
	1448	6077*	30	7794*	69
	1449	6107*	30	7863*	69
24.10	1450	3,1 6137*	30	7,2 7932*	69
	1451	6167*	30	8001*	69
	1452	6197*	30	8070*	69
	1453	6227*	29	8139*	68
	1454	6256	30	8207	69
24.15	1455	3,1 6286	30	7,2 8276	69
	1456	6316	30	8345*	68
	1457	6346*	30	8413	69
	1458	6376*	30	8482	69
	1459	6406*	29	8551*	68
24.20	1460	3,1 6435	30	7,2 8619	69
	1461	6465	30	8688*	68
	1462	6495*	29	8756	68
	1463	6524	30	8824	69
	1464	6554	30	8893*	68
24.25	1465	3,1 6584*	29	7,2 8961	68
	1466	6613	30	9029	68
	1467	6643	30	9097	69
	1468	6673*	29	9166*	68
	1469	6702	30	9234*	68
24.30	1470	3,1 6732*	29	7,2 9302*	68
	1471	6761	30	9370*	68
	1472	6791*	29	9438*	68
	1473	6820	30	9506*	68
	1474	6850*	29	9574*	67
24.35	1475	3,1 6879	30	7,2 9641	68
	1476	6909*	29	9709	68
	1477	6938	29	9777*	68
	1478	6967	30	9845*	67
	1479	6997*	29	9912	68
24.40	1480	3,1 7026	30	7,2 9980*	67
	1481	7056*	29	7,3 0047	68
	1482	7085*	29	0115*	67
	1483	7114	29	0182	68
	1484	7143	30	0250*	67
24.45	1485	3,1 7173*	29	7,3 0317	67
	1486	7202*	29	0384	68
	1487	7231	29	0452*	67
	1488	7260	29	0519*	67
	1489	7289	30	0586	67
24.50	1490	3,1 7319*	29	7,3 0653	67
	1491	7348*	29	0720	67
	1492	7377*	29	0787	67
	1493	7406*	29	0854	67
	1494	7435	29	0921	67
24.55	1495	3,1 7464	29	7,3 0988	67
	1496	7493	29	1055	67
	1497	7522	29	1122*	67
	1498	7551	29	1189*	66
	1499	7580	29	1255	67
24.60 ′ ″	1500	3,1 7609		7,3 1322	
0°	N	Log N	D	log N	D

0°	N	Log N	D	log N	D
25′ 0″	1500	3,1 7609	29	7,3 1322	67
	1501	7638	29	1389*	66
	1502	7667*	29	1455	67
	1503	7696*	29	1522*	66
	1504	7725*	29	1588	67
25. 5	1505	3,1 7754*	28	7,3 1655*	66
	1506	7782	29	1721	67
	1507	7811	29	1788*	66
	1508	7840	29	1854*	66
	1509	7869*	29	1920	66
25.10	1510	3,1 7898*	28	7,3 1986	67
	1511	7926	29	2053*	66
	1512	7955	29	2119*	66
	1513	7984*	29	2185*	66
	1514	8013*	28	2251	66
25.15	1515	3,1 8041	29	7,3 2317	66
	1516	8070*	29	2383	66
	1517	8099*	28	2449*	66
	1518	8127	29	2515*	66
	1519	8156*	28	2581*	66
25.20	1520	3,1 8184	29	7,3 2647*	65
	1521	8213*	28	2712	66
	1522	8241	29	2778	66
	1523	8270*	28	2844*	65
	1524	8298	29	2909	66
25.25	1525	3,1 8327*	28	7,3 2975*	66
	1526	8355	29	3041*	65
	1527	8384*	28	3106	65
	1528	8412	29	3171	66
	1529	8441*	28	3237*	65
25.30	1530	3,1 8469	29	7,3 3302	66
	1531	8498*	28	3368*	65
	1532	8526*	28	3433*	65
	1533	8554	29	3498	65
	1534	8583*	28	3563	66
25.35	1535	3,1 8611*	28	7,3 3629*	65
	1536	8639	28	3694*	65
	1537	8667	29	3759*	65
	1538	8696*	28	3824*	65
	1539	8724*	28	3889*	65
25.40	1540	3,1 8752	28	7,3 3954*	65
	1541	8780	28	4019*	65
	1542	8808	29	4084*	64
	1543	8837*	28	4148	65
	1544	8865*	28	4213	65
25.45	1545	3,1 8893*	28	7,3 4278*	65
	1546	8921*	28	4343*	64
	1547	8949	28	4407	65
	1548	8977	28	4472*	64
	1549	9005	28	4536	65
25.50	1550	3,1 9033	28	7,3 4601	65
	1551	9061	28	4666*	64
	1552	9089	28	4730*	64
	1553	9117	28	4794	65
	1554	9145	28	4859*	64
25.55	1555	3,1 9173	28	7,3 4923	64
	1556	9201*	28	4987	65
	1557	9229*	28	5052*	64
	1558	9257*	28	5116*	64
	1559	9285*	27	5180*	64
25.60 ′ ″	1560	3,1 9312		7,3 5244	
0°	N	Log N	D	log N	D

0°	N	Log N	D	log N	D
26′ 0″	1560	3,1 9312	28	7,3 5244	64
	1561	9340	28	5308	64
	1562	9368	28	5372	64
	1563	9396*	28	5436	64
	1564	9424*	27	5500	64
26. 5	1565	3,1 9451	28	7,3 5564	64
	1566	9479	28	5628*	64
	1567	9507*	28	5692*	64
	1568	9535*	27	5756*	63
	1569	9562	28	5819	64
26.10	1570	3,1 9590*	28	7,3 5883	64
	1571	9618*	27	5947*	63
	1572	9645	28	6010	64
	1573	9673*	27	6074*	64
	1574	9700	28	6138*	63
26.15	1575	3,1 9728	28	7,3 6201	64
	1576	9756*	27	6265*	63
	1577	9783	28	6328*	63
	1578	9811*	27	6391	64
	1579	9838	28	6455*	63
26.20	1580	3,1 9866*	27	7,3 6518	63
	1581	9893	28	6581	64
	1582	9921*	27	6645*	63
	1583	9948	28	6708*	63
	1584	9976*	27	6771*	63
26.25	1585	3,2 0003*	27	7,3 6834*	63
	1586	0030	28	6897	63
	1587	0058*	27	6960	63
	1588	0085	27	7023	63
	1589	0112	28	7086	63
26.30	1590	3,2 0140*	27	7,3 7149*	63
	1591	0167	27	7212*	63
	1592	0194	28	7275*	62
	1593	0222*	27	7337	63
	1594	0249*	27	7400	63
26.35	1595	3,2 0276	27	7,3 7463*	63
	1596	0303	27	7526*	62
	1597	0330	28	7588	63
	1598	0358*	27	7651*	62
	1599	0385*	27	7713	63
26.40	1600	3,2 0412*	27	7,3 7776*	62
	1601	0439	27	7838	63
	1602	0466	27	7901*	62
	1603	0493	27	7963	63
	1604	0520	28	8026*	62
26.45	1605	3,2 0548*	27	7,3 8088*	62
	1606	0575*	27	8150	62
	1607	0602*	27	8212	63
	1608	0629*	27	8275*	62
	1609	0656*	27	8337*	62
26.50	1610	3,2 0683*	27	7,3 8399*	62
	1611	0710*	27	8461	62
	1612	0737*	26	8523	62
	1613	0763	27	8585	62
	1614	0790	27	8647	62
26.55	1615	3,2 0817	27	7,3 8709	62
	1616	0844	27	8771*	62
	1617	0871	27	8833*	62
	1618	0898*	27	8895*	61
	1619	0925*	27	8956	62
26.60 ′ ″	1620	3,2 0952*		7,3 9018	
0°	N	Log N	D	log N	D

0°	N	Lov N	D	loh N	D	0°	N	Lov N	D	loh N	D	0°	N	Lov N	D	loh N	D
27′ 0″	1620	3,2 0952*	26	7,3 9018	62	28′ 0″	1680	3,2 2531*	26	7,4 2655*	59	29′ 0″	1740	3,2 4055*	25	7,4 6164	57
	1621	0978	27	9080*	62		1681	2557*	26	2714	60		1741	4080*	25	6221	58
	1622	1005	27	9142*	61		1682	2583*	25	2774*	59		1742	4105*	25	6279*	57
	1623	1032*	27	9203	62		1683	2608	26	2833	60		1743	4130*	25	6336	58
	1624	1059*	26	9265*	61		1684	2634	26	2893*	59		1744	4155*	25	6394*	57
27. 5	1625	3,2 1085	27	7,3 9326	62	28. 5	1685	3,2 2660*	26	7,4 2952	59	29. 5	1745	3,2 4180*	24	7,4 6451*	57
	1626	1112	27	9388*	61		1686	2686*	26	3011	60		1746	4204	25	6508	58
	1627	1139*	26	9449	62		1687	2712*	25	3071*	59		1747	4229	25	6566*	57
	1628	1165	27	9511*	61		1688	2737	26	3130*	59		1748	4254	25	6623*	57
	1629	1192	27	9572	62		1689	2763*	26	3189	59		1749	4279*	25	6680*	57
27.10	1630	3,2 1219*	26	7,3 9634*	61	28.10	1690	3,2 2789*	25	7,4 3248	60	29.10	1750	3,2 4304*	25	7,4 6737	57
	1631	1245	27	9695*	61		1691	2814	26	3308*	59		1751	4329*	24	6794	57
	1632	1272	27	9756	61		1692	2840	26	3367*	59		1752	4353	25	6851	57
	1633	1299*	26	9817	62		1693	2866*	25	3426*	59		1753	4378	25	6908	57
	1634	1325	27	9879*	61		1694	2891	26	3485*	59		1754	4403*	25	6965	57
27.15	1635	3,2 1352*	26	7,3 9940*	61	28.15	1695	3,2 2917*	26	7,4 3544*	59	29.15	1755	3,2 4428*	24	7,4 7022	57
	1636	1378	27	7,4 0001*	61		1696	2943*	25	3603*	59		1756	4452	25	7079	57
	1637	1405*	26	0062	61		1697	2968	26	3662*	59		1757	4477	25	7136	57
	1638	1431	27	0123	61		1698	2994*	25	3721*	59		1758	4502*	25	7193	57
	1639	1458*	26	0184	61		1699	3019	26	3780*	58		1759	4527*	24	7250	57
27.20	1640	3,2 1484	27	7,4 0245	61	28.20	1700	3,2 3045*	25	7,4 3838	59	29.20	1760	3,2 4551	25	7,4 7307*	57
	1641	1511*	26	0306	61		1701	3070	26	3897	59		1761	4576*	25	7364*	56
	1642	1537	27	0367	61		1702	3096*	25	3956*	59		1762	4601*	24	7420	57
	1643	1564*	26	0428*	61		1703	3121	26	4015*	58		1763	4625	25	7477	57
	1644	1590	27	0489*	61		1704	3147*	25	4073	59		1764	4650*	24	7534*	57
27.25	1645	3,2 1617*	26	7,4 0550*	60	28.25	1705	3,2 3172	26	7,4 4132	59	29.25	1765	3,2 4674	25	7,4 7591*	56
	1646	1643*	26	0610	61		1706	3198*	25	4191*	58		1766	4699	25	7647	57
	1647	1669	27	0671	61		1707	3223	26	4249	59		1767	4724*	24	7704*	56
	1648	1696*	26	0732*	60		1708	3249*	25	4308*	58		1768	4748	25	7760	57
	1649	1722	26	0792	61		1709	3274	26	4366	59		1769	4773*	24	7817*	56
27.30	1650	3,2 1748	27	7,4 0853	61	28.30	1710	3,2 3300*	25	7,4 4425*	58	29.30	1770	3,2 4797	25	7,4 7873	57
	1651	1775*	26	0914*	60		1711	3325	25	4483	59		1771	4822*	24	7930*	56
	1652	1801	26	0974	61		1712	3350	26	4542*	58		1772	4846	25	7986	57
	1653	1827	27	1035*	60		1713	3376*	25	4600	59		1773	4871*	24	8043*	56
	1654	1854*	26	1095	61		1714	3401	25	4659*	58		1774	4895	25	8099	57
27.35	1655	3,2 1880*	26	7,4 1156*	60	28.35	1715	3,2 3426	26	7,4 4717*	58	29.35	1775	3,2 4920*	24	7,4 8156*	56
	1656	1906	26	1216	60		1716	3452*	25	4775	58		1776	4944	25	8212*	56
	1657	1932	26	1276	61		1717	3477	25	4833	59		1777	4969*	24	8268	56
	1658	1958	27	1337*	60		1718	3502	26	4892*	58		1778	4993	25	8324	57
	1659	1985*	26	1397	60		1719	3528*	25	4950*	58		1779	5018*	24	8381*	56
27.40	1660	3,2 2011*	26	7,4 1457	61	28.40	1720	3,2 3553*	25	7,4 5008*	58	29.40	1780	3,2 5042	24	7,4 8437*	56
	1661	2037*	26	1518*	60		1721	3578	25	5066	58		1781	5066	25	8493	56
	1662	2063	26	1578*	60		1722	3603	26	5124	58		1782	5091*	24	8549	56
	1663	2089	26	1638*	60		1723	3629*	25	5182	58		1783	5115	24	8605	56
	1664	2115	26	1698*	60		1724	3654*	25	5240	58		1784	5139	25	8661	56
27.45	1665	3,2 2141	26	7,4 1758	60	28.45	1725	3,2 3679*	25	7,4 5298	58	29.45	1785	3,2 5164*	24	7,4 8717	56
	1666	2167	27	1818	60		1726	3704	25	5356	58		1786	5188	24	8773	56
	1667	2194*	26	1878	60		1727	3729	25	5414	58		1787	5212	25	8829	56
	1668	2220*	26	1938	60		1728	3754	25	5472*	58		1788	5237*	24	8885	56
	1669	2246*	26	1998*	60		1729	3779	26	5530*	58		1789	5261	24	8941	56
27.50	1670	3,2 2272*	26	7,4 2058*	60	28.50	1730	3,2 3805*	25	7,4 5588*	57	29.50	1790	3,2 5285	25	7,4 8997	56
	1671	2298*	26	2118*	60		1731	3830*	25	5645	58		1791	5310*	24	9053*	56
	1672	2324*	26	2178*	59		1732	3855*	25	5703	58		1792	5334*	24	9109*	56
	1673	2350*	26	2237	60		1733	3880*	25	5761*	58		1793	5358	24	9165*	55
	1674	2376*	25	2297	60		1734	3905*	25	5819*	57		1794	5382	24	9220	56
27.55	1675	3,2 2401	26	7,4 2357*	60	28.55	1735	3,2 3930*	25	7,4 5876	58	29.55	1795	3,2 5406	25	7,4 9276	56
	1676	2427	26	2417*	59		1736	3955*	25	5934*	57		1796	5431*	24	9332*	55
	1677	2453	26	2476	60		1737	3980*	25	5991	58		1797	5455*	24	9387	56
	1678	2479	26	2536*	59		1738	4005*	25	6049	58		1798	5479*	24	9443	56
	1679	2505	26	2595	60		1739	4030*	25	6107*	57		1799	5503	24	9499	55
27.60	1680	3,2 2531*		7,4 2655*		28.60	1740	3,2 4055*		7,4 6164		29.60	1800	3,2 5527		7,4 9554	
′ ″ 0°	N	Lov N	D	loh N	D	′ ″ 0°	N	Lov N	D	loh N	D	′ ″ 0°	N	Lov N	D	loh N	D

0°	N	Lov N	D	loh N	D
30.′ 0″	1800	3,2 5527	24	7,4 9554	56
	1801	5551	24	9610*	55
	1802	5575	25	9665	56
	1803	5600*	24	9721*	55
	1804	5624*	24	9776	56
30. 5	1805	3,2 5648*	24	7,4 9832*	55
	1806	5672*	24	9887*	55
	1807	5696*	24	9942	56
	1808	5720*	24	9998*	55
	1809	5744*	24	7,5 0053*	55
30.10	1810	3,2 5768*	24	7,5 0108	55
	1811	5792*	24	0163	56
	1812	5816*	24	0219*	55
	1813	5840*	24	0274*	55
	1814	5864*	24	0329*	55
30.15	1815	3,2 5888*	24	7,5 0384	55
	1816	5912*	23	0439	55
	1817	5935	24	0494	55
	1818	5959	24	0549	55
	1819	5983	24	0604	55
30.20	1820	3,2 6007	24	7,5 0659	55
	1821	6031*	24	0714	55
	1822	6055*	24	0769	55
	1823	6079*	23	0824*	55
	1824	6102	24	0879*	55
30.25	1825	3,2 6126	24	7,5 0934*	54
	1826	6150	24	0988	55
	1827	6174*	24	1043	55
	1828	6198*	23	1098*	54
	1829	6221	24	1152	55
30.30	1830	3,2 6245	24	7,5 1207	55
	1831	6269*	24	1262*	54
	1832	6293*	23	1316	55
	1833	6316	24	1371*	54
	1834	6340*	24	1425	55
30.35	1835	3,2 6364*	23	7,5 1480*	54
	1836	6387	24	1534	55
	1837	6411*	24	1589*	55
	1838	6435*	23	1643	55
	1839	6458	24	1698*	54
30.40	1840	3,2 6482*	23	7,5 1752	54
	1841	6505	24	1806	55
	1842	6529*	24	1861*	54
	1843	6553*	23	1915*	54
	1844	6576	24	1969	54
30.45	1845	3,2 6600*	23	7,5 2023	55
	1846	6623	24	2078*	54
	1847	6647*	23	2132*	54
	1848	6670	24	2186*	54
	1849	6694*	23	2240	54
30.50	1850	3,2 6717	24	7,5 2294	54
	1851	6741*	23	2348	54
	1852	6764	24	2402	54
	1853	6788*	23	2456	54
	1854	6811*	23	2510	54
30.55	1855	3,2 6834	24	7,5 2564*	54
	1856	6858*	23	2618*	54
	1857	6881	24	2672*	54
	1858	6905*	23	2726*	53
	1859	6928*	23	2779	54
30.60	1860	3,2 6951		7,5 2833	
′ ″ 0°	N	Lov N	D	loh N	D

0°	N	Lov N	D	loh N	D
31.′ 0″	1860	3,2 6951	24	7,5 2833	54
	1861	6975*	23	2887*	54
	1862	6998*	23	2941*	53
	1863	7021	24	2994	54
	1864	7045*	23	3048*	54
31. 5	1865	3,2 7068*	23	7,5 3102*	53
	1866	7091	23	3155	54
	1867	7114	24	3209*	53
	1868	7138*	23	3262	54
	1869	7161*	23	3316*	53
31.10	1870	3,2 7184	23	7,5 3369	54
	1871	7207	24	3423*	53
	1872	7231*	23	3476	54
	1873	7254*	23	3530*	53
	1874	7277*	23	3583	53
31.15	1875	3,2 7300	23	7,5 3636	54
	1876	7323	23	3690*	53
	1877	7346	24	3743	53
	1878	7370*	23	3796	54
	1879	7393*	23	3850*	53
31.20	1880	3,2 7416*	23	7,5 3903*	53
	1881	7439*	23	3956*	53
	1882	7462*	23	4009	53
	1883	7485	23	4062	53
	1884	7508	23	4115	53
31.25	1885	3,2 7531	23	7,5 4168	53
	1886	7554	23	4221	53
	1887	7577	23	4274	53
	1888	7600	23	4327	53
	1889	7623	23	4380	53
31.30	1890	3,2 7646	23	7,5 4433	53
	1891	7669	23	4486	53
	1892	7692	23	4539*	53
	1893	7715	23	4592*	53
	1894	7738*	23	4645*	52
31.35	1895	3,2 7761*	23	7,5 4697	53
	1896	7784*	23	4750	53
	1897	7807*	23	4803*	53
	1898	7830*	22	4856*	52
	1899	7852	23	4908	53
31.40	1900	3,2 7875	23	7,5 4961*	53
	1901	7898	23	5014*	52
	1902	7921	23	5066	53
	1903	7944*	23	5119*	52
	1904	7967*	22	5171	53
31.45	1905	3,2 7989	23	7,5 5224*	52
	1906	8012	23	5276	53
	1907	8035	23	5329*	52
	1908	8058*	23	5381	52
	1909	8081*	22	5433	53
31.50	1910	3,2 8103	23	7,5 5486*	52
	1911	8126	23	5538	53
	1912	8149*	22	5591*	52
	1913	8171	23	5643*	52
	1914	8194	23	5695	52
31.55	1915	3,2 8217*	23	7,5 5747	52
	1916	8240*	22	5799	53
	1917	8262	23	5852*	52
	1918	8285*	22	5904*	52
	1919	8307	23	5956*	52
31.60	1920	3,2 8330		7,5 6008	
′ ″ 0°	N	Lov N	D	loh N	D

0°	N	Lov N	D	loh N	D
32.′ 0″	1920	3,2 8330	23	7,5 6008	52
	1921	8353*	22	6060	52
	1922	8375	23	6112	52
	1923	8398*	23	6164	52
	1924	8421*	22	6216	52
32. 5	1925	3,2 8443	23	7,5 6268	52
	1926	8466*	22	6320	52
	1927	8488	23	6372*	52
	1928	8511*	22	6424*	52
	1929	8533	23	6476*	52
32.10	1930	3,2 8556*	22	7,5 6528*	51
	1931	8578	23	6579	52
	1932	8601*	22	6631	52
	1933	8623	23	6683*	52
	1934	8646*	22	6735*	51
32.15	1935	3,2 8668	23	7,5 6786	52
	1936	8691*	22	6838*	52
	1937	8713*	22	6890*	51
	1938	8735	23	6941	52
	1939	8758*	22	6993*	51
32.20	1940	3,2 8780	23	7,5 7044	52
	1941	8803*	22	7096*	51
	1942	8825*	22	7147	52
	1943	8847	23	7199*	51
	1944	8870*	22	7250	52
32.25	1945	3,2 8892*	22	7,5 7302*	51
	1946	8914	23	7353	52
	1947	8937*	22	7405*	51
	1948	8959*	22	7456*	51
	1949	8981	22	7507	51
32.30	1950	3,2 9003	23	7,5 7558	52
	1951	9026*	22	7610*	51
	1952	9048*	22	7661*	51
	1953	9070	22	7712	51
	1954	9092	23	7763	52
32.35	1955	3,2 9115*	22	7,5 7815*	51
	1956	9137*	22	7866*	51
	1957	9159	22	7917*	51
	1958	9181	22	7968*	51
	1959	9203	23	8019*	51
32.40	1960	3,2 9226*	22	7,5 8070*	51
	1961	9248*	22	8121*	51
	1962	9270*	22	8172*	51
	1963	9292	22	8223*	51
	1964	9314	22	8274*	51
32.45	1965	3,2 9336	22	7,5 8325*	51
	1966	9358	22	8376*	50
	1967	9380	23	8426	51
	1968	9403*	22	8477	51
	1969	9425*	22	8528	51
32.50	1970	3,2 9447*	22	7,5 8579*	51
	1971	9469*	22	8630*	50
	1972	9491*	22	8680	51
	1973	9513*	22	8731	51
	1974	9535*	22	8782*	50
32.55	1975	3,2 9557*	22	7,5 8832	51
	1976	9579*	22	8883*	51
	1977	9601*	22	8934*	50
	1978	9623*	22	8984	51
	1979	9645*	22	9035*	50
32.60	1980	3,2 9667*		7,5 9085	
′ ″ 0°	N	Lov N	D	loh N	D

0°	N	Log N	D	log N	D
33.′ 0″	1980	3,2 9667*	21	7,5 9085	51
	1981	9688	22	9136*	50
	1982	9710	22	9186	51
	1983	9732	22	9237*	50
	1984	9754	22	9287	50
33. 5	1985	3,2 9776	22	7,5 9337	51
	1986	9798*	22	9388*	50
	1987	9820*	22	9438	50
	1988	9842*	21	9488	51
	1989	9863	22	9539*	50
33.10	1990	3,2 9885	22	7,5 9589*	50
	1991	9907	22	9639	50
	1992	9929*	22	9689	51
	1993	9951*	22	9740*	50
	1994	9973*	21	9790*	50
33.15	1995	3,2 9994	22	7,5 9840*	50
	1996	3,3 0016	22	9890	50
	1997	0038*	22	9940	50
	1998	0060*	21	9990	50
	1999	0081	22	7,6 0040	50
33.20	2000	3,3 0103*	22	7,6 0090	50
	2001	0125*	21	0140	50
	2002	0146	22	0190	50
	2003	0168	22	0240	50
	2004	0190*	21	0290	50
33.25	2005	3,3 0211	22	7,6 0340*	50
	2006	0233	22	0390*	50
	2007	0255*	21	0440*	49
	2008	0276	22	0489	50
	2009	0298*	22	0539	50
33.30	2010	3,3 0320*	21	7,6 0589	50
	2011	0341	22	0639*	49
	2012	0363*	21	0688	50
	2013	0384	22	0738	50
	2014	0406*	22	0788*	49
33.35	2015	3,3 0428*	21	7,6 0837	50
	2016	0449	22	0887	50
	2017	0471*	21	0937*	49
	2018	0492	22	0986	50
	2019	0514*	21	1036*	49
33.40	2020	3,3 0535	22	7,6 1085	50
	2021	0557*	21	1135*	49
	2022	0578	22	1184	50
	2023	0600*	21	1234*	49
	2024	0621	22	1283	49
33.45	2025	3,3 0643*	21	7,6 1332	50
	2026	0664*	21	1382*	49
	2027	0685	22	1431	50
	2028	0707*	21	1481*	49
	2029	0728	22	1530*	49
33.50	2030	3,3 0750*	21	7,6 1579	49
	2031	0771*	21	1628	50
	2032	0792	22	1678*	49
	2033	0814*	21	1727*	49
	2034	0835	21	1776*	49
33.55	2035	3,3 0856	22	7,6 1825	49
	2036	0878*	21	1874	49
	2037	0899	21	1923	49
	2038	0920	22	1972	49
	2039	0942*	21	2021	50
33.60 ′ ″	2040	3,3 0963		7,6 2071*	
0°	N	Log N	D	log N	D

0°	N	Log N	D	log N	D
34.′ 0″	2040	3,3 0963	21	7,6 2071*	49
	2041	0984	22	2120*	48
	2042	1006*	21	2168	49
	2043	1027*	21	2217	49
	2044	1048	21	2266	49
34. 5	2045	3,3 1069	22	7,6 2315	49
	2046	1091*	21	2364	49
	2047	1112*	21	2413	49
	2048	1133*	21	2462*	49
	2049	1154	21	2511*	49
34.10	2050	3,3 1175	22	7,6 2560*	48
	2051	1197*	21	2608	49
	2052	1218*	21	2657	49
	2053	1239*	21	2706*	48
	2054	1260	21	2754	49
34.15	2055	3,3 1281	21	7,6 2803	49
	2056	1302	21	2852*	48
	2057	1323	22	2900	49
	2058	1345*	21	2949*	49
	2059	1366*	21	2998*	48
34.20	2060	3,3 1387*	21	7,6 3046	49
	2061	1408*	21	3095*	48
	2062	1429*	21	3143	49
	2063	1450*	21	3192*	48
	2064	1471*	21	3240	49
34.25	2065	3,3 1492	21	7,6 3289*	48
	2066	1513	21	3337*	48
	2067	1534	21	3385	49
	2068	1555	21	3434*	48
	2069	1576	21	3482	48
34.30	2070	3,3 1597	21	7,6 3530	49
	2071	1618	21	3579*	48
	2072	1639*	21	3627*	48
	2073	1660*	21	3675	48
	2074	1681*	21	3723	49
34.35	2075	3,3 1702*	21	7,6 3772*	48
	2076	1723*	21	3820*	48
	2077	1744*	21	3868*	48
	2078	1765*	20	3916	48
	2079	1785	21	3964	48
34.40	2080	3,3 1806	21	7,6 4012	48
	2081	1827	21	4060	48
	2082	1848	21	4108	48
	2083	1869*	21	4156	48
	2084	1890*	21	4204	48
34.45	2085	3,3 1911*	20	7,6 4252	48
	2086	1931	21	4300	48
	2087	1952	21	4348	48
	2088	1973	21	4396	48
	2089	1994*	21	4444	48
34.50	2090	3,3 2015*	20	7,6 4492*	48
	2091	2035	21	4540*	48
	2092	2056	21	4588*	47
	2093	2077*	21	4635	48
	2094	2098*	20	4683	48
34.55	2095	3,3 2118	21	7,6 4731*	48
	2096	2139	21	4779*	47
	2097	2160*	21	4826	48
	2098	2181*	20	4874*	48
	2099	2201	21	4922*	47
34.60 ′ ″	2100	3,3 2222*		7,6 4969	
0°	N	Log N	D	log N	D

0°	N	Log N	D	log N	D
35.′ 0″	2100	3,3 2222*	21	7,6 4969	48
	2101	2243*	20	5017*	47
	2102	2263	21	5064	48
	2103	2284*	21	5112	48
	2104	2305*	20	5160*	47
35. 5	2105	3,3 2325	21	7,6 5207	48
	2106	2346*	20	5255*	47
	2107	2366	21	5302	47
	2108	2387	21	5349	48
	2109	2408*	20	5397*	47
35.10	2110	3,3 2428	21	7,6 5444	48
	2111	2449*	20	5492*	47
	2112	2469	21	5539	47
	2113	2490*	20	5586	48
	2114	2510	21	5634*	47
35.15	2115	3,3 2531	21	7,6 5681	47
	2116	2552*	20	5728	48
	2117	2572	21	5776*	47
	2118	2593*	20	5823*	47
	2119	2613	21	5870*	47
35.20	2120	3,3 2634*	20	7,6 5917	47
	2121	2654	21	5964	47
	2122	2675*	20	6011	48
	2123	2695*	20	6059*	47
	2124	2715	21	6106*	47
35.25	2125	3,3 2736*	20	7,6 6153*	47
	2126	2756	21	6200*	47
	2127	2777*	20	6247*	47
	2128	2797	21	6294*	47
	2129	2818*	20	6341*	47
35.30	2130	3,3 2838*	20	7,6 6388*	47
	2131	2858	21	6435*	47
	2132	2879*	20	6482*	46
	2133	2899	20	6528	47
	2134	2919	21	6575	47
35.35	2135	3,3 2940*	20	7,6 6622	47
	2136	2960	20	6669	47
	2137	2980	21	6716*	47
	2138	3001*	20	6763*	46
	2139	3021	20	6809	47
35.40	2140	3,3 3041	21	7,6 6856	47
	2141	3062*	20	6903*	47
	2142	3082*	20	6950*	46
	2143	3102	20	6996	47
	2144	3122	21	7043*	46
35.45	2145	3,3 3143*	20	7,6 7089	47
	2146	3163*	20	7136	47
	2147	3183	20	7183*	46
	2148	3203	21	7229	47
	2149	3224*	20	7276*	46
55.50	2150	3,3 3244*	20	7,6 7322	47
	2151	3264	20	7369*	46
	2152	3284	20	7415	47
	2153	3304	21	7462*	46
	2154	3325*	20	7508	47
35.55	2155	3,3 3345*	20	7,6 7555*	46
	2156	3365*	20	7601*	46
	2157	3385	20	7647	47
	2158	3405	20	7694*	46
	2159	3425	20	7740	46
35.60 ′ ″	2160	3,3 3445		7,6 7786	
0°	N	Log N	D	log N	D

0°	N	Lov N	D	loh N	D
36′ 0″	2160	3,3 3445	20	7,6 7786	47
	2161	3465	21	7833*	46
	2162	3486*	20	7879*	46
	2163	3506*	20	7925	46
	2164	3526*	20	7971	47
36. 5	2165	3,3 3546*	20	7,6 8018*	46
	2166	3566*	20	8064*	46
	2167	3586*	20	8110*	46
	2168	3606*	20	8156	46
	2169	3626*	20	8202	46
36.10	2170	3,3 3646*	20	7,6 8248	46
	2171	3666*	20	8294	46
	2172	3686*	20	8340	46
	2173	3706*	20	8386	46
	2174	3726*	20	8432	46
36.15	2175	3,3 3746*	20	7,6 8478	46
	2176	3766*	20	8524	46
	2177	3786*	20	8570	46
	2178	3806*	20	8616	46
	2179	3826*	20	8662	46
36.20	2180	3,3 3846*	20	7,6 8708	46
	2181	3866*	19	8754*	46
	2182	3885	20	8800*	46
	2183	3905	20	8846*	45
	2184	3925	20	8891	46
36.25	2185	3,3 3945	20	7,6 8937	46
	2186	3965	20	8983*	46
	2187	3985*	20	9029*	45
	2188	4005*	20	9074	46
	2189	4025*	19	9120	46
36.30	2190	3,3 4044	20	7,6 9166*	45
	2191	4064	20	9211	46
	2192	4084	20	9257*	46
	2193	4104*	20	9303*	45
	2194	4124*	19	9348	46
36.35	2195	3,3 4143	20	7,6 9394*	45
	2196	4163	20	9439	46
	2197	4183	20	9485*	45
	2198	4203*	20	9530	46
	2199	4223*	19	9576*	45
36.40	2200	3,3 4242	20	7,6 9621	46
	2201	4262	20	9667*	45
	2202	4282*	19	9712	46
	2203	4301	20	9758*	45
	2204	4321	20	9803*	45
36.45	2205	3,3 4341*	20	7,6 9848	46
	2206	4361*	19	9894*	45
	2207	4380	20	9939*	45
	2208	4400*	20	9984	46
	2209	4420*	19	7,7 0030*	45
36.50	2210	3,3 4439	20	7,7 0075*	45
	2211	4459*	20	0120	45
	2212	4479*	19	0165	45
	2213	4498	20	0210	46
	2214	4518*	19	0256*	45
36.55	2215	3,3 4537	20	7,7 0301*	45
	2216	4557*	20	0346*	45
	2217	4577*	19	0391	45
	2218	4596	20	0436	45
	2219	4616*	19	0481	45
36.60	2220	3,3 4635		7,7 0526	
0°	N	Lov N	D	loh N	D

0°	N	Lov N	D	loh N	D
37′ 0″	2220	3,3 4635	20	7,7 0526	45
	2221	4655*	19	0571	45
	2222	4674	20	0616	45
	2223	4694*	19	0661	45
	2224	4713	20	0706	45
37. 5	2225	3,3 4733	20	7,7 0751	45
	2226	4753*	19	0796	45
	2227	4772	20	0841	45
	2228	4792*	19	0886*	45
	2229	4811	19	0931*	45
37.10	2230	3,3 4830	20	7,7 0976*	45
	2231	4850*	19	1021*	44
	2232	4869	20	1065	45
	2233	4889*	19	1110	45
	2234	4908	20	1155*	45
37.15	2235	3,3 4928*	19	7,7 1200*	44
	2236	4947	20	1244	45
	2237	4967*	19	1289	45
	2238	4986	19	1334*	44
	2239	5005	20	1378	45
37.20	2240	3,3 5025*	19	7,7 1423	45
	2241	5044	20	1468*	44
	2242	5064*	19	1512	45
	2243	5083*	19	1557*	45
	2244	5102	20	1602*	44
37.25	2245	3,3 5122*	19	7,7 1646	45
	2246	5141*	19	1691*	44
	2247	5160	20	1735	45
	2248	5180*	19	1780*	44
	2249	5199*	19	1824	45
37.30	2250	3,3 5218	20	7,7 1869*	44
	2251	5238*	19	1913*	44
	2252	5257*	19	1957	45
	2253	5276	19	2002*	44
	2254	5295	20	2046	45
37.35	2255	3,3 5315*	19	7,7 2091*	44
	2256	5334*	19	2135*	44
	2257	5353	19	2179	44
	2258	5372	20	2223	45
	2259	5392*	19	2268*	44
37.40	2260	3,3 5411*	19	7,7 2312	44
	2261	5430	19	2356	44
	2262	5449	19	2400	45
	2263	5468	20	2445*	44
	2264	5488*	19	2489*	44
37.45	2265	3,3 5507*	19	7,7 2533	44
	2266	5526*	19	2577	44
	2267	5545	19	2621	44
	2268	5564	19	2665	44
	2269	5583	20	2709	45
37.50	2270	3,3 5603*	19	7,7 2754*	44
	2271	5622*	19	2798*	44
	2272	5641*	19	2842*	44
	2273	5660*	19	2886*	44
	2274	5679	19	2930*	44
37.55	2275	3,3 5698	19	7,7 2974*	43
	2276	5717	19	3017	44
	2277	5736	19	3061	44
	2278	5755	19	3105	44
	2279	5774	19	3149	44
37.60	2280	3,3 5793		7,7 3193	
0°	N	Lov N	D	loh N	D

0°	N	Lov N	D	loh N	D
38′ 0″	2280	3,3 5793	20	7,7 3193	44
	2281	5813*	19	3237*	44
	2282	5832*	19	3281*	44
	2283	5851*	19	3325*	43
	2284	5870*	19	3368	44
38. 5	2285	3,3 5889*	19	7,7 3412	44
	2286	5908*	19	3456*	44
	2287	5927*	19	3500*	43
	2288	5946*	19	3543	44
	2289	5965*	19	3587	44
38.10	2290	3,3 5984*	19	7,7 3631*	43
	2291	6003*	18	3674	44
	2292	6021	19	3718	44
	2293	6040	19	3762*	43
	2294	6059	19	3805	44
38.15	2295	3,3 6078	19	7,7 3849*	43
	2296	6097	19	3892	44
	2297	6116	19	3936*	43
	2298	6135	19	3979	44
	2299	6154*	19	4023*	43
38.20	2300	3,3 6173*	19	7,7 4066	44
	2301	6192*	19	4110*	43
	2302	6211*	18	4153	44
	2303	6229	19	4197*	43
	2304	6248	19	4240	44
38.25	2305	3,3 6267	18	7,7 4284*	43
	2306	6286*	19	4327*	43
	2307	6305*	19	4370	44
	2308	6324*	18	4414*	43
	2309	6342	19	4457*	43
38.30	2310	3,3 6361	19	7,7 4500	44
	2311	6380*	19	4544*	43
	2312	6399*	19	4587*	43
	2313	6418*	18	4630	43
	2314	6436	19	4673	43
38.35	2315	3,3 6455	19	7,7 4716	44
	2316	6474*	19	4760*	43
	2317	6493*	18	4803*	43
	2318	6511	19	4846	43
	2319	6530	19	4889	43
38.40	2320	3,3 6549*	19	7,7 4932	43
	2321	6568*	18	4975	43
	2322	6586	19	5018	43
	2323	6605*	19	5061	44
	2324	6624*	18	5105*	43
38.45	2325	3,3 6642	19	7,7 5148*	43
	2326	6661*	19	5191*	43
	2327	6680*	18	5234*	42
	2328	6698	19	5276	43
	2329	6717*	19	5319	43
38.50	2330	3,3 6736*	18	7,7 5362	43
	2331	6754	19	5405	43
	2332	6773*	18	5448	43
	2333	6791	19	5491	43
	2334	6810	19	5534*	43
38.55	2335	3,3 6829*	18	7,7 5577*	43
	2336	6847	19	5620*	42
	2337	6866*	18	5662	43
	2338	6884	19	5705	43
	2339	6903	19	5748*	43
38.60	2340	3,3 6922*		7,7 5791*	
0°	N	Lov N	D	loh N	D

0°	N	Lov N	D	loh N	D
39′ 0″	2340	3,3 6922*	18	7,7 5791*	43
	2341	6940	19	5833	43
	2342	6959*	18	5876	43
	2343	6977	19	5919*	42
	2344	6996*	18	5961	43
39. 5	2345	3,3 7014	19	7,7 6004	43
	2346	7033*	18	6047*	42
	2347	7051	19	6089	43
	2348	7070*	18	6132*	42
	2349	7088	19	6174	43
39.10	2350	3,3 7107*	18	7,7 6217	43
	2351	7125	19	6260*	42
	2352	7144*	18	6302	43
	2353	7162	19	6345*	42
	2354	7181*	18	6387	43
39.15	2355	3,3 7199	19	7,7 6430*	42
	2356	7218*	18	6472	42
	2357	7236*	18	6514	43
	2358	7254	19	6557*	42
	2359	7273*	18	6599	43
39.20	2360	3,3 7291	19	7,7 6642*	42
	2361	7310*	18	6684	42
	2362	7328*	18	6726	43
	2363	7346	19	6769*	42
	2364	7365*	18	6811	42
39.25	2365	3,3 7383	18	7,7 6853	43
	2366	7401	19	6896*	42
	2367	7420*	18	6938*	42
	2368	7438	19	6980	42
	2369	7457*	18	7022	43
39.30	2370	3,3 7475*	18	7,7 7065*	42
	2371	7493	18	7107*	42
	2372	7511	19	7149*	42
	2373	7530*	18	7191	42
	2374	7548	18	7233	42
39.35	2375	3,3 7566	19	7,7 7275	42
	2376	7585*	18	7317	42
	2377	7603*	18	7359	43
	2378	7621	18	7402*	42
	2379	7639	19	7444*	42
39.40	2380	3,3 7658*	18	7,7 7486*	42
	2381	7676*	18	7528*	42
	2382	7694	18	7570*	42
	2383	7712	19	7612*	42
	2384	7731*	18	7654*	41
39.45	2385	3,3 7749*	18	7,7 7695	42
	2386	7767	18	7737	42
	2387	7785	18	7779	42
	2388	7803	19	7821	42
	2389	7822*	18	7863	42
39.50	2390	3,3 7840*	18	7,7 7905*	42
	2391	7858*	18	7947*	42
	2392	7876	18	7989*	41
	2393	7894	18	8030	42
	2394	7912	19	8072	42
39.55	2395	3,3 7931*	18	7,7 8114*	42
	2396	7949*	18	8156*	41
	2397	7967*	18	8197	42
	2398	7985*	18	8239	42
	2399	8003	18	8281*	41
39.60 ′ ″	2400	3,3 8021		7,7 8322	
0°	N	Lov N	D	loh N	D

0°	N	Lov N	D	loh N	D
40′ 0″	2400	3,3 8021	18	7,7 8322	42
	2401	8039	18	8364	42
	2402	8057	18	8406*	41
	2403	8075	18	8447	42
	2404	8093	19	8489*	42
40. 5	2405	3,3 8112*	18	7,7 8531*	41
	2406	8130*	18	8572	42
	2407	8148*	18	8614*	41
	2408	8166*	18	8655	42
	2409	8184*	18	8697*	41
40.10	2410	3,3 8202*	18	7,7 8738	42
	2411	8220*	18	8780*	41
	2412	8238*	18	8821	42
	2413	8256*	18	8863*	41
	2414	8274*	18	8904	41
40.15	2415	3,3 8292*	18	7,7 8945	42
	2416	8310*	18	8987*	41
	2417	8328*	18	9028	42
	2418	8346*	18	9070*	41
	2419	8364*	18	9111*	41
40.20	2420	3,3 8382*	17	7,7 9152	42
	2421	8399	18	9194*	41
	2422	8417	18	9235*	41
	2423	8435	18	9276	41
	2424	8453	18	9317	42
40.25	2425	3,3 8471	18	7,7 9359*	41
	2426	8489	18	9400*	41
	2427	8507*	18	9441	41
	2428	8525*	18	9482	41
	2429	8543*	18	9523	42
40.30	2430	3,3 8561*	17	7,7 9565*	41
	2431	8578	18	9606*	41
	2432	8596	18	9647*	41
	2433	8614	18	9688	41
	2434	8632	18	9729	41
40.35	2435	3,3 8650*	18	7,7 9770	41
	2436	8668*	18	9811	41
	2437	8686*	17	9852	41
	2438	8703	18	9893	41
	2439	8721	18	9934	41
40.40	2440	3,3 8739*	18	7,7 9975	41
	2441	8757*	18	7,8 0016	41
	2442	8775*	17	0057	41
	2443	8792	18	0098	41
	2444	8810	18	0139	41
40.45	2445	3,3 8828*	18	7,8 0180	41
	2446	8846*	17	0221*	41
	2447	8863	18	0262*	41
	2448	8881	18	0303*	41
	2449	8899*	18	0344*	40
40.50	2450	3,3 8917*	17	7,8 0384	41
	2451	8934	18	0425	41
	2452	8952	18	0466*	41
	2453	8970*	17	0507*	40
	2454	8987	18	0547	41
40.55	2455	3,3 9005	18	7,8 0588	41
	2456	9023*	18	0629*	41
	2457	9041*	17	0670*	40
	2458	9058	18	0710	41
	2459	9076*	18	0751	41
40.60 ′ ″	2460	3,3 9094*		7,8 0792*	
0°	N	Lov N	D	loh N	D

0°	N	Lov N	D	loh N	D
41′ 0″	2460	3,3 9094*	17	7,8 0792*	40
	2461	9111	18	0832	41
	2462	9129*	17	0873*	41
	2463	9146	18	0914*	40
	2464	9164	18	0954	41
41. 5	2465	3,3 9182*	17	7,8 0995*	40
	2466	9199	18	1035	41
	2467	9217*	18	1076*	40
	2468	9235*	17	1116	41
	2469	9252	18	1157*	40
41.10	2470	3,3 9270*	17	7,8 1197	41
	2471	9287	18	1238*	40
	2472	9305*	17	1278	41
	2473	9322	18	1319*	40
	2474	9340*	18	1359	41
41.15	2475	3,3 9358*	17	7,8 1400*	40
	2476	9375	18	1440*	40
	2477	9393*	17	1480	41
	2478	9410	18	1521*	40
	2479	9428*	17	1561	40
41.20	2480	3,3 9445	18	7,8 1601	41
	2481	9463*	17	1642*	40
	2482	9480	18	1682*	40
	2483	9498*	17	1722	41
	2484	9515	18	1763*	40
41.25	2485	3,3 9533*	17	7,8 1803*	40
	2486	9550	18	1843	40
	2487	9568*	17	1883	40
	2488	9585	17	1923	41
	2489	9602	18	1964*	40
41.30	2490	3,3 9620*	17	7,8 2004*	40
	2491	9637	18	2044*	40
	2492	9655*	17	2084	40
	2493	9672	18	2124	40
	2494	9690*	17	2164	40
41.35	2495	3,3 9707	17	7,8 2204	40
	2496	9724	18	2244	41
	2497	9742*	17	2285*	40
	2498	9759	18	2325*	40
	2499	9777*	17	2365*	40
41.40	2500	3,3 9794	17	7,8 2405*	40
	2501	9811	18	2445*	40
	2502	9829*	17	2485*	40
	2503	9846	17	2525*	39
	2504	9863	18	2564	40
41.45	2505	3,3 9881*	17	7,8 2604	40
	2506	9898	17	2644	40
	2507	9915	18	2684	40
	2508	9933*	17	2724	40
	2509	9950	17	2764*	40
41.50	2510	3,3 9967	18	7,8 2804*	40
	2511	9985*	17	2844*	39
	2512	3,4 0002*	17	2883	40
	2513	0019	18	2923	40
	2514	0037*	17	2963	40
41.55	2515	3,4 0054*	17	7,8 3003*	40
	2516	0071	17	3043*	39
	2517	0088	18	3082	40
	2518	0106*	17	3122	40
	2519	0123*	17	3162*	39
41.60 ′ ″	2520	3,4 0140		7,8 3201	
0°	N	Lov N	D	loh N	D

0°	N	Log N	D	log N	D
42.′ 0″	2520	3,4 0140	17	7,8 3201	40
	2521	0157	18	3241	40
	2522	0175*	17	3281*	39
	2523	0192*	17	3320	40
	2524	0209*	17	3360	40
42. 5	2525	3,4 0226	17	7,8 3400*	39
	2526	0243	18	3439	40
	2527	0261*	17	3479*	39
	2528	0278*	17	3518	40
	2529	0295*	17	3558*	39
42.10	2530	3,4 0312	17	7,8 3597	40
	2531	0329	17	3637*	39
	2532	0346	18	3676	40
	2533	0364*	17	3716*	39
	2534	0381*	17	3755	40
42.15	2535	3,4 0398*	17	7,8 3795*	39
	2536	0415*	17	3834	40
	2537	0432	17	3874*	39
	2538	0449	17	3913	40
	2539	0466	17	3953*	39
42.20	2540	3,4 0483	17	7,8 3992*	39
	2541	0500	18	4031	40
	2542	0518*	17	4071*	39
	2543	0535*	17	4110*	39
	2544	0552*	17	4149	40
42.25	2545	3,4 0569*	17	7,8 4189*	39
	2546	0586*	17	4228*	39
	2547	0603*	17	4267	39
	2548	0620*	17	4306	40
	2549	0637*	17	4346*	39
42.30	2550	3,4 0654	17	7,8 4385*	39
	2551	0671	17	4424	39
	2552	0688	17	4463	39
	2553	0705	17	4502	40
	2554	0722	17	4542*	39
42.35	2555	3,4 0739	17	7,8 4581*	39
	2556	0756	17	4620*	39
	2557	0773	17	4659*	39
	2558	0790	17	4698	39
	2559	0807	17	4737	39
42.40	2560	3,4 0824*	17	7,8 4776	39
	2561	0841*	17	4815	39
	2562	0858*	17	4854	39
	2563	0875*	17	4893	39
	2564	0892*	17	4932	39
42.45	2565	3,4 0909*	17	7,8 4971	39
	2566	0926*	17	5010	39
	2567	0943*	17	5049	39
	2568	0960*	16	5088	39
	2569	0976	17	5127	39
42.50	2570	3,4 0993	17	7,8 5166	39
	2571	1010	17	5205	39
	2572	1027	17	5244*	39
	2573	1044*	17	5283*	39
	2574	1061*	17	5322*	38
42.55	2575	3,4 1078*	17	7,8 5360	39
	2576	1095*	16	5399	39
	2577	1111	17	5438	39
	2578	1128	17	5477*	39
	2579	1145	17	5516*	38
42.60 ′ ″	2580	3,4 1162*		7,8 5554	
0°	N	Log N	D	log N	D

0°	N	Log N	D	log N	D
43.′ 0″	2580	3,4 1162*	17	7,8 5554	39
	2581	1179*	17	5593	39
	2582	1196*	16	5632*	39
	2583	1212	17	5671*	38
	2584	1229	17	5709	39
43. 5	2585	3,4 1246	17	7,8 5748	39
	2586	1263*	17	5787*	38
	2587	1280*	16	5825	39
	2588	1296	17	5864	39
	2589	1313	17	5903*	38
43.10	2590	3,4 1330*	17	7,8 5941	39
	2591	1347*	16	5980*	39
	2592	1363	17	6019*	38
	2593	1380	17	6057	39
	2594	1397*	17	6096*	38
43.15	2595	3,4 1414*	16	7,8 6134	39
	2596	1430	17	6173*	38
	2597	1447	17	6211	39
	2598	1464*	17	6250*	38
	2599	1481*	16	6288	39
43.20	2600	3,4 1497	17	7,8 6327*	38
	2601	1514	17	6365	39
	2602	1531*	16	6404*	38
	2603	1547	17	6442*	38
	2604	1564	17	6480	39
43.25	2605	3,4 1581*	16	7,8 6519*	38
	2606	1597	17	6557	39
	2607	1614	17	6596*	38
	2608	1631*	16	6634*	38
	2609	1647	17	6672	39
43.30	2610	3,4 1664	17	7,8 6711*	38
	2611	1681*	16	6749*	38
	2612	1697	17	6787	38
	2613	1714*	17	6825	39
	2614	1731*	16	6864*	38
43.35	2615	3,4 1747	17	7,8 6902*	38
	2616	1764*	16	6940	38
	2617	1780	17	6978	39
	2618	1797*	17	7017*	38
	2619	1814*	16	7055*	38
43.40	2620	3,4 1830	17	7,8 7093*	38
	2621	1847*	16	7131	38
	2622	1863	17	7169	38
	2623	1880*	16	7207	39
	2624	1896	17	7246*	38
43.45	2625	3,4 1913*	16	7,8 7284*	38
	2626	1929	17	7322*	38
	2627	1946	17	7360*	38
	2628	1963*	16	7398*	38
	2629	1979	17	7436*	38
43.50	2630	3,4 1996*	16	7,8 7474*	38
	2631	2012	17	7512*	38
	2632	2029*	16	7550*	38
	2633	2045	17	7588*	38
	2634	2062*	16	7626*	38
43.55	2635	3,4 2078	17	7,8 7664*	38
	2636	2095	16	7702*	38
	2637	2111	16	7740*	38
	2638	2127	17	7778*	38
	2639	2144*	16	7816*	37
43.60 ′ ″	2640	3,4 2160		7,8 7853	
0°	N	Log N	D	log N	D

0°	N	Log N	D	log N	D
44.′ 0″	2640	3,4 2160	17	7,8 7853	38
	2641	2177*	16	7891	38
	2642	2193	17	7929	38
	2643	2210*	16	7967*	38
	2644	2226	17	8005*	38
44. 5	2645	3,4 2243*	16	7,8 8043*	37
	2646	2259*	16	8080	38
	2647	2275	17	8118	38
	2648	2292*	16	8156*	38
	2649	2308	17	8194*	37
44.10	2650	3,4 2325*	16	7,8 8231	38
	2651	2341*	16	8269	38
	2652	2357	17	8307*	38
	2653	2374*	16	8345*	37
	2654	2390	16	8382	38
44.15	2655	3,4 2406	17	7,8 8420*	38
	2656	2423*	16	8458*	37
	2657	2439	16	8495	38
	2658	2455	17	8533*	38
	2659	2472*	16	8571*	37
44.20	2660	3,4 2488	16	7,8 8608	38
	2661	2504	17	8646*	37
	2662	2521*	16	8683	38
	2663	2537	16	8721*	37
	2664	2553	17	8758	38
44.25	2665	3,4 2570*	16	7,8 8796*	37
	2666	2586	16	8833	38
	2667	2602	17	8871*	37
	2668	2619*	16	8908	38
	2669	2635*	16	8946*	37
44.30	2670	3,4 2651	16	7,8 8983	38
	2671	2667	17	9021*	37
	2672	2684*	16	9058	38
	2673	2700*	16	9096*	37
	2674	2716	16	9133	37
44.35	2675	3,4 2732	17	7,8 9170	38
	2676	2749*	16	9208*	37
	2677	2765*	16	9245	38
	2678	2781	16	9283*	37
	2679	2797	16	9320*	37
44.40	2680	3,4 2813	17	7,8 9357	38
	2681	2830*	16	9395*	37
	2682	2846*	16	9432*	37
	2683	2862	16	9469	37
	2684	2878	16	9506	38
44.45	2685	3,4 2894	17	7,8 9544*	37
	2686	2911*	16	9581*	37
	2687	2927*	16	9618	37
	2688	2943*	16	9655	37
	2689	2959	16	9692	38
44.50	2690	3,4 2975	16	7,8 9730*	37
	2691	2991	17	9767*	37
	2692	3008*	16	9804*	37
	2693	3024*	16	9841	37
	2694	3040*	16	9878	37
44.55	2695	3,4 3056*	16	7,8 9915	37
	2696	3072*	16	9952	38
	2697	3088	16	9990*	37
	2698	3104	16	7,9 0027*	37
	2699	3120	16	0064*	37
44.60 ′ ″	2700	3,4 3136		7,9 0101*	
0°	N	Log N	D	log N	D

0°	N	Lov N	D	loh N	D
45′ 0″	2700	3,4 3136	16	7,9 0101*	37
	2701	3152	17	0138*	37
	2702	3169*	16	0175*	37
	2703	3185*	16	0212*	37
	2704	3201*	16	0249*	37
45. 5	2705	3,4 3217*	16	7,9 0286*	37
	2706	3233*	16	0323*	37
	2707	3249*	16	0360*	37
	2708	3265*	16	0397*	36
	2709	3281*	16	0433	37
45.10	2710	3,4 3297*	16	7,9 0470	37
	2711	3313*	16	0507	37
	2712	3329*	16	0544	37
	2713	3345*	16	0581	37
	2714	3361*	16	0618*	37
45.15	2715	3,4 3377*	16	7,9 0655*	37
	2716	3393*	16	0692*	36
	2717	3409*	16	0728	37
	2718	3425*	16	0765	37
	2719	3441*	16	0802*	37
45.20	2720	3,4 3457*	16	7,9 0839*	36
	2721	3473*	16	0875	37
	2722	3489*	16	0912	37
	2723	3505*	16	0949*	37
	2724	3521*	16	0986*	36
45.25	2725	3,4 3537*	16	7,9 1022	37
	2726	3553*	16	1059	37
	2727	3569*	15	1096*	36
	2728	3584	16	1132	37
	2729	3600	16	1169	37
45.30	2730	3,4 3616	16	7,9 1206*	36
	2731	3632	16	1242	37
	2732	3648	16	1279*	37
	2733	3664*	16	1316*	36
	2734	3680*	16	1352	37
45.35	2735	3,4 3696*	16	7,9 1389*	36
	2736	3712*	15	1425	37
	2737	3727	16	1462*	36
	2738	3743	16	1498	37
	2739	3759	16	1535	36
45.40	2740	3,4 3775	16	7,9 1571	37
	2741	3791*	16	1608*	36
	2742	3807*	16	1644	37
	2743	3823*	15	1681*	36
	2744	3838	16	1717	37
45.45	2745	3,4 3854	16	7,9 1754*	36
	2746	3870	16	1790	36
	2747	3886*	16	1826	37
	2748	3902*	15	1863*	36
	2749	3917	16	1899	37
45.50	2750	3,4 3933	16	7,9 1936*	36
	2751	3949	16	1972*	36
	2752	3965*	16	2008	37
	2753	3981*	15	2045*	36
	2754	3996	16	2081*	36
45.55	2755	3,4 4012	16	7,9 2117	37
	2756	4028*	16	2154*	36
	2757	4044*	15	2190*	36
	2758	4059	16	2226	36
	2759	4075	16	2262	37
45.60 ′ ″	2760	3,4 4091*		7,9 2299*	
0°	N	Lov N	D	loh N	D

0°	N	Lov N	D	loh N	D
46′ 0″	2760	3,4 4091*	16	7,9 2299*	36
	2761	4107*	15	2335*	36
	2762	4122	16	2371	36
	2763	4138	16	2407	36
	2764	4154*	16	2443	37
46. 5	2765	3,4 4170*	15	7,9 2480*	36
	2766	4185	16	2516*	36
	2767	4201*	16	2552*	36
	2768	4217*	15	2588	36
	2769	4232	16	2624	36
46.10	2770	3,4 4248*	16	7,9 2660	36
	2771	4264*	15	2696	36
	2772	4279	16	2732	37
	2773	4295*	16	2769*	36
	2774	4311*	15	2805*	36
46.15	2775	3,4 4326	16	7,9 2841*	36
	2776	4342*	16	2877*	36
	2777	4358*	15	2913*	36
	2778	4373	16	2949*	36
	2779	4389*	15	2985*	36
46.20	2780	3,4 4404	16	7,9 3021*	36
	2781	4420	16	3057*	36
	2782	4436*	15	3093*	35
	2783	4451	16	3128	36
	2784	4467*	16	3164	36
46.25	2785	3,4 4483*	15	7,9 3200	36
	2786	4498	16	3236	36
	2787	4514*	15	3272	35
	2788	4529	16	3308*	36
	2789	4545*	15	3344*	36
46.30	2790	3,4 4560	16	7,9 3380*	36
	2791	4576*	16	3416*	35
	2792	4592*	15	3451	36
	2793	4607	16	3487	36
	2794	4623*	15	3523*	36
46.35	2795	3,4 4638	16	7,9 3559*	36
	2796	4654*	15	3595*	35
	2797	4669	16	3630	36
	2798	4685*	15	3666	36
	2799	4700	16	3702*	35
46.40	2800	3,4 4716*	15	7,9 3737	36
	2801	4731	16	3773	36
	2802	4747*	15	3809*	36
	2803	4762	16	3845*	35
	2804	4778*	15	3880	36
46.45	2805	3,4 4793	16	7,9 3916*	36
	2806	4809*	15	3952*	35
	2807	4824	16	3987	36
	2808	4840*	15	4023*	35
	2809	4855	16	4058	36
46.50	2810	3,4 4871*	15	7,9 4094*	36
	2811	4886	16	4130*	35
	2812	4902*	15	4165	36
	2813	4917*	15	4201*	35
	2814	4932	16	4236	36
46.55	2815	3,4 4948*	15	7,9 4272*	35
	2816	4963	16	4307	36
	2817	4979*	15	4343*	35
	2818	4994	16	4378	36
	2819	5010*	15	4414*	35
46.60 ′ ″	2820	3,4 5025*		7,9 4449	
0°	N	Lov N	D	loh N	D

0°	N	Lov N	D	loh N	D
47′ 0″	2820	3,4 5025*	15	7,9 4449	36
	2821	5040	16	4485*	35
	2822	5056*	15	4520	36
	2823	5071	15	4556*	35
	2824	5086	16	4591*	35
47. 5	2825	3,4 5102*	15	7,9 4626	36
	2826	5117	16	4662*	35
	2827	5133*	15	4697	36
	2828	5148*	15	4733*	35
	2829	5163	16	4768*	35
47.10	2830	3,4 5179*	15	7,9 4803	36
	2831	5194*	15	4839*	35
	2832	5209	16	4874*	35
	2833	5225*	15	4909	35
	2834	5240*	15	4944	36
47.15	2835	3,4 5255	16	7,9 4980*	35
	2836	5271*	15	5015*	35
	2837	5286*	15	5050	35
	2838	5301	16	5085	36
	2839	5317*	15	5121*	35
47.20	2840	3,4 5332*	15	7,9 5156*	35
	2841	5347	15	5191	35
	2842	5362	16	5226	36
	2843	5378*	15	5262*	35
	2844	5393*	15	5297*	35
47.25	2845	3,4 5408	15	7,9 5332*	35
	2846	5423	16	5367*	35
	2847	5439*	15	5402	35
	2848	5454*	15	5437	35
	2849	5469	15	5472	35
47.30	2850	3,4 5484	16	7,9 5507	36
	2851	5500*	15	5543*	35
	2852	5515*	15	5578*	35
	2853	5530	15	5613*	35
	2854	5545	16	5648*	35
47.35	2855	3,4 5561*	15	7,9 5683*	35
	2856	5576*	15	5718*	35
	2857	5591	15	5753*	35
	2858	5606	15	5788*	35
	2859	5621	16	5823*	35
47.40	2860	3,4 5637*	15	7,9 5858*	35
	2861	5652*	15	5893*	35
	2862	5667*	15	5928*	35
	2863	5682	15	5963*	34
	2864	5697	15	5997	35
47.45	2865	3,4 5712	16	7,9 6032	35
	2866	5728*	15	6067	35
	2867	5743*	15	6102	35
	2868	5758*	15	6137	35
	2869	5773	15	6172*	35
47.50	2870	3,4 5788	15	7,9 6207*	35
	2871	5803	15	6242*	34
	2872	5818	16	6276	35
	2873	5834*	15	6311	35
	2874	5849*	15	6346	35
47.55	2875	3,4 5864*	15	7,9 6381*	35
	2876	5879*	15	6416*	34
	2877	5894*	15	6450	35
	2878	5909	15	6485	35
	2879	5924	15	6520*	35
47.60 ′ ″	2880	3,4 5939		7,9 6555*	
0°	N	Lov N	D	loh N	D

0°	N	Lov N	D	loh N	D
48′ 0″	2880	3,4 5939	15	7,9 6555*	34
	2881	5954	15	6589	35
	2882	5969	15	6624*	35
	2883	5984	16	6659*	34
	2884	6000*	15	6693	35
48. 5	2885	3,4 6015*	15	7,9 6728	35
	2886	6030*	15	6763*	34
	2887	6045*	15	6797	35
	2888	6060*	15	6832*	35
	2889	6075*	15	6867*	34
48.10	2890	3,4 6090*	15	7,9 6901	35
	2891	6105*	15	6936*	34
	2892	6120*	15	6970	35
	2893	6135*	15	7005*	34
	2894	6150*	15	7039	35
48.15	2895	3,4 6165*	15	7,9 7074	35
	2896	6180*	15	7109*	34
	2897	6195*	15	7143	35
	2898	6210*	15	7178*	34
	2899	6225*	15	7212	35
48.20	2900	3,4 6240*	15	7,9 7247*	34
	2901	6255*	15	7281	35
	2902	6270*	15	7316*	34
	2903	6285*	15	7350*	34
	2904	6300*	15	7384	35
48.25	2905	3,4 6315*	15	7,9 7419*	34
	2906	6330*	15	7453	35
	2907	6345*	14	7488*	34
	2908	6359	15	7522	34
	2909	6374	15	7556	35
48.30	2910	3,4 6389	15	7,9 7591*	34
	2911	6404	15	7625	35
	2912	6419	15	7660*	34
	2913	6434	15	7694*	34
	2914	6449*	15	7728	35
48.35	2915	3,4 6464*	15	7,9 7763*	34
	2916	6479*	15	7797*	34
	2917	6494*	15	7831	34
	2918	6509*	14	7865	35
	2919	6523	15	7900*	34
48.40	2920	3,4 6538	15	7,9 7934*	34
	2921	6553	15	7968	34
	2922	6568	15	8002	35
	2923	6583*	15	8037*	34
	2924	6598*	15	8071*	34
48.45	2925	3,4 6613*	14	7,9 8105*	34
	2926	6627	15	8139	34
	2927	6642	15	8173	34
	2928	6657	15	8207	35
	2929	6672*	15	8242*	34
48.50	2930	3,4 6687*	15	7,9 8276*	34
	2931	6702*	14	8310*	34
	2932	6716	15	8344	34
	2933	6731	15	8378	34
	2934	6746	15	8412	34
48.55	2935	3,4 6761*	15	7,9 8446	34
	2936	6776*	14	8480	34
	2937	6790	15	8514	34
	2938	6805	15	8548	34
	2939	6820*	15	8582	34
48.60	2940	3,4 6835*		7,9 8616	
0°	N	Lov N	D	loh N	D

0°	N	Lov N	D	loh N	D
49′ 0″	2940	3,4 6835*	15	7,9 8616	34
	2941	6850*	14	8650	34
	2942	6864	15	8684	34
	2943	6879	15	8718	34
	2944	6894*	15	8752	34
49. 5	2945	3,4 6909*	14	7,9 8786	34
	2946	6923	15	8820	34
	2947	6938	15	8854	34
	2948	6953*	14	8888	34
	2949	6967	15	8922	34
49.10	2950	3,4 6982	15	7,9 8956	34
	2951	6997*	15	8990*	34
	2952	7012*	14	9024*	34
	2953	7026	15	9058*	34
	2954	7041	15	9092*	33
49.15	2955	3,4 7056*	14	7,9 9125	34
	2956	7070	15	9159	34
	2957	7085	15	9193	34
	2958	7100*	14	9227*	34
	2959	7114	15	9261*	33
49.20	2960	3,4 7129	15	7,9 9294	34
	2961	7144*	15	9328	34
	2962	7159*	14	9362*	34
	2963	7173	15	9396*	33
	2964	7188*	14	9429	34
49.25	2965	3,4 7202	15	7,9 9463	34
	2966	7217	15	9497*	34
	2967	7232*	14	9531*	33
	2968	7246	15	9564	34
	2969	7261	15	9598	34
49.30	2970	3,4 7276*	14	7,9 9632*	33
	2971	7290	15	9665	34
	2972	7305*	14	9699	34
	2973	7319	15	9733*	33
	2974	7334	15	9766	34
49.35	2975	3,4 7349*	14	7,9 9800*	34
	2976	7363	15	9834*	33
	2977	7378*	14	9867	34
	2978	7392	15	9901*	33
	2979	7407	15	9934	34
49.40	2980	3,4 7422*	14	7,9 9968*	33
	2981	7436	15	8,0 0001	34
	2982	7451*	14	0035*	33
	2983	7465	15	0068	34
	2984	7480*	14	0102*	34
49.45	2985	3,4 7494	15	8,0 0136*	33
	2986	7509*	15	0169*	33
	2987	7524*	14	0202	34
	2988	7538	15	0236*	33
	2989	7553*	14	0269	34
49.50	2990	3,4 7567	15	8,0 0303*	33
	2991	7582*	14	0336	34
	2992	7596	15	0370*	33
	2993	7611*	14	0403	34
	2994	7625	15	0437*	33
49.55	2995	3,4 7640*	14	8,0 0470*	33
	2996	7654	15	0503	34
	2997	7669*	14	0537*	33
	2998	7683	15	0570	33
	2999	7698*	14	0603	34
49.60	3000	3,4 7712		8,0 0637*	
0°	N	Lov N	D	loh N	D

0°	N	Lov N	D	loh N	D
50′ 0″	3000	3,4 7712	15	8,0 0637*	33
	3001	7727*	14	0670	33
	3002	7741	15	0703	34
	3003	7756*	14	0737*	33
	3004	7770*	14	0770	33
50. 5	3005	3,4 7784	15	8,0 0803	34
	3006	7799*	14	0837*	33
	3007	7813	15	0870*	33
	3008	7828*	14	0903	33
	3009	7842	15	0936	34
50.10	3010	3,4 7857*	14	8,0 0970*	33
	3011	7871	14	1003*	33
	3012	7885	15	1036*	33
	3013	7900*	14	1069	33
	3014	7914	15	1102	34
50.15	3015	3,4 7929*	14	8,0 1136*	33
	3016	7943	15	1169*	33
	3017	7958*	14	1202*	33
	3018	7972*	14	1235*	33
	3019	7986	15	1268	33
50.20	3020	3,4 8001*	14	8,0 1301	33
	3021	8015	14	1334	33
	3022	8029	15	1367	33
	3023	8044*	14	1400	34
	3024	8058	15	1434*	33
50.25	3025	3,4 8073*	14	8,0 1467*	33
	3026	8087*	14	1500*	33
	3027	8101	15	1533*	33
	3028	8116*	14	1566*	33
	3029	8130*	14	1599*	33
50.30	3030	3,4 8144	15	8,0 1632*	33
	3031	8159*	14	1665*	33
	3032	8173*	14	1698*	33
	3033	8187	15	1731*	33
	3034	8202*	14	1764*	33
50.35	3035	3,4 8216*	14	8,0 1797*	33
	3036	8230	14	1830*	33
	3037	8244	15	1863*	32
	3038	8259*	14	1895	33
	3039	8273	14	1928	33
50.40	3040	3,4 8287	15	8,0 1961	33
	3041	8302*	14	1994	33
	3042	8316*	14	2027	33
	3043	8330	14	2060*	33
	3044	8344	15	2093*	33
50.45	3045	3,4 8359*	14	8,0 2126*	32
	3046	8373*	14	2158	33
	3047	8387	14	2191	33
	3048	8401	15	2224	33
	3049	8416*	14	2257*	33
50.50	3050	3,4 8430*	14	8,0 2290*	32
	3051	8444	14	2322	33
	3052	8458	15	2355	33
	3053	8473*	14	2388*	33
	3054	8487*	14	2421*	32
50.55	3055	3,4 8501	14	8,0 2453	33
	3056	8515	15	2486	33
	3057	8530*	14	2519*	33
	3058	8544*	14	2552*	32
	3059	8558*	14	2584	33
50.60	3060	3,4 8572		8,0 2617	
0°	N	Lov N	D	loh N	D

0°	N	Lov N	D	loh N	D
51.′ 0″	3060	3,4 8572	14	8,0 2617	33
	3061	8586	15	2650*	32
	3062	8601*	14	2682	33
	3063	8615*	14	2715	33
	3064	8629*	14	2748*	32
51. 5	3065	3,4 8643	14	8,0 2780	33
	3066	8657	14	2813*	33
	3067	8671	15	2846*	32
	3068	8686*	14	2878	33
	3069	8700*	14	2911*	32
51.10	3070	3,4 8714*	14	8,0 2943	33
	3071	8728*	14	2976*	32
	3072	8742	14	3008	33
	3073	8756	14	3041*	32
	3074	8770	15	3073	33
51.15	3075	3,4 8785*	14	8,0 3106	33
	3076	8799*	14	3139*	32
	3077	8813*	14	3171	33
	3078	8827*	14	3204*	32
	3079	8841*	14	3236	32
51.20	3080	3,4 8855	14	8,0 3268	33
	3081	8869	14	3301*	32
	3082	8883	14	3333	33
	3083	8897	14	3366*	32
	3084	8911	15	3398	33
51.25	3085	3,4 8926*	14	8,0 3431*	32
	3086	8940*	14	3463	33
	3087	8954*	14	3496*	32
	3088	8968*	14	3528*	32
	3089	8982*	14	3560	33
51.30	3090	3,4 8996*	14	8,0 3693*	32
	3091	9010*	14	3625*	32
	3092	9024*	14	3657	33
	3093	9038*	14	3690*	32
	3094	9052	14	3722	32
51.35	3095	3,4 9066	14	8,0 3754	33
	3096	9080	14	3787*	32
	3097	9094	14	3819*	32
	3098	9108	14	3851	32
	3099	9122	14	3883	33
51.40	3100	3,4 9136	14	8,0 3916*	32
	3101	9150	14	3948*	32
	3102	9164	14	3980	32
	3103	9178	14	4012	33
	3104	9192	14	4045*	32
51.45	3105	3,4 9206	14	8,0 4077*	32
	3106	9220	14	4109	32
	3107	9234	14	4141	32
	3108	9248	14	4173	33
	3109	9262	14	4206*	32
51.50	3110	3,4 9276	14	8,0 4238*	32
	3111	9290	14	4270*	32
	3112	9304*	14	4302	32
	3113	9318*	14	4334	32
	3114	9332*	14	4366	32
51.55	3115	3,4 9346*	14	8,0 4398	33
	3116	9360*	14	4431*	32
	3117	9374*	14	4463*	32
	3118	9388*	14	4495*	32
	3119	9402*	13	4527*	32
51.60 ′ ″	3120	3,4 9415		8,0 4559*	
0°	N	Lov N	D	loh N	D

0°	N	Lov N	D	loh N	D
52.′ 0″	3120	3,4 9415	14	8,0 4559*	32
	3121	9429	14	4591*	32
	3122	9443	14	4623*	32
	3123	9457	14	4655*	32
	3124	9471	14	4687*	32
52. 5	3125	3,4 9485	14	8,0 4719*	32
	3126	9499*	14	4751*	32
	3127	9513*	14	4783*	32
	3128	9527*	14	4815*	32
	3129	9541*	13	4847*	32
52.10	3130	3,4 9554	14	8,0 4879*	32
	3131	9568	14	4911*	32
	3132	9582	14	4943*	32
	3133	9596	14	4975*	32
	3134	9610*	14	5007*	31
52.15	3135	3,4 9624*	14	8,0 5038	32
	3136	9638*	13	5070	32
	3137	9651	14	5102	32
	3138	9665	14	5134	32
	3139	9679	14	5166*	32
52.20	3140	3,4 9693*	14	8,0 5198*	32
	3141	9707*	14	5230*	31
	3142	9721*	13	5261	32
	3143	9734	14	5293	32
	3144	9748	14	5325	32
52.25	3145	3,4 9762	14	8,0 5357*	32
	3146	9776*	14	5389*	31
	3147	9790*	13	5420	32
	3148	9803	14	5452	32
	3149	9817	14	5484	32
52.30	3150	3,4 9831	14	8,0 5516*	32
	3151	9845*	14	5548*	31
	3152	9859*	13	5579	32
	3153	9872	14	5611*	32
	3154	9886	14	5643*	31
52.35	3155	3,4 9900*	14	8,0 5674	32
	3156	9914*	13	5706	32
	3157	9927	14	5738*	31
	3158	9941	14	5769	32
	3159	9955*	14	5801	32
52.40	3160	3,4 9969*	13	8,0 5833*	31
	3161	9982	14	5864	32
	3162	9996	14	5896	32
	3163	3,5 0010*	14	5928*	31
	3164	0024*	13	5959	32
52.45	3165	3,5 0037	14	8,0 5991*	31
	3166	0051	14	6022	32
	3167	0065*	14	6054	32
	3168	0079*	13	6086*	31
	3169	0092	14	6117	32
52.50	3170	3,5 0106*	14	8,0 6149*	31
	3171	0120*	13	6180	32
	3172	0133	14	6212*	31
	3173	0147	14	6243	32
	3174	0161*	13	6275*	31
52.55	3175	3,5 0174	14	8,0 6306	32
	3176	0188	14	6338*	31
	3177	0202*	13	6369	32
	3178	0215	14	6401*	31
	3179	0229	14	6432	32
52.60 ′ ″	3180	3,5 0243*		8,0 6464*	
0°	N	Lov N	D	loh N	D

0°	N	Lov N	D	loh N	D
53.′ 0″	3180	3,5 0243*	13	8,0 6464*	31
	3181	0256	14	6495	32
	3182	0270	14	6527*	31
	3183	0284*	13	6558*	31
	3184	0297	14	6589	32
53. 5	3185	3,5 0311*	14	8,0 6621*	31
	3186	0325*	13	6652	32
	3187	0338	14	6684*	31
	3188	0352*	13	6715*	31
	3189	0365	14	6746	32
53.10	3190	3,5 0379	14	8,0 6778*	31
	3191	0393*	13	6809*	31
	3192	0406	14	6840	32
	3193	0420*	13	6872*	31
	3194	0433	14	6903*	31
53.15	3195	3,5 0447	14	8,0 6934	32
	3196	0461*	13	6966*	31
	3197	0474	14	6997*	31
	3198	0488*	13	7028	31
	3199	0501	14	7059	32
53.20	3200	3,5 0515*	14	8,0 7091*	31
	3201	0529*	13	7122*	31
	3202	0542	14	7153	31
	3203	0556*	13	7184	32
	3204	0569	14	7216*	31
53.25	3205	3,5 0583*	13	8,0 7247*	31
	3206	0596	14	7278*	31
	3207	0610*	13	7309	31
	3208	0623	14	7340	31
	3209	0637*	14	7371	32
53.30	3210	3,5 0651*	13	8,0 7403*	31
	3211	0664	14	7434*	31
	3212	0678*	13	7465*	31
	3213	0691	14	7496	31
	3214	0705*	13	7527	31
53.35	3215	3,5 0718	14	8,0 7558	31
	3216	0732*	13	7589	31
	3217	0745	14	7620	32
	3218	0759*	13	7652*	31
	3219	0772	14	7683*	31
53.40	3220	3,5 0786*	13	8,0 7714*	31
	3221	0799	14	7745*	31
	3222	0813*	13	7776*	31
	3223	0826	14	7807*	31
	3224	0840*	13	7838*	31
53.45	3225	3,5 0853*	13	8,0 7869*	31
	3226	0866	14	7900*	31
	3227	0880*	13	7931*	31
	3228	0893	14	7962*	31
	3229	0907*	13	7993*	31
53.50	3230	3,5 0920	14	8,0 8024*	31
	3231	0934*	13	8055*	31
	3232	0947	14	8086*	31
	3233	0961*	13	8117*	31
	3234	0974	13	8148*	30
53.55	3235	3,5 0987	14	8,0 8178	31
	3236	1001*	13	8209	31
	3237	1014	14	8240	31
	3238	1028*	13	8271	31
	3239	1041	14	8302*	31
53.60 ′ ″	3240	3,5 1055*		8,0 8333*	
0°	N	Lov N	D	loh N	D

0°	N	Lov N	D	loh N	D
54′ 0″	3240	3,5 1055*	13	8,0 8333*	31
	3241	1068*	13	8364*	31
	3242	1081	14	8395*	30
	3243	1095*	13	8425	31
	3244	1108	13	8456	31
54. 5	3245	3,5 1121	14	8,0 8487	31
	3246	1135*	13	8518*	31
	3247	1148	14	8549*	30
	3248	1162*	13	8579	31
	3249	1175*	13	8610	31
54.10	3250	3,5 1188	14	8,0 8641	31
	3251	1202*	13	8672*	31
	3252	1215	13	8703*	30
	3253	1228	14	8733	31
	3254	1242*	13	8764	31
54.15	3255	3,5 1255	13	8,0 8795*	30
	3256	1268	14	8825	31
	3257	1282*	13	8856	31
	3258	1295	13	8887*	31
	3259	1308	14	8918*	30
54.20	3260	3,5 1322*	13	8,0 8948	31
	3261	1335	13	8979*	31
	3262	1348	14	9010*	30
	3263	1362*	13	9040	31
	3264	1375	13	9071*	31
54.25	3265	3,5 1388	14	8,0 9102*	30
	3266	1402*	13	9132	31
	3267	1415*	13	9163*	30
	3268	1428	13	9193	31
	3269	1441	14	9224*	31
54.30	3270	3,5 1455*	13	8,0 9255*	30
	3271	1468	13	9285	31
	3272	1481	14	9316*	30
	3273	1495*	13	9346	31
	3274	1508*	13	9377*	30
54.35	3275	3,5 1521	13	8,0 9407	31
	3276	1534	14	9438*	30
	3277	1548*	13	9468	31
	3278	1561*	13	9499*	30
	3279	1574	13	9529	31
54.40	3280	3,5 1587	14	8,0 9560*	30
	3281	1601*	13	9590	31
	3282	1614*	13	9621*	30
	3283	1627	13	9651	31
	3284	1640	14	9682*	30
54.45	3285	3,5 1654*	13	8,0 9712	31
	3286	1667*	13	9743*	30
	3287	1680*	13	9773	30
	3288	1693	13	9803	31
	3289	1706	14	9834*	30
54.50	3290	3,5 1720*	13	8,0 9864	31
	3291	1733*	13	9895*	30
	3292	1746*	13	9925	30
	3293	1759	13	9955	31
	3294	1772	14	9986*	30
54.55	3295	3,5 1786*	13	8,1 0016	30
	3296	1799*	13	0046	31
	3297	1812*	13	0077*	30
	3298	1825	13	0107	30
	3299	1838	13	0137	31
54.60 ′ ″	3300	3,5 1851		8,1 0168*	
0°	N	Lov N	D	loh N	D

0°	N	Lov N	D	loh N	D
55′ 0″	3300	3,5 1851	14	8,1 0168*	30
	3301	1865*	13	0198	30
	3302	1878*	13	0228	31
	3303	1891*	13	0259*	30
	3304	1904	13	0289*	30
55. 5	3305	3,5 1917	13	8,1 0319	30
	3306	1930	13	0349	31
	3307	1943	14	0380*	30
	3308	1957*	13	0410*	30
	3309	1970*	13	0440	30
55.10	3310	3,5 1983*	13	8,1 0470	31
	3311	1996*	13	0501*	30
	3312	2009	13	0531*	30
	3313	2022	13	0561*	30
	3314	2035	13	0591	30
55.15	3315	3,5 2048	13	8,1 0621	30
	3316	2061	14	0651	31
	3317	2075*	13	0682*	30
	3318	2088*	13	0712*	30
	3319	2101*	13	0742*	30
55.20	3320	3,5 2114*	13	8,1 0772	30
	3321	2127*	13	0802	30
	3322	2140*	13	0832	30
	3323	2153	13	0862	30
	3324	2166	13	0892	30
55.25	3325	3,5 2179	13	8,1 0922	31
	3326	2192	13	0953*	30
	3327	2205	13	0983*	30
	3328	2218	13	1013*	30
	3329	2231	13	1043*	30
55.30	3330	3,5 2244	13	8,1 1073*	30
	3331	2257	13	1103*	30
	3332	2270	14	1133*	30
	3333	2284*	13	1163*	30
	3334	2297*	13	1193*	30
55.35	3335	3,5 2310*	13	8,1 1223*	30
	3336	2323*	13	1253*	30
	3337	2336*	13	1283*	30
	3338	2349*	13	1313*	30
	3339	2362*	13	1343*	30
55.40	3340	3,5 2375*	13	8,1 1373*	30
	3341	2388*	13	1403*	29
	3342	2401*	13	1432	30
	3343	2414*	13	1462	30
	3344	2427*	13	1492	30
55.45	3345	3,5 2440*	13	8,1 1522	30
	3346	2453*	13	1552	30
	3347	2466*	13	1582*	30
	3348	2479*	13	1612*	30
	3349	2492*	12	1642*	30
55.50	3350	3,5 2504	13	8,1 1672*	29
	3351	2517	13	1701	30
	3352	2530	13	1731	30
	3353	2543	13	1761	30
	3354	2556	13	1791*	30
55.55	3355	3,5 2569	13	8,1 1821*	30
	3356	2582	13	1851*	29
	3357	2595	13	1880	30
	3358	2608	13	1910	30
	3359	2621	13	1940*	30
55.60 ′ ″	3360	3,5 2634*		8,1 1970*	
0°	N	Lov N	D	loh N	D

0°	N	Lov N	D	loh N	D
56′ 0″	3360	3,5 2634*	13	8,1 1970*	29
	3361	2647*	13	1999	30
	3362	2660*	13	2029	30
	3363	2673*	13	2059*	30
	3364	2686*	13	2089*	29
56. 5	3365	3,5 2699*	12	8,1 2118	30
	3366	2711	13	2148	30
	3367	2724	13	2178*	30
	3368	2737	13	2207	30
	3369	2750	13	2237	30
56.10	3370	3,5 2763*	13	8,1 2267*	29
	3371	2776*	13	2296	30
	3372	2789*	13	2326	30
	3373	2802*	13	2356*	29
	3374	2815*	12	2385	30
56.15	3375	3,5 2827	13	8,1 2415	30
	3376	2840	13	2445*	29
	3377	2853	13	2474	30
	3378	2866*	13	2504*	30
	3379	2879*	13	2534*	29
56.20	3380	3,5 2892*	13	8,1 2563	30
	3381	2905*	12	2593*	29
	3382	2917	13	2622	30
	3383	2930	13	2652*	29
	3384	2943	13	2681	30
56.25	3385	3,5 2956*	13	8,1 2711*	29
	3386	2969*	13	2740	30
	3387	2982*	12	2770*	30
	3388	2994	13	2800*	29
	3389	3007	13	2829	30
56.30	3390	3,5 3020*	13	8,1 2859*	29
	3391	3033*	13	2888	29
	3392	3046*	12	2917	30
	3393	3058	13	2947*	29
	3394	3071	13	2976	30
56.35	3395	3,5 3084*	13	8,1 3006*	29
	3396	3097*	13	3035	30
	3397	3110*	12	3065*	29
	3398	3122	13	3094	30
	3399	3135	13	3124*	29
56.40	3400	3,5 3148*	13	8,1 3153	29
	3401	3161*	12	3182	30
	3402	3173	13	3212*	29
	3403	3186	13	3241	30
	3404	3199*	13	3271*	29
56.45	3405	3,5 3212*	12	8,1 3300	29
	3406	3224	13	3329	30
	3407	3237	13	3359*	29
	3408	3250*	13	3388	29
	3409	3263*	12	3417	30
56.50	3410	3,5 3275	13	8,1 3447*	29
	3411	3288	13	3476	29
	3412	3301*	13	3505	30
	3413	3314*	12	3535*	29
	3414	3326	13	3564*	29
56.55	3415	3,5 3339	13	8,1 3593	30
	3416	3352*	12	3623*	29
	3417	3364	13	3652*	29
	3418	3377	13	3681	29
	3419	3390*	13	3710	30
56.60 ′ ″	3420	3,5 3403*		8,1 3740*	
0°	N	Lov N	D	loh N	D

0°	N	Log N	D	log N	D
57′ 0″	3420	3,5 3403*	12	8,1 3740*	29
	3421	3415	13	3769*	29
	3422	3428	13	3798	29
	3423	3441*	12	3827	29
	3424	3453	13	3856	30
57. 5	3425	3,5 3466	13	8,1 3886*	29
	3426	3479*	12	3915*	29
	3427	3491	13	3944	29
	3428	3504	13	3973	29
	3429	3517*	12	4002	30
57.10	3430	3,5 3529	13	8,1 4032*	29
	3431	3542	13	4061*	29
	3432	3555*	12	4090*	29
	3433	3567	13	4119*	29
	3434	3580	13	4148	29
57.15	3435	3,5 3593*	12	8,1 4177	29
	3436	3605	13	4206	29
	3437	3618*	13	4235	30
	3438	3631*	12	4265*	29
	3439	3643	13	4294*	29
57.20	3440	3,5 3656*	12	8,1 4323*	29
	3441	3668	13	4352*	29
	3442	3681	13	4381*	29
	3443	3694*	12	4410*	29
	3444	3706	13	4439*	29
57.25	3445	3,5 3719*	13	8,1 4468*	29
	3446	3732*	12	4497*	29
	3447	3744	13	4526*	29
	3448	3757*	12	4555*	29
	3449	3769	13	4584*	29
57.30	3450	3,5 3782*	12	8,1 4613*	29
	3451	3794	13	4642*	29
	3452	3807	13	4671*	29
	3453	3820*	12	4700*	29
	3454	3832	13	4729*	29
57.35	3455	3,5 3845*	12	8,1 4758*	29
	3456	3857	13	4787*	29
	3457	3870*	12	4816*	29
	3458	3882	13	4845*	28
	3459	3895	13	4873	29
57.40	3460	3,5 3908*	12	8,1 4902	29
	3461	3920	13	4931	29
	3462	3933*	12	4960	29
	3463	3945	13	4989	29
	3464	3958*	12	5018*	29
57.45	3465	3,5 3970	13	8,1 5047*	29
	3466	3983*	12	5076*	28
	3467	3995	13	5104	29
	3468	4008*	12	5133	29
	3469	4020	13	5162	29
57.50	3470	3,5 4033*	12	8,1 5191*	29
	3471	4045	13	5220*	28
	3472	4058*	12	5249*	28
	3473	4070	13	5277	29
	3474	4083*	12	5306	29
57.55	3475	3,5 4095	13	8,1 5335*	29
	3476	4108*	12	5364*	29
	3477	4120	13	5393*	28
	3478	4133*	12	5421	29
	3479	4145	13	5450	29
57′ 60″	3480	3,5 4158*		8,1 5479*	
0°	N	Log N	D	log N	D

0°	N	Log N	D	log N	D
58′ 0″	3480	3,5 4158*	12	8,1 5479*	28
	3481	4170	13	5507	29
	3482	4183*	12	5536	29
	3483	4195	13	5565*	29
	3484	4208*	12	5594*	28
58. 5	3485	3,5 4220	13	8,1 5622	29
	3486	4233*	12	5651	29
	3487	4245	13	5680*	28
	3488	4258*	12	5708	29
	3489	4270	13	5737	29
58.10	3490	3,5 4283*	12	8,1 5766*	28
	3491	4295*	12	5794	29
	3492	4307	13	5823*	29
	3493	4320*	12	5852*	28
	3494	4332	13	5880	29
58.15	3495	3,5 4345*	12	8,1 5909*	28
	3496	4357	13	5937	29
	3497	4370*	12	5966	29
	3498	4382*	12	5995*	28
	3499	4394	13	6023	29
58.20	3500	3,5 4407*	12	8,1 6052*	28
	3501	4419	13	6080	29
	3502	4432*	12	6109*	29
	3503	4444	12	6138*	28
	3504	4456	13	6166	29
58.25	3505	3,5 4469*	12	8,1 6195*	28
	3506	4481	13	6223	29
	3507	4494*	12	6252*	28
	3508	4506*	12	6280	29
	3509	4518	13	6309*	28
58.30	3510	3,5 4531*	12	8,1 6337	29
	3511	4543	12	6366*	28
	3512	4555	13	6394	29
	3513	4568*	12	6423*	28
	3514	4580	13	6451	28
58.35	3515	3,5 4593*	12	8,1 6479	29
	3516	4605*	12	6508*	28
	3517	4617	13	6536	29
	3518	4630*	12	6565*	28
	3519	4642*	12	6593	29
58.40	3520	3,5 4654	13	8,1 6622	28
	3521	4667*	12	6650	28
	3522	4679*	12	6678	29
	3523	4691	13	6707*	28
	3524	4704*	12	6735	29
58.45	3525	3,5 4716*	12	8,1 6764*	28
	3526	4728	13	6792*	28
	3527	4741*	12	6820	29
	3528	4753*	12	6849*	28
	3529	4765	12	6877*	28
58.50	3530	3,5 4777	13	8,1 6905	29
	3531	4790*	12	6934*	28
	3532	4802	12	6962*	28
	3533	4814	13	6990	29
	3534	4827*	12	7019*	28
58.55	3535	3,5 4839*	12	8,1 7047*	28
	3536	4851	13	7075	28
	3537	4864*	12	7103	29
	3538	4876*	12	7132*	28
	3539	4888	12	7160*	28
58′ 60″	3540	3,5 4900		8,1 7188	
0°	N	Log N	D	log N	D

0°	N	Log N	D	log N	D
59′ 0″	3540	3,5 4900	13	8,1 7188	28
	3541	4913*	12	7216	29
	3542	4925*	12	7245*	28
	3543	4937	12	7273*	28
	3544	4949	13	7301	28
59. 5	3545	3,5 4962*	12	8,1 7329	29
	3546	4974*	12	7358*	28
	3547	4986	12	7386*	28
	3548	4998	13	7414*	28
	3549	5011*	12	7442	28
59.10	3550	3,5 5023*	12	8,1 7470	28
	3551	5035	12	7498	29
	3552	5047	13	7527*	28
	3553	5060*	12	7555*	28
	3554	5072*	12	7583*	28
59.15	3555	3,5 5084*	12	8,1 7611	28
	3556	5096	12	7639	28
	3557	5108	13	7667	28
	3558	5121*	12	7695	28
	3559	5133*	12	7723	29
59.20	3560	3,5 5145*	12	8,1 7752*	28
	3561	5157	12	7780*	28
	3562	5169	13	7808*	28
	3563	5182*	12	7836*	28
	3564	5194*	12	7864*	28
59.25	3565	3,5 5206*	12	8,1 7892*	28
	3566	5218	12	7920*	28
	3567	5230	12	7948	28
	3568	5242	13	7976	28
	3569	5255*	12	8004	28
59.30	3570	3,5 5267*	12	8,1 8032	28
	3571	5279*	12	8060	28
	3572	5291	12	8088	28
	3573	5303	12	8116	28
	3574	5315	13	8144	28
59.35	3575	3,5 5328*	12	8,1 8172	28
	3576	5340*	12	8200	28
	3577	5352*	12	8228*	28
	3578	5364	12	8256*	28
	3579	5376	12	8284*	28
59.40	3580	3,5 5388	12	8,1 8312*	28
	3581	5400	13	8340*	28
	3582	5413*	12	8368*	28
	3583	5425*	12	8396*	27
	3584	5437*	12	8423	28
59.45	3585	3,5 5449*	12	8,1 8451	28
	3586	5461	12	8479	28
	3587	5473	12	8507	28
	3588	5485	12	8535	28
	3589	5497	12	8563*	28
59.50	3590	3,5 5509	13	8,1 8591*	28
	3591	5522*	12	8619*	27
	3592	5534*	12	8646	28
	3593	5546*	12	8674	28
	3594	5558*	12	8702	28
59.55	3595	3,5 5570*	12	8,1 8730*	28
	3596	5582*	12	8758*	28
	3597	5594	12	8786*	27
	3598	5606	12	8813	28
	3599	5618	12	8841	28
59′ 60″	3600	3,5 5630		8,1 8869*	
0°	N	Log N	D	log N	D

1°	N	Lov N	D	loh N	D	1°	N	Lov N	D	loh N	D	1°	N	Lov N	D	loh N	D
0.′ 0″	3600	3,5 5630	12	8,1 8869*	28	1.′ 0″	3660	3,5 6348	12	8,2 0522*	27	2.′ 0″	3720	3,5 7054	12	8,2 2148*	27
	3601	5642	12	8897*	27		3661	6360*	12	0549	27		3721	7066*	12	2175*	27
	3602	5654	12	8924	28		3662	6372*	12	0576	28		3722	7078*	11	2202*	27
	3603	5666	12	8952	28		3663	6384*	12	0604*	27		3723	7089	12	2229*	26
	3604	5678	13	8980*	28		3664	6396*	11	0631	27		3724	7101*	12	2255	27
0. 5	3605	3,5 5691*	12	8,1 9008*	27	1. 5	3665	3,5 6407	12	8,2 0658	28	2. 5	3725	3,5 7113*	11	8,2 2282	27
	3606	5703*	12	9035	28		3666	6419	12	0686*	27		3726	7124	12	2309	27
	3607	5715*	12	9063	28		3667	6431	12	0713*	27		3727	7136*	12	2336*	27
	3608	5727*	12	9091*	28		3668	6443*	12	0740	27		3728	7148*	11	2363*	27
	3609	5739*	12	9119*	27		3669	6455*	12	0767	28		3729	7159	12	2390*	26
0.10	3610	3,5 5751*	12	8,1 9146	28	1.10	3670	3,5 6467*	11	8,2 0795*	27	2.10	3730	3,5 7171*	12	8,2 2416	27
	3611	5763*	12	9174	28		3671	6478	12	0822*	27		3731	7183*	11	2443	27
	3612	5775*	12	9202*	27		3672	6490	12	0849	27		3732	7194	12	2470*	27
	3613	5787*	12	9229	28		3673	6502	12	0876	28		3733	7206*	11	2497*	27
	3614	5799*	12	9257	28		3674	6514*	12	0904*	27		3734	7217	12	2524*	26
0.15	3615	3,5 5811*	12	8,1 9285*	27	1.15	3675	3,5 6526*	12	8,2 0931*	27	2.15	3735	3,5 7229	12	8,2 2550	27
	3616	5823*	12	9312	28		3676	6538*	11	0958	27		3736	7241*	11	2577	27
	3617	5835*	12	9340	28		3677	6549	12	0985	27		3737	7252	12	2604*	27
	3618	5847*	12	9368*	27		3678	6561	12	1012	28		3738	7264*	12	2631*	26
	3619	5859*	12	9395	28		3679	6573*	12	1040*	27		3739	7276*	11	2657	27
0.20	3620	3,5 5871*	12	8,1 9423*	28	1.20	3680	3,5 6585*	12	8,2 1067*	27	2.20	3740	3,5 7287	12	8,2 2684	27
	3621	5883*	12	9451*	27		3681	6597*	11	1094*	27		3741	7299*	11	2711*	27
	3622	5895*	12	9478	28		3682	6608	12	1121	27		3742	7310	12	2738*	26
	3623	5907*	12	9506*	27		3683	6620	12	1148	27		3743	7322*	12	2764	27
	3624	5919*	12	9533	28		3684	6632*	12	1175	28		3744	7334*	11	2791*	27
0.25	3625	3,5 5931*	12	8,1 9561*	28	1.25	3685	3,5 6644*	12	8,2 1203*	27	2.25	3745	3,5 7345	12	8,2 2818*	26
	3626	5943*	12	9589*	27		3686	6656*	11	1230*	27		3746	7357*	11	2844	27
	3627	5955*	12	9616	28		3687	6667	12	1257*	27		3747	7368	12	2871	27
	3628	5967*	12	9644*	27		3688	6679	12	1284*	27		3748	7380*	12	2898*	26
	3629	5979*	12	9671	28		3689	6691*	12	1311	27		3749	7392*	11	2924	27
0.30	3630	3,5 5991*	12	8,1 9699*	27	1.30	3690	3,5 6703*	11	8,2 1338	27	2.30	3750	3,5 7403	12	8,2 2951	27
	3631	6003*	12	9726	28		3691	6714	12	1365	27		3751	7415*	11	2978*	26
	3632	6015*	12	9754*	27		3692	6726	12	1392	27		3752	7426	12	3004	27
	3633	6027*	11	9781	28		3693	6738*	12	1419	28		3753	7438*	11	3031	27
	3634	6038	12	9809*	27		3694	6750*	11	1447*	27		3754	7449	12	3058*	26
0.35	3635	3,5 6050	12	8,1 9836	28	1.35	3695	3,5 6761	12	8,2 1474*	27	2.35	3755	3,5 7461*	12	8,2 3084	27
	3636	6062	12	9864*	27		3696	6773	12	1501*	27		3756	7473*	11	3111*	27
	3637	6074	12	9891	28		3697	6785*	12	1528*	27		3757	7484	12	3138*	26
	3638	6086	12	9919*	27		3698	6797*	11	1555*	27		3758	7496*	11	3164	27
	3639	6098	12	9946	28		3699	6808	12	1582*	27		3759	7507	12	3191*	26
0.40	3640	3,5 6110	12	8,1 9974*	27	1.40	3700	3,5 6820	12	8,2 1609*	27	2.40	3760	3,5 7519*	11	8,2 3217	27
	3641	6122	12	8,2 0001	28		3701	6832*	12	1636*	27		3761	7530	12	3244	27
	3642	6134*	12	0029*	27		3702	6844*	11	1663*	27		3762	7542*	11	3271*	26
	3643	6146*	12	0056	28		3703	6855	12	1690*	27		3763	7553	12	3297	27
	3644	6158*	12	0084*	27		3704	6867	12	1717*	27		3764	7565*	11	3324*	26
0.45	3645	3,5 6170*	12	8,2 0111	28	1.45	3705	3,5 6879*	12	8,2 1744*	27	2.45	3765	3,5 7576	12	8,2 3350	27
	3646	6182*	12	0139*	27		3706	6891*	11	1771*	27		3766	7588	12	3377*	26
	3647	6194*	11	0166	27		3707	6902	12	1798*	27		3767	7600*	11	3403	27
	3648	6205	12	0193	28		3708	6914*	12	1825*	27		3768	7611	12	3430*	26
	3649	6217	12	0221*	27		3709	6926*	11	1852*	27		3769	7623*	11	3456	27
0.50	3650	3,5 6229	12	8,2 0248	28	1.50	3710	3,5 6937	12	8,2 1879*	27	2.50	3770	3,5 7634	12	8,2 3483	27
	3651	6241	12	0276*	27		3711	6949	12	1906*	27		3771	7646*	11	3510*	26
	3652	6253	12	0303	27		3712	6961*	11	1933*	27		3772	7657	12	3536	27
	3653	6265*	12	0330	28		3713	6972	12	1960*	26		3773	7669*	11	3563*	26
	3654	6277*	12	0358*	27		3714	6984	12	1986	27		3774	7680	12	3589	27
0.55	3655	3,5 6289*	12	8,2 0385	27	1.55	3715	3,5 6996*	12	8,2 2013	27	2.55	3775	3,5 7692*	11	8,2 3616*	26
	3656	6301*	11	0412	28		3716	7008*	11	2040	27		3776	7703	12	3642	27
	3657	6312	12	0440*	27		3717	7019	12	2067	27		3777	7715*	11	3669*	26
	3658	6324	12	0467	28		3718	7031*	12	2094	27		3778	7726	12	3695	26
	3659	6336	12	0495*	27		3719	7043*	11	2121	27		3779	7738*	11	3721	27
0.60 ′ ″	3660	3,5 6348		8,2 0522*		1.60 ′ ″	3720	3,5 7054		8,2 2148*		2.60 ′ ″	3780	3,5 7749		8,2 3748*	
1°	N	Lov N	D	loh N	D	1°	N	Lov N	D	loh N	D	1°	N	Lov N	D	loh N	D

1°	N	Lov N	D	loh N	D	1°	N	Lov N	D	loh N	D	1°	N	Lov N	D	loh N	D
3′ 0″	3780	3,5 7749	12	8,2 3748*	26	4′ 0″	3840	3,5 8433	11	8,2 5323*	26	5′ 0″	3900	3,5 9106	12	8,2 6873	26
	3781	7761*	11	3774	27		3841	8444	12	5349*	26		3901	9118*	11	6899*	25
	3782	7772	12	3801*	26		3842	8456*	11	5375*	26		3902	9129*	11	6924	26
	3783	7784*	11	3827	27		3843	8467	11	5401*	26		3903	9140*	11	6950	26
	3784	7795	12	3854*	26		3844	8478	12	5427*	26		3904	9151*	11	6976*	25
3. 5	3785	3,5 7807*	11	8,2 3880	27	4. 5	3845	3,5 8490*	11	8,2 5453*	26	5. 5	3905	3,5 9162	11	8,2 7001	26
	3786	7818	12	3907*	26		3846	8501*	11	5479*	26		3906	9173	11	7027*	26
	3787	7830*	11	3933*	26		3847	8512	12	5505*	26		3907	9184	11	7053*	25
	3788	7841*	11	3959	27		3848	8524*	11	5531*	26		3908	9195	12	7078	26
	3789	7852	12	3986*	26		3849	8535*	11	5557*	26		3909	9207*	11	7104*	25
3.10	3790	3,5 7864*	11	8,2 4012	27	4.10	3850	3,5 8546	11	8,2 5583*	26	5.10	3910	3,5 9218*	11	8,2 7129	26
	3791	7875	12	4039*	26		3851	8557	12	5609*	26		3911	9229*	11	7155*	25
	3792	7887*	11	4065*	26		3852	8569*	11	5635*	26		3912	9240*	11	7180	26
	3793	7898	12	4091	27		3853	8580*	11	5661*	26		3913	9251*	11	7206*	26
	3794	7910*	11	4118*	26		3854	8591	11	5687*	26		3914	9262	11	7232*	25
3.15	3795	3,5 7921	12	8,2 4144*	26	4.15	3855	3,5 8602	12	8,2 5713*	26	5.15	3915	3,5 9273	11	8,2 7257	26
	3796	7933*	11	4170	27		3856	8614*	11	5739*	25		3916	9284	11	7283*	25
	3797	7944	11	4197*	26		3857	8625*	11	5764	26		3917	9295	11	7308	26
	3798	7955	12	4223*	26		3858	8636	11	5790	26		3918	9306	12	7334*	25
	3799	7967*	11	4249	27		3859	8647	12	5816	26		3919	9318*	11	7359	26
3.20	3800	3,5 7978	12	8,2 4276*	26	4.20	3860	3,5 8659*	11	8,2 5842	26	5.20	3920	3,5 9329*	11	8,2 7385*	25
	3801	7990*	11	4302*	26		3861	8670*	11	5868	26		3921	9340*	11	7410	26
	3802	8001	12	4328	27		3862	8681	11	5894	26		3922	9351*	11	7436*	25
	3803	8013*	11	4355*	26		3863	8692	12	5920*	26		3923	9362*	11	7461	26
	3804	8024	11	4381*	26		3864	8704*	11	5946*	26		3924	9373*	11	7487*	25
3.25	3805	3,5 8035	12	8,2 4407	26	4.25	3865	3,5 8715*	11	8,2 5972*	26	5.25	3925	3,5 9384*	11	8,2 7512	26
	3806	8047*	11	4433	27		3866	8726	11	5998*	25		3926	9395	11	7538*	25
	3807	8058	12	4460*	26		3867	8737	12	6023	26		3927	9406	11	7563	26
	3808	8070*	11	4486*	26		3868	8749*	11	6049	26		3928	9417	11	7589*	25
	3809	8081	11	4512	26		3869	8760*	11	6075	26		3929	9428	11	7614	25
3.30	3810	3,5 8092	12	8,2 4538	27	4.30	3870	3,5 8771	11	8,2 6101*	26	5.30	3930	3,5 9439	11	8,2 7639	26
	3811	8104*	11	4565*	26		3871	8782	12	6127*	26		3931	9450	11	7665*	25
	3812	8115	12	4591*	26		3872	8794*	11	6153*	25		3932	9461	11	7690	26
	3813	8127*	11	4617	26		3873	8805*	11	6178	26		3933	9472	11	7716*	25
	3814	8138	11	4643	27		3874	8816*	11	6204	26		3934	9483	11	7741	26
3.35	3815	3,5 8149	12	8,2 4670*	26	4.35	3875	3,5 8827	11	8,2 6230	26	5.35	3935	3,5 9494	12	8,2 7767*	25
	3816	8161*	11	4696*	26		3876	8838	12	6256*	26		3936	9506*	11	7792	25
	3817	8172	12	4722	26		3877	8850*	11	6282*	25		3937	9517*	11	7817	26
	3818	8184*	11	4748	26		3878	8861*	11	6307	26		3938	9528*	11	7843*	25
	3819	8195*	11	4774	27		3879	8872*	11	6333	26		3939	9539*	11	7868	26
3.40	3820	3,5 8206	12	8,2 4801*	26	4.40	3880	3,5 8883	11	8,2 6359	26	5.40	3940	3,5 9550*	11	8,2 7894*	25
	3821	8218*	11	4827*	26		3881	8894	12	6385*	26		3941	9561*	11	7919*	25
	3822	8229	11	4853*	26		3882	8906*	11	6411*	25		3942	9572*	11	7944	26
	3823	8240	12	4879	26		3883	8917*	11	6436	26		3943	9583*	11	7970*	25
	3824	8252*	11	4905	26		3884	8928*	11	6462	26		3944	9594*	11	7995	25
3.45	3825	3,5 8263	11	8,2 4931	27	4.45	3885	3,5 8939	11	8,2 6488*	26	5.45	3945	3,5 9605*	11	8,2 8020	26
	3826	8274	12	4958*	26		3886	8950	11	6514*	25		3946	9616*	11	8046*	25
	3827	8286*	11	4984*	26		3887	8961	12	6539	26		3947	9627*	11	8071	25
	3828	8297	12	5010*	26		3888	8973*	11	6565	26		3948	9638*	11	8096	26
	3829	8309*	11	5036*	26		3889	8984*	11	6591*	25		3949	9649*	11	8122*	25
3.50	3830	3,5 8320*	11	8,2 5062	26	4.50	3890	3,5 8995*	11	8,2 6616	26	5.50	3950	3,5 9660*	11	8,2 8147	25
	3831	8331	12	5088	26		3891	9006	11	6642	26		3951	9671*	11	8172	26
	3832	8343*	11	5114	26		3892	9017	11	6668*	26		3952	9682*	11	8198*	25
	3833	8354*	11	5140	26		3893	9028	12	6694*	25		3953	9693*	11	8223	25
	3834	8365	12	5166	26		3894	9040*	11	6719	26		3954	9704*	11	8248	26
3.55	3835	3,5 8377*	11	8,2 5192	27	4.55	3895	3,5 9051*	11	8,2 6745*	26	5.55	3955	3,5 9715*	11	8,2 8274*	25
	3836	8388*	11	5219*	26		3896	9062*	11	6771*	25		3956	9726*	11	8299*	25
	3837	8399	11	5245*	26		3897	9073	11	6796	26		3957	9737*	11	8324	26
	3838	8410	12	5271*	26		3898	9084	11	6822*	26		3958	9748*	11	8349	25
	3839	8422*	11	5297*	26		3899	9095	11	6848*	25		3959	9759*	11	8375*	25
3.60 ′ ″	3840	3,5 8433		8,2 5323*		4.60 ′ ″	3900	3,5 9106		8,2 6873		5.60 ′ ″	3960	3,5 9770*		8,2 8400*	
1°	N	Lov N	D	loh N	D	1°	N	Lov N	D	loh N	D	1°	N	Lov N	D	loh N	D

1°	N	Lov N	D	loh N	D
6′ 0″	3960	3,5 9770*	10	8,2 8400*	25
	3961	9780	11	8425	25
	3962	9791	11	8450	26
	3963	9802	11	8476*	25
	3964	9813	11	8501*	25
6. 5	3965	3,5 9824	11	8,2 8526	25
	3966	9835	11	8551	26
	3967	9846	11	8577*	25
	3968	9857	11	8602*	25
	3969	9868	11	8627*	25
6.10	3970	3,5 9879	11	8,2 8652	25
	3971	9890*	11	8677	26
	3972	9901*	11	8703*	25
	3973	9912*	11	8728*	25
	3974	9923*	11	8753*	25
6.15	3975	3,5 9934*	11	8,2 8778	25
	3976	9945*	11	8803	25
	3977	9956*	10	8828	25
	3978	9966	11	8853	26
	3979	9977	11	8879*	25
6.20	3980	3,5 9988	11	8,2 8904*	25
	3981	9999	11	8929*	25
	3982	3,6 0010	11	8954*	25
	3983	0021	11	8979	25
	3984	0032*	11	9004	25
6.25	3985	3,6 0043*	11	8,2 9029	25
	3986	0054*	11	9054	25
	3987	0065*	11	9079	26
	3988	0076*	10	9105*	25
	3989	0086	11	9130*	25
6.30	3990	3,6 0097	11	8,2 9155*	25
	3991	0108	11	9180*	25
	3992	0119	11	9205*	25
	3993	0130*	11	9230*	25
	3994	0141*	11	9255*	25
6.35	3995	3,6 0152*	11	8,2 9280*	25
	3996	0163*	10	9305*	25
	3997	0173	11	9330*	25
	3998	0184	11	9355*	25
	3999	0195	11	9380*	25
6.40	4000	3,6 0206*	11	8,2 9405*	25
	4001	0217*	11	9430*	25
	4002	0228*	11	9455*	25
	4003	0239*	10	9480*	25
	4004	0249	11	9505*	25
6.45	4005	3,6 0260	11	8,2 9530*	25
	4006	0271	11	9555*	25
	4007	0282*	11	9580*	25
	4008	0293*	11	9605*	25
	4009	0304*	10	9630*	25
6.50	4010	3,6 0314	11	8,2 9655*	25
	4011	0325	11	9680*	25
	4012	0336	11	9705*	24
	4013	0347*	11	9729	25
	4014	0358*	11	9754	25
6.55	4015	3,6 0369*	10	8,2 9779	25
	4016	0379	11	9804	25
	4017	0390	11	9829	25
	4018	0401*	11	9854*	25
	4019	0412*	11	9879*	25
6.60′ ″	4020	3,6 0423*		8,2 9904*	
1°	N	Lov N	D	loh N	D

1°	N	Lov N	D	loh N	D
7′ 0″	4020	3,6 0423*	10	8,2 9904*	25
	4021	0433	11	9929*	24
	4022	0444	11	9953	25
	4023	0455	11	9978	25
	4024	0466*	11	8,3 0003	25
7. 5	4025	3,6 0477*	10	8,3 0028	25
	4026	0487	11	0053*	25
	4027	0498	11	0078*	25
	4028	0509*	11	0103*	24
	4029	0520*	11	0127	25
7.10	4030	3,6 0531*	10	8,3 0152	25
	4031	0541	11	0177*	25
	4032	0552	11	0202*	25
	4033	0563*	11	0227*	24
	4034	0574*	10	0251	25
7.15	4035	3,6 0584	11	8,3 0276	25
	4036	0595	11	0301*	25
	4037	0606*	11	0326*	24
	4038	0617*	10	0350	25
	4039	0627	11	0375	25
7.20	4040	3,6 0638	11	8,3 0400*	25
	4041	0649*	11	0425*	24
	4042	0660*	10	0449	25
	4043	0670	11	0474	25
	4044	0681	11	0499*	25
7.25	4045	3,6 0692*	11	8,3 0524*	24
	4046	0703*	10	0548	25
	4047	0713	11	0573	25
	4048	0724	11	0598*	25
	4049	0735*	11	0623*	24
7.30	4050	3,6 0746*	10	8,3 0647	25
	4051	0756	11	0672*	25
	4052	0767*	11	0697*	24
	4053	0778*	10	0721	25
	4054	0788	11	0746*	25
7.35	4055	3,6 0799	11	8,3 0771*	24
	4056	0810*	11	0795	25
	4057	0821*	10	0820*	25
	4058	0831	11	0845*	24
	4059	0842*	11	0869	25
7.40	4060	3,6 0853*	10	8,3 0894*	24
	4061	0863	11	0918	25
	4062	0874*	11	0943	25
	4063	0885*	10	0968*	24
	4064	0895	11	0992	25
7.45	4065	3,6 0906	11	8,3 1017*	24
	4066	0917*	10	1041	25
	4067	0927	11	1066	25
	4068	0938	11	1091*	24
	4069	0949*	10	1115	25
7.50	4070	3,6 0959	11	8,3 1140*	24
	4071	0970	11	1164	25
	4072	0981*	10	1189*	25
	4073	0991	11	1214*	24
	4074	1002	11	1238	25
7.55	4075	3,6 1013*	10	8,3 1263*	24
	4076	1023	11	1287	25
	4077	1034	11	1312*	24
	4078	1045*	10	1336	25
	4079	1055	11	1361*	24
7.60′ ″	4080	3,6 1066		8,3 1385	
1°	N	Lov N	D	loh N	D

1°	N	Lov N	D	loh N	D
8′ 0″	4080	3,6 1066	11	8,3 1385	25
	4081	1077*	10	1410*	24
	4082	1087	11	1434	25
	4083	1098*	11	1459*	24
	4084	1109*	10	1483	25
8. 5	4085	3,6 1119	11	8,3 1508*	24
	4086	1130*	10	1532	25
	4087	1140	11	1557*	24
	4088	1151	11	1581	25
	4089	1162*	10	1606*	24
8.10	4090	3,6 1172	11	8,3 1630	24
	4091	1183*	11	1654	25
	4092	1194*	10	1679*	24
	4093	1204	11	1703	25
	4094	1215*	10	1728*	24
8.15	4095	3,6 1225	11	8,3 1752	25
	4096	1236*	11	1777*	24
	4097	1247*	10	1801	24
	4098	1257	11	1825	25
	4099	1268*	10	1850*	24
8.20	4100	3,6 1278	11	8,3 1874	25
	4101	1289*	11	1899*	24
	4102	1300*	10	1923*	24
	4103	1310	11	1947	25
	4104	1321*	10	1972*	24
8.25	4105	3,6 1331	11	8,3 1996	24
	4106	1342*	10	2020	25
	4107	1352	11	2045*	24
	4108	1363	11	2069	24
	4109	1374*	10	2093	25
8.30	4110	3,6 1384	11	8,3 2118*	24
	4111	1395*	10	2142	24
	4112	1405	11	2166	25
	4113	1416*	10	2191*	24
	4114	1426	11	2215	24
8.35	4115	3,6 1437*	11	8,3 2239	25
	4116	1448*	10	2264*	24
	4117	1458	11	2288	24
	4118	1469*	10	2312	25
	4119	1479	11	2337*	24
8.40	4120	3,6 1490*	10	8,3 2361*	24
	4121	1500	11	2385	24
	4122	1511*	10	2409	25
	4123	1521	11	2434*	24
	4124	1532*	10	2458*	24
8.45	4125	3,6 1542	11	8,3 2482	24
	4126	1553*	10	2506	25
	4127	1563	11	2531*	24
	4128	1574*	10	2555*	24
	4129	1584	11	2579	24
8.50	4130	3,6 1595	11	8,3 2603	24
	4131	1606*	10	2627	25
	4132	1616	11	2652*	24
	4133	1627*	10	2676*	24
	4134	1637	11	2700	24
8.55	4135	3,6 1648*	10	8,3 2724	24
	4136	1658	11	2748	25
	4137	1669*	10	2773*	24
	4138	1679	11	2797*	24
	4139	1690*	10	2821*	24
8.60′ ″	4140	3,6 1700		8,3 2845	
1°	N	Lov N	D	loh N	D

1°	N	Lov N	D	loh N	D
9.′ 0″	4140	3,6 1700	11	8,3 2845	24
	4141	1711*	10	2869	24
	4142	1721	10	2893	25
	4143	1731	11	2918*	24
	4144	1742*	10	2942*	24
9. 5	4145	3,6 1752	11	8,3 2966*	24
	4146	1763*	10	2990*	24
	4147	1773	11	3014	24
	4148	1784*	10	3038	24
	4149	1794	11	3062	24
9.10	4150	3,6 1805*	10	8,3 3086	24
	4151	1815	11	3110	25
	4152	1826*	10	3135*	24
	4153	1836	11	3159*	24
	4154	1847*	10	3183*	24
9.15	4155	3,6 1857	11	8,3 3207*	24
	4156	1868*	10	3231*	24
	4157	1878	10	3255*	24
	4158	1888	11	3279*	24
	4159	1899*	10	3303*	24
9.20	4160	3,6 1909	11	8,3 3327	24
	4161	1920*	10	3351	24
	4162	1930	11	3375	24
	4163	1941*	10	3399	24
	4164	1951	11	3423	24
9.25	4165	3,6 1962*	10	8,3 3447	24
	4166	1972*	10	3471	24
	4167	1982	11	3495	24
	4168	1993*	10	3519	24
	4169	2003	11	3543	24
9.30	4170	3,6 2014*	10	8,3 3567	24
	4171	2024	10	3591	24
	4172	2034	11	3615	24
	4173	2045*	10	3639	24
	4174	2055	11	3663	24
9.35	4175	3,6 2066*	10	8,3 3687*	24
	4176	2076	10	3711*	24
	4177	2086	11	3735*	24
	4178	2097*	10	3759*	24
	4179	2107	11	3783*	24
9.40	4180	3,6 2118*	10	8,3 3807*	24
	4181	2128	10	3831*	23
	4182	2138	11	3854	24
	4183	2149*	10	3878	24
	4184	2159	11	3902	24
9.45	4185	3,6 2170*	10	8,3 3926	24
	4186	2180*	10	3950	24
	4187	2190	11	3974*	24
	4188	2201*	10	3998*	24
	4189	2211	10	4022*	24
9.50	4190	3,6 2221	11	8,3 4046*	23
	4191	2232*	10	4069	24
	4192	2242	10	4093	24
	4193	2252	11	4117	24
	4194	2263*	10	4141	24
9.55	4195	3,6 2273	11	8,3 4165*	24
	4196	2284*	10	4189*	24
	4197	2294*	10	4213*	23
	4198	2304	11	4236	24
	4199	2315*	10	4260	24
9.60 ′ ″	4200	3,6 2325*		8,3 4284*	
1°	N	Lov N	D	loh N	D

1°	N	Lov N	D	loh N	D
10.′ 0″	4200	3,6 2325*	10	8,3 4284*	24
	4201	2335	11	4308*	24
	4202	2346*	10	4332*	23
	4203	2356*	10	4355	24
	4204	2366	11	4379	24
10. 5	4205	3,6 2377*	10	8,3 4403*	24
	4206	2387*	10	4427*	24
	4207	2397	11	4451*	23
	4208	2408*	10	4474	24
	4209	2418*	10	4498	24
10.10	4210	3,6 2428	11	8,3 4522*	24
	4211	2439*	10	4546*	23
	4212	2449*	10	4569	24
	4213	2459	10	4593	24
	4214	2469	11	4617*	23
10.15	4215	3,6 2480*	10	8,3 4640	24
	4216	2490	10	4664	24
	4217	2500	11	4688*	24
	4218	2511*	10	4712*	23
	4219	2521*	10	4735	24
10.20	4220	3,6 2531	11	8,3 4759	24
	4221	2542*	10	4783*	23
	4222	2552*	10	4806	24
	4223	2562	10	4830	24
	4224	2572	11	4854*	23
10.25	4225	3,6 2583*	10	8,3 4877	24
	4226	2593*	10	4901	24
	4227	2603	10	4925*	23
	4228	2613	11	4948	24
	4229	2624*	10	4972	24
10.30	4230	3,6 2634	10	8,3 4996*	23
	4231	2644	11	5019	24
	4232	2655*	10	5043*	24
	4233	2665*	10	5067*	23
	4234	2675	10	5090	24
10.35	4235	3,6 2685	11	8,3 5114*	23
	4236	2696*	10	5137	24
	4237	2706*	10	5161	24
	4238	2716	10	5185*	23
	4239	2726	11	5208	24
10.40	4240	3,6 2737*	10	8,3 5232*	23
	4241	2747*	10	5255	24
	4242	2757	10	5279	24
	4243	2767	11	5303*	23
	4244	2778*	10	5326	24
10.45	4245	3,6 2788*	10	8,3 5350*	23
	4246	2798*	10	5373	24
	4247	2808	10	5397*	23
	4248	2818	11	5420	24
	4249	2829*	10	5444*	23
10.50	4250	3,6 2839*	10	8,3 5467	24
	4251	2849	10	5491*	23
	4252	2859	11	5514	24
	4253	2870*	10	5538*	23
	4254	2880*	10	5561	24
10.55	4255	3,6 2890*	10	8,3 5585	24
	4256	2900	10	5609*	23
	4257	2910	11	5632*	23
	4258	2921*	10	5655	24
	4259	2931*	10	5679*	23
10.60 ′ ″	4260	3,6 2941*		8,3 5702	
1°	N	Lov N	D	loh N	D

1°	N	Lov N	D	loh N	D
11.′ 0″	4260	3,6 2941*	10	8,3 5702	24
	4261	2951	10	5726*	23
	4262	2961	11	5749	24
	4263	2972*	10	5773*	23
	4264	2982*	10	5796	24
11. 5	4265	3,6 2992*	10	8,3 5820*	23
	4266	3002	10	5843	24
	4267	3012	10	5867*	23
	4268	3022	11	5890	23
	4269	3033*	10	5913	24
11.10	4270	3,6 3043*	10	8,3 5937*	23
	4271	3053*	10	5960	24
	4272	3063	10	5984*	23
	4273	3073	10	6007	24
	4274	3083	11	6031*	23
11.15	4275	3,6 3094*	10	8,3 6054*	23
	4276	3104*	10	6077	24
	4277	3114*	10	6101*	23
	4278	3124	10	6124	23
	4279	3134	10	6147	24
11.20	4280	3,6 3144	11	8,3 6171*	23
	4281	3155*	10	6194	24
	4282	3165*	10	6218*	23
	4283	3175*	10	6241*	23
	4284	3185*	10	6264	24
11.25	4285	3,6 3195	10	8,3 6288*	23
	4286	3205	10	6311*	23
	4287	3215	10	6334	24
	4288	3225	11	6358*	23
	4289	3236*	10	6381*	23
11.30	4290	3,6 3246*	10	8,3 6404	24
	4291	3256*	10	6428*	23
	4292	3266*	10	6451*	23
	4293	3276	10	6474	23
	4294	3286	10	6497	24
11.35	4295	3,6 3296	10	8,3 6521*	23
	4296	3306	11	6544*	23
	4297	3317*	10	6567	24
	4298	3327*	10	6591*	23
	4299	3337*	10	6614*	23
11.40	4300	3,6 3347*	10	8,3 6637	23
	4301	3357*	10	6660	24
	4302	3367	10	6684*	23
	4303	3377	10	6707*	23
	4304	3387	10	6730	23
11.45	4305	3,6 3397	10	8,3 6753	23
	4306	3407	10	6776	24
	4307	3417	11	6800*	23
	4308	3428*	10	6823*	23
	4309	3438*	10	6846	23
11.50	4310	3,6 3448*	10	8,3 6869	24
	4311	3458*	10	6893*	23
	4312	3468*	10	6916*	23
	4313	3478*	10	6939*	23
	4314	3488	10	6962	23
11.55	4315	3,6 3498	10	8,3 6985	23
	4316	3508	10	7008	24
	4317	3518	10	7032*	23
	4318	3528	10	7055*	23
	4319	3538	10	7078*	23
11.60 ′ ″	4320	3,6 3548		8,3 7101	
1°	N	Lov N	D	loh N	D

1° ′ ″	N	Lov N	D	loh N	D
12. 0	4320	3,6 3548	10	8,3 7101	23
	4321	3558	10	7124	23
	4322	3568	11	7147	23
	4323	3579*	10	7170	24
	4324	3589*	10	7194*	23
12. 5	4325	3,6 3599*	10	8,3 7217*	23
	4326	3609*	10	7240*	23
	4327	3619*	10	7263*	23
	4328	3629*	10	7286	23
	4329	3639*	10	7309	23
12.10	4330	3,6 3649*	10	8,3 7332	23
	4331	3659*	10	7355	23
	4332	3669*	10	7378	24
	4333	3679*	10	7402*	23
	4334	3689*	10	7425*	23
12.15	4335	3,6 3699*	10	8,3 7448*	23
	4336	3709*	10	7471*	23
	4337	3719*	10	7494*	23
	4338	3729*	10	7517*	23
	4339	3739*	10	7540*	23
12.20	4340	3,6 3749*	10	8,3 7563*	23
	4341	3759*	10	7586	23
	4342	3769*	10	7609	23
	4343	3779*	10	7632	23
	4344	3789*	10	7655	23
12.25	4345	3,6 3799*	10	8,3 7678	23
	4346	3809*	10	7701	23
	4347	3819*	10	7724	23
	4348	3829*	10	7747	23
	4349	3839*	10	7770	23
12.30	4350	3,6 3849*	10	8,3 7793	23
	4351	3859*	10	7816	23
	4352	3869*	10	7839	23
	4353	3879*	10	7862	23
	4354	3889*	10	7885	23
12.35	4355	3,6 3899*	10	8,3 7908*	23
	4356	3909*	10	7931*	23
	4357	3919*	10	7954*	23
	4358	3929*	10	7977*	23
	4359	3939*	10	8000*	23
12.40	4360	3,6 3949*	10	8,3 8023*	23
	4361	3959*	10	8046*	23
	4362	3969*	10	8069*	23
	4363	3979*	9	8092*	22
	4364	3988	10	8114	23
12.45	4365	3,6 3998	10	8,3 8137	23
	4366	4008	10	8160	23
	4367	4018	10	8183	23
	4368	4028	10	8206	23
	4369	4038	10	8229*	23
12.50	4370	3,6 4048	10	8,3 8252*	23
	4371	4058	10	8275*	23
	4372	4068	10	8298*	22
	4373	4078*	10	8320	23
	4374	4088*	10	8343	23
12.55	4375	3,6 4098*	10	8,3 8366	23
	4376	4108*	10	8389	23
	4377	4118*	10	8412*	23
	4378	4128*	9	8435*	23
	4379	4137	10	8458*	22
12.60	4380	3,6 4147		8,3 8480	
1° ′ ″	N	Lov N	D	loh N	D

1° ′ ″	N	Lov N	D	loh N	D
13. 0	4380	3,6 4147	10	8,3 8480	23
	4381	4157	10	8503	23
	4382	4167	10	8526	23
	4383	4177	10	8549*	23
	4384	4187	10	8572*	22
13. 5	4385	3,6 4197*	10	8,3 8594	23
	4386	4207*	10	8617	23
	4387	4217*	10	8640	23
	4388	4227*	10	8663*	23
	4389	4237*	9	8686*	22
13.10	4390	3,6 4246	10	8,3 8708	23
	4391	4256	10	8731	23
	4392	4266	10	8754*	23
	4393	4276	10	8777*	23
	4394	4286	10	8800*	22
13.15	4395	3,6 4296*	10	8,3 8822	23
	4396	4306*	10	8845	23
	4397	4316*	10	8868*	23
	4398	4326*	9	8891*	22
	4399	4335	10	8913	23
13.20	4400	3,6 4345	10	8,3 8936*	23
	4401	4355	10	8959*	22
	4402	4365	10	8981	23
	4403	4375*	10	9004	23
	4404	4385*	10	9027*	23
13.25	4405	3,6 4395*	9	8,3 9050*	22
	4406	4404	10	9072	23
	4407	4414	10	9095*	23
	4408	4424	10	9118*	22
	4409	4434	10	9140	23
13.30	4410	3,6 4444*	10	8,3 9163*	23
	4411	4454*	10	9186*	22
	4412	4464*	9	9208	23
	4413	4473	10	9231	23
	4414	4483	10	9254*	22
13.35	4415	3,6 4493	10	8,3 9276	23
	4416	4503*	10	9299*	23
	4417	4513*	10	9322*	22
	4418	4523*	9	9344	23
	4419	4532	10	9367*	22
13.40	4420	3,6 4542	10	8,3 9389	23
	4421	4552	10	9412	23
	4422	4562*	10	9435*	22
	4423	4572*	10	9457	23
	4424	4582*	9	9480*	23
13.45	4425	3,6 4591	10	8,3 9503*	22
	4426	4601	10	9525	23
	4427	4611*	10	9548*	22
	4428	4621*	10	9570	23
	4429	4631*	9	9593*	22
13.50	4430	3,6 4640	10	8,3 9615	23
	4431	4650	10	9638	23
	4432	4660*	10	9661*	22
	4433	4670*	10	9683	23
	4434	4680*	9	9706*	23
13.55	4435	3,6 4689	10	8,3 9728	23
	4436	4699	10	9751*	22
	4437	4709*	10	9773	23
	4438	4719*	10	9796*	22
	4439	4729*	9	9818	23
13.60	4440	3,6 4738		8,3 9841*	
1° ′ ″	N	Lov N	D	loh N	D

1° ′ ″	N	Lov N	D	loh N	D
14. 0	4440	3,6 4738	10	8,3 9841	22
	4441	4748	10	9863	23
	4442	4758*	10	9886	23
	4443	4768*	9	9909*	22
	4444	4777	10	9931	23
14. 5	4445	3,6 4787	10	8,3 9954*	22
	4446	4797*	10	9976	22
	4447	4807*	9	9998	23
	4448	4816	10	8,4 0021*	22
	4449	4826	10	0043	23
14.10	4450	3,6 4836	10	8,4 0066*	22
	4451	4846*	10	0088	23
	4452	4856*	9	0111*	22
	4453	4865	10	0133	23
	4454	4875	10	0156*	22
14.15	4455	3,6 4885*	10	8,4 0178	23
	4456	4895*	9	0201*	22
	4457	4904	10	0223	23
	4458	4914	10	0246*	22
	4459	4924*	9	0268*	22
14.20	4460	3,6 4933	10	8,4 0290	23
	4461	4943	10	0313*	22
	4462	4953*	10	0335	23
	4463	4963*	9	0358*	22
	4464	4972	10	0380	22
14.25	4465	3,6 4982	10	8,4 0402	23
	4466	4992*	10	0425*	22
	4467	5002*	9	0447	23
	4468	5011	10	0470*	22
	4469	5021	10	0492*	22
14.30	4470	3,6 5031*	9	8,4 0514	23
	4471	5040	10	0537*	22
	4472	5050	10	0559	22
	4473	5060*	10	0581	23
	4474	5070*	9	0604*	22
14.35	4475	3,6 5079	10	8,4 0626	23
	4476	5089	10	0649*	22
	4477	5099*	9	0671*	22
	4478	5108	10	0693	23
	4479	5118	10	0716*	22
14.40	4480	3,6 5128*	9	8,4 0738*	22
	4481	5137	10	0760	22
	4482	5147	10	0782	23
	4483	5157*	10	0805*	22
	4484	5167*	9	0827	22
14.45	4485	3,6 5176	10	8,4 0849	23
	4486	5186*	10	0872*	22
	4487	5196*	9	0894*	22
	4488	5205	10	0916	23
	4489	5215*	10	0939*	22
14.50	4490	3,6 5225*	9	8,4 0961*	22
	4491	5234	10	0983	22
	4492	5244*	10	1005	23
	4493	5254*	9	1028*	22
	4494	5263	10	1050*	22
14.55	4495	3,6 5273*	10	8,4 1072	22
	4496	5283*	9	1094	23
	4497	5292	10	1117*	22
	4498	5302*	10	1139*	22
	4499	5312*	9	1161	22
14.60	4500	3,6 5321		8,4 1183	
1° ′ ″	N	Lov N	D	loh N	D

1°	N	Lov N	D	loh N	D
15′ 0″	4500	3,6 5321	10	8,4 1183	22
	4501	5331*	10	1205	23
	4502	5341*	9	1228*	22
	4503	5350	10	1250*	22
	4504	5360*	9	1272	22
15. 5	4505	3,6 5369	10	8,4 1294	23
	4506	5379	10	1317*	22
	4507	5389*	9	1339*	22
	4508	5398	10	1361*	22
	4509	5408	10	1383	22
15.10	4510	3,6 5418*	9	8,4 1405	22
	4511	5427	10	1427	23
	4512	5437*	10	1450*	22
	4513	5447*	9	1472*	22
	4514	5456	10	1494*	22
15.15	4515	3,6 5466*	9	8,4 1516	22
	4516	5475	10	1538	22
	4517	5485	10	1560	22
	4518	5495*	9	1582	23
	4519	5504	10	1605*	22
15.20	4520	3,6 5514*	9	8,4 1627*	22
	4521	5523	10	1649*	22
	4522	5533	10	1671*	22
	4523	5543*	9	1693	22
	4524	5552	10	1715	22
15.25	4525	3,6 5562*	9	8,4 1737	22
	4526	5571	10	1759	22
	4527	5581	10	1781	23
	4528	5591*	9	1804*	22
	4529	5600	10	1826*	22
15.30	4530	3,6 5610*	9	8,4 1848*	22
	4531	5619	10	1870*	22
	4532	5629*	10	1892*	22
	4533	5639*	9	1914*	22
	4534	5648	10	1936*	22
15.35	4535	3,6 5658*	9	8,4 1958	22
	4536	5667	10	1980	22
	4537	5677*	9	2002	22
	4538	5686	10	2024	22
	4539	5696	10	2046	22
15.40	4540	3,6 5706*	9	8,4 2068	22
	4541	5715	10	2090	22
	4542	5725*	9	2112	22
	4543	5734	10	2134	22
	4544	5744*	9	2156	22
15.45	4545	3,6 5753	10	8,4 2178	22
	4546	5763*	9	2200	22
	4547	5772	10	2222	22
	4548	5782	10	2244	22
	4549	5792*	9	2266	22
15.50	4550	3,6 5801	10	8,4 2288	22
	4551	5811*	9	2310	22
	4552	5820	10	2332	22
	4553	5830*	9	2354	22
	4554	5839	10	2376	22
15.55	4555	3,6 5849*	9	8,4 2398	22
	4556	5858	10	2420	22
	4557	5868*	9	2442*	22
	4558	5877	10	2464*	22
	4559	5887*	9	2486*	22
15.60	4560	3,6 5896		8,4 2508*	
′ ″ 1°	N	Lov N	D	loh N	D

1°	N	Lov N	D	loh N	D
16′ 0″	4560	3,6 5896	10	8,4 2508*	22
	4561	5906	10	2530*	22
	4562	5916*	9	2552*	22
	4563	5925	10	2574*	21
	4564	5935*	9	2595	22
16. 5	4565	3,6 5944	10	8,4 2617	22
	4566	5954*	9	2639	22
	4567	5963	10	2661	22
	4568	5973*	9	2683	22
	4569	5982	10	2705*	22
16.10	4570	3,6 5992*	9	8,4 2727*	22
	4571	6001	10	2749*	22
	4572	6011*	9	2771*	21
	4573	6020	10	2792	22
	4574	6030*	9	2814	22
16.15	4575	3,6 6039	10	8,4 2836	22
	4576	6049*	9	2858	22
	4577	6058	10	2880*	22
	4578	6068*	9	2902*	22
	4579	6077	10	2924*	21
16.20	4580	3,6 6087*	9	8,4 2945	22
	4581	6096	10	2967	22
	4582	6106*	9	2989	22
	4583	6115*	9	3011*	22
	4584	6124	10	3033*	22
16.25	4585	3,6 6134*	9	8,4 3055*	21
	4586	6143	10	3076	22
	4587	6153*	9	3098	22
	4588	6162	10	3120*	22
	4589	6172*	9	3142*	22
16.30	4590	3,6 6181	10	8,4 3164*	21
	4591	6191*	9	3185	22
	4592	6200	10	3207	22
	4593	6210*	9	3229*	22
	4594	6219	10	3251*	21
16.35	4595	3,6 6229*	9	8,4 3272	22
	4596	6238	9	3294	22
	4597	6247	10	3316*	22
	4598	6257*	9	3338*	21
	4599	6266	10	3359	22
16.40	4600	3,6 6276*	9	8,4 3381	22
	4601	6285	10	3403*	22
	4602	6295*	9	3425*	21
	4603	6304	10	3446	22
	4604	6314*	9	3468	22
16.45	4605	3,6 6323*	9	8,4 3490*	22
	4606	6332	10	3512*	21
	4607	6342*	9	3533	22
	4608	6351	10	3555*	22
	4609	6361*	9	3577*	21
16.50	4610	3,6 6370	10	8,4 3598	22
	4611	6380*	9	3620	22
	4612	6389*	9	3642*	21
	4613	6398	10	3663	22
	4614	6408*	9	3685	22
16.55	4615	3,6 6417	10	8,4 3707*	21
	4616	6427*	9	3728	22
	4617	6436*	9	3750	22
	4618	6445	10	3772*	21
	4619	6455*	9	3793	22
16.60	4620	3,6 6464		8,4 3815*	
′ ″ 1°	N	Lov N	D	loh N	D

1°	N	Lov N	D	loh N	D
17′ 0″	4620	3,6 6464	10	8,4 3815*	22
	4621	6474*	9	3837*	21
	4622	6483*	9	3858	22
	4623	6492	10	3880*	22
	4624	6502*	9	3902*	21
17. 5	4625	3,6 6511	10	8,4 3923	22
	4626	6521*	9	3945*	21
	4627	6530*	9	3966	22
	4628	6539	10	3988	22
	4629	6549	9	4010*	21
17.10	4630	3,6 6558	9	8,4 4031	22
	4631	6567	10	4053*	21
	4632	6577*	9	4074	22
	4633	6586	10	4096*	22
	4634	6596*	9	4118*	21
17.15	4635	3,6 6605*	9	8,4 4139	22
	4636	6614	10	4161*	21
	4637	6624*	9	4182	22
	4638	6633	9	4204*	21
	4639	6642	10	4225	22
17.20	4640	3,6 6652*	9	8,4 4247*	22
	4641	6661	10	4269*	21
	4642	6671*	9	4290	22
	4643	6680*	9	4312*	21
	4644	6689	10	4333	22
17.25	4645	3,6 6699*	9	8,4 4355*	21
	4646	6708*	9	4376	22
	4647	6717	10	4398*	21
	4648	6727*	9	4419	22
	4649	6736*	9	4441*	21
17.30	4650	3,6 6745	10	8,4 4462	22
	4651	6755*	9	4484*	21
	4652	6764*	9	4505	22
	4653	6773	10	4527*	21
	4654	6783*	9	4548	22
17.35	4655	3,6 6792*	9	8,4 4570*	21
	4656	6801	10	4591	22
	4657	6811*	9	4613*	21
	4658	6820*	9	4634	22
	4659	6829	10	4656*	21
17.40	4660	3,6 6839*	9	8,4 4677	22
	4661	6848*	9	4699*	21
	4662	6857	10	4720*	21
	4663	6867*	9	4741	22
	4664	6876*	9	4763*	21
17.45	4665	3,6 6885	9	8,4 4784	22
	4666	6894	10	4806*	21
	4667	6904*	9	4827	22
	4668	6913	9	4849*	21
	4669	6922	10	4870	21
17.50	4670	3,6 6932*	9	8,4 4891	22
	4671	6941*	9	4913*	21
	4672	6950	10	4934	22
	4673	6960*	9	4956*	21
	4674	6969*	9	4977	21
17.55	4675	3,6 6978	9	8,4 4998	22
	4676	6987	10	5020*	21
	4677	6997*	9	5041	22
	4678	7006	9	5063*	21
	4679	7015	10	5084*	21
17.60	4680	3,6 7025*		8,4 5105	
′ ″ 1°	N	Lov N	D	loh N	D

1° ′ ″	N	Log N	D	log N	D
18′ 0″	4680	3,6 7025*	9	8,4 5105	22
	4681	7034*	9	5127*	21
	4682	7043	9	5148	21
	4683	7052	10	5169	22
	4684	7062*	9	5191*	21
18. 5	4685	3,6 7071*	9	8,4 5212	21
	4686	7080	9	5233	22
	4687	7089	10	5255*	21
	4688	7099*	9	5276	21
	4689	7108	9	5297	22
18.10	4690	3,6 7117	10	8,4 5319*	21
	4691	7127*	9	5340	21
	4692	7136*	9	5361	22
	4693	7145	9	5383*	21
	4694	7154	10	5404	21
18.15	4695	3,6 7164*	9	8,4 5425	22
	4696	7173*	9	5447*	21
	4697	7182	9	5468*	21
	4698	7191	10	5489	21
	4699	7201*	9	5510	22
18.20	4700	3,6 7210*	9	8,4 5532*	21
	4701	7219	9	5553	21
	4702	7228	9	5574	22
	4703	7237	10	5596*	21
	4704	7247*	9	5617*	21
18.25	4705	3,6 7256*	9	8,4 5638	21
	4706	7265	9	5659	22
	4707	7274	10	5681*	21
	4708	7284*	9	5702*	21
	4709	7293*	9	5723	21
18.30	4710	3,6 7302	9	8,4 5744	22
	4711	7311	10	5766*	21
	4712	7321*	9	5787*	21
	4713	7330*	9	5808*	21
	4714	7339*	9	5829	21
18.35	4715	3,6 7348	9	8,4 5850	22
	4716	7357	10	5872*	21
	4717	7367*	9	5893*	21
	4718	7376*	9	5914	21
	4719	7385*	9	5935	21
18.40	4720	3,6 7394	9	8,4 5956	22
	4721	7403	10	5978*	21
	4722	7413*	9	5999*	21
	4723	7422*	9	6020*	21
	4724	7431*	9	6041	21
18.45	4725	3,6 7440	9	8,4 6062	21
	4726	7449	10	6083	22
	4727	7459*	9	6105*	21
	4728	7468*	9	6126*	21
	4729	7477*	9	6147*	21
18.50	4730	3,6 7486	9	8,4 6168	21
	4731	7495	9	6189	21
	4732	7504	10	6210	21
	4733	7514*	9	6231	22
	4734	7523*	9	6253*	21
18.55	4735	3,6 7532*	9	8,4 6274*	21
	4736	7541	9	6295*	21
	4737	7550	10	6316*	21
	4738	7560*	9	6337	21
	4739	7569*	9	6358	21
18.60	4740	3,6 7578*		8,4 6379	
′ ″ 1°	N	Log N	D	log N	D

1° ′ ″	N	Log N	D	log N	D
19′ 0″	4740	3,6 7578*	9	8,4 6379	21
	4741	7587*	9	6400	21
	4742	7596	9	6421	22
	4743	7605	9	6443*	21
	4744	7614	10	6464*	21
19. 5	4745	3,6 7624*	9	8,4 6485*	21
	4746	7633*	9	6506*	21
	4747	7642*	9	6527*	21
	4748	7651	9	6548*	21
	4749	7660	9	6569*	21
19.10	4750	3,6 7669	10	8,4 6590*	21
	4751	7679*	9	6611	21
	4752	7688*	9	6632	21
	4753	7697*	9	6653	21
	4754	7706*	9	6674	21
19.15	4755	3,6 7715	9	8,4 6695	21
	4756	7724	9	6716	21
	4757	7733	9	6737	21
	4758	7742	10	6758	21
	4759	7752*	9	6779	21
19.20	4760	3,6 7761*	9	8,4 6800	21
	4761	7770*	9	6821	21
	4762	7779*	9	6842	21
	4763	7788	9	6863	21
	4764	7797	9	6884	21
19.25	4765	3,6 7806	9	8,4 6905	21
	4766	7815	10	6926	21
	4767	7825*	9	6947	21
	4768	7834*	9	6968	21
	4769	7843*	9	6989	21
19.30	4770	3,6 7852*	9	8,4 7010	21
	4771	7861*	9	7031	21
	4772	7870	9	7052	21
	4773	7879	9	7073	21
	4774	7888	9	7094*	21
19.35	4775	3,6 7897	9	8,4 7115*	21
	4776	7906	10	7136*	21
	4777	7916*	9	7157*	21
	4778	7925*	9	7178*	21
	4779	7934*	9	7199*	21
19.40	4780	3,6 7943*	9	8,4 7220*	21
	4781	7952*	9	7241*	20
	4782	7961*	9	7261	21
	4783	7970	9	7282	21
	4784	7979	9	7303	21
19.45	4785	3,6 7988	9	8,4 7324	21
	4786	7997	9	7345	21
	4787	8006	9	7366*	21
	4788	8015	9	7387*	21
	4789	8024	10	7408*	21
19.50	4790	3,6 8034*	9	8,4 7429*	20
	4791	8043*	9	7449	21
	4792	8052*	9	7470	21
	4793	8061*	9	7491	21
	4794	8070*	9	7512	21
19.55	4795	3,6 8079*	9	8,4 7533*	21
	4796	8088*	9	7554*	21
	4797	8097*	9	7575*	20
	4798	8106	9	7595	21
	4799	8115	9	7616	21
19.60	4800	3,6 8124		8,4 7637	
′ ″ 1°	N	Log N	D	log N	D

1° ′ ″	N	Log N	D	log N	D
20′ 0″	4800	3,6 8124	9	8,4 7637	21
	4801	8133	9	7658*	21
	4802	8142	9	7679*	21
	4803	8151	9	7700*	20
	4804	8160	9	7720	21
20. 5	4805	3,6 8169	9	8,4 7741	21
	4806	8178	9	7762	21
	4807	8187	9	7783*	21
	4808	8196	9	7804*	20
	4809	8205	10	7824	21
20.10	4810	3,6 8215*	9	8,4 7845	21
	4811	8224*	9	7866	21
	4812	8233*	9	7887*	21
	4813	8242*	9	7908*	20
	4814	8251*	9	7928	21
20.15	4815	3,6 8260*	9	8,4 7949	21
	4816	8269*	9	7970*	21
	4817	8278*	9	7991*	20
	4818	8287*	9	8011	21
	4819	8296*	9	8032	21
20.20	4820	3,6 8305*	9	8,4 8053*	21
	4821	8314*	9	8074*	20
	4822	8323*	9	8094	21
	4823	8332*	9	8115	21
	4824	8341*	9	8136*	21
20.25	4825	3,6 8350*	9	8,4 8157*	20
	4826	8359*	9	8177	21
	4827	8368*	9	8198	21
	4828	8377*	9	8219*	20
	4829	8386*	9	8239	21
20.30	4830	3,6 8395*	9	8,4 8260	21
	4831	8404*	9	8281*	21
	4832	8413*	9	8302*	20
	4833	8422*	9	8322	21
	4834	8431*	9	8343*	21
20.35	4835	3,6 8440*	9	8,4 8364*	20
	4836	8449*	9	8384	21
	4837	8458*	9	8405*	21
	4838	8467*	9	8426*	20
	4839	8476*	9	8446	21
20.40	4840	3,6 8485*	9	8,4 8467*	21
	4841	8494*	8	8488*	20
	4842	8502	9	8508	21
	4843	8511	9	8529*	21
	4844	8520	9	8550*	20
20.45	4845	3,6 8529	9	8,4 8570	21
	4846	8538	9	8591*	21
	4847	8547	9	8612*	20
	4848	8556	9	8632	21
	4849	8565	9	8653*	20
20.50	4850	3,6 8574	9	8,4 8673	21
	4851	8583	9	8694	21
	4852	8592	9	8715*	20
	4853	8601	9	8735	21
	4854	8610*	9	8756*	20
20.55	4855	3,6 8619*	9	8,4 8776	21
	4856	8628*	9	8797	21
	4857	8637*	9	8818*	20
	4858	8646*	9	8838	21
	4859	8655*	9	8859*	20
20.60	4860	3,6 8664*		8,4 8879	
′ ″ 1°	N	Log N	D	log N	D

1°	N	Lov N	D	loh N	D
21.′ 0″	4860	3,6 8664*	9	8,4 8879	21
	4861	8673*	8	8900*	21
	4862	8681	9	8921*	20
	4863	8690	9	8941	21
	4864	8699	9	8962*	20
21. 5	4865	3,6 8708	9	8,4 8982	21
	4866	8717	9	9003*	20
	4867	8726	9	9023	21
	4868	8735	9	9044*	20
	4869	8744*	9	9064	21
21.10	4870	3,6 8753*	9	8,4 9085*	20
	4871	8762*	9	9105	21
	4872	8771*	9	9126*	21
	4873	8780*	9	9147*	20
	4874	8789*	8	9167	21
21.15	4875	3,6 8797	9	8,4 9188*	20
	4876	8806	9	9208	21
	4877	8815	9	9229*	20
	4878	8824	9	9249	21
	4879	8833	9	9270*	20
21.20	4880	3,6 8842*	9	8,4 9290	21
	4881	8851*	9	9311*	20
	4882	8860*	9	9331	21
	4883	8869*	9	9352*	20
	4884	8878*	8	9372*	20
21.25	4885	3,6 8886	9	8,4 9392	21
	4886	8895	9	9413*	20
	4887	8904	9	9433	21
	4888	8913	9	9454*	20
	4889	8922	9	9474	21
21.30	4890	3,6 8931*	9	8,4 9495*	20
	4891	8940*	9	9515	21
	4892	8949*	9	9536*	20
	4893	8958*	8	9556	21
	4894	8966	9	9577*	20
21.35	4895	3,6 8975	9	8,4 9597*	20
	4896	8984	9	9617	21
	4897	8993	9	9638*	20
	4898	9002*	9	9658	21
	4899	9011*	9	9679*	20
21.40	4900	3,6 9020*	8	8,4 9699	20
	4901	9028	9	9719	21
	4902	9037	9	9740*	20
	4903	9046	9	9760	21
	4904	9055	9	9781*	20
21.45	4905	3,6 9064*	9	8,4 9801	20
	4906	9073*	9	9821	21
	4907	9082*	8	9842*	20
	4908	9090	9	9862	21
	4909	9099	9	9883*	20
21.50	4910	3,6 9108	9	8,4 9903*	20
	4911	9117*	9	9923	21
	4912	9126*	9	9944*	20
	4913	9135*	9	9964	20
	4914	9144*	8	9984	21
21.55	4915	3,6 9152	9	8,5 0005*	20
	4916	9161	9	0025	20
	4917	9170	9	0045	21
	4918	9179*	9	0066*	20
	4919	9188*	9	0086	20
21.60 ′ ″	4920	3,6 9197*		8,5 0106	
1°	N	Lov N	D	loh N	D

1°	N	Lov N	D	loh N	D
22.′ 0″	4920	3,6 9197*	8	8,5 0106	21
	4921	9205	9	0127*	20
	4922	9214	9	0147	20
	4923	9223*	9	0167	21
	4924	9232*	9	0188*	20
22. 5	4925	3,6 9241*	8	8,5 0208*	20
	4926	9249	9	0228	21
	4927	9258	9	0249*	20
	4928	9267	9	0269*	20
	4929	9276*	9	0289	20
22.10	4930	3,6 9285*	9	8,5 0309	21
	4931	9294*	8	0330*	20
	4932	9302	9	0350*	20
	4933	9311	9	0370	21
	4934	9320*	9	0391*	20
22.15	4935	3,6 9329*	9	8,5 0411*	20
	4936	9338*	8	0431	20
	4937	9346	9	0451	21
	4938	9355	9	0472*	20
	4939	9364*	9	0492*	20
22.20	4940	3,6 9373*	8	8,5 0512	20
	4941	9381	9	0532	21
	4942	9390	9	0553*	20
	4943	9399	9	0573*	20
	4944	9408*	9	0593*	20
22.25	4945	3,6 9417*	8	8,5 0613	20
	4946	9425	9	0633	21
	4947	9434	9	0654*	20
	4948	9443*	9	0674*	20
	4949	9452*	9	0694	20
22.30	4950	3,6 9461*	8	8,5 0714	20
	4951	9469	9	0734	21
	4952	9478	9	0755*	20
	4953	9487*	9	0775*	20
	4954	9496*	8	0795	20
22.35	4955	3,6 9504	9	8,5 0815	20
	4956	9513	9	0835	21
	4957	9522*	9	0856*	20
	4958	9531*	8	0876*	20
	4959	9539	9	0896*	20
22.40	4960	3,6 9548	9	8,5 0916	20
	4961	9557*	9	0936	20
	4962	9566*	8	0956	21
	4963	9574	9	0977*	20
	4964	9583	9	0997*	20
22.45	4965	3,6 9592*	9	8,5 1017*	20
	4966	9601*	8	1037*	20
	4967	9609	9	1057	20
	4968	9618	9	1077	20
	4969	9627*	9	1097	21
22.50	4970	3,6 9636*	8	8,5 1118*	20
	4971	9644	9	1138*	20
	4972	9653	9	1158*	20
	4973	9662*	9	1178*	20
	4974	9671*	8	1198*	20
22.55	4975	3,6 9679	9	8,5 1218	20
	4976	9688	9	1238	20
	4977	9697*	8	1258	20
	4978	9705	9	1278	20
	4979	9714	9	1298	21
22.60 ′ ″	4980	3,6 9723*		8,5 1319*	
1°	N	Lov N	D	loh N	D

1°	N	Lov N	D	loh N	D
23.′ 0″	4980	3,6 9723*	9	8,5 1319*	20
	4981	9732*	8	1339*	20
	4982	9740	9	1359*	20
	4983	9749	9	1379*	20
	4984	9758*	9	1399*	20
23. 5	4985	3,6 9767*	8	8,5 1419*	20
	4986	9775	9	1439*	20
	4987	9784*	9	1459*	20
	4988	9793*	8	1479	20
	4989	9801	9	1499	20
23.10	4990	3,6 9810	9	8,5 1519	20
	4991	9819*	8	1539	20
	4992	9827	9	1559	20
	4993	9836	9	1579	20
	4994	9845*	9	1599	20
23.15	4995	3,6 9854*	8	8,5 1619	20
	4996	9862	9	1639	20
	4997	9871*	9	1659	20
	4998	0880*	8	1679	20
	4999	9888	9	1699	20
23.20	5000	3,6 9897	9	8,5 1719	20
	5001	9906*	8	1739	20
	5002	9914	9	1759	20
	5003	9923	9	1779	20
	5004	9932*	8	1799	20
23.25	5005	3,6 9940	9	8,5 1819	20
	5006	9949	9	1839	20
	5007	9958*	8	1859	20
	5008	9966	9	1879	20
	5009	9975	9	1899	20
23.30	5010	3,6 9984*	8	8,5 1919	20
	5011	9992	9	1939	20
	5012	3,7 0001	9	1959	20
	5013	0010*	8	1979*	20
	5014	0018	9	1999*	20
23.35	5015	3,7 0027	9	8,5 2019*	20
	5016	0036*	8	2039*	20
	5017	0044	9	2059*	20
	5018	0053	9	2079*	20
	5019	0062*	8	2099*	20
23.40	5020	3,7 0070	9	8,5 2119*	19
	5021	0079	9	2138	20
	5022	0088*	8	2158	20
	5023	0096	9	2178	20
	5024	0105*	9	2198	20
23.45	5025	3,7 0114*	8	8,5 2218	20
	5026	0122	9	2238*	20
	5027	0131*	9	2258*	20
	5028	0140*	8	2278*	20
	5029	0148	9	2298*	20
23.50	5030	3,7 0157*	8	8,5 2318*	19
	5031	0165	9	2337	20
	5032	0174	9	2357	20
	5033	0183*	8	2377	20
	5034	0191	9	2397	20
23.55	5035	3,7 0200*	9	8,5 2417*	20
	5036	0209*	8	2437*	20
	5037	0217*	9	2457*	19
	5038	0226*	8	2476	20
	5039	0234	9	2496	20
23.60 ′ ″	5040	3,7 0243		8,5 2516	
1°	N	Lov N	D	loh N	D

1°	N	Lov N	D	loh N	D
24′ 0″	5040	3,7 0243	9	8,5 2516	20
	5041	0252*	8	2536*	20
	5042	0260	9	2556*	20
	5043	0269*	9	2576*	19
	5044	0278*	8	2595	20
24. 5	5045	3,7 0286	9	8,5 2615	20
	5046	0295*	8	2635	20
	5047	0303	9	2655*	20
	5048	0312*	9	2675*	20
	5049	0321*	8	2695*	19
24.10	5050	3,7 0329	9	8,5 2714	20
	5051	0338*	8	2734	20
	5052	0346	9	2754*	20
	5053	0355*	9	2774*	20
	5054	0364*	8	2794*	19
24.15	5055	3,7 0372	9	8,5 2813	20
	5056	0381*	8	2833	20
	5057	0389	9	2853*	20
	5058	0398*	8	2873*	19
	5059	0406	9	2892	20
24.20	5060	3,7 0415	9	8,5 2912	20
	5061	0424*	8	2932*	20
	5062	0432	9	2952*	19
	5063	0441*	8	2971	20
	5064	0449	9	2991	20
24.25	5065	3,7 0458*	9	8,5 3011*	20
	5066	0467*	8	3031*	19
	5067	0475	9	3050	20
	5068	0484*	8	3070	20
	5069	0492	9	3090*	20
24.30	5070	3,7 0501*	8	8,5 3110*	19
	5071	0509	9	3129	20
	5072	0518*	8	3149	20
	5073	0526	9	3169*	19
	5074	0535	9	3188	20
24.35	5075	3,7 0544*	8	8,5 3208	20
	5076	0552	9	3228*	20
	5077	0561*	8	3248*	19
	5078	0569	9	3267	20
	5079	0578*	8	3287*	20
24.40	5080	3,7 0586	9	8,5 3307*	19
	5081	0595*	8	3326	20
	5082	0603	9	3346	20
	5083	0612	9	3366*	19
	5084	0621*	8	3385	20
24.45	5085	3,7 0629	9	8,5 3405	20
	5086	0638*	8	3425*	19
	5087	0646	9	3444	20
	5088	0655*	8	3464	20
	5089	0663	9	3484*	19
24.50	5090	3,7 0672*	8	8,5 3503	20
	5091	0680	9	3523*	20
	5092	0689*	8	3543*	19
	5093	0697	9	3562	20
	5094	0706*	8	3582*	19
24.55	5095	3,7 0714	9	8,5 3601	20
	5096	0723*	8	3621	20
	5097	0731	9	3641*	19
	5098	0740*	9	3660	20
	5099	0749*	8	3680*	20
24.60′ ″	5100	3,7 0757		8,5 3700*	
1°	N	Lov N	D	loh N	D

1°	N	Lov N	D	loh N	D
25′ 0″	5100	3,7 0757	9	8,5 3700*	19
	5101	0766*	8	3719	20
	5102	0774	9	3739*	19
	5103	0783*	8	3758	20
	5104	0791	9	3778*	20
25. 5	5105	3,7 0800*	8	8,5 3798*	19
	5106	0808	9	3817	20
	5107	0817*	8	3837*	19
	5108	0825	9	3856	20
	5109	0834*	8	3876*	19
25.10	5110	3,7 0842	9	8,5 3895	20
	5111	0851*	8	3915	20
	5112	0859	9	3935*	19
	5113	0868*	8	3954	20
	5114	0876	9	3974*	19
25.15	5115	3,7 0885*	8	8,5 3993	20
	5116	0893	9	4013*	19
	5117	0902*	8	4032	20
	5118	0910	9	4052*	19
	5119	0919*	8	4071	20
25.20	5120	3,7 0927*	8	8,5 4091*	20
	5121	0935	9	4111*	19
	5122	0944*	8	4130	20
	5123	0952	9	4150*	19
	5124	0961*	8	4169	20
25.25	5125	3,7 0969	9	8,5 4189*	19
	5126	0978*	8	4208	20
	5127	0986	9	4228*	19
	5128	0995*	8	4247	20
	5129	1003	9	4267*	19
25.30	5130	3,7 1012*	8	8,5 4286	20
	5131	1020	9	4306*	19
	5132	1029*	8	4325	20
	5133	1037	9	4345*	19
	5134	1046*	8	4364	20
25.35	5135	3,7 1054	9	8,5 4384*	19
	5136	1063*	8	4403*	19
	5137	1071*	8	4422	20
	5138	1079	9	4442*	19
	5139	1088*	8	4461	20
25.40	5140	3,7 1096	9	8,5 4481*	19
	5141	1105*	8	4500	20
	5142	1113	9	4520*	19
	5143	1122*	8	4539	20
	5144	1130	9	4559*	19
25.45	5145	3,7 1139*	8	8,5 4578	19
	5146	1147*	8	4597	20
	5147	1155	9	4617*	19
	5148	1164*	8	4636	20
	5149	1172	9	4656*	19
25.50	5150	3,7 1181*	8	8,5 4675	20
	5151	1189	9	4695*	19
	5152	1198*	8	4714	19
	5153	1206	8	4733	20
	5154	1214	9	4753*	19
25.55	5155	3,7 1223*	8	8,5 4772	20
	5156	1231	9	4792*	19
	5157	1240*	8	4811	19
	5158	1248	9	4830	20
	5159	1257*	8	4850*	19
25.60′ ″	5160	3,7 1265*		8,5 4869	
1°	N	Lov N	D	loh N	D

1°	N	Lov N	D	loh N	D
26′ 0″	5160	3,7 1265*	8	8,5 4869	20
	5161	1273	9	4889*	19
	5162	1282*	8	4908*	19
	5163	1290	9	4927	20
	5164	1299*	8	4947*	19
26. 5	5165	3,7 1307	8	8,5 4966	19
	5166	1315	9	4985	20
	5167	1324*	8	5005*	19
	5168	1332	9	5024	19
	5169	1341*	8	5043	20
26.10	5170	3,7 1349	8	8,5 5063*	19
	5171	1357	9	5082	19
	5172	1366*	8	5101	20
	5173	1374	9	5121*	19
	5174	1383*	8	5140	19
26.15	5175	3,7 1391	8	8,5 5159	20
	5176	1399	9	5179*	19
	5177	1408*	8	5198	19
	5178	1416	9	5217	20
	5179	1425*	8	5237*	19
26.20	5180	3,7 1433*	8	8,5 5256	19
	5181	1441	9	5275	20
	5182	1450*	8	5295*	19
	5183	1458	8	5314*	19
	5184	1466	9	5333	20
26.25	5185	3,7 1475*	8	8,5 5353*	19
	5186	1483	9	5372*	19
	5187	1492*	8	5391	19
	5188	1500*	8	5410	20
	5189	1508	9	5430*	19
26.30	5190	3,7 1517*	8	8,5 5449*	19
	5191	1525	8	5468	19
	5192	1533	9	5487	20
	5193	1542*	8	5507*	19
	5194	1550	9	5526*	19
26.35	5195	3,7 1559*	8	8,5 5545	19
	5196	1567*	8	5564	20
	5197	1575	9	5584*	19
	5198	1584*	8	5603*	19
	5199	1592*	8	5622	19
26.40	5200	3,7 1600	9	8,5 5641	20
	5201	1609*	8	5661*	19
	5202	1617	8	5680*	19
	5203	1625	9	5699	19
	5204	1634*	8	5718	19
26.45	5205	3,7 1642	8	8,5 5737	20
	5206	1650	9	5757*	19
	5207	1659*	8	5776*	19
	5208	1667	8	5795	19
	5209	1675	9	5814	20
26.50	5210	3,7 1684*	8	8,5 5834*	19
	5211	1692	8	5853*	19
	5212	1700	9	5872*	19
	5213	1709*	8	5891	19
	5214	1717	8	5910	19
26.55	5215	3,7 1725	9	8,5 5929	20
	5216	1734*	8	5949*	19
	5217	1742	8	5968*	19
	5218	1750	9	5987*	19
	5219	1759*	8	6006	19
26.60′ ″	5220	3,7 1767		8,5 6025	
1°	N	Lov N	D	loh N	D

1°	N	Lov N	D	loh N	D
27′ 0″	5220	3,7 1767	8	8,5 6025	19
	5221	1775	9	6044	20
	5222	1784*	8	6064*	19
	5223	1792	8	6083*	19
	5224	1800	9	6102*	19
27. 5	5225	3,7 1809*	8	8,5 6121	19
	5226	1817*	8	6140	19
	5227	1825	9	6159	19
	5228	1834*	8	6178	20
	5229	1842*	8	6198*	19
27.10	5230	3,7 1850	8	8,5 6217*	19
	5231	1858	9	6236*	19
	5232	1867*	8	6255*	19
	5233	1875	8	6274	19
	5234	1883	9	6293	19
27.15	5235	3,7 1892*	8	8,5 6312	19
	5236	1900*	8	6331	19
	5237	1908	9	6350	20
	5238	1917*	8	6370*	19
	5239	1925*	8	6389*	19
27.20	5240	3,7 1933	8	8,5 6408*	19
	5241	1941	9	6427*	19
	5242	1950*	8	6446*	19
	5243	1958*	8	6465*	19
	5244	1966	9	6484*	19
27.25	5245	3,7 1975*	8	8,5 6503	19
	5246	1983*	8	6522	19
	5247	1991	8	6541	19
	5248	1999	9	6560	19
	5249	2008*	8	6579	19
27.30	5250	3,7 2016*	8	8,5 6598	19
	5251	2024	8	6617	19
	5252	2032	9	6636	19
	5253	2041*	8	6655	19
	5254	2049	8	6674	20
27.35	5255	3,7 2057	9	8,5 6694*	19
	5256	2066*	8	6713*	19
	5257	2074*	8	6732*	19
	5258	2082	8	6751*	19
	5259	2090	9	6770*	19
27.40	5260	3,7 2099*	8	8,5 6789*	19
	5261	2107*	8	6808*	19
	5262	2115	8	6827*	19
	5263	2123	9	6846*	19
	5264	2132*	8	6865*	19
27.45	5265	3,7 2140*	8	8,5 6894*	19
	5266	2148	8	6903*	19
	5267	2156	9	6922*	19
	5268	2165*	8	6941*	19
	5269	2173*	8	6960*	19
27.50	5270	3,7 2181	8	8,5 6979*	19
	5271	2189	9	6998*	19
	5272	2198*	8	7017*	18
	5273	2206*	8	7035	19
	5274	2214	8	7054	19
27.55	5275	3,7 2222	8	8,5 7073	19
	5276	2230	9	7092	19
	5277	2239*	8	7111	19
	5278	2247*	8	7130	19
	5279	2255	8	7149	19
27.60′ ″	5280	3,7 2263		8,5 7168	
1°	N	Lov N	D	loh N	D

1°	N	Lov N	D	loh N	D
28′ 0″	5280	3,7 2263	9	8,5 7168	19
	5281	2272*	8	7187	19
	5282	2280*	8	7206	18
	5283	2288	8	7225*	19
	5284	2296	8	7244*	19
28. 5	5285	3,7 2304	9	8,5 7263*	19
	5286	2313*	8	7282*	19
	5287	2321*	8	7301*	19
	5288	2329	8	7320*	18
	5289	2337	9	7338	19
28.10	5290	3,7 2346*	8	8,5 7357	19
	5291	2354*	8	7376	19
	5292	2362*	8	7395	19
	5293	2370	8	7414	19
	5294	2378	9	7433*	19
28.15	5295	3,7 2387*	8	8,5 7452*	19
	5296	2395	8	7471*	19
	5297	2403*	8	7490*	18
	5298	2411	8	7508	19
	5299	2419	9	7527	19
28.20	5300	3,7 2428*	8	8,5 7546	19
	5301	2436*	8	7565	19
	5302	2444*	8	7584*	19
	5303	2452	8	7603*	19
	5304	2460	9	7622*	19
28.25	5305	3,7 2469*	8	8,5 7641*	18
	5306	2477*	8	7659	19
	5307	2485*	8	7678	19
	5308	2493	8	7697	19
	5309	2501	8	7716*	19
28.30	5310	3,7 2509	9	8,5 7735*	19
	5311	2518*	8	7754*	18
	5312	2526*	8	7772	19
	5313	2534*	8	7791	19
	5314	2542	8	7810	19
28.35	5315	3,7 2550	8	8,5 7829*	19
	5316	2558	9	7848*	18
	5317	2567*	8	7866	19
	5318	2575*	8	7885	19
	5319	2583*	8	7904	19
28.40	5320	3,7 2591	8	8,5 7923*	19
	5321	2599	8	7942*	18
	5322	2607	9	7960	19
	5323	2616*	8	7979	19
	5324	2624*	8	7998	19
28.45	5325	3,7 2632*	8	8,5 8017*	19
	5326	2640	8	8036*	18
	5327	2648	8	8054	19
	5328	2656	9	8073	19
	5329	2665*	8	8092*	19
28.50	5330	3,7 2673*	8	8,5 8111*	18
	5331	2681*	8	8129	19
	5332	2689	8	8148	19
	5333	2697	8	8167*	19
	5334	2705	8	8186*	18
28.55	5335	3,7 2713	9	8,5 8204	19
	5336	2722*	8	8223	19
	5337	2730*	8	8242*	19
	5338	2738*	8	8261*	18
	5339	2746*	8	8279	19
28.60′ ″	5340	3,7 2754		8,5 8298	
1°	N	Lov N	D	loh N	D

1°	N	Lov N	D	loh N	D
29′ 0″	5340	3,7 2754	8	8,5 8298	19
	5341	2762	8	8317*	19
	5342	2770	9	8336*	18
	5343	2779*	8	8354	19
	5344	2787*	8	8373*	19
29. 5	5345	3,7 2795*	8	8,5 8392*	18
	5346	2803*	8	8410	19
	5347	2811	8	8429	19
	5348	2819	8	8448*	18
	5349	2827	8	8466	19
29.10	5350	3,7 2835	8	8,5 8485	19
	5351	2843	9	8504*	19
	5352	2852*	8	8523*	18
	5353	2860*	8	8541	19
	5354	2868*	8	8560*	19
29.15	5355	3,7 2876*	8	8,5 8579*	18
	5356	2884	8	8597	19
	5357	2892	8	8616*	19
	5358	2900	8	8635*	18
	5359	2908	8	8653	19
29.20	5360	3,7 2916	9	8,5 8672*	19
	5361	2925*	8	8691*	18
	5362	2933*	8	8709	19
	5363	2941*	8	8728*	19
	5364	2949*	8	8747*	18
29.25	5365	3,7 2957*	8	8,5 8765	10
	5366	2965	8	8784*	18
	5367	2973	8	8802	19
	5368	2981	8	8821	19
	5369	2989	8	8840*	18
29.30	5370	3,7 2997	9	8,5 8858	19
	5371	3006*	8	8877*	19
	5372	3014*	8	8896*	18
	5373	3022*	8	8914	19
	5374	3030*	8	8933*	18
29.35	5375	3,7 3038*	8	8,5 8951	19
	5376	3046*	8	8970*	19
	5377	3054	8	8989*	18
	5378	3062	8	9007	19
	5379	3070	8	9026*	18
29.40	5380	3,7 3078	8	8,5 9044	19
	5381	3086	8	9063*	19
	5382	3094	8	9082*	18
	5383	3102	9	9100	19
	5384	3111*	8	9119*	18
29.45	5385	3,7 3119*	8	8,5 9137	19
	5386	3127*	8	9156*	18
	5387	3135*	8	9174	19
	5388	3143*	8	9193*	19
	5389	3151*	8	9212*	18
29.50	5390	3,7 3159*	8	8,5 9230	19
	5391	3167*	8	9249*	18
	5392	3175*	8	9267	19
	5393	3183	8	9286*	18
	5394	3191	8	9304	19
29.55	5395	3,7 3199	8	8,5 9323*	18
	5396	3207	8	9341	19
	5397	3215	8	9360*	18
	5398	3223	8	9378	19
	5399	3231	8	9397*	18
29.60′ ″	5400	3,7 3239		8,5 9415	
1°	N	Lov N	D	loh N	D

1°	N	Lov N	D	loh N	D
30.′ 0″	5400	3,7 3239	8	8,5 9415	19
	5401	3247	8	9434*	18
	5402	3255	8	9452	19
	5403	3263	9	9471*	18
	5404	3272*	8	9489	19
30. 5	5405	3,7 3280*	8	8,5 9508*	18
	5406	3288*	8	9526	19
	5407	3296*	8	9545*	18
	5408	3304*	8	9563	19
	5409	3312*	8	9582*	18
30.10	5410	3,7 3320*	8	8,5 9600	19
	5411	3328*	8	9619*	18
	5412	3336*	8	9637	19
	5413	3344*	8	9656*	18
	5414	3352*	8	9674	19
30.15	5415	3,7 3360*	8	8,5 9693*	18
	5416	3368*	8	9711	19
	5417	3376*	8	9730*	18
	5418	3384*	8	9748	19
	5419	3392*	8	9767*	18
30.20	5420	3,7 3400*	8	8,5 9785	19
	5421	3408*	8	9804*	18
	5422	3416*	8	9822	18
	5423	3424*	8	9840	19
	5424	3432*	8	9859*	18
30.25	5425	3,7 3440*	8	8,5 9877	19
	5426	3448*	8	9896*	18
	5427	3456*	8	9914	19
	5428	3464*	8	9933*	18
	5429	3472*	8	9951	18
30.30	5430	3,7 3480*	8	8,5 9969	19
	5431	3488*	8	9988*	18
	5432	3496*	8	8,6 0006	19
	5433	3504*	8	0025*	18
	5434	3512*	8	0043	18
30.35	5435	3,7 3520*	8	8,6 0061	19
	5436	3528*	8	0080*	18
	5437	3536*	8	0098	19
	5438	3544*	8	0117*	18
	5439	3552*	8	0135	18
30.40	5440	3,7 3560*	8	8,6 0153	19
	5441	3568*	8	0172*	18
	5442	3576*	8	0190	19
	5443	3584*	8	0209*	18
	5444	3592*	8	0227*	18
30.45	5445	3,7 3600*	8	8,6 0245	19
	5446	3608*	8	0264*	18
	5447	3616*	8	0282	18
	5448	3624*	8	0300	19
	5449	3632*	8	0319*	18
30.50	5450	3,7 3640*	8	8,6 0337	18
	5451	3648*	8	0355	19
	5452	3656*	8	0374*	18
	5453	3664*	8	0392	18
	5454	3672*	7	0410	19
30.55	5455	3,7 3679	8	8,6 0429*	18
	5456	3687	8	0447	18
	5457	3695	8	0465	19
	5458	3703	8	0484*	18
	5459	3711	8	0502	18
30.′60″	5460	3,7 3719		8,6 0520	
1°	N	Lov N	D	loh N	D

1°	N	Lov N	D	loh N	D
31.′ 0″	5460	3,7 3719	8	8,6 0520	19
	5461	3727	8	0539*	18
	5462	3735	8	0557	18
	5463	3743	8	0575	19
	5464	3751	8	0594*	18
31. 5	5465	3,7 3759	8	8,6 0612*	18
	5466	3767*	8	0630	19
	5467	3775*	8	0649*	18
	5468	3783*	8	0667*	18
	5469	3791*	8	0685	18
31.10	5470	3,7 3799*	8	8,6 0703	19
	5471	3807*	8	0722*	18
	5472	3815*	8	0740*	18
	5473	3823*	7	0758	18
	5474	3830	8	0776	19
31.15	5475	3,7 3838	8	8,6 0795*	18
	5476	3846	8	0813	18
	5477	3854	8	0831	19
	5478	3862	8	0850*	18
	5479	3870	8	0868*	18
31.20	5480	3,7 3878	8	8,6 0886	18
	5481	3886*	8	0904	19
	5482	3894*	8	0923*	18
	5483	3902*	8	0941*	18
	5484	3910*	8	0959	18
31.25	5485	3,7 3918*	8	8,6 0977	18
	5486	3926*	7	0995	19
	5487	3933	8	1014*	18
	5488	3941	8	1032*	18
	5489	3949	8	1050	18
31.30	5490	3,7 3957	8	8,6 1068	19
	5491	3965	8	1087*	18
	5492	3973	8	1105*	18
	5493	3981*	8	1123*	18
	5494	3989*	8	1141	18
31.35	5495	3,7 3997*	8	8,6 1159	19
	5496	4005*	8	1178*	18
	5497	4013*	7	1196*	18
	5498	4020	8	1214*	18
	5499	4028	8	1232	18
31.40	5500	3,7 4036	8	8,6 1250	19
	5501	4044	8	1269*	18
	5502	4052	8	1287*	18
	5503	4060*	8	1305*	18
	5504	4068*	8	1323	18
31.45	5505	3,7 4076*	8	8,6 1341	18
	5506	4084*	8	1359	19
	5507	4092*	7	1378*	18
	5508	4099	8	1396*	18
	5509	4107	8	1414*	18
31.50	5510	3,7 4115	8	8,6 1432*	18
	5511	4123	8	1450	18
	5512	4131*	8	1468	18
	5513	4139*	8	1486	19
	5514	4147*	8	1505*	18
31.55	5515	3,7 4155*	7	8,6 1523*	18
	5516	4162	8	1541*	18
	5517	4170	8	1559*	18
	5518	4178	8	1577	18
	5519	4186	8	1595	18
31.′60″	5520	3,7 4194*		8,6 1613	
1°	N	Lov N	D	loh N	D

1°	N	Lov N	D	loh N	D
32.′ 0″	5520	3,7 4194*	8	8,6 1613	18
	5521	4202*	8	1631	19
	5522	4210*	8	1650*	18
	5523	4218*	7	1668*	18
	5524	4225	8	1686*	18
32. 5	5525	3,7 4233	8	8,6 1704*	18
	5526	4241	8	1722*	18
	5527	4249*	8	1740	18
	5528	4257*	8	1758	18
	5529	4265*	8	1776	18
32.10	5530	3,7 4273*	7	8,6 1794	18
	5531	4280	8	1812	18
	5532	4288	8	1830	19
	5533	4296	8	1849*	18
	5534	4304*	8	1867*	18
32.15	5535	3,7 4312*	8	8,6 1885*	18
	5536	4320*	7	1903*	18
	5537	4327	8	1921*	18
	5538	4335	8	1939*	18
	5539	4343	8	1957*	18
32.20	5540	3,7 4351*	8	8,6 1975*	18
	5541	4359*	8	1993	18
	5542	4367*	7	2011	18
	5543	4374	8	2029	18
	5544	4382	8	2047	18
32.25	5545	3,7 4390	8	8,6 2065	18
	5546	4398*	8	2083	18
	5547	4406*	8	2101	18
	5548	4414*	7	2119	18
	5549	4421	8	2137	18
32.30	5550	3,7 4429	8	8,6 2155	18
	5551	4437	8	2173	18
	5552	4445*	8	2191	18
	5553	4453*	8	2209	18
	5554	4461*	7	2227	18
32.35	5555	3,7 4468	8	8,6 2245	18
	5556	4476	8	2263	18
	5557	4484	8	2281	18
	5558	4492*	8	2299	18
	5559	4500*	7	2317	18
32.40	5560	3,7 4507	8	8,6 2335	18
	5561	4515	8	2353	18
	5562	4523	8	2371	18
	5563	4531*	8	2389	18
	5564	4539*	8	2407	18
32.45	5565	3,7 4547*	7	8,6 2425	18
	5566	4554	8	2443	18
	5567	4562	8	2461	18
	5568	4570*	8	2479	18
	5569	4578*	8	2497	18
32.50	5570	3,7 4586*	7	8,6 2515	18
	5571	4593	8	2533*	18
	5572	4601	8	2551*	18
	5573	4609*	8	2569*	18
	5574	4617*	7	2587*	18
32.55	5575	3,7 4624	8	8,6 2605*	18
	5576	4632	8	2623*	18
	5577	4640	8	2641*	18
	5578	4648*	8	2659*	17
	5579	4656*	7	2676	18
32.′60″	5580	3,7 4663		8,6 2694	
1°	N	Lov N	D	loh N	D

1°	N	Lov N	D	loh N	D
33.′ 0″	5580	3,7 4663	8	8,6 2694	18
	5581	4671	8	2712	18
	5582	4679*	8	2730	18
	5583	4687*	8	2748	18
	5584	4695*	7	2766	18
33. 5	5585	3,7 4702	8	8,6 2784*	18
	5586	4710	8	2802*	18
	5587	4718*	8	2820*	18
	5588	4726*	7	2838*	18
	5589	4733	8	2856*	17
33.10	5590	3,7 4741	8	8,6 2873	18
	5591	4749*	8	2891	18
	5592	4757*	7	2909	18
	5593	4764	8	2927	18
	5594	4772	8	2945*	18
33.15	5595	3,7 4780	8	8,6 2963*	18
	5596	4788*	8	2981*	18
	5597	4796*	7	2999*	17
	5598	4803	8	3016	18
	5599	4811	8	3034	18
33.20	5600	3,7 4819*	8	8,6 3052	18
	5601	4827*	7	3070	18
	5602	4834	8	3088*	18
	5603	4842	8	3106*	18
	5604	4850*	8	3124*	17
33.25	5605	3,7 4858*	7	8,6 3141	18
	5606	4865	8	3159	18
	5607	4873	8	3177	18
	5608	4881*	8	3195*	18
	5609	4889*	7	3213*	18
33.30	5610	3,7 4896	8	8,6 3231*	17
	5611	4904	8	3248	18
	5612	4912*	8	3266	18
	5613	4920*	7	3284	18
	5614	4927	8	3302*	18
33.35	5615	3,7 4935*	8	8,6 3320*	17
	5616	4943*	7	3337	18
	5617	4950	8	3355	18
	5618	4958	8	3373	18
	5619	4966*	8	3391*	18
33.40	5620	3,7 4974*	7	8,6 3409*	17
	5621	4981	8	3426	18
	5622	4989	8	3444	18
	5623	4997*	8	3462	18
	5624	5005*	7	3480*	18
33.45	5625	3,7 5012	8	8,6 3498*	17
	5626	5020*	8	3515	18
	5627	5028*	7	3533	18
	5628	5035	8	3551*	18
	5629	5043	8	3569*	17
33.50	5630	3,7 5051*	8	8,6 3586	18
	5631	5059*	7	3604	18
	5632	5066	8	3622*	18
	5633	5074*	8	3640*	17
	5634	5082*	7	3657	18
33.55	5635	3,7 5089	8	8,6 3675	18
	5636	5097	8	3693*	18
	5637	5105*	8	3711*	17
	5638	5113*	7	3728	18
	5639	5120	8	3746	18
33.60 ′ ″	5640	3,7 5128*		8,6 3764*	

1°	N	Lov N	D	loh N	D
34.′ 0″	5640	3,7 5128*	8	8,6 3764*	18
	5641	5136*	7	3782*	17
	5642	5143	8	3799	18
	5643	5151	8	3817	18
	5644	5159*	7	3835*	18
34. 5	5645	3,7 5166	8	8,6 3853*	17
	5646	5174	8	3870	18
	5647	5182*	7	3888*	18
	5648	5189	8	3906*	17
	5649	5197	8	3923	18
34.10	5650	3,7 5205*	8	8,6 3941	18
	5651	5213*	7	3959*	17
	5652	5220	8	3976	18
	5653	5228*	8	3994	18
	5654	5236*	7	4012*	18
34.15	5655	3,7 5243	8	8,6 4030*	17
	5656	5251*	8	4047	18
	5657	5259*	7	4065*	18
	5658	5266	8	4083*	17
	5659	5274*	8	4100	18
34.20	5660	3,7 5282*	7	8,6 4118*	18
	5661	5289	8	4136*	17
	5662	5297*	8	4153	18
	5663	5305*	7	4171*	18
	5664	5312	8	4189*	17
34.25	5665	3,7 5320*	8	8,6 4206	18
	5666	5328*	7	4224*	18
	5667	5335	8	4242*	17
	5668	5343*	8	4259	18
	5669	5351*	7	4277*	17
34.30	5670	3,7 5358	8	8,6 4294	18
	5671	5366*	8	4312	18
	5672	5374*	7	4330*	17
	5673	5381	8	4347	18
	5674	5389*	8	4365*	18
34.35	5675	3,7 5397*	7	8,6 4383*	17
	5676	5404	8	4400	18
	5677	5412*	8	4418*	17
	5678	5420*	7	4435	18
	5679	5427	8	4453	18
34.40	5680	3,7 5435*	7	8,6 4471*	17
	5681	5442	8	4488	18
	5682	5450	8	4506*	17
	5683	5458*	7	4523	18
	5684	5465	8	4541	18
34.45	5685	3,7 5473	8	8,6 4559*	17
	5686	5481*	7	4576	18
	5687	5488	8	4594*	17
	5688	5496*	8	4611	18
	5689	5504*	7	4629*	18
34.50	5690	3,7 5511	8	8,6 4647*	17
	5691	5519*	7	4664	18
	5692	5526	8	4682*	17
	5693	5534	8	4699	18
	5694	5542*	7	4717*	17
34.55	5695	3,7 5549	8	8,6 4734	18
	5696	5557*	8	4752*	17
	5697	5565*	7	4769	18
	5698	5572	8	4787	18
	5699	5580*	7	4805	17
34.60 ′ ″	5700	3,7 5587		8,6 4822	

1°	N	Lov N	D	loh N	D
35.′ 0″	5700	3,7 5587	8	8,6 4822	18
	5701	5595	8	4840*	17
	5702	5603*	7	4857	18
	5703	5610	8	4875*	17
	5704	5618*	8	4892	18
35. 5	5705	3,7 5626*	7	8,6 4910*	17
	5706	5633	8	4927	18
	5707	5641*	7	4945*	17
	5708	5648	8	4962	18
	5709	5656	8	4980*	17
35.10	5710	3,7 5664*	7	8,6 4997	18
	5711	5671	8	5015*	17
	5712	5679*	7	5032	18
	5713	5686	8	5050*	17
	5714	5694	8	5067	18
35.15	5715	3,7 5702*	7	8,6 5085*	17
	5716	5709	8	5102	18
	5717	5717*	7	5120*	17
	5718	5724	8	5137	18
	5719	5732	8	5155*	17
35.20	5720	3,7 5740*	7	8,6 5172	18
	5721	5747	8	5190*	17
	5722	5755*	7	5207	18
	5723	5762	8	5225*	17
	5724	5770*	8	5242	18
35.25	5725	3,7 5778*	7	8,6 5260*	17
	5726	5785	8	5277	18
	5727	5793*	7	5295*	17
	5728	5800	8	5312	18
	5729	5808*	7	5330*	17
35.30	5730	3,7 5815	8	8,6 5347	18
	5731	5823	8	5365*	17
	5732	5831*	7	5382*	17
	5733	5838	8	5399	18
	5734	5846*	7	5417*	17
35.35	5735	3,7 5853	8	8,6 5434	18
	5736	5861*	7	5452*	17
	5737	5868	8	5469	18
	5738	5876	8	5487*	17
	5739	5884*	7	5504	17
35.40	5740	3,7 5891	8	8,6 5521	18
	5741	5899*	7	5539*	17
	5742	5906	8	5556	18
	5743	5914*	7	5574*	17
	5744	5921	8	5591	18
35.45	5745	3,7 5929	8	8,6 5609*	17
	5746	5937*	7	5626*	17
	5747	5944	8	5643	18
	5748	5952*	7	5661*	17
	5749	5959	8	5678	18
35.50	5750	3,7 5967*	7	8,6 5696*	17
	5751	5974	8	5713*	17
	5752	5982*	7	5730	18
	5753	5989	8	5748*	17
	5754	5997*	8	5765	17
35.55	5755	3,7 6005*	7	8,6 5782	18
	5756	6012	8	5800*	17
	5757	6020*	7	5817	18
	5758	6027	8	5835*	17
	5759	6035*	7	5852*	17
35.60 ′ ″	5760	3,7 6042		8,6 5869	

1° N Lov N D loh N D — 1° N Lov N D loh N D — 1° N Lov N D loh N D

1° ′ ″	N	Lov N	D	loh N	D
36′ 0″	5760	3,7 6042	8	8,6 5869	18
	5761	6050*	7	5887*	17
	5762	6057	8	5904*	17
	5763	6065*	7	5921	18
	5764	6072	8	5939*	17
36. 5	5765	3,7 6080*	7	8,6 5956	17
	5766	6087	8	5973	18
	5767	6095*	8	5991*	17
	5768	6103*	7	6008	17
	5769	6110	8	6025	18
36.10	5770	3,7 6118*	7	8,6 6043*	17
	5771	6125	8	6060	17
	5772	6133*	7	6077	18
	5773	6140	8	6095*	17
	5774	6148*	7	6112	17
36.15	5775	3,7 6155	8	8,6 6129	18
	5776	6163*	7	6147*	17
	5777	6170	8	6164*	17
	5778	6178*	7	6181	18
	5779	6185	8	6199*	17
36.20	5780	3,7 6193*	7	8,6 6216*	17
	5781	6200	8	6233	17
	5782	6208*	7	6250	18
	5783	6215	8	6268*	17
	5784	6223*	7	6285	17
36.25	5785	3,7 6230	8	8,6 6302	18
	5786	6238*	7	6320*	17
	5787	6245	8	6337*	17
	5788	6253*	7	6354	17
	5789	6260	8	6371	18
36.30	5790	3,7 6268*	7	8,6 6389*	17
	5791	6275	8	6406	17
	5792	6283*	7	6423	18
	5793	6290	8	6441*	17
	5794	6298*	7	6458*	17
36.35	5795	3,7 6305	8	8,6 6475	17
	5796	6313*	7	6492	18
	5797	6320	8	6510*	17
	5798	6328*	7	6527*	17
	5799	6335	8	6544	17
36.40	5800	3,7 6343*	7	8,6 6561	18
	5801	6350	8	6579*	17
	5802	6358*	7	6596*	17
	5803	6365	8	6613	17
	5804	6373*	7	6630	17
36.45	5805	3,7 6380	8	8,6 6647	18
	5806	6388*	7	6665*	17
	5807	6395	8	6682*	17
	5808	6403*	7	6699	17
	5809	6410	8	6716	18
36.56	5810	3,7 6418*	7	8,6 6734*	17
	5811	6425	8	6751*	17
	5812	6433*	7	6768	17
	5813	6440	8	6785	17
	5814	6448*	7	6802	18
36.55	5815	3,7 6455*	7	8,6 6820*	17
	5816	6462	8	6837*	17
	5817	6470*	7	6854*	17
	5818	6477	8	6871	17
	5819	6485*	7	6888	18
36.60	5820	3,7 6492		8,6 6906*	
1° ′ ″	N	Lov N	D	loh N	D

1° ′ ″	N	Lov N	D	loh N	D
37′ 0″	5820	3,7 6492	8	8,6 6906*	17
	5821	6500*	7	6923*	17
	5822	6507	8	6940*	17
	5823	6515*	7	6957	17
	5824	6522	8	6974	17
37. 5	5825	3,7 6530*	7	8,6 6991	18
	5826	6537	8	7009*	17
	5827	6545*	7	7026*	17
	5828	6552*	7	7043*	17
	5829	6559	8	7060	17
37.10	5830	3,7 6567*	7	8,6 7077	17
	5831	6574	8	7094	18
	5832	6582*	7	7112*	17
	5833	6589	8	7129*	17
	5834	6597*	7	7146*	17
37.15	5835	3,7 6604	8	8,6 7163*	17
	5836	6612*	7	7180	17
	5837	6619*	7	7197	17
	5838	6626	8	7214	17
	5839	6634*	7	7231	18
37.20	5840	3,7 6641	8	8,6 7249*	17
	5841	6649*	7	7266*	17
	5842	6656	8	7283*	17
	5843	6664*	7	7300*	17
	5844	6671	7	7317	17
37.25	5845	3,7 6678	8	8,6 7334	17
	5846	6686*	7	7351	17
	5847	6693	8	7368	18
	5848	6701*	7	7386*	17
	5849	6708	8	7403*	17
37.30	5850	3,7 6716*	7	8,6 7420*	17
	5851	6723	7	7437*	17
	5852	6730	8	7454*	17
	5853	6738*	7	7471*	17
	5854	6745	8	7488	17
37.35	5855	3,7 6753*	7	8,6 7505	17
	5856	6760	8	7522	17
	5857	6768*	7	7539	17
	5858	6775*	7	7556	17
	5859	6782	8	7573	17
37.40	5860	3,7 6790*	7	8,6 7590	18
	5861	6797	8	7608*	17
	5862	6805*	7	7625*	17
	5863	6812*	7	7642*	17
	5864	6819	8	7659*	17
37.45	5865	3,7 6827*	7	8,6 7676*	17
	5866	6834	8	7693*	17
	5867	6842*	7	7710*	17
	5868	6849	7	7727*	17
	5869	6856	8	7744*	17
37.50	5870	3,7 6864*	7	8,6 7761*	17
	5871	6871	8	7778	17
	5872	6879*	7	7795	17
	5873	6886	7	7812	17
	5874	6893	8	7829	17
37.55	5875	3,7 6901*	7	8,6 7846	17
	5876	6908	8	7863	17
	5877	6916*	7	7880	17
	5878	6923*	7	7897	17
	5879	6930	8	7914	17
37.60	5880	3,7 6938*		8,6 7931	
1° ′ ″	N	Lov N	D	loh N	D

1° ′ ″	N	Lov N	D	loh N	D
38′ 0″	5880	3,7 6938*	7	8,6 7931	17
	5881	6945	8	7948	17
	5882	6953*	7	7965	17
	5883	6960*	7	7982	17
	5884	6967	8	7999	17
38. 5	5885	3,7 6975*	7	8,6 8016	17
	5886	6982	7	8033	17
	5887	6989	8	8050	17
	5888	6997*	7	8067	17
	5889	7004	8	8084	17
38.10	5890	3,7 7012*	7	8,6 8101	17
	5891	7019*	7	8118	17
	5892	7026	8	8135	17
	5893	7034*	7	8152	17
	5894	7041	7	8169	17
38.15	5895	3,7 7048	8	8,6 8186*	17
	5896	7056*	7	8203*	17
	5897	7063	7	8220*	17
	5898	7070	8	8237*	17
	5899	7078*	7	8254*	17
38.20	5900	3,7 7085	8	8,6 8271*	17
	5901	7093*	7	8288*	17
	5902	7100*	7	8305*	17
	5903	7107	8	8322*	17
	5904	7115*	7	8339*	16
38.25	5905	3,7 7122*	7	8,6 8355	17
	5906	7129	8	8372	17
	5907	7137*	7	8389	17
	5908	7144	7	8406	17
	5909	7151	8	8423	17
38.30	5910	3,7 7159*	7	8,6 8440	17
	5911	7166	7	8457	17
	5912	7173	8	8474*	17
	5913	7181*	7	8491*	17
	5914	7188	7	8508*	17
38.35	5915	3,7 7195	8	8,6 8525*	17
	5916	7203*	7	8542*	16
	5917	7210	7	8558	17
	5918	7217	8	8575	17
	5919	7225*	7	8592	17
38.40	5920	3,7 7232	8	8,6 8609	17
	5921	7240*	7	8626	17
	5922	7247*	7	8643*	17
	5923	7254	8	8660*	17
	5924	7262*	7	8677*	17
38.45	5925	3,7 7269*	7	8,6 8694*	16
	5926	7276	7	8710	17
	5927	7283	8	8727	17
	5928	7291*	7	8744	17
	5929	7298	7	8761	17
38.50	5930	3,7 7305	8	8,6 8778*	17
	5931	7313*	7	8795*	17
	5932	7320	7	8812*	17
	5933	7327	8	8829*	16
	5934	7335*	7	8845	17
38.55	5935	3,7 7342	7	8,6 8862	17
	5936	7349	8	8879	17
	5937	7357*	7	8896*	17
	5938	7364	7	8913*	17
	5939	7371	8	8930*	16
38.60	5940	3,7 7379*		8,6 8946	
1° ′ ″	N	Lov N	D	loh N	D

1°	N	Lov N	D	loh N	D
39.′ 0″	5940	3,7 7379*	7	8,6 8946	17
	5941	7386*	7	8963	17
	5942	7393	8	8980	17
	5943	7401*	7	8997*	17
	5944	7408*	7	9014*	17
39. 5	5945	3,7 7415	7	8,6 9031*	16
	5946	7422	8	9047	17
	5947	7430*	7	9064	17
	5948	7437	7	9081	17
	5949	7444	8	9098*	17
39.10	5950	3,7 7452*	7	8,6 9115*	16
	5951	7459*	7	9131	17
	5952	7466	8	9148	17
	5953	7474*	7	9165	17
	5954	7481*	7	9182*	17
39.15	5955	3,7 7488	7	8,6 9199*	16
	5956	7495	8	9215	17
	5957	7503*	7	9232	17
	5958	7510	7	9249	17
	5959	7517	8	9266*	17
39.20	5960	3,7 7525*	7	8,6 9283*	16
	5961	7532*	7	9299	17
	5962	7539	7	9316	17
	5963	7546	8	9333*	17
	5964	7554*	7	9350*	16
39.25	5965	3,7 7561	7	8,6 9366	17
	5966	7568	8	9383	17
	5967	7576*	7	9400*	17
	5968	7583*	7	9417*	16
	5969	7590	7	9433	17
39.30	5970	3,7 7597	8	8,6 9450	17
	5971	7605*	7	9467*	17
	5972	7612*	7	9484*	16
	5973	7619	8	9500	17
	5974	7627*	7	9517	17
39.35	5975	3,7 7634*	7	8,6 9534*	17
	5976	7641	7	9551*	16
	5977	7648	8	9567	17
	5978	7656*	7	9584	17
	5979	7663*	7	9601*	17
39.40	5980	3,7 7670	7	8,6 9618*	16
	5981	7677	8	9634	17
	5982	7685*	7	9651	17
	5983	7692*	7	9668*	16
	5984	7699	7	9684	17
39.45	5985	3,7 7706	8	8,6 9701	17
	5986	7714*	7	9718*	17
	5987	7721*	7	9735*	16
	5988	7728	7	9751	17
	5989	7735	8	9768*	17
39.50	5990	3,7 7743*	7	8,6 9785*	16
	5991	7750*	7	9801	17
	5992	7757	7	9818	17
	5993	7764	8	9835*	16
	5994	7772*	7	9851	17
39.55	5995	3,7 7779*	7	8,6 9868	17
	5996	7786	7	9885*	16
	5997	7793	8	9901	17
	5998	7801*	7	9918	17
	5999	7808*	7	9935*	16
39.60 ′ ″	6000	3,7 7815		8,6 9951	
1°	N	Lov N	D	loh N	D

1°	N	Lov N	D	loh N	D
40.′ 0″	6000	3,7 7815	7	8,6 9951	17
	6001	7822	8	9968	17
	6002	7830*	7	9985*	16
	6003	7837*	7	8,7 0001	17
	6004	7844	7	0018	17
40. 5	6005	3,7 7851	8	8,7 0035*	16
	6006	7859*	7	0051	17
	6007	7866*	7	0068	17
	6008	7873*	7	0085*	16
	6009	7880	7	0101	17
40.10	6010	3,7 7887	8	8,7 0118	17
	6011	7895*	7	0135*	16
	6012	7902*	7	0151	17
	6013	7909	7	0168*	17
	6014	7916	8	0185*	16
40.15	6015	3,7 7924*	7	8,7 0201	17
	6016	7931*	7	0218*	16
	6017	7938	7	0234	17
	6018	7945	7	0251	17
	6019	7952	8	0268*	16
40.20	6020	3,7 7960*	7	8,7 0284	17
	6021	7967*	7	0301*	16
	6022	7974	7	0317	17
	6023	7981	7	0334	17
	6024	7988	8	0351*	16
40.25	6025	3,7 7996*	7	8,7 0367	17
	6026	8003*	7	0384*	16
	6027	8010	7	0400	17
	6028	8017	8	0417	17
	6029	8025*	7	0434*	16
40.30	6030	3,7 8032*	7	8,7 0450	17
	6031	8039*	7	0467*	16
	6032	8046	7	0483	17
	6033	8053	8	0500*	17
	6034	8061*	7	0517*	16
40.35	6035	3,7 8068*	7	8,7 0533	17
	6036	8075*	7	0550*	16
	6037	8082	7	0566	17
	6038	8089	8	0583*	16
	6039	8097*	7	0599	17
40.40	6040	3,7 8104*	7	8,7 0616*	16
	6041	8111*	7	0632	17
	6042	8118	7	0649	17
	6043	8125	7	0666*	16
	6044	8132	8	0682	17
40.45	6045	3,7 8140*	7	8,7 0699*	16
	6046	8147*	7	0715	17
	6047	8154*	7	0732*	16
	6048	8161	7	0748	17
	6049	8168	8	0765*	16
40.50	6050	3,7 8176*	7	8,7 0781	17
	6051	8183*	7	0798*	16
	6052	8190*	7	0814	17
	6053	8197	7	0831*	16
	6054	8204	7	0847	17
40.55	6055	3,7 8211	8	8,7 0864*	16
	6056	8219*	7	0880	17
	6057	8226*	7	0897*	16
	6058	8233*	7	0913	17
	6059	8240	7	0930	17
40.60 ′ ″	6060	3,7 8247		8,7 0947*	
1°	N	Lov N	D	loh N	D

1°	N	Lov N	D	loh N	D
41.′ 0″	6060	3,7 8247	7	8,7 0947*	16
	6061	8254	8	0963	17
	6062	8262*	7	0980*	16
	6063	8269*	7	0996	16
	6064	8276*	7	1012	17
41. 5	6065	3,7 8283	7	8,7 1029*	16
	6066	8290	7	1045	17
	6067	8297	8	1062*	16
	6068	8305*	7	1078	17
	6069	8312*	7	1095*	16
41.10	6070	3,7 8319*	7	8,7 1111	17
	6071	8326	7	1128*	16
	6072	8333	7	1144	17
	6073	8340	7	1161*	16
	6074	8347	8	1177	17
41.15	6075	3,7 8355*	7	8,7 1194*	16
	6076	8362*	7	1210	17
	6077	8369*	7	1227*	16
	6078	8376	7	1243	17
	6079	8383	7	1260*	16
41.20	6080	3,7 8390	8	8,7 1276*	16
	6081	8398*	7	1292	17
	6082	8405*	7	1309*	16
	6083	8412*	7	1325	17
	6084	8419*	7	1342*	16
41.25	6085	3,7 8426	7	8,7 1358	17
	6086	8433	7	1375*	16
	6087	8440	7	1391	16
	6088	8447	8	1407	17
	6089	8455*	7	1424*	16
41.30	6090	3,7 8462*	7	8,7 1440	17
	6091	8469*	7	1457*	16
	6092	8476*	7	1473	17
	6093	8483	7	1490*	16
	6094	8490	7	1506*	16
41.35	6095	3,7 8497	7	8,7 1522	17
	6096	8504	8	1539*	16
	6097	8512*	7	1555	17
	6098	8519*	7	1572*	16
	6099	8526*	7	1588	16
41.40	6100	3,7 8533*	7	8,7 1604	17
	6101	8540	7	1621*	16
	6102	8547	7	1637	17
	6103	8554	7	1654*	16
	6104	8561	8	1670*	16
41.45	6105	3,7 8569*	7	8,7 1686	17
	6106	8576*	7	1703*	16
	6107	8583*	7	1719	16
	6108	8590*	7	1735	17
	6109	8597	7	1752*	16
41.50	6110	3,7 8604	7	8,7 1768	17
	6111	8611	7	1785*	16
	6112	8618	7	1801*	16
	6113	8625	8	1817	17
	6114	8633*	7	1834*	16
41.55	6115	3,7 8640*	7	8,7 1850	16
	6116	8647*	7	1866	17
	6117	8654*	7	1883*	16
	6118	8661*	7	1899	16
	6119	8668	7	1915	17
41.60 ′ ″	6120	3,7 8675		8,7 1932*	
1°	N	Lov N	D	loh N	D

1°	N	Lov N	D	loh N	D
42.' 0''	6120	3,7 8675	7	8,7 1932*	16
	6121	8682	7	1948	16
	6122	8689	7	1964	17
	6123	8696	8	1981*	16
	6124	8704*	7	1997	16
42. 5	6125	3,7 8711*	7	8,7 2013	17
	6126	8718*	7	2030*	16
	6127	8725*	7	2046	16
	6128	8732*	7	2062	17
	6129	8739*	7	2079*	16
42.10	6130	3,7 8746	7	8,7 2095	16
	6131	8753	7	2111	17
	6132	8760	7	2128*	16
	6133	8767	7	2144*	16
	6134	8774	7	2160	17
42.15	6135	3,7 8781	8	8,7 2177*	16
	6136	8789*	7	2193*	16
	6137	8796*	7	2209	16
	6138	8803*	7	2225	17
	6139	8810*	7	2242*	16
42.20	6140	3,7 8817*	7	8,7 2258	16
	6141	8824*	7	2274	17
	6142	8831*	7	2291*	16
	6143	8838	7	2307*	16
	6144	8845	7	2323	16
42.25	6145	3,7 8852	7	8,7 2339	17
	6146	8859	7	2356*	16
	6147	8866	7	2372*	16
	6148	8873	7	2388	16
	6149	8880	8	2404	17
42.30	6150	3,7 8888*	7	8,7 2421*	16
	6151	8895*	7	2437*	16
	6152	8902*	7	2453	17
	6153	8909*	7	2470*	16
	6154	8916*	7	2486*	16
42.35	6155	3,7 8923*	7	8,7 2502	16
	6156	8930*	7	2518	16
	6157	8937*	7	2534	17
	6158	8944*	7	2551*	16
	6159	8951	7	2567*	16
42.40	6160	3,7 8958	7	8,7 2583	16
	6161	8965	7	2599	17
	6162	8972	7	2616*	16
	6163	8979	7	2632*	16
	6164	8986	7	2648	16
42.45	6165	3,7 8993	7	8,7 2664	17
	6166	9000	7	2681*	16
	6167	9007	7	2697*	16
	6168	9014	7	2713*	16
	6169	9021	8	2729	16
42.50	6170	3,7 9029*	7	8,7 2745	17
	6171	9036*	7	2762*	16
	6172	9043*	7	2778*	16
	6173	9050*	7	2794	16
	6174	9057*	7	2810	16
42.55	6175	3,7 9064*	7	8,7 2826	17
	6176	9071*	7	2843*	16
	6177	9078*	7	2859*	16
	6178	9085*	7	2875*	16
	6179	9092*	7	2891	16
42.60	6180	3,7 9099*		8,7 2907	
1°	N	Lov N	D	loh N	D

1°	N	Lov N	D	loh N	D
43.' 0''	6180	3,7 9099*	7	8,7 2907	17
	6181	9106*	7	2924*	16
	6182	9113*	7	2940*	16
	6183	9120*	7	2956*	16
	6184	9127*	7	2972	16
43. 5	6185	3,7 9134*	7	8,7 2988	16
	6186	9141*	7	3004	17
	6187	9148	7	3021*	16
	6188	9155	7	3037*	16
	6189	9162	7	3053*	16
43.10	6190	3,7 9169	7	8,7 3069	16
	6191	9176	7	3085	16
	6192	9183	7	3101	16
	6193	9190	7	3117	17
	6194	9197	7	3134*	16
43.15	6195	3,7 9204	7	8,7 3150*	16
	6196	9211	7	3166*	16
	6197	9218	7	3182	16
	6198	9225	7	3198	16
	6199	9232	7	3214	16
43.20	6200	3,7 9239	7	8,7 3230	17
	6201	9246	7	3247*	16
	6202	9253	7	3263*	16
	6203	9260	7	3279*	16
	6204	9267	7	3295*	16
43.25	6205	3,7 9274	7	8,7 3311	16
	6206	9281	7	3327	16
	6207	9288	7	3343	16
	6208	9295	7	3359	17
	6209	9302	7	3376*	16
43.30	6210	3,7 9309	7	8,7 3392*	16
	6211	9316	7	3408*	16
	6212	9323	7	3424*	16
	6213	9330	7	3440*	16
	6214	9337	7	3456	16
43.35	6215	3,7 9344	7	8,7 3472	16
	6216	9351	7	3488	16
	6217	9358	7	3504	16
	6218	9365	7	3520	16
	6219	9372	7	3536	17
43.40	6220	3,7 9379	7	8,7 3553*	16
	6221	9386	7	3569*	16
	6222	9393	7	3585*	16
	6223	9400*	7	3601*	16
	6224	9407*	7	3617*	16
43.45	6225	3,7 9414*	7	8,7 3633*	16
	6226	9421*	7	3649*	16
	6227	9428*	7	3665*	16
	6228	9435*	7	3681	16
	6229	9442*	7	3697	16
43.50	6230	3,7 9449*	7	8,7 3713	16
	6231	9456*	7	3729	16
	6232	9463*	7	3745	16
	6233	9470*	7	3761	16
	6234	9477*	7	3777	16
43.55	6235	3,7 9484*	7	8,7 3793	16
	6236	9491*	7	3809	16
	6237	9498*	7	3825	16
	6238	9505*	6	3841	17
	6239	9511	7	3858*	16
43.60	6240	3,7 9518		8,7 3874*	
1°	N	Lov N	D	loh N	D

1°	N	Lov N	D	loh N	D
44.' 0''	6240	3,7 9518	7	8,7 3874*	16
	6241	9525	7	3890*	16
	6242	9532	7	3906*	16
	6243	9539	7	3922*	16
	6244	9546	7	3938*	16
44. 5	6245	3,7 9553	7	8,7 3954*	16
	6246	9560	7	3970*	16
	6247	9567	7	3986*	16
	6248	9574	7	4002*	16
	6249	9581	7	4018*	16
44.10	6250	3,7 9588	7	8,7 4034*	16
	6251	9595*	7	4050*	16
	6252	9602*	7	4066*	16
	6253	9609*	7	4082*	16
	6254	9616*	7	4098*	16
44.15	6255	3,7 9623*	7	8,7 4114*	16
	6256	9630*	7	4130*	16
	6257	9637*	7	4146*	16
	6258	9644*	6	4162*	16
	6259	9650	7	4178*	16
44.20	6260	3,7 9657	7	8,7 4194*	16
	6261	9664	7	4210*	15
	6262	9671	7	4225	16
	6263	9678	7	4241	16
	6264	9685	7	4257	16
44.25	6265	3,7 9692	7	8,7 4273	16
	6266	9699	7	4289	16
	6267	9706*	7	4305	16
	6268	9713*	7	4321	16
	6269	9720*	7	4337	16
44.30	6270	3,7 9727*	7	8,7 4353	16
	6271	9734*	7	4369	16
	6272	9741*	7	4385	16
	6273	9748*	6	4401*	16
	6274	9754	7	4417*	16
44.35	6275	3,7 9761	7	8,7 4433*	16
	6276	9768	7	4449*	16
	6277	9775	7	4465*	16
	6278	9782	7	4481*	16
	6279	9789	7	4497*	16
44.40	6280	3,7 9796*	7	8,7 4513*	15
	6281	9803*	7	4528	16
	6282	9810*	7	4544	16
	6283	9817*	7	4560	16
	6284	9824*	7	4576	16
44.45	6285	3,7 9831*	6	8,7 4592	16
	6286	9837	7	4608	16
	6287	9844	7	4624*	16
	6288	9851	7	4640*	16
	6289	9858	7	4656*	16
44.50	6290	3,7 9865	7	8,7 4672*	16
	6291	9872*	7	4688*	15
	6292	9879*	7	4703	16
	6293	9886*	7	4719	16
	6294	9893*	7	4735	16
44.55	6295	3,7 9900*	6	8,7 4751	16
	6296	9906	7	4767*	16
	6297	9913	7	4783*	16
	6298	9920	7	4799*	16
	6299	9927	7	4815*	15
44.60	6300	3,7 9934		8,7 4830	
1°	N	Lov N	D	loh N	D

1°	N	Lov N	D	loh N	D
45′ 0″	6300	3,7 9934	7	8,7 4830	16
	6301	9941*	7	4846	16
	6302	9948*	7	4862	16
	6303	9955*	7	4878	16
	6304	9962*	7	4894*	16
45. 5	6305	3,7 9969*	6	8,7 4910*	16
	6306	9975	7	4926*	16
	6307	9982	7	4942*	15
	6308	9989	7	4957	16
	6309	9996	7	4973	16
45.10	6310	3,8 0003*	7	8,7 4989	16
	6311	0010*	7	5005*	16
	6312	0017*	7	5021*	16
	6313	0024*	6	5037*	15
	6314	0030	7	5052	16
45.15	6315	3,8 0037	7	8,7 5068	16
	6316	0044	7	5084	16
	6317	0051	7	5100*	16
	6318	0058*	7	5116*	16
	6319	0065*	7	5132*	15
45.20	6320	3,8 0072*	7	8,7 5147	16
	6321	0079*	6	5163	16
	6322	0085	7	5179	16
	6323	0092	7	5195*	16
	6324	0099	7	5211*	16
45.25	6325	3,8 0106	7	8,7 5227*	15
	6326	0113*	7	5242	16
	6327	0120*	7	5258	16
	6328	0127*	7	5274*	16
	6329	0134*	6	5290*	16
45.30	6330	3,8 0140	7	8,7 5306*	15
	6331	0147	7	5321	16
	6332	0154	7	5337	16
	6333	0161*	7	5353*	16
	6334	0168*	7	5369*	16
45.35	6335	3,8 0175*	7	8,7 5385*	15
	6336	0182*	6	5400	16
	6337	0188	7	5416	16
	6338	0195	7	5432*	16
	6339	0202	7	5448*	15
45.40	6340	3,8 0209*	7	8,7 5463	16
	6341	0216*	7	5479	16
	6342	0223*	6	5495*	16
	6343	0229	7	5511*	15
	6344	0236	7	5526	16
45.45	6345	3,8 0243	7	8,7 5542	16
	6346	0250	7	5558*	16
	6347	0257*	7	5574*	16
	6348	0264*	7	5590*	15
	6349	0271*	6	5605	16
45.50	6350	3,8 0277	7	8,7 5621	16
	6351	0284	7	5637*	16
	6352	0291	7	5653*	15
	6353	0298*	7	5668	16
	6354	0305*	7	5684*	16
45.55	6355	3,8 0312*	6	8,7 5700*	15
	6356	0318	7	5715	16
	6357	0325	7	5731	16
	6358	0332	7	5747*	16
	6359	0339*	7	5763*	15
45.60 ′ ″	6360	3,8 0346*		8,7 5778	
1°	N	Lov N	D	loh N	D

1°	N	Lov N	D	loh N	D
46′ 0″	6360	3,8 0346*	7	8,7 5778	16
	6361	0353*	6	5794	16
	6362	0359	7	5810*	16
	6363	0366	7	5826*	15
	6364	0373	7	5841	16
46. 5	6365	3,8 0380*	7	8,7 5857*	16
	6366	0387*	6	5873*	15
	6367	0393	7	5888	16
	6368	0400	7	5904	16
	6369	0407	7	5920*	15
46.10	6370	3,8 0414*	7	8,7 5935	16
	6371	0421*	7	5951	16
	6372	0428*	6	5967*	16
	6373	0434	7	5983*	15
	6374	0441	7	5998	16
46.15	6375	3,8 0448	7	8,7 6014*	16
	6376	0455*	7	6030*	15
	6377	0462*	6	6045	16
	6378	0468	7	6061*	16
	6379	0475	7	6077*	15
46.20	6380	3,8 0482	7	8,7 6092	16
	6381	0489*	7	6108	16
	6382	0496*	6	6124*	15
	6383	0502	7	6139	16
	6384	0509	7	6155	16
46.25	6385	3,8 0516	7	8,7 6171*	15
	6386	0523*	7	6186	16
	6387	0530*	6	6202*	16
	6388	0536	7	6218*	15
	6389	0543	7	6233	16
46.30	6390	3,8 0550	7	8,7 6249*	16
	6391	0557*	7	6265*	15
	6392	0564*	6	6280	16
	6393	0570	7	6296*	16
	6394	0577	7	6312*	15
46.35	6395	3,8 0584	7	8,7 6327	16
	6396	0591*	7	6343*	15
	6397	0598*	6	6358	16
	6398	0604	7	6374	16
	6399	0611	7	6390*	15
46.40	6400	3,8 0618*	7	8,7 6405	16
	6401	0625*	7	6421*	16
	6402	0632*	6	6437*	15
	6403	0638	7	6452	16
	6404	0645	7	6468*	15
46.45	6405	3,8 0652*	7	8,7 6483	16
	6406	0659*	6	6499	16
	6407	0665	7	6515*	15
	6408	0672	7	6530	16
	6409	0679	7	6546*	15
46.50	6410	3,8 0686*	7	8,7 6561	16
	6411	0693*	6	6577	16
	6412	0699	7	6593*	15
	6413	0706	7	6608	16
	6414	0713*	7	6624*	15
46.55	6415	3,8 0720*	6	8,7 6639	16
	6416	0726	7	6655	16
	6417	0733	7	6671*	15
	6418	0740*	7	6686	16
	6419	0747*	7	6702*	15
46.60 ′ ″	6420	3,8 0754*		8,7 6717	
1°	N	Lov N	D	loh N	D

1°	N	Lov N	D	loh N	D
47′ 0″	6420	3,8 0754*	6	8,7 6717	16
	6421	0760	7	6733*	15
	6422	0767	7	6748	16
	6423	0774*	7	6764	16
	6424	0781*	6	6780*	15
47. 5	6425	3,8 0787	7	8,7 6795	16
	6426	0794	7	6811*	15
	6427	0801*	7	6826	16
	6428	0808*	6	6842*	15
	6429	0814	7	6857	16
47.10	6430	3,8 0821	7	8,7 6873*	16
	6431	0828*	7	6889*	15
	6432	0835*	6	6904	16
	6433	0841	7	6920*	15
	6434	0848	7	6935	16
47.15	6435	3,8 0855*	7	8,7 6951*	15
	6436	0862*	6	6966	16
	6437	0868	7	6982*	15
	6438	0875	7	6997	16
	6439	0882*	7	7013*	15
47.20	6440	3,8 0889*	6	8,7 7028	16
	6441	0895	7	7044*	15
	6442	0902	7	7059	16
	6443	0909*	7	7075*	15
	6444	0916*	6	7090	16
47.25	6445	3,8 0922	7	8,7 7106*	16
	6446	0929	7	7122*	15
	6447	0936*	7	7137	16
	6448	0943*	6	7153*	15
	6449	0949	7	7168	16
47.30	6450	3,8 0956*	7	8,7 7184*	15
	6451	0963*	6	7199	16
	6452	0969	7	7215*	15
	6453	0976	7	7230	16
	6454	0983*	7	7246*	15
47.35	6455	3,8 0990*	6	8,7 7261	16
	6456	0996	7	7277*	15
	6457	1003	7	7292	15
	6458	1010*	7	7307	16
	6459	1017*	6	7323*	15
47.40	6460	3,8 1023	7	8,7 7338	16
	6461	1030*	7	7354*	15
	6462	1037*	6	7369	16
	6463	1043	7	7385*	15
	6464	1050	7	7400	16
47.45	6465	3,8 1057*	7	8,7 7416*	15
	6466	1064*	6	7431	16
	6467	1070	7	7447*	15
	6468	1077	7	7462	16
	6469	1084*	6	7478*	15
47.50	6470	3,8 1090	7	8,7 7493	16
	6471	1097	7	7509*	15
	6472	1104*	7	7524	16
	6473	1111*	6	7540*	15
	6474	1117	7	7555*	15
47.55	6475	3,8 1124*	7	8,7 7570	16
	6476	1131*	6	7586*	15
	6477	1137	7	7601	16
	6478	1144	7	7617*	15
	6479	1151*	7	7632	16
47.60 ′ ″	6480	3,8 1158*		8,7 7648*	
1°	N	Lov N	D	loh N	D

1°	N	Lov N	D	loh N	D
48′ 0″	6480	3,8 1158*	6	8,7 7648*	15
	6481	1164	7	7663	15
	6482	1171*	7	7678	16
	6483	1178*	6	7694*	15
	6484	1184	7	7709	16
48. 5	6485	3,8 1191*	7	8,7 7725*	15
	6486	1198*	6	7740	16
	6487	1204	7	7756*	15
	6488	1211	7	7771*	15
	6489	1218*	6	7786	16
48.10	6490	3,8 1224	7	8,7 7802*	15
	6491	1231	7	7817	16
	6492	1238*	7	7833*	15
	6493	1245*	6	7848*	15
	6494	1251	7	7863	16
48.15	6495	3,8 1258*	7	8,7 7879*	15
	6496	1265*	6	7894	16
	6497	1271	7	7910*	15
	6498	1278*	7	7925*	15
	6499	1285*	6	7940	16
48.20	6500	3,8 1291	7	8,7 7956*	15
	6501	1298	7	7971	16
	6502	1305*	6	7987*	15
	6503	1311	7	8002*	15
	6504	1318	7	8017	16
48.25	6505	3,8 1325*	6	8,7 8033*	15
	6506	1331	7	8048	15
	6507	1338	7	8063	16
	6508	1345*	6	8079*	15
	6509	1351	7	8094	15
48.30	6510	3,8 1358	7	8,7 8109	16
	6511	1365*	6	8125*	15
	6512	1371	7	8140	16
	6513	1378	7	8156*	15
	6514	1385*	6	8171*	15
48.35	6515	3,8 1391	7	8,7 8186	16
	6516	1398	7	8202*	15
	6517	1405*	6	8217*	15
	6518	1411	7	8232	16
	6519	1418	7	8248*	15
48.40	6520	3,8 1425*	6	8,7 8263*	15
	6521	1431	7	8278	16
	6522	1438	7	8294*	15
	6523	1445*	6	8309*	15
	6524	1451	7	8324	16
48.45	6525	3,8 1458	7	8,7 8340*	15
	6526	1465*	6	8355*	15
	6527	1471	7	8370	16
	6528	1478	7	8386*	15
	6529	1485*	6	8401*	15
48.50	6530	3,8 1491	7	8,7 8416	16
	6531	1498*	7	8432*	15
	6532	1505*	6	8447*	15
	6533	1511	7	8462	15
	6534	1518*	7	8477	16
48.55	6535	3,8 1525*	6	8,7 8493*	15
	6536	1531	7	8508	15
	6537	1538*	6	8523	16
	6538	1544	7	8539*	15
	6539	1551	7	8554*	15
48.60 ′ ″	6540	3,8 1558*		8,7 8569	

1°	N	Lov N	D	loh N	D
49′ 0″	6540	3,8 1558*	6	8,7 8569	16
	6541	1564	7	8585*	15
	6542	1571	7	8600*	15
	6543	1578*	6	8615	15
	6544	1584	7	8630	16
49. 5	6545	3,8 1591*	7	8,7 8646	15
	6546	1598*	6	8661*	15
	6547	1604	7	8676	15
	6548	1611*	6	8691	16
	6549	1617	7	8707*	15
49.10	6550	3,8 1624	7	8,7 8722	15
	6551	1631*	6	8737	16
	6552	1637	7	8753*	15
	6553	1644	7	8768*	15
	6554	1651*	6	8783	15
49.15	6555	3,8 1657	7	8,7 8798	16
	6556	1664*	7	8814*	15
	6557	1671*	6	8829*	15
	6558	1677	7	8844	15
	6559	1684*	6	8859	16
49.20	6560	3,8 1690	7	8,7 8875*	15
	6561	1697	7	8890*	15
	6562	1704*	6	8905	15
	6563	1710	7	8920	16
	6564	1717*	6	8936*	15
49.25	6565	3,8 1723	7	8,7 8951*	15
	6566	1730	7	8966	15
	6567	1737*	6	8981	15
	6568	1743	7	8996	16
	6569	1750*	7	9012*	15
49.30	6570	3,8 1757*	6	8,7 9027*	15
	6571	1763	7	9042	15
	6572	1770*	6	9057	16
	6573	1776	7	9073*	15
	6574	1783*	7	9088*	15
49.35	6575	3,8 1790*	6	8,7 9103*	15
	6576	1796	7	9118	15
	6577	1803*	6	9133	16
	6578	1809	7	9149*	15
	6579	1816*	7	9164*	15
49.40	6580	3,8 1823*	6	8,7 9179	15
	6581	1829	7	9194	15
	6582	1836*	6	9209	16
	6583	1842	7	9225*	15
	6584	1849*	7	9240*	15
49.45	6585	3,8 1856*	6	8,7 9255*	15
	6586	1862	7	9270	15
	6587	1869*	6	9285	16
	6588	1875	7	9301*	15
	6589	1882*	7	9316*	15
49.50	6590	3,8 1889*	6	8,7 9331*	15
	6591	1895	7	9346	15
	6592	1902*	6	9361	15
	6593	1908	7	9376	16
	6594	1915*	6	9392*	15
49.55	6595	3,8 1921	7	8,7 9407*	15
	6596	1928	7	9422*	15
	6597	1935*	6	9437	15
	6598	1941	7	9452	15
	6599	1948*	6	9467	15
49.60 ′ ″	6600	3,8 1954		8,7 9482	

1°	N	Lov N	D	loh N	D
50′ 0″	6600	3,8 1954	7	8,7 9482	16
	6601	1961*	7	9498*	15
	6602	1968*	6	9513*	15
	6603	1974	7	9528*	15
	6604	1981*	6	9543	15
50. 5	6605	3,8 1987	7	8,7 9558	15
	6606	1994*	6	9573	15
	6607	2000	7	9588	16
	6608	2007	7	9604*	15
	6609	2014*	6	9619*	15
50.10	6610	3,8 2020	7	8,7 9634*	15
	6611	2027*	6	9649	15
	6612	2033	7	9664	15
	6613	2040*	6	9679	15
	6614	2046	7	9694	16
50.15	6615	3,8 2053*	7	8,7 9710*	15
	6616	2060*	6	9725*	15
	6617	2066	7	9740*	15
	6618	2073*	6	9755*	15
	6619	2079	7	9770*	15
50.20	6620	3,8 2086*	6	8,7 9785	15
	6621	2092	7	9800	15
	6622	2099*	6	9815	15
	6623	2105	7	9830	15
	6624	2112	7	9845	16
50.25	6625	3,8 2119*	6	8,7 9861*	15
	6626	2125	7	9876*	15
	6627	2132*	6	9891*	15
	6628	2138	7	9906*	15
	6629	2145*	6	9921*	15
50.30	6630	3,8 2151	7	8,7 9936	15
	6631	2158*	6	9951	15
	6632	2164	7	9966	15
	6633	2171*	7	9981	15
	6634	2178*	6	9996	15
50.35	6635	3,8 2184	7	8,8 0011	15
	6636	2191*	6	0026	16
	6637	2197	7	0042*	15
	6638	2204*	6	0057*	15
	6639	2210	7	0072*	15
50.40	6640	3,8 2217*	6	8,8 0087*	15
	6641	2223	7	0102*	15
	6642	2230*	6	0117*	15
	6643	2236	7	0132*	15
	6644	2243*	6	0147*	15
50.45	6645	3,8 2249	7	8,8 0162*	15
	6646	2256	7	0177	15
	6647	2263*	6	0192	15
	6648	2269	7	0207	15
	6649	2276*	6	0222	15
50.50	6650	3,8 2282	7	8,8 0237	15
	6651	2289*	6	0252	15
	6652	2295	7	0267	15
	6653	2302*	6	0282	15
	6654	2308	7	0297	15
50.55	6655	3,8 2315*	6	8,8 0312	15
	6656	2321	7	0327	15
	6657	2328*	6	0342	15
	6658	2334	7	0357	15
	6659	2341*	6	0372	15
50.60 ′ ″	6660	3,8 2347		8,8 0387	

1°	N	Log N	D	loh N	D
51′ 0″	6660	3,8 2347	7	8,8 0387	15
	6661	2354*	6	0402	16
	6662	2360	7	0418*	15
	6663	2367*	6	0433*	15
	6664	2373	7	0448*	15
51. 5	6665	3,8 2380	7	8,8 0463*	15
	6666	2387*	6	0478*	15
	6667	2393	7	0493*	15
	6668	2400*	6	0508*	15
	6669	2406	7	0523*	15
51.10	6670	3,8 2413*	6	8,8 0538*	15
	6671	2419	7	0553*	14
	6672	2426*	6	0567	15
	6673	2432	7	0582	15
	6674	2439*	6	0597	15
51.15	6675	3,8 2445	7	8,8 0612	15
	6676	2452*	6	0627	15
	6677	2458	7	0642	15
	6678	2465*	6	0657	15
	6679	2471	7	0672	15
51.20	6680	3,8 2478*	6	8,8 0687	15
	6681	2484	7	0702	15
	6682	2491*	6	0717	15
	6683	2497	7	0732	15
	6684	2504*	6	0747	15
51.25	6685	3,8 2510	7	8,8 0762	15
	6686	2517*	6	0777	15
	6687	2523	7	0792	15
	6688	2530*	6	0807	15
	6689	2536	7	0822*	15
51.30	6690	3,8 2543*	6	8,8 0837*	15
	6691	2549	7	0852*	15
	6692	2556*	6	0867*	15
	6693	2562	7	0882*	15
	6694	2569*	6	0897*	15
51.35	6695	3,8 2575	7	8,8 0912*	15
	6696	2582*	6	0927*	14
	6697	2588	7	0941	15
	6698	2595*	6	0956	15
	6699	2601*	6	0971	15
51.40	6700	3,8 2607	7	8,8 0986	15
	6701	2614*	6	1001	15
	6702	2620	7	1016	15
	6703	2627*	6	1031	15
	6704	2633	7	1046*	15
51.45	6705	3,8 2640*	6	8,8 1061*	15
	6706	2646	7	1076*	15
	6707	2653*	6	1091*	15
	6708	2659	7	1106*	15
	6709	2666*	6	1121*	14
51.50	6710	3,8 2672	7	8,8 1135	15
	6711	2679*	6	1150	15
	6712	2685	7	1165	15
	6713	2692*	6	1180	15
	6714	2698	7	1195	15
51.55	6715	3,8 2705*	6	8,8 1210*	15
	6716	2711	7	1225*	15
	6717	2718*	6	1240*	15
	6718	2724*	6	1255*	14
	6719	2730	7	1269	15
51.60	6720	3,8 2737*		8,8 1284	
1°	N	Log N	D	loh N	D

1°	N	Log N	D	loh N	D
52′ 0″	6720	3,8 2737*	6	8,8 1284	15
	6721	2743	7	1299	15
	6722	2750*	6	1314	15
	6723	2756	7	1329*	15
	6724	2763*	6	1344*	15
52. 5	6725	3,8 2769	7	8,8 1359*	15
	6726	2776*	6	1374*	14
	6727	2782	7	1388	15
	6728	2789*	6	1403	15
	6729	2795	7	1418	15
52.10	6730	3,8 2802*	6	8,8 1433	15
	6731	2808*	6	1448*	15
	6732	2814	7	1463*	15
	6733	2821*	6	1478*	14
	6734	2827	7	1492	15
52.15	6735	3,8 2834*	6	8,8 1507	15
	6736	2840	7	1522	15
	6737	2847*	6	1537	15
	6738	2853	7	1552*	15
	6739	2860*	6	1567*	15
52.20	6740	3,8 2866*	6	8,8 1582*	14
	6741	2872	7	1596	15
	6742	2879*	6	1611	15
	6743	2885	7	1626	15
	6744	2892*	6	1641*	15
52.25	6745	3,8 2898	7	8,8 1656*	15
	6746	2905*	6	1671*	14
	6747	2911	7	1685	15
	6748	2918*	6	1700	15
	6749	2924*	6	1715*	15
52.30	6750	3,8 2930	7	8,8 1730*	15
	6751	2937*	6	1745*	14
	6752	2943	7	1759	15
	6753	2950*	6	1774	15
	6754	2956	7	1789	15
52.35	6755	3,8 2963*	6	8,8 1804*	15
	6756	2969*	6	1819*	14
	6757	2975	7	1833	15
	6758	2982*	6	1848	15
	6759	2988	7	1863	15
52.40	6760	3,8 2995*	6	8,8 1878*	15
	6761	3001	7	1893*	14
	6762	3008*	6	1907	15
	6763	3014*	6	1922	15
	6764	3020	7	1937*	15
52.45	6765	3,8 3027*	6	8,8 1952*	15
	6766	3033	7	1967*	14
	6767	3040*	6	1981	15
	6768	3046	6	1996	15
	6769	3052	7	2011*	15
52.50	6770	3,8 3059*	6	8,8 2026*	14
	6771	3065	7	2040	15
	6772	3072*	6	2055	15
	6773	3078	7	2070*	15
	6774	3085*	6	2085*	14
52.55	6775	3,8 3091*	6	8,8 2099	15
	6776	3097	7	2114	15
	6777	3104*	6	2129*	15
	6778	3110	7	2144*	14
	6779	3117*	6	2158	15
52.60	6780	3,8 3123*		8,8 2173	
1°	N	Log N	D	loh N	D

1°	N	Log N	D	loh N	D
53′ 0″	6780	3,8 3123*	6	8,8 2173	15
	6781	3129	7	2188*	15
	6782	3136*	6	2203*	14
	6783	3142	7	2217	15
	6784	3149*	6	2232	15
53. 5	6785	3,8 3155*	6	8,8 2247*	15
	6786	3161	7	2262*	14
	6787	3168*	6	2276	15
	6788	3174	7	2291	15
	6789	3181*	6	2306*	15
53.10	6790	3,8 3187*	6	8,8 2321*	14
	6791	3193	7	2335	15
	6792	3200*	6	2350	15
	6793	3206	7	2365*	15
	6794	3213*	6	2380*	14
53.15	6795	3,8 3219*	6	8,8 2394	15
	6796	3225	7	2409*	15
	6797	3232*	6	2424*	14
	6798	3238	7	2438	15
	6799	3245*	6	2453	15
53.20	6800	3,8 3251*	6	8,8 2468*	14
	6801	3257	7	2482	15
	6802	3264*	6	2497	15
	6803	3270	6	2512*	15
	6804	3276	7	2527*	14
53.25	6805	3,8 3283*	6	8,8 2541	15
	6806	3289	7	2556*	15
	6807	3296*	6	2571*	14
	6808	3302*	6	2585	15
	6809	3308	7	2600	15
53.30	6810	3,8 3315*	6	8,8 2615*	14
	6811	3321	6	2629	15
	6812	3327	7	2644	15
	6813	3334*	6	2659*	14
	6814	3340	7	2673	15
53.35	6815	3,8 3347*	6	8,8 2688	15
	6816	3353*	6	2703*	14
	6817	3359	7	2717	15
	6818	3366*	6	2732	15
	6819	3372	6	2747*	14
53.40	6820	3,8 3378	7	8,8 2761	15
	6821	3385*	6	2776	15
	6822	3391	7	2791*	14
	6823	3398*	6	2805	15
	6824	3404*	6	2820	15
53.45	6825	3,8 3410	7	8,8 2835*	14
	6826	3417*	6	2849	15
	6827	3423*	6	2864	15
	6828	3429	7	2879*	14
	6829	3436*	6	2893	15
53.50	6830	3,8 3442	6	8,8 2908*	15
	6831	3448	7	2923*	14
	6832	3455*	6	2937	15
	6833	3461	6	2952*	15
	6834	3467	7	2967*	14
53.55	6835	3,8 3474*	6	8,8 2981	15
	6836	3480	7	2996*	14
	6837	3487*	6	3010	15
	6838	3493*	6	3025	15
	6839	3499	7	3040*	14
53.60	6840	3,8 3506*		8,8 3054	
1°	N	Log N	D	loh N	D

1° ′ ″	N	Lov N	D	loh N	D
54. 0	6840	3,8 3506*	6	8,8 3054	15
	6841	3512*	6	3069*	15
	6842	3518	7	3084*	14
	6843	3525*	6	3098	15
	6844	3531	6	3113*	14
54. 5	6845	3,8 3537	7	8,8 3127	15
	6846	3544*	6	3142*	15
	6847	3550	6	3157*	14
	6848	3556	7	3171	15
	6849	3563*	6	3186*	14
54.10	6850	3,8 3569	6	8,8 3200	15
	6851	3575	7	3215*	15
	6852	3582*	6	3230*	14
	6853	3588	6	3244	15
	6854	3594	7	3259*	14
54.15	6855	3,8 3601*	6	8,8 3273	15
	6856	3607	6	3288*	15
	6857	3613	7	3303*	14
	6858	3620*	6	3317	15
	6859	3626	6	3332*	14
54.20	6860	3,8 3632	7	8,8 3346	15
	6861	3639*	6	3361*	14
	6862	3645	6	3375	15
	6863	3651	7	3390*	15
	6864	3658*	6	3405*	14
54.25	6865	3,8 3664	6	8,8 3419	15
	6866	3670	7	3434*	14
	6867	3677*	6	3448	15
	6868	3683	6	3463*	14
	6869	3689	7	3477	15
54.30	6870	3,8 3696*	6	8,8 3492*	14
	6871	3702*	6	3506	15
	6872	3708	7	3521	15
	6873	3715*	6	3536*	14
	6874	3721*	6	3550	15
54.35	6875	3,8 3727	7	8,8 3565*	14
	6876	3734*	6	3579	15
	6877	3740*	6	3594*	14
	6878	3746	7	3608	15
	6870	3753*	6	3623*	14
54.40	6880	3,8 3759*	6	8,8 3637	15
	6881	3765	6	3652*	14
	6882	3771	7	3666	15
	6883	3778*	6	3681*	15
	6884	3784	6	3696*	14
54.45	6885	3,8 3790	7	8,8 3710	15
	6886	3797*	6	3725*	14
	6887	3803	6	3739	15
	6888	3809	7	3754*	14
	6889	3816*	6	3768	15
54.50	6890	3,8 3822*	6	8,8 3783*	14
	6891	3828	7	3797	15
	6892	3835*	6	3812*	14
	6893	3841*	6	3826	15
	6894	3847	6	3841*	14
54.55	6895	3,8 3853	7	8,8 3855	15
	6896	3860*	6	3870*	14
	6897	3866	6	3884	15
	6898	3872	7	3899*	14
	6899	3879*	6	3913	15
54.60	6900	3,8 3885*		8,8 3928*	
1° ′ ″	N	Lov N	D	loh N	D

1° ′ ″	N	Lov N	D	loh N	D
55. 0	6900	3,8 3885*	6	8,8 3928*	14
	6901	3891	6	3942	15
	6902	3897	7	3957*	14
	6903	3904*	6	3971	15
	6904	3910	6	3986*	14
55. 5	6905	3,8 3916	7	8,8 4000	15
	6906	3923*	6	4015*	14
	6907	3929*	6	4029	15
	6908	3935	7	4044*	14
	6909	3942*	6	4058	14
55.10	6910	3,8 3948*	6	8,8 4072	15
	6911	3954	6	4087*	14
	6912	3960	7	4101	15
	6913	3967*	6	4116*	14
	6914	3973*	6	4130	15
55.15	6915	3,8 3979	6	8,8 4145*	14
	6916	3985	7	4159	15
	6917	3992*	6	4174*	14
	6918	3998	6	4188	15
	6919	4004	7	4203*	14
55.20	6920	3,8 4011*	6	8,8 4217	15
	6921	4017*	6	4232*	14
	6922	4023	6	4246	14
	6923	4029	7	4260	15
	6924	4036*	6	4275*	14
55.25	6925	3,8 4042*	6	8,8 4289	15
	6926	4048	7	4304*	14
	6927	4055*	6	4318	15
	6928	4061*	6	4333*	14
	6929	4067	6	4347	15
55.30	6930	3,8 4073	7	8,8 4362*	14
	6931	4080*	6	4376*	14
	6932	4086*	6	4390	15
	6933	4092	6	4405*	14
	6934	4098	7	4419	15
55.35	6935	3,8 4105*	6	8,8 4434*	14
	6936	4111*	6	4448	14
	6937	4117	6	4462	15
	6938	4123	7	4477*	14
	6939	4130*	6	4491	15
55.40	6940	3,8 4136*	6	8,8 4506*	14
	6941	4142	6	4520	15
	6942	4148	7	4535*	14
	6943	4155*	6	4549*	14
	6944	4161*	6	4563	15
55.45	6945	3,8 4167	6	8,8 4578*	14
	6946	4173	7	4592	15
	6947	4180*	6	4607*	14
	6948	4186*	6	4621*	14
	6949	4192	6	4635	15
55.50	6950	3,8 4198	7	8,8 4650*	14
	6951	4205*	6	4664	14
	6952	4211*	6	4678	15
	6953	4217	6	4693*	14
	6954	4223	7	4707	15
55.55	6955	3,8 4230*	6	8,8 4722*	14
	6956	4236*	6	4736*	14
	6957	4242	6	4750	15
	6958	4248	7	4765*	14
	6959	4255*	6	4779	14
55.60	6960	3,8 4261*		8,8 4793	
1° ′ ″	N	Lov N	D	loh N	D

1° ′ ″	N	Lov N	D	loh N	D
56. 0	6960	3,8 4261*	6	8,8 4793	15
	6961	4267	6	4808*	14
	6962	4273	7	4822	15
	6963	4280*	6	4837*	14
	6964	4286*	6	4851*	14
56. 5	6965	3,8 4292	6	8,8 4865	15
	6966	4298	7	4880*	14
	6967	4305*	6	4894	14
	6968	4311*	6	4908	15
	6969	4317	6	4923*	14
56.10	6970	3,8 4323	7	8,8 4937	14
	6971	4330*	6	4951	15
	6972	4336*	6	4966*	14
	6973	4342*	6	4980	14
	6974	4348	6	4994	15
56.15	6975	3,8 4354	7	8,8 5009*	14
	6976	4361*	6	5023	14
	6977	4367*	6	5037	15
	6978	4373	6	5052*	14
	6979	4379	7	5066	14
56.20	6980	3,8 4386*	6	8,8 5080	15
	6981	4392*	6	5095*	14
	6982	4398*	6	5109	14
	6983	4404	6	5123	15
	6984	4410	7	5138*	14
56.25	6985	3,8 4417*	6	8,8 5152	14
	6986	4423*	6	5166	15
	6987	4429	6	5181*	14
	6988	4435	7	5195*	14
	6989	4442*	6	5209	15
56.30	6990	3,8 4448*	6	8,8 5224*	14
	6991	4454*	6	5238*	14
	6992	4460	6	5252	14
	6993	4466	7	5266	15
	6994	4473*	6	5281*	14
56.35	6995	3,8 4479*	6	8,8 5295	14
	6996	4485*	6	5309	15
	6997	4491	6	5324*	14
	6998	4497	7	5338*	14
	6999	4504*	6	5352	15
56.40	7000	3,8 4510*	6	8,8 5367*	14
	7001	4516	6	5381*	14
	7002	4522	6	5395	14
	7003	4528	7	5409	15
	7004	4535*	6	5424*	14
56.45	7005	3,8 4541*	6	8,8 5438*	14
	7006	4547	6	5452	14
	7007	4553	6	5466	15
	7008	4559	7	5481*	14
	7009	4566*	6	5495	14
56.50	7010	3,8 4572*	6	8,8 5509	15
	7011	4578*	6	5524*	14
	7012	4584	6	5538*	14
	7013	4590	7	5552	14
	7014	4597*	6	5566	15
56.55	7015	3,8 4603*	6	8,8 5581*	14
	7016	4609*	6	5595*	14
	7017	4615	6	5609	14
	7018	4621	7	5623	15
	7019	4628*	6	5638*	14
56.60	7020	3,8 4634*		8,8 5652*	
1° ′ ″	N	Lov N	D	loh N	D

1°	N	Log N	D	log N	D
57.′ 0″	7020	3,8 4634*	6	8,8 5652*	14
	7021	4640*	6	5666	14
	7022	4646	6	5680	15
	7023	4652	6	5695*	14
	7024	4658	7	5709*	14
57. 5	7025	3,8 4665*	6	8,8 5723	14
	7026	4671*	6	5737	15
	7027	4677*	6	5752*	14
	7028	4683	6	5766*	14
	7029	4689	7	5780*	14
57.10	7030	3,8 4696*	6	8,8 5794	14
	7031	4702*	6	5808	15
	7032	4708*	6	5823*	14
	7033	4714	6	5837*	14
	7034	4720	6	5851	14
57.15	7035	3,8 4726	7	8,8 5865	15
	7036	4733*	6	5880*	14
	7037	4739*	6	5894*	14
	7038	4745*	6	5908*	14
	7039	4751	6	5922	14
57.20	7040	3,8 4757	6	8,8 5936	15
	7041	4763	7	5951*	14
	7042	4770*	6	5965*	14
	7043	4776*	6	5979*	14
	7044	4782*	6	5993	14
57.25	7045	3,8 4788	6	8,8 6007	15
	7046	4794	6	6022*	14
	7047	4800	7	6036*	14
	7048	4807*	6	6050*	14
	7049	4813*	6	6064	14
57.30	7050	3,8 4819*	6	8,8 6078	14
	7051	4825	6	6092	15
	7052	4831	6	6107*	14
	7053	4837	7	6121*	14
	7054	4844*	6	6135	14
57.35	7055	3,8 4850*	6	8,8 6149	14
	7056	4856*	6	6163	15
	7057	4862	6	6178*	14
	7058	4868	6	6192*	14
	7059	4874	6	6206*	14
57.40	7060	3,8 4880	7	8,8 6220	14
	7061	4887*	6	6234	14
	7062	4893*	6	6248	15
	7063	4899*	6	6263*	14
	7064	4905	6	6277*	14
57.45	7065	3,8 4911	6	8,8 6291*	14
	7066	4917	7	6305*	14
	7067	4924*	6	6319	14
	7068	4930*	6	6333	14
	7069	4936*	6	6347	15
57.50	7070	3,8 4942*	6	8,8 6362*	14
	7071	4948	6	6376*	14
	7072	4954	6	6390*	14
	7073	4960	7	6404*	14
	7074	4967*	6	6418	14
57.55	7075	3,8 4973*	6	8,8 6432	14
	7076	4979*	6	6446	15
	7077	4985*	6	6461*	14
	7078	4991	6	6475*	14
	7079	4997	6	6489*	14
57.60	7080	3,8 5003		8,8 6503*	
1°	N	Log N	D	log N	D

1°	N	Log N	D	log N	D
58.′ 0″	7080	3,8 5003	6	8,8 6503*	14
	7081	5009	7	6517	14
	7082	5016*	6	6531	14
	7083	5022*	6	6545	14
	7084	5028*	6	6559	15
58. 5	7085	3,8 5034*	6	8,8 6574*	14
	7086	5040	6	6588*	14
	7087	5046	6	6602*	14
	7088	5052	6	6616*	14
	7089	5058	7	6630*	14
58.10	7090	3,8 5065*	6	8,8 6644	14
	7091	5071*	6	6658	14
	7092	5077*	6	6672	14
	7093	5083*	6	6686	14
	7094	5089	6	6700	15
58.15	7095	3,8 5095	6	8,8 6715*	14
	7096	5101	6	6729*	14
	7097	5107	7	6743*	14
	7098	5114*	6	6757*	14
	7099	5120*	6	6771*	14
58.20	7100	3,8 5126*	6	8,8 6785	14
	7101	5132*	6	6799	14
	7102	5138	6	6813	14
	7103	5144	6	6827	14
	7104	5150	6	6841	14
58.25	7105	3,8 5156	7	8,8 6855	14
	7106	5163*	6	6869	15
	7107	5169*	6	6884*	14
	7108	5175*	6	6898*	14
	7109	5181*	6	6912*	14
58.30	7110	3,8 5187*	6	8,8 6926*	14
	7111	5193	6	6940*	14
	7112	5199	6	6954*	14
	7113	5205	6	6968*	14
	7114	5211	6	6982*	14
58.35	7115	3,8 5217	7	8,8 6996	14
	7116	5224*	6	7010	14
	7117	5230*	6	7024	14
	7118	5236*	6	7038	14
	7119	5242*	6	7052	14
58.40	7120	3,8 5248*	6	8,8 7066	14
	7121	5254	6	7080	14
	7122	5260	6	7094	14
	7123	5266	6	7108	14
	7124	5272	6	7122	15
58.45	7125	3,8 5278	7	8,8 7137*	14
	7126	5285*	6	7151*	14
	7127	5291*	6	7165*	14
	7128	5297*	6	7179*	14
	7129	5303*	6	7193*	14
58.50	7130	3,8 5309*	6	8,8 7207*	14
	7131	5315	6	7221*	14
	7132	5321	6	7235*	14
	7133	5327	6	7249*	14
	7134	5333	6	7263*	14
58.55	7135	3,8 5339	6	8,8 7277*	14
	7136	5345	7	7291*	14
	7137	5352*	6	7305*	14
	7138	5358*	6	7319*	14
	7139	5364*	6	7333*	14
58.60	7140	3,8 5370*		8,8 7347*	
1°	N	Log N	D	log N	D

1°	N	Log N	D	log N	D
59.′ 0″	7140	3,8 5370*	6	8,8 7347*	14
	7141	5376*	6	7361*	14
	7142	5382*	6	7375*	14
	7143	5388	6	7389*	14
	7144	5394	6	7403*	14
59. 5	7145	3,8 5400	6	8,8 7417*	14
	7146	5406	6	7431*	14
	7147	5412	6	7445*	14
	7148	5418	7	7459*	14
	7149	5425*	6	7473*	14
59.10	7150	3,8 5431*	6	8,8 7487*	14
	7151	5437*	6	7501*	14
	7152	5443*	6	7515*	14
	7153	5449*	6	7529*	14
	7154	5455*	6	7543*	14
59.15	7155	3,8 5461*	6	8,8 7557*	14
	7156	5467	6	7571*	14
	7157	5473	6	7585*	14
	7158	5479	6	7599*	14
	7159	5485	6	7613*	14
59.20	7160	3,8 5491	6	8,8 7627*	13
	7161	5497	6	7640	14
	7162	5503	6	7654	14
	7163	5509	7	7668	14
	7164	5516*	6	7682	14
59.25	7165	3,8 5522*	6	8,8 7696	14
	7166	5528*	6	7710	14
	7167	5534*	6	7724	14
	7168	5540*	6	7738	14
	7169	5546*	6	7752	14
59.30	7170	3,8 5552*	6	8,8 7766	14
	7171	5558*	6	7780	14
	7172	5564	6	7794*	14
	7173	5570	6	7808*	14
	7174	5576	6	7822*	14
59.35	7175	3,8 5582	6	8,8 7836*	14
	7176	5588	6	7850*	14
	7177	5594	6	7864*	14
	7178	5600	6	7878*	14
	7179	5606	6	7892*	13
59.40	7180	3,8 5612	6	8,8 7905	14
	7181	5618	7	7919	14
	7182	5625*	6	7933	14
	7183	5631*	6	7947	14
	7184	5637*	6	7961	14
59.45	7185	3,8 5643*	6	8,8 7975	14
	7186	5649*	6	7989*	14
	7187	5655*	6	8003*	14
	7188	5661*	6	8017*	14
	7189	5667*	6	8031*	14
59.50	7190	3,8 5673*	6	8,8 8045*	14
	7191	5679*	6	8059*	13
	7192	5685*	6	8072	14
	7193	5691	6	8086	14
	7194	5697	6	8100	14
59.55	7195	3,8 5703	6	8,8 8114	14
	7196	5709	6	8128	14
	7197	5715	6	8142*	14
	7198	5721	6	8156*	14
	7199	5727	6	8170*	14
59.60	7200	3,8 5733		8,8 8184*	
1°	N	Log N	D	log N	D

2°	N	Lov N	D	loh N	D
0′ 0″	7200	3,8 5733	6	8,8 8184*	14
	7201	5739	6	8198*	13
	7202	5745	6	8211	14
	7203	5751	6	8225	14
	7204	5757	6	8239	14
0. 5	7205	3,8 5763	6	8,8 8253	14
	7206	5769	6	8267*	14
	7207	5775	6	8281*	14
	7208	5781	7	8295*	14
	7209	5788*	6	8309*	13
0.10	7210	3,8 5794*	6	8,8 8322	14
	7211	5800*	6	8336	14
	7212	5806*	6	8350	14
	7213	5812*	6	8364	14
	7214	5818*	6	8378*	14
0.15	7215	3,8 5824*	6	8,8 8392*	14
	7216	5830*	6	8406*	13
	7217	5836*	6	8419	14
	7218	5842*	6	8433	14
	7219	5848*	6	8447	14
0.20	7220	3,8 5854*	6	8,8 8461	14
	7221	5860*	6	8475*	14
	7222	5866*	6	8489*	14
	7223	5872*	6	8503*	13
	7224	5878*	6	8516	14
0.25	7225	3,8 5884*	6	8,8 8530	14
	7226	5890*	6	8544	14
	7227	5896*	6	8558*	14
	7228	5902*	6	8572*	14
	7229	5908*	6	8586*	13
0.30	7230	3,8 5914*	6	8,8 8599	14
	7231	5920*	6	8613	14
	7232	5926*	6	8627	14
	7233	5932*	6	8641*	14
	7234	5938*	6	8655*	14
0.35	7235	3,8 5944*	6	8,8 8669*	13
	7236	5950*	6	8682	14
	7237	5956*	6	8696	14
	7238	5962*	6	8710	14
	7239	5968*	6	8724*	14
0.40	7240	3,8 5974*	6	8,8 8738*	13
	7241	5980*	6	8751	14
	7242	5986*	6	8765	14
	7243	5992*	6	8779	14
	7244	5998*	6	8793*	14
0.45	7245	3,8 6004*	6	8,8 8807*	13
	7246	6010*	6	8820	14
	7247	6016*	6	8834	14
	7248	6022*	6	8848	14
	7249	6028*	6	8862*	14
0.50	7250	3,8 6034*	6	8,8 8876*	13
	7251	6040*	6	8889	14
	7252	6046*	6	8903	14
	7253	6052*	6	8917	14
	7254	6058*	6	8931*	14
0.55	7255	3,8 6064*	6	8,8 8945*	13
	7256	6070*	6	8958	14
	7257	6076*	6	8972	14
	7258	6082*	6	8986*	14
	7259	6088*	6	9000*	14
0.60	7260	3,8 6094*		8,8 9014*	
1′ 0″	7260	3,8 6094*	6	8,8 9014*	13
	7261	6100*	6	9027	14
	7262	6106*	6	9041	14
	7263	6112*	6	9055*	14
	7264	6118*	6	9069*	13
1. 5	7265	3,8 6124*	6	8,8 9082	14
	7266	6130*	6	9096	14
	7267	6136*	5	9110*	14
	7268	6141	6	9124*	13
	7269	6147	6	9137	14
1.10	7270	3,8 6153	6	8,8 9151	14
	7271	6159	6	9165*	14
	7272	6165	6	9179*	13
	7273	6171	6	9192	14
	7274	6177	6	9206	14
1.15	7275	3,8 6183	6	8,8 9220*	14
	7276	6189	6	9234*	13
	7277	6195	6	9247	14
	7278	6201	6	9261	14
	7279	6207	6	9275*	14
1.20	7280	3,8 6213	6	8,8 9289*	13
	7281	6219	6	9302	14
	7282	6225	6	9316	14
	7283	6231	6	9330*	14
	7284	6237*	6	9344*	13
1.25	7285	3,8 6243*	6	8,8 9357	14
	7286	6249*	6	9371*	14
	7287	6255*	6	9385*	13
	7288	6261*	6	9398	14
	7289	6267*	6	9412	14
1.30	7290	3,8 6273*	6	8,8 9426*	14
	7291	6279*	6	9440*	13
	7292	6285*	6	9453	14
	7293	6291*	6	9467	14
	7294	6297*	6	9481*	13
1.35	7295	3,8 6303*	5	8,8 9494	14
	7296	6308	6	9508	14
	7297	6314	6	9522*	14
	7298	6320	6	9536*	13
	7299	6326	6	9549	14
1.40	7300	3,8 6332	6	8,8 9563*	14
	7301	6338	6	9577*	13
	7302	6344	6	9590	14
	7303	6350	6	9604	14
	7304	6356	6	9618*	13
1.45	7305	3,8 6362	6	8,8 9631	14
	7306	6368*	6	9645	14
	7307	6374*	6	9659*	13
	7308	6380*	6	9672	14
	7309	6386*	6	9686	14
1.50	7310	3,8 6392*	6	8,8 9700*	14
	7311	6398*	6	9714*	13
	7312	6404*	6	9727	14
	7313	6410*	5	9741*	14
	7314	6415	6	9755*	13
1.55	7315	3,8 6421	6	8,8 9768	14
	7316	6427	6	9782*	14
	7317	6433	6	9796*	13
	7318	6439	6	9809	14
	7319	6445	6	9823*	14
1.60	7320	3,8 6451		8,8 9837*	
2′ 0″	7320	3,8 6451	6	8,8 9837*	13
	7321	6457	6	9850	14
	7322	6463*	6	9864*	14
	7323	6469*	6	9878*	13
	7324	6475*	6	9891	14
2. 5	7325	3,8 6481*	6	8,8 9905*	13
	7326	6487*	6	9918	14
	7327	6493*	6	9932	14
	7328	6499*	5	9946*	13
	7329	6504	6	9959	14
2.10	7330	3,8 6510	6	8,8 9973	14
	7331	6516	6	9987*	13
	7332	6522	6	8,9 0000	14
	7333	6528	6	0014*	14
	7334	6534	6	0028*	13
2.15	7335	3,8 6540	6	8,9 0041	14
	7336	6546*	6	0055*	14
	7337	6552*	6	0069*	13
	7338	6558*	6	0082	14
	7339	6564*	6	0096*	13
2.20	7340	3,8 6570*	6	8,9 0109	14
	7341	6576*	5	0123	14
	7342	6581	6	0137*	13
	7343	6587	6	0150	14
	7344	6593	6	0164*	14
2.25	7345	3,8 6599	6	8,9 0178*	13
	7346	6605	6	0191	14
	7347	6611	6	0205*	13
	7348	6617*	6	0218	14
	7349	6623*	6	0232*	14
2.30	7350	3,8 6629*	6	8,9 0246*	13
	7351	6635*	6	0259	14
	7352	6641*	5	0273*	13
	7353	6646	6	0286	14
	7354	6652	6	0300*	14
2.35	7355	3,8 6658	6	8,9 0314*	13
	7356	6664	6	0327	14
	7357	6670	6	0341*	13
	7358	6676*	6	0354	14
	7359	6682*	6	0368*	14
2.40	7360	3,8 6688*	6	8,9 0382*	13
	7361	6694*	6	0395	14
	7362	6700*	5	0409*	13
	7363	6705	6	0422	14
	7364	6711	6	0436*	13
2.45	7365	3,8 6717	6	8,9 0449	14
	7366	6723	6	0463	14
	7367	6729	6	0477*	13
	7368	6735*	6	0490	14
	7369	6741*	6	0504*	13
2.50	7370	3,8 6747*	6	8,9 0517	14
	7371	6753*	6	0531*	13
	7372	6759*	5	0544	14
	7373	6764	6	0558*	14
	7374	6770	6	0572*	13
2.55	7375	3,8 6776	6	8,9 0585	14
	7376	6782	6	0599*	13
	7377	6788*	6	0612	14
	7378	6794*	6	0626*	13
	7379	6800*	6	0639	14
2.60	7380	3,8 6806*		8,9 0653*	

2°	N	Lov N	D	loh N	D
3′. 0″	7380	3,8 6806*	6	8,9 0653*	13
	7381	6812*	5	0666	14
	7382	6817	6	0680*	14
	7383	6823	6	0694*	13
	7384	6829	6	0707	14
3. 5	7385	3,8 6835	6	8,9 0721*	13
	7386	6841*	6	0734	14
	7387	6847*	6	0748*	13
	7388	6853*	6	0761	14
	7389	6859*	5	0775*	13
3.10	7390	3,8 6864	6	8,9 0788	14
	7391	6870	6	0802*	13
	7392	6876	6	0815	14
	7393	6882	6	0829*	13
	7394	6888*	6	0842	14
3.15	7395	3,8 6894*	6	8,9 0856*	13
	7396	6900*	6	0869	14
	7397	6906*	5	0883*	13
	7398	6911	6	0896	14
	7399	6917	6	0910	14
3.20	7400	3,8 6923	6	8,9 0924*	13
	7401	6929	6	0937	14
	7402	6935*	6	0951*	13
	7403	6941*	6	0964	14
	7404	6947*	6	0978*	13
3.25	7405	3,8 6953*	5	8,9 0991	14
	7406	6958	6	1005*	13
	7407	6964	6	1018	14
	7408	6970	6	1032*	13
	7409	6976*	6	1045	14
3.30	7410	3,8 6982*	6	8,9 1059*	13
	7411	6988*	6	1072	14
	7412	6994*	5	1086*	13
	7413	6999	6	1099	14
	7414	7005	6	1123	13
3.35	7415	3,8 7011	6	8,9 1126	14
	7416	7017*	6	1140*	13
	7417	7023*	6	1153*	13
	7418	7029*	6	1166	14
	7419	7035*	5	1180*	13
3.40	7420	3,8 7040	6	8,9 1193	14
	7421	7046	6	1207*	13
	7422	7052	6	1220	14
	7423	7058*	6	1234*	13
	7424	7064*	6	1247	14
3.45	7425	3,8 7070*	5	8,9 1261*	13
	7426	7075	6	1274	14
	7427	7081	6	1288	13
	7428	7087	6	1301	14
	7429	7093	6	1315*	13
3.50	7430	3,8 7099*	6	8,9 1328	14
	7431	7105*	6	1342*	13
	7432	7111*	5	1355	13
	7433	7116	6	1368	14
	7434	7122	6	1382*	13
3.55	7435	3,8 7128	6	8,9 1395	14
	7436	7134*	6	1409*	13
	7437	7140*	6	1422	14
	7438	7146*	5	1436*	13
	7439	7151	6	1449	14
3.60 ′ ″	7440	3,8 7157		8,9 1463*	
2°	N	Lov N	D	loh N	D

2°	N	Lov N	D	loh N	D
4′. 0″	7440	3,8 7157	6	8,9 1463*	13
	7441	7163	6	1476	13
	7442	7169*	6	1489	14
	7443	7175*	6	1503*	13
	7444	7181*	5	1516	14
4. 5	7445	3,8 7186	6	8,9 1530*	13
	7446	7192	6	1543	14
	7447	7198	6	1557*	13
	7448	7204*	6	1570	14
	7449	7210*	6	1584*	13
4.10	7450	3,8 7216*	5	8,9 1597*	13
	7451	7221	6	1610	14
	7452	7227	6	1624*	13
	7453	7233	6	1637	14
	7454	7239*	6	1651*	13
4.15	7455	3,8 7245*	6	8,9 1664	13
	7456	7251*	5	1677	14
	7457	7256	6	1691*	13
	7458	7262	6	1704	14
	7459	7268	6	1718*	13
4.20	7460	3,8 7274*	6	8,9 1731	13
	7461	7280*	6	1744	14
	7462	7286*	5	1758*	13
	7463	7291	6	1771	14
	7464	7297	6	1785*	13
4.25	7465	3,8 7303*	6	8,9 1798	13
	7466	7309*	6	1811	14
	7467	7315*	5	1825*	13
	7468	7320	6	1838	14
	7469	7326	6	1852*	13
4.30	7470	3,8 7332	6	8,9 1865	13
	7471	7338*	6	1878	14
	7472	7344*	5	1892*	13
	7473	7349	6	1905	14
	7474	7355	6	1919*	13
4.35	7475	3,8 7361	6	8,9 1932*	13
	7476	7367*	6	1945	14
	7477	7373*	6	1959*	13
	7478	7379*	5	1972	13
	7479	7384	6	1985	14
4.40	7480	3,8 7390	6	8,9 1999*	13
	7481	7396*	6	2012	14
	7482	7402*	6	2026*	13
	7483	7408*	5	2039*	13
	7484	7413	6	2052	14
4.45	7485	3,8 7419	6	8,9 2066*	13
	7486	7425*	6	2079*	13
	7487	7431*	6	2092	14
	7488	7437*	5	2106*	13
	7489	7442	6	2119	13
4.50	7490	3,8 7448	6	8,9 2132	14
	7491	7454*	6	2146*	13
	7492	7460*	6	2159	13
	7493	7466*	5	2172	14
	7494	7471	6	2186*	13
4.55	7495	3,8 7477	6	8,9 2199	13
	7496	7483*	6	2212	14
	7497	7489*	6	2226*	13
	7498	7495*	5	2239	13
	7499	7500	6	2252	14
4.60 ′ ″	7500	3,8 7506		8,9 2266*	
2°	N	Lov N	D	loh N	D

2°	N	Lov N	D	loh N	D
5′. 0″	7500	3,8 7506	6	8,9 2266*	13
	7501	7512*	6	2279	13
	7502	7518*	5	2292	14
	7503	7523	6	2306*	13
	7504	7529	6	2319	13
5. 5	7505	3,8 7535	6	8,9 2332	14
	7506	7541*	6	2346*	13
	7507	7547*	5	2359	13
	7508	7552	6	2372	14
	7509	7558	6	2386*	13
5.10	7510	3,8 7564*	6	8,9 2399	13
	7511	7570*	6	2412	14
	7512	7576*	5	2426*	13
	7513	7581	6	2439	13
	7514	7587	6	2452	14
5.15	7515	3,8 7593*	6	8,9 2466*	13
	7516	7599*	5	2479*	13
	7517	7604	6	2492	14
	7518	7610	6	2506*	13
	7519	7616	6	2519*	13
5.20	7520	3,8 7622*	6	8,9 2532	13
	7521	7628*	5	2545	14
	7522	7633	6	2559*	13
	7523	7639	6	2572	13
	7524	7645*	6	2585	14
5.25	7525	3,8 7651*	5	8,9 2599*	13
	7526	7656	6	2612*	13
	7527	7662	6	2625	13
	7528	7668*	6	2638	14
	7529	7674*	5	2652*	13
5.30	7530	3,8 7679	6	8,9 2665	13
	7531	7685	6	2678	14
	7532	7691	6	2692*	13
	7533	7697*	6	2705*	13
	7534	7703*	5	2718	13
5.35	7535	3,8 7708	6	8,9 2731	14
	7536	7714	6	2745*	13
	7537	7720*	6	2758*	13
	7538	7726*	5	2771	13
	7539	7731	6	2784	14
5.40	7540	3,8 7737	6	8,9 2798*	13
	7541	7743*	6	2811	13
	7542	7749*	5	2824	14
	7543	7754	6	2838*	13
	7544	7760	6	2851*	13
5.45	7545	3,8 7766*	6	8,9 2864	13
	7546	7772*	5	2877	14
	7547	7777	6	2891*	13
	7548	7783	6	2904*	13
	7549	7789*	6	2917	13
5.50	7550	3,8 7795*	5	8,9 2930	14
	7551	7800	6	2944*	13
	7552	7806	6	2957*	13
	7553	7812*	6	2970	13
	7554	7818*	5	2983	13
5.55	7555	3,8 7823	6	8,9 2996	14
	7556	7829	6	3010*	13
	7557	7835*	6	3023*	13
	7558	7841*	5	3036	13
	7559	7846	6	3049	14
5.60 ′ ″	7560	3,8 7852		8,9 3063*	
2°	N	Lov N	D	loh N	D

2°	N	Lov N	D	loh N	D
6′ 0″	7560	3,8 7852	6	8,9 3063*	13
	7561	7858*	6	3076*	13
	7562	7864*	5	3089	13
	7563	7869	6	3102	14
	7564	7875	6	3116*	13
6. 5	7565	3,8 7881*	6	8,9 3129*	13
	7566	7887*	5	3142*	13
	7567	7892	6	3155	13
	7568	7898	6	3168	14
	7569	7904*	6	3182*	13
6.10	7570	3,8 7910*	5	8,9 3195*	13
	7571	7915	6	3208	13
	7572	7921	6	3221	13
	7573	7927*	6	3234	14
	7574	7933*	5	3248*	13
6.15	7575	3,8 7938	6	8,9 3261*	13
	7576	7944*	6	3274	13
	7577	7950*	5	3287	13
	7578	7955	6	3300	14
	7579	7961	6	3314*	13
6.20	7580	3,8 7967*	6	8,9 3327*	13
	7581	7973*	5	3340	13
	7582	7978	6	3353	13
	7583	7984	6	3366	14
	7584	7990*	6	3380*	13
6.25	7585	3,8 7996*	5	8,9 3393*	13
	7586	8001	6	3406*	13
	7587	8007	6	3419	13
	7588	8013*	5	3432	14
	7589	8018	6	3446*	13
6.30	7590	3,8 8024	6	8,9 3459*	13
	7591	8030*	6	3472*	13
	7592	8036*	5	3485	13
	7593	8041	6	3498	13
	7594	8047	6	3511	14
6.35	7595	3,8 8053*	5	8,9 3525*	13
	7596	8058	6	3538*	13
	7597	8064	6	3551*	13
	7598	8070*	6	3564	13
	7599	8076*	5	3577	13
6.40	7600	3,8 8081	6	8,9 3590	14
	7601	8087	6	3604*	13
	7602	8093*	5	3617*	13
	7603	8098	6	3630*	13
	7604	8104	6	3643*	13
6.45	7605	3,8 8110*	6	8,9 3656	13
	7606	8116*	5	3669	13
	7607	8121	6	3682	14
	7608	8127	6	3696*	13
	7609	8133*	5	3709*	13
6.50	7610	3,8 8138	6	8,9 3722*	13
	7611	8144	6	3735*	13
	7612	8150*	6	3748	13
	7613	8156*	5	3761	13
	7614	8161	6	3774	14
6.55	7615	3,8 8167*	6	8,9 3788*	13
	7616	8173*	5	3801*	13
	7617	8178	6	3814*	13
	7618	8184	6	3827*	13
	7619	8190*	5	3840	13
6.60 ′ ″	7620	3,8 8195		8,9 3853	
2°	N	Lov N	D	loh N	D

2°	N	Lov N	D	loh N	D
7′ 0″	7620	3,8 8195	6	8,9 3853	13
	7621	8201	6	3866	13
	7622	8207*	6	3879	14
	7623	8213*	5	3893*	13
	7624	8218	6	3906*	13
7. 5	7625	3,8 8224*	6	8,9 3919*	13
	7626	8230*	5	3932*	13
	7627	8235	6	3945*	13
	7628	8241	6	3958	13
	7629	8247*	5	3971	13
7.10	7630	3,8 8252	6	8,9 3984	13
	7631	8258	6	3997	14
	7632	8264*	6	4011*	13
	7633	8270*	5	4024*	13
	7634	8275	6	4037*	13
7.15	7635	3,8 8281*	6	8,9 4050*	13
	7636	8287*	5	4063*	13
	7637	8292	6	4076	13
	7638	8298*	6	4089	13
	7639	8304*	5	4102	13
7.20	7640	3,8 8309	6	8,9 4115	13
	7641	8315	6	4128	13
	7642	8321*	5	4141	14
	7643	8326	6	4155*	13
	7644	8332	6	4168*	13
7.25	7645	3,8 8338*	5	8,9 4181*	13
	7646	8343	6	4194*	13
	7647	8349	6	4207*	13
	7648	8355*	5	4220*	13
	7649	8360	6	4233	13
7.30	7650	3,8 8366	6	8,9 4246	13
	7651	8372*	5	4259	13
	7652	8377	6	4272	13
	7653	8383	6	4285	13
	7654	8389*	6	4298	13
7.35	7655	3,8 8395*	5	8,9 4311	13
	7656	8400	6	4324	14
	7657	8406*	6	4338*	13
	7658	8412*	5	4351*	13
	7659	8417	6	4364*	13
7.40	7660	3,8 8423*	6	8,9 4377*	13
	7661	8429*	5	4390*	13
	7662	8434	6	4403*	13
	7663	8440*	6	4416*	13
	7664	8446*	5	4429*	13
7.45	7665	3,8 8451	6	8,9 4442*	13
	7666	8457*	6	4455	13
	7667	8463*	5	4468	13
	7668	8468	6	4481	13
	7669	8474*	6	4494	13
7.50	7670	3,8 8480*	5	8,9 4507	13
	7671	8485	6	4520	13
	7672	8491*	6	4533	13
	7673	8497*	5	4546	13
	7674	8502	6	4559	13
7.55	7675	3,8 8508*	5	8,9 4572	13
	7676	8513	6	4585	13
	7677	8519	6	4598	13
	7678	8525*	5	4611	13
	7679	8530	6	4624	13
7.60 ′ ″	7680	3,8 8536		8,9 4637	
2°	N	Lov N	D	loh N	D

2°	N	Lov N	D	loh N	D
8′ 0″	7680	3,8 8536	6	8,9 4637	14
	7681	8542*	5	4651*	13
	7682	8547	6	4664*	13
	7683	8553	6	4677*	13
	7684	8559*	5	4690*	13
8. 5	7685	3,8 8564	6	8,9 4703*	13
	7686	8570	6	4716*	13
	7687	8576*	5	4729*	13
	7688	8581	6	4742*	13
	7689	8587*	6	4755*	13
8.10	7690	3,8 8593*	5	8,9 4768*	13
	7691	8598	6	4781*	13
	7692	8604*	6	4794*	13
	7693	8610*	5	4807*	13
	7694	8615	6	4820*	13
8.15	7695	3,8 8621*	6	8,9 4833*	13
	7696	8627*	5	4846*	13
	7697	8632	6	4859*	13
	7698	8638*	5	4872*	13
	7699	8643	6	4885*	13
8.20	7700	3,8 8649	6	8,9 4898*	13
	7701	8655*	5	4911*	13
	7702	8660	6	4924*	13
	7703	8666*	6	4937*	12
	7704	8672*	5	4949	13
8.25	7705	3,8 8677	6	8,9 4962	13
	7706	8683*	6	4975	13
	7707	8689*	5	4988	13
	7708	8694	6	5001	13
	7709	8700*	5	5014	13
8.30	7710	3,8 8705	6	8,9 5027	13
	7711	8711	6	5040	13
	7712	8717*	5	5053	13
	7713	8722	6	5066	13
	7714	8728*	6	5079	13
8.35	7715	3,8 8734*	5	8,9 5092	13
	7716	8739	6	5105	13
	7717	8745*	5	5118	13
	7718	8750	6	5131	13
	7719	8756	6	5144	13
8.40	7720	3,8 8762*	5	8,9 5157*	13
	7721	8767	6	5170*	13
	7722	8773*	6	5183*	13
	7723	8779*	5	5196*	13
	7724	8784	6	5209*	13
8.45	7725	3,8 8790*	5	8,9 5222*	13
	7726	8795	6	5235*	13
	7727	8801	6	5248*	13
	7728	8807*	5	5261*	12
	7729	8812	6	5273	13
8.50	7730	3,8 8818*	6	8,9 5286	13
	7731	8824*	5	5299	13
	7732	8829	6	5312	13
	7733	8835*	5	5325	13
	7734	8840	6	5338	13
8.55	7735	3,8 8846	6	8,9 5351	13
	7736	8852*	5	5364	13
	7737	8857	6	5377*	13
	7738	8863*	5	5390*	13
	7739	8868	6	5403*	13
8.60 ′ ″	7740	3,8 8874		8,9 5416*	
2°	N	Lov N	D	loh N	D

2°	N	Lov N	D	loh N	D
9′ 0″	7740	3,8 8874	6	8,9 5416*	13
	7741	8880*	5	5429*	13
	7742	8885	6	5442*	12
	7743	8891*	6	5454	13
	7744	8897*	5	5467	13
9. 5	7745	3,8 8902	6	8,9 5480	13
	7746	8908*	5	5493	13
	7747	8913	6	5506	13
	7748	8919*	6	5519	13
	7749	8925*	5	5532*	13
9.10	7750	3,8 8930	6	8,9 5545*	13
	7751	8936*	5	5558*	13
	7752	8941	6	5571*	13
	7753	8947*	6	5584*	12
	7754	8953*	5	5596	13
9.15	7755	3,8 8958	6	8,9 5609	13
	7756	8964*	5	5622	13
	7757	8969	6	5635	13
	7758	8975*	6	5648*	13
	7759	8981*	5	5661*	13
9.20	7760	3,8 8986	6	8,9 5674*	13
	7761	8992*	5	5687*	13
	7762	8997	6	5700*	12
	7763	9003*	6	5712	13
	7764	9009*	5	5725	13
9.25	7765	3,8 9014	6	8,9 5738	13
	7766	9020*	5	5751	13
	7767	9025	6	5764*	13
	7768	9031*	6	5777*	13
	7769	9037*	5	5790*	13
9.30	7770	3,8 9042	6	8,9 5803*	12
	7771	9048*	5	5815	13
	7772	9053	6	5828	13
	7773	9059*	5	5841	13
	7774	9064	6	5854	13
9.35	7775	3,8 9070	6	8,9 5867*	13
	7776	9076*	5	5880*	13
	7777	9081	6	5893*	12
	7778	9087*	5	5905	13
	7779	9092	6	5918	13
9.40	7780	3,8 9098*	6	8,9 5931	13
	7781	9104*	5	5944	13
	7782	9109	6	5957*	13
	7783	9115*	5	5970*	13
	7784	9120	6	5983*	12
9.45	7785	3,8 9126*	5	8,9 5995	13
	7786	9131	6	6008	13
	7787	9137	6	6021	13
	7788	9143*	5	6034*	13
	7789	9148	6	6047*	13
9.50	7790	3,8 9154*	5	8,9 6060*	12
	7791	9159	6	6072	13
	7792	9165*	5	6085	13
	7793	9170	6	6098	13
	7794	9176	6	6111*	13
9.55	7795	3,8 9182*	5	8,9 6124*	13
	7796	9187	6	6137*	12
	7797	9193*	5	6149	13
	7798	9198	6	6162	13
	7799	9204*	5	6175	13
9′.60″	7800	3,8 9209		8,9 6188*	
2°	N	Lov N	D	loh N	D

2°	N	Lov N	D	loh N	D
10′ 0″	7800	3,8 9209	6	8,9 6188*	13
	7801	9215	6	6201*	13
	7802	9221*	5	6214*	12
	7803	9226	6	6226	13
	7804	9232*	5	6239	13
10. 5	7805	3,8 9237	6	8,9 6252*	13
	7806	9243*	5	6265*	13
	7807	9248	6	6278*	12
	7808	9254*	6	6290	13
	7809	9260*	5	6303	13
10.10	7810	3,8 9265	6	8,9 6316	13
	7811	9271*	5	6329*	13
	7812	9276	6	6342*	12
	7813	9282*	5	6354	13
	7814	9287	6	6367	13
10.15	7815	3,8 9293*	5	8,9 6380	13
	7816	9298	6	6393*	13
	7817	9304	6	6406*	12
	7818	9310*	5	6418	13
	7819	9315	6	6431	13
10.20	7820	3,8 9321*	5	8,9 6444*	13
	7821	9326	6	6457*	13
	7822	9332*	5	6470*	12
	7823	9337	6	6482	13
	7824	9343*	5	6495	13
10.25	7825	3,8 9348	6	8,9 6508*	13
	7826	9354*	6	6521*	12
	7827	9360*	5	6533	13
	7828	9365	6	6546	13
	7829	9371*	5	6559	13
10.30	7830	3,8 9376	6	8,9 6572*	13
	7831	9382*	5	6585*	12
	7832	9387	6	6597	13
	7833	9393*	5	6610	13
	7834	9398	6	6623*	13
10.35	7835	3,8 9404*	5	8,9 6636*	12
	7836	9409	6	6648	13
	7837	9415*	6	6661	13
	7838	9421*	5	6674*	13
	7839	9426	6	6687*	12
10.40	7840	3,8 9432*	5	8,9 6699	13
	7841	9437	6	6712	13
	7842	9443*	5	6725*	13
	7843	9448	6	6738*	12
	7844	9454*	5	6750	13
10.45	7845	3,8 9459	6	8,9 6763	13
	7846	9465*	5	6776*	13
	7847	9470	6	6789*	12
	7848	9476*	5	6801	13
	7849	9481	6	6814	13
10.50	7850	3,8 9487*	5	8,9 6827*	13
	7851	9492	6	6840*	12
	7852	9498	6	6852	13
	7853	9504*	5	6865	13
	7854	9509	6	6878*	13
10.55	7855	3,8 9515*	5	8,9 6891*	12
	7856	9520	6	6903	13
	7857	9526*	5	6916	13
	7858	9531	6	6929*	12
	7859	9537*	5	6941	13
10′.60″	7860	3,8 9542		8,9 6954	
2°	N	Lov N	D	loh N	D

2°	N	Lov N	D	loh N	D
11′ 0″	7860	3,8 9542	6	8,9 6954	13
	7861	9548*	5	6967*	13
	7862	9553	6	6980*	12
	7863	9559*	5	6992	13
	7864	9564	6	7005	13
11. 5	7865	3,8 9570*	5	8,9 7018*	12
	7866	9575	6	7030	13
	7867	9581*	5	7043	13
	7868	9586	6	7056*	13
	7869	9592*	5	7069*	12
11.10	7870	3,8 9597	6	8,9 7081	13
	7871	9603*	6	7094	13
	7872	9609*	5	7107*	12
	7873	9614	6	7119	13
	7874	9620*	5	7132	13
11.15	7875	3,8 9625	6	8,9 7145*	13
	7876	9631*	5	7158*	12
	7877	9636	6	7170	13
	7878	9642*	5	7183*	13
	7879	9647	6	7196*	12
11.20	7880	3,8 9653*	5	8,9 7208	13
	7881	9658	6	7221	13
	7882	9664*	5	7234*	12
	7883	9669	6	7246	13
	7884	9675*	5	7259	13
11.25	7885	3,8 9680	6	8,9 7272*	12
	7886	9686*	5	7284	13
	7887	9691	6	7297	13
	7888	9697*	5	7310*	12
	7889	9702	6	7322	13
11.30	7890	3,8 9708*	5	8,9 7335	13
	7891	9713	6	7348*	12
	7892	9719*	5	7360	13
	7893	9724	6	7373	13
	7894	9730*	5	7386*	12
11.35	7895	3,8 9735	6	8,9 7398	13
	7896	9741*	5	7411	13
	7897	9746	6	7424*	12
	7898	9752*	5	7436	13
	7899	9757	6	7449	13
11.40	7900	3,8 9763*	5	8,9 7462*	12
	7901	9768	6	7474	13
	7902	9774*	5	7487	13
	7903	9779	6	7500*	12
	7904	9785*	5	7512	13
11.45	7905	3,8 9790	6	8,9 7525	13
	7906	9796*	5	7538*	12
	7907	9801	6	7550	13
	7908	9807*	5	7563	13
	7909	9812	6	7576*	12
11.50	7910	3,8 9818*	5	8,9 7588	13
	7911	9823	6	7601*	13
	7912	9829*	5	7614*	12
	7913	9834	6	7626	13
	7914	9840*	5	7639*	12
11.55	7915	3,8 9845	6	8,9 7651	13
	7916	9851*	5	7664	13
	7917	9856	6	7677*	12
	7918	9862*	5	7689	13
	7919	9867	6	7702	13
11′.60″	7920	3,8 9873*		8,9 7715*	
2°	N	Lov N	D	loh N	D

2°	N	Log N	D	log N	D
12′ 0″	7920	3,8 9873*	5	8,9 7715*	12
	7921	9878	5	7727	13
	7922	9883	6	7740*	13
	7923	9889*	5	7753*	12
	7924	9894	6	7765	13
12. 5	7925	3,8 9900*	5	8,9 7778*	12
	7926	9905	6	7790	13
	7927	9911*	5	7803*	13
	7928	9916	6	7816*	12
	7929	9922*	5	7828	13
12.10	7930	3,8 9927	6	8,9 7841*	12
	7931	9933*	5	7853	13
	7932	9938	6	7866	13
	7933	9944*	5	7879*	12
	7934	9949	6	7891	13
12.15	7935	3,8 9955*	5	8,9 7904*	12
	7936	9960	6	7916	13
	7937	9966*	5	7929	13
	7938	9971	6	7942*	12
	7939	9977*	5	7954	13
12.20	7940	3,8 9982	6	8,9 7967*	12
	7941	9988*	5	7979	13
	7942	9993*	5	7992	13
	7943	9998	6	8005*	12
	7944	3,9 0004*	5	8017	13
12.25	7945	3,9 0009	6	8,9 8030*	12
	7946	0015*	5	8042	13
	7947	0020	6	8055*	13
	7948	0026*	5	8068*	12
	7949	0031	6	8080	13
12.30	7950	3,9 0037*	5	8,9 8093*	12
	7951	0042	6	8105	13
	7952	0048*	5	8118*	12
	7953	0053	6	8130	13
	7954	0059*	5	8143	13
12.35	7955	3,9 0064	5	8,9 8156*	12
	7956	0069	6	8168	13
	7957	0075*	5	8181*	12
	7958	0080	6	8193	13
	7959	0086*	5	8206*	12
12.40	7960	3,9 0091	6	8,9 8218	13
	7961	0097*	5	8231*	13
	7962	0102	6	8244*	12
	7963	0108*	5	8256	13
	7964	0113	6	8269*	12
12.45	7965	3,9 0119*	5	8,9 8281	13
	7966	0124	5	8294*	12
	7967	0129	6	8306	13
	7968	0135*	5	8319*	12
	7969	0140	6	8331	13
12.50	7970	3,9 0146*	5	8,9 8344*	13
	7971	0151	6	8357*	12
	7972	0157*	5	8369	13
	7973	0162	6	8382*	12
	7974	0168*	5	8394	13
12.55	7975	3,9 0173	6	8,9 8407*	12
	7976	0179*	5	8419	13
	7977	0184*	5	8432*	12
	7978	0189	6	8444	13
	7979	0195*	5	8457*	12
12.60	7980	3,9 0200		8,9 8469	
2°	N	Log N	D	log N	D

2°	N	Log N	D	log N	D
13′ 0″	7980	3,9 0200	6	8,9 8469	13
	7981	0206*	5	8482*	12
	7982	0211	6	8494	13
	7983	0217*	5	8507*	12
	7984	0222	5	8519	13
13. 5	7985	3,9 0227	6	8,9 8532	13
	7986	0233*	5	8545*	12
	7987	0238	6	8557	13
	7988	0244*	5	8570*	12
	7989	0249	6	8582	13
13.10	7990	3,9 0255*	5	8,9 8595*	12
	7991	0260	6	8607	13
	7992	0266*	5	8620*	12
	7993	0271*	5	8632	13
	7994	0276	6	8645*	12
13.15	7995	3,9 0282*	5	8,9 8657	13
	7996	0287	6	8670*	12
	7997	0293*	5	8682	13
	7998	0298	6	8695*	12
	7999	0304*	5	8707	13
13.20	8000	3,9 0309*	5	8,9 8720*	12
	8001	0314	6	8732	13
	8002	0320*	5	8745*	12
	8003	0325	6	8757	13
	8004	0331*	5	8770*	12
13.25	8005	3,9 0336	6	8,9 8782	13
	8006	0342*	5	8795*	12
	8007	0347*	5	8807	13
	8008	0352	6	8820*	12
	8009	0358*	5	8832	13
13.30	8010	3,9 0363	6	8,9 8845*	12
	8011	0369*	5	8857	13
	8012	0374	6	8870*	12
	8013	0380*	5	8882	13
	8014	0385*	5	8895*	12
13.35	8015	3,9 0390	6	8,9 8907	12
	8016	0396*	5	8919	13
	8017	0401	6	8932*	12
	8018	0407*	5	8944	13
	8019	0412	5	8957*	12
13.40	8020	3,9 0417	6	8,9 8969	13
	8021	0423*	5	8982*	12
	8022	0428	6	8994	13
	8023	0434*	5	9007*	12
	8024	0439	6	9019	13
13.45	8025	3,9 0445*	5	8,9 9032*	12
	8026	0450*	5	9044	13
	8027	0455	6	9057*	12
	8028	0461*	5	9069	13
	8029	0466	6	9082*	12
13.50	8030	3,9 0472*	5	8,9 9094*	12
	8031	0477*	5	9106	13
	8032	0482	6	9119*	12
	8033	0488*	5	9131	13
	8034	0493	6	9144*	12
13.55	8035	3,9 0499*	5	8,9 9156	13
	8036	0504*	5	9169*	12
	8037	0509	6	9181	13
	8038	0515*	5	9194*	12
	8039	0520	6	9206*	12
13.60	8040	3,9 0526*		8,9 9218	
2°	N	Log N	D	log N	D

2°	N	Log N	D	log N	D
14′ 0″	8040	3,9 0526*	5	8,9 9218	13
	8041	0531	5	9231*	12
	8042	0536	6	9243	13
	8043	0542*	5	9256*	12
	8044	0547	6	9268	13
14. 5	8045	3,9 0553*	5	8,9 9281*	12
	8046	0558	5	9293	12
	8047	0563	6	9305	13
	8048	0569*	5	9318*	12
	8049	0574	6	9330	13
14.10	8050	3,9 0580*	5	8,9 9343*	12
	8051	0585*	5	9355	13
	8052	0590	6	9368*	12
	8053	0596*	5	9380*	12
	8054	0601	6	9392	13
14.15	8055	3,9 0607*	5	8,9 9405*	12
	8056	0612*	5	9417	13
	8057	0617	6	9430*	12
	8058	0623*	5	9442	12
	8059	0628	6	9454	13
14.20	8060	3,9 0634*	5	8,9 9467*	12
	8061	0639*	5	9479	13
	8062	0644	6	9492*	12
	8063	0650*	5	9504	12
	8064	0655	5	9516	13
14.25	8065	3,9 0660	6	8,9 9529*	12
	8066	0666*	5	9541	13
	8067	0671	6	9554*	12
	8068	0677*	5	9566	12
	8069	0682*	5	9578	13
14.30	8070	3,9 0687	6	8,9 9591*	12
	8071	0693*	5	9603	13
	8072	0698	5	9616*	12
	8073	0703	6	9628	12
	8074	0709*	5	9640	13
14.35	8075	3,9 0714	6	8,9 9653*	12
	8076	0720*	5	9665	13
	8077	0725	5	9678*	12
	8078	0730	6	9690*	12
	8079	0736*	5	9702	13
14.40	8080	3,9 0741	6	8,9 9715*	12
	8081	0747*	5	9727	12
	8082	0752*	5	9739	13
	8083	0757	6	9752*	12
	8084	0763*	5	9764	13
14.45	8085	3,9 0768	5	8,9 9777*	12
	8086	0773	6	9789*	12
	8087	0779*	5	9801	13
	8088	0784	5	9814*	12
	8089	0789	6	9826	12
14.50	8090	3,9 0795*	5	8,9 9838	13
	8091	0800	6	9851*	12
	8092	0806*	5	9863	12
	8093	0811*	5	9875	13
	8094	0816	6	9888*	12
14.55	8095	3,9 0822*	5	8,9 9900	13
	8096	0827	5	9913*	12
	8097	0832	6	9925*	12
	8098	0838*	5	9937	13
	8099	0843	6	9950*	12
14.60	8100	3,9 0849*		8,9 9962*	
2°	N	Log N	D	log N	D

2°	N	Lov N	D	loh N	D
15′ 0″	8100	3,9 0849*	5	8,9 9962*	12
	8101	0854*	5	9974	13
	8102	0859	6	9987*	12
	8103	0865*	5	9999*	12
	8104	0870*	5	9,0 0011	13
15. 5	8105	3,9 0875	6	9,0 0024*	12
	8106	0881*	5	0036*	12
	8107	0886	5	0048	13
	8108	0891	6	0061*	12
	8109	0897*	5	0073*	12
15.10	8110	3,9 0902	5	9,0 0085	13
	8111	0907	6	0098*	12
	8112	0913*	5	0110*	12
	8113	0918	6	0122	13
	8114	0924*	5	0135*	12
15.15	8115	3,9 0929*	5	9,0 0147*	12
	8116	0934	6	0159	13
	8117	0940*	5	0172*	12
	8118	0945*	5	0184*	12
	8119	0950	6	0196	13
15.20	8120	3,9 0956*	5	9,0 0209*	12
	8121	0961*	5	0221*	12
	8122	0966	6	0233	12
	8123	0972*	5	0245	13
	8124	0977*	5	0258*	12
15.25	8125	3,9 0982	6	9,0 0270	12
	8126	0988*	5	0282	13
	8127	0993	5	0295*	12
	8128	0998	6	0307	12
	8129	1004*	5	0319	13
15.30	8130	3,9 1009	5	9,0 0332*	12
	8131	1014	6	0344*	12
	8132	1020*	5	0356	13
	8133	1025	5	0369*	12
	8134	1030	6	0381*	12
15.35	8135	3,9 1036*	5	9,0 0393	12
	8136	1041	5	0405	13
	8137	1046	6	0418*	12
	8138	1052*	5	0430*	12
	8139	1057	5	0442*	13
15.40	8140	3,9 1062	6	9,0 0455*	12
	8141	1068*	5	0467*	12
	8142	1073	5	0479	12
	8143	1078	6	0491	13
	8144	1084*	5	0504*	12
15.45	8145	3,9 1089	5	9,0 0516*	12
	8146	1094	6	0528	13
	8147	1100*	5	0541*	12
	8148	1105	5	0553*	12
	8149	1110	6	0565	12
15.50	8150	3,9 1116*	5	9,0 0577	13
	8151	1121	5	0590*	12
	8152	1126	6	0602*	12
	8153	1132*	5	0614	12
	8154	1137	5	0626	13
15.55	8155	3,9 1142	6	9,0 0639*	12
	8156	1148*	5	0651*	12
	8157	1153	5	0663	12
	8158	1158	6	0675	13
	8159	1164*	5	0688*	12
15.60 ′ ″	8160	3,9 1169		9,0 0700*	
2°	N	Lov N	D	loh N	D

2°	N	Lov N	D	loh N	D
16′ 0″	8160	3,9 1169	5	9,0 0700*	12
	8161	1174	6	0712	12
	8162	1180*	5	0724	13
	8163	1185*	5	0737*	12
	8164	1190	6	0749*	12
16. 5	8165	3,9 1196*	5	9,0 0761	12
	8166	1201*	5	0773	13
	8167	1206	6	0786*	12
	8168	1212*	5	0798*	12
	8169	1217*	5	0810	12
16.10	8170	3,9 1222	6	9,0 0822	13
	8171	1228*	5	0835*	12
	8172	1233*	5	0847*	12
	8173	1238	5	0859	12
	8174	1243	6	0871	13
16.15	8175	3,9 1249*	5	9,0 0884*	12
	8176	1254	5	0896*	12
	8177	1259	6	0908	12
	8178	1265*	5	0920	13
	8179	1270	5	0933*	12
16.20	8180	3,9 1275	6	9,0 0945*	12
	8181	1281*	5	0957*	12
	8182	1286*	5	0969	12
	8183	1291	6	0981	13
	8184	1297*	5	0994*	12
16.25	8185	3,9 1302*	5	9,0 1006*	12
	8186	1307	5	1018	12
	8187	1312	6	1030	12
	8188	1318*	5	1042	13
	8189	1323	5	1055*	12
16.30	8190	3,9 1328	6	9,0 1067*	12
	8191	1334*	5	1079	12
	8192	1339*	5	1091	13
	8193	1344	6	1104*	12
	8194	1350*	5	1116*	12
16.35	8195	3,9 1355*	5	9,0 1128*	12
	8196	1360	5	1140	12
	8197	1365	6	1152	13
	8198	1371*	5	1165*	12
	8199	1376	5	1177*	12
16.40	8200	3,9 1381	6	9,0 1189*	12
	8201	1387*	5	1201	12
	8202	1392*	5	1213	13
	8203	1397	6	1226*	12
	8204	1403*	5	1238*	12
16.45	8205	3,9 1408*	5	9,0 1250*	12
	8206	1413	5	1262	12
	8207	1418	6	1274	12
	8208	1424*	5	1286	13
	8209	1429	5	1299*	12
16.50	8210	3,9 1434	6	9,0 1311*	12
	8211	1440*	5	1323*	12
	8212	1445*	5	1335	12
	8213	1450	5	1347	13
	8214	1455	6	1360*	12
16.55	8215	3,9 1461*	5	9,0 1372*	12
	8216	1466	5	1384*	12
	8217	1471	6	1396	12
	8218	1477*	5	1408	12
	8219	1482*	5	1420	13
16.60 ′ ″	8220	3,9 1487		9,0 1433*	
2°	N	Lov N	D	loh N	D

2°	N	Lov N	D	loh N	D
17′ 0″	8220	3,9 1487	5	9,0 1433*	12
	8221	1492	6	1445*	12
	8222	1498*	5	1457*	12
	8223	1503	5	1469	12
	8224	1508	6	1481	12
17. 5	8225	3,9 1514*	5	9,0 1493	13
	8226	1519*	5	1506*	12
	8227	1524	5	1518*	12
	8228	1529	6	1530*	12
	8229	1535*	5	1542*	12
17.10	8230	3,9 1540*	5	9,0 1554	12
	8231	1545	6	1566	12
	8232	1551*	5	1578	13
	8233	1556*	5	1591*	12
	8234	1561	5	1603*	12
17.15	8235	3,9 1566	6	9,0 1615*	12
	8236	1572*	5	1627	12
	8237	1577*	5	1639	12
	8238	1582	5	1651	12
	8239	1587	6	1663	13
17.20	8240	3,9 1593*	5	9,0 1676*	12
	8241	1598*	5	1688*	12
	8242	1603	6	1700*	12
	8243	1609*	5	1712*	12
	8244	1614*	5	1724	12
17.25	8245	3,9 1619	5	9,0 1736	12
	8246	1624	6	1748	12
	8247	1630*	5	1760	13
	8248	1635*	5	1773*	12
	8249	1640	5	1785*	12
17.30	8250	3,9 1645	6	9,0 1797*	12
	8251	1651*	5	1809*	12
	8252	1656*	5	1821	12
	8253	1661	5	1833	12
	8254	1666	6	1845	12
17.35	8255	3,9 1672*	5	9,0 1857	13
	8256	1677*	5	1870*	12
	8257	1682	5	1882*	12
	8258	1687	6	1894*	12
	8259	1693*	5	1906*	12
17.40	8260	3,9 1698	5	9,0 1918*	12
	8261	1703	6	1930	12
	8262	1709*	5	1942	12
	8263	1714*	5	1954	12
	8264	1719	5	1966	13
17.45	8265	3,9 1724	6	9,0 1979*	12
	8266	1730*	5	1991*	12
	8267	1735*	5	2003*	12
	8268	1740	5	2015*	12
	8269	1745	6	2027*	12
17.50	8270	3,9 1751*	5	9,0 2039*	12
	8271	1756*	5	2051	12
	8272	1761	5	2063	12
	8273	1766	6	2075	12
	8274	1772*	5	2087	12
17.55	8275	3,9 1777*	5	9,0 2099	13
	8276	1782	5	2112*	12
	8277	1787	6	2124*	12
	8278	1793*	5	2136*	12
	8279	1798*	5	2148*	12
17.60 ′ ″	8280	3,9 1803		9,0 2160*	
2°	N	Lov N	D	loh N	D

2°	N	Lov N	D	loh N	D
18′ 0″	8280	3,9 1803	5	9,0 2160*	12
	8281	1808	6	2172*	12
	8282	1814*	5	2184*	12
	8283	1819*	5	2196	12
	8284	1824	5	2208	12
18. 5	8285	3,9 1829	5	9,0 2220	12
	8286	1834	6	2232	12
	8287	1840*	5	2244	12
	8288	1845*	5	2256	12
	8289	1850	5	2268	13
18.10	8290	3,9 1855	6	9,0 2281*	12
	8291	1861*	5	2293*	12
	8292	1866*	5	2305*	12
	8293	1871	5	2317*	12
	8294	1876	6	2329*	12
18.15	8295	3,9 1882*	5	9,0 2341*	12
	8296	1887*	5	2353*	12
	8297	1892	5	2365*	12
	8298	1897	6	2377*	12
	8299	1903*	5	2389	12
18.20	8300	3,9 1908*	5	9,0 2401	12
	8301	1913	5	2413	12
	8302	1918	6	2425	12
	8303	1924*	5	2437	12
	8304	1929*	5	2449	12
18.25	8305	3,9 1934*	5	9,0 2461	12
	8366	1939	5	2473	12
	8307	1944	6	2485	12
	8308	1950*	5	2497	12
	8309	1955*	5	2509	12
18.30	8310	3,9 1960	5	9,0 2521	13
	8311	1965	6	2534*	12
	8312	1971*	5	2546*	12
	8313	1976*	5	2558*	12
	8314	1981	5	2570*	12
18.35	8315	3,9 1986	5	9,0 2582*	12
	8316	1991	6	2594*	12
	8317	1997*	5	2606*	12
	8318	2002*	5	2618*	12
	8319	2007	5	2630*	12
18.40	8320	3,9 2012	6	9,0 2642*	12
	8321	2018*	5	2654*	12
	8322	2023*	5	2666*	12
	8323	2028*	5	2678*	12
	8324	2033	5	2690*	12
18.45	8325	3,9 2038	6	9,0 2702*	12
	8326	2044*	5	2714*	12
	8327	2049*	5	2726*	12
	8328	2054	5	2738*	12
	8329	2059	6	2750*	12
18.50	8330	3,9 2065*	5	9,0 2762*	12
	8331	2070*	5	2774*	12
	8332	2075*	5	2786*	12
	8333	2080	5	2798*	12
	8334	2085	6	2810*	12
18.55	8335	3,9 2091*	5	9,0 2822*	12
	8336	2096*	5	2834*	12
	8337	2101*	5	2846*	12
	8338	2106	5	2858*	12
	8339	2111	6	2870*	12
18.60	8340	3,9 2117*		9,0 2882*	
′ ″ 2°	N	Lov N	D	loh N	D

2°	N	Lov N	D	loh N	D
19′ 0″	8340	3,9 2117*	5	9,0 2882*	12
	8341	2122*	5	2894*	12
	8342	2127	5	2906*	12
	8343	2132	5	2918*	12
	8344	2137	6	2930*	12
19. 5	8345	3,9 2143*	5	9,0 2942*	12
	8346	2148*	5	2954*	12
	8347	2153	5	2966*	12
	8348	2158	5	2978*	12
	8349	2163	6	2990*	12
19.10	8350	3,9 2169*	5	9,0 3002*	12
	8351	2174*	5	3014*	12
	8352	2179	5	3026*	12
	8353	2184	5	3038*	12
	8354	2189	6	3050*	12
19.15	8355	3,9 2195*	5	9,0 3062*	12
	8356	2200*	5	3074*	11
	8357	2205	5	3085	12
	8358	2210	5	3097	12
	8359	2215	6	3109	12
19.20	8360	3,9 2221*	5	9,0 3121	12
	8361	2226*	5	3133	12
	8362	2231	5	3145	12
	8363	2236	5	3157	12
	8364	2241	6	3169	12
19.25	8365	3,9 2247*	5	9,0 3181	12
	8366	2252*	5	3193	12
	8367	2257*	5	3205	12
	8368	2262	5	3217	12
	8369	2267	6	3229*	12
19.30	8370	3,9 2273*	5	9,0 3241*	12
	8371	2278*	5	3253*	12
	8372	2283*	5	3265*	12
	8373	2288	5	3277*	12
	8374	2293	5	3289*	12
19.35	8375	3,9 2298	6	9,0 3301*	12
	8376	2304*	5	3313*	12
	8377	2309*	5	3325*	11
	8378	2314	5	3336	12
	8379	2319	5	3348	12
19.40	8380	3,9 2324	6	9,0 3360	12
	8381	2330*	5	3372	12
	8382	2335*	5	3384	12
	8383	2340*	5	3396	12
	8384	2345	5	3408	12
19.45	8385	3,9 2350	5	9,0 3420*	12
	8386	2355	6	3432*	12
	8387	2361*	5	3444*	12
	8388	2366*	5	3456*	12
	8389	2371	5	3468*	12
19.50	8390	3,9 2376	5	9,0 3480*	11
	8391	2381	6	3491	12
	8392	2387*	5	3503	12
	8393	2392*	5	3515	12
	8394	2397*	5	3527	12
19.55	8395	3,9 2402	5	9,0 3539	12
	8396	2407	5	3551	12
	8397	2412	6	3563*	12
	8398	2418*	5	3575*	12
	8399	2423*	5	3587*	12
19.60	8400	3,9 2428*		9,0 3599*	
′ ″ 2°	N	Lov N	D	loh N	D

2°	N	Lov N	D	loh N	D
20′ 0″	8400	3,9 2428*	5	9,0 3599*	12
	8401	2433	5	3611*	12
	8402	2438	5	3623*	11
	8403	2443	6	3634	12
	8404	2449*	5	3646	12
20. 5	8405	3,9 2454*	5	9,0 3658	12
	8406	2459*	5	3670	12
	8407	2464	5	3682*	12
	8408	2469	5	3694*	12
	8409	2474	6	3706*	12
20.10	8410	3,9 2480*	5	9,0 3718*	12
	8411	2485*	5	3730*	11
	8412	2490*	5	3741	12
	8413	2495	5	3753	12
	8414	2500	5	3765	12
20.15	8415	3,9 2505	6	9,0 3777	12
	8416	2511*	5	3789*	12
	8417	2516*	5	3801*	12
	8418	2521*	5	3813*	12
	8419	2526	5	3825*	12
20.20	8420	3,9 2531	5	9,0 3837*	11
	8421	2536	6	3848	12
	8422	2542*	5	3860	12
	8423	2547*	5	3872	12
	8424	2552*	5	3884	12
20.25	8425	3,9 2557*	5	9,0 3896*	12
	8426	2562	5	3908*	12
	8427	2567	5	3920*	11
	8428	2572	6	3931	12
	8429	2578*	5	3943	12
20.30	8430	3,9 2583*	5	9,0 3955	12
	8431	2588*	5	3967	12
	8432	2593	5	3979*	12
	8433	2598	5	3991*	12
	8434	2603	6	4003*	11
20.35	8435	3,9 2609*	5	9,0 4014	12
	8436	2614*	5	4026	12
	8437	2619*	5	4038	12
	8438	2624*	5	4050	12
	8430	2629	5	4062*	11
20.40	8440	3,9 2634	5	9,0 4074*	12
	8441	2639	6	4086*	11
	8442	2645*	5	4097	12
	8443	2650*	5	4109	12
	8444	2655*	5	4121	12
20.45	8445	3,9 2660*	5	9,0 4133*	12
	8446	2665	5	4145*	12
	8447	2670	5	4157*	12
	8448	2675	6	4169*	11
	8449	2681*	5	4180	12
20.50	8450	3,9 2686*	5	9,0 4192	12
	8451	2691*	5	4204	12
	8452	2696*	5	4216*	12
	8453	2701	5	4228*	11
	8454	2706	5	4239	12
20.55	8455	3,9 2711	5	9,0 4251	12
	8456	2716	6	4263	12
	8457	2722*	5	4275*	12
	8458	2727*	5	4287*	12
	8459	2732*	5	4299*	11
20.60	8460	3,9 2737		9,0 4310	
′ ″ 2°	N	Lov N	D	loh N	D

2°	N	Lov N	D	loh N	D
21.′ 0″	8460	3,9 2737	5	9,0 4310	12
	8461	2742	5	4322	12
	8462	2747	5	4334	12
	8463	2752	6	4346*	12
	8464	2758*	5	4358*	12
21. 5	8465	3,9 2763*	5	9,0 4370*	11
	8466	2768*	5	4381	12
	8467	2773*	5	4393	12
	8468	2778	5	4405*	12
	8469	2783	5	4417*	12
21.10	8470	3,9 2788	5	9,0 4429*	11
	8471	2793	6	4440	12
	8472	2799*	5	4452	12
	8473	2804*	5	4464*	12
	8474	2809*	5	4476*	12
21.15	8475	3,9 2814*	5	9,0 4488*	11
	8476	2819	5	4499	12
	8477	2824	5	4511	12
	8478	2829	5	4523*	12
	8479	2834	6	4535*	12
21.20	8480	3,9 2840*	5	9,0 4547*	11
	8481	2845*	5	4558	12
	8482	2850*	5	4570	12
	8483	2855*	5	4582*	12
	8484	2860	5	4594*	12
21.25	8485	3,9 2865	5	9,0 4606*	11
	8486	2870	5	4617	12
	8487	2875	6	4629	12
	8488	2881*	5	4641*	12
	8489	2886*	5	4653*	11
21.30	8490	3,9 2891*	5	9,0 4664	12
	8491	2896*	5	4676	12
	8492	2901*	5	4688*	12
	8493	2906	5	4700*	12
	8494	2911	5	4712*	11
21.35	8495	3,9 2916	5	9,0 4723	12
	8496	2921	6	4735	12
	8497	2927*	5	4747*	12
	8498	2932*	5	4759*	11
	8499	2937*	5	4770	12
21.40	8500	3,9 2942*	5	9,0 4782	12
	8501	2947	5	4794*	12
	8502	2952	5	4806*	11
	8503	2957	5	4817	12
	8504	2962	5	4829	12
21.45	8505	3,9 2967	6	9,0 4841*	12
	8506	2973*	5	4853*	11
	8507	2978*	5	4864	12
	8508	2983*	5	4876	12
	8509	2988*	5	4888*	12
21.50	8510	3,9 2993*	5	9,0 4900*	11
	8511	2998	5	4911	12
	8512	3003	5	4923	12
	8513	3008	5	4935*	12
	8514	3013	5	4947*	11
21.55	8515	3,9 3018	6	9,0 4958	12
	8516	3024*	5	4970	12
	8517	3029*	5	4982*	12
	8518	3034*	5	4994*	11
	8519	3039*	5	5005	12
21.60 ′ ″	8520	3,9 3044*		9,0 5017	
2°	N	Lov N	D	loh N	D

2°	N	Lov N	D	loh N	D
22.′ 0″	8520	3,9 3044*	5	9,0 5017	12
	8521	3049	5	5029*	12
	8522	3054	5	5041*	11
	8523	3059	5	5052	12
	8524	3064	5	5064	12
22. 5	8525	3,9 3069	6	9,0 5076*	12
	8526	3075*	5	5088*	11
	8527	3080*	5	5099	12
	8528	3085*	5	5111	12
	8529	3090*	5	5123*	11
22.10	8530	3,9 3095*	5	9,0 5134	12
	8531	3100*	5	5146	12
	8532	3105	5	5158*	12
	8533	3110	5	5170*	11
	8534	3115	5	5181	12
22.15	8535	3,9 3120	5	9,0 5193	12
	8536	3125	6	5205*	11
	8537	3131*	5	5216	12
	8538	3136*	5	5228	12
	8539	3141*	5	5240*	12
22.20	8540	3,9 3146*	5	9,0 5252*	11
	8541	3151*	5	5263	12
	8542	3156*	5	5275	12
	8543	3161	5	5287*	11
	8544	3166	5	5298	12
22.25	8545	3,9 3171	5	9,0 5310	12
	8546	3176	5	5322*	12
	8547	3181	5	5334*	11
	8548	3186	6	5345	12
	8549	3192*	5	5357*	12
22.30	8550	3,9 3197*	5	9,0 5369*	11
	8551	3202*	5	5380	12
	8552	3207*	5	5392	12
	8553	3212*	5	5404*	11
	8554	3217*	6	5415	12
22.35	8555	3,9 3222	5	9,0 5427	12
	8556	3227	5	5439*	11
	8557	3232	5	5450	12
	8558	3237	5	5462	12
	8559	3242	5	5474*	12
22.40	8560	3,9 3247	5	9,0 5486*	11
	8561	3252	6	5497	12
	8562	3258*	5	5509*	12
	8563	3263*	5	5521*	11
	8564	3268*	5	5532	12
22.45	8565	3,9 3273*	5	9,0 5544*	12
	8566	3278*	5	5556*	11
	8567	3283*	5	5567	12
	8568	3288*	5	5579*	12
	8569	3293	5	5591*	11
22.50	8570	3,9 3298	5	9,0 5602	12
	8571	3303	5	5614*	12
	8572	3308	5	5626*	11
	8573	3313	5	5637	12
	8574	3318	5	5649*	12
22.55	8575	3,9 3323	5	9,0 5661*	11
	8576	3328	6	5672	12
	8577	3334*	5	5684*	12
	8578	3339*	5	5696*	11
	8579	3344*	5	5707	12
22.60 ′ ″	8580	3,9 3349*		9,0 5719*	
2°	N	Lov N	D	loh N	D

2°	N	Lov N	D	loh N	D
23.′ 0″	8580	3,9 3349*	5	9,0 5719*	12
	8581	3354*	5	5731*	11
	8582	3359*	5	5742	12
	8583	3364*	5	5754*	12
	8584	3369*	5	5766*	11
23. 5	8585	3,9 3374	5	9,0 5777	12
	8586	3379	5	5789*	11
	8587	3384	5	5800	12
	8588	3389	5	5812	12
	8589	3394	5	5824*	11
23.10	8590	3,9 3399	5	9,0 5835	12
	8591	3404	5	5847	12
	8592	3409	5	5859*	11
	8593	3414	6	5870	12
	8594	3420*	5	5882*	12
23.15	8595	3,9 3425*	5	9,0 5894*	11
	8596	3430*	5	5905	12
	8597	3435*	5	5917*	11
	8598	3440*	5	5928	12
	8599	3445*	5	5940	12
23.20	8600	3,9 3450*	5	9,0 5952*	11
	8601	3455*	5	5963	12
	8602	3460*	5	5975	12
	8603	8465*	5	5987*	11
	8604	3470	5	5998	12
23.25	8605	3,9 3475	5	9,0 6010*	11
	8606	3480	5	6021	12
	8607	3485	5	6033	12
	8608	3490	5	6045*	11
	8609	3495	5	6056	12
23.30	8610	3,9 3500	5	9,0 6068*	12
	8611	3505	5	6080*	11
	8612	3510	5	6091	12
	8613	3515	5	6103*	11
	8614	3520	6	6114	12
23.35	8615	3,9 3526*	5	9,0 6126	12
	8616	3531*	5	6138*	11
	8617	3536*	5	6149	12
	8618	3541*	5	6161*	11
	8619	3546*	5	6172	12
23.40	8620	3,9 3551*	5	9,0 6184	12
	8621	3556*	5	6196*	11
	8622	3561*	5	6207	12
	8623	3566*	5	6219*	11
	8624	3571*	5	6230	12
23.45	8625	3,9 3576*	5	9,0 6242	12
	8626	3581*	5	6254*	11
	8627	3586*	5	6265	12
	8628	3591	5	6277*	11
	8629	3596	5	6288	12
23.50	8630	3,9 3601	5	9,0 6300*	12
	8631	3606	5	6312*	11
	8632	3611	5	6323	12
	8633	3616	5	6335*	11
	8634	3621	5	6346	12
23.55	8635	3,9 3626	5	9,0 6358*	11
	8636	3631	5	6369	12
	8637	3636	5	6381	12
	8638	3641	5	6393*	11
	8639	3946	5	6404	12
23.60 ′ ″	8640	3,9 3651		9,0 6416*	
2°	N	Lov N	D	loh N	D

2°	N	Lov N	D	loh N	D
24′ 0″	8640	3,9 3651	5	9,0 6416*	11
	8641	3656	5	6427	12
	8642	3661	5	6439*	12
	8643	3666	5	6451*	11
	8644	3671	5	6462	12
24. 5	8645	3,9 3676	6	9,0 6474*	11
	8646	3682*	5	6485	12
	8647	3687*	5	6497*	11
	8648	3692*	5	6508	12
	8649	3697*	5	6520*	11
24.10	8650	3,9 3702*	5	9,0 6531	12
	8651	3707*	5	6543	12
	8652	3712*	5	6555*	11
	8653	3717*	5	6566	12
	8654	3722*	5	6578*	11
24.15	8655	3,9 3727*	5	9,0 6589	12
	8656	3732*	5	6601*	11
	8657	3737*	5	6612	12
	8658	3742*	5	6624*	11
	8659	3747*	5	6635	12
24.20	8660	3,9 3752*	5	9,0 6647	12
	8661	3757*	5	6659*	11
	8662	3762*	5	6670	12
	8663	3767*	5	6682*	11
	8664	3772*	5	6693	12
24.25	8665	3,9 3777*	5	9,0 6705*	11
	8666	3782*	5	6716	12
	8667	3787*	5	6728*	11
	8668	3792*	5	6739	12
	8669	3797*	5	6751*	11
24.30	8670	3,9 3802*	5	9,0 6762	12
	8671	3807*	5	6774*	11
	8672	3812*	5	6785	12
	8673	3817*	5	6797	12
	8674	3822*	5	6809*	11
24.35	8675	3,9 3827*	5	9,0 6820	12
	8676	3832*	5	6832*	11
	8677	3837*	5	6843	12
	8678	3842*	5	6855*	11
	8679	3847*	5	6866	12
24.40	8680	3,9 3852*	5	9,0 6878*	11
	8681	3857*	5	6889	12
	8682	3862*	5	6901*	11
	8683	3867*	5	6912	12
	8684	3872*	5	6924*	11
24.45	8685	3,9 3877*	5	9,0 6935	12
	8686	3882*	5	6947*	11
	8687	3887*	5	6958	12
	8688	3892*	6	6970*	11
	8689	3897*	5	6981	12
24.50	8690	3,9 3902*	5	9,0 6993*	11
	8691	3907*	5	7004	12
	8692	3912*	5	7016*	11
	8693	3917*	5	7027	12
	8694	3922*	5	7039*	11
24.55	8695	3,9 3927*	5	9,0 7050	12
	8696	3932*	5	7062*	11
	8697	3937*	5	7073	12
	8698	3942*	5	7085*	11
	8699	3947*	5	7096	12
24.60 ′ ″	8700	3,9 3952*		9,0 7108*	
2°	N	Lov N	D	loh N	D

2°	N	Lov N	D	loh N	D
25′ 0″	8700	3,9 3952*	5	9,0 7108*	11
	8701	3957*	5	7119	12
	8702	3962*	5	7131*	11
	8703	3967*	5	7142	12
	8704	3972*	5	7154*	11
25. 5	8705	3,9 3977*	5	9,0 7165	12
	8706	3982*	5	7177*	11
	8707	3987*	5	7188	12
	8708	3992*	5	7200*	11
	8709	3997*	5	7211	12
25.10	8710	3,9 4002*	5	9,0 7223*	11
	8711	4007*	5	7234	12
	8712	4012*	5	7246*	11
	8713	4017*	5	7257	12
	8714	4022*	5	7269*	11
25.15	8715	3,9 4027*	5	9,0 7280	12
	8716	4032*	5	7292*	11
	8717	4037*	5	7303	12
	8718	4042*	5	7315*	11
	8719	4047*	5	7326*	11
25.20	8720	3,9 4052*	5	9,0 7337	12
	8721	4057*	5	7349*	11
	8722	4062*	5	7360	12
	8723	4067*	5	7372*	11
	8724	4072*	5	7383	12
25.25	8725	3,9 4077*	5	9,0 7395*	11
	8726	4082*	4	7406	12
	8727	4086	5	7418*	11
	8728	4091	5	7429	12
	8729	4096	5	7441*	11
25.30	8730	3,9 4101	5	9,0 7452	12
	8731	4106	5	7464*	11
	8732	4111	5	7475*	11
	8733	4116	5	7486	12
	8734	4121	5	7498*	11
25.35	8735	3,9 4126	5	9,0 7509	12
	8736	4131	5	7521*	11
	8737	4136	5	7532	12
	8738	4141	5	7544*	11
	8739	4146	5	7555	12
25.40	8740	3,9 4151	5	9,0 7567*	11
	8741	4156	5	7578*	11
	8742	4161	5	7589	12
	8743	4166	5	7601*	11
	8744	4171	5	7612	12
25.45	8745	3,9 4176*	5	9,0 7624*	11
	8746	4181*	5	7635	12
	8747	4186*	5	7647*	11
	8748	4191*	5	7658	11
	8749	4196*	5	7669	12
25.50	8750	3,9 4201*	5	9,0 7681*	11
	8751	4206*	5	7692	12
	8752	4211*	5	7704*	11
	8753	4216*	5	7715	12
	8754	4221*	5	7727*	11
25.55	8755	3,9 4226*	5	9,0 7738	11
	8756	4231*	5	7749	12
	8757	4236*	4	7761*	11
	8758	4240	5	7772	12
	8759	4245	5	7784*	11
25.60 ′ ″	8760	3,9 4250		9,0 7795	
2°	N	Lov N	D	loh N	D

2°	N	Lov N	D	loh N	D
26′ 0″	8760	3,9 4250	5	9,0 7795	12
	8761	4255	5	7807*	11
	8762	4260	5	7818*	11
	8763	4265	5	7829	12
	8764	4270	5	7841*	11
26. 5	8765	3,9 4275	5	9,0 7852	12
	8766	4280	5	7864*	11
	8767	4285	5	7875*	11
	8768	4290	5	7886	12
	8769	4295	5	7898*	11
26.10	8770	3,9 4300*	5	9,0 7909	12
	8771	4305*	5	7921*	11
	8772	4310*	5	7932	11
	8773	4315*	5	7943	12
	8774	4320*	5	7955*	11
26.15	8775	3,9 4325*	5	9,0 7966	12
	8776	4330*	5	7978*	11
	8777	4335*	5	7989*	11
	8778	4340*	5	8000	12
	8779	4345*	4	8012*	11
26.20	8780	3,9 4349	5	9,0 8023	12
	8781	4354	5	8035*	11
	8782	4359	5	8046*	11
	8783	4364	5	8057	12
	8784	4369	5	8069*	11
26.25	8785	3,9 4374	5	9,0 8080	11
	8786	4379	5	8091	12
	8787	4384	5	8103*	11
	8788	4389	5	8114	12
	8789	4394*	5	8126*	11
26.30	8790	3,9 4399*	5	9,0 8137*	11
	8791	4404*	5	8148	12
	8792	4409*	5	8160*	11
	8793	4414*	5	8171	11
	8794	4419*	5	8182	12
26.35	8795	3,9 4424*	5	9,0 8194*	11
	8796	4429*	4	8205	12
	8797	4433	5	8217*	11
	8798	4438	5	8228*	11
	8799	4443	5	8239	12
26.40	8800	3,9 4448	5	9,0 8251*	11
	8801	4453	5	8263	11
	8802	4458	5	8273	12
	8803	4463	5	8285*	11
	8804	4468	5	8296	12
26.45	8805	3,9 4473*	5	9,0 8308*	11
	8806	4478*	5	8319*	11
	8807	4483*	5	8330	12
	8808	4488*	5	8342*	11
	8809	4493*	5	8353*	11
26.50	8810	3,9 4498*	5	9,0 8364	12
	8811	4503*	4	8376*	11
	8812	4507	5	8387*	11
	8813	4512	5	8398	12
	8814	4517	5	8410*	11
26.55	8815	3,9 4522	5	9,0 8421	11
	8816	4527	5	8432	12
	8817	4532	5	8444*	11
	8818	4537	5	8455	11
	8819	4542*	5	8466	12
26.60 ′ ″	8820	3,9 4547*		9,0 8478*	
2°	N	Lov N	D	loh N	D

2°	N	Lov N	D	loh N	D
27' 0"	8820	3,9 4547*	5	9,0 8478*	11
	8821	4552*	5	8489	11
	8822	4557*	5	8500	12
	8823	4562*	5	8512*	11
	8824	4567*	4	8523	11
27. 5	8825	3,9 4571	5	9,0 8534	12
	8826	4576	5	8546*	11
	8827	4581	5	8557	11
	8828	4586	5	8568	12
	8829	4591	5	8580*	11
27.10	8830	3,9 4596	5	9,0 8591	11
	8831	4601*	5	8602	12
	8832	4606*	5	8614*	11
	8833	4611*	5	8625*	11
	8834	4616*	5	8636	12
27.15	8835	3,9 4621*	5	9,0 8648*	11
	8836	4626*	4	8659*	11
	8837	4630	5	8670	12
	8838	4635	5	8682*	11
	8839	4640	5	8693*	11
27.20	8840	3,9 4645	5	9,0 8704	12
	8841	4650	5	8716*	11
	8842	4655	5	8727*	11
	8843	4660*	5	8738	11
	8844	4665*	5	8749	12
27.25	8845	3,9 4670*	5	9,0 8761*	11
	8846	4675*	5	8772	11
	8847	4680*	5	8783	12
	8848	4685*	4	8795*	11
	8849	4689	5	8806*	11
27.30	8850	3,9 4694	5	9,0 8817	12
	8851	4699	5	8829*	11
	8852	4704	5	8840*	11
	8853	4709	5	8851	11
	8854	4714*	5	8862	12
27.35	8855	3,9 4719*	5	9,0 8874*	11
	8856	4724*	5	8885	11
	8857	4729*	5	8896	12
	8858	4734*	4	8908*	11
	8859	4738	5	8919*	11
27.40	8860	3,9 4743	5	9,0 8930	11
	8861	4748	5	8941	12
	8862	4753	5	8953*	11
	8863	4758	5	8964	11
	8864	4763*	5	8975	12
27.45	8865	3,9 4768*	5	9,0 8987*	11
	8866	4773*	5	8998*	11
	8867	4778*	5	9009	11
	8868	4783*	4	9020	12
	8869	4787	5	9032*	11
27.50	8870	3,9 4792	5	9,0 9043	11
	8871	4797	5	9054	12
	8872	4802	5	9066*	11
	8873	4807	5	9077*	11
	8874	4812*	5	9088	11
27.55	8875	3,9 4817*	5	9,0 9099	12
	8876	4822*	5	9111*	11
	8877	4827*	5	9122*	11
	8878	4832*	4	9133	11
	8879	4836	5	9144	12
27.60	8880	3,9 4841		9,0 9156*	
2°	N	Lov N	D	loh N	D

2°	N	Lov N	D	loh N	D
28' 0"	8880	3,9 4841	5	9,0 9156*	11
	8881	4846	5	9167*	11
	8882	4851	5	9178	11
	8883	4856*	5	9189	12
	8884	4861*	5	9201*	11
28. 5	8885	3,9 4866*	5	9,0 9212*	11
	8886	4871*	5	9223	11
	8887	4876*	4	9234	12
	8888	4880	5	9246*	11
	8889	4885	5	9257*	11
28.10	8890	3,9 4890	5	9,0 9268	11
	8891	4895	5	9279	12
	8892	4900*	5	9291*	11
	8893	4905*	5	9302*	11
	8894	4910*	5	9313	11
28.15	8895	3,9 4915*	4	9,0 9324	12
	8896	4919	5	9336*	11
	8897	4924	5	9347*	11
	8898	4929	5	9358	11
	8899	4934	5	9369	12
28.20	8900	3,9 4939	5	9,0 9381*	11
	8901	4944*	5	9392*	11
	8902	4949*	5	9403	11
	8903	4954*	5	9414	12
	8904	4959*	4	9426*	11
28.25	8905	3,9 4963	5	9,0 9437*	11
	8906	4968	5	9448	11
	8907	4973	5	9459	12
	8908	4978	5	9471*	11
	8909	4983*	5	9482*	11
28.30	8910	3,9 4988*	5	9,0 9493*	11
	8911	4993*	5	9504	11
	8912	4998*	4	9515	12
	8913	5002	5	9527*	11
	8914	5007	5	9538*	11
28.35	8915	3,9 5012	5	9,0 9549	11
	8916	5017	5	9560	11
	8917	5022*	5	9571	12
	8918	5027*	5	9583*	11
	8919	5032*	4	9594*	11
28.40	8920	3,9 5036	5	9,0 9605	11
	8921	5041	5	9616	12
	8922	5046	5	9628*	11
	8923	5051	5	9639*	11
	8924	5056*	5	9650*	11
28.45	8925	3,9 5061*	5	9,0 9661	11
	8926	5066*	5	9672	12
	8927	5071*	4	9684*	11
	8928	5075	5	9695*	11
	8929	5080	5	9706*	11
28.50	8930	3,9 5085	5	9,0 9717	11
	8931	5090	5	9728	12
	8932	5095*	5	9740*	11
	8933	5100*	5	9751*	11
	8934	5105*	4	9762*	11
28.55	8935	3,9 5109	5	9,0 9773	11
	8936	5114	5	9784	12
	8937	5119	5	9796*	11
	8938	5124	5	9807*	11
	8939	5129*	5	9818*	11
28.60	8940	3,9 5134*		9,0 9829	
2°	N	Lov N	D	loh N	D

2°	N	Lov N	D	loh N	D
29' 0"	8940	3,9 5134*	5	9,0 9829	11
	8941	5139*	4	9840	11
	8942	5143	5	9851	12
	8943	5148	5	9863*	11
	8944	5153	5	9874*	11
29. 5	8945	3,9 5158	5	9,0 9885*	11
	8946	5163*	5	9896	11
	8947	5168*	5	9907	12
	8948	5173*	4	9919*	11
	8949	5177	5	9930*	11
29.10	8950	3,9 5182	5	9,0 9941*	11
	8951	5187	5	9952	11
	8952	5192	5	9963	11
	8953	5197*	5	9974	12
	8954	5202*	5	9986*	11
29.15	8955	3,9 5207*	4	9,0 9997*	11
	8956	5211	5	9,1 0008*	11
	8957	5216	5	0019	11
	8958	5221	5	0030	11
	8959	5226*	5	0041	12
29.20	8960	3,9 5231*	5	9,1 0053*	11
	8961	5236*	4	0064*	11
	8962	5240	5	0075*	11
	8963	5245	5	0086	11
	8964	5250	5	0097	11
29.25	8965	3,9 5255	5	9,1 0108	11
	8966	5260*	5	0119	12
	8967	5265*	5	0131*	11
	8968	5270*	4	0142*	11
	8969	5274	5	0153*	11
29.30	8970	3,9 5279	5	9,1 0164	11
	8971	5284	5	0175	11
	8972	5289*	5	0186	12
	8973	5294*	5	0198*	11
	8974	5299*	4	0209*	11
29.35	8975	3,9 5303	5	9,1 0220*	11
	8976	5308	5	0231*	11
	8977	5313	5	0242	11
	8978	5318*	5	0253	11
	8979	5323*	5	0264	12
29.40	8980	3,9 5328*	4	9,1 0276*	11
	8981	5332	5	0287*	11
	8982	5337	5	0298*	11
	8983	5342	5	0309*	11
	8984	5347*	5	0320	11
29.45	8985	3,9 5352*	5	9,1 0331	11
	8986	5357*	4	0342	11
	8987	5361	5	0353	12
	8988	5366	5	0365*	11
	8989	5371	5	0376*	11
29.50	8990	3,9 5376*	5	9,1 0387*	11
	8991	5381*	5	0398*	11
	8992	5386*	4	0409	11
	8993	5390	5	0420	11
	8994	5395	5	0431	11
29.55	8995	3,9 5400	5	9,1 0442	12
	8996	5405*	5	0454*	11
	8997	5410*	5	0465*	11
	8998	5415*	4	0476*	11
	8999	5419	5	0487*	11
29.60	9000	3,9 5424		9,1 0498*	
2°	N	Lov N	D	loh N	D

2°	N	Lov N	D	loh N	D
30′ 0″	9000	3,9 5424	5	9,1 0498*	11
	9001	5429	5	0509	11
	9002	5434*	5	0520	11
	9003	5439*	5	0531	11
	9004	5444*	4	0542	12
30. 5	9005	3,9 5448	5	9,1 0554*	11
	9006	5453	5	0565*	11
	9007	5458	5	0576*	11
	9008	5463*	5	0587*	11
	9009	5468*	4	0598*	11
30.10	9010	3,9 5472	5	9,1 0609	11
	9011	5477	5	0620	11
	9012	5482	5	0631	11
	9013	5487*	5	0642	11
	9014	5492*	5	0653	12
30.15	9015	3,9 5497*	4	9,1 0665*	11
	9016	5501	5	0676*	11
	9017	5506	5	0687*	11
	9018	5511	5	0698*	11
	9019	5516*	5	0709*	11
30.20	9020	3,9 5521*	4	9,1 0720*	11
	9021	5525	5	0731	11
	9022	5530	5	0742	11
	9023	5535	5	0753	11
	9024	5540*	5	0764	11
30.25	9025	3,9 5545*	5	9,1 0775	11
	9026	5550*	4	0786	12
	9027	5554	5	0798*	11
	9028	5559	5	0809*	11
	9029	5564*	5	0820*	11
30.30	9030	3,9 5569*	5	9,1 0831*	11
	9031	5574*	4	0842*	11
	9032	5578	5	0853*	11
	9033	5583	5	0864*	11
	9034	5588	5	0875	11
30.35	9035	3,9 5593*	5	9,1 0886	11
	9036	5598*	4	0897	11
	9037	5602	5	0908	11
	9038	5607	5	0919	11
	9039	5612	5	0930	11
30.40	9040	3,9 5617*	5	9,1 0941	12
	9041	5622*	4	0953*	11
	9042	5626	5	0964*	11
	9043	5631	5	0975*	11
	9044	5636	5	0986*	11
30.45	9045	3,9 5641*	5	9,1 0997*	11
	9046	5646*	4	1008*	11
	9047	5650	5	1019*	11
	9048	5655	5	1030*	11
	9049	5660	5	1041*	11
30.50	9050	3,9 5665*	5	9,1 1052	11
	9051	5670*	4	1063	11
	9052	5674	5	1074	11
	9053	5679	5	1085	11
	9054	5684	5	1096	11
30.55	9055	3,9 5689*	5	9,1 1107	11
	9056	5694*	4	1118	11
	9057	5698	5	1129	11
	9058	5703	5	1140	11
	9059	5708	5	1151	11
30.60	9060	3,9 5713*		9,1 1162	
2°	N	Lov N	D	loh N	D

2°	N	Lov N	D	loh N	D
31′ 0″	9060	3,9 5713*	5	9,1 1162	11
	9061	5718*	4	1173	12
	9062	5722	5	1185*	11
	9063	5727	5	1196*	11
	9064	5732*	5	1207*	11
31. 5	9065	3,9 5737*	5	9,1 1218*	11
	9066	5742*	4	1229*	11
	9067	5746	5	1240*	11
	9068	5751	5	1251*	11
	9069	5756*	5	1262*	11
31.10	9070	3,9 5761*	5	9,1 1273*	11
	9071	5766*	4	1284*	11
	9072	5770	5	1295*	11
	9073	5775	5	1306*	11
	9074	5780*	5	1317*	11
31.15	9075	3,9 5785*	4	9,1 1328*	11
	9076	5789	5	1339*	11
	9077	5794	5	1350*	11
	9078	5799	5	1361*	11
	9079	5804*	5	1372*	11
31.20	9080	3,9 5809*	4	9,1 1383*	11
	9081	5813	5	1394*	11
	9082	5818	5	1405*	11
	9083	5823*	5	1416*	11
	9084	5828*	4	1427*	11
31.25	9085	3,9 5832	5	9,1 1438*	11
	9086	5837	5	1449	11
	9087	5842	5	1460	11
	9088	5847*	5	1471	11
	9089	5852*	4	1482	11
31.30	9090	3,9 5856	5	9,1 1493	11
	9091	5861	5	1504	11
	9092	5866*	5	1515	11
	9093	5871*	4	1526	11
	9094	5875	5	1537	11
31.35	9095	3,9 5880	5	9,1 1548	11
	9096	5885	5	1559	11
	9097	5890*	5	1570*	11
	9098	5895*	4	1581*	11
	9099	5899	5	1592*	11
31.40	9100	3,9 5904	5	9,1 1603*	11
	9101	5909*	5	1614*	11
	9102	5914*	4	1625*	11
	9103	5918	5	1636*	11
	9104	5923	5	1647*	11
31.45	9105	3,9 5928*	5	9,1 1658*	11
	9106	5933*	5	1669*	11
	9107	5938*	4	1680*	11
	9108	5942	5	1691*	11
	9109	5947	5	1702*	11
31.50	9110	3,9 5952*	5	9,1 1713*	11
	9111	5957*	4	1724*	11
	9112	5961	5	1735*	11
	9113	5966	5	1746*	11
	9114	5971*	5	1757*	11
31.55	9115	3,9 5976*	4	9,1 1768*	11
	9116	5980	5	1779*	11
	9117	5985	5	1790*	11
	9118	5990*	5	1801*	11
	9119	5995*	4	1812*	11
31.60	9120	3,9 5999		9,1 1823*	
2°	N	Lov N	D	loh N	D

2°	N	Lov N	D	loh N	D
32′ 0″	9120	3,9 5999	5	9,1 1823*	10
	9121	6004	5	1833	11
	9122	6009	5	1844	11
	9123	6014*	5	1855	11
	9124	6019*	4	1866	11
32. 5	9125	3,9 6023	5	9,1 1877	11
	9126	6028	5	1888	11
	9127	6033*	5	1899	11
	9128	6038*	4	1910	11
	9129	6042	5	1921	11
32.10	9130	3,9 6047	5	9,1 1932	11
	9131	6052*	5	1943	11
	9132	6057*	4	1954	11
	9133	6061	5	1965*	11
	9134	6066	5	1976*	11
32.15	9135	3,9 6071*	5	9,1 1987*	11
	9136	6076*	4	1998*	11
	9137	6080	5	2009*	11
	9138	6085	5	2020*	11
	9139	6090*	5	2031*	11
32.20	9140	3,9 6095*	4	9,1 2042*	11
	9141	6099	5	2053*	10
	9142	6104	5	2063	11
	9143	6109*	5	2074	11
	9144	6114*	4	2085	11
32.25	9145	3,9 6118	5	9,1 2096	11
	9146	6123	5	2107	11
	9147	6128*	5	2118	11
	9148	6133*	4	2129	11
	9149	6137	5	2140*	11
32.30	9150	3,9 6142	5	9,1 2151*	11
	9151	6147*	5	2162*	11
	9152	6152*	4	2173*	11
	9153	6156	5	2184*	11
	9154	6161	5	2195*	11
32.35	9155	3,9 6166*	5	9,1 2206*	10
	9156	6171*	4	2216	11
	9157	6175	5	2227	11
	9158	6180	5	2238	11
	9159	6185*	5	2249	11
32.40	9160	3,9 6190*	4	9,1 2260	11
	9161	6194	5	2271	11
	9162	6199	5	2282*	11
	9163	6204*	5	2293*	11
	9164	6209*	4	2304*	11
32.45	9165	3,9 6213	5	9,1 2315*	11
	9166	6218*	5	2326*	11
	9167	6223*	4	2337*	10
	9168	6227	5	2347	11
	9169	6232	5	2358	11
32.50	9170	3,9 6237*	5	9,1 2369	11
	9171	6242*	4	2380	11
	9172	6246	5	2391	11
	9173	6251	5	2402*	11
	9174	6256*	5	2413*	11
32.55	9175	3,9 6261*	4	9,1 2424*	11
	9176	6265	5	2435*	11
	9177	6270	5	2446*	10
	9178	6275*	5	2456	11
	9179	6280*	4	2467	11
32.60	9180	3,9 6284		9,1 2478	
2°	N	Lov N	D	loh N	D

2°	N	Lov N	D	loh N	D
33′ 0″	9180	3,9 6284	5	9,1 2478	11
	9181	6289*	5	2489	11
	9182	6294*	4	2500	11
	9183	6298	5	2511*	11
	9184	6303	5	2522*	11
33. 5	9185	3,9 6308*	5	9,1 2533*	11
	9186	6313*	4	2544*	10
	9187	6317	5	2554	11
	9188	6322	5	2565	11
	9189	6327*	5	2576	11
33.10	9190	3,9 6332*	4	9,1 2587	11
	9191	6336	5	2598	11
	9192	6341	5	2609*	11
	9193	6346*	4	2620*	11
	9194	6350	5	2631*	11
33.15	9195	3,9 6355	5	9,1 2642*	10
	9196	6360*	5	2652	11
	9197	6365*	4	2663	11
	9198	6369	5	2674	11
	9199	6374	5	2685	11
33.20	9200	3,9 6379*	5	9,1 2696*	11
	9201	6384*	4	2707*	11
	9202	6388	5	2718*	10
	9203	6393*	5	2728	11
	9204	6398*	4	2739	11
33.25	9205	3,9 6402	5	9,1 2750	11
	9206	6407	5	2761	11
	9207	6412*	5	2772*	11
	9208	6417*	4	2783*	11
	9209	6421	5	2794*	11
33.30	9210	3,9 6426*	5	9,1 2805*	10
	9211	6431*	4	2815	11
	9212	6435	5	2826	11
	9213	6440	5	2837	11
	9214	6445*	5	2848*	11
33.35	9215	3,9 6450*	4	9,1 2859*	11
	9216	6454	5	2870*	10
	9217	6459*	5	2880	11
	9218	6464*	4	2891	11
	9219	6468	5	2902	11
33.40	9220	3,9 6473	5	9,1 2913	11
	9221	6478*	5	2924*	11
	9222	6483*	4	2935*	11
	9223	6487	5	2946*	10
	9224	6492*	5	2956	11
33.45	9225	3,9 6497*	4	9,1 2967	11
	9226	6501	5	2978	11
	9227	6506	5	2989*	11
	9228	6511*	4	3000*	11
	9229	6515	5	3011*	10
33.50	9230	3,9 6520	5	9,1 3021	11
	9231	6525*	5	3032	11
	9232	6530*	4	3043	11
	9233	6534	5	3054*	11
	9234	6539*	5	3065*	11
33.55	9235	3,9 6544*	4	9,1 3076*	10
	9236	6548	5	3086	11
	9237	6553	5	3097	11
	9238	6558*	4	3108	11
	9239	6562	5	3119*	11
33.60 ′ ″	9240	3,9 6567		9,1 3130*	
2°	N	Lov N	D	loh N	D

2°	N	Lov N	D	loh N	D
34′ 0″	9240	3,9 6567	5	9,1 3130*	11
	9241	6572*	5	3141*	10
	9242	6577*	4	3151	11
	9243	6581	5	3162	11
	9244	6586*	5	3173*	11
34. 5	9245	3,9 6591*	4	9,1 3184*	11
	9246	6595	5	3195*	10
	9247	6600	5	3205	11
	9248	6605*	4	3216	11
	9249	6609	5	3227	11
34.10	9250	3,9 6614	5	9,1 3238*	11
	9251	6619*	5	3249*	11
	9252	6624*	4	3260*	10
	9253	6628	5	3270	11
	9254	6633*	5	3281	11
34.15	9255	3,9 6638*	4	9,1 3292*	11
	9256	6642	5	3303*	11
	9257	6647	5	3314*	10
	9258	6652*	4	3324	11
	9259	6656	5	3335	11
34.20	9260	3,9 6661	5	9,1 3346*	11
	9261	6666*	4	3357*	11
	9262	6670	5	3368*	10
	9263	6675	5	3378	11
	9264	6680*	5	3389	11
34.25	9265	3,9 6685*	4	9,1 3400*	11
	9266	6689	5	3411*	10
	9267	6694*	5	3421	11
	9268	6699*	4	3432	11
	9269	6703	5	3443	11
34.30	9270	3,9 6708*	5	9,1 3454*	11
	9271	6713*	4	3465*	10
	9272	6717	5	3475	11
	9273	6722	5	3486	11
	9274	6727*	4	3497	11
34.35	9275	3,9 6731	5	9,1 3508*	11
	9276	6736	5	3519*	10
	9277	6741*	4	3529	11
	9278	6745	5	3540	11
	9279	6750	5	3551*	11
34.40	9280	3,9 6755*	4	9,1 3562*	10
	9281	6759	5	3572	11
	9282	6764	5	3583	11
	9283	6769*	5	3594	11
	9284	6774*	4	3605*	11
34.45	9285	3,9 6778	5	9,1 3616*	10
	9286	6783*	5	3626	11
	9287	6788*	4	3637	11
	9288	6792	5	3648*	11
	9289	6797*	5	3659*	10
34.50	9290	3,9 6802*	4	9,1 3669	11
	9291	6806	5	3680	11
	9292	6811*	5	3691*	11
	9293	6816*	4	3702*	10
	9294	6820	5	3712	11
34.55	9295	3,9 6825*	5	9,1 3723	11
	9296	6830*	4	3734*	11
	9297	6834	5	3745*	10
	9298	6839*	5	3755	11
	9299	6844*	4	3766	11
34.60 ′ ″	9300	3,9 6848		9,1 3777*	
2°	N	Lov N	D	loh N	D

2°	N	Lov N	D	loh N	D
35′ 0″	9300	3,9 6848	5	9,1 3777*	11
	9301	6853*	5	3788*	10
	9302	6858*	4	3798	11
	9303	6862	5	3809	11
	9304	6867*	5	3820*	11
35. 5	9305	3,9 6872*	4	9,1 3831*	10
	9306	6876	5	3841	11
	9307	6881*	5	3852	11
	9308	6886*	4	3863*	11
	9309	6890	5	3874*	10
35.10	9310	3,9 6895*	5	9,1 3884	11
	9311	6900*	4	3895	11
	9312	6904	5	3906*	11
	9313	6909*	5	3917*	10
	9314	6914*	4	3927	11
35.15	9315	3,9 6918	5	9,1 3938	11
	9316	6923*	5	3949*	11
	9317	6928*	4	3960*	10
	9318	6932	5	3970	11
	9319	6937*	5	3981	11
35.20	9320	3,9 6942*	4	9,1 3992*	11
	9321	6946	5	4003*	10
	9322	6951*	5	4013	11
	9323	6956*	4	4024*	11
	9324	6960	5	4035*	10
35.25	9325	3,9 6965*	5	9,1 4045	11
	9326	6970*	4	4056	11
	9327	6974	5	4067*	11
	9328	6979*	5	4078*	10
	9329	6984*	4	4088	11
35.30	9330	3,9 6988	5	9,1 4099	11
	9331	6993*	4	4110*	10
	9332	6997	5	4120	11
	9333	7002	5	4131	11
	9334	7007*	4	4142*	11
35.35	9335	3,9 7011	5	9,1 4153*	10
	9336	7016	5	4163	11
	9337	7021*	4	4174	11
	9338	7025	5	4185*	10
	9339	7030	5	4195	11
35.40	9340	3,9 7035*	4	9,1 4206	11
	9341	7039	5	4217*	11
	9342	7044*	5	4228*	10
	9343	7049*	4	4238	11
	9344	7053	5	4249*	11
35.45	9345	3,9 7058*	5	9,1 4260*	10
	9346	7063*	4	4270	11
	9347	7067	5	4281	11
	9348	7072*	5	4292*	10
	9349	7077*	4	4302	11
35.50	9350	3,9 7081	5	9,1 4313	11
	9351	7086*	4	4324*	11
	9352	7090	5	4335*	10
	9353	7095	5	4345	11
	9354	7100*	4	4356*	11
35.55	9355	3,9 7104	5	9,1 4367*	10
	9356	7109	5	4377	11
	9357	7114*	4	4388	11
	9358	7118	5	4399*	10
	9359	7123*	5	4409	11
35.60 ′ ″	9360	3,9 7128*		9,1 4420	
2°	N	Lov N	D	loh N	D

2°	N	Lov N	D	loh N	D
36′ 0″	9360	3,9 7128*	4	9,1 4420	11
	9361	7132	5	4431*	10
	9362	7137*	5	4441	11
	9363	7142*	4	4452	11
	9364	7146	5	4463*	10
36. 5	9365	3,9 7151*	4	9,1 4473	11
	9366	7155	5	4484	11
	9367	7160	5	4495*	10
	9368	7165*	4	4505	11
	9369	7169	5	4516	11
36.10	9370	3,9 7174*	5	9,1 4527*	11
	9371	7179*	4	4538*	10
	9372	7183	5	4548	11
	9373	7188*	4	4559*	11
	9374	7192	5	4570*	10
36.15	9375	3,9 7197	5	9,1 4580	11
	9376	7202*	4	4591*	11
	9377	7206	5	4602*	10
	9378	7211	5	4612	11
	9379	7216*	4	4623*	11
36.20	9380	3,9 7220	5	9,1 4634*	10
	9381	7225*	5	4644	11
	9382	7230*	4	4655*	10
	9383	7234	5	4665	11
	9384	7239*	4	4676	11
36.25	9385	3,9 7243	5	9,1 4687*	10
	9386	7248	5	4697	11
	9387	7253*	4	4708	11
	9388	7257	5	4719*	10
	9389	7262*	5	4729	11
36.30	9390	3,9 7267*	4	9,1 4740	11
	9391	7271	5	4751*	10
	9392	7276*	4	4761	11
	9393	7280	5	4772	11
	9394	7285	5	4783*	10
36.35	9395	3,9 7290*	4	9,1 4793	11
	9396	7294	5	4804*	11
	9397	7299*	5	4815*	10
	9398	7304*	4	4825	11
	9399	7308	5	4836*	10
36.40	9400	3,9 7313*	4	9,1 4846	11
	9401	7317	5	4857	11
	9402	7322	5	4868*	10
	9403	7327*	4	4878	11
	9404	7331	5	4889	11
36.45	9405	3,9 7336*	4	9,1 4900*	10
	9406	7340	5	4910	11
	9407	7345	5	4921*	11
	9408	7350*	4	4932*	10
	9409	7354	5	4942	11
36.50	9410	3,9 7359*	5	9,1 4953*	10
	9411	7364*	4	4963	11
	9412	7368	5	4974	11
	9413	7373*	4	4985*	10
	9414	7377	5	4995	11
36.55	9415	3,9 7382	5	9,1 5006*	11
	9416	7387*	4	5017*	10
	9417	7391	5	5027	11
	9418	7396*	4	5038*	10
	9419	7400	5	5048	11
36.60 ′ ″	9420	3,9 7405		9,1 5059	
2°	N	Lov N	D	loh N	D

2°	N	Lov N	D	loh N	D
37′ 0″	9420	3,9 7405	5	9,1 5059	11
	9421	7410*	4	5070*	10
	9422	7414	5	5080	11
	9423	7419*	5	5091*	10
	9424	7424*	4	5101	11
37. 5	9425	3,9 7428	5	9,1 5112	11
	9426	7433*	4	5123*	10
	9427	7437	5	5133	11
	9428	7442*	5	5144*	11
	9429	7447*	4	5155*	10
37.10	9430	3,9 7451	5	9,1 5165	11
	9431	7456*	4	5176*	10
	9432	7460	5	5186	11
	9433	7465*	5	5197*	11
	9434	7470*	4	5208*	10
37.15	9435	3,9 7474	5	9,1 5218	11
	9436	7479*	4	5229*	10
	9437	7483	5	5239	11
	9438	7488*	5	5250*	11
	9439	7493*	4	5261*	10
37.20	9440	3,9 7497	5	9,1 5271	11
	9441	7502*	4	5282*	10
	9442	7506	5	5292	11
	9443	7511*	5	5303*	10
	9444	7516*	4	5313	11
37.25	9445	3,9 7520	5	9,1 5324	11
	9446	7525*	4	5335*	10
	9447	7529	5	5345	11
	9448	7534*	5	5356*	10
	9449	7539*	4	5306	11
37.30	9450	3,9 7543	5	9,1 5377	11
	9451	7548*	4	5388*	10
	9452	7552	5	5398	11
	9453	7557*	5	5409*	10
	9454	7562*		5419	11
37.35	9455	3,9 7566	5	9,1 5430*	10
	9456	7571*	4	5440	11
	9457	7575	5	5451	11
	9458	7580*	5	5462*	10
	9459	7585*	4	5472	11
37.40	9460	3,9 7589	5	9,1 5483*	10
	9461	7594*	4	5493	11
	9462	7598	5	5504	10
	9463	7603*	4	5514	11
	9464	7607	5	5525	11
37.45	9465	3,9 7612	5	9,1 5536*	10
	9466	7617*	4	5546	11
	9467	7621	5	5557*	10
	9468	7626*	4	5567	11
	9469	7630	5	5578*	10
37.50	9470	3,9 7635*	5	9,1 5588	11
	9471	7640*	4	5599*	11
	9472	7644	5	5610*	10
	9473	7649*	4	5620	11
	9474	7653	5	5631*	10
37.55	9475	3,9 7658*	5	9,1 5641	11
	9476	7663*	4	5652*	10
	9477	7667	5	5662	11
	9478	7672*	4	5673*	10
	9479	7676	5	5683	11
37.60 ′ ″	9480	3,9 7681*		9,1 5694*	
2°	N	Lov N	D	loh N	D

2°	N	Lov N	D	loh N	D
38′ 0″	9480	3,9 7681*	4	9,1 5694*	11
	9481	7685	5	5705*	10
	9482	7690*	5	5715	11
	9483	7695*	4	5726*	10
	9484	7699	5	5736	11
38. 5	9485	3,9 7704*	4	9,1 5747*	10
	9486	7708	5	5757	11
	9487	7713*	4	5768*	10
	9488	7717	5	5778	11
	9489	7722	5	5789*	10
38.10	9490	3,9 7727*	4	9,1 5799	11
	9491	7731	5	5810*	10
	9492	7736*	4	5820	11
	9493	7740	5	5831*	11
	9494	7745*	4	5842*	10
38.15	9495	3,9 7749	5	9,1 5852	11
	9496	7754	5	5863*	10
	9497	7759*	4	5873	11
	9498	7763	5	5884*	10
	9499	7768*	4	5894	11
38.20	9500	3,9 7772	5	9,1 5905*	10
	9501	7777*	5	5915	11
	9502	7782*	4	5926*	10
	9503	7786	5	5936	11
	9504	7791*	4	5947*	10
38.25	9505	3,9 7795	5	9,1 5957	11
	9506	7800*	4	5968*	10
	9507	7804	5	5978	11
	9508	7809*	4	5989*	10
	9509	7813	5	5999	11
38.30	9510	3,9 7818	5	9,1 6010*	10
	9511	7823*	4	6020	11
	9512	7827	5	6031*	11
	9513	7832*	4	6041	11
	9514	7836	5	6052*	10
38.35	9515	3,9 7841*	4	9,1 6062	11
	9516	7845	5	6073*	10
	9517	7850	5	6083	11
	9518	7855*	4	6094	11
	9519	7859	5	6105*	10
38.40	9520	3,9 7864*	4	9,1 6115	11
	9521	7868	5	6126*	10
	9522	7873*	4	6136	11
	9523	7877	5	6147*	10
	9524	7882*	4	6157	11
38.45	9525	3,9 7886	5	9,1 6168*	10
	9526	7891	5	6178	11
	9527	7896*	4	6189*	10
	9528	7900	5	6199	11
	9529	7905*	4	6210*	10
38.50	9530	3,9 7909	5	9,1 6220*	10
	9531	7914*	4	6230	11
	9532	7918	5	6241*	10
	9533	7923*	5	6251	11
	9534	7928*	4	6262*	10
38.55	9535	3,9 7932	5	9,1 6272	11
	9536	7937*	4	6283*	10
	9537	7941	5	6293	11
	9538	7946*	4	6304*	10
	9539	7950	5	6314	11
38.60 ′ ″	9540	3,9 7955*		9,1 6325*	
2°	N	Lov N	D	loh N	D

2°	N	Lov N	D	loh N	D
39.′ 0″	9540	3,9 7955*	4	9,1 6325*	10
	9541	7959	5	6335	11
	9542	7964*	4	6346*	10
	9543	7968	5	6356	11
	9544	7973	5	6367*	10
39. 5	9545	3,9 7978*	4	9,1 6377	11
	9546	7982	5	6388*	10
	9547	7987*	4	6398	11
	9548	7991	5	6409*	10
	9549	7996*	4	6419	11
39.10	9550	3,9 8000	5	9,1 6430*	10
	9551	8005*	4	6440	11
	9552	8009	5	6451*	10
	9553	8014*	5	6461	11
	9554	8019*	4	6472*	10
39.15	9555	3,9 8023	5	9,1 6482*	10
	9556	8028*	4	6492	11
	9557	8032	5	6503*	10
	9558	8037*	4	6513	11
	9559	8041	5	6524*	10
39.20	9560	3,9 8046*	4	9,1 6534	11
	9561	8050	5	6545*	10
	9562	8055*	4	6555	11
	9563	8059	5	6566*	10
	9564	8064*	4	6576	11
39.25	9565	3,9 8068	5	9,1 6587*	10
	9566	8073	5	6597	10
	9567	8078*	4	6607	11
	9568	8082	5	6618*	10
	9569	8087*	4	6628	11
39.30	9570	3,9 8091	5	9,1 6639*	10
	9571	8096*	4	6649	11
	9572	8100	5	6660*	10
	9573	8105*	4	6670	11
	9374	8109	5	6681*	10
39.35	9575	3,9 8114*	4	9,1 6691	11
	9576	8118	5	6702*	10
	9577	8123*	4	6712*	10
	9578	8127	5	6722	11
	9579	8132	5	6733*	10
39.40	9580	3,9 8137*	4	9,1 6743	11
	9581	8141	5	6754*	10
	9582	8146*	4	6764	11
	9583	8150	5	6775*	10
	9584	8155*	4	6785	10
39.45	9585	3,9 8159	5	9,1 6795	11
	9586	8164*	4	6806*	10
	9587	8168	5	6816	11
	9588	8173*	4	6827*	10
	9589	8177	5	6837	11
39.50	9590	3,9 8182*	4	9,1 6848*	10
	9591	8186	5	6858	10
	9592	8191*	4	6868	11
	9593	8195	5	6879*	10
	9594	8200*	4	6889	11
39.55	9595	3,9 8204	5	9,1 6900*	10
	9596	8209	5	6910	11
	9597	8214*	4	6921*	10
	9598	8218	5	6931	10
	9599	8223*	4	6941	11
39.60 ′ ″	9600	3,9 8227		9,1 6952*	
2°	N	Lov N	D	loh N	D

2°	N	Lov N	D	loh N	D
40.′ 0″	9600	3,9 8227	5	9,1 6952*	10
	9601	8232*	4	6962	11
	9602	8236	5	6973*	10
	9603	8241*	4	6983	10
	9604	8245	5	6993	11
40. 5	9605	3,9 8250*	4	9,1 7004*	10
	9606	8254	5	7014	11
	9607	8259*	4	7025*	10
	9608	8263	5	7035	11
	9609	8268*	4	7046*	10
40.10	9610	3,9 8272	5	9,1 7056*	10
	9611	8277*	4	7066	11
	9612	8281	5	7077*	10
	9613	8286*	4	7087	11
	9614	8290	5	7098*	10
40.15	9615	3,9 8295*	4	9,1 7108*	10
	9616	8299	5	7118	11
	9617	8304*	4	7129*	10
	9618	8308	5	7139	11
	9619	8313*	5	7150*	10
40.20	9620	3,9 8318*	4	9,1 7160*	10
	9621	8322	5	7170	11
	9622	8327*	4	7181*	10
	9623	8331	5	7191	11
	9624	8336*	4	7202*	10
40.25	9625	3,9 8340	5	9,1 7212*	10
	9626	8345*	4	7222	11
	9627	8349	5	7233*	10
	9628	8354*	4	7243	10
	9629	8358	5	7253	11
40.30	9630	3,9 8363*	4	9,1 7264*	10
	9631	8367	5	7274	11
	9632	8372*	4	7285*	10
	9633	8376	5	7295*	10
	9634	8381*	4	7305	11
40.35	9635	3,9 8385	5	9,1 7316*	10
	9636	8390*	4	7326	11
	9637	8394	5	7337*	10
	9638	8399*	4	7347*	10
	9639	8403	5	7357	11
40.40	9640	3,9 8408*	4	9,1 7368*	10
	9641	8412	5	7378	10
	9642	8417*	4	7388	11
	9643	8421	5	7399*	10
	9644	8426*	4	7409	10
40.45	9645	3,9 8430	5	9,1 7419	11
	9646	8435*	4	7430*	10
	9647	8439	5	7440	11
	9648	8444*	4	7451*	10
	9649	8448	5	7461*	10
40.50	9650	3,9 8453*	4	9,1 7471	11
	9651	8457	5	7482*	10
	9652	8462*	4	7492	10
	9653	8466	5	7502	11
	9654	8471*	4	7513*	10
40.55	9655	3,9 8475	5	9,1 7523	10
	9656	8480*	4	7533	11
	9657	8484	5	7544*	10
	9658	8489*	4	7554	11
	9659	8493	5	7565*	10
40.60 ′ ″	9660	3,9 8498*		9,1 7575*	
2°	N	Lov N	D	loh N	D

2°	N	Lov N	D	loh N	D
41.′ 0″	9660	3,9 8498*	4	9,1 7575*	10
	9661	8502	5	7585	11
	9662	8507*	4	7596*	10
	9663	8511	5	7606*	10
	9664	8516*	4	7616	11
41. 5	9665	3,9 8520	5	9,1 7627*	10
	9666	8525*	4	7637*	10
	9667	8529	5	7647	11
	9668	8534*	4	7658*	10
	9669	8538	5	7668	10
41.10	9670	3,9 8543*	4	9,1 7678	11
	9671	8547	5	7689*	10
	9672	8552*	4	7699	10
	9673	8556	5	7709	11
	9674	8561*	4	7720*	10
41.15	9675	3,9 8565	5	9,1 7730	10
	9676	8570*	4	7740	11
	9677	8574	5	7751*	10
	9678	8579*	4	7761	10
	9679	8583	5	7771	11
41.20	9680	3,9 8588*	4	9,1 7782*	10
	9681	8592	5	7792	10
	9682	8597*	4	7802	11
	9683	8601*	4	7813*	10
	9684	8605	5	7823	10
41.25	9685	3,9 8610*	4	9,1 7833	11
	9686	8614	5	7844*	10
	9687	8619*	4	7854	10
	9688	8623	5	7864	11
	9689	8628*	4	7875*	10
41.30	9690	3,9 8632	5	9,1 7885*	10
	9691	8637*	4	7895	11
	9692	8641	5	7906*	10
	9693	8646*	4	7916*	10
	9694	8650	5	7926	11
41.35	9695	3,9 8655*	4	9,1 7937*	10
	9696	8659	5	7947*	10
	9697	8664*	4	7957	10
	9698	8668	5	7967	11
	9699	8673*	4	7978*	10
41.40	9700	3,9 8677	5	9,1 7988	10
	9701	8682*	4	7998	11
	9702	8686	5	8009*	10
	9703	8691*	4	8019	10
	9704	8695	5	8029	11
41.45	9705	3,9 8700*	4	9,1 8040*	10
	9706	8704	5	8050*	10
	9707	8709*	4	8060	11
	9708	8713*	4	8071*	10
	9709	8717	5	8081*	10
41.50	9710	3,9 8722*	4	9,1 8091	10
	9711	8726	5	8101	11
	9712	8731*	4	8112*	10
	9713	8735	5	8122	10
	9714	8740*	4	8132	11
41.55	9715	3,9 8744	5	9,1 8143*	10
	9716	8749*	4	8153*	10
	9717	8753	5	8163	11
	9718	8758*	4	8174*	10
	9719	8762	5	8184*	10
41.60 ′ ″	9720	3,9 8767*		9,1 8194	
2°	N	Lov N	D	loh N	D

2°	N	Lov N	D	loh N	D
42.′ 0″	9720	3,9 8767*	4	9,1 8194	10
	9721	8771	5	8204	11
	9722	8776*	4	8215*	10
	9723	8780	4	8225*	10
	9724	8784	5	8235	11
42. 5	9725	3,9 8789*	4	9,1 8246*	10
	9726	8793	5	8256*	10
	9727	8798*	4	8266	10
	9728	8802	5	8276	11
	9729	8807*	4	8287*	10
42.10	9730	3,9 8811	5	9,1 8297*	10
	9731	8816*	4	8307	10
	9732	8820	5	8317	11
	9733	8825*	4	8328*	10
	9734	8829	5	8338	10
42.15	9735	3,9 8834*	4	9,1 8348	11
	9736	8838	5	8359*	10
	9737	8843*	4	8369*	10
	9738	8847*	4	8379	10
	9739	8851	5	8389	11
42.20	9740	3,9 8856*	4	9,1 8400*	10
	9741	8860	5	8410*	10
	9742	8865*	4	8420	10
	9743	8869	5	8430	11
	9744	8874*	4	8441*	10
42.25	9745	3,9 8878	5	9,1 8451*	10
	9746	8883*	4	8461	10
	9747	8887	5	8471	11
	9748	8892*	4	8482*	10
	9749	8896	4	8492*	10
42.30	9750	3,9 8900	5	9,1 8502	11
	9751	8905*	4	8513*	10
	9752	8909	5	8523*	10
	9753	8914*	4	8533	10
	9754	8918	5	8543	11
42.35	9755	3,9 8923*	4	9,1 8554*	10
	9756	8927	5	8564*	10
	9757	8932*	4	8574	10
	9758	8936	5	8584	11
	9759	8941*	4	8595*	10
42.40	9760	3,9 8945*	4	9,1 8605*	10
	9761	8949	5	8615	10
	9762	8954*	4	8625	11
	9763	8958	5	8636*	10
	9764	8963*	4	8646*	10
42.45	9765	3,9 8967	5	9,1 8656*	10
	9766	8972*	4	8666	10
	9767	8976	5	8676	11
	9768	8981*	4	8687*	10
	9769	8985	4	8697*	10
42.50	9770	3,9 8989	5	9,1 8707	10
	9771	8994*	4	8717	11
	9772	8998	5	8728*	10
	9773	9003*	4	8738*	10
	9774	9007	5	8748	10
42.55	9775	3,9 9012*	4	9,1 8758	11
	9776	9016	5	8769*	10
	9777	9021*	4	8779*	10
	9778	9025	4	8789	10
	9779	9029	5	8799	10
42.60 ′ ″	9780	3,9 9034*		9,1 8809	
2°	N	Lov N	D	loh N	D

2°	N	Lov N	D	loh N	D
43.′ 0″	9780	3,9 9034*	4	9,1 8809	11
	9781	9038	5	8820*	10
	9782	9043*	4	8830*	10
	9783	9047	5	8840	10
	9784	9052*	4	8850	11
43. 5	9785	3,9 9056	5	9,1 8861*	10
	9786	9061*	4	8871*	10
	9787	9065*	4	8881	10
	9788	9069	5	8891	10
	9789	9074*	4	8901	11
43.10	9790	3,9 9078	5	9,1 8912*	10
	9791	9083*	4	8922*	10
	9792	9087	5	8932	10
	9793	9092*	4	8942	11
	9794	9096	4	8953*	10
43.15	9795	3,9 9100	5	9,1 8963*	10
	9796	9105*	4	8973*	10
	9797	9109	5	8983	10
	9798	9114*	4	8993	11
	9799	9118	5	9004*	10
43.20	9800	3,9 9123*	4	9,1 9014*	10
	9801	9127	4	9024*	10
	9802	9131	5	9034	10
	9803	9136*	4	9044	11
	9804	9140	5	9055*	10
43.25	9805	3,9 9145*	4	9,1 9065*	10
	9806	9149	5	9075*	10
	9807	9154*	4	9085	10
	9808	9158	4	9095	11
	9809	9162	5	9106*	10
43.30	9810	3,9 9167*	4	9,1 9116*	10
	9811	9171	5	9126*	10
	9812	9176*	4	9136	10
	9813	9180	5	9146	11
	9814	9185*	4	9157*	10
43.35	9815	3,9 9189	4	9,1 9167*	10
	9816	9193	5	9177*	10
	9817	9198*	4	9187	10
	9818	9202	5	9197	10
	9819	9207*	4	9207	11
43.40	9820	3,9 9211	5	9,1 9218*	10
	9821	9216*	4	9228*	10
	9822	9220*	4	9238	10
	9823	9224	5	9248	10
	9824	9229*	4	9258	11
43.45	9825	3,9 9233	5	9,1 9269*	10
	9826	9238*	4	9279*	10
	9827	9242	5	9289*	10
	9828	9247*	4	9299	10
	9829	9251*	4	9309	10
43.50	9830	3,9 9255	5	9,1 9319	11
	9831	9260*	4	9330*	10
	9832	9264	5	9340*	10
	9833	9269*	4	9350*	10
	9834	9273	4	9360	10
43.55	9835	3,9 9277	5	9,1 9370	10
	9836	9282*	4	9380	11
	9837	9286	5	9391*	10
	9838	9291*	4	9401*	10
	9839	9295	5	9411*	10
43.60 ′ ″	9840	3,9 9300*		9,1 9421	
2°	N	Lov N	D	loh N	D

2°	N	Lov N	D	loh N	D
44.′ 0″	9840	3,9 9300*	4	9,1 9421	10
	9841	9304*	4	9431	10
	9842	9308	5	9441	11
	9843	9313*	4	9452*	10
	9844	9317	5	9462*	10
44. 5	9845	3,9 9322*	4	9,1 9472*	10
	9846	9326*	4	9482	10
	9847	9330	5	9492	10
	9848	9335*	4	9502	11
	9849	9339	5	9513*	10
44.10	9850	3,9 9344*	4	9,1 9523*	10
	9851	9348	4	9533*	10
	9852	9352	5	9543*	10
	9853	9357*	4	9553	10
	9854	9361	5	9563	10
44.15	9855	3,9 9366*	4	9,1 9573	11
	9856	9370	4	9584*	10
	9857	9374	5	9594*	10
	9858	9379*	4	9604*	10
	9859	9383	5	9614	10
44.20	9860	3,9 9388*	4	9,1 9624	10
	9861	9392	4	9634	10
	9862	9396	5	9644	11
	9863	9401*	4	9655*	10
	9864	9405	5	9665*	10
44.25	9865	3,9 9410*	4	9,1 9675*	10
	9866	9414	5	9685*	10
	9867	9419*	4	9695	10
	9868	9423*	4	9705	10
	9869	9427	5	9715	11
44.30	9870	3,9 9432*	4	9,1 9726*	10
	9871	9436	5	9736*	10
	9872	9441*	4	9746*	10
	9873	9445*	4	9756*	10
	9874	9449	5	9766	10
44.35	9875	3,9 9454*	4	9,1 9776	10
	9876	9458	5	9786	10
	9877	9463*	4	9796	11
	9878	9467*	4	9807*	10
	9879	9471	5	9817*	10
44.40	9880	3,9 9476*	4	9,1 9827*	10
	9881	9480	4	9837*	10
	9882	9484	5	9847	10
	9883	9489*	4	9857	10
	9884	9493	5	9867	10
44.45	9885	3,9 9498*	4	9,1 9877	10
	9886	9502	4	9887	11
	9887	9506	5	9898*	10
	9888	9511*	4	9908*	10
	9889	9515	5	9918*	10
44.50	9890	3,9 9520*	4	9,1 9928*	10
	9891	9524	4	9938	10
	9892	9528	5	9948	10
	9893	9533*	4	9958	10
	9894	9537	5	9968	10
44.55	9895	3,9 9542*	4	9,1 9978	11
	9896	9546*	4	9989*	10
	9897	9550	5	9999*	10
	9898	9555*	4	9,2 0009*	10
	9899	9359	5	0019*	10
44.60 ′ ″	9900	3,9 9564*		9,2 0029	
2°	N	Lov N	D	loh N	D

2°	N	Lov N	D	loh N	D
45′ 0″	9900	3,9 9564*	4	9,2 0029	10
	9901	9568*	4	0039	10
	9902	9572	5	0049	10
	9903	9577*	4	0059	10
	9904	9581	4	0069	10
45. 5	9905	3,9 9585	5	9,2 0079	11
	9906	9590*	4	0090*	10
	9907	9594	5	0100*	10
	9908	9599*	4	0110*	10
	9909	9603*	4	0120*	10
45.10	9910	3,9 9607	5	9,2 0130*	10
	9911	9612*	4	0140	10
	9912	9616	5	0150	10
	9913	9621*	4	0160	10
	9914	9625*	4	0170	10
45.15	9915	3,9 9629	5	9,2 0180	10
	9916	9634*	4	0190	11
	9917	9638	4	0201*	10
	9918	9642	5	0211*	10
	9919	9647*	4	0221*	10
45.20	9920	3,9 9651	5	9,2 0231*	10
	9921	9656*	4	0241*	10
	9922	9660*	4	0251*	10
	9923	9664	5	0261	10
	9924	9669*	4	0271	10
45.25	9925	3,9 9673	4	9,2 0281	10
	9926	9677	5	0291	10
	9927	9682*	4	0301	10
	9928	9686	5	0311	11
	9929	9691*	4	0322*	10
45.30	9930	3,9 9695*	4	9,2 0332*	10
	9931	9699	5	0342*	10
	9932	9704*	4	0352*	10
	9933	9708	4	0362*	10
	9934	9712	5	0372*	10
45.35	9935	3,9 9717*	4	9,2 0382*	10
	9936	9721	5	0392*	10
	9937	9726*	4	0402	10
	9938	9730*	4	0412	10
	9939	9734	5	0422	10
45.40	9940	3,9 9739*	4	9,2 0432	10
	9941	9743	4	0442	10
	9942	9747	5	0452	10
	9943	9752*	4	0462	10
	9944	9756	4	0472	11
45.45	9945	3,9 9760	5	9,2 0483*	10
	9946	9765*	4	0493*	10
	9947	9769	5	0503*	10
	9948	9774*	4	0513*	10
	9949	9778*	4	0523*	10
45.50	9950	3,9 9782	5	9,2 0533*	10
	9951	9787*	4	0543*	10
	9952	9791	4	0553*	10
	9953	9795	5	0563*	10
	9954	9800*	4	0573*	10
45.55	9955	3,9 9804	4	9,2 0583	10
	9956	9808	5	0593	10
	9957	9813*	4	0603	10
	9958	9817	5	0613	10
	9959	9822*	4	0623	10
45′ 60″	9960	3,9 9826*		9,2 0633	

2°	N	Lov N	D	loh N	D
46′ 0″	9960	3,9 9826*	4	9,2 0633	10
	9961	9830	5	0643	10
	9962	9835*	4	0653	10
	9963	9839	4	0663	10
	9964	9843	5	0673	10
46. 5	9965	3,9 9848*	4	9,2 0683	10
	9966	9852	4	0693	10
	9967	9856	5	0703	11
	9968	9861*	4	0714*	10
	9969	9865	5	0724*	10
46.10	9970	3,9 9870*	4	9,2 0734*	10
	9971	9874*	4	0744*	10
	9972	9878	5	0754*	10
	9973	9883*	4	0764*	10
	9974	9887*	4	0774*	10
46.15	9975	3,9 9891	5	9,2 0784*	10
	9976	9896*	4	0794*	10
	9977	9900*	4	0804*	10
	9978	9904	5	0814*	10
	9979	9909*	4	0824*	10
46.20	9980	3,9 9913	4	9,2 0834*	10
	9981	9917	5	0844*	10
	9982	9922*	4	0854*	10
	9983	9926	4	0864*	10
	9984	9930	5	0874*	10
46.25	9985	3,9 9935*	4	9,2 0884*	10
	9986	9939	5	0894*	10
	9987	9944*	4	0904*	10
	9988	9948*	4	0914*	10
	9989	9952	5	0924*	10
46.30	9990	3,9 9957*	4	9,2 0934*	10
	9991	9961*	4	0944*	10
	9992	9965	5	0954	10
	9993	9970*	4	0964	10
	9994	9974*	4	0974	10
46.35	9995	3,9 9978	5	9,2 0984	10
	9996	9983*	4	0994	10
	9997	9987*	4	1004	10
	9998	9991	5	1014	10
	9999	9996*	4	1024	10
46.40	10000	4,0 0000	4	9,2 1034	10
	10001	0004	5	1044	10
	10002	0009*	4	1054	10
	10003	0013	4	1064	10
	10004	0017	5	1074	10
46.45	10005	4,0 0022*	4	9,2 1084	10
	10006	0026	4	1094	10
	10007	0030	5	1104	10
	10008	0035*	4	1114	10
	10009	0039	4	1124*	10
46.50	10010	4,0 0043	5	9,2 1134*	10
	10011	0048*	4	1144*	10
	10012	0052	4	1154*	10
	10013	0056	5	1164*	10
	10014	0061*	4	1174*	10
46.55	10015	4,0 0065	4	9,2 1184*	10
	10016	0069	5	1194*	10
	10017	0074*	4	1204*	10
	10018	0078	4	1214*	10
	10019	0082	5	1224*	10
46′ 60″	10020	4,0 0087*		9,2 1234*	

2°	N	Lov N	D	loh N	D
47′ 0″	10020	4,0 0087*	4	9,2 1234*	10
	10021	0091	4	1244*	10
	10022	0095	5	1254*	10
	10023	0100*	4	1264*	10
	10024	0104	4	1274*	10
47. 5	10025	4,0 0108	5	9,2 1284*	10
	10026	0113*	4	1294*	10
	10027	0117	4	1304*	10
	10028	0121	5	1314*	10
	10029	0126*	4	1324*	10
47.10	10030	4,0 0130	4	9,2 1334*	10
	10031	0134	5	1344*	10
	10032	0139*	4	1354*	9
	10033	0143	4	1363	10
	10034	0147	5	1373	10
47.15	10035	4,0 0152*	4	9,2 1383	10
	10036	0156	4	1393	10
	10037	0160	5	1403	10
	10038	0165*	4	1413	10
	10039	0169	4	1423	10
47.20	10040	4,0 0173	5	9,2 1433	10
	10041	0178*	4	1443	10
	10042	0182	4	1453	10
	10043	0186	5	1463	10
	10044	0191*	4	1473	10
47.25	10045	4,0 0195*	4	9,2 1483	10
	10046	0199	5	1493*	10
	10047	0204*	4	1503*	10
	10048	0208*	4	1513*	10
	10049	0212	5	1523*	10
47.30	10050	4,0 0217*	4	9,2 1533*	10
	10051	0221*	4	1543*	10
	10052	0225	5	1553*	10
	10053	0230*	4	1563*	10
	10054	0234*	4	1573*	10
47.35	10055	4,0 0238	5	9,2 1583*	9
	10056	0243*	4	1592	10
	10057	0247*	4	1602	10
	10058	0251	4	1612	10
	10059	0255	5	1622	10
47.40	10060	4,0 0260*	4	9,2 1632	10
	10061	0264	4	1642	10
	10062	0268	5	1652	10
	10063	0273*	4	1662	10
	10064	0277	4	1672*	10
47.45	10065	4,0 0281	5	9,2 1682*	10
	10066	0286*	4	1692*	10
	10067	0290	4	1702*	10
	10068	0294	5	1712*	10
	10069	0299*	4	1722*	10
47.50	10070	4,0 0303*	4	9,2 1732*	10
	10071	0307	5	1742*	9
	10072	0312*	4	1751	10
	10073	0316*	4	1761	10
	10074	0320	5	1771	10
47.55	10075	4,0 0325*	4	9,2 1781	10
	10076	0329*	4	1791	10
	10077	0333	4	1801	10
	10078	0337	5	1811	10
	10079	0342*	4	1821*	10
47′ 60″	10080	4,0 0346		9,2 1831*	

2°	N	Lov N	D	loh N	D
48.′ 0″	10080	4,0 0346	4	9,2 1831*	10
	10081	0350	5	1841*	10
	10082	0355*	4	1851*	10
	10083	0359*	4	1861*	10
	10084	0363	5	1871*	9
48. 5	10085	4,0 0368*	4	9,2 1880	10
	10086	0372*	4	1890	10
	10087	0376	5	1900	10
	10088	0381*	4	1910	10
	10089	0385*	4	1920	10
48.10	10090	4,0 0389	4	9,2 1930	10
	10091	0393	5	1940*	10
	10092	0398*	4	1950*	10
	10093	0402	4	1960*	10
	10094	0406	5	1970*	10
48.15	10095	4,0 0411*	4	9,2 1980*	9
	10096	0415*	4	1989	10
	10097	0419	5	1999	10
	10098	0424*	4	2009	10
	10099	0428*	4	2019	10
48.20	10100	4,0 0432	4	9,2 2029	10
	10101	0436	5	2039*	10
	10102	0441*	4	2049*	10
	10103	0445	4	2059*	10
	10104	0449	5	2069*	10
48.25	10105	4,0 0454*	4	9,2 2079*	9
	10106	0458*	4	2088	10
	10107	0462	5	2098	10
	10108	0467*	4	2108	10
	10109	0471*	4	2118	10
48.30	10110	4,0 0475	4	9,2 2128	10
	10111	0479	5	2138*	10
	10112	0484*	4	2148*	10
	10113	0488	4	2158*	10
	10114	0492	5	2168*	9
48.35	10115	4,0 0497*	4	9,2 2177	10
	10116	0501*	4	2187	10
	10117	0505	4	2197	10
	10118	0509	5	2207	10
	10119	0514*	4	2217	10
48.40	10120	4,0 0518	4	9,2 2227*	10
	10121	0522	5	2237*	10
	10122	0527*	4	2247*	10
	10123	0531*	4	2257*	9
	10124	0535	5	2266	10
48.45	10125	4,0 0540*	4	9,2 2276	10
	10126	0544*	4	2286	10
	10127	0548	4	2296	10
	10128	0552	5	2306*	10
	10129	0557*	4	2316*	10
48.50	10130	4,0 0561*	4	9,2 2326*	10
	10131	0565	5	2336*	9
	10132	0570*	4	2345	10
	10133	0574*	4	2355	10
	10134	0578	4	2365	10
48.55	10135	4,0 0582	5	9,2 2375	10
	10136	0587*	4	2385*	10
	10137	0591*	4	2395*	10
	10138	0595	5	2405*	9
	10139	0600*	4	2414	10
48.60	10140	4,0 0604*		9,2 2424	
′ ″ 2°	N	Lov N	D	loh N	D

2°	N	Lov N	D	loh N	D
49.′ 0″	10140	4,0 0604*	4	9,2 2424	10
	10141	0608	4	2434	10
	10142	0612	5	2444	10
	10143	0617*	4	2454*	10
	10144	0621*	4	2464*	10
49. 5	10145	4,0 0625	4	9,2 2474*	9
	10146	0629	5	2483	10
	10147	0634*	4	2493	10
	10148	0638	4	2503	10
	10149	0642	5	2513	10
49.10	10150	4,0 0647*	4	9,2 2523*	10
	10151	0651*	4	2533*	10
	10152	0655	4	2543*	9
	10153	0659	5	2552	10
	10154	0664*	4	2562	10
49.15	10155	4,0 0668*	4	9,2 2572	10
	10156	0672	5	2582*	10
	10157	0677*	4	2592*	10
	10158	0681*	4	2602*	10
	10159	0685	4	2612*	9
49.20	10160	4,0 0689	5	9,2 2621	10
	10161	0694*	4	2631	10
	10162	0698*	4	2641	10
	10163	0702	4	2651*	10
	10164	0706	5	2661*	10
49.25	10165	4,0 0711*	4	9,2 2671*	9
	10166	0715	4	2680	10
	10167	0719	5	2690	10
	10168	0724*	4	2700	10
	10169	6728*	4	2710*	10
49.30	10170	4,0 0732	4	9,2 2720*	10
	10171	0736	5	2730*	9
	10172	0741*	4	2739	10
	10173	0745*	4	2749	10
	10174	0749	4	2759	10
49.35	10175	4,0 0753	5	9,2 2769*	10
	10176	0758*	4	2779*	10
	10177	0762*	4	2789*	9
	10178	0766	5	2798	10
	10179	0771*	4	2808	10
49.40	10180	4,0 0775*	4	9,2 2818	10
	10181	0779	4	2828*	10
	10182	0783	5	2838*	9
	10183	0788*	4	2847	10
	10184	0792*	4	2857	10
49.45	10185	4,0 0796	4	9,2 2867	10
	10186	0800	5	2877*	10
	10187	0805*	4	2887*	10
	10188	0809*	4	2897*	9
	10189	0813	4	2906	10
49.50	10190	4,0 0817	5	9,2 2916	10
	10191	0822*	4	2926	10
	10192	0826*	4	2936*	10
	10193	0830	4	2946*	9
	10194	0834	5	2955	10
49.55	10195	4,0 0839*	4	9,2 2965	10
	10196	0843*	4	2975	10
	10197	0847	5	2985*	10
	10198	0852*	4	2995*	9
	10199	0856*	4	3004	10
49.60	10200	4,0 0860		9,2 3014	
′ ″ 2°	N	Lov N	D	loh N	D

2°	N	Lov N	D	loh N	D
50.′ 0″	10200	4,0 0860	4	9,2 3014	10
	10201	0864	5	3024	10
	10202	0869*	4	3034*	10
	10203	0873*	4	3044*	10
	10204	0877	4	3054*	9
50. 5	10205	4,0 0881	5	9,2 3063	10
	10206	0886*	4	3073	10
	10207	0890*	4	3083*	10
	10208	0894	4	3093*	9
	10209	0898	5	3102	10
50.10	10210	4,0 0903*	4	9,2 3112	10
	10211	0907*	4	3122	10
	10212	0911	4	3132*	10
	10213	0915	5	3142*	9
	10214	0920*	4	3151	10
50.15	10215	4,0 0924*	4	9,2 3161	10
	10216	0928	4	3171	10
	10217	0932	5	3181*	10
	10218	0937*	4	3191*	9
	10219	0941*	4	3200	10
50.20	10220	4,0 0945	4	9,2 3210	10
	10221	0949	5	3220*	10
	10222	0954*	4	3230*	10
	10223	0958*	4	3240*	9
	10224	0962	4	3249	10
50.25	10225	4,0 0966	5	9,2 3259	10
	10226	0971*	4	3269*	10
	10227	0975*	4	3279*	9
	10228	0979	4	3288	10
	10229	0983	5	3298	10
50.30	10230	4,0 0988*	4	9,2 3308*	10
	10231	0992*	4	3318*	10
	10232	0996	4	3328*	9
	10233	1000	5	3337	10
	10234	1005*	4	3347	10
50.35	10235	4,0 1009*	4	9,2 3357*	10
	10236	1013	4	3367*	9
	10237	1017	5	3376	10
	10238	1022*	4	3386	10
	10239	1026*	4	3396*	10
50.40	10240	4,0 1030*	4	9,2 3406*	9
	10241	1034	4	3415	10
	10242	1038	5	3425	10
	10243	1043*	4	3435*	10
	10244	1047*	4	3445*	10
50.45	10245	4,0 1051	4	9,2 3455*	9
	10246	1055	5	3464	10
	10247	1060*	4	3474	10
	10248	1064*	4	3484*	10
	10249	1068	4	3494*	9
50.50	10250	4,0 1072	5	9,2 3503	10
	10251	1077*	4	3513	10
	10252	1081*	4	3523*	10
	10253	1085	4	3533*	9
	10254	1089	5	3542	10
50.55	10255	4,0 1094*	4	9,2 3552	10
	10256	1098*	4	3562*	10
	10257	1102	4	3572*	9
	10258	1106	5	3581	10
	10259	1111*	4	3591	10
50.60	10260	4,0 1115*		9,2 3601*	
′ ″ 2°	N	Lov N	D	loh N	D

2°	N	Log N	D	log N	D
51′. 0″	10260	4,0 1115*	4	9,2 3601*	10
	10261	1119*	4	3611*	9
	10262	1123	4	3620	10
	10263	1127	5	3630	10
	10264	1132*	4	3640*	10
51. 5	10265	4,0 1136*	4	9,2 3650*	9
	10266	1140	4	3659	10
	10267	1144	5	3669	10
	10268	1149*	4	3679*	9
	10269	1153*	4	3688	10
51.10	10270	4,0 1157	4	9,2 3698	10
	10271	1161	5	3708*	10
	10272	1166*	4	3718*	9
	10273	1170*	4	3727	10
	10274	1174*	4	3737	10
51.15	10275	4,0 1178	4	9,2 3747*	10
	10276	1182	5	3757*	9
	10277	1187*	4	3766	10
	10278	1191*	4	3776	10
	10279	1195	4	3786*	10
51.20	10280	4,0 1199	5	9,2 3796*	9
	10281	1204*	4	3805	10
	10282	1208*	4	3815	10
	10283	1212*	4	3825*	9
	10284	1216	4	3834	10
51.25	10285	4,0 1220	5	9,2 3844	10
	10286	1225*	4	3854*	10
	10287	1229*	4	3864*	9
	10288	1233	4	3873	10
	10289	1237	5	3883	10
51.30	10290	4,0 1242*	4	9,2 3893*	10
	10291	1246*	4	3903*	9
	10292	1250*	4	3912	10
	10293	1254	4	3922*	10
	10294	1258	5	3932*	9
51.35	10295	4,0 1263*	4	9,2 3941	10
	10296	1267*	4	3951	10
	10297	1271	4	3961*	9
	10298	1275	5	3970	10
	10299	1280*	4	3980	10
51.40	10300	4,0 1284*	4	9,2 3990*	10
	10301	1288*	4	4000*	9
	10302	1292	4	4009	10
	10303	1296	5	4019	10
	10304	1301*	4	4029*	9
51.45	10305	4,0 1305*	4	9,2 4038	10
	10306	1309	4	4048	10
	10307	1313	4	4058*	10
	10308	1317	5	4068*	9
	10309	1322*	4	4077	10
51.50	10310	4,0 1326*	4	9,2 4087*	10
	10311	1330	4	4097*	9
	10312	1334	5	4106	10
	10313	1339*	4	4116	10
	10314	1343*	4	4126*	9
51.55	10315	4,0 1347*	4	9,2 4135	10
	10316	1351	4	4145	10
	10317	1355	5	4155*	10
	10318	1360*	4	4165*	9
	10319	1364*	4	4174	10
51.60	10320	4,0 1368*		9,2 4184*	
′ ″ 2°	N	Log N	D	log N	D

2°	N	Log N	D	log N	D
52′. 0″	10320	4,0 1368*	4	9,2 4184*	10
	10321	1372	4	4194*	9
	10322	1376	5	4203	10
	10323	1381*	4	4213*	10
	10324	1385*	4	4223*	9
52. 5	10325	4,0 1389	4	9,2 4232	10
	10326	1393	4	4242	10
	10327	1397	5	4252*	9
	10328	1402*	4	4261	10
	10329	1406*	4	4271	10
52.10	10330	4,0 1410	4	9,2 4281*	9
	10331	1414	4	4290	10
	10332	1418	5	4300	10
	10333	1423*	4	4310*	9
	10334	1427*	4	4319	10
52.15	10335	4,0 1431	4	9,2 4329	10
	10336	1435	4	4339*	9
	10337	1439	5	4348	10
	10338	1444*	4	4358	10
	10339	1448*	4	4368*	10
52.20	10340	4,0 1452	4	9,2 4378*	9
	10341	1456	4	4387	10
	10342	1460	5	4397*	10
	10343	1465*	4	4407*	9
	10344	1469*	4	4416	10
52.25	10345	4,0 1473	4	9,2 4426*	10
	10346	1477	4	4436*	9
	10347	1481	5	4445	10
	10348	1486*	4	4455*	10
	10349	1490*	4	4465*	9
52.30	10350	4,0 1494	4	9,2 4474	10
	10351	1498	4	4484*	10
	10352	1502	5	4494*	9
	10353	1507*	4	4503	10
	10354	1511*	4	4513*	9
52.35	10355	4,0 1515	4	9,2 4522	10
	10356	1519	4	4532	10
	10357	1523	5	4542*	9
	10358	1528*	4	4551	10
	10359	1532*	4	4561	10
52.40	10360	4,0 1536*	4	9,2 4571*	9
	10361	1540	4	4580	10
	10362	1544	5	4590	10
	10363	1549*	4	4600*	9
	10364	1553*	4	4609	10
52.45	10365	4,0 1557*	4	9,2 4619	10
	10366	1561	4	4629*	9
	10367	1565	4	4638	10
	10368	1569	5	4648*	10
	10369	1574*	4	4658*	9
52.50	10370	4,0 1578*	4	9,2 4667	10
	10371	1582	4	4677*	10
	10372	1586	4	4687*	9
	10373	1590	5	4696	10
	10374	1595*	4	4706*	9
52.55	10375	4,0 1599*	4	9,2 4715	10
	10376	1603*	4	4725	10
	10377	1607	4	4735*	9
	10378	1611	5	4744	10
	10379	1616*	4	4754*	10
52.60	10380	4,0 1620*		9,2 4764*	
′ ″ 2°	N	Log N	D	log N	D

2°	N	Log N	D	log N	D
53′. 0″	10380	4,0 1620*	4	9,2 4764*	9
	10381	1624*	4	4773	10
	10382	1628	4	4783*	10
	10383	1632	4	4793*	9
	10384	1636	5	4802	10
53. 5	10385	4,0 1641*	4	9,2 4812*	9
	10386	1645*	4	4821	10
	10387	1649	4	4831	10
	10388	1653	4	4841*	9
	10389	1657	5	4850	10
53.10	10390	4,0 1662*	4	9,2 4860*	10
	10391	1666*	4	4870*	9
	10392	1670*	4	4879	10
	10393	1674	4	4889*	9
	10394	1678	4	4898	10
53.15	10395	4,0 1682	5	9,2 4908	10
	10396	1687*	4	4918*	9
	10397	1691*	4	4927	10
	10398	1695*	4	4937*	9
	10399	1699	4	4946	10
53.20	10400	4,0 1703	5	9,2 4956	10
	10401	1708*	4	4966*	9
	10402	1712*	4	4975	10
	10403	1716*	4	4985*	10
	10404	1720	4	4995*	9
53.25	10405	4,0 1724	4	9,2 5004	10
	10406	1728	5	5014*	9
	10407	1733*	4	5023	10
	10408	1737*	4	5033	10
	10409	1741*	4	5043*	9
53.30	10410	4,0 1745	4	9,2 5052	10
	10411	1749	4	5062*	9
	10412	1753	5	5071	10
	10413	1758*	4	5081	10
	10414	1762*	4	5091*	9
53.35	10415	4,0 1766*	4	9,2 5100	10
	10416	1770	4	5110*	9
	10417	1774	4	5119	10
	10418	1778	5	5129	10
	10419	1783*	4	5139*	9
53.40	10420	4,0 1787*	4	9,2 5148	10
	10421	1791*	4	5158*	9
	10422	1795	4	5167	10
	10423	1799	4	5177	10
	10424	1803	5	5187*	9
53.45	10425	4,0 1808*	4	9,2 5196	10
	10426	1812*	4	5206*	9
	10427	1816*	4	5215	10
	10428	1820	4	5225*	10
	10429	1824	4	5235*	9
53.50	10430	4,0 1828	5	9,2 5244	10
	10431	1833*	4	5254*	9
	10432	1837*	4	5263	10
	10433	1841*	4	5273*	9
	10434	1845	4	5282	10
53.55	10435	4,0 1849	4	9,2 5292	10
	10436	1853	5	5302*	9
	10437	1858*	4	5311	10
	10438	1862*	4	5321*	9
	10439	1866*	4	5330	10
53.60	10440	4,0 1870		9,2 5340*	
′ ″ 2°	N	Log N	D	log N	D

2°	N	Lov N	D	loh N	D
54.′ 0″	10440	4,0 1870	4	9,2 5340*	10
	10441	1874	4	5350*	9
	10442	1878	5	5359	10
	10443	1883*	4	5369*	9
	10444	1887*	4	5378	10
54. 5	10445	4,0 1891*	4	9,2 5388*	9
	10446	1895	4	5397	10
	10447	1899	4	5407	10
	10448	1903	4	5417*	9
	10449	1907	5	5426	10
54.10	10450	4,0 1912*	4	9,2 5436*	9
	10451	1916*	4	5445	10
	10452	1920*	4	5455*	9
	10453	1924	4	5464	10
	10454	1928	4	5474*	10
54.15	10455	4,0 1932	5	9,2 5484*	9
	10456	1937*	4	5493	10
	10457	1941*	4	5503*	9
	10458	1945*	4	5512	10
	10459	1949	4	5522*	9
54.20	10460	4,0 1953	4	9,2 5531	10
	10461	1957	4	5541*	9
	10462	1961	5	5550	10
	10463	1966*	4	5560	10
	10464	1970*	4	5570*	9
54.25	10465	4,0 1974*	4	9,2 5579	10
	10466	1978	4	5589*	9
	10467	1982	4	5598	10
	10468	1986	5	5608*	9
	10469	1991*	4	5617	10
54.30	10470	4,0 1995*	4	9,2 5627*	9
	10471	1999*	4	5636	10
	10472	2003*	4	5646	10
	10473	2007	4	5656*	9
	10474	2011	4	5665	10
54.35	10475	4,0 2015	5	9,2 5675*	9
	10476	2020*	4	5684	10
	10477	2024*	4	5694*	9
	10478	2028*	4	5703	10
	10479	2032*	4	5713*	9
54.40	10480	4,0 2036	4	9,2 5722	10
	10481	2040	4	5732*	9
	10482	2044	5	5741	10
	10483	2049*	4	5751	10
	10484	2053*	4	5761*	9
54.45	10485	4,0 2057*	4	9,2 5770	10
	10486	2061*	4	5780*	9
	10487	2065	4	5789	10
	10488	2069	4	5799*	9
	10489	2073	5	5808	10
54.50	10490	4,0 2078*	4	9,2 5818*	9
	10491	2082*	4	5827	10
	10492	2086*	4	5837*	9
	10493	2090*	4	5846	10
	10494	2094	4	5856*	9
54.55	10495	4,0 2098	4	9,2 5865	10
	10496	2102	5	5875*	9
	10497	2107*	4	5884	10
	10498	2111*	4	5894	10
	10499	2115*	4	5904*	9
54.60 ′ ″	10500	4,0 2119*		9,2 5913	
2°	N	Lov N	D	loh N	D

2°	N	Lov N	D	loh N	D
55.′ 0″	10500	4,0 2119*	4	9,2 5913	10
	10501	2123	4	5923*	9
	10502	2127	4	5932	10
	10503	2131	4	5942*	9
	10504	2135	5	5951	10
55. 5	10505	4,0 2140*	4	9,2 5961*	9
	10506	2144*	4	5970	10
	10507	2148*	4	5980*	9
	10508	2152	4	5989	10
	10509	2156	4	5999*	9
55.10	10510	4,0 2160	4	9,2 6008	10
	10511	2164	5	6018*	9
	10512	2169*	4	6027	10
	10513	2173*	4	6037*	9
	10514	2177*	4	6046	10
55.15	10515	4,0 2181*	4	9,2 6056*	9
	10516	2185	4	6065	10
	10517	2189	4	6075*	9
	10518	2193	4	6084	10
	10519	2197	5	6094*	9
55.20	10520	4,0 2202*	4	9,2 6103	10
	10521	2206*	4	6113*	9
	10522	2210*	4	6122	10
	10523	2214*	4	6132*	9
	10524	2218	4	6141	10
55.25	10525	4,0 2222	4	9,2 6151*	9
	10526	2226	4	6160	10
	10527	2230	5	6170*	9
	10528	2235*	4	6179	10
	10529	2239*	4	6189*	9
55.30	10530	4,0 2243*	4	9,2 6198	10
	10531	2247*	4	6208*	9
	10532	2251	4	6217	10
	10533	2255	4	6227*	9
	10534	2259	4	6236	10
55.35	10535	4,0 2263	5	9,2 6246*	9
	10536	2268*	4	6255	10
	10537	2272*	4	6265*	9
	10538	2276*	4	6274	10
	10539	2280*	4	6284*	9
55.40	10540	4,0 2284	4	9,2 6293	10
	10541	2288	4	6303*	9
	10542	2292	4	6312	10
	10543	2296	5	6322*	9
	10544	2301*	4	6331	10
55.45	10545	4,0 2305*	4	9,2 6341*	9
	10546	2309*	4	6350	10
	10547	2313*	4	6360*	9
	10548	2317	4	6369	10
	10549	2321	4	6379*	9
55.50	10550	4,0 2325	4	9,2 6388	10
	10551	2329	4	6398*	9
	10552	2333	5	6407	10
	10553	2338*	4	6417*	9
	10554	2342*	4	6426	9
55.55	10555	4,0 2346*	4	9,2 6435	10
	10556	2350*	4	6445*	9
	10557	2354	4	6454	10
	10558	2358	4	6464*	9
	10559	2362	4	6473	10
55.60 ′ ″	10560	4,0 2366		9,2 6483	
2°	N	Lov N	D	loh N	D

2°	N	Lov N	D	loh N	D
56.′ 0″	10560	4,0 2366	5	9,2 6483*	9
	10561	2371*	4	6492	10
	10562	2375*	4	6502*	9
	10563	2379*	4	6511	10
	10564	2383*	4	6521*	9
56. 5	10565	4,0 2387*	4	9,2 6530	10
	10566	2391	4	6540*	9
	10567	2395	4	6549	10
	10568	2399	4	6559*	9
	10569	2403	4	6568	10
56.10	10570	4,0 2407	5	9,2 6578*	9
	10571	2412*	4	6587*	9
	10572	2416*	4	6596	10
	10573	2420*	4	6606*	9
	10574	2424*	4	6615	10
56.15	10575	4,0 2428	4	9,2 6625*	9
	10576	2432	4	6634	10
	10577	2436	4	6644*	9
	10578	2440	4	6653	10
	10579	2444	5	6663*	9
56.20	10580	4,0 2449*	4	9,2 6672	10
	10581	2453*	4	6682*	9
	10582	2457*	4	6691*	9
	10583	2461*	4	6700	10
	10584	2465*	4	6710*	9
56.25	10585	4,0 2469	4	9,2 6719	10
	10586	2473	4	6729*	9
	10587	2477	4	6738	10
	10588	2481	4	6748*	9
	10589	2485	5	6757	10
56.30	10590	4,0 2490*	4	9,2 6767*	9
	10591	2494*	4	6776*	9
	10592	2498*	4	6785	10
	10593	2502*	4	6795*	9
	10594	2506*	4	6804	10
56.35	10595	4,0 2510	4	9,2 6814*	9
	10596	2514	4	6823	10
	10597	2518	4	6833*	9
	10598	2522	4	6842	9
	10599	2526	5	6851	10
56.40	10600	4,0 2531*	4	9,2 6861*	9
	10601	2535*	4	6870	10
	10602	2539*	4	6880*	9
	10603	2543*	4	6889	10
	10604	2547*	4	6899*	9
56.45	10605	4,0 2551	4	9,2 6908	10
	10606	2555	4	6918*	9
	10607	2559	4	6927*	9
	10608	2563	4	6936	10
	10609	2567	5	6946*	9
56.50	10610	4,0 2572*	4	9,2 6955	10
	10611	2576*	4	6965*	9
	10612	2580*	4	6974	9
	10613	2584*	4	6983	10
	10614	2588*	4	6993*	9
56.55	10615	4,0 2592*	4	9,2 7002	10
	10616	2596	4	7012*	9
	10617	2600	4	7021	10
	10618	2604	4	7031*	9
	10619	2608	4	7040	9
56.60 ′ ″	10620	4,0 2612		9,2 7049	
2°	N	Lov N	D	loh N	D

2°	N	Lov N	D	loh N	D
57′ 0″	10620	4,0 2612	5	9,2 7049	10
	10621	2617*	4	7059*	9
	10622	2621*	4	7068	10
	10623	2625*	4	7078*	9
	10624	2629*	4	7087	9
57. 5	10625	4,0 2633*	4	9,2 7096	10
	10626	2637*	4	7106*	9
	10627	2641	4	7115	10
	10628	2645	4	7125*	9
	10629	2649	4	7134	10
57.10	10630	4,0 2653	4	9,2 7144*	9
	10631	2657	4	7153*	9
	10632	2661	5	7162	10
	10633	2666*	4	7172*	9
	10634	2670*	4	7181	10
57.15	10635	4,0 2674*	4	9,2 7191*	9
	10636	2678*	4	7200*	9
	10637	2682*	4	7209	10
	10638	2686*	4	7219*	9
	10639	2690	4	7228	10
57.20	10640	4,0 2694	4	9,2 7238*	9
	10641	2698	4	7247*	9
	10642	2702	4	7256	10
	10643	2706	4	7266*	9
	10644	2710	5	7275	10
57.25	10645	4,0 2715*	4	9,2 7285*	9
	10646	2719*	4	7294*	9
	10647	2723*	4	7303	10
	10648	2727*	4	7313*	9
	10649	2731*	4	7322	10
57.30	10650	4,0 2735*	4	9,2 7332*	9
	10651	2739	4	7341*	9
	10652	2743	4	7350	10
	10653	2747	4	7360*	9
	10654	2751	4	7369	9
57.35	10655	4,0 2755	4	9,2 7378	10
	10656	2759	4	7388*	9
	10657	2763	5	7397	10
	10658	2768*	4	7407*	9
	10659	2772*	4	7416*	9
57.40	10660	4,0 2776*	4	9,2 7425	10
	10661	2780*	4	7435*	9
	10662	2784*	4	7444	10
	10663	2788*	4	7454*	9
	10664	2792	4	7463*	9
57.45	10665	4,0 2796	4	9,2 7472	10
	10666	2800	4	7482*	9
	10667	2804	4	7491	9
	10668	2808	4	7500	10
	10669	2812	4	7510*	9
57.50	10670	4,0 2816	5	9,2 7519	10
	10671	2821*	4	7529*	9
	10672	2825*	4	7538*	9
	10673	2829*	4	7547	10
	10674	2833*	4	7557*	9
57.55	10675	4,0 2837*	4	9,2 7566*	9
	10676	2841*	4	7575	10
	10677	2845*	4	7585*	9
	10678	2849*	4	7594	9
	10679	2853	4	7603	10
57′.60″	10680	4,0 2857		9,2 7613*	
2°	N	Lov N	D	loh N	D

2°	N	Lov N	D	loh N	D
58′ 0″	10680	4,0 2857	4	9,2 7613*	9
	10681	2861	4	7622	10
	10682	2865	4	7632*	9
	10683	2869	4	7641*	9
	10684	2873	4	7650	10
58. 5	10685	4,0 2877	5	9,2 7660*	9
	10686	2882*	4	7669*	9
	10687	2886*	4	7678	10
	10688	2890*	4	7688*	9
	10689	2894*	4	7697	9
58.10	10690	4,0 2898*	4	9,2 7706	10
	10691	2902*	4	7716*	9
	10692	2906*	4	7725	9
	10693	2910*	4	7734	10
	10694	2914	4	7744*	9
58.15	10695	4,0 2918	4	9,2 7753	10
	10696	2922	4	7763*	9
	10697	2926	4	7772*	9
	10698	2930	4	7781	10
	10699	2934	4	7791*	9
58.20	10700	4,0 2938	4	9,2 7800*	9
	10701	2942	4	7809	10
	10702	2946	5	7819*	9
	10703	2951*	4	7828*	9
	10704	2955*	4	7837	10
58.25	10705	4,0 2959*	4	9,2 7847*	9
	10706	2963*	4	7856*	9
	10707	2967*	4	7865	10
	10708	2971*	4	7875*	9
	10709	2975*	4	7884*	9
58.30	10710	4,0 2979*	4	9,2 7893	10
	10711	2983	4	7903*	9
	10712	2987	4	7912*	9
	10713	2991	4	7921	10
	10714	2995	4	7931*	9
58.35	10715	4,0 2999	4	9,2 7940*	9
	10716	3003	4	7949	10
	10717	3007	4	7959*	9
	10718	3011	4	7968*	9
	10719	3015	4	7977	10
58.40	10720	4,0 3019	5	9,2 7987*	9
	10721	3024*	4	7996*	9
	10722	3028*	4	8005	10
	10723	3032*	4	8015*	9
	10724	3036*	4	8024*	9
58.45	10725	4,0 3040*	4	9,2 8033	10
	10726	3044*	4	8043*	9
	10727	3048*	4	8052*	9
	10728	3052*	4	8061	10
	10729	3056*	4	8071*	9
58.50	10730	4,0 3060*	4	9,2 8080*	9
	10731	3064	4	8089	10
	10732	3068	4	8099*	9
	10733	3072	4	8108*	9
	10734	3076	4	8117	9
58.55	10735	4,0 3080	4	9,2 8126	10
	10736	3084	4	8136*	9
	10737	3088	4	8145	9
	10738	3092	4	8154	10
	10739	3096	4	8164*	9
58′.60″	10740	4,0 3100		9,2 8173	
2°	N	Lov N	D	loh N	D

2°	N	Lov N	D	loh N	D
59′ 0″	10740	4,0 3100	4	9,2 8173	9
	10741	3104	5	8182	10
	10742	3109*	4	8192*	9
	10743	3113*	4	8201*	9
	10744	3117*	4	8210	10
59. 5	10745	4,0 3121*	4	9,2 8220*	9
	10746	3125*	4	8229*	9
	10747	3129*	4	8238	9
	10748	3133*	4	8247	10
	10749	3137*	4	8257*	9
59.10	10750	4,0 3141*	4	9,2 8266	9
	10751	3145*	4	8275	10
	10752	3149*	4	8285*	9
	10753	3153*	4	8294	9
	10754	3157	4	8303	10
59.15	10755	4,0 3161	4	9,2 8313*	9
	10756	3165	4	8322*	9
	10757	3169	4	8331	9
	10758	3173	4	8340	10
	10759	3177	4	8350*	9
59.20	10760	4,0 3181	4	9,2 8359	9
	10761	3185	4	8368	10
	10762	3189	4	8378*	9
	10763	3193	4	8387*	9
	10764	3197	4	8396	10
59.25	10765	4,0 3201	4	9,2 8406*	9
	10766	3205	4	8415*	9
	10767	3209	5	8424	9
	10768	3214*	4	8433	10
	10769	3218*	4	8443*	9
59.30	10770	4,0 3222*	4	9,2 8452*	9
	10771	3226*	4	8461	10
	10772	3230*	4	8471*	9
	10773	3234*	4	8480*	9
	10774	3238*	4	8489	9
59.35	10775	4,0 3242*	4	9,2 8498	10
	10776	3246*	4	8508*	9
	10777	3250*	4	8517*	9
	10778	3254*	4	8526	10
	10779	3258*	4	8536*	9
59.40	10780	4,0 3262*	4	9,2 8545*	9
	10781	3266*	4	8554	9
	10782	3270*	4	8563	10
	10783	3274*	4	8573*	9
	10784	3278*	4	8582*	9
59.45	10785	4,0 3282	4	9,2 8591	9
	10786	3286	4	8600	10
	10787	3290	4	8610*	9
	10788	3294	4	8619*	9
	10789	3298	4	8628	10
59.50	10790	4,0 3302	4	9,2 8638*	9
	10791	3306	4	8647*	9
	10792	3310	4	8656	9
	10793	3314	4	8665	10
	10794	3318	4	8675*	9
59.55	10795	4,0 3322	4	9,2 8684*	9
	10796	3326	4	8693	9
	10797	3330	4	8702	10
	10798	3334	4	8712*	9
	10799	3338	4	8721*	9
59′.60″	10800	4,0 3342		9,2 8730	
2°	N	Lov N	D	loh N	D

TABLE DES NOMBRES DE LA FORME $2^k.5^m.89^n$

N	FACTEURS.	N	FACTEURS.	N	FACTEURS.
2	2	8900	$2^2\,5^2\,89$	200000	$2^6\,5^5$
4	2^2	10000	$2^4\,5^4$	204800	$2^{13}5^2$
5	5	10240	$2^{11}5$	222500	$2^2\,5^4\,89$
8	2^3	11125	$5^3\,89$	227840	$2^9\,5.89$
10	2.5	11392	$2^7\,89$	250000	$2^4\,5^6$
16	2^4	12500	$2^2\,5^5$	253472	$2^5\,89^2$
20	$2^2\,5$	12800	$2^9\,5^2$	256000	$2^{11}5^3$
25	5^2	14240	$2^5\,5.89$	262144	2^{18}
32	2^5	15625	5^6	278125	$5^5\,89$
40	$2^3\,5$	15842	2.89^2	284800	$2^7\,5^2\,89$
50	2.5^2	16000	$2^7\,5^3$	312500	$2^2\,5^7$
64	2^6	16384	2^{14}	316840	$2^3\,5.89^2$
80	$2^4\,5$	17800	$2^3\,5^2\,89$	320000	$2^9\,5^4$
89	89	20000	$2^5\,5^4$	327680	$2^{16}5$
100	$2^2\,5^2$	20480	$2^{12}5$	356000	$2^5\,5^3\,89$
125	5^3	22250	$2.5^3\,89$	364544	$2^{12}89$
128	2^7	22784	$2^8\,89$	390625	5^8
160	$2^5\,5$	25000	$2^3\,5^5$	396050	$2.5^2\,89^2$
178	2.89	25600	$2^{10}5^2$	400000	$2^7\,5^5$
200	$2^3\,5^2$	28480	$2^6\,5.89$	409600	$2^{14}5^2$
250	2.5^3	31250	2.5^6	445000	$2^3\,5^4\,89$
256	2^8	31684	$2^2\,89^2$	455680	$2^{10}5.89$
320	$2^6\,5$	32000	$2^8\,5^3$	500000	$2^5\,5^6$
356	$2^2\,89$	32768	2^{15}	506944	$2^6\,89^2$
400	$2^4\,5^2$	35600	$2^4\,5^2\,89$	512000	$2^{12}5^3$
445	5.89	39605	5.89^2	524288	2^{19}
500	$2^2\,5^3$	40000	$2^6\,5^4$	556250	$2.5^5\,89$
512	2^9	40960	$2^{13}5$	569600	$2^8\,5^2\,89$
625	5^4	44500	$2^2\,5^3\,89$	625000	$2^3\,5^7$
640	$2^7\,5$	45568	$2^9\,89$	633680	$2^4\,5.89^2$
712	$2^3\,89$	50000	$2^4\,5^5$	640000	$2^{10}5^4$
800	$2^5\,5^2$	51200	$2^{11}5^2$	655360	$2^{17}5$
890	$2.5.89$	55625	$5^4\,89$	704969	89^3
1000	$2^3\,5^3$	56960	$2^7\,5.89$	712000	$2^6\,5^3\,89$
1024	2^{10}	62500	$2^2\,5^6$	729088	$2^{13}89$
1250	2.5^4	63368	$2^3\,89^2$	781250	2.5^8
1280	$2^8\,5$	64000	$2^9\,5^3$	792100	$2^2\,5^2\,89^2$
1424	$2^4\,89$	65536	2^{16}	800000	$2^8\,5^5$
1600	$2^6\,5^2$	71200	$2^5\,5^2\,89$	819200	$2^{15}5^2$
1780	$2^2\,5.89$	78125	5^7	890000	$2^4\,5^4\,89$
2000	$2^4\,5^3$	79210	$2.5.89^2$	911360	$2^{11}5.89$
2048	2^{11}	80000	$2^7\,5^4$	990125	$5^3\,89^2$
2225	$5^2\,89$	81920	$2^{14}5$	1000000	$2^6\,5^6$
2500	$2^2\,5^4$	89000	$2^3\,5^3\,89$		
2560	$2^9\,5$	91136	$2^{10}89$		
2848	$2^5\,89$	100000	$2^5\,5^5$		
3125	5^5	102400	$2^{12}5^2$		
3200	$2^7\,5^2$	111250	$2.5^4\,89$		
3560	$2^3\,5.89$	113920	$2^8\,5.89$		
4000	$2^5\,5^3$	125000	$2^3\,5^6$		
4096	2^{12}	126736	$2^4\,89^2$		
4450	$2.5^2\,89$	128000	$2^{10}5^3$		
5000	$2^3\,5^4$	131072	2^{17}		
5120	$2^{10}5$	142400	$2^6\,5^2\,89$		
5696	$2^6\,89$	156250	2.5^7		
6250	2.5^5	158420	$2^2\,5.89^2$		
6400	$2^8\,5^2$	160000	$2^8\,5^4$		
7120	$2^4\,5.89$	163840	$2^{15}5$		
7921	89^2	178000	$2^4\,5^3\,89$		
8000	$2^6\,5^3$	182272	$2^{11}89$		
8192	2^{13}	198025	$5^2\,89^2$		

n	$1^{n/1}=1.2.3\ldots n$ $\mathbf{Lov}(1^{n/1})$	$1^{n/2}=1.3.5\ldots(2n-1)$ $\mathbf{Lov}(1^{n/2})$
2	0,3 0102 99957*	0,4 7712 12547
3	0,7 7815 12504*	1,1 7609 12591*
4	1,3 8021 12417	2,0 2118 92991*
5	2,0 7918 12460	2,9 7543 18085
6	2,8 5733 24964	4,0 1682 44937*
7	3,7 0243 05364	5,1 3076 78460*
8	4,6 0552 05234	6,3 0685 91050
9	5,5 5976 30329*	7,5 3730 80264
10	6,5 5976 30329*	8,8 1606 16274*
11	7,6 0115 57180	10,1 3828 09221*
12	8,6 8033 69641*	11,5 0000 87581
13	9,7 9428 03164*	12,8 9794 87668*
14	10,9 4040 83521*	14,3 2931 25309
15	12,1 1649 96111	15,7 9171 05288
16	13,3 2061 95938*	17,2 8307 22227*
17	14,5 5106 85152*	18,8 0158 61626*
18	15,8 0634 10203*	20,3 4565 42069
19	17,0 8509 46212	21,9 1385 59310*
20	18,3 8612 46169*	23,5 0492 05380*
21	19,7 0834 39116	25,1 1770 43947
22	21,0 5076 65924	26,7 5117 28503*
23	22,4 1249 44285*	
24	23,7 9270 56702*	
25	25,1 9064 56788	
26	26,6 0561 90268	
27	28,0 3698 27910*	
28	29,4 8414 08223	
29	30,9 4653 88202	
30	32,4 2366 00749	
31	33,9 1502 17688*	
32	35,4 2017 17471*	
33	36,9 3868 56870*	
34	38,4 7016 46040	
35	40,0 1423 26484*	
36	41,5 7053 51491	
37	43,1 3873 68732*	
38	44,7 1852 04698	
39	46,3 0958 50768	
40	47,9 1164 50682*	
41	49,5 2442 89249*	
42	51,1 4767 82153*	
43	52,7 8114 66709*	
44	54,4 2459 93473	

N	$\sqrt{N}$	$\sqrt[3]{N}$
2	1,4 14214*	1,2 5992
3	1,7 32051*	1,4 4225*
5	2,2 36068*	1,7 0998*
7	2,6 45751	1,9 1293
11	3,3 16625*	2,2 2398
13	3,6 05551	2,3 5133
17	4,1 23106*	2,5 7128
19	4,3 58899*	2,6 6840
23	4,7 95832*	2,8 4387*
29	5,3 85165*	3,0 7232*
31	5,5 67764	3,1 4138
37	6,0 82763*	3,3 3222
41	6,4 03124	3,4 4822*
43	6,5 57439*	3,5 0340*
47	6,8 55655*	3,6 0883*
53	7,2 80110*	3,7 5629*
59	7,6 81146*	3,8 9300*
61	7,8 10250*	3,9 3650*
67	8,1 85353*	4,0 6155*
71	8,4 26150*	4,1 4082*
73	8,5 44004*	4,1 7934*
79	8,8 88194	4,2 9084
83	9,1 10434*	4,3 6207

CALCUL DES INTÉRÊTS.

1,0025	0,0 0108 4381
1,005	0,0 0216 6062*
1,0075	0,0 0324 5055*
1,0125	0,0 0539 5032*
1,015	0,0 0646 6042
1,0175	0,0 0753 4418*
1,0225	0,0 0966 3317*
1,025	0,0 1072 3865
1,0275	0,0 1178 1831*
1,0325	0,0 1389 0060
1,035	0,0 1494 0350*
1,0375	0,0 1598 8106
1,0425	0,0 1807 6064*
1,045	0,0 1911 6290
1,0475	0,0 2015 4032*
1,0525	0,0 2222 2105*
1,055	0,0 2325 2450*
1,0575	0,0 2428 0376
1,065	0,0 2734 9608

NOTA. Pour **Lov**(1,01) à **Lov**(1,09) *voir* à la page suivante.

Lov x = **Lov** e . **loh** x — Pour π *voir* les Tables supplémentaires qui font suite à la Table II.

N	N.**Lov** e	N.e	N : e	e^{-N}	7^N
1	0,4 3429 44819	2,7 1828 18285*	0,3 6787 94412*	0,3 6787 94412*	7
2	0,8 6858 89638*	5,4 3656 36569	0,7 3575 88823	0,1 3533 52832	49
3	1,3 0288 34457*	8,1 5484 54854*	1,1 0363 83235	0,0 4978 70684*	343
4	1,7 3717 79276	10,8 7312 73138	1,4 7151 77647*	0,0 1831 56389*	2401
5	2,1 7147 24095*	13,5 9140 91423*	1,8 3939 72059*	0,0 0673 79470*	16807
6	2,6 0576 68914*	16,3 0969 09708*	2,2 0727 66470	0,0 0247 87522*	117649
7	3,0 4006 13733	19,0 2797 27992	2,5 7515 60882*	0,0 0091 18820*	823543
8	3,4 7435 58552*	21,7 4625 46277*	2,9 4303 55294*	0,0 0033 54626	5764801
9	3,9 0865 03371*	24,4 6453 64561	3,3 1091 49705	0,0 0012 34098	40353607
10	4,3 4294 48190	27,1 8281 82846*	3,6 7879 44117	0,0 0004 53999	282475249

Pour **loh** x = **loh** 10 . **Lov** x *voir* à l'autre page les multiples de **loh** 10.

TABLE POUR LE CALCUL DES LOGARITHMES A 10 DÉCIMALES.

	N	Lov N	loh N
	10	1	2,3 0258 509299
	100	2	4,6 0517 018599*
	1000	3	6,9 0775 527898
	10000	4	9,2 1034 037198*
	10^5	5	11,5 1292 546497
	10^6	6	13,8 1551 055796
	10^7	7	16,1 1809 565096*
	10^8	8	18,4 2068 074395
	10^9	9	20,7 2326 583695*
	10^{10}	10	23,0 2885 092994
	1	0	0
	2	0,3 0102 999566	0,6 9314 718056*
	3	0,4 7712 125472*	1,0 9861 228867*
	4	0,6 0205 999133*	1,3 8629 436112*
	5	0,6 9897 000434*	1,6 0943 791243
	6	0,7 7815 125038	1,7 9175 946923*
	7	0,8 4509 804001	1,9 4591 014906*
	8	0,9 0308 998699	2,0 7944 154168*
	9	0,9 5424 250944*	2,1 9722 457734*
1,	1	0,0 4139 268516*	0,0 9531 017980
	2	0,0 7918 124605*	0,1 8232 155679
	3	0,1 1394 335231*	0,2 6236 426447*
	4	0,1 4612 803568*	0,3 3647 223662
	5	0,1 7609 125906*	0,4 0546 510811*
	6	0,2 0411 998266*	0,4 7000 362925*
	7	0,2 3044 892138*	0,5 3062 825106
	8	0,2 5527 250510	0,5 8778 666490
	9	0,2 7875 360095	0,6 4185 388617
1,0	1	0,0 0432 137378	0,0 0995 033085
	2	0860 017176	1980 262730*
	3	1283 722471*	2955 880224
	4	1703 333930*	3922 071315
	5	2118 929907*	4879 016417*
	6	2530 586526	5826 890812
	7	2938 377769*	6765 864847
	8	3342 375549	7696 104114*
	9	3742 649794	8617 769624
1,00	1	0,0 0043 407748*	0,0 0099 950033
	2	086 772153	199 800266
	3	130 093302	299 550898*
	4	173 371281*	399 202127*
	5	216 606176*	489 754151
	6	259 798072*	598 207168*
	7	302 947055	697 561374*
	8	346 053211*	796 816965*
	9	389 116624*	895 974127
1,000	1	0,0 0004 342728*	0,0 0009 999500
	2	08 685021	19 998000
	3	13 026881*	29 995501*
	4	17 368306*	39 992002
	5	21 709297	49 987504
	6	26 049855*	59 982007
	7	30 389978	69 975511
	8	34 729669*	79 968017
	9	39 068925*	89 959524

	N	Lov N	loh N
1,0000	1	0,0 0000 434292	0,0 0000 999995
	2	0 868580	1 999980
	3	1 302864*	2 999955
	4	1 737143	3 999920
	5	2 171418	4 999875
	6	2 605689*	5 999820
	7	3 039955*	6 999755
	8	3 474217*	7 999680
	9	3 908474	8 999595
1,00000	1	0,0 0000 043429	0,0 0000 100000*
	2	086859*	200000*
	3	130288	300000*
	4	173717	399999
	5	217147*	499999*
	6	260576*	599998
	7	304005	699998*
	8	347434	799997*
	9	390863	899996*
1,00000 0	1	0,0 0000 004343*	0,0 0000 010000*
	2	008686*	020000*
	3	013029*	030000*
	4	017372*	040000*
	5	021715*	050000*
	6	026058*	060000*
	7	030401*	070000*
	8	034744*	080000*
	9	039086	090000*
1,00000 00	1	0,0 0000 000434	0,0 0000 001000*
	2	000869*	002000*
	3	001303*	003000*
	4	001737	004000*
	5	002171	005000*
	6	002606*	006000*
	7	003040	007000*
	8	003474	008000*
	9	003909*	009000*
1,00000 000	1	0,0 0000 000043	0,0 0000 000100*
	2	000087*	000200*
	3	000130	000300*
	4	000174*	000400*
	5	000217	000500*
	6	000261*	000600*
	7	000304	000700*
	8	000347	000800*
	9	000391*	000900
1,00000 0000	1	0,0 0000 000004	0,0 0000 000010*
	2	000009*	000020*
	3	000013	000030*
	4	000017	000040*
	5	000022*	000050*
	6	000026	000060*
	7	000030	000070*
	8	000035*	000080*
	9	000039	000090

Cette Table sert à résoudre les deux questions suivantes :

Question I. — *Trouver le logarithme avec 10 décimales d'un nombre* M.

Supposons qu'il s'agisse des logarithmes naturels, la marche à suivre pour les logarithmes vulgaires sera absolument la même. Le problème revient à décomposer le nombre donné M en facteurs qui se trouvent dans la présente Table; une des méthodes les plus simples pour y parvenir est la suivante :

1° n étant un nombre entier, on multiplie le nombre donné M par une puissance de 10, $10^{\pm n}$ telle, qu'on ait

$$10 > M.10^{\pm n} > 1.$$

2° u étant la partie entière, composée d'un seul chiffre, du nombre $M.10^{\pm n}$, on divise ce nombre par $u+1$, de sorte qu'on aura

$$1 > \frac{M.10^{\pm n}}{u+1} = R > \frac{1}{2}.$$

3° De 2° il résulte évidemment

$$2 > \frac{1}{R} > 1;$$

de sorte que les 2 ou 3 premiers chiffres de $\frac{1}{R}$ se trouveront dans la Table; soit f_1 le nombre que représentent ces chiffres. Comme $2 > f_1 > 1$, il s'ensuit $\frac{1}{R} > \frac{1}{f_1 R} > 1$; par conséquent, les 3 ou 4 premiers chiffres de $\frac{1}{f_1 R}$ se trouveront encore dans la Table. Désignons par f_2 le nombre que représentent ces chiffres, on a

$f_1 > f_2 > 1$, par conséquent $\frac{1}{f_1 R} > \frac{1}{f_2 f_1 R} > 1$.

La marche à suivre est évidente : on trouvera f_3 comme on a trouvé f_1 et f_2, et ainsi de suite, jusqu'à ce qu'on arrive à un résultat $\frac{1}{R f_1 f_2 \ldots f_n}$ qui diffère aussi peu de l'unité qu'on le désire; on aura alors

$$\text{loh}\,R = -\{\text{loh}\,f_1 + \text{loh}\,f_2 + \text{loh}\,f_3 + \ldots + \text{loh}\,f_n\},$$

et, par suite,

$$\text{loh}\,M = \text{loh}(u+1) - \text{loh}(10^{\pm n}) - \{\text{loh}\,f_1 + \ldots + \text{loh}\,f_n\}.$$

Remarque. Quand $u \overline{\overline{<}} 4$, il est souvent plus avantageux de multiplier d'abord $M.10^{\pm n}$ par le nombre d'un seul chiffre ν satisfaisant à la condition

$$\frac{10}{\nu} > M.10^{\pm n} > \frac{10}{\nu+1},$$

de sorte que, désignant par u' le premier chiffre de ce produit, on aura

$$R = \frac{\nu M.10^{\pm n}}{u'+1}.$$

Question II. — *Trouver le nombre dont le logarithme à 10 décimales est* w.

La marche à suivre est évidemment l'inverse de la précédente.

1° Ajoutez au logarithme donné ou retranchez-en le logarithme de 10 autant de fois qu'il sera nécessaire pour que le logarithme ainsi modifié, w', soit compris entre ceux de la Table.

2° De w' retranchez celui des logarithmes tabulaires qui en approche le plus par défaut; soit l_1 ce logarithme; de $w' - l_1$ retranchez le logarithme tabulaire l_2 qui en approche encore le plus par défaut, et ainsi de suite jusqu'à l'approximation voulue.

3° Le produit des nombres correspondants aux logarithmes $l_1, l_2, l_3, \ldots$, multiplié ou divisé par la puissance de 10 de 1°, sera le nombre cherché.

TABLE II

DONNANT AVEC CINQ DÉCIMALES

LA VRAIE LONGUEUR

DES

FONCTIONS CIRCULAIRES ET HYPERBOLIQUES

DE MINUTE EN MINUTE

DE 0 A 90°.

x		L x		sin x	D	tang x	D	séc x	D	cos x	D	cot x	D	coséc x	D	x = 0°, L x = 0			
R = 1	d. m.	R = 1	D	**Tah** L x		**Sih** L x		**Cosh** L x		**Séh** L x		**Coséh** L x		**Coth** L x					
0,0 0000	0. 0	0,0 0000	29	0,0 0000	29	0,0 0000	29	1,0 0000	0	1,0 0000	0	∞		∞			∞	89.60	1,5 7080*
0029	1	0029	29	0029	29	0029	29	0000	0	0000*	0	3437,7 467*	1718,8735	3437,7 468	1718,8733	69315	8,8 3572*	59	7051*
0058	2	0058	29	0058	29	0058	29	0000	0	0000*	0	1718,8 732*	572,9579	1718,8 735*	572,9578	40546	8,1 4257	58	7021
0087	3	0087	29	0087	29	0087	29	0000	0	0000*	0	1145,9 153	286,4790	1145,9 157	286,4786	28769	7,7 3711*	57	1,5 6992
0116	4	0116	29	0116	29	0116	29	0000	0	0000*	0	859,4 363*	171,8874	859,4 369*	171,8873	22314	7,4 4942	56	6963
0,0 0145	0. 5	0,0 0145	30	0,0 0145	30	0,0 0145	30	1,0 0000	0	1,0 0000*	0	687,5 489*	114,5917	687,5 496	114,5915	18232	7,2 2628	89.55	1,5 6934
0175*	6	0175*	29	0175*	29	0175*	29	0000	0	0000*	0	572,9 572*	81,8512	572,9 581*	81,8511	15415	7,0 4396*	54	6905
0204*	7	0204*	29	0204*	29	0204*	29	0000	0	0000*	0	491,1 060*	61,3884	491,1 070	61,3883	13353	6,8 8981*	53	6876
0233*	8	0233*	29	0233*	29	0233*	29	0000	0	0000*	0	429,7 176*	47,7466	429,7 187	47,7464	11779	6,7 5628*	52	6847*
0262*	9	0262*	29	0262*	29	0262*	29	0000	0	0000*	0	381,9 710*	38,1973	381,9 723*	38,1971	10536	6,6 3849	51	6818*
0,0 0291*	0.10	0,0 0291*	29	0,0 0291*	29	0,0 0291*	29	1,0 0000	1	1,0 0000*	1	343,7 737	31,2523	343,7 752*	31,2522	9581	6,5 3313	89.50	1,5 6789*
0320*	11	0320*	29	0320*	29	0320*	29	0001*	0	0,9 9999	0	312,5 214*	26,0437	312,5 230*	26,0435	8701	6,4 3782	49	6760*
0349	12	0349	29	0349	29	0349	29	0001*	0	9999	0	286,4 777	22,0369	286,4 795*	22,0368	8004	6,3 5081	48	6731*
0378	13	0378	29	0378	29	0378	29	0001*	0	9999	0	264,4 408	18,8888	264,4 427*	18,8887	7411	6,2 7077*	47	6701
0407	14	0407	29	0407	29	0407	29	0001*	0	9999	0	245,5 520*	16,3703	245,5 540	16,3701	6899	6,1 9666*	46	6672
0,0 0436	0.15	0,0 0436	29	0,0 0436	29	0,0 0436	29	1,0 0001*	0	0,9 9999	0	229,1 817*	14,3241	229,1 839*	14,3239	6454	6,1 2767*	89.45	1,5 6643
0465	16	0465	30	0465	30	0465	30	0001	0	9999*	0	214,8 576	12,6389	214,8 600*	12,6388	6063	6,0 6313*	44	6614
0495*	17	0495*	29	0495*	29	0495*	29	0001	0	9999*	0	202,2 187	11,2345	202,2 212	11,2344	5716	6,0 0250	43	6585
0524*	18	0524*	29	0524*	29	0524*	29	0001	1	9999*	1	190,9 842*	10,0520	190,9 868	10,0516	5406	5,9 4534	42	6556
0553*	19	0553*	29	0553*	29	0553*	29	0002*	0	9998	0	180,9 322	9,0468	180,9 350*	9,0467	5130	5,8 9128*	41	6527*
0,0 0582*	0.20	0,0 0582*	29	0,0 0582*	29	0,0 0582*	29	1,0 0002*	0	0,9 9998	0	171,8 854*	8,1852	171,8 883	8,1881	4879	5,8 3998	89.40	1,5 6498*
0611*	21	0611*	29	0611*	29	0611*	29	0002*	0	9998	0	163,7 002*	7,4411	163,7 032	7,4409	4652	5,7 9119	39	6469*
0640*	22	0640*	29	0640*	29	0640*	29	0002	0	9998*	0	156,2 591*	6,7941	156,2 623*	6,7939	4445	5,7 4467	38	6440*
0669	23	0669	29	0669	29	0669	29	0002	0	9998*	0	149,4 650	6,2279	149,4 684*	6,2278	4256	5,7 0022	37	6411*
0698	24	0698	29	0698	29	0698	29	0002	1	9998*	1	143,2 371	5,7296	143,2 406	5,7295	4082	5,6 5766	36	6382*
0,0 0727	0.25	0,0 0727	29	0,0 0727	29	0,0 0727	29	1,0 0003*	0	0,9 9997	0	137,5 075*	5,2890	137,5 111*	5,2888	3922	5,6 1684*	89.35	1,5 6352
0756	26	0756	29	0756	29	0756	29	0003*	0	9997	0	132,2 185	4,8972	132,2 223*	4,8970	3774	5,5 7762*	34	6323
0785	27	0785	29	0785	29	0785	30	0003	0	9997*	0	127,3 213	4,5473	127,3 253*	4,5473	3637	5,5 3988*	33	6294
0814	28	0814	30	0814	30	0815*	29	0003	1	9997*	1	122,7 740*	4,2338	122,7 780	4,2336	3509	5,5 0351*	32	6265
0844*	29	0844*	29	0844*	29	0844*	29	0004*	0	9996	0	118,5 402*	3,9515	118,5 444*	3,9514	3391	5,4 6842*	31	6236
0,0 0873*	0.30	0,0 0873*	29	0,0 0873*	29	0,0 0873*	29	1,0 0004*	0	0,9 9996	0	114,5 887*	3,6966	114,5 930	3,0964	3279	5,4 3451	89.30	1,5 6207*
0902*	31	0902*	29	0902*	29	0902*	29	0004	0	9996*	0	110,8 921*	3,4656	110,8 966*	3,4655	3174	5,4 0172	29	6178*
0931*	32	0931*	29	0931*	29	0931*	29	0004	1	9996*	1	107,4 265*	3,2556	107,4 311	3,2554	3078	5,3 6998*	28	6149*
0960*	33	0960*	29	0960*	29	0960*	29	0005*	0	9995	0	104,1 709	3,0640	104,1 757	3,0639	2985	5,3 3920	27	6120*
0989	34	0989	29	0989	29	0989	29	0005*	0	9995	0	101,1 069	2,8890	101,1 118	2,8888	2899	5,3 0935	26	6091*
0,0 1018	0.35	0,0 1018	29	0,0 1018	29	0,0 1018	29	1,0 0005	0	0,9 9995*	0	98,2 179	2,7284	98,2 230	2,7283	2817	5,2 8036	89.25	1,5 6062*
1047	36	1047	29	1047	29	1047	29	0005	1	9995*	1	95,4 895*	2,5810	95,4 947	2,5808	2740	5,2 5219	24	6032
1076	37	1076	29	1076	29	1076	29	0006*	0	9994	0	92,9 085*	2,4452	92,9 139*	2,4450	2667	5,2 2479	23	6003
1105	38	1105	29	1105	29	1105	30	0006	0	9994*	0	90,4 633	2,3197	90,4 689*	2,3197	2597	5,1 9812	22	1,5 5974
1134	39	1134	30	1134	30	1135*	29	0006	1	9994*	1	88,1 436*	2,2038	88,1 492	2,2080	2532	5,1 7215*	21	5945
0,0 1164*	0.40	0,0 1164*	29	0,0 1164*	29	0,0 1164*	29	1,0 0007*	0	0,9 9993	0	85,9 398*	2,0963	85,9 456	2,0961	2470	5,1 4683*	89.20	1,5 5916
1193*	41	1193*	29	1193*	29	1193*	29	0007	0	9993*	0	83,8 435	1,9965	83,8 495*	1,9964	2409	5,1 2213	19	5887*
1222*	42	1222*	29	1222*	29	1222*	29	0007	1	9993*	1	81,8 470	1,9036	81,8 531	1,9034	2353	5,0 9804*	18	5858*
1251*	43	1251*	28	1251*	29	1251*	29	0008*	0	9992	0	79,9 434	1,8171	79,9 497*	1,8170	2299	5,0 7451*	17	5829*
1280*	44	1280*	29	1280*	29	1280*	29	0008	1	9992*	1	78,1 263	1,7363	78,1 327	1,7361	2248	5,0 5152*	11	5800*
0,0 1309*	0.45	0,0 1309	29	0,0 1309*	29	0,0 1309	29	1,0 0009*	0	0,9 9991	0	76,3 900	1,6608	76,3 966*	1,6607	2198	5,0 2904	89.15	1,5 5771*
1338	46	1338	29	1338	29	1338	29	0009*	0	9991	0	74,7 292*	1,5902	74,7 359*	1,5901	2150	5,0 0760	14	5742*
1367	47	1367	29	1367	29	1367	29	0009	1	9991*	1	73,1 390*	1,5239	73,1 458	1,5237	2100	4,9 8556*	13	5712
1396	48	1396	29	1396	29	1396	29	0010*	0	9990	0	71,6 151*	1,4618	71,6 221*	1,4616	2062	4,9 6450	12	5683
1425	49	1425	29	1425	29	1425	30	0010	1	9990*	1	70,1 533	1,4032	70,1 605*	1,4031	2020	4,9 4388	11	5654
0,0 1454	0.50	0,0 1454	30	0,0 1454	29	0,0 1455*	29	1,0 0011*	0	0,9 9989	0	68,7 501*	1,3482	68,7 574*	1,3481	1981	4,9 2368*	89.10	1,5 5625
1484*	51	1484*	29	1483	30	1484*	29	0011	0	9989*	0	67,4 019*	1,2964	67,4 093*	1,2963	1941	4,9 0387	9	5596
1513*	52	1513*	29	1513*	29	1513*	29	0011	1	9989*	1	66,1 055*	1,2475	66,1 130	1,2473	1905	4,8 8446*	8	5567
1542*	53	1542*	29	1542*	29	1542*	29	0012*	0	9988	0	64,8 580	1,2013	64,8 657	1,2011	1870	4,8 6541*	7	5538*
1571*	54	1571*	29	1571*	29	1571*	29	0012	1	9988*	1	63,6 567	1,1575	63,6 646*	1,1574	1835	4,8 4671	6	5509*
0,0 1600*	0.55	0,0 1600*	29	0,0 1600*	29	0,0 1600	29	1,0 0013*	0	0,9 9987	0	62,4 992*	1,1163	62,5 072*	1,1162	1802	4,8 2836	89. 5	1,5 5480*
1629*	56	1629	29	1629*	29	1629	29	0013	1	9987*	1	61,3 829	1,0771	61,3 910	1,0769	1770	4,8 1034	4	5451*
1658	57	1658	29	1658*	29	1658	29	0014*	0	9986	0	60,3 058	1,0399	60,3 141	1,0398	1789	4,7 9264	3	5422*
1687	58	1687	29	1687	29	1687	29	0014	1	9986*	1	59,2 659*	1,0047	59,2 743	1,0045	1709	4,7 7525	2	5392
1716	59	1716	29	1716	29	1716	30	0015*	0	9985	0	58,2 612*	0,9712	58,2 698*	0,9711	1681	4,7 5816*	1	5363
0,0 1748	0.60	0,0 1745		0,0 1745		0,0 1746*		1,0 0015		0,9 9985*		57,2 900*		57,2 987*			4,7 4135*	89. 0	1,5 5334
x = 89°		L x = 4,7 4135*		cos x	D	cot x	D	coséc x	D	sin x	D	tang x	D	séc x	D	D	R = 1	d. m.	R = 1
				Séh L x		**Coséh** L x		**Coth** L x		**Tah** L x		**Sih** L x		**Cosh** L x			L x		x

x R = 1	d.m.	Lx R = 1	D	sin x TabLx	D	tang x SihLx	D	séc x CoshLx	D	cos x SéhLx	D	cot x CoséhLx	D	coséc x CothLx	D	x = 1° Lx = 0,0 1745			
0,0 1745	1. 0	0,0 1745	30	0,0 1745	29	0,0 1746*	29	1,0 0015	1	0,9 9985*	1	57,2 900*	9394	57,2 987*	9392	1653	4,7 4135*	88.60	1,5 5334
1774	1	1775*	29	1774	29	1775*	29	0016*	0	9984	0	56,3 506*	9091	56,3 595*	9090	1626	2482*	59	5305
1804*	2	1804*	29	1803	29	1804*	29	0016	1	9984*	1	55,4 415	8802	55,4 505	8800	1600	0856*	58	5276
1833*	3	1833*	29	1832	30	1833*	29	0017*	0	9983	0	54,5 613	8527	54,5 705*	8526	1575	4,6 9256*	57	5247
1862*	4	1862*	29	1862*	29	1862*	29	0017	1	9983*	1	53,7 086*	8265	53,7 179*	8263	1551	7681*	56	5218*
0,0 1891*	1. 5	0,0 1891*	29	0,0 1891*	29	0,0 1891*	29	1,0 0018*	0	0,9 9982	0	52,8 821	8014	52,8 916*	8013	1527	4,6 6130	88.55	1,5 5189*
1920*	6	1920*	29	1920*	29	1920	29	0018	1	9982*	1	52,0 807*	7775	52,0 903*	7774	1504	4603	54	5160*
1949*	7	1949	29	1949*	29	1949	29	0019*	1	9981	1	51,3 032*	7547	51,3 129	7545	1481	3099	53	5131*
1978	8	1978	29	1978*	29	1978	29	0020*	0	9980	0	50,5 485	7328	50,5 584*	7326	1460	1618*	52	5102*
2007	9	2007	29	2007*	29	2007	29	0020	1	9980*	1	49,8 157	7118	49,8 258*	7117	1439	0158*	51	5072
0,0 2036	1.10	0,0 2036	29	0,0 2036	29	0,0 2036	30	1,0 0021*	0	0,9 9979	0	49,1 039*	6918	49,1 141*	6917	1419	4,5 8719*	88.50	1,5 5043
2065	11	2065	30	2065	29	2066*	29	0021	1	9979*	1	48,4 121*	6726	48,4 224	6724	1398	7300	49	5014
2094	12	2095*	29	2094	29	2095*	29	0022*	1	9978	1	47,7 395	6542	47,7 500*	6540	1380	5902*	48	4985
2123	13	2124*	29	2123	29	2124*	29	0023*	0	9977	0	47,0 853	6364	47,0 960*	6364	1361	4522	47	4956
2153*	14	2153*	29	2152	29	2153*	29	0023	1	9977*	1	46,4 489*	6195	46,4 596	6193	1342	3161	46	4927
0,0 2182*	1.15	0,0 2182*	29	0,0 2181	30	0,0 2182	29	1,0 0024*	0	0,9 9976	0	45,8 294*	6033	45,8 403*	6031	1325	4,5 1819	88.45	1,5 4898*
2211*	16	2211*	29	2211*	29	2211	29	0024	1	9976*	1	45,2 261	5875	45,2 372*	5874	1307	0494	44	4869*
2240*	17	2240	29	2240*	29	2240	29	0025	1	9975*	1	44,6 386*	5725	44,6 498*	5723	1290	4,4 9187	43	4840*
2269*	18	2269	29	2269*	29	2269	29	0026*	0	9974	0	44,0 661	5580	44,0 775*	5579	1274	7897*	42	4811*
2298	19	2298	29	2298*	29	2298	30	0026	1	9974*	1	43,5 081	5440	43,5 196	5439	1258	6623*	41	4782*
0,0 2327	1.20	0,0 2327	29	0,0 2327*	29	0,0 2328*	29	1,0 0027	1	0,9 9973*	1	42,9 641*	5306	42,9 757	5305	1243	4,4 5365*	88.40	1,5 4753*
2356	21	2356	30	2356*	29	2357*	29	0028*	0	9972	0	42,4 335*	5177	42,4 452	5175	1227	4122	39	4723
2385	22	2386*	29	2385	29	2386*	29	0028	1	9972*	1	41,9 158*	5052	41,9 277	5050	1212	2895	38	4694
2414	23	2415*	29	2414	29	2415*	29	0029	1	9971*	1	41,4 106*	4932	41,4 227*	4931	1198	1683*	37	4665
2443	24	2444*	29	2443	29	2444*	29	0030*	1	9970	1	40,9 174	4816	40,9 296	4814	1183	0485	36	4636
0,0 2473*	1.25	0,0 2473*	29	0,0 2472	29	0,0 2473	29	1,0 0031*	0	0,9 9969	0	40,4 358	4703	40,4 482	4702	1170	4,3 9302*	88.35	1,5 4607
2502*	26	2502*	29	2501	29	2502	29	0031	1	9969*	1	39,9 655*	4596	39,9 780*	4595	1156	8132*	34	4578
2531*	27	2531	29	2530	30	2531	29	0032	1	9968*	1	39,5 059*	4491	39,5 185	4489	1143	6976*	33	4549*
2560*	28	2560	29	2560*	29	2560	29	0033*	1	9967	1	39,0 568*	4391	39,0 696*	4389	1130	5833*	32	4520*
2589*	29	2589	29	2589*	29	2589	30	0034*	0	9966	0	38,6 177	4292	38,6 307*	4292	1118	4703*	31	4491*
0,0 2618*	1.30	0,0 2618	29	0,0 2618*	29	0,0 2619*	29	1,0 0034	1	0,9 9966*	1	38,1 885*	4199	38,2 015	4197	1108	4,3 3585	88.30	1,5 4462*
2647	31	2647	30	2647*	29	2648*	29	0035	1	9965*	1	37,7 686	4107	37,7 818	4105	1093	2480	29	4433*
2676	32	2677*	29	2676*	29	2677*	29	0036*	1	9964	1	37,3 579*	4019	37,3 713*	4018	1081	1387	28	4403
2705	33	2706*	29	2705*	29	2706*	29	0037*	0	9963	0	36,9 560	3933	36,9 695	3932	1070	0306*	27	4374
2734	34	2735*	29	2734	29	2735	29	0037	1	9963*	1	36,5 627*	3851	36,5 763	3849	1058	4,2 9236	26	4345
0,0 2763	1.35	0,0 2764*	29	0,0 2763	29	0,0 2764	29	1,0 0038	1	0,9 9962*	1	36,1 776*	3770	36,1 914	3769	1047	4,2 8178*	88.25	1,5 4316
2793*	36	2793*	29	2792	29	2793	29	0039	1	9961	1	35,8 006*	3698	35,8 145	3691	1037	7131*	24	4287
2822*	37	2822*	29	2821	29	2822	29	0040*	1	9960	1	35,4 313*	3618	35,4 454*	3616	1026	6094	23	4258
2851*	38	2851	29	2850	29	2851	30	0041*	0	9959	0	35,0 695	3544	35,0 838*	3543	1015	5068	22	4229*
2880*	39	2880	29	2879	29	2881*	29	0041	1	9959*	1	34,7 151	3473	34,7 295	3472	1005	4053*	21	4200*
0,0 2909*	1.40	0,0 2909	29	0,0 2908	30	0,0 2910*	29	1,0 0042	1	0,9 9958*	1	34,3 678*	3405	34,3 823	3403	995	4,2 3048*	88.20	1,5 4171*
2938*	41	2938	30	2938*	29	2939*	29	0043	1	9957*	1	34,0 273	3338	34,0 420*	3337	986	2053*	19	4142*
2967	42	2968*	29	2967*	29	2968*	29	0044	1	9956*	1	33,6 935	3273	33,7 083	3271	976	1067	18	4113*
2996	43	2997*	29	2996*	29	2997	29	0045*	1	9955	1	33,3 662*	3210	33,3 812*	3209	966	0091	17	4083
3025	44	3026*	29	3025*	29	3026	29	0046*	1	9954	1	33,0 452*	3149	33,0 603*	3148	957	4,1 9125	16	4054
0,0 3054	1.45	0,0 3055*	29	0,0 3054*	29	0,0 3055	29	1,0 0047*	1	0,9 9953	1	32,7 303*	3090	32,7 455	3088	948	4,1 8168	88.15	1,5 4025
3083	46	3084*	29	3083*	29	3084	30	0048*	0	9952	0	32,4 213*	3032	32,4 367	3030	939	7220	14	3996
3113*	47	3113	29	3112	29	3114*	29	0048	1	9952*	1	32,1 181*	2976	32,1 337*	2975	930	6281*	13	3967
3142*	48	3142	29	3141	29	3143*	29	0049	1	9951*	1	31,8 205	2921	31,8 362	2920	922	5351*	12	3938
3171*	49	3171	29	3170	29	3172*	29	0050	1	9950*	1	31,5 284*	2868	31,5 442	2860	914	4429*	11	3909*
0,0 3200*	1.50	0,0 3200	29	0,0 3199	29	0,0 3201*	29	1,0 0051	1	0,9 9949*	1	31,2 416*	2817	31,2 576*	2815	905	4,1 3515	88.10	1,5 3880*
3229	51	3229	30	3228	29	3230*	29	0052	1	9948*	1	30,9 599	2766	30,9 761*	2765	897	2610	9	3851*
3258*	52	3259*	29	3257	29	3259	29	0053	1	9947*	1	30,6 833	2717	30,6 996*	2716	889	1713	8	3822*
3287	53	3288*	29	3286	30	3288	29	0054	1	9946*	1	30,4 116*	2670	30,4 280	2668	881	0824	7	3793*
3316	54	3317*	29	3316*	29	3317	29	0055	1	9945	1	30,1 446	2623	30,1 612	2622	874	4,0 9943*	6	3764*
0,0 3345	1.55	0,0 3346*	29	0,0 3345*	29	0,0 3346	30	1,0 0056*	1	0,9 9944	1	29,8 823*	2578	29,8 990	2576	866	4,0 9069	88. 5	1,5 3734
3374	56	3375*	29	3374*	29	3376*	29	0057*	1	9943	1	29,6 245*	2534	29,6 414*	2533	858	8203	4	3705
3403	57	3404	29	3403*	29	3405*	29	0058*	1	9942	1	29,3 711	2491	29,3 881	2489	851	7345*	3	3676
3432	58	3433	29	3432*	29	3434*	29	0059*	1	9941	1	29,1 220	2449	29,1 392*	2448	844	6494*	2	3647
3462*	59	3462	29	3461*	29	3463*	29	0060*	1	9940	1	28,8 771*	2408	28,8 944*	2407	837	5650*	1	3618
0,0 3491*	1.60	0,0 3491		0,0 3490*		0,0 3492		1,0 0061*		0,9 9939		28,6 363*		28,6 537			4,0 4813*	88. 0	1,5 3589*
x = 88° Lx = 4,0 4813*				cos x SéhLx	D	cot x CoséhLx	D	coséc x CothLx	D	sin x TabLx	D	tang x SihLx	D	séc x CoshLx	D	D	Lx R = 1	d.m.	x R = 1

x (R = 1)	d. m.	Lx (R = 1)	D	sin x / Tah Lx	D	tang x / Sih Lx	D	séc x / Cosh Lx	D	cos x / Séh Lx	D	cot x / Coséh Lx	D	coséc x / Coth Lx	D	x = 2°, Lx = 0,0 3491			
0,0 3491*	2. 0	0,0 3491	29	0,0 3490*	29	0,0 3492	29	1,0 0061*	1	0,9 9939	1	28,6 363*	2369	28,6 537	2367	831	4,0 4813*	87.60	1,5 3589*
3520*	1	3520	30	3519	29	3521	29	0062*	1	9938	1	28,3 994*	2330	28,4 170*	2328	823	3982	59	3560*
3549*	2	3550*	29	3548	29	3550	29	0063	1	9937	1	28,1 664	2292	28,1 842*	2261	816	3159	58	3531*
3578*	3	3579*	29	3577	29	3579	30	0064	1	9936*	1	27,9 372	2255	27,9 551	2253	810	2343*	57	3502*
3607	4	3608*	29	3606	29	3609*	29	0065	1	9935*	1	27,7 117	2218	27,7 298*	2218	804	1533*	56	3473*
0,0 3636	2. 5	0,0 3637*	29	0,0 3635	29	0,0 3638*	29	1,0 0066	1	0,9 9934*	1	27,4 899*	2184	27,5 080	2182	797	4,0 0729	87.55	1,5 3444*
3665	6	3666	29	3664	29	3667*	29	0067	1	9933*	1	27,2 715*	2149	27,2 898	2148	790	3,9 9932	54	3414
3694	7	3695	29	3693	30	3696*	29	0068	1	9932*	1	27,0 566*	2116	27,0 750	2114	785	9142*	53	3385
3723	8	3724	29	3723*	29	3725	29	0069	1	9931*	1	26,8 450*	2088	26,8 636	2081	778	8357	52	3356
3752	9	3753	29	3752*	29	3754	29	0070	2	9930*	1	26,6 367*	2051	26,6 555*	2050	772	7579*	51	3327
0,0 3782*	2.10	0,0 3782	30	0,0 3781*	29	0,0 3783	29	1,0 0072*	1	0,9 9929*	2	26,4 316	2020	26,4 505	2018	767	3,9 6807*	87.50	1,5 3298
3811*	11	3812*	29	3810*	29	3812	30	0073*	1	9927	1	26,2 296	1989	26,2 487*	1988	761	6040	49	3269
3840*	12	3841*	29	3839*	29	3842*	29	0074*	1	9926	1	26,0 307	1959	26,0 499	1957	755	5279	48	3240*
3869*	13	3870*	29	3868*	29	3871*	29	0075*	1	9925	1	25,8 348	1930	25,8 542*	1929	749	4524	47	3211*
3898*	14	3899*	29	3897*	29	3900*	29	0076	1	9924	1	25,6 418	1901	25,6 613	1900	743	3775	46	3182*
0,0 3927*	2.15	0,0 3928	29	0,0 3926*	29	0,0 3929	29	1,0 0077	1	0,9 9923*	1	25,4 517*	1873	25,4 713	1872	739	3,9 3032*	87.45	1,5 3153*
3956	16	3957	29	3955	29	3958	29	0078	1	9922*	1	25,2 644*	1846	25,2 841	1844	732	2293	44	3124*
3985	17	3986	29	3984	29	3987	29	0079	2	9921*	2	25,0 798*	1820	25,0 997*	1818	728	1561*	43	3094
4014	18	4015	29	4013	29	4016	30	0081*	1	9919	1	24,8 978	1793	24,9 179*	1792	722	0833	42	3065
4043	19	4044	30	4042	29	4046*	29	0082*	1	9918	1	24,7 185	1767	24,7 387	1766	717	0111*	41	3036
0,0 4072	2.20	0,0 4074*	29	0,0 4071	29	0,0 4075*	29	1,0 0083*	1	0,9 9917	1	24,5 418*	1743	24,5 621	1741	712	3,8 9394*	87.40	1,5 3007
4102*	21	4103*	29	4100	29	4104*	29	0084	1	9916*	1	24,3 675	1718	24,3 880	1716	707	8682*	39	2978
4131*	22	4132*	29	4129	30	4133*	29	0085	2	9915*	2	24,1 957	1694	24,2 164*	1693	702	7975*	38	2949
4160*	23	4161*	29	4159*	29	4162	29	0087*	1	9913	1	24,0 263	1670	24,0 471	1669	697	7273*	37	2920*
4189*	24	4190	29	4188*	29	4191	29	0088*	1	9912	1	23,8 593*	1648	23,8 802	1646	692	6576*	36	2891*
0,0 4218*	2.25	0,0 4219	29	0,0 4217*	29	0,0 4220	30	1,0 0089	1	0,9 9911	1	23,6 945	1624	23,7 156	1623	688	3,8 5884*	87.35	1,5 2862*
4247*	26	4248	29	4246*	29	4250*	29	0090	1	9910*	1	23,5 321*	1603	23,5 533*	1601	683	5196	34	2833*
4276	27	4277	29	4275*	29	4279*	29	0091	2	9909*	2	23,3 718*	1581	23,3 932*	1580	678	4513	33	2804*
4305	28	4306	30	4304*	29	4308*	29	0093*	1	9907	1	23,2 137*	1560	23,2 352*	1558	673	3835	32	2774
4334	29	4336*	29	4333*	29	4337*	29	0094	1	9906	1	23,0 577*	1539	23,0 794*	1538	670	3162*	31	2745
0,0 4363	2.30	0,0 4365*	29	0,0 4362*	29	0,0 4366	29	1,0 0095	2	0,9 9905*	1	22,9 038*	1519	22,9 256*	1517	664	3,8 2492	87.30	1,5 2716
4392	31	4394*	29	4391	29	4395	29	0097*	1	9904*	2	22,7 519*	1499	22,7 739*	1498	660	1828*	29	2687
4422*	32	4423*	29	4420	29	4424	30	0098*	1	9902	1	22,6 020	1479	22,6 241	1477	656	1168*	28	2658
4451*	33	4452	29	4449	29	4454*	29	0099	1	9901*	1	22,4 541*	1460	22,4 764*	1459	652	0512*	27	2629
4480*	34	4481	29	4478	29	4483*	29	0100	2	9900*	2	22,3 081*	1441	22,3 305*	1440	648	3,7 9860*	26	2600*
0,0 4509*	2.35	0,0 4510	29	0,0 4507	29	0,0 4512*	29	1,0 0102*	1	0,9 9898	1	22,1 640*	1426	22,1 865	1421	643	3,7 9212	87.25	1,5 2571*
4538*	36	4539	30	4536	29	4541*	29	0103	1	9897	1	22,0 217	1404	22,0 444	1403	639	8569	24	2542*
4567*	37	4569*	29	4565	29	4570	29	0104	2	9896*	2	21,8 813*	1387	21,9 041*	1385	635	7930*	23	2513*
4596	38	4598*	29	4594	30	4599	30	0106*	1	9894	1	21,7 426*	1370	21,7 656*	1366	631	7295*	22	2484*
4625	39	4627*	29	4623	30	4628	30	0107	1	9893	1	21,6 056	1352	21,6 288*	1351	628	6664*	21	2455*
0,0 4654	2.40	0,0 4656*	29	0,0 4653*	29	0,0 4658*	29	1,0 0108	2	0,9 9892*	2	21,4 704	1335	21,4 937*	1334	623	3,7 6036	87.20	1,5 2425
4683	41	4685	29	4682*	29	4687*	29	0110*	1	9890	1	21,3 369*	1320	21,3 603*	1318	619	5413	19	2396
4712	42	4714	29	4711*	29	4716*	29	0111	2	9889*	1	21,2 049	1302	21,2 285	1301	616	4794*	18	2367
4741	43	4743	29	4740*	29	4745	29	0113*	1	9888*	2	21,0 747*	1287	21,0 984*	1286	612	4178	17	2338
4771*	44	4772	29	4769*	29	4774	29	0114*	1	9886	1	20,9 460*	1272	20,9 698	1270	508	3566	16	2309
0,0 4800*	2.45	0,0 4801	30	0,0 4798*	29	0,0 4803	30	1,0 0115	2	0,9 9885*	2	20,8 188	1256	20,8 428	1254	604	3,7 2958	87.15	1,5 2280*
4829*	46	4831*	29	4827*	29	4833*	29	0117*	1	9883	1	20,6 932	1241	20,7 174*	1240	601	2354*	14	2251*
4858*	47	4860*	29	4856*	29	4862*	29	0118	2	9882	1	20,5 691	1226	20,5 934	1225	597	1753*	13	2222*
4887*	48	4889*	29	4885*	29	4891*	29	0120*	1	9881*	2	20,4 465*	1212	20,4 709	1210	594	1156*	12	2193*
4916	49	4918*	29	4914	29	4920*	29	0121*	1	9879	1	20,3 253	1197	20,3 499*	1196	590	0562*	11	2164*
0,0 4945	2.50	0,0 4947	29	0,0 4943	29	0,0 4949	29	1,0 0122	2	0,9 9878*	2	20,2 056*	1184	20,2 303*	1182	587	3,6 9972*	87.10	1,5 2135*
4974	51	4976	29	4972	29	4978	29	0124*	1	9876	1	20,0 872*	1170	20,1 121*	1169	583	9385*	9	2105
5003	52	5005	29	5001	29	5007	30	0125	2	9875*	2	19,9 702	1156	19,9 952	1154	580	8802*	8	2076
5032	53	5034	30	5030	29	5037*	29	0127*	1	9873	1	19,8 546*	1143	19,8 798*	1142	577	8222*	7	2047
5061	54	5064*	29	5059	29	5066*	29	0128	2	9872*	2	19,7 403*	1130	19,7 656	1128	573	7645*	6	2018
0,0 5091*	2.55	0,0 5093*	29	0,0 5088	29	0,0 5095*	29	1,0 0130*	1	0,9 9870	1	19,6 273*	1117	19,6 528*	1116	570	3,6 7072*	87. 5	1,5 1989
5120*	56	5122*	29	5117	29	5124	29	0131	2	9869*	2	19,5 156*	1105	19,5 412*	1103	567	6502*	4	1960
5149*	57	5151*	29	5146	29	5153	29	0133*	1	9867	1	19,4 051	1092	19,4 309*	1091	564	5935*	3	1931*
5178*	58	5180	29	5175	30	5182	30	0134	2	9866*	2	19,2 959	1080	19,3 218	1078	560	5371	2	1902*
5207*	59	5209	29	5205*	29	5212*	29	0136*	1	9864	1	19,1 879	1068	19,2 140*	1067	558	4811*	1	1873*
0,0 5236*	2.60	0,0 5238		0,0 5234*		0,0 5241*		1,0 0137		0,9 9863*		19,0 811		19,1 073			3,6 4253	87. 0	1,5 1844*
x = 87°, Lx = 3,6 4253				cos x / Séh Lx	D	cot x / Coséh Lx	D	coséc x / Coth Lx	D	sin x / Tah Lx	D	tang x / Sih Lx	D	séc x / Cosh Lx	D	D	Lx (R = 1)	d. m.	x (R = 1)

x R = 1	d. m.	Lx R = 1	D	sin x / Tab Lx	D	tang x / Sih Lx	D	séc x / Cosh Lx	D	cos x / Séh Lx	D	cot x / Coséh Lx	D	coséc x / Coth Lx	D	x = 3°	Lx = 0,0 5238		
0,0 5236*	3. 0	0,0 5238	30	0,0 5234*	29	0,0 5241*	29	1,0 0137	2	0,9 9863*	2	19,0 811	1056	19,1 073	1054	554	3,6 4253	86.60	1,5 1844*
5265	1	5268*	29	5263*	29	5270*	29	0139*	1	9861	1	18,9 755	1044	19,0 019*	1044	551	3699	59	1815*
5294	2	5297*	29	5292*	29	5299	28	0140	2	9860*	2	18,8 711*	1033	18,8 975	1031	548	3148*	58	1785
5323	3	5326*	29	5321*	29	5328	29	0142*	1	9858	1	18,7 678*	1022	18,7 944*	1021	546	2600*	57	1756
5352	4	5355*	29	5350*	29	5357	30	0143	2	9857*	2	18,6 656*	1011	18,6 923	1009	542	2054	56	1727
0,0 5381	3. 5	0,0 5384	29	0,0 5379*	29	0,0 5387*	29	1,0 0145*	2	0,9 9855	1	18,5 645*	1000	18,5 914*	999	539	3,6 1512	86.55	1,5 1698
5411*	6	5413	29	5408*	29	5416*	29	0147*	1	9854*	2	18,4 645*	990	18,4 915	988	537	0973*	54	1669
5440*	7	5442	29	5437*	29	5445*	29	0148	2	9852	1	18,3 655	978	18,3 927	977	533	0436	53	1640
5469*	8	5471	30	5466*	29	5474	29	0150*	1	9851*	2	18,2 677*	969	18,2 950	967	531	3,5 9903*	52	1611*
5498*	9	5501*	29	5495	29	5503	30	0151	2	9849*	2	18,1 708	958	18,1 983	957	528	9372*	51	1582*
0,0 5527*	3.10	0,0 5530*	29	0,0 5524	29	0,0 5533*	29	1,0 0153*	2	0,9 9847	1	18,0 750*	948	18,1 026	947	525	3,5 8844	86.50	1,5 1553*
5556*	11	5559*	29	5553	29	5562*	29	0155*	1	9846*	2	17,9 802*	939	18,0 079	937	523	8319*	49	1524*
5585	12	5588*	29	5582	29	5591*	29	0156	2	9844	2	17,8 863	929	17,9 142	927	519	7796	48	1495*
5614	13	5617	29	5611	29	5620	29	0158*	1	9842	1	17,7 934	919	17,8 215	917	517	7277*	47	1465
5643	14	5646	29	5640	29	5649	29	0159	2	9841*	2	17,7 015	909	17,7 298*	909	515	6760*	46	1436
0,0 5672	3.15	0,0 5675	29	0,0 5669	29	0,0 5678	30	1,0 0161	2	0,9 9839	1	17,6 106*	901	17,6 389	899	512	3,5 6245	86.45	1,5 1407
5701	16	5704	30	5698	29	5708*	29	0163*	1	9838*	2	17,5 205	891	17,5 490	890	509	5733	44	1378
5730	17	5734*	29	5727	29	5737*	29	0164	2	9836*	2	17,4 314*	882	17,4 600	880	506	5224	43	1349
5760*	18	5763*	29	5756	29	5766*	29	0166	2	9834	1	17,3 432*	874	17,3 720*	872	505	4718*	42	1320
5789*	19	5792*	29	5785	29	5795	29	0168*	1	9833*	2	17,2 558	865	17,2 848*	864	501	4213	41	1291*
0,0 5818*	3.20	0,0 5821	29	0,0 5814	30	0,0 5824	30	1,0 0169	2	0,9 9831*	2	17,1 693	856	17,1 984	854	499	3,5 3712*	86.40	1,5 1262*
5847*	21	5850	29	5844*	29	5854*	29	0171	2	9829	2	17,0 837	847	17,1 130*	847	497	3213*	39	1233*
5876*	22	5879	29	5873*	29	5883*	29	0173*	2	9827	1	16,9 990*	840	17,0 283	837	494	2716	38	1204*
5905	23	5908	29	5902*	29	5912*	29	0175*	1	9826*	2	16,9 150	831	16,9 446*	830	491	2222	37	1175*
5934	24	5938*	29	5931*	29	5941	29	0176	2	9824*	2	16,8 319	823	16,8 616*	822	490	1731*	36	1146*
0,0 5963	3.25	0,0 5967*	29	0,0 5960*	29	0,0 5970	29	1,0 0178	2	0,9 9822	1	16,7 496	815	16,7 794	813	487	2,5 1241	86.35	1,5 1116
5992	26	5996*	29	5989*	29	5999	30	0180*	2	9821*	2	16,6 681	807	16,6 981*	806	484	0754	34	1087
6021	27	6025	29	6018*	29	6029*	29	0182*	1	9819*	2	16,5 874*	799	16,6 175	798	482	0270*	33	1058
6050	28	6054	29	6047*	29	6058*	29	0183	2	9817	2	16,5 075*	792	16,5 377	790	480	3,4 9788*	32	1029
6080*	29	6083	29	6076*	29	6087	29	0185	2	9815	2	16,4 283*	784	16,4 587*	783	478	9308*	31	1000
0,0 6109*	3.30	0,0 6112	30	0,0 6105*	29	0,0 6116	29	1,0 0187*	2	0,9 9813	1	16,3 499*	777	16,3 804	775	475	3,4 8830	86.30	1,5 0971*
6138*	31	6142*	29	6134*	29	6145	30	0189*	1	9812*	2	16,2 722*	770	16,3 029*	768	473	8355*	29	0942*
6167*	32	6171*	29	6163*	29	6175*	29	0190	2	9810*	2	16,1 952	762	16,2 261*	761	471	7882*	28	0913*
6196*	33	6200*	29	6192*	29	6204*	29	0192	2	9808	2	16,1 190*	755	16,1 500*	754	469	7411*	27	0884*
6225	34	6229	29	6221*	29	6233	29	0194	2	9806	2	16,0 435*	748	16,0 746	747	467	6942*	26	0855*
0,0 6254	3.35	0,0 6258	29	0,0 6250	29	0,0 6262	29	1,0 0196*	2	0,9 9804	1	15,9 687*	742	15,9 999	739	464	3,4 6475	86.25	1,5 0826*
6283	36	6287	29	6279	29	6291	30	0198*	2	9803*	2	15,8 945	734	15,9 260*	733	462	6011	24	0796
6312	37	6316	30	6308	29	6321*	29	0200*	1	9801*	2	15,8 211	728	15,8 527*	726	460	5549*	23	0767
6341	38	6346*	29	6337	29	6350*	29	0201	2	9799	2	15,7 483	721	15,7 801*	720	458	5089*	22	0738
6370	39	6375*	29	6366	29	6379	29	0203	2	9797	2	15,6 762	714	15,7 081*	713	456	4631*	21	0709
0,0 6400*	3.40	0,0 6404*	29	0,0 6395	29	0,0 6408	30	1,0 0205	2	0,9 9795	2	15,6 048*	708	15,6 368*	707	454	3,4 4175*	86.20	1,5 0680
6429*	41	6433	29	6424	29	6438*	29	0207*	2	9793	1	15,5 340*	702	15,5 661	700	452	3721	19	0651
6458*	42	6462	29	6453	29	6467*	29	0209*	2	9792*	2	15,4 638	695	15,4 961	694	449	3269	18	0622*
6487*	43	6491	30	6482	29	6496*	29	0211*	2	9790*	2	15,3 943*	689	15,4 267	688	448	2820*	17	0593*
6516*	44	6521*	29	6511	29	6525	29	0213*	2	9788*	2	15,3 254*	683	15,3 579	681	446	2372*	16	0564*
0,0 6545*	3.45	0,0 6550*	28	0,0 6540	29	0,0 6554	30	1,0 0215*	1	0,9 9786*	2	15,2 571*	678	15,2 898*	676	444	3,4 1926	86.15	1,5 0535*
6574	46	6579*	29	6569	29	6584*	29	0216	2	9784*	2	15,1 893	671	15,2 222	669	441	1482	14	0506*
6603	47	6608*	29	6598	29	6613*	29	0218	2	9782	2	15,1 222	665	15,1 553*	664	440	1041*	13	0476
6632	48	6637	29	6627	29	6642*	29	0220	2	9780	2	15,0 557	659	15,0 889*	658	438	0601*	12	0447
6661	49	6666	29	6656	29	6671	29	0222	2	9778	2	14,9 898*	654	15,0 231	652	436	0163*	11	0418
0,0 6690	3.50	0,0 6695	30	0,0 6685	29	0,0 6700	30	1,0 0224	2	0,9 9776	2	14,9 244	648	14,9 579*	647	435	3,3 9727*	86.10	1,5 0389
6720*	51	6725*	29	6714	29	6730*	29	0226	2	9774	2	14,8 596	642	14,8 932	641	432	9292	9	0360
6749	52	6754*	29	6743	30	6759*	29	0228	2	9772	2	14,7 954*	637	14,8 291	635	430	8860	8	0331
6778*	53	6783*	29	6773*	29	6788	29	0230	2	9770	2	14,7 317*	632	14,7 656*	630	429	8430*	7	0302*
6807*	54	6812	29	6802*	29	6817	30	0232	2	9768	2	14,6 685	626	14,7 026*	625	427	8001	6	0273*
0,0 6836*	3.55	0,0 6841	29	0,0 6831*	28	0,0 6847*	29	1,0 0234	2	0,9 9766	2	14,6 059	621	14,6 401	619	425	3,3 7574	86. 5	1,5 0244*
6865*	56	6870	30	6860*	29	6876*	29	0236	2	9764	2	14,5 438	615	14,5 782*	614	423	7149	4	0215*
6894	57	6900*	29	6889*	28	6905*	28	0238	2	9762	2	14,4 823*	611	14,5 168*	609	421	6726	3	0186*
6923	58	6929*	29	6918*	29	6934	29	0240	2	9760	2	14,4 212	605	14,4 559*	604	420	6305*	2	0156
6952	59	6958*	29	6947*	29	6963	30	0242	2	9758	2	14,3 607*	600	14,3 955*	599	418	5885	1	0127
0,0 6981	3.60	0,0 6987*		0,0 6976*		0,0 6993*		1,0 0244		0,9 9756		14,3 007*		14,3 356*			3,3 5467	86. 0	1,5 0098
x = 86°	Lx = 3,3 5467			cos x / Séh Lx	D	cot x / Coséh Lx	D	coséc x / Coth Lx	D	sin x / Tab Lx	D	tang x / Sih Lx	D	séc x / Cosh Lx	D	D	R = 1 (Lx)	d. m.	R = 1 (x)

x R = 1	d. m.	Lx R = 1	D	sin x TahLx	D	tang x SihLx	D	séc x CoshLx	D	cos x SéhLx	D	cot x CoséhLx	D	coséc x CothLx	D	x = 4° Lx = 0,0 6987*			
0,0 6981	4. 0	0,0 6987*	29	0,0 6976*	29	0,0 6993*	29	1,0 0244	2	0,9 9756	2	14,3 007*	596	14,3 356*	594	416	3,3 5467	85.60	1,5 0098
7010	1	7016	29	7005*	29	7022*	29	0246	2	9754	2	14,2 411	590	14,2 762	589	414	5051	59	0069
7039	2	7045	29	7034*	29	7051	29	0248	2	9752	2	14,1 821*	586	14,2 173	584	413	4637*	58	0040
7069*	3	7074	30	7063*	29	7080	30	0250	2	9750	2	14,1 235	580	14,1 589*	579	411	4224	57	0011
7098*	4	7104*	29	7092*	29	7110*	29	0252	2	9748	2	14,0 655*	576	14,1 010*	575	409	3813	56	1,4 9982*
0,0 7127*	4. 5	0,0 7133*	29	0,0 7121*	29	0,0 7139*	29	1,0 0254	3	0,9 9746	2	14,0 079*	572	14,0 435	570	408	3,3 3404*	85.55	1,4 9953*
7156*	6	7162*	29	7150*	29	7168	29	0257*	2	9744	2	13,9 507	567	13,9 865	565	406	2996	54	9924*
7185*	7	7191	29	7179*	29	7197	29	0259*	2	9742*	2	13,8 940	562	13,9 300*	561	404	2590	53	9895*
7214	8	7220	29	7208*	29	7227*	29	0261*	2	9740*	2	13,8 378	557	13,8 739	556	403	2186*	52	9866*
7243	9	7249	30	7237*	29	7256*	29	0263*	2	9738*	2	13,7 821*	554	13,8 183*	552	401	1783*	51	9837*
0,0 7272	4.10	0,0 7279*	29	0,0 7266*	29	0,0 7285	29	1,0 0265	2	0,9 9736*	2	13,7 267	548	13,7 631	547	400	3,3 1382*	85.50	1,4 9807
7301	11	7308*	29	7295*	29	7314	30	0267	2	9734*	3	13,6 719*	545	13,7 084*	543	398	0982	49	9778
7330	12	7337*	29	7324*	29	7344*	29	0269	2	9731	2	13,6 174	540	13,6 541*	539	396	0584	48	9749
7359	13	7366	29	7353*	29	7373*	29	0271	3	9729	2	13,5 634*	536	13,6 002	534	395	0186*	47	9720
7389*	14	7395	29	7382*	29	7402	29	0274*	2	9727	2	13,5 098*	532	13,5 468*	531	393	3,2 9793*	46	9691
0,0 7418*	4.15	0,0 7424	30	0,0 7411*	29	0,0 7441	30	1,0 0276*	2	0,9 9725	2	13,4 566	527	13,4 937	526	392	3,2 9400*	85.45	1,4 9662*
7447*	16	7454*	29	7440*	29	7461*	29	0278*	2	9723*	2	13,4 039*	524	13,4 411	522	390	9008*	44	9633*
7476*	17	7483*	29	7469*	29	7490*	29	0280	2	9721*	2	13,3 515	519	13,3 889	518	389	8618*	43	9604*
7505*	18	7512*	29	7498*	29	7519	29	0282	2	9719*	3	13,2 996*	516	13,3 371	514	387	8229*	42	9575*
7534	19	7541	29	7527*	29	7548	30	0284	3	9716	2	13,2 480	511	13,2 857	510	386	7842*	41	9546*
0,0 7563	4.20	0,0 7570	29	0,0 7556*	29	0,0 7578*	29	1,0 0287*	2	0,9 9714	2	13,1 969*	508	13,2 347	506	384	3,2 7456	85.40	1,4 9517*
7592	21	7599	30	7585*	29	7607*	29	0289*	2	9712*	2	13,1 461	503	13,1 841	502	383	7072*	39	9487
7621	22	7629*	29	7614*	29	7636	29	0291	2	9710*	2	13,0 958*	500	13,1 339*	499	381	6689	38	9458
7650	23	7658*	29	7643*	29	7665	30	0293	3	9708*	3	13,0 458*	496	13,0 840	494	380	6308*	37	9429
7679	24	7687	29	7672*	29	7695*	29	0296*	2	9705	2	12,9 962*	493	13,0 346*	491	379	5928*	36	9400
0,0 7709*	4.25	0,0 7716	29	0,0 7701*	29	0,0 7724*	29	1,0 0298*	2	0,9 9703	2	12,9 469	488	12,9 855*	487	377	3,2 5549	85.35	1,4 9371
7738*	26	7745	30	7730*	29	7753	29	0300	2	9701*	2	12,8 981*	485	12,9 368*	484	375	5172	34	9342
7767*	27	7775*	29	7759*	29	7782	30	0302	3	9699*	3	12,8 496*	482	12,8 884	480	374	4797*	33	9313*
7796*	28	7804*	29	7788*	29	7812*	29	0305*	2	9696	2	12,8 014	478	12,8 404	476	373	4423*	32	9284*
7825*	29	7833*	29	7817*	29	7841*	29	0307*	2	9694	2	12,7 536	474	12,7 928*	473	372	4050*	31	9255*
0,0 7854*	4.30	0,0 7862	29	0,0 7846*	29	0,0 7870	29	1,0 0309	3	0,9 9692*	3	12,7 062	471	12,7 455*	469	370	3,2 3678	85.30	1,4 9226*
7883	31	7891	29	7875*	29	7899	30	0312*	2	9689	2	12,6 591	467	12,6 986*	466	369	3308	29	9197*
7912	32	7920	30	7904*	29	7929*	29	0314*	2	9687	2	12,6 124*	464	12,6 520*	463	367	2939	28	9167
7941	33	7950*	29	7933*	29	7958*	29	0316	2	9685*	2	12,5 660*	461	12,6 057	459	366	2572	27	9138
7970	34	7979*	29	7962*	29	7987	30	0318	3	9683*	3	12,5 199	457	12,5 598	456	365	2206	26	9109
0,0 7999	4.35	0,0 8008*	29	0,0 7991*	29	0,0 8017*	29	1,0 0321*	2	0,9 9680	2	12,4 742	454	12,5 142	452	363	3,2 1841	85.25	1,4 9080
8029*	36	8037	29	8020*	29	8046*	29	0323	3	9678*	2	12,4 288	450	12,4 690*	449	362	1478	24	9051
8058*	37	8066	30	8049*	29	8075	29	0326*	2	9676*	3	12,3 838*	448	12,4 241*	446	361	1116*	23	9022
8087*	38	8096*	29	8078*	29	8104	30	0328*	2	9673	2	12,3 390	444	12,3 795*	443	359	0755	22	8993*
8116*	39	8125*	29	8107*	29	8134*	29	0330	3	9671*	3	12,2 946	441	12,3 352	439	358	0396*	21	8964*
0,0 8145*	4.40	0,0 8154*	29	0,0 8136*	29	0,0 8163*	29	1,0 0333*	2	0,9 9668	2	12,2 505	438	12,2 913*	437	357	3,2 0038*	85.20	1,4 8935*
8174*	41	8183	29	8165*	29	8192	29	0335	2	9666	2	12,2 067	435	12,2 476	433	356	3,1 9681*	19	8906*
8203	42	8212	29	8194*	29	8221	30	0337	3	9664*	3	12,1 632	431	12,2 043*	431	354	9325	18	8877*
8232	43	8241	30	8223*	29	8251*	29	0340*	2	9661	2	12,1 201*	429	12,1 612	427	353	8971*	17	8847
8261	44	8271*	29	8252*	29	8280	29	0342	3	9659*	2	12,0 772*	426	12,1 185	424	352	8618*	16	8818
0,0 8290	4.45	0,0 8300*	29	0,0 8281*	29	0,0 8309	30	1,0 0345*	2	0,9 9657*	3	12,0 346	423	12,0 761*	421	351	3,1 8266*	85.15	1,4 8789
8319	46	8329	29	8310*	29	8339*	29	0347	3	9654	2	11,9 923	419	12,0 340*	419	349	7915*	14	8760
8348	47	8358	29	8339*	29	8368*	29	0350*	2	9652*	3	11,9 504*	417	11,9 921	415	349	7566*	13	8731
8378*	48	8387	30	8368*	29	8397	30	0352*	2	9649	2	11,9 087*	414	11,9 506*	413	347	7217	12	8702
8407*	49	8417*	29	8397*	29	8427*	29	0354	3	9647*	3	11,8 673*	411	11,9 093	409	346	6870	11	8673*
0,0 8436*	4.50	0,0 8446*	29	0,0 8426*	29	0,0 8456*	29	1,0 0357*	2	0,9 9644	2	11,8 262*	409	11,8 684*	407	344	3,1 6524	85.10	1,4 8644*
8465*	51	8475*	29	8455*	29	8485	29	0359	3	9642*	3	11,7 853	405	11,8 277*	404	344	6180*	9	8615*
8494*	52	8504	29	8484*	29	8514	30	0362*	2	9639	2	11,7 448*	403	11,7 873*	402	342	5836	8	8586*
8523	53	8533	30	8513*	29	8544*	29	0364	3	9637	2	11,7 045	400	11,7 471	398	341	5494	7	8557*
8552	54	8563*	29	8542*	29	8573	29	0367*	2	9635*	3	11,6 645*	397	11,7 073*	396	340	5153*	6	8528*
0,0 8581	4.55	0,0 8592*	29	0,0 8571*	29	0,0 8602	30	1,0 0369	3	0,9 9632	2	11,6 248*	395	11,6 677*	393	339	3,1 4813*	85. 5	1,4 8498
8610	56	8621*	29	8600*	29	8632*	29	0372*	2	9630*	3	11,5 853*	392	11,6 284*	391	338	4474	4	8469
8639	57	8650	29	8629*	29	8661*	29	0374	3	9627	2	11,5 461*	389	11,5 893	388	336	4136	3	8440
8668	58	8679	30	8658*	29	8690	30	0377*	2	9625*	3	11,5 072*	387	11,5 505	385	336	3800*	2	8411
8698*	59	8709*	29	8687*	29	8720*	29	0379	3	9622	3	11,4 685*	384	11,5 120*	383	334	3464	1	8382
0,0 8727*	4 60	0,0 8738*		0,0 8716*		0,0 8749*		1,0 0382*		0,9 9619		11,4 301*		11,4 737			3,1 3130	85. 0	1,4 8353*
x = 85° Lx = 3,1 3130				cos x SéhLx	D	cot x CoséhLx	D	coséc x Coth Lx	D	sin x TahLx	D	tang x SihLx	D	séc x CoshLx	D	D	R = 1 Lx	d. m.	R = 1 x

x R = 1	x d. m.	L x R = 1	D	sin x TahLx	D	tang x SibLx	D	séc x CoshLx	D	cos x SéhLx	D	cot x CoséhLx	D	coséc x CothLx	D	D	x = 5° Lx = 0,0 8738* (Lx R = 1)	d. m.	(x R = 1)
0,0 8727*	5. 0	0,0 8738*	29	0,0 8716*	29	0,0 8749*	29	1,0 0382*	3	0,9 9619	2	11,4 301*	382	11,4 737	380	333	3,1 3130	84.60	1,4 8353*
8756*	1	8767*	29	8745*	29	8778	29	0385*	2	9617*	3	11,3 919*	379	11,4 357*	378	332	2797*	59	8324*
8785*	2	8796	29	8774*	29	8807	30	0387	3	9614	2	11,3 540*	377	11,3 979	375	331	2465*	58	8295*
8814*	3	8825	30	8803*	28	8837*	29	0390*	2	9612*	3	11,3 163	374	11,3 604	373	330	2134*	57	8266*
8843	4	8855*	29	8881	29	8866	29	0392	3	9609	2	11,2 789*	372	11,3 231	370	329	1804*	56	8737*
0,0 8872	5. 5	0,0 8884*	29	0,0 8860	29	0,0 8895	30	1,0 0395*	2	0,9 9607*	3	11,2 417	369	11,2 861	368	328	3,1 1475	84.55	1,4 8208*
8901	6	8913*	29	8889	29	8925*	29	0397	3	9604	2	11,2 048*	367	11,2 493	365	326	1147	54	8178
8930	7	8942	29	8918	29	8954	29	0400	3	9602*	3	11,1 681*	365	11,2 128*	363	326	0821*	53	8149
8959	8	8971	30	8947	29	8983	30	0403*	2	9599*	3	11,1 316	362	11,1 765*	361	325	0495*	52	8120
8988	9	9001*	29	8976	29	9013*	29	0405	3	9596	2	11,0 954	360	11,1 404*	359	323	0170	51	8091
0,0 9018*	5.10	0,0 9030*	29	0,0 9005	29	0,0 9042	29	1,0 0408*	3	0,9 9594*	3	11,0 594	357	11,1 045	356	323	3,0 9847*	84.50	1,4 8062
9047*	11	9059*	29	9034	29	9071	30	0411*	2	9591	3	11,0 237*	356	11,0 689	353	321	9524	49	8033
9076*	12	9088	29	9063	29	9101*	29	0413	3	9588	2	10,9 881*	352	11,0 336*	352	321	9203*	48	8004*
9105*	13	9117	30	9092	29	9130	29	0416*	3	9586*	3	10,9 529*	351	10,9 984	349	319	8882	47	7975*
9134*	14	9147*	29	9121	29	9159	30	0419*	2	9583	3	10,9 178*	349	10,9 635*	347	318	8563	46	7946*
0,0 9163*	5.15	0,0 9176*	29	0,0 9150	29	0,0 9189*	29	1,0 0421	3	0,9 9580	2	10,8 829	346	10,9 288*	345	318	3,0 8245*	84.45	1,4 7917*
9192	16	9205	29	9179	29	9218	29	0424*	3	9578*	3	10,8 483*	344	10,8 943*	343	316	7927	44	7888*
9221	17	9234	29	9208	29	9247	30	0427*	2	9575	3	10,8 139*	342	10,8 600	340	316	7611*	43	7858
9250	18	9263	30	9237	29	9277*	29	0429	3	9572	2	10,7 797*	340	10,8 260*	339	314	7295	42	7829
9279	19	9293*	29	9266	29	9306	29	0432	3	9570*	3	10,7 457*	338	10,7 921	336	313	6981*	41	7800
0,0 9308	5.20	0,0 9322*	29	0,0 9295*	29	0,0 9335	30	1,0 0435*	3	0,9 9567	3	10,7 119	336	10,7 585*	334	313	3,0 6668*	84.40	1,4 7771
9338*	21	9351	29	9324*	29	9365*	29	0438*	2	9564	2	10,6 783	333	10,7 251*	332	311	6355	39	7742
9367*	22	9380	30	9353*	29	9394	29	0440	3	9562*	3	10,6 450*	332	10,6 919*	330	311	6044*	38	7713*
9396*	23	9410*	29	9382*	29	9423	30	0443	3	9559*	3	10,6 118	329	10,6 589*	328	310	5733	37	7684*
9425*	24	9439*	29	9411*	29	9453*	29	0446*	3	9556	3	10,5 789*	327	10,6 261*	326	308	5423	36	7655*
0,0 9454*	5.25	0,0 9468*	29	0,0 9440*	29	0,0 9482	29	1,0 0449*	2	0,9 9553	2	10,5 462*	326	10,5 935*	324	308	3,0 5115*	84.35	1,4 7626*
9483*	26	9497	29	9469*	29	9511	30	0451	3	9551*	3	10,5 136	323	10,5 611*	322	307	4807	34	7597*
9512	27	9526	30	9498*	29	9541*	29	0454	3	9548*	3	10,4 813*	322	10,5 289*	320	305	4500	33	7568*
9541	28	9556*	29	9527*	29	9570	30	0457*	3	9545	3	10,4 491	319	10,4 969*	319	305	4195*	32	7539*
9570	29	9585*	29	9556*	29	9600*	29	0460*	3	9542	2	10,4 172*	318	10,4 650	316	304	3890*	31	7509
0,0 9599	5.30	0,0 9614	29	0,0 9585*	29	0,0 9629*	29	1,0 0463*	2	0,9 9540*	3	10,3 854*	316	10,4 334	314	303	3,0 3586*	84.30	1,4 7480
9628	31	9643	30	9614*	28	9658	30	0465	3	9537*	3	10,3 538	314	10,4 020	312	302	3283*	29	7451
9657	32	9673*	29	9642	29	9688*	29	0468	3	9534	3	10,3 224	311	10,3 708*	311	302	2981*	28	7422
9687*	33	9702*	28	9671	29	9717*	29	0471*	3	9531	3	10,2 913*	311	10,3 397	308	300	2679	27	7393
9716*	34	9731*	29	9700	29	9746	30	0474*	3	9528	2	10,2 602	308	10,3 089*	307	299	2379	26	7364*
0,0 9745*	5.35	0,0 9760	29	0,0 9729	29	0,0 9776*	29	1,0 0477*	3	0,9 9526*	3	10,2 294	306	10,2 782*	305	299	3,0 2080*	84.25	1,4 7335*
9774*	36	9799	30	9758	29	9805	29	0480*	2	9523*	3	10,1 988*	305	10,2 477*	303	298	1781	24	7306*
9803*	37	9819*	29	9787	29	9834	30	0482	3	9520*	3	10,1 683	302	10,2 174*	301	296	1483	23	7277*
9832	38	9848*	29	9816	29	9864*	29	0485	3	9517	3	10,1 381*	301	10,1 873*	300	296	1187*	22	7248*
9861	39	9877	29	9845	29	9893	30	0488	3	9514	3	10,1 080*	300	10,1 573	298	295	0891*	21	7219*
0,0 9890	5.40	0,0 9906	30	0,0 9874	29	0,0 9923*	29	1,0 0491	3	0,9 9511	3	10,0 780	297	10,1 275	296	294	3,0 0596*	84.20	1,4 7189
9919	41	9936*	29	9903	29	9952*	29	0494*	3	9508	2	10,0 483*	296	10,0 979	294	294	0302*	19	7160
9948	42	9965*	29	9932*	29	9981	30	0497*	3	9506*	3	10,0 187	294	10,0 685*	293	292	0008	18	7131
9977	43	9994	29	9961*	29	0,1 0011*	29	0500*	3	9503*	3	9,9 893	292	10,0 392	291	292	2,9 9716*	17	7102
0,1 0007*	44	0,1 0023	30	9990*	29	0040	29	0503*	3	9500*	3	9,9 601*	291	10,0 101	289	291	9424	16	7073
0,1 0036*	5.45	0,1 0053*	29	0,1 0019*	29	0,1 0069	30	1,0 0506*	3	0,9 9497*	3	9,9 310	288	9,9 812	287	289	2,9 9133	84.15	1,4 7044
0065*	46	0082*	29	0048*	29	0099*	29	0509*	3	9494*	3	9,9 021	287	9,9 525*	286	290	8844*	14	7015*
0094*	47	0111*	29	0077*	29	0128	30	0512*	3	9491	3	9,8 734*	286	9,9 239*	284	288	8554	13	6986*
0123*	48	0140	29	0106*	29	0158*	29	0515*	3	9488	3	9,8 448	284	9,8 955*	283	287	8266	12	6957*
0152*	49	0169	30	0135*	29	0187	29	0518*	3	9485	3	9,8 164	282	9,8 672	281	287	7979*	11	6928*
0,1 0181	5.50	0,1 0199*	29	0,1 0164*	28	0,1 0216	30	1,0 0521*	3	0,9 9482	3	9,7 882*	281	9,8 391	279	286	2,9 7692	84.10	1,4 6899*
0210	51	0228*	29	0192	29	0246*	29	0524*	3	9479	3	9,7 601*	279	9,8 112*	278	285	7406	9	6869
0239	52	0257	29	0221	29	0275	30	0527*	3	9476	3	9,7 322*	278	9,7 834	276	284	7121	8	6840
0268	53	0286	30	0250	29	0305*	29	0530*	3	9473	3	9,7 044	276	9,7 558*	275	283	6837	7	6811
0297	54	0316*	29	0279	29	0334*	29	0533*	3	9470	3	9,6 768	275	9,7 283	273	283	6554*	6	6782
0,1 0327*	5.55	0,1 0345*	29	0,1 0308	29	0,1 0363	30	1,0 0536*	3	0,9 9467	3	9,6 493	273	9,7 010	271	282	2,9 6271	84. 5	1,4 6753
0356*	56	0374	29	0337	29	0393*	29	0539*	3	9464	3	9,6 220	271	9,6 739*	270	281	5989	4	6724
0385*	57	0403	30	0366	29	0422	30	0542*	3	9461	3	9,5 949	270	9,6 469*	269	280	5708	3	6695*
0414*	58	0433*	29	0395*	29	0452*	29	0545*	3	9458	3	9,5 679	268	9,6 200	267	278	5428	2	6666*
0443*	59	0462*	29	0424*	29	0481	29	0548*	3	9455	3	9,5 411*	267	9,5 933	266	279	5149*	1	6637*
0,1 0472*	5.60	0,1 0491		0,1 0453*		0,1 0510		1,0 0551*		0,9 9452		9,5 144*		9,5 668*			2,9 4870	84. 0	1,4 6608*
x = 84° Lx = 2,9 4870				cos x SéhLx	D	cot x CoséhLx	D	coséc x CothLx	D	sin x TahLx	D	tang x SibLx	D	séc x CoshLx	D	D	R = 1 Lx	d. m.	R = 1 x

x (R = 1)	d. m.	Lx (R = 1)	D	sin x Tah Lx	D	tang x Sih Lx	D	séc x Cosh Lx	D	cos x Séh Lx	D	cot x Coséh Lx	D	coséc x Coth Lx	D	x = 6° Lx = 0,1 0491			
0,1 0472*	6. 0	0,1 0491	29	0,1 0453*	29	0,1 0510	30	1,0 0551*	3	0,9 9452	3	9,5 1436	2658	9,5 6677	2640	278	2,9 4870	83.60	1,4 6608*
0501	1	0520	30	0482*	29	0540*	29	0554*	3	9449	3	9,4 8781	2640	4037*	2626	277	4592	59	6579*
0530	2	0550*	29	0511*	29	0569	30	0557*	3	9446	3	6141	2626	1411	2611	276	4315*	58	6549
0559	3	0579*	29	0540*	29	0599*	29	0560	3	9443	3	3515	2611	9,4 8800*	2597	276	4039	57	6520
0588	4	0608	29	0569*	28	0628	29	0563	3	9440*	3	0904*	2597	6203*	2583	275	3763	56	6491
0,1 0617	6. 5	0,1 0637	30	0,1 0597	29	0,1 0657	30	1,0 0566	3	0,9 9437*	3	9,3 8307*	2583	9,4 3620	2568	274	2,9 3488	83.55	1,4 6462
0647*	6	0667*	29	0626	29	0687*	29	0569	4	9434*	3	5724*	2569	1052*	2555	273	3214	54	6433
0676*	7	0696*	29	0655	29	0716	30	0573*	3	9431*	3	3155*	2556	9,3 8497	2540	273	2941*	53	6404
0705*	8	0725	29	0684	29	0746*	29	0576*	3	9428*	4	0599	2541	5957*	2527	272	2668	52	6375*
9734*	9	0754	30	0713	29	0775	30	0579*	3	9424	3	9,2 8058	2528	3430	2513	271	2396	51	6346*
0,1 0763*	6.10	0,1 0784*	29	0,1 0742	29	0,1 0805*	29	1,0 0582*	3	0,9 9421	3	9,2 5530	2514	9,3 0917*	2500	270	2,9 2125*	83.50	1,4 6317*
0792*	11	0813*	29	0771	29	0834	29	0585	3	9418	3	3016	2500	9,2 8417	2486	270	1855*	49	6288*
0821	12	0842	29	0800*	29	0863	30	0588	4	9415	3	0516*	2488	5931*	2472	269	1585*	48	6259*
0850	13	0871	30	0829*	29	0893*	29	0592*	3	9412*	3	9,1 8028	2474	3459	2460	268	1316*	47	6230*
0879	14	0901	29	0858*	29	0922	30	0595*	3	9409*	3	5554	2461	0999	2446	268	1048*	46	6200
0,1 0908	6.15	0,1 0930	29	0,1 0887*	29	0,1 0952*	29	1,0 0598*	3	0,9 9406*	4	9,1 3093	2447	9,1 8553	2433	267	2,9 0780	83.45	1,4 6171
0937	16	0959	30	0916*	29	0981	30	0601	3	9402	3	0646*	2435	6120*	2421	266	0513	44	6142
0966	17	0989*	29	0945*	28	1011*	29	0604	4	9399	3	9,0 8211*	2422	3699	2407	265	0247	43	6113
0996*	18	1018*	29	0973	29	1040	30	0608*	3	9396	3	5789*	2410	1292	2395	265	2,8 9982*	42	6084
1025*	19	1047	29	1002	29	1070*	29	0611*	3	9393*	3	3379	2396	9,0 8897	2382	264	9717*	41	6055*
0,1 1054	6.20	0,1 1076	30	0,1 1031	29	0,1 1099*	29	1,0 0614	3	0,9 9390*	4	9,0 0983*	2385	9,0 6515	2369	264	2,8 9453*	83.40	1,4 6026*
1083	21	1106*	29	1060	29	1128	30	0617	4	9386	3	8,9 8598	2371	4146*	2358	262	9189	39	5997*
1112	22	1135*	29	1089	29	1158*	29	0621*	3	9383	3	6227*	2360	1788	2344	262	8927*	38	5968*
1141*	23	1164	29	1118*	29	1187	30	0624*	3	9380	3	3867	2347	8,9 9444*	2333	261	8665*	37	5939*
1170*	24	1193	30	1147*	29	1217*	29	0627	3	9377*	3	1520	2335	7111*	2320	261	8404*	36	5900*
0,1 1199	6.25	0,1 1223*	29	0,1 1176*	29	0,1 1246	30	1,0 0630	4	0,9 9374*	4	8,8 9185	2323	8,9 4791*	2309	260	2,8 8143*	83.35	1,4 5880
1228	26	1252*	29	1205*	29	1276*	29	0634*	3	9370	3	6862	2311	2482	2296	259	7883*	34	5851
1257	27	1281	30	1234*	29	1305	30	0637	3	9367	3	4551	2299	0186*	2285	259	7624*	33	5822
1286	28	1311*	29	1263*	28	1335*	29	0640	4	9364*	4	2252*	2288	8,8 7901	2273	258	7365	32	5793
1316*	29	1340*	29	1291	29	1364	30	0644*	3	9360	3	8,7 9964	2275	5628	2261	257	7107	31	5764
0,1 1345*	6.30	0,1 1369	29	0,1 1320	29	0,1 1394*	29	1,0 0647*	3	0,9 9357	3	8,7 7689*	2264	8,8 3367	2249	257	2,8 6850*	83.30	1,4 5735*
1374*	31	1398	30	1349	29	1423	29	0650	4	9354*	3	5425*	2253	1118*	2238	256	6593	29	5706*
1403*	32	1428*	29	1378	29	1452	30	0654*	3	9351*	4	3172*	2241	8,7 8880*	2227	255	6337	28	5677*
1432*	33	1457*	29	1407	29	1482*	29	0657	3	9347	3	0931*	2230	6653*	2216	255	6082*	27	5648*
1461*	34	1486	29	1436*	29	1511	30	0660	4	9344*	3	8,6 8701*	2219	4438*	2204	254	5827	26	5619*
0,1 1490	6.35	0,1 1515	30	0,1 1465*	29	0,1 1541*	29	1,0 0664*	3	0,9 9341*	4	8,6 6482	2207	8,7 2234*	2193	253	2,8 5573	83.25	1,4 5590*
1519	36	1545*	29	1494*	29	1570	30	0667	4	9337	3	4275*	2197	0041*	2182	253	5320*	24	5560
1548	37	1574	29	1523*	29	1600*	29	0671*	3	9334*	3	2078	2185	8,6 7859*	2171	252	5067	23	5531
1577	38	1603	30	1552*	30	1629	30	0674*	3	9331*	4	8,5 9893*	2175	5688	2160	252	4815*	22	5502
1606	39	1633*	29	1580	29	1659*	29	0677	4	9327	3	7718	2163	3528	2149	250	4563	21	5473
0,1 1636*	6.40	0,1 1662*	29	0,1 1609	29	0,1 1688	30	1,0 0681*	3	0,9 9324*	4	8,5 5555*	2153	8,6 1379	2138	251	2,8 4313*	83.20	1,4 5444
1665*	41	1691	29	1638	29	1718*	29	0684	4	9320	3	3402*	2143	8,5 9241*	2128	249	4062	19	5415
1694*	42	1720	30	1667	29	1747	30	0688*	3	9317	3	1259	2131	7113*	2117	249	3813*	18	5386*
1723*	43	1750*	29	1696*	29	1777*	29	0691	4	9314*	4	8,4 9128*	2121	4996*	2107	249	3564*	17	5357*
1752*	44	1779	29	1725*	29	1806	30	0695*	3	9310	3	7007*	2111	2889	2096	248	3315	16	5328*
0,1 1781*	6.45	0,1 1808	30	0,1 1754*	29	0,1 1836*	29	1,0 0698*	3	0,9 9307*	4	8,4 4896*	2101	8,5 0793	2086	247	2,8 3067	83.15	1,4 5299*
1810	46	1838*	29	1783*	29	1865	30	0701	4	9303	3	2795	2090	8,4 8707	2075	246	2820	14	5270*
1839	47	1867*	29	1812*	28	1895*	29	0705*	3	9300*	3	0705	2080	6632*	2066	246	2574*	13	5240
1868	48	1896	30	1840	29	1924	30	0708	4	9297*	4	8,3 8625	2070	4566	2055	246	2328*	12	5211
1897	49	1926*	29	1869	29	1954*	29	0712*	3	9293	3	6555	2059	2511	2045	244	2082	11	5182
0,1 1926	6.50	0,1 1955*	29	0,1 1898	29	0,1 1983	30	1,0 0715	4	0,9 9290*	4	8,3 4496*	2050	8,4 0466*	2035	245	2,8 1838*	83.10	1,4 5153
1956*	51	1984	29	1927	29	2013*	29	0719*	3	9286	3	2446*	2040	8,3 8431*	2026	243	1593	9	5124
1985*	52	2013	30	1956*	29	2042	30	0722	4	9283*	4	0406*	2030	6405	2015	243	1350*	8	5095
2014*	53	2043*	29	1985*	29	2072*	29	0726	4	9279	3	8,2 8376*	2021	4390*	2006	243	1107*	7	5066*
2043*	54	2072*	29	2014*	29	2101	30	0730*	3	9276*	4	6355	2010	2384	1996	242	0864	6	5037*
0,1 2072*	6.55	0,1 2101	30	0,1 2043*	28	0,1 2131*	29	1,0 0733	4	0,9 9272	3	8,2 4345*	2001	8,3 0388	1986	241	2,8 0622	83. 5	1,4 5008*
2101*	56	2131*	29	2071	29	2160	30	0737*	3	9269*	4	2344*	1992	8,2 8402*	1977	240	0381	4	4979*
2130	57	2160*	29	2100	29	2190*	29	0740	4	9265	3	0352	1982	6425*	1968	241	0141	3	4950*
2159	58	2189	30	2129	29	2219	30	0744*	3	9262*	4	8,1 8370	1972	4457	1957	239	2,7 9900	2	4921*
2188	59	2219*	29	2158	29	2249*	29	0747	4	9258	3	6398*	1963	2500*	1949	239	9661*	1	4891
0,1 2217	6.60	0,1 2248*		0,1 2187*		0,1 2278		1,0 0751*		0,9 9255*		8,1 4435*		8,2 0551*			2,7 9422*	83. 0	1,4 4862
x = 83° Lx = 2,7 9422*				cos x Séh Lx	D	cot x Coséh Lx	D	coséc x Coth Lx	D	sin x Tah Lx	D	tang x Sih Lx	D	séc x Cosh Lx	D	D	Lx (R = 1)	d. m.	x (R = 1)

x R = 1	d. m.	Lx R = 1	D	sin x TabLx	D	tang x SibLx	D	séc x CoshLx	D	cos x SébLx	D	cot x CosébLx	D	coséc x CothLx	D	x = 7° Lx = 0,1 2248*			
0,1 2217	7. 0	0,1 2248*	29	0,1 2187*	29	0,1 2278	30	1,0 0751*	4	0,9 9255*	4	8,1 4435*	1954	8,2 0551*	1939	239	2,7 9422*	82.60	1,4 4862
2246	1	2277	29	2216*	29	2308*	30	0755*	3	9251	3	2481*	1945	8,1 8612*	1931	237	9183	59	4833
2275	2	2306	30	2245*	29	2338*	29	0758	4	9248*	4	0536*	1936	6681	1921	238	8946*	58	4804
2305*	3	2336*	29	2274*	28	2367	30	0762*	3	9244*	4	8,0 8600	1926	4760	1911	236	8708	57	4775
2334*	4	2365	29	2302	29	2397*	29	0765	4	9240	3	6674*	1918	2849*	1903	237	8472*	56	4746*
0,1 2363*	7. 5	0,1 2394	30	0,1 2331	29	0,1 2426	30	1,0 0769	4	0,9 9237*	4	8,0 4756	1908	8,1 0946*	1894	235	2,7 8235	82.55	1,4 4717*
2392*	6	2424*	29	2360	29	2456*	29	0773*	3	9233	3	2848*	1900	8,0 9052*	1885	235	8000*	54	4688*
2421*	7	2453*	29	2389	29	2485	30	0776	4	9230*	4	0948	1890	7167*	1876	235	7765*	53	4659*
2450	8	2482	30	2418*	29	2515*	29	0780	4	9226*	4	7,9 9058*	1882	5291*	1868	234	7530	52	4630*
2479	9	2512*	29	2447*	29	2544	30	0784*	3	9222	3	7176*	1874	3423	1859	233	7296	51	4601*
0,1 2508	7.10	0,1 2541*	29	0,1 2476*	28	0,1 2574*	29	1,0 0787	4	0,9 9219*	4	7,9 5302	1864	8,0 1564	1850	233	2,7 7063*	82.50	1,4 4571
2537	11	2570	30	2504	29	2603	30	0791	4	9215	4	3438*	1856	7,9 9714	1841	232	6830*	49	4542
2566	12	2600*	29	2533	29	2633*	29	0795*	4	9211	3	1582*	1848	7873*	1833	232	6598*	48	4513
2595	13	2629*	29	2562	29	2662	30	0799*	3	9208*	4	7,8 9734*	1839	6040	1824	232	6366*	47	4484
2625*	14	2658	30	2591	29	2692	30	0802	4	9204	4	7895*	1831	4216*	1817	230	6134	46	4455
0,1 2654*	7.15	0,1 2688*	29	0,1 2620*	29	0,1 2722*	29	1,0 0806*	4	0,9 9200	3	7,8 6064	1822	7,9 2399	1807	231	2,7 5904*	82.45	1,4 4426*
2683*	16	2717*	29	2649*	29	2751	30	0810*	3	9197*	4	4242*	1814	0592*	1800	229	5673	44	4397*
2712*	17	2746	30	2678*	28	2781*	29	0813	4	9193	4	2428*	1806	7,8 8792	1791	229	5444*	43	4368*
2741*	18	2776*	29	2706	29	2810	30	0817	4	9189	3	0622	1797	7001	1783	229	5215*	42	4339*
2770*	19	2805*	29	2735	29	2840*	29	0821*	4	9186*	4	7,7 8825*	1790	5218	1776	228	4986*	41	4310*
0,1 2799	7.20	0,1 2834	30	0,1 2764	29	0,1 2869	30	1,0 0825*	3	0,9 9182	4	7,7 7035	1781	7,8 3443	1766	228	2,7 4758*	82.40	1,4 4281*
2828	21	2864*	29	2793	29	2899	30	0828	4	9178	3	5254*	1774	1677*	1759	227	4530	39	4251
2857	22	2893*	29	2822*	29	2929*	29	0832	4	9175*	4	3480	1765	7,7 9918*	1751	227	4303*	38	4222
2886	23	2922	29	2851*	29	2958	30	0836	4	9171*	4	1715*	1758	8167*	1743	226	4076	37	4193
2915	24	2951	30	2880*	28	2988*	29	0840*	4	9167	4	7,6 9957	1749	6424	1735	225	3850	36	4164
0,1 2945*	7.25	0,1 2981*	29	0,1 2908	29	0,1 3017	30	1,0 0844*	4	0,9 9163	3	7,6 8208*	1742	7,7 4689	1727	225	2,7 3625*	82.35	1,4 4135
2974*	26	3010	29	2937	29	3047*	29	0848*	3	9160*	4	6466*	1734	2962*	1720	225	3400*	34	4106
3003*	27	3039	30	2966	29	3076	30	0851	4	9156*	4	4732*	1727	1242	1712	224	3175*	33	4077*
3032*	28	3069*	29	2995*	29	3106	30	0855	4	9152	4	3005	1718	7,6 9530	1704	224	2951*	32	4048*
3061*	29	3098	30	3024*	29	3136*	29	0859	4	9148	4	1287*	1712	7826	1696	223	2727	31	4019*
0,1 3090*	7.30	0,1 3128*	29	0,1 3053*	28	0,1 3165	30	1,0 0863*	4	0,9 9144	3	7,5 9575	1703	7,6 6130*	1689	222	2,7 2504	82.30	1,4 3990*
3119	31	3157*	29	3081	29	3195*	29	0867*	4	9141*	4	7872*	1696	4441*	1682	223	2282*	29	3961*
3148	32	3186	30	3110	29	3224	30	0871*	4	9137*	4	6176*	1689	2759	1674	221	2059	28	3931
3177	33	3216*	29	3139	29	3254	30	0875*	3	9133	4	4487*	1681	1085	1667	221	1838*	27	3902
3206	34	3245*	29	3168*	29	3284*	29	0878	4	9129	4	2806*	1674	7,5 9418	1659	221	1617*	26	3873
0,1 3235	7.35	0,1 3274	30	0,1 3197*	29	0,1 3313	30	1,0 0882	4	0,9 9125	3	7,5 1132*	1667	7,5 7759	1652	220	2,7 1396*	82.25	1,4 3844
3265*	36	3304*	29	3226*	28	3343*	29	0886	4	9122*	4	7,4 9465	1659	6107	1645	220	1176*	24	3815
3294*	37	3333*	29	3254	29	3372	30	0890	4	9118*	4	7806*	1652	4462	1637	219	0956	23	3786
3323*	38	3362	30	3283	29	3402	30	0894	4	9114*	4	6154*	1645	2825*	1631	219	0737*	22	3757*
3352*	39	3392*	29	3312	29	3432*	29	0898	4	9110*	4	4509*	1638	1194	1623	218	0518	21	3728*
0,1 3381*	7.40	0,1 3421*	29	0,1 3341*	29	0,1 3461	30	1,0 0902*	4	0,9 9106	4	7,4 2871*	1631	7,4 9571	1616	218	2,7 0300*	82.20	1,4 3699*
3410*	41	3450	30	3370*	29	3491*	30	0906*	4	9102	4	1240*	1624	7955*	1608	217	0082	19	3670*
3439	42	3480*	29	3399*	28	3521*	29	0910*	4	9098	4	7,3 9616*	1617	6346*	1603	217	2,6 9865*	18	3641*
3468	43	3509	29	3427	29	3550	30	0914*	4	9094	3	7999	1610	4743	1595	217	9648*	17	3611
3497	44	3538	30	3456	29	3580*	29	0918*	4	9091*	4	6389	1603	3148	1588	215	9431	16	3582
0,1 3526	7.45	0,1 3568*	29	0,1 3485	29	0,1 3609	30	1,0 0922*	4	0,9 9087*	4	7,3 4786	1596	7,4 1560*	1582	216	2,6 9216*	82.15	1,4 3553
3555	46	3597	29	3514*	29	3639	30	0926*	4	9083*	4	3190*	1590	7,3 9978*	1575	215	9000	14	3524
3584	47	3626	30	3543*	29	3669*	29	0930*	4	9079*	4	1600	1582	8403	1568	215	8785*	13	3495
3614*	48	3656*	29	3572*	28	3698	30	0934*	4	9075*	4	0018*	1576	6835	1561	214	8570	12	3466
3643*	49	3685	30	3600	29	3728*	30	0938*	4	9071*	4	7,2 8442*	1569	5274*	1555	213	8356	11	3437*
0,1 3672*	7.50	0,1 3715*	29	0,1 3629	29	0,1 3758*	29	1,0 0942*	4	0,9 9067*	4	7,2 6873*	1563	7,3 3719	1548	214	2,6 8143*	82.10	1,4 3408*
3701*	51	3744*	29	3658	29	3787	30	0946*	4	9063*	4	5310*	1556	2171	1541	212	7929	9	3379*
3730*	52	3773	30	3687*	29	3817*	29	0950	4	9059*	4	3754*	1550	0630*	1535	213	7717*	8	3350*
3759	53	3803*	29	3716*	28	3846	30	0954	4	9055*	4	2204	1543	7,2 9095*	1529	211	7504	7	3321*
3788	54	3832	29	3744	29	3876	30	0958	4	9051*	4	0661	1536	7566	1522	212	7293*	6	3292*
0,1 3817	7.55	0,1 3861	30	0,1 3773	29	0,1 3906*	29	1,0 0962	4	0,9 9047*	4	7,1 9125*	1531	7,2 6044	1515	211	2,6 7081	82. 5	1,4 3262
3846	56	3891*	29	3802	29	3935	30	0966	4	9043*	4	7594	1523	4529*	1510	210	6870	4	3233
3875	57	3920	29	3831*	29	3965	30	0970	5	9039*	4	6071*	1518	3019	1502	211	6660*	3	3204
3904	58	3949	30	3860*	29	3995*	29	0975*	4	9035*	4	4553	1511	1517*	1497	209	6449	2	3175
3934*	59	3979	29	3889*	28	4024	30	0979*	4	9031*	4	3042*	1505	0020*	1490	209	6240*	1	3146
0,1 3963*	7.60	0,1 4008		0,1 3917		0,1 4054		1,0 0983*		0,9 9027*		7,1 1537*		7,1 8530*			2,6 6031*	82. 0	1,4 3117*
x = 82° Lx = 2,6 6031*				cos x SébLx	D	cot x CosébLx	D	coséc x CothLx	D	sin x TabLx	D	tang x SibLx	D	séc x CoshLx	D	D	Lx R = 1	d. m.	x R = 1

x R = 1	d. m.	Lx R = 1	D	sin x TahLx	D	tang x SihLx	D	séc x CoshLx	D	cos x SéhLx	D	cot x CoséhLx	D	coséc x CothLx	D	x = 8° Lx = 0,1 4008			
0,1 3963*	8. 0	0,1 4008	30	0,1 3917	29	0,1 4054	30	1,0 0983*	4	0,9 9027*	4	7,1 1537*	1499	7,1 8530*	1484	209	2,6 6031*	81.60	1,4 3117*
3992*	1	4038*	29	3946	29	4084*	29	0987*	4	9023*	4	0038	1492	7046*	1478	209	5822*	59	3088*
4021*	2	4067*	29	3975*	29	4113	30	0991	4	9019*	4	7,0 8546*	1487	5568*	1472	207	5613	58	3059*
4050*	3	4096	30	4004*	29	4143	30	0995	4	9015*	4	7059	1480	4096*	1466	208	5406*	57	3030*
4079*	4	4126*	29	4033*	28	4173*	29	0999	5	9011*	5	5579	1474	2630	1459	207	5198	56	3001*
0,1 4108	8. 5	0,1 4155	29	0,1 4061	29	0,1 4202	30	1,0 1004*	4	0,9 9006	4	7,0 4105*	1468	7,1 1171*	1454	207	2,6 4991*	81.55	1,4 2972*
4137	6	4184	30	4090	29	4232	30	1008*	4	9002	4	2637*	1463	7,0 9717	1448	206	4784	54	2942
4166	7	4214*	29	4119*	29	4262*	29	1012*	4	8998	4	1174	1456	8269	1441	206	4578	53	2913
4195	8	4243	30	4148*	29	4291	30	1016	4	8994	4	6,9 9718	1450	6828*	1436	205	4372	52	2884
4224	9	4273*	29	4177*	28	4321	30	1020	4	8990	4	8268*	1445	5392	1430	205	4167*	51	2855
0,1 4254*	8.10	0,1 4302	29	0,1 4205	29	0,1 4351*	30	1,0 1024	5	0,9 8986*	4	6,9 6823	1438	7,0 3962	1424	205	2,6 3962*	81.50	1,4 2826
4283*	11	4331	30	4234	29	4381*	29	1029*	4	8982*	4	5385*	1433	2538	1418	204	3757	49	2797
4312*	12	4361*	29	4263*	29	4410	30	1033*	4	8978*	5	3952*	1427	1120	1412	204	3553	48	2768*
4341*	13	4390	30	4292*	28	4440*	30	1037	4	8973	4	2525*	1421	6,9 9708*	1407	203	3349	47	2739*
4370*	14	4420*	29	4320	29	4470*	29	1041	5	8969	4	1104*	1416	8301*	1401	203	3146	46	2710*
0,1 4399*	8.15	0,1 4449*	29	0,1 4349	29	0,1 4499	30	1,0 1046*	4	0,9 8965	4	6,8 9688*	1410	6,9 6900*	1395	202	2,6 2943	81.45	1,4 2681*
4428	16	4478	30	4378	29	4529	30	1050*	4	8961*	4	8278	1404	5505*	1390	203	2741*	44	2652*
4457	17	4508*	29	4407*	29	4559*	29	1054	5	8957*	4	6874*	1399	4115*	1384	201	2538	43	2623*
4486	18	4537	30	4436*	28	4588	30	1059*	4	8953*	5	5475	1393	2731*	1379	202	2337*	42	2593
4515	19	4567*	29	4464	29	4618	30	1063*	4	8948	4	4082*	1388	1352	1373	200	2135	41	2564
0,1 4544	8.20	0,1 4596*	29	0,1 4493	29	0,1 4648*	30	1,0 1067	4	0,9 8944	4	6,8 2694	1382	6,8 9979	1367	201	2,6 1935*	81.40	1,4 2535
4574*	21	4625	30	4522*	29	4678*	29	1071	5	8940*	4	1312	1376	8612*	1362	200	1734	39	2506
4603*	22	4655*	29	4551*	29	4707	30	1076*	4	8936*	5	6,7 9936*	1372	7250*	1357	200	1534*	38	2477
4632*	23	4684	30	4580*	28	4737*	30	1080	4	8931	4	8564	1365	5893	1351	199	1334	37	2448*
4661*	24	4714*	29	4608	29	4767*	29	1084	5	8927	4	7199*	1361	4542	1346	199	1135*	36	2419*
0,1 4690*	8.25	0,1 4743*	29	0,1 4637	29	0,1 4796	30	1,0 1089*	4	0,9 8923*	4	6,7 5838	1355	6,8 3196	1340	199	2,6 0936*	81.35	1,4 2390*
4719*	26	4772	30	4666*	29	4826	30	1093	4	8919*	5	4483	1350	1856*	1335	198	0737	34	2361*
4748	27	4802*	29	4695*	28	4856*	30	1097	5	8914	4	3133	1344	0521*	1330	197	0539	33	2332*
4777	28	4831	30	4723	29	4886*	29	1102*	4	8910	4	1789*	1339	6,7 9191*	1325	198	0342*	32	2303*
4806	29	4861*	29	4752	29	4915	30	1106	5	8906*	4	0450*	1334	7866	1319	197	0144	31	2273
0,1 4835	8.30	0,1 4890	29	0,1 4781*	29	0,1 4945	30	1,0 1111*	4	0,9 8902*	5	6,6 9116*	1329	6,7 6547*	1314	196	2,5 9947	81.30	1,4 2244
4864	31	4919	30	4810*	28	4975*	30	1115	4	8897	4	7787*	1324	5233*	1309	197	9751*	29	2215
4893	32	4949*	29	4838	29	5005*	29	1119	5	8893*	4	6463	1319	3924*	1304	196	9554	28	2186
4923*	33	4978	30	4867	29	5034	30	1124*	4	8889*	5	5144	1313	2620*	1299	195	9358	27	2157
4952*	34	5008*	29	4896	29	5064	30	1128	5	8884	4	3831	1308	1321*	1294	195	9163	26	2128*
0,1 4981*	8.35	0,1 5037	30	0,1 4925*	29	0,1 5094*	30	1,0 1133*	4	0,9 8880*	4	6,6 2523*	1304	6,7 0027*	1289	195	2,5 8968*	81.25	1,4 2099*
5010*	36	5067*	29	4954*	28	5124*	29	1137	5	8876*	5	1219	1298	6,6 8738	1284	194	8773	24	2070*
5039*	37	5096*	29	4982	29	5153	30	1142*	4	8871	4	6,5 9921*	1294	7454	1278	194	8579*	23	2041*
5068	38	5125	30	5011	29	5183	30	1146	5	8867*	4	8627	1288	6176*	1274	194	8385*	22	2012*
5097	39	5155*	29	5040*	29	5213*	30	1151*	4	8863*	5	7339*	1984	4902*	1269	193	8191	21	1983*
0,1 5126	8.40	0,1 5184	30	0,1 5069*	28	0,1 5243*	29	1,0 1155	4	0,9 8858	4	6,5 6055	1278	6,6 3633*	1264	193	2,5 7998	81.20	1,4 1953
5155	41	5214*	29	5097	29	5272	30	1159*	5	8854*	5	4777*	1274	2369*	1259	192	7805	19	1924
5184	42	5243	29	5126	29	5302	30	1164	5	8849	4	3503*	1269	1110*	1255	192	7613*	18	1895
5213	43	5272	30	5155*	29	5332*	30	1169*	4	8845*	4	2234*	1204	6,5 9855	1249	192	7421*	17	1866
5243*	44	5302*	29	5184*	28	5362*	29	1173	5	8841*	5	0970*	1260	8606*	1243	192	7229*	16	1837
0,1 5272*	8.45	0,1 5331	30	0,1 5212	29	0,1 5391	30	1,0 1178*	4	0,9 8836	4	6,4 9710	1254	6,5 7361	1240	191	2,5 7037	81.15	1,4 1808
5301*	46	5361*	29	5241	29	5421	30	1182	5	8832*	5	8456*	1250	6121	1235	190	6846	14	1779*
5330*	47	5390	30	5270*	29	5451	30	1187*	4	8827	4	7206*	1245	4886*	1231	191	6656*	13	1750*
5359*	48	5420*	29	5299*	28	5481*	30	1191	5	8823*	5	5961*	1241	3655	1226	190	6465	12	1721*
5388*	49	5449	30	5327	29	5511*	29	1196*	4	8818	4	4720	1236	2429	1221	189	6275	11	1692*
0,1 5417	8.50	0,1 5479*	29	0,1 5356	29	0,1 5540	30	1,0 1200	5	0,9 8814*	5	6,4 3484	1231	6,5 1208*	1217	189	2,5 6086*	81.10	1,4 1663*
5446	51	5508*	29	5385*	29	5570	30	1205*	4	8809	4	2253	1227	6,4 9991	1212	189	5897*	9	1633
5475	52	5537	30	5414*	28	5600*	30	1209	5	8805*	5	1026	1222	8779	1207	189	5708*	8	1604
5504	53	5567*	29	5442	29	5630*	30	1214	5	8800	4	6,3 9804	1217	7572*	1203	188	5519	7	1575
5533	54	5596	30	5471	29	5660*	29	1219*	4	8796*	5	8587*	1213	6369	1198	188	5331*	6	1546
0,1 5563*	8.55	0,1 5626*	29	0,1 5500*	29	0,1 5689	30	1,0 1223	5	0,9 8791	4	6,3 7374*	1209	6,4 5171*	1194	187	2,5 5143	81. 5	1,4 1517
5592*	56	5655	30	5529*	28	5719	30	1228*	5	8787*	5	6165	1204	3977*	1190	188	4956*	4	1488
5621*	57	5685*	29	5557	29	5749	30	1233*	4	8782	4	4961*	1200	2787	1185	186	4768	3	1459*
5650*	58	5714	30	5586*	29	5779*	30	1237	5	8778*	5	3761	1195	1602	1180	187	4582*	2	1430*
5679*	59	5744*	29	5615*	28	5809*	29	1242*	5	8773	4	2566	1191	0422*	1177	186	4395	1	1401*
0,1 5708*	8.60	0,1 5773*		0,1 5643		0,1 5838		1,0 1247*		0,9 8769*		6,3 1375		6,3 9245			2,5 4209	81. 0	1,4 1372
x = 81° Lx = 2,5 4209				cos x SéhLx	D	cot x CoséhLx	D	coséc x CothLx	D	sin x TahLx	D	tang x SihLx	D	séc x CoshLx	D	D	Lx R = 1	d. m.	x R = 1

x R = 1	x d. m.	Lx R = 1	D	sin x TabLx	D	tang x SihLx	D	séc x CoshLx	D	cos x SéhLx	D	cot x CoséhLx	D	coséc x CothLx	D	$x = 9^o$ Lx = 0,1 5773* D	Lx R = 1	x d. m.	x R = 1
0,1 5708*	9. 0	0,1 5773*	29	0,1 5643	29	0,1 5838	30	1,0 1247*	4	0,9 8769*	5	6,3 1375	1186	6,3 9245	1172	186	2,5 4209	80.60	1,4 1372*
5737	1	5802	30	5672	29	5868	30	1251	5	8764	4	0189*	1182	8073	1167	185	4023	59	1343*
5766	2	5832*	29	5701*	29	5898	30	1256*	5	8760*	5	6,2 9007*	1178	6906*	1163	185	3838*	58	1313
5795	3	5861	30	5730*	28	5928*	30	1261*	4	8755	4	7829*	1174	5743*	1159	185	3653*	57	1284
5824	4	5891*	29	5758	29	5958*	30	1265	5	8751*	5	6655	1169	4584*	1155	184	3468*	56	1255
0,1 5853	9. 5	0,1 5920	30	0,1 5787	29	0,1 5988*	29	1,0 1270*	5	0,9 8746*	5	6,2 5486*	1165	6,3 3429	1150	183	2,5 3284*	80.55	1,4 1226
5883*	6	5950*	29	5816*	29	6017	30	1275*	4	8741	4	4321*	1161	2279*	1146	183	3099	54	1197
5912*	7	5979	30	5845*	28	6047	30	1279	5	8737*	5	3160	1157	1133*	1142	184	2916*	53	1168
5941*	8	6009*	29	5873	29	6077	30	1284	5	8732	4	2003	1152	6,2 9991*	1138	183	2732	52	1139*
5970*	9	6038	30	5902*	29	6107*	30	1289*	5	8728*	5	0851	1148	8853*	1134	183	2549	51	1110*
0,1 5999*	9.10	0,1 6068*	29	0,1 5931*	28	0,1 6137*	30	1,0 1294*	4	0,9 8723*	5	6,1 9703*	1144	6,2 7719	1129	183	2,5 2366	80.50	1,4 1081*
6028*	11	6097	29	5959	29	6167*	29	1298	5	8718	4	8559*	1140	6590*	1126	181	2183*	49	1052*
6057	12	6126	30	5988	29	6196	30	1303	5	8714*	5	7419*	1136	5464	1121	182	2002*	48	1023*
6086	13	6156*	28	6017*	29	6226	30	1308*	5	8709*	5	6283*	1132	4343	1117	181	1820	47	0994*
6115	14	6185	30	6046*	28	6256	30	1313*	5	8704	4	5151*	1128	3226*	1113	181	1639*	46	0964
0,1 6144	9.15	0,1 6215*	29	0,1 6074	29	0,1 6286	30	1,0 1318*	4	0,9 8700*	5	6,1 4023	1124	6,2 2113*	1109	181	2,5 1458*	80.45	1,4 0935
6173	16	6244	30	6103*	29	6316*	30	1322	5	8695*	5	2899	1120	1004*	1106	181	1277*	44	0906
6202	17	6274*	29	6132*	28	6346*	30	1327	5	8690	4	1779	1115	6,1 9898	1101	180	1096	43	0877
6232*	18	6303	30	6160	29	6376*	29	1332*	5	8686*	5	0664*	1112	8797	1097	180	0916	42	0848
6261*	19	6333*	29	6189	29	6405	30	1337*	5	8681*	5	6,0 9552*	1108	7700	1093	179	0736	41	0819*
0,1 6290*	9.20	0,1 6362	30	0,1 6218*	28	0,1 6435	30	1,0 1342*	4	0,9 8676	5	6,0 8444*	1104	6,1 6607*	1090	179	2,5 0557*	80.40	1,4 0790*
6319*	21	6392*	29	6246	29	6465	30	1346	5	8671	4	7340*	1100	5517	1085	179	0378*	39	0761*
6348*	22	6421	30	6275	29	6495	30	1351	5	8667*	5	6240*	1097	4432*	1082	179	0199*	38	0732*
6377	23	6451*	28	6304*	29	6525	30	1356	5	8662*	5	5143	1092	3350	1077	178	0020	37	0703*
6406	24	6480	30	6333*	28	6555*	30	1361	5	8657	5	4051	1089	2273*	1074	176	2,4 9842*	36	0674*
0,1 6435	9.25	0,1 6510*	29	0,1 6361	29	0,1 6585*	30	1,0 1366*	5	0,9 8652	4	6,0 2962	1084	6,1 1199*	1070	178	2,4 9664*	80.35	1,4 0644
6464	26	6539	30	6390*	29	6615*	30	1371*	5	8648*	5	1878*	1081	0129*	1067	177	9486	34	0615
6498	27	6569*	29	6419*	28	6645*	29	1376*	5	8643*	5	0797*	1077	6,0 9062	1062	177	9309*	33	0586
6522	28	6598	30	6447	29	6674	30	1381*	5	8638	5	5,9 9720*	1074	8000*	1059	177	9132*	32	0557
6552*	29	6628*	29	6476	29	6704	30	1386*	5	8633	4	8646	1070	6941*	1055	176	8955*	31	0528
0,1 6581*	9.30	0,1 6657	30	0,1 6505*	28	0,1 6734	30	1,0 1391*	4	0,9 8629*	5	5,9 7576	1066	6,0 5886*	1052	176	2,4 8779*	80.30	1,4 0499*
6610*	31	6687*	29	6533	29	6764	30	1395	5	8624*	5	6510	1062	4834	1047	176	8603*	29	0470*
6639*	32	6716	30	6562	28	6794	30	1400	5	8619*	5	5448	1058	3787*	1044	176	8427*	28	0441*
6668*	33	6746*	29	6591*	29	6824*	30	1405	5	8614	5	4390*	1055	2743*	1040	175	8251	27	0412*
6697*	34	6775	30	6620*	28	6854*	30	1410	5	8609	5	3335*	1052	1703*	1037	175	8076	26	0383*
0,1 6726	9.35	0,1 6805*	29	0,1 6648	29	0,1 6884*	30	1,0 1415	5	0,9 8604	4	5,9 2283	1047	6,0 0666*	1033	174	2,4 7901	80.25	1,4 0354*
6755	36	6834	30	6677*	29	6914*	30	1420	5	8600*	5	1236*	1045	5,9 9633*	1030	175	7727*	24	0324
6784	37	6864*	29	6706*	28	6944*	30	1425	5	8595*	5	0191	1040	8603	1026	173	7552	23	0295
6813	38	6893	30	6734	29	6974*	30	1430	5	8590*	5	5,8 9151*	1037	7577	1022	174	7379*	22	0266
6842	39	6923*	29	6763*	29	7004*	29	1435	5	8585	5	8114*	1034	6555	1019	174	7205*	21	0237
0,1 6872*	9.40	0,1 6952	30	0,1 6792*	28	0,1 7033	30	1,0 1440	5	0,9 8580	5	5,8 7080	1029	5,9 5536	1015	173	2,4 7031	80.20	1,4 0208
6901*	41	6982*	29	6820	29	7063	30	1445	5	8575	5	6051*	1027	4521*	1012	172	6858	19	0179
6930*	42	7011	30	6849*	29	7093	30	1450	5	8570	5	5024	1023	3509	1008	173	6686*	18	0150*
6959*	43	7041*	29	6878*	28	7123	30	1455	5	8565	4	4001	1019	2501*	1005	172	6513	17	0121*
6988*	44	7070	30	6906	29	7153	30	1460	6	8561*	5	2982*	1016	1496	1001	172	6341*	16	0092*
0,1 7017*	9.45	0,1 7100*	29	0,1 6935*	29	0,1 7183	30	1,0 1466*	5	0,9 8556*	5	5,8 1966*	1013	5,9 0495*	998	172	2,4 6169*	80.15	1,4 0063*
7046	46	7129	30	6964*	28	7213	30	1471*	5	8551*	5	0953	1009	5,8 9497*	995	171	5997	14	0034*
7075	47	7159*	29	6992	29	7243	30	1476*	5	8546*	5	5,7 9944	1006	8502	991	171	5826	13	0004
7104	48	7188	30	7021*	29	7273	30	1481*	5	8541*	5	8938	1002	7511	987	171	5655*	12	1,3 9975
7133	49	7218*	29	7050*	28	7303*	30	1486*	5	8536*	5	7936*	999	6524*	985	170	5484	11	9946
0,1 7162	9.50	0,1 7247	30	0,1 7078	29	0,1 7333*	30	1,0 1491	5	0,9 8531*	5	5,7 6937*	996	5,8 5539	981	170	2,4 5314*	80.10	1,3 9917
7192*	51	7277*	29	7107*	29	7363*	30	1496	5	8526*	5	5941	992	4558	977	170	5144*	9	9888
7221*	52	7306	30	7136*	28	7393*	30	1501	5	8521*	5	4949*	989	3581*	975	170	4974*	8	9859
7250*	53	7336*	29	7164	29	7423*	30	1506	6	8516*	5	3960*	986	2606	971	169	4804	7	9830*
7279*	54	7365	30	7193*	29	7453*	30	1512*	5	8511*	5	2974	982	1635	968	169	4635*	6	9801*
0,1 7308*	9.55	0,1 7395*	29	0,1 7222*	28	0,1 7483*	30	1,0 1517*	5	0,9 8506*	5	5,7 1992*	979	5,8 0667	964	169	2,4 4466*	80. 5	1,3 9772*
7337*	56	7424	30	7250	29	7513*	30	1522*	5	8501*	5	1013*	976	5,7 9703*	961	169	4297*	4	9743*
7366	57	7454*	30	7279*	29	7543*	30	1527	5	8496*	5	0037*	973	8742*	95	168	4128	3	9714*
7395	58	7484*	29	7308*	28	7573*	30	1532	5	8491*	5	5,6 9064*	970	7783*	954	168	3960	2	9685*
7424	59	7513	30	7336	29	7603*	30	1537	6	8486*	5	8094	966	6829*	954	167	3792	1	9655
0,1 7453	9.60	0,1 7543*		0,1 7365*		0,1 7633*		1,0 1543*		0,9 8481*		5,6 7128		5,7 5877			2,4 3625*	80. 0	1,3 9626
$x = 80^o$ Lx = 2,4 3625*				cos x SéhLx	D	cot x CoséhLx	D	coséc x CothLx	D	sin x TabLx	D	tang x SihLx	D	séc x CoshLx	D	D	R = 1 Lx	d. m. x	R = 1 x

x		L x		sin x	D	tang x	D	séc x	D	cos x	D	cot x	D	coséc x	D	x = 10°			
R = 1	d. m.	R = 1	D	Tah L x		Sih L x		Cosh L x		Séh L x		Coséh L x		Coth L x		L x = 0,1 7543*			
0,1 7453	10. 0	0,1 7543*	29	0,1 7365*	28	0,1 7633*	30	1,0 1543*	5	0,9 8481*	5	5,6 7128	963	5,7 5877	948	168	2,4 3625*	79.60	1,3 9626
7482	1	7572	30	7393	29	7663*	30	1548*	5	8476*	5	6165	960	4929*	946	167	3457	59	9597
7511	2	7602*	29	7422	29	7693*	30	1553	5	8471*	5	5205	957	3983	942	167	3290	58	9568
7551*	3	7631	30	7451*	28	7723*	30	1558	6	8466*	5	4248	953	3041	939	166	3123	57	9539
7570*	4	7661*	29	7479	29	7753*	30	1564*	5	8461*	6	3295*	951	2102	936	167	2957*	56	9510*
0,1 7599*	10. 5	0,1 7690	30	0,1 7508	29	0,1 7783*	30	1,0 1569*	5	0,9 8455	5	5,6 2344	947	5,7 1166	932	166	2,4 2790	79.55	1,3 9481*
7628*	6	7720*	29	7537*	28	7813*	30	1574	5	8450	5	1397*	945	0234*	930	165	2624	54	9452*
7657*	7	7749	30	7565	29	7843*	30	1579	6	8445	5	0452	941	5,6 9304*	927	166	2459*	53	9423*
7686*	8	7779*	29	7594*	29	7873*	30	1585*	5	8440	5	5,5 9511	938	8377	923	165	2293	52	9394*
7715	9	7808	30	7623*	28	7903*	30	1590*	5	8435*	5	8573	935	7454*	921	165	2128	51	9365*
0,1 7744	10.10	0,1 7838	30	0,1 7651	29	0,1 7933*	30	1,0 1595	6	0,9 8430*	5	5,5 7638*	932	5,6 6533	917	165	2,4 1963	79.50	1,3 9335
7773	11	7868*	29	7680*	28	7963*	30	1601*	5	8425*	5	6706*	929	5616*	915	164	1798	49	9306
7802	12	7897	30	7708	29	7993*	30	1606*	5	8420*	5	5777*	926	4701	911	164	1634	48	9277
7831	13	7927*	29	7737	29	8023*	30	1611	5	8414	5	4851*	924	3790*	909	164	1470*	47	9248
7861*	14	7956	30	7766*	28	8053*	30	1616	6	8409	5	3927	920	2881	905	164	1306	46	9219
0,1 7890*	10.15	0,1 7986*	29	0,1 7794	29	0,1 8083*	30	1,0 1622*	5	0,9 8404	5	5,5 3007	917	5,6 1976*	903	163	2,4 1142	79.45	1,3 9190
7919*	16	8015	30	7823*	29	8113*	30	1627	6	8399*	5	2090	914	1073	899	163	0979	44	9161*
7948*	17	8045*	30	7852*	28	8143	30	1633*	5	8394*	5	1176*	912	0174*	897	163	0816	43	9132*
7977*	18	8075*	29	7880	29	8173	30	1638*	5	8389*	6	0264	908	5,5 9277	894	162	0653	42	9103*
8006*	19	8104	30	7909*	28	8203	30	1643	6	8383	5	5,4 9356	905	8383	890	163	0491*	41	9074*
0,1 8035	10.20	0,1 8134*	29	0,1 7937	29	0,1 8233	30	1,0 1649*	5	0,9 8378	5	5,4 8451*	903	5,5 7493*	888	162	2,4 0328	79.40	1,3 9045*
8064	21	8163	30	7966	29	8263	30	1654	5	8373*	5	7548*	900	6605*	886	161	0166	39	9015
8093	22	8193*	29	7995*	28	8293	30	1659	6	8368*	6	6648	897	5719	882	162	0005*	38	8986
8122	23	8222	30	8023	29	8323	30	1665*	5	8362	5	5751	894	4837	879	161	2,3 9843	37	8957
8151	24	8252*	30	8052*	29	8353	31	1670	6	8357	5	4857	891	3958*	877	161	9682*	36	8928
0,1 8181*	10.25	0,1 8282*	29	0,1 8081*	28	0,1 8384*	30	1,0 1676*	5	0,9 8352*	5	5,4 3966*	888	5,5 3081	873	161	2,3 9521*	79.35	1,3 8899
8210*	26	8311	30	8109	29	8414*	30	1681	6	8347*	6	3078*	886	2208*	871	161	9360*	34	8870
8239*	27	8341*	29	8138*	28	8444*	30	1687*	5	8341	5	2192*	883	1337*	869	160	9199	33	8841*
8268*	28	8370	30	8166	29	8474*	30	1692	6	8336	5	1309	880	0468	865	160	9039	32	8812*
8297*	29	8400*	29	8195*	29	8504*	30	1698*	5	8331*	6	0429	877	5,4 9603	863	160	8879	31	8783*
0,1 8326*	10.30	0,1 8429	30	0,1 8224*	28	0,1 8534*	30	1,0 1703	6	0,9 8325	5	5,3 9552*	875	5,4 8740	859	159	2,3 8719	79.30	1,3 8754*
8355	31	8459*	30	8252	29	8564*	30	1709*	5	8320	5	8677	872	7881*	858	159	8560*	29	8725*
8384	32	8489*	29	8281*	28	8594	30	1714	6	8315*	5	7805	869	7023	854	159	8401*	28	8695
8413	33	8518	30	8309	29	8624	30	1720*	5	8310*	6	6936	866	6169	852	159	8242*	27	8666
8442	34	8548*	29	8338*	29	8654	30	1725	6	8304	5	6070*	864	5317	849	159	8083*	26	8637
0,1 8471	10.35	0,1 8577	30	0,1 8367*	28	0,1 8684	30	1,0 1731*	5	0,9 8299*	5	5,3 5206	861	5,4 4468	846	158	2,3 7924	79.25	1,3 8608
8500	36	8607*	30	8395	29	8714	31	1736	6	8294*	6	4345	858	3622*	844	158	7766	24	8579
8530*	37	8637*	29	8424*	28	8745*	30	1742*	5	8288	5	3487*	856	2778	841	158	7608	23	8550
8559*	38	8666	30	8452	29	8775*	30	1747	6	8283*	6	2631	853	1937	838	157	7450	22	8521*
0500*	39	0090*	29	8481*	28	0805*	30	1753*	5	8277	5	1770	850	1099	836	157	7293*	21	8491*
0,1 8617*	10.40	0,1 8725	30	0,1 8509	29	0,1 8835*	30	1,0 1758	6	0,9 8272	5	5,3 0928*	848	5,4 0263	833	157	2,3 7136*	79.20	1,3 8463*
8646*	41	8755*	30	8538	29	8865	30	1764*	5	8267*	6	0080	845	5,3 9430	830	157	6979*	19	8434*
8675	42	8785*	29	8567*	28	8895	30	1769	6	8261	5	5,2 9235	842	8600*	828	157	6822*	18	8405*
8704	43	8814	30	8595	29	8925	30	1775	6	8256*	6	8393*	840	7772*	825	156	6665	17	8376*
8733	44	8844*	29	8624*	28	8955	31	1781*	5	8250	5	7553*	838	6947*	823	156	6509*	16	8346
0,1 8762	10.45	0,1 8873	30	0,1 8652	29	0,1 8986*	30	1,0 1786	6	0,9 8245	5	5,2 6715	835	5,3 6124*	820	156	2,3 6353*	79.15	1,3 8317
8791	46	8903*	30	8681*	29	9016*	30	1792*	6	8240*	6	5880	832	5304*	818	156	6197	14	8288
8820	47	8933*	29	8710*	28	9046*	30	1798*	5	8234	5	5048	830	4486	815	155	6041	13	8259
8850*	48	8962	30	8738	29	9076	30	1803	6	8229*	6	4218	827	3671	812	155	5886	12	8230
8879*	49	8992*	29	8767*	28	9106	30	1809*	6	8223	5	3391	825	2859*	810	155	5731*	11	8201*
0,1 8908*	10.50	0,1 9021	30	0,1 8795	29	0,1 9136	30	1,0 1815*	5	0,9 8218*	6	5,2 2566	822	5,3 2049*	808	155	2,3 5576	79.10	1,3 8172*
8937*	51	9051	30	8824*	28	9166	31	1820	6	8212	5	1744	819	1241	805	154	5421	9	8143*
8966*	52	9081*	29	8852	29	9197*	30	1826*	6	8207*	6	0925*	818	0436	802	154	5267	8	8114*
8995	53	9110	30	8881*	29	9227*	30	1832*	5	8201	5	0107	814	5,2 9634*	801	154	5113*	7	8085*
9024	54	9140*	30	8910*	28	9257*	30	1837	6	8196*	6	5,1 9293*	813	8833	797	154	4959*	6	8056*
0,1 9053	10.55	0,1 9170*	29	0,1 8938	29	0,1 9287	30	1,0 1843*	6	0,9 8190	5	5,1 8480	809	5,2 8036*	795	153	2,3 4805	79. 5	1,3 8026
9082	56	9199	30	8967*	28	9317	30	1849*	5	8185*	6	7671*	808	7241*	793	154	4653*	4	7997
9111	57	9229*	29	8995	29	9347	31	1854	6	8179	5	6863	805	6448*	790	153	4498	3	7968
9140	58	9258	30	9024*	28	9378*	30	1860	6	8174*	6	6058	802	5658*	788	152	4345	2	7939
9170*	59	9288	30	9052	29	9408*	30	1866*	6	8168	5	5256*	801	4870*	786	153	4193*	1	7910
0,1 9199*	10.60	0,1 9318*		0,1 9081*		0,1 9438		1,0 1872*		0,9 8163*		5,1 4455		5,2 4084			2,3 4040	79. 0	1,3 7881
x = 79°				cos x	D	cot x	D	coséc x	D	sin x	D	tang x	D	séc x	D	D	R = 1	d. m.	R = 1
L x = 2,3 4040				Séh L x		Coséh L x		Coth L x		Tah L x		Sih L x		Cosh L x			L x		x

x (R = 1)	d.m.	Lx (R = 1)	D	sin x / TahLx	D	tang x / SihLx	D	séc x / CoshLx	D	cos x / SéhLx	D	cot x / CoséhLx	D	coséc x / CothLx	D	x = 11°	Lx = 0,1 9318*		
0,1 9199*	11. 0	0,1 9318*	29	0,1 9081*	28	0,1 9438	30	1,0 1872*	5	0,9 8163*	6	5,1 4455	797	5,2 4084	783	152	2,3 4040	78.60	1,3 7881
9228*	1	9347	30	9109	29	9468	30	1877	6	8157	5	3658*	796	3301	781	152	3888*	59	7852
9257*	2	9377*	30	9138	29	9498	31	1883	6	8152*	6	2862	793	2520	778	152	3736*	58	7823*
9286*	3	9407*	29	9167*	28	9529*	30	1889*	6	8146	6	2069	790	1742	776	152	3584*	57	7794*
9315*	4	9436	30	9195	29	9559*	30	1895*	6	8140	5	1279*	789	0966	773	151	3432	56	7765*
0,1 9344	11. 5	0,1 9466*	29	0,1 9224*	28	0,1 9589	30	1,0 1901*	5	0,9 8135*	6	5,1 0490	786	5,2 0193*	772	152	2,3 3281*	78.55	1,3 7736*
9373	6	9495	30	9252	29	9619	30	1906	6	8129	5	5,0 9704	783	5,1 9421	769	151	3129	54	7706
9402	7	9525	30	9281*	28	9649	31	1912	6	8124*	6	8921*	782	8652	766	150	2978	53	7677
9431	8	9555*	29	9309	29	9680*	30	1918	6	8118	6	8139	779	7886*	765	151	2828	52	7648
9460	9	9584	30	9338*	28	9710*	30	1924*	6	8112	5	7360	776	7121	762	150	2677	51	7619
0,1 9490*	11.10	0,1 9614	30	0,1 9366	29	0,1 9740	30	1,0 1930*	6	0,9 8107*	6	5,0 6584*	775	5,1 6359	760	150	2,3 2527*	78.50	1,3 7590
9519*	11	9644*	29	9395*	28	9770	31	1936*	5	8101	5	5809	772	5599	757	150	2377*	49	7561
9548*	12	9673	30	9423	29	9801*	30	1941	6	8096*	6	5037*	770	4842*	755	150	2227*	48	7532*
9577*	13	9703	30	9452*	29	9831*	30	1947	6	8090*	6	4267*	768	4087*	753	149	2077	47	7503*
9606*	14	9733*	29	9481*	28	9861*	30	1953	6	8084	5	3499	765	3334*	751	149	1928*	46	7474*
0,1 9635*	11.15	0,1 9762	30	0,1 9509	29	0,1 9891	30	1,0 1959	6	0,9 8079*	6	5,0 2734*	763	5,1 2583	748	149	2,3 1779*	78.45	1,3 7445*
9664	16	9792	30	9538*	28	9921	31	1965	6	8073*	6	1971*	761	1835*	747	149	1630*	44	7416*
9693	17	9822*	29	9566	29	9952*	30	1971*	6	8067	6	1210*	759	1088	744	149	1481*	43	7387*
9722	18	9851	30	9595*	28	9982*	30	1977*	6	8061	5	0451	756	0344	742	148	1332	42	7357
9751	19	9881	30	9623	29	0,2 0012	30	1983*	6	8056*	6	4,9 9695*	755	5,0 9602	739	148	1184*	41	7328
0,1 9780	11.20	0,1 9911*	29	0,1 9652*	28	0,2 0042	31	1,0 1989*	6	0,9 8050	6	4,9 8940	752	5,0 8863*	738	148	2,3 1036*	78.40	1,3 7299
9809	21	9940	30	9680	29	0073*	30	1995*	6	8044	5	8188	750	8125	735	148	0888*	39	7270
9839*	22	9970*	30	9709*	28	0103	30	2001*	6	8039*	6	7438	748	7390	733	147	0740	38	7241
9868*	23	0,2 0000*	29	9737	29	0133	31	2007*	6	8033*	6	6690	745	6657	731	148	0593*	37	7212*
9897*	24	0029	30	9766*	28	0164*	30	2013*	6	8027	6	5945*	744	5926	729	147	0445	36	7183*
0,1 9926*	11.25	0,2 0059	30	0,1 9794	29	0,2 0194*	30	1,0 2019*	6	0,9 8021	5	4,9 5201	741	5,0 5197	726	146	2,3 0298	78.35	1,3 7154*
9955*	26	0089*	29	9823*	28	0224	30	2025*	6	8016*	6	4460*	739	4471*	725	147	0152*	34	7125*
9984	27	0118	30	9851	29	0254	31	2031*	6	8010*	6	3721*	737	3746	722	147	0005*	33	7096*
0,2 0013	28	0148	30	9880*	28	0285*	30	2037*	6	8004	6	2984*	735	3024*	721	146	2,2 9858	32	7067*
0042	29	0178*	29	9908	29	0315*	30	2043*	6	7998	6	2249*	733	2303	718	146	9712	31	7037
0,2 0071	11.30	0,2 0207	30	0,1 9937*	28	0,2 0345	31	1,0 2049*	6	0,9 7992	5	4,9 1516*	731	5,0 1585	716	146	2,2 9566	78.30	1,3 7008
0100	31	0237	30	9965	29	0376*	30	2055*	6	7987*	6	0785*	729	0869	714	145	9420	29	6979
0129	32	0267*	29	9994*	28	0406*	30	2061*	6	7981*	6	0056	726	0155	712	146	9275*	28	6950
0159*	33	0296	30	0,2 0022	29	0436	30	2067*	6	7975	6	4,8 9330*	725	4,9 9443	710	145	9129	27	6921
0188*	34	0326	30	0051*	28	0466	31	2073*	6	7969	6	8605*	723	8733	708	145	8984	26	6892*
0,2 0217*	11.35	0,2 0356*	30	0,2 0079	29	0,2 0497*	30	1,0 2079*	6	0,9 7963	5	4,8 7882	720	4,9 8025	705	144	2,2 8839	78.25	1,3 6863
0246*	36	0386*	29	0108*	28	0527	30	2085	6	7958*	6	7162	718	7320*	704	145	8695*	24	6834*
0275*	37	0415	30	0136	29	0557	31	2091	6	7952*	6	6444*	717	6616*	702	144	8550*	23	6805*
0304*	38	0445*	30	0165*	28	0588*	30	2097	6	7946*	6	5727	714	5914	699	145	8406*	22	6776*
0333	39	0475*	29	0193	29	0618	30	2103	7	7940*	6	5013*	713	5215*	698	144	8261	21	6747*
0,2 0362	11.40	0,2 0504	30	0,2 0222*	28	0,2 0648	31	1,0 2110*	6	0,9 7934	6	4,8 4300	710	4,9 4517*	696	143	2,2 8117	78.20	1,3 6717
0391	41	0534	30	0250	29	0679*	30	2116	6	7928	6	3590	708	3821	693	144	7974*	19	6688
0420	42	0564*	29	0279*	28	0709	30	2122*	6	7922	6	2882*	707	3128*	692	143	7830	18	6659
0449	43	0593	30	0307	29	0739	31	2128*	6	7916	6	2175	704	2436*	690	143	7687*	17	6630
0479*	44	0623	30	0336*	28	0770*	30	2134	6	7910	5	1471*	702	1746	688	143	7544*	16	6601
0,2 0508*	11.45	0,2 0653*	30	0,2 0364	29	0,2 0800	30	1,0 2140	6	0,9 7905*	6	4,8 0769*	701	4,9 1058	685	143	2,2 7401*	78.15	1,3 6572
0537*	46	0683*	29	0393*	28	0830	31	2146	7	7899*	6	0068	698	0373*	684	143	7258	14	6543*
0566*	47	0712	30	0421	29	0861*	30	2153*	6	7893*	6	4,7 9370*	697	4,8 9689*	682	142	7115	13	6514*
0595*	48	0742	30	0450*	28	0891	30	2159*	6	7887*	6	8673*	695	9007	680	142	6973	12	6485*
0624*	49	0772*	29	0478	29	0921	31	2165	6	7881*	6	7978	692	8327	678	142	6831*	11	6456*
0,2 0653	11.50	0,2 0801	30	0,2 0507*	28	0,2 0952*	30	1,0 2171	7	0,9 7875*	6	4,7 7286*	691	4,8 7649	676	142	2,2 6689	78.10	1,3 6427*
0682	51	0831	30	0535	28	0982	31	2178*	6	7869*	6	6595*	689	6973*	674	141	6547	9	6397
0711	52	0861*	30	0563	29	1013*	30	2184*	6	7863*	6	5906	687	6299*	672	142	6406*	8	6368
0740	53	0891*	29	0592*	28	1043*	30	2190	6	7857*	6	5219	685	5627*	671	141	6264	7	6339
0769	54	0920	30	0620	29	1073	31	2196	7	7851*	6	4534	683	4956	668	141	6123	6	6310
0,2 0799*	11.55	0,2 0950	30	0,2 0649*	28	0,2 1104*	30	1,0 2203*	6	0,9 7845*	6	4,7 3851*	681	4,8 4288*	667	141	2,2 5982	78. 5	1,3 6281
0828*	56	0980*	30	0677	29	1134	30	2209*	6	7839*	6	3170*	680	3621	665	140	5841	4	6252
0857*	57	1010*	29	0706*	28	1164	31	2215	6	7833*	6	2490	677	2956	662	141	5701*	3	6223*
0886*	58	1039	30	0734	29	1195*	30	2221	7	7827*	6	1813*	676	2294*	661	140	5560	2	6194*
0915*	59	1069	30	0763*	28	1225	31	2228*	6	7821*	6	1137*	674	1633*	660	140	5420	1	6165*
0,2 0944*	11.60	0,2 1099*		0,2 0791		0,2 1256*		1,0 2234		0,9 7815*		4,7 0463		4,8 0973			2,2 5280	78. 0	1,3 6136*
x = 78°	Lx = 2,2 5280			cos x / SéhLx	D	cot x / CoséhLx	D	coséc x / CothLx	D	sin x / TahLx	D	tang x / SihLx	D	séc x / CoshLx	D	D	Lx (R = 1)	d.m.	x (R = 1)

x R = 1	x d. m.	Lx R = 1	D	sin x TabLx	D	tang x SibLx	D	séc x CoshLx	D	cos x SéhLx	D	cot x CoséhLx	D	coséc x CothLx	D	x = 12°, Lx = 0,2 1099·: D	Lx R = 1	x d. m.	x R = 1
0,2 0944*	12. 0	0,2 1099*	29	0,2 0791	29	0,2 1256*	30	1,0 2234	6	0,9 7815*	6	4,7 0463	672	4,8 0973	657	140	2,2 5280	77.60	1,3 6136*
0973	1	1128	30	0820*	28	1286	30	2240	7	7809*	6	4,6 9791*	670	0316	655	139	5140	59	6107*
1002	2	1158	30	0848	29	1316	31	2247*	6	7803*	6	9121*	669	4,7 9661*	654	140	5001*	58	6078*
1031	3	1188*	30	0877*	28	1347*	30	2253	6	7797*	6	8452	666	9007	652	139	4861	57	6048
1060	4	1218*	29	0905*	28	1377	31	2259	7	7791*	7	7786*	665	8355	650	139	4722	56	6019
0,2 1089	12. 5	0,2 1247	30	0,2 0933	29	0,2 1408*	30	1,0 2266*	6	0,9 7784	6	4,6 7121	663	4,7 7705	648	139	2,2 4583	77.55	1,3 5990
1118	6	1277	30	0962*	28	1438	31	2272	7	7778	6	6458	661	7057*	646	138	4444	54	5961
1148*	7	1307*	30	0990	29	1469*	30	2279*	6	7772	6	5797	659	6411*	645	139	4306*	53	5932
1177*	8	1337*	29	1019*	28	1499	30	2285*	6	7766	6	5138*	658	5766*	643	138	4167	52	5903*
1206*	9	1366	30	1047	29	1529	31	2291	7	7760*	6	4480	655	5123	641	138	4029*	51	5874*
0,2 1235*	12.10	0,2 1396	30	0,2 1076*	28	0,2 1560*	30	1,0 2298*	6	0,9 7754*	6	4,6 3825*	654	4,7 4482	639	138	2,2 3891*	77.50	1,3 5845*
1264*	11	1426	30	1104	28	1590	31	2304	7	7748*	6	3171*	653	3843*	638	138	3753*	49	5816*
1293	12	1456*	30	1132	29	1621*	30	2311*	6	7742*	7	2518	650	3205	636	138	3615*	48	5787*
1322	13	1486*	29	1161*	28	1651	31	2317	6	7735	6	1868*	649	2569	634	137	3477	47	5758*
1351	14	1515	30	1189	29	1682*	30	2323	7	7729	6	1219	647	1935	632	137	3340	46	5728
0,2 1380	12.15	0,2 1545	30	0,2 1218*	28	0,2 1712	31	1,0 2330*	6	0,9 7723	6	4,6 0572	645	4,7 1303	630	137	2,2 3203*	77.45	1,3 5699
1409	16	1575*	30	1246	29	1743*	30	2336	7	7717*	6	4,5 9927*	644	0673*	629	137	3066*	44	5670
1438	17	1605*	29	1275*	28	1773	31	2343*	6	7711*	6	9283	642	0044*	627	137	2929	43	5641
1468*	18	1634	30	1303	28	1804*	30	2349	7	7705*	7	8641	640	4,6 9417*	626	136	2792	42	5612
1497*	19	1664	30	1331	29	1834*	30	2356*	6	7698	6	8001	638	8791	624	136	2656*	41	5583*
0,2 1526*	12.20	0,2 1694*	30	0,2 1360*	28	0,2 1864	31	1,0 2362	7	0,9 7692	6	4,5 7363*	637	4,6 8167	622	136	2,2 2520*	77.40	1,3 5554*
1555*	21	1724*	29	1388	29	1895*	30	2369*	6	7686*	6	6726	635	7545	620	136	2384*	39	5525*
1584*	22	1753	30	1417*	28	1925	31	2375	7	7680*	7	6091	633	6925	618	136	2248*	38	5496*
1613*	23	1783	30	1445	29	1956*	30	2382*	6	7673	6	5458*	632	6307*	617	136	2112*	37	5467*
1642	24	1813	30	1474*	28	1986	31	2388	7	7667	6	4826	630	5690	616	135	1976	36	5438*
0,2 1671	12.25	0,2 1843*	30	0,2 1502*	28	0,2 2017*	30	1,0 2395	7	0,9 7661*	6	4,5 4196	628	4,6 5074	613	135	2,2 1841	77.35	1,3 5408
1700	26	1873*	29	1530	29	2047	31	2402*	6	7655*	7	3568*	627	4461*	612	135	1706*	34	5379
1729	27	1902	30	1559*	28	2078*	30	2408	7	7648	6	2941	625	3849*	611	135	1571*	33	5350
1758	28	1932	30	1587	29	2108	31	2415*	6	7642	6	2316	623	3238	608	135	1436*	32	5321
1788*	29	1962*	30	1616*	28	2139*	30	2421	7	7636*	6	1693*	622	2630*	607	134	1301	31	5292
0,2 1817*	12.30	0,2 1992*	30	0,2 1644*	28	0,2 2169	31	1,0 2428*	7	0,9 7630*	7	4,5 1071*	620	4,6 2023*	606	135	2,2 1167*	77.30	1,3 5263
1846*	31	2022*	29	1672	29	2200*	31	2435*	6	7623	6	0451*	619	1417	604	134	1032	29	5234*
1875*	32	2051	30	1701*	28	2231*	30	2441	7	7617*	6	4,4 9832	617	0813	602	134	0898	28	5205*
1904*	33	2081	30	1729	29	2261	31	2448*	6	7611*	7	9215	615	0211	600	133	0764	27	5176*
1933*	34	2111*	30	1758*	28	2292*	30	2454	7	7604	6	8600	614	4,5 9611*	599	134	0631*	26	5147*
0,2 1962	12.35	0,2 2141*	30	0,2 1786*	28	0,2 2322	31	1,0 2461	7	0,9 7598	6	4,4 7986	612	4,5 9012*	596	133	2,2 0497	77.25	1,3 5118*
1991	36	2171*	29	1814	29	2353*	30	2468*	6	7592*	7	7374	610	8414	595	134	0364*	24	5088
2020	37	2200	30	1843*	28	2383	31	2474	7	7585	6	6764*	609	7819*	595	133	0230	23	5059
2049	38	2230	30	1871	28	2414*	30	2481	7	7579*	6	6155*	607	7224	592	133	0097	22	5030
2078	39	2260	30	1899	29	2444	31	2488*	6	7573*	7	5548*	606	6632*	591	133	2,1 9964	21	5001
0,2 2108*	12.40	0,2 2290*	30	0,2 1928*	28	0,2 2475*	30	1,0 2494	7	0,9 7566	6	4,4 4942*	604	4,5 6041*	590	133	2,1 9832*	77.20	1,3 4972
2137*	41	2320*	29	1956	29	2505	31	2501	7	7560*	7	4338*	603	5451	588	132	9699	19	4943
2166*	42	2349	30	1985*	28	2536*	31	2508*	7	7553	6	3735*	601	4863	586	133	9567*	18	4914*
2195*	43	2379	30	2013*	28	2567*	30	2515*	6	7547	6	3134*	600	4277	585	132	9434	17	4885*
2224*	44	2409	30	2041	29	2597	31	2521	7	7541*	7	2534	598	3692	583	132	9302	16	4856*
0,2 2253*	12.45	0,2 2439*	30	0,2 2070*	28	0,2 2628*	30	1,0 2528	7	0,9 7534	6	4,4 1936	596	4,5 3109	582	131	2,1 9170	77.15	1,3 4827*
2282	46	2469*	30	2098	28	2658	31	2535*	7	7528*	7	1340*	595	2527	580	132	9039*	14	4798*
2311	47	2499*	29	2126	29	2689*	30	2542*	6	7521	6	0745	593	1947	579	131	8907	13	4769*
2340	48	2528	30	2155*	28	2719	31	2548	7	7515*	7	0152*	592	1368	577	131	8776*	12	4739
2369	49	2558	30	2183	29	2750	31	2555	7	7508	6	4,3 9560*	591	0791	575	131	8645*	11	4710
0,2 2398	12.50	0,2 2588	30	0,2 2212*	28	0,2 2781*	30	1,0 2562*	7	0,9 7502	6	4,3 8969	588	4,5 0216*	574	131	2,1 8514*	77.10	1,3 4681
2427	51	2618*	30	2240*	28	2811	31	2569*	7	7496*	7	8381*	588	4,4 9642*	573	131	8383*	9	4652
2457*	52	2648*	30	2268	29	2842*	30	2576*	6	7489	6	7793	586	9069*	571	131	8252*	8	4623
2486*	53	2678*	29	2297*	28	2872	31	2582	7	7483*	7	7207	585	8498*	570	130	8121	7	4594*
2515*	54	2707	30	2325	28	2903	31	2589	7	7476	6	6623*	583	7928	568	130	7991*	6	4565*
0,2 2544*	12.55	0,2 2737	30	0,2 2353	29	0,2 2934*	30	1,0 2596	7	0,9 7470*	7	4,3 6040	581	4,4 7360*	567	130	2,1 7861*	77. 5	1,3 4536*
2573*	56	2767	30	2382*	28	2964	31	2603*	7	7463	6	5459*	580	6793	565	130	7731*	4	4507*
2602	57	2797*	30	2410	28	2995*	31	2610*	7	7457*	7	4879*	579	6228	564	130	7601*	3	4478*
2631	58	2827*	30	2438	29	3026*	30	2617*	7	7450	6	4300	577	5664	562	129	7471	2	4449*
2660	59	2857*	29	2467*	28	3054*	31	2624*	6	7444*	7	3723	575	5102*	561	130	7342*	1	4419
0,2 2689	12.60	0,2 2886		0,2 2495		0,2 3087*		1,0 2630		0,9 7437		4,3 3148*		4,4 4541			2,1 7212	77. 0	1,3 4390
x = 77°, Lx = 2,1 7212				cos x SéhLx	D	cot x CoséhLx	D	coséc x CothLx	D	sin x TahLx	D	tang x SibLx	D	séc x CoshLx	D	D	Lx R = 1	x d. m.	x R = 1

x R = 1	x d. m.	L x R = 1	D	sin x TabL x	D	tang x SihL x	D	séc.x CoshL x	D	cos x SéhL x	D	cot x CoséhL x	D	cosée x CothL x	D	x = 13° L x = 0,2 2886 D			
0,2 2689	13. 0	0,2 2886	30	0,2 2495	28	0,2 3087*	30	1,0 2630	7	0,9 7437	7	4,3 3148*	575	4,4 4541	559	129	2,1 7212	76.60	1,3 4390
2718	1	2916	30	2523	29	3117	31	2637	7	7430	6	2573	572	3982*	558	129	7083*	59	4361
2747	2	2946	30	2552*	28	3148	31	2644	7	7424*	7	2001*	571	3424*	557	129	6954*	58	4332
2777*	3	2976	30	2580	28	3179*	30	2651	7	7417	6	1430*	570	2867	555	129	6825*	57	4303
2806*	4	3006*	30	2608	29	3209	31	2658	7	7411*	7	0860*	569	2312	553	128	6696	56	4274*
0,2 2835*	13. 5	0,2 3036*	30	0,2 2637*	28	0,2 3240	31	1,0 2665*	7	0,9 7404	6	4,3 0291	567	4,4 1759*	553	129	2,1 6568*	76.55	1,3 4245*
2864*	6	3066*	30	2665	28	3271*	30	2672*	7	7398*	7	4,2 9724	565	1206	550	128	6439	54	4216*
2893*	7	3096*	29	2693	29	3301	31	2679*	7	7391*	7	9159*	564	0656*	550	128	6311*	53	4187*
2922*	8	3125	30	2722*	28	3332	31	2686*	7	7384	6	8595*	563	0106	548	128	6183*	52	4158*
2951	9	3155	30	2750	28	3363*	30	2693*	7	7378*	7	8032*	561	4,3 9558	546	128	6055*	51	4129*
0,2 2980	13.10	0,2 3185	30	0,2 2778	29	0,2 3393	31	1,0 2700*	7	0,9 7371	6	4,2 7471*	560	4,3 9012*	546	127	2,1 5927	76.50	1,3 4099
3009	11	3215	30	2807*	28	3424	31	2707*	7	7365*	7	6911*	559	8466	543	128	5800*	49	4070
3038	12	3245*	30	2835	28	3455*	30	2714*	7	7358*	7	6352	557	7923*	543	127	5672	48	4041
3067	13	3275*	30	2863	29	3485	31	2721*	7	7351	6	5795	556	7380	541	127	5545*	47	4012
3097*	14	3305*	30	2892*	28	3516	31	2728*	7	7345*	7	5239	554	6839	540	127	5418*	46	3983
0,2 3126*	13.15	0,2 3335*	29	0,2 2920	28	0,2 3547*	31	1,0 2735*	7	0,9 7338*	7	4,2 4685*	552	4,3 6299	538	127	2,1 5291*	76.45	1,3 3954
3155*	16	3364	30	2948	29	3578*	30	2742*	7	7331	6	4132*	552	5761	537	127	5164*	44	3925*
3184*	17	3394	30	2977*	28	3608	31	2749*	7	7325*	7	3580	550	5224	535	126	5037	43	3896*
3213*	18	3424	30	3005*	28	3639*	31	2756	7	7318*	7	3030*	549	4689*	535	127	4911*	42	3867*
3242*	19	3454	30	3033	29	3670*	30	2763	7	7311	7	2481*	548	4154	532	128	4784	41	3838*
0,2 3271	13.20	0,2 3484*	30	0,2 3062*	28	0,2 3700	31	1,0 2770	7	0,9 7304	6	4,2 1933	546	4,3 3622*	532	126	2,1 4658*	76.40	1,3 3809*
3300	21	3514*	30	3090*	28	3731	31	2777	7	7298*	7	1387*	545	3090*	530	126	4532*	39	3779
3329	22	3544*	30	3118	28	3762*	31	2784	7	7291	7	0842*	544	2560*	529	126	4406	38	3750
3358	23	3574*	30	3146	29	3793*	30	2791	8	7284	6	0298	542	2031*	528	126	4280	37	3721
3387	24	3604*	29	3175*	28	3823	31	2799*	7	7278*	7	4,1 9756	541	1503	526	126	4155*	36	3692
0,2 3417*	13.25	0,2 3633	30	0,2 3203	28	0,2 3854	31	1,0 2806*	7	0,9 7271*	7	4,1 9215	540	4,3 0977	525	125	2,1 4029	76.35	1,3 3663
3446*	26	3663	30	3231	29	3885*	31	2813*	7	7264	7	8675	538	0452	523	125	3904*	34	3634
3475*	27	3693	30	3260*	28	3916*	30	2820	7	7257	6	8137	537	4,2 9929*	523	125	3779*	33	3605*
3504*	28	3723	30	3288*	28	3946	31	2827	7	7251*	7	7600	536	9406	521	125	3654*	32	3576*
3533*	29	3753	30	3316	29	3977	31	2834	8	7244*	7	7064	534	8885	519	125	3529*	31	3547*
0,2 3562*	13.30	0,2 3783	30	0,2 3345*	28	0,2 4008*	31	1,0 2842*	7	0,9 7237*	7	4,1 6530*	533	4,2 8366*	519	124	2,1 3404	76.30	1,3 3518*
3591	31	3813*	30	3373*	28	4039*	30	2849*	7	7230	7	5997*	532	7847	517	125	3280*	29	3489*
3620	32	3843*	30	3401	28	4069	31	2856*	7	7223	6	5465	531	7330	516	124	3155	28	3460*
3649	33	3873*	30	3429	29	4100	31	2863	7	7217*	7	4934	529	6814	514	124	3031	27	3430
3678	34	3903*	30	3458*	28	4131*	31	2870	8	7210*	7	4405	528	6300*	513	124	2907	26	3401
0,2 3707	13.35	0,2 3933*	30	0,2 3486*	28	0,2 4162*	31	1,0 2878*	7	0,9 7203*	7	4,1 3877	527	4,2 5787*	512	124	2,1 2783	76.25	1,3 3372
3736	36	3963*	29	3514	28	4193*	30	2885*	7	7196	7	3350	525	5275*	511	123	2659	24	3343
3766*	37	3992	30	3542	29	4223	31	2892	7	7189	7	2825*	524	4764	509	124	2536*	23	3314
3795*	38	4022	30	3571*	28	4254	31	2899	8	7182	6	2301*	523	4255*	509	123	2412	22	3285*
3824*	39	4052	30	3599	28	4285*	31	2907*	7	7176*	7	1778*	522	3746	507	123	2289*	21	3256*
0,2 3853*	13.40	0,2 4082	30	0,2 3627	29	0,2 4316*	31	1,0 2914*	7	0,9 7169*	7	4,1 1256	520	4,2 3239	505	123	2,1 2166*	76.20	1,3 3227*
3882*	41	4112	30	3656*	28	4347*	30	2921	7	7162*	7	0736*	520	2734*	505	123	2043*	19	3198*
3911	42	4142	30	3684*	28	4377	31	2928	8	7155*	7	0216	517	2229	503	123	1920*	18	3169*
3940	43	4172	30	3712	28	4408	31	2936*	7	7148	7	4,0 9699*	517	1726	502	123	1797	17	3140*
3969	44	4202	30	3740	29	4439	31	2943	7	7141	7	9182*	516	1224	501	122	1674	16	3110
0,2 3998	13.45	0,2 4232*	30	0,2 3769*	28	0,2 4470*	31	1,0 2950	8	0,9 7134	7	4,0 8666	514	4,2 0723	499	122	2,1 1552*	76.15	1,3 3081
4027	46	4262*	30	3797*	28	4501*	31	2958*	7	7127	7	8152*	513	0224*	499	122	1430*	14	3052
4056	47	4292*	30	3825	28	4532*	30	2965	7	7120	7	7639*	512	4,1 9725	497	123	1308*	13	3023
4086*	48	4322*	30	3853	29	4562	31	2972	8	7113	7	7127	511	9228	495	121	1185	12	2994
4115*	49	4352*	30	3882*	28	4593	31	2980*	7	7106	6	6616	509	8733*	495	122	1064*	11	2965
0,2 4144*	13.50	0,2 4382*	30	0,2 3910*	28	0,2 4624	31	1,0 2987	7	0,9 7100*	7	4,0 6107	508	4,1 8238*	494	122	2,1 0942*	76.10	1,3 2936*
4173*	51	4412*	30	3938	28	4655*	31	2994	8	7093*	7	5599*	507	7744	492	121	0820	9	2907*
4202*	52	4442*	30	3966	29	4686*	31	3002*	7	7086*	7	5092*	506	7252	491	121	0699*	8	2878*
4231*	53	4472*	30	3995*	28	4717*	30	3009	8	7079*	7	4586*	505	6761	490	122	0578*	7	2849*
4260	54	4502*	30	4023*	28	4747	31	3017*	7	7072*	7	4081	503	6271	489	121	0456	6	2820*
0,2 4289	13.55	0,2 4532*	30	0,2 4051	28	0,2 4778	31	1,0 3024	8	0,9 7065*	7	4,0 3578*	502	4,1 5782	487	121	2,1 0335	76. 5	1,3 2790
4318	56	4562*	30	4079	29	4809	31	3032*	7	7058*	7	3076*	502	5295*	486	120	0214	4	2761
4347	57	4592*	29	4108*	28	4840	31	3039*	7	7051*	7	2574	500	4809*	486	121	0094*	3	2732
4376	58	4621	30	4136*	28	4871	31	3046	8	7044*	7	2074	498	4323	484	120	2,0 9973	2	2703
4406*	59	4651	30	4164*	28	4902*	31	3054*	7	7037*	7	1576*	498	3839	482	121	9853*	1	2674
0,2 4435*	13.60	0,2 4681		0,2 4192		0,2 4933*		1,0 3061		0,9 7030*		4,0 1078		4,1 3357*			2,0 9732	76. 0	1,3 2645
x = 76° L x = 2,0 9732				cos x SéhL x	D	cot x CoséhL x	D	coséc x CothL x	D	sin x TahL x	D	tang x SihL x	D	séc x CoshL x	D	D	R = 1	d. m.	R = 1
																	L x		x

x R = 1	d. m.	L x R = 1	D	sin x Tah L x	D	tang x Sih L x	D	séc x Cosh L x	D	cos x Séh L x	D	cot x Coséh L x	D	coséc x Coth L x	D	x = 14° L x = 0,2 4681			
0,2 4435*	14. 0	0,2 4681	30	0,2 4192	28	0,2 4933*	31	1,0 3061	8	0,9 7030*	7	4,0 1078	496	4,1 3357*	482	120	2,0 9732	75.60	1,3 2645
4464*	1	4711	30	4220	29	4964*	31	3069*	7	7023*	8	0582*	496	2875*	481	120	9612	59	2616*
4493*	2	4741	30	4249*	28	4995*	31	3076	8	7015	7	0086	494	2394	479	120	9492	58	2587*
4522*	3	4771	30	4277*	28	5026*	30	3084*	7	7008	7	3,9 9592	493	1915*	478	119	9372	57	2558*
4551*	4	4801	30	4305	28	5056	31	3091	8	7001	7	9099	492	1437*	477	120	9253*	56	2529*
0,2 4580	14. 5	0,2 4831	30	0,2 4333	29	0,2 5087	31	1,0 3099*	7	0,9 6994	7	3,9 8607	490	4,1 0960*	476	120	2,0 9133*	75.55	1,3 2500*
4609	6	4861	30	4362*	28	5118	31	3106	8	6987	7	8117*	490	0484*	475	119	9013	54	2470
4638	7	4891	30	4390*	28	5149	31	3114*	7	6980	7	7627	488	0009*	474	119	8894	53	2441
4667	8	4921	30	4418*	28	5180	31	3121	8	6973	7	7139*	488	4,0 9535	472	119	8775*	52	2412
4696	9	4951	30	4446	28	5211	31	3129	8	6966*	7	6651	486	9063*	472	119	8656*	51	2383
0,2 4725	14.10	0,2 4981	30	0,2 4474	29	0,2 5242*	31	1,0 3137*	7	0,9 6959*	7	3,9 6165	485	4,0 8591	470	119	2,0 8537*	75.50	1,3 2354
4755*	11	5011	30	4503*	28	5273*	31	3144	8	6952*	7	5680	484	8121*	469	118	8418	49	2325
4784*	12	5041	30	4531*	28	5304*	31	3152*	7	6945*	8	5196	483	7652*	468	119	8300*	48	2296*
4813	13	5071	30	4559*	28	5335*	31	3159	8	6937	7	4713	481	7184*	467	118	8181	47	2267*
4842*	14	5101	30	4587	28	5366*	31	3167*	8	6930	7	4232*	481	6717*	466	119	8063*	46	2238*
0,2 4871*	14.15	0,2 5131	30	0,2 4615	29	0,2 5397*	31	1,0 3175*	7	0,9 6923	7	3,9 3751*	480	4,0 6251*	465	118	2,0 7944	75.45	1,3 2209*
4900	16	5161	30	4644*	28	5428*	31	3182	8	6916*	7	3271	478	5786	464	118	7826	44	2180*
4929	17	5191	30	4672*	28	5459*	31	3190*	8	6909*	7	2793*	477	5322	462	118	7708	43	2151*
4958	18	5221	30	4700*	28	5490*	31	3198*	7	6902*	8	2316*	477	4860*	462	117	7590	42	2121
4987	19	5251	30	4728	28	5521*	31	3205	8	6894	7	1839	475	4398	460	118	7473*	41	2092
0,2 5016	14.20	0,2 5281	30	0,2 4756	28	0,2 5552*	31	1,0 3213*	7	0,9 6887	7	3,9 1364	474	4,0 3938	459	117	2,0 7355	75.40	1,3 2063
5045	21	5311	31	4784	29	5583*	31	3220	8	6880*	7	0890	473	3479*	459	118	7238*	39	2034
5075*	22	5342*	30	4813*	28	5614*	31	3228	8	6873*	7	0417	472	3020	457	117	7120	38	2005
5104*	23	5372*	30	4841*	28	5645*	31	3236*	8	6866*	8	3,8 9945	471	2563	456	117	7003	37	1976*
5133*	24	5402*	30	4869*	28	5676*	31	3244*	7	6858	7	9474	470	2107	455	117	6886	36	1947*
0,2 5162*	14.25	0,2 5432*	30	0,2 4897	28	0,2 5707*	31	1,0 3251	8	0,9 6851	7	3,8 9004	468	4,0 1652	454	116	2,0 6769	75.35	1,3 1918*
5191*	26	5462*	30	4925	29	5738*	31	3259	8	6844*	7	8536*	468	1198	453	117	6653*	34	1889*
5220	27	5492*	30	4954*	28	5769*	31	3267*	8	6837*	8	8068	467	0745	452	117	6536*	33	1860*
5249	28	5522*	30	4982*	28	5800*	31	3275*	7	6829	7	7601	465	0293	450	116	6419	32	1831*
5278	29	5552*	30	5010*	28	5831*	31	3282	8	6822	7	7136*	465	3,9 9843*	450	116	6303	31	1801
0,2 5307	14.30	0,2 5582*	30	0,2 5038	28	0,2 5862*	31	1,0 3290	8	0,9 6815*	8	3,8 6671	463	3,9 9393*	449	116	2,0 6187*	75.30	1,3 1772
5336	31	5612*	30	5066	28	5893*	31	3298*	8	6807	7	6208*	463	8944	447	116	6071*	29	1743
5365	32	5642*	30	5094	28	5924*	31	3306*	7	6800	7	5745	461	8497*	447	116	5955*	28	1714
5395*	33	5672*	30	5122	29	5955*	31	3313	8	6793*	7	5284*	460	8050*	446	116	5839*	27	1685
5424*	34	5702	30	5151*	28	5986*	31	3321	8	6786*	8	4824*	460	7604	444	115	5723	26	1656
0,2 5453*	14.35	0,2 5732	30	0,2 5179*	28	0,2 6017*	31	1,0 3329	8	0,9 6778	7	3,8 4364	458	3,9 7160*	444	116	2,0 5608*	75.25	1,3 1627*
5482*	36	5762	30	5207*	28	6048	31	3337*	8	6771*	7	3906*	457	6716	442	115	5492	24	1598*
5511*	37	5792	30	5235	28	6079	31	3345*	8	6764*	8	3449*	457	6274*	442	115	5377*	23	1569*
5540*	38	5822	30	5263	28	6110	31	3353*	7	6756	7	2992	455	5832	440	116	5262*	22	1540*
5569	39	5852	30	5291	29	6141	31	3360	8	6749*	7	2537	454	5392*	440	114	5146	21	1511*
0,2 5598	14.40	0,2 5882	30	0,2 5320*	28	0,2 6172	31	1,0 3368	8	0,9 6742*	8	3,8 2083*	453	3,9 4952	438	115	2,0 5032*	75.20	1,3 1481
5627	41	5912	31	5348*	28	6203	32	3376	8	6734	7	1630*	453	4514*	438	115	4917*	19	1452
5656	42	5943*	30	5376*	28	6235*	31	3384*	8	6727*	8	1177	451	4076	436	115	4802	18	1423
5685	43	5973*	30	5404*	28	6266*	31	3392*	8	6719	7	0726	450	3640*	436	114	4687	17	1394
5715*	44	6003*	30	5432	28	6297*	31	3400*	8	6712*	7	0276*	449	3204	434	114	4573*	16	1365
0,2 5744*	14.45	0,2 6033*	30	0,2 5460	28	0,2 6328*	31	1,0 3408*	8	0,9 6705*	8	3,7 9827*	449	3,9 2770*	433	115	2,0 4459*	75.15	1,3 1336
5773*	46	6063*	30	5488	28	6359*	31	3416*	8	6697	7	9378	447	2337*	433	114	4344	14	1307*
5802*	47	6093*	30	5516	29	6390	31	3424*	8	6690*	8	8931	446	1904	431	114	4230	13	1278*
5831*	48	6123	30	5545*	28	6421	31	3432*	7	6682	7	8485*	445	1473*	431	113	4116	12	1249*
5860*	49	6153	30	5573*	28	6452	31	3439	8	6675*	8	8040*	445	1042	430	114	4003*	11	1220*
0,2 5889	14.50	0,2 6183	30	0,2 5601*	28	0,2 6483	32	1,0 3447	8	0,9 6667	7	3,7 7595	443	3,9 0612	428	114	2,0 3889*	75.10	1,3 1191*
5918	51	6213	30	5629*	28	6515*	31	3455	8	6660	7	7152*	443	0184*	428	113	3775	9	1161
5947	52	6243	30	5657	28	6546*	31	3463	8	6653*	8	6709	441	3,8 9756	426	113	3662*	8	1132
5976	53	6273	31	5685	28	6577*	31	3471	8	6645	7	6268	440	9330*	426	114	3549*	7	1103
6005	54	6304*	30	5713	28	6608*	31	3479	8	6638*	8	5828*	440	8904	425	113	3435	6	1074
0,2 6034	14.55	0,2 6334*	30	0,2 5741	28	0,2 6639	31	1,0 3487	8	0,9 6630	7	3,7 5388	438	3,8 8479	423	113	2,0 3322	75. 5	1,3 1045
6064*	56	6364*	30	5769	29	6670	31	3495	8	6623*	8	4950*	438	8056*	423	112	3209	4	1016
6093*	57	6394*	30	5798*	28	6701	32	3503	9	6615	7	4512	437	7633*	422	113	3097*	3	0987*
6122*	58	6424	30	5826*	28	6733*	31	3512*	8	6608*	8	4075	435	7211	421	113	2984	2	0958*
6151*	59	6454	30	5854*	28	6764*	31	3520*	8	6600	7	3640*	435	6790	420	112	2871	1	0929*
0,2 6180*	14.60	0,2 6484		0,2 5882*		0,2 6795*		1,0 3528*		0,9 6593*		3,7 3205		3,8 6370			2,0 2759*	75. 0	1,3 0900*
x = 75° L x = 2,0 2759*				cos x Séh L x	D	cot x Coséh L x	D	coséc x Coth L x	D	sin x Tah L x	D	tang x Sih L x	D	séc x Cosh L x	D	D	R = 1 L x	d. m.	R = 1 x

x R = 1	x d.m.	Lx R = 1	D	sin x TahLx	D	tang x SihLx	D	séc x CoshLx	D	cos x SébLx	D	cot x CosébLx	D	coséc x CothLx	D	$x = 15^0$ $Lx = 0,2\ 6484$			
0,2 6180*	15. 0	0,2 6484	30	0,2 5882*	28	0,2 6795*	31	1,0 3528*	8	0,9 6593*	8	3,7 3205	434	3,8 6370	419	112	2,0 2759*	74.60	1,3 0900*
6209	1	6514	30	5910	28	6826	31	3536*	8	6585	7	2771	433	5951	418	113	2647*	59	0871*
6238	2	6544	31	5938	28	6857	31	3544*	8	6578*	8	2338	431	5533	417	112	2534	58	0842*
6267	3	6575*	30	5966	28	6888	32	3552*	8	6570*	8	1907*	431	5116	416	112	2422	57	0812
6296	4	6605*	30	5994	28	6920*	31	3560*	8	6562	7	1476*	430	4700	415	111	2310	56	0783
0,2 6325	15. 5	0,2 6635*	30	0,2 6022	28	0,2 6951*	31	1,0 3568	8	0,9 6555*	8	3,7 1046*	430	3,8 4285*	414	112	2,0 2199*	74.55	1,3 0754
6354	6	6665*	30	6050	29	6982	31	3576	8	6547	7	0616	428	3871*	414	112	2087*	54	0725
6384*	7	6695	30	6079*	28	7013	31	3584	8	6540*	8	0188	427	3457	412	111	1975	53	0696
6413*	8	6725	30	6107*	28	7044	32	3592	9	6532	8	3,6 9761	426	3045*	412	112	1864*	52	0667*
6442	9	6755	30	6135*	28	7076*	31	3601*	8	6524	7	9335*	426	2633	410	111	1752	51	0638*
0,2 6471*	15.10	0,2 6785	31	0,2 6163*	28	0,2 7107*	31	1,0 3609*	8	0,9 6517*	8	3,6 8909	424	3,8 2223*	410	111	2,0 1641	74.50	1,3 0609*
6500*	11	6816*	30	6191*	28	7138	31	3617*	8	6509	7	8485*	424	1813*	409	111	1530*	49	0580*
6529	12	6846*	30	6219*	28	7169	32	3625	8	6502*	8	8061	423	1404*	408	111	1419*	48	0551*
6558	13	6876*	30	6247*	28	7201*	31	3633	9	6494	8	7638	421	0996	407	111	1308	47	0522*
6587	14	6906	30	6275	28	7232*	31	3642*	8	6486	7	7217*	421	0589	406	110	1197	46	0492
0,2 6616	15.15	0,2 6936	30	0,2 6303	28	0,2 7263	31	1,0 3650*	8	0,9 6479*	8	3,6 6796*	420	3,8 0183	405	111	2,0 1087*	74.45	1,3 0463
6645	16	6966	31	6331	28	7294	32	3658	8	6471	8	6376*	419	3,7 9778*	404	110	0976	44	0434
6674	17	6997*	30	6359	28	7326*	31	3666	8	6463	7	5957*	419	9374*	404	111	0866*	43	0405
6704*	18	7027*	30	6387	28	7357*	31	3674	9	6456*	8	5538	417	8970	402	110	0755	42	0376
6733*	19	7057*	30	6415	28	7388	31	3683*	8	6448	8	5121	416	8568*	402	110	0645	41	0347
0,2 6762*	15.20	0,2 7087*	30	0,2 6443	28	0,2 7419	32	1,0 3691	8	0,9 6440	7	3,6 4705*	416	3,7 8166*	401	110	2,0 0535	74.40	1,3 0318*
6791*	21	7117	30	6471	29	7451*	31	3699	9	6433*	8	4289	415	7765	400	110	0425	39	0289*
6820*	22	7147	31	6500*	28	7482	31	3708*	8	6425*	8	3874	413	7365	399	109	0315	38	0260*
6849*	23	7178*	30	6528*	28	7513	32	3716*	8	6417	7	3461*	413	6966	398	110	0206*	37	0231*
6878	24	7208*	30	6556*	28	7545*	31	3724	8	6410*	8	3048*	412	6568	397	109	0096	36	0202*
0,2 6907	15.25	0,2 7238*	30	0,2 6584*	28	0,2 7576*	31	1,0 3732	9	0,9 6402*	8	3,6 2636*	412	3,7 6171*	396	110	1,9 9987*	74.35	1,3 0172
6936	26	7268	30	6612*	28	7607	31	3741*	8	6394	8	2224	410	5775*	396	109	9877	34	0143
6965	27	7298	30	6640*	28	7638	32	3749	8	6386	7	1814	409	5379	395	109	9768*	33	0114
6994	28	7328	31	6668*	28	7670*	31	3757	9	6379*	8	1405*	409	4984	393	109	9659*	32	0085
7024*	29	7359*	30	6696*	28	7701	31	3766*	8	6371*	8	0996	408	4591*	393	109	9550*	31	0056
0,2 7053*	15.30	0,2 7389*	30	0,2 6724*	28	0,2 7732	32	1,0 3774	9	0,9 6363	8	3,6 0588	407	3,7 4198*	392	109	1,9 9441*	74.30	1,3 0027
7082*	31	7419*	30	6752*	28	7764*	31	3783*	8	6355	8	0181	406	3806	392	109	9332	29	1,2 9998*
7111*	32	7449	30	6780*	28	7795	31	3791*	8	6347	7	3,5 9775	405	3414	390	108	9223	28	9969*
7140*	33	7479	31	6808*	28	7826	32	3799	9	6340*	8	9370	404	3024	389	109	9115*	27	9940*
7169*	34	7510*	30	6836*	28	7858*	31	3808*	8	6332*	8	8966*	404	2635*	389	108	9006	26	9911*
0,2 7198	15.35	0,2 7540*	30	0,2 6864*	28	0,2 7889	32	1,0 3816	9	0,9 6324	8	3,5 8562	402	3,7 2246*	388	108	1,9 8898	74.25	1,2 9882*
7227	36	7570*	30	6892*	28	7921*	31	3825*	8	6316	8	8160*	402	1858	387	108	8790*	24	9852
7256	37	7600	30	6920*	28	7952*	31	3833	9	6308	7	7758*	401	1471	386	108	8682*	23	9823
7285	38	7630	31	6948	28	7983	32	3842*	8	6301*	8	7357*	400	1085*	385	108	8574*	22	9794
7314	39	7661*	30	6976	28	8015*	31	3850*	8	6293*	8	6957*	400	0700*	385	108	8466*	21	9765
0,2 7343	15.40	0,2 7691*	30	0,2 7004	28	0,2 8046*	31	1,0 3858	9	0,9 6285*	8	3,5 6557	398	3,7 0315	384	108	1,9 8358	74.20	1,2 9736
7373*	41	7721*	30	7032	28	8077	32	3867*	8	6277	8	6159	398	3,6 9931	382	107	8250	19	9707
7402*	42	7751	30	7060	28	8109*	31	3875	9	6269	8	5761	397	9549*	382	108	8143*	18	9678*
7431*	43	7781	31	7088	28	8140	32	3884*	8	6261	8	5364	396	9167*	382	107	8035	17	9649*
7460*	44	7812*	30	7116	28	8172*	31	3892	9	6253	7	4968	395	8785	380	107	7928	16	9620*
0,2 7489	15.45	0,2 7842*	30	0,2 7144	28	0,2 8203*	31	1,0 3901*	8	0,9 6246*	8	3,5 4573	394	3,6 8405*	380	107	1,9 7821*	74.15	1,2 9591*
7518	46	7872	30	7172	28	8234	32	3909	9	6238*	8	4179*	394	8025	378	107	7714*	14	9562*
7547	47	7902	30	7200	28	8266*	31	3918	9	6230*	8	3785	392	7647*	378	107	7607*	13	9533*
7576	48	7932	31	7228	28	8297	32	3927*	8	6222*	8	3393*	392	7269*	377	107	7500*	12	9503
7605	49	7963*	30	7256	28	8329*	31	3935	9	6214*	8	3001*	392	6892*	377	107	7393	11	9474
0,2 7634	15.50	0,2 7993*	30	0,2 7284*	28	0,2 8360*	31	1,0 3944*	8	0,9 6206*	8	3,5 2609	390	3,6 6515	375	106	1,9 7286	74.10	1,2 9445
7663	51	8023	30	7312*	28	8391	32	3952	9	6198	8	2219	390	6140*	375	107	7180*	9	9416
7693*	52	8053	31	7340*	28	8423*	31	3961*	8	6190	8	1829	388	5765*	374	106	7073	8	9387
7722*	53	8084*	30	7368*	28	8454	32	3969	9	6182	8	1441*	388	5391*	373	106	6967	7	9358*
7751*	54	8114*	30	7396*	28	8486*	31	3978	9	6174	8	1053*	387	5018*	373	106	6861*	6	9329*
0,2 7780*	15.55	0,2 8144	30	0,2 7424*	28	0,2 8517	32	1,0 3987*	8	0,9 6166	8	3,5 0666*	387	3,6 4645	371	106	1,9 6755*	74. 5	1,2 9300*
7809*	56	8174	31	7452*	28	8549*	31	3995	9	6158	8	0279	385	4274*	371	106	6649*	4	9271*
7838	57	8205*	30	7480*	28	8580	32	4004*	9	6150	8	3,4 9894*	385	3903	370	106	6543*	3	9242*
7867	58	8235*	30	7508*	28	8612*	31	4013*	8	6142	8	9509*	384	3533	369	106	6437	2	9213*
7896	59	8245	30	7536*	28	8643	32	4021	9	6134	8	9125*	384	3164*	368	105	6331	1	9183
0,2 7925	15.60	0,2 8295		0,2 7564*		0,2 8675*		1,0 4030*		0,9 6126		3,4 8741		3,6 2796*			1,9 6226*	74. 0	1,2 9154
$x = 74^0$ $Lx = 1,9\ 6226$				cos x SébLx	D	cot x CosébLx	D	coséc x CothLx	D	sin x TahLx	D	tang x SihLx	D	séc x CoshLx	D	D	Lx R = 1	x d.m.	x R = 1

x (R = 1)	d. m.	Lx (R = 1)	D	sin x / Tah Lx	D	tang x / Sih Lx	D	séc x / Cosh Lx	D	cos x / Séh Lx	D	cot x / Coséh Lx	D	coséc x / Coth Lx	D	x = 16°	Lx = 0,2 8295		
0,2 7925	16. 0	0,2 8295	31	0,2 7564*	28	0,2 8675*	31	1,0 4030*	9	0,9 6126	8	3,4 8741	382	3,6 2796*	368	106	1,9 6226*	73.60	1,2 9154
7954	1	8326*	30	7592*	28	8706	32	4039*	8	6118	8	8359*	382	2428*	367	105	6120	59	9125
7983	2	8356	30	7620*	28	8738*	31	4047	9	6110	8	7977	381	2061	366	105	6015*	58	9096
8013*	3	8386	31	7648*	28	8769	32	4056	9	6102	8	7596	380	1695*	365	106	5910*	57	9067
8042*	4	8417*	30	7676*	28	8801*	31	4065*	8	6094	8	7216	379	1330*	365	105	5804	56	9038
0,2 8071	16. 5	0,2 8447*	30	0,2 7704*	27	0,2 8832	32	1,0 4073	9	0,9 6086*	8	3,4 6837*	379	3,6 0965	364	105	1,9 5699	73.55	1,2 9009*
8100*	6	8477	30	7731	28	8864*	31	4082	9	6078*	8	6458	378	0601	363	104	5594	54	8980*
8129*	7	8507	31	7759	28	8895	32	4091*	9	6070*	8	6080	377	0238	362	105	5490*	53	8951*
8158*	8	8538*	30	7787	28	8927*	31	4100*	8	6062*	8	5703	376	3,5 9876*	362	105	5385*	52	8922*
8187	9	8558*	30	7815	28	8958	32	4108	9	6054*	8	5327*	376	9514	360	104	5280	51	8893*
0,2 8216	16.10	0,2 8598	30	0,2 7843	28	0,2 8990*	31	1,0 4117	9	0,9 6046*	9	3,4 4951	375	3,5 9154*	360	105	1,9 5176*	73.50	1,2 8863
8245	11	8628	31	7871	28	9021	32	4126	9	6037	8	4576	374	8794*	360	104	5071	49	8834
8274	12	8659*	30	7899	28	9053*	31	4135*	9	6029	8	4202	373	8434	358	104	4967*	48	8805
8303	13	8689	30	7927	28	9084	32	4144*	8	6021	8	3829*	373	8076*	358	104	4863*	47	8776
8333*	14	8719	31	7955*	28	9116*	31	4152	9	6013	8	3456	372	7718	357	104	4759*	46	8747
0,2 8362	16.15	0,2 8750*	30	0,2 7983*	28	0,2 9147	32	1,0 4161	9	0,9 6005*	8	3,4 3084	371	3,5 7361	356	104	1,9 4655*	73.45	1,2 8718
8391*	16	8780*	30	8011*	28	9179*	31	4170	9	5997*	8	2713	370	7005*	356	104	4551*	44	8689*
8420*	17	8810	31	8039*	28	9210	32	4179*	9	5989*	8	2343*	370	6649	355	104	4447*	43	8660*
8449*	18	8841*	30	8067*	28	9242	32	4188*	9	5981*	8	1973	369	6294	354	103	4343	42	8631*
8478*	19	8871	30	8095*	28	9274*	31	4197*	9	5972	8	1604	368	5940	353	104	4240*	41	8602*
0,2 8507	16.20	0,2 8901	30	0,2 8123*	27	0,2 9305	32	1,0 4206*	8	0,9 5964	8	3,4 1236	367	3,5 5587	353	103	1,9 4136	73.40	1,2 8573*
8536	21	8931	31	8150	28	9337*	31	4214	9	5956*	8	0869*	367	5234	351	103	4033*	39	8543
8565	22	8962*	30	8178	28	9368	32	4223	9	5948*	8	0502	366	4883*	352	104	3930*	38	8514
8594	23	8992	30	8206	28	9400*	32	4232	9	5940*	9	0136	365	4531	350	103	3826	37	8485
8623	24	9022	31	8234	28	9432*	31	4241	9	5931	8	3,3 9771*	365	4181	350	103	3723	36	8456
0,2 8652	16.25	0,2 9053*	30	0,2 8262	28	0,2 9463	32	1,0 4250	9	0,9 5923	8	3,3 9406	364	3,5 3831	349	103	1,9 3620	73.35	1,2 8427
8682*	26	9083	30	8290*	28	9495*	31	4259	9	5915*	8	9042	363	3482	348	102	3517	34	8398
8711*	27	9113	31	8318*	28	9526	32	4268*	9	5907*	9	8679	362	3134	347	103	3415*	33	8369*
8740*	28	9144*	30	8346*	28	9558	32	4277*	9	5898	8	8317*	362	2787*	347	103	3312*	32	8340*
8769*	29	9174	30	8374*	28	9590*	31	4286*	9	5890	8	7955	361	2440*	346	102	3209	31	8311*
0,2 8798*	16.30	0,2 9204	31	0,2 8402*	27	0,2 9621	32	1,0 4295*	9	0,9 5882*	8	3,3 7594	360	3,5 2094*	346	102	1,9 3107*	73.30	1,2 8282*
8827	31	9235*	30	8429	28	9653*	32	4304*	9	5874*	9	7234	359	1748	344	103	3005*	29	8253*
8856	32	9265	30	8457	28	9685*	31	4313*	9	5865	8	6875*	359	1404*	344	102	2902	28	8224*
8885	33	9295	31	8485	28	9716	32	4322*	9	5857	8	6516*	358	1060*	344	102	2800	27	8194
8914	34	9326*	30	8513	28	9748*	32	4331*	9	5849*	8	6158*	358	0716	342	102	2698	26	8165
0,2 8943	16.35	0,2 9356	31	0,2 8541*	28	0,2 9780*	31	1,0 4340*	9	0,9 5841*	9	3,3 5800	357	3,5 0374*	342	102	1,9 2596	73.25	1,2 8136
8972	36	9387*	30	8569*	28	9811	32	4349*	9	5832	8	5443	356	0032*	341	102	2494	24	8107
9002*	37	9417*	30	8597*	28	9843*	32	4358	9	5824*	8	5087	355	3,4 9691*	341	101	2392	23	8078
9031*	38	9447	31	8625*	27	9875*	31	4367	9	5816*	9	4732*	355	9350	340	102	2291*	22	8049*
9060*	39	9478*	30	8652	28	9906	32	4376	9	5807	8	4377	354	9010	339	101	2189	21	8020*
0,2 9089*	16.40	0,2 9508*	30	0,2 8680	28	0,2 9938	32	1,0 4385	9	0,9 5799*	8	3,3 4023	353	3,4 8671	338	102	1,9 2088*	73.20	1,2 7991*
9118*	41	9538	31	8708	28	9970*	31	4394	9	5791*	9	3670*	353	8333*	338	101	1986	19	7962*
9147*	42	9569*	30	8736	28	0,3 0001	32	4403	10	5782	8	3317	352	7995*	337	101	1885	18	7933*
9176	43	9599	30	8764*	28	0033	32	4413*	9	5774*	8	2965	351	7658*	337	101	1784*	17	7904*
9205	44	9629	31	8792*	28	0065*	32	4422*	9	5766*	9	2614	350	7321	335	101	1683*	16	7874
0,2 9234	16.45	0,2 9660	30	0,2 8820*	27	0,3 0097*	31	1,0 4431*	9	0,9 5757	8	3,3 2264*	350	3,4 6986*	335	101	1,9 1582*	73.15	1,2 7845
9263	46	9690	31	8847	28	0128	32	4440	9	5749*	9	1914*	349	6651*	335	101	1481*	14	7816
9292	47	9721*	30	8875	28	0160	32	4449	9	5740	8	1565*	349	6316	333	101	1380	13	7787
9322*	48	9751*	30	8903	28	0192*	32	4458	10	5732*	8	1216*	348	5983*	333	100	1279	12	7758
9351*	49	9781	31	8931	28	0224*	31	4468*	9	5724*	9	0868	347	5650*	333	101	1179*	11	7729
0,2 9380*	16.50	0,2 9812*	30	0,2 8959*	28	0,3 0255	32	1,0 4477*	9	0,9 5715	8	3,3 0521*	347	3,4 5317	331	100	1,9 1078	73.10	1,2 7700*
9409*	51	9842	31	8987*	28	0287	32	4486*	9	5707*	9	0174	345	4986*	331	100	0978*	9	7671*
9438*	52	9873*	30	9015*	27	0319*	32	4495	9	5698	8	3,2 9829*	346	4655*	331	101	0878*	8	7642*
9467*	53	9903*	30	9042	28	0351*	31	4504	10	5690*	9	9483	344	4324	329	100	0777	7	7613*
9496	54	9933	31	9070	28	0382	32	4514*	9	5681	8	9139*	344	3995*	329	100	0677	6	7584*
0,2 9525	16.55	0,2 9964*	30	0,2 9098	28	0,3 0414	32	1,0 4523*	9	0,9 5673*	9	3,2 8795*	343	3,4 3666*	329	100	1,9 0577	73. 5	1,2 7554
9554	56	9994	31	9126*	28	0446*	32	4532	9	5664	8	8452*	343	3337	327	99	0477	4	7525
9583	57	0,3 0025*	30	9154*	28	0478*	31	4541	10	5656*	9	8109	342	3010*	327	100	0378*	3	7496
9612	58	0055*	30	9182*	27	0509	32	4551*	9	5647	8	7767	341	2683*	327	100	0278*	2	7467
9642*	59	0085	31	9209	28	0541	32	4560*	9	5639*	9	7426*	341	2356	326	99	0178	1	7438
0,2 9671*	16.60	0,3 0116*		0,2 9237		0,3 0573		1,0 4569		0,9 5630		3,2 7085		3,4 2030			1,9 0079*	73. 0	1,2 7409
x = 73°	Lx = 1,9 0079*			cos x / Séh Lx	D	cot x / Coséh Lx	D	coséc x / Coth Lx	D	sin x / Tab Lx	D	tang x / Sih Lx	D	séc x / Cosh Lx	D	D	Lx (R = 1)	d. m.	x (R = 1)

x R = 1	d. m.	Lx R = 1	D	sin x **Tab** Lx	D	tang x **Sih** Lx	D	séc x **Cosh** Lx	D	cos x **Séh** Lx	D	cot x **Coséh** Lx	D	coséc x **Coth** Lx	D	$x = 17^0$	Lx = 0,3 0116*		
0,2 9671*	17. 0	0,3 0116*	30	0,2 9237	28	0,3 0573	32	1,0 4569	9	0,9 5630	8	3,2 7085	340	3,4 2030	325	100	1,9 0079*	72.60	1,2 7409
9700*	1	0146	31	9265*	28	0605*	32	4578	10	5622*	9	6745	339	1705	324	99	1,8 9979	59	7380*
9729*	2	0177*	30	9293*	28	0637*	32	4588*	9	5613	8	6406*	339	1381*	324	99	9880*	58	7351*
9758*	3	0207*	30	9321*	27	0669*	31	4597	9	5605*	8	6067	338	1057*	323	100	9781	57	7322*
9787*	4	0237	31	9348	28	0700	32	4606	10	5596	8	5729	337	0734*	323	99	9681	56	7293*
0,2 9816	17. 5	0,3 0268*	30	0,2 9376	28	0,3 0732	32	1,0 4616*	9	0,9 5588*	9	3,2 5392*	337	3,4 0411	322	99	1,8 9582	72.55	1,2 7264*
9845	6	0298	31	9404	28	0764	32	4625	10	5579	8	5055	336	0089	321	98	9483	54	7235*
9874	7	0329*	30	9432*	28	0796*	32	4635*	9	5571*	9	4719*	330	3,3 9768	320	99	9385*	53	7205
9903	8	0359	31	9460*	27	0828*	32	4644*	9	5562	8	4383	334	9448*	320	99	9286*	52	7176
9932	9	0390*	30	9487	28	0860*	31	4653	10	5554*	9	4049*	335	9128*	320	99	9187	51	7147
0,2 9961	17.10	0,3 0420	31	0,2 9515	28	0,3 0891	32	1,0 4663*	9	0,9 5545	9	3,2 3714	333	3,3 8808	319	98	1,8 9088	72.50	1,2 7118
9991*	11	0451*	30	9543	28	0923	32	4672	10	5536	8	3381*	333	8489	318	98	8990*	49	7089
0,3 0020*	12	0481*	30	9571*	28	0955	32	4682*	9	5528*	9	3048*	333	8171	317	99	8892*	48	7060*
0049*	13	0511	31	9599*	27	0987	32	4691*	9	5519	8	2715	331	7854*	317	98	8793	47	7031*
0078*	14	0542*	30	9626	28	1019*	32	4700	10	5511*	9	2384*	331	7537	316	98	8695*	46	7002*
0,3 0107*	17.15	0,3 0572	31	0,2 9654	28	0,3 1051*	32	1,0 4710*	9	0,9 5502*	9	3,2 2053*	331	3,3 7221*	316	98	1,8 8597*	72.45	1,2 6973*
0136	16	0603*	30	9682*	28	1083*	32	4719	10	5493	8	1722	330	6905	315	98	8499*	44	6944*
0165	17	0633	31	9710*	27	1115*	32	4729*	9	5485*	9	1392	329	6590	314	98	8401*	43	6915*
0194	18	0664*	30	9737	28	1147*	31	4738	10	5476	9	1063	329	6276*	314	98	8303*	42	6885
0223	19	0694	31	9765	28	1178	32	4748*	9	5467	8	0734	328	5962	313	97	8205	41	6856
0,3 0252	17.20	0,3 0725*	30	0,2 9793	28	0,3 1210	32	1,0 4757	10	0,9 5459*	9	3,2 0406	327	3,3 5649*	313	98	1,8 8108*	72.40	1,2 6827
0281	21	0755	31	9821*	28	1242	32	4767*	9	5450	9	0079*	327	5336	312	98	8010*	39	6798
0311*	22	0786*	30	9849*	27	1274	32	4776	10	5441	8	3,1 9752	326	5025*	312	97	7912	38	6769
0340*	23	0816	31	9876	28	1306	32	4786*	9	5433*	9	9426*	326	4713	310	97	7815*	37	6740*
0369*	24	0847*	30	9904	28	1338	32	4795	10	5424	9	9100	325	4403*	311	98	7718*	36	6711*
0,3 0398*	17.25	0,3 0877	31	0,2 9932*	28	0,3 1370	32	1,0 4805*	10	0,9 5415	8	3,1 8775	324	3,3 4092	309	97	1,8 7620	72.35	1,2 6682*
0427*	26	0908*	30	9960*	27	1402	32	4815*	9	5407*	9	8451	324	3783*	309	97	7523	34	6653*
0456*	27	0938	31	9987	28	1434*	32	4824	10	5398*	9	8127	323	3474	308	97	7426	33	6624*
0485	28	0969*	30	0,3 0015	28	1466*	32	4834*	9	5389	9	7804	323	3166*	308	97	7329	32	6595*
0514	29	0999	31	0043*	28	1498*	32	4843	10	5380	8	7481	322	2858	307	96	7232	31	6565
0,3 0543	17.30	0,3 1030*	30	0,3 0071*	27	0,3 1530*	32	1,0 4853*	10	0,9 5372*	9	3,1 7159	321	3,3 2551*	307	97	1,8 7136*	72.30	1,2 6536
0572	31	1060	31	0098	28	1562*	32	4863*	9	5363*	9	6838	321	2244	305	97	7039*	29	6507
0601	32	1091*	30	0126	28	1594*	32	4872	10	5354	9	6517	320	1939*	306	96	6942	28	6478
0631*	33	1121	31	0154*	28	1626*	32	4882*	9	5345	8	6197	320	1633	305	97	6846*	27	6449
0660*	34	1152*	30	0182*	27	1658*	32	4891	10	5337*	9	5877	319	1328	304	96	6749	26	6420
0,3 0689*	17.35	0,3 1182	31	0,3 0209	28	0,3 1690*	32	1,0 4901	10	0,9 5328*	9	3,1 5558	318	3,3 1024	303	96	1,8 6653	72.25	1,2 6391
0718*	36	1213*	30	0237*	28	1722*	32	4911*	9	5319	9	5240*	318	0721*	303	96	6557*	24	6362*
0747*	37	1243	31	0265*	27	1754*	32	4920	10	5310	9	4922	317	0418*	303	96	6461*	23	6333*
0776*	38	1274*	30	0292	28	1786*	32	4930	10	5301	8	4605*	317	0115	301	96	6365*	22	6304*
0805	39	1304	31	0320	28	1818*	32	4940*	10	5293*	9	4288	316	3,2 9814*	302	96	6269*	21	6275*
0,3 0834	17.40	0,3 1335*	30	0,3 0348*	28	0,3 1850*	32	1,0 4950*	9	0,9 5284*	9	3,1 3972*	316	3,2 9512	300	96	1,8 6173*	72.20	1,2 6245
0863	41	1365	31	0376*	27	1882	32	4959	10	5275*	9	3656	315	9212*	300	96	6077*	19	6216
0892	42	1396*	30	0403	28	1914	32	4969	10	5266	9	3341	314	8912*	300	95	5981	18	6187
0921	43	1426	31	0431	28	1946	32	4979*	10	5257	9	3027	314	8612	299	96	5886*	17	6158
0951*	44	1457*	30	0459*	27	1978	32	4989*	9	5248	8	2713	313	8313	298	95	5790	16	6129
0,3 0980*	17.45	0,3 1487	31	0,3 0486	28	0,3 2010	32	1,0 4998	10	0,9 5240*	8	3,1 2400*	313	3,2 8015*	298	96	1,8 5695*	72.15	1,2 6100
1009*	46	1518*	30	0514	28	2042	32	5008	10	5231*	9	2087	312	7717	297	95	5699	14	6071*
1038*	47	1548	31	0542*	28	2074	32	5018*	10	5222*	9	1775	311	7420*	297	95	5504*	13	6042*
1067*	48	1579	31	0570*	27	2106	33	5028*	10	5213*	9	1464*	311	7123	296	95	5409*	12	6013*
1096*	49	1610*	30	0597	28	2139*	32	5038*	9	5204	9	1153*	311	6827	296	95	5314*	11	5984*
0,3 1125	17.50	0,3 1640	31	0,3 0625*	28	0,3 2171*	32	1,0 5047	10	0,9 5195	9	3,1 0842	310	3,2 6531	294	95	1,8 5219*	72.10	1,2 5955*
1154	51	1671*	30	0653*	27	2203*	32	5057	10	5186	9	0532	309	6237*	295	95	5124*	9	5926*
1183	52	1701	31	0680	28	2235*	32	5067	10	5177	9	0223*	309	5942	294	95	5029*	8	5896
1212	53	1732*	30	0708*	28	2267*	32	5077*	10	5168	9	3,0 9914	308	5648	293	95	4934	7	5867
1241	54	1762	31	0736*	27	2299	32	5087*	10	5159	9	9606*	308	5355*	293	94	4839	6	5838
0,3 1270	17.55	0,3 1793*	30	0,3 0763	28	0,3 2331	32	1,0 5097*	10	0,9 5150	8	3,0 9298	307	3,2 5062	292	95	1,8 4745*	72. 5	1,2 5809
1300*	56	1823	31	0791	28	2363	33	5107*	9	5142*	9	8991	306	4770	292	94	4650	4	5780
1329*	57	1854	31	0819*	27	2396*	32	5116	10	5133*	9	8685*	306	4478	291	95	4556*	3	5751*
1358*	58	1885*	30	0846	28	2428*	32	5126	10	5124*	9	8379*	306	4187	290	94	4461	2	5722*
1387*	59	1915	31	0874	28	2460*	32	5136	10	5115*	9	8073	305	3897*	290	94	4367	1	5693*
0,3 1416*	17.60	0,3 1946*		0,3 0902*		0,3 2492*		1,0 5146		0,9 5106*		3,0 7768		3,2 3607*			1,8 4273*	72. 0	1,2 5664*
$x = 72^0$ Lx = 1,8 4273*				cos x **Séh** Lx	D	cot x **Coséh** Lx	D	coséc x **Coth** Lx	D	sin x **Tab** Lx	D	tang x **Sih** Lx	D	séc x **Cosh** Lx	D	D	Lx R = 1	d. m.	x R = 1

x R = 1	d. m.	Lx R = 1	D	sin x / Tab Lx	D	tang x / Sih Lx	D	séc x / Cosh Lx	D	cos x / Séh Lx	D	cot x / Coséh Lx	D	coséc x / Coth Lx	D	x = 18° Lx = 0,3 1946*			
0,3 1416*	18. 0	0,3 1946*	30	0,3 0902*	27	0,3 2492*	32	1,0 5146	10	0,9 5106*	9	3,0 7768	304	3,2 3607*	290	94	1,8 4273*	71.60	1,2 5664*
1445	1	1976	31	0929	28	2524	32	5156	10	5097*	9	7464	304	3317	289	94	4179*	59	5635*
1474	2	2007*	31	0957	28	2556	32	5166	10	5088*	9	7160	303	3028	288	94	4085*	58	5606*
1503	3	2038*	30	0985*	27	2588	33	5176	10	5079*	9	6857*	303	2740	288	94	3991*	57	5576
1532	4	2068	31	1012	28	2621*	32	5186	10	5070*	9	6554	302	2452	287	94	3897	56	5547
0,3 1561	18. 5	0,3 2099*	30	0,3 1040*	28	0,3 2653*	32	1,0 5196	10	0,9 5061*	9	3,0 6252	302	3,2 2165	287	93	1,8 3803	71.55	1,2 5518
1590	6	2129	31	1068*	27	2685	32	5206	10	5052*	9	5950	301	1878	286	94	3710*	54	5489
1620*	7	2160*	31	1095	28	2717	32	5216	10	5043*	10	5649	300	1592	286	93	3616	53	5460
1649*	8	2191*	30	1123*	28	2749	33	5226	10	5033	9	5349*	300	1306	285	94	3523*	52	5431*
1678*	9	2221	31	1151*	27	2782*	32	5236	10	5024	9	5049*	300	1021	284	93	3429	51	5402*
0,3 1707*	18.10	0,3 2252*	30	0,3 1178	28	0,3 2814*	32	1,0 5246	10	0,9 5015	9	3,0 4749	299	3,2 0737*	284	93	1,8 3336*	71.50	1,2 5373*
1736*	11	2282	31	1206*	27	2846	32	5256	10	5006	9	4450	298	0453*	284	94	3243*	49	5344*
1765*	12	2313	31	1233	28	2878	33	5266	10	4997	9	4152*	298	0169	283	93	3149	48	5315*
1794	13	2344	30	1261	28	2911*	32	5276	10	4988	9	3854*	298	3,1 9886	282	93	3056	47	5286*
1823	14	2374	31	1289*	27	2943*	32	5286	11	4979	9	3556	296	9604*	282	93	2963	46	5256
0,3 1852	18.15	0,3 2405*	31	0,3 1316	28	0,3 2975	32	1,0 5297*	10	0,9 4970*	9	3,0 3260*	297	3,1 9322*	282	92	1,8 2870	71.45	1,2 5227
1881	16	2436*	30	1344	28	3007	33	5307*	10	4961*	9	2963	296	9040	281	93	2778*	44	5198
1910	17	2466	31	1372*	27	3040*	32	5317*	10	4952*	9	2667	295	8759	280	93	2685*	43	5169
1940*	18	2497*	30	1399	28	3072*	32	5327*	10	4943*	10	2372	295	8479*	280	92	2592	42	5140
1969*	19	2527	31	1427*	27	3104	32	5337*	10	4933	9	2077	294	8199	279	93	2500*	41	5111
0,3 1998*	18.20	0,3 2558	31	0,3 1454	28	0,3 3136	33	1,0 5347	10	0,9 4924	9	3,0 1783	294	3,1 7920*	279	92	1,8 2407*	71.40	1,2 5082*
2027*	21	2589*	30	1482	28	3169*	32	5357	10	4915	9	1489	293	7641*	278	93	2315*	39	5053*
2056*	22	2619	31	1510*	27	3201*	32	5367	11	4906*	9	1196	293	7363*	278	92	2222	38	5024*
2085*	23	2650	31	1537	28	3233	33	5378*	10	4897*	9	0903	292	7085*	277	92	2130*	37	4995*
2114	24	2681*	30	1565*	28	3266*	32	5388*	10	4888*	10	0611	292	6808*	277	92	2038*	36	4966*
0,3 2143	18.25	0,3 2711	31	0,3 1593*	27	0,3 3298*	32	1,0 5398	10	0,9 4878	9	3,0 0319	291	3,1 6531*	276	92	1,8 1946*	71.35	1,2 4936
2172	26	2742	31	1620	28	3330	33	5408	10	4869	9	0028	290	6255*	276	92	1854*	34	4907
2201	27	2773*	30	1648*	27	3363*	32	5418	11	4860	9	2,9 9738*	291	5979*	275	92	1762*	33	4878
2230	28	2803	31	1675	28	3395*	32	5429*	10	4851*	9	9447	289	5304*	275	92	1670*	32	4849
2260*	29	2834	31	1703*	27	3427	33	5439*	10	4842*	10	9158*	290	5429*	274	92	1578*	31	4820
0,3 2289*	18.30	0,3 2865*	30	0,3 1730	28	0,3 3460*	32	1,0 5449	11	0,9 4832	9	2,9 8868	288	3,1 5155*	274	91	1,8 1486	71.30	1,2 4791
2318*	31	2895	31	1758	28	3492*	32	5460*	10	4823	9	8580*	288	4881*	273	92	1395*	29	4762*
2347*	32	2926	31	1786*	27	3524	33	5470*	10	4814*	9	8292*	288	4608*	273	91	1303	28	4733*
2376*	33	2957*	30	1813	28	3557*	32	5480	10	4805*	10	8004*	287	4335*	272	92	1212*	27	4704*
2405*	34	2987	31	1841*	27	3589*	32	5490	11	4795	9	7717*	287	4063*	272	91	1120	26	4675*
0,3 2434	18.35	0,3 3018	31	0,3 1868	28	0,3 3621	33	1,0 5501*	10	0,9 4786	9	2,9 7430	286	3,1 3791*	271	91	1,8 1029*	71.25	1,2 4646*
2463	36	3049*	31	1896*	27	3654*	32	5511	10	4777*	9	7144*	286	3520*	271	92	0938*	24	4617*
2492	37	3080*	30	1923	28	3686	32	5521	11	4768*	10	6858	285	3249*	270	91	0846	23	4587
2521	38	3110	31	1951	28	3718	33	5532*	10	4758	9	6573	285	2979*	270	91	0755	22	4558
2550	39	3141*	31	1979*	27	3751*	32	5542	10	4749*	9	6288	285	2709*	269	91	0664	21	4529
0,3 2579	18.40	0,3 3172*	30	0,3 2006	28	0,3 3783	33	1,0 5552	11	0,9 4740*	10	2,9 6004	283	3,1 2440*	269	90	1,8 0573	71.20	1,2 4500
2609*	41	3202	31	2034*	27	3816*	32	5563*	10	4730	9	5721*	284	2171*	268	91	0483*	19	4471
2638*	42	3233	31	2061	28	3848	33	5573	11	4721	9	5437	282	1903*	268	91	0392*	18	4442*
2667*	43	3264*	30	2089*	27	3881*	32	5584*	10	4712*	10	5155*	283	1635*	268	90	0301	17	4413*
2696*	44	3294	31	2116	28	3913*	32	5594*	10	4702	9	4872	282	1367	266	91	0211*	16	4384*
0,3 2725*	18.45	0,3 3325	31	0,3 2144*	27	0,3 3945	33	1,0 5604	11	0,9 4693	9	2,9 4590	281	3,1 1101*	267	90	1,8 0120*	71.15	1,2 4355*
2754	46	3356*	31	2171	28	3978*	32	5615*	10	4684*	10	4309	281	0834	266	91	0030*	14	4326*
2783	47	3387*	30	2199	28	4010	33	5625	11	4674	9	4028	280	0568	265	90	1,7 9939	13	4297*
2812	48	3417	31	2227*	27	4043*	32	5636*	10	4665*	9	3748	280	0303*	265	90	9849*	12	4267
2841	49	3448	31	2254	28	4075	33	5646	11	4656*	10	3468	279	0038	264	91	9759*	11	4238
0,3 2870	18.50	0,3 3479*	31	0,3 2282*	27	0,3 4108*	32	1,0 5657*	10	0,9 4646	9	2,9 3189*	279	3,0 9774*	264	90	1,7 9668	71.10	1,2 4209
2899	51	3510*	30	2309	28	4140	33	5667	11	4637*	10	2910*	278	9510*	264	90	9578	9	4180
2929*	52	3540	31	2337*	27	4173*	32	5678*	10	4627	9	2632*	278	9246	263	90	9488	8	4151
2958*	53	3571	31	2364	28	4205	33	5688	11	4618*	9	2354*	278	8983	262	89	9398	7	4122*
2987*	54	3602*	31	2392*	27	4238*	32	5699*	10	4609*	10	2076	277	8721*	262	90	9309*	6	4093*
0,3 3016*	18.55	0,3 3633*	30	0,3 2419	28	0,3 4270	33	1,0 5709	11	0,9 4599	9	2,9 1799	276	3,0 8459*	262	90	1,7 9219*	71. 5	1,2 4064*
3045*	56	3663	31	2447*	27	4303*	32	5720*	10	4590*	10	1523*	277	8197	261	89	9129	4	4035*
3074*	57	3694	31	2474	28	4335	33	5730	11	4580	9	1246	275	7936*	261	90	9040*	3	4006*
3103	58	3725*	31	2502*	27	4368*	32	5741*	10	4571*	10	0971*	275	7675	260	89	8950	2	3977*
3132	59	3756*	30	2529	28	4400	33	5751	11	4561	9	0696*	275	7415	260	90	8861*	1	3947
0,3 3161	18.60	0,3 3786		0,3 2557*		0,3 4433*		1,0 5962		0,9 4552*		2,9 0421		3,0 7155			1,7 8771	71. 0	1,2 3918
x = 71° Lx = 1,7 8771				cos x / Séh Lx	D	cot x / Coséh Lx	D	coséc x / Coth Lx	D	sin x / Tah Lx	D	tang x / Sih Lx	D	séc x / Cosh Lx	D	D	Lx R = 1	d. m.	x R = 1

x R = 1	x d. m.	L x R = 1	D	sin x Tah L x	D	tang x Sib L x	D	séc x Cosh L x	D	cos x Séb L x	D	cot x Coséh L x	D	coséc x Coth L x	D	x = 19° D	Lx = 0,3 3786		
0,3 3161	19. 0	0,3 3786	31	0,3 2557*	27	0,3 4433*	32	1,0 5762	11	0,9 4552*	10	2,9 0421	274	3,0 7155	259	89	1,7 8771	70.60	1,2 3918
3190	1	3817	31	2584	28	4465	33	5773*	10	4542	9	0147*	274	6896	259	89	8682*	59	3889
3219	2	3848*	31	2612*	27	4498*	32	5783	11	4533*	10	2,8 9873	273	6637	258	90	8593*	58	3860
3249*	3	3879*	30	2639	28	4530	33	5794*	11	4523	9	9600*	273	6379*	258	89	8503	57	3831
3278*	4	3909	31	2667*	27	4563*	33	5805*	10	4514*	10	9327	272	6121	257	89	8414	56	3802
0,3 3307*	19. 5	0,3 3940	31	0,3 2694	28	0,3 4596*	32	1,0 5815	11	0,9 4504	9	2,8 9055*	272	3,0 5864*	257	89	1,7 8325	70.55	1,2 3773
3336*	6	3971*	31	2722*	27	4628	33	5826*	10	4495*	10	8783*	272	5607*	257	88	8236	54	3744
3365*	7	4002*	31	2749	28	4661*	32	5836	11	4485	9	8511	271	5350	256	89	8148*	53	3715
3394*	8	4033*	30	2777*	27	4693	33	5847	11	4476*	10	8240	270	5094	255	89	8159*	52	3686
3423	9	4063	31	2804	28	4726*	32	5858*	11	4466	9	7970*	270	4839*	255	89	7970	51	3657
0,3 3452	19.10	0,3 4094	31	0,3 2832*	27	0,3 4758	33	1,0 5869*	10	0,9 4457*	10	2,8 7700*	270	3,0 4584*	255	88	1,7 7881	70.50	1,2 3628
3481	11	4125*	31	2859	28	4791	33	5879	11	4447	9	7430	269	4329*	254	89	7793*	49	3598
3510	12	4156*	31	2887*	27	4824*	32	5890*	11	4438*	10	7161*	269	4075*	254	88	7704	48	3569
3539	13	4187*	30	2914	28	4856	33	5901*	10	4428	10	6892	268	3821*	253	88	7616	47	3540
3568	14	4217	31	2942*	27	4889*	33	5911	11	4418	9	6624*	268	3568*	253	89	7528*	46	3511
0,3 3598*	19.15	0,3 4248	31	0,3 2969	28	0,3 4922*	32	1,0 5922	11	0,9 4409*	10	2,8 6356	267	3,0 3315*	253	88	1,7 7439	70.45	1,2 3482
3627*	16	4279*	31	2997*	27	4954	33	5933*	11	4399	9	6089*	267	3062	252	88	7351	44	3453
3656*	17	4310*	31	3024*	27	4987*	33	5944*	11	4390*	10	5822*	267	2810	251	88	7263	43	3424
3685*	18	4341*	30	3051	28	5020*	32	5955*	10	4380	10	5555	266	2559*	251	88	7175	42	3395
3714*	19	4371	31	3079*	27	5052	33	5965	11	4370	9	5289	266	2308*	251	88	7087	41	3366
0,3 3743	19.20	0,3 4402	31	0,3 3106	28	0,3 5085*	33	1,0 5976	11	0,9 4361*	10	2,8 5023	265	3,0 2057*	250	88	1,7 6999	70.40	1,2 3337
3772	21	4433	31	3134*	27	5118*	32	5987*	11	4351	9	4758	264	1807*	250	87	6911	39	3308
3801	22	4464*	31	3161	28	5150	33	5998*	11	4342*	10	4494*	265	1557*	249	88	6824*	38	3279
3830	23	4495*	31	3189*	27	5183*	33	6009*	11	4332*	10	4229	264	1308*	249	88	6736*	37	3249
3859	24	4526*	30	3216	28	5216*	32	6020*	10	4322	9	3965	263	1059*	249	87	6648	36	3220
0,3 3888	19.25	0,3 4556	31	0,3 3244*	27	0,3 5248	33	1,0 6030	11	0,9 4313*	10	2,8 3702*	263	3,0 0810	248	88	1,7 6561*	70.35	1,2 3191
3918*	26	4587	31	3271*	27	5281*	33	6041	11	4303*	10	3439*	263	0562	247	87	6473	34	3162
3947*	27	4618	31	3298	28	5314*	32	6052	11	4293	9	3176	262	0315*	248	87	6386*	33	3133
3976*	28	4649*	31	3326*	27	5346	33	6063	11	4284*	10	2914	261	0067	246	88	6299*	32	3104
4005*	29	4680*	31	3353	28	5379	33	6074*	11	4274*	10	2653*	262	2,9 9821*	247	87	6211	31	3075
0,3 4034*	19.30	0,3 4711*	30	0,3 3381*	27	0,3 5412*	33	1,0 6085*	11	0,9 4264	10	2,8 2391	261	2,9 9574	245	87	1,7 6124	70.30	1,2 3046
4063	31	4741	31	3408	28	5445*	32	6096*	11	4254	9	2130	260	9329*	246	87	6037	29	3017
4092	32	4772	31	3436*	27	5477	33	6107*	11	4245*	10	1870	260	9083	245	87	5950*	28	2988
4121	33	4803	31	3463*	27	5510	33	6118*	11	4235*	10	1610	260	8838	244	87	5863	27	2958
4150	34	4834	31	3490	28	5543*	33	6129*	11	4225	10	1350	259	8594*	245	87	5776	26	2929
0,3 4179	19.35	0,3 4865*	31	0,3 3518*	27	0,3 5576*	32	1,0 6140*	11	0,9 4215	9	2,8 1091	258	2,9 8349	243	86	1,7 5689	70.25	1,2 2900
4208	36	4896*	31	3545	28	5608	33	6151*	11	4206*	10	0833*	259	8106*	244	87	5603*	24	2871
4238*	37	4927*	31	3573*	27	5641	33	6162*	11	4196*	10	0574	258	7862	243	87	5516*	23	2842
4267*	38	4958*	30	3600*	27	5674*	33	6173*	11	4186	10	0316	257	7619	242	86	5429	22	2813
4296*	39	4988	31	3627	28	5707*	33	6184*	11	4176	9	0059	257	7377*	242	87	5343*	21	2784
0,3 4325*	19.40	0,3 5019	31	0,3 3655*	27	0,3 5740*	32	1,0 6195*	11	0,9 4167*	10	2,7 9802*	257	2,9 7135*	242	86	1,7 5256	70.20	1,2 2755
4354*	41	5050	31	3682	28	5772	33	6206*	11	4157*	10	9545	256	6893	241	87	5170*	19	2726
4383*	42	5081	31	3710*	27	5805	33	6217*	11	4147	10	9289	256	6652	241	86	5083	18	2697
4412	43	5112	31	3737*	27	5838	33	6228*	11	4137	10	9033	255	6411	240	86	4997	17	2668
4441	44	5143*	31	3764	28	5871*	33	6239*	11	4127	9	8778	255	6171*	240	86	4911	16	2638
0,3 4470	19.45	0,3 5174*	31	0,3 3792*	27	0,3 5904*	33	1,0 6250	11	0,9 4118*	10	2,7 8523	254	2,9 5931*	240	86	1,7 4825*	70.15	1,2 2609
4499	46	5205*	31	3819	27	5937*	32	6261	11	4108*	10	8269*	255	5691	239	86	4739*	14	2580
4528	47	5236*	31	3846	28	5969	33	6272	11	4098*	10	8014	253	5452	239	86	4653*	13	2551
4558*	48	5267*	31	3874*	27	6002	33	6283	12	4088	10	7761*	254	5213	238	86	4567	12	2522
4587*	49	5298*	30	3901	28	6035	33	6295*	11	4078	10	7507	253	4975	238	86	4481	11	2493
0,3 4616*	19.50	0,3 5328	31	0,3 3929*	27	0,3 6068*	33	1,0 6306*	11	0,9 4068	10	2,7 7254	252	2,9 4737	237	85	1,7 4395	70.10	1,2 2464
4645*	51	5359	31	3956*	27	6101*	33	6317*	11	4058	11	7002*	252	4500*	237	86	4310*	9	2435
4674*	52	5390	31	3983	28	6134*	33	6328	11	4049*	10	6750*	252	4263*	237	85	4224	8	2406
4703*	53	5421	31	4011*	27	6167*	32	6339	11	4039*	10	6498	251	4026*	236	85	4139	7	2377
4732	54	5452	31	4038*	27	6199	33	6350	12	4029*	10	6247*	251	3790*	236	85	4053	6	2348
0,3 4761	19.55	0,3 5483	31	0,3 4065	28	0,3 6232	33	1,0 6362*	11	0,9 4019*	10	2,7 5996	250	2,9 3554*	236	86	1,7 3968*	70. 5	1,2 2319
4790	56	5514	31	4093*	27	6265	33	6373*	11	4009*	10	5746*	250	3318	235	85	3882	4	2289
4819	57	5545	31	4120*	27	6298	33	6384	11	3999	10	5496*	250	3083	234	85	3797*	3	2260
4848	58	5576*	31	4147	28	6331	33	6395	11	3989	10	5246*	249	2849*	235	85	3712*	2	2231
4878*	59	5607*	31	4175*	27	6364	33	6407*	11	3979	10	4997*	249	2614	234	85	3627*	1	2202
0,3 4907*	19.60	0,3 5638*		0,3 4202		0,3 6397		1,0 6418*		0,9 3969		2,7 4748*		2,9 2380			1,7 3542*	70. 0	1,2 2173
x = 70°	Lx = 1,7 3542*			cos x Séh L x	D	cot x Coséh L x	D	coséc x Coth L x	D	sin x Tah L x	D	tang x Sib L x	D	séc x Cosh L x	D	D	L x R = 1	x d. m.	x R = 1

x = R = 1	d. m.	Lx R = 1	D	sin x TahLx	D	tang x SihLx	D	séc x CoshLx	D	cos x SéhLx	D	cot x CosébLx	D	coséc x CothLx	D	x = 20° D	Lx = 0,3 5638* R = 1	d. m.	R = 1
0,3 4907*	20. 0	0,3 5638*	31	0,3 4202	27	0,3 6397	33	1,0 6418*	11	0,9 3969	10	2,7 4748*	249	2,9 2380	233	85	1,7 3542*	69.60	1,2 2173
4936*	1	5669*	31	4229	28	6430*	33	6429	11	3959	10	4499	248	2147*	233	85	3457*	59	2144*
4965*	2	5700*	31	4257*	27	6463*	33	6440	12	3949	10	4251	247	1914*	233	85	3372*	58	2115*
4994*	3	5731*	31	4284	27	6496*	33	6452*	11	3939	10	4004*	248	1681	232	86	3287*	57	2086*
5023*	4	5762*	31	4311	28	6529*	33	6463*	11	3929	10	3756	247	1449*	232	85	3202*	56	2057*
0,3 5052	20. 5	0,3 5793*	31	0,3 4339*	27	0,3 6562*	33	1,0 6474	12	0,9 3919	10	2,7 3509	246	2,9 1217	231	85	1,7 3117	69.55	1,2 2028*
5081	6	5824*	31	4366*	27	6595*	33	6486*	11	3909	10	3263*	246	0986*	232	84	3032	54	1999*
5110	7	5855*	31	4393	28	6628*	33	6497*	11	3899	10	3017*	246	0754	230	85	2948*	53	1969
5139	8	5886*	31	4421*	27	6661*	33	6508	12	3889	10	2771	245	0524*	231	84	2863	52	1940
5168	9	5917*	31	4448*	27	6694*	33	6520*	11	3879	10	2526*	245	0293	230	85	2779*	51	1911
0,3 5197	20.10	0,3 5948*	31	0,3 4475	28	0,3 6727*	33	1,0 6531	11	0,9 3869	10	2,7 2281*	245	2,9 0063	229	84	1,7 2694	69.50	1,2 1882
5227*	11	5979*	31	4503*	27	6760*	33	6542	12	3859	10	2036	244	2,8 9834*	229	84	2610	49	1853
5256*	12	6010*	31	4530*	27	6793*	33	6554*	11	3849	10	1792	244	9605*	229	84	2526*	48	1824*
5285*	13	6041*	31	4557	27	6826*	33	6565	12	3839	10	1548	243	9376*	228	85	2442*	47	1795*
5314*	14	6072*	31	4584	28	6859*	33	6577*	11	3829	10	1305*	243	9148*	228	84	2357	46	1766*
0,3 5343*	20.15	0,3 6103*	31	0,3 4612*	27	0,3 6892*	33	1,0 6588	12	0,9 3819	10	2,7 1062*	243	2,8 8920*	228	84	1,7 2273	69.45	1,2 1737*
5372	16	6134*	31	4639*	27	6925*	33	6600*	11	3809	10	0819	242	8692*	227	84	2189	44	1708*
5401	17	6165*	31	4666	28	6958	33	6611*	11	3799*	10	0577*	242	8465*	227	83	2105	43	1679*
5430	18	6196*	31	4694*	27	6991	33	6622	12	3789*	10	0335	241	8238*	227	84	2022*	42	1649
5459	19	6227*	31	4721*	27	7024	33	6634*	11	3779*	10	0094*	241	8011	226	84	1938*	41	1620
0,3 5488	20.20	0,3 6258*	31	0,3 4748	27	0,3 7057	33	1,0 6645	12	0,9 3769*	10	2,6 9853*	241	2,8 7785	225	84	1,7 1854*	69.40	1,2 1591
5517	21	6289*	31	4775	28	7090	33	6657*	11	3759*	11	9612*	241	7560*	226	83	1770	39	1562
5547*	22	6320*	31	4803*	27	7123	34	6668	12	3748	10	9371	240	7334	225	84	1687*	38	1533
5576*	23	6351*	31	4830*	27	7157*	33	6680*	11	3738	10	9131	239	7109	224	83	1603	37	1504
5605*	24	6382*	31	4857	27	7190*	33	6691	12	3728	10	8892*	239	6885*	224	84	1520*	36	1475*
0,3 5634*	20.25	0,3 6413*	31	0,3 4884	28	0,3 7223*	33	1,0 6703	12	0,9 3718	10	2,6 8653*	239	2,8 6661*	224	83	1,7 1436	69.35	1,2 1446*
5663*	26	6444*	31	4912*	27	7256*	33	6715*	11	3708*	10	8414*	239	6437*	224	83	1353*	34	1417*
5692*	27	6475*	31	4939*	27	7289	33	6726	12	3698*	10	8175	238	6213	223	84	1270*	33	1388*
5721	28	6506*	31	4966	27	7322	33	6738*	11	3688*	11	7937	237	5990	223	83	1186	32	1359*
5750	29	6537*	31	4993	28	7355	33	6749	12	3677	10	7700*	238	5767	222	83	1103	31	1329
0,3 5779	20.30	0,3 6568	31	0,3 5021*	27	0,3 7388	34	1,0 6761*	12	0,9 3667	10	2,6 7462	237	2,8 5545	222	83	1,7 1020	69.30	1,2 1300
5808	31	6599	31	5048*	27	7422*	33	6773*	11	3657	10	7225	236	5323	221	83	0937	29	1271
5837	32	6630	31	5075	27	7455*	33	6784	12	3647*	10	6989*	237	5102*	222	83	0854	28	1242
5867*	33	6661	31	5102	28	7488*	33	6796*	11	3637*	11	6752	236	4880	221	83	0771	27	1213
5896*	34	6692	31	5130*	27	7521	33	6807	12	3626	10	6516	235	4659	220	82	0688	26	1184
0,3 5925*	20.35	0,3 6723	31	0,3 5157*	27	0,3 7554	34	1,0 6819	12	0,9 3616	10	2,6 6281*	235	2,8 4439*	220	83	1,7 0606*	69.25	1,2 1155*
5954*	36	6754	31	5184	27	7588*	33	6831*	11	3606*	10	6046*	235	4219*	220	83	0523*	24	1126*
5983*	37	6785	32	5211	28	7621*	33	6842	12	3596*	11	5811*	235	3999*	219	82	0440	23	1097*
6012*	38	6817*	31	5239*	27	7654*	33	6854	12	3585	10	5576	234	3780*	219	83	0358*	22	1068*
6041	39	6848*	31	5266*	27	7687	33	6866*	12	3575	10	5342	233	3561*	218	82	0275	21	1039*
0,3 6070	20.40	0,3 6879*	31	0,3 5293	27	0,3 7720	34	1,0 6878*	11	0,9 3565*	10	2,6 5109*	234	2,8 3342*	218	83	1,7 0193*	69.20	1,2 1009
6099	41	6910*	31	5320	27	7754*	33	6889	12	3555*	11	4875	233	3124*	218	82	0110	19	0980
6128	42	6941*	31	5347	28	7787*	33	6901	12	3544	10	4642	232	2906*	218	82	0028*	18	0951
6157	43	6972	31	5375*	27	7820	33	6913*	12	3534	10	4410*	233	2688*	217	82	1,6 9946*	17	0922
6186	44	7003	31	5402*	27	7853	34	6925*	11	3524*	10	4177	232	2471*	217	83	9864*	16	0893
0,3 6216*	20.45	0,3 7034	31	0,3 5429	27	0,3 7887*	33	1,0 6936	12	0,9 3514*	11	2,6 3945	231	2,8 2254*	217	82	1,6 9781	69.15	1,2 0861*
6245*	46	7065	31	5456	28	7920*	33	6948	12	3503	10	3714*	231	2037	216	82	9699	14	0835*
6274*	47	7096	31	5484*	27	7953	33	6960	12	3493*	10	3483*	231	1821	216	82	9617	13	0806*
6303*	48	7128*	32	5511*	27	7986	34	6972*	12	3483*	11	3252*	231	1605	215	82	9535	12	0777*
6332*	49	7159*	31	5538*	27	8020*	33	6984*	11	3472	10	3021	230	1390*	215	81	9453	11	0748*
0,3 6361	20.50	0,3 7190*	31	0,3 5565	27	0,3 8053	33	1,0 6995	12	0,9 3462*	10	2,6 2791	230	2,8 1175*	215	82	1,6 9372*	69.10	1,2 0719*
6390	51	7221*	31	5592	27	8086	34	7007	12	3452*	11	2561	229	0960*	214	82	9290*	9	0690*
6419	52	7252	31	5619	28	8120*	33	7019	12	3441	10	2332*	229	0746*	215	81	9208	8	0660
6448	53	7283	31	5647*	27	8153*	33	7031	12	3431*	11	2103*	229	0531	213	82	9127*	7	0631
6477	54	7314	31	5674*	27	8186	34	7043*	12	3420	10	1874	228	0318*	214	82	9045*	6	0602
0,3 6506	20.55	0,3 7345	32	0,3 5701*	27	0,3 8220*	33	1,0 7055*	12	0,9 3410	10	2,6 1646*	228	2,8 0104	213	81	1,6 8963	69. 5	1,2 0573
6536*	56	7377*	31	5728	27	8253*	33	7067*	12	3400*	11	1418*	228	2,7 9891	212	81	8882	4	0544
6565*	57	7408*	31	5755	27	8286	34	7079*	12	3389	10	1190*	227	9679*	213	82	8801*	3	0515*
6594*	58	7439*	31	5782	28	8320*	33	7091*	12	3379*	11	0963*	227	9466	212	81	8719	2	0486*
6623*	59	7470	31	5810*	27	8353	33	7103*	12	3368	10	0736*	227	9254	211	81	8638	1	0457*
0,3 6652*	20.60	0,3 7501		0,3 5837*		0,3 8386		1,0 7115*		0,9 3358		2,6 0509*		2,7 9043*			1,6 8557*	69. 0	1,2 0428*
x = 69°	Lx = 1,6 8557*			cos x SéhLx	D	cot x CosébLx	D	coséc x CothLx	D	sin x TahLx	D	tang x SihLx	D	séc x CoshLx	D	D	Lx R = 1	d. m.	x R = 1

x (R = 1)	d.m.	Lx (R = 1)	D	sin x / Tah Lx	D	tang x / Sih Lx	D	séc x / Cosh Lx	D	cos x / Séh Lx	D	cot x / Coséh Lx	D	coséc x / Coth Lx	D	$x = 21°$, Lx = 0,3 7501			
0,3 6652*	21. 0	0,3 7501	31	0,3 5837*	27	0,3 8386	34	1,0 7115*	11	0,9 3358	10	2,6 0509*	226	2,7 9043*	211	81	1,6 8557*	68.60	1,2 0428*
6681	1	7532	32	5864*	27	8420*	33	7126	12	3348*	11	0283*	226	8832*	211	81	8476*	59	0399*
6710	2	7564*	31	5891	27	8453	34	7138	12	3337	10	0057*	226	8621*	211	81	8395*	58	0370*
6739	3	7595*	31	5918	27	8487*	33	7150	12	3327*	11	2,5 9831*	225	8410*	210	81	8314*	57	0340
6768	4	7626*	31	5945	28	8520*	33	7162	12	3316	10	9606*	225	8200*	210	81	8233*	56	0311
0,3 6797	21. 5	0,3 7657	31	0,3 5973*	27	0,3 8553	34	1,0 7174	12	0,9 3306*	11	2,5 9381*	225	2,7 7990*	210	81	1,6 8152*	68.55	1,2 0282
6826	6	7688	31	6000*	27	8587*	33	7186	13	3295	10	9156	224	7780	109	81	8071*	54	0253
6856*	7	7719	32	6027*	27	8620	34	7199*	12	3285*	11	8932*	224	7571*	209	81	7990	53	0224
6885*	8	7751*	31	6054*	27	8654*	33	7211*	12	3274	10	8708*	224	7362	208	80	7909	52	0195
6914*	9	7782*	31	6081	27	8687	34	7223*	12	3264*	11	8484	223	7154*	109	81	7829*	51	0166*
0,3 6943*	21.10	0,3 7813*	31	0,3 6108	27	0,3 8721*	33	1,0 7235*	12	0,9 3253	10	2,5 8261*	223	2,7 6945	208	80	1,6 7748	68.50	1,2 0137*
6972*	11	7844	31	6135	27	8754*	33	7247*	12	3243*	11	8038	223	6737	207	81	7668*	49	0108*
7001*	12	7875	32	6162	28	8787	34	7259*	12	3232	10	7815	222	6530*	207	80	7587	48	0079*
7030	13	7907*	31	6190*	27	8821*	33	7271*	12	3222*	11	7593	222	6323*	207	81	7507*	47	0050*
7059	14	7938*	31	6217*	27	8854	34	7283	12	3211	10	7371	221	6116*	207	80	7426	46	0020
0,3 7088	21.15	0,3 7969*	31	0,3 6244*	27	0,3 8888*	33	1,0 7295	12	0,9 3201*	11	2,5 7150*	222	2,7 5909	206	80	1,6 7346	68.45	1,1 9991
7117	16	8000	31	6271*	27	8921	34	7307	13	3190	10	6928	221	5703	206	80	7266*	44	9962
7146	17	8031	32	6298	27	8955*	33	7320*	12	3180*	11	6707	220	5497	205	80	7186*	43	9933
7176*	18	8073*	31	6325	27	8988	34	7332*	12	3169	10	6487*	221	5292*	206	80	7106*	42	9904
7205*	19	8094*	31	6352	27	9022*	33	7344*	12	3159*	11	6266	220	5086	205	80	7026*	41	9875
0,3 7234*	21.20	0,3 8125	31	0,3 6379	27	0,3 9055	34	1,0 7356	12	0,9 3148*	11	2,5 6046	219	2,7 4881	204	80	1,6 6946*	68.40	1,1 9846*
7263*	21	8156	32	6406	28	9089*	33	7368	12	3137	10	5827*	219	4677*	204	80	6866*	39	9817*
7292*	22	8188*	31	6434*	27	9122	34	7380	13	3127*	11	5608*	219	4473*	204	80	6786*	38	9788*
7321*	23	8219*	31	6461*	27	9156	34	7393*	12	3116	10	5389*	219	4269*	204	80	6706	37	9759*
7350	24	8250	31	6488*	27	9190*	33	7405*	12	3106*	11	5170*	218	4065	203	79	6626	36	9730*
0,3 7379	21.25	0,3 8281	32	0,3 6515*	27	0,3 9223	34	1,0 7417	12	0,9 3095*	11	2,5 4952*	218	2,7 3862*	203	80	1,6 6547*	68.35	1,1 9700
7408	26	8313*	31	6542*	27	9257*	33	7429	13	3084	10	4734*	218	3659*	203	80	6467*	34	9671
7437	27	8344*	31	6569*	27	9290	34	7442*	12	3074*	11	4516*	217	3456	202	79	6387	33	9642
7466	28	8375	31	6596*	27	9324*	33	7454	12	3063	11	4299*	217	3254*	202	80	6308*	32	9613
7495	29	8406	32	6623	27	9357	34	7466	13	3052	10	4082*	217	3052	202	79	6228	31	9584
0,3 7525*	21.30	0,3 8438*	31	0,3 6650	27	0,3 9391	34	1,0 7479*	12	0,9 3042*	11	2,5 3865*	217	2,7 2850	201	79	1,6 6149*	68.30	1,1 9555
7554*	31	8469*	31	6677	27	9425*	33	7491*	12	3031	11	3648	216	2649	201	80	6070*	29	9526*
7583*	32	8500	31	6704	27	9458	34	7503	13	3020	10	3432	215	2448	201	79	5990	28	9497*
7612*	33	8531	32	6731	27	9492*	34	7516*	12	3010*	11	3217*	216	2247	200	79	5911	27	9468*
7641*	34	8563*	31	6758	27	9526*	33	7528*	12	2999	11	3001	215	2047*	200	79	5832*	26	9439*
0,3 7670	21.35	0,3 8594*	31	0,3 6785	27	0,3 9559	34	1,0 7540	13	0,9 2988	10	2,5 2786*	215	2,7 1847*	100	79	1,6 5753*	68.25	1,1 9410
7699	36	8625	31	6812	27	9593*	33	7553*	12	2978*	11	2571	214	1647	199	79	5674*	24	9381*
7728	37	8656	32	6839	28	9626	34	7565	13	2967*	11	2357*	215	1448*	199	79	5595*	23	9351
7757	38	8688*	31	6867*	27	9660	34	7578*	12	2956	11	2142	213	1249*	199	79	5516*	22	9322
7786	39	8719	31	6894*	27	9694*	33	7590*	12	2945	10	1929*	214	1050*	199	79	5437	21	9293
0,3 7815	21.40	0,3 8750	32	0,3 6921*	27	0,3 9727	34	1,0 7602	13	0,9 2935*	11	2,5 1715	213	2,7 0851	198	79	1,6 5358	68.20	1,1 9264
7845*	41	8782*	31	6948*	27	9761	34	7615*	12	2924	11	1502*	213	0653	198	78	5279	19	9235
7874*	42	8813*	31	6975*	27	9795*	34	7627	13	2913	11	1289*	213	0455	197	79	5201*	18	9206*
7903*	43	8844	32	7002*	27	9829*	33	7640*	12	2902	10	1076	212	0258*	197	78	5122	17	9177*
7932*	44	8876*	31	7029*	27	9862	34	7652	13	2892*	11	0864*	212	0061*	197	79	5044*	16	9148*
0,3 7961*	21.45	0,3 8907*	31	0,3 7056*	27	0,3 9896*	34	1,0 7665*	12	0,9 2881*	11	2,5 0652*	212	2,6 9864*	197	78	1,6 4965*	68.15	1,1 9119*
7990	46	8938	32	7083*	27	9930*	33	7677	13	2870	11	0440	211	9667	196	79	4887*	14	9090*
8019	47	8970	31	7110*	27	9963	34	7690*	12	2859	10	0229*	211	9471*	196	78	4808	13	9061*
8048	48	9001*	31	7137*	27	9997	34	7702	13	2849*	11	0018*	211	9275*	196	79	4730*	12	9031
8077	49	9032	32	7164*	27	0,4 0031*	34	7715*	12	2838*	11	2,4 9807	210	9079	195	78	4651	11	9002
0,3 8106	21.50	0,3 9064*	31	0,3 7191*	27	0,4 0065*	33	1,0 7727	13	0,9 2827*	11	2,4 9597*	211	2,6 8884*	195	78	1,6 4573	68.10	1,1 8973
8135	51	9095*	31	7218*	27	0098	34	7740*	12	2816	11	9386	209	8689*	195	78	4495	9	8944
8165*	52	9126	32	7245*	27	0132	34	7752	13	2805	11	9177*	210	8494*	195	78	4417*	8	8915
8194*	53	9158*	31	7272*	27	0166*	34	7765	13	2794	10	8967	209	8299	194	78	4339*	7	8886
8223*	54	9189*	31	7299*	27	0200*	34	7778*	12	2784*	11	8758*	209	8105	194	78	4261*	6	8857*
0,3 8252*	21.55	0,3 9220	32	0,3 7326*	27	0,4 0234*	33	1,0 7790	13	0,9 2773*	11	2,4 8549*	209	2,6 7911	193	78	1,6 4183*	68. 5	1,1 8828*
8281*	56	9252*	31	7353*	27	0267	34	7803*	13	2762*	11	8340	208	7718*	193	78	4105*	4	8799*
8310*	57	9283*	31	7380*	27	0301	34	7816*	12	2751	11	8132*	208	7525*	193	78	4027	3	8770*
8339	58	9314	32	7407*	27	0335*	34	7828	13	2740	11	7924*	208	7332*	193	77	3949	2	8741*
8368	59	9346*	31	7434*	27	0369*	34	7841*	12	2729	11	7716	207	7139	192	78	3872*	1	8711
0,3 8397	21.60	0,3 9377		0,3 7461*		0,4 0403*		1,0 7853		0,9 2718		2,4 7509*		2,6 6947*			1,6 3794*	68. 0	1,1 8682
$x = 68°$, Lx = 1,6 3794*				cos x / Séh Lx	D	cot x / Coséh Lx	D	coséc x / Coth Lx	D	sin x / Tah Lx	D	tang x / Sih Lx	D	séc x / Cosh Lx	D	D	Lx (R = 1)	d.m.	x (R = 1)

x R = 1	x d. m.	Lx R = 1	D	sin x / Tah Lx	D	tang x / Sih Lx	D	séc x / Cosh Lx	D	cos x / Séh Lx	D	cot x / Coséh Lx	D	coséc x / Coth Lx	D	$x = 22°$ / Lx = 0,3 9377			
0,3 8397	22. 0	0,3 9377	31	0,3 7461*	27	0,4 0403*	33	1,0 7853	13	0,9 2718	11	2,4 7509*	207	2,6 6947*	192	78	1,6 3794*	67.60	1,1 8682
8426	1	9408	32	7488*	27	0436	34	7866	13	2707	10	7302*	207	6755*	192	77	3716	59	8653
8455	2	9440*	31	7515*	27	0470	34	7879*	13	2697*	11	7095*	207	6563*	192	78	3639*	58	8624
8485*	3	9471	32	7542*	27	0504	34	7892*	12	2686*	11	6888	206	6371	191	77	3561	57	8595
8514*	4	9503*	31	7569*	26	0538	34	7904	13	2675*	11	6682*	206	6180	191	78	3484*	56	8566
0,3 8543*	22. 5	0,3 9534	31	0,3 7595	27	0,4 0572*	34	1,0 7917	13	0,9 2664*	11	2,4 6476*	206	2,6 5989	190	77	1,6 3406	67.55	1,1 8537*
8572*	6	9565	32	7622	27	0606*	34	7930*	13	2653*	11	6270	205	5799*	190	77	3329*	54	8508*
8601*	7	9597*	31	7649	27	0640*	34	7943*	12	2642*	11	6065*	205	5609*	190	78	3252*	53	8479*
8630*	8	9628	32	7676	27	0674*	33	7955	13	2631*	11	5860*	205	5419*	190	77	3174	52	8450*
8659	9	9660*	31	7703	27	0707	34	7968	13	2620*	11	5655	204	5229	189	77	3097	51	8421*
0,3 8688	22.10	0,3 9691	31	0,3 7730	27	0,4 0741	34	1,0 7981*	13	0,9 2609	11	2,4 5451*	205	2,6 5040*	189	77	1,6 3020	67.50	1,1 8392*
8717	11	9722	32	7757	27	0775	34	7994*	12	2598	11	5246	203	4851*	189	77	2943	49	8362
8746	12	9754*	31	7784	27	0809	34	8006	13	2587	11	5043*	204	4662*	189	77	2866	48	8333
8775	13	9785	32	7811	27	0843	34	8019	13	2576	11	4839*	203	4473	188	77	2789	47	8304
8804	14	9817*	31	7838*	27	0877	34	8032	13	2565	11	4636*	203	4285	188	77	2712*	46	8275
0,3 8834	22.15	0,3 9848	32	0,3 7865*	27	0,4 0911	34	1,0 8045*	13	0,9 2554	11	2,4 4433*	203	2,6 4097	188	76	1,6 2635	67.45	1,1 8246
8863*	16	9880*	31	7892*	27	0945	34	8058*	13	2543	11	4230*	203	3909	187	77	2559*	44	8217*
8892*	17	9911*	31	7919*	27	0979	34	8071*	13	2532	11	4027	202	3722	187	77	2482*	43	8188*
8921*	18	9942	32	7946*	27	1013*	34	8084*	13	2521*	11	3825	202	3535	187	77	2405	42	8159*
8950*	19	9974*	31	7973*	26	1047*	34	8097*	12	2510*	11	3623	201	3348	186	76	2328	41	8130*
0,3 8979	22.20	0,4 0005	32	0,3 7999	27	0,4 1081*	34	1,0 8109	13	0,9 2499*	11	2,4 3422*	202	2,6 3162*	186	77	1,6 2252*	67.40	1,1 8101*
9008	21	0037*	31	8026	27	1115*	34	8122	13	2488*	11	3220	201	2976*	186	76	2175	39	8072*
9037	22	0068	32	8053	27	1149*	34	8135	13	2477*	11	3019	200	2790*	186	77	2099*	38	8042
9066	23	0100*	31	8080	27	1183*	34	8148	13	2466*	11	2819*	201	2604	185	76	2022	37	8013
9095	24	0131	32	8107	27	1217	34	8161	13	2455*	11	2618	200	2419*	185	76	1946	36	7984
0,3 9124	22.25	0,4 0163	31	0,3 8134*	27	0,4 1251	34	1,0 8174	13	0,9 2444*	12	2,4 2418	200	2,6 2234*	185	76	1,6 1870*	67.35	1,1 7955
9154*	26	0194	32	8161*	27	1285	34	8187	13	2432	11	2218	199	2049*	185	77	1794*	34	7926
9183*	27	0226*	31	8188*	27	1319	34	8200	13	2421	11	2019*	200	1864	184	76	1717	33	7897*
9212*	28	0257	31	8215*	26	1353	34	8213	13	2410	11	1819	199	1680	184	76	1641	32	7868*
9241*	29	0288	32	8241	27	1387	34	8226	13	2399	11	1620	199	1496	183	76	1565	31	7839*
0,3 9270*	22.30	0,4 0320*	31	0,3 8268	27	0,4 1421	34	1,0 8239	13	0,9 2388*	11	2,4 1421	198	2,6 1313*	184	76	1,6 1489	67.30	1,1 7810*
9299*	31	0351	32	8295	27	1455	35	8252	13	2377*	11	1223*	198	1129	183	76	1413	29	7781*
9328	32	0383*	31	8322	27	1490*	34	8265	13	2366*	11	1025*	198	0946	183	76	1337	28	7752*
9357	33	0414	32	8349*	27	1524*	34	8278	13	2355*	12	0827*	198	0763	182	75	1261	27	7722
9386	34	0446*	31	8376*	27	1558*	34	8291	14	2343	11	0629	197	0581*	182	75	1185	26	7693
0,3 9415	22.35	0,4 0477	32	0,3 8403*	27	0,4 1592*	34	1,0 8305*	13	0,9 2332	11	2,4 0432*	197	2,6 0399*	182	76	1,6 1110*	67.25	1,1 7664
9444	36	0509*	31	8430*	26	1626*	34	8318*	13	2321	11	0235*	197	0217*	182	76	1034*	24	7635
9474*	37	0540	32	8456	27	1660	34	8331*	13	2310*	11	0038*	197	0035*	182	75	0958	23	7606
9503*	38	0572*	31	8483	27	1694	34	8344*	13	2299*	12	2,3 9841	196	2,5 9853	181	76	0883*	22	7577
9532*	39	0603	32	8510	27	1728	35	8357	13	2287	11	9645*	195	9672	181	75	0807	21	7548*
0,3 9561*	22.40	0,4 0635	32	0,3 8537*	27	0,4 1763*	34	1,0 8370	13	0,9 2276	11	2,3 9449*	196	2,5 9491	180	76	1,6 0732*	67.20	1,1 7519*
9590*	41	0667*	31	8564*	27	1797*	34	8383	14	2265	11	9253	195	9311*	181	75	0656	19	7490
9619*	42	0798	32	8591*	26	1831*	34	8397*	13	2254*	11	9058*	195	9130	180	76	0581*	18	7461*
9648	43	0730*	31	8617	27	1865	34	8410*	13	2243*	12	8863*	195	8950	179	75	0505	17	7432*
9677	44	0761	32	8644	27	1899	34	8423	13	2231	11	8668*	195	8771*	180	75	0430	16	7402
0,3 9706	22.45	0,4 0793*	31	0,3 8671	27	0,4 1933	35	1,0 8436	13	0,9 2220	11	2,3 8473*	194	2,5 8591	179	75	1,6 0355*	67.15	1,1 7373
9735	46	0824	32	8698*	27	1968*	34	8449	14	2209*	11	8279*	195	8412*	179	75	0280*	14	7344
9764	47	0856*	31	8725*	27	2002*	34	8463*	13	2198*	12	8084	193	8233*	179	76	0205*	13	7315
9794*	48	0887	32	8752*	26	2036	34	8476*	13	2186	11	7891*	194	8054	178	75	0129	12	7286
9823*	49	0919*	31	8778	27	2070	35	8489	14	2175	11	7697	193	7876*	178	75	0054	11	7257
0,3 9852*	22.50	0,4 0950	32	0,3 8805	27	0,4 2105*	34	1,0 8503*	13	0,9 2164*	12	2,3 7504*	193	2,5 7698*	178	75	1,5 9979	67.10	1,1 7228*
9881*	51	0982	32	8832*	27	2139*	34	8516*	13	2152	11	7311*	193	7520*	178	74	9904	9	7199*
9910*	52	1014*	31	8859*	27	2173	34	8529	13	2141	11	7118*	193	7342*	177	75	9830*	8	7170*
9939*	53	1045	32	8886*	26	2207	35	8542	14	2130*	11	6925	192	7165*	177	75	9755*	7	7141*
9968	54	1077*	31	8912	27	2242*	34	8556*	13	2119*	12	6733	192	6988*	177	75	9680*	6	7112*
0,3 9997	22.55	0,4 1108	32	0,3 8939	27	0,4 2276*	34	1,0 8569	13	0,9 2107	11	2,3 6541	192	2,5 6811*	177	74	1,5 9605	67. 5	1,1 7083*
0,4 0026	56	1140*	31	8966*	27	2310	35	8582	14	2096*	11	6349	191	6634	176	75	9531*	4	7053
0055	57	1171	32	8993*	27	2345*	34	8596*	13	2085*	12	6158	191	6458*	176	75	9456*	3	7024
0084	58	1203	32	9020*	26	2379*	34	8609	14	2073	11	5967*	191	6282*	176	74	9381	2	6995
0113	59	1235*	31	9046	27	2413	34	8623*	13	2062*	12	5776*	191	6106*	176	75	9307*	1	6966
0,4 0143*	22.60	0,4 1266		0,3 9073		0,4 2447		1,0 8636		0,9 2050		2,3 5585		2,5 5930			1,5 9232	67. 0	1,1 6937
$x = 67°$ / Lx = 1,5 9232				cos x / Séh Lx	D	cot x / Coséh Lx	D	coséc x / Coth Lx	D	sin x / Tah Lx	D	tang x / Sih Lx	D	séc x / Cosh Lx	D	D	Lx R = 1	x d. m.	x R = 1

x R = 1	d.m.	Lx R = 1	D	sin x TahLx	D	tang x SihLx	D	séc x CoshLx	D	cos x SéhLx	D	cot x CoséhLx	D	coséc x CothLx	D	x = 23° Lx = 0,4 1266			
0,4 0143*	23. 0	0,4 1266	32	0,3 9073	27	0,4 2447	35	1,0 8636	13	0,9 2050	11	2,3 5585	190	2,5 5930	176	74	1,5 9232	66.60	1,1 6937
0172*	1	1298*	31	9100*	27	2482*	34	8649	14	2039	11	5395*	190	5755	175	74	9158*	59	6908*
0201*	2	1329	32	9127*	26	2516	35	8663*	13	2028*	12	5205*	190	5580	175	75	9084*	58	6879*
0230*	3	1361	32	9153	27	2551*	34	8676	14	2016	11	5015*	190	5405	174	74	9009	57	6850*
0259*	4	1393*	31	9180	27	2585*	34	8690*	13	2005*	11	4825	189	5231	174	74	8935*	56	6821*
0,4 0288	23. 5	0,4 1424	32	0,3 9207*	27	0,4 2619	35	1,0 8703	14	0,9 1994*	12	2,3 4636*	189	2,5 5057*	174	74	1,5 8861*	66.55	1,1 6792*
0317	6	1456*	32	9234*	28	2654*	34	8717*	13	1982	11	4447*	189	4883*	174	75	8787*	54	6763*
0346	7	1488*	31	9260	27	2688*	34	8730	14	1971*	12	4258*	189	4709	173	74	8712	53	6733
0375	8	1519	32	9287	27	2722	35	8744*	13	1959	11	4069	188	4536*	173	74	8638	52	6704
0404	9	1551*	31	9314*	27	2757*	34	8757	14	1948*	12	3881*	188	4363*	173	74	8564	51	6675
0,4 0433	23.10	0,4 1582	32	0,3 9341*	26	0,4 2791	35	1,0 8771*	13	0,9 1936	11	2,3 3693*	188	2,5 4190*	173	73	1,5 8490	66.50	1,1 6646
0463*	11	1614	32	9367	27	2826*	34	8784	14	1925*	11	3505	188	4017*	172	74	8417*	49	6617
0492*	12	1646*	31	9394	27	2860	34	8798*	13	1914*	12	3317	187	3845*	173	74	8343*	48	6588*
0521*	13	1677	32	9421*	27	2894	35	8811	14	1902	11	3130	187	3672	172	74	8269*	47	6559*
0550*	14	1709	32	9448*	26	2929*	34	8825	14	1891*	12	2943	187	3500	171	74	8195	46	6530*
0,4 0579*	23.15	0,4 1741*	31	0,3 9474	27	0,4 2963	35	1,0 8839*	13	0,9 1879	11	2,3 2756	186	2,5 3329*	172	73	1,5 8121	66.45	1,1 6501*
0608*	16	1772	32	9501	27	2998*	34	8852	14	1868*	12	2570*	187	3157	171	74	8048*	44	6472*
0637	17	1804	32	9528*	27	3032	35	8866*	14	1856	11	2383	186	2986	171	73	7974	43	6443*
0666	18	1836*	31	9555*	26	3067*	34	8880*	13	1845*	12	2197	185	2815	170	74	7901*	42	6413
0695	19	1867	32	9581	27	3101	35	8893	14	1833	11	2012*	186	2645*	171	73	7827	41	6384
0,4 0724	23.20	0,4 1899	32	0,3 9608*	27	0,4 3136*	34	1,0 8907*	14	0,9 1822*	12	2,3 1826	185	2,5 2474	170	74	1,5 7754*	66.40	1,1 6355
0753	21	1931*	31	9635*	26	3170	35	8921*	13	1810	11	1641*	185	2304	170	73	7680	39	6326
0783*	22	1962	32	9661	27	3205*	34	8934	14	1799*	12	1456*	185	2134	169	74	7607*	38	6297
0812*	23	1994	32	9688	27	3239	35	8948*	14	1787	12	1271*	185	1965*	170	73	7533	37	6268
0841*	24	2026*	32	9715*	26	3274*	34	8962*	13	1775	11	1086	184	1795	169	73	7460	36	6239*
0,4 0870*	23.25	0,4 2058*	31	0,3 9741	27	0,4 3308	35	1,0 8975	14	0,9 1764*	12	2,3 0902	184	2,5 1626	169	73	1,5 7387*	66.35	1,1 6210*
0899*	26	2089	32	9768	27	3343*	35	8989	14	1752	11	0718	184	1457	168	73	7314*	34	6181*
0928*	27	2121	32	9795*	27	3378*	34	9003*	14	1741*	12	0534	183	1289*	169	73	7241*	33	6152*
0957	28	2153*	31	9822*	26	3412	35	9017*	13	1729	11	0351*	184	1120	168	73	7168*	32	6123*
0986	29	2184	32	9848	27	3447*	34	9030	14	1718*	12	0167	183	0952	168	73	7095*	31	6093
0,4 1015	23.30	0,4 2216	32	0,3 9875*	27	0,4 3481	35	1,0 9044	14	0,9 1706	12	2,2 9984	183	2,5 0784	167	73	1,5 7022*	66.30	1,1 6064
1044	31	2248*	32	9902*	26	3516*	34	9058*	14	1694	11	9801	182	0617*	168	73	6949*	29	6035
1073	32	2280*	31	9928	27	3550	35	9072*	14	1683*	12	9619*	182	0449	167	73	6876*	28	6006
1103*	33	2311	32	9955*	27	3585	35	9086*	13	1671	11	9437*	183	0282	167	73	6803*	27	5977
1132*	34	2343*	32	9982*	26	3620*	34	9099	14	1660*	12	9254	181	0115	167	73	6730	26	5948
0,4 1161*	23.35	0,4 2375*	31	0,4 0008	27	0,4 3654	35	1,0 9113	14	0,9 1648*	12	2,2 9073*	182	2,4 9948	166	72	1,5 6657	66.25	1,1 5919*
1190*	36	2406	32	0035*	27	3689*	35	9127	14	1636	11	8891*	181	9782	166	73	6585*	24	5890*
1219*	37	2438	32	0062*	26	3724*	34	9141*	14	1625*	12	8710*	182	9616*	166	72	6512	23	5861*
1248*	38	2470*	32	0088	27	3758	35	9155*	14	1613*	12	8528	180	9450*	166	73	6440*	22	5832*
1277	39	2502*	31	0115*	26	3793*	35	9169*	14	1601	11	8348*	181	9284	165	73	6367*	21	5803*
0,4 1306	23.40	0,4 2533	32	0,4 0141	27	0,4 3828*	34	1,0 9183*	14	0,9 1590*	12	2,2 8167*	180	2,4 9119*	165	72	1,5 6294	66.20	1,1 5774*
1335	41	2565	32	0168	27	3862	35	9197*	14	1578*	12	7987*	181	8954*	165	72	6222	19	5744
1364	42	2597*	32	0195*	26	3897*	35	9211*	13	1566	11	7806	180	8789*	165	73	6150*	18	5715
1393	43	2629*	32	0221	27	3932*	34	9224	14	1555*	12	7626	179	8624*	165	72	6077	17	5686
1422	44	2661*	31	0248	27	3966	35	9238	14	1543*	12	7447*	180	8459	164	72	6005	16	5657
0,4 1452*	23.45	0,4 2692	32	0,4 0275*	26	0,4 4001	36	1,0 9252	14	0,9 1531	12	2,2 7267	179	2,4 8295	164	72	1,5 5933*	66.15	1,1 5628
1481*	46	2724	32	0301	27	4036*	35	9266	14	1519	11	7088	178	8131	164	73	5861*	14	5599*
1510*	47	2756*	32	0328*	27	4071*	34	9280	14	1508*	12	6909	179	7967	163	72	5788	13	5570*
1539*	48	2788*	31	0355*	26	4105	35	9294	14	1496*	12	6730	178	7804*	164	72	5716	12	5541*
1568*	49	2819	32	0381	27	4140	35	9308	15	1484	12	6552*	178	7640	163	72	5644	11	5512*
0,4 1597	23.50	0,4 2851	32	0,4 0408*	26	0,4 4175*	35	1,0 9323*	14	0,9 1472	11	2,2 6374*	178	2,4 7477	163	72	1,5 5572	66.10	1,1 5483*
1626	51	2883	32	0434	27	4210*	34	9337*	14	1461*	12	6196*	178	7314	162	72	5500	9	5454*
1655	52	2915*	32	0461*	27	4244	35	9351*	14	1449*	12	6018*	178	7152*	163	72	5428	8	5424
1684	53	2947*	31	0488*	26	4279	35	9365*	14	1437	12	5840	177	6989	162	71	5356	7	5395
1713	54	2978	32	0514	27	4314*	35	9379*	14	1425	11	5663*	177	6827	162	72	3285*	6	5366
0,4 1742	23.55	0,4 3010	32	0,4 0541*	26	0,4 4349*	35	1,0 9393*	14	0,9 1414*	12	2,2 5486*	177	2,4 6665	161	72	1,5 5213*	66. 5	1,1 5337
1772*	56	3042	32	0567	27	4384*	34	9407	14	1402*	12	5309*	177	6504*	162	72	5141	4	5308
1801*	57	3074*	32	0594*	27	4418	35	9421	14	1390	12	5132	176	6342	161	71	5069	3	5279*
1830*	58	3106*	32	0621*	26	4453	35	9435	14	1378	12	4956*	176	6181	161	72	4998*	2	5250*
1859*	59	3138*	31	0647	27	4488	35	9449	15	1366	11	4780*	176	6020	161	71	4926	1	5221*
0,4 1888*	23.60	0,4 3169		0,4 0674*		0,4 4523*		1,0 9464*		0,9 1355*		2,2 4604*		2,4 5859			1,5 4855*	66. 0	1,1 5192*
x = 66° Lx = 1,5 4855*				cos x SéhLx	D	cot x CoséhLx	D	coséc x CothLx	D	sin x TahLx	D	tang x SihLx	D	séc x CoshLx	D	D	Lx R = 1	d.m.	x R = 1

x R = 1	x d. m.	Lx R = 1	D	sin x TahLx	D	tang x SihLx	D	séc x CoshLx	D	cos x SéhLx	D	cot x CoséhLx	D	coséc x CothLx	D	x = 24° Lx = 0,4 3169 D			
0,4 1888*	24. 0	0,4 3169	32	0,4 0674*	26	0,4 4523*	35	1,0 9464*	14	0,9 1355*	12	2,2 4604*	176	2,4 5859	160	72	1,5 4855*	65.60	1,1 5192*
1917*	1	3201	32	0700	27	4558*	35	9478*	14	1343*	12	4428*	176	5699*	160	71	4783	59	5163*
1946	2	3233	32	0727*	26	4593*	34	9492	14	1331*	12	4252	175	5539*	161	72	4712*	58	5134*
1975	3	3265	32	0753	27	4627	35	9506	14	1319	12	4077	175	5378	159	71	4640	57	5104
2004	4	3297*	32	0780*	26	4662	35	9520	15	1307	12	3902	175	5219*	160	71	4569	56	5075
0,4 2033	24. 5	0,4 3329*	32	0,4 0806	27	0,4 4697	35	1,0 9535*	14	0,9 1295	12	2,2 3727	174	2,4 5059	159	72	1,5 4498*	65.55	1,1 5046
2062	6	3361*	31	0833	27	4732	35	9549*	14	1283	11	3553*	175	4900*	159	71	4426	54	5017
2092*	7	3392	32	0860*	26	4767	35	9563	14	1272*	12	3378	174	4741*	159	71	4355	53	4988
2121*	8	3424	32	0886	27	4802*	35	9577	15	1260*	12	3204	174	4582*	159	71	4284	52	4959
2150*	9	3456	32	0913*	26	4837*	35	9592*	14	1248*	12	3030	173	4423*	159	71	4213*	51	4930*
0,4 2179*	24.10	0,4 3488	32	0,4 0939	27	0,4 4872*	35	1,0 9606	14	0,9 1236*	12	2,2 2857*	174	2,4 4264	158	71	1,5 4142*	65.50	1,1 4901*
2208*	11	3520*	32	0966*	26	4907*	35	9620	15	1224*	12	2683	173	4106	158	71	4071*	49	4872*
2237*	12	3552*	32	0992	27	4942*	35	9635*	14	1212	12	2510	173	3948	158	71	4000*	48	4843*
2266	13	3584*	32	1019*	26	4977*	35	9649	14	1200	12	2337	173	3790	157	71	3929*	47	4814*
2295	14	3616*	32	1045	27	5012*	35	9663	15	1188	12	2164	172	3633*	157	71	3858	46	4784
0,4 2324	24.15	0,4 3648*	31	0,4 1072*	26	0,4 5047*	35	1,0 9678*	14	0,9 1176	12	2,2 1992*	173	2,4 3476*	158	71	1,5 3787	65.45	1,1 4755
2353	16	3679	32	1098	27	5082*	35	9692	15	1164	12	1819	172	3318	156	70	3716	44	4726
2382	17	3711	32	1125*	26	5117*	35	9707*	14	1152	12	1647	172	3162*	157	71	3646*	43	4697
2412*	18	3743	32	1151	27	5152*	35	9721*	14	1140	12	1475	171	3005*	157	71	3575*	42	4668
2441*	19	3775	32	1178*	26	5187*	35	9735	15	1128	12	1304*	172	2848	156	70	3504	41	4639
0,4 2470*	24.20	0,4 3807	32	0,4 1204	27	0,4 5222*	35	1,0 9750*	14	0,9 1116	12	2,2 1132	171	2,4 2692	156	71	1,5 3434*	65.40	1,1 4610*
2499	21	3839	32	1231*	26	5257*	35	9764	15	1104	12	0961	171	2536	156	70	3363	39	4581*
2528*	22	3871*	32	1257	27	5292*	35	9779*	14	1092	12	0790	171	2380	156	71	3293*	38	4552*
2557*	23	3903*	32	1284*	26	5327*	35	9793	15	1080	12	0619	170	2225*	155	70	3222	37	4523*
2586	24	3935*	32	1310	27	5362	35	9808*	14	1068	12	0449*	171	2070*	156	71	3152*	36	4494*
0,4 2615	24.25	0,4 3967*	32	0,4 1337*	26	0,4 5397	35	1,0 9822	15	0,9 1056	12	2,2 0278	170	2,4 1914	154	70	1,5 3081	65.35	1,1 4465*
2644	26	3999*	32	1363	27	5432	35	9837*	14	1044	12	0108	170	1760*	155	70	3011*	34	4435
2673	27	4031*	32	1390*	26	5467	35	9851	15	1032	12	2,1 9938	169	1605*	155	71	2941*	33	4406
2702	28	4063*	32	1416	27	5502	36	9866*	14	1020	12	9769*	170	1450	154	70	2870	32	4377
2731	29	4095*	32	1443*	26	5538*	35	9880	15	1008	12	9599	169	1296	154	70	2800	31	4348
0,4 2761*	24.30	0,4 4127*	32	0,4 1469	27	0,4 5573*	35	1,0 9895*	14	0,9 0996	12	2,1 9430*	169	2,4 1142	154	70	1,5 2730	65.30	1,1 4319
2790*	31	4159*	32	1496*	26	5608*	35	9909	15	0984	12	9261*	169	0988	153	70	2660*	29	4290*
2819*	32	4191*	32	1522	27	5643*	35	9924*	14	0972*	12	9092	169	0835*	154	70	2590*	28	4261*
2848*	33	4223*	31	1549*	26	5678	35	9939*	14	0960*	12	8923	168	0681	153	70	2520*	27	4232*
2877*	34	4254	32	1575	27	5713	35	9953	15	0948*	12	8755	168	0528	153	70	2450*	26	4203*
0,4 2906	24.35	0,4 4286	32	0,4 1602*	26	0,4 5748	36	1,0 9968*	14	0,9 0936*	12	2,1 8587*	168	2,4 0375	153	70	1,5 2380*	65.25	1,1 4174*
2935	36	4318	32	1628	27	5784*	35	9982	15	0924*	13	8419*	168	0222	152	70	2310*	24	4145*
2964	37	4350	32	1655*	26	5819*	35	9997	15	0911	12	8251	167	0070*	152	70	2240*	23	4115
2993	38	4382	32	1681*	26	5854*	35	1,1 0012*	14	0899	12	8084*	168	2,3 9918*	152	70	2170	22	4086
3022	39	4414	32	1707	27	5889	35	0026	15	0887	12	7916	167	9766*	152	69	2100	21	4057
0,4 3051	24.40	0,4 4446	32	0,4 1734*	26	0,4 5924	36	1,1 0041	15	0,9 0875	12	2,1 7749	167	2,3 9614*	152	70	1,5 2031*	65.20	1,1 4028
3081*	41	4478	33	1760	27	5960*	35	0056*	15	0863*	12	7582	166	9462	151	70	1961	19	3999
3110*	42	4511*	32	1787*	26	5995*	35	0071*	14	0851*	12	7416*	167	9311*	152	69	1891	18	3970
3139*	43	4543*	32	1813	27	6030	35	0085	15	0839*	13	7249	166	9159	151	70	1822*	17	3941*
3168*	44	4575*	32	1840*	26	6065	36	0100	15	0826	12	7083*	166	9008	151	69	1752	16	3912*
0,4 3197*	24.45	0,4 4607*	32	0,4 1866*	26	0,4 6101*	35	1,1 0115*	15	0,9 0814	12	2,1 6917*	166	2,3 8857	150	70	1,5 1683*	65.15	1,1 3883*
3226*	46	4639*	32	1892	27	6136*	35	0130*	14	0802	12	6751*	166	8707*	151	69	1613	14	3854*
3255	47	4671*	32	1919*	26	6171	35	0144	15	0790*	12	6585	165	8556	150	70	1544*	13	3825*
3284	48	4703*	32	1945	27	6206	36	0159	15	0778*	12	6420*	165	8406	150	69	1474	12	3795
3313	49	4735*	32	1972*	26	6242*	35	0174*	15	0766*	13	6255*	165	8256	149	69	1405	11	3766
0,4 3342	24.50	0,4 4767*	32	0,4 1998	26	0,4 6277	35	1,1 0189*	15	0,9 0753	12	2,1 6090*	165	2,3 8107*	150	69	1,5 1336*	65.10	1,1 3737
3371	51	4799*	32	2024	27	6312	36	0204*	14	0741	12	5925*	165	7957*	149	70	1267*	9	3708
3401*	52	4831*	32	2051*	26	6348*	35	0218	15	0729*	12	5760	164	7808*	150	69	1197	8	3679
3430*	53	4863*	32	2077	27	6383	35	0233	15	0717*	13	5596*	164	7658	149	69	1128	7	3650
3459*	54	4895	32	2104*	26	6418	36	0248	15	0704	12	5432*	164	7509	148	69	1059	6	3621*
0,4 3488*	24.55	0,4 4927	32	0,4 2130*	26	0,4 6454*	35	1,1 0263	15	0,9 0692	12	2,1 5268*	164	2,3 7361*	149	69	1,5 0990	65. 5	1,1 3592*
3517*	56	4959	32	2156	27	6489	36	0278	15	0680*	12	5104*	164	7212	148	69	0921	4	3563*
3546*	57	4991	32	2183*	26	6525*	35	0293*	15	0668*	13	4940	163	7064*	148	69	0852	3	3534*
3575	58	5023	32	2209	26	6560*	35	0308*	15	0655	12	4777*	163	6916*	148	69	0783	2	3505*
3604	59	5055	33	2235	27	6595	36	0323*	15	0643	12	4614*	163	6768*	148	69	0714	1	3475
0,4 3633	24.60	0,4 5088*		0,4 2262*		0,4 6631*		1,1 0338*		0,9 0631*		2,1 4451*		2,3 6620			1,5 0645	65. 0	1,1 3446
x = 65° Lx = 1,5 0645				cos x SéhLx	D	cot x CoséhLx	D	coséc x CothLx	D	sin x TahLx	D	tang x SihLx	D	séc x CoshLx	D	D	Lx R = 1	x d. m.	x R = 1

x R = 1	x d.m.	Lx R = 1	D	sin x TahLx	D	tang x SihLx	D	séc x CoshLx	D	cos x SébLx	D	cot x CoséhLx	D	coséc x CothLx	D	x = 25° Lx = 0,4 5088*			
0,4 3633	25. 0	0,4 5088*	32	0,4 2262*	26	0,4 6631*	35	1,1 0338*	15	0,9 0631*	13	2,1 4451*	163	2,3 6620	147	68	1,5 0645	64.60	1,1 3446
3662	1	5120*	32	2288	27	6666	36	0353*	15	0618	12	4288*	163	6473*	148	69	0577*	59	3417
3691	2	5152*	33	2315*	26	6702*	35	0368*	15	0606	12	4125	162	6325	147	69	0508*	58	3388
3720	3	5184*	32	2341*	26	6737	36	0383*	15	0594*	12	3963	162	6178	147	69	0439	57	3359
3750*	4	5216*	32	2367	27	6773*	35	0398*	15	0582*	13	3801*	162	6031	148	68	0370	56	3330
0,4 3779*	25. 5	0,4 5248	32	0,4 2394*	26	0,4 6808*	35	1,1 0413*	15	0,9 0569	12	2,1 3639*	162	2,3 5885*	147	69	1,5 0302*	64.55	1,1 3301*
3808*	6	5280	32	2420*	26	6843	36	0428*	15	0557*	12	3477	161	5738	146	68	0233	54	3272*
3837*	7	5312	32	2446	27	6879*	35	0443*	15	0545*	13	3316*	162	5592*	146	69	0165*	53	3243*
3866*	8	5344	33	2473*	26	6914	36	0458*	15	0532	12	3154	161	5446*	146	69	0096	52	3214*
3895	9	5377*	32	2499*	26	6950*	35	0473	15	0520*	13	2993	161	5300*	146	69	0028*	51	3185*
0,4 3924	25.10	0,4 5409*	32	0,4 2525	27	0,4 6985	36	1,1 0488	15	0,9 0507	12	2,1 2832	161	2,3 5154	145	68	1,4 9959	64.50	1,1 3156*
3953	11	5441*	32	2552*	26	7021*	35	0503	15	0495	12	2671	160	5009*	146	68	9891*	49	3126
3982	12	5473*	32	2578*	26	7056	36	0518	15	0483*	13	2511*	161	4863	145	69	9823*	48	3097
4011	13	5505	32	2604	27	7092*	36	0533	16	0470	12	2350	160	4718	145	68	9754	47	3068
4040	14	5537	32	2631*	26	7128*	35	0549*	15	0458*	12	2190	160	4573	144	68	9686*	46	3039
0,4 4070*	25.15	0,4 5569	33	0,4 2657*	26	0,4 7163	36	1,1 0564*	15	0,9 0446*	13	2,1 2030	159	2,3 4429*	145	68	1,4 9618*	64.45	1,1 3010
4099*	16	5602*	32	2683	26	7199*	35	0579*	15	0433	12	1871*	160	4284	144	69	9550*	44	2981*
4128*	17	5634*	32	2709	27	7234	36	0594	15	0421*	13	1771	159	4140	144	68	9481	43	2952*
4157*	18	5666*	32	2736*	26	7270*	35	0609	16	0408	12	1552*	160	3996*	144	68	9413	42	2923*
4186*	19	5698	32	2762	26	7305	36	0625*	15	0396*	13	1392	159	3852	144	68	9345	41	2894*
0,4 4215	25.20	0,4 5730	33	0,4 2788	27	0,4 7341*	36	1,1 0640*	15	0,9 0383*	12	2,1 1233	158	2,3 3708	143	68	1,4 9277	64.40	1,1 2865*
4244	21	5763*	32	2815*	26	7377*	35	0655	15	0371*	13	1075*	159	3565*	143	68	9209	39	2836*
4273	22	5795*	32	2841*	26	7412	36	0670	16	0358	12	0916	158	3422*	144	67	9141	38	2806
4302	23	5827*	32	2867	27	7448*	35	0686*	15	0346	12	0758*	158	3278	143	68	9074*	37	2777
4331	24	5859	32	2894*	26	7483	36	0701*	15	0334*	13	0600*	158	3135	142	68	9006*	36	2748
0,4 4360	25.25	0,4 5891	33	0,4 2920*	26	0,4 7519	36	1,1 0716	15	0,9 0321	12	2,1 0442*	158	2,3 2993*	143	68	1,4 8938*	64.35	1,1 2719
4390*	26	5924*	32	2946	26	7555*	35	0731	16	0309*	13	0284*	158	2850	142	68	8870	34	2690
4419*	27	5956*	32	2972	27	7590	36	0747*	15	0296	12	0126	157	2708*	142	67	8802	33	2661
4448*	28	5988*	32	2999*	26	7626	36	0762	15	0284*	13	2,0 9969*	158	2566*	142	68	8735*	32	2632*
4477*	29	6020	32	3025*	26	7662*	36	0777	16	0271	12	9811	157	2424*	142	67	8667	31	2603*
0,4 4506*	25.30	0,4 6052	33	0,4 3051	26	0,4 7698*	35	1,1 0793*	15	0,9 0259*	13	2,0 9654	156	2,3 2282	142	68	1,4 8600*	64.30	1,1 2574*
4535*	31	6085*	32	3077	27	7733	36	0808	16	0246	13	9498*	157	2140	141	67	8532	29	2545*
4564	32	6117*	32	3104*	26	7769*	36	0824*	15	0233	12	9341*	157	1999	141	68	8465*	28	2516*
4593	33	6149	32	3130*	26	7805*	35	0839	15	0221*	13	9184	156	1858*	141	67	8397	27	2486
4622	34	6181	33	3156	26	7840	36	0854	16	0208	12	9028	156	1717*	141	68	8330*	26	2457
0,4 4651	25.35	0,4 6214*	32	0,4 3182	27	0,4 7876	36	1,1 0870*	15	0,9 0196*	13	2,0 8872*	156	2,3 1576	140	67	1,4 8262	64.25	1,1 2428
4680	36	6246*	32	3209*	26	7912*	36	0885	16	0183	12	8716	156	1436*	141	67	8195*	24	2399
4710*	37	6278	32	3235*	26	7948*	36	0901*	15	0171*	13	8560	155	1295	140	68	8128*	23	2370
4739*	38	6310	33	3261	26	7984*	35	0916	16	0158	12	8405*	155	1155*	140	67	8060	22	2341
4768*	39	6343*	32	3287	26	8019	36	0932*	15	0146*	13	8250*	156	1015*	140	67	7993	21	2312*
0,4 4797*	25.40	0,4 6375*	32	0,4 3313	27	0,4 8055	36	1,1 0947	16	0,9 0133*	13	2,0 8094	155	2,3 0875	140	67	1,4 7926*	64.20	1,1 2283*
4826*	41	6407	32	3340*	26	8091*	36	0963*	15	0120	12	7939	154	0735	139	67	7859*	19	2254*
4855*	42	6439	33	3366*	26	8127*	36	0978	16	0108*	13	7785*	155	0596*	139	67	7792*	18	2225*
4884	43	6472*	32	3392	26	8163*	35	0994*	15	0095	13	7630	154	0457*	139	67	7725*	17	2196*
4913	44	6504	32	3418	27	8198	36	1009	16	0082	12	7476*	155	0318*	139	67	7658*	16	2166
0,4 4942	25.45	0,4 6536	33	0,4 3445*	26	0,4 8234	36	1,1 1025*	16	0,9 0070*	13	2,0 7321	154	2,3 0179*	138	67	1,4 7591*	64.15	1,1 2137
4971	46	6569*	32	3471*	26	8270	36	1041*	15	0057	12	7167	153	0040*	139	67	7524*	14	2108
5000	47	6601*	32	3497*	26	8306	36	1056	16	0045*	13	7014*	154	2,2 9901	138	67	7457*	13	2079
5029	48	6633	33	3523	26	8342*	36	1072*	15	0032*	13	6860*	154	9763*	138	67	7390*	12	2050
5059*	49	6666*	32	3549	26	8378*	36	1087	16	0019	12	6706	153	9625*	138	67	7323	11	2021
0,4 5088*	25.50	0,4 6698*	32	0,4 3575	27	0,4 8414*	36	1,1 1103	16	0,9 0007*	13	2,0 6553	153	2,2 9487*	138	66	1,4 7256	64.10	1,1 1992*
5117*	51	6730	33	3602*	26	8450*	36	1119*	15	0,8 9994*	13	6400	153	9349	138	67	7190*	9	1963*
5146*	52	6763*	32	3628*	26	8486*	35	1134	16	9981	13	6247	153	9211	137	67	7123*	8	1934*
5175*	53	6795*	32	3654	26	8521	36	1150	16	9968	12	6094	152	9074	137	66	7056	7	1905*
5204	54	6827	32	3680	26	8557	36	1166*	15	9956*	13	5942*	152	8937*	137	67	6990*	6	1876*
0,4 5233	25.55	0,4 6859	33	0,4 3706	27	0,4 8593	36	1,1 1181	16	0,8 9943	13	2,0 5790*	153	2,2 8800*	137	66	1,4 6923	64. 5	1,1 1847*
5262	56	6892*	32	3733*	26	8629	36	1197	16	9930	12	5637	152	8663*	137	67	6857*	4	1817
5291	57	6924	33	3759*	26	8665	36	1213*	16	9918*	13	5485	152	8526	136	66	6790	3	1788
5320	58	6957*	33	3785*	26	8701	36	1229*	15	9905*	13	5333	151	8390*	137	67	6724*	2	1759
5349	59	6989*	32	3811*	26	8737	36	1244	16	9892	13	5182*	152	8253	136	66	6657	1	1730
0,4 5379*	25.60	0,4 7021		0,4 3837		0,4 8773		1,1 1260		0,8 9879		2,0 5030		2,2 8117			1,4 6591*	64. 0	1,1 1701
x = 64° Lx = 1,4 6591*				cos x SéhLx	D	cot x CoséhLx	D	coséc x CothLx	D	sin x TahLx	D	tang x SihLx	D	séc x CoshLx	D	D	Lx R = 1	x d.m.	x R = 1

x R = 1	x d. m.	Lx R = 1	D	sin x TahLx	D	tang x SihLx	D	séc x CoshLx	D	cos x SéhLx	D	cot x CoséhLx	D	coséc x CothLx	D	x = 26° Lx = 0,47021			
0,4 5379*	26. 0	0,4 7021	33	0,4 3837	26	0,4 8773	36	1,1 1260	16	0,8 9879	12	2,0 5030	151	2,2 8117	136	66	1,4 6591*	63.60	1,1 1701
5408*	1	7054*	32	3863	26	8809	36	1276*	16	9867*	13	4879	151	7981	136	67	6525*	59	1672*
5437*	2	7086	32	3889	27	8845	36	1292*	16	9854*	13	4728	151	7845	135	66	6458	58	1643*
5466*	3	7118	33	3916*	26	8881	36	1308*	15	9841	13	4577	151	7710*	136	66	6392*	57	1614*
5495*	4	7151*	32	3942*	26	8917	36	1323	16	9828	12	4426	150	7574	135	66	6326*	56	1585*
0,4 5524	26. 5	0,4 7183	33	0,4 3968*	26	0,4 8953	36	1,1 1339	16	0,8 9816*	13	2,0 4276*	151	2,2 7439	135	67	1,4 6260*	63.55	1,1 1556*
5553	6	7216*	32	3994*	26	8989	37	1355	16	9803*	13	4125	150	7304	135	66	6193	54	1527*
5582	7	7248*	32	4020	26	9026*	36	1371	16	9790*	13	3975	150	7169	134	66	6127	53	1497
5611	8	7280	33	4046	26	9062*	36	1387*	16	9777	13	3825	150	7035*	135	66	6061	52	1468
5640	9	7313*	32	4072	26	9098*	36	1403*	16	9764	12	3675	149	6900	134	66	5995	51	1439
0,4 5669	26.10	0,4 7345	33	0,4 4098	26	0,4 9134*	36	1,1 1419*	16	0,8 9752*	13	2,0 3526*	150	2,2 6766*	134	66	1,4 5929	63.50	1,1 1410
5699*	11	7378*	32	4124	27	9170*	36	1435*	16	9739*	13	3376	149	6632*	134	66	5863	49	1381
5728*	12	7410*	32	4151*	26	9206	36	1451*	16	9726*	13	3227*	149	6498*	134	65	5797	48	1352
5757*	13	7442	33	4177*	26	9242	36	1467*	16	9713*	13	3078*	149	6364*	134	66	5732*	47	1323*
5786*	14	7475*	32	4203*	26	9278	37	1483*	16	9700	13	2929*	149	6230	133	66	5666*	46	1294*
0,4 5815*	26.15	0,4 7507	33	0,4 4229*	26	0,4 9315*	36	1,1 1499*	16	0,8 9687	13	2,0 2780*	149	2,2 6097*	134	66	1,4 5600*	63.45	1,1 1265*
5844*	16	7540*	32	4255*	26	9351*	36	1515*	16	9674	12	2631	148	5963	133	66	5534	44	1236*
5873	17	7572	33	4281	26	9387*	36	1531*	16	9662*	13	2483*	148	5830	133	65	5468	43	1207*
5902	18	7605*	32	4307	26	9423	36	1547*	16	9649*	13	2335*	148	5697	132	66	5403*	42	1177
5931	19	7637	32	4333	26	9459	36	1563*	16	9636*	13	2187*	148	5565*	133	65	5337	41	1148
0,4 5960	26.20	0,4 7669	33	0,4 4359	26	0,4 9495	37	1,1 1579*	16	0,8 9623*	13	2,0 2039*	148	2,2 5432	132	66	1,4 5272*	63.40	1,1 1119
5989	21	7702*	32	4385	26	9532*	36	1595*	16	9610*	13	1891*	148	5300*	133	66	5206*	39	1090
6019*	22	7734	33	4411	26	9568*	36	1611*	16	9597	13	1743	147	5167	132	65	5140	38	1061
6048*	23	7767	32	4437	27	9604	36	1627*	16	9584	13	1596*	147	5035	132	65	5075*	37	1032
6077*	24	7799	33	4464*	26	9640	37	1643	16	9571	13	1449*	147	4903	131	66	5010*	36	1003*
0,4 6106*	26.25	0,4 7832*	32	0,4 4490*	26	0,4 9677*	36	1,1 1659	16	0,8 9558	13	2,0 1302*	147	2,2 4772*	132	65	1,4 4944	63.35	1,1 0974*
6135*	26	7864	33	4516*	26	9713*	36	1675	16	9545	13	1155*	147	4640	131	66	4879*	34	0945*
6164*	27	7897*	32	4542*	26	9749	37	1691	17	9532	13	1008	146	4509*	131	65	4813	33	0916*
6193	28	7929	33	4568*	26	9786*	36	1708*	16	9519	13	0862*	147	4378*	131	65	4748	32	0887*
6222	29	7962*	32	4594*	26	9822*	36	1724*	16	9506	13	0715	146	4247*	131	65	4683*	31	0857
0,4 6251	26.30	0,4 7994	33	0,4 4620*	26	0,4 9858	36	1,1 1740	16	0,8 9493	13	2,0 0569*	146	2,2 4116*	131	65	1,4 4618*	63.30	1,1 0828
6280	31	8027*	32	4646*	26	9894	37	1756	16	9480	13	0423*	146	3985	130	66	4553*	29	0799
6309	32	8059	33	4672*	26	9931*	36	1772	17	9467	13	0277	146	3855*	131	65	4487	28	0770
6338	33	8092*	32	4698*	26	9967	37	1789*	16	9454	13	0131	145	3724	130	65	4422	27	0741
6368*	34	8124	33	4724*	26	0,5 0004*	36	1805*	16	9441	13	1,9 9986*	145	3594	130	65	4357	26	0712
0,4 6397*	26.35	0,4 8157*	32	0,4 4750*	26	0,5 0040*	36	1,1 1821	17	0,8 9428	13	1,9 9841*	146	2,2 3464	130	65	1,4 4292	63.25	1,1 0683
6426*	36	8189	33	4776*	26	0076	37	1838*	16	9415	13	9695	145	3334	129	65	4227	24	0654*
6455*	37	8222*	32	4802*	26	0113*	36	1854*	16	9402	13	9550	144	3205*	130	65	4162	23	0625*
6484*	38	8254	33	4828*	26	0149	36	1870	16	9389	13	9406*	145	3075	128	64	4097	22	0596*
6513	39	8287	33	4854*	26	0185	37	1886	17	9376	13	9261*	145	2946*	129	65	4033*	21	0567*
0,4 6542	26.40	0,4 8320*	32	0,4 4880*	26	0,5 0222*	36	1,1 1903*	16	0,8 9363	13	1,9 9116	144	2,2 2817*	129	65	1,4 3968*	63.20	1,1 0538*
6571	41	8352	33	4906*	26	0258	37	1919	17	9350	13	8972	144	2688*	129	65	3903*	19	0508
6600	42	8385*	32	4932*	26	0295*	36	1936*	16	9337	13	8828*	144	2559	129	65	3838	18	0479
6629	43	8417	33	4958*	26	0331	37	1952*	16	9324	13	8684*	144	2430	128	64	3733	17	0450
6658	44	8450*	32	4984*	26	0368*	36	1968	17	9311*	13	8540	144	2302*	128	65	3709*	16	0421
0,4 6688*	26.45	0,4 8482	33	0,4 5010*	26	0,5 0404	37	1,1 1985*	16	0,8 9298*	13	1,9 8396	143	2,2 2174*	129	65	1,4 3644	63.15	1,1 0392
6717*	46	8515*	33	5036*	26	0441*	36	2001	17	9285*	13	8253*	143	2045	127	64	3579	14	0363*
6746*	47	8548*	32	5062*	26	0477	37	2018*	18	9272*	13	8110*	144	1918*	128	65	3515*	13	0334*
6775*	48	8580	33	5088*	26	0514*	36	2034	17	9259*	14	7966	143	1790*	128	64	3450	12	0305*
6804	49	8613*	32	5114*	26	0550	37	2051*	16	9245	13	7823	142	1662	127	65	3386*	11	0276*
0,4 6833	26.50	0,4 8645	33	0,4 5140*	26	0,5 0587*	36	1,1 2067*	16	0,8 9232	13	1,9 7681*	143	2,2 1535*	128	64	1,4 3321	63.10	1,1 0247*
6862	51	8678*	33	5166*	26	0623	37	2083	17	9219	13	7538*	143	1407	127	64	3257*	9	0218*
6891	52	8711*	32	5192*	26	0660*	36	2100	17	9206	13	7395	142	1280	127	65	3193*	8	0188
6920	53	8743	33	5218*	25	0696	37	2117*	16	9193*	13	7253*	142	1153	127	64	3128	7	0159
6949	54	8776*	32	5243	26	0733*	36	2133	17	9180*	13	7111*	142	1026	126	64	3064*	6	0130
0,4 6978	26.55	0,4 8808	33	0,4 5269	26	0,5 0769	37	1,1 2150*	16	0,8 9167*	14	1,9 6969*	142	2,2 0900*	127	65	1,4 3000*	63. 5	1,1 0101
6008*	56	8841*	33	5295	26	0806	37	2166	17	9153	13	6827*	142	0773	126	64	2935	4	0072
6037*	57	8874*	32	5321	26	0843*	36	2183*	16	9140	13	6685	141	0647*	126	64	2871	3	0043
6066*	58	8906	33	5347	26	0879	37	2199	17	9127	13	6544*	142	0521*	126	64	2807	2	0014*
6095*	59	8939*	33	5373	26	0916*	37	2216*	17	9114*	13	6402	141	0395*	126	64	2743	1	1,0 9985*
0,4 7124*	26.60	0,4 8972*		0,4 5399		0,5 0953*		1,1 2233*		0,8 9101*		1,9 6261		2,2 0269*			1,4 2679*	63. 0	1,0 9956*
x = 63° Lx = 1,42679*				cos x SéhLx	D	cot x CoséhLx	D	coséc x CothLx	D	sin x TahLx	D	tang x SihLx	D	séc x CoshLx	D	D	Lx R = 1	x d. m.	x R = 1

x R = 1	x d. m.	L x R = 1	D	sin x / Tah L x	D	tang x / Sih L x	D	séc x / Cosh L x	D	cos x / Séh L x	D	cot x / Coséh L x	D	coséc x / Coth L x	D	$x = 27^\circ$ D	$L x = 0,4\ 8972*$		
0,4 7124*	27. 0	0,4 8972*	32	0,4 5399	26	0,5 0953*	36	1,1 2233*	16	0,8 9101*	14	1,9 6261	141	2,2 0269*	126	64	1,4 2679*	62.60	1,0 9956*
7153*	1	9004	33	5425*	26	0989	37	2249	17	9087	13	6120	141	0143	125	64	2615*	59	9927*
7182	2	9037*	32	5451*	26	1026*	37	2266*	17	9074	13	5979	141	0018*	126	64	2551*	58	9898*
7211	3	9069	33	5477*	26	1063*	36	2283*	16	9061	13	5838	140	2,1 9892	125	64	2487*	57	9868
7240	4	9102	33	5503*	26	1099	37	2299	17	9048*	13	5698*	141	9767	125	64	2423*	56	9839
0,4 7269	27. 5	0,4 9135*	33	0,4 5529*	25	0,5 1136*	37	1,1 2316*	17	0,8 9035*	14	1,9 5557	140	2,1 9642	125	64	1,4 2359*	62.55	1,0 9810
7298	6	9168*	32	5554	26	1173*	36	2333*	16	9021	13	5417	140	9517	124	64	2295	54	9781
7328*	7	9200	33	5580	26	1209	37	2349	17	9008	13	5277	140	9393*	125	64	2231	53	9752
7357*	8	9233*	33	5606	26	1246	37	2366	17	8995*	14	5137	140	9268	124	63	2167	52	9723*
7386*	9	9266*	32	5632	26	1283*	36	2383*	17	8981	13	4997	139	9144*	125	64	2104*	51	9694*
0,4 7415*	27.10	0,4 9298	33	0,4 5658	26	0,5 1319	37	1,1 2400*	16	0,8 8968	13	1,9 4858*	140	2,1 9019	124	64	1,4 2040*	62.50	1,0 9665*
7444*	11	9331*	33	5684*	26	1356	37	2416	17	8955*	13	4718	139	8895	124	63	1976	49	9636*
7473*	12	9364*	32	5710*	26	1393	37	2433	17	8942*	14	4579*	139	8771	123	64	1913*	48	9607*
7502	13	9396	33	5736*	26	1430*	37	2450	17	8928	13	4440*	139	8648*	124	64	1849*	47	9578*
7531	14	9429	33	5762*	25	1467*	36	2467*	17	8915	13	4301*	139	8524	123	63	1785	46	9548
0,4 7560	27.15	0,4 9462*	33	0,4 5787	26	0,5 1503	37	1,1 2484*	17	0,8 8902*	14	1,9 4162*	139	2,1 8401*	124	64	1,4 1722*	62.45	1,0 9519
7589	16	9495*	32	5813	26	1540	37	2501*	17	8888	13	4023	138	8277	123	63	1658	44	9490
7618	17	9527	33	5839	26	1577	37	2518*	16	8875	13	3885*	139	8154	123	64	1595*	43	9461
7647	18	9560*	33	5865*	26	1614*	37	2534	17	8862*	14	3746	138	8031	122	63	1531	42	9432
7677*	19	9593*	32	5891*	26	1651*	37	2551	17	8848	13	3608	138	7909*	123	63	1468*	41	9403
0,4 7706*	27.20	0,4 9625	33	0,4 5917*	25	0,5 1688*	36	1,1 2568	17	0,8 8835	13	1,9 3470	138	2,1 7786*	123	64	1,4 1405*	62.40	1,0 9374*
7735*	21	9658	33	5942	26	1724	37	2585	17	8822*	14	3332	137	7663	122	63	1341	39	9345*
7764*	22	9691*	33	5968	26	1761	37	2602	17	8808	13	3195*	138	7541	122	63	1278*	38	9316*
7793*	23	9724*	32	5994	26	1798	37	2619	17	8795*	13	3057*	137	7419*	122	64	1215*	37	9287*
7822	24	9756	33	6020*	26	1835	37	2636	17	8782*	14	2920*	138	7297*	122	63	1151	36	9258*
0,4 7851	27.25	0,4 9789	33	0,4 6046*	26	0,5 1872*	37	1,1 2653	17	0,8 8768	13	1,9 2782	137	2,1 7175	122	63	1,4 1088	62.35	1,0 9229*
7880	26	9822	33	6072*	25	1909*	37	2670	17	8755*	14	2645	137	7053	121	63	1025	34	9199
7909	27	9855*	33	6097	26	1946*	37	2687	17	8741	13	2508	137	6932*	122	63	0962	33	9170
7938	28	9888*	32	6123	26	1983*	37	2704	17	8728*	13	2371	136	6810	121	63	0899*	32	9141
7967	29	9920	33	6149	25	2020*	37	2721	17	8715*	14	2235*	137	6689	121	63	0836*	31	9112
0,4 7997*	27.30	0,4 9953	33	0,4 6175*	26	0,5 2057*	37	1,1 2738	17	0,8 8701	13	1,9 2098	136	2,1 6568	121	63	1,4 0773*	62.30	1,0 9083
8026*	31	9986*	33	6201*	25	2094*	37	2755	17	8688*	14	1962*	136	6447	121	63	0710*	29	9054*
8055*	32	0,5 0019*	33	6226	26	2131*	37	2772	17	8674	13	1826*	136	6326	120	63	0647*	28	9025*
8084*	33	0052*	32	6252	26	2168*	37	2789	18	8661*	14	1690*	136	6206*	121	63	0584	27	8996*
8113*	34	0084	33	6278	26	2205*	37	2807*	17	8647	13	1554*	136	6085	120	63	0521	26	8967*
0,4 8142*	27.35	0,5 0117	33	0,4 6304*	26	0,5 2242*	37	1,1 2824*	17	0,8 8634*	14	1,9 1418*	136	2,1 5965*	120	62	1,4 0458	62.25	1,0 8938*
8171	36	0150	33	6330*	25	2279*	37	2841*	17	8620	13	1282	135	5845*	120	63	0396*	24	8909*
8200	37	0183*	33	6355	26	2316*	37	2858	17	8607*	14	1147*	135	5725*	120	63	0333*	23	8879
8229	38	0216*	33	6381	26	2353*	37	2875	17	8593	13	1012*	136	5605*	120	63	0270	22	8850
8258	39	0249*	32	6407*	26	2390*	37	2892	18	8580*	14	0876	135	5485	119	62	0207	21	8821
0,4 8287	27.40	0,5 0281	33	0,4 6433*	25	0,5 2427*	37	1,1 2910*	17	0,8 8566	13	1,9 0741	134	2,1 5366*	120	63	1,4 0145*	62.20	1,0 8792
8317*	41	0314	33	6458	25	2464	37	2927*	17	8553*	14	0607*	135	5246	119	63	0082	19	8763
8346*	42	0347	33	6484	26	2501	37	2944	17	8539	13	0472*	135	5127*	119	62	0019	18	8734
8375*	43	0380*	33	6510*	26	2538	37	2961	18	8526*	14	0337	134	5008*	119	63	1,3 9957*	17	8705*
8404*	44	0413*	33	6536*	25	2575	38	2979*	17	8512	13	0203*	134	4889*	119	62	9894	16	8676*
0,4 8433*	27.45	0,5 0446*	32	0,4 6561	26	0,5 2613*	37	1,1 2996*	17	0,8 8499*	14	1,9 0069*	134	2,1 4770*	119	63	1,3 9832*	62.15	1,0 8647*
8462*	46	0478	33	6587	26	2650*	37	3013	18	8485	13	1,8 9935*	134	4651	118	62	9769	14	8618*
8491	47	0511	33	6613*	26	2687*	37	3031*	17	8472*	14	9801*	134	4533*	119	62	9707*	13	8589*
8520	48	0544	33	6639*	25	2724	37	3048*	17	8458	13	9667*	134	4414	118	63	9645*	12	8559
8549	49	0577	33	6664	26	2761	37	3065	18	8445*	14	9533	133	4296	118	62	9582	11	8530
0,4 8578	27.50	0,5 0610	33	0,4 6690	26	0,5 2798	38	1,1 3083*	17	0,8 8431*	14	1,8 9400*	134	2,1 4178	118	62	1,3 9520*	62.10	1,0 8501
8607	51	0643*	33	6716*	26	2836*	37	3100*	17	8417	13	9266	133	4060	118	63	9458*	9	8472
8636	52	0676*	33	6742*	25	2873*	37	3117	18	8404*	14	9133	133	3942	117	62	9395	8	8443
8666*	53	0709*	33	6767	26	2910	37	3135*	17	8390	13	9000	133	3825*	118	62	9333	7	8414
8695*	54	0742*	33	6793*	26	2947	38	3152	18	8377*	14	8867	133	3707	117	62	9271*	6	8385*
0,4 8724*	27.55	0,5 0775*	32	0,4 6819*	25	0,5 2985*	37	1,1 3170*	17	0,8 8363*	14	1,8 8734	132	2,1 3590*	117	62	1,3 9209*	62. 5	1,0 8356*
8753*	56	0807	33	6844	26	3022*	37	3187	18	8349	13	8602*	133	3473*	117	62	9147*	4	8327*
8782*	57	0840	33	6870	26	3059	37	3205*	17	8336*	14	8469	132	3356*	117	62	9085*	3	8298*
8811*	58	0873	33	6896*	25	3096	38	3222*	17	8322	14	8337*	132	3239*	117	62	9023*	2	8269*
8840	59	0906	33	6921	26	3134*	37	3239	18	8308	13	8205*	132	3122	117	62	8961*	1	8240*
0,4 8869	27.60	0,5 0939		0,4 6947		0,5 3171*		1,1 3257*		0,8 8295*		1,8 8073*		2,1 3005			1,3 8899*	62. 0	1,0 8210
$x = 62^\circ$	$L x = 1,3\ 8899*$			cos x / Séh L x	D	cot x / Coséh L x	D	coséc x / Coth L x	D	sin x / Tah L x	D	tang x / Sih L x	D	séc x / Cosh L x	D	D	L x R = 1	x d. m.	x R = 1

x R = 1	x d.m.	L x R = 1	D	sin x TahL x	D	tang x SihL x	D	séc x CoshL x	D	cos x SéhL x	D	cot x CosébL x	D	coséc x CothL x	D	x = 28° L x = 0,5 0939			
0,4 8869	28. 0	0,5 0939	33	0,4 6947	26	0,5 3171*	37	1,1 3257*	18	0,8 8295*	14	1,8 8073*	132	2,1 3005	116	62	1,3 8899*	61.60	1,0 8210
8898	1	0972	33	6973*	26	3208	38	3275*	17	8281	14	7941*	132	2889*	116	62	8837*	59	8181
8927	2	1005	33	6999*	25	3246*	37	3292	18	8267	13	7809*	132	2773*	116	62	8775*	58	8152
8956	3	1038	33	7024	26	3283*	37	3310*	17	8254*	14	7677	131	2657*	117	62	8713*	57	8123
8986*	4	1071	33	7050*	25	3320	38	3327	18	8240	14	7546*	131	2540	115	62	8651	56	8094
0,4 9015*	28. 5	0,5 1104	33	0,4 7076*	25	0,5 3358*	37	1,1 3345*	17	0,8 8226	13	1,8 7415*	132	2,1 2425*	116	62	1,3 8589	61.55	1,0 8065*
9044*	6	1137*	33	7101	26	3395	37	3362	18	8213*	14	7283	131	2309*	116	61	8527	54	8036*
9073*	7	1170*	33	7127*	26	3432	38	3380*	18	8199*	14	7152	131	2193	115	62	8466*	53	8007*
9102*	8	1203*	33	7153*	25	3470*	37	3398*	17	8185	13	7021	130	2078*	115	62	8404*	52	7978*
9131	9	1236*	33	7178	26	3507	38	3415	18	8172*	14	6891*	131	1963*	116	61	8342	51	7949*
0,4 9160	28.10	0,5 1269*	33	0,4 7204*	25	0,5 3545*	37	1,1 3433*	18	0,8 8158*	14	1,8 6760	130	2,1 1847	115	62	1,3 8281*	61.50	1,0 7920*
9189	11	1302*	33	7229	26	3582	38	3451*	17	8144	14	6630*	131	1732	115	61	8219	49	7890
9218	12	1335*	33	7255	26	3620*	37	3468	18	8130	13	6499	130	1617	114	62	8158*	48	7861
9247	13	1368*	33	7281*	25	3657*	37	3486	18	8117*	14	6369	130	1503*	115	62	8096*	47	7832
9276	14	1401*	33	7306	26	3694	38	3504*	17	8103*	14	6239*	130	1388	114	61	8034	46	7803
0,4 9306*	28.15	0,5 1434*	33	0,4 7332*	26	0,5 3732*	37	1,1 3521	18	0,8 8089	14	1,8 6109	130	2,1 1274*	115	61	1,3 7973*	61.45	1,0 7774
9335*	16	1467	33	7358*	25	3769	38	3539	18	8075	13	5979	129	1159	114	62	7912*	44	7745*
9364*	17	1500	33	7383	26	3807*	37	3557*	18	8062*	14	5850*	130	1045	114	61	7850	43	7716*
9393*	18	1533	33	7409*	25	3844	38	3575*	18	8048*	14	5720	129	0931	114	62	7789*	42	7687*
9422*	19	1566	33	7434	26	3882*	38	3593*	17	8034*	14	5591*	129	0817	113	61	7727	41	7658*
0,4 9451*	28.20	0,5 1599	33	0,4 7460	26	0,5 3920*	37	1,1 3610	18	0,8 8020	14	1,8 5462*	129	2,1 0704*	114	61	1,3 7666	61.40	1,0 7629*
9480	21	1632	33	7486*	25	3957	38	3628	18	8006	13	5333*	129	0590*	113	61	7605*	39	7600*
9509	22	1665	33	7511	26	3995*	37	3646	18	7993*	14	5204*	129	0477*	114	62	7544*	38	7570
9538	23	1698	33	7537*	25	4032	38	3664*	18	7979*	14	5075*	129	0363	113	61	7482	37	7541
9567	24	1731	33	7562	26	4070*	37	3682*	18	7965*	14	4946	128	0250	113	61	7421	36	7512
0,4 9596	28.25	0,5 1764	34	0,4 7588	26	0,5 4107	38	1,1 3700*	18	0,8 7951	14	1,8 4818*	129	2,1 0137*	113	61	1,3 7360	61.35	1,0 7483
9626*	26	1798*	33	7614*	25	4145	38	3718*	17	7937	14	4689	128	0024	113	61	7299*	34	7454
9655*	27	1831*	33	7639	26	4183*	37	3735	18	7923	14	4561*	128	2,0 9911	112	61	7238*	33	7425
9684*	28	1864*	33	7665*	25	4220	38	3753	18	7909	13	4433*	128	9799*	113	61	7177*	32	7396*
9713*	29	1897*	33	7690	26	4258*	38	3771	18	7896*	14	4305*	128	9686	112	61	7116*	31	7367*
0,4 9742*	28.30	0,5 1930*	33	0,4 7716*	25	0,5 4296*	37	1,1 3789	18	0,8 7882*	14	1,8 4177	128	2,0 9574*	112	61	1,3 7055*	61.30	1,0 7338*
9771*	31	1963*	33	7741	26	4333	38	3807	18	7868*	14	4049	127	9462*	112	61	6994*	29	7309*
9800	32	1996	33	7767*	26	4371*	38	3825	18	7854*	14	3922*	128	9350*	112	61	6933*	28	7280*
9829	33	2029	33	7793*	25	4409*	37	3843	18	7840	14	3794	127	9238*	112	61	6872	27	7250
9858	34	2062	33	7818	26	4446	38	3861	18	7826	14	3667	127	9126*	112	61	6811	26	7221
0,4 9887	28.35	0,5 2095	34	0,4 7844*	25	0,5 4484	38	1,1 3879	18	0,8 7812	14	1,8 3540*	127	2,0 9014	111	60	1,3 6750	61.25	1,0 7192
9916	36	2129*	33	7869	26	4522*	38	3897	18	7798	14	3413*	127	8903*	112	61	6690*	24	7163
0046*	37	2162*	33	7895*	25	4560*	37	3915	19	7784	14	3286	127	8791	111	61	6629*	23	7134
9975*	38	2195*	33	7920	26	4597	38	3934*	18	7770	14	3150	126	8680	111	61	6568	22	7105
0,5 0004*	39	2228	33	7946*	25	4635	38	3952*	18	7756	13	3033*	127	8569*	111	60	6507	21	7076*
0,5 0033*	28.40	0,5 2261	33	0,4 7971	26	0,5 4673*	38	1,1 3970*	18	0,8 7743*	14	1,8 2906	126	2,0 8458*	111	61	1,3 6447*	61.20	1,0 7047*
0062*	41	2294	33	7997*	25	4711*	37	3988*	18	7729*	14	2780*	126	8347	111	60	6386	19	7018*
0091*	42	2327	34	8022	26	4748	38	4006	18	7715*	14	2654*	126	8236	110	61	6326*	18	6989*
0120	43	2361*	33	8048*	25	4786	38	4024	18	7701*	14	2528*	126	8126*	111	60	6265	17	6960*
0149	44	2394*	33	8073	26	4824	38	4042	19	7687*	14	2402*	126	8015	110	61	6205*	16	6931*
0,5 0178	28.45	0,5 2427*	33	0,4 8099*	25	0,5 4862*	38	1,1 4061*	18	0,8 7673*	14	1,8 2276*	126	2,0 7905	110	60	1,3 6144	61.15	1,0 6901
0207	46	2460	33	8124	26	4900*	38	4079*	18	7659*	14	2150	125	7795*	110	61	6084	14	6872
0236	47	2493	34	8150*	25	4938*	37	4097	18	7645*	14	2025*	126	7685*	110	60	6023	13	6843
0265	48	2527*	33	8175	26	4975	38	4115	19	7631*	14	1899	125	7575*	110	61	5963*	12	6814
0295*	49	2560*	33	8201*	25	5013	38	4134*	18	7617*	14	1774	125	7465	109	60	5902	11	6785
0,5 0324*	28.50	0,5 2593*	33	0,4 8226	26	0,5 5051	38	1,1 4152*	18	0,8 7603*	14	1,8 1649*	125	2,0 7356*	110	60	1,3 5842	61.10	1,0 6756*
0353*	51	2626	33	8252*	25	5089	38	4170	18	7589*	14	1524*	125	7246	109	60	5782*	9	6727*
0382*	52	2659	34	8277	26	5127	38	4188	19	7575*	14	1399	125	7137*	110	61	5722*	8	6698*
0411*	53	2693*	33	8303*	25	5165	38	4207*	18	7561*	15	1274	124	7027	109	60	5661	7	6669*
0440	54	2726*	33	8328	26	5203*	38	4225	18	7546	14	1150*	125	6918	109	60	5601	6	6640*
0,5 0469	28.55	0,5 2759	33	0,4 8354*	25	0,5 5241*	38	1,1 4243	19	0,8 7532	14	1,8 1025	124	2,0 6809	108	60	1,3 5541*	61. 5	1,0 6611*
0498	56	2792	34	8379	26	5279*	38	4262*	18	7518	14	0901*	124	6701*	109	60	5481*	4	6581
0527	57	2826*	33	8405*	25	5317*	38	4280	19	7504	14	0777*	124	6592*	109	60	5421*	3	6552
0556	58	2859*	33	8430	26	5355*	38	4299*	18	7490	14	0653*	124	6483	108	61	5361*	2	6523
0585	59	2892	33	8456*	25	5393*	38	4317*	18	7476	14	0529*	124	6375*	108	60	5300	1	6494
0,5 0615*	28.60	0,5 2925		0,4 8481*		0,5 5431*		1,1 4335		0,8 7462*		1,8 0405*		2,0 6267*			1,3 5240	61. 0	1,0 6465
x = 61° L x = 1,3 5240				cos x SéhL x	D	cot x CoséhL x	D	coséc x CothL x	D	sin x TahL x	D	tang x SihL x	D	séc x CoshL x	D	D	R = 1 L x	d.m.	R = 1 x

x (R = 1)	d. m.	Lx (R = 1)	D	sin x **Tah** Lx	D	tang x **Sih** Lx	D	séc x **Cosh** Lx	D	cos x **Séh** Lx	D	cot x **Coséh** Lx	D	coséc x **Coth** Lx	D	x = 29° Lx = 0,5 2925			
0,5 0615*	29. 0	0,5 2925	34	0,4 8481*	25	0,5 5431*	38	1,1 4335	19	0,8 7462*	14	1,8 0405*	124	2,0 6267*	109	60	1,3 5240	60.60	1,0 6465
0644*	1	2959*	33	8506	26	5469*	38	4354*	18	7448*	14	0281	123	6158	108	59	5180	59	6436*
0673*	2	2992*	33	8532*	25	5507*	38	4372	19	7434*	14	0158*	124	6050	108	60	5121*	58	6407*
0702	3	3025	33	8557	26	5545	38	4391*	18	7420*	14	0034	123	5942	107	60	5061*	57	6378*
0731*	4	3058	34	8583*	25	5583	38	4409	19	7406*	15	1,7 9911*	123	5835*	108	60	5001*	56	6349*
0,5 0760*	29. 5	0,5 3092*	33	0,4 8608	26	0,5 5621	38	1,1 4428*	18	0,8 7391	14	1,7 9788*	123	2,0 5727*	108	60	1,3 4941*	60.55	1,0 6320*
0789	6	3125*	33	8634*	25	5659	38	4446	19	7377	14	9665*	123	5619	107	60	4881	54	6291*
0818	7	3158	34	8659*	25	5697	39	4465*	18	7363	14	9542*	123	5512	107	60	4821	53	6261
0847	8	3192*	33	8684	26	5736*	38	4483	19	7349*	14	9419*	123	5405*	107	59	4761	52	6232
0876	9	3225*	33	8710*	25	5774*	38	4502*	19	7335*	14	9296	122	5298*	107	60	4702*	51	6203
0,5 0905	29.10	0,5 3258	33	0,4 8735	26	0,5 5812*	38	1,1 4521*	18	0,8 7321*	15	1,7 9174*	123	2,0 5191*	107	60	1,3 4642	60.50	1,0 6174
0935*	11	3291	34	8761*	25	5850*	38	4539	19	7306	14	9051	122	5084*	107	59	4582	49	6145
0964*	12	3325*	33	8786*	25	5888	38	4558*	18	7292	14	8929*	122	4977*	107	60	4523*	48	6116
0993*	13	3358	33	8811	26	5926	38	4576	19	7278	14	8807*	122	4870	106	59	4463	47	6087*
1022*	14	3391	34	8837*	25	5964	39	4595	19	7264*	14	8685*	122	4764*	107	60	4404*	46	6058*
0,5 1051*	29.15	0,5 3425*	33	0,4 8862	26	0,5 6003*	38	1,1 4614*	18	0,8 7250*	15	1,7 8563*	122	2,0 4657	106	60	1,3 4354	60.45	1,0 6029*
1080*	16	3458	33	8888*	25	6041*	38	4632	19	7235	14	8441	122	4551	106	59	4284	44	6000*
1109	17	3491	34	8913*	25	6079	38	4651	19	7221	14	8319	121	4445	106	59	4225*	43	5971*
1138	18	3525*	33	8938	26	6117	39	4670*	19	7207*	14	8198*	121	4339	106	60	4166*	42	5941
1167	19	3558	34	8964*	25	6156*	38	4689*	18	7193*	15	8077*	122	4233	105	59	4106	41	5912
0,5 1196	29.20	0,5 3592*	33	0,4 8989*	25	0,5 6194*	38	1,1 4707	19	0,8 7178	14	1,7 7955	122	2,0 4128*	106	60	1,3 4047*	60.40	1,0 5883
1225	21	3625*	33	9014	26	6232	38	4726	19	7164	14	7834	121	4022*	106	59	3987	39	5854
1255*	22	3658	34	9040*	25	6270	39	4745*	19	7150*	14	7713	121	3916	105	59	3928	38	5825
1284	23	3692*	33	9065	25	6309*	38	4764*	18	7136*	15	7592	121	3811	105	60	3869*	37	5796
1313*	24	3725	33	9090	26	6347	38	4782	19	7121	14	7471	120	3706*	105	59	3809	36	5767*
0,5 1342*	29.25	0,5 3758	34	0,4 9116*	25	0,5 6385	39	1,1 4801	19	0,8 7107	14	1,7 7351*	121	2,0 3601*	105	59	1,3 3750	60.35	1,0 5738*
1371*	26	3792*	33	9141	25	6424*	38	4820	19	7093*	14	7230	120	3496*	105	59	3691*	34	5709*
1400*	27	3825	34	9166	26	6462	39	4839*	19	7079*	15	7110*	120	3391	105	59	3632*	33	5680*
1429	28	3859*	33	9192*	25	6501*	38	4858*	19	7064	14	6990*	121	3286	104	59	3573*	32	5651*
1458	29	3892	33	9217	25	6539*	38	4877*	19	7050*	14	6869	120	3182*	105	60	3514*	31	5622*
0,5 1487	29.30	0,5 3925	34	0,4 9242	26	0,5 6577	39	1,1 4896*	18	0,8 7036*	15	1,7 6749	120	2,0 3077	104	59	1,3 3454	60.30	1,0 5592
1516	31	3959*	33	9268*	25	6616*	38	4914	19	7021	14	6629	119	2973*	104	59	3395	29	5563
1545	32	3992	34	9293*	25	6654	39	4933	19	7007*	14	6510*	120	2869*	104	59	3336	28	5534
1574	33	4026*	33	9318	26	6693*	38	4952	19	6993*	15	6390	119	2765*	104	59	3277	27	5505
1604*	34	4059	34	9344*	25	6731*	38	4971	19	6978	14	6271*	120	2661*	104	59	3218	26	5476
0,5 1633*	29.35	0,5 4093*	33	0,4 9369*	25	0,5 6769	39	1,1 4990	19	0,8 6964*	15	1,7 6151	119	2,0 2557*	104	58	1,3 3159	60.25	1,0 5447*
1662*	36	4126	34	9394	25	6808*	38	5009	19	6949	14	6032*	119	2453*	104	59	3101*	24	5418*
1691*	37	4160*	33	9419	26	6846	39	5028	19	6935	14	5913*	119	2349	103	59	3042*	23	5389*
1720*	38	4193	33	9445*	25	6885*	38	5047	19	6921*	15	5794*	119	2246*	103	59	2983*	22	5360*
1749	39	4226	34	9470	25	6923	39	5066	19	6906	14	5675*	119	2143*	104	59	2924	21	5331*
0,5 1778	29.40	0,5 4260*	33	0,4 9495	26	0,5 6962*	38	1,1 5085	20	0,8 6892*	14	1,7 5556*	119	2,0 2039	103	59	1,3 2865	60.20	1,0 5302*
1807	41	4293	34	9521*	25	7000	39	5105*	19	6878*	15	5437	118	1936	103	58	2806	19	5272
1836	42	4327*	33	9546*	25	7039*	39	5124*	19	6863	14	5319*	119	1833	103	59	2748*	18	5243
1865	43	4360	34	9571	25	7078*	38	5143*	19	6849*	15	5200	118	1730	102	59	2689	17	5214
1894	44	4394*	33	9596	26	7116	39	5162*	19	6834	14	5082*	118	1628*	103	58	2630	16	5185
0,5 1924*	29.45	0,5 4427	34	0,4 9622*	25	0,5 7155*	38	1,1 5181*	19	0,8 6820*	15	1,7 4964*	118	2,0 1525*	103	59	1,3 2572*	60.15	1,0 5156
1953*	46	4461*	33	9647*	25	7193	39	5200	19	6805	14	4846*	118	1422	102	58	2513	14	5127*
1982*	47	4494	34	9672	25	7232*	39	5219	20	6791*	14	4728*	118	1320	102	59	2455*	13	5098*
2011*	48	4528*	33	9697	26	7271*	38	5239*	19	6777*	15	4610*	118	1218*	102	58	2396	12	5069*
2040*	49	4561	34	9723*	25	7309	39	5258*	19	6762	14	4492	117	1116*	102	59	2338*	11	5040*
0,5 2069*	29.50	0,5 4595	34	0,4 9748*	25	0,5 7348*	38	1,1 5277*	19	0,8 6748*	15	1,7 4375*	118	2,0 1014*	102	58	1,3 2279	60.10	1,0 5011*
2098	51	4629*	33	9773	25	7386	39	5296	19	6733	14	4257	117	0912*	102	59	2221*	9	4982*
2127	52	4662	34	9798	26	7425	39	5315	20	6719*	15	4140*	118	0810*	102	58	2162	8	4952
2156	53	4696*	33	9824*	25	7464*	39	5335*	19	6704	14	4022	117	0708	101	59	2104*	7	4923
2185	54	4729	34	9849*	25	7503*	38	5354*	19	6690*	15	3905	117	0607*	102	58	2045	6	4894
0,5 2214	29.55	0,5 4763*	33	0,4 9874*	25	0,5 7541	39	1,1 5373	20	0,8 6675	14	1,7 3788	117	2,0 0505	101	58	1,3 1987	60. 5	1,0 4865
2244*	56	4796	34	9899	25	7580*	39	5393*	19	6661*	15	3671	116	0404	101	59	1929*	4	4836
2273*	57	4830*	33	9924	26	7619*	38	5412*	19	6646	14	3555*	117	0303*	101	58	1870	3	4807
2302*	58	4863	34	9950*	25	7657	39	5431	20	6632*	15	3438	117	0202*	101	58	1812	2	4778*
2331*	59	4897	34	9975*	25	7696	39	5451*	19	6617	14	3321	116	0101*	101	58	1754*	1	4749*
0,5 2360*	29.60	0,5 4931*		0,5 0000		0,5 7735		1,1 5470		0,8 6603*		1,7 3205		2,0 0000			1,3 1696*	60. 0	1,0 4720*
x = 60° Lx = 1,3 1696*				cos x **Séh** Lx	D	cot x **Coséh** Lx	D	coséc x **Coth** Lx	D	sin x **Tah** Lx	D	tang x **Sih** Lx	D	séc x **Cosh** Lx	D	D	Lx (R = 1)	d. m.	x (R = 1)

x R = 1	x d.m.	Lx R = 1	D	sin x TahLx	D	tang x SihLx	D	séc x CoshLx	D	cos x SéhLx	D	cot x CosébLx	D	coséc x CothLx	D	x = 30° Lx = 0,5 4931* D	Lx R = 1	x d.m.	x R = 1
0,5 2360*	30. 0	0,5 4931*	33	0,5 0000	25	0,5 7735	39	1,1 5470	19	0,8 6603*	15	1,7 3205	116	2,0 0000	101	58	1,3 1696*	59.60	1,0 4720*
2389*	1	4964	34	0025	25	7774*	39	5489	20	6588*	15	3089*	116	1,9 9899	100	59	1638*	59	4691*
2418	2	4998*	33	0050	26	7813*	38	5509*	19	6573	14	2973*	116	9799*	101	58	1579	58	4662*
2447	3	5031	34	0076*	25	7851	39	5528	20	6559*	15	2857*	116	9698	100	58	1521	57	4632
2476	4	5065	34	0101*	25	7890	39	5548*	19	6544	14	2741*	116	9598*	100	58	1463	56	4603
0,5 2505	30. 5	0,5 5099*	33	0,5 0126*	25	0,5 7929	39	1,1 5567	20	0,8 6530*	15	1,7 2625*	116	1,9 9498*	100	58	1,3 1405	59.55	1,0 4574
2534	6	5132	34	0151	25	7968*	39	5587*	19	6515	14	2509	116	9398*	100	58	1347	54	4545
2563	7	5166*	34	0176	25	8007*	39	5606	20	6501*	15	2393	115	9298*	100	58	1289	53	4516
2593*	8	5200*	33	0201	26	8046*	39	5626*	19	6486*	15	2278*	115	9198*	100	58	1231	52	4487
2622*	9	5233	34	0227*	25	8085*	39	5645	20	6471	14	2163*	116	9098*	100	58	1173	51	4458*
0,5 2651*	30.10	0,5 5267*	33	0,5 0252*	25	0,5 8124*	38	1,1 5665*	19	0,8 6457*	15	1,7 2047	115	1,9 8998	99	57	1,3 1115	59.50	1,0 4429*
2680*	11	5300	34	0277*	25	8162	39	5684	20	6442	15	1932	115	8899*	100	58	1058*	49	4400*
2709*	12	5334	34	0302*	25	8201	39	5704*	20	6427	14	1817	115	8799	99	58	1000*	48	4371*
2738	13	5368*	33	0327	25	8240	39	5724*	19	6413*	15	1702	114	8700*	99	58	0942*	47	4342*
2767	14	5401	34	0352	25	8279	39	5743	20	6398	14	1588*	115	8601*	99	58	0884	46	4313*
0,5 2796	30.15	0,5 5435	34	0,5 0377	26	0,5 8318	39	1,1 5763*	19	0,8 6384*	15	1,7 1473*	115	1,9 8502*	99	57	1,3 0826	59.45	1,0 4283
2825	16	5469*	33	0403*	25	8357	39	5782	20	6369*	15	1358	114	8403*	99	58	0769*	44	4254
2854	17	5502	34	0428*	25	8396	39	5802	20	6354	14	1244*	115	8304*	99	58	0711*	43	4225
2883	18	5536	34	0453*	25	8435	39	5822*	19	6340*	15	1129	114	8205	98	57	0653	42	4196
2913*	19	5570*	34	0478*	25	8474	39	5841	20	6325*	15	1015	114	8107*	99	58	0596*	41	4167
0,5 2942*	30.20	0,5 5604*	33	0,5 0503*	25	0,5 8513	39	1,1 5861	20	0,8 6310	15	1,7 0901	114	1,9 8008	98	58	1,3 0538	59.40	1,0 4138*
2971*	21	5637	34	0528	25	8552	39	5881*	20	6295	14	0787	114	7910*	99	57	0480	39	4109*
3000*	22	5671*	34	0553	25	8591	40	5901*	19	6281*	15	0673	113	7811	98	58	0423*	38	4080*
3029	23	5705*	33	0578	25	8631*	39	5920	20	6266	15	0560*	114	7713	98	57	0365	37	4051*
3058	24	5738	34	0603	25	8670*	39	5940	20	6251	14	0446*	114	7615	98	58	0308*	36	4022*
0,5 3087	30.25	0,5 5772	34	0,5 0628	26	0,5 8709*	39	1,1 5960*	20	0,8 6237*	15	1,7 0332	113	1,9 7517	97	57	1,3 0250	59.35	1,0 3993*
3116	26	5806*	34	0654*	25	8748*	39	5980*	20	6222*	15	0219*	113	7420*	98	57	0193*	34	3963
3145	27	5840*	33	0679*	25	8787	39	6000*	19	6207	15	0106*	114	7322*	98	58	0136*	33	3934
3174	28	5873	34	0704*	25	8826	39	6019	20	6192	14	1,6 9992	113	7224	97	57	0078	32	3905
3203	29	5907	34	0729*	25	8865	40	6039	20	6178*	15	9879	113	7127*	98	58	0021*	31	3876
0,5 3233*	30.30	0,5 5941*	34	0,5 0754*	25	0,5 8905*	39	1,1 6059	20	0,8 6163*	15	1,6 9766	113	1,9 7029	97	57	1,2 9963	59.30	1,0 3847
3262*	31	5975*	33	0779*	25	8944*	39	6079	20	6148	15	9653	112	6932	97	57	9906	29	3818
3291*	32	6008	34	0804*	25	8983*	39	6099	20	6133	14	9541*	113	6835	97	57	9849*	28	3789*
3320*	33	6042	34	0829	25	9022	39	6119*	20	6119*	15	9428	113	6738	97	58	9792*	27	3760*
3349*	34	6076*	34	0854	25	9061	40	6139*	20	6104*	15	9315	112	6641	97	57	9734	26	3731*
0,5 3378*	30.35	0,5 6110*	34	0,5 0879	25	0,5 9101*	39	1,1 6159*	20	0,8 6089	15	1,6 9203	112	1,9 6544	96	57	1,2 9677	59.25	1,0 3702*
3407	36	6144*	33	0904	25	9140*	39	6179*	20	6074	15	9091*	112	6448*	97	57	9620	24	3673*
3436	37	6177	34	0929	25	9179	39	6199*	20	6059	14	8979*	113	6351	96	57	9563*	23	3643
3465	38	6211	34	0954	25	9218	40	6219*	20	6045*	15	8866	112	6255*	97	57	9506*	22	3614
3494	39	6245*	34	0979	25	9258*	39	6239*	20	6030*	15	8754	111	6158	96	57	9449*	21	3585
0,5 3523	30.40	0,5 6279*	34	0,5 1004	25	0,5 9297*	39	1,1 6259*	20	0,8 6015*	15	1,6 8643*	112	1,9 6062	96	57	1,2 9392*	59.20	1,0 3556
3553*	41	6313*	33	1029	25	9336	40	6279*	20	6000	15	8531*	112	5966*	96	57	9335*	19	3527
3582*	42	6346	34	1054	25	9376*	39	6299	20	5985	15	8419	111	5870*	96	57	9278*	18	3498
3611*	43	6380	34	1079	25	9415	39	6319	20	5970	14	8308*	112	5774	96	57	9221*	17	3469
3640*	44	6414	34	1104	25	9454	40	6339	20	5956*	15	8196	111	5678	95	57	9164*	16	3440*
0,5 3669*	30.45	0,5 6448*	34	0,5 1129	25	0,5 9494*	39	1,1 6359	21	0,8 5941*	15	1,6 8085*	111	1,9 5583*	96	57	1,2 9107*	59.15	1,0 3411*
3698*	46	6482*	34	1154	25	9533	40	6380*	20	5926*	15	7974*	111	5487*	95	57	9050	14	3382*
3727	47	6516*	33	1179	25	9573*	39	6400*	20	5911*	15	7863*	111	5392*	96	57	8993	13	3353*
3756	48	6549	34	1204	25	9612*	39	6420*	20	5896*	15	7752*	111	5296	95	56	8936	12	3323
3785	49	6583	34	1229	25	9651	40	6440	20	5881	15	7641*	111	5201*	95	57	8880*	11	3294
0,5 3814	30.50	0,5 6617	34	0,5 1254	25	0,5 9691*	39	1,1 6460	21	0,8 5866	15	1,6 7530*	111	1,9 5106*	95	57	1,2 8823*	59.10	1,0 3265
3843	51	6651	34	1279	25	9730	40	6481*	20	5851	15	7419	110	5011*	95	57	8766	9	3236
3872	52	6685*	34	1304	25	9770*	39	6501*	20	5836	15	7309*	111	4916*	95	56	8709	8	3207
3902*	53	6719*	34	1329	25	9809	40	6521	20	5821	15	7198	110	4821	95	57	8653*	7	3178
3931*	54	6753*	34	1354	25	9849*	39	6541	21	5806	14	7088*	110	4726	94	57	8596	6	3149*
0,5 3960*	30.55	0,5 6787*	34	0,5 1379	25	0,5 9888	40	1,1 6562*	20	0,8 5792*	15	1,6 6978*	111	1,9 4632*	95	56	1,2 8539	59. 5	1,0 3120*
3989*	56	6821*	33	1404	25	9928*	39	6582*	20	5777*	15	6867	110	4537	94	57	8483*	4	3091*
4018*	57	6854	34	1429*	25	9967	40	6602	21	5762*	15	6757	110	4443*	94	56	8426	3	3062*
4047	58	6888	34	1454*	25	0,6 0007*	39	6623*	20	5747*	15	6647	109	4349*	95	57	8370*	2	3033*
4076	59	6922	34	1479*	25	0046	40	6643*	20	5732*	15	6538*	110	4254	94	56	8313	1	3004*
0,5 4105	30.60	0,5 6956		0,5 1504*		0,6 0086		1,1 6663		0,8 5717*		1,6 6428*		1,9 4160			1,2 8257*	59. 0	1,0 2974
x = 59°	Lx = 1,2 8257*			cos x SéhLx	D	cot x CoséhLx	D	coséc x CothLx	D	sin x TahLx	D	tang x SihLx	D	séc x CoshLx	D	D	Lx R = 1	x d.m.	x R = 1

x R = 1	x d.m.	Lx R = 1	D	sin x TahLx	D	tang x SihLx	D	séc x CoshLx	D	cos x SéhLx	D	cot x CoséhLx	D	coséc x CothLx	D	x = 31° Lx = 0,5 6956			
0,5 4105	31. 0	0,5 6956	34	0,5 1504*	25	0,6 0086	40	1,1 6663	21	0,8 5717*	15	1,6 6428*	110	1,9 4160	94	57	1,2 8257*	58.60	1,0 2974
4134	1	6990	34	1529*	25	0126*	39	6684*	20	5702*	15	6318	109	4066	93	56	8200	59	2945
4163	2	7024	34	1554*	25	0165	40	6704	21	5687*	15	6209*	110	3973*	94	57	8144*	58	2916
4192	3	7058	34	1579*	25	0205*	40	6725*	20	5672*	15	6099	109	3879*	94	56	8087	57	2887
4222*	4	7092	34	1604*	24	0245*	39	6745	21	5657*	15	5990	109	3785	93	56	8031*	56	2858
0,5 4251*	31. 5	0,5 7126	34	0,5 1628	25	0,6 0284	40	1,1 6766*	20	0,8 5642*	15	1,6 5881*	109	1,9 3692*	94	57	1,2 7975*	58.55	1,0 2829*
4280*	6	7160*	34	1653	25	0324*	40	6786*	20	5627*	15	5772*	109	3598	93	56	7918	54	2800*
4309*	7	7194*	34	1678	25	0364*	39	6806	21	5612*	15	5663*	109	3505	93	56	7862*	53	2771*
4338*	8	7228*	34	1703	25	0403	40	6827*	21	5597*	15	5554	109	3412*	93	57	7806*	52	2742*
4367	9	7262*	34	1728	25	0443*	40	6848*	20	5582*	15	5445	108	3319*	93	56	7749	51	2713*
0,5 4396	31.10	0,5 7296*	34	0,5 1753*	25	0,6 0483*	39	1,1 6868	21	0,8 5567*	16	1,6 5337*	109	1,9 3226*	93	56	1,2 7693	58.50	1,0 2684*
4425	11	7330*	34	1778*	25	0522	40	6889*	20	5551	15	5228	108	3133*	93	56	7637	49	2654
4454	12	7364*	34	1803*	25	0562	40	6909	21	5536	15	5120*	109	3040	93	56	7581*	48	2625
4483	13	7398*	34	1828*	24	0602*	40	6930*	20	5521	15	5011	108	2947	92	56	7525*	47	2596
4512	14	7432*	34	1852	25	0642*	39	6950	21	5506	15	4903	108	2855*	93	56	7469*	46	2567
0,5 4542*	31.15	0,5 7466*	34	0,5 1877	25	0,6 0681	40	1,1 6971*	21	0,8 5491	15	1,6 4795*	108	1,9 2762	92	57	1,2 7413*	58.45	1,0 2538
4571*	16	7500	34	1902	25	0721	40	6992*	20	5476	15	4687*	108	2670	92	56	7356	44	2509
4600*	17	7534	34	1927	25	0761	40	7012	21	5461*	15	4579*	108	2578*	92	56	7300	43	2480*
4629*	18	7568	34	1952*	25	0801*	40	7033	21	5446*	15	4471	108	2486*	92	56	7244	42	2451*
4658*	19	7602	34	1977*	25	0841*	40	7054*	21	5431*	15	4363	107	2394*	92	55	7188	41	2422*
0,5 4687*	31.20	0,5 7636	34	0,5 2002*	26	0,6 0881*	40	1,1 7075*	20	0,8 5416*	15	1,6 4256*	108	1,9 2302*	92	56	1,2 7133*	58.40	1,0 2393*
4716	21	7670	34	2026	25	0921*	39	7095	21	5401*	16	4148	107	2210*	92	56	7077*	39	2364*
4745	22	7704	34	2051	25	0960	40	7116	21	5385	15	4041*	107	2118	91	56	7021*	38	2334
4774	23	7738	34	2076	25	1000	40	7137*	21	5370	15	3934*	108	2027*	92	56	6965*	37	2305
4803	24	7772	35	2101*	25	1040	40	7158*	20	5355	15	3826	107	1935	91	56	6909*	36	2276
0,5 4832	31.25	0,5 7807*	34	0,5 2126*	25	0,6 1080	40	1,1 7178	21	0,8 5340*	15	1,6 3719	107	1,9 1844*	92	56	1,2 6853	58.35	1,0 2247
4862*	26	7841*	34	2151*	24	1120	40	7199	21	5325*	15	3612	107	1752	91	55	6797	34	2218
4891*	27	7875*	34	2175	25	1160	40	7220	21	5310*	16	3505	107	1661	91	56	6742*	33	2189
4920*	28	7909*	34	2200	25	1200	40	7241*	21	5294	15	3398	106	1570*	91	56	6686*	32	2160*
4949*	29	7943*	34	2225	25	1240	40	7262*	21	5279	15	3292*	107	1479*	91	56	6630	31	2131*
0,5 4978*	31.30	0,5 7977	34	0,5 2250*	25	0,6 1280	40	1,1 7283*	21	0,8 5264	15	1,6 3185	106	1,9 1388	91	55	1,2 6574	58.30	1,0 2102*
5007	31	8011	34	2275*	24	1320	40	7304*	21	5249*	15	3079*	107	1297	90	56	6519*	29	2073*
5036	32	8045	34	2299	25	1360	40	7325*	21	5234*	16	2972	106	1207*	91	55	6463	28	2044*
5065	33	8079	35	2324	25	1400	40	7346*	21	5218	15	2866*	108	1116*	90	56	6408*	27	2014
5094	34	8114*	34	2349	25	1440	40	7367*	21	5203	15	2760*	106	1026*	91	56	6352	26	1985
0,5 5123	31.35	0,5 8148*	34	0,5 2374*	25	0,6 1480	40	1,1 7388*	21	0,8 5188*	15	1,6 2654*	108	1,9 0935	90	55	1,2 6296	58.25	1,0 1956
5152	36	8182*	34	2399*	24	1520	41	7409*	21	5173*	16	2548*	108	0845*	90	56	6241*	24	1927
5181	37	8216	34	2423	25	1561*	40	7430*	21	5157	15	2442*	106	0755*	90	55	6185	23	1898
5211*	38	8250	34	2448	25	1601*	40	7451*	21	5142	15	2336*	106	0665*	90	55	6130*	22	1869
5240*	39	8284	35	2473*	25	1641*	40	7472*	21	5127*	15	2230	105	0575*	90	56	6075*	21	1840*
0,5 5269*	31.40	0,5 8319*	34	0,5 2498*	24	0,6 1681*	40	1,1 7493*	21	0,8 5112*	16	1,6 2125*	106	1,9 0485*	90	55	1,2 6019	58.20	1,0 1811*
5298*	41	8353*	34	2522	25	1721	40	7514*	21	5096	15	2019	105	0395*	90	56	5964*	19	1782*
5327*	42	8387*	34	2547	25	1761	40	7535*	21	5081	15	1914*	106	0305	89	55	5908	18	1753*
5356	43	8421	34	2572*	25	1801	41	7556	21	5066*	15	1808	105	0216*	90	55	5853*	17	1724*
5385	44	8455	34	2597*	24	1842*	40	7577	21	5051*	16	1703	105	0126	89	56	5798*	16	1695*
0,5 5414	31.45	0,5 8489	35	0,5 2621	25	0,6 1882*	40	1,1 7598	22	0,8 5035	15	1,6 1598	105	1,9 0037*	89	55	1,2 5742	58.15	1,0 1665
5443	46	8524*	34	2646	25	1922	40	7620*	21	5020*	15	1493	105	1,8 9948*	90	55	5687	14	1636
5472	47	8558*	34	2671*	25	1962	41	7641*	21	5005*	16	1388	105	9858	89	55	5632*	13	1607
5501	48	8592	34	2696*	24	2003*	40	7662*	21	4989	15	1283	104	9769	89	56	5577*	12	1578
5531*	49	8626	35	2720	25	2043*	40	7683	21	4974*	15	1179*	105	9680	89	55	5521	11	1549
0,5 5560*	31.50	0,5 8661*	34	0,5 2745	25	0,6 2083	41	1,1 7704	22	0,8 4959*	16	1,6 1074	104	1,8 9591	88	55	1,2 5466	58.10	1,0 1520*
5589*	51	8695*	34	2770*	24	2124*	40	7726*	21	4943	15	0970*	105	9503*	89	55	5411	9	1491*
5618*	52	8729	34	2794	25	2164*	40	7747*	21	4928*	15	0865	104	9414*	89	55	5356	8	1462*
5647*	53	8763	35	2819	25	2204	41	7768	22	4913*	16	0761*	104	9325	88	55	5301*	7	1433*
5676	54	8798*	34	2844*	25	2245*	40	7790*	21	4897	15	0657*	104	9237*	89	55	5246*	6	1404*
0,5 5705	31.55	0,5 8832*	34	0,5 2869*	24	0,6 2285*	40	1,1 7811*	21	0,8 4882*	16	1,6 0553*	104	1,8 9148	88	55	1,2 5191*	58. 5	1,0 1375*
5734	56	8866	34	2893	25	2325	41	7832	22	4866	15	0449*	104	9060	88	55	5136*	4	1345
5763	57	8900	35	2918*	25	2366*	40	7854*	21	4851	15	0345*	104	8972*	88	55	5081*	3	1316
5792	58	8935*	34	2943*	24	2406	40	7875	21	4836*	16	0241*	104	8884*	88	55	5026*	2	1287
5821	59	8969*	34	2967	25	2446	41	7896	22	4820	15	0137	104	8796*	88	55	4971*	1	1258
0,5 5851*	31.60	0,5 9003		0,5 2992*		0,6 2487*		1,1 7918*		0,8 4805*		1,6 0033		1,8 8708*			1,2 4916	58. 0	1,0 1229
x = 58° Lx = 1,2 4916				cos x SéhLx	D	cot x CoséhLx	D	coséc x CothLx	D	sin x TahLx	D	tang x SihLx	D	séc x CoshLx	D	D	Lx R = 1	x d.m.	x R = 1

x R = 1	x d.m.	L x R = 1	D	sin x Tah L x	D	tang x Sih L x	D	séc x Cosh L x	D	cos x Séh L x	D	cot x Coséh L x	D	coséc x Coth L x	D	x = 32° L x = 0,5 9003			
0,5 5851*	32. 0	0,5 9003	35	0,5 2992*	25	0,6 2487*	40	1,1 7918*	21	0,8 4805*	16	1,6 0033	103	1,8 8708*	88	55	1,2 4916	57.60	1,0 1229
5880*	1	9038*	34	3017*	24	2527	41	7939	22	4789	15	1,5 9930*	104	8620	88	55	4861	59	1200
5909*	2	9072*	34	3041	25	2568*	40	7961*	21	4774*	15	9826	103	8532	87	54	4806	58	1171*
5938*	3	9106	35	3066*	25	2608	41	7982	22	4759*	16	9723	103	8445*	88	55	4752*	57	1142*
5967*	4	9141*	34	3091*	24	2649*	40	8004*	21	4743	15	9620*	103	8357	87	55	4697*	56	1113*
0,5 5996*	32. 5	0,5 9175*	34	0,5 3115	25	0,6 2689	41	1,1 8025	22	0,8 4728*	16	1,5 9517*	103	1,8 8270*	87	55	1,2 4642*	57.55	1,0 1084*
6025	6	9209	35	3140*	24	2730*	40	8047*	21	4712	15	9414*	103	8183*	88	55	4587	54	1055*
6054	7	9244*	34	3164	25	2770	41	8068	22	4697*	16	9311*	103	8095	87	54	4532	53	1025
6083	8	9278*	34	3189	25	2811*	41	8090*	21	4681	15	9208*	103	8008	87	55	4478*	52	0996
6112	9	9312	35	3214*	24	2852*	40	8111	22	4666*	16	9105	103	7921	87	55	4423	51	0967
0,5 6141	32.10	0,5 9347*	34	0,5 3238	25	0,6 2892	41	1,1 8133	22	0,8 4650	15	1,5 9002	102	1,8 7834	86	54	1,2 4368	57.50	1,0 0938
6171*	11	9381*	34	3263	25	2933*	40	8155*	21	4635*	16	8900*	103	7748*	87	55	4314*	49	0909
6200*	12	9415	35	3288*	24	2973	41	8176	22	4619	15	8797	102	7661*	87	54	4259	48	0880
6229*	13	9450*	34	3312	25	3014*	41	8198*	22	4604*	16	8695*	102	7574	86	55	4205*	47	0851*
6258*	14	9484	35	3337*	24	3055*	40	8220*	21	4588	15	8593*	103	7488*	87	54	4150	46	0822*
0,5 6287*	32.15	0,5 9519*	34	0,5 3361	25	0,6 3095	41	1,1 8241	22	0,8 4573*	16	1,5 8490	102	1,8 7401	86	55	1,2 4096*	57.45	1,0 0793*
6316*	16	9553*	34	3386	25	3136*	41	8263	22	4557	15	8388	102	7315*	86	54	4041	44	0764*
6345	17	9587	35	3411*	24	3177*	40	8285*	22	4542*	16	8286	102	7229*	87	55	3987*	43	0735*
6374	18	9622*	34	3435	25	3217	41	8307*	21	4526	15	8184	101	7142	86	54	3932	42	0705
6403	19	9656	35	3460*	24	3258	41	8328	22	4511*	16	8083*	102	7056	86	55	3878*	41	0676
0,5 6432	32.20	0,5 9691*	34	0,5 3484	25	0,6 3299*	41	1,1 8350	22	0,8 4495	15	1,5 7981*	102	1,8 6970	85	54	1,2 3823	57.40	1,0 0647
6461	21	9725*	34	3509*	25	3340*	40	8372*	22	4480*	16	7879	101	6885*	86	54	3769*	39	0618
6490	22	9759	35	3534*	24	3380	41	8394*	22	4464*	16	7778*	102	6799*	86	55	3715*	38	0589
6520*	23	9794*	34	3558	25	3421	41	8416*	21	4448	15	7676	101	6713	86	54	3660	37	0560
6549*	24	9828	35	3583*	24	3462*	41	8437	22	4433*	16	7575*	101	6627	85	54	3606*	36	0531*
0,5 6578*	32.25	0,5 9863*	34	0,5 3607	25	0,6 3503*	41	1,1 8459	22	0,8 4417	15	1,5 7474*	102	1,8 6542*	85	55	1,2 3552*	57.35	1,0 0502*
6607*	26	9897	35	3632*	24	3544*	40	8481	22	4402*	16	7372	101	6457*	86	54	3497	34	0473*
6636*	27	9932*	34	3656	25	3584	41	8503	22	4386	16	7271	101	6371	85	54	3443	33	0444*
6665	28	9966	35	3681*	24	3625	41	8525*	22	4370	15	7170	101	6286	85	54	3389*	32	0415*
6694	29	0,6 0001*	34	3705	25	3666	41	8547*	22	4355*	16	7069	100	6201*	85	54	3335*	31	0386*
0,5 6723	32.30	0,6 0035	35	0,5 3730*	24	0,6 3707	41	1,1 8569*	22	0,8 4339	15	1,5 6969*	101	1,8 6116*	85	54	1,2 3281*	57.30	1,0 0356
6752	31	0070*	34	3754	25	3748*	41	8591*	22	4324*	16	6868*	101	6031*	85	55	3227*	29	0327
6781	32	0104	35	3779	25	3789*	41	8613*	22	4308*	16	6767	100	5946	85	54	3172	28	0298
6810	33	0139*	34	3804*	24	3830*	41	8635*	22	4292	15	6667*	101	5861	84	54	3118	27	0269
6840*	34	0173	35	3828	25	3871*	41	8657*	22	4277*	16	6566	100	5777*	85	54	3064	26	0240
0,5 6869*	32.35	0,6 0208*	34	0,5 3853*	24	0,6 3912*	41	1,1 8679	22	0,8 4261*	16	1,5 6466*	100	1,8 5692	84	54	1,2 3010	57.25	1,0 0211*
6898*	36	0242	35	3877	25	3953*	41	8701	22	4245	15	6366*	101	5608*	85	54	2956	24	0182*
6927*	37	0277*	34	3902*	24	3994*	41	8723	22	4230*	16	6265	100	5523	84	54	2902	23	0153*
6956*	38	0311	35	3926	25	4035*	41	8745	22	4214*	16	6165	100	5439	84	54	2848	22	0124*
6985	39	0346*	34	3951*	24	4076*	41	8767	23	4198	16	6065	99	5355*	84	54	2794	21	0095*
0,5 7014	32.40	0,6 0380	35	0,5 3975	25	0,6 4117*	41	1,1 8790*	22	0,8 4182	15	1,5 5966*	100	1,8 5271*	84	53	1,2 2740	57.20	1,0 0066*
7043	41	0415*	34	4000*	24	4158*	41	8812*	22	4167*	16	5866*	100	5187*	84	54	2687*	19	0036
7072	42	0449	35	4024	25	4199*	41	8834*	22	4151	19	5766	100	5103*	84	54	2633*	18	0007
7101	43	0484	35	4049*	24	4240*	41	8856	22	4135	15	5666	99	5019*	84	54	2579*	17	0,9 9978
7130	44	0519*	34	4073*	24	4281	41	8878	23	4120*	16	5567*	100	4935	83	54	2525	16	9949
0,5 7160*	32.45	0,6 0553	35	0,5 4097	25	0,6 4322	41	1,1 8901*	23	0,8 4104*	16	1,5 5467	99	1,8 4852*	84	53	1,2 2471	57.15	0,9 9920
7189*	46	0588*	34	4122*	24	4363	41	8923*	22	4088	16	5368	99	4768	83	54	2418*	14	9891
7218*	47	0622	35	4146	25	4404	42	8945	22	4072	15	5269*	99	4685*	84	54	2364*	13	9862*
7247*	48	0657	35	4171*	24	4446*	41	8967	23	4057*	16	5170*	99	4601	83	54	2310	12	9833*
7276*	49	0692*	34	4195	25	4487*	41	8990*	22	4041*	16	5071*	99	4518*	83	53	2256	11	9804*
0,5 7305*	32.50	0,6 0726	35	0,5 4220*	24	0,6 4528*	41	1,1 9012	22	0,8 4025	16	1,5 4972*	99	1,8 4435*	83	54	1,2 2203*	57.10	0,9 9775*
7334	51	0761*	34	4244	25	4569	41	9034	23	4009	16	4873*	99	4352*	83	53	2149	9	9746*
7363	52	0795	35	4269*	24	4610	42	9057*	22	3994*	15	4774*	99	4269*	83	54	2096*	8	9716
7392	53	0830	35	4293	24	4652*	41	9079	23	3978*	16	4675	99	4186*	83	54	2042*	7	9687
7421	54	0865*	34	4317	25	4693*	41	9102*	22	3962*	16	4576	98	4103*	83	53	1988	6	9658
0,5 7450	32.55	0,6 0899	35	0,5 4342*	24	0,6 4734	41	1,1 9124*	22	0,8 3946	16	1,5 4478*	99	1,8 4020	82	54	1,2 1935*	57. 5	0,9 9629
7480*	56	0934	35	4366	25	4775	42	9146	23	3930	15	4379	98	3938*	83	53	1881	4	9600
7509*	57	0969*	34	4391*	24	4817*	41	9169*	22	3915*	16	4281	98	3855*	82	54	1828*	3	9571
7538*	58	1003	35	4415	25	4858	41	9191	23	3899*	16	4183*	98	3773*	83	53	1774	2	9542*
7567*	59	1038	35	4440*	24	4899	42	9214*	22	3883*	16	4085*	99	3690	82	54	1721*	1	9513*
0,5 7596*	32.60	0,6 1073*		0,5 4464*		0,6 4941*		1,1 9236		0,8 3867		1,5 3986		1,8 3608*			1,2 1667	57. 0	0,9 9484*
x = 57° L x = 1,2 1667				cos x Séh L x	D	cot x Coséh L x	D	coséc x Coth L x	D	sin x Tah L x	D	tang x Sih L x	D	séc x Cosh L x	D	D	L x R = 1	x d.m.	x R = 1

x (R = 1)	x (d. m.)	Lx (R = 1)	D	sin x / Tah Lx	D	tang x / Sib Lx	D	séc x / Cosh Lx	D	cos x / Séh Lx	D	cot x / Coséh Lx	D	coséc x / Coth Lx	D	x = 33°	Lx = 0,6 1073*		
0,5 7596*	33. 0	0,6 1073*	34	0,5 4464*	24	0,6 4941*	41	1,1 9236	23	0,8 3867	16	1,5 3986	98	1,8 3608*	82	53	1,2 1667	56.60	0,9 9484*
7625*	1	1107	35	4488	25	4982	42	9259*	22	3851	16	3888	97	3526*	82	53	1614	59	9455*
7654	2	1142	35	4513*	24	5024*	41	9281	23	3835	16	3791*	98	3444*	82	54	1561*	58	9426*
7683	3	1177*	35	4537	24	5065*	41	9304*	23	3819	15	3693*	98	3362*	82	53	1507	57	9397*
7712	4	1212*	34	4561	25	5106	42	9327*	22	3804*	16	3595*	98	3280*	82	53	1454	56	9367
0,5 7741	33. 5	0,6 1246	35	0,5 4586*	24	0,6 5148*	41	1,1 9349	23	0,8 3788*	16	1,5 3497	97	1,8 3198*	82	54	1,2 1401*	56.55	0,9 9338
7770	6	1281*	35	4610	25	5189	42	9372*	22	3772*	16	3400*	98	3116*	82	53	1347	54	9309
7779	7	1316*	34	4635*	24	5231*	41	9394	23	3756*	16	3302	97	3034	81	53	1294	53	9280
7829*	8	1350	35	4659*	24	5272	42	9417	23	3740	16	3205*	98	2953*	82	53	1241*	52	9251
7858*	9	1385	35	4683	25	5314*	41	9440*	23	3724	16	3107	97	2871	81	53	1188*	51	9222*
0,5 7887*	33.10	0,6 1420*	35	0,5 4708*	24	0,6 5355	42	1,1 9463*	22	0,8 3708	16	1,5 3010	97	1,8 2790*	81	54	1,2 1135*	56.50	0,9 9193*
7916*	11	1455*	34	4732*	24	5397*	41	9485	23	3692	16	2913	97	2709*	82	53	1081	49	9164*
7945*	12	1489	35	4756	25	5438	42	9508*	23	3676	16	2816	97	2627	81	53	1028	48	9135*
7974	13	1524	35	4781*	24	5480*	41	9531*	22	3660	15	2719	97	2546	81	53	0975	47	9106*
8003	14	1559*	35	4805*	24	5521	42	9553	23	3645*	16	2622	97	2465	81	53	0922	46	9077*
0,5 8032	33.15	0,6 1594*	35	0,5 4829	25	0,6 5563*	41	1,1 9576	23	0,8 3629*	16	1,5 2525	96	1,8 2384	81	53	1,2 0869	56.45	0,9 9047
8061	16	1629*	34	4854*	24	5604	42	9599	23	3613*	16	2429*	97	2303	81	53	0816*	44	9018
8090	17	1663	35	4878*	24	5646	42	9622*	23	3597*	16	2332*	97	2222	80	53	0763*	43	8989
8119	18	1698	35	4902	25	5688*	41	9645*	23	3581*	16	2235	96	2142*	81	53	0710*	42	8960
8149*	19	1733*	35	4927*	24	5729	42	9668*	23	3565*	16	2139*	96	2061	80	53	0657	41	8931
0,5 8178*	33.20	0,6 1768*	35	0,5 4951*	24	0,6 5771	42	1,1 9691*	22	0,8 3549*	16	1,5 2043*	97	1,8 1981*	81	53	1,2 0604	56.40	0,9 8902*
8207*	21	1803*	34	4975	24	5813*	41	9713	23	3533*	16	1946	96	1900	80	53	0551	39	8872*
8236*	22	1837	35	4999	25	5854	42	9736	23	3517*	16	1850	96	1820*	80	53	0498	38	8844*
8265*	23	1872	35	5024*	24	5896	42	9759	23	3501*	16	1754*	96	1740*	81	53	0445	37	8815*
8294*	24	1907	35	5048	24	5938*	42	9782	23	3485*	16	1658*	96	1659	80	52	0392	36	8786*
0,5 8323	33.25	0,6 1942*	35	0,5 5072	25	0,6 5980*	41	1,1 9805	23	0,8 3469*	16	1,5 1562	96	1,8 1579	80	53	1,2 0340*	56.35	0,9 8757*
8352	26	1977*	35	5097*	24	6021	42	9828	23	3453*	16	1466	96	1499	80	53	0287*	34	8727
8381	27	2012*	35	5121*	24	6063	42	9851	23	3437*	16	1370	95	1419	80	53	0234	33	8698
8410	28	2047*	34	5145	24	6105*	42	9874	23	3421*	16	1275*	96	1340*	80	52	0181	32	8669
8439	29	2081	35	5169	25	6147*	42	9897	23	3405*	16	1179	95	1260*	80	53	0129*	31	8640
0,5 8469*	33.30	0,6 2116	35	0,5 5194*	24	0,6 6189*	41	1,1 9920	24	0,8 3389*	16	1,5 1084*	96	1,8 1180	79	53	1,2 0076*	56.30	0,9 8611
8498*	31	2151	35	5218*	24	6230	42	9944*	23	3373*	17	0988	95	1101*	80	53	0023	29	8582
8527*	32	2186	35	5242	24	6272	42	9967*	23	3356	16	0893*	96	1021	7.	52	1,1 9970	28	8553*
8556*	33	2221*	35	5266	25	6314	42	9990*	23	3340	16	0797	95	0942*	80	53	9918*	27	8524*
8585*	34	2256*	35	5291*	24	6356	42	1,2 0013	23	3324	16	0702	95	0862	79	52	9865	26	8495*
0,5 8614	33.35	0,6 2291*	35	0,5 5315*	24	0,6 6398*	42	1,2 0036	23	0,8 3308	16	1,5 0607	95	1,8 0783	79	53	1,1 9813*	56.25	0,9 8466
8643	36	2326*	35	5339	24	6440*	42	0059	24	3292	16	0512	95	0704*	79	53	9760	24	8437*
8672	37	2361*	35	5363	25	6482*	42	0083*	23	3276	16	0417	95	0625*	79	52	9707	23	8407
8701	38	2396*	34	5388*	24	6524*	42	0106*	23	3260*	16	0322	94	0546*	79	53	9655*	22	8378
8730	39	2430	35	5412*	24	6566*	42	0129	23	3244*	16	0228*	95	0467*	79	52	9602	21	8349
0,5 8759	33.40	0,6 2465	35	0,5 5436	24	0,6 6608*	42	1,2 0152	24	0,8 3228*	16	1,5 0133*	95	1,8 0388	79	52	1,1 9550*	56.20	0,9 8320
8789*	41	2500	35	5460	24	6650*	42	0176*	23	3212*	17	0038	94	0309	78	53	9498*	19	8291
8818*	42	2535	35	5484	25	6692*	42	0199*	23	3195	16	1,4 9944*	95	0231*	79	52	9445	18	8262
8847*	43	2570	35	5509*	24	6734*	42	0222	24	3179	16	9849	94	0152	78	53	9393*	17	8233*
8876*	44	2605	35	5533*	24	6776*	42	0246*	23	3163	16	9755*	94	0074*	79	52	9340	16	8204*
0,5 8905*	33.45	0,6 2640	35	0,5 5557	24	0,6 6818*	42	1,2 0269*	23	0,8 3147*	16	1,4 9661*	95	1,7 9995	78	52	1,1 9288*	56.15	0,9 8175*
8934*	46	2675	35	5581	24	6860*	42	0292	24	3131*	16	9566	94	9917*	78	53	9236*	14	8146*
8963	47	2710	35	5605	25	6902	42	0316*	23	3115*	17	9472	94	9839*	78	52	9183	13	8117
8992	48	2745	35	5630*	24	6944	42	0339	24	3098	16	9378	94	9761*	79	52	9131*	12	8088*
9021	49	2780	35	5654*	24	6986	42	0363*	23	3082	16	9284	94	9682	78	53	9079*	11	8058
0,5 9050	33.50	0,6 2815	35	0,5 5678*	24	0,6 7028	43	1,2 0386	24	0,8 3066	16	1,4 9190	93	1,7 9604	77	52	1,1 9026	56.10	0,9 8029
9079	51	2850	35	5702	24	7071*	42	0410*	23	3050*	16	9097*	94	9527*	78	52	8974	9	8000
9108	52	2885	35	5726	24	7113*	42	0433	24	3034*	17	9003*	94	9449*	78	52	8922*	8	7971
9138*	53	2920	35	5750	25	7155*	42	0457*	23	3017	16	8909	93	9371	78	52	8870*	7	7942
9167*	54	2955	35	5775*	24	7197	42	0480	24	3001	16	8816*	94	9293	77	53	8818*	6	7913*
0,5 9196*	33.55	0,6 2990	36	0,5 5799*	24	0,6 7239	43	1,2 0504*	23	0,8 2985	16	1,4 8722	93	1,7 9216*	76	52	1,1 8765	56. 5	0,9 7884*
9225*	56	3026*	35	5823*	24	7282*	42	0527	24	2969*	16	8629*	93	9138	77	52	8713	4	7855*
9254*	57	3061*	35	5847*	24	7324*	42	0551*	24	2953*	17	8536*	94	9061*	77	52	8661	3	7826*
9283	58	3096*	35	5871	24	7366	43	0575*	23	2936	16	8442	93	8984*	78	52	8609	2	7797*
9312	59	3131*	35	5895	24	7409*	42	0598	24	2920	16	8349	93	8906	77	52	8557	1	7768*
0,5 9341	33.60	0,6 3166*		0,5 5919		0,6 7451*		1,2 0622*		0,8 2904*		1,4 8256		1,7 8829			1,1 8505	56. 0	0,9 7738
x = 56°	Lx = 1,1 8505			cos x / Séh Lx	D	cot x / Coséh Lx	D	coséc x / Coth Lx	D	sin x / Tah Lx	D	tang x / Sib Lx	D	séc x / Cosh Lx	D	D	Lx (R = 1)	x (d. m.)	x (R = 1)

x (R = 1)	x (d. m.)	Lx (R = 1)	D	sin x / TahLx	D	tang x / SihLx	D	séc x / CoshLx	D	cos x / SéhLx	D	cot x / CoséhLx	D	coséc x / CothLx	D	$x = 34°$, $Lx = 0,6\ 3166*$			
0,5 9341	34. 0	0,6 3166*	35	0,5 5919	24	0,6 7451*	42	1,2 0622*	23	0,8 2904*	17	1,4 8256	93	1,7 8829	77	52	1,1 8505	55.60	0,9 7738
9370	1	3201*	35	5943	25	7493	43	0645	24	2887	16	8163	93	8752	77	52	8453	59	7709
9399	2	3236	35	5968*	24	7536*	42	0669	24	2871	16	8070	93	8675	77	52	8401	58	7680
9428	3	3271	35	5992*	24	7578*	42	0693*	24	2855*	16	7977	92	8598	77	52	8349	57	7651
9458*	4	3306	35	6016*	24	7620	43	0717*	23	2839*	17	7885*	93	8521	76	52	8297	56	7622
0,5 9487	34. 5	0,6 3341	35	0,5 6040*	24	0,6 7663*	42	1,2 0740	24	0,8 2822	16	1,4 7792*	93	1,7 8445*	77	52	1,1 8245	55.55	0,9 7593*
9516*	6	3376	36	6064*	24	7705	43	0764	24	2806	16	7699	92	8368*	77	52	8193	54	7564*
9545*	7	3412*	35	6088*	24	7748*	42	0788*	24	2790*	16	7607*	93	8291	76	51	8141	53	7535*
9574*	8	3447*	35	6112	24	7790*	42	0812*	24	2773	16	7514	92	8215*	77	52	8090*	52	7506*
9603*	9	3482	35	6136	24	7832	43	0836*	23	2757	16	7422	92	8138	76	52	8038*	51	7477*
0,5 9632	34.10	0,6 3517	35	0,5 6160	24	0,6 7875*	42	1,2 0859	24	0,8 2741*	17	1,4 7330*	92	1,7 8062	76	52	1,1 7986	55.50	0,9 7448*
9661	11	3552	35	6184	24	7917	43	0883	24	2724	16	7238*	92	7986*	76	52	7934	49	7418*
9690	12	3587	36	6208	24	7960*	42	0907	24	2708	16	7146*	92	7910*	77	51	7882	48	7389
9719	13	3623*	35	6232	24	8002	43	0931	24	2692*	17	7054*	92	7833	76	52	7831*	47	7360
9748	14	3658*	35	6256	24	8045	43	0955	24	2675	16	6962*	92	7757	76	52	7779*	46	7301
0,5 9778*	34.15	0,6 3693*	35	0,5 6280	25	0,6 8088*	42	1,2 0979*	24	0,8 2659*	16	1,4 6870*	92	1,7 7681	75	51	1,1 7727	55.45	0,9 7302
9807*	16	3728	35	6305*	24	8130	43	1003*	24	2643*	17	6778*	92	7606*	76	52	7676*	44	7273
9836*	17	3763	36	6329*	24	8173*	42	1027*	24	2626	16	6686	91	7530*	76	52	7624*	43	7244
9865*	18	3799*	35	6353*	24	8215	43	1051*	24	2610*	17	6595*	92	7454	76	51	7572	42	7215*
9893	19	3834*	35	6377*	24	8258	43	1075	24	2593	16	6503*	92	7378	75	52	7521*	41	7186*
0,5 9923*	34.20	0,6 3869*	35	0,5 6401*	24	0,6 8301*	42	1,2 1099	24	0,8 2577	16	1,4 6411	91	1,7 7303*	76	51	1,1 7469	55.40	0,9 7157*
9952	21	3904	35	6425*	24	8343	43	1123	24	2561*	17	6320	91	7227	75	52	7418*	39	7128*
9981	22	3939	36	6449*	24	8386	43	1147	24	2544	16	6229*	92	7152	75	52	7366	38	7098
0,6 0010	23	3975*	35	6473*	24	8429*	42	1171	24	2528*	17	6137	91	7077*	76	51	7314	37	7069
0039	24	4010*	35	6497*	24	8471	43	1195	25	2511	16	6046	91	7001	75	51	7263	36	7040
0,6 0068	34.25	0,6 4045	35	0,5 6521*	24	0,6 8514	43	1,2 1220*	24	0,8 2495*	17	1,4 5955	91	1,7 6926	75	52	1,1 7212*	55.35	0,9 7011
0098*	26	4080	36	6545*	24	8557*	43	1244*	24	2478	16	5864	91	6851	75	51	7160	34	6982
0127*	27	4116*	35	6569*	24	8600*	42	1268*	24	2462	16	5773	91	6776	75	52	7109*	33	6953
0156*	28	4151*	35	6593*	24	8642	43	1292	24	2446*	17	5682	90	6701	75	51	7057	32	6924*
0185*	29	4186	36	6617*	24	8685	43	1316	25	2429	16	5592*	91	6626	74	52	7006*	31	6895*
0,6 0214*	34.30	0,6 4222*	35	0,5 6641*	24	0,6 8728	43	1,2 1341*	24	0,8 2413*	17	1,4 5501*	91	1,7 6552*	75	51	1,1 6954	55.30	0,9 6866*
0243*	31	4257*	35	6665*	24	8771*	43	1365*	24	2396	16	5410	90	6477	75	51	6903	29	6837*
0272	32	4292	35	6689*	24	8814*	43	1389	25	2380*	17	5320*	91	6402	74	51	6852*	28	6808*
0301	33	4327	36	6713*	23	8857*	43	1414*	24	2363	16	5229	90	6328*	74	52	6801*	27	6779*
0330	34	4363*	35	6736	24	8900*	42	1438*	24	2347*	17	5139*	90	6254*	75	51	6749	26	6749
0,6 0359	34.35	0,6 4398	35	0,5 6760	24	0,6 8942	43	1,2 1462	25	0,8 2330	16	1,4 5049*	91	1,7 6179	74	51	1,1 6698*	55.25	0,9 6720
0388	36	4433	36	6784	24	8985	43	1487*	24	2314*	17	4958	90	6105*	74	51	6647*	24	6691
0417	37	4469*	35	6808	24	9028	43	1511*	24	2297	16	4868	90	6031*	75	52	6596*	23	6662
0447*	38	4504	36	6832	24	9071	43	1535	25	2281*	17	4778*	90	5956	74	51	6544	22	6633
0476*	39	4540*	35	6856	24	9114	43	1560*	24	2264	16	4688*	90	5882	74	51	6493	21	6604*
0,6 0505*	34.40	0,6 4575*	35	0,5 6880	24	0,6 9157	43	1,2 1584	25	0,8 2248*	17	1,4 4598	90	1,7 5808	74	51	1,1 6442	55.20	0,9 6575*
0534*	41	4610	36	6904	25	9200	43	1609*	24	2231*	17	4508	90	5734	73	51	6391*	19	6546*
0563*	42	4646*	35	6928*	24	9243	43	1633	25	2214	16	4418	89	5661*	74	51	6340*	18	6517*
0592	43	4681	35	6952*	24	9286	43	1658*	24	2198*	17	4329*	90	5587*	74	51	6289*	17	6488*
0621	44	4716	36	6976*	24	9329	43	1682	25	2181	16	4239*	90	5513	73	51	6238*	16	6459*
0,6 0650	34.45	0,6 4752*	35	0,5 7000*	24	0,6 9372	44	1,2 1707*	24	0,8 2165*	17	1,4 4149	89	1,7 5440*	74	51	1,1 6187*	55.15	0,9 6429
0679	46	4787	36	7024*	23	9416*	43	1731	25	2148	16	4060*	90	5366	73	51	6136*	14	6400
0708	47	4823*	35	7047	24	9459*	43	1756*	25	2132*	17	3970	89	5293*	74	51	6085*	13	6371
0737	48	4858	35	7071	24	9502*	43	1781*	24	2115*	17	3881	89	5219	73	51	6034*	12	6342
0767*	49	4893	36	7095	24	9545*	43	1805	25	2098	16	3792*	89	5146*	73	51	5983*	11	6313
0,6 0796*	34.50	0,6 4929*	35	0,5 7119	24	0,6 9588	43	1,2 1830*	25	0,8 2082*	17	1,4 3703*	89	1,7 5073*	73	51	1,1 5932*	55.10	0,9 6284*
0825*	51	4964	36	7143*	24	9631	44	1855*	24	2065	17	3614*	89	5000*	73	51	5881*	9	6255*
0854*	52	5000*	35	7167*	24	9675*	43	1879	25	2048	16	3525*	89	4927*	73	51	5830*	8	6226*
0883*	53	5035	36	7191*	24	9718*	43	1904*	25	2032*	17	3436*	89	4854*	73	51	5779*	7	6197*
0912*	54	5071*	35	7215*	23	9761*	43	1929*	24	2015	16	3347*	89	4781*	73	51	5728	6	6168*
0,6 0941	34.55	0,6 5106	36	0,5 7238	24	0,6 9804	43	1,2 1953	25	0,8 1999*	17	1,4 3258*	89	1,7 4708*	73	51	1,1 5677	55. 5	0,9 6139*
0970	56	5142*	35	7262	24	9847	44	1978	25	1982*	17	3169	89	4635*	73	50	5626	4	6109
0999	57	5177	36	7286	24	9891*	43	2003*	25	1965	16	3080	88	4562	72	51	5576*	3	6080
1028	58	5213*	35	7310*	24	9934	43	2028*	25	1949*	17	2992*	89	4490*	73	51	5525*	2	6051
1057	59	5248	36	7334*	24	9977	44	2053*	24	1932*	17	2903	88	4417	72	51	5474	1	6022
0,6 1087*	34.60	0,6 5284*		0,5 7358*		0,7 0021*		1,2 2077		0,8 1915		1,4 2815*		1,7 4345*			1,1 5423	55. 0	0,9 5993
$x = 55°$, $Lx = 1,1\ 5423$				cos x / SéhLx	D	cot x / CoséhLx	D	coséc x / CothLx	D	sin x / TahLx	D	tang x / SihLx	D	séc x / CoshLx	D	D	Lx (R = 1)	d. m.	x (R = 1)

x R = 1	d. m.	Lx R = 1	D	sin x Tah Lx	D	tang x Sih Lx	D	séc x Cosh Lx	D	cos x Séh Lx	D	cot x Coséh Lx	D	coséc x Coth Lx	D	D	x = 35°	Lx = 0,6 5284*	
0,6 1087*	35. 0	0,6 5284*	35	0,5 7358*	23	0,7 0021*	43	1,2 2077	25	0,8 1915	16	1,4 2815*	89	1,7 4345*	73	50	1,1 5423	54.60	0,9 5993
1116*	1	5319	36	7381	24	0064	43	2102	25	1899*	17	2726	88	4272	72	51	5373*	59	5964
1145*	2	5355*	35	7405	24	0107	44	2127	25	1882*	17	2638	88	4200*	72	51	5322	58	5935*
1174*	3	5390	36	7429	24	0151*	43	2152	25	1865	17	2550*	88	4128*	72	50	5271	57	5906*
1203*	4	5426*	35	7453*	24	0194	44	2177	25	1848	16	2462*	88	4056*	73	51	5221*	56	5877*
0,6 1232*	35. 5	0,6 5461	36	0,5 7477*	24	0,7 0238*	43	1,2 2202	25	0,8 1832*	17	1,4 2374*	88	1,7 3983	72	50	1,1 5170	54.55	0,9 5848*
1261	6	5497*	35	7501*	23	0281	44	2227	25	1815*	17	2286*	88	3911	71	51	5120*	54	5819*
1290	7	5532	36	7524	24	0325*	43	2252	25	1798	16	2198*	88	3840*	72	51	5069*	53	5789
1319	8	5568*	36	7548	24	0368	44	2277	25	1782*	17	2110*	88	3768*	72	50	5018	52	5760
1348	9	5604*	35	7572*	24	0412*	43	2302	25	1765*	17	2022*	88	3696*	72	51	4968*	51	5731
0,6 1377	35.10	0,6 5639	36	0,5 7596*	23	0,7 0455	44	1,2 2327	25	0,8 1748	17	1,4 1934	87	1,7 3624	72	50	1,1 4917	54.50	0,9 5702
1407*	11	5675*	35	7619	24	0499*	43	2352	25	1731	17	1847*	88	3552	71	51	4867*	49	5673
1436*	12	5710	36	7643	24	0542	44	2377	25	1714	16	1759	87	3481*	72	50	4816	48	5644
1465*	13	5746*	36	7667*	24	0586*	43	2402	26	1698*	17	1672*	88	3409	71	50	4766*	47	5615*
1494*	14	5782*	35	7691*	24	0629	44	2428*	25	1681*	17	1584	87	3338*	71	51	4716*	46	5586*
0,6 1523*	35.15	0,6 5817	36	0,5 7715*	23	0,7 0673	44	1,2 2453*	25	0,8 1664	17	1,4 1497*	88	1,7 3267*	72	50	1,1 4665	54.45	0,9 5557*
1552*	16	5853*	36	7738	24	0717*	43	2478*	25	1647	16	1409	87	3195	71	51	4615*	44	5528*
1581	17	5888	36	7762	24	0760	44	2503	25	1631*	17	1322	87	3124	71	50	4564	43	5499*
1610	18	5924	36	7786*	24	0804*	44	2528	26	1614*	17	1235	87	3053	71	50	4514*	42	5470*
1639	19	5960*	35	7810*	23	0848	43	2554*	25	1597*	17	1148*	87	2982*	71	51	4464*	41	5441*
0,6 1668	35.20	0,6 5995	36	0,5 7833	24	0,7 0891	44	1,2 2579*	25	0,8 1580	17	1,4 1061*	87	1,7 2911*	71	50	1,1 4413	54.40	0,9 5411
1697	21	6031*	36	7857*	24	0935	44	2604	25	1563	17	0974	87	2840	71	50	4363	39	5382
1726	22	6067*	35	7881*	23	0979*	44	2629	26	1546	16	0887	87	2769	71	50	4313*	38	5353
1756*	23	6102	36	7904	24	1023*	43	2655*	25	1530*	17	0800	86	2698	70	51	4263*	37	5324
1785*	24	6138	36	7928	24	1066	44	2680	26	1513*	17	0714*	87	2628*	71	50	4212	36	5295
0,6 1814*	35.25	0,6 6174*	35	0,5 7952*	24	0,7 1110	44	1,2 2706*	25	0,8 1496*	17	1,4 0627	87	1,7 2557	70	50	1,1 4162	54.35	0,9 5266*
1843*	26	6209	36	7976*	23	1154*	44	2731*	25	1479	17	0540	86	2487*	71	50	4112*	34	5237*
1872*	27	6245	36	7999	24	1198*	44	2756	26	1462	17	0454*	87	2416	70	50	4062*	33	5208*
1901	28	6281*	36	8023*	24	1242*	43	2782*	25	1445	17	0367	86	2346*	71	51	4012*	32	5179*
1930	29	6317*	35	8047*	23	1285	44	2807	26	1428	16	0281	86	2275	70	50	3961	31	5150*
0,6 1959	35.30	0,6 6352	36	0,5 8070	24	0,7 1329	44	1,2 2833*	25	0,8 1412*	17	1,4 0195*	86	1,7 2205	70	50	1,1 3911	54.30	0,9 5120
1988	31	6388*	36	8094*	24	1373	44	2858	26	1395*	17	0109*	87	2135*	70	50	3861	29	5091
2017	32	6424*	35	8118*	23	1417	44	2884*	25	1378*	17	0022	86	2065*	70	50	3811	28	5062
2046	33	6459	36	8141	24	1461	44	2909	26	1361*	17	1,3 9936	86	1995*	70	50	3761	27	5033
2076*	34	6495	36	8165*	24	1505	44	2935*	25	1344*	17	9850	86	1925*	70	50	3711	26	5004
0,6 2105*	35.35	0,6 6531	36	0,5 8189*	23	0,7 1549*	44	1,2 2960	26	0,8 1327	17	1,3 9764	85	1,7 1855*	70	50	1,1 3661	54.25	0,9 4975
2134*	36	6567*	36	8212	24	1593*	44	2986*	26	1310	17	9679*	86	1785	70	50	3611	24	4946*
2163*	37	6603*	35	8236*	24	1637*	44	3012*	25	1293	17	9593*	86	1715	69	50	3561	23	4917*
2192*	38	6638	36	8260*	23	1681	44	3037	26	1276	17	9507*	86	1646*	70	50	3511	22	4888*
2221*	39	6674	36	8283	24	1725	44	3063*	26	1259	17	9421	85	1576*	70	50	3461	21	4859*
0,6 2250	35.40	0,6 6710*	36	0,5 8307*	23	0,7 1769	44	1,2 3089*	25	0,8 1242	17	1,3 9336*	86	1,7 1506	69	49	1,1 3411	54.20	0,9 4830*
2279	41	6746*	36	8330	24	1813	44	3114	26	1225	17	9250	85	1437*	70	50	3362*	19	4800
2308	42	6782*	35	8354	24	1857	44	3140	26	1208	17	9165*	86	1367	69	50	3312*	18	4771
2337	43	6817	36	8378*	23	1901	45	3166*	26	1191	17	9079	85	1298	69	50	3262*	17	4742
2366	44	6853	36	8401	24	1946*	44	3192*	25	1174	17	8994	85	1229*	69	50	3212	16	4713
0,6 2396*	35.45	0,6 6889	36	0,5 8425*	24	0,7 1990*	44	1,2 3217	26	0,8 1157	17	1,3 8909*	85	1,7 1160*	69	49	1,1 3162	54.15	0,9 4684
2425*	46	6925*	36	8449*	23	2034*	44	3243	26	1140	17	8824*	86	1091*	69	50	3113*	14	4655
2454*	47	6961*	36	8472	24	2078	44	3269	25	1123	17	8738	85	1022*	69	50	3063*	13	4626*
2483*	48	6997*	35	8496*	23	2122	45	3295*	26	1106	17	8653	85	0953*	69	50	3013	12	4597*
2512*	49	7032	36	8519	24	2167*	44	3321*	26	1089	17	8568	84	0884*	69	49	2963	11	4568*
0,6 2541*	35.50	0,6 7068	36	0,5 8543*	24	0,7 2211*	44	1,2 3347*	26	0,8 1072	17	1,3 8484*	85	1,7 0815*	69	50	1,1 2914*	54.10	0,9 4539*
2570	51	7104	36	8567*	23	2255	44	3373*	25	1055	17	8399*	85	0746	69	50	2864*	9	4510*
2599	52	7140	36	8590	24	2299	45	3398	26	1038	17	8314*	85	0677	68	48	2814	8	4480
2628	53	7176	36	8614*	23	2344*	44	3424	26	1021	17	8229	84	0609*	69	50	2765*	7	4451
2657	54	7212*	36	8637	24	2388*	44	3450	26	1004	17	8145*	83	0540	68	50	2715	6	4422
0,6 2686	35.55	0,6 7248*	36	0,5 8661*	23	0,7 2432	45	1,2 3476	26	0,8 0987	17	1,3 8060	84	1,7 0472*	69	49	1,1 2655	54. 5	0,9 4393
2715	56	7284*	36	8684	24	2477*	44	3502	27	0970	17	7976*	85	0403	68	50	2616*	4	4364
2745*	57	7320*	36	8708*	23	2521	44	3529*	26	0953*	17	7891	84	0335*	68	49	2566	3	4335
2774*	58	7356*	36	8731	24	2565	45	3555*	26	0936*	17	7807*	85	0267*	69	50	2517*	2	4306*
2803*	59	7392*	36	8755*	24	2610*	44	3581*	26	0919*	17	7722	84	0198	68	49	2467	1	4277*
0,6 2832*	35.60	0,6 7428*		0,5 8779*		0,7 2654		1,2 3607*		0,8 0902*		1,3 7638		1,7 0130			1,1 2418*	54. 0	0,9 4248*
x = 54°	Lx = 1,1 2418*			cos x Séh Lx	D	cot x Coséh Lx	D	coséc x Coth Lx	D	sin x Tah Lx	D	tang x Sih Lx	D	séc x Cosh Lx	D	D	Lx R = 1	d. m.	x R = 1

x R = 1	d. m.	L. x R = 1	D	sin x **TahL**x	D	tang x **SihL**x	D	séc x **CoshL**x	D	cos x **SéhL**x	D	cot x **CoséhL**x	D	coséc x **CothL**x	D	x = 36° Lx = 0,6 7428*			
0,6 2832*	36. 0	0,6 7428*	36	0,5 8779*	23	0,7 2654	45	1,2 3607*	26	0,8 0902*	17	1,3 7638	84	1,7 0130	68	50	1,1 2418*	53.60	0,9 4248*
2861	1	7464*	35	8802	24	2699*	44	3633*	26	0885*	18	7554	84	0062	68	49	2368	59	4219*
2890	2	7499	36	8826*	23	2743	45	3659	26	0867	17	7470*	84	1,6 9994	68	50	2319*	58	4190*
2919	3	7535	36	8849	24	2788*	44	3685	26	0850	17	7386*	84	9926	68	49	2269	57	4161*
2948	4	7571	36	8873*	23	2832	45	3711	27	0833	17	7302*	84	9858	68	49	2220*	56	4131
0,6 2977	36. 5	0,6 7607	36	0,5 8896	24	0,7 2877*	44	1,2 3738*	26	0,8 0816	17	1,3 7218	84	1,6 9790	67	50	1,1 2171*	53.55	0,9 4102
3006	6	7643	36	8920*	23	2921	45	3764*	26	0799*	17	7134	84	9723*	68	49	2121	54	4073
3035	7	7679	36	8943	24	2966*	44	3790	26	0782*	17	7050	83	9655	68	50	2072*	53	4044
3065*	8	7715	36	8967*	23	3010	45	3816	27	0765*	17	6967*	84	9587	67	49	2022	52	4015
3094*	9	7751	36	8990	24	3055	45	3843*	26	0748*	18	6883	83	9520*	68	49	1973	51	3986*
0,6 3123*	36.10	0,6 7787	37	0,5 9014*	23	0,7 3100*	44	1,2 3869	26	0,8 0730	17	1,3 6800*	84	1,6 9452	67	49	1,1 1924*	53.50	0,9 3957*
3152*	11	7824*	36	9037	24	3144	45	3895	27	0713	17	6716	83	9385	67	50	1875*	49	3928*
3181*	12	7860*	36	9061*	23	3189*	45	3922*	26	0696	17	6633*	84	9318*	68	49	1825	48	3899*
3210	13	7896*	36	9084	24	3234*	44	3948	27	0679*	17	6549	83	9250	67	49	1776	47	3870*
3239	14	7932*	36	9108*	23	3278	45	3975*	26	0662*	18	6466	83	9183	67	49	1727*	46	3841*
0,6 3268	36.15	0,6 7968*	36	0,5 9131*	23	0,7 3323	45	1,2 4001	27	0,8 0644	17	1,3 6383*	83	1,6 9116	67	50	1,1 1678*	53.45	0,9 3811
3297	16	8004*	36	9154	24	3368*	45	4028*	26	0627	17	6300*	83	9049	67	49	1628	44	3782
3326	17	8040*	36	9178*	23	3413*	44	4054	27	0610	17	6217*	83	8982	67	49	1579	43	3753
3355	18	8076*	36	9201	24	3457	45	4081*	26	0593*	17	6134*	83	8915	67	49	1530	42	3724
3385*	19	8112	36	9225*	23	3502	45	4107	27	0576*	18	6051*	83	8848	66	49	1481*	41	3695
0,6 3414*	36.20	0,6 8148	36	0,5 9248	24	0,7 3547*	45	1,2 4134*	26	0,8 0558	17	1,3 5968*	83	1,6 8782*	67	49	1,1 1432*	53.40	0,9 3666
3443*	21	8184	36	9272*	23	3592*	45	4160	27	0541	17	5885*	83	8715*	67	49	1383*	39	3637*
3472*	22	8220	37	9295	23	3637*	44	4187*	26	0524*	17	5802	83	8648	66	49	1334*	38	3608*
3501*	23	8257*	36	9318	24	3681	45	4213	27	0507*	18	5719	82	8582*	67	49	1285*	37	3579*
3530*	24	8293*	36	9342*	23	3726	45	4240*	27	0489	17	5637*	83	8515	66	49	1236*	36	3550*
0,6 3559	36.25	0,6 8329*	36	0,5 9365	24	0,7 3771	45	1,2 4267*	26	0,8 0472	17	1,3 5554	82	1,6 8449*	67	49	1,1 1187*	53.35	0,9 3521*
3588	26	8365*	36	9389*	23	3816	45	4293	27	0455*	17	5472*	83	8382	66	49	1138*	34	3491
3617	27	8401	36	9412	24	3861	45	4320	27	0438*	18	5389	82	8316*	66	49	1089*	33	3462
3646	28	8437	36	9436*	23	3906	45	4347*	26	0420	17	5307*	83	8250*	67	49	1040*	32	3433
3675	29	8473	37	9459*	23	3951	45	4373	27	0403*	17	5224	82	8183	66	49	0991*	31	3404
0,6 3705*	36.30	0,6 8510*	36	0,5 9482	24	0,7 3996	45	1,2 4400	27	0,8 0386*	18	1,3 5142	82	1,6 8117	66	49	1,1 0942*	53.30	0,9 3375
3734*	31	8546*	36	9506*	23	4041	45	4427	27	0368	17	5060	82	8051	66	49	0893	29	3346
3763*	32	8582	36	9529	23	4086	45	4454*	27	0351	17	4978*	82	7985	66	49	0844	28	3317*
3792*	33	8618	36	9552	24	4131	45	4481*	27	0334*	18	4896*	82	7919	66	49	0795	27	3288*
3821*	34	8654	37	9576*	23	4176	45	4508*	26	0316	17	4814*	82	7853	65	48	0746	26	3259*
0,6 3850*	36.35	0,6 8691*	36	0,5 9599	23	0,7 4221	46	1,2 4534	27	0,8 0299	17	1,3 4732*	82	1,6 7788*	66	49	1,1 0698*	53.25	0,9 3230*
3879	36	8727*	36	9622	24	4267*	45	4561	27	0282*	18	4650	82	7722*	66	49	0649*	24	3201*
3908	37	8763	36	9646*	23	4312*	45	4588	27	0264	17	4568	81	7656	65	49	0600	23	3171
3937	38	8799	37	9669	24	4357*	45	4615	27	0247	17	4487*	82	7591*	66	48	0551	22	3142
3966	39	8836*	36	9693*	23	4402	45	4642	27	0230*	18	4405*	82	7525	65	49	0503*	21	3113
0,6 3995	36.40	0,6 8872*	36	0,5 9716*	23	0,7 4447	45	1,2 4669	27	0,8 0212	17	1,3 4323	81	1,6 7460*	66	49	1,1 0454*	53.20	0,9 3084
4024	41	8908	36	9739	24	4492	46	4696	27	0195*	17	4242*	82	7394	65	49	0405	19	3055
4054*	42	8944	37	9763*	23	4538*	45	4723	27	0178*	18	4160	81	7329*	65	48	0356	18	3026
4083	43	8981*	36	9786*	23	4583*	45	4750	27	0160	17	4079*	81	7264*	65	49	0308*	17	2997*
4112*	44	9017	36	9809	23	4628	46	4777	27	0143*	18	3998*	82	7199*	66	49	0259	16	2968*
0,6 4141*	36.45	0,6 9053	37	0,5 9832	24	0,7 4674*	45	1,2 4804	28	0,8 0125	17	1,3 3916	81	1,6 7133	65	48	1,1 0210	53.15	0,9 2939*
4170*	46	9090*	36	9856*	23	4719*	45	4832*	27	0108*	17	3835	81	7068	65	49	0162*	14	2910*
4199	47	9126*	36	9879	23	4764	46	4859*	27	0091*	18	3754*	81	7003	65	48	0113	13	2881*
4228	48	9162	37	9902	24	4810*	45	4886*	27	0073	17	3673*	81	6938	65	49	0065*	12	2852*
4257	49	9199*	36	9926*	23	4855*	45	4913	27	0056*	18	3592*	81	6873	64	48	0016	11	2822
0,6 4286	36.50	0,6 9235*	36	0,5 9949*	23	0,7 4900	46	1,2 4940	27	0,8 0038	17	1,3 3511*	81	1,6 6809*	65	49	1,0 9968*	53.10	0,9 2793
4315	51	9271	37	9972	23	4946*	45	4967	28	0021*	18	3430*	81	6744*	65	48	9919	9	2764
4344	52	9308*	36	9995	24	4991	46	4995*	27	0003	17	3349	81	6679	64	49	9871*	8	2735
4374*	53	9344	36	0,6 0019*	23	5037*	45	5022*	27	0,7 9986*	18	3268	81	6615*	65	48	9822	7	2706
4403*	54	9380	37	0042	23	5082	46	5049	28	9968	17	3187	80	6550	64	49	9774*	6	2677*
0,6 4432*	36.55	0,6 9417*	36	0,6 0065	24	0,7 5128*	45	1,2 5077*	27	0,7 9951*	17	1,3 3107*	81	1,6 6486*	65	48	1,0 9725	53. 5	0,9 2648*
4461*	56	9453	37	0089*	23	5173	46	5104*	27	9934*	18	3026	80	6421	64	49	9677*	4	2619*
4490*	57	9490*	36	0112*	23	5219*	45	5131	28	9916	17	2946*	81	6357*	65	48	9628	3	2590*
4519	58	9526*	36	0135	23	5264	46	5159*	27	9899*	18	2865	80	6292	64	48	9580	2	2561*
4548	59	9562	37	0158	24	5310*	45	5186	28	9881	17	2785*	81	6228	64	49	9532*	1	2532*
0,6 4577	36.60	0,6 9599*		0,6 0182*		0,7 5355		1,2 5214*		0,7 9864*		1,3 2704		1,6 6164			1,0 9483	53. 0	0,9 2502
a = 53° Lx = 1,0 9483				cos x **SéhL**x	D	cot x **CoséhL**x	D	coséc x **CothL**x	D	sin x **TahL**x	D	tang x **SihL**x	D	séc x **CoshL**x	D	D	R = 1 Lx	d. m.	R = 1 x

x (R = 1)	d. m.	L x (R = 1)	D	sin x / Tah L x	D	tang x / Sih L x	D	séc x / Cosh L x	D	cos x / Séh L x	D	cot x / Coséh L x	D	coséc x / Coth L x	D	x = 37°, L x = 0,6 9599*			
0,6 4577	37. 0	0,6 9599*	36	0,6 0182*	23	0,7 5355	46	1,2 5214*	27	0,7 9864*	18	1,3 2704	80	1,6 6164	64	48	1,0 9483	52.60	0,9 2502
4606	1	9635	37	0205*	23	5401	46	5241	27	9846	17	2624	80	6100*	63	48	9435	59	2473
4635	2	9672*	36	0228*	23	5447*	45	5268	28	9829*	18	2544*	80	6036*	64	48	9387*	58	2444
4664	3	9708	37	0251	23	5492	46	5296	28	9811	18	2464*	80	5972*	64	48	9338	57	2415
4694*	4	9745*	36	0274	24	5538*	46	5324*	27	9793	17	2384*	80	5908*	64	48	9290	56	2386
0,6 4723*	37. 5	0,6 9781	36	0,6 0298*	23	0,7 5584*	45	1,2 5351	28	0,7 9776*	18	1,3 2304*	80	1,6 5844	64	48	1,0 9242*	52.55	0,9 2357
4752*	6	9817	37	0321*	23	5629	46	5379*	27	9758	17	2224*	80	5780	63	49	9194*	54	2328*
4781*	7	9854*	36	0344*	23	5675	46	5406	28	9741*	18	2144*	80	5717*	64	48	9145	53	2299*
4810*	8	9890	37	0367	23	5721*	46	5434*	28	9723	17	2064*	80	5653*	64	48	9097	52	2270*
4839*	9	9927*	36	0390	24	5767*	45	5462*	27	9706*	18	1984	80	5589	63	48	9049	51	2241*
0,6 4868	37.10	0,6 9963	37	0,6 0414*	23	0,7 5812	46	1,2 5489	28	0,7 9688	17	1,3 1904	79	1,6 5526*	64	48	1,0 9001*	52.50	0,9 2212*
4897	11	0,7 0000*	36	0437*	23	5858	46	5517*	28	9671*	18	1825*	80	5462	63	48	8953*	49	2182
4926	12	0036	37	0460*	23	5904	46	5545*	27	9653*	18	1745	79	5399*	63	48	8905*	48	2153
4955	13	0073*	37	0483	23	5950*	46	5572	28	9635	18	1666*	80	5336*	64	49	8857*	47	2124
4984	14	0110*	36	0506	23	5996*	46	5600	28	9618*	18	1586	79	5272	63	48	8808	46	2095
0,6 5014*	37.15	0,7 0146	37	0,6 0529	24	0,7 6042*	46	1,2 5628*	28	0,7 9600	17	1,3 1507*	80	1,6 5209*	63	48	1,0 8760	52.45	0,9 2066
5043*	16	0183*	36	0553*	23	6088*	45	5656*	27	9583*	18	1427	79	5146*	63	48	8712	44	2037
5072*	17	0219	37	0576*	23	6134*	46	5683	28	9565*	18	1348	79	5083*	63	48	8664	43	2008*
5101*	18	0256*	36	0599*	23	6180*	46	5711	28	9547	17	1269*	79	5020*	63	48	8616	42	1979*
5130*	19	0292	37	0622*	23	6226*	46	5739	28	9530*	18	1190*	80	4957*	63	48	8568	41	1950
0,6 5159*	37.20	0,7 0329*	36	0,6 0645	23	0,7 6272*	46	1,2 5767	28	0,7 9512	18	1,3 1110	79	1,6 4894*	63	48	1,0 8520	52.40	0,9 1921*
5188	21	0365	37	0668	23	6318*	46	5795*	28	9494	17	1031	79	4831*	63	48	8472	39	1892*
5217	22	0402	37	0691	23	6364*	46	5823*	28	9477*	18	0952	79	4768	63	47	8424	38	1862
5246	23	0439*	36	0714	24	6410*	46	5851*	28	9459	18	0873	78	4705	62	48	8377*	37	1833
5275	24	0475	37	0738*	23	6456*	46	5879*	28	9441	17	0795*	79	4643*	63	48	8329*	36	1804
0,6 5304	37.25	0,7 0512*	37	0,6 0761*	23	0,7 6502*	46	1,2 5907*	28	0,7 9424*	18	1,3 0716*	79	1,6 4580	62	48	1,0 8281*	52.35	0,9 1775
5333	26	0549*	36	0784*	23	6548*	46	5935*	28	9406	18	0637*	79	4518*	63	48	8233*	34	1746
5363*	27	0585	37	0807*	23	6594	46	5963*	28	9388	17	0558	78	4455	62	48	8185	33	1717
5392*	28	0622*	36	0830*	23	6640	46	5991	28	9371*	18	0480*	79	4393*	63	48	8137	32	1688*
5421*	29	0658	37	0853	23	6686	47	6019	28	9353	18	0401	78	4330	62	47	8089	31	1659*
0,6 5450*	37.30	0,7 0695	37	0,6 0876	23	0,7 6733*	46	1,2 6047	28	0,7 9335	17	1,3 0323*	79	1,6 4268*	62	48	1,0 8042*	52.30	0,9 1630*
5479*	31	0732*	36	0899	23	6779*	46	6075	29	9318*	18	0244	78	4206*	62	48	7994*	29	1601*
5508	32	0768	37	0922	23	6825	46	6104*	28	9300*	18	0166*	79	4144*	63	48	7946	28	1572*
5537	33	0805	37	0945	23	6871	47	6132*	28	9282	18	0087	78	4081	62	47	7898	27	1543*
5566	34	0842*	37	0968	23	6918*	46	6160*	28	9264	17	0009	78	4019	62	48	7851*	26	1513
0,6 5595	37.35	0,7 0879*	36	0,6 0991	24	0,7 6964	46	1,2 6188	28	0,7 9247*	18	1,2 9931*	78	1,6 3957	62	48	1,0 7803*	52.25	0,9 1484
5624	36	0915	37	1015*	23	7010	47	6216	29	9229*	18	9853*	78	3895	61	47	7755	24	1455
5653	37	0952*	37	1038*	23	7057*	46	6245*	28	9211	18	9775*	79	3834*	62	48	7708*	23	1426
5683*	38	0989*	36	1061*	23	7103	46	6273	28	9193	17	9696	78	3772*	62	48	7660*	22	1397
5712*	39	1025	37	1084*	23	7149	47	6301	29	9176*	18	9618	77	3710*	62	47	7612	21	1368*
0,6 5741*	37.40	0,7 1062	37	0,6 1107*	23	0,7 7196*	46	1,2 6330*	28	0,7 9158*	18	1,2 9541*	78	1,6 3648	61	48	1,0 7565*	52.20	0,9 1339*
5770*	41	1099*	37	1130*	23	7242	47	6358	29	9140	18	9463*	78	3587*	62	48	7517	19	1310*
5799*	42	1136*	36	1153*	23	7289*	46	6387*	28	9122	17	9385*	78	3525	61	47	7469	18	1281*
5828	43	1172	37	1176*	23	7335	47	6415*	28	9105*	18	9307	78	3464*	62	48	7422*	17	1252*
5857	44	1209	37	1199*	23	7382*	46	6443	29	9087*	18	9229	77	3402	61	47	7374	16	1223*
0,6 5886	37.45	0,7 1246	37	0,6 1222*	23	0,7 7428	47	1,2 6472*	28	0,7 9069*	18	1,2 9152*	78	1,6 3341*	62	48	1,0 7327*	52.15	0,9 1193
5915	46	1283*	37	1245*	23	7475*	46	6500	29	9051	18	9074	77	3279	61	47	7279	14	1164
5944	47	1320*	36	1268*	23	7521	47	6529*	28	9033	17	8997*	78	3218	61	48	7232*	13	1135
5973	48	1356	37	1291*	23	7568*	47	6557	29	9016*	18	8919	77	3157*	61	47	7184	12	1106
6003*	49	1393	37	1314*	23	7615*	46	6586	29	8998*	18	8842*	78	3096*	61	47	7137*	11	1077
0,6 6032*	37.50	0,7 1430	37	0,6 1337*	23	0,7 7661	47	1,2 6615*	28	0,7 8980*	18	1,2 8764	77	1,6 3035*	61	48	1,0 7090*	52.10	0,9 1048
6061*	51	1467*	37	1360*	23	7708*	46	6643	29	8962*	18	8687	77	2974*	61	47	7042	9	1019*
6090*	52	1504*	37	1383*	23	7754	47	6672*	29	8944	18	8610*	77	2913*	61	48	6995*	8	0990*
6119*	53	1541*	36	1406*	23	7801	47	6701*	28	8926	18	8533*	77	2852*	61	47	6947	7	0961*
6148*	54	1577	37	1429*	22	7848*	47	6729	29	8908	17	8456*	77	2791*	61	47	6900*	6	0932*
0,6 6177	37.55	0,7 1614	37	0,6 1451	23	0,7 7895*	46	1,2 6758*	29	0,7 8891*	18	1,2 8379*	77	1,6 2730	61	48	1,0 6853*	52. 5	0,9 0903*
6206	56	1651	37	1474	23	7941	47	6787*	28	8873*	18	8302*	77	2669	60	47	6805	4	0873
6235	57	1688	37	1497	23	7988	47	6815	29	8855*	18	8225*	77	2609*	61	47	6758*	3	0844
6264	58	1725*	37	1520	23	8035*	47	6844	29	8837*	18	8148*	77	2548*	61	48	6711*	2	0815
6293	59	1762*	37	1543	23	8082*	47	6873*	29	8819*	18	8071*	77	2487	60	47	6663	1	0786
0,6 6323*	37.60	0,7 1799*		0,6 1566		0,7 8129*		1,2 6902*		0,7 8801		1,2 7994		1,6 2427*			1,0 6616	52. 0	0,9 0757
x = 52°, L x = 1,0 6616				cos x / Séh L x	D	cot x / Coséh L x	D	coséc x / Coth L x	D	sin x / Tah L x	D	tang x / Sih L x	D	séc x / Cosh L x	D	D	L x (R = 1)	d. m.	x (R = 1)

x (R = 1)	d. m.	Lx (R = 1)	D	sin x TabLx	D	tang x SihLx	D	séc x CoshLx	D	cos x SéhLx	D	cot x CosèhLx	D	coséc x CothLx	D	x = 38° Lx = 0,7 1799*			
0,6 6323*	38. 0	0,7 1799*	37	0,6 1566	23	0,7 8129*	46	1,2 6902*	29	0,7 8801	18	1,2 7994	77	1,6 2427*	61	47	1,0 6616	51.60	0,9 0757
6351*	1	1836*	37	1589	23	8175	47	6931*	29	8783	18	7917	76	2366	60	47	6569*	59	0728
6381*	2	1873*	37	1612*	23	8222	47	6960*	28	8765	18	7841*	77	2306	60	47	6522*	58	0699*
6410*	3	1910*	37	1635*	23	8269	47	6988	29	8747	18	7764	76	2246*	61	48	6475*	57	0670*
6439*	4	1947*	36	1658*	23	8316	47	7017	29	8729	18	7688*	77	2185	60	47	6427	56	0641*
0,6 6468*	38. 5	0,7 1983	37	0,6 1681*	23	0,7 8363	47	1,2 7046	29	0,7 8711	17	1,2 7611	76	1,6 2125	60	47	1,0 6380	51.55	0,9 0612*
6497	6	2020	37	1704*	22	8410	47	7075	29	8694*	18	7535*	77	2065	60	47	6333*	54	0583*
6526	7	2057	37	1726	23	8457*	47	7104	29	8676*	18	7458	76	2005	60	47	6286*	53	0553
6555	8	2094	37	1749	23	8504	47	7133	29	8658*	18	7382	76	1945*	60	47	6239*	52	0524
6584	9	2131	37	1772	23	8551	47	7162	29	8640*	18	7306*	76	1885	60	47	6192*	51	0495
0,6 6613	38.10	0,7 2168	37	0,6 1795	23	0,7 8598	47	1,2 7191	30	0,7 8622*	18	1,2 7230*	77	1,6 1825	60	47	1,0 6145*	51.50	0,9 0466
6642	11	2205	37	1818*	23	8645	47	7221*	29	8604*	18	7153	76	1765	60	48	6098*	49	0437
6672*	12	2242	37	1841*	23	8692	47	7250*	29	8586*	18	7077	76	1705	59	47	6050	48	0408
6701*	13	2279	37	1864*	23	8739	47	7279*	29	8568*	18	7001	76	1646*	60	47	6003	47	0379*
6730*	14	2316	37	1887*	22	8786	48	7308*	29	8550*	18	6925	76	1586*	60	47	5956	46	0350*
0,6 6759*	38.15	0,7 2353	38	0,6 1909	23	0,7 8834*	47	1,2 7337	29	0,7 8532*	18	1,2 6849	75	1,6 1526	59	47	1,0 5909	51.45	0,9 0321*
6788*	16	2391*	37	1932	23	8881*	47	7366	30	8514*	18	6774*	76	1467*	60	47	5862	44	0292*
6817	17	2428*	37	1955	23	8928	47	7396*	29	8496*	18	6698*	76	1407	59	46	5815	43	0263*
6846	18	2465*	37	1978*	23	8975	47	7425*	29	8478*	18	6622*	76	1348*	60	47	5769*	42	0234*
6875	19	2502*	37	2001*	23	9022	48	7454	29	8460*	18	6546	75	1288	59	47	5722*	41	0204
0,6 6904	38.20	0,7 2539*	37	0,6 2024*	22	0,7 9070*	47	1,2 7483	30	0,7 8442*	18	1,2 6471*	76	1,6 1229	59	47	1,0 5675*	51.40	0,9 0175
6933	21	2576*	37	2046	23	9117	47	7513*	29	8424*	19	6395	76	1170*	59	47	5628*	39	0146
6962	22	2613*	37	2069	23	9164	48	7542	30	8405	18	6319	75	1111*	60	47	5581*	38	0117
6992*	23	2650	37	2092*	23	9212*	47	7572*	29	8387	18	6244	75	1051	59	47	5534	37	0088
7021*	24	2687	37	2115*	23	9259	47	7601*	29	8369	18	6169*	76	0992	59	47	5487	36	0059*
0,6 7050*	38.25	0,7 2724	37	0,6 2138*	22	0,7 9306	48	1,2 7630	30	0,7 8351	18	1,2 6093	75	1,6 0933	59	46	1,0 5440	51.35	0,9 0030*
7079*	26	2761	38	2160	23	9354*	47	7660*	29	8333	18	6018*	75	0874	59	47	5394*	34	0001*
7108*	27	2799*	37	2183	23	9401	48	7689	30	8315	18	5943*	76	0815	59	47	5347*	33	0,8 9972
7137*	28	2836*	37	2206*	23	9449*	47	7719*	29	8297	18	5867	75	0756	38	47	5300	32	9943*
7166	29	2873*	37	2229*	22	9496	48	7748	30	8279*	18	5792	75	0698*	59	46	5253	31	9914*
0,6 7195	38.30	0,7 2910	37	0,6 2251	23	0,7 9544*	47	1,2 7778	29	0,7 8261*	18	1,2 5717	75	1,6 0639*	59	47	1,0 5207*	51.30	0,8 9884
7224	31	2947	37	2274	23	9591	48	7807	30	8243*	18	5642	75	0580	59	47	5160*	29	9855
7253	32	2984	38	2297*	23	9639*	47	7837	30	8225*	19	5567	75	0521	58	47	5113	28	9826
7282	33	3022*	37	2320*	22	9686	48	7867*	29	8206	18	5492	75	0463*	59	46	5066	27	9797
7312*	34	3059*	37	2342	23	9734*	47	7896	30	8188	18	5417	74	0404	58	47	5020*	26	9768
0,6 7341*	38.35	0,7 3096*	37	0,6 2365	23	0,7 9781	48	1,2 7926	30	0,7 8170	18	1,2 5343*	75	1,6 0346*	59	46	1,0 4973	51.25	0,8 9739
7370*	36	3133	37	2388*	23	9829*	48	7956*	29	8152	18	5268*	75	0287	58	47	4927*	24	9710*
7399*	37	3170	38	2411*	22	9877*	47	7985	30	8134*	18	5193	75	0229*	58	47	4880*	23	9681*
7428*	38	3208*	37	2433	23	9924	48	8015	30	8116*	18	5118	74	0171*	59	48	4833	22	9652*
7457*	39	3245*	37	2456	23	9972*	48	8045*	30	8098*	19	5044*	75	0112	58	47	4787*	21	9623
0,6 7486	38.40	0,7 3282	37	0,6 2479*	23	0,8 0020*	47	1,2 8075*	30	0,7 8079	18	1,2 4969	74	1,6 0054	58	46	1,0 4740	51.20	0,8 9594*
7515	41	3319	38	2502*	22	0067	48	8105*	29	8061	18	4895*	75	1,5 9996	58	47	4694*	19	9564
7544	42	3357*	37	2524	23	0115	48	8134	30	8043	18	4820	74	9938*	58	46	4647	18	9535
7573	43	3394*	37	2547*	23	0163*	48	8164	30	8025*	18	4746	74	9880*	58	47	4601*	17	9506
7602	44	3431	38	2570*	22	0211*	47	8194	30	8007*	19	4672*	75	9822*	58	46	4554	16	9477
0,6 7632*	38.45	0,7 3469*	37	0,6 2592	23	0,8 0258	48	1,2 8224	30	0,7 7988	18	1,2 4597	74	1,5 9764*	58	47	1,0 4508*	51.15	0,8 9448
7661*	46	3506*	37	2615	23	0306	48	8254	30	7970	18	4523	74	9706	58	46	4461	14	9419
7690*	47	3543	37	2638*	22	0354	48	8284	30	7952	18	4449	74	9648	58	47	4415*	13	9390*
7719*	48	3580	38	2660	23	0402	48	8314	30	7934*	18	4375*	74	9590	57	46	4368	12	9361*
7748*	49	3618*	37	2683	23	0450*	48	8344	30	7916*	19	4301*	74	9533*	58	47	4322*	11	9332*
0,6 7777*	38.50	0,7 3655	37	0,6 2706*	22	0,8 0498*	48	1,2 8374	30	0,7 7897	18	1,2 4227*	74	1,5 9475	57	46	1,0 4275	51.10	0,8 9303*
7806	51	3692	38	2728	23	0546*	48	8404	30	7879	18	4153*	74	9418*	58	46	4229	9	9274*
7835	52	3730*	37	2751	23	0594*	48	8434	30	7861*	18	4079	74	9360*	58	47	4183*	8	9245*
7864	53	3767	38	2774*	22	0642*	48	8464	31	7843*	19	4005	74	9302	57	46	4136	7	9215
7893	54	3805*	37	2796	23	0690*	48	8495*	30	7824	18	3931	73	9245	57	46	4090*	6	9186
0,6 7922	38.55	0,7 3842*	37	0,6 2819*	23	0,8 0738*	48	1,2 8525*	30	0,7 7806	18	1,2 3858*	74	1,5 9188*	58	47	1,0 4044*	51. 5	0,8 9157
7951	56	3879	38	2842*	22	0786*	48	8555*	30	7788*	19	3784*	74	9130	57	46	3997	4	9128
7981*	57	3917*	37	2864	23	0834	48	8585	30	7769	18	3710	73	9073	57	46	3951*	3	9099
8010*	58	3954	38	2887*	22	0882	48	8615	31	7751	18	3637*	74	9016*	57	46	3905*	2	9070*
8039*	59	3992*	37	2909	23	0930	48	8646*	30	7733*	18	3563	73	8959*	57	47	3859*	1	9041*
0,6 8068*	38.60	0,7 4029		0,6 2932		0,8 0978		1,2 8676*		0,7 7715*		1,2 3490*		1,5 8902*			1,0 3812	51. 0	0,8 9012*
x = 51° Lx = 1,0 3812				cos x SéhLx	D	cot x CosèhLx	D	coséc x CothLx	D	sin x TabLx	D	tang x SihLx	D	séc x CoshLx	D	D	Lx (R = 1)	d. m.	x (R = 1)

x (R = 1)	x (d. m.)	Lx (R = 1)	D	sin x / Tah Lx	D	tang x / Sih Lx	D	séc x / Cosh Lx	D	cos x / Séh Lx	D	cot x / Coséh Lx	D	coséc x / Coth Lx	D	D	$x = 39°$, $Lx = 0,7\,4029$		
0,6 8068*	39. 0	0,7 4029	37	0,6 2932	23	0,8 0978	49	1,2 8676*	30	0,7 7715*	19	1,2 3490*	74	1,5 8902*	57	46	1,0 3812	50.60	0,8 9012*
8097*	1	4066	38	2955*	22	1027*	48	8706	31	7696	18	3416	73	8845*	57	46	3766	59	8983*
8126	2	4104*	37	2977	23	1075*	48	8737*	30	7678*	18	3343*	73	8788*	57	46	3720*	58	8954*
8155	3	4141	38	3000*	22	1123*	48	8767	30	7660*	19	3270*	74	8731*	57	46	3674*	57	8925*
8184	4	4179*	37	3022	23	1171	49	8797	31	7641	18	3196	73	8674*	57	47	3628*	56	8895
0,6 8213	39. 5	0,7 4216	38	0,6 3045	23	0,8 1220*	48	1,2 8828*	30	0,7 7623*	18	1,2 3123	73	1,5 8617*	57	46	1,0 3581	50.55	0,8 8866
8242	6	4254*	37	3068*	22	1268*	48	8858	31	7605*	19	3050*	73	8560	57	46	3535	54	8837
8271	7	4291	38	3090	23	1316	48	8889*	30	7586	18	2977*	73	8503	56	46	3489	53	8808
8301*	8	4329*	37	3113*	22	1364	49	8919	31	7568*	18	2904*	73	8447*	57	46	3443	52	8779
8330	9	4366	38	3135	23	1413*	48	8950*	30	7550*	19	2831*	73	8390	57	46	3397	51	8750*
0,6 8359*	39.10	0,7 4404*	37	0,6 3158*	22	0,8 1461	49	1,2 8980	31	0,7 7531	18	1,2 2758*	73	1,5 8333	56	46	1,0 3351*	50.50	0,8 8721*
8388*	11	4441	38	3180	23	1510*	48	9011*	31	7513*	19	2685*	73	8277*	56	46	3305*	49	8692*
8417*	12	4479*	37	3203*	22	1558	48	9042*	30	7494	18	2612	73	8221*	57	46	3259*	48	8663*
8446*	13	4516	38	3225	23	1606	49	9072	31	7476	18	2539	72	8164	56	46	3213*	47	8634*
8475	14	4554*	37	3248	23	1655*	48	9103*	30	7458*	19	2467*	73	8108*	57	46	3167*	46	8605*
0,6 8504	39.15	0,7 4591	38	0,6 3271*	22	0,8 1703	49	1,2 9133	31	0,7 7439	18	1,2 2394*	73	1,5 8051	56	46	1,0 3121*	50.45	0,8 8575
8533	16	4629	38	3293	23	1752*	48	9164	31	7421*	19	2321	72	7995	56	46	3075*	44	8546
8562	17	4667*	37	3316*	22	1800	49	9195*	31	7402	18	2249*	73	7939	56	46	3029*	43	8517
8591	18	4704	38	3338	23	1849	49	9226*	30	7384	18	2176	72	7883*	56	46	2983	42	8488
8621*	19	4742*	37	3361*	22	1898*	48	9256	31	7366*	19	2104*	73	7827*	56	46	2937	41	8459
0,6 8650*	39.20	0,7 4779	38	0,6 3383	23	0,8 1946	49	1,2 9287	31	0,7 7347	18	1,2 2031	72	1,5 7771*	56	46	1,0 2891	50.40	0,8 8430
8679*	21	4817*	38	3406*	22	1995*	49	9318	31	7329*	19	1959*	73	7715*	56	46	2845	39	8401*
8708*	22	4855*	37	3428	23	2044*	48	9349*	31	7310	18	1886	72	7659*	56	45	2799	38	8372*
8737*	23	4892	38	3451*	22	2092	49	9380*	31	7292*	19	1814	72	7603*	56	46	2754*	37	8343*
8766*	24	4930*	38	3473	23	2141*	49	9411*	31	7273	18	1742*	72	7547	56	46	2708*	36	8314*
0,6 8795	39.25	0,7 4968*	37	0,6 3496*	22	0,8 2190*	48	1,2 9442*	31	0,7 7255*	19	1,2 1670*	72	1,5 7491	55	46	1,0 2662*	50.35	0,8 8285*
8824	26	5005	38	3518*	22	2238	49	9473*	31	7236	18	1598*	72	7436*	56	46	2616	34	8255
8853	27	5043*	38	3540	23	2287	49	9504*	31	7218*	19	1526*	72	7380	56	45	2570	33	8226
8882	28	5081*	37	3563*	22	2336*	49	9535*	31	7199	18	1454*	72	7324	56	46	2525*	32	8197
8911	29	5118	38	3585	23	2385*	49	9566*	31	7181*	19	1382*	72	7269*	56	46	2479*	31	8168
0,6 8941*	39.30	0,7 5156*	38	0,6 3608*	22	0,8 2434*	49	1,2 9597*	31	0,7 7162	18	1,2 1310*	72	1,5 7213	55	46	1,0 2433	50.30	0,8 8139
8970*	31	5194*	37	3630	23	2483*	48	9628*	31	7144*	19	1238*	72	7158*	55	45	2387	29	8110
8999*	32	5231	38	3653*	22	2531	49	9659*	31	7125	18	1166	72	7103*	56	46	2342*	28	8081*
9028*	33	5269	38	3675	23	2580	49	9690	31	7107*	19	1094	71	7047	56	46	2296*	27	8052*
9057*	34	5307*	38	3698*	22	2629	49	9721	31	7088	18	1023*	72	6992*	55	45	2250	26	8023*
0,6 9086*	39.35	0,7 5345*	37	0,6 3720*	22	0,8 2678	49	1,2 9752	32	0,7 7070*	19	1,2 0951*	72	1,5 6937*	56	46	1,0 2205*	50.25	0,8 7994*
9115	36	5382	38	3742	23	2727	49	9784*	31	7051	18	0879	71	6881	55	46	2159*	24	7965*
9144	37	5420	38	3765*	22	2776	49	9815*	31	7033*	19	0808*	72	6826	55	45	2113	23	7936*
9173	38	5458*	38	3787	23	2825	49	9846	31	7014	18	0736	71	6771	55	46	2068*	22	7906
9202	39	5496*	37	3810*	22	2874	49	9877	32	6996*	19	0665*	72	6716	55	45	2022	21	7877
0,6 9231	39.40	0,7 5533	38	0,6 3832	22	0,8 2923	49	1,2 9909*	31	0,7 6977	18	1,2 0593	71	1,5 6661	55	46	1,0 1977*	50.20	0,8 7848
9260	41	5571	38	3854	23	2972	50	9940	31	6959*	19	0522*	71	6606	55	46	1931*	19	7819
9290*	42	5609*	38	3877*	22	3022*	49	9971	32	6940*	19	0451*	72	6551	54	45	1885	18	7790
9319*	43	5647*	38	3899	23	3071*	49	1,3 0003*	31	6921	18	0379	71	6497*	55	46	1840*	17	7761*
9348*	44	5685*	37	3922*	22	3120*	49	0034	32	6903*	19	0308	71	6442*	55	45	1794	16	7732*
0,6 9377*	39.45	0,7 5722	38	0,6 3944*	22	0,8 3169	49	1,3 0066*	31	0,7 6884	18	1,2 0237*	71	1,5 6387	55	46	1,0 1749*	50.15	0,8 7703*
9406*	46	5760	38	3966	23	3218	50	0097	32	6866*	19	0166*	71	6332	54	45	1703	14	7674*
9435	47	5798	38	3989*	22	3268*	49	0129*	31	6847*	19	0095*	71	6278*	55	45	1658*	13	7645*
9464	48	5836*	38	4011*	22	3317*	49	0160	32	6828	18	0024*	71	6223	54	46	1613*	12	7616*
9493	49	5874*	38	4033	23	3366	49	0192*	31	6810*	19	1,1 9953*	71	6169*	55	45	1567	11	7586
0,6 9522	39.50	0,7 5912*	38	0,6 4056*	22	0,8 3415	50	1,3 0223	32	0,7 6791	19	1,1 9882*	71	1,5 6114	54	46	1,0 1522*	50.10	0,8 7557
9551	51	5950*	37	4078*	22	3465*	49	0255	32	6772	18	9811*	71	6060*	55	45	1476	9	7528
9580	52	5987	38	4100	23	3514	50	0287*	31	6754*	19	9740	71	6005	54	46	1431*	8	7499
9610*	53	6025	38	4123*	22	3564*	49	0318	32	6735	18	9669	70	5951	54	45	1385	7	7470
9639*	54	6063	38	4145*	22	3613*	49	0350	32	6717*	19	9599*	71	5897*	54	45	1340	6	7441*
0,6 9668*	39.55	0,7 6101	38	0,6 4167	23	0,8 3662	50	1,3 0382*	31	0,7 6698*	19	1,1 9528*	71	1,5 5843*	54	46	1,0 1295*	50. 5	0,8 7412*
9697*	56	6139	38	4190*	22	3712*	49	0413	32	6679	18	9457	70	5789*	53	45	1249	4	7383*
9726*	57	6177	38	4212*	22	3761	50	0445	32	6661*	19	9387*	71	5734	54	45	1204	3	7354*
9755	58	6215	38	4234	22	3811*	49	0477	32	6642*	19	9316	70	5680	54	45	1159*	2	7325*
9784	59	6253	38	4256	23	3860	50	0509*	32	6623	19	9246*	71	5626	54	46	1114*	1	7296*
0,6 9813	39.60	0,7 6291*		0,6 4279*		0,8 3910*		1,3 0541*		0,7 6604		1,1 9175		1,5 5572			1,0 1068	50. 0	0,8 7266
$x = 50°$, $Lx = 1,0\,1068$				cos x / Séh Lx	D	cot x / Coséh Lx	D	coséc x / Coth Lx	D	sin x / Tah Lx	D	tang x / Sih Lx	D	séc x / Cosh Lx	D	D	Lx (R = 1)	x (d. m.)	x (R = 1)

x R = 1	x d.m.	L x R = 1	D	sin x TahLx	D	tang x SihLx	D	séc x CoshLx	D	cos x SéhLx	D	cot x CoséhLx	D	coséc x CothLx	D	x = 40° Lx = 0,7 6291* D			
0,6 9813	40. 0	0,7 6291*	38	0,6 4279*	22	0,8 3910*	50	1,3 0541*	32	0,7 6604	18	1,1 9175	70	1,5 5572	54	45	1,0 1068	49.60	0,8 7266
9842	1	6329*	38	4301	22	3960*	49	0573*	32	6586*	19	9105*	70	5518	53	45	1023	59	7237
9871	2	6367*	38	4323	23	4009	50	0605*	31	6567	19	9035*	71	5465*	54	45	0978*	58	7208
9900	3	6405*	38	4346*	22	4059*	49	0636	32	6548	18	8964	70	5411*	54	46	0933*	57	7179
9930*	4	6443*	38	4368*	22	4108	50	0668	32	6530*	19	8894	70	5357	54	45	0887	56	7150
0,6 9959*	40. 5	0,7 6481*	38	0,6 4390	22	0,8 4158	50	1,3 0700	32	0,7 6511*	19	1,1 8824*	70	1,5 5303	53	45	1,0 0842	49.55	0,8 7121
9988*	6	6519*	38	4412	23	4208*	50	0732	32	6492	19	8754*	70	5250*	54	45	0797	54	7092*
0,7 0017*	7	6557*	38	4435*	22	4258*	49	0764	32	6473	18	8684*	70	5196	53	45	0752*	53	7063*
0046*	8	6595	38	4457*	22	4307	50	0796	33	6455*	19	8614*	70	5143*	54	45	0707*	52	7034*
0075*	9	6633	38	4479	22	4357	50	0829*	32	6436*	19	8544*	70	5089	53	45	0662*	51	7005*
0,7 0104	40.10	0,7 6671	38	0,6 4501	23	0,8 4407*	50	1,3 0861*	32	0,7 6417	19	1,1 8474*	70	1,5 5036*	54	46	1,0 0617*	49.50	0,8 6976*
0133	11	6709	38	4524*	22	4457*	50	0893*	32	6398	18	8404*	70	4982	53	45	0571	49	6946
0162	12	6747	38	4546*	22	4507*	49	0925	32	6380*	19	8334	70	4929*	53	45	0526	48	6917
0191	13	6785	38	4568*	22	4556	50	0957	32	6361*	19	8264	70	4876*	54	45	0481	47	6888
0220	14	6823	39	4590	22	4606	50	0989	33	6342	19	8194	69	4822	53	45	0436	46	6859
0,7 0250*	40.15	0,7 6862*	38	0,6 4612	23	0,8 4656	50	1,3 1022*	32	0,7 6323	19	1,1 8125*	70	1,5 4769	53	45	1,0 0391	49.45	0,8 6830
0279*	16	6900*	38	4635*	22	4706	50	1054*	32	6304	18	8055	69	4716*	53	45	0346	44	6801
0308*	17	6938*	38	4657*	22	4756	50	1086	33	6286*	19	7986*	70	4663*	53	45	0301	43	6772*
0337*	18	6976*	38	4679*	22	4806	50	1119*	32	6267*	19	7916*	70	4610*	53	45	0256	42	6743*
0366*	19	7014	38	4701	22	4856	50	1151*	32	6248	19	7846	69	4557*	53	45	0211	41	6714*
0,7 0395*	40.20	0,7 7052	38	0,6 4723	23	0,8 4906	50	1,3 1183	33	0,7 6229	19	1,1 7777*	69	1,5 4504*	53	45	1,0 0166	49.40	0,8 6685*
0424	21	7090	39	4746*	22	4956	50	1216*	32	6210	18	7708*	70	4451*	53	46	0121	39	6656*
0453	22	7129*	38	4768*	22	5006	51	1248	33	6192*	19	7638	69	4398	53	44	0076	38	6627*
0482	23	7167*	38	4790*	22	5057*	50	1281*	32	6173*	19	7569*	69	4345	53	46	0032*	37	6597
0511	24	7205*	38	4812*	22	5107*	50	1313	33	6154*	19	7500*	70	4292	52	45	0,9 9987*	36	6568
0,7 0540	40.25	0,7 7243	38	0,6 4834	22	0,8 5157*	50	1,3 1346*	32	0,7 6135*	19	1,1 7430	69	1,5 4240*	53	45	0,9 9942*	49.35	0,8 6539
0569	26	7281	39	4856	22	5207	50	1378	33	6116	19	7361	69	4187	53	45	9897*	34	6510
0599*	27	7320*	38	4878	23	5257	51	1411*	32	6097	19	7292	69	4134	52	45	9852	33	6481
0628*	28	7358*	38	4901*	22	5308*	50	1443	33	6078	19	7223*	69	4082*	53	45	9807	32	6452*
0657*	29	7396	38	4923*	22	5358*	50	1476	33	6059	18	7154*	69	4029	52	44	9762	31	6423*
0,7 0686*	40.30	0,7 7434	39	0,6 4945*	22	0,8 5408	50	1,3 1509*	32	0,7 6041*	19	1,1 7085*	69	1,5 3977*	53	45	0,9 9718*	49.30	0,8 6394*
0715*	31	7473*	38	4967*	22	5458	51	1541	33	6022*	19	7016	69	3924	52	45	9673*	29	6365*
0744	32	7511*	38	4989	22	5509*	50	1574	33	6003*	19	6947	69	3872	52	45	9628	28	6336*
0773	33	7549	38	5011	22	5559	50	1607*	33	5984*	19	6878	69	3820*	52	44	9583	27	6307*
0802	34	7587	39	5033	22	5609	51	1640*	32	5965*	19	6809	68	3768*	53	45	9539*	26	6277
0,7 0831	40.35	0,7 7626*	38	0,6 5055	22	0,8 5660*	50	1,3 1672	33	0,7 5946	19	1,1 6741*	69	1,5 3715	52	45	0,9 9494*	49.25	0,8 6248
0860	36	7664	38	5077	23	5710	51	1705	33	5927	19	6672	69	3663	52	44	9449	24	6219
0889	37	7702	39	5100*	22	5761*	50	1738	33	5908	19	6603	68	3611	52	45	9405*	23	6190
0919*	38	7741*	38	5122*	22	5811	51	1771*	33	5889	19	6535*	69	3559*	52	45	9360*	22	6161
0948*	39	7779	38	5144*	22	5862*	50	1804*	33	5870	19	6466	68	3507*	52	44	9315	21	6132*
0,7 0977*	40.40	0,7 7817	39	0,6 5166*	22	0,8 5912	51	1,3 1837*	33	0,7 5851	19	1,1 6398*	69	1,5 3455*	52	45	0,9 9271*	49.20	0,8 6103*
1006*	41	7856*	38	5188*	22	5963*	51	1870*	33	5832	19	6329	68	3403*	52	45	9226*	19	6074*
1035*	42	7894	38	5210*	22	6014*	50	1903*	33	5813	19	6261*	69	3351	52	44	9181	18	6045*
1064*	43	7932	39	5232*	22	6064	51	1936*	33	5794	19	6192	68	3299	52	45	9137	17	6016*
1093	44	7971*	38	5254*	22	6115*	51	1969*	33	5775	19	6124	68	3247	51	44	9092	16	5987*
0,7 1122	40.45	0,7 8009	39	0,6 5276*	22	0,8 6166*	50	1,3 2002*	33	0,7 5756	18	1,1 6056*	69	1,5 3196*	52	45	0,9 9048*	49.15	0,8 5957
1151	46	8048*	38	5298	22	6216	51	2035*	33	5738*	19	5987	68	3144	52	45	9003*	14	5928
1180	47	8086	38	5320	22	6267*	51	2068	33	5719*	19	5919	68	3092	51	44	8958	13	5899
1209	48	8124	39	5342	22	6318*	50	2101	33	5700*	20	5851	68	3041*	52	45	8914*	12	5870
1239*	49	8163*	38	5364	22	6368	51	2134	34	5680	19	5783	68	2989	51	44	8869	11	5841
0,7 1268*	40.50	0,7 8201	39	0,6 5386	22	0,8 6419	51	1,3 2168*	33	0,7 5661	19	1,1 5715*	68	1,5 2938*	52	45	0,9 8825*	49.10	0,8 5812
1297*	51	8240*	38	5408	22	6470	51	2201*	33	5642	19	5647*	68	2886	51	44	8780	9	5783*
1326*	52	8278	39	5430	22	6521*	51	2234	33	5623	19	5579*	68	2835*	51	44	8736*	8	5754*
1355*	53	8317*	38	5452	22	6572*	51	2267	34	5604	19	5511	68	2784*	52	45	8692*	7	5725*
1384*	54	8355	39	5474	22	6623*	51	2301*	33	5585	19	5443	68	2732	51	44	8647	6	5696*
0,7 1413	40.55	0,7 8394*	38	0,6 5496	22	0,8 6674*	51	1,3 2334	34	0,7 5566	19	1,1 5375	67	1,5 2681*	51	45	0,9 8603*	49. 5	0,8 5667*
1442	56	8432	39	5518	22	6725*	51	2368*	33	5547	19	5308*	68	2630*	51	44	8558	4	5637
1471	57	8471*	38	5540	22	6776*	51	2401*	33	5528	19	5240*	68	2579*	52	45	8514*	3	5608
1500	58	8509	39	5562*	22	6827*	51	2434	34	5509	19	5172	68	2527	51	44	8469	2	5579
1529	59	8548*	38	5584*	22	6878*	51	2468*	33	5490	19	5104	67	2476	51	44	8425	1	5550
0,7 1558	40.60	0,7 8586		0,6 5606*		0,8 6929*		1,3 2501		0,7 5471*		1,1 5037*		1,5 2425			0,9 8381*	49. 0	0,8 5521
x = 49° Lx = 0,9 8381*				cos x SéhLx	D	cot x CoséhLx	D	coséc x CothLx	D	sin x TahLx	D	tang x SihLx	D	séc x CoshLx	D	D	Lx R = 1	x d.m.	x R = 1

x R = 1	x d.m.	Lx R = 1	D	sin x TahLx	D	tang x SihLx	D	séc x CoshLx	D	cos x SéhLx	D	cot x CoséhLx	D	coséc x CothLx	D	x = 41° Lx = 0,7 8586			
0,7 1558	41. 0	0,7 8586	38	0,6 5606*	22	0,8 6929*	51	1,3 2501	34	0,7 5471*	19	1,1 5037*	68	1,5 2425	51	43	0,9 8381*	48.60	0,8 5521
1588*	1	8625*	38	5628*	22	6980*	51	2535*	33	5452*	19	4969	67	2374	51	44	8336	59	5492
1617*	2	8663	39	5650*	22	7031*	51	2568	34	5433*	19	4902*	68	2323	50	44	8292	58	5463*
1646*	3	8702*	39	5672*	22	7082	51	2602*	34	5414*	19	4834	67	2273*	51	44	8248*	57	5434*
1675*	4	8741*	38	5694*	22	7133	51	2636*	33	5395*	20	4767*	68	2222*	51	45	8204*	56	5405*
0,7 1704*	41. 5	0,7 8779	39	0,6 5716*	22	0,8 7184	52	1,3 2669	34	0,7 5375	19	1,1 4699	67	1,5 2171*	51	44	0,9 8159	48.55	0,8 5376*
1733	6	8818*	38	5738*	21	7236*	51	2703*	34	5356	19	4632	67	2120	51	44	8115	54	5347*
1762	7	8856	39	5759	22	7287*	51	2737*	33	5337	19	4565*	67	2069	50	44	8071*	53	5318*
1791	8	8895*	39	5781	22	7338	51	2770	34	5318	19	4498*	68	2019*	51	45	8027*	52	5288
1820	9	8934*	38	5803	22	7389	52	2804*	34	5299*	19	4430	67	1968	50	44	7982	51	5259
0,7 1849	41.10	0,7 8972	39	0,6 5825	22	0,8 7441*	51	1,3 2838*	34	0,7 5280*	19	1,1 4363	67	1,5 1918*	51	44	0,9 7938	48.50	0,8 5230
1878	11	9011*	39	5847	22	7492	51	2872*	33	5261*	20	4296	67	1867	50	44	7894*	49	5201
1908*	12	9050*	38	5869*	22	7543	52	2905	34	5241	19	4229	67	1817*	51	44	7850*	48	5172
1937*	13	9088	39	5891*	22	7595*	51	2939	34	5222	19	4162	67	1766	50	44	7806*	47	5143*
1966*	14	9127*	39	5913*	22	7646	52	2973	34	5203	19	4095	67	1716*	51	45	7762*	46	5114*
0,7 1995*	41.15	0,7 9166*	38	0,6 5935*	21	0,8 7698*	51	1,3 3007	34	0,7 5184*	19	1,1 4028	67	1,5 1665	50	44	0,9 7717	48.45	0,8 5085*
2024*	16	9204	39	5956	22	7749	52	3041	34	5165*	19	3961	67	1615	50	44	7673	44	5056*
2053	17	9243*	39	5978	22	7801*	51	3075*	34	5146*	20	3894	66	1565*	50	44	7629	43	5027*
2082	18	9282*	38	6000	22	7852	52	3109*	34	5126	19	3828*	67	1515*	50	44	7585	42	4998*
2111	19	9320	39	6022	22	7904*	51	3143	34	5107	19	3761*	67	1465*	50	44	7541	41	4968
0,7 2140	41.20	0,7 9359	39	0,6 6044	22	0,8 7955	52	1,3 3177	34	0,7 5088	19	1,1 3694	67	1,5 1415*	51	44	0,9 7497*	48.40	0,8 4939
2169	21	9398*	39	6066*	22	8007*	52	3211	34	5069*	19	3627	66	1364	50	44	7453*	39	4910
2198	22	9437*	38	6088*	21	8059*	51	3245	34	5050*	20	3561*	67	1314	49	44	7409*	38	4881
2228*	23	9475	39	6109	22	8110	52	3279	35	5030	19	3494	66	1265*	50	44	7365*	37	4852
2257*	24	9514	39	6131	22	8162*	52	3314*	34	5011	19	3428*	67	1215*	50	44	7321*	36	4823
0,7 2286*	41.25	0,7 9553*	39	0,6 6153	22	0,8 8214*	51	1,3 3348*	34	0,7 4992*	19	1,1 3361	66	1,5 1165*	50	44	0,9 7277*	48.35	0,8 4794*
2315*	26	9592*	39	6175*	22	8265	52	3382	34	4973*	20	3295*	67	1115*	50	44	7233*	34	4765*
2344*	27	9631*	38	6197*	21	8317	52	3416	35	4953	19	3228	66	1065	50	44	7189	33	4736*
2373*	28	9669	39	6218	22	8369*	52	3451*	34	4934	19	3162	66	1015	49	44	7145	32	4707*
2402	29	9708	39	6240	22	8421*	52	3485*	34	4915*	19	3096*	67	0966*	50	44	7101	31	4678*
0,7 2431	41.30	0,7 9747	39	0,6 6262	22	0,8 8473*	51	1,3 3519	35	0,7 4896*	20	1,1 3029	66	1,5 0916	50	44	0,9 7057	48.30	0,8 4648
2460	31	9786*	39	6284*	22	8524	52	3554*	34	4876	19	2963	66	0866	49	44	7013	29	4619
2489	32	9825*	39	6306*	21	8576	52	3588	34	4857	19	2897	66	0817*	50	43	6969	28	4590
2518	33	9864*	38	6327	22	8628	52	3622	35	4838*	20	2831*	66	0767	49	44	6926*	27	4561
2548*	34	9902	39	6349	22	8680	52	3657*	34	4818	19	2765*	66	0718*	49	44	6882*	26	4532
0,7 2577*	41.35	0,7 9941	39	0,6 6371*	22	0,8 8732	52	1,3 3691	35	0,7 4799	19	1,1 2699*	66	1,5 0669*	50	44	0,9 6838*	48.25	0,8 4503
2606*	36	9980	39	6393*	21	8784	52	3726*	34	4780*	20	2633*	66	0619	49	44	6794	24	4474*
2635*	37	0,8 0019	39	6414	22	8836	52	3760	35	4760	19	2567*	66	0570*	49	43	6750	23	4445*
2664*	38	0058	39	6436	22	8888	52	3795	35	4741	19	2501*	66	0521*	50	44	6707*	22	4416*
2693*	39	0097*	39	6458*	22	8940	52	3830*	34	4722*	19	2435*	66	0471	49	44	6663*	21	4387*
0,7 2722	41.40	0,8 0136*	39	0,6 6480*	21	0,8 8992	53	1,3 3864	35	0,7 4703*	20	1,1 2369	66	1,5 0422	49	44	0,9 6619*	48.20	0,8 4358*
2751	41	0175*	39	6501	22	9045*	52	3899*	35	4683	19	2303	65	0373*	49	44	6575	19	4328
2780	42	0214*	39	6523	22	9097*	52	3934*	34	4664*	20	2238*	66	0324*	49	43	6531	18	4299
2809	43	0253*	39	6545*	21	9149*	52	3968	35	4644	19	2172*	66	0275*	49	44	6488*	17	4270
2838	44	0292*	39	6566	22	9201	52	4003	35	4625	19	2106	65	0226*	49	44	6444	16	4241
0,7 2867	41.45	0,8 0331*	39	0,6 6588	22	0,8 9253	53	1,3 4038*	35	0,7 4606*	20	1,1 2041*	66	1,5 0177*	49	43	0,9 6400	48.15	0,8 4212
2897*	46	0370*	39	6610*	22	9306*	52	4073*	35	4586	19	1975*	66	0128*	49	44	6357*	14	4183
2926*	47	0409*	39	6632*	21	9358*	52	4108*	34	4567*	19	1909	65	0079	49	44	6313	13	4154*
2955*	48	0448*	39	6653	22	9410	53	4142	35	4548*	20	1844*	66	0030	49	43	6269	12	4125*
2984*	49	0487*	39	6675*	22	9463*	52	4177	35	4528	19	1778	65	1,4 9981	48	44	6226*	11	4096
0,7 3013*	41.50	0,8 0526*	39	0,6 6697*	21	0,8 9515	52	1,3 4212	35	0,7 4509	20	1,1 1713	65	1,4 9933*	49	44	0,9 6182	48.10	0,8 4067*
3042	51	0565*	39	6718	22	9567	53	4247	35	4489	19	1648*	66	9884*	49	43	6138	9	4038*
3071	52	0604*	39	6740*	22	9620*	52	4282	35	4470*	19	1582	65	9835	48	44	6095*	8	4009*
3100	53	0643*	39	6762*	21	9672	53	4317	35	4451*	20	1517	65	9787*	49	43	6051	7	3979
3129	54	0682	39	6783	22	6725*	52	4352	35	4431	19	1452*	65	9738	48	44	6008*	6	3950
0,7 3158	41.55	0,8 0721	39	0,6 6805*	22	0,8 9777	53	1,3 4387	36	0,7 4412*	20	1,1 1387*	66	1,4 9690*	49	43	0,9 5964	48. 5	0,8 3921
3187	56	0760	39	6827*	21	9830*	53	4423*	35	4392	19	1321	65	9641	48	44	5921*	4	3892
3217*	57	0799	39	6848	22	9883*	52	4458*	35	4373*	20	1256	65	9593*	49	43	5877	3	3863
3246*	58	0838	40	6870*	21	9935	53	4493*	35	4353	19	1191	65	9544	48	44	5834*	2	3834*
3275*	59	0878*	39	6891	22	9988*	52	4528	35	4334*	20	1126	65	9496*	48	43	5790	1	3805*
0,7 3304*	41.60	0,8 0917*		0,6 6913		0,9 0040		1,3 4563		0,7 4314		1,1 1061		1,4 9448*			0,9 5747*	48. 0	0,8 3776*
x = 48° Lx = 0,9 5747*				cos x SéhLx	D	cot x CoséhLx	D	coséc x CothLx	D	sin x TahLx	D	tang x SihLx	D	séc x CoshLx	D	D	Lx R = 1	x d.m.	x R = 1

x R = 1	x d.m.	Lx R = 1	D	sin x TabLx	D	tang x SibLx	D	séc x CosbLx	D	cos x SéhLx	D	cot x CoséhLx	D	coséc x CothLx	D	$x = 42°$, $Lx = 0,8\ 0917*$			
0,7 3304*	42. 0	0,8 0917*	39	0,6 6913	22	0,9 0040	53	1,3 4563	36	0,7 4314	19	1,1 1061	65	1,4 9448*	49	44	0,9 5747*	47.60	0,8 3776*
3333*	1	0956*	39	6935*	21	0093	53	4599*	35	4295	19	0996	65	9399	48	43	5703	59	3747*
3362	2	0995	39	6956	22	0146*	53	4634*	35	4276*	20	0931	64	9351	48	44	5660*	58	3718*
3391	3	1034	39	6978*	21	0199*	52	4669	35	4256	19	0867*	65	9303	48	43	5616	57	3689*
3420	4	1073	40	6999	22	0251	53	4704	36	4237*	20	0802*	65	9255*	48	44	5573*	56	3659
0,7 3449	42. 5	0,8 1123*	39	0,6 7021	22	0,9 0304	53	1,3 4740*	35	0,7 4217	19	1,1 0737*	65	1,4 9207*	48	43	0,9 5529	47.55	0,8 3630
3478	6	1152*	39	7043*	21	0357*	53	4775	36	4198*	20	0672	64	9159*	48	43	5486	54	3601
3507	7	1191*	39	7064	22	0410*	53	4811*	35	4178	19	0608*	65	9111*	48	44	5443*	53	3572
3537*	8	1230	39	7086*	21	0463*	53	4846	36	4159*	20	0543*	65	9063*	48	43	5399	52	3543
3566*	9	1269	40	7107	22	0516*	53	4882*	35	4139	19	0478	64	9015*	48	43	5356*	51	3514
0,7 3595*	42.10	0,8 1309*	39	0,6 7129*	22	0,9 0569*	52	1,3 4917	36	0,7 4120*	20	1,1 0414*	65	1,4 8967	48	44	0,9 5313*	47.50	0,8 3485*
3624*	11	1348*	39	7151*	21	0621	53	4953*	35	4100*	20	0349	64	8919	48	43	5269	49	3456*
3653*	12	1387	39	7172	22	0674	53	4988	36	4080	19	0285*	65	8871	47	43	5226	48	3427*
3682*	13	1426	40	7194*	21	0727	54	5024*	36	4061*	20	0220	64	8824*	48	44	5183*	47	3398*
3711	14	1466*	39	7215	22	0781*	53	5060*	35	4041	19	0156*	65	8776*	48	43	5139	46	3369*
0,7 3740	42.15	0,8 1505	39	0,6 7237*	21	0,9 0834*	53	1,3 5095	36	0,7 4022*	20	1,1 0091	64	1,4 8728	47	43	0,9 5096	47.45	0,8 3339
3769	16	1544	40	7258	22	0887*	53	5131	36	4002	19	0027	64	8681*	48	43	5053*	44	3310
3798	17	1584*	39	7280*	21	0940*	53	5167*	36	3983*	20	1,0 9963*	64	8633	47	44	5010*	43	3281
3827	18	1623*	39	7301	22	0993*	53	5203*	35	3963	19	9899*	65	8586*	48	43	4966	42	3252
3857*	19	1662	40	7323*	21	1046	53	5238	36	3944*	20	9834	64	8538	47	43	4923	41	3223
0,7 3886*	42.20	0,8 1702*	39	0,6 7344	22	0,9 1099	54	1,3 5274	36	0,7 3924*	20	1,0 9770	64	1,4 8491*	48	43	0,9 4880	47.40	0,8 3194
3915*	21	1741*	39	7366*	21	1153*	53	5310	36	3904	19	9706	64	8443	47	43	4837*	39	3165*
3944*	22	1780	40	7387	22	1206*	53	5346*	36	3885*	20	9642	64	8396*	47	43	4794*	38	3136*
3973	23	1820*	39	7409*	21	1259	54	5382*	36	3865	19	9578*	64	8349*	48	44	4751*	37	3107*
4002*	24	1859	40	7430	22	1313*	53	5418*	36	3846*	20	9514*	64	8301	47	43	4707	36	3078*
0,7 4031	42.25	0,8 1899*	39	0,6 7452*	21	0,9 1366*	53	1,3 5454*	36	0,7 3826*	20	1,0 9450	64	1,4 8254	47	43	0,9 4664	47.35	0,8 3049*
4060	26	1938*	39	7473	22	1419	54	5490*	36	3806	19	9386	64	8207	47	43	4621	34	3019
4089	27	1977	40	7495*	21	1473*	53	5526*	36	3787*	20	9322	64	8160*	47	43	4578	33	2990
4118	28	2017*	39	7516	22	1526	54	5562*	36	3767	20	9258	63	8113*	47	43	4535*	32	2961
4147	29	2056	40	7538*	21	1580*	53	5598	36	3747	19	9195*	64	8066*	47	43	4492*	31	2932
0,7 4176	42.30	0,8 2096*	39	0,6 7559	21	0,9 1633	54	1,3 5634	36	0,7 3728*	20	1,0 9131*	64	1,4 8019*	47	43	0,9 4449*	47.30	0,8 2903
4206*	31	2135	40	7580	22	1687*	53	5670	37	3708	20	9067	64	7972*	47	43	4406*	29	2874
4235*	32	2175*	39	7602*	21	1740	54	5707*	36	3688	19	9003	63	7925*	47	43	4363*	28	2845*
4264*	33	2214	40	7623	22	1794*	53	5743*	36	3669*	20	8940*	64	7878*	47	43	4320*	27	2816*
4293*	34	2254*	39	7645*	21	1847	54	5779	36	3649	20	8876	63	7831	47	43	4277*	26	2787*
0,7 4322*	42.35	0,8 2293	40	0,6 7666	22	0,9 1901	54	1,3 5815	37	0,7 3629	19	1,0 8813*	64	1,4 7784	46	43	0,9 4234*	47.25	0,8 2758
4351	36	2333*	39	7688*	21	1955*	53	5852*	36	3610*	20	8749	63	7738*	47	43	4191*	24	2729*
4380	37	2372	40	7709	21	2008	54	5888	36	3590	20	8686*	64	7691*	47	43	4148*	23	2700*
4409	38	2412*	39	7730	22	2062	54	5924	37	3570	19	8622	63	7644	46	43	4105*	22	2670
4438	39	2451	40	7752*	21	2116*	54	5961*	36	3551*	20	8559*	63	7598*	47	43	4062*	21	2641
0,7 4467	42.40	0,8 2491*	39	0,6 7773	22	0,9 2170*	54	1,3 5997	37	0,7 3531*	20	1,0 8496*	64	1,4 7551*	47	43	0,9 4019*	47.20	0,8 2612
4496	41	2530	40	7795*	21	2224*	53	6034*	36	3511	20	8432	63	7504	46	43	3976*	19	2583
4526*	42	2570*	39	7816*	21	2277	54	6070	37	3491	19	8369*	63	7458*	47	43	3933	18	2554
4555*	43	2609	40	7837	22	2331	54	6107*	36	3472*	20	8306*	63	7411	46	43	3890	17	2525*
4584*	44	2649	40	7859*	21	2385	54	6143	37	3452*	20	8243*	64	7365	46	43	3847	16	2496*
0,7 4613*	42.45	0,8 2689*	39	0,6 7880	21	0,9 2439	54	1,3 6180*	37	0,7 3432	19	1,0 8179	63	1,4 7319*	47	42	0,9 3804	47.15	0,8 2467*
4642*	46	2728	40	7901	22	2493	54	6217*	36	3413*	20	8116	63	7272	46	43	3762*	14	2438*
4671	47	2768*	40	7923*	21	2547*	54	6253	37	3393*	20	8053	63	7226	46	43	3719*	13	2409*
4700	48	2808*	39	7944	21	2601	54	6290*	37	3373*	20	7990	63	7180*	46	43	3676*	12	2380*
4729	49	2847	40	7965	22	2655	54	6327*	36	3353	20	7927	63	7134*	47	43	3633	11	2350
0,7 4758	42.50	0,8 2887*	40	0,6 7987*	21	0,9 2709	54	1,3 6363	37	0,7 3333	19	1,0 7864	63	1,4 7087	46	42	0,9 3590	47.10	0,8 2321
4787	51	2927*	39	8008	21	2763	54	6400	37	3314*	20	7801	63	7041	46	43	3548*	9	2292
4816	52	2966	40	8029	22	2817	55	6437	37	3294*	20	7738	62	6995	46	43	3505*	8	2263
4846*	53	3006*	40	8051*	21	2872*	54	6474*	37	3274	20	7676*	63	6949	46	43	3462	7	2234
4875*	54	3046*	39	8072	21	2926*	54	6511*	37	3254	20	7613*	63	6903	46	42	3419	6	2205
0,7 4903*	42.55	0,8 3085	40	0,6 8093	22	0,9 2980*	54	1,3 6548*	37	0,7 3234	19	1,0 7550	63	1,4 6857	46	43	0,9 3377*	47. 5	0,8 2176*
4933*	56	3125	40	8115*	21	3034	54	6585*	37	3215*	20	7487	62	6811	46	43	3334*	4	2147*
4962*	57	3165*	40	8136*	21	3088	55	6622*	37	3195*	20	7425*	63	6765	46	42	3291	3	2118*
4991*	58	3205*	39	8157	22	3143*	54	6659*	37	3175	20	7362	63	6719	45	43	3249*	2	2089*
5020	59	3244	40	8179*	21	3197	55	6696*	37	3155	20	7299	62	6674*	46	43	3206*	1	2060*
0,7 5049	42.60	0,8 3284		0,6 8200*		0,9 3252*		1,3 6733*		0,7 3135		1,0 7237*		1,4 6628*			0,9 3163	47. 0	0,8 2030
$x = 47°$, $Lx = 0,9\ 3163$				cos x SéhLx	D	cot x CoséhLx	D	coséc x CothLx	D	sin x TabLx	D	tang x SibLx	D	séc x CoshLx	D	D	Lx R = 1	x d.m.	x R = 1

x R = 1	x d.m.	Lx R = 1	D	sin x Tah Lx	D	tang x Sih Lx	D	séc x Cosh Lx	D	cos x Séh Lx	D	cot x Coséh Lx	D	coséc x Coth Lx	D	D	x = 43° Lx = 0,8 3284		
0,7 5049	43. 0	0,8 3284	40	0,6 8200*	21	0,9 3252*	54	1,3 6733*	37	0,7 3135	19	1,0 7237*	63	1,4 6628*	46	42	0,9 3163	46.60	0,8 2030
5078	1	3324*	40	8221	21	3306*	54	6770*	37	3116*	20	7174	62	6582	45	43	3121*	59	2001
5107	2	3364*	39	8242	22	3360	55	6807*	37	3096*	20	7112*	63	6537*	46	43	3078*	58	1972
5136	3	3403	40	8264*	21	3415*	54	6844	37	3076*	20	7049	62	6491*	46	42	3035	57	1943
5166*	4	3443	40	8285*	21	3469	55	6881	38	3056*	20	6987	62	6445	45	43	2993*	56	1914
0,7 5195*	43. 5	0,8 3483	40	0,6 8306	21	0,9 3524*	54	1,3 6919*	37	0,7 3036	20	1,0 6925*	62	1,4 6400*	46	43	0,9 2950	46.55	0,8 1885
5224*	6	3523*	40	8327	22	3578	55	6956*	37	3016	20	6862	62	6354	45	42	2907	54	1856*
5253*	7	3563*	40	8349*	21	3633*	55	6993	37	2996	20	6800	62	6309*	46	43	2865*	53	1827*
5282*	8	3603*	39	8370*	21	3688*	54	7030	38	2976	19	6738*	62	6263	45	42	2822	52	1798*
5311*	9	3642	40	8391	21	3742	55	7068*	37	2957*	20	6676*	63	6218*	45	43	2780*	51	1769*
0,7 5340	43.10	0,8 3682	40	0,6 8412	22	0,9 3797*	55	1,3 7105	38	0,7 2937*	20	1,0 6613	62	1,4 6173*	46	42	0,9 2737	46.50	0,8 1740*
5369	11	3722	40	8434*	21	3852*	54	7143*	37	2917*	20	6551	62	6127	45	43	2695*	49	1710
5398	12	3762	40	8455*	21	3906	55	7180	38	2897*	20	6489	62	6082*	45	42	2652	48	1681
5427	13	3802	40	8476*	21	3961	55	7218*	37	2877*	20	6427	62	6037*	45	43	2610*	47	1652
5456	14	3842*	40	8497	21	4016*	55	7255	38	2857	20	6365	62	5992*	46	42	2567	46	1623
0,7 5485	43.15	0,8 3882*	40	0,6 8518	21	0,9 4071*	54	1,3 7293*	37	0,7 2837	20	1,0 6303	62	1,4 5946	45	43	0,9 2525*	46.45	0,8 1594
5515*	16	3922*	40	8539	22	4125	55	7330	38	2817	20	6241	62	5901	45	42	2482	44	1565
5544*	17	3962*	40	8561*	21	4180	55	7368*	38	2797	20	6179	62	5856	45	42	2440*	43	1536*
5573*	18	4002*	40	8582*	21	4235	55	7406*	37	2777	20	6117	61	5811	45	43	2398*	42	1507*
5602*	19	4042*	40	8603	21	4290	55	7443	38	2757	20	6056*	62	5766	45	42	2355	41	1478*
0,7 5631*	43.20	0,8 4082*	40	0,6 8624	21	0,9 4345	55	1,3 7481*	38	0,7 2737	20	1,0 5994*	62	1,4 5721	45	43	0,9 2313*	46.40	0,8 1449*
5660	21	4122*	40	8645	21	4400	55	7519*	37	2717	20	5932	62	5676	45	42	2270	39	1420*
5689	22	4162*	40	8666	22	4455	55	7556	38	2697	20	5870	61	5631	44	42	2228	38	1391*
5718	23	4202*	40	8688*	21	4510	55	7594	38	2677	20	5809*	62	5587*	45	43	2186*	37	1361
5747	24	4242*	40	8709*	21	4565	55	7632	38	2657	20	5747	62	5542*	45	42	2143	36	1332
0,7 5776	43.25	0,8 4282*	40	0,6 8730*	21	0,9 4620	56	1,3 7670*	38	0,7 2637	20	1,0 5685	61	1,4 5497	45	42	0,9 2101*	46.35	0,8 1303
5805	26	4322*	40	8751	21	4676*	55	7708*	38	2617	20	5624*	62	5452	44	43	2059*	34	1274
5835*	27	4362*	40	8772	21	4731*	55	7746*	38	2597	20	5562	61	5408*	45	42	2016	33	1245
5864*	28	4402*	40	8793	21	4786*	55	7784*	38	2577	20	5501*	62	5363	44	42	1974	32	1216*
5893*	29	4442	40	8814	21	4841	55	7822*	38	2557	20	5439	61	5319*	45	42	1932*	31	1187*
0,7 5922*	43.30	0,8 4482	40	0,6 8835	22	0,9 4896	56	1,3 7860*	38	0,7 2537	20	1,0 5378	61	1,4 5274*	45	43	0,9 1890*	46.30	0,8 1158*
5951*	31	4522	40	8857*	21	4952*	55	7898*	38	2517	20	5317*	62	5229	44	42	1847	29	1129*
5980	32	4562	41	8878*	21	5007	55	7936	38	2497	20	5255	61	5185*	44	42	1805	28	1100*
6009	33	4603*	40	8899*	21	5062	56	7974	38	2477	20	5194	61	5141*	45	42	1763*	27	1071*
6038	34	4643*	40	8920*	21	5118*	55	8012	39	2457	20	5133*	61	5096	44	43	1721*	26	1042*
0,7 6067	43.35	0,8 4683*	40	0,6 8941*	21	0,9 5173	56	1,3 8051*	38	0,7 2437	20	1,0 5072*	62	1,4 5052*	45	42	0,9 1678	46.25	0,8 1012
6096	36	4623*	40	8962*	21	5229*	55	8089*	38	2417	20	5010	61	5007	44	42	1636	24	0983
6125	37	4763	40	8983	21	5284	56	8127	38	2397	20	4949	61	4963	44	42	1594	23	0954
6155*	38	4803	41	9004	21	5340*	55	8165	39	2377	20	4888	61	4919*	44	42	1552*	22	0925
6184*	39	4844*	40	9025	21	5395	56	8204	38	2357*	20	4827	61	4875*	44	42	1510*	21	0896
0,7 6213*	43.40	0,8 4884*	40	0,6 9046	21	0,9 5451*	55	1,3 8242	38	0,7 2337*	20	1,0 4766*	61	1,4 4831*	44	43	0,9 1468*	46.20	0,8 0867*
6242*	41	4924*	40	9067	21	5506	56	8280	39	2317*	20	4705*	61	4787*	45	42	1425	19	0838*
6271*	42	4964	40	9088	21	5562	56	8319*	38	2297*	20	4644	61	4742	44	42	1383	18	0809*
6300*	43	5004	41	9109	21	5618*	55	8357	39	2277*	20	4583	61	4698	44	42	1341	17	0780*
6329	44	5045*	40	9130	21	5673	56	8396*	38	2257*	21	4522	61	4654	44	42	1299	16	0751*
0,7 6358	43.45	0,8 5085*	40	0,6 9151	21	0,9 5729	56	1,3 8434	39	0,7 2236	20	1,0 4461	60	1,4 4610	43	42	0,9 1257	46.15	0,8 0721
6387	46	5125	41	9172	21	5785*	56	8473*	39	2216	20	4401*	61	4567*	44	42	1215	14	0692
6416	47	5166*	40	9193	21	5841*	56	8512*	38	2196	20	4340*	61	4523*	44	42	1173*	13	0663
6445	48	5206*	40	9214	21	5897*	55	8550	39	2176	20	4279	61	4479*	44	42	1131*	12	0634
6475*	49	5246	40	9235	21	5952	56	8589*	39	2156*	20	4218	60	4435	44	42	1089*	11	0605
0,7 6504*	43.50	0,8 5286	41	0,6 9256	21	0,9 6008	56	1,3 8628*	38	0,7 2136*	20	1,0 4158*	61	1,4 4391	44	42	0,9 1047*	46.10	0,8 0576
6533*	51	5327*	40	9277	21	6064	56	8666	39	2116*	21	4097	61	4347	43	42	1005*	9	0547*
6562*	52	5367	40	9298	21	6120	56	8705	39	2095	20	4036	60	4304*	44	42	0963*	8	0518*
6591*	53	5407	41	9319	21	6176	56	8744*	39	2075	20	3976*	61	4260	43	42	0921*	7	0489*
6620*	54	5448*	40	9340	21	6232	56	8783*	39	2055	20	3915	60	4217*	44	42	0879	6	0460*
0,7 6649	43.55	0,8 5488	41	0,6 9361	21	0,9 6288	56	1,3 8822*	38	0,7 2035*	20	1,0 3855*	61	1,4 4173*	44	42	0,9 0837	46. 5	0,8 0431*
6678	56	5529*	40	9382	21	6344	56	8860	39	2015*	20	3794	60	4129	43	42	0795	4	0402*
6707	57	5569*	40	9403	21	6400	57	8899	39	1995*	21	3734	60	4086*	44	42	0753	3	0372
6736	58	5609	41	9424*	21	6457*	56	8938	39	1974	20	3674*	61	4042	43	42	0711	2	0343
6765	59	5650*	40	9445*	21	6513*	56	8977	39	1954	20	3613	60	3999	43	41	0669	1	0314
0,7 6794	43.60	0,8 5690		0,6 9466*		0,9 6569*		1,3 9016		0,7 1934*		1,0 3553		1,4 3956*			0,9 0628*	46. 0	0,8 0285
x = 46° Lx = 0,9 0628*				cos x Séh Lx	D	cot x Coséh Lx	D	coséc x Coth Lx	D	sin x Tah Lx	D	tang x Sih Lx	D	séc x Cosh Lx	D	D	Lx R = 1	x d.m.	x R = 1

x (R = 1)	d.m.	Lx (R = 1)	D	sin x TahLx	D	tang x SihLx	D	séc x CoshLx	D	cos x SéhLx	D	cot x CoséhLx	D	coséc x CothLx	D	x = 44° Lx = 0,8 5690			
0,7 6794	44. 0	0,8 5690	41	0,6 9466*	21	0,9 6569*	56	1,3 9016	39	0,7 1934*	20	1,0 3553	60	1,4 3956*	44	42	0,9 0628*	45.60	0,8 0285
6824*	1	5731*	40	9487*	21	6625	56	9055	40	1914*	20	3493*	60	3912	43	42	0586*	59	0256
6853*	2	5771	41	9508*	21	6681	57	9095*	39	1894*	21	3433*	61	3869	43	42	0544*	58	0227*
6882*	3	5812*	40	9529*	20	6738*	56	9134*	39	1873	20	3372	60	3826*	43	42	0502*	57	0198*
6911*	4	5852	41	9549	21	6794*	56	9173*	39	1853	20	3312	60	3783*	44	42	0460	56	0169*
0,7 6940	44. 5	0,8 5893*	40	0,6 9570	21	0,9 6850	57	1,3 9212	39	0,7 1833*	20	1,0 3252	60	1,4 3739	43	41	0,9 0418	45.55	0,8 0140*
6969	6	5933	41	9591	21	6907*	56	9251	40	1813*	21	3192*	60	3696	43	42	0377*	54	0111*
6998	7	5974*	40	9612	21	6963	57	9291*	39	1792	20	3132*	60	3653	43	42	0335*	53	0082*
7027	8	6014	41	9633	21	7020*	56	9330*	39	1772	20	3072*	60	3610*	43	42	0293*	52	0052
7056	9	6055*	40	9654*	21	7076	57	9369	40	1752*	20	3012*	60	3567*	43	42	0251	51	0023
0,7 7085	44.10	0,8 6095	41	0,6 9675*	21	0,9 7133*	56	1,3 9409*	39	0,7 1732*	21	1,0 2952	60	1,4 3524*	43	41	0,9 0209	45.50	0,7 9994
7114	11	6136*	40	9696*	21	7189	57	9448*	39	1711	20	2892	60	3481*	43	42	0168*	49	9965
7144*	12	6176	41	9717*	20	7246*	56	9487	40	1691	20	2832	60	3438	43	42	0126*	48	9936
7173*	13	6217	41	9737	21	7302	57	9527*	39	1671*	21	2772	59	3395	43	41	0084	47	9907*
7202*	14	6258*	40	9758	21	7359	57	9566	40	1650	20	2713*	60	3352	43	42	0043*	46	9878*
0,7 7231*	44.15	0,8 6298	41	0,6 9779	21	0,9 7416*	56	1,3 9606*	40	0,7 1630	20	1,0 2653*	60	1,4 3309	42	42	0,9 0001*	45.45	0,7 9849*
7260*	16	6339*	40	9800*	21	7472	57	9646*	39	1610*	20	2593	60	3267*	43	42	0,8 9959	44	9820*
7289*	17	6379	41	9821*	21	7529	57	9685	40	1590*	21	2533	59	3224*	43	41	9917	43	9791*
7318	18	6420	41	9842*	20	7586*	57	9725*	39	1569	20	2474*	60	3181	42	42	9876*	42	9762*
7347	19	6461*	40	9862	21	7643*	57	9764	40	1549*	20	2414	59	3139*	43	41	9834	41	9732
0,7 7376	44.20	0,8 6501	41	0,6 9883	21	0,9 7700*	56	1,3 9804	40	0,7 1529*	21	1,0 2355*	60	1,4 3096	43	42	0,8 9793*	45.40	0,7 9703
7405	21	6542*	41	9904*	21	7756	57	9844*	40	1508	20	2295	59	3053	42	42	9751*	39	9674
7434	22	6583*	40	9925*	21	7813	57	9884*	40	1488*	20	2236*	60	3011*	43	41	9709	38	9645
7464*	23	6623	41	9946*	20	7870	57	9924*	39	1468*	21	2176	59	2968	42	42	9668*	37	9616
7493*	24	6664	41	9966	21	7927	57	9963	40	1447	20	2117*	60	2926*	43	41	9626	36	9587
0,7 7522	44.25	0,8 6705*	41	0,6 9987	21	0,9 7984	57	1,4 0003	40	0,7 1427*	20	1,0 2057	59	1,4 2883	42	42	0,8 9585*	45.35	0,7 9558*
7551*	26	6746*	40	0,7 0008*	21	8041	57	0043	40	1407*	21	1998*	59	2841	42	42	9543	34	9529*
7580*	27	6786	41	0029*	20	8098	57	0083	40	1386	20	1939*	60	2799*	43	41	9501	33	9500*
7609*	28	6827	41	0049	21	8155	58	0123	40	1366*	21	1879	59	2756	42	42	9460*	32	9471*
7638	29	6868*	41	0070	21	8213*	57	0163	40	1345	20	1820*	59	2714	42	41	9418	31	9442*
0,7 7667	44.30	0,8 6909*	40	0,7 0091*	21	0,9 8270*	57	1,4 0203	40	0,7 1325	20	1,0 1761*	59	1,4 2672*	42	42	0,8 9377*	45.30	0,7 9412
7696	31	6949	41	0112*	20	8327*	57	0243	40	1305*	21	1702*	60	2630*	43	41	9335	29	9383
7725	32	6990	41	0132	21	8384	57	0283	41	1284	20	1642	59	2587	42	42	9294*	28	9354
7754	33	7031*	41	0153	21	8441	58	0324*	40	1264*	21	1583	59	2545	42	41	9252	27	9325
7784*	34	7072*	41	0174*	21	8499*	57	0364*	40	1243	20	1524	59	2503	42	41	9211	26	9296
0,7 7813*	44.35	0,8 7113*	40	0,7 0195*	20	0,9 8556	57	1,4 0404	40	0,7 1223	20	1,0 1465	59	1,4 2461	42	42	0,8 9170*	45.25	0,7 9267
7842*	36	7153	41	0215	21	8613	58	0444	41	1203*	21	1406	59	2419	42	41	9128	24	9238*
7871*	37	7194	41	0236	21	8671*	57	0485*	40	1182	20	1347	59	2377	42	42	9087*	23	9209*
7900*	38	7235	41	0257*	20	8728	58	0525*	40	1162*	21	1288	59	2335	42	41	9045	22	9180*
7929*	39	7276	41	0277	21	8786*	57	0565	41	1141	20	1229	59	2293	42	41	9004*	21	9151*
0,7 7958	44.40	0,8 7317*	41	0,7 0298	21	0,9 8843	58	1,4 0606*	40	0,7 1121*	21	1,0 1170	58	1,4 2251	42	42	0,8 8963*	45.20	0,7 9122*
7987	41	7358*	41	0319*	20	8901*	57	0646	41	1100	20	1112*	59	2209	41	41	8921	19	9093*
8016	42	7399*	41	0339	21	8958	58	0687*	40	1080*	21	1053*	59	2168*	42	42	8880*	18	9063
8045	43	7440*	41	0360	21	9016*	57	0727	41	1059	20	0994*	59	2126*	42	41	8838	17	9034
8074	44	7481*	41	0381*	20	9073	58	0768*	40	1039	20	0935	59	2084	42	41	8797	16	9005
0,7 8103	44.45	0,8 7522*	41	0,7 0401	21	0,9 9131	58	1,4 0808	41	0,7 1019*	21	1,0 0876	58	1,4 2042	41	42	0,8 8756*	45.15	0,7 8976
8133*	46	7563*	41	0422	21	9189*	58	0849*	41	0998	20	0818*	59	2001*	42	41	8714	14	8947
8162*	47	7604*	41	0443*	20	9247*	57	0890*	40	0978*	21	0759	58	1959	41	41	8673*	13	8918*
8191*	48	7645*	41	0463	21	9304	58	0930	41	0957	20	0701*	59	1918*	42	41	8632*	12	8889*
8220*	49	7686*	41	0484	21	9362	58	0971	41	0937*	21	0642	59	1876	41	42	8591	11	8860*
0,7 8249*	44.50	0,8 7727*	41	0,7 0505*	20	0,9 9420*	58	1,4 1012*	41	0,7 0916	20	1,0 0583	58	1,4 1835*	42	41	0,8 8549	45.10	0,7 8831*
8278	51	7768*	41	0525	21	9478*	58	1053*	40	0896*	21	0525*	58	1793	41	41	8508	9	8802*
8307	52	7809*	41	0546*	21	9536*	58	1093	41	0875	20	0467*	58	1752*	42	41	8467*	8	8773*
8336	53	7850*	41	0567*	20	9594*	58	1134	41	0855*	21	0408	58	1710	41	42	8426*	7	8743
8365	54	7891*	41	0587	21	9652*	58	1175	41	0834*	21	0350*	58	1669*	42	41	8384	6	8714
0,7 8394	44.55	0,8 7932*	41	0,7 0608*	20	0,9 9710*	58	1,4 1216	41	0,7 0813	20	1,0 0291	58	1,4 1627	41	41	0,8 8343	45. 5	0,7 8685
8423	56	7973*	41	0628	21	9768*	58	1257	41	0793*	21	0233	58	1586	41	41	8302*	4	8656
8453*	57	8014*	41	0649*	21	9826*	58	1298	41	0772	20	0175*	59	1545*	41	41	8261*	3	8627
8482*	58	8055	41	0670*	20	9884*	58	1339	41	0752*	21	0116	58	1504*	41	41	8220*	2	8598*
8511*	59	8096	41	0690	21	9942*	58	1380	41	0731	20	0058	58	1463*	42	42	8179*	1	8569*
0,7 8540*	44.60	0,8 8137		0,7 0711*		1,0 0000		1,4 1421		0,7 0711*		1,0 0000		1,4 1421			0,8 8137	45. 0	0,7 8540*
x = 45° Lx = 0,8 8137				cos x SéhLx	D	cot x CoséhLx	D	coséc x CothLx	D	sin x TahLx	D	tang x SihLx	D	séc x CoshLx	D	D	Lx (R = 1)	d. m.	x (R = 1)

DEGRÉS en parties du rayon. — INTERPOLATION des fonctions circulaires.

x R = 1	Degrés.	x R = 1	Degrés.	R = 1 x = Lx sin = **Tab** tang = **Sib**	x Secondes.
1,5 7080*	90	2,6 1799	150	0,0 00000	0
8825*	1	3545*	1	00005*	1
1,6 0570	2	5290	2	00010*	2
2316*	3	7035	3	00015*	3
4061*	4	8781*	4	00019	4
1,6 5806	95	2,7 0526	155	0,0 00024	5
7552*	6	2271	6	00029	6
9297*	7	4017*	7	00034*	7
1,7 1042	8	5762	8	00039*	8
2788*	9	7507	9	00044*	9
1,7 4533*	100	2,7 9253*	160	0,0 00048	10
6278	1	2,8 0998	1	00053	1
8024*	2	2743	2	00058	2
9769*	3	4489*	3	00063	3
1,8 1514	4	6234*	4	00068*	4
1,8 3260*	105	2,8 7979	165	0,0 00073*	15
5005*	6	9725*	6	00078*	6
6750	7	2,9 1470*	7	00082	7
8496*	8	3215	8	00087	8
1,9 0241*	9	4961*	9	00092	9
1,9 1986	110	2,9 6706*	170	0,0 00097*	20
3732*	1	8451	1	00102*	1
5477*	2	3,0 0197*	2	00107*	2
7222	3	1942*	3	00112*	3
8968*	4	3687	4	00116	4
2,0 0713*	115	3,0 5433*	175	0,0 00121	25
2458	6	7178*	6	00126	6
4204*	7	8923	7	00131*	7
5949*	8	3,1 0669*	8	00136*	8
7694	9	2414*	9	00141*	9
2,0 9440*	120	3,1 4159	180	0,0 00145	30
2,1 1185*	1	5905*	1	00150	1
2930	2	7650*	2	00155	2
4675	3	9395	3	00160*	3
6421*	4	3,2 1141*	4	00165*	4
2,1 8166	125	3,2 2886*	185	0,0 00170*	35
9911	6	4631	6	00175*	6
2,2 1657*	7	6377*	7	00179	7
3402	8	8122*	8	00184	8
5147	9	9867	9	00189	9
2,2 6893*	130	3,3 1613*	190	0,0 00194*	40
8638	1	3358*	1	00199*	1
2,3 0383	2	5103	2	00204*	2
2129*	3	6849*	3	00208	3
3874	4	8594*	4	00213	4
2,3 5619	135	3,4 0339	195	0,0 00218	45
7365*	6	2085*	6	00223	6
9110	7	3830*	7	00228*	7
2,4 0855	8	5575	8	00233*	8
2601*	9	7321*	9	00238*	9
2,4 4346	140	3,4 9066*	200	0,0 00242	50
6091	1	3,5 0811	1	00247	1
7837*	2	2557*	2	00252	2
9582	3	4302*	3	00257*	3
2,5 1327	4	6047	4	00262*	4
2,5 3073*	145	3,5 7792	205	0,0 00267*	55
4818	6	9538*	6	00271	6
6563	7	3,6 1283	7	00276	7
8309*	8	3028	8	00281	8
2,6 0054	9	4774*	9	00286	9
2,6 1799	150	3,6 6519	210	0,0 00291*	60

FORMULES pour l'interpolation des fonctions circulaires.

NOTA. Les produits des seconds membres de ces formules se calculent facilement par logarithmes.

$$\tan(a \pm h'') = \operatorname{tang} a \pm \frac{\operatorname{arc} h''.\operatorname{séc} a}{\cos(a \pm h'')};$$

$$\operatorname{coséc}(a \pm h'') = \operatorname{coséc} a \mp \frac{\operatorname{arc} h''.\cot a}{\sin(a \pm h'')};$$

$$\cos(a \pm h'') = \cos a \mp \operatorname{arc} h''.\sin a;$$

$$\operatorname{séc}(a \pm h'') = \operatorname{séc} a \pm \frac{\operatorname{arc} h''.\operatorname{tang} a}{\cos(a \pm h'')};$$

$$\sin(a \pm h'') = \sin a \pm \operatorname{arc} h''.\cos a;$$

$$\cot(a \pm h'') = \cot a \mp \frac{\operatorname{arc} h''.\operatorname{coséc} a}{\sin(a \pm h'')}.$$

a angle des Tables; h'' nombres des secondes.

Il est avantageux de prendre $h \overline{\leq} 30''$.

TEMPS ET DEGRÉS sexagésimaux.

st	″	h.mt / mt.st	° / ′
0,0(666)	1	0. 4	1
0,1(333)	2	0. 8	2
0,2	3	0.12	3
0,4	6	0.16	4
0,6	9	0.20	5
0,8	12	0.24	6
1,0	15	0.28	7
1,2	18	0.32	8
1,4	21	0.36	9
1,6	24	0.40	10
1,8	27	1.20	20
2,0	30	2.00	30
2,2	33	2.40	40
2,4	36	3.20	50
2,6	39	4.00	60
2,8	42	4.40	70
3,0	45	5.20	80
3,2	48	6.00	90
3,4	51	6.40	100
3,6	54	7.20	110
3,8	57	8.00	120
4,0	60	8.40	130

°	h	° ′ / ′ ″	mt / st
15	1	0.15	1
30	2	0.30	2
45	3	0.45	3
60	4	1. 0	4
75	5	1.15	5
90	6	1.30	6
105	7	1.45	7
120	8	2. 0	8
135	9	2.15	9
150	10	2.30	10
180	12	5. 0	20
210	14	7.30	30
240	16	10. 0	40
270	18	12.30	50
300	20	15. 0	60
330	22		
360	24		

DEGRÉS ET GRADES.

° ′	gr
0.54	1
1.48	2
2.42	3
3.36	4
4.30	5
5.24	6
6.18	7
7.12	8
8. 6	9
9. 0	10
18. 0	20
27. 0	30
36. 0	40
45. 0	50
54. 0	60
63. 0	70
72. 0	80
81. 0	90
90. 0	100
99. 0	110

gr	°
1,(1)	1
2,(2)	2
3,(3)	3
4,(4)	4
5,(5)	5
6,(6)	6
7,(7)	7
8,(8)	8
10,(0)	9
11,(1)	10
22,(2)	20
33,(3)	30
44,(4)	40
55,(5)	50
66,(6)	60
77,(7)	70
88,(8)	80
100,(0)	90
111,(1)	100
122,(2)	110
133,(3)	120
144,(4)	130
155,(5)	140
166,(6)	150

′ ″	cg
0.32,4	1
1. 4,8	2
1.37,2	3
2. 9,6	4
2.42,0	5
3.14,4	6
3.46,8	7
4.19,2	8
4.51,6	9
5.24	10
10.48	20
16.12	30
21.36	40
27. 0	50
32.24	60
37.48	70
43.12	80
48.36	90
54. 0	100

cg	′
1,(851)	1
3,(703)	2
5,(5)	3
7,(407)	4
9,(259)	5
11,(1)	6
12,(962)	7
14,(814)	8
16,(6)	9
18,(518)	10
37,(037)	20
55,(5)	30
74,(074)	40
92,(592)	50
111,(1)	60

NOTA. Les parenthèses renferment la période de la fraction décimale. cg centièmes de grade.

mt, st minutes et secondes de temps.

$\pi = 3,14159\ 26535\ 89793\ 23846\ 26433\ 83279\ 50$

$e = 2,71828\ 18284\ 59045\ 23536\ 02874\ 71352\ 66$

Cosh 1 = 1,54308 06348 2*, **Sih** 1 = 1,17520 11936 4, **Lovarc** 1′ = 0,46372 61172 1* — 4.

cos 1 = 0,54030 23058 7*, sin 1 = 0,84147 09848 1*, **Lovarc** 1″ = 0,68557 48668 2 — 6.

N.π	N : π	π^N	N.r''	N	$\left(\frac{\pi}{18}\right)^N$
3,14159 26536*	0,31830 98862*	3,14159 2654*	206264,806	1	0,17453 29252*
6,28318 53072*	0,63661 97724*	9,86960 4401	412529,612	2	0,03046 17420*
9,42477 79608*	0,95492 96586*	31,00627 6680	618794,419*	3	0,00531 65769
12,56637 06144*	1,27323 95447	97,40909 1034	825059,225	4	0,00092 79177
15,70796 32679	1,59154 94309	306,019685*	1031324,031	5	0,00016 19522*
18,84955 59215	1,40985 93171	961,389194*	1237588,837	6	0,00002 65207*
21,99114 85751	2,22816 92033*	3020,293228*	1443853,644*	7	0,00000 46287
25,13274 12287	2,54647 90895*	9488,531016	1650118,450*	8	0,00000 08079*
28,27433 38823	2,86478 89757*	29809,099333	1856383,256	9	0,00000 01410*

$\sqrt{\pi} = 1,77245\ 38509\ 06*$, $\frac{1}{\sqrt{\pi}} = 0,56418\ 95835\ 48*$.

$\sqrt[3]{\pi} = 1,46459\ 18875\ 62*$, $\sqrt[3]{\pi^2} = 2,14502\ 93971\ 11$.

$\frac{1}{\pi^2} = 0,10132\ 11836\ 42$, $\frac{\pi}{4} = 0,78539\ 81638\ 97$.

arc = R = 1 = 57° 17′ 48″,80625* = 3437′ 48″,80625* = 206264″,80625*.

$\frac{1}{\sqrt[3]{\pi}} = 0,68278\ 40633*$, $\frac{\pi}{180} = 0,01745\ 32925\ 199$.

$\frac{\pi}{180.60} = 0,00029\ 08882\ 046*$, $\frac{\pi}{180.60.60} = 0,00000\ 48481\ 368$.

TABLE III

DONNANT AVEC CINQ DÉCIMALES LES LOGARITHMES VULGAIRES

DES

FONCTIONS CIRCULAIRES ET HYPERBOLIQUES

DE MINUTE EN MINUTE

DE 0 A 90°.

x R = 1	d. m.	Lx R = 1	D	sin x Tah Lx	D	coséc x Coth Lx	tang x Sih Lx	D	cot x Coséh Lx	séc x Cosh Lx	D	cos x Séh Lx	x = 0° Lx = 0			
0,0 0000	0. 0	0,0 0000	29	— ∞		∞	— ∞		∞	0,0 0000	0	0,0 0000		∞	89.60	1,5 7080*
0029	1	0029	29	$\bar{4}$,4 6373*	30103	3,5 3627	$\bar{4}$,4 6373*	30103	3,5 3627	0000	0	0000*	69315	8,8 3572*	59	7051*
0058	2	0058	28	7 6476*	17609	2 3524	7 6476*	17609	2 3524	0000	0	0000*	40546	1 4257	58	7021
0087	3	0087	29	9 4085*	12494	0 5915	9 4085*	12494	0 5915	0000	0	0000*	28769	7,7 3711*	57	6992
0116	4	0116	29	$\bar{3}$,0 6579*	9691	2,9 3421	$\bar{3}$,0 6579*	9691	2,9 3421	0000	0	0000*	22314	4 4942	56	6963
0,0 0145	0. 5	0,0 0145	30	$\bar{3}$,1 6270*	7918	2,8 3730	$\bar{3}$,1 6270*	7918	2,8 3730	0,0 0000	0	0,0 0000*	18232	7,2 2628	89.55	1,5 6934
0175*	6	0175*	29	$\bar{3}$,2 4188*	6694	2,7 5812	$\bar{3}$,2 4188*	6694	2,7 5812	0000	0	0000*	15415	0 4396*	54	6905
0204*	7	0204*	29	$\bar{3}$,3 0882	5800	2,6 9118*	$\bar{3}$,3 0882	5800	2,6 9118*	0000	0	0000*	13353	6,8 8981*	53	6876
0233*	8	0233*	29	6682*	5115	3318	6682*	5115	3318	0000	0	0000*	11779	7 5628*	52	6847*
0262*	9	0262*	29	$\bar{3}$,4 1797*	4576	2,5 8203	$\bar{3}$,4 1797*	4576	2,5 8203	0000	0	0000*	10536	6 3849	51	6818*
0,0 0291*	0.10	0,0 0291*	29	$\bar{3}$,4 6373*	4139	2,5 3627	$\bar{3}$,4 6373*	4139	2,5 3627	0,0 0000	0	0,0 0000*	9531	6,5 3313	89.50	1,5 6789*
0320*	11	0320*	29	$\bar{3}$,5 0512*	3779	2,4 9488	$\bar{3}$,5 0512	3779	2,4 9488*	0000	0	0000*	8701	4 3782	49	6760*
0349	12	0349	29	4291*	3476	5709	4291*	3476	5709	0000	0	0000*	8004	3 5081	48	6731*
0378	13	0378	29	7767*	3218	2233	7767	3219	2233*	0000	0	0000*	7411	2 7077*	47	6701
0407	14	0407	29	$\bar{3}$,6 0985	2997	2,3 9015*	$\bar{3}$,6 0986*	2996	2,3 9014	0000	0	0000*	6899	1 9666*	46	6672
0,0 0436	0.15	0,0 0436	29	$\bar{3}$,6 3982*	2802	2,3 6018	$\bar{3}$,6 3982	2803	2,3 6018*	0,0 0000	0	0,0 0000*	6434	6,1 2767*	89.45	1,5 6643
0465	16	0465	30	6784	2633	3216*	6785*	2633	3215	0000	1	0000*	6063	0 6313*	44	6614
0495*	17	0495*	29	9417	2483	0583*	9418*	2482	0582	0001*	0	$\bar{1}$,9 9999	5716	0 0250	43	6585
0524*	18	0524*	29	$\bar{3}$,7 1900*	2348	2,2 8100	$\bar{3}$,7 1900	2348	2,2 8100*	0001*	0	9999	5406	5,9 4534	42	6556
0553*	19	0553*	29	4248*	2227	5752	4248	2228	5752*	0001*	0	9999	5130	8 9128*	41	6527*
0,0 0582*	0.20	0,0 0582*	29	$\bar{3}$,7 6475	2119	2,2 3525*	$\bar{3}$,7 6476	2119	2,2 3524*	0,0 0001*	0	$\bar{1}$,9 9999	4879	5,8 3998	89.40	1,5 6498*
0611*	21	0611*	29	8594	2021	1406*	8595	2020	1405*	0001*	0	9999	4652	5,7 9119	39	6469*
0640*	22	0640*	29	$\bar{3}$,8 0615*	1930	2,1 9385	$\bar{3}$,8 0615	1931	2,1 9385*	0001*	0	9999	4445	4467	38	6440*
0669	23	0669	28	2545	1848	7455*	2546	1848	7454*	0001*	0	9999	4256	0022	37	6411*
0698	24	0698	29	4393	1773	5607*	4394	1773	5606*	0001	0	9999*	4082	5,6 5766	36	6382*
0,0 0727	0.25	0,0 0727	29	$\bar{3}$,8 6166	1704	2,1 3834*	$\bar{3}$,8 6167	1704	2,1 3833*	0,0 0001	0	$\bar{1}$,9 9999*	3922	5,6 1684*	89.35	1,5 6352
0756	26	0756	29	7870*	1639	2130	7871*	1639	2129	0001	0	9999*	3774	5,5 7762*	34	6323
0785	27	0785	28	9509*	1579	0491	9510*	1579	0490	0001	0	9999*	3637	3988*	33	6294
0814	28	0814	30	$\bar{3}$,9 1088*	1524	2,0 8912	$\bar{3}$,9 1089	1524	2,0 8911*	0001	1	9999*	3509	0351*	32	6265
0844*	29	0844*	29	2612*	1472	7388	2613	1473	7387*	0002*	0	9998	3391	5,4 6842*	31	6236
0,0 0873*	0.30	0,0 0873*	29	$\bar{3}$,9 4084	1424	2,0 5916*	$\bar{3}$,9 4086*	1424	2,0 5914	0,0 0002*	0	$\bar{1}$,9 9998	3279	5,4 3451	89.30	1,5 6207*
0902*	31	0902*	29	5508	1379	4492*	5510*	1379	4490	0002*	0	9998	3174	0172	29	6178*
0931*	32	0931*	29	6887*	1336	3113	6889*	1336	3111	0002*	0	9998	3078	5,3 6998*	28	6149*
0960*	33	0960*	29	8223	1297	1777*	8225	1297	1775*	0002	0	9998*	2985	3920	27	6120*
0989	34	0989	29	9520*	1259	0480	9522*	1259	0478	0002	0	9998*	2899	0935	26	6091*
0,0 1018	0.35	0,0 1018	29	$\bar{2}$,0 0779*	1223	1,9 9221	$\bar{2}$,0 0781*	1223	1,9 9219	0,0 0002	0	$\bar{1}$,9 9998*	2817	5,2 8036	89.25	1,5 6062*
1047	36	1047	29	2002	1190	7998*	2004	1190	7996*	0002	1	9998*	2740	5219	24	6032
1076	37	1076	29	3192*	1158	6808	3194	1159	6806*	0003*	0	9997	2667	2479	23	6003
1105	38	1105	29	4350	1128	5650*	4353*	1128	5647	0003*	0	9997	2597	5,1 9812	22	5974
1134	39	1134	30	5478	1100	4522*	5481*	1100	4519	0003*	0	9997	2532	7916*	21	5945
0,0 1164*	0.40	0,0 1164*	29	$\bar{2}$,0 6578*	1072	1,9 3422	$\bar{2}$,0 6581*	1072	1,9 3419	0,0 0003*	0	$\bar{1}$,9 9997	2470	5,1 4683*	89.20	1,5 5916
1193*	41	1193*	29	7650*	1046	2350	7653	1047	2347*	0003	0	9997*	2409	2213	19	5887*
1222*	42	1222*	29	8696	1022	1304*	8700*	1022	1300	0003	0	9997*	2353	5,0 9804*	18	5858*
1251*	43	1251*	29	9718	999	0282*	9722*	998	0278	0003	1	9997*	2299	7451*	17	5829*
1280*	44	1280*	29	$\bar{2}$,1 0717*	976	1,8 9283	$\bar{2}$,1 0720	976	1,8 9280*	0004*	0	9996	2248	5152*	16	5800*
0,0 1309*	0.45	0,0 1309	29	$\bar{2}$,1 1693*	954	1,8 8307	$\bar{2}$,1 1696	955	1,8 8304*	0,0 0004*	0	$\bar{1}$,9 9996	2198	5,0 2904	89.15	1,5 5771*
1338	46	1338	29	2647	934	7353*	2651*	934	7349	0004*	0	9996	2130	0706	14	5742*
1367	47	1367	29	3581	914	6419*	3585	915	6415*	0004	0	9996*	2106	4,9 8556*	13	5712
1396	48	1396	29	4495	896	5505*	4500*	895	5500	0004	0	9996*	2062	6450	12	5683
1425	49	1425	29	5391*	877	4609	5395	878	4605*	0004	1	9996*	2020	4388	11	5654
0,0 1454	0.50	0,0 1454	30	$\bar{2}$,1 6268	860	1,8 3732*	$\bar{2}$,1 6273*	860	1,8 3727	0,0 0005*	0	$\bar{1}$,9 9995	1981	4,9 2368*	89.10	1,5 5625
1484*	51	1484*	29	7128	843	2872*	7133*	843	2867	0005*	0	9995	1941	0387	9	5596
1513*	52	1513*	29	7971	827	2029*	7976	828	2024*	0005*	0	9995	1905	4,8 8446*	8	5567
1542*	53	1542*	29	8798	812	1202*	8804*	812	1196	0005	0	9995*	1870	6541*	7	5538*
1571*	54	1571*	29	9610	797	0390*	9616*	797	0384	0005	1	9995*	1835	4671	6	5509*
0,0 1600*	0.55	0,0 1600*	29	$\bar{2}$,2 0407	782	1,7 9593*	$\bar{2}$,2 0413*	782	1,7 9587	0,0 0006*	0	$\bar{1}$,9 9994	1802	4,8 2836	89. 5	1,5 5480*
1629*	56	1629	29	1189	769	8811*	1195	769	8805*	0006*	0	9994	1770	1034	4	5451*
1658	57	1658	29	1958	755	8042*	1964	756	8036*	0006*	0	9994	1739	4,7 9264	3	5422*
1687	58	1687	29	2713	743	7287*	2720*	742	7280	0006	0	9994*	1709	7525	2	5392
1716	59	1716	29	3456*	730	6544	3462	730	6538*	0006	1	9994*	1681	5816*	1	5363
0,0 1745	0.60	0,0 1745		$\bar{2}$,2 4186*		1,7 5814	$\bar{2}$,2 4192		1,7 5808*	0,0 0007*		$\bar{1}$,9 9993		4,7 4135*	89. 0	1,5 5334
x = 89° Lx = 4,74135*				cos x Séh Lx	D	séc x Cosh Lx	cot x Coséh Lx	D	tang x Sih Lx	coséc x Coth Lx	D	sin x Tah Lx	D	Lx R = 1	d. m.	x R = 1

x (R = 1)	x (d. m.)	Lx (R = 1)	D	sin x / Tah Lx	D	coséc x / Coth Lx	tang x / Sih Lx	D	cot x / Coséh Lx	séc x / Cosh Lx	D	cos x / Séh Lx	x = 1°, Lx = 0,01745 (D)	Lx (R = 1)	x (d. m.)	x (R = 1)
0,0 1745	1. 0	0,0 1745	30	$\bar{2}$,2 4186*	717	1,7 5814	$\bar{2}$,2 4192	718	1,7 5808*	0,0 0007*	0	$\bar{1}$,9 9993	1653	4,7 4135*	88.60	1,5 5334
1774	1	1775*	29	4903	706	5097*	4910	706	5090*	0007*	0	9993	1626	2482*	59	5305
1804*	2	1804*	29	5609	695	4391*	5616	696	4384*	0007	0	9993*	1600	0856*	58	5276
1833*	3	1833*	29	6304	684	3696*	6312*	684	3688	0007	1	9993*	1575	4,6 9256*	57	5247
1862*	4	1862*	29	6988	673	3012*	6996*	673	3004	0008*	0	9992	1551	7681*	56	5218*
0,0 1891*	1. 5	0,0 1891*	29	$\bar{2}$,2 7661	663	1,7 2339*	$\bar{2}$,2 7669	663	1,7 2331*	0,0 0008*	0	$\bar{1}$,9 9992	1527	4,6 6130	88.55	1,5 5189*
1920*	6	1920*	29	8324	653	1676*	8332	654	1668*	0008	0	9992*	1504	4603	54	5160*
1949*	7	1949	29	8977	644	1023*	8986*	648	1014	0008	0	9992*	1481	3099	53	5131*
1978	8	1978	29	9621*	634	0379	9629	634	0371*	0008	1	9992*	1460	1618*	52	5102*
2007	9	2007	29	$\bar{2}$,3 0255*	624	1,6 9745	$\bar{2}$,3 0263	625	1,6 9737*	0009*	0	9991	1439	0158*	51	5072
0,0 2036	1.10	0,0 2036	29	$\bar{2}$,3 0879	616	1,6 9121*	$\bar{2}$,3 0888	617	1,6 9112*	0,0 0009	0	$\bar{1}$,9 9991*	1419	4,5 8719*	88.50	1,5 5043
2065	11	2065*	30	1495	608	8505*	1505*	607	8495	0009	1	9991*	1398	7300	49	5014
2094	12	2095*	29	2103*	599	7897	2112	598	7888*	0010*	0	9990	1380	5902*	48	4985
2123	13	2124*	29	2702*	590	7298	2711	591	7289*	0010*	0	9990	1361	4522	47	4956
2153*	14	2153*	29	3292	583	6708*	3302	584	6698*	0010	0	9990*	1342	3161	46	4927
0,0 2182*	1.15	0,0 2182*	29	$\bar{2}$,3 3875	575	1,6 6125*	$\bar{2}$,3 3886*	575	1,6 6114	0,0 0010	1	$\bar{1}$,9 9990*	1325	4,5 1819	88.45	1,5 4898*
2211*	16	2211*	29	4450	568	5550*	4461	568	5539*	0011*	0	9989	1307	0494	44	4869*
2240*	17	2240	29	5018	560	4982*	5029*	561	4971	0011*	0	9989	1290	4,4 9187	43	4840*
2269*	18	2269	29	5578	553	4422*	5590*	553	4410	0011	0	9989*	1274	7897*	42	4811*
2298	19	2298	29	6131	547	3869*	6143*	546	3857	0011	1	9989*	1258	6623*	41	4782*
0,0 2327	1.20	0,0 2327	29	$\bar{2}$,3 6678*	539	1,6 3322	$\bar{2}$,3 6689	540	1,6 3311*	0,0 0012*	0	$\bar{1}$,9 9988	1243	4,4 5365*	88.40	1,5 4753*
2356	21	2356	30	7217	533	2783*	7229	533	2771*	0012	0	9988*	1227	4122	39	4723
2385	22	2386*	29	7750*	526	2250	7762	527	2238*	0012	1	9988*	1212	2895	38	4694
2414	23	2415*	29	8276	520	1724*	8289*	520	1711	0013*	0	9987	1198	1683*	37	4665
2443	24	2444*	29	8796	514	1204*	8809	514	1191*	0013*	0	9987	1183	0485	36	4636
0,0 2473*	1.25	0,0 2473*	29	$\bar{2}$,3 9310	508	1,6 0690*	$\bar{2}$,3 9323	509	1,6 0677*	0,0 0013	1	$\bar{1}$,9 9987*	1170	4,3 9302*	88.35	1,5 4607
2502*	26	2502*	29	9818*	502	0182	9832*	502	0168	0014*	0	9986	1156	8132*	34	4578
2531*	27	2531	29	$\bar{2}$,4 0320*	496	1,5 9680	$\bar{2}$,4 0334*	496	1,5 9666	0014*	0	9986	1143	6976*	33	4549*
2560*	28	2560	29	0816	491	9184*	0830	491	9170*	0014	1	9986*	1130	5833*	32	4520*
2589*	29	2589	29	1307*	485	8693	1321	486	8679*	0015*	0	9985	1118	4703*	31	4491*
0,0 2618*	1.30	0,0 2618	29	$\bar{2}$,4 1792*	480	1,5 8208	$\bar{2}$,4 1807*	480	1,5 8193	0,0 0015*	0	$\bar{1}$,9 9985	1105	4,3 3585	88.30	1,5 4462*
2647	31	2647	30	2272*	474	7728	2287*	475	7713	0015	1	9985*	1093	2480	29	4433*
2676	32	2677*	29	2746	470	7254*	2762*	470	7238	0016*	0	9984	1081	1387	28	4403
2705	33	2706*	29	3216*	464	6784	3232*	464	6768	0016*	0	9984	1070	0306*	27	4374
2734	34	2735*	29	3680*	459	6320	3696	460	6304*	0016	1	9984*	1058	4,2 9236	26	4345
0,0 2763	1.35	0,0 2764*	29	$\bar{2}$,4 4139	455	1,5 5861*	$\bar{2}$,4 4156	455	1,5 6844*	0,0 0017*	0	$\bar{1}$,9 9983	1047	4,2 8178*	88.25	1,5 4316
2793*	36	2793*	29	4594	450	5406*	4611	450	5389*	0017*	0	9983	1037	7131*	24	4287
2822*	37	2822*	29	5044	445	4956*	5061	446	4939*	0017	1	9983*	1026	6094	23	4258
2851*	38	2851	29	5489	441	4511*	5507*	441	4493	0018*	0	9982	1015	5068	22	4229*
2880*	39	2880	29	5930	436	4070*	5948	437	4052*	0018	0	9982*	1003	4053*	21	4200*
0,0 2909*	1.40	0,0 2909	29	$\bar{2}$,4 6366	433	1,5 3634*	$\bar{2}$,4 6385*	432	1,5 3615	0,0 0018	1	$\bar{1}$,9 9982*	995	4,2 3048*	88.20	1,5 4171*
2938*	41	2938	30	6799*	427	3201	6817	428	3183*	0019*	0	9981	986	2053*	19	4142*
2967	42	2968*	29	7226	424	2774*	7245	424	2755*	0019	0	9981*	976	1067	18	4113*
2996	43	2997*	29	7650*	419	2350	7669	420	2331*	0019	1	9981*	966	0091	17	4083
3025	44	3026*	29	8069	416	1931*	8089	416	1911*	0020*	0	9980	957	4,1 9125	16	4054
0,0 3054	1.45	0,0 3055*	29	$\bar{2}$,4 8485*	411	1,5 1515	$\bar{2}$,4 8505	412	1,5 1495*	0,0 0020	1	$\bar{1}$,9 9980*	948	4,1 8168	88.15	1,5 4025
3083	46	3084*	29	8896	408	1104*	8917*	408	1083	0021*	0	9979	939	7220	14	3996
3113*	47	3113	29	9304*	404	0696	9325	404	0675*	0021	0	9979*	930	6281*	13	3967
3142*	48	3142	29	9708*	400	0292	9729	401	0271*	0021	1	9979*	922	5351*	12	3938
3171	49	3171	29	$\bar{2}$,5 0108*	396	1,4 9892	$\bar{2}$,5 0130*	397	1,4 9870	0022*	0	9978	914	4429*	11	3909*
0,0 3200*	1.50	0,0 3200	29	$\bar{2}$,5 0504	393	1,4 9496*	$\bar{2}$,5 0527*	393	1,4 9473	0,0 0022	1	$\bar{1}$,9 9978*	905	4,1 3515	88.10	1,5 3880*
3229	51	3229	30	0897	390	9103*	0920	390	9080*	0023*	0	9977	897	2610	9	3851*
3258*	52	3259*	29	1287*	386	8713	1310*	386	8690	0023	0	9977*	889	1713	8	3822*
3287	53	3288*	29	1673*	382	8327	1696	383	8304*	0023	1	9977*	881	0824	7	3793*
3316	54	3317*	29	2055	379	7945*	2079	380	7921*	0024*	0	9976	874	4,0 9943*	6	3764*
0,0 3345	1.55	0,0 3346*	29	$\bar{2}$,5 2434	376	1,4 7566*	$\bar{2}$,5 2459*	376	1,4 7541	0,0 0024	1	$\bar{1}$,9 9976*	866	4,0 9069	88. 5	1,5 3734
3374	56	3375*	29	2810	373	7190*	2835*	373	7165	0025*	0	9975	858	8203	4	3705
3403	57	3404	29	3183*	369	6817	3208*	370	6792	0025	1	9975*	851	7345*	3	3676
3432	58	3433	29	3552	367	6448*	3578*	367	6422	0026*	0	9974	844	6494*	2	3647
3462*	59	3462	29	3919*	363	6081	3945*	363	6055	0026	0	9974*	837	5650*	1	3618
0,0 3491*	1.60	0,0 3491		$\bar{2}$,5 4282*		1,4 5718	$\bar{2}$,5 4308		1,4 5692*	0,0 0026		$\bar{1}$,9 9974*		4,0 4813*	88. 0	1,5 3589*
x = 88°, Lx = 4,04813*				cos x / Séh Lx	D	séc x / Cosh Lx	cot x / Coséh Lx	D	tang x / Sih Lx	coséc x / Coth Lx	D	sin x / Tah Lx	D	Lx (R = 1)	x (d. m.)	x (R = 1)

x R = 1	d. m.	Lx R = 1	D	sin x Tab Lx	D	coséc x Coth Lx	tang x Sib Lx	D	cot x Coséh Lx	séc x Cosh Lx	D	cos x Séh Lx	x = 2° Lx = 0,0 3491			
0,0 3491*	2. 0	0,0 3491	29	$\bar{2}$,5 4282*	360	1,4 5718	$\bar{2}$,5 4308	361	1,4 5692*	0,0 0026	1	$\bar{1}$,9 9974*	831	4,0 4813*	87.60	1,5 3589*
3520*	1	3520	30	4642	357	5358*	4669	358	5331*	0027*	0	9973	823	3982	59	3560*
3549*	2	3550*	29	4999	355	5001*	5027*	355	4973	0027	1	9973*	816	3159	58	3531*
3578*	3	3579*	29	5354*	351	4646	5382*	352	4618	0028*	0	9972	810	2343*	57	3502*
3607	4	3608*	29	5705	349	4295*	5734*	349	4266	0028	1	9972*	804	1533*	56	3473*
0,0 3636	2. 5	0,0 3637*	29	$\bar{2}$,5 6054	346	1,4 3946*	$\bar{2}$,5 6083*	346	1,4 3917	0,0 0029*	0	$\bar{1}$,9 9971	797	4,0 0729	87.55	1,5 3444*
3665	6	3666	29	6400*	343	3600	6429	344	3571*	0029	1	9971*	790	3,9 9932	54	3414
3694	7	3695	29	6743	341	3257*	6773*	341	3227	0030*	0	9970	785	9142*	53	3385
3723	8	3724	29	7084*	337	2916	7114*	338	2886	0030	1	9970*	778	8357	52	3356
3752	9	3753	29	7421	336	2579*	7452*	336	2548	0031*	0	9969	772	7579*	51	3327
0,0 3782*	2.10	0,0 3782	30	$\bar{2}$,5 7757*	332	1,4 2243	$\bar{2}$,5 7788*	333	1,4 2212	0,0 0031	1	$\bar{1}$,9 9969*	767	3,9 6807*	87.50	1,5 3298
3811*	11	3812*	29	8089	330	1911*	8121*	330	1879	0032*	0	9968	761	6040	49	3269
3840*	12	3841*	29	8419	328	1581*	8451	328	1549*	0032	1	9968*	755	5279	48	3240*
3869*	13	3870*	29	8747*	325	1253	8779	326	1221*	0033*	0	9967	749	4524	47	3211*
3898*	14	3899*	29	9072	323	0928*	9105	323	0895*	0033	0	9967*	743	3775	46	3182*
0,0 3927*	2.15	0,0 3928	29	$\bar{2}$,5 9395*	320	1,4 0605	$\bar{2}$,5 9428	321	1,4 0572*	0,0 0033	1	$\bar{1}$,9 9967*	739	3,9 3032*	87.45	1,5 3153*
3956	16	3957	29	9715	318	0285*	9749	319	0251*	0034*	0	9966	732	2293	44	3124*
3985	17	3986	29	$\bar{2}$,6 0033	316	1,3 9967*	$\bar{2}$,6 0068*	316	1,3 9932	0034	1	9966*	728	1561*	43	3094
4014	18	4015	29	0349*	313	9651	0384*	314	9616	0035	1	9965*	722	0833	42	3065
4043	19	4044	30	0662	311	9338*	0698*	311	9302	0036*	0	9964	717	0111*	41	3036
0,0 4072	2.20	0,0 4074*	29	$\bar{2}$,6 0973	309	1,3 9027*	$\bar{2}$,6 1009	310	1,3 8991*	0,0 0036	1	$\bar{1}$,9 9964*	712	3,8 9394*	87.40	1,5 3007
4102*	21	4103*	29	1282	307	8718*	1319*	307	8681	0037*	0	9963	707	8682*	39	2978
4131*	22	4132*	29	1589	305	8411*	1626	305	8374*	0037	1	9963*	702	7975*	38	2949
4160*	23	4161*	29	1894*	302	8106	1931	303	8069*	0038*	0	9962	697	7273*	37	2920*
4189*	24	4190	29	2196	301	7804*	2234	301	7766*	0038	1	9962*	692	6576*	36	2891*
0,0 4218*	2.25	0,0 4219	29	$\bar{2}$,6 2497*	298	1,3 7503	$\bar{2}$,6 2535	299	1,3 7465*	0,0 0039*	0	$\bar{1}$,9 9961	688	3,8 5884*	87.35	1,5 2862*
4247*	26	4248	28	2795*	296	7205	2834	297	7166*	0039	1	9961*	683	5196	34	2833*
4276	27	4277	29	3091	294	6909*	3131*	295	6869	0040*	0	9960	678	4513	33	2804*
4305	28	4306	30	3385	293	6615*	3426*	292	6574	0040	1	9960*	673	3835	32	2774
4334	29	4336*	29	3678*	290	6322	3718	291	6282*	0041*	0	9959	670	3162*	31	2745
0,0 4363	2.30	0,0 4365*	29	$\bar{2}$,6 3968*	288	1,3 6032	$\bar{2}$,6 4009	289	1,3 5991*	0,0 0041	1	$\bar{1}$,9 9959*	664	3,8 2492	87.30	1,5 2716
4392	31	4394*	29	4256	287	5744*	4298	287	5702*	0042*	0	9958	660	1828*	29	2687
4422*	32	4423*	29	4543*	284	5457	4585	285	5415*	0042	1	9958*	656	1168*	28	2658
4451*	33	4452	29	4827	283	5173*	4870	284	5130*	0043	1	9957*	652	0512*	27	2629
4480*	34	4481	29	5110	281	4890*	5154*	281	4846	0044*	0	9956	648	3,7 9860*	26	2600*
0,0 4509*	2.35	0,0 4510	29	$\bar{2}$,6 5391	279	1,3 4609*	$\bar{2}$,6 5435	280	1,3 4565*	0,0 0044	1	$\bar{1}$,9 9956*	643	3,7 9212	87.25	1,5 2571*
4538*	36	4539	30	5670	277	4330*	5715*	278	4285	0045*	0	9955	639	8569	24	2542*
4567*	37	4569*	29	5947	276	4053*	5993*	276	4007	0045	1	9955*	635	7930*	23	2513*
4596	38	4598*	29	6223	274	3777*	6269*	274	3731	0046*	0	9954	631	7295*	22	2484*
4625	39	4627*	29	6497*	272	3503	6543	273	3457*	0046	1	9954*	628	6664*	21	2455*
0,0 4654	2.40	0,0 4656*	29	$\bar{2}$,6 6769*	270	1,3 3231	$\bar{2}$,6 6816*	271	1,3 3184	0,0 0047	1	$\bar{1}$,9 9953*	623	3,7 6036	87.20	1,5 2425
4683	41	4685	29	7039	269	2961*	7087*	269	2913	0048*	0	9952	619	5413	19	2396
4712	42	4714	29	7308	267	2692*	7356	268	2644*	0048	1	9952*	616	4794*	18	2367
4741	43	4743	29	7575	266	2425*	7624*	266	2376	0049*	0	9951	612	4178	17	2338
4771*	44	4772	29	7841*	263	2159	7890*	264	2110	0049	1	9951*	608	3566	16	2309
0,0 4800*	2.45	0,0 4801	30	$\bar{2}$,6 8104	263	1,3 1896*	$\bar{2}$,6 8154	263	1,3 1846*	0,0 0050	1	$\bar{1}$,9 9950*	604	3,7 2958	87.15	1,5 2280*
4829*	46	4831*	28	8367*	260	1633	8417	261	1583*	0051*	0	9949	601	2354*	14	2251*
4858*	47	4860*	29	8627	259	1373*	8678	260	1322*	0051	1	9949*	597	1753*	13	2222*
4887*	48	4889*	29	8886	258	1114*	8938	258	1062*	0052*	0	9948	594	1156*	12	2193*
4916	49	4918*	29	9144*	256	0856	9196	257	0804*	0052	1	9948*	590	0562*	11	2164*
0,0 4945	2.50	0,0 4947	29	$\bar{2}$,6 9400*	254	1,3 0600	$\bar{2}$,6 9453*	255	1,3 0547	0,0 0053	1	$\bar{1}$,9 9947*	587	3,6 9972*	87.10	1,5 2135*
4974	51	4976	29	9654	253	0346*	9708	254	0292*	0054*	0	9946	583	9385*	9	2105
5003	52	5005	29	9907	252	0093*	9962*	252	0038	0054	1	9946*	580	8802*	8	2076
5032	53	5034	30	$\bar{2}$,7 0159*	250	1,2 9841	$\bar{2}$,7 0214*	251	1,2 9786	0055	1	9945*	577	8222*	7	2047
5061	54	5064*	29	0409*	249	9591	0465*	249	9535	0056*	0	9944	573	7645*	6	2018
0,0 5091*	2.55	0,0 5093*	29	$\bar{2}$,7 0658*	247	1,2 9342	$\bar{2}$,7 0714*	248	1,2 9286	0,0 0056	1	$\bar{1}$,9 9944*	570	3,6 7072*	87. 5	1,5 1989
5120*	56	5122*	29	0905*	246	9095	0962*	246	9038	0057*	1	9943	567	6502*	4	1960
5149*	57	5151*	29	1151*	244	8849	1208	245	8792*	0058*	0	9942	564	5935*	3	1931*
5178*	58	5180	29	1395	243	8605*	1453	244	8547*	0058	1	9942*	560	5371	2	1902*
5207*	59	5209	29	1638	242	8362*	1697	243	8303*	0059*	1	9941	558	4811*	1	1873*
0,0 5236*	2.60	0,0 5238		$\bar{2}$,7 1880		1,2 8120*	$\bar{2}$,7 1940*		1,2 8060	0,0 0060*		$\bar{1}$,9 9940		3,6 4253	87. 0	1,5 1844*
x = 87° Lx = 3,6 4253				cos x Séh Lx	D	séc x Cosh Lx	cot x Coséh Lx	D	tang x Sib Lx	coséc x Coth Lx	D	sin x Tab Lx	D	R = 1 Lx	d. m.	R = 1 x

x		Lx		sin x	D	coséc x	tang x	D	cot x	séc x	D	cos x	x = 3°			
R = 1	d. m.	R = 1	D	Tab Lx		Coth Lx	Sib Lx		Coséh Lx	Cosh Lx		Séh Lx	Lx = 0,0 5238			
0,0 5236*	3. 0	0,0 5238	30	2̄,7 1880	240	1,2 8120*	2̄,7 1940*	241	1,2 8060	0,0 0060*	0	1̄,9 9940	554	3,6 4253	86.60	1,5 1844*
5265	1	5268*	29	2120	239	7880*	2181*	239	7819	0060	1	9940*	551	3699	59	1815*
5294	2	5297*	29	2359	238	7641*	2420	239	7580*	0061*	1	9939	548	3148*	58	1785
5323	3	5326*	29	2597	237	7403*	2659*	237	7341	0062*	0	9938	546	2600*	57	1756
5352	4	5355*	29	2834*	235	7166	2896*	236	7104	0062	1	9938*	542	2054	56	1727
0,0 5381	3. 5	0,0 5384	29	2̄,7 3069*	234	1,2 6931	2̄,7 3132*	234	1,2 6868	0,0 0063*	1	1̄,9 9937	539	3,6 1512	86.55	1,5 1698
5411*	6	5413	29	3303*	232	6697	3366	234	6634*	0064*	0	9936	537	0973*	54	1669
5440*	7	5442	29	3535	232	6465*	3600*	232	6400	0064	1	9936*	533	0436	53	1640
5469*	8	5471	30	3767*	230	6233	3832*	231	6168	0065*	1	9935	531	3,5 9903*	52	1611*
5498*	9	5501*	29	3997*	229	6003	4063*	229	5937	0066*	0	9934	528	9372*	51	1582*
0,0 5527*	3.10	0,0 5530*	29	2̄,7 4226*	228	1,2 5774	2̄,7 4292	229	1,2 5708*	0,0 0066	1	1̄,9 9934*	525	3,5 8844	86.50	1,5 1553*
5556*	11	5559*	29	4454*	226	5546	4521*	227	5479	0067	1	9933*	523	8319*	49	1524*
5585	12	5588*	29	4680	226	5320*	4748*	226	5252	0068*	0	9932	519	7796	48	1495*
5614	13	5617	29	4906*	224	5094	4974	225	5026*	0068	1	9932*	517	7277*	47	1465
5643	14	5646	29	5130*	223	4870	5199*	224	4801	0069	1	9931*	515	6760*	46	1436
0,0 5672	3.15	0,0 5675	29	2̄,7 5353*	222	1,2 4647	2̄,7 5423*	222	1,2 4577	0,0 0070*	1	1̄,9 9930	512	3,5 6245	86.45	1,5 1407
5701	16	5704	30	5575*	220	4425	5645	222	4355*	0071*	0	9929	509	5733	44	1378
5730	17	5734*	29	5795	220	4205*	5867*	220	4133	0071	1	9929*	506	5224	43	1349
5760*	18	5763*	28	6015	219	3985*	6087	219	3913*	0072	1	9928*	505	4718*	42	1320
5789*	19	5792*	29	6234*	217	3766	6306	219	3694*	0073*	1	9927	501	4213	41	1291*
0,0 5818*	3.20	0,0 5821	28	2̄,7 6451	216	1,2 3549*	2̄,7 6525*	217	1,2 3475	0,0 0074*	0	1̄,9 9926	499	3,5 3712*	86.40	1,5 1262*
5847*	21	5850	29	6667	216	3333*	6742*	216	3258	0074	1	9926*	497	3213*	39	1233*
5876*	22	5879	29	6883*	214	3117	6958*	215	3042	0075	1	9925*	494	2716	38	1204*
5905	23	5908	29	7097*	213	2903	7173*	214	2827	0076*	1	9924	491	2222	37	1175*
5934	24	5938*	28	7310	212	2690*	7387*	213	2613	0077*	0	9923	490	1731*	36	1146*
0,0 5963	3.25	0,0 5967*	29	2̄,7 7522	211	1,2 2478*	2̄,7 7600*	211	1,2 2400	0,0 0077	1	1̄,9 9923*	487	3,5 1241	86.35	1,5 1116
5992	26	5996*	28	7733	210	2267*	7811	211	2189*	0078	1	9922*	484	0754	34	1087
6021	27	6025	29	7943	209	2057*	8022	210	1978*	0079*	1	9921	482	0270*	33	1058
6050	28	6054	28	8152	208	1848*	8232*	209	1768	0080*	0	9920	480	3,4 9788*	32	1029
6080*	29	6083	29	8360	208	1640*	8441*	208	1559	0080	1	9920*	478	9308*	31	1000
0,0 6109*	3.30	0,0 6112	30	2̄,7 8568*	206	1,2 1432	2̄,7 8649*	200	1,2 1351	0,0 0081	1	1̄,9 9919*	475	3,4 8830	86.30	1,5 0971*
6138*	31	6142*	29	8774*	205	1226	8855	206	1145*	0082*	1	9918	473	8355*	29	0942*
6167*	32	6171*	29	8979*	204	1021	9061	205	0939*	0083*	0	9917	471	7882*	28	0913*
6196*	33	6200*	29	9183*	203	0817	9266	204	0734*	0083	1	9917*	469	7411*	27	0884*
6225	34	6229	29	9386*	202	0614	9470	203	0530*	0084	1	9916*	467	6942*	26	0855*
0,0 6254	3.35	0,0 6258	29	2̄,7 9588	201	1,2 0412*	2̄,7 9673	202	1,2 0327*	0,0 0085*	1	1̄,9 9915	464	3,4 6475	86 25	1,5 0826*
6283	36	6287	29	9789	201	0211*	9875	201	0125*	0086*	1	9914	462	6011	24	0796
6312	37	6316	30	9990*	199	0010	2̄,8 0076	201	1,1 9924*	0087*	0	9913	460	5549	23	0767
6341	38	6346*	29	2̄,8 0189	199	1,1 9811*	0277*	199	9723	0087	1	9913*	458	5089*	22	0738
6370	39	6375*	29	0388*	197	9612	0476*	198	9524	0088	1	9912*	456	4631*	21	0709
0,0 6400*	3.40	0,0 6404*	29	2̄,8 0585	197	1,1 9415*	2̄,8 0674	198	1,1 9326*	0,0 0089*	1	1̄,9 9911	454	3,4 4175*	86.20	1,5 0680
6429*	41	6433	29	0782*	196	9218	0872*	198	9128	0090*	1	9910	452	3721	19	0651
6458*	42	6462	29	0978*	195	9022	1068	196	8932*	0091*	0	9909	449	3269	18	0622*
6487*	43	6491	30	1173*	194	8827	1264	195	8736*	0091	1	9909*	448	2820*	17	0593*
6516*	44	6521*	29	1367*	193	8633	1459*	194	8541	0092	1	9908*	446	2372*	16	0564*
0,0 6545*	3.45	0,0 6550*	29	2̄,8 1560*	192	1,1 8440	2̄,8 1653*	193	1,1 8347	0,0 0093	1	1̄,9 9907*	444	3,4 1926	86.15	1,5 0535*
6574	46	6579*	29	1752	192	8248*	1846	192	8154*	0094*	1	9906	441	1482	14	0506*
6603	47	6608*	29	1944*	190	8056	2038	192	7962*	0095*	1	9905	440	1041*	13	0476
6632	48	6637	29	2134	190	7866*	2230*	190	7770	0096*	0	9904	438	0601*	12	0447
6661	49	6666	29	2324	189	7676*	2420	190	7580*	0096	1	9904*	436	0163*	11	0418
0,0 6690	3.50	0,0 6695	30	2̄,8 2513*	188	1,1 7487	2̄,8 2610	189	1,1 7390*	0,0 0097	1	1̄,9 9903*	435	3,3 9727*	86.10	1,5 0389
6720*	51	6725*	29	2701	187	7299*	2799	188	7201*	0098	1	9902*	432	9292	9	0360
6749*	52	6754*	29	2888	187	7112*	2987	188	7013*	0099*	1	9901	430	8860	8	0331
6778*	53	6783*	29	3075*	186	6925	3175*	186	6825	0100*	1	9900	429	8430*	7	0302*
6807*	54	6812	29	3261*	185	6739	3361	186	6639*	0101*	1	9899	427	8001	6	0273*
0,0 6836*	3.55	0,0 6841	29	2̄,8 3446*	184	1,1 6554	2̄,8 3547	185	1,1 6453*	0,0 0102*	0	1̄,9 9898	425	3,3 7574	86. 5	1,5 0244*
6865*	56	6870	30	3630*	183	6370	3732	184	6268*	0102	1	9898*	423	7149	4	0215*
6894	57	6900*	29	3813	183	6187*	3916	184	6084*	0103	1	9897*	421	6726	3	0186*
6923	58	6929*	29	3996*	181	6004	4100*	182	5900	0104	1	9896*	420	6305*	2	0156
6952	59	6958*	29	4177	181	5823*	4282	182	5718*	0105	1	9895*	418	5885	1	0127
0,0 6981	3.60	0,0 6987*		2̄,8 4358		1,1 5642*	2̄,8 4464		1,1 5536*	0,0 0106*		1̄,9 9894		3,3 5467	86. 0	1,5 0098
x = 86°				cos x	D	séc x	cot x	D	tang x	coséc x	D	sin x	D	R = 1	d. m.	R = 1
Lx = 3,35 467				Séh Lx		Cosh Lx	Coséh Lx		Sib Lx	Coth Lx		Tah Lx		Lx		x

x R = 1	d. m.	Lx R = 1	C	sin x Tab Lx	D	coséc x Coth Lx	tang x Sih Lx	D	cot x Coséh Lx	séc x Cosh Lx	D	cos x Séh Lx	x = 4° Lx = 0,0 6987*			
0,0 6981	4. 0	0,0 6987*	29	2̄,8 4358	181	1,1 5642*	2̄,8 4464	182	1,1 5536*	0,0 0106*	1	1̄,9 9894	416	3,3 5467	85.60	1,5 0098
7010	1	7016	29	4539*	179	5461	4646*	180	5354	0107*	1	9893	414	5051	59	0069
7039*	2	7045	29	4718	179	5282*	4826*	180	5174	0108*	1	9892	413	4637*	58	0040
7069*	3	7074	30	4897	178	5103*	5006*	179	4994	0109*	0	9891	411	4224	57	0011
7098*	4	7104*	29	5075	177	4925*	5185*	178	4815	0109	1	9891*	409	3813	56	1,4 9982*
0,0 7127*	4. 5	0,0 7133*	29	2̄,8 5252	177	1,1 4748*	2̄,8 5363*	177	1,1 4637	0,0 0110	1	1̄,9 9890*	408	3,3 3404*	85.55	1,4 9953*
7156*	6	7162*	29	5429	176	4571*	5540	177	4460*	0111	1	9889*	406	2996	54	9924*
7185*	7	7191	29	5605*	175	4395	5717	176	4283*	0112	1	9888*	404	2590	53	9895*
7214	8	7220	29	5780	175	4220*	5893	176	4107*	0113	1	9887*	403	2186*	52	9866*
7243	9	7249	30	5955*	173	4045	6069*	174	3931	0114	1	9886*	401	1783*	51	9837*
0,0 7272	4.10	0,0 7279*	29	2̄,8 6128	173	1,1 3872*	2̄,8 6243	174	1,1 3757*	0,0 0115*	1	1̄,9 9885	400	3,3 1382*	85.50	1,4 9807
7301	11	7308*	29	6301	173	3699*	6417	174	3583*	0116*	1	9884	398	0982	49	9778
7330	12	7337*	29	6474*	171	3526	6591*	172	3409	0117*	1	9883	396	0584	48	9749
7359	13	7366	29	6645	171	3355*	6763	172	3237*	0118*	1	9882	395	0188*	47	9720
7389*	14	7395	29	6816	171	3184*	6935	171	3065*	0119*	1	9881	393	3,2 9793*	46	9691
0,0 7418*	4.15	0,0 7424	30	2̄,8 6987*	169	1,1 3013	2̄,8 7106	171	1,1 2894*	0,0 0120*	1	1̄,9 9880	392	3,2 9400*	85.45	1,4 9662*
7447*	16	7454*	29	7156	169	2844*	7277*	170	2723	0121*	0	9879	390	9008*	44	9633*
7476*	17	7483*	29	7325	169	2675*	7447*	169	2553	0121	1	9879*	389	8618*	43	9604*
7505*	18	7512*	29	7494*	167	2506	7616	169	2384*	0122	1	9878*	387	8229*	42	9575*
7534	19	7541	29	7661	168	2339*	7785*	168	2215	0123	1	9877*	386	7842*	41	9546*
0,0 7563	4.20	0,0 7570	29	2̄,8 7829*	166	1,1 2171	2̄,8 7953*	167	1,1 2047	0,0 0124	1	1̄,9 9876*	384	3,2 7456	85.40	1,4 9517*
7592	21	7599	30	7995*	166	2005	8120	167	1880*	0125	1	9875*	383	7072*	39	9487
7621	22	7629*	29	8161*	165	1839	8287*	166	1713	0126	1	9874*	381	6689	38	9458
7650	23	7658*	29	8326*	164	1674	8453	165	1547*	0127	1	9873*	380	6308*	37	9429
7679	24	7687	29	8490	164	1510*	8618	165	1382*	0128	1	9872*	379	5928*	36	9400
0,0 7709*	4.25	0,0 7716	29	2̄,8 8654	163	1,1 1346*	2̄,8 8783	165	1,1 1217*	0,0 0129	1	1̄,9 9871*	377	3,2 5549	85.35	1,4 9371
7738*	26	7745	30	8817	163	1183*	8948*	163	1052	0130	1	9870*	375	5172	34	9342
7767*	27	7775*	29	8980	162	1020*	9111	163	0889*	0131	1	9869*	374	4797*	33	9313*
7796*	28	7804*	29	9142	162	0858*	9274	163	0726*	0132	1	9868*	373	4423*	32	9284*
7825*	29	7833*	29	9304*	160	0696	9437*	161	0563	0133	1	9867*	372	4050*	31	9255*
0,0 7854*	4.30	0,0 7862	29	2̄,8 9464	161	1,1 0536*	2̄,8 9598	162	1,1 0402*	0,0 0134	1	1̄,9 9866*	370	3,2 3678	85.30	1,4 9226*
7833	31	7891	29	9625*	159	0375	9760*	160	0240	0135	1	9865*	369	3308	29	9197*
7912	32	7920	30	9784	159	0216*	9920	160	0080*	0136	1	9864*	367	2939	28	9167
7941	33	7950*	29	9943	159	0057*	2̄,9 0080	160	1,0 9920*	0137	1	9863*	366	2572	27	9138
7970	34	7979*	29	2̄,9 0102*	158	1,0 9898	0240*	159	9760	0138	1	9862*	365	2206	26	9109
0,0 7999	4.35	0,0 8008*	29	2̄,9 0260*	157	1,0 9740	2̄,9 0399*	158	1,0 9601	0,0 0139	1	1̄,9 9861*	363	3,2 1841	85.25	1,4 9080
8029*	36	8037	29	0417*	157	9583	0557*	158	9443	0140	1	9860*	362	1478	24	9051
8058*	37	8066	30	0574*	155	9426	0715*	157	9285	0141	1	9859*	361	1116*	23	9022
8087*	38	8096*	29	0730*	155	9270	0872*	157	9128	0142	1	9858*	359	0755	22	8993*
8116*	39	8125*	29	0885	153	9115*	1029*	156	8971	0143	1	9857*	358	0396*	21	8964*
0,0 8145*	4.40	0,0 8154*	29	2̄,9 1040	155	1,0 8960*	2̄,9 1185*	155	1,0 8815	0,0 0144	1	1̄,9 9856*	357	3,2 0038*	85.20	1,4 8935*
8174*	41	8183	29	1195*	154	8805	1340	155	8660*	0145	1	9855*	356	3,1 9681*	19	8906*
8203	42	8212	29	1349*	153	8651	1495	155	8505*	0146	1	9854*	354	9325	18	8877*
8232	43	8241	30	1502	153	8498*	1650*	153	8350	0147	1	9853*	353	8971*	17	8847
8261	44	8271*	29	1655	152	8345*	1803	154	8197*	0148	1	9852*	352	8618*	16	8818
0,0 8290	4.45	0,0 8300*	29	2̄,9 1807	152	1,0 8193*	2̄,9 1957*	153	1,0 8043	0,0 0149	1	1̄,9 9851*	351	3,1 8266*	85.15	1,4 8789
8319	46	8329	29	1959	151	8041*	2110*	152	7890	0150	2	9850*	349	7915*	14	8760
8348	47	8358	29	2110	151	7890*	2262*	152	7738	0152*	1	9848	349	7566*	13	8731
8378*	48	8387	30	2261	150	7739*	2414*	151	7586	0153*	1	9847	347	7217	12	8702
8407*	49	8417*	29	2411	150	7589*	2565*	151	7435	0154*	1	9846	346	6870	11	8673*
0,0 8436*	4.50	0,0 8446*	29	2̄,9 2561*	149	1,0 7439	2̄,9 2716*	150	1,0 7284	0,0 0155*	1	1̄,9 9845	344	3,1 6524	85.10	1,4 8644*
8465*	51	8475*	29	2710	149	7290*	2866*	150	7134	0156*	1	9844	344	6180*	9	8615*
8494*	52	8504	29	2859*	148	7141	3016*	149	6984	0157*	1	9843	342	5836	8	8586*
8523	53	8533	30	3007*	147	6993	3165*	148	6835	0158*	1	9842	341	5494	7	8557*
8552	54	8563*	29	3154	147	6846*	3313	149	6687*	0159	1	9841*	340	5153*	6	8528*
0,0 8581	4.55	0,0 8592*	29	2̄,9 3301	147	1,0 6699*	2̄,9 3462*	147	1,0 6538	0,0 0160	1	1̄,9 9840*	339	3,1 4813*	85. 5	1,4 8498
8610	56	8621*	29	3448	146	6552*	3609	147	6391*	0161	1	9839*	338	4474	4	8469
8639	57	8650	29	3594	146	6406*	3756	147	6244*	0162	1	9838*	336	4136	3	8440
8668	58	8679	30	3740*	145	6260	3903	146	6097*	0163	1	9837*	336	3800*	2	8411
8698*	59	8709*	29	3885*	145	6115	4049	146	5951*	0164	2	9836*	334	3464	1	8382
0,0 8727*	4.60	0,0 8738*		2̄,9 4030*		1,0 5970	2̄,9 4195		1,0 5805*	0,0 0166*		1̄,9 9834		3,1 3130	85. 0	1,4 8353*
x = 85° Lx = 3,1 3130				cos x Séh Lx	D	séc x Cosh L x	cot x Coséh Lx	D	tang x Sih Lx	coséc x Coth Lx	D	sin x Tab Lx	D	R = 1 Lx	d. m.	R = 1 x

x R = 1	x d. m.	Lx R = 1	D	sin x Tab Lx	D	coséc x Coth Lx	tang x Sih Lx	D	cot x Coséh Lx	séc x Cosh Lx	D	cos x Séh Lx	x = 5° Lx = 0,0 8738*			
0,0 8727*	5. 0	0,0 8738*	29	2̄,9 4030*	144	1,0 5970	2̄,9 4195	145	1,0 5805*	0,0 0166*	1	1̄,9 9834	333	3,1 3130	84.60	1,4 8353*
8756*	1	8767*	29	4174*	143	5826	4340	145	5660*	0167*	1	9833	332	2797*	59	8324*
8785*	2	8796	28	4317	144	5683*	4485	145	5515*	0168*	1	9832	331	2465*	58	8295*
8814*	3	8825	30	4461*	142	5539	4630*	143	5370	0169*	1	9831	330	2134*	57	8266*
8843	4	8855*	29	4603	143	5397*	4773	144	5227*	0170	1	9830*	329	1804*	56	8237*
0,0 8872	5. 5	0,0 8884*	29	2̄,9 4746*	141	1,0 5254	2̄,9 4917*	143	1,0 5083	0,0 0171	1	1̄,9 9829*	328	3,1 1475	84 55	1,4 8208*
8901	6	8913*	29	4887	142	5113*	5060*	142	4940	0172	1	9828*	326	1147	54	8178
8930	7	8942	29	5029*	141	4971	5202	142	4798*	0173	2	9827*	326	0821*	53	8149
8959	8	8971	30	5170*	140	4830	5344	142	4656*	0175*	1	9825	325	0495*	52	8120
8988	9	9001*	29	5310*	140	4690	5486*	141	4514	0176*	1	9824	323	0170	51	8091
0,0 9018*	5.10	0,0 9030*	29	2̄,9 5450*	139	1,0 4550	2̄,9 5627*	140	1,0 4373	0,0 0177*	1	1̄,9 9823	323	3,0 9847*	84.50	1,4 8062
9047*	11	9059*	29	5589	139	4411*	5767	141	4233*	0178*	1	9822	321	9524	49	8033
9076*	12	9088	29	5728	139	4272*	5908*	139	4092	0179	1	9821*	321	9203*	48	8004*
9105*	13	9117	50	5867	138	4133*	6047	140	3953*	0180	1	9820*	319	8882	47	7975*
9134*	14	9147*	28	6005	138	3995*	6187*	138	3813	0181	2	9819*	318	8563	46	7946*
0,0 9163*	5.15	0,0 9176*	29	2̄,9 6143*	137	1,0 3857	2,9 6325	139	1,0 3675*	0,0 0183*	1	1̄,9 9817	318	3,0 8245*	84.45	1,4 7917*
9192	16	9205	29	6280	137	3720*	6464*	138	3536	0184*	1	9816	316	7927	44	7888*
9221	17	9234	29	6417*	136	3583	6602*	137	3398	0185*	1	9815	316	7611*	43	7858
9250	18	9263	30	6553	136	3447*	6739	138	3261*	0186	1	9814*	314	7295	42	7829
9279	19	9293*	29	6689	136	3311*	6877*	136	3123	0187	1	9813*	313	6981*	41	7800
0,0 9308	5.20	0,0 9322*	29	2̄,9 6825*	135	1,0 3175	2̄,9 7013	137	1,0 2987*	0,0 0188	2	1̄,9 9812*	313	3,0 6668*	84.40	1,4 7771
9338*	21	9351	29	6960*	135	3040	7150*	135	2850	0190*	1	9810	311	6355	39	7742
9367*	22	9380	30	7095*	134	2905	7285	136	2715*	0191*	1	9809	311	6044*	38	7713*
9396*	23	9410*	29	7229*	134	2771	7421*	135	2579	0192*	1	9808	310	5733	37	7684*
9425*	24	9439*	29	7363*	133	2637	7556*	135	2444	0193	1	9807*	308	5423	36	7655*
0,0 9454*	5.25	0,0 9468*	29	2̄,9 7496	133	1,0 2504*	2̄,9 7691*	134	1,0 2309	0,0 0194	2	1̄,9 9806*	308	3,0 5115*	84.35	1,4 7626*
9483*	26	9497	29	7629	133	2371*	7825*	134	2175	0196*	1	9804	307	4807	34	7597*
9512	27	9526	30	7762*	132	2238	7959*	133	2041	0197*	1	9803	305	4500	33	7568*
9541	28	9556*	29	7894	132	2106*	8092	133	1908*	0198*	1	9802	305	4195*	32	7539*
9570	29	9585*	29	8026*	131	1974	8225	133	1775*	0199	1	9801*	304	3890*	31	7509
0,0 9599	5.30	0,0 9614	29	2̄,9 8157	131	1,0 1843*	2̄,9 8358*	132	1,0 1642	0,0 0200	2	1̄,9 9800*	303	3,0 3586*	84.30	1,4 7480
9628	31	9643	30	8288	131	1712*	8490*	132	1510	0202*	1	9798	302	3283*	29	7451
9657	32	9673*	29	8419*	130	1581	8622*	131	1378	0203*	1	9797	302	2981*	28	7422
9687*	33	9702*	29	8549	130	1451*	8753	131	1247*	0204	1	9796*	300	2679	27	7393
9716*	34	9731*	29	8679*	129	1321	8884	131	1116*	0205	2	9795*	298	2379	26	7364*
0,0 9745*	5.35	0,0 9760	29	2̄,9 8808	129	1,0 1192*	2,9 9015*	130	1,0 0985	0,0 0207*	1	1̄,9 9793	299	3,0 2080*	84.25	1,4 7335*
9774*	36	9789	30	8937	129	1063*	9145	130	0855*	0208*	1	9792	298	1781	24	7306*
9803*	37	9819*	29	9066	128	0934*	9275	130	0725*	0209	1	9791*	296	1483	23	7277*
9832	38	9848*	29	9194	128	0806*	9405*	129	0595	0210	2	9790*	296	1187*	22	7248*
9861	39	9877	29	9322	128	0678*	9534*	128	0466	0212*	1	9788	295	0891*	21	7219*
0,0 9890	5.40	0,0 9906	30	2̄,9 9450*	127	1,0 0550	2̄,9 9662	129	1,0 0338*	0,0 0213*	1	1̄,9 9787	294	3,0 0596*	84.20	1,4 7189
9919	41	9936*	29	9577*	127	0423	9791*	128	0209	0214	1	9786*	294	0302*	19	7160
9948	42	9965*	29	9704*	126	0296	9919*	127	0081	0215	2	9785*	292	0008	18	7131
9977	43	9994	29	9830*	126	0170	1̄,0 0046	128	0,9 9954*	0217*	1	9783	292	2,9 9716*	17	7102
0,1 0007*	44	0,1 0023	30	9956*	126	0044	0174*	127	9826	0218*	1	9782	291	9424	16	7073
0,1 0036*	5.45	0,1 0053*	29	1̄,0 0082*	125	0,9 9918	1̄,0 0301*	126	0,9 9699	0,0 0219	1	1̄,9 9781*	289	2,9 9133	84.15	1,4 7044
0065*	46	0082*	29	0207*	125	9793	0427	126	9573*	0220	2	9780*	290	8844*	14	7015*
0094*	47	0111*	29	0332*	124	9668	0553	126	9447*	0222*	1	9778	288	8554	13	6986*
0123*	48	0140	29	0456	125	9544*	0679	126	9321*	0223*	1	9777	287	8266	12	6957*
0152*	49	0169	30	0581*	123	9419	0805*	125	9195	0224	1	9776*	287	7979*	11	6928*
0,1 0181	5.50	0,1 0199*	29	1̄,0 0704	124	0,9 9296*	1̄,0 0930*	125	0,9 9070	0,0 0225	2	1̄,9 9775*	286	2,9 7692	84.10	1,4 6899*
0210	51	0228*	29	0828*	123	9172	1055*	124	8945	0227*	1	9773	285	7406	9	6869
0239	52	0257	29	0951*	123	9049	1179	124	8821*	0228	1	9772*	284	7121	8	6840
0268	53	0286	30	1074*	122	8926	1303	124	8697*	0229	2	9771*	283	6837	7	6811
0297	54	0316*	29	1196	122	8804*	1427*	123	8573	0231*	1	9769	283	6554*	6	6782
0,1 0327*	5.55	0,1 0345*	29	1̄,0 1318	122	0,9 8682*	1̄,0 1550	123	0,9 8450*	0,0 0232*	1	1̄,9 9768	282	2,9 6271	84. 5	1,4 6753
0356*	56	0374	29	1440*	121	8560	1673	123	8327*	0233	2	9767*	281	5989	4	6724
0385*	57	0403	30	1561	121	8439*	1796*	122	8204	0235*	1	9765	280	5708	3	6695*
0414*	58	0433*	29	1682	121	8318*	1918	122	8082*	0236*	1	9764	279	5428	2	6666*
0443*	59	0462*	29	1803	120	8197*	2040	122	7960*	0237	2	9763*	279	5149*	1	6637*
0,1 0472*	5.60	0,1 0491		1̄,0 1933		0,9 8077*	1̄,0 2162		0,9 7838*	0,0 0239*		1̄,9 9761		2,9 4870	84. 0	1,4 6608*
x = 84° Lx = 2̄,9 4870				cos x Séh Lx	D	séc x Cosh Lx	cot x Coséh Lx	D	tang x Sih Lx	coséc x Coth Lx	D	sin x Tab Lx	D	Lx R = 1	x d. m.	x R = 1

x R = 1	d. m.	L*x* R = 1	D	sin *x* **Tab** L*x*	D	coséc *x* **Coth** L*x*	tang *x* **Sih** L*x*	D	cot *x* **Coséh** L*x*	séc *x* **Cosh** L*x*	D	cos *x* **Séb** L*x*	D	*x* = 6° L*x* = 0,1 0491		
0,1 0472*	6. 0	0,1 0491	29	$\bar{1}$,0 1923	120	0,9 8077*	$\bar{1}$,0 2162	121	0,9 7838*	0,0 0239*	1	$\bar{1}$,9 9761	278	2,9 4870	83.60	1,4 6608*
0501	1	0520	30	2043	120	7957*	2283	121	7717*	0240*	1	9760	277	4592	59	6579*
0530	2	0550*	29	2163	120	7837*	2404	121	7596*	0241	2	9759*	276	4315*	58	6549
0559	3	0579*	29	2283*	119	7717	2525	120	7475*	0243*	1	9757	276	4039	57	6520
0588	4	0608	29	2402*	118	7598	2645	121	7355*	0244*	1	9756	275	3763	56	6491
0,1 0617	6. 5	0,1 0637	30	$\bar{1}$,0 2520	119	0,9 7480*	$\bar{1}$,0 2766*	119	0,9 7234	0,0 0245	2	$\bar{1}$,9 9755*	274	2,9 3488	83.55	1,4 6462
0647*	6	0667*	29	2639*	118	7361	2885	120	7115*	0247*	1	9753	273	3214	54	6433
0676*	7	0696*	29	2757*	117	7243	3005*	119	6995	0248*	1	9752	273	2941*	53	6404
0705*	8	0725	29	2874	118	7126*	3124*	118	6876	0249	2	9751*	272	2668	52	6375*
0734*	9	0754	30	2992*	117	7008	3242	119	6758*	0251*	1	9749	271	2396	51	6346*
0,1 0763*	6.10	0,1 0784*	29	$\bar{1}$,0 3109*	117	0,9 6891	$\bar{1}$,0 3361*	118	0,9 6639	0,0 0252	1	$\bar{1}$,9 9748*	270	2,9 2125*	83.50	1,4 6317*
0792*	11	0813*	29	3226*	116	6774	3479	118	6521*	0253	2	9747*	270	1855*	49	6288*
0821	12	0842	29	3342	116	6658*	3597*	117	6403	0255*	1	9745	269	1585*	48	6259*
0850	13	0871	30	3458	116	6542*	3714	118	6286*	0256	2	9744*	268	1316*	47	6230*
0879	14	0901	29	3574	116	6426*	3832*	116	6168	0258*	1	9742	268	1048*	46	6200
0,1 0908	6.15	0,1 0930	29	$\bar{1}$,0 3690*	115	0,9 6310	$\bar{1}$,0 3948	117	0,9 6052*	0,0 0259*	1	$\bar{1}$,9 9741	267	2,9 0780	83.45	1,4 6171
0937	16	0959	30	3805*	115	6195	4065	116	5935*	0260	2	9740*	266	0513	44	6142
0966	17	0989*	29	3920*	114	6080	4181	116	5819*	0262*	1	9738	265	0247	43	6113
0996*	18	1018*	29	4034	115	5966*	4297	116	5703*	0263	1	9737*	265	2,8 9982*	42	6084
1025*	19	1047	29	4149*	113	5851	4413*	115	5587	0264	2	9736*	264	9717*	41	6055*
0,1 1054*	6.20	0,1 1076	30	$\bar{1}$,0 4262	114	0,9 5738*	$\bar{1}$,0 4528	115	0,9 5472*	0,0 0266*	1	$\bar{1}$,9 9734	264	2,8 9453*	83.40	1,4 6026*
1083*	21	1106*	29	4376	114	5624*	4643	115	5357*	0267	2	9733*	262	9189	39	5997*
1112*	22	1135*	29	4490*	113	5510	4758	115	5242*	0269*	1	9731	262	8927*	38	5968*
1141	23	1164	29	4603*	112	5397	4873*	114	5127	0270	2	9730*	261	8665*	37	5939*
1170	24	1193	30	4715	113	5285*	4987*	114	5013	0272*	1	9728	261	8404*	36	5910*
0,1 1199	6.25	0,1 1223*	29	$\bar{1}$,0 4828*	112	0,9 5172	$\bar{1}$,0 5101*	113	0,9 4899	0,0 0273*	1	$\bar{1}$,9 9727	260	2,8 8143*	83.35	1,4 5880
1228	26	1252*	29	4940	112	5060*	5214	114	4786*	0274	2	9726*	259	7883*	34	5851
1257	27	1281	30	5052*	112	4948	5328*	113	4672	0276*	1	9724	259	7624*	33	5822
1286	28	1311*	29	5164*	111	4836	5441*	112	4559	0277	2	9723*	258	7365	32	5793
1316*	29	1340*	29	5275*	111	4725	5553	113	4447*	0279*	1	9721	257	7107	31	5764
0,1 1345*	6.30	0,1 1369	29	$\bar{1}$,0 5386*	111	0,9 4614	$\bar{1}$,0 5666*	112	0,9 4334	0,0 0280	2	$\bar{1}$,9 9720*	257	2,8 6850*	83.30	1,4 5735
1374*	31	1398	30	5497*	110	4503	5778	112	4222*	0282*	1	9718	256	6593	29	5706*
1403*	32	1428*	29	5607	110	4393*	5890	112	4110*	0283*	1	9717	255	6337	28	5677*
1432*	33	1457*	29	5717	110	4283*	6002*	111	3998	0284	2	9716*	255	6082*	27	5648*
1461*	34	1486	29	5827	110	4173*	6113*	111	3887	0286*	1	9714	254	5827	26	5619*
0,1 1490	6.35	0,1 1515	30	$\bar{1}$,0 5937*	109	0,9 4063	$\bar{1}$,0 6224	111	0,9 3776*	0,0 0287	2	$\bar{1}$,9 9713*	253	2,8 5573	83.25	1,4 5590
1519	36	1545*	29	6046	109	3954*	6335*	110	3665	0289*	1	9711	253	5320*	24	5560
1548	37	1574	29	6155	109	3845*	6445	111	3555*	0290	2	9710*	252	5067	23	5531
1577	38	1603	30	6264*	108	3736	6556*	110	3444	0292*	1	9708	252	4815*	22	5502
1606	39	1633*	29	6372	109	3628*	6666*	109	3334	0293	2	9707*	250	4563	21	5473
0,1 1636*	6.40	0,1 1662*	29	$\bar{1}$,0 6481*	108	0,9 3519	$\bar{1}$,0 6775	110	0,9 3225*	0,0 0295*	1	1,9 9705	251	2,8 4313*	83.20	1,4 5444
1665*	41	1691	29	6589*	107	3411	6885*	109	3115	0296	2	9704*	249	4062	19	5415
1694*	42	1720	30	6696	108	3304*	6994*	109	3006	0298*	1	9702	249	3813*	18	5386*
1723*	43	1750*	29	6804*	107	3196	7103*	108	2897	0299	2	9701*	249	3564*	17	5357
1752*	44	1779	29	6911*	107	3089	7211	109	2789*	0301*	1	9699	248	3315	16	5328
0,1 1781*	6.45	0,1 1808	30	$\bar{1}$,0 7018*	106	0,9 2982	$\bar{1}$,9 7320*	108	0,9 2680	0,0 0302	2	$\bar{1}$,9 9698*	247	2,8 3067	83.15	1,4 5299*
1810	46	1838*	29	7124	107	2876*	7428*	108	2572	0304*	1	9696	246	2820	14	5270*
1839	47	1867*	29	7231*	106	2769	7536*	107	2464	0305	2	9695*	246	2574*	13	5240
1868	48	1896	30	7337*	105	2663	7643	108	2357*	0307*	1	9693	240	2328*	12	5211
1897	49	1926*	29	7442	106	2558*	7751*	107	2249	0308	2	9692*	244	2082	11	5182
0,1 1926	6.50	0,1 1955*	29	$\bar{1}$,0 7548*	105	0,9 2452	$\bar{1}$,0 7858*	106	0,9 2142	0,0 0310*	1	$\bar{1}$,9 9690	245	2,8 1838*	83.10	1,4 5153
1956*	51	1984	29	7653	105	2347*	7964	107	2036*	0311	2	9689*	243	1593	9	5124
1985*	52	2013	30	7758	105	2242*	8071*	106	1929	0313*	1	9687	243	1350*	8	5095
2014*	53	2043*	29	7863	105	2137*	8177	106	1823*	0314	2	9686*	243	1107*	7	5066*
2043*	54	2072*	29	7968*	104	2032	8283	106	1717*	0316*	1	9684	242	0864	6	5037*
0,1 2072*	6.55	0,1 2101	30	$\bar{1}$,0 8072*	104	0,9 1928	$\bar{1}$,0 8389	106	0,9 1611*	0,0 0317	2	$\bar{1}$,9 9683*	241	2,8 0622	83. 5	1,4 5008*
2101*	56	2131*	29	8176*	104	1824	8495*	105	1505	0319*	1	9681	240	0381	4	4979*
2130	57	2160*	29	8280*	103	1720	8600*	105	1400	0320	2	9680*	241	0141	3	4950*
2159	58	2189	30	8383	103	1617*	8705	105	1295*	0322*	1	9678	239	2,7 9900*	2	4921*
2188	59	2219*	29	8486	103	1514*	8810*	104	1190	0323	2	9677*	239	9661*	1	4891
0,1 2217	6.60	0,1 2248*		$\bar{1}$,0 8589		0,9 1411*	$\bar{1}$,0 8914		0,9 1086*	0,0 0325*		$\bar{1}$,9 9675		2,7 9422*	83. 0	1,4 4862
x = 83° L*x* = 2,7 9422*				cos *x* **Séb** L*x*	D	séc *x* **Cosh** L*x*	cot *x* **Coséh** L*x*	D	tang *x* **Sih** L*x*	coséc *x* **Coth** L*x*	D	sin *x* **Tab** L*x*	D	L*x* R = 1	d. m.	*x* R = 1

x R = 1	x d. m.	Lx R = 1	D	sin x Tah Lx	D	coséc x Coth Lx	tang x Sib Lx	D	cot x Coséh Lx	séc x Cosh Lx	D	cos x Séh Lx	x = 7°	Lx = 0,1 2248*		
0,1 2217	7°. 0'	0,1 2248*	29	$\bar{1}$,0 8589	103	0,9 1411*	$\bar{1}$,0 8914	105	0,9 1086*	0,0 0325*	1	$\bar{1}$,9 9675	239	2,7 9422*	82.60	1,4 4862
2246	1	2277	29	8692	103	1308*	9019*	104	0981	0326	2	9674*	237	9183	59	4833
2275	2	2306	30	8795*	102	1205	9123*	104	0877	0328	2	9672*	238	8946*	58	4804
2305*	3	2336*	29	8897	102	1103*	9227*	103	0773	0330*	1	9670	236	8708	57	4775
2334*	4	2365	29	8999	102	1001*	9330	104	0670*	0331	2	9669*	237	8472*	56	4746*
0,1 2363*	7. 5	0,1 2394	30	$\bar{1}$,0 9101*	101	0,9 0899	$\bar{1}$,0 9434*	103	0,9 0566	0,0 0333*	1	$\bar{1}$,9 9667	235	2,7 8235	82.55	1,4 4717*
2392*	6	2424*	29	9202	102	0798*	9537*	103	0463	0334	2	9666*	235	8000*	54	4688*
2421*	7	2453*	29	9304*	101	0696	9640*	102	0360	0336*	1	9664	235	7765*	53	4659*
2450	8	2482	30	9405*	101	0595	9742	103	0258*	0337	2	9663*	234	7530	52	4630*
2479	9	2512*	29	9506*	100	0494	9845*	102	0155	0339	2	9661*	233	7296	51	4601*
0,1 2508	7.10	0,1 2541*	29	$\bar{1}$,0 9606	101	0,9 0394*	$\bar{1}$,0 9947*	102	0,9 0053	0,0 0341*	1	$\bar{1}$,9 9659	233	2,7 7063*	82.50	1,4 4571
2537	11	2570	30	9707*	100	0293	$\bar{1}$,1 0049*	101	0,8 9951	0342	2	9658*	232	6830*	49	4542
2566	12	2600*	29	9807*	100	0193	0150	102	9850*	0344*	1	9656	232	6598*	48	4513
2596	13	2629*	29	9907*	99	0093	0252*	101	9748	0345	2	9655*	232	6366*	47	4484
2625*	14	2658	30	$\bar{1}$,1 0006	100	0,8 9994*	0353	101	9647*	0347	2	9653*	230	6134	46	4455
0,1 2654*	7.15	0,1 2688*	29	$\bar{1}$,1 0106*	99	0,8 9894	$\bar{1}$,1 0454	101	0,8 9546*	0,0 0349*	1	$\bar{1}$,9 9651	231	2,7 5904*	82.45	1,4 4426*
2683*	16	2717*	29	0205*	99	9795	0555*	101	9445	0350	2	9650*	229	5673	44	4397*
2712*	17	2746	30	0304*	98	9696	0656*	100	9344	0352*	1	9648	229	5444*	43	4368*
2741*	18	2776*	29	0402	99	9598*	0756*	100	9244	0353	2	9647*	229	5215*	42	4339*
2770*	19	2805*	29	0501*	98	9499	0856	100	9144*	0355	2	9645*	228	4986*	41	4310*
0,1 2799	7.20	0,1 2834	30	$\bar{1}$,1 0599	98	0,8 9401*	$\bar{1}$,1 0956*	100	0,8 9044	0,0 0357*	1	$\bar{1}$,9 9643	228	2,7 4758*	82.40	1,4 4281*
2828	21	2864*	29	0697	98	9303*	1056*	99	8944	0358	2	9642*	227	4530	39	4251
2857	22	2893*	29	0795	98	9205*	1155	99	8845*	0360*	2	9640	227	4303*	38	4222
2886	23	2922	29	0893*	97	9107	1254	99	8746*	0362*	1	9638	226	4076	37	4193
2915	24	2951	30	0990	97	9010*	1353	99	8647*	0363	2	9637*	225	3850	36	4164
0,1 2945*	7.25	0,1 2981*	29	$\bar{1}$,1 1087	97	0,8 8913*	$\bar{1}$,1 1452	99	0,8 8548*	0,0 0365*	2	$\bar{1}$,9 9635	223	2,7 3625*	82.35	1,4 4135
2974*	26	3010	29	1184	97	8816*	1551*	98	8449	0367*	1	9633	225	3400*	34	4106
3003*	27	3039	30	1281*	96	8719	1649	98	8351*	0368	2	9632*	224	3175*	33	4077*
3032*	28	3069*	29	1377	97	8623*	1747	98	8253*	0370*	1	9630	224	2951*	32	4048*
3061*	29	3098	30	1474*	96	8526	1845	98	8155*	0371	2	9629*	223	2727	31	4019*
0,1 3090*	7.30	0,1 3128*	29	$\bar{1}$,1 1570*	96	0,8 8430	$\bar{1}$,1 1943*	97	0,8 8057	0,0 0373	2	$\bar{1}$,9 9627*	222	2,7 2504	82.30	1,4 3990*
3119	31	3157*	29	1666*	95	8334	2040	98	7960*	0375*	1	9625	223	2282*	29	3961*
3148	32	3186	30	1761	96	8239*	2138*	97	7862	0376	2	9624*	221	2059	28	3931
3177	33	3216*	29	1857*	95	8143	2235*	97	7765	0378	2	9622*	221	1838*	27	3902
3206	34	3245*	29	1952*	95	8048	2332*	96	7668	0380*	2	9620	221	1617*	26	3873
0,1 3235	7.35	0,1 3274	30	$\bar{1}$,1 2047*	95	0,8 7953	$\bar{1}$,1 2428	97	0,8 7572*	0,0 0382*	1	$\bar{1}$,9 9618	220	2,7 1396*	82.25	1,4 3844
3265*	36	3304*	29	2142*	94	7858	2525*	96	7475	0383	2	9617*	220	1176*	24	3815
3294*	37	3333*	29	2236	95	7764*	2621	96	7379*	0385*	2	9615	219	0956	23	3786
3323*	38	3362	30	2331*	94	7669	2717	96	7283*	0387*	1	9613	219	0737*	22	3757*
3352*	39	3392*	29	2425*	94	7575	2813	96	7187*	0388	2	9612*	218	0518	21	3728*
0,1 3381*	7.40	0,1 3421*	29	$\bar{1}$,1 2519*	93	0,8 7481	$\bar{1}$,1 2909*	95	0,8 7091	0,0 0390*	2	$\bar{1}$,9 9610	218	2,7 0300*	82.20	1,4 3699*
3410*	41	3450	30	2612	94	7388*	3004	95	6996*	0392*	1	9608	217	0082	19	3670*
3439	42	3480*	29	2706	93	7294*	3099	95	6901*	0393	2	9607*	217	2,6 9865*	18	3641*
3468	43	3509	29	2799	93	7201*	3194	95	6806*	0395	2	9605*	217	9648*	17	3611
3497	44	3538	30	2892	93	7108*	3289	95	6711*	0397*	2	9603	215	9431	16	3582
0,1 3526	7.45	0,1 3568*	29	$\bar{1}$,1 2985	93	0,8 7015*	$\bar{1}$,1 3384*	94	0,8 6616	0,0 0399*	1	$\bar{1}$,9 9601	216	2,6 9216*	82.15	1,4 3553
3555	46	3597	29	3078	93	6922*	3478	95	6522*	0400	2	9600*	215	9000	14	3524
3584	47	3626	30	3171*	92	6829	3573*	94	6427	0402*	2	9598	215	8785*	13	3495
3614*	48	3656*	29	3263*	92	6737	3667*	94	6333	0404*	1	9596	214	8570	12	3466
3643*	49	3685	30	3355	92	6645*	3761*	93	6239	0405	2	9595*	213	8356	11	3437*
0,1 3672*	7.50	0,1 3715*	29	$\bar{1}$,1 3447	92	0,8 6553*	$\bar{1}$,1 3854	94	0,8 6146*	0,0 0407	2	$\bar{1}$,9 9593*	214	2,6 8143*	82.10	1,4 3408*
3701*	51	3744*	29	3539*	91	6461	3948*	93	6052	0409*	2	9591	212	7929	9	3379*
3730*	52	3773	30	3630	92	6370*	4041*	93	5959	0411*	1	9589	213	7717*	8	3350*
3759	53	3803*	29	3722*	91	6278	4134*	93	5866	0412	2	9588*	211	7504	7	3321*
3788	54	3832	29	3813*	91	6187	4227*	93	5773	0414	2	9586*	212	7293*	6	3292*
0,1 3817	7.55	0,1 3861	30	$\bar{1}$,1 3904*	90	0,8 6096	$\bar{1}$,1 4320*	92	0,8 5680	0,0 0416*	2	$\bar{1}$,9 9584	211	2,6 7081	82. 5	1,4 3262
3846	56	3891*	29	3994	91	6006*	4412	92	5588*	0418*	1	9582	210	6870	4	3233
3875	57	3920	29	4085	90	5915*	4504	93	5496*	0419	2	9581*	211	6660*	3	3204
3904	58	3949	30	4175	91	5825*	4597*	91	5403	0421	2	9579*	209	6449	2	3175
3934*	59	3979	29	4266*	90	5734	4688	92	5312*	0423*	2	9577	209	6240*	1	3146
0,1 3963*	7.60	0,1 4008		$\bar{1}$,1 4356*		0,8 5644	$\bar{1}$,1 4780		0,8 5220*	0,0 0425*		$\bar{1}$,9 9575		2,6 6031*	82°. 0'	1,4 3117*
x = 82°	Lx = 2,6 6031*			cos x Séh Lx	D	séc x Cosh Lx	cot x Coséh Lx	D	tang x Sib Lx	coséc x Coth Lx	D	sin x Tah Lx	D	Lx R = 1	x d. m.	x R = 1

x		Lx		sin x	D	coséc x	tang x	D	cot x	séc x	D	cos x	x = 8°			
R = 1	d. m.	R = 1	D	**Tab** L x		**Coth** L x	**Sih** L x		**Coséh** L x	**Cosh** L x		**Séh** L x	Lx = 0,1 4008			
0,1 3963*	8. 0	0,1 4008	30	$\bar{1}$,1 4356*	89	0,8 5644	$\bar{1}$,1 4780	92	0,8 5220*	0,0 0425*	1	$\bar{1}$,9 9575	209	2,6 6031*	81.60	1,4 3117*
3992*	1	4038*	29	4445	90	5555*	4872*	91	5128	0426	2	9574*	209	5822*	59	3088*
4021*	2	4067*	29	4535*	89	5465	4963	91	5037*	0428	2	9572*	207	5613	58	3059*
4050*	3	4096	30	4624	90	5376*	5054	91	4946*	0430	2	9570*	208	5406*	57	3030*
4079*	4	4126*	29	4714*	89	5286	5145	91	4855*	0432*	2	9568	207	5198	56	3001*
0,1 4108	8. 5	0,1 4155	29	$\bar{1}$,1 4803*	88	0,8 5197	$\bar{1}$,1 5236	91	0,8 4764*	0,0 0434*	1	$\bar{1}$,9 9566	207	2,6 4991*	81.55	1,4 2972*
4137	6	4184	30	4891	89	5109*	5327*	90	4673	0435	2	9565*	206	4784	54	2942
4166	7	4214*	29	4980	89	5020*	5417	91	4583*	0437	2	9563*	206	4578	53	2913
4195	8	4243	30	5069*	88	4931	5508*	90	4492	0439	2	9561*	205	4372	52	2884
4224	9	4273*	29	5157*	88	4843	5598*	90	4402	0441*	2	9559	206	4167*	51	2855
0,1 4254*	8.10	0,1 4302	29	$\bar{1}$,1 5245	89	0,8 4755*	$\bar{1}$,1 5688*	89	0,8 4312*	0,0 0443*	1	$\bar{1}$,9 9557	205	2,6 3962*	81.50	1,4 2826
4283*	11	4331	30	5333	88	4667*	5777	90	4223*	0444	2	9556*	204	3757	49	2797
4312*	12	4361*	29	5421*	87	4579	5867	89	4133*	0446	2	9554*	204	3553	48	2768*
4341*	13	4390	30	5508	88	4492*	5956	90	4044*	0448	2	9552*	203	3349	47	2739*
4370*	14	4420*	29	5596*	87	4404	6046*	89	3954	0450*	2	9550	203	3146	46	2710*
0,1 4399*	8.15	0,1 4449*	29	$\bar{1}$,1 5683*	87	0,8 4317	$\bar{1}$,1 6135*	89	0,8 3865	0,0 0452*	2	$\bar{1}$,9 9548	202	2,6 2943	81.45	1,4 2681*
4428	16	4478	30	5770*	87	4230	6224*	88	3776	0454*	1	9546	203	2741*	44	2652*
4457	17	4508*	29	5857*	87	4143	6312	89	3688*	0455	2	9545*	201	2538	43	2623*
4486	18	4537	30	5944*	86	4056	6401*	88	3599	0457	2	9543*	202	2337*	42	2593
4515	19	4567*	29	6030	86	3970*	6489	88	3511*	0459	2	9541*	200	2135	41	2564
0,1 4544	8.20	0,1 4596*	29	$\bar{1}$,1 6116	87	0,8 3884*	$\bar{1}$,1 6577	88	0,8 3423*	0,0 0461*	2	$\bar{1}$,9 9539	201	2,6 1935*	81.40	1,4 2535
4574*	21	4625	30	6203*	86	3797	6665	88	3335*	0463*	2	9537	200	1734	39	2506
4603*	22	4655*	29	6289*	85	3711	6753	88	3247*	0465*	2	9535	200	1534*	38	2477
4632*	23	4684	30	6374	86	3626*	6841*	87	3159	0467*	1	9533	199	1334	37	2448*
4661*	24	4714*	29	6460*	85	3540	6928	88	3072*	0468	2	9532*	199	1135*	36	2419*
0,1 4690*	8.25	0,1 4743*	29	$\bar{1}$,1 6545	86	0,8 3455*	$\bar{1}$,1 7016*	87	0,8 2984	0,0 0470	2	$\bar{1}$,9 9530*	199	2,6 0936*	81.35	1,4 2390*
4719*	26	4772	30	6631*	85	3369	7103*	87	2897	0472	2	9528*	198	0737	34	2361*
4748	27	4802*	29	6716*	85	3284	7190*	87	2810	0474	2	9526*	197	0539	33	2332*
4777	28	4831	30	6801*	85	3199	7277*	86	2723	0476*	2	9524	198	0342*	32	2303*
4806	29	4861*	29	6886*	84	3114	7363	87	2637*	0478*	2	9522	197	0144	31	2273
0,1 4835	8.30	0,1 4890	29	$\bar{1}$,1 6970	85	0,8 3030*	$\bar{1}$,1 7450*	86	0,8 2550	0,0 0480*	2	$\bar{1}$,9 9520	196	2,5 9947	81.30	1,4 2244
4864	31	4919	30	7055*	84	2945	7536	86	2464*	0482*	1	9518	197	9751*	29	2215
4893	32	4949*	29	7139*	84	2861	7622	86	2378*	0483	2	9517*	196	9554	28	2186
4923*	33	4978	30	7223	84	2777*	7708	86	2292*	0485	2	9515*	195	9358	27	2157
4952*	34	5008*	29	7307*	84	2693	7794	86	2206*	0487	2	9513*	195	9163	26	2128*
0,1 4981*	8.35	0,1 5037	30	$\bar{1}$,1 7391*	83	0,8 2609	$\bar{1}$,1 7880*	85	0,8 2120	0,0 0489	2	$\bar{1}$,9 9511*	195	2,5 8968*	81.25	1,4 2099*
5010*	36	5067*	29	7474	84	2526*	7965	86	2035*	0491	2	9509*	194	8773	24	2070*
5039*	37	5096*	29	7558*	83	2442	8051*	85	1949	0493*	2	9507	194	8579*	23	2041*
5068	38	5125	30	7641	83	2359*	8136	85	1864*	0495*	2	9505	194	8385*	22	2012*
5097	39	5155*	29	7724	83	2276*	8221	85	1779*	0497*	2	9503	193	8191	21	1983
0,1 5126	8.40	0,1 5184	30	$\bar{1}$,1 7807	83	0,8 2193*	$\bar{1}$,1 8306*	85	0,8 1694	0,0 0499*	2	$\bar{1}$,9 9501	193	2,5 7998	81.20	1,4 1953
5155	41	5214*	29	7890	83	2110*	8391*	84	1609	0501*	2	9499	192	7805	19	1924
5184	42	5243	29	7973*	82	2027	8475	85	1525*	0503*	2	9497	192	7613*	18	1895
5213	43	5272	30	8055	82	1945*	8560*	84	1440	0505*	1	9495	192	7421*	17	1866
5243*	44	5302*	29	8137	83	1863*	8644*	84	1356	0506	2	9494*	192	7229*	16	1837
0,1 5272*	8.45	0,1 5331	30	$\bar{1}$,1 8220*	82	0,8 1780	$\bar{1}$,1 8728	84	0,8 1272*	0,0 0508	2	$\bar{1}$,9 9492*	191	2,5 7037	81.15	1,4 1808
5301*	46	5361*	29	8302*	81	1698	8812*	84	1188	0510	2	9490*	190	6846	14	1779*
5330*	47	5390	30	8383	82	1617*	8896*	83	1104	0512	2	9488*	191	6656*	13	1750*
5359*	48	5420*	29	8465	82	1535*	8979	84	1021*	0514	2	9486*	190	6465	12	1721*
5388*	49	5449	30	8547*	81	1453	9063*	83	0937	0516	2	9484*	189	6275	11	1692*
0,1 5417	8.50	0,1 5479*	29	$\bar{1}$,1 8628	81	0,8 1372*	$\bar{1}$,1 9146	83	0,8 0854*	0,0 0518	2	$\bar{1}$,9 9482*	189	2,5 6086*	81.10	1,4 1663*
5446	51	5508*	29	8709	81	1291*	9229	83	0771*	0520	2	9480*	189	5897*	9	1633
5475	52	5537	30	8790	81	1210*	9312	83	0688*	0522	2	9478*	189	5708*	8	1604
5504	53	5567*	29	8871	81	1129*	9395	83	0605*	0524	2	9476*	188	5519	7	1575
5533	54	5596	30	8952*	81	1048	9478	83	0522*	0526	2	9474*	188	5331*	6	1546
0,1 5563*	8.55	0,1 5626*	29	$\bar{1}$,1 9033*	80	0,8 0967	$\bar{1}$,1 9561*	82	0,8 0439	0,0 0528	2	$\bar{1}$,9 9472*	187	2,5 5143	81. 5	1,4 1517
5592*	56	5655	30	9113*	80	0887	9643	82	0357*	0530	2	9470*	188	4956*	4	1488
5621*	57	5685*	29	9193	80	0807*	9725	82	0275*	0532	2	9468*	186	4768*	3	1459*
5650*	58	5714	30	9273	80	0727*	9807	82	0193*	0534	2	9466*	187	4582*	2	1430*
5679*	59	5744*	29	9353	80	0647*	9889	82	0111*	0536	2	9464*	186	4395	1	1401*
0,1 5708*	8.60	0,1 5773*		$\bar{1}$,1 9433		0,8 0567*	$\bar{1}$,1 9971		0,8 0029*	0,0 0538		$\bar{1}$,9 9462*		2,5 4209	81. 0	1,4 1372*
x = 81°				cos x	D	séc x	cot x	D	tang x	coséc x	D	sin x	D	R = 1	d. m.	R = 1
Lx = 2,5 4209				**Séh** L x		**Cosh** L x	**Coséh** L x		**Sih** L x	**Coth** L x		**Tab** L x		Lx		x

x (R = 1)	d. m.	Lx (R = 1)	D	sin x / Tah Lx	D	coséc x / Coth Lx	tang x / Sih Lx	D	cot x / Coséh Lx	séc x / Cosh Lx	D	cos x / Séh Lx	D	x = 9°, Lx = 0,1 5773*		
0,1 5708*	9. 0	0,1 5773*	29	1̄,1 9433	80	0,8 0567*	1̄,1 9971	82	0,8 0029*	0,0 0538	2	1̄,9 9462*	186	2,5 4209	80.60	1,4 1372*
5737	1	5802	30	9513*	79	0487	1̄,2 0053*	81	0,7 9947	0540	2	9460*	185	4023	59	1343*
5766	2	5832*	29	9592	80	0408*	0134	82	9866*	0542	2	9458*	185	3838*	58	1313
5795	3	5861	30	9672*	79	0328	0216*	81	9784	0544	2	9456*	185	3653*	57	1284
5824	4	5891*	29	9751	79	0249*	0297	81	9703*	0546	2	9454*	184	3468*	56	1255
0,1 5853	9. 5	0,1 5920	30	1̄,1 9830	79	0,8 0170*	1̄,2 0378	81	0,7 9622*	0,0 0548	2	1̄,9 9452*	185	2,5 3284*	80.55	1,4 1226
5883*	6	5950*	29	9909	79	0091*	0459	81	9541*	0550	2	9450*	183	3099	54	1197
5912*	7	5979	30	9988*	79	0012	0540	81	9460*	0552	2	9448*	184	2916*	53	1168
5941*	8	6009*	29	1̄,2 0067*	78	0,7 9933	0621*	80	9379	0554	2	9446*	183	2732	52	1139*
5970*	9	6038	30	0145	78	9855*	0701	81	9299*	0556	2	9444*	183	2549	51	1110
0,1 5999*	9.10	0,1 6068*	29	1̄,2 0223	79	0,7 9777*	1̄,2 0782*	80	0,7 9218	0,0 0558	2	1̄,9 9442*	183	2,5 2366	80.50	1,4 1081*
6028*	11	6097	29	0302*	78	9698	0862*	80	9138	0560	2	9440*	181	2183*	49	1052*
6057	12	6126	30	0380*	78	9620	0942	80	9058*	0562	2	9438*	182	2002*	48	1023*
6086	13	6156*	29	0458*	77	9542	1022	80	8978*	0564	2	9436*	181	1820	47	0994*
6115	14	6185	30	0535	78	9465*	1102*	80	8898	0566	2	9434*	181	1639*	46	0964
0,1 6144	9.15	0,1 6215*	29	1̄,2 0613	78	0,7 9387*	1̄,2 1182*	79	0,7 8818	0,0 0568	3	1̄,9 9432*	181	2,5 1458*	80.45	1,4 0935
6173	16	6244	30	0691*	77	9309	1261	80	8739*	0571*	2	9429	181	1277*	44	0906
6202	17	6274*	29	0768*	77	9232	1341*	79	8659	0573*	2	9427	180	1096	43	0877
6232*	18	6303	30	0845	77	9155*	1420*	79	8580	0575*	2	9425	180	0916	42	0848
6261*	19	6333*	29	0922	77	9078*	1499*	79	8501	0577*	2	9423	179	0736	41	0819*
0,1 6290*	9.20	0,1 6362	30	1̄,2 0999	77	0,7 9001*	1̄,2 1578*	79	0,7 8422	0,0 0579*	2	1̄,9 9421	178	2,5 0557*	80.40	1,4 0790*
6319*	21	6392*	29	1076*	77	8924	1657*	79	8343	0581*	2	9419	179	0378*	39	0761*
6348*	22	6421	30	1153*	76	8847	1736*	78	8264	0583*	2	9417	179	0199*	38	0732*
6377	23	6451*	29	1229	77	8771*	1814	79	8186*	0585	2	9415*	178	0020	37	0703*
6406	24	6480	30	1306*	76	8694	1893*	78	8107	0587	2	9413*	178	2,4 9842*	36	0674*
0,1 6435	9.25	0,1 6510*	29	1̄,2 1382*	76	0,7 8618	1̄,2 1971*	78	0,7 8029	0,0 0589	2	1̄,9 9411*	178	2,4 9664*	80.35	1,4 0644
6464	26	6539	30	1458*	76	8542	2049	78	7951*	0591	2	9409*	177	9486	34	0615
6493	27	6569*	29	1534*	76	8466	2127	78	7873*	0593	3	9407*	177	9309*	33	0586
6522	28	6598	30	1610*	75	8390	2205	78	7795*	0596*	2	9404	177	9132*	32	0557
6552*	29	6628*	29	1685	76	8315*	2283*	78	7717	0598*	2	9402	176	8955*	31	0528
0,1 6581*	9.30	0,1 6657	30	1̄,2 1761*	75	0,7 8239	1̄,2 2361*	77	0,7 7639	0,0 0600*	2	1̄,9 9400	176	2,4 8779*	80.30	1,4 0499*
6610*	31	6687*	29	1836	76	8164*	2438	78	7562*	0602*	2	9398	176	8603*	29	0470*
6639*	32	6716	30	1912*	75	8088	2516*	77	7484	0604*	2	9396	176	8427*	28	0441*
6668*	33	6746*	29	1987*	75	8013	2593*	77	7407	0606	2	9394*	175	8251	27	0412*
6697*	34	6775	30	2062*	75	7938	2670	77	7330*	0608	2	9392*	175	8076	26	0383*
0,1 6726	9.35	0,1 6805*	29	1̄,2 2137*	74	0,7 7863	1̄,2 2747	77	0,7 7253*	0,0 0610	2	1̄,9 9390*	174	2,4 7901	80.25	1,4 0354*
6755	36	6834	30	2211	75	7789*	2824*	77	7176	0612	3	9388*	175	7727*	24	0324
6784	37	6864*	29	2286	75	7714*	2901*	76	7099	0615*	2	9385	173	7552	23	0295
6813	38	6893	30	2361*	74	7639	2977	77	7023*	0617*	2	9383	174	7379*	22	0266
6842	39	6923*	29	2435*	74	7565	3054*	76	6946	0619*	2	9381	174	7205*	21	0237
0,1 6872*	9.40	0,1 6952	30	1̄,2 2509	74	0,7 7491*	1̄,2 3130	76	0,7 6870*	0,0 0621	2	1̄,9 9379*	173	2,4 7031	80.20	1,4 0208
6901*	41	6982*	29	2583	74	7417*	3206	77	6794*	0623	2	9377*	172	6858	19	0179
6930*	42	7011	30	2657	74	7343*	3283*	76	6717	0625	3	9375*	173	6686*	18	0150*
6959*	43	7041*	28	2731	74	7269*	3359*	76	6641	0628*	2	9372	172	6513	17	0121*
6988*	44	7070	30	2805*	73	7195	3435*	75	6565	0630*	2	9370	172	6341*	16	0092*
0,1 7017*	9.45	0,1 7100*	29	1̄,2 2878	74	0,7 7122*	1̄,2 3510	76	0,7 6490*	0,0 0632*	2	1̄,9 9368	172	2,4 6169*	80.15	1,4 0063*
7046	46	7129	30	2952*	73	7048	3586*	75	6414	0634	2	9366*	171	5997	14	0034*
7075	47	7159*	29	3025	73	6975*	3661	76	6339*	0636	2	9364*	171	5826	13	0004
7104	48	7188	30	3098	73	6902*	3737*	75	6263	0638	3	9362*	171	5655*	12	1,3 9975
7133	49	7218*	29	3171	73	6829*	3812	75	6188*	0641*	2	9359	170	5484	11	9946
0,1 7162	9.50	0,1 7247	30	1̄,2 3244	73	0,7 6756*	1̄,2 3887	75	0,7 6113*	0,0 0643*	2	1̄,9 9357	170	2,4 5314*	80.10	1,3 9917
7192*	51	7277*	29	3317	73	6683*	3962	75	6038*	0645*	2	9355	170	5144*	9	9888
7221*	52	7306	30	3390*	72	6610	4037	75	5963*	0647	2	9353*	170	4974*	8	9859
7250*	53	7336*	29	3462	73	6538*	4112*	74	5888	0649	3	9351*	169	4804	7	9830*
7279*	54	7365	30	3535*	72	6465	4186	75	5814*	0652*	2	9348	169	4635*	6	9801*
0,1 7308*	9.55	0,1 7395*	29	1̄,2 3607	72	0,7 6393*	1̄,2 4261	74	0,7 5739*	0,0 0654*	2	1̄,9 9346	169	2,4 4466*	80. 5	1,3 9772*
7337*	56	7424	30	3679	73	6321*	4335	75	5665*	0656*	2	9344	168	4297*	4	9743*
7366	57	7454*	30	3752*	71	6248	4410*	74	5590	0658	2	9342*	168	4128	3	9714*
7395	58	7484*	29	3823	72	6177*	4484*	74	5516	0660	3	9340*	168	3960	2	9685*
7424	59	7513	30	3895	72	6105*	4558*	74	5442	0663*	2	9337	167	3792	1	9655
0,1 7453	9.60	0,1 7543*		1̄,2 3967		0,7 6033*	1̄,2 4632*		0,7 5368	0,0 0665*		1̄,9 9335		2,4 3625*	80. 0	1,3 9626
x = 80°, Lx = 2,4 3625*				cos x / Séh Lx	D	séc x / Cosh Lx	cot x / Coséh Lx	D	tang x / Sih Lx	coséc x / Coth Lx	D	sin x / Tah Lx	D	Lx (R = 1)	d. m.	x (R = 1)

x R = 1	d. m.	Lx R = 1	D	sin x Tah Lx	D	coséc x Coth Lx	tang x Sih Lx	D	cot x Coséh Lx	séc x Cosh Lx	D	cos x Séh Lx	D	x = 10° Lx = 0,1 7543*		
0,1 7453	10.° 0′	0,1 7543*	29	$\bar{1}$,2 3967	72	0,7 6033*	$\bar{1}$,2 4632*	74	0,7 5368	0,0 0665*	2	$\bar{1}$,9 9335	168	2,4 3625*	79.60	1,3 9626
7482	1	7572	30	4039*	71	5961	4706*	73	5294	0667	2	9333*	167	3457	59	9597
7511	2	7602*	29	4110	71	5890*	4779	74	5221*	0669	3	9331*	167	3290	58	9568
7551*	3	7631	30	4181	72	5819*	4853*	73	5147	0672*	2	9328	166	3123	57	9539
7570*	4	7661*	29	4253*	71	5747	4926	74	5074*	0674*	2	9326	167	2957*	56	9510*
0,1 7599*	10. 5	0,1 7690	30	$\bar{1}$,2 4324*	71	0,7 5676	$\bar{1}$,2 5000*	73	0,7 5000	0,0 0676	2	$\bar{1}$,9 9324*	166	2,4 2790	79.55	1,3 9481*
7628*	6	7720*	29	4395*	71	5605	5073	73	4927*	0678	3	9322*	165	2624	54	9452*
7657*	7	7749	30	4466*	70	5534	5146	73	4854*	0681*	2	9319	166	2459*	53	9423*
7686*	8	7779*	29	4536	71	5464*	5219	73	4781*	0683*	2	9317	165	2293	52	9394*
7715	9	7808	30	4607*	70	5393	5292	73	4708*	0685	2	9315*	165	2128	51	9365*
0,1 7744	10.10	0,1 7838	30	$\bar{1}$,2 4677	71	0,7 5323*	$\bar{1}$,2 5365*	72	0,7 4635	0,0 0687	3	$\bar{1}$,9 9313*	165	2,4 1963	79.50	1,3 9335
7773	11	7868*	29	4748*	70	5252	5437	73	4563*	0690*	2	9310	164	1798	49	9306
7802	12	7897	30	4818	70	5182*	5510*	72	4490	0692*	2	9308	164	1634	48	9277
7831	13	7927*	28	4888	70	5112*	5582	73	4418*	0694	2	9306*	164	1470*	47	9248
7861*	14	7956	30	4958	70	5042*	5655*	72	4345	0696	3	9304*	164	1306	46	9219
0,1 7890*	10.15	0,1 7986*	29	$\bar{1}$,2 5028	70	0,7 4972*	$\bar{1}$,2 5727*	72	0,7 4273	0,0 0699*	2	$\bar{1}$,9 9301	163	2,4 1142	79.45	1,3 9190
7919*	16	8015	30	5098	70	4902*	5799	72	4201*	0701*	2	9299	163	0979	44	9161*
7948*	17	8045*	30	5168*	69	4832	5871*	72	4129	0703	3	9297*	163	0816	43	9132*
7977*	18	8075*	29	5237	70	4763*	5943*	72	4057	0706*	2	9294	162	0653	42	9103*
8006*	19	8104	30	5307*	69	4693	6015*	71	3985	0708*	2	9292	163	0491*	41	9074*
0,1 8035	10.20	0,1 8134*	29	$\bar{1}$,2 5376	69	0,7 4624*	$\bar{1}$,2 6086	72	0,7 3914*	0,0 0710	2	$\bar{1}$,9 9290*	162	2,4 0328	79.40	1,3 9045*
8064	21	8163	30	5445	69	4555*	6158*	71	3842	0712	3	9288*	161	0166	39	9015
8093	22	8193*	29	5514	69	4486*	6229	72	3771*	0715*	2	9285	162	0005*	38	8986
8122	23	8222	30	5583	69	4417*	6301*	71	3699	0717	2	9283*	161	2,3 9843	37	8957
8151	24	8252*	30	5652	69	4348*	6372*	71	3628	0719	3	9281*	161	9682*	36	8928
0,1 8181*	10.25	0,1 8282*	29	$\bar{1}$,2 5721	69	0,7 4279*	$\bar{1}$,2 6443*	71	0,7 3557	0,0 0722*	2	$\bar{1}$,9 9278	161	2,3 9521*	79.35	1,3 8899
8210*	26	8311	30	5790*	68	4210	6514*	71	3486	0724	2	9276*	161	9360*	34	8870
8239*	27	8341*	29	5858	69	4142*	6585*	70	3415	0726	3	9274*	160	9199	33	8841*
8268*	28	8370	30	5927*	68	4073	6655	71	3345*	0729*	2	9271	160	9039	32	8812*
8297*	29	8400*	29	5995	68	4005*	6726	71	3274*	0731	2	9269*	160	8879	31	8783*
0,1 8326*	10.30	0,1 8429	30	$\bar{1}$,2 6063	68	0,7 3937*	$\bar{1}$,2 6797*	70	0,7 3203	0,0 0733	3	$\bar{1}$,9 9267*	159	2,3 8719	79.30	1,5 8754*
8355	31	8459*	30	6131	68	3869*	6867	70	3133*	0736*	2	9264	159	8560*	29	8725*
8384	32	8489*	29	6199	68	3801*	6937	71	3063*	0738	2	9262*	159	8401*	28	8695
8413	33	8518	30	6267	68	3733*	7008*	70	2992	0740	3	9260*	159	8242*	27	8666
8442	34	8548*	29	6335	68	3665*	7078*	70	2922	0743*	2	9257	159	8083*	26	8637
0,1 8471	10.35	0,1 8577	30	$\bar{1}$,2 6403*	67	0,7 3597	$\bar{1}$,2 7148*	70	0,7 2852	0,0 0745	3	$\bar{1}$,9 9255*	158	2,3 7924	79.25	1,3 8608
8500	36	8607*	30	6470	68	3530*	7218*	70	2782	0748*	2	9252	158	7766	24	8579
8530*	37	8637*	29	6538*	67	3462	7288*	69	2712	0750*	2	9250	158	7608	23	8550
8559*	38	8666	30	6605	67	3395*	7357	70	2643*	0752	3	9248*	157	7450	22	8521*
8588*	39	8696*	29	6672	67	3328*	7427*	69	2573	0755*	2	9245	157	7293*	21	8492*
0,1 8617*	10.40	0,1 8725	30	$\bar{1}$,2 6739	67	0,7 3261*	$\bar{1}$,2 7496	70	0,7 2504*	0,0 0757*	2	$\bar{1}$,9 9243	157	2,3 7136*	79.20	1,3 8463*
8646*	41	8755*	30	6806	67	3194*	7566*	69	2434	0759	3	9241*	157	6979*	19	8434*
8675	42	8785*	29	6873	67	3127*	7635	69	2365*	0762*	2	9238	157	6822*	18	8405*
8704	43	8814	30	6940	67	3060*	7704	69	2296*	0764	3	9236*	156	6665	17	8376*
8733	44	8844*	29	7007*	66	2993	7773	69	2227*	0767*	2	9233	156	6509*	16	8346
0,1 8762	10.45	0,1 8873	30	$\bar{1}$,2 7073	67	0,7 2927*	$\bar{1}$,2 7842	69	0,7 2158*	0,0 0769*	2	$\bar{1}$,9 9231	156	2,3 6353*	79.15	1,3 8317
8791	46	8903*	30	7140*	66	2860	7911	69	2089*	0771	3	9229*	156	6197	14	8288
8820	47	8933*	29	7206	67	2794*	7980	69	2020*	0774*	2	9226	155	6041	13	8259
8850*	48	8962	30	7273*	66	2727	8049*	68	1951	0776	3	9224*	155	5886	12	8230
8879*	49	8992	29	7339*	66	2661	8117	69	1883*	0779*	2	9221	155	5731*	11	8201*
0,1 8908*	10.50	0,1 9021	30	$\bar{1}$,2 7405*	66	0,7 2595	$\bar{1}$,2 8186*	68	0,7 1814	0,0 0781*	2	$\bar{1}$,9 9219	155	2,3 5576	79.10	1,3 8172*
8937*	51	9051	30	7471*	66	2529	8254	69	1746*	0783	3	9217*	154	5421	9	8143*
8966*	52	9081*	29	7537*	65	2463	8323*	68	1677	0786*	2	9214	154	5267	8	8114*
8995	53	9110	30	7602	66	2398*	8391*	68	1609	0788	3	9212*	154	5113*	7	8085*
9024	54	9140*	30	7668	66	2332*	8459*	68	1541	0791*	2	9209	154	4959*	6	8056*
0,1 9053	10.55	0,1 9170*	29	$\bar{1}$,2 7734*	65	0,7 2266	$\bar{1}$,2 8527*	68	0,7 1473	0,0 0793	3	$\bar{1}$,9 9207*	153	2,3 4805	79. 5	1,3 8026
9082	56	9199	30	7799	65	2201*	8595*	67	1405	0796*	2	9204	154	4652*	4	7997
9111	57	9229	29	7864	66	2136*	8662	68	1338*	0798*	2	9202	153	4498*	3	7968
9140	58	9258	30	7930*	65	2070	8730	68	1270*	0800	3	9200*	152	4345	2	7939
9170*	59	9288	30	7995*	65	2005	8798*	67	1202	0803*	2	9197	153	4193*	1	7910
0,1 9199*	10.60	0,1 9318*		$\bar{1}$,2 8060*		0,7 1940	$\bar{1}$,2 8865		0,7 1135*	0,0 0805		$\bar{1}$,9 9195*		2,3 4040	79.° 0′	1,3 7881
x = 79° Lx = 2,3 4040				cos x Séh Lx	D	séc x Cosh Lx	cot x Coséh Lx	D	tang x Sih Lx	coséc x Coth Lx	D	sin x Tah Lx	D	Lx R = 1	d. m.	x R = 1

x R = 1	x d. m.	Lx R = 1	D	sin x Tah Lx	D	coséc x Coth Lx	tang x Sih Lx	D	cot x Coséh Lx	séc x Cosh Lx	D	cos x Séh Lx	x = 11° Lx = 0,1 9318*			
0,1 9199*	11. 0	0,1 9318*	29	1̄,2 8060*	65	0,7 1940	1̄,2 8865	68	0,7 1135*	0,0 0805	3	1̄,9 9195*	152	2,3 4040	78.60	1,3 7881
9228*	1	9347	30	8125*	65	1875	8933*	67	1067	0808*	2	9192	152	3888*	59	7852
9257*	2	9377*	30	8190*	64	1810	9000*	67	1000	0810	3	9190*	152	3736*	58	7823*
9286*	3	9407*	29	8254	65	1746*	9067	67	0933*	0813*	2	9187	152	3584*	57	7794*
9315*	4	9436	30	8319	65	1681*	9134	67	0866*	0815	3	9185*	151	3432	56	7765*
0,1 9344	11. 5	0,1 9466*	29	1̄,2 8384*	64	0,7 1616	1̄,2 9201	67	0,7 0799*	0,0 0818*	2	1̄,9 9182	152	2,3 3281*	78.55	1,3 7736*
9373	6	9495	30	8448	64	1552*	9268	67	0732*	0820	3	9180*	151	3129	54	7706
9402	7	9525	30	8512	65	1488*	9335*	67	0665	0823*	2	9177	150	2978	53	7677
9431	8	9555*	29	8577*	64	1423	9402*	66	0598	0825	3	9175*	151	2828	52	7648
9460	9	9584	30	8641*	64	1359	9468	67	0532*	0828*	2	9172	150	2677	51	7619
0,1 9490*	11.10	0,1 9614	30	1̄,2 8705*	64	0,7 1295	1̄,2 9535*	66	0,7 0465	0,0 0830	3	1̄,9 9170*	150	2,3 2527*	78.50	1,3 7590
9519*	11	9644*	29	8769*	64	1231	9601	67	0399*	0833*	2	9167	150	2377*	49	7561
9548*	12	9673	30	8833*	63	1167	9668*	66	0332	0835	3	9165*	150	2227*	48	7532*
9577*	13	9703	30	8896	64	1104*	9734*	66	0266	0838*	2	9162	149	2077	47	7503*
9606*	14	9733*	29	8960	64	1040*	9800	66	0200*	0840	3	9160*	149	1928*	46	7474*
0,1 9635*	11.15	0,1 9762	30	1̄,2 9024*	63	0,7 0976	1̄,2 9866	66	0,7 0134*	0,0 0843*	2	1̄,9 9157	149	2,3 1779*	78.45	1,3 7445*
9664	16	9792	30	9087	63	0913*	9932	66	0068*	0845	3	9155*	149	1630*	44	7416*
9693	17	9822*	29	9150	64	0850*	9998	66	0002*	0848*	2	9152	149	1481*	43	7387*
9722	18	9851	30	9214*	63	0786	1̄,3 0064*	66	0,6 9936	0850	3	9150*	148	1332	42	7357
9751	19	9881	30	9277*	63	0723	0130*	65	9870	0853*	2	9147	148	1184*	41	7328
0,1 9780	11.20	0,1 9911*	29	1̄,2 9340*	63	0,7 0660	1̄,3 0195	66	0,6 9805*	0,0 0855	3	1̄,9 9145*	148	2,3 1036*	78.40	1,3 7299
9809	21	9940	30	9403*	63	0597	0261*	65	9739	0858*	2	9142	148	0888*	39	7270
9839*	22	9970*	30	9466*	63	0534	0326	65	9674*	0860	3	9140*	147	0740	38	7241
9868*	23	0,2 0000*	29	9529*	62	0471	0391	66	9609*	0863*	2	9137	148	0593*	37	7212*
9897*	24	0029	30	9591	63	0409*	0457*	65	9543	0865	3	9135*	147	0445	36	7183*
0,1 9926*	11.25	0,2 0059	30	1̄,2 9654*	62	0,7 0346	1̄,3 0522*	65	0,6 9478	0,0 0868*	2	1̄,9 9132	146	2,3 0298	78.35	1,3 7154*
9955*	26	0089*	29	9716	63	0284*	0587*	65	9413	0870	3	9130*	147	0152*	34	7125*
9984	27	0118	30	9779*	62	0221	0652*	65	9348	0873	3	9127*	147	0005*	33	7096*
0,2 0013	28	0148	30	9841	62	0159*	0717*	65	9283	0876*	2	9124	146	2,2 9858	32	7067*
0042	29	0178*	29	9903	63	0097*	0782*	64	9218	0878	3	9122*	146	9712	31	7037
0,2 0071	11.30	0,2 0207	30	1̄,2 9966*	62	0,7 0034	1̄,3 0846	65	0,6 9154*	0,0 0881*	2	1̄,9 9119	146	2,2 9566	78.30	1,3 7008
0100	31	0237	30	1̄,3 0028*	62	0,6 9972	0911*	64	9089	0883	3	9117*	145	9420	29	6979
0129	32	0267*	29	0090*	61	9910	0975	65	9025*	0886*	2	9114	146	9275*	28	6950
0159*	33	0296	30	0151	62	9849*	1040*	64	8960	0888	3	9112*	145	9129	27	6921
0188*	34	0326	30	0213	62	9787*	1104	64	8896*	0891	3	9109*	145	8984	26	6892*
0,2 0217*	11.35	0,2 0356*	30	1̄,3 0275*	61	0,6 9725	1̄,3 1168	65	0,6 8832*	0,0 0894*	2	1̄,9 9106	144	2,2 8839	78.25	1,3 6863
0246*	36	0386*	29	0336	62	9664*	1233*	64	8767	0896	3	9104*	145	8695*	24	6834*
0275*	37	0415	30	0398*	61	9602	1297*	64	8703	0899*	2	9101	144	8550*	23	6805*
0304*	38	0445*	30	0459	62	9541*	1361*	64	8639	0901	3	9099*	145	8406*	22	6776*
0333	39	0475*	29	0521*	61	9479	1425*	64	8575	0904	3	9096*	144	8261	21	6747*
0,2 0362	11.40	0,2 0504	30	1̄,3 0582*	61	0,6 9418	1̄,3 1489*	63	0,6 8511	0,0 0907*	2	1̄,9 9093	143	2,2 8117	78.20	1,3 6717
0391	41	0534	30	0643	61	9357*	1552	64	8448*	0909	3	9091*	144	7974*	19	6688
0420	42	0564*	29	0704	61	9296*	1616*	63	8384	0912*	2	9088	143	7830	18	6659
0449	43	0593	30	0765	61	9235*	1679	64	8321*	0914	3	9086*	143	7687*	17	6630
0479*	44	0623	30	0826*	61	9174	1743*	63	8257	0917	3	9083*	143	7544*	16	6601
0,2 0508*	11.45	0,2 0653*	30	1̄,3 0887*	60	0,6 9113	1̄,3 1806	64	0,6 8194*	0,0 0920*	2	1̄,9 9080	143	2,2 7401*	78.15	1,3 6572
0537*	46	0683*	29	0947	61	9053*	1870*	63	8130	0922	3	9078*	143	7258	14	6543*
0566*	47	0712	30	1008*	60	8992	1933*	63	8067	0925*	3	9075	142	7115	13	6514*
0595*	48	0742	30	1068	61	8932*	1996	63	8004*	0928*	2	9072	142	6973	12	6485*
0624*	49	0772*	29	1129*	60	8871	2059	63	7941*	0930	3	9070*	142	6831*	11	6456*
0,2 0653	11.50	0,2 0801	30	1̄,3 1189	61	0,6 8811*	1̄,3 2122	63	0,6 7878*	0,0 0933*	3	1̄,9 9067	142	2,2 6689	78.10	1,3 6427*
0682	51	0831	30	1250*	60	8750	2185	63	7815*	0936*	2	9064	141	6547	9	6397
0711	52	0861*	30	1310*	60	8690	2248*	63	7752	0938	3	9062*	142	6406*	8	6368
0740	53	0891*	29	1370*	60	8630	2311*	62	7689	0941*	3	9059	141	6264	7	6339
0769	54	0920	30	1430*	60	8570	2373	63	7627*	0944*	2	9056	141	6123	6	6310
0,2 0799*	11.55	0,2 0950	30	1̄,3 1490*	59	0,6 8510	1̄,3 2436*	62	0,6 7564	0,0 0946	3	1̄,9 9054*	141	2,2 5982	78. 5	1,3 6281
0828*	56	0980*	30	1549	60	8451*	2498	63	7502*	0949*	3	9051	140	5841	4	6252
0857*	57	1010*	29	1609	60	8391*	2561*	62	7439	0952*	2	9048	141	5701*	3	6223*
0886*	58	1039	30	1669*	59	8331	2623	62	7377*	0954	3	9046*	140	5560	2	6194*
0915*	59	1069	30	1728	60	8272*	2685	62	7315*	0957*	3	9043	140	5420	1	6165*
0,2 0944*	11.60	0,2 1999*		1̄,3 1788*		0,6 8212	1̄,3 2747		0,6 7253*	0,0 0960*		1̄,9 9040		2,2 5280	78. 0	1,3 6136*
x = 78° Lx = 2,2 5280				cos x Séh Lx	D	séc x Cosh Lx	cot x Coséh Lx	D	tang x Sih Lx	coséc x Coth Lx	D	sin x Tah Lx	D	Lx R = 1	x d. m.	x R = 1

x R = 1	d. m.	Lx R = 1	D	sin x / TahLx	D	coséc x / CothLx	tang x / SihLx	D	cot x / CoséhLx	séc x / CoshLx	D	cos x / SéhLx		$x = 12°$ / Lx = 0,2 1099*		
0,2 0944*	12.° 0'	0,2 1099*	29	$\bar{1}$,3 1788*	59	0,6 8212	$\bar{1}$,3 2747	63	0,6 7253*	0,0 0960*	2	$\bar{1}$,9 9040	140	2,2 5280	77.60	1,3 6136*
0973	1	1128	30	1847	60	8153*	2810*	62	7190	0962	3	9038*	139	5140	59	6107*
1002	2	1158	30	1907*	59	8093	2872*	61	7128	0965*	3	9035	140	5001*	58	6078*
1031	3	1188*	30	1966*	59	8034	2933	62	7067*	0968*	2	9032	139	4861	57	6048
1060	4	1218*	29	2025*	59	7975	2995	62	7005*	0970	3	9030*	139	4722	56	6019
0,2 1089	12. 5	0,2 1247	30	$\bar{1}$,3 2084	59	0,6 7916*	$\bar{1}$,3 3057	62	0,6 6943*	0,0 0973	3	$\bar{1}$,9 9027*	139	2,2 4583	77.55	1,3 5990
1118	6	1277	30	2143*	59	7857	3119*	61	6881	0976*	2	9024	138	4444	54	5961
1148*	7	1307*	30	2202*	59	7798	3180	62	6820*	0978	3	9022*	139	4306*	53	5932
1177*	8	1337*	29	2261*	58	7739	3242*	61	6758	0981	3	9019*	138	4167	52	5903*
1206*	9	1366	30	2319	59	7681*	3303	62	6697*	0984*	3	9016	138	4029*	51	5874*
0,2 1235*	12.10	0,2 1396	30	$\bar{1}$,3 2378	59	0,6 7622*	$\bar{1}$,3 3365*	61	0,6 6635	0,0 0987*	2	$\bar{1}$,9 9013	138	2,2 3891*	77.50	1,3 5845*
1264*	11	1426	30	2437*	58	7563	3426*	61	6574	0989	3	9011*	139	3753*	49	5816*
1293	12	1456*	30	2495	58	7505*	3487	61	6513*	0992	3	9008*	138	3615*	48	5787*
1322	13	1486*	29	2553	59	7447*	3548	61	6452*	0995*	3	9005	137	3477	47	5758*
1351	14	1515	30	2612*	58	7388	3609	61	6391*	0998*	2	9002	137	3340	46	5728
0,2 1380	12.15	0,2 1545	30	$\bar{1}$,3 2670*	58	0,6 7330	$\bar{1}$,3 3670	61	0,6 6330*	0,0 1000	3	$\bar{1}$,9 9000*	137	2,2 3203*	77.45	1,3 5699
1409	16	1575*	30	2728	58	7272*	3731	61	6269*	1003	3	8997*	137	3066*	44	5670
1438	17	1605*	29	2786	58	7214*	3792*	61	6208	1006*	3	8994	137	2929	43	5641
1468*	18	1634	30	2844	58	7156*	3853*	60	6147	1009*	2	8991	136	2792	42	5612
1497*	19	1664	30	2902	58	7098*	3913	61	6087*	1011	3	8989*	136	2656*	41	5583*
0,2 1526*	12.20	0,2 1694*	30	$\bar{1}$,3 2960*	58	0,6 7040	$\bar{1}$,3 3974*	60	0,6 6026	0,0 1014	3	$\bar{1}$,9 8986*	136	2,2 2520*	77.40	1,3 5554*
1555*	21	1724*	29	3018*	57	6982	4034	61	5966*	1017*	3	8983	136	2384*	39	5525*
1584*	22	1753	30	3075	58	6925*	4095*	60	5905	1020*	2	8980	136	2248*	38	5496*
1613*	23	1783	30	3133*	57	6867	4155	60	5845*	1022	3	8978*	136	2112*	37	5467*
1642	24	1813	30	3190	58	6810*	4215	61	5785*	1025	3	8975*	135	1976	36	5438*
0,2 1671	12.25	0,2 1843*	30	$\bar{1}$,3 3248*	57	0,6 6752	$\bar{1}$,3 4276*	60	0,6 5724	0,0 1028*	3	$\bar{1}$,9 8972	135	2,2 1841	77.35	1,3 5408
1700	26	1873*	29	3305	57	6695*	4336*	60	5664	1031*	2	8969	135	1706*	34	5379
1729	27	1902	30	3362	58	6638*	4396*	60	5604	1033	3	8967*	135	1571*	33	5350
1758	28	1932	30	3420*	57	6580	4456*	60	5544	1036	3	8964*	135	1436*	32	5321
1788*	29	1962*	30	3477*	57	6523	4516*	60	5484	1039	3	8961*	134	1301	31	5292
0,2 1817*	12.30	0,2 1992*	30	$\bar{1}$,3 3534*	57	0,6 6466	$\bar{1}$,3 4576*	59	0,6 5424	0,0 1042*	3	$\bar{1}$,9 8958	135	2,2 1167*	77.30	1,3 5263
1846*	31	2022*	29	3591*	58	6409	4635	60	5365*	1045*	2	8955	134	1032	29	5234*
1875*	32	2051	30	3647	57	6353*	4695*	60	5305	1047	3	8953*	134	0898	28	5205*
1904*	33	2081	30	3704	57	6296*	4755*	59	5245	1050	3	8950*	133	0764	27	5176*
1933*	34	2111*	30	3761*	57	6239	4814	60	5186*	1053	3	8947*	134	0631*	26	5147*
0,2 1962	12.35	0,2 2141*	30	$\bar{1}$,3 3818*	56	0,6 6182	$\bar{1}$,3 4874*	59	0,6 5126	0,0 1056*	3	$\bar{1}$,9 8944	133	2,2 0497	77.25	1,5 5118*
1991	36	2171*	29	3874	57	6126*	4933*	59	5067	1059*	3	8941	134	0364*	24	5088
2020	37	2200	30	3931*	56	6069	4992	59	5008*	1062*	2	8938	133	0230	23	5059
2049	38	2230	30	3987	56	6013*	5051	60	4949*	1064	3	8936*	133	0097	22	5030
2078	39	2260	30	4043	57	5957*	5111*	59	4889	1067	3	8933*	132	2,1 9964	21	5001
0,2 2108*	12.40	0,2 2290*	30	$\bar{1}$,3 4100*	56	0,6 5900	$\bar{1}$,3 5170*	59	0,6 4830	0,0 1070	3	$\bar{1}$,9 8930*	133	2,1 9832*	77.20	1,3 4972
2137*	41	2320*	29	4156*	56	5844	5229*	59	4771	1073*	3	8927	132	9699	19	4943
2166*	42	2349	30	4212*	56	5788	5288*	59	4712	1076*	3	8924	133	9567*	18	4914*
2195*	43	2379	30	4268*	56	5732	5347*	58	4653	1079*	2	8921	132	9434	17	4885*
2224*	44	2409	30	4324*	56	5676	5405	59	4595*	1081	3	8919*	132	9302	16	4856*
0,2 2253*	12.45	0,2 2439*	30	$\bar{1}$,3 4380*	56	0,6 5620	$\bar{1}$,3 5464	59	0,6 4536*	0,0 1084	3	$\bar{1}$,9 8916*	131	2,1 9170	77.15	1,3 4827*
2282	46	2469*	30	4436*	55	5564	5523*	58	4477	1087	3	8913*	132	9039*	14	4798*
2311	47	2499*	29	4491	56	5509*	5581	59	4419*	1090	3	8910*	131	8907	13	4769*
2340	48	2528	30	4547*	55	5453	5640*	58	4360	1093*	3	8907	131	8776*	12	4739
2369	49	2558	30	4602	56	5398*	5698	59	4302*	1096*	3	8904	131	8645*	11	4710
0,2 2398	12.50	0,2 2588	30	$\bar{1}$,3 4658*	55	0,6 5342	$\bar{1}$,3 5757*	58	0,6 4243	0,0 1099*	3	$\bar{1}$,9 8901	131	2,1 8514*	77.10	1,3 4681
2427	51	2618*	30	4713	56	5287*	5815*	58	4185	1102*	2	8898	131	8383*	9	4652
2457*	52	2648*	30	4769*	55	5231	5873	58	4127*	1104	3	8896*	131	8252*	8	4623
2486*	53	2678*	29	4824*	55	5176	5931	58	4069*	1107	3	8893*	130	8121	7	4594*
2515*	54	2707	30	4879	55	5121*	5989	58	4011*	1110	3	8890*	130	7991*	6	4565*
0,2 2544*	12.55	0,2 2737	30	$\bar{1}$,3 4934	55	0,6 5066*	$\bar{1}$,3 6047	58	0,6 3953*	0,0 1113	3	$\bar{1}$,9 8887*	130	2,1 7861*	77. 5	1,3 4536*
2573*	56	2767	30	4989	55	5011*	6105	58	3895*	1116*	3	8884	130	7731*	4	4507*
2602	57	2797*	30	5044	55	4956*	6163	58	3837*	1119*	3	8881	130	7601*	3	4478*
2631	58	2827*	30	5099	55	4901*	6221*	58	3779	1122*	3	8878	129	7471*	2	4449*
2660	59	2857*	29	5154	55	4846*	6279*	57	3721	1125*	3	8875	130	7342*	1	4419
0,2 2689	12.60	0,2 2886*		$\bar{1}$,3 5209*		0,6 4791	$\bar{1}$,3 6336		0,6 3664*	0,0 1128*		$\bar{1}$,9 8872		2,1 7212	77.° 0'	1,3 4390
$x = 77°$ / Lx = 2,1 7212				cos x / SéhLx	D	séc x / CoshLx	cot x / CoséhLx	D	tang x / SihLx	coséc x / CothLx	D	sin x / TahLx	D	R = 1 (Lx)	d. m.	R = 1 (x)

x R = 1	d. m.	Lx R = 1	D	sin x / Tab Lx	D	coséc x / Coth Lx	tang x / Sib Lx	D	cot x / Coséh Lx	séc x / Cosh Lx	D	cos x / Séh Lx	x = 13°, Lx = 0,2 2886			
0,2 2689	13. 0	0,2 2886	30	$\bar{1}$,3 5209*	54	0,6 4791	$\bar{1}$,3 6336	58	0,6 3664*	0,0 1128*	3	$\bar{1}$,9 8872	129	2,1 7212	76.60	1,3 4390
2718	1	2916	30	5263	55	4737*	6394	58	3606*	1131*	2	8869	129	7083*	59	4361
2747	2	2946	30	5318	55	4682*	6452*	57	3548	1133	3	8867*	129	6954*	58	4332
2777*	3	2976	30	5373*	54	4627	6509	57	3491*	1136	3	8864*	129	6825*	57	4303
2806*	4	3006*	30	5427	54	4573*	6566	58	3434*	1139	3	8861*	128	6696	56	4274*
0,2 2835*	13. 5	0,2 3036*	30	$\bar{1}$,3 5481	55	0,6 4519*	$\bar{1}$,3 6624*	57	0,6 3376	0,0 1142	3	$\bar{1}$,9 8858*	129	2,1 6568*	76 55	1,3 4245*
2864*	6	3066*	30	5536*	54	4464	6681*	57	3319	1145	3	8855*	128	6439	54	4216*
2893*	7	3096*	29	5590	54	4410*	6738	57	3262*	1148	3	8852*	128	6311*	53	4187*
2922*	8	3125	30	5644	54	4356*	6795	57	3205*	1151	3	8849*	128	6183*	52	4158*
2951	9	3155	30	5698	54	4302*	6852	57	3148*	1154	3	8846*	128	6055*	51	4129*
0,2 2980	13.10	0,2 3185	30	$\bar{1}$,3 5752	54	0,6 4248*	$\bar{1}$,3 6909	57	0,6 3091*	0,0 1157*	3	$\bar{1}$,9 8843	127	2,1 5927	76.50	1,3 4099
3009	11	3215	30	5806	54	4194*	6966	57	3034*	1160*	3	8840	128	5800*	49	4070
3038	12	3245*	30	5860	54	4140*	7023	57	2977*	1163*	3	8837	127	5672	48	4041
3067	13	3275*	50	5914	54	4086*	7080*	57	2920	1166*	3	8834	127	5545*	47	4012
3097*	14	3305*	30	5968*	54	4032	7137*	56	2863	1169*	3	8831	127	5418*	46	3983
0,2 3126*	13.15	0,2 3335*	29	$\bar{1}$,3 6022*	53	0,6 3978	$\bar{1}$,3 7193	57	0,6 2807*	0,0 1172*	3	$\bar{1}$,9 8828	127	2,1 5291*	76.45	1,3 3954
3155*	16	3364	30	6075	54	3925*	7250*	56	2750	1175*	3	8825	127	5164*	44	3925*
3184*	17	3394	30	6129*	53	3871	7306	57	2694*	1178*	3	8822	126	5037	43	3896*
3213*	18	3424	30	6182	54	3818*	7363*	56	2637	1181*	3	8819	127	4911*	42	3867*
3242*	19	3454	30	6236*	53	3764	7419	57	2581*	1184*	3	8816	126	4784	41	3838*
0,2 3271	13.20	0,2 3484*	30	$\bar{1}$,3 6289*	53	0,6 3711	$\bar{1}$,3 7476*	56	0,6 2524	0,0 1187*	3	$\bar{1}$,9 8813	126	2,1 4658*	76.40	1,3 3809*
3300	21	3514*	30	6342	53	3658*	7532*	56	2468	1190*	3	8810	126	4532*	39	3779
3329	22	3544*	30	6395	54	3605*	7588	56	2412*	1193*	3	8807	126	4406	38	3750
3358	23	3574*	30	6449*	53	3551	7644	56	2356*	1196*	3	8804	125	4280	37	3721
3387	24	3604*	29	6502*	53	3498	7700	56	2300*	1199*	3	8801	126	4155*	36	3692
0,2 3417*	13.25	0,2 3633	30	$\bar{1}$,3 6555*	53	0,6 3445	$\bar{1}$,3 7756	56	0,6 2244*	0,0 1202*	3	$\bar{1}$,9 8798	125	2,1 4029	76.35	1,3 3663
3446*	26	3663	30	6608*	52	3392	7812	56	2188*	1205*	3	8795	125	3904*	34	3634
3475*	27	3693	30	6660	53	3340*	7868	56	2132*	1208*	3	8792	125	3779*	33	3605*
3504*	28	3723	30	6713	53	3287*	7924*	56	2076	1211*	3	8789	125	3654*	32	3576*
3533*	29	3753	30	6766*	53	3234	7980*	55	2020	1214*	3	8786	125	3529*	31	3547*
0,2 3562*	13.30	0,2 3783	30	$\bar{1}$,3 6819*	52	0,6 3181	$\bar{1}$,3 8035	56	0,6 1965*	0,0 1217*	3	$\bar{1}$,9 8783	124	2,1 3404	76.30	1,3 3518*
3591	31	3813*	30	6871	53	3129*	8091*	56	1909	1220*	3	8780	125	3280*	29	3489*
3620	32	3843*	30	6924*	52	3076	8147*	55	1853	1223*	3	8777	124	3155	28	3460*
3649	33	3873*	30	6976	52	3024*	8202	55	1798*	1226*	3	8774	124	3031	27	3430
3678	34	3903*	30	7028	53	2972*	8257	56	1743*	1229	3	8771*	124	2907	26	3401
0,2 3707	13.35	0,2 3933*	30	$\bar{1}$,3 7081*	52	0,6 2919	$\bar{1}$,3 8313*	55	0,6 1687	0,0 1232	3	$\bar{1}$,9 8768*	124	2,1 2783	76.25	1,3 3372
3736	36	3963*	29	7133	52	2867*	8368	55	1632*	1235	3	8765*	123	2659	24	3343
3766*	37	3992	30	7185	52	2815*	8423	56	1577*	1238	3	8762*	124	2536*	23	3314
3795*	38	4022	30	7237	52	2763*	8479*	55	1521	1241	3	8759*	123	2412	22	3285*
3824*	39	4052	30	7289	52	2711*	8534*	55	1466	1244	3	8756*	123	2289*	21	3256*
0,2 3853*	13.40	0,2 4082	30	$\bar{1}$,3 7341	52	0,6 2659*	$\bar{1}$,3 8589*	55	0,6 1411	0,0 1247	3	$\bar{1}$,9 8753*	123	2,1 2166*	76.20	1,3 3227*
3882*	41	4112	30	7393	52	2607*	8644*	55	1356	1250	4	8750*	123	2043*	19	3198*
3911	42	4142	30	7445	52	2555*	8699*	55	1301	1254*	3	8746	123	1920*	18	3169*
3940	43	4172	30	7497*	52	2503	8754*	54	1246	1257*	3	8743	123	1797	17	3140*
3969	44	4202	30	7549*	51	2451	8808	55	1192*	1260*	3	8740	122	1674	16	3110
0,2 3998	13.45	0,2 4232*	30	$\bar{1}$,3 7600	52	0,6 2400*	$\bar{1}$,3 8863	53	0,6 1137*	0,0 1263*	3	$\bar{1}$,9 8737	122	2,1 1552*	76.15	1,3 3081
4027	46	4262*	30	7652*	51	2348	8918*	54	1082	1266*	3	8734	122	1430*	14	3052
4056	47	4292*	30	7703	52	2297*	8972	55	1028*	1269*	3	8731	123	1308*	13	3023
4086*	48	4322*	30	7755*	51	2245	9027	55	0973*	1272	3	8728*	121	1185	12	2994
4115*	49	4352*	30	7806	52	2194*	9082*	54	0918	1275	3	8725*	122	1064*	11	2965
0,2 4144*	13.50	0,2 4382*	30	$\bar{1}$,3 7858*	51	0,6 2142	$\bar{1}$,3 9136*	54	0,6 0864	0,0 1278	3	$\bar{1}$,9 8722*	122	2,1 0942*	76.10	1,3 2936*
4173*	51	4412*	30	7909*	51	2091	9190	55	0810*	1281	4	8719*	121	0820	9	2907*
4202*	52	4442*	30	7960	51	2040*	9245*	54	0755	1285*	3	8715	121	0699*	8	2878*
4231*	53	4472*	30	8011	51	1989*	9299*	54	0701	1288*	3	8712	122	0578*	7	2849*
4260	54	4502*	30	8062	51	1938*	9353	54	0647*	1291*	3	8709	121	0456	6	2820*
0,2 4289	13.55	0,2 4532*	30	$\bar{1}$,3 8113	51	0,6 1887*	$\bar{1}$,3 9407	54	0,6 0593*	0,0 1294*	3	$\bar{1}$,9 8706	121	2,1 0335	76. 5	1,3 2790
4318	56	4562*	30	8164	51	1836*	9461	54	0539*	1297	3	8703*	120	0214	4	2761
4347	57	4592*	29	8215	51	1785*	9515	54	0485*	1300	3	8700*	121	0094*	3	2732
4376	58	4621	30	8266	51	1734*	9569	54	0431*	1303	3	8697*	120	2,0 9973	2	2703
4406*	59	4651	30	8317*	51	1683	9623	54	0377*	1306	4	8694*	121	9853*	1	2674
0,2 4435*	13.60	0,2 4681		$\bar{1}$,3 8368*		0,6 1632	$\bar{1}$,3 9677		0,6 0323*	0,0 1310*		$\bar{1}$,9 8690		2,0 9732	76. 0	1,3 2645
x = 76°, Lx = 2,0 9732				cos x / Séh Lx	D	séc x / Cosh Lx	cot x / Coséh Lx	D	tang x / Sib Lx	coséc x / Coth Lx	D	sin x / Tab Lx	D	Lx R = 1	d. m.	x R = 1

x		Lx		sin x	D	coséc x	tang x	D	cot x	séc x	D	cos x	$x = 14^{\circ}$			
R = 1	d. m.	R = 1	D	Tab Lx		Coth Lx	Sib Lx		Coséh Lx	Cosh Lx		Séh Lx	$Lx = 0,2\ 4681$			
0,2 4435*	14. 0	0,2 4681	30	$\bar{1}$,3 8368*	50	0,6 1632	$\bar{1}$,3 9677	54	0,6 0323*	0,0 1310*	3	$\bar{1}$,9 8690	120	2,0 9732	75.60	1,3 2645
4464*	1	4711	30	8418	51	1582*	9731*	54	0269	1313*	3	8687	120	9612	59	2616*
4493*	2	4741	30	8469*	50	1531	9785*	53	0215	1316*	3	8684	120	9492	58	2587*
4522*	3	4771	30	8519	51	1481*	9838	54	0162*	1319	3	8681*	119	9372	57	2558*
4551*	4	4801	30	8570*	50	1430	9892*	53	0108	1322	3	8678*	120	9253*	56	2529*
0,2 4580	14. 5	0,2 4831	30	$\bar{1}$,3 8620	50	0,6 1380*	$\bar{1}$,3 9945	54	0,6 0055*	0,0 1325	4	$\bar{1}$,9 8675*	120	2,0 9133*	75.55	1,3 2500*
4609	6	4861	30	8670	51	1330*	9999*	53	0001	1329*	3	8671	119	9013	54	2470
4638	7	4891	30	8721*	50	1279	$\bar{1}$,4 0052	54	0,5 9948*	1332*	3	8668	119	8894	53	2441
4667	8	4921	30	8771*	50	1229	0106*	53	9894	1335*	3	8665	119	8775*	52	2412
4696	9	4951	30	8821	50	1179*	0159	53	9841*	1338	3	8662*	119	8656*	51	2383
0,2 4725	14.10	0,2 4981	30	$\bar{1}$,3 8871	50	0,6 1129*	$\bar{1}$,4 0212	54	0,5 9788*	0,0 1341	3	$\bar{1}$,9 8659*	119	2,0 8537*	75.50	1,3 2354
4755*	11	5011	30	8921	50	1079*	0266*	53	9734	1344	4	8656*	118	8418	49	2325
4784*	12	5041	30	8971	50	1029*	0319*	53	9681	1348*	3	8652	119	8300*	48	2296*
4813	13	5071	30	9021*	50	0979	0372*	53	9628	1351*	3	8649	118	8181	47	2267*
4842*	14	5101	30	9071*	50	0929	0425*	53	9575	1354	3	8646*	119	8063*	46	2238*
0,2 4871*	14.15	0,2 5131	30	$\bar{1}$,3 9121*	49	0,6 0879	$\bar{1}$,4 0478*	53	0,5 9522	0,0 1357	3	$\bar{1}$,9 8643*	118	2,0 7944	75.45	1,3 2209*
4900	16	5161	30	9170	50	0830*	0531*	53	9469	1360	4	8640*	118	7826	44	2180*
4929	17	5191	30	9220*	50	0780	0584*	52	9416	1364*	3	8636	118	7708	43	2151*
4958	18	5221	30	9270*	49	0730	0636	53	9364*	1367*	3	8633	117	7590	42	2121
4987	19	5251	30	9319	50	0681*	0689	53	9311*	1370	3	8630*	118	7473*	41	2092
0,2 5016	14.20	0,2 5281	30	$\bar{1}$,3 9369*	49	0,6 0631	$\bar{1}$,4 0742*	53	0,5 9258	0,0 1373	4	$\bar{1}$,9 8627*	117	2,0 7355	75.40	1,3 2063
5045	21	5311	31	9418*	49	0582	0795*	52	9205	1377*	3	8623	118	7238*	39	2034
5075*	22	5342*	30	9467	50	0533*	0847	53	9153*	1380*	3	8620	117	7120	38	2005
5104*	23	5372*	30	9517*	49	0483	0900*	52	9100	1383	3	8617*	117	7003	37	1976*
5133*	24	5402*	30	9566*	49	0434	0952	53	9048*	1386	4	8614*	117	6886	36	1947*
0,2 5162*	14.25	0,2 5432*	30	$\bar{1}$,3 9615*	49	0,6 0385	$\bar{1}$,4 1005*	52	0,5 8995	0,0 1390*	3	$\bar{1}$,9 8610	116	2,0 6769	75.35	1,3 1918*
5191*	26	5462*	30	9664	49	0336*	1057*	52	8943	1393*	3	8607	117	6653*	34	1889*
5220	27	5492*	30	9713	49	0287*	1109	52	8891*	1396	3	8604*	117	6536*	33	1860*
5249	28	5522*	30	9762	49	0238*	1161	53	8839*	1399	4	8601*	116	6419	32	1831*
5278	29	5552*	30	9811	49	0189*	1214*	52	8786	1403*	3	8597	116	6303	31	1801
0,2 5307	14.30	0,2 5582*	30	$\bar{1}$,3 9860*	49	0,6 0140	$\bar{1}$,4 1266*	52	0,5 8734	0,0 1406*	3	$\bar{1}$,9 8594	116	2,0 6187*	75.30	1,3 1772
5336	31	5612*	30	9909*	49	0091	1318*	52	8682	1409	3	8591*	116	6071*	29	1743
5365	32	5642*	30	9958*	48	0042	1370*	52	8630	1412	4	8588*	116	5955*	28	1714
5395*	33	5672*	30	$\bar{1}$,4 0006	49	0,5 9994*	1422*	52	8578	1416*	3	8584	116	5839*	27	1685
5424*	34	5702	30	0055*	48	9945	1474*	52	8526	1419*	3	8581	115	5723	26	1656
0,2 5453*	14.35	0,2 5732	30	$\bar{1}$,4 0103	49	0,5 9897*	$\bar{1}$,4 1526*	52	0,5 8474	0,0 1422	4	$\bar{1}$,9 8578*	116	2,0 5608*	75.25	1,3 1627*
5482*	36	5762	30	0152	48	9848*	1578*	51	8422	1426*	3	8574	115	5492	24	1598*
5511*	37	5792	30	0200	49	9800*	1629	52	8371*	1429*	3	8571	115	5377*	23	1569*
5540*	38	5822	30	0249*	48	9751	1681*	52	8319	1432	3	8568*	116	5262*	22	1540*
5569	39	5852	30	0297	49	9703*	1733*	51	8267	1435	4	8565*	114	5146	21	1511*
0,2 5598	14.40	0,2 5882	30	$\bar{1}$,4 0346*	48	0,5 9654	$\bar{1}$,4 1784	52	0,5 8216*	0,0 1439*	3	$\bar{1}$,9 8561	115	2,0 5032*	75.20	1,3 1481
5627	41	5912	31	0394*	48	9606	1836*	51	8164	1442	3	8558*	115	4917*	19	1452
5656	42	5943*	30	0442*	48	9558	1887	52	8113*	1445	4	8555*	115	4802	18	1423
5685	43	5973*	30	0490	48	9510*	1939*	51	8061	1449*	3	8551	114	4687	17	1394
5715*	44	6003*	30	0538	48	9462*	1990	51	8010*	1452*	3	8548	114	4573*	16	1365
0,2 5744*	14.45	0,2 6033*	30	$\bar{1}$,4 0586	48	0,5 9414*	$\bar{1}$,4 2041	52	0,5 7959*	0,0 1455	4	$\bar{1}$,9 8545*	115	2,0 4459*	75.15	1,3 1336
5773*	46	6063*	30	0634	48	9366*	2093*	51	7907	1459*	3	8541	114	4344	14	1307*
5802*	47	6093*	30	0682	48	9318*	2144*	51	7856	1462*	3	8538	114	4230	13	1278*
5831*	48	6123	30	0730*	48	9270	2195	51	7805*	1465	4	8535*	113	4116	12	1249*
5860*	49	6153	30	0778*	47	9222	2246	51	7754*	1469*	3	8531	114	4003*	11	1220*
0,2 5889	14.50	0,2 6183	30	$\bar{1}$,4 0825	48	0,5 9175*	$\bar{1}$,4 2297	51	0,5 7703*	0,0 1472*	3	$\bar{1}$,9 8528	114	2,0 3889*	75.10	1,3 1191*
5918	51	6213	30	0873	48	9127*	2348	51	7652*	1475	4	8525*	113	3775	9	1161
5947	52	6243	30	0921*	47	9079	2399	51	7601*	1479*	3	8521	113	3662*	8	1132
5976	53	6273	31	0968	48	9032*	2450	51	7550*	1482	3	8518*	114	3549*	7	1103
6005	54	6304*	30	1016*	47	8984	2501	51	7499*	1485	4	8515*	113	3435	6	1074
0,2 6034	14.55	0,2 6334*	30	$\bar{1}$,4 1063	48	0,5 8937*	$\bar{1}$,4 2552*	51	0,5 7448	0,0 1489*	3	$\bar{1}$,9 8511	113	2,0 3322	75. 5	1,3 1045
6064*	56	6364*	30	1111*	47	8889	2603*	50	7397	1492	3	8508*	112	3209	4	1016
6093*	57	6394*	30	1158*	47	8842	2653	51	7347*	1495	4	8505*	113	3097*	3	0987*
6122*	58	6424	30	1205	47	8795*	2704	51	7296*	1499*	3	8501	113	2984	2	0958*
6151*	59	6454	30	1252	48	8748*	2755*	50	7245	1502	4	8498*	112	2871	1	0929*
0,2 6180*	14.60	0,2 6484		$\bar{1}$,4 1300*		0,5 8700	$\bar{1}$,4 2805		0,5 7195*	0,0 1506*		$\bar{1}$,9 8494		2,0 2759*	75. 0	1,3 0900*
$x = 75^{\circ}$				cos x	D	séc x	cot x	D	tang x	coséc x	D	sin x	D	R = 1	d. m.	R = 1
$Lx = 2,0\ 2759*$				Séh Lx		Cosh Lx	Coséh Lx		Sib Lx	Coth Lx		Tab Lx		Lx	x	

x R = 1	x d. m.	Lx R = 1	D	sin x / Tah Lx	D	coséc x / Coth Lx	tang x / Sih Lx	D	cot x / Coséh Lx	séc x / Cosh Lx	D	cos x / Séh Lx	D	x = 15° Lx = 0,2 6484		
0,2 6180*	15. 0	0,2 6484	30	$\bar{1}$,4 1300*	47	0,5 8700	$\bar{1}$,4 2805	51	0,5 7195*	0,0 1506*	3	$\bar{1}$,9 8494	112	2,0 2759	74.60	1,3 0900*
6209	1	6514	30	1347*	47	8653	2856*	50	7144	1509	3	8491*	113	2647*	59	0871*
6238	2	6544	31	1394*	47	8606	2906	51	7094*	1512	4	8488*	112	2534	58	0842*
6267	3	6575*	30	1441*	47	8559	2957*	50	7043	1516*	3	8484	112	2422	57	0812
6296	4	6605*	30	1488*	47	8512	3007*	50	6993	1519	4	8481*	111	2310	56	0783
0,2 6325	15. 5	0,2 6635*	30	$\bar{1}$,4 1535*	47	0,5 8465	$\bar{1}$,4 3057	51	0,5 6943*	0,0 1523*	3	$\bar{1}$,9 8477	112	2,0 2199*	74 55	1,3 0754
6354	6	6665*	30	1582*	46	8418	3108*	50	6892	1526	3	8474*	112	2087*	54	0725
6384*	7	6695	30	1628	47	8372*	3158*	50	6842	1529	4	8471*	111	1975	53	0696
6413*	8	6725	30	1675	47	8325*	3208*	50	6792	1533*	3	8467	112	1864*	52	0667*
6442	9	6755	30	1722*	46	8278	3258*	50	6742	1536	4	8464*	111	1752	51	0638*
0,2 6471*	15.10	0,2 6785	31	$\bar{1}$,4 1768	47	0,5 8232*	$\bar{1}$,4 3308	50	0,5 6692*	0,0 1540*	3	$\bar{1}$,9 8460	111	2,0 1641	74.50	1,3 0609*
6500*	11	6816*	30	1815*	46	8185	3358	50	6642*	1543	4	8457*	111	1530*	49	0580*
6529	12	6846*	30	1861	47	8139*	3408	50	6592*	1547*	3	8453	111	1419*	48	0551*
6558	13	6876*	30	1908*	46	8092	3458*	50	6542	1550*	3	8450	111	1308	47	0522*
6587	14	6906	30	1954	47	8046*	3508*	50	6492	1553	4	8447*	110	1197	46	0492
0,2 6616	15.15	0,2 6936	30	$\bar{1}$,4 2001*	46	0,5 7999	$\bar{1}$,4 3558*	49	0,5 6442	0,0 1557*	3	$\bar{1}$,9 8443	111	2,0 1087*	74.45	1,3 0463
6645	16	6966	31	2047	46	7953*	3607	50	6393*	1560	4	8440*	110	0976	44	0434
6674	17	6997*	30	2093	47	7907*	3657	50	6343*	1564*	3	8436	111	0866*	43	0405
6704*	18	7027*	30	2140*	46	7860	3707*	49	6293	1567	4	8433*	110	0755	42	0376
6733*	19	7057*	30	2186*	46	7814	3756	50	6244*	1571*	3	8429	110	0645	41	0347
0,2 6762*	15.20	0,2 7087*	30	$\bar{1}$,4 2232*	46	0,5 7768	$\bar{1}$,4 3806*	49	0,5 6194	0,0 1574	4	$\bar{1}$,9 8426*	110	2,0 0535	74.40	1,3 0318*
6791*	21	7117	30	2278*	46	7722	3855	50	6145*	1578*	3	8422	110	0425	39	0289*
6820*	22	7147	31	2324*	46	7676	3905*	49	6095	1581	4	8419*	109	0315	38	0260*
6849*	23	7178*	30	2370*	46	7630	3954	50	6046*	1585*	3	8415	110	0206*	37	0231*
6878	24	7208*	30	2416*	45	7584	4004*	49	5996	1588*	3	8412	109	0096	36	0202*
0,2 6907	15.25	0,2 7238*	30	$\bar{1}$,4 2461	46	0,5 7539*	$\bar{1}$,4 4053*	49	0,5 5947	0,0 1591	4	$\bar{1}$,9 8409*	110	1,9 9987*	74.35	1,3 0172
6936	26	7268	30	2507	46	7493*	4102	49	5898*	1595*	3	8405	109	9877	34	0143
6965	27	7298	30	2553*	46	7447	4151	50	5849*	1598	4	8402*	109	9768*	33	0114
6994	28	7328	31	2599*	45	7401	4201*	49	5799	1602*	3	8398	109	9659*	32	0085
7024*	29	7359*	30	2644	46	7356*	4250*	49	5750	1605	4	8395*	109	9550*	31	0056
0,2 7053*	15.30	0,2 7389*	30	$\bar{1}$,4 2690*	45	0,5 7310	$\bar{1}$,4 4299*	49	0,5 5701	0,0 1609*	3	$\bar{1}$,9 8391	109	1,9 9441*	74.30	1,3 0027
7082*	31	7419*	30	2735	46	7265*	4348*	49	5652	1612	4	8388*	109	9332	29	1,2 9998*
7111*	32	7449	30	2781*	45	7219	4397*	49	5603	1616*	3	8384	108	9223	28	9969*
7140*	33	7479	31	2826	46	7174*	4446*	49	5554	1619	4	8381*	109	9115*	27	9940*
7169*	34	7510*	30	2872*	45	7128	4495*	49	5505	1623*	4	8377	108	9006	26	9911*
0,2 7198	15.35	0,2 7540*	30	$\bar{1}$,4 2917	45	0,5 7083*	$\bar{1}$,4 4544*	48	0,5 5456	0,0 1627*	3	$\bar{1}$,9 8373	108	1,9 8898	74.25	1,2 9882*
7227	36	7570*	30	2962	46	7038*	4592	49	5408*	1630	4	8370*	108	8790*	24	9852
7256	37	7600	30	3008*	45	6992	4641	49	5359*	1634*	3	8366	108	8682*	23	9823
7285	38	7630	31	3053*	45	6947	4690*	48	5310	1637	4	8363*	108	8574*	22	9794
7314	39	7661*	30	3098*	45	6902	4738	49	5262*	1641*	3	8359	108	8466*	21	9765
0,2 7343	15.40	0,2 7691*	30	$\bar{1}$,4 3143*	45	0,5 6857	$\bar{1}$,4 4787	49	0,5 5213*	0,0 1644	4	$\bar{1}$,9 8356*	108	1,9 8358	74.20	1,2 9736
7373*	41	7721*	30	3188*	45	6812	4836*	48	5164	1648*	3	8352	107	8250	19	9707
7402*	42	7751	30	3233*	45	6767	4884	49	5116*	1651	4	8349*	108	8143*	18	9678*
7431*	43	7781	31	3278*	45	6722	4933*	48	5067	1655*	3	8345	107	8035	17	9649*
7460	44	7812*	30	3323*	44	6677	4981	48	5019*	1658	4	8342*	107	7928	16	9620*
0,2 7489	15.45	0,2 7842*	30	$\bar{1}$,4 3367	45	0,5 6633*	$\bar{1}$,4 5029	49	0,5 4971*	0,0 1662*	4	$\bar{1}$,9 8338	107	1,9 7821*	74.15	1,2 9591*
7518	46	7872	30	3412	45	6588*	5078*	48	4922	1666*	3	8334	107	7714*	14	9562*
7547	47	7902	30	3457*	45	6543	5126	48	4874*	1669	4	8331*	107	7607*	13	9533*
7576	48	7932	31	3502*	44	6498	5174	48	4826*	1673*	3	8327	107	7500*	12	9503
7605	49	7963*	30	3546	45	6454*	5222	49	4778*	1676	4	8324*	107	7393	11	9474
0,2 7634	15.50	0,2 7993*	30	$\bar{1}$,4 3591*	44	0,5 6409	$\bar{1}$,4 5271*	48	0,5 4729	0,0 1680*	3	$\bar{1}$,9 8320	108	1,9 7286	74.10	1,2 9445
7663	51	8023	30	3635	45	6365*	5319*	48	4681	1683	4	8317*	107	7180*	9	9416
7693*	52	8053	31	3680*	44	6320	5367*	48	4633	1687*	4	8313	106	7073	8	9387*
7722*	53	8084*	30	3724	45	6276*	5415*	48	4585	1691*	3	8309	106	6967	7	9358*
7751*	54	8114*	30	3769*	44	6231	5463*	48	4537	1694	4	8306*	106	6861*	6	9329*
0,2 7780*	15.55	0,2 8144	30	$\bar{1}$,4 3813*	44	0,5 6187	$\bar{1}$,4 5511*	48	0,5 4489	0,0 1698*	3	$\bar{1}$,9 8302	106	1,9 6755*	74. 5	1,2 9300*
7809*	56	8174	31	3857	44	6143*	5559*	47	4441	1701	4	8299*	106	6649*	4	9271*
7838	57	8205*	30	3901	45	6099*	5606	48	4394*	1705*	4	8295	106	6543*	3	9242*
7867	58	8235*	30	3946*	44	6054	5654	48	4346*	1709*	3	8291	106	6437	2	9213*
7896	59	8265	30	3990*	44	6010	5702*	48	4298	1712	4	8288*	105	6331	1	9183
0,2 7925	15.60	0,2 8295		$\bar{1}$,4 4034*		0,5 5966	$\bar{1}$,4 5750*		0,5 4250	0,0 1716*		$\bar{1}$,9 8284		1,9 6226*	74. 0	1,2 9154
x = 74° Lx = 1,9 6226*				cos x / Séh Lx	D	séc x / Cosh Lx	cot x / Coséh Lx	D	tang x / Sih Lx	coséc x / Coth Lx	D	sin x / Tah Lx	D	Lx R = 1	x d. m.	x R = 1

x R = 1	x d. m.	Lx R = 1	D	sin x Tah Lx	D	coséc x Coth Lx	tang x Sih Lx	D	cot x Coséh Lx	séc x Cosh Lx	D	cos x Séh Lx	x = 16° Lx = 0,2 8295			
0,2 7925	16° 0′	0,2 8295	31	$\bar{1}$,4 4034*	44	0,5 5966	$\bar{1}$,4 5750*	47	0,5 4250	0,0 1716*	3	$\bar{1}$,9 8284	106	1,9 6226*	73.60	1,2 9154
7954	1	8326*	30	4078*	44	5922	5797	48	4203*	1719	4	8281*	105	6120	59	9125
7983	2	8356	30	4122*	44	5878	5845*	47	4155	1723	4	8277*	105	6015*	58	9096
8013*	3	8386	31	4166*	44	5834	5892	48	4108*	1727*	3	8273	106	5910*	57	9067
8042*	4	8417*	30	4210*	43	5790	5940	47	4060*	1730	4	8270*	105	5804	56	9038
0,2 8071	16. 5	0,2 8447*	30	$\bar{1}$,4 4253	44	0,5 5747*	$\bar{1}$,4 5987	48	0,5 4013*	0,0 1734*	4	$\bar{1}$,9 8266	106	1,9 5699	73.55	1,2 9009*
8100*	6	8477	30	4297	44	5703*	6035*	47	3965	1738*	3	8262	104	5594	54	8980*
8129*	7	8507	31	4341	44	5659*	6082	48	3918*	1741	4	8259*	105	5490*	53	8951*
8158*	8	8538*	20	4385*	43	5615	6130*	47	3870	1745*	4	8255	105	5385*	52	8922*
8187	9	8568*	30	4428	44	5572*	6177*	47	3823	1749*	3	8251	104	5280	51	8893*
0,2 8216	16.10	0,2 8598	30	$\bar{1}$,4 4472*	44	0,5 5528	$\bar{1}$,4 6224	47	0,5 3776*	0,0 1752	4	$\bar{1}$,9 8248*	105	1,9 5176*	73.50	1,2 8863
8245	11	8628	31	4516*	43	5484	6271	48	3729*	1756*	4	8244	104	5071	49	8834
8274	12	8659*	30	4559	43	5441*	6319*	47	3681	1760*	3	8240	104	4967*	48	8805
8303	13	8689	30	4602	44	5398*	6366*	47	3634	1763	4	8237*	104	4863*	47	8776
8333*	14	8719	31	4646*	43	5354	6413*	47	3587	1767*	4	8233	104	4759*	46	8747
0,2 8362	16.15	0,2 8750*	30	$\bar{1}$,4 4689	44	0,5 5311*	$\bar{1}$,4 6460*	47	0,5 3540	0,0 1771*	3	$\bar{1}$,9 8229	104	1,9 4655*	73.45	1,2 8718
8391*	16	8780*	30	4733*	43	5267	6507*	47	3493	1774	4	8226*	104	4551*	44	8689*
8420*	17	8810	31	4776*	43	5224	6554*	47	3446	1778*	4	8222	104	4447*	43	8660*
8449*	18	8841*	30	4819	43	5181*	6601*	47	3399	1782*	3	8218	103	4343	42	8631*
8478*	19	8871	30	4862	43	5138*	6648*	46	3352	1785	4	8215*	104	4240*	41	8602*
0,2 8507	16.20	0,2 8901	30	$\bar{1}$,4 4905	43	0,5 5095*	$\bar{1}$,4 6694	47	0,5 3306*	0,0 1789	4	$\bar{1}$,9 8211*	103	1,9 4136	73.40	1,2 8573*
8536	21	8931	31	4948	44	5052*	6741	47	3259*	1793*	3	8207	103	4033*	39	8543
8565	22	8962*	30	4992*	43	5008	6788	47	3212*	1796	4	8204*	104	3930*	38	8514
8594	23	8992	30	5035*	42	4965	6835*	46	3165	1800	4	8200*	103	3826	37	8485
8623	24	9022	31	5077	43	4923*	6881	47	3119*	1804*	4	8196	103	3723	36	8456
0,2 8652	16.25	0,2 9053*	30	$\bar{1}$,4 5120	43	0,5 4880*	$\bar{1}$,4 6928	47	0,5 3072*	0,0 1808*	3	$\bar{1}$,9 8192	103	1,9 3620	73.35	1,2 8427
8682*	26	9083	30	5163	43	4837*	6975*	46	3025	1811	4	8189*	102	3517	34	8398
8711*	27	9113	31	5206	43	4794*	7021	47	2979*	1815	4	8185*	103	3415*	33	8369*
8740*	28	9144*	30	5249*	43	4751	7068*	46	2932	1819*	4	8181	103	3312*	32	8340*
8769*	29	9174	80	5292*	42	4708	7114	46	2886*	1823*	3	8177	102	3209	31	8311*
0,2 8798*	16.30	0,2 9204	31	$\bar{1}$,4 5334	43	0,5 4666*	$\bar{1}$,4 7160	47	0,5 2840*	0,0 1826	4	$\bar{1}$,9 8174*	102	1,9 3107*	73.30	1,2 8282*
8827	31	9235*	30	5377*	42	4623	7207*	46	2793	1830	4	8170*	103	3005*	29	8253*
8856	32	9265	30	5419	43	4581*	7253	46	2747*	1834*	4	8166	102	2902	28	8224*
8885	33	9295	31	5462*	42	4538	7299	47	2701*	1838*	3	8162	102	2800	27	8194
8914	34	9326*	30	5504	43	4496*	7346*	46	2654	1841	4	8159*	102	2698	26	8165
0,2 8943	16.35	0,2 9356	31	$\bar{1}$,4 5547*	42	0,5 4453	$\bar{1}$,4 7392*	46	0,5 2608	0,0 1845	4	$\bar{1}$,9 8155*	102	1,9 2596	73.25	1,2 8136
8972	36	9387*	30	5589	43	4411*	7438	46	2562*	1849*	4	8151	102	2494	24	8107
9002*	37	9417*	30	5632*	42	4368	7484	46	2516*	1853*	3	8147	101	2392	23	8078
9031*	38	9447	31	5674*	42	4326	7530	46	2470*	1856	4	8144*	102	2291*	22	8049*
9060*	39	9478*	30	5716	42	4284*	7576	46	2424*	1860	4	8140*	101	2189	21	8020*
0,2 9089*	16.40	0,2 9508*	30	$\bar{1}$,4 5758	43	0,5 4242*	$\bar{1}$,4 7622	46	0,5 2378*	0,0 1864*	4	$\bar{1}$,9 8136	102	1,9 2088*	73.20	1,2 7991*
9118*	41	9538	31	5801*	42	4199	7668	46	2332*	1868*	3	8132	101	1986	19	7962*
9147*	42	9569*	30	5843*	42	4157	7714	46	2286*	1871	4	8129*	101	1885	18	7933*
9176	43	9599	30	5885*	42	4115	7760	46	2240*	1875	4	8125*	101	1784*	17	7904*
9205	44	9629	31	5927*	42	4073	7806*	46	2194	1879	4	8121*	101	1683*	16	7874
0,2 9234	16.45	0,2 9660	30	$\bar{1}$,4 5969*	42	0,5 4031	$\bar{1}$,4 7852*	45	0,5 2148	0,0 1883*	4	$\bar{1}$,9 8117	101	1,9 1582*	73.15	1,2 7845
9263	46	9690	31	6011*	42	3989	7897	46	2103*	1887*	3	8113	101	1481*	14	7816
9292	47	9721*	30	6053*	42	3947	7943	46	2057*	1890	4	8110*	101	1380	13	7787
9322*	48	9751*	80	6095*	41	3905	7989*	46	2011	1894	4	8106*	100	1279	12	7758
9351*	49	9781	81	6136	42	3864*	8035*	45	1965	1898	4	8102*	101	1179*	11	7729
0,2 9380*	16.50	0,2 9812*	30	$\bar{1}$,4 6178	42	0,5 3822*	$\bar{1}$,4 8080	46	0,5 1920*	0,0 1902*	4	$\bar{1}$,9 8098	100	1,9 1078	73.10	1,2 7700*
9409*	51	9842	31	6220*	42	3780	8126*	45	1874	1906*	4	8094	100	0978*	9	7671*
9438*	52	9873*	30	6262*	41	3738	8171	46	1829*	1910*	3	8090	101	0878*	8	7642*
9467*	53	9903*	30	6303	42	3697*	8217*	45	1783	1913	4	8087*	100	0777	7	7613*
9496	54	9933	31	6345*	41	3655	8262	45	1738*	1917	4	8083*	100	0677	6	7584*
0,2 9525	16.55	0,2 9964*	30	$\bar{1}$,4 6386	42	0,5 3614*	$\bar{1}$,4 8307	46	0,5 1693*	0,0 1921	4	$\bar{1}$,9 8079*	100	1,9 0577	73. 5	1,2 7554
9554	56	9994	31	6428*	41	3572	8353*	45	1647	1925*	4	8075	99	0477	4	7525
9583	57	0,3 0025*	30	6469	42	3531*	8398	45	1602*	1929*	4	8071	100	0378*	3	7496
9612	58	0055*	30	6511*	41	3489	8443	46	1557*	1933*	4	8067	100	0278*	2	7467
9642*	59	0085	31	6552	42	3448*	8489*	45	1511	1937*	3	8063	99	0178	1	7438
0,2 9671*	16.60	0,3 0116*		$\bar{1}$,4 6594*		0,5 3406	$\bar{1}$,4 8534*		0,5 1466	0,0 1940		$\bar{1}$,9 8060*		1,9 0079*	73° 0′	1,2 7409
x = 73° Lx = 1,9 0079*				cos x Séh Lx	D	séc x Cosh Lx	cot x Coséh Lx	D	tang x Sih Lx	coséc x Coth Lx	D	sin x Tah Lx	D	Lx R = 1	x d. m.	x R = 1

x R = 1	x d. m.	Lx R = 1	D	sin x Tah Lx	D	coséc x Coth Lx	tang x Sih Lx	D	cot x Coséh Lx	séc x Cosh Lx	D	cos x Séh Lx	x = 17°	Lx = 0,3 0116*		
0,2 9671*	17. 0	0,3 0116*	30	1̄,4 6594*	41	0,5 3406	1̄,4 8534*	45	0,5 1466	0,0 1940	4	1̄,9 8060*	100	1,9 0079*	72.60	1,2 7409
9700*	1	0146	31	6635*	41	3365	8579	45	1421*	1944	4	8056*	99	1,8 9979	59	7380*
9729*	2	0177*	30	6676	41	3324*	8624	45	1376*	1948	4	8052*	99	9880*	58	7351*
9758*	3	0207	30	6717	41	3283*	8669	45	1331*	1952*	4	8048	100	9781	57	7322*
9787*	4	0237	31	6758	42	3242*	8714	45	1286*	1956*	4	8044	99	9681	56	7293*
0,2 9816	17. 5	0,3 0268*	30	1̄,4 6800*	41	0,5 3200	1̄,4 8759	45	0,5 1241*	0,0 1960*	4	1̄,9 8040	99	1,8 9582	72.55	1,2 7264*
9845	6	0298	31	6841*	41	3159	8804	45	1196*	1964*	4	8036	98	9483	54	7235*
9874	7	0329*	30	6882*	41	3118	8849	45	1151*	1968*	3	8032	99	9385*	53	7205
9903	8	0359	31	6923*	41	3077	8894	45	1106*	1971	4	8029*	99	9286*	52	7176
9932	9	0390*	30	6964*	41	3036	8939*	45	1061	1975	4	8025*	99	9187	51	7147
0,2 9961	17.10	0,3 0420	31	1̄,4 7005*	40	0,5 2995	1̄,4 8984*	45	0,5 1016	0,0 1979	4	1̄,9 8021*	98	1,8 9088	72.50	1,2 7118
9991*	11	0451*	30	7045	41	2955*	9029*	44	0971	1983	4	8017*	98	8990*	49	7089
0,3 0020*	12	0481*	30	7086	41	2914*	9073	45	0927*	1987	4	8013*	99	8892*	48	7060*
0049*	13	0511	31	7127	41	2873*	9118	45	0882*	1991*	4	8009	98	8793	47	7031*
0078*	14	0542*	30	7168*	41	2832	9163*	44	0837	1995*	4	8005	98	8695*	46	7002*
0,3 0107*	17.15	0,3 0572	31	1̄,4 7209*	40	0,5 2791	1̄,4 9207	45	0,5 0793*	0,0 1999*	4	1̄,9 8001	98	1,8 8597*	72.45	1,2 6973*
0136	16	0603*	30	7249	41	2751*	9252*	44	0748	2003*	4	7997	98	8499*	44	6944*
0165	17	0633	31	7290*	40	2710	9296	45	0704*	2007*	4	7993	98	8401*	43	6915*
0194	18	0664*	30	7330	41	2670*	9341*	44	0659	2011*	3	7989	98	8303*	42	6885
0223	19	0694	31	7371*	40	2629	9385	45	0615*	2014	4	7986*	97	8205	41	6856
0,3 0252	17.20	0,3 0725*	30	1̄,4 7411	41	0,5 2589*	1̄,4 9430*	44	0,5 0570	0,0 2018	4	1̄,9 7982*	98	1,8 8108*	72.40	1,2 6827
0281	21	0755	31	7452*	40	2548	9474	45	0526*	2022	4	7978*	98	8010*	39	6798
0311*	22	0786*	30	7492	41	2508*	9519*	44	0481	2026	4	7974*	97	7912	38	6769
0340*	23	0816	31	7533*	40	2467	9563*	44	0437	2030	4	7970*	97	7815*	37	6740*
0369*	24	0847*	30	7573	40	2427*	9607	45	0393*	2034	4	7966*	98	7718*	36	6711*
0,3 0398*	17.25	0,3 0877	31	1̄,4 7613	41	0,5 2387*	1̄,4 9652*	44	0,5 0348	0,0 2038	4	1̄,9 7962*	97	1,8 7620	72.35	1,2 6682*
0427*	26	0908*	30	7654*	40	2346	9696*	44	0304	2042	4	7958*	97	7523	34	6653*
0456*	27	0938	31	7694*	40	2306	9740*	44	0260	2046	4	7954*	97	7426	33	6624*
0485	28	0969*	30	7734*	40	2266	9784	44	0216*	2050	4	7950*	97	7329	32	6595*
0514	29	0999	31	7774	40	2226*	9828	44	0172*	2054	4	7946*	96	7232	31	6565
0,3 0543	17.30	0,3 1030*	30	1̄,4 7814	40	0,5 2186*	1̄,4 9872	44	0,5 0128*	0,0 2058	4	1̄,9 7942*	97	1,8 7136*	72.30	1,2 6536
0572	31	1060	31	7854	40	2146*	9916	44	0084*	2062	4	7938*	97	7039*	29	6507
0601	32	1091*	30	7894	40	2106*	9960	44	0040*	2066	4	7934*	96	6942	28	6478
0631*	33	1121	31	7934	40	2066*	1̄,5 0004	44	0,4 9996*	2070	4	7930*	97	6846*	27	6449
0660*	34	1152*	30	7974	40	2026*	0048	44	9952*	2074	4	7926*	96	6749	26	6420
0,3 0689*	17.35	0,3 1182	31	1̄,4 8014	40	0,5 1986*	1̄,5 0092	44	0,4 9908*	0,0 2078	4	1̄,9 7922*	96	1,8 6653	72.25	1,2 6391
0718*	36	1213*	30	8054*	40	1946	0136*	44	9864	2082	4	7918*	96	6557*	24	6362*
0747*	37	1243	31	8094*	39	1906	0180*	43	9820	2086	4	7914*	96	6461*	23	6333*
0776*	38	1274*	30	8133	40	1867*	0223	44	9777*	2090	4	7910*	96	6365*	22	6304*
0805	39	1304	31	8173	40	1827*	0267	44	9733*	2094	4	7906*	96	6269*	21	6275*
0,3 0834	17.40	0,3 1335*	30	1̄,4 8213*	39	0,5 1787	1̄,5 0311*	44	0,4 9689	0,0 2098	4	1̄,9 7902*	96	1,8 6173*	72.20	1,2 6245
0863	41	1365	31	8252	40	1748*	0355*	43	9645	2102	4	7898*	96	6077*	19	6216
0892	42	1396*	30	8292	40	1708*	0398	44	9602*	2106	4	7894*	95	5981	18	6187
0921	43	1426	31	8332*	39	1668	0442*	43	9558	2110	4	7890*	96	5886*	17	6158
0951*	44	1457*	30	8371	40	1629*	0485	44	9515*	2114	4	7886*	95	5790	16	6129
0,3 0980*	17.45	0,3 1487	31	1̄,4 8411*	39	0,5 1589	1̄,5 0529*	43	0,4 9471	0,0 2118	4	1̄,9 7882*	96	1,8 5695*	72.15	1,2 6100
1009*	46	1518*	30	8450	40	1550*	0572	44	9428*	2122	4	7878*	95	5699	14	6071*
1038*	47	1548	31	8490*	39	1510	0616*	43	9384	2126	4	7874*	95	5504*	13	6042*
1067*	48	1579	31	8529*	39	1471	0659	44	9341*	2130	4	7870*	95	5409*	12	6013*
1096*	49	1610*	30	8568	39	1432*	0703*	43	9297	2134	5	7866*	95	5314*	11	5984*
0,3 1125	17.50	0,3 1640	31	1̄,4 8607	40	0,5 1393*	1̄,5 0746	43	0,4 9254*	0,0 2139*	4	1̄,9 7861	95	1,8 5219*	72.10	1,2 5955*
1154	51	1671*	30	8647*	39	1353	0789	44	9211*	2143*	4	7857	95	5124*	9	5926*
1183	52	1701	31	8686*	39	1314	0833*	43	9167	2147*	4	7853	95	5029*	8	5896
1212	53	1732*	30	8725	39	1275*	0876*	43	9124	2151*	4	7849	93	4934	7	5867
1241	54	1762	31	8764	39	1236*	0919	43	9081*	2155*	4	7845	94	4839	6	5838
0,3 1270	17.55	0,3 1793*	30	1̄,4 8803	39	0,5 1197*	1̄,5 0962	43	0,4 9038*	0,0 2159*	4	1̄,9 7841	95	1,8 4745*	72. 5	1,2 5809
1300*	56	1823	31	8842	39	1158*	1005	43	8995*	2163*	4	7837	94	4650	4	5780
1329*	57	1854	31	8881	39	1119*	1048	44	8952*	2167	4	7833*	95	4556*	3	5751*
1358*	58	1885*	30	8920	39	1080*	1092*	43	8908	2171	4	7829*	94	4461	2	5722*
1387*	59	1915	31	8959	39	1041*	1135*	43	8865	2175	4	7825*	94	4367	1	5693*
0,3 1416*	17.60	0,3 1946*		1̄,4 8998		0,5 1002*	1̄,5 1178*		0,4 8822	0,0 2179		1̄,9 7821*		1,8 4273*	72. 0	1,2 5664*
x = 72°	Lx = 1,8 4273*			cos x Séh Lx	D	séc x Cosh Lx	cot x Coséh Lx	D	tang x Sih Lx	coséc x Coth Lx	D	sin x Tah Lx	D	Lx R = 1	x d. m.	x R = 1

x R = 1	x d. m.	Lx R = 1	D	sin x TabLx	D	coséc x CothLx	tang x SihLx	D	cot x CoséhLx	séc x CoshLx	D	cos x SéhLx	x = 18°, Lx = 0,3 1946* D	Lx	d. m.	x R = 1
0,3 1416*	18°. 0'	0,3 1946*	30	$\bar{1}$,4 8998	39	0,5 1002*	$\bar{1}$,5 1178*	43	0,4 8822	0,0 2179	4	$\bar{1}$,9 7821*	94	1,8 4273*	71.60	1,2 5664*
1445	1	1976	31	9037	39	0963*	1221*	43	8779	2183	5	7817*	94	4179*	59	5635*
1474	2	2007*	31	9076*	39	0924	1264*	42	8736	2188*	4	7812	95	4085*	58	5606*
1503	3	2038*	30	9115*	38	0885	1306	43	8694*	2192*	4	7808	94	3991*	57	5576
1532	4	2068	31	9153	39	0847*	1349	43	8651*	2196*	4	7804	94	3897	56	5547
0,3 1561	18. 5	0,3 2099*	30	$\bar{1}$,4 9192	39	0,5 0808*	$\bar{1}$,5 1392	43	0,4 8608*	0,0 2200*	4	$\bar{1}$,9 7800	93	1,8 3803	71.55	1,2 5518
1590	6	2129	31	9231*	38	0769	1435*	43	8565	2204	4	7796*	94	3710*	54	5489
1620*	7	2160*	31	9269	39	0731*	1478*	42	8522	2208	4	7792*	93	3616	53	5460
1649*	8	2191*	30	9308	39	0692*	1520	43	8480*	2212	4	7788*	94	3523*	52	5431*
1678*	9	2221	31	9347*	38	0653	1563	43	8437*	2216	5	7784*	93	3429	51	5402*
0,3 1707*	18.10	0,3 2252*	30	$\bar{1}$,4 9385	39	0,5 0615*	$\bar{1}$,5 1606*	42	0,4 8394	0,0 2221*	4	$\bar{1}$,9 7779	93	1,8 3336*	71.50	1,2 5373*
1736*	11	2282	31	9424*	38	0576	1648	43	8352*	2225*	4	7775	94	3243*	49	5344*
1765*	12	2313	31	9462	38	0538*	1691*	43	8309	2229*	4	7771	93	3149	48	5315*
1794	13	2344	30	9500	39	0500*	1734*	42	8266	2233	4	7767*	93	3056	47	5286*
1823	14	2374	31	9539*	38	0461	1776	43	8224*	2237	4	7763*	93	2963	46	5256
0,3 1852	18.15	0,3 2405*	31	$\bar{1}$,4 9577	38	0,5 0423*	$\bar{1}$,5 1819*	42	0,4 8181	0,0 2241	5	$\bar{1}$,9 7759*	92	1,8 2870	71.45	1,2 5227
1881	16	2436*	30	9615	39	0385*	1861	42	8139*	2246*	4	7754	93	2778*	44	5198
1910	17	2466	31	9654*	38	0346	1903	43	8097*	2250*	4	7750	93	2685*	43	5169
1940*	18	2497*	30	9692*	38	0308	1946*	42	8054	2254*	4	7746	92	2592	42	5140
1969	19	2527	31	9730	38	0270*	1988	43	8012*	2258	4	7742*	93	2500*	41	5111
0,3 1998*	18.20	0,3 2558	31	$\bar{1}$,4 9768	38	0,5 0232*	$\bar{1}$,5 2031*	42	0,4 7969	0,0 2262	4	$\bar{1}$,9 7738*	92	1,8 2407*	71.40	1,2 5082*
2027*	21	2589*	30	9806	38	0194*	2073*	42	7927	2266	5	7734*	93	2315*	39	5053*
2056*	22	2619	31	9844	38	0156*	2115	42	7885*	2271*	4	7729	92	2222	38	5024*
2085*	23	2650	31	9882	38	0118*	2157	43	7843*	2275*	4	7725	92	2130*	37	4995*
2114	24	2681*	30	9920	38	0080*	2200*	42	7800	2279	4	7721*	92	2038*	36	4966*
0,3 2143	18.25	0,3 2711	31	$\bar{1}$,4 9958	38	0,5 0042*	$\bar{1}$,5 2242*	42	0,4 7758	0,0 2283	4	$\bar{1}$,9 7717*	92	1,8 1946*	71.35	1,2 4936
2172	26	2742	31	9996	38	0004*	2284*	42	7716	2287	5	7713*	92	1854*	34	4907
2201	27	2773*	30	$\bar{1}$,5 0034	38	0,4 9966*	2326*	42	7674	2292*	4	7708	92	1762*	33	4878
2230	28	2803	31	0072	38	9928*	2368*	42	7632	2296*	4	7704	92	1670*	32	4849
2260*	29	2834	31	0110*	38	9890	2410*	42	7590	2300	4	7700*	92	1578*	31	4820
0,3 2289*	18.30	0,3 2865*	30	$\bar{1}$,5 0148*	37	0,4 9852	$\bar{1}$,5 2452*	42	0,4 7548	0,0 2304	5	$\bar{1}$,9 7696*	91	1,8 1486	71.30	1,2 4791
2318*	31	2895	31	0185	38	9815*	2494*	42	7506	2309*	4	7691	92	1395*	29	4762*
2347*	32	2926	31	0223	38	9777*	2536*	42	7464	2313*	4	7687	91	1303	28	4733*
2376*	33	2957*	30	0261*	37	9739	2578*	42	7422	2317	4	7683*	92	1212*	27	4704*
2405*	34	2987	31	0298	38	9702*	2620*	41	7380	2321	5	7679*	91	1120	26	4675*
0,3 2434	18.35	0,3 3018	31	$\bar{1}$,5 0336*	38	0,4 9664	$\bar{1}$,5 2661	42	0,4 7339*	0,0 2326*	4	$\bar{1}$,9 7674	91	1,8 1029*	71.25	1,2 4646*
2463	36	3049*	31	0374*	37	9626	2703	42	7297*	2330*	4	7670	92	0938*	24	4617*
2492	37	3080*	30	0411	38	9589*	2745	42	7255*	2334	4	7666*	91	0846	23	4587
2521	38	3110	31	0449*	37	9551	2787*	42	7213	2338	5	7662*	91	0755	22	4558
2550	39	3141*	31	0486*	37	9514	2829*	41	7171	2343*	4	7657	91	0664	21	4529
0,3 2579	18.40	0,3 3172*	30	$\bar{1}$,5 0523	38	0,4 9477*	$\bar{1}$,5 2870	42	0,4 7130*	0,0 2347*	4	$\bar{1}$,9 7653	90	1,8 0573	71.20	1,2 4500
2609*	41	3202	31	0561*	37	9439	2912*	41	7088	2351	4	7649*	91	0483*	19	4471
2638*	42	3233	31	0598	37	9402*	2953	42	7047*	2355	5	7645*	91	0392*	18	4442*
2667*	43	3264*	30	0635	38	9365*	2995	42	7005*	2360*	4	7640	90	0301	17	4413*
2696*	44	3294	31	0673*	37	9327	3037*	41	6963	2364*	4	7636	91	0211*	16	4384*
0,3 2725*	18.45	0,3 3325	31	$\bar{1}$,5 0710*	37	0,4 9290	$\bar{1}$,5 3078	42	0,4 6922*	0,0 2368	4	$\bar{1}$,9 7632*	90	1,8 0120*	71.15	1,2 4355*
2754	46	3356*	31	0747	37	9253*	3120*	41	6880	2372	5	7628*	91	0030*	14	4326*
2783	47	3387*	30	0784	37	9216*	3161	41	6839*	2377*	4	7623	90	1,7 9939	13	4297*
2812	48	3417	31	0821	37	9179*	3202	42	6798*	2381	4	7619*	90	9849*	12	4267
2841	49	3448	31	0858	38	9142*	3244*	41	6756	2385	5	7615*	91	9759*	11	4238
0,3 2870	18.50	0,3 3479*	31	$\bar{1}$,5 0896*	37	0,4 9104	$\bar{1}$,5 3285	42	0,4 6715*	0,0 2390*	4	$\bar{1}$,9 7610	90	1,7 9668	71.10	1,2 4209
2899	51	3510*	30	0933*	37	9067	3327*	41	6673	2394	4	7606*	90	9578	9	4180
2829*	52	3540	31	0970*	37	9030	3368*	41	6632	2398	5	7602*	90	9488	8	4151
2958*	53	3571	31	1007*	36	8993	3409	41	6591*	2403*	4	7597	89	9398	7	4122*
2987*	54	3602*	31	1043	37	8957*	3450	42	6550*	2407*	4	7593	90	9309*	6	4093*
0,3 3016*	18.55	0,3 3633*	30	$\bar{1}$,5 1080	37	0,4 8920*	$\bar{1}$,5 3492*	41	0,4 6508	0,0 2411	5	$\bar{1}$,9 7589*	90	1,7 9219*	71. 5	1,2 4064*
3045*	56	3663	31	1117	37	8883*	3533*	41	6467	2416*	4	7584	89	9129	4	4035*
3074*	57	3694	31	1154*	37	8846	3574*	41	6426	2420*	4	7580	90	9040*	3	4006*
3103	58	3725*	31	1191*	36	8809	3615	41	6385*	2424	5	7576*	89	8950	2	3977*
3132	59	3756*	30	1227	37	8773*	3656	41	6344*	2429*	4	7571	90	8861*	1	3947
0,3 3161	18.60	0,3 3786		$\bar{1}$,5 1264		0,4 8736*	$\bar{1}$,5 3697		0,4 6303*	0,0 2433*		$\bar{1}$,9 7567		1,7 8771	71°. 0'	1,2 3918
x = 71°, Lx = 1,7 8771				cos x SéhLx	D	séc x CoshLx	cot x CoséhLx	D	tang x SihLx	coséc x CothLx	D	sin x TabLx	D	Lx R = 1	x d. m.	x R = 1

x (R = 1)	d. m.	Lx (R = 1)	D	sin x / **Tab** Lx	D	coséc x / **Coth** Lx	tang x / **Sih** Lx	D	cot x / **Coséh** Lx	séc x / **Cosh** Lx	D	cos x / **Séh** Lx	D	x = 19°	Lx = 0,3 3786	
0,3 3161	19. 0	0,3 3786	31	1̄,5 1264	37	0,4 8736*	1̄,5 3697	41	0,4 6303*	0,0 2433*	4	1̄,9 7567	89	1,7 8771	70.60	1,2 3918
3190	1	3817	31	1301*	37	8699	3738	41	6262*	2437	5	7563*	89	8682*	59	3889
3219	2	3848*	31	1338*	38	8662	3779	41	6221*	2442*	4	7558	90	8593*	58	3860
3249*	3	3879*	30	1374	37	8626*	3820	41	6180*	2446	4	7554*	89	8503	57	3831
3278*	4	3909	31	1411*	36	8589	3861	41	6139*	2450	5	7550*	89	8414	56	3802
0,3 3307*	19. 5	0,3 3940	31	1̄,5 1447	37	0,4 8553*	1̄,5 3902	41	0,4 6098*	0,0 2455*	4	1̄,9 7545	89	1,7 8325	70.55	1,2 3773*
3336*	6	3971*	31	1484*	36	8516	3943*	41	6057	2459	5	7541*	88	8236	54	3744*
3365*	7	4002*	31	1520	37	8480*	3984*	41	6016	2464*	4	7536	89	8148*	53	3715*
3394*	8	4033*	30	1557*	36	8443	4025*	40	5975	2468*	4	7532	89	8159*	52	3686*
3423	9	4063	31	1593*	36	8407	4065	41	5935*	2472	5	7528*	89	7970	51	3657*
0,3 3452	19.10	0,3 4094	31	1̄,5 1629	37	0,4 8371*	1̄,5 4106	41	0,4 5894*	0,0 2477*	4	1̄,9 7523	88	1,7 7881	70.50	1,2 3627
3481	11	4125*	31	1666*	36	8334	4147*	40	5853	2481	4	7519*	89	7793*	49	3598
3510	12	4156*	31	1702*	36	8298	4187	41	5813*	2485	5	7515*	88	7704	48	3569
3539	13	4187*	30	1738	36	8262*	4228	41	5772*	2490*	4	7510	88	7616	47	3540
3568	14	4217	31	1774	37	8226*	4269*	40	5731	2494	5	7506*	89	7528*	46	3511
0,3 3598*	19.15	0,3 4248	31	1̄,5 1811*	36	0,4 8189	1̄,5 4309	41	0,4 5691*	0,0 2499*	4	1̄,9 7501	88	1,7 7439	70.45	1,2 3482
3627*	16	4279*	31	1847*	36	8153	4350*	40	5650	2503	5	7497*	88	7351	44	3453*
3656*	17	4310*	31	1883*	36	8117	4390	41	5610*	2508*	4	7492	88	7263	43	3424*
3685*	18	4341*	30	1919	36	8081*	4431*	40	5566	2512*	4	7488	88	7175	42	3395*
3714*	19	4371	31	1955	36	8045*	4471	41	5529*	2516	5	7484*	88	7087	41	3366*
0,3 3743	19.20	0,3 4402	31	1̄,5 1991	36	0,4 8009*	1̄,5 4512*	40	0,4 5488	0,0 2521*	4	1̄,9 7479	88	1,7 6999	70.40	1,2 3337*
3772	21	4433	31	2027	36	7973*	4552	41	5448*	2525	5	7475*	87	6911	39	3308*
3801	22	4464*	31	2063	36	7937*	4593*	40	5407	2530*	4	7470	88	6824*	38	3278
3830	23	4495*	31	2099*	36	7901	4633	40	5367*	2534	5	7466*	88	6736*	37	3249
3859	24	4526*	30	2135*	36	7865	4673	41	5327*	2539*	4	7461	87	6648	36	3220
0,3 3888	19.25	0,3 4556	31	1̄,5 2171*	36	0,4 7829	1̄,5 4714*	40	0,4 5286	0,0 2543	4	1̄,9 7457*	88	1,7 6561*	70.35	1,2 3191
3918*	26	4587	31	2207*	35	7793	4754	40	5246*	2547	5	7453*	87	6473	34	3162
3947*	27	4618	31	2242	36	7758*	4794	41	5206*	2552*	4	7448	87	6386*	33	3133*
3976*	28	4649*	31	2278	36	7722*	4835*	40	5165	2556	5	7444*	88	6299*	32	3104*
4005*	29	4680*	31	2314*	36	7686	4875*	40	5125	2561*	4	7439	87	6211	31	3075*
0,3 4034*	19.30	0,3 4711*	30	1̄,5 2350*	35	0,4 7650	1̄,5 4915*	40	0,4 5085	0,0 2565	5	1̄,9 7435*	87	1,7 6124	70.30	1,2 3046*
4063	31	4741	31	2385	36	7615*	4955	40	5045*	2570*	4	7430	87	6037	29	3017*
4092	32	4772	31	2421*	35	7579	4995	40	5005*	2574	5	7426*	87	5950*	28	2988*
4121	33	4803	31	2456	36	7544*	5035	40	4965*	2579*	4	7421	87	5863	27	2958
4150	34	4834	31	2492*	35	7508	5075	40	4925*	2583	5	7417*	87	5776	26	2929
0,3 4179	19.35	0,3 4865*	31	1̄,5 2527	36	0,4 7473*	1̄,5 5115	40	0,4 4885*	0,0 2588*	4	1̄,9 7412	86	1,7 5689	70.25	1,2 2900
4208	36	4896*	31	2563*	35	7437	5155	40	4845*	2592	5	7408*	87	5603*	24	2871
4238*	37	4927*	31	2598	36	7402*	5195	40	4805*	2597*	4	7403	87	5516*	23	2842
4267*	38	4958*	30	2634*	35	7366	5235	40	4765*	2601	5	7399*	86	5429	22	2813
4296*	39	4988	31	2669	36	7331*	5275	40	4725*	2606*	4	7394	87	5343*	21	2784*
0,3 4325*	19.40	0,3 5019	31	1̄,5 2705*	35	0,4 7295	1̄,5 5315*	40	0,4 4685	0,0 2610	5	1̄,9 7390*	86	1,7 5256	70.20	1,2 2755*
4354*	41	5050	31	2740*	35	7260	5355*	40	4645	2615*	4	7385	87	5170*	19	2726
4383*	42	5081	31	2775	36	7225*	5395*	39	4605	2619	5	7381*	86	5083	18	2697*
4412	43	5112	31	2811*	35	7189	5434	40	4566*	2624*	4	7376	86	4997	17	2668*
4441	44	5143*	31	2846*	35	7154	5474	40	4526*	2628	5	7372*	86	4911	16	2638
0,3 4470	19.45	0,3 5174*	31	1̄,5 2881*	35	0,4 7119	1̄,5 5514*	40	0,4 4486	0,0 2633*	4	1̄,9 7367	86	1,7 4825*	70.15	1,2 2609
4499	46	5205*	31	2916	35	7084*	5554*	39	4446	2637	5	7363*	86	4739*	14	2508
4528	47	5236*	31	2951	35	7049*	5593	40	4407*	2642*	5	7358	86	4653*	13	2551
4558*	48	5267*	31	2986	35	7014*	5633*	40	4367	2647*	4	7353	86	4567	12	2522
4587*	49	5298*	30	3021	35	6979*	5673*	39	4327	2651	5	7349*	86	4481	11	2493
0,3 4616*	19.50	0,3 5328	31	1̄,5 3056	36	0,4 6944*	1̄,5 5712	40	0,4 4288*	0,0 2656*	4	1̄,9 7344	85	1,7 4395	70.10	1,2 2464*
4645*	51	5359	31	3092*	34	6908	5752*	39	4248	2660	5	7340*	86	4310*	9	2435*
4674*	52	5390	31	3126	35	6874*	5791	40	4209*	2665*	4	7335	85	4224	8	2406*
4703*	53	5421	31	3161	35	6839*	5831*	39	4169	2669	5	7331*	86	4139	7	2377*
4732	54	5452	31	3196	35	6804*	5870	40	4130*	2674*	4	7326	85	4053	6	2348*
0,3 4761	19.55	0,3 5483	31	1̄,5 3231	35	0,4 6769*	1̄,5 5910*	39	0,4 4090	0,0 2678	5	1̄,9 7322*	86	1,7 3968*	70. 5	1,2 2319*
4790	56	5514	31	3266	35	6734*	5949	40	4051*	2683	5	7317*	85	3882	4	2289
4819	57	5545	31	3301*	35	6699	5989*	39	4011	2688*	4	7312	85	3797*	3	2260
4848	58	5576*	31	3336*	34	6664	6028*	39	3972	2692	5	7308*	85	3712*	2	2231
4878*	59	5607*	31	3370	35	6630*	6067	40	3933*	2697*	4	7303	85	3627*	1	2202
0,3 4907*	19.60	0,3 5638*		1̄,5 3405		0,4 6595*	1̄,5 6107*		0,4 3893	0,0 2701		1̄,9 7299*		1,7 3542*	70. 0	1,2 2173
x = 70°	Lx = 1,7 3542*			cos x / **Séh** Lx	D	séc x / **Cosh** Lx	cot x / **Coséh** Lx	D	tang x / **Sih** Lx	coséc x / **Coth** Lx	D	sin x / **Tab** Lx	D	R = 1 (Lx)	d. m.	R = 1 (x)

x R = 1	d. m.	Lx R = 1	D	sin x Tah Lx	D	coséc x Coth Lx	tang x Sib Lx	D	cot x Coséh Lx	séc x Cosh Lx	D	cos x Séh Lx	x = 20° Lx = 0,3 5638*			
0,3 4907*	20. 0	0,3 5638*	31	$\bar{1}$,5 3405	35	0,4 6595*	$\bar{1}$,5 6107*	39	0,4 3893	0,0 2701	5	$\bar{1}$,9 7299*	85	1,7 3542*	69.60	1,2 2173
4936*	1	5669*	31	3440*	35	6560	6146*	39	3854	2706	5	7294*	85	3457*	59	2144*
4965*	2	5700*	31	3475*	34	6525	6185	39	3815*	2711*	4	7289	85	3372*	58	2115*
4994*	3	5731*	31	3509	35	6491*	6224	40	3776*	2715	5	7285*	85	3287*	57	2086*
5023*	4	5762*	31	3544*	34	6456	6264*	39	3736	2720*	4	7280	85 85	3202*	56	2057*
0,3 5052	20. 5	0,3 5793*	31	$\bar{1}$,5 3578	35	0,4 6422*	$\bar{1}$,5 6303*	39	0,4 3697	0,0 2724	5	$\bar{1}$,9 7276*	85	1,7 3117	69.55	1,2 2028*
5081	6	5824*	31	3613*	34	6387	6342*	39	3658	2729	5	7271*	84	3032	54	1999*
5110	7	5855*	31	3647	35	6353*	6381	39	3619*	2734*	4	7266	85	2948*	53	1969
5139	8	5886*	31	3682*	34	6318	6420	39	3580*	2738	5	7262*	84	2863	52	1940
5168	9	5917*	31	3716	35	6284*	6459	39	3541*	2743*	5	7257	85	2779*	51	1911
0,3 5197	20.10	0,3 5948*	31	$\bar{1}$,5 3751*	34	0,4 6249	$\bar{1}$,5 6498	39	0,4 3502*	0,0 2748*	4	$\bar{1}$,9 7252	84	1,7 2694	69.50	1,2 1882
5227*	11	5979*	31	3785	34	6215*	6537	39	3463*	2752	5	7248*	84	2610	49	1853
5256*	12	6010*	31	3819	35	6181*	6576	39	3424*	2757*	5	7243	84	2526*	48	1824*
5285*	13	6041*	31	3854*	34	6146	6615	39	3385*	2762*	4	7238	85	2442*	47	1795*
5314*	14	6072*	31	3888	34	6112*	6654	39	3346*	2766	5	7234*	84	2357	46	1766*
0,3 5343*	20.15	0,3 6103*	31	$\bar{1}$,5 3922	35	0,4 6078*	$\bar{1}$,5 6693	39	0,4 3307*	0,0 2771*	5	$\bar{1}$,9 7229	84	1,7 2273	69.45	1,2 1737*
5372	16	6134*	31	3957*	34	6043	6732	39	3268*	2776*	4	7224	84	2189	44	1708*
5401	17	6165*	31	3991*	34	6009	6771*	39	3229	2780	5	7220*	83	2105	43	1679*
5430	18	6196*	31	4025*	34	5975	6810*	39	3190	2785*	5	7215	84	2022*	42	1649
5459	19	6227*	31	4059	34	5941*	6849*	38	3151	2790*	4	7210	84	1938*	41	1620
0,3 5488	20.20	0,3 6258*	31	$\bar{1}$,5 4093	34	0,4 5907*	$\bar{1}$,5 6887	39	0,4 3113*	0,0 2794	5	$\bar{1}$,9 7206*	84	1,7 1854*	69.40	1,2 1591
5517	21	6289*	31	4127	34	5873*	6926	39	3074*	2799*	5	7201	83	1770	39	1562
5547*	22	6320*	31	4161	34	5839*	6965*	39	3035	2804*	4	7196	84	1687*	38	1533
5576*	23	6351*	31	4195	34	5805*	7004*	38	2996	2808	5	7192*	83	1603	37	1504
5605*	24	6382*	31	4229	34	5771*	7042	39	2958*	2813*	5	7187	84	1520*	36	1475*
0,3 5634*	20.25	0,3 6413*	31	$\bar{1}$,5 4263	34	0,4 5737*	$\bar{1}$,5 7081*	39	0,4 2919	0,0 2818*	4	$\bar{1}$,9 7182	83	1,7 1436	69.35	1,2 1446*
5663*	26	6444*	31	4297	34	5703*	7120*	38	2880	2822	5	7178*	83	1353*	34	1417*
5692*	27	6475*	31	4331	34	5669*	7158	39	2841*	2827	5	7173*	84	1270*	33	1388*
5721	28	6506*	31	4365*	34	5635	7197*	38	2803	2832*	5	7168	83	1186	32	1359*
5750	29	6537*	31	4399*	34	5601	7235	39	2765*	2837*	4	7163	83	1103	31	1329
0,3 5779	20.30	0,3 6568	31	$\bar{1}$,5 4433*	33	0,4 5567	$\bar{1}$,5 7274*	38	0,4 2726	0,0 2841	5	$\bar{1}$,9 7159*	83	1,7 1020	69.30	1,2 1300
5808	31	6599	31	4466	34	5534*	7312	39	2688*	2846*	5	7154	83	0937	29	1271
5837	32	6630	31	4500	34	5500*	7351*	38	2649	2851*	4	7149	83	0854	28	1242
5867*	33	6661	31	4534*	33	5466	7389	39	2611*	2855	5	7145*	83	0771	27	1213
5896*	34	6692	31	4567	34	5433*	7428*	38	2572	2860	5	7140*	82	0688	26	1184
0,3 5925*	20.35	0,3 6723	31	$\bar{1}$,5 4601	34	0,4 5399*	$\bar{1}$,5 7466	38	0,4 2534*	0,0 2865*	5	$\bar{1}$,9 7135	83	1,7 0606*	69.25	1,2 1155*
5954*	36	6754	31	4635*	33	5365	7504	39	2496*	2870*	4	7130	83	0523*	24	1126*
5983*	37	6785	32	4668	34	5332*	7543*	38	2457	2874	5	7126*	82	0440	23	1097*
6012*	38	6817*	31	4702*	33	5298	7581	38	2419*	2879	5	7121*	83	0358*	22	1068*
6041	39	6848*	31	4735	34	5265*	7619	39	2381*	2884*	5	7116	82	0275	21	1039*
0,3 6070	20.40	0,3 6879*	31	$\bar{1}$,5 4769*	33	0,4 5231	$\bar{1}$,5 7658*	38	0,4 2342	0,0 2889*	4	$\bar{1}$,9 7111	83	1,7 0193*	69.20	1,2 1009
6099	41	6910*	31	4802	34	5198*	7696*	38	2304	2893	5	7107*	82	0110	19	0980
6128	42	6941*	31	4836*	33	5164	7734	38	2266*	2898	5	7102*	82	0028*	18	0951
6157	43	6972	31	4869	34	5131*	7772	38	2228*	2903*	5	7097	82	1,6 9946*	17	0922
6186	44	7003	31	4903*	33	5097	7810	39	2190*	2908*	5	7092	83	9864*	16	0893
0,3 6216*	20.45	0,3 7034	31	$\bar{1}$,5 4936	33	0,4 5064*	$\bar{1}$,5 7849*	38	0,4 2151	0,0 2913*	4	$\bar{1}$,9 7087	82	1,6 9781	69.15	1,2 0864
6245*	46	7065	31	4969	34	5031*	7887*	38	2113	2917	5	7083*	82	9699	14	0835*
6274*	47	7096	32	5003*	33	4997	7925*	38	2075	2922	5	7078*	82	9617	13	0806*
6303*	48	7128*	31	5036*	33	4964	7963*	38	2037	2927*	5	7073	82	9535	12	0777*
6332*	49	7159*	31	5069	38	4931*	8001*	38	1999	2932*	5	7068	81	9453	11	0748*
0,3 6306	20.50	0,3 7190*	31	$\bar{1}$,5 5102	34	0,4 4898*	$\bar{1}$,5 8039*	38	0,4 1961	0,0 2937*	4	$\bar{1}$,9 7063	82	1,6 9372*	69.10	1,2 0719*
6390	51	7221*	31	5136*	33	4864	8077*	38	1923	2941	5	7059*	82	9290*	9	0690*
6419	52	7252	31	5169*	33	4831	8115*	38	1885	2946	5	7054*	81	9208	8	0660
6448	53	7283	31	5202*	33	4798	8153*	38	1847	2951*	5	7049	82	9127*	7	0631
6477	54	7314	31	5235*	33	4765	8191*	38	1809	2956*	5	7044	82	9045*	6	0602
0,3 6506	20.55	0,3 7345	32	$\bar{1}$,5 5268	33	0,4 4732*	$\bar{1}$,5 8229*	38	0,4 1771	0,0 2961*	4	$\bar{1}$,9 7039	81	1,6 8963	69. 5	1,2 0573
6536*	56	7377*	31	5301	33	4699*	8267*	37	1733	2965	5	7035*	81	8882	4	0544
6565*	57	7408*	31	5334	33	4666*	8304	38	1696*	2970	5	7030*	82	8801*	3	0515*
6594*	58	7439*	31	5367	33	4633*	8342	38	1658*	2975	5	7025*	81	8719	2	0486*
6623*	59	7470	31	5400*	33	4600	8380*	38	1620	2980*	5	7020	81	8638	1	0457*
0,3 6652	20.60	0,3 7501		$\bar{1}$,5 5433*		0,4 4567	$\bar{1}$,5 8418*		0,4 1582	0,0 2985*		$\bar{1}$,9 7015		1,6 8557*	69. 0	1,2 0428*
x = 69° Lx = 1,6 8557*				cos x Séh Lx	D	séc x Cosh Lx	cot x Coséh Lx	D	tang x Sib Lx	coséc x Coth Lx	D	sin x Tah Lx	D	Lx R = 1	d. m.	x R = 1

x R = 1	x d. m.	Lx R = 1	D	sin x Tah Lx	D	coséc x Coth Lx	tang x Sih Lx	D	cot x Coséh Lx	séc x Cosh Lx	D	cos x Séh Lx	D	x = 21° Lx = 0,3 7501 — Lx R = 1	d. m.	x R = 1
0,3 6652*	21. 0	0,3 7501	31	$\bar{1}$,5 5433*	33	0,4 4567	$\bar{1}$,5 8418*	37	0,4 1582	0,0 2985*	5	$\bar{1}$,9 7015	81	1,6 8557*	68.60	1,2 0428*
6681	1	7532	32	5466*	33	4534	8455	38	1545*	2990*	5	7010	81	8476*	59	0399*
6710	2	7564*	31	5499*	33	4501	8493	38	1507*	2995*	4	7005	81	8395*	58	0370*
6739	3	7595*	31	5532*	32	4468	8531*	38	1469	2999	5	7001*	81	8314*	57	0340
6768	4	7626*	31	5564	33	4436*	8569*	37	1431	3004	5	6996*	81	8233*	56	0311
0,3 6797	21. 5	0,3 7657	31	$\bar{1}$,5 5597	33	0,4 4403*	$\bar{1}$,5 8606	38	0,4 1394*	0,0 3009	5	$\bar{1}$,9 6991*	81	1,6 8152*	68.55	1,2 0282
6826	6	7688	31	5630*	33	4370	8644*	37	1356	3014*	5	6986	81	8071*	54	0253
6856*	7	7719	32	5663*	32	4337	8681	38	1319*	3019*	5	6981	81	7990	53	0224
6885*	8	7751*	31	5695	33	4305*	8719	38	1281*	3024*	5	6976	80	7909	52	0195
6914*	9	7782*	31	5728*	33	4272	8757*	37	1243	3029*	5	6971	81	7829*	51	0166*
0,3 6943*	21.10	0,3 7813*	31	$\bar{1}$,5 5761*	32	0,4 4239	$\bar{1}$,5 8794	38	0,4 1206*	0,0 3034*	4	$\bar{1}$,9 6966	80	1,6 7748	68.50	1,2 0137*
6972*	11	7844	31	5793	33	4207*	8832*	37	1168	3038	5	6962*	81	7668*	49	0108*
7001*	12	7875	32	5826*	32	4174	8869	38	1131*	3043	5	6957*	80	7587	48	0079*
7030	13	7907*	31	5858	33	4142*	8907*	37	1093	3048	5	6952*	81	7507*	47	0050*
7059	14	7938*	31	5891*	32	4109	8944	37	1056*	3053	5	6947*	80	7426	46	0020
0,3 7088	21.15	0,3 7969*	31	$\bar{1}$,5 5923	33	0,4 4077*	$\bar{1}$,5 8981	38	0,4 1019*	0,0 3058	5	$\bar{1}$,9 6942*	80	1,6 7346	68.45	1,1 9991
7117	16	8000	31	5956*	32	4044	9019*	37	0981	3063*	5	6937	80	7266*	44	9962
7146	17	8031	32	5988	33	4012*	9056	38	0944*	3068*	5	6932	80	7186*	43	9933
7176*	18	8073*	31	6021*	32	3979	9094*	37	0906	3073*	5	6927	80	7106*	42	9904
7205*	19	8094*	31	6053	32	3947*	9131*	37	0869	3078*	5	6922	80	7026*	41	9875
0,3 7234*	21.20	0,3 8125	31	$\bar{1}$,5 6085	33	0,4 3915*	$\bar{1}$,5 9168	37	0,4 0832*	0,0 3083*	5	$\bar{1}$,9 6917	80	1,6 6946*	68.40	1,1 9846*
7263*	21	8156	32	6118*	32	3882	9205	38	0795*	3088*	5	6912	80	6866*	39	9817*
7292*	22	8188*	31	6150	32	3850*	9243*	37	0757	3093*	4	6907	80	6786*	38	9788*
7321*	23	8219*	31	6182	33	3818*	9280*	37	0720	3097	5	6903*	80	6706	37	9759*
7350	24	8250	31	6215*	32	3785	9317	37	0683*	3102	5	6898*	79	6626	36	9730*
0,3 7379	21.25	0,3 8281	32	$\bar{1}$,5 6247*	32	0,4 3753	$\bar{1}$,5 9354	37	0,4 0646*	0,0 3107	5	$\bar{1}$,9 6893*	80	1,6 6547*	68.35	1,1 9700
7408	26	8313*	31	6279	32	3721*	9391	38	0609*	3112	5	6888*	80	6467*	34	9671
7437	27	8344*	31	6311	32	3689*	9429*	37	0571	3117	5	6883*	79	6387	33	9642
7466	28	8375	31	6343	32	3657*	9466*	37	0534	3122	5	6878*	80	6308*	32	9613
7495	29	8406	32	6375	33	3625*	9503*	37	0497	3127	5	6873*	79	6228	31	9584
0,3 7525*	21.30	0,3 8438*	31	$\bar{1}$,5 6408*	32	0,4 3592	$\bar{1}$,5 9540*	37	0,4 0460	0,0 3132	5	$\bar{1}$,9 6868*	79	1,6 6149*	68.30	1,1 9555
7554*	31	8469*	31	6440*	32	3560	9577*	37	0423	3137	5	6863*	80	6070*	29	9526*
7583*	32	8500	31	6472*	32	3528	9614*	37	0386	3142	5	6858*	79	5990	28	9497*
7612*	33	8531	32	6504*	32	3496	9651*	37	0349	3147	5	6853*	78	5911	27	9468*
7641*	34	8563*	31	6536*	32	3464	9688*	37	0312	3152	5	6848*	79	5832*	26	9439*
0,3 7670	21.35	0,3 8594*	31	$\bar{1}$,5 6568*	31	0,4 3432	$\bar{1}$,5 9725*	37	0,4 0275	0,0 3157	5	$\bar{1}$,9 6843*	79	1,6 5753*	68.25	1,1 9410
7699	36	8625	31	6599	32	3401*	9762*	37	0238	3162	5	6838*	79	5674*	24	9381*
7728	37	8656	32	6631	32	3369*	9799*	36	0201	3167	5	6833*	79	5595*	23	9351
7757	38	8688*	31	6663	32	3337*	9835	37	0165*	3172	5	6828*	79	5516*	22	9322
7786	39	8719	31	6695	32	3305*	9872	37	0128*	3177	5	6823*	79	5437	21	9293
0,3 7815	21.40	0,3 8750	32	$\bar{1}$,5 6727*	32	0,4 3273	$\bar{1}$,5 9909	37	0,4 0091*	0,0 3182	5	$\bar{1}$,9 6818*	79	1,6 5358	68.20	1,1 9264
7845*	41	8782*	31	6759*	31	3241	9946*	37	0054	3187	5	6813*	78	5279	19	9235
7874*	42	8813*	31	6790	32	3210*	9983*	36	0017	3192	5	6808*	79	5201*	18	9206*
7903*	43	8844	32	6822	32	3178*	$\bar{1}$,6 0019	37	0,3 9981*	3197	5	6803*	78	5122	17	9177*
7932*	44	8876*	31	6854*	32	3146	0056	37	9944*	3202	5	6798*	79	5044*	16	9148*
0,3 7961*	21.45	0,3 8907*	31	$\bar{1}$,5 6886*	31	0,4 3114	$\bar{1}$,6 0093*	37	0,3 9907	0,0 3207	5	$\bar{1}$,9 6793*	78	1,6 4965*	68.15	1,1 9119*
7990	46	8938	32	6917	32	3083*	0130*	36	9870	3212	5	6788*	79	4887*	14	9090*
8019	47	8970	31	6949*	31	3051	0166	37	9834*	3217	5	6783*	78	4808	13	9061*
8048	48	9001*	31	6980	32	3020*	0203*	37	9797	3222	6	6778*	79	4730*	12	9031
8077	49	9032	32	7012	32	2988*	0240*	36	9760	3228*	5	6772	78	4651	11	9002
0,3 8106	21.50	0,3 9064*	31	$\bar{1}$,5 7044*	31	0,4 2956	$\bar{1}$,6 0276	37	0,3 9724*	0,0 3233*	5	$\bar{1}$,9 6767	78	1,6 4573	68.10	1,1 8973
8135	51	9095*	31	7075	32	2925*	0313*	36	9687	3238*	5	6762	78	4495	9	8944
8165*	52	9126	32	7107*	31	2893	0349	37	9651*	3243*	5	6757	78	4417*	8	8915
8194*	53	9158*	31	7138	31	2862*	0386*	36	9614	3248*	5	6752	78	4339*	7	8886
8223*	54	9189*	31	7169	32	2831*	0422	37	9578*	3253*	5	6747	78	4261*	6	8857*
0,3 8252*	21.55	0,3 9220	32	$\bar{1}$,5 7201*	31	0,4 2799	$\bar{1}$,6 0459*	36	0,3 9541	0,0 3258*	5	$\bar{1}$,9 6742	78	1,6 4183*	68. 5	1,1 8828*
8281*	56	9252*	31	7232	32	2768*	0495	37	9505*	3263	5	6737*	78	4105*	4	8799*
8310*	57	9283*	31	7264*	31	2736	0532*	36	9468	3268	5	6732*	78	4027	3	8770*
8339	58	9314	32	7295*	31	2705	0568	37	9432*	3273	5	6727*	77	3949	2	8741*
8368	59	9346*	31	7326	32	2674*	0605*	36	9395	3278	5	6722*	78	3872*	1	8711
0,3 8397	21.60	0,3 9377		$\bar{1}$,5 7358*		0,4 3642	$\bar{1}$,6 0641*		0,3 9359	0,0 3283		$\bar{1}$,9 6717*		1,6 3794*	68. 0	1,1 8682
x = 68° Lx = 1,6 3794*				cos x Séh Lx	D	séc x Cosh Lx	cot x Coséh Lx	D	tang x Sih Lx	coséc x Coth Lx	D	sin x Tah Lx	D	R = 1 Lx	d. m. x	R = 1 x

x R = 1	d. m.	Lx R = 1	D	sin x Tab Lx	D	coséc x Coth Lx	tang x Sih Lx	D	cot x Coséh Lx	séc x Cosh Lx	D	cos x Séh Lx	x = 22° Lx = 0,3 9377			
0,3 8397	22. 0	0,3 9377	31	1̄,5 7358*	31	0,4 2642	1̄,6 0641*	36	0,3 9359	0,0 3283	6	1̄,9 6717*	78	1,6 3794*	67.60	1,1 8682
8426	1	9408	32	7389*	31	2611	0677	37	9323*	3289*	5	6711	77	3716	59	8653
8455	2	9440*	31	7420	31	2580*	0714*	36	9286	3294*	5	6706	78	3639*	58	8624
8485*	3	9471	32	7451	31	2549*	0750*	36	9250	3299*	5	6701	77	3561	57	8595
8514*	4	9503*	31	7482	32	2518*	0786	37	9214*	3304*	5	6696	78	3484*	56	8566
0,3 8543*	22. 5	0,3 9534	31	1̄,5 7514*	31	0,4 2486	1̄,6 0823*	36	0,3 9177	0,0 3309*	5	1̄,9 6691	77	1,6 3406	67.55	1,1 8537*
8572*	6	9565	32	7545*	31	2455	0859*	36	9141	3314	5	6686*	77	3329*	54	8508*
8601*	7	9597*	31	7576*	31	2424	0895	36	9105*	3319	5	6681*	78	3252*	53	8479*
8630*	8	9628	32	7607*	31	2393	0931	36	9069*	3324	6	6676*	77	3174	52	8450*
8659	9	9660*	31	7638*	31	2362	0967	37	9033*	3330*	5	6670	77	3097	51	8421*
0,3 8688	22.10	0,3 9691	31	1̄,5 7669*	31	0,4 2331	1̄,6 1004*	36	0,3 8996	0,0 3335*	5	1̄,9 6665	77	1,6 3020	67.50	1,1 8392*
8717	11	9722	32	7700*	31	2300	1040*	36	8960	3340*	5	6660	77	2943	49	8362
8746	12	9754*	31	7731*	31	2269	1076*	36	8924	3345*	5	6655	77	2866	48	8333
8775	13	9785	32	7762*	31	2238	1112*	36	8888	3350	5	6650*	77	2789	47	8304
8804	14	9817*	31	7793*	31	2207	1148	36	8852*	3355	5	6645*	77	2712	46	8275
0,3 8834	22.15	0,3 9848	32	1̄,5 7824*	31	0,4 2176	1̄,6 1184	36	0,3 8816*	0,0 3360	6	1̄,9 6640*	76	1,6 2635	67.45	1,1 8246
8863*	16	9880*	31	7855*	30	2145	1220	36	8780*	3366*	5	6634	77	2559*	44	8217*
8892*	17	9911*	31	7885	31	2115*	1256	36	8744*	3371*	5	6629	77	2482*	43	8188*
8921*	18	9942	32	7916	31	2084*	1292	36	8708*	3376*	5	6624	77	2405	42	8159*
8950*	19	9974*	31	7947*	31	2053	1328	36	8672*	3381	5	6619*	76	2328	41	8130*
0,3 8979	22.20	0,4 0005	32	1̄,5 7978*	30	0,4 2022	1̄,6 1364	36	0,3 8636*	0,0 3386	6	1̄,9 6614*	77	1,6 2252*	67.40	1,1 8101*
9008	21	0037*	31	8008	31	1992*	1400*	36	8600	3392*	5	6608	76	2175	39	8072*
9037	22	0068	32	8039	31	1961*	1436*	36	8564	3397*	5	6603	77	2099*	38	8042
9066	23	0100*	31	8070*	31	1930	1472*	36	8528	3402*	5	6598	76	2022	37	8013
9095	24	0131	32	8101*	30	1899	1508*	36	8492	3407	5	6593*	76	1946	36	7984
0,3 9124	22.25	0,4 0163	31	1̄,5 8131	31	0,4 1869*	1̄,6 1544*	35	0,3 8456	0,0 3412	6	1̄,9 6588*	76	1,6 1870*	67.35	1,1 7955
9154*	26	0194	32	8162*	30	1838	1579	36	8421*	3418*	5	6582	77	1794*	34	7926
9183*	27	0226*	31	8192	31	1808*	1615	36	8385*	3423*	5	6577	76	1717	33	7897*
9212*	28	0257	31	8223*	30	1777	1651*	36	8349	3428	5	6572*	76	1641	32	7868*
9241*	29	0288	32	8253	31	1747*	1687*	35	8313	3433	5	6567*	76	1565	31	7839*
0,3 9270*	22.30	0,7 0320*	31	1̄,5 8284*	30	0,4 1716	1̄,6 1722	36	0,3 8278*	0,0 3438	6	1̄,9 6562*	76	1,6 1489	67.30	1,1 7810*
9299*	31	0351	32	8314	31	1686*	1758	36	8242*	3444*	5	6556	76	1413	29	7781*
9328	32	0383*	31	8345*	30	1655	1794*	36	8206	3449*	5	6551	76	1337	28	7752*
9357	33	0414	32	8375	31	1625*	1830*	35	8170	3454	5	6546*	76	1261	27	7722
9386	34	0446*	31	8406*	30	1594	1865	36	8135*	3459	6	6541*	75	1185	26	7693
0,3 9415	22.35	0,4 0477	32	1̄,5 8436	31	0,4 1564*	1̄,6 1901*	35	0,3 8099	0,0 3465*	5	1̄,9 6535	76	1,6 1110*	67.25	1,1 7664
9444	36	0509*	31	8467*	30	1533	1936	36	8064*	3470*	5	6530	76	1034*	24	7635
9474*	37	0540	32	8497*	30	1503	1972	36	8028*	3475	5	6525*	75	0958	23	7606
9503*	38	0572*	31	8527	30	1473*	2008*	35	7992	3480	6	6520*	76	0883*	22	7577
9532*	39	0603	32	8557	31	1443*	2043	36	7957*	3486*	5	6514	75	0807	21	7548*
0,3 9561*	22.40	0,4 0635	32	1̄,5 8588*	30	0,4 1412	1̄,6 2079*	35	0,3 7921	0,0 3491	5	1̄,9 6509*	76	1,6 0732*	67.20	1,1 7519*
9590*	41	0667*	31	8618*	30	1382	2114	36	7886*	3496	6	6504*	75	0656	19	7490
9619*	42	0798	32	8648	30	1352*	2150*	35	7850	3502*	5	6498	76	0581*	18	7461*
9648	43	0730*	31	8678	31	1322*	2185	36	7815*	3507*	5	6493	75	0505	17	7432*
9677	44	0761	32	8709*	30	1291	2221*	35	7779	3512	5	6488*	75	0430	16	7402
0,3 9706	22.45	0,4 0793*	31	1̄,5 8739*	30	0,4 1261	1̄,6 2256	36	0,3 7744*	0,0 3517	6	1̄,9 6483*	75	1,6 0355*	67.15	1,1 7373
9735	46	0824	32	8769*	30	1231	2292*	35	7708	3523*	5	6477	75	0280*	14	7344
9764	47	0856*	31	8799*	30	1201	2327*	35	7673	3528	5	6472*	76	0205*	13	7315
9794*	48	0887	32	8829*	30	1171	2362	36	7638*	3533	6	6467*	75	0129	12	7286
9823*	49	0919*	31	8859*	30	1141	2398*	35	7602	3539*	5	6461	75	0054	11	7257
0,3 9852*	22.50	0,4 0950	32	1̄,5 8889*	30	0,4 1111	1̄,6 2433*	35	0,3 7567	0,0 3544*	5	1̄,9 6456	75	1,5 9979	67.10	1,1 7228*
9881*	51	0982	32	8919*	30	1081	2468	36	7532*	3549	6	6451*	74	9904	9	7199*
9910*	52	1014*	31	8949*	30	1051	2504*	35	7496	3555*	5	6445	75	9830*	8	7170*
9939*	53	1045	32	8979*	30	1021	2539*	35	7461	3560*	5	6440	75	9755*	7	7141*
9968	54	1077*	31	9009*	30	0991	2574	35	7426*	3565	6	6435*	75	9680*	6	7112*
0,3 9997	22.55	0,4 1108	32	1̄,5 9039*	30	0,4 0961	1̄,6 2609	36	0,3 7391*	0,0 3571*	5	1̄,9 6429	74	1,5 9605	67. 5	1,1 7083*
0,4 0026	56	1140*	31	9069*	29	0931	2645*	35	7355	3576*	5	6424	75	9531*	4	7053
0055	57	1171	32	9098	30	0902*	2680*	35	7320	3581	6	6419*	75	9456*	3	7024
0084	58	1203	32	9128	30	0872*	2715*	35	7285	3587*	5	6413	74	9381	2	6995
0113	59	1235*	31	9158	30	0842*	2750	35	7250*	3592	5	6408*	75	9307*	1	6966
0,4 0143*	22.60	0,4 1266		1̄,5 9188*		0,4 0812	1̄,6 2785		0,3 7215*	0,0 3597		1̄,9 6403*		1,5 9232	67. 0	1,1 6937
x = 67° Lx = 1,5 9232				cos x Séh Lx	D	séc x Cosh Lx	cot x Coséh Lx	D	tang x Sih Lx	coséc x Coth Lx	D	sin x Tab Lx	D	R = 1 Lx	d. m.	R = 1 x

x R = 1	x d. m.	Lx R = 1	D	sin x Tab Lx	D	coséc x Coth Lx	tang x Sib Lx	D	cot x Coséh Lx	séc x Cosh Lx	D	cos x Séb Lx	x = 23° Lx = 0,4 1266			
													D			
0,4 0143*	23° 0'	0,4 1266	32	1̄,5 9188*	30	0,4 0812	1̄,6 2785	35	0,3 7215*	0,0 3597	6	1̄,9 6403*	74	1,5 9232	66.60	1,1 6937
0172*	1	1298*	31	9218*	29	0782	2820	35	7180*	3603*	5	6397	74	9158*	59	6908*
0201*	2	1329	32	9247	30	0753*	2855	35	7145*	3608	5	6392*	75	9084*	58	6879*
0230*	3	1361	32	9277*	30	0723	2890	36	7110*	3613	6	6387*	74	9009	57	6850*
0259*	4	1393*	31	9307*	29	0693	2926*	35	7074	3619*	5	6381	74	8935*	56	6821*
0,4 0288	23. 5	0,4 1424	32	1̄,5 9336	30	0,4 0664*	1̄,6 2961*	35	0,3 7039	0,0 3624	6	1̄,9 6376*	74	1,5 8861*	66 55	1,1 6792*
0317	6	1456*	32	9366*	30	0634	2996*	35	7004	3630*	5	6370	75	8787*	54	6763*
0346	7	1488*	31	9396*	29	0604	3031*	35	6969	3635	5	6365*	74	8712	53	6733
0375	8	1519	32	9425	30	0575*	3066*	35	6934	3640	6	6360*	74	8638	52	6704
0404	9	1551*	31	9455*	29	0545	3101*	34	6899	3646*	5	6354	74	8564	51	6675
0,4 0433	23.10	0,4 1582	32	1̄,5 9484	30	0,4 0516*	1̄,6 3135	35	0,3 6865*	0,0 3651	6	1̄,9 6349*	73	1,5 8490	66.50	1,1 6646
0463*	11	1614	32	9514*	29	0486	3170	35	6830*	3657*	5	6343	74	8417*	49	6617
0492*	12	1646*	31	9543	30	0457*	3205	35	6795*	3662	5	6338*	74	8343*	48	6588*
0521*	13	1677	32	9573*	29	0427	3240	35	6760*	3667	6	6333*	74	8269*	47	6559*
0550*	14	1709	32	9602	30	0398*	3275	35	6725*	3673*	5	6327	74	8195	46	6530*
0,4 0579*	23.15	0,4 1741*	31	1̄,5 9632*	29	0,4 0368	1̄,6 3310*	35	0,3 6690	0,0 3678	6	1̄,9 6322*	73	1,5 8121	66.45	1,1 6501*
0608*	16	1772	32	9661*	29	0339	3345*	34	6655	3684*	5	6316	74	8048*	44	6472*
0637	17	1804	32	9690	30	0310*	3379	35	6621*	3689	6	6311*	73	7974	43	6443*
0666	18	1836*	31	9720*	29	0280	3414	35	6586*	3695*	5	6305	74	7901*	42	6413
0695	19	1867	32	9749*	29	0251	3449	35	6551*	3700	6	6300*	73	7827	41	6384
0,4 0724	23.20	0,4 1899	32	1̄,5 9778	30	0,4 0222*	1̄,6 3484*	35	0,3 6516	0,0 3706*	5	1̄,9 6294	74	1,5 7754*	66.40	1,1 6355
0753	21	1931*	31	9808*	29	0192	3519*	34	6481	3711*	5	6289	73	7680	39	6326
0783*	22	1962	32	9837*	29	0163	3553	35	6447*	3716	6	6284*	74	7607*	38	6297
0812*	23	1994	32	9866	29	0134*	3588*	35	6412	3722*	5	6278	73	7533	37	6268
0841*	24	2026*	32	9895	29	0105*	3623*	34	6377	3727	6	6273*	73	7460	36	6239*
0,4 0870*	23.25	0,4 2058*	31	1̄,5 9924	30	0,4 0076*	1̄,6 3657	35	0,3 6343*	0,0 3733*	5	1̄,9 6267	73	1,5 7387*	66.35	1,1 6210*
0899*	26	2089	32	9954*	29	0046	3692*	34	6308	3738	6	6262*	73	7314*	34	6181*
0928*	27	2121	32	9983*	29	0017	3726	35	6274*	3744*	5	6256	73	7241*	33	6152*
0957	28	2153*	31	1̄,6 0012*	29	0,3 9988	3761	35	6239*	3749	6	6251*	73	7168*	32	6123*
0986	29	2184	32	0041*	29	9959	3796*	34	6204	3755*	5	6245	73	7095*	31	6093
0,4 1015	23.30	0,4 2216	32	1̄,6 0070*	29	0,3 9930	1̄,6 3830	35	0,3 6170*	0,0 3760	6	1̄,9 6240*	73	1,5 7022*	66.30	1,1 6064
1044	31	2248*	32	0099	29	9901*	3865*	34	6135	3766*	5	6234	73	6949*	29	6035
1073	32	2280*	31	0128	29	9872*	3899	35	6101*	3771	6	6229*	73	6876*	28	6006
1103*	33	2311	32	0157	29	9843*	3934*	34	6066	3777*	5	6223	73	6803*	27	5977
1132*	34	2343*	32	0186	29	9814*	3968	35	6032*	3782	6	6218*	73	6730	26	5948
0,4 1161*	23.35	0,4 2375*	31	1̄,6 0215*	29	0,3 9785	1̄,6 4003*	34	0,3 5997	0,0 3788*	5	1̄,9 6212	72	1,5 6657	66.25	1,1 5919*
1190*	36	2406	32	0244*	29	9756	4037	35	5963*	3793	6	6207*	73	6585*	24	5890*
1219*	37	2438	32	0273*	29	9727	4072*	34	5928	3799*	5	6201	72	6512	23	5861*
1248*	38	2470*	32	0302*	29	9698	4106*	34	5894	3804	6	6196*	73	6440*	22	5832*
1277	39	2502*	31	0331*	28	9669	4140	35	5860*	3810*	5	6190	73	6367*	21	5803*
0,4 1306	23.40	0,4 2533	32	1̄,6 0359	29	0,3 9641*	1̄,6 4175*	34	0,3 5825	0,0 3815	6	1̄,9 6185*	72	1,5 6294	66.20	1,1 5774*
1335	41	2565	32	0388	29	9612*	4209	34	5791*	3821*	5	6179	72	6222	19	5744
1364	42	2597*	32	0417*	29	9583	4243	35	5757*	3826	6	6174*	73	6150*	18	5715
1393	43	2629*	32	0446*	28	9554	4278*	34	5722	3832	6	6168*	72	6077	17	5686
1422	44	2661*	31	0474	29	9526*	4312	34	5688*	3838*	5	6162	72	6005	16	5657
0,4 1452*	23.45	0,4 2692	32	1̄,6 0503	29	0,3 9497*	1̄,6 4346	35	0,3 5654*	0,0 3843	6	1̄,9 6157*	72	1,5 5933*	66.15	1,1 5628
1481*	46	2724	32	0532*	29	9468	4381*	34	5619	3849*	5	6151	73	5861*	14	5599*
1510*	47	2756*	32	0561*	28	9439	4415*	34	5585	3854	6	6146*	72	5788	13	5570*
1539*	48	2788*	31	0589	29	9411*	4449	34	5551*	3860*	5	6140	72	5716	12	5541*
1568*	49	2819	32	0618*	28	9382	4483	34	5517*	3865	6	6135*	72	5644	11	5512*
0,4 1597	23.50	0,4 2851	32	1̄,6 0646	29	0,3 9354*	1̄,6 4517	35	0,3 5483*	0,0 3871*	6	1̄,9 6129	72	1,5 5572	66.10	1,1 5483*
1626	51	2883	32	0675	29	9325*	4552*	34	5448	3877*	5	6123	72	5500	9	5454*
1655	52	2915*	32	0704*	28	9296	4586*	34	5414	3882	6	6118*	72	5428	8	5424
1684	53	2947*	31	0732	29	9268*	4620*	34	5380	3888*	5	6112	71	5356	7	5395
1713	54	2978	32	0761*	28	9239	4654*	34	3346	3893	6	6107*	72	5285*	6	5366
0,4 1742	23.55	0,4 3010	32	1̄,6 0789	29	0,3 9211*	1̄,6 4688	34	0,3 5312*	0,0 3899*	6	1̄,9 6101	72	1,5 5213*	66. 5	1,1 5337
1772*	56	3042	32	0818*	28	9182	4722	34	5278*	3905*	5	6095	72	5141	4	5308
1801*	57	3074*	32	0846	29	9154*	4756	34	5244*	3910	6	6090*	71	5069	3	5279*
1830*	58	3106*	32	0875*	28	9125	4790	34	5210*	3916*	5	6084	72	4998*	2	5250*
1859*	59	3138*	31	0903*	28	9097	4824	34	5176*	3921	6	6079*	71	4926	1	5221*
0,4 1888*	23.60	0,4 3169		1̄,6 0931		0,3 9069*	1̄,6 4858		0,3 5142*	0,0 3927*		1̄,9 6073		1,5 4855*	66° 0'	1,1 5192*
x = 66° Lx = 1,5 4855*				cos x Séb Lx	D	séc x Cosh Lx	cot x Coséh Lx	D	tang x Sib Lx	coséc x Coth Lx	D	sin x Tab Lx	D	R = 1 (Lx)	d. m. (x)	R = 1 (x)

x R = 1	x d. m.	Lx R = 1	D	sin x / Tah Lx	D	coséc x / Coth Lx	tang x / Sib Lx	D	cot x / Coséh Lx	séc x / Cosh Lx	D	cos x / Séh Lx	D	x = 24° Lx = 0,4 3169		
0,4 1888*	24.° 0′	0,4 3169	32	$\bar{1}$,6 0931	29	0,3 9069*	$\bar{1}$,6 4858	34	0,3 5142*	0,0 3927*	6	$\bar{1}$,9 6073	72	1,5 4855*	65.60	1,1 5192*
1917*	1	3201	32	0960*	28	9040	4892	34	5108*	3933*	5	6067	71	4783	59	5163*
1946	2	3233	32	0988	28	9012*	4926	34	5074*	3938	6	6062*	72	4712*	58	5134*
1975	3	3265	32	1016	29	8984*	4960	34	5040*	3944*	6	6056	71	4640	57	5104
2004	4	3297*	32	1045*	28	8955	4994	34	5006*	3950*	5	6050	71	4569	56	5075
0,4 2033	24. 5	0,4 3329*	32	$\bar{1}$,6 1073*	28	0,3 8927	$\bar{1}$,6 5028	34	0,3 4972*	0,0 3955	6	$\bar{1}$,9 6045*	72	1,5 4498*	65.55	1,1 5046
2062	6	3361*	31	1101	28	8899*	5062*	34	4938	3961*	5	6039	71	4426	54	5017
2092*	7	3392	32	1129	29	8871*	5096*	34	4904	3966	6	6034*	71	4355	53	4988
2121*	8	3424	32	1158*	28	8842	5130*	34	4870	3972	6	6028*	71	4284	52	4959
2150*	9	3456	32	1186*	28	8814	5164*	33	4836	3978*	5	6022	71	4213*	51	4930*
0,4 2179*	24.10	0,4 3488	32	$\bar{1}$,6 1214*	28	0,3 8786	$\bar{1}$,6 5197	34	0,3 4803*	0,0 3983	6	$\bar{1}$,9 6017*	71	1,5 4142*	65.50	1,1 4901*
2208*	11	3520*	32	1242	28	8758*	5231	34	4769*	3989	6	6011*	71	4071*	49	4872*
2237*	12	3552*	32	1270	28	8730*	5265	34	4735*	3995*	5	6005	71	4000*	48	4843*
2266	13	3584*	32	1298	28	8702*	5299*	34	4701	4000	6	6000*	71	3929*	47	4814*
2295	14	3616*	32	1326	28	8674*	5333*	33	4667	4006	6	5994*	71	3858	46	4784
0,4 2324	24.15	0,4 3648*	31	$\bar{1}$,6 1354	28	0,3 8646*	$\bar{1}$,6 5366	34	0,3 4634*	0,0 4012*	6	$\bar{1}$,9 5988	71	1,5 3787	65.45	1,1 4755
2353	16	3679	32	1382	29	8618*	5400	34	4600*	4018*	5	5982	70	3716	44	4726
2382	17	3711	32	1411*	27	8589	5434*	33	4566	4023	6	5977*	71	3646*	43	4697
2412*	18	3743	32	1438	28	8562*	5467	34	4533*	4029*	6	5971	71	3575*	42	4668
2441*	19	3775	32	1466	28	8534*	5501	34	4499*	4035*	5	5965	70	3504	41	4639
0,4 2470*	24.20	0,4 3807	32	$\bar{1}$,6 1494	28	0,3 8506*	$\bar{1}$,6 5535*	33	0,3 4465	0,0 4040	6	$\bar{1}$,9 5960*	71	1,5 3434*	65.40	1,1 4610*
2499	21	3839	32	1522	28	8478*	5568	34	4432*	4046	6	5954*	70	3363	39	4581*
2528*	22	3871*	32	1550	28	8450*	5602	34	4398*	4052*	6	5948	71	3293*	38	4552*
2557*	23	3903*	32	1578	28	8422*	5636*	33	4364	4058*	5	5942	70	3222	37	4523*
2586	24	3935*	32	1606*	28	8394	5669	34	4331*	4063	6	5937*	71	3152*	36	4494*
0,4 2615	24.25	0,4 3967*	32	$\bar{1}$,6 1634*	28	0,3 8366	$\bar{1}$,6 5703*	33	0,3 4297	0,0 4069*	6	$\bar{1}$,9 5931	70	1,5 3081	65.35	1,1 4465*
2644	26	3999*	32	1662*	27	8338	5736	34	4264*	4075*	5	5925	70	3011*	34	4435
2673	27	4031*	32	1689	28	8311*	5770*	33	4230	4080	6	5920*	71	2941*	33	4406
2702	28	4063*	32	1717	28	8283*	5803	34	4197*	4086	6	5914*	70	2870	32	4377
2731	29	4095*	32	1745*	28	8255	5837*	33	4163	4092*	6	5908	70	2800	31	4348
0,4 2761*	24.30	0,4 4127*	32	$\bar{1}$,6 1773*	27	0,3 8227	$\bar{1}$,6 5870	34	0,3 4130*	0,0 4098*	5	$\bar{1}$,9 5902	70	1,5 2730	65.30	1,1 4319
2790*	31	4159*	32	1800	28	8200*	5904*	33	4096	4103	6	5897*	70	2660*	29	4290*
2819*	32	4191*	32	1828	28	8172*	5937	34	4063*	4109	6	5891*	70	2590*	28	4261*
2848*	33	4223*	31	1856*	27	8144	5971*	33	4029	4115	6	5885*	70	2520*	27	4232*
2877*	34	4254	32	1883	28	8117*	6004	34	3996*	4121*	6	5879	70	2450*	26	4203*
0,4 2906	24.35	0,4 4286	32	$\bar{1}$,6 1911	28	0,3 8089*	$\bar{1}$,6 6038*	33	0,3 3962	0,0 4127*	5	$\bar{1}$,9 5873	70	1,5 2380*	65.25	1,1 4174*
2935	36	4318	32	1939*	27	8061	6071*	33	3929	4132	6	5868*	70	2310*	24	4145*
2964	37	4350	32	1966	28	8034*	6104	34	3896*	4138	6	5862*	70	2240*	23	4115
2993	38	4382	32	1994*	27	8006	6138*	33	3862	4144*	6	5856	70	2170	22	4086
3022	39	4414	32	2021	28	7979*	6171	33	3829*	4150*	6	5850	69	2100	21	4057
0,4 3051	24.40	0,4 4446	32	$\bar{1}$,6 2049*	27	0,3 7951	$\bar{1}$,6 6204	34	0,3 3796*	0,0 4156*	5	$\bar{1}$,9 5844	70	1,5 2031*	65.20	1,1 4028
3081*	41	4478	33	2076	28	7924*	6238*	33	3762	4161	6	5839*	70	1961	19	3999
3110*	42	4511*	32	2104*	27	7896	6271*	33	3729	4167	6	5833*	69	1891	18	3970
3139*	43	4543*	32	2131	28	7869*	6304	33	3696*	4173*	6	5827	70	1822*	17	3941*
3168*	44	4575*	32	2159*	27	7841	6337	34	3663*	4179*	6	5821	69	1752	16	3912*
0,4 3197*	24.45	0,4 4607*	32	$\bar{1}$,6 2186	28	0,3 7814*	$\bar{1}$,6 6371*	33	0,3 3629	0,0 4185*	6	$\bar{1}$,9 5815	70	1,5 1683*	65.15	1,1 3883*
3226*	46	4639*	32	2214*	27	7786	6404*	33	3596	4190	6	5810*	69	1613	14	3854*
3255	47	4671*	32	2241*	27	7759	6437	33	3563*	4196	6	5804*	70	1544*	13	3825*
3284	48	4703*	32	2268	28	7732*	6470	33	3530*	4202	6	5798*	69	1474	12	3795
3313	49	4735*	32	2296*	27	7704	6503	34	3497*	4208*	6	5792	69	1405	11	3766
0,4 3342	24.50	0,4 4767*	32	$\bar{1}$,6 2323*	27	0,3 7677	$\bar{1}$,6 6537*	33	0,3 3463	0,0 4214*	6	$\bar{1}$,9 5786	69	1,5 1336*	65.10	1,1 3737
3371	51	4799*	32	2350	27	7650*	6570*	33	3430	4220*	5	5780	70	1267*	9	3708
3401*	52	4831*	32	2377	28	7623*	6603*	33	3397	4225	6	5775*	69	1197	8	3679
3430*	53	4863*	32	2405*	27	7595	6636*	33	3364	4231	6	5769*	69	1128	7	3650
3459*	54	4895	32	2432*	27	7568	6669	33	3331*	4237	6	5763*	69	1059	6	3621*
0,4 3488*	24.55	0,4 4927	32	$\bar{1}$,6 2459	27	0,3 7541*	$\bar{1}$,6 6702	33	0,3 3298*	0,0 4243	6	$\bar{1}$,9 5757*	69	1,5 0990	65. 5	1,1 3592*
3517*	56	4959	32	2486	27	7514*	6735	33	3265*	4249*	6	5751	69	0921	4	3563*
3546*	57	4991	32	2513	28	7487*	6768	33	3232*	4255*	6	5745	69	0852	3	3534*
3575	58	5023	32	2541*	27	7459	6801	33	3199*	4261*	6	5739	69	0783	2	3505*
3604	59	5055	33	2568*	27	7432	6834	33	3166*	4267*	5	5733	69	0714	1	3475
0,4 3633	24.60	0,4 5088*		$\bar{1}$,6 2595*		0,3 7405	$\bar{1}$,6 6867		0,3 3133*	0,0 4272		$\bar{1}$,9 5728*		1,5 0645	65.° 0′	1,1 3446
x = 65° Lx = 1,5 0645				cos x / Séh Lx	D	séc x / Cosh Lx	cot x / Coséh Lx	D	tang x / Sib Lx	coséc x / Coth Lx	D	sin x / Tah Lx	D	Lx R = 1	x d. m.	x R = 1

x		Lx		sin x	D	coséc x	tang x	D	cot x	séc x	D	cos x		x = 25°		
R = 1	d. m.	R = 1	D	Tah Lx		Coth Lx	Sih Lx		Coséh Lx	Cosh Lx		Séh Lx		Lx = 0,4 5088*		
0,4 3633	25.° 0'	0,4 5088*	32	$\bar{1}$,6 2595*	27	0,3 7405	$\bar{1}$,6 6867	33	0,3 3133*	0,0 4272	6	$\bar{1}$,9 5728*	68	1,5 0645	64.60	1,1 3446
3662	1	5120*	32	2622*	27	7378	6900	33	3100*	4278	6	5722*	69	0577*	59	3417
3691	2	5152*	32	2649*	27	7351	6933	33	3067*	4284	6	5716*	69	0508*	58	3388
3720	3	5184*	32	2676	27	7324*	6966	33	3034*	4290	6	5710*	69	0439	57	3359
3750*	4	5216*	32	2703	27	7297*	6999	33	3001*	4296	6	5704*	68	0370	56	3330
0,4 3779*	25. 5	0,4 5248	32	$\bar{1}$,6 2730	27	0,3 7270*	$\bar{1}$,6 7032*	33	0,3 2968	0,0 4302*	6	$\bar{1}$,9 5698	69	1,5 0302*	64 55	1,1 3301*
3808*	6	5280	32	2757	27	7243*	7065*	33	2935	4308*	6	5692	68	0233	54	3272*
3837*	7	5312	32	2784*	27	7216	7098*	33	2902	4314*	6	5686	69	0165*	53	3243*
3866*	8	5344	33	2811*	27	7189	7131*	32	2869	4320*	6	5680	68	0096	52	3214*
3895	9	5377*	32	2838*	27	7162	7163	33	2837*	4326*	6	5674	69	0028*	51	3185*
0,4 3924	25.10	0,4 5409*	32	$\bar{1}$,6 2865*	27	0,3 7135	$\bar{1}$,6 7196	33	0,3 2804*	0,0 4332*	5	$\bar{1}$,9 5668	68	1,4 9959	64.50	1,1 3156*
3953	11	5441*	32	2892*	26	7108	7229	33	2771*	4337	6	5663*	68	9891*	49	3126
3982	12	5473*	32	2918	27	7082*	7262*	33	2738	4343	6	5657*	69	9823*	48	3097
4011	13	5505	32	2945	27	7055*	7295*	32	2705	4349	6	5651*	68	9754	47	3068
4040	14	5537	32	2972	27	7028*	7327	33	2673*	4355	6	5645*	68	9686*	46	3039
0,4 4070*	25.15	0,4 5569	33	$\bar{1}$,6 2999*	27	0,3 7001	$\bar{1}$,6 7360	33	0,3 2640*	0,0 4361	6	$\bar{1}$,9 5639*	68	1,4 9618*	64.45	1,1 3010
4099*	16	5602*	32	3026*	26	6974	7393*	33	2607	4367	6	5633*	69	9550*	44	2981*
4128*	17	5634*	32	3052	27	6948*	7426*	32	2574	4373	6	5627*	68	9481	43	2952*
4157*	18	5666*	32	3079	27	6921*	7458	33	2542*	4379	6	5621*	68	9413	42	2923*
4186*	19	5698	32	3106*	27	6894	7491	33	2509*	4385	6	5615*	68	9345	41	2894*
0,4 4215	25.20	0,4 5730	33	$\bar{1}$,6 3133*	26	0,3 6867	$\bar{1}$,6 7524*	32	0,3 2476	0,0 4391	6	$\bar{1}$,9 5609*	68	1,4 9277	64.40	1,1 2865*
4244	21	5763*	32	3159	27	6841*	7556	33	2444*	4397	6	5603*	68	9209	39	2836*
4273	22	5795*	32	3186*	27	6814	7589	33	2411*	4403	6	5597*	67	9141	38	2806
4302	23	5827*	32	3213*	26	6787	7622*	32	2378	4409	6	5591*	68	9074*	37	2777
4331	24	5859	32	3239	27	6761*	7654	33	2346*	4415	6	5585*	68	9006*	36	2748
0,4 4360	25.25	0,4 5891	33	$\bar{1}$,6 3266*	26	0,3 6734	$\bar{1}$,6 7687*	32	0,3 2313	0,0 4421	6	$\bar{1}$,9 5579*	68	1,4 8938*	64.35	1,1 2719
4390*	26	5924*	32	3292	27	6708*	7719	33	2281*	4427	6	5573*	68	8870	34	2690
4419*	27	5956*	32	3319*	26	6681	7752	33	2248*	4433	6	5567*	67	8802	33	2661
4448*	28	5988*	32	3345	27	6655*	7785*	32	2215	4439	6	5561*	68	8735*	32	2632*
4477*	29	6020	32	3372*	26	6628	7817	33	2183*	4445	6	5555*	67	8667	31	2603*
0,4 4506*	25.30	0,4 6052	33	$\bar{1}$,6 3398	27	0,3 6602*	$\bar{1}$,6 7850*	32	0,3 2150	0,0 4451	6	$\bar{1}$,9 5549*	68	1,4 8600*	64.30	1,1 2574*
4535*	31	6085*	32	3425*	26	6575	7882	33	2118*	4457	6	5543*	67	8532	29	2545*
4564	32	6117*	32	3451	27	6549*	7915*	32	2085	4463	6	5537*	68	8465*	28	2516*
4593	33	6149	32	3478*	26	6522	7947	33	2053*	4469	6	5531*	67	8397	27	2486
4622	34	6181	33	3504	27	6496*	7980*	32	2020	4475	6	5525*	68	8330*	26	2457
0,4 4651	25.35	0,4 6214*	32	$\bar{1}$,6 3531*	26	0,3 6469	$\bar{1}$,6 8012*	32	0,3 1988	0,0 4481	6	$\bar{1}$,9 5519*	67	1,4 8262	64.25	1,1 2428
4680	36	6246*	32	3557*	26	6443	8044	33	1956*	4487	6	5513*	67	8195*	24	2399
4710*	37	6278	32	3583	27	6417*	8077*	32	1923	4493	7	5507*	68	8128*	23	2370
4739*	38	6310	33	3610*	26	6390	8109	33	1891*	4500*	6	5500	67	8060	22	2341
4768*	39	6343*	32	3636	26	6364*	8142*	32	1858	4506*	6	5494	67	7993	21	2312*
0,4 4797*	25.40	0,4 6375*	32	$\bar{1}$,6 3662	27	0,3 6338*	$\bar{1}$,6 8174*	32	0,3 1826	0,0 4512*	6	$\bar{1}$,9 5488	67	1,4 7926*	64.20	1,1 2283*
4826*	41	6407	32	3689*	26	6311	8206	33	1794*	4518*	6	5482	67	7859*	19	2254*
4855*	42	6439	33	3715*	26	6285	8239*	32	1761	4524*	6	5476	67	7792*	18	2225*
4884	43	6472*	32	3741	26	6259*	8271*	32	1729	4530*	6	5470	67	7725*	17	2196*
4913	44	6504	32	3767	27	6233*	8303	33	1697*	4536*	6	5464	67	7658*	16	2166
0,4 4942	25.45	0,4 6536	33	$\bar{1}$,6 3794*	26	0,3 6206	$\bar{1}$,6 8336*	32	0,3 1664	0,0 4542	6	$\bar{1}$,9 5458*	67	1,4 7591*	64.15	1,1 2137
4971	46	6569*	32	3820*	26	6180	8368*	32	1632	4548	6	5452*	67	7524*	14	2108
5000	47	6601*	32	3846*	26	6154	8400	32	1600*	4554	6	5446*	67	7457*	13	2079
5029	48	6633	33	3872*	26	6128	8432	33	1568*	4560	6	5440*	67	7390*	12	2050
5059*	49	6666*	32	3898	26	6102*	8465*	32	1535	4566	7	5434*	67	7323	11	2021
0,4 5088*	25.50	0,4 6698*	32	$\bar{1}$,6 3924	26	0,3 6076*	$\bar{1}$,6 8497*	32	0,3 1503	0,0 4573*	6	$\bar{1}$,9 5427	66	1,4 7256	64.10	1,1 1992*
5117*	51	6730	33	3950	26	6050*	8529	32	1471*	4579*	6	5421	67	7190*	9	1963*
5146*	52	6763*	32	3976	26	6024*	8561	32	1439*	4585*	6	5415	67	7123*	8	1934*
5175*	53	6795*	32	4002	26	5998*	8593	33	1407*	4591*	6	5409	66	7056	7	1905*
5204	54	6827	32	4028	26	5972*	8626*	32	1374	4597	6	5403*	67	6990*	6	1876*
0,4 5233	25.55	0,4 6859	33	$\bar{1}$,6 4054	26	0,3 5946*	$\bar{1}$,6 8658*	32	0,3 1342	0,0 4603	6	$\bar{1}$,9 5397*	66	1,4 6923	64. 5	1,1 1847*
5262	56	6892*	32	4080	26	5920*	8690*	32	1310	4609	7	5391*	67	6857*	4	1817
5291	57	6924	33	4106	26	5894*	8722*	32	1278	4616*	6	5384	66	6790	3	1788
5320	58	6957*	32	4132	26	5868*	8754	32	1246*	4622*	6	5378	67	6724*	2	1759
5349	59	6989*	32	4158	26	5842*	8786	32	1214*	4628*	6	5372	66	6657	1	1730
0,4 5379*	25.60	0,4 7021		$\bar{1}$,6 4184		0,3 5816*	$\bar{1}$,6 8818		0,3 1182*	0,0 4634*		$\bar{1}$,9 5366		1,4 6591*	64.° 0'	1,1 1701
x = 64°				cos x	D	séc x	cot x	D	tang x	coséc x	D	sin x	D	R = 1	d. m.	R = 1
Lx = 1,4 6591*				Séh Lx		Cosh Lx	Coséh Lx		Sih Lx	Coth Lx		Tah Lx		Lx		x

x (R = 1)	d. m.	Lx (R = 1)	D	sin x / Tah Lx	D	coséc x / Coth Lx	tang x / Sih Lx	D	cot x / Coséh Lx	séc x / Cosh Lx	D	cos x / Séh Lx		x = 26° Lx = 0,4 7021		
0,4 5379*	26. 0	0,4 7021	33	$\bar{1}$,6 4184	26	0,3 5816*	$\bar{1}$,6 8818	32	0,3 1182*	0,0 4634*	6	$\bar{1}$,9 5366	66	1,4 6591*	63.60	1,1 1701
5408*	1	7054*	32	4210	26	5790*	8850	32	1150*	4640	6	5360*	67	6525*	59	1672*
5437*	2	7086	32	4236*	26	5764	8882	32	1118*	4646	6	5354*	68	6458	58	1643*
5466*	3	7118	33	4262*	26	5738	8914	32	1086*	4652	7	5348*	66	6392*	57	1614*
5495*	4	7151*	32	4288*	25	5712	8946	32	1054*	4659*	6	5341	66	6326*	56	1585*
0,4 5524	26. 5	0,4 7183	33	$\bar{1}$,6 4313	26	0,3 5687*	$\bar{1}$,6 8978	32	0,3 1022*	0,0 4665*	6	$\bar{1}$,9 5335	67	1,4 6260*	63.55	1,1 1556*
5553	6	7216*	32	4339	26	5661*	9010	32	0990*	4671	6	5329*	66	6193	54	1527*
5582	7	7248*	32	4365	26	5635*	9042	32	0958*	4677	6	5323*	66	6127	53	1497
5611	8	7280	33	4391*	26	5609	9074	32	0926*	4683	7	5317*	66	6061	52	1468
5640	9	7313*	32	4417*	25	5583	9106	32	0894*	4690*	6	5310	66	5995	51	1439
0,4 5669	26.10	0,4 7345	33	$\bar{1}$,6 4442	26	0,3 5558*	$\bar{1}$,6 9138	32	0,3 0862*	0,0 4696*	6	$\bar{1}$,9 5304	66	1,4 5929	63.50	1,1 1410
5699*	11	7378*	32	4468*	26	5532	9170*	32	0830	4702	6	5298*	66	5863	49	1381
5728*	12	7410*	32	4494*	25	5506	9202*	32	0798	4708	6	5292*	65	5797	48	1352
5757*	13	7442	33	4519	26	5481*	9234*	32	0766	4714	7	5286*	66	5732*	47	1323*
5786*	14	7475*	32	4545*	26	5455	9266*	32	0734	4721*	6	5279	66	5666*	46	1294*
0,4 5815*	26.15	0,4 7507	33	$\bar{1}$,6 4571*	25	0,3 5429	$\bar{1}$,6 9298*	31	0,3 0702	0,0 4727*	6	$\bar{1}$,9 5273	66	1,4 5600*	63.45	1,1 1265*
5844*	16	7540*	32	4596	26	5404*	9329	32	0671*	4733	6	5267*	66	5534	44	1236*
5873	17	7572	33	4622*	25	5378	9361	32	0639*	4739	7	5261*	65	5468	43	1207*
5902	18	7605*	32	4647	26	5353*	9393*	32	0607	4746*	6	5254	66	5403*	42	1177
5931	19	7637	32	4673*	25	5327	9425*	32	0575	4752*	6	5248	65	5337	41	1148
0,4 5960	26.20	0,4 7669	33	$\bar{1}$,6 4698	26	0,3 5302*	$\bar{1}$,6 9457*	31	0,3 0543	0,0 4758	6	$\bar{1}$,9 5242*	66	1,4 5272*	63.40	1,1 1119
5989	21	7702*	32	4724*	25	5276	9488	32	0512*	4764	7	5236*	66	5206*	39	1090
6019*	22	7734	33	4749	26	5251*	9520	32	0480*	4771*	6	5229	65	5140	38	1061
6048*	23	7767*	32	4775*	25	5225	9552*	32	0448	4777*	6	5223	65	5075*	37	1032
6077*	24	7799	33	4800	26	5200*	9584*	31	0416	4783	6	5217*	66	5010*	36	1003*
0,4 6106*	26.25	0,4 7832*	32	$\bar{1}$,6 4826*	25	0,3 5174	$\bar{1}$,6 9615	32	0,3 0385*	0,0 4789	7	$\bar{1}$,9 5211*	65	1,4 4944	63.35	1,1 0974*
6135*	26	7864	33	4851	26	5149*	9647*	32	0353	4796*	6	5204	66	4879*	34	0945*
6164*	27	7897*	32	4877*	25	5123	9679*	31	0321	4802	6	5198*	65	4813	33	0916*
6193	28	7929	33	4902	25	5098*	9710	32	0290*	4808	7	5192*	65	4748	32	0887*
6222	29	7962*	32	4927	26	5073*	9742*	32	0258	4815*	6	5185	65	4683*	31	0857*
0,4 6251	26.30	0,4 7994	33	$\bar{1}$,6 4953*	25	0,3 5047	$\bar{1}$,6 9774*	31	0,3 0226	0,0 4821*	6	$\bar{1}$,9 5179	65	1,4 4618*	63.30	1,1 0828
6280	31	8027*	32	4978	25	5022*	9805	32	0195*	4827	6	5173*	66	4553*	29	0799
6309	32	8059	33	5003	26	4997*	9837*	31	0163	4833	7	5167*	66	4487	28	0770
6338	33	8092*	32	5029*	25	4971	9868	32	0132*	4840*	6	5160	65	4422	27	0741
6368*	34	8124	33	5054*	25	4946	9900	32	0100*	4846	6	5154*	65	4357	26	0712
0,4 6397*	26.35	0,4 8157*	32	$\bar{1}$,6 5079	25	0,3 4921*	$\bar{1}$,6 9932*	31	0,3 0068	0,0 4852	7	$\bar{1}$,9 5148*	65	1,4 4292	63.25	1,1 0683
6426*	36	8189	33	5104	26	4896*	9963	32	0037*	4859*	6	5141	65	4227	24	0654*
6455*	37	8222*	32	5130*	25	4870	9995*	31	0005	4865	6	5135*	65	4162	23	0625*
6484*	38	8254	33	5155*	25	4845	$\bar{1}$,7 0026	32	0,2 9974*	4871	7	5129*	64	4097	22	0596*
6513	39	8287	33	5180	25	4820*	0058*	31	9942	4878*	6	5122	65	4033*	21	0567*
0,4 6542	26.40	0,4 8320*	32	$\bar{1}$,6 5205	25	0,3 4795*	$\bar{1}$,7 0089	32	0,2 9911*	0,0 4884	6	$\bar{1}$,9 5116*	65	1,4 3968*	63.20	1,1 0538*
6571	41	8352	33	5230	25	4770*	0121*	31	9879	4890	7	5110*	65	3903*	19	0508
6600	42	8385*	32	5255	26	4745*	0152	32	9848*	4897*	6	5103	65	3838	18	0479
6629	43	8417	33	5281*	25	4719	0184*	31	9816	4903	7	5097*	64	3733	17	0450
6658	44	8450*	32	5306*	25	4694	0215	32	9785*	4910*	6	5090	65	3709*	16	0421
0,4 6688*	26.45	0,4 8482	33	$\bar{1}$,6 5331*	25	0,3 4669	$\bar{1}$,7 0247*	31	0,2 9753	0,0 4916*	6	$\bar{1}$,9 5084	65	1,4 3644	63.15	1,1 0392
6717*	46	8515*	33	5356*	25	4644	0278	31	9722*	4922	7	5078*	64	3579	14	0363*
6746*	47	8548*	32	5381*	25	4619	0309	32	9691*	4929*	6	5071	65	3515*	13	0334*
6775*	48	8580	33	5406*	25	4594	0341*	31	9659	4935	6	5065*	64	3450	12	0305*
6804	49	8613	32	5431*	26	4569	0372	32	9628*	4941	7	5059*	65	3386*	11	0276*
0,4 6833	26.50	0,4 8645	33	$\bar{1}$,6 5456*	25	0,3 4544	$\bar{1}$,7 0404*	31	0,2 9596	0,0 4948*	6	$\bar{1}$,9 5052	64	1,4 3321	63.10	1,1 0247*
6862	51	8678*	33	5481*	25	4519	0435*	31	9565	4954	7	5046*	64	3257*	9	0218*
6891	52	8711*	32	5506*	25	4494	0466	32	9534*	4961*	6	5039	65	3193*	8	0188
6920	53	8743	33	5531*	25	4469	0498*	31	9502	4967*	6	5033	64	3128	7	0159
6949	54	8776*	32	5556*	24	4444	0529*	31	9471	4973	7	5027*	64	3064*	6	0130
0,4 6978	26.55	0,4 8808	33	$\bar{1}$,6 5580	25	0,3 4420*	$\bar{1}$,7 0560	32	0,2 9440*	0,0 4980*	6	$\bar{1}$,9 5030	65	1,4 3000*	63. 5	1,1 0101
7008*	56	8841*	33	5605	25	4395*	0592*	31	9408	4986	7	5014*	64	2935	4	0072
7037*	57	8874*	32	5630	25	4370*	0623*	31	9377	4993*	6	5007	64	2871	3	0043
7066*	58	8906	33	5655	25	4345*	0654	31	9346*	4999	6	5001*	64	2807	2	0014*
7095*	59	8939*	33	5680*	25	4320	0685	32	9315*	5005	7	4995*	64	2743	1	1,0 9985*
0,4 7124*	26.60	0,4 8972*		$\bar{1}$,6 5705*		0,3 4295	$\bar{1}$,7 0717*		0,2 9283	0,0 5012*		$\bar{1}$,9 4988		1,4 2679*	63. 0	1,0 9956*
x = 63° Lx = 1,4 2679*				cos x / Séh Lx	D	séc x / Cosh Lx	cot x / Coséh Lx	D	tang x / Sih Lx	coséc x / Coth Lx	D	sin x / Tah Lx	D	Lx (R = 1)	d. m.	x (R = 1)

x R = 1	x d. m.	Lx R = 1	D	sin x Tah Lx	D	coséc x Coth Lx	tang x Sih Lx	D	cot x Coséh Lx	séc x Cosh Lx	D	cos x Séh Lx	D	x = 27° Lx = 0,4 8972*		
0,4 7124*	27. 0	0,4 8972*	32	1̄,6 5705*	24	0,3 4295	1̄,7 0717*	31	0,2 9283	0,0 5012*	6	1̄,9 4988	64	1,4 2679*	62.60	1,0 9956*
7153*	1	9004	33	5729	25	4271*	0748*	31	9252	5018	7	4982*	64	2615*	59	9927*
7182	2	9037*	32	5754	25	4246*	0779	31	9221*	5025*	6	4975	64	2551*	58	9898*
7211	3	9069	33	5779*	25	4221	0810	31	9190*	5031	7	4969*	64	2487*	57	9868
7240	4	9102	33	5804*	24	4196	0841	32	9159*	5038*	6	4962	64	2423*	56	9839
0,4 7269	27. 5	0,4 9135*	33	1̄,6 5828	25	0,3 4172*	1̄,7 0873*	31	0,2 9127	0,0 5044	7	1̄,9 4956*	64	1,4 2359*	62.55	1,0 9810
7298	6	9168*	32	5853	25	4147*	0904*	31	9096	5051*	6	4949	64	2295	54	9781
7328*	7	9200	33	5878*	24	4122	0935*	31	9065	5057	7	4943*	64	2231	53	9752
7357*	8	9233*	33	5902	25	4098*	0966	31	9034*	5064*	6	4936	63	2167	52	9723*
7386*	9	9266*	32	5927	25	4073*	0997	31	9003*	5070	7	4930*	64	2104*	51	9694*
0,4 7415*	27.10	0,4 9298	33	1̄,6 5952*	24	0,3 4048	1̄,7 1028	31	0,2 8972*	0,0 5077*	6	1̄,9 4923	64	1,4 2040*	62.50	1,0 9665*
7444*	11	9331*	33	5976	25	4024*	1059	31	8941*	5083*	6	4917	63	1976	49	9636*
7473*	12	9364*	32	6001*	24	3999	1090	31	8910*	5089	7	4911*	64	1913*	48	9607*
7502	13	9396	33	6025	25	3975*	1121	32	8879*	5096*	6	4904	64	1849*	47	9578*
7531	14	9429	33	6050	25	3950*	1153*	31	8847	5102	7	4898*	63	1785	46	9548
0,4 7560	27.15	0,4 9462*	33	1̄,6 6075*	24	0,3 3925	1̄,7 1184*	31	0,2 8816	0,0 5109*	6	1̄,9 4891	64	1,4 1722*	62.45	1,0 9519
7589	16	9495*	32	6099	25	3901*	1215*	31	8785	5115	7	4885*	63	1658	44	9490
7618	17	9527	33	6124*	24	3876	1246*	31	8754	5122	7	4878*	64	1595*	43	9461
7647	18	9560*	33	6148	25	3852*	1277*	31	8723	5129*	6	4871	63	1531	42	9432
7677*	19	9593*	32	6173*	24	3827	1308*	31	8692	5135	7	4865*	63	1468*	41	9403
0,4 7706*	27.20	0,4 9625	33	1̄,6 6197	24	0,3 3803*	1̄,7 1339*	31	0,2 8661	0,0 5142*	6	1̄,9 4858	64	1,4 1405*	62.40	1,0 9374*
7735*	21	9658	33	6221	25	3779*	1370*	31	8630	5148	7	4852*	63	1341	39	9345*
7764*	22	9691*	33	6246*	24	3754	1401*	30	8599	5155*	6	4845	63	1278*	38	9316*
7793*	23	9724*	32	6270	25	3730*	1431	31	8569*	5161	7	4839*	64	1215*	37	9287*
7822	24	9756	33	6295*	24	3705	1462	31	8538*	5168*	6	4832	63	1151	36	9258*
0,4 7851	27.25	0,4 9789	33	1̄,6 6319	24	0,3 3681*	1̄,7 1493	31	0,2 8507*	0,0 5174	7	1̄,9 4826*	63	1,4 1088	62.35	1,0 9229*
7880	26	9822	33	6343	25	3657*	1524	31	8476*	5181*	6	4819	63	1025	34	9199
7909	27	9855*	33	6368*	24	3632	1555	31	8445*	5187	7	4813*	63	0962	33	9170
7938	28	9888*	32	6392*	24	3608	1586*	31	8414	5194*	7	4806	63	0899*	32	9141
7967	29	9920	33	6416	25	3584*	1617*	31	8383	5201*	6	4799	63	0836*	31	9112
0,4 7997*	27.30	0,4 9953	33	1̄,6 6441*	24	0,3 3559	1̄,7 1648*	31	0,2 8352	0,0 5207	7	1̄,9 4793*	63	1,4 0773*	62.30	1,0 9083
8026*	31	9986*	33	6465*	24	3535	1679*	30	8321	5214*	6	4786	63	0710*	29	9054*
8055*	32	0,5 0019*	33	6489	24	3511*	1709	31	8291*	5220	7	4780*	63	0647*	28	9025*
8084*	33	0052*	32	6513	24	3487*	1740	31	8260*	5227*	6	4773	63	0584	27	8996*
8113*	34	0084	33	6537	25	3463*	1771*	31	8229	5233	7	4767*	63	0521	26	8967*
0,4 8142*	27.35	0,5 0117	33	1̄,6 6562*	24	0,3 3438	1̄,7 1802*	31	0,2 8198	0,0 5240	7	1̄,9 4760*	62	1,4 0458	62.25	1,0 8938*
8171	36	0150	33	6586*	24	3414	1833*	30	8167	5247*	6	4753	63	0396*	24	8909*
8200	37	0183*	33	6610	24	3390*	1863	31	8137*	5253	7	4747*	63	0333*	23	8879
8229	38	0216*	33	6634	24	3366*	1894	31	8106*	5260*	6	4740	63	0270	22	8850
8258	39	0249*	32	6658	24	3342*	1925*	30	8075	5266	7	4734*	62	0207	21	8821
0,4 8287	27.40	0,5 0281	33	1̄,6 6682	24	0,3 3318*	1̄,7 1955	31	0,2 8045*	0,0 5273	7	1̄,9 4727*	63	1,4 0145*	62.20	1,0 8792
8317*	41	0314	33	6706	25	3294*	1986	31	8014*	5280*	6	4720	63	0082	19	8763
8346*	42	0347	33	6731*	24	3269	2017*	31	7983	5286	7	4714*	62	0019	18	8734
8375*	43	0380*	33	6755*	24	3245	2048*	30	7952	5293*	7	4707	63	1,3 9957*	17	8705*
8404*	44	0413*	33	6779*	24	3221	2078	31	7922*	5300*	6	4700	62	9894	16	8676*
0,4 8433*	27.45	0,5 0446*	32	1̄,6 6803*	24	0,3 3197	1̄,7 2109*	31	0,2 7891	0,0 5306	7	1̄,9 4694*	63	1,3 9832*	62.15	1,0 8647*
8462*	46	0478	33	6827*	24	3173	2140*	30	7860	5313*	7	4687	62	9769	14	8618*
8491	47	0511	33	6851*	24	3149	2170	31	7830*	5320*	6	4680	62	9707*	13	8589*
8520	48	0544	33	6875*	24	3125	2201*	30	7799	5326	7	4674*	63	9645*	12	8559
8549	49	0577	33	6899*	23	3101	2231	31	7769*	5333*	7	4667	62	9582	11	8530
0,4 8578	27.50	0,5 0610	33	1̄,6 6922	24	0,3 3078*	1̄,7 2262	31	0,2 7738*	0,0 5340*	6	1̄,9 4660	62	1,3 9520*	62.10	1,0 8501
8607	51	0643*	33	6946	24	3054*	2293*	30	7707	5346	7	4654*	63	9458*	9	8472
8636	52	0676*	33	6970	24	3030*	2323	31	7677*	5353*	7	4647	62	9395	8	8443
8666*	53	0709*	33	6994	24	3006*	2354*	30	7646	5360*	6	4640	62	9333	7	8414
8695*	54	0742*	33	7018	24	2982*	2384	31	7616*	5366	7	4634*	62	9271*	6	8385*
0,4 8724*	27.55	0,5 0775*	32	1̄,6 7042*	24	0,3 2958	1̄,7 2415*	30	0,2 7585	0,0 5373*	7	1̄,9 4627	62	1,3 9209*	62. 5	1,0 8356*
8753*	56	0807	33	7066*	24	2934	2445	31	7555*	5380*	6	4620	62	9147*	4	8327*
8782*	57	0840	33	7090*	23	2910	2476*	30	7524	5386	7	4614*	62	9085*	3	8298*
8811*	58	0873	33	7113	24	2887*	2506	31	7494*	5393	7	4607*	62	9023*	2	8269*
8840	59	0906	33	7137	24	2863*	2537*	30	7463	5400*	7	4600	63	8961*	1	8240*
0,4 8869	27.60	0,5 0939		1̄,6 7161*		0,3 2839	1̄,7 2567		0,2 7433*	0,0 5407*		1̄,9 4593		1,3 8899*	62. 0	1,0 8210
x = 62° Lx = 1,3 8899*				cos x Séh Lx	D	séc x Cosh Lx	cot x Coséh Lx	D	tang x Sih Lx	coséc x Coth Lx	D	sin x Tah Lx	D	Lx R = 1	x d. m.	x R = 1

x (R = 1)	d. m.	Lx (R = 1)	D	sin x TahLx	D	coséc x CothLx	tang x SihLx	D	cot x CoséhLx	séc x CoshLx	D	cos x SéhLx	D	x = 28° Lx = 0,5 0939		
0,4 8869	28. 0	0,5 0939	33	1̄,6 7161*	24	0,3 2839	1̄,7 2567	31	0,2 7433*	0,0 5407*	6	1̄,9 4593	62	1,3 8899*	61.60	1,0 8210
8898	1	0972	33	7185*	23	2815	2598*	30	7402	5413	7	4587*	62	8837*	59	8181
8927	2	1005	33	7208	24	2792*	2628	31	7372*	5420*	7	4580	62	8775*	58	8152
8956	3	1038	33	7232	24	2768*	2659*	30	7341	5427*	6	4573	62	8713*	57	8123
8986*	4	1071	33	7256*	24	2744	2689	31	7311*	5433	7	4567*	62	8651	56	8094
0,4 9015*	28. 5	0,5 1104	33	1̄,6 7280*	23	0,3 2720	1̄,7 2720*	30	0,2 7280	0,0 5440	7	1̄,9 4560*	62	1,3 8589	61.55	1,0 8065*
9044*	6	1137*	33	7303	24	2697*	2750	30	7250*	5447*	7	4553	61	8527	54	8036*
9073*	7	1170*	33	7327*	23	2673	2780	31	7220*	5454*	6	4546	62	8466*	53	8007*
9102*	8	1203*	33	7350	24	2650*	2811*	30	7189	5460	7	4540*	62	8404*	52	7978*
9131	9	1236*	33	7374	24	2626*	2841	31	7159*	5467	7	4533*	61	8342	51	7949*
0,4 9160	28.10	0,5 1269*	33	1̄,6 7398*	23	0,3 2602	1̄,7 2872*	30	0,2 7128	0,0 5474*	7	1̄,9 4526	62	1,3 8281*	61.50	1,0 7920*
9189	11	1302*	33	7421	24	2579*	2902*	30	7098	5481*	6	4519	61	8219	49	7890
9218	12	1335*	33	7445*	23	2555	2932	31	7068*	5487	7	4513*	62	8158*	48	7861
9247	13	1368*	33	7468	24	2532*	2963*	30	7037	5494	7	4506*	62	8096*	47	7832
9276	14	1401*	33	7492*	23	2508	2993*	30	7007	5501	7	4499*	61	8034	46	7803
0,4 9306	28.15	0,5 1434*	33	1̄,6 7515	24	0,3 2485*	1̄,7 3023	31	0,2 6977*	0,0 5508*	7	1̄,9 4492	61	1,3 7973*	61.45	1,0 7774
9335*	16	1467	33	7539*	23	2461	3054*	30	6946	5515*	6	4485	62	7912*	44	7745*
9364*	17	1500	33	7562	24	2438*	3084*	30	6916	5521	7	4479*	61	7850	43	7716*
9393*	18	1533	33	7586*	23	2414	3114	30	6886*	5528	7	4472*	62	7789*	42	7687*
9422*	19	1566	33	7609	24	2391*	3144	31	6856*	5535*	7	4465	61	7727	41	7658*
0,4 9451*	28.20	0,5 1599	33	1̄,6 7633*	23	0,3 2367	1̄,7 3175*	30	0,2 6825	0,0 5542*	7	1̄,9 4458	61	1,3 7666	61.40	1,0 7629*
9480	21	1632	33	7656	24	2344*	3205*	30	6795	5549*	6	4451	61	7605*	39	7600*
9509	22	1665	33	7680*	23	2320	3235	30	6765*	5555	7	4445*	62	7544*	38	7570
9538	23	1698	33	7703	23	2297*	3265	30	6735*	5562	7	4438*	61	7482	37	7541
9567	24	1731	33	7726	24	2274*	3295	31	6705*	5569	7	4431*	61	7421	36	7512
0,4 9596	28.25	0,5 1764	34	1̄,6 7750*	23	0,3 2250	1̄,7 3326*	30	0,2 6674	0,0 5576*	7	1̄,9 4424	61	1,3 7360	61.35	1,0 7483
9626*	26	1798*	33	7773	23	2227*	3356*	30	6644	5583*	7	4417	61	7299*	34	7454
9655*	27	1831*	33	7796	24	2204*	3386	30	6614*	5590*	6	4410	61	7238*	33	7425
9684*	28	1864*	33	7820*	23	2180	3416	30	6584*	5596	7	4404*	61	7177*	32	7396*
9713*	29	1897*	33	7843	23	2157*	3446	30	6554*	5603	7	4397*	61	7116*	31	7367*
0,4 9742*	28.30	0,5 1930*	33	1̄,6 7866	24	0,3 2134*	1̄,7 3476	31	0,2 6524*	0,0 5610	7	1̄,9 4390*	61	1,3 7055*	61.30	1,0 7338*
9771*	31	1963*	33	7890*	23	2110	3507*	30	6493	5617	7	4383*	61	6994*	29	7309*
9800	32	1996	33	7913*	23	2087	3537*	30	6463	5624*	7	4376	61	6933*	28	7280*
9829	33	2029	33	7936	23	2064*	3567*	30	6433	5631*	7	4369	61	6872	27	7250
9858	34	2062	33	7959	23	2041*	3597*	30	6403	5638*	7	4362	61	6811	26	7221
0,4 9887	28.35	0,5 2095	34	1̄,6 7982	24	0,3 2018*	1̄,7 3627*	30	0,2 6373	0,0 5645*	6	1̄,9 4355	60	1,3 6750	61.25	1,0 7192
9916	36	2129*	33	8006*	23	1994	3657*	30	6343	5651	7	4349*	61	6690*	24	7163
9946*	37	2162*	33	8029*	23	1971	3687	30	6313*	5658	7	4342*	61	6629*	23	7134
9975*	38	2195*	33	8052*	23	1948	3717	30	6283*	5665	7	4335*	61	6568	22	7105
0,5 0004*	39	2228	33	8075	23	1925*	3747	30	6253*	5672	7	4328*	60	6507	21	7076*
0,5 0033*	28.40	0,5 2261	33	1̄,6 8098	23	0,3 1902*	1̄,7 3777	30	0,2 6223*	0,0 5679*	7	1̄,9 4321	61	1,3 6447*	61.20	1,0 7047*
0062*	41	2294	33	8121	23	1879*	3807	30	6193*	5686*	7	4314	60	6386	19	7018*
0091*	42	2327	34	8144	23	1856*	3837	30	6163*	5693*	7	4307	61	6326*	18	6989*
0120	43	2361*	33	8167	23	1833*	3867	30	6133*	5700*	7	4300	60	6265	17	6960*
0149	44	2394*	33	8190	23	1810*	3897	30	6103*	5707*	7	4293	61	6205*	16	6931*
0,5 0178	28.45	0,5 2427*	33	1̄,6 8213	24	0,3 1787*	1̄,7 3927	30	0,2 6073*	0,0 5714*	7	1̄,9 4286	60	1,3 6144	61.15	1,0 6901
0207	46	2460	33	8237*	23	1763	3957	30	6043*	5721*	6	4279	61	6084	14	6872
0236	47	2493	34	8260*	23	1740	3987*	30	6013	5727	7	4273*	60	6023	13	6843
0265	48	2527*	33	8283*	22	1717	4017*	30	5983	5734	7	4266*	61	5963*	12	6814
0295*	49	2560*	33	8305	23	1695*	4047*	30	5953	5741	7	4259*	60	5902	11	6785
0,5 0324*	28.50	0,5 2593*	33	1̄,6 8328	23	0,3 1672*	1̄,7 4077*	30	0,2 5923	0,0 5748	7	1̄,9 4252*	60	1,3 5842	61.10	1,0 6756*
0353*	51	2626	33	8351	23	1649*	4107*	30	5893	5755	7	4245*	60	5782*	9	6727*
0382*	52	2659	34	8374	23	1626*	4137*	29	5863	5762	7	4238*	61	5722*	8	6698*
0411*	53	2693*	33	8397	23	1603*	4166	30	5834*	5769	7	4231*	60	5661	7	6669*
0440	54	2726*	33	8420	23	1580*	4196	30	5804*	5776	7	4224*	60	5601	6	6640*
0,5 0469	28.55	0,5 2759	33	1̄,6 8443*	23	0,3 1557	1̄,7 4226	30	0,2 5774*	0,0 5783	7	1̄,9 4217*	60	1,3 5541*	61. 5	1,0 6611*
0498	56	2792	34	8466*	23	1534	4256*	30	5744	5790	7	4210*	60	5481*	4	6581
0527	57	2826*	33	8489*	23	1511	4286*	30	5714	5797	7	4203*	60	5421*	3	6552
0556	58	2859*	33	8512*	22	1488	4316*	29	5684	5804	7	4196*	61	5361*	2	6523
0585	59	2892	33	8534	23	1466*	4345	30	5655*	5811	7	4189*	60	5300	1	6494
0,5 0615*	28.60	0,5 2925		1̄,6 8557		0,3 1443*	1̄,7 4375		0,2 5625*	0,0 5818		1̄,9 4182*		1,3 5240	61. 0	1,0 6465
x = 61° Lx = 1,3 5240				cos x SéhLx	D	séc x CoshLx	cot x CoséhLx	D	tang x SihLx	coséc x CothLx	D	sin x TahLx	D	Lx (R = 1)	d. m.	x (R = 1)

x R = 1	d. m.	Lx R = 1	D	sin x Tab Lx	D	coséc x Coth Lx	tang x Sih Lx	D	cot x Coséh Lx	séc x Cosh Lx	D	cos x Séh Lx	D	x = 29° Lx = 0,5 2925		
0,5 0615*	29. 0	0,5 2925	34	$\bar{1}$,6 8557	23	0,3 1443*	$\bar{1}$,7 4375	30	0,2 5625*	0,0 5818	7	$\bar{1}$,9 4182*	60	1,3 5240	60.60	1,0 6465
0644*	1	2959*	33	8580*	23	1420	4405*	30	5595	5825	7	4175*	59	5180	59	6436*
0673*	2	2992*	33	8603*	22	1397	4435*	30	5565	5832	7	4168*	60	5121*	58	6407*
0702	3	3025	33	8625	23	1375*	4465*	29	5535	5839	7	4161*	60	5061*	57	6378*
0731*	4	3058	34	8648	23	1352*	4494	30	5506*	5846	7	4154*	60	5001*	56	6349*
0,5 0760*	29. 5	0,5 3092*	33	$\bar{1}$,6 8671*	23	0,3 1329	$\bar{1}$,7 4524	30	0,2 5476*	0,0 5853	7	$\bar{1}$,9 4147*	60	1,3 4941*	60 55	1,0 6320*
0789	6	3125*	33	8694*	22	1306	4554*	29	5446	5860	7	4140*	60	4881	54	6291*
0818	7	3158	34	8716	23	1284*	4583	30	5417*	5867	7	4133*	60	4821	53	6261
0847	8	3192*	33	8739*	23	1261	4613	30	5387*	5874	7	4126*	59	4761	52	6232
0876	9	3225*	33	8762*	22	1238	4643*	30	5357	5881	7	4119*	60	4702*	51	6203
0,5 0905	29.10	0,5 3258	33	$\bar{1}$,6 8784	23	0,3 1216*	$\bar{1}$,7 4673*	29	0,2 5327	0,0 5888	7	$\bar{1}$,9 4112*	60	1,3 4642	60.50	1,0 6174
0935*	11	3291	34	8807*	22	1193	4702	30	5298*	5895	7	4105*	59	4582	49	6145
0964*	12	3325*	33	8829	23	1171*	4732*	30	5268	5902	8	4098*	60	4523*	48	6116
0993*	13	3358	33	8852	23	1148*	4762*	29	5238	5910*	7	4090	59	4463	47	6087*
1022*	14	3391	34	8875*	22	1125	4791	30	5209*	5917*	7	4083	60	4404*	46	6058*
0,5 1051*	29.15	0,5 3425*	33	$\bar{1}$,6 8897	23	0,3 1103*	$\bar{1}$,7 4821*	30	0,2 5179	0,0 5924*	7	$\bar{1}$,9 4076	60	1,3 4354	60.45	1,0 6029*
1080*	16	3458	33	8920*	22	1080	4851*	29	5149	5931*	7	4069	59	4284	44	6000*
1109	17	3491	34	8942	23	1058*	4880	30	5120*	5938*	7	4062	59	4225*	43	5971*
1138	18	3525*	33	8965*	22	1035	4910*	29	5090	5945*	7	4055	60	4166*	42	5941
1167	19	3558	34	8987	23	1013*	4939	30	5061*	5952*	7	4048	59	4106	41	5912
0,5 1196	29.20	0,5 3592*	33	$\bar{1}$,6 9010*	22	0,3 0990	$\bar{1}$,7 4969*	29	0,2 5031	0,0 5959	7	$\bar{1}$,9 4041*	60	1,3 4047*	60.40	1,0 5883
1225	21	3625*	33	9032	23	0968*	4998	30	5002*	5966	7	4034*	59	3987	39	5854
1255*	22	3658	34	9055*	22	0945	5028	30	4972*	5973	7	4027*	59	3928	38	5825
1284	23	3692*	33	9077	23	0923*	5058*	29	4942	5980	8	4020*	60	3869*	37	5796
1313*	24	3725	33	9100*	22	0900	5087	30	4913*	5988*	7	4012	59	3809	36	5767*
0,5 1342*	29.25	0,5 3758	34	$\bar{1}$,6 9122	22	0,3 0878*	$\bar{1}$,7 5117*	29	0,2 4883	0,0 5995*	7	$\bar{1}$,9 4005	59	1,3 3750	60.35	1,0 5738*
1371*	26	3792*	33	9144	23	0856*	5146	30	4854*	6002*	7	3998	59	3691*	34	5709*
1400*	27	3825	34	9167*	22	0833	5176*	29	4824	6009*	7	3991	59	3632*	33	5680*
1429	28	3859*	33	9189	23	0811*	5205	30	4795*	6016	7	3984*	59	3573*	32	5651*
1458	29	3892	33	9212*	22	0788	5235*	29	4765	6023	7	3977*	60	3514*	31	5622*
0,5 1487	29.30	0,5 3925	34	$\bar{1}$,6 9234*	22	0,3 0766	$\bar{1}$,7 5264	30	0,2 4736*	0,0 6030	7	$\bar{1}$,9 3970*	59	1,3 3454	60.30	1,0 5592
1516	31	3959*	33	9256	23	0744*	5294*	29	4706	6037	8	3963*	59	3395	29	5563
1545	32	3992	34	9279*	22	0721	5323	30	4677*	6045*	7	3955	59	3336	28	5534
1574	33	4026*	33	9301*	22	0699	5353*	29	4647	6052*	7	3948	59	3277	27	5505
1604*	34	4059	34	9323	22	0677*	5382	29	4618*	6059*	7	3941	59	3218	26	5476
0,5 1633*	29.35	0,5 4093*	33	$\bar{1}$,6 9345	23	0,3 0655*	$\bar{1}$,7 5411	30	0,2 4589*	0,0 6066	7	$\bar{1}$,9 3934*	58	1,3 3159	60.25	1,0 5447*
1662*	36	4126	34	9368*	22	0632	5441*	29	4559	6073	7	3927*	59	3101*	24	5418*
1691*	37	4160*	33	9390*	22	0610	5470	30	4530*	6080	8	3920*	59	3042*	23	5389*
1720*	38	4193	33	9412	22	0588*	5500*	29	4500	6088*	7	3912	59	2983*	22	5360*
1749	39	4226	34	9434	22	0566*	5529	29	4471*	6095*	7	3905	59	2924	21	5331*
0,5 1778	29.40	0,5 4260*	33	$\bar{1}$,6 9456	23	0,3 0544*	$\bar{1}$,7 5558	30	0,2 4442*	0,0 6102	7	$\bar{1}$,9 3898*	59	1,3 2865	60.20	1,0 5302*
1807	41	4293	34	9479*	22	0521	5588*	29	4412	6109	7	3891*	58	2806	19	5272
1836	42	4327*	33	9501*	22	0499	5617	30	4383*	6116	8	3884*	59	2748*	18	5243
1865	43	4360	34	9523*	22	0477	5647*	29	4353	6124*	7	3876	59	2689	17	5214
1894	44	4394*	33	9545*	22	0455	5676*	29	4324	6131*	7	3869	58	2630	16	5185
0,5 1924*	29.45	0,5 4427	34	$\bar{1}$,6 9567	22	0,3 0433*	$\bar{1}$,7 5705	30	0,2 4295*	0,0 6138	7	$\bar{1}$,9 3862*	59	1,3 2572*	60.15	1,0 5156
1953*	46	4461*	33	9589	22	0411*	5735*	29	4265	6145	8	3855*	58	2513	14	5127*
1982*	47	4494	34	9611	22	0389*	5764*	29	4236	6153*	7	3847	59	2455*	13	5098*
2011*	48	4528*	33	9633	22	0367*	5793	29	4207*	6160*	7	3840	58	2396	12	5069*
2040*	49	4561	34	9655	22	0345*	5822	30	4178*	6167	7	3833*	59	2338*	11	5040*
0,5 2069*	29.50	0,5 4595	34	$\bar{1}$,6 9677	22	0,3 0323*	$\bar{1}$,7 5852*	29	0,2 4148	0,0 6174	7	$\bar{1}$,9 3826*	58	1,3 2279	60.10	1,0 5011*
2098	51	4629*	33	9699	22	0301*	5881*	29	4119	6181	8	3819*	59	2221*	9	4982*
2127	52	4662	34	9721	22	0279*	5910	29	4090*	6189*	7	3811	58	2162	8	4952
2156	53	4696*	33	9743	22	0257*	5939	30	4061*	6196	7	3804*	59	2104*	7	4923
2185	54	4729	34	9765	22	0235*	5969*	29	4031	6203	8	3797*	58	2045	6	4894
0,5 2214	29.55	0,5 4763*	33	$\bar{1}$,6 9787	22	0,3 0213*	$\bar{1}$,7 5998*	29	0,2 4002	0,0 6211*	7	$\bar{1}$,9 3789	58	1,3 1987	60. 5	1,0 4865
2244*	56	4796	34	9809	22	0191*	6027	29	3973*	6218*	7	3782	59	1929*	4	4836
2273*	57	4830*	33	9831	22	0169*	6056	30	3944*	6225	7	3775*	58	1870	3	4807
2302*	58	4863	34	9853	22	0147*	6086*	29	3914	6232	8	3768*	58	1812	2	4778*
2331*	59	4897	34	9875	22	0125*	6115*	29	3885	6240*	7	3760	58	1754*	1	4749*
0,5 2360*	29.60	0,5 4931*		$\bar{1}$,6 9897		0,3 0103*	$\bar{1}$,7 6144*		0,2 3856	0,0 6247*		$\bar{1}$,9 3753		1,3 1696*	60. 0	1,0 4720*
x = 60° Lx = 1,3 1696*				cos x Séh Lx	D	séc x Cosh Lx	cot x Coséh Lx	D	tang x Sih Lx	coséc x Coth Lx	D	sin x Tab Lx	D	R = 1 Lx	d. m.	R = 1 x

x R = 1	x d. m.	Lx R = 1	D	sin x TabLx	D	coséc x CothLx	tang x SihLx	D	cot x CoséhLx	séc x CoshLx	D	cos x SéhLx	x = 30° Lx = 0,5 4931*			
0,5 2360*	30. 0	0,5 4931*	33	$\bar{1}$,6 9897	22	0,3 0103*	$\bar{1}$,7 6144*	29	0,2 3856	0,0 6247*	7	$\bar{1}$,9 3753	58	1,3 1696*	59.60	1,0 4720*
2389*	1	4964	31	9919*	27	0081	6173	29	3827*	6254	8	3746*	59	1638*	59	4691*
2418	2	4998*	33	9941*	22	0059	6202	29	3798*	6262*	7	3738	58	1579	58	4662*
2447	3	5031	34	9963*	21	0037	6231	30	3769*	6269*	7	3731	58	1521	57	4632
2476	4	5065	34	9984	22	0016*	6261*	29	3739	6276	7	3724*	58	1463	56	4603
0,5 2505	30. 5	0,5 5099*	33	$\bar{1}$,7 0006	22	0,2 9994*	$\bar{1}$,7 6290*	29	0,2 3710	0,0 6283	8	$\bar{1}$,9 3717*	58	1,3 1405	59.55	1,0 4574
2534	6	5132	34	0028	22	9972*	6319*	29	3681	6291*	7	3709	58	1347	54	4545
2563	7	5166*	34	0050*	22	9950	6348*	29	3652	6298	7	3702*	58	1289	53	4516
2593*	8	5200*	33	0072*	21	9928	6377	29	3623*	6305	8	3695*	58	1231	52	4487
2622*	9	5233	34	0093	22	9907*	6406	29	3594*	6313*	7	3687	58	1173	51	4458*
0,5 2651*	30.10	0,5 5267*	33	$\bar{1}$,7 0115	22	0,2 9885*	$\bar{1}$,7 6435	29	0,2 3565*	0,0 6320	7	$\bar{1}$,9 3680*	57	1,3 1115	59.50	1,0 4429*
2680*	11	5300	34	0137*	22	9863	6464	29	3536*	6327	8	3673*	58	1058*	49	4400*
2709*	12	5334	34	0159*	21	9841	6493	29	3507*	6335*	7	3665	58	1000*	48	4371*
2738	13	5368*	33	0180	22	9820*	6522	29	3478*	6342	8	3658*	58	0942*	47	4342*
2767	14	5401	34	0202*	22	9798	6551	29	3449*	6350*	7	3650	58	0884	46	4313*
0,5 2796	30.15	0,5 5435	34	$\bar{1}$,7 0224*	21	0,2 9776	$\bar{1}$,7 6580	29	0,2 3420*	0,0 6357*	7	$\bar{1}$,9 3643	57	1,3 0826	59.45	1,0 4283
2825	16	5469*	33	0245	22	9755*	6609	30	3391*	6364	8	3636*	58	0769*	44	4254
2854	17	5502	34	0267*	21	9733	6639*	29	3361	6372*	7	3628	58	0711*	43	4225
2883	18	5536	34	0288	22	9712*	6668*	29	3332	6379	7	3621*	57	0653	42	4196
2913*	19	5570*	34	0310	22	9690*	6697*	28	3303	6386	8	3614*	58	0596*	41	4167
0,5 2942*	30.20	0,5 5604*	33	$\bar{1}$,7 0332*	21	0,2 9668	$\bar{1}$,7 6725	29	0,2 3275*	0,0 6394*	7	$\bar{1}$,9 3606	58	1,3 0538	59.40	1,0 4138*
2971*	21	5637	34	0353	22	9647*	6754	29	3246*	6401	8	3599*	57	0480	39	4109*
3000*	22	5671*	34	0375*	21	9625	6783	29	3217*	6409*	7	3591	58	0423*	38	4080*
3029	23	5705*	33	0396	22	9604*	6812	29	3188*	6416*	7	3584	57	0365	37	4051*
3058	24	5738	34	0418*	21	9582	6841	29	3159*	6423	8	3577*	58	0308*	36	4022*
0,5 3087	30.25	0,5 5772	34	$\bar{1}$,7 0439	22	0,2 9561*	$\bar{1}$,7 6870	29	0,2 3130*	0,0 6431*	7	$\bar{1}$,9 3569	57	1,3 0250	59.35	1,0 3993*
3116	26	5806*	34	0461*	21	9539	6899	28	3101*	6438	8	3562*	57	0193*	34	3963
3145	27	5840*	33	0482	22	9518*	6928	29	3072*	6446*	7	3554	58	0136*	33	3934
3174	28	5873	34	0504*	21	9496	6957	29	3043*	6453	8	3547*	57	0078	32	3905
3203	29	5907	34	0525	22	9475*	6986*	29	3014	6461*	7	3539	58	0021*	31	3876
0,5 3233*	30.30	0,5 5941*	34	$\bar{1}$,7 0547*	21	0,2 9453	$\bar{1}$,7 7015*	29	0,2 2985	0,0 6468*	7	$\bar{1}$,9 3532	57	1,2 9963	59.30	1,0 3847
3262*	31	5975*	33	0568	22	9432*	7044*	29	2956	6475	8	3525*	57	9906	29	3818
3291*	32	6008	34	0590*	21	9410	7073*	28	2927	6483*	7	3517	57	9849*	28	3789*
3320*	33	6042	34	0611	22	9389*	7101	29	2899*	6490	8	3510*	58	9792*	27	3760*
3349*	34	6076*	34	0633*	21	9367	7130	29	2870*	6498*	7	3502	57	9734	26	3731*
0,5 3378*	30.35	0,5 6110*	34	$\bar{1}$,7 0654*	21	0,2 9346	$\bar{1}$,7 7159	29	0,2 2841*	0,0 6505	8	$\bar{1}$,9 3495*	57	1,2 9677	59.25	1,0 3702*
3407	36	6144*	33	0675	22	9325*	7188	28	2812*	6513*	7	3487	57	9620	24	3673*
3436	37	6177	34	0697*	21	9303	7217*	29	2783	6520	8	3480*	57	9563*	23	3643
3465	38	6211	34	0718	21	9282*	7246*	28	2754	6528*	7	3472	57	9506*	22	3614
3494	39	6245*	34	0739	22	9261*	7274	29	2726*	6535	8	3465*	57	9449*	21	3585
0,5 3523	30.40	0,5 6279*	34	$\bar{1}$,7 0761*	21	0,2 9239	$\bar{1}$,7 7303	29	0,2 2697*	0,0 6543*	7	$\bar{1}$,9 3457	57	1,2 9392*	59.20	1,0 3556
3553*	41	6313*	33	0782*	21	9218	7332	29	2668*	6550	8	3450*	57	9335*	19	3527
3582*	42	6346	34	0803	21	9197*	7361*	29	2639	6558*	7	3442	57	9278*	18	3498
3611*	43	6380	34	0824	22	9176*	7390*	28	2610	6565	8	3435*	57	9221*	17	3469
3640*	44	6414	34	0846*	21	9154	7418	29	2582*	6573*	7	3427	57	9164*	16	3440*
0,5 3669*	30.45	0,5 6448*	34	$\bar{1}$,7 0867*	21	0,2 9133	$\bar{1}$,7 7447	29	0,2 2553*	0,0 6580	8	$\bar{1}$,9 3420*	57	1,2 9107*	59.15	1,0 3411*
3698*	46	6482*	34	0888	21	9112*	7476*	29	2524	6588*	7	3412	57	9050	14	3382*
3727	47	6516*	33	0909	22	9091*	7505*	28	2495	6595	8	3405*	57	8993	13	3353*
3756	48	6549	34	0931*	21	9069	7533	29	2467*	6603*	7	3397	56	8936	12	3323
3785	49	6583	34	0952*	21	9048	7562	29	2438*	6610	8	3390*	57	8880*	11	3294
0,5 3814	30.50	0,5 6617	34	$\bar{1}$,7 0973*	21	0,2 9027	$\bar{1}$,7 7591*	28	0,2 2409	0,0 6618*	7	$\bar{1}$,9 3382	57	1,2 8823*	59.10	1,0 3265
3843	51	6651	34	0994	21	9006*	7619	29	2381*	6625	8	3375*	57	8766	9	3236
3872	52	6685*	34	1015	21	8985*	7648	29	2352*	6633*	7	3367	56	8709	8	3207
3902*	53	6719*	34	1036	22	8964*	7677*	29	2323	6640	8	3360*	57	8653*	7	3178
3931*	54	6753*	34	1058*	21	8942	7706*	28	2294	6648*	8	3352	57	8596	6	3149*
0,5 3960*	30.55	0,5 6787*	34	$\bar{1}$,7 1079*	21	0,2 8921	$\bar{1}$,7 7734	29	0,2 2266*	0,0 6656*	7	$\bar{1}$,9 3344	56	1,2 8539	59. 5	1,0 3120*
3989*	56	6821*	33	1100*	21	8900	7763*	28	2237	6663	8	3337*	57	8483*	4	3091*
4018*	57	6854	34	1121*	21	8879	7791	29	2209*	6671*	7	3329	56	8426	3	3062*
4047	58	6888	34	1142*	21	8858	7820	29	2180*	6678	8	3322*	57	8370*	2	3033*
4076	59	6922	34	1163*	21	8837	7849*	28	2151	6686*	7	3314	56	8313	1	3004*
0,5 4105	30.60	0,5 6956		$\bar{1}$,7 1184*		0,2 8816	$\bar{1}$,7 7877		0,2 2123*	0,0 6693		$\bar{1}$,9 3307*		1,2 8257*	59. 0	1,0 2974
x = 59° Lx = 1,2 8257*				cos x SéhLx	D	séc x CoshLx	cot x CoséhLx	D	tang x SihLx	coséc x CothLx	D	sin x TabLx	D	Lx R = 1	x d. m.	x R = 1

26

x R = 1	d. m.	Lx R = 1	D	sin x TahLx	D	coséc x CothLx	tang x SihLx	D	cot x CoséhLx	séc x CoshLx	D	cos x SéhLx	D	x = 31° Lx = 0,5 6956		
0,5 4105	31. 0	0,5 6956	34	$\bar{1}$,7 1184*	21	0,2 8816	$\bar{1}$,7 7877	29	0,2 2123*	0,0 6693	8	$\bar{1}$,9 3307*	57	1,2 8257*	58.60	1,0 2974
4134	1	6990	34	1205*	21	8795	7906*	29	2094	6701	8	3299*	56	8200	59	2945
4163	2	7024	34	1226*	21	8774	7935*	28	2065	6709*	7	3291	57	8144*	58	2916
4192	3	7058	34	1247*	21	8753	7963	29	2037*	6716	8	3284*	56	8087	57	2887
4222*	4	7092	34	1268*	21	8732	7992*	28	2008	6724*	7	3276	56	8031*	56	2858
0,5 4251*	31. 5	0,5 7126	34	$\bar{1}$,7 1289*	21	0,2 8711	$\bar{1}$,7 8020	29	0,2 1980*	0,0 6731	8	$\bar{1}$,9 3269*	57	1,2 7975*	58.55	1,0 2829*
4280*	6	7160*	34	1310*	21	8690	8049*	28	1951	6739	8	3261*	56	7918	54	2800*
4309*	7	7194*	34	1331*	21	8669	8077	29	1923*	6747*	7	3253	56	7862*	53	2771*
4338*	8	7228*	34	1352*	21	8648	8106	28	1894*	6754	8	3246*	57	7806*	52	2742*
4367	9	7262*	34	1373*	20	8627	8135*	28	1865	6762*	8	3238	56	7749	51	2713*
0,5 4396	31.10	0,5 7296*	34	$\bar{1}$,7 1393	21	0,2 8607*	$\bar{1}$,7 8163	28	0,2 1837*	0,0 6770*	7	$\bar{1}$,9 3230	56	1,2 7693	58.50	1,0 2684*
4425	11	7330*	34	1414	21	8586*	8192*	28	1808	6777	8	3223*	56	7637	49	2654
4454	12	7364*	34	1435	21	8565*	8220	29	1780*	6785*	8	3215	56	7581*	48	2625
4483	13	7398*	34	1456	21	8544*	8249*	28	1751	6793*	7	3207	56	7525*	47	2596
4512	14	7432*	34	1477*	21	8523	8277	29	1723*	6800	8	3200*	56	7469*	46	2567
0,5 4542*	31.15	0,5 7466*	34	$\bar{1}$,7 1498*	21	0,2 8502	$\bar{1}$,7 8306*	28	0,2 1694	0,0 6808*	8	$\bar{1}$,9 3192	57	1,2 7413*	58.45	1,0 2538
4571*	16	7500	34	1519*	20	8481	8334	29	1666*	6816*	7	3184	56	7356	44	2509
4600*	17	7534	34	1539	21	8461*	8363*	28	1637	6823	8	3177*	56	7300	43	2480*
4629*	18	7568	34	1560	21	8440*	8391	28	1609*	6831*	8	3169	55	7244	42	2451*
4658*	19	7602	34	1581*	21	8419	8419	29	1581*	6839*	7	3161	55	7188	41	2422*
0,5 4687*	31.20	0,5 7636	34	$\bar{1}$,7 1602*	20	0,2 8398	$\bar{1}$,7 8448*	28	0,2 1552	0,0 6846	8	$\bar{1}$,9 3154*	56	1,2 7133*	58.40	1,0 2393*
4716	21	7670	34	1622	21	8378*	8476	29	1524*	6854*	8	3146	56	7077*	39	2364*
4745	22	7704	34	1643	21	8357*	8505*	28	1495	6862*	7	3138	56	7021*	38	2334
4774	23	7738	34	1664*	21	8336	8533	29	1467*	6869	8	3131*	55	6965*	37	2305
4803	24	7772	35	1685*	20	8315	8562*	28	1438	6877	8	3123*	56	6909*	36	2276
0,5 4832	31.25	0,5 7807*	34	$\bar{1}$,7 1705	21	0,2 8295*	$\bar{1}$,7 8590	28	0,2 1410*	0,0 6885*	7	$\bar{1}$,9 3115	56	1,2 6853	58.35	1,0 2247
4862*	26	7841*	34	1726*	21	8274	8618	29	1382*	6892	8	3108*	55	6797	34	2218
4891*	27	7875*	34	1747*	20	8253	8647*	28	1353	6900	8	3100*	56	6742*	33	2189
4920*	28	7909*	34	1767	21	8233*	8675	29	1325*	6908*	8	3092	56	6686*	32	2160*
4949*	29	7943*	34	1788*	21	8212	8704*	28	1296	6916*	7	3084	56	6630	31	2131*
0,5 4978*	31.30	0,5 7977	34	$\bar{1}$,7 1809*	20	0,2 8191	$\bar{1}$,7 8732*	28	0,2 1268	0,0 6923	8	$\bar{1}$,9 3077*	55	1,2 6574	58.30	1,0 2102*
5007	31	8011	34	1829	21	8171*	8760	29	1240*	6931	8	3069*	56	6519*	29	2073*
5036	32	8045	34	1850*	20	8150	8789*	28	1211	6939*	8	3061	55	6463	28	2044*
5065	33	8079	35	1870	21	8130*	8817*	28	1183	6947*	7	3053	56	6408*	27	2014
5094	34	8114*	34	1891*	20	8109	8845	29	1155*	6954	8	3046*	56	6352	26	1985
0,5 5123	31.35	0,5 8148*	34	$\bar{1}$,7 1911	21	0,2 8089*	$\bar{1}$,7 8874*	28	0,2 1126	0,0 6962	8	$\bar{1}$,9 3038*	55	1,2 6296	58.25	1,0 1956
5152	36	8182*	34	1932*	20	8068	8902*	28	1098	6970*	8	3030	56	6241*	24	1927
5181	37	8216	34	1952	21	8048*	8930	29	1070*	6978*	8	3022	55	6185	23	1898
5211*	38	8250	34	1973	21	8027*	8959*	28	1041	6986*	7	3014	55	6130*	22	1869
5240*	39	8284	35	1994*	20	8006	8987*	28	1013	6993	8	3007*	56	6075*	21	1840*
0,5 5269*	31.40	0,5 8319*	34	$\bar{1}$,7 2014*	20	0,2 7986	$\bar{1}$,7 9015	28	0,2 0985*	0,0 7001	8	$\bar{1}$,9 2999*	55	1,2 6019	58.20	1,0 1811*
5298*	41	8353*	34	2034	21	7966*	9043	29	0957*	7009*	8	2991	56	5964*	19	1782*
5327*	42	8387*	34	2055*	20	7945	9072*	28	0928	7017*	7	2983	55	5908	18	1753*
5356	43	8421	34	2075	21	7925*	9100*	28	0900	7024	8	2976*	55	5853*	17	1724*
5385	44	8455	34	2096*	20	7904	9128	28	0872*	7032	8	2968*	56	5798*	16	1695*
0,5 5414	31.45	0,5 8489	35	$\bar{1}$,7 2116	21	0,2 7884*	$\bar{1}$,7 9156	29	0,2 0844*	0,0 7040	8	$\bar{1}$,9 2960*	55	1,2 5742	58.15	1,0 1665
5443	46	8524*	34	2137*	20	7863	9185*	28	0815	7048*	8	2952	55	5687	14	1636
5472	47	8558*	34	2157	20	7843*	9213*	28	0787	7056*	8	2944	55	5632*	13	1607
5501	48	8592	34	2177	21	7823*	9241	28	0759*	7064*	7	2936	56	5577*	12	1578
5531*	49	8626	35	2198*	20	7802	9269	28	0731*	7071	8	2929*	55	5521	11	1549
0,5 5560*	31.50	0,5 8661*	34	$\bar{1}$,7 2218	20	0,2 7782*	$\bar{1}$,7 9297	29	0,2 0703*	0,0 7079	8	$\bar{1}$,9 2921*	55	1,2 5466	58.10	1,0 1520*
5589*	51	8695*	34	2238	21	7762*	9326*	28	0674	7087	8	2913*	55	5411	9	1491*
5618*	52	8729	34	2259*	20	7741	9354*	28	0646	7095*	8	2905	55	5356	8	1462*
5647*	53	8763	35	2279	20	7721*	0382*	28	0618	7103*	8	2897	55	5301*	7	1433*
5676	54	8798*	34	2299	21	7701*	9410	28	0590*	7111*	8	2889	55	5246*	6	1404*
0,5 5705	31.55	0,5 8832*	34	$\bar{1}$,7 2320*	20	0,2 7680	$\bar{1}$,7 9438	28	0,2 0562*	0,0 7119*	7	$\bar{1}$,9 2881	55	1,2 5191*	58. 5	1,0 1375*
5734	56	8866	34	2340*	20	7660	9466	29	0534*	7126	8	2874*	55	5136*	4	1345
5763	57	8900	35	2360	21	7640*	9495*	28	0505	7134	8	2866*	55	5081*	3	1316
5792	58	8935*	34	2381*	20	7619	9523*	28	0477	7142	8	2858*	55	5026*	2	1287
5821	59	8969*	34	2401*	20	7599	9551*	28	0449	7150	8	2850*	55	4971*	1	1258
0,5 5851*	31.60	0,5 9003		$\bar{1}$,7 2421*		0,2 7579	$\bar{1}$,7 9579*		0,2 0421	0,0 7158*		$\bar{1}$,9 2842		1,2 4916	58. 0	1,0 1229
x = 58° Lx = 1,2 4916				cos x SéhLx	D	séc x CoshLx	cot x CoséhLx	D	tang x SihLx	coséc x CothLx	D	sin x TahLx	D	Lx R = 1	d. m.	x R = 1

x R = 1	x d. m.	Lx R = 1	D	sin x Tah Lx	D	coséc x Coth Lx	tang x Sih Lx	D	cot x Coséh Lx	séc x Cosh Lx	D	cos x Séh Lx	$x = 32°$, Lx = 0,5 9003			
0,5 5851*	32. 0	0,5 9003	35	$\bar{1}$,7 2421*	20	0,2 7579	$\bar{1}$,7 9579*	28	0,2 0421	0,0 7158*	8	$\bar{1}$,9 2842	55	1,2 4916	57.60	1,0 1229
5880*	1	9038*	34	2441	20	7559*	9607	28	0393*	7166*	8	2834	55	4861	59	1200
5909*	2	9072*	34	2461	21	7539*	9635	28	0365*	7174*	8	2826	54	4806	58	1171*
5938*	3	9106	35	2482*	20	7518	9663	28	0337*	7182*	8	2818	55	4752*	57	1142*
5967*	4	9141*	34	2502*	20	7498	9691	28	0309*	7190*	7	2810	55	4697*	56	1113*
0,5 5996*	32. 5	0,5 9175*	34	$\bar{1}$,7 2522*	20	0,2 7478	$\bar{1}$,7 9719	28	0,2 0281*	0,0 7197	8	$\bar{1}$,9 2803*	55	1,2 4642*	57.55	1,0 1084*
6025	6	9209	35	2542	20	7458*	9747	29	0253*	7205	8	2795*	55	4587	54	1055*
6054	7	9244*	34	2562	20	7438*	9776*	28	0224	7213	8	2787*	54	4532	53	1025
6083	8	9278*	34	2582	20	7418*	9804*	28	0196	7221	8	2779*	55	4478*	52	0996
6112	9	9312	35	2602	20	7398*	9832*	28	0168	7229	8	2771*	55	4423	51	0967
0,5 6141	32.10	0,5 9347*	34	$\bar{1}$,7 2622	21	0,2 7378*	$\bar{1}$,7 9860*	28	0,2 0140	0,0 7237	8	$\bar{1}$,9 2763*	54	1,2 4368	57.50	1,0 0938
6171*	11	9381*	34	2643*	20	7357	9888*	28	0112	7245	8	2755*	55	4314*	49	0909
6200*	12	9415	35	2663*	20	7337	9916*	28	0084	7253	8	2747*	54	4259	48	0880
6229*	13	9450*	34	2683*	20	7317	9944*	28	0056	7261	8	2739*	55	4205*	47	0851*
6258*	14	9484	35	2703*	20	7297	9972*	28	0028	7269*	8	2731	54	4150	46	0822*
0,5 6287*	32.15	0,5 9519*	34	$\bar{1}$,7 2723*	20	0,2 7277	$\bar{1}$,8 0000*	28	0,2 0000	0,0 7277*	8	$\bar{1}$,9 2723	55	1,2 4096*	57.45	1,0 0793*
6316*	16	9553*	34	2743*	20	7257	0028*	28	0,1 9972	7285*	8	2715	54	4041	44	0764*
6345	17	9587	35	2763*	20	7237	0056*	28	9944	7293*	8	2707	55	3987*	43	0735*
6374	18	9622*	34	2783*	20	7217	0084*	28	9916	7301*	8	2699	54	3932	42	0705
6403	19	9656	35	2803*	20	7197	0112*	28	9888	7309*	8	2691	55	3878*	41	0676
0,5 6432	32.20	0,5 9691*	34	$\bar{1}$,7 2823*	20	0,2 7177	$\bar{1}$,8 0140*	28	0,1 9860	0,0 7317*	8	$\bar{1}$,9 2683	54	1,2 3823	57.40	1,0 0647
6461	21	9725*	34	2843*	20	7157	0168*	27	9832	7325*	8	2675	54	3769*	39	0618
6490	22	9759	35	2863*	20	7137	0195	28	9805*	7333*	8	2667	55	3715*	38	0589
6520*	23	9794*	34	2883*	19	7117	0223	28	9777*	7341*	8	2659	54	3660	37	0560
6549*	24	9828	35	2902	20	7098*	0251	28	9749*	7349*	8	2651	54	3606*	36	0531*
0,5 6578*	32.25	0,5 9863*	34	$\bar{1}$,7 2922	20	0,2 7078*	$\bar{1}$,8 0279	28	0,1 9721*	0,0 7357*	8	$\bar{1}$,9 2643	55	1,2 3552*	57.35	1,0 0502*
6607*	26	9897	35	2942	20	7058*	0307	28	9693*	7365*	8	2635	54	3497	34	0473*
6636*	27	9932*	34	2962	20	7038*	0335	28	9665*	7373*	8	2627	54	3443	33	0444*
6665	28	9966	35	2982*	20	7018	0363*	28	9637	7381*	8	2619	54	3389*	32	0415*
6694	29	0,6 0001*	34	3002*	20	6998	0391*	28	9609	7389	8	2611*	54	3335*	31	0386*
0,5 6723	32.30	0,6 0035	35	$\bar{1}$,7 3022*	19	0,2 6978	$\bar{1}$,8 0419*	28	0,1 9581	0,0 7397	8	$\bar{1}$,9 2603*	54	1,2 3281*	57.30	1,0 0356
6752	31	0070*	34	3041	20	6959*	0447*	27	9553	7405	8	2595*	55	3227*	29	0327
6781	32	0104	35	3061	20	6939*	0474	28	9526*	7413	8	2587*	54	3172	28	0298
6810	33	0139*	34	3081	20	6919*	0502	28	9498*	7421	8	2579*	54	3118	27	0269
6840*	34	0173	35	3101*	20	6899	0530	28	9470*	7429	8	2571*	54	3064	26	0240
0,5 6869*	32.35	0,6 0208*	34	$\bar{1}$,7 3121*	19	0,2 6879	$\bar{1}$,8 0558	28	0,1 9442*	0,0 7437	8	$\bar{1}$,9 2563*	54	1,2 3010	57.25	1,0 0211*
6898*	36	0242	35	3140	20	6860*	0586*	28	9414	7445	8	2555*	54	2956	24	0182*
6927*	37	0277*	34	3160	20	6840*	0614*	28	9386	7454*	8	2546	54	2902	23	0153*
6956*	38	0311	35	3180*	20	6820	0642*	27	9358	7462*	8	2538	54	2848	22	0124*
6985	39	0346*	34	3200*	19	6800	0669	28	9331*	7470*	8	2530	54	2794	21	0095*
0,5 7014	32.40	0,6 0380	35	$\bar{1}$,7 3219	20	0,2 6781*	$\bar{1}$,8 0697	28	0,1 9303*	0,0 7478*	8	$\bar{1}$,9 2522	53	1,2 2740	57.20	1,0 0066*
7043	41	0415*	34	3239	20	6761*	0725*	28	9275	7486*	8	2514	54	2687*	19	0036
7072	42	0449	35	3259*	19	6741	0753*	28	9247	7494	8	2506*	54	2633*	18	0007
7101	43	0484	35	3278	20	6722*	0781*	27	9219	7502	8	2498*	54	2579*	17	0,9 9978
7130	44	0519*	34	3298	20	6702*	0808	28	9192*	7510	8	2490*	54	2525	16	9949
0,5 7160*	32.45	0,6 0553	35	$\bar{1}$,7 3318*	19	0,2 6682	$\bar{1}$,8 0836	28	0,1 9164*	0,0 7518	9	$\bar{1}$,9 2482*	53	1,2 2471	57.15	0,9 9920
7189*	46	0588*	34	3337	20	6663*	0864*	28	9136	7527*	8	2473	54	2418*	14	9891
7218*	47	0622	35	3357*	20	6643	0892*	27	9108	7535*	8	2465	54	2364*	13	9862*
7247*	48	0657	35	3377*	19	6623	0919	28	9081*	7543*	8	2457	54	2310	12	9833*
7276*	49	0692*	34	3396	20	6604*	0947	28	9053*	7551*	8	2449	53	2256	11	9804*
0,5 7305*	32.50	0,6 0726	35	$\bar{1}$,7 3416*	19	0,2 6584	$\bar{1}$,8 0975*	28	0,1 9025	0,0 7559	8	$\bar{1}$,9 2441*	54	1,2 2203*	57.10	0,9 9775*
7334	51	0761*	34	3435	20	6565*	1003*	27	8997	7567	8	2433*	53	2149	9	9746*
7363	52	0795	35	3455*	19	6545	1030	28	8970*	7575	9	2425*	54	2096*	8	9716
7392	53	0830	35	3474	20	6526*	1058*	28	8942	7584*	8	2416	54	2042*	7	9687
7421	54	0865*	34	3494*	19	6506	1086*	27	8914	7592*	8	2408	53	1988	6	9658
0,5 7450	32.55	0,6 0899	35	$\bar{1}$,7 3513	20	0,2 6487*	$\bar{1}$,8 1113	28	0,1 8887*	0,0 7600*	8	$\bar{1}$,9 2400	54	1,2 1935*	57. 5	0,9 9629
7480*	56	0934	35	3533*	19	6467	1141	28	8859*	7608	8	2392*	53	1881	4	9600
7509*	57	0969*	34	3552	20	6448*	1169*	27	8831	7616	8	2384*	54	1828*	3	9571
7538*	58	1003	35	3572*	19	6428	1196	28	8804*	7624	9	2376*	53	1774	2	9542*
7567*	59	1038	35	3591	20	6409*	1224	28	8776*	7633*	8	2367	54	1721*	1	9513*
0,5 7596*	32.60	0,6 1073*		$\bar{1}$,7 3611*		0,2 6389	$\bar{1}$,8 1252*		0,1 8748	0,0 7641*		$\bar{1}$,9 2359		1,2 1667	57. 0	0,9 9484*
$x = 57°$				cos x	D	séc x	cot x	D	tang x	coséc x	D	sin x	D	R = 1	d. m.	R = 1
Lx = 1,2 1667				Séh Lx		Cosh Lx	Coséh Lx		Sih Lx	Coth Lx		Tah Lx		Lx		x

x R = 1	x d. m.	Lx R = 1	D	sin x Tab Lx	D	coséc x Coth Lx	tang x Sih Lx	D	cot x Coséh Lx	séc x Cosh Lx	D	cos x Séh Lx	D	x = 33° Lx = 0,6 1073* (Lx)	(d. m.)	(x)
0,5 7596*	33. 0	0,6 1073*	34	1̄,7 3611*	19	0,2 6389	1̄,8 1252*	27	0,1 8748	0,0 7641*	8	1̄,9 2359	53	1,2 1667	56.60	0,9 9484*
7625*	1	1107	35	3630	20	6370*	1279	28	8721*	7649	8	2351*	53	1614	59	9455*
7654	2	1142	35	3650*	19	6350	1307	28	8693*	7657	8	2343*	54	1561*	58	9426*
7683	3	1177*	35	3669	20	6331*	1335*	27	8665	7665	9	2335*	53	1507	57	9397*
7712	4	1212*	34	3689*	19	6311	1362	28	8638*	7674*	8	2326	53	1454	56	9367
0,5 7741	33. 5	0,6 1246	36	1̄,7 3708*	19	0,2 6292	1̄,8 1390*	28	0,1 8610	0,0 7682*	8	1̄,9 2318	54	1,2 1401*	56.55	0,9 9338
7770	6	1281*	35	3727	20	6273*	1418*	27	8582	7690	8	2310*	53	1347	54	9309
7779	7	1316*	34	3747*	19	6253	1445	28	8555*	7698	9	2302*	53	1294	53	9280
7829*	8	1350	35	3766	19	6234*	1473*	27	8527	7707*	8	2293	53	1241*	52	9251
7858*	9	1385	35	3785	20	6215*	1500	28	8500*	7715*	8	2285	53	1188*	51	9222*
0,5 7887*	33.10	0,6 1420*	35	1̄,7 3805*	19	0,2 6195	1̄,8 1528*	28	0,1 8472	0,0 7723	8	1̄,9 2277*	54	1,2 1135*	56.50	0,9 9193*
7916*	11	1455*	34	3824	19	6176*	1556*	27	8444	7731	9	2269*	53	1081	49	9164*
7945*	12	1489	35	3843	20	6157*	1583	28	8417*	7740*	8	2260	53	1028	48	9135*
7974	13	1524	35	3863*	19	6137	1611*	27	8389	7748*	8	2252	53	0975	47	9106*
8003	14	1559*	35	3882	19	6118*	1638	28	8362*	7756	9	2244*	53	0922	46	9077*
0,5 8032	33.15	0,6 1594*	35	1̄,7 3901	20	0,2 6099*	1̄,8 1666*	27	0,1 8334	0,0 7765*	8	1̄,9 2235	53	1,2 0869	56.45	0,9 9047
8061	16	1629*	34	3921*	19	6079	1693	28	8307*	7773*	8	2227	53	0816*	44	9018
8090	17	1663	35	3940*	19	6060	1721*	27	8279	7781	8	2219*	53	0763*	43	8989
8119	18	1698	35	3959	19	6041*	1748	28	8252*	7789	9	2211*	53	0710*	42	8960
8149*	19	1733*	35	3978	19	6022*	1776*	27	8224	7798*	8	2202	53	0657	41	8931
0,5 8178*	33.20	0,6 1768*	35	1̄,7 3997	20	0,2 6003*	1̄,8 1803	28	0,1 8197*	0,0 7806*	8	1̄,9 2194	53	1,2 0604	56.40	0,9 8902*
8207*	21	1803*	34	4017*	19	5983	1831*	27	8169	7814	9	2186*	53	0551	39	8872*
8236*	22	1837	35	4036*	19	5964	1858	28	8142*	7823*	8	2177	53	0498	38	8844*
8265*	23	1872	35	4055	19	5945*	1886*	27	8114	7831*	8	2169	53	0445	37	8815*
8294*	24	1907	35	4074	19	5926*	1913	28	8087*	7839	9	2161*	52	0392	36	8786*
0,5 8323	33.25	0,6 1942*	35	1̄,7 4093	20	0,2 5907*	1̄,8 1941*	27	0,1 8059	0,0 7848*	8	1̄,9 2152	53	1,2 0340*	56.35	0,9 8757*
8352	26	1977*	35	4113*	19	5887	1968	28	8032*	7856*	8	2144	53	0287*	34	8727
8381	27	2012*	35	4132*	19	5868	1996*	27	8004	7864	9	2136*	53	0234	33	8698
8410	28	2047*	34	4151*	19	5849	2023	28	7977*	7873*	8	2127	52	0181	32	8669
8439	29	2081	35	4170*	19	5830	2051*	27	7949	7881*	8	2119	53	0129*	31	8640
0,5 8469*	33.30	0,6 2116	35	1̄,7 4189*	19	0,2 5811	1̄,8 2078	28	0,1 7922*	0,0 7889	9	1̄,9 2111*	53	1,2 0076*	56.30	0,9 8611
8498*	31	2151	35	4208	19	5792*	2106*	27	7894	7898*	8	2102	53	0023	29	8582
8527*	32	2186	35	4227	19	5773*	2133	28	7867*	7906	8	2094*	52	1,1 9970	28	8553*
8556*	33	2221*	35	4246	19	5754*	2161*	27	7839	7914	9	2086*	53	9918*	27	8524*
8585*	34	2256*	35	4265	19	5735*	2188	27	7812*	7923*	8	2077	52	9865	26	8495*
0,5 8614	33.35	0,6 2291*	35	1̄,7 4284	19	0,2 5716*	1̄,8 2215	28	0,1 7785*	0,0 7931	9	1̄,9 2069*	53	1,1 9813*	56.25	0,9 8466
8643	36	2326*	35	4303	19	5697*	2243*	27	7757	7940*	8	2060	53	9760	24	8437*
8672	37	2361*	35	4322	19	5678*	2270	28	7730*	7948	8	2052*	52	9707	23	8407
8701	38	2396*	34	4341	19	5659*	2298*	27	7702	7956	9	2044*	53	9655*	22	8378
8730	39	2430	35	4360	19	5640*	2325	27	7675*	7965*	8	2035	52	9602	21	8349
0,5 8759	33.40	0,6 2465	35	1̄,7 4379	19	0,2 5621*	1̄,8 2352	28	0,1 7648*	0,0 7973	9	1̄,9 2027*	52	1,1 9550*	56.20	0,9 8320
8789*	41	2500	35	4398	19	5602*	2380*	27	7620	7982*	8	2018	53	9498*	19	8291
8818*	42	2535	35	4417	18	5583*	2407	28	7593*	7990	8	2010*	52	9445	18	8262
8847*	43	2570	35	4436	19	5564*	2435*	27	7565	7998	9	2002*	53	9393*	17	8233*
8876*	44	2605	35	4455*	18	5545	2462*	27	7538	8007*	8	1993	52	9340	16	8204*
0,5 8905*	33.45	0,6 2640	35	1̄,7 4474*	19	0,2 5526	1̄,8 2489	28	0,1 7511*	0,0 8015	9	1̄,9 1985*	52	1,1 9288*	56.15	0,9 8175*
8934*	46	2675	35	4493*	19	5507	2517*	27	7483	8024*	8	1976	53	9236*	14	8146*
8963	47	2710	35	4512*	19	5488	2544*	27	7456	8032	9	1968*	52	9183	13	8117
8992	48	2745	35	4531*	18	5469	2571	28	7429*	8041*	8	1959	52	9131*	12	8088*
9021	49	2780	35	4549	19	5451*	2599*	27	7401	8049	9	1951*	53	9079*	11	8058
0,5 9050	33.50	0,6 2815	35	1̄,7 4568	19	0,2 5432*	1̄,8 2626*	27	0,1 7374	0,0 8058*	8	1̄,9 1942	52	1,1 9026	56.10	0,9 8029
9079	51	2850	35	4587	19	5413*	2653	28	7347*	8066	9	1934*	52	8974	9	8000
9108	52	2885	35	4606*	19	5394	2681*	27	7319	8075*	8	1925	52	8922*	8	7971
9138*	53	2920	35	4625*	19	5375	2708*	27	7292	8083	9	1917*	52	8870*	7	7942
9167*	54	2955	35	4644*	18	5356	2735	27	7265*	8092*	8	1908	53	8818*	6	7913*
0,5 9196*	33.55	0,6 2990	36	1̄,7 4662	19	0,2 5338*	1̄,8 2762	28	0,1 7238*	0,0 8100	9	1̄,9 1900*	52	1,1 8765	56. 5	0,9 7884*
9225*	56	3026*	35	4681	19	5319*	2790*	27	7210	8109*	8	1891	52	8713	4	7855*
9254*	57	3061*	35	4700*	19	5300	2817*	27	7183	8117	9	1883*	52	8661	3	7826*
9283	58	3096*	35	4719*	18	5281	2844	27	7156*	8126*	8	1874	52	8609	2	7797*
9312	59	3131*	35	4737	19	5263*	2871	28	7129*	8134	9	1866*	52	8557	1	7768*
0,5 9341	33.60	0,6 3166*		1̄,7 4756		0,2 5244*	1̄,8 2899*		0,1 7101	0,0 8143*		1̄,9 1857		1,1 8505	56. 0	0,9 7738
x = 56° Lx = 1,1 8505				cos x Séh Lx	D	séc x Cosh Lx	cot x Coséh Lx	D	tang x Sih Lx	coséc x Coth Lx	D	sin x Tah Lx	D	R = 1 Lx	d. m. x	R = 1 x

x		Lx		sin x	D	coséc x	tang x	D	cot x	séc x	D	cos x	$x = 34^\circ$			
R = 1	d. m.	R = 1	D	**Tab** Lx		**Coth** Lx	**Sih** Lx		**Coséh** Lx	**Cosh** Lx		**Séh** Lx	Lx = 0,6 3166*			
0,5 9341	34° 0′	0,6 3166*	35	$\bar{1}$,7 4756	19	0,2 5244*	$\bar{1}$,8 2899*	27	0,1 7101	0,0 8143*	8	$\bar{1}$,9 1857	52	1,1 8505	55.60	0,9 7738
9370	1	3201*	35	4775*	19	5225	2926*	27	7074	8151	9	1849*	52	8453	59	7709
9399	2	3236	35	4794*	18	5206	2953	27	7047*	8160*	8	1840	52	8401	58	7680
9428	3	3271	35	4812	19	5188*	2980	28	7020*	8168	9	1832*	52	8349	57	7651
9458*	4	3306	35	4831*	19	5169	3008*	27	6992	8177*	8	1823	52	8297	56	7622
0,5 9487	34. 5	0,6 3341	35	$\bar{1}$,7 4850*	18	0,2 5150	$\bar{1}$,8 3035*	27	0,1 6965	0,0 8185	9	$\bar{1}$,9 1815*	52	1,1 8245	55.55	0,9 7593*
9516*	6	3376	36	4868	19	5132*	3062	27	6938*	8194*	8	1806	52	8193	54	7564*
9545*	7	3412*	35	4887*	19	5113	3089	28	6911*	8202	9	1798*	51	8141	53	7535*
9574*	8	3447*	35	4906*	18	5094	3117*	27	6883	8211*	8	1789	52	8090*	52	7506*
9603*	9	3482	35	4924	19	5076*	3144*	27	6856	8219	9	1781*	52	8038*	51	7477*
0,5 9632	34.10	0,6 3517	35	$\bar{1}$,7 4943*	18	0,2 5057	$\bar{1}$,8 3171*	27	0,1 6829	0,0 8228	9	$\bar{1}$,9 1772*	52	1,1 7986	55.50	0,9 7448*
9661	11	3552	35	4961	19	5039*	3198	27	6802*	8237*	8	1763	52	7934	49	7418*
9690	12	3587	36	4980	19	5020*	3225	27	6775*	8245	9	1755*	51	7882	48	7389
9719	13	3623*	35	4999*	18	5001	3252	28	6748*	8254*	8	1746	52	7831*	47	7360
9748	14	3658*	35	5017	19	4983*	3280*	27	6720	8262	9	1738*	52	7779*	46	7331
0,5 9778*	34.15	0,6 3693*	35	$\bar{1}$,7 5036*	18	0,2 4964	$\bar{1}$,8 3307*	27	0,1 6693	0,0 8271*	9	$\bar{1}$,9 1729	51	1,1 7727	55.45	0,9 7302
9807*	16	3728	35	5054	19	4946*	3334*	27	6666	8280*	8	1720	52	7676*	44	7273
9836*	17	3763	36	5073*	18	4927	3361	27	6639*	8288	9	1712*	52	7624*	43	7244
9865*	18	3799*	35	5091	19	4909*	3388	27	6612*	8297*	8	1703	51	7572	42	7215*
9893	19	3834*	35	5110*	18	4890	3415	27	6585*	8305	9	1695*	52	7521*	41	7186*
0,5 9923*	34.20	0,6 3869*	35	$\bar{1}$,7 5128	19	0,2 4872*	$\bar{1}$,8 3442	28	0,1 6558*	0,0 8314	9	$\bar{1}$,9 1686*	51	1,1 7469	55.40	0,9 7157*
9952	21	3904	35	5147*	18	4853	3470*	27	6530	8323*	8	1677	52	7418*	39	7128*
9981	22	3939	36	5165	19	4835*	3497*	27	6503	8331	9	1669*	52	7366	38	7098
0,6 0010	23	3975*	35	5184*	18	4816	3524*	27	6476	8340*	9	1660	51	7314	37	7069
0039	24	4010*	35	5202	19	4798*	3551*	27	6449	8349*	8	1651	51	7263	36	7040
0,6 0068	34.25	0,6 4045	35	$\bar{1}$,7 5221*	18	0,2 4779	$\bar{1}$,8 3578	27	0,1 6422*	0,0 8357	9	$\bar{1}$,9 1643*	52	1,1 7212*	55.35	0,9 7011
0098*	26	4080	36	5239	19	4761*	3605	27	6395*	8366*	9	1634	51	7160	34	6982
0127*	27	4116*	35	5258*	18	4742	3632	27	6368*	8375*	8	1625	52	7109*	33	6953
0156*	28	4151*	35	5276	18	4724*	3659	27	6341*	8383	9	1617*	51	7057	32	6924*
0185*	29	4186	36	5294	19	4706*	3686	27	6314*	8392*	9	1608	52	7006*	31	6895*
0,6 0214*	34.30	0,6 4222*	35	$\bar{1}$,7 5313*	18	0,2 4687	$\bar{1}$,8 3713	27	0,1 6287*	0,0 8401*	8	$\bar{1}$,9 1599	51	1,1 6954	55.30	0,9 6866*
0243*	31	4257*	35	5331	19	4669*	3740	28	6260*	8409	9	1591*	51	6903	29	6837*
0272	32	4292	35	5350*	18	4650	3768*	27	6232	8418	9	1582*	51	6852*	28	6808*
0301	33	4327	36	5368*	18	4632	3795*	27	6205	8427*	8	1573	52	6801*	27	6779*
0330	34	4363*	35	5386	19	4614*	3822*	27	6178	8435	9	1565*	51	6749	26	6749
0,6 0359	34.35	0,6 4398	36	$\bar{1}$,7 5405*	18	0,2 4595	$\bar{1}$,8 3849*	27	0,1 6151	0,0 8444	9	$\bar{1}$,9 1556*	51	1,1 6698*	55.25	0,9 6720
0388	36	4433	36	5423*	18	4577	3876*	27	6124	8453*	9	1547	51	6647*	24	6691
0417	37	4469*	35	5441	18	4559*	3903*	27	6097	8462*	8	1538	52	6596*	23	6662
0447*	38	4504	36	5459	19	4541*	3930*	27	6070	8470	9	1530*	51	6544	22	6633
0476*	39	4540*	35	5478*	18	4522	3957*	27	6043	8479*	9	1521	51	6493	21	6604*
0,6 0505*	34.40	0,6 4575*	35	$\bar{1}$,7 5496	18	0,2 4504*	$\bar{1}$,8 3984*	27	0,1 6016	0,0 8488*	8	$\bar{1}$,9 1512	51	1,1 6442	55.20	0,9 6575*
0534*	41	4610	36	5514	19	4486*	4011*	27	5989	8496	9	1504*	51	6391*	19	6546*
0563*	42	4646*	35	5533*	18	4467	4038*	27	5962	8505	9	1495*	51	6340*	18	6517*
0592	43	4681	35	5551*	18	4449	4065*	27	5935	8514*	9	1486	51	6289*	17	6488*
0621	44	4716	36	5569	18	4431*	4092*	27	5908	8523*	8	1477	51	6238*	16	6459*
0,6 0650	34.45	0,6 4752*	35	$\bar{1}$,7 5587	18	0,2 4413*	$\bar{1}$,8 4119*	27	0,1 5881	0,0 8531	9	$\bar{1}$,9 1469*	51	1,1 6187*	55.15	0,9 6429
0679	46	4787	36	5605	19	4395*	4146*	27	5854	8540	9	1460*	51	6136*	14	6400
0708	47	4823*	35	5624*	18	4376	4173*	27	5827	8549	9	1451*	51	6085*	13	6371
0737	48	4858	35	5642*	18	4358	4200*	27	5800	8558*	9	1442	51	6034*	12	6342
0767*	49	4893	36	5660*	18	4340	4227*	27	5773	8567*	8	1433	51	5983*	11	6313
0,6 0796*	34.50	0,6 4929*	35	$\bar{1}$,7 5678	18	0,2 4322*	$\bar{1}$,8 4254*	26	0,1 5746	0,0 8575	9	$\bar{1}$,9 1425*	51	1,1 5932*	55.10	0,9 6284*
0825*	51	4964	36	5696	18	4304*	4280	27	5720*	8584	9	1416*	51	5881*	9	6255*
0854*	52	5000*	35	5714	19	4286*	4307	27	5693*	8593*	9	1407	51	5830*	8	6226*
0883*	53	5035	36	5733*	18	4267	4334	27	5666*	8602*	9	1398	51	5779*	7	6197*
0912*	54	5071*	35	5751*	18	4249	4361	27	5639*	8611*	8	1389	51	5728	6	6168*
0,6 0941	34.55	0,6 5106	36	$\bar{1}$,7 5769*	18	0,2 4231	$\bar{1}$,8 4388	27	0,1 5612*	0,0 8619	9	$\bar{1}$,9 1381*	51	1,1 5677	55. 5	0,9 6139*
0970	56	5142*	35	5787*	18	4213	4415	27	5585*	8628	9	1372*	50	5626	4	6109
0999	57	5177	36	5805*	18	4195	4442*	27	5558	8637	9	1363*	51	5576*	3	6080
1028	58	5213*	35	5823	18	4177*	4469*	27	5531	8646*	9	1354	51	5525*	2	6051
1057	59	5248	36	5841	18	4159*	4496*	27	5504	8655*	9	1345	51	5474	1	6022
0,6 1087*	34.60	0,6 5284*		$\bar{1}$,7 5859		0,2 4141*	$\bar{1}$,8 4523*		0,1 5477	0,0 8664*		$\bar{1}$,9 1336		1,1 5423	55° 0′	0,9 5993
$x = 55^\circ$				cos x	D	séc x	cot x	D	tang x	coséc x	D	sin x	D	R = 1	d. m.	R = 1
Lx = 1,1 5423				**Séh** Lx		**Cosh** Lx	**Coséh** Lx		**Sih** Lx	**Coth** Lx		**Tab** Lx		Lx	x	

x R = 1	x d. m.	Lx R = 1	D	sin x / Tah Lx	D	coséc x / Coth Lx	tang x / Sih Lx	D	cot x / Coséh Lx	séc x / Cosh Lx	D	cos x / Séh Lx	D	Lx R = 1 (x = 35°, Lx = 0,6 5284*)	d. m.	x R = 1
0,6 1087*	35. 0	0,6 5284*	35	1̄,7 5859	18	0,2 4141*	1̄,8 4523*	27	0,1 5477	0,0 8664*	8	1̄,9 1336	50	1,1 5423	54.60	0,9 5993
1116*	1	5319	36	5877	18	4123*	4550*	26	5450	8672	9	1328*	51	5373*	59	5964
1145*	2	5355*	35	5895	18	4105*	4576	27	5424*	8681	9	1319*	51	5322	58	5935*
1174*	3	5390	36	5913	18	4087*	4603	27	5397*	8690	9	1310*	50	5271	57	5906*
1203*	4	5426*	35	5931	18	4069*	4630	27	5370*	8699*	9	1301	51	5221*	56	5877*
0,6 1232*	35. 5	0,6 5461	36	1̄,7 5949	18	0,2 4051*	1̄,8 4657	27	0,1 5343*	0,0 8708*	9	1̄,9 1292	50	1,1 5170	54 55	0,9 5848*
1261	6	5497*	35	5967	18	4033*	4684*	27	5316	8717*	9	1283	51	5120*	54	5819*
1290	7	5532	36	5985	18	4015*	4711*	27	5289	8726*	8	1274	51	5069*	53	5789
1319	8	5568*	36	6003	18	3997*	4738*	26	5262	8734	9	1266*	50	5018	52	5760
1348	9	5604*	35	6021	18	3979*	4764	27	5236*	8743	9	1257*	51	4968*	51	5731
0,6 1377	35.10	0,6 5639	36	1̄,7 6039*	18	0,2 3961	1̄,8 4791	27	0,1 5209*	0,0 8752	9	1̄,9 1248*	50	1,1 4917	54.50	0,9 5702
1407*	11	5675*	35	6057*	18	3943	4818	27	5182*	8761	9	1239*	51	4867*	49	5673
1436*	12	5710	36	6075*	18	3925	4845*	27	5155	8770	9	1230*	50	4816	48	5644
1465*	13	5746*	36	6093*	18	3907	4872*	27	5128	8779	9	1221*	50	4766*	47	5615*
1494*	14	5782*	35	6111*	18	3889	4899*	26	5101	8788*	9	1212	51	4716*	46	5586*
0,6 1523*	35.15	0,6 5817	36	1̄,7 6129*	17	0,2 3871	1̄,8 4925	27	0,1 5075*	0,0 8797*	9	1̄,9 1203	50	1,1 4665	54.45	0,9 5557*
1552*	16	5853*	35	6146	18	3854*	4952	27	5048*	8806*	9	1194	51	4615*	44	5528*
1581	17	5888	36	6164	18	3836*	4979*	27	5021	8815*	9	1185	50	4564	43	5499*
1610	18	5924	36	6182	18	3818*	5006*	27	4994	8824*	9	1176	50	4514*	42	5470*
1639	19	5960*	35	6200*	18	3800	5033*	26	4967	8833*	9	1167	51	4464*	41	5441*
0,6 1668	35.20	0,6 5995	36	1̄,7 6218*	18	0,2 3782	1̄,8 5059	27	0,1 4941*	0,0 8842*	9	1̄,9 1158	50	1,1 4413	54.40	0,9 5411
1697	21	6031*	36	6236*	17	3764	5086	27	4914*	8851*	8	1149	50	4363	39	5382
1726	22	6067*	35	6253	18	3747*	5113*	27	4887	8859	9	1141*	50	4313*	38	5353
1756*	23	6102	36	6271	18	3729*	5140*	26	4860	8868	9	1132*	51	4263*	37	5324
1785*	24	6138	36	6289*	18	3711	5166	27	4834*	8877	9	1123*	50	4212	36	5295
0,6 1814*	35.25	0,6 6174*	35	1̄,7 6307*	17	0,2 3693	1̄,8 5193	27	0,1 4807*	0,0 8886	9	1̄,9 1114*	50	1,1 4162	54.35	0,9 5266*
1843*	26	6209	36	6324	18	3676*	5220*	27	4780	8895	9	1105*	50	4112*	34	5237*
1872*	27	6245	36	6342	18	3658*	5247*	26	4753	8904	9	1096*	50	4062*	33	5208*
1901	28	6281*	36	6360*	18	3640	5273	27	4727*	8913	9	1087*	51	4012*	32	5179*
1930	29	6317*	35	6378*	17	3622	5300	27	4700*	8922	9	1078*	50	3961	31	5150*
0,6 1959	35.30	0,6 6352	36	1̄,7 6395	18	0,2 3605*	1̄,8 5327*	27	0,1 4673	0,0 8931	9	1̄,9 1069*	50	1,1 3911	54.30	0,9 5120
1988	31	6388*	36	6413	18	3587*	5354*	26	4646	8940	9	1060*	50	3861	29	5091
2017	32	6424*	35	6431*	17	3569	5380	27	4620*	8949	9	1051*	50	3811	28	5062
2046	33	6459	36	6448	18	3552*	5407*	27	4593	8958	9	1042*	50	3761	27	5033
2076*	34	6495	36	6466	18	3534*	5434*	26	4566	8967	10	1033*	50	3711	26	5004
0,6 2105*	35.35	0,6 6531	36	1̄,7 6484*	17	0,2 3516	1̄,8 5460	27	0,1 4540*	0,0 8977*	9	1̄,9 1023	50	1,1 3661	54.25	0,9 4975
2134*	36	6567*	36	6501	18	3499*	5487	27	4513*	8986*	9	1014	50	3611	24	4946*
2163*	37	6603*	35	6519	18	3481*	5514*	26	4486	8995*	9	1005	50	3561	23	4917*
2192*	38	6638	36	6537*	17	3463	5540	27	4460*	9004*	9	0996	50	3511	22	4888*
2221*	39	6674	36	6554	18	3446*	5567	27	4433*	9013*	9	0987	50	3461	21	4859*
0,6 2250	35.40	0,6 6710*	36	1̄,7 6572*	18	0,2 3428	1̄,8 5594*	26	0,1 4406	0,0 9022*	9	1̄,9 0978	49	1,1 3411	54.20	0,9 4830*
2279	41	6746*	36	6590*	17	3410	5620	27	4380*	9031*	9	0969	50	3362*	19	4800
2308	42	6782*	35	6607	18	3393*	5647	27	4353*	9040*	9	0960	50	3312*	18	4771
2337	43	6817	36	6625*	17	3375	5674*	26	4326	9049	9	0951*	50	3262*	17	4742
2366	44	6853	36	6642	18	3358*	5700	27	4300*	9058	9	0942*	50	3212	16	4713
0,6 2396*	35.45	0,6 6889	36	1̄,7 6660*	17	0,2 3340	1̄,8 5727	27	0,1 4273*	0,0 9067	9	1̄,9 0933*	49	1,1 3162	54.15	0,9 4684
2425*	46	6925*	36	6677	18	3323*	5754*	26	4246	9076	9	0924*	50	3113*	14	4655
2454*	47	6961*	36	6695*	17	3305	5780	27	4220*	9085	9	0915*	50	3063*	13	4626*
2483*	48	6997*	35	6712	18	3288*	5807*	27	4193	9094	10	0906*	50	3013	12	4597*
2512*	49	7032	36	6730*	17	3270	5834*	26	4166	9104*	9	0896	49	2963	11	4568*
0,6 2541*	35.50	0,6 7068	36	1̄,7 6747	18	0,2 3253*	1̄,8 5860	27	0,1 4140*	0,0 9113*	9	1̄,9 0887	50	1,1 2914*	54.10	0,9 4539*
2570	51	7104	36	6765*	17	3235	5887*	26	4113	9122*	9	0878	50	2864*	9	4510*
2599	52	7140	36	6782	18	3218*	5913	27	4087*	9131*	9	0869	49	2814	8	4480
2628	53	7176	36	6800*	17	3200	5940	27	4060*	9140	9	0860*	50	2765*	7	4451
2657	54	7212*	36	6817	18	3183*	5967*	26	4033	9149	9	0851*	50	2715	6	4422
0,6 2686	35.55	0,6 7248*	36	1̄,7 6835*	17	0,2 3165	1̄,8 5993	27	0,1 4007*	0,0 9158	10	1̄,9 0842*	49	1,1 2665	54. 5	0,9 4393
2715	56	7284*	36	6852	18	3148*	6020*	26	3980	9168*	9	0832	50	2616*	4	4364
2745*	57	7320*	36	6870*	17	3130	6046	27	3954*	9177*	9	0823	49	2566	3	4335
2774*	58	7356*	36	6887	17	3113*	6073*	27	3927	9186*	9	0814	50	2517*	2	4306*
2803*	59	7392*	36	6904	18	3096*	6100*	26	3900	9195	9	0805*	49	2467	1	4277*
0,6 2832*	35.60	0,6 7428*		1̄,7 6922*		0,2 3078	1̄,8 6126		0,1 3874*	0,0 9204		1̄,9 0796*		1,1 2418*	54. 0	0,9 4248*
x = 54°		Lx = 1,1 2418*		cos x / Séh Lx	D	séc x / Cosh Lx	cot x / Coséh Lx	D	tang x / Sih Lx	coséc x / Coth Lx	D	sin x / Tah Lx	D	R = 1 (Lx)	d. m.	R = 1 (x)

x R = 1	d. m.	Lx R = 1	D	sin x / **Tab** Lx	D	coséc x / **Coth** Lx	tang x / **Sib** Lx	D	cot x / **Coséh** Lx	séc x / **Cosh** Lx	D	cos x / **Séh** Lx	D	$x = 36°$	Lx = 0,6 7428*	
0,6 2832*	36° 0′	0,6 7428*	36	$\bar{1}$,7 6922*	17	0,2 3078	$\bar{1}$,8 6126	27	0,1 3874*	0,0 9204	9	$\bar{1}$,9 0796*	50	1,1 2418*	53.60	0,9 4248*
2861	1	7464*	35	6939	18	3061*	6153*	26	3847	9213	10	0787*	49	2368	59	4219*
2890	2	7499	36	6957*	17	3043	6179	27	3821*	9223*	9	0777	50	2319*	58	4190*
2919	3	7535	36	6974*	17	3026	6206*	26	3794	9232*	9	0768	49	2269	57	4161*
2948	4	7571	36	6991	18	3009*	6232	27	3768*	9241*	9	0759	49	2220*	56	4131
0,6 2977	36. 5	0,6 7607	36	$\bar{1}$,7 7009*	17	0,2 2991	$\bar{1}$,8 6259*	26	0,1 3741	0,0 9250	9	$\bar{1}$,9 0750*	50	1,1 2171*	53.55	0,9 4102
3006	6	7643	36	7026	17	2974*	6285	27	3715*	9259	10	0741*	49	2121	54	4073
3035	7	7679	36	7043	18	2957*	6312*	26	3688	9269*	9	0731	50	2072*	53	4044
3065*	8	7715	36	7061*	17	2939	6338	27	3662*	9278*	9	0722	49	2022	52	4015
3094*	9	7751	36	7078*	17	2922	6365	27	3635*	9287	9	0713*	49	1973	51	3986*
0,6 3123*	36.10	0,6 7787	37	$\bar{1}$,7 7095	17	0,2 2905*	$\bar{1}$,8 6392*	26	0,1 3608	0,0 9296	10	$\bar{1}$,9 0704*	49	1,1 1924*	53.50	0,9 3957*
3152*	11	7824*	36	7112	18	2888*	6418	27	3582*	9306*	9	0694	50	1875*	49	3928*
3181*	12	7860*	36	7130*	17	2870	6445*	26	3555	9315*	9	0685	48	1825	48	3899*
3210	13	7896*	36	7147	17	2853*	6471	27	3529*	9324	9	0676*	49	1776	47	3870*
3239	14	7932*	36	7164	17	2836*	6498*	26	3502	9333	10	0667*	49	1727*	46	3841*
0,6 3268	36.15	0,6 7968*	36	$\bar{1}$,7 7181	18	0,2 2819*	$\bar{1}$,8 6524	27	0,1 3476*	0,0 9343*	9	$\bar{1}$,9 0657	50	1,1 1678*	53.45	0,9 3811
3297	16	8004*	36	7199*	17	2801	6551*	26	3449	9352*	9	0648	48	1628	44	3782
3326	17	8040*	36	7216*	17	2784	6577	26	3423*	9361	9	0639*	49	1579	43	3753
3355	18	8076*	36	7233	17	2767*	6603	27	3397*	9370	10	0630*	49	1530	42	3724
3385*	19	8112	36	7250	18	2750*	6630*	26	3370	9380*	9	0620	49	1481*	41	3695
0,6 3414*	36.20	0,6 8148	36	$\bar{1}$,7 7268*	17	0,2 2732	$\bar{1}$,8 6656	27	0,1 3344*	0,0 9389*	9	$\bar{1}$,9 0611	49	1,1 1432*	53.40	0,9 3666
3443*	21	8184	36	7285*	17	2715	6683*	26	3317	9398	10	0602*	49	1383*	39	3637*
3472*	22	8220	37	7302*	17	2698	6709	27	3291*	9408*	9	0592	49	1334*	38	3608*
3501*	23	8257*	36	7319*	17	2681	6736*	26	3264	9417*	9	0583	49	1285*	37	3579*
3530*	24	8293*	36	7336	17	2664*	6762	27	3238*	9426	9	0574*	49	1236*	36	3550*
0,6 3559	36.25	0,6 8329*	36	$\bar{1}$,7 7353	17	0,2 2647*	$\bar{1}$,8 6789*	26	0,1 3211	0,0 9435	10	$\bar{1}$,9 0563*	48	1,1 1187*	53.35	0,9 3521*
3588	26	8365*	36	7370	17	2630*	6815	27	3185*	9445*	9	0555	49	1138*	34	3491
3617	27	8401	36	7387	18	2613*	6842*	26	3158	9454	9	0546*	49	1089*	33	3462
3646	28	8437	36	7405*	17	2595	6868	26	3132*	9463	10	0537*	49	1040*	32	3433
3675	29	8473	37	7422*	17	2578	6894	27	3106*	9473*	9	0527	49	0991*	31	3404
0,6 3705*	36.30	0,6 8510*	36	$\bar{1}$,7 7439*	17	0,2 2561	$\bar{1}$,8 6921*	26	0,1 3079	0,0 9482	9	$\bar{1}$,9 0518*	49	1,1 0942*	53.30	0,9 3375
3734*	31	8546*	36	7456*	17	2544	6947	27	3053*	9491	10	0509*	49	0893	29	3346
3763*	32	8582	36	7473*	17	2527	6974*	26	3026	9501*	9	0499	49	0844	28	3317*
3792*	33	8618	36	7490*	17	2510	7000	27	3000*	9510	10	0490*	49	0795	27	3288*
3821*	34	8654	37	7507*	17	2493	7027*	26	2973	9520*	9	0480	48	0746	26	3259*
0,6 3850*	36.35	0,6 8691*	36	$\bar{1}$,7 7524*	17	0,2 2476	$\bar{1}$,8 7053*	26	0,1 2947	0,0 9529*	9	$\bar{1}$,9 0471	49	1,1 0698*	53.25	0,9 3230*
3879	36	8727*	36	7541	17	2459*	7079	27	2921*	9538	10	0462*	49	0649*	24	3201*
3908	37	8763	36	7558	17	2442*	7106*	26	2894	9548*	9	0452	49	0600	23	3171
3937	38	8799	37	7575	17	2425*	7132	26	2868*	9557	9	0443*	48	0551	22	3142
3966	39	8836*	36	7592*	17	2408	7158	27	2842*	9566	10	0434*	49	0503*	21	3113
0,6 3995	36.40	0,6 8872*	36	$\bar{1}$,7 7609*	17	0,2 2391	$\bar{1}$,8 7185*	26	0,1 2815	0,0 9576*	9	$\bar{1}$,9 0424	49	1,1 0454*	53.20	0,9 3084
4024	41	8908	36	7626*	17	2374	7211	27	2789*	9585	10	0415*	49	0405	19	3055
4054*	42	8944	37	7643*	17	2357	7238*	26	2762	9595*	9	0405	48	0356	18	3026
4083	43	8981*	36	7660*	17	2340	7264*	26	2736	9604	10	0396*	49	0308*	17	2997*
4112*	44	9017	36	7677*	17	2323	7290	27	2710*	9614*	9	0386	49	0259	16	2968*
0,6 4141*	36.45	0,6 9053	37	$\bar{1}$,7 7694*	17	0,2 2306	$\bar{1}$,8 7317*	26	0,1 2683	0,0 9623*	9	$\bar{1}$,9 0377	48	1,1 0210	53.15	0,9 2939*
4170*	46	9090*	36	7711*	17	2289	7343	26	2657*	9632	10	0368*	49	0162*	14	2910*
4199	47	9126*	36	7728*	16	2272	7369	27	2631*	9642*	9	0358	48	0113	13	2881*
4228	48	9162	37	7744	17	2256*	7396*	26	2604	9651	10	0349*	49	0065*	12	2852*
4257	49	9199*	36	7761	17	2239*	7422	26	2578*	9661*	9	0339	48	0016	11	2822
0,6 4286	36.50	0,6 9235*	36	$\bar{1}$,7 7778	17	0,2 2222*	$\bar{1}$,8 7448	27	0,1 2552*	0,0 9670	10	$\bar{1}$,9 0330*	49	1,0 9968*	53.10	0,9 2793
4315	51	9271	37	7795	17	2205*	7475*	26	2525	9680*	9	0320	48	9919	9	2764
4344	52	9308*	36	7812*	17	2188	7501	26	2499*	9689	10	0311*	49	9871*	8	2735
4374*	53	9344	36	7829*	17	2171	7527	27	2473*	9699*	9	0301	48	9822	7	2706
4403*	54	9380	37	7846*	16	2154	7554*	26	2446	9708	10	0292*	49	9774*	6	2677*
0,6 4432*	36.55	0,6 9417*	36	$\bar{1}$,7 7862	17	0,2 2138*	$\bar{1}$,8 7580*	26	0,1 2420	0,0 9718*	9	$\bar{1}$,9 0282	48	1,0 9725	53. 5	0,9 2648*
4461*	56	9453	37	7879	17	2121*	7606	27	2394*	9727	10	0273*	49	9677*	4	2619*
4490*	57	9490*	36	7896*	17	2104	7633*	26	2367	9737*	9	0263	48	9628	3	2590*
4519	58	9526*	36	7913*	17	2087	7659*	26	2341	9746	10	0254*	48	9580	2	2561*
4548	59	9562	37	7930*	16	2070	7685	26	2315*	9756*	9	0244	49	9532*	1	2532*
0,6 4577	36.60	0,6 9599*		$\bar{1}$,7 7946		0,2 2054*	$\bar{1}$,8 7711		0,1 2289*	0,0 9765		$\bar{1}$,9 0235*		1,0 9483	53° 0′	0,9 2502
$x = 53°$	Lx = 1,0 9483			cos x / **Séh** Lx	D	séc x / **Cosh** Lx	cot x / **Coséh** Lx	D	tang x / **Sib** Lx	coséc x / **Coth** Lx	D	sin x / **Tab** Lx	D	Lx R = 1	d. m.	x R = 1

x (R = 1)	d. m.	Lx (R = 1)	D	sin x / Tab Lx	D	coséc x / Coth Lx	tang x / Sih Lx	D	cot x / Coséh Lx	séc x / Cosh Lx	D	cos x / Séh Lx	x = 37° / Lx = 0,6 9599*			
0,6 4577	37° 0'	0,6 9599*	36	$\bar{1}$,7 7946	17	0,2 2054*	$\bar{1}$,8 7711	27	0,1 2289*	0,0 9765	10	$\bar{1}$,9 0235*	48	1,0 9483	52.60	0,9 2502
4606	1	9635	37	7963	17	2037*	7738*	26	2262	9775*	9	0225	48	9435	59	2473
4635	2	9672*	36	7980*	17	2020	7764	26	2236*	9784	10	0216*	49	9387*	58	2444
4664	3	9708	37	7997*	16	2003	7790	27	2210*	9794*	9	0206	48	9338	57	2415
4694*	4	9745*	36	8013	17	1987*	7817*	26	2183	9803	10	0197*	48	9290	56	2386
0,6 4723*	37. 5	0,6 9781	36	$\bar{1}$,7 8030*	17	0,2 1970	$\bar{1}$,8 7843*	26	0,1 2157	0,0 9813*	9	$\bar{1}$,9 0187	48	1,0 9242*	52.55	0,9 2357
4752*	6	9817	37	8047*	16	1953	7869	26	2131*	9822	10	0178*	49	9194*	54	2328*
4781*	7	9854*	36	8063	17	1937*	7895	27	2105*	9832*	9	0168	48	9145	53	2299*
4810*	8	9890	37	8080	17	1920*	7922*	26	2078	9841	10	0159*	48	9097	52	2270*
4839*	9	9927*	36	8097*	16	1903	7948*	26	2052	9851	10	0149*	48	9049	51	2241*
0,6 4868	37.10	0,6 9963	37	$\bar{1}$,7 8113	17	0,2 1887*	$\bar{1}$,8 7974	26	0,1 2026*	0,0 9861*	9	$\bar{1}$,9 0139	48	1,0 9001*	52.50	0,9 2212*
4897	11	0,7 0000*	36	8130	17	1870*	8000	27	2000*	9870	10	0130*	48	8953*	49	2182
4926	12	0036	37	8147*	16	1853	8027*	26	1973	9880*	9	0120	48	8905*	48	2153
4955	13	0073*	37	8163	17	1837*	8053*	26	1947	9889	10	0111*	49	8857*	47	2124
4984	14	0110*	36	8180	17	1820*	8079*	26	1921	9899*	10	0101	48	8808	46	2095
0,6 5014*	37.15	0,7 0146	37	$\bar{1}$,7 8197*	16	0,2 1803	$\bar{1}$,8 8105	26	0,1 1895*	0,0 9909*	9	$\bar{1}$,9 0091	48	1,0 8760	52.45	0,9 2066
5043*	16	0183*	36	8213	17	1787*	8131	27	1869*	9918	10	0082*	49	8712	44	2037
5072*	17	0219	37	8230*	16	1770	8158*	26	1842	9928*	9	0072	48	8664	43	2008*
5101*	18	0256*	36	8246	17	1754*	8184*	26	1816	9937	10	0063*	48	8616	42	1979*
5130*	19	0292	37	8263	17	1737*	8210	26	1790*	9947	10	0053*	48	8568	41	1950
0,6 5159*	37.20	0,7 0329*	36	$\bar{1}$,7 8280*	16	0,2 1720	$\bar{1}$,8 8236	26	0,1 1764*	0,0 9957*	9	$\bar{1}$,9 0043	48	1,0 8520	52.40	0,9 1921*
5188	21	0365	37	8296	17	1704*	8262	27	1738*	9966	10	0034*	48	8472	39	1892*
5217	22	0402	37	8313*	16	1687	8289*	26	1711	9976*	10	0024	47	8424	38	1862
5246	23	0439*	36	8329	17	1671*	8315*	26	1685	9986*	9	0014	48	8377*	37	1833
5275	24	0475	37	8346*	16	1654	8341	26	1659*	9995	10	0005*	48	8329*	36	1804
0,6 5304	37.25	0,7 0512*	37	$\bar{1}$,7 8362	17	0,2 1638*	$\bar{1}$,8 8367	26	0,1 1633*	0,1 0005*	10	$\bar{1}$,8 9995	48	1,0 8281*	52.35	0,9 1775
5333	26	0549*	36	8379*	16	1621	8393	27	1607*	0015*	9	9985	48	8233*	34	1746
5363*	27	0585	37	8395	17	1605*	8420*	26	1580	0024	10	9976*	48	8185	33	1717
5392*	28	0622*	36	8412*	16	1588	8446*	26	1554	0034*	10	9966	48	8137	32	1688*
5421*	29	0658	37	8428	17	1572*	8472*	26	1528	0044*	9	9956	47	8089	31	1659*
0,6 5450*	37.30	0,7 0695	37	$\bar{1}$,7 8445*	16	0,2 1555	$\bar{1}$,8 8498	26	0,1 1502*	0,1 0053	10	$\bar{1}$,8 9947*	48	1,0 8042*	52.30	0,9 1630*
5479*	31	0732*	36	8461	17	1539*	8524	26	1476*	0063	10	9937*	48	7994*	29	1601*
5508	32	0768	37	8478*	16	1522	8550	27	1450*	0073*	9	9927	48	7946	28	1572*
5537	33	0805	37	8494	16	1506*	8577*	26	1423	0082	10	9918*	47	7898	27	1543*
5566	34	0842*	37	8510	17	1490*	8603*	26	1397	0092	10	9908*	48	7851*	26	1513
0,6 5595	37.35	0,7 0879*	36	$\bar{1}$,7 8527*	16	0,2 1473	$\bar{1}$,8 8629*	26	0,1 1371	0,1 0102*	10	$\bar{1}$,8 9898	48	1,0 7803*	52.25	0,9 1484
5624	36	0915	37	8543	17	1457*	8655*	26	1345	0112*	9	9888	47	7755	24	1455
5653	37	0952*	37	8560*	16	1440	8681	26	1319*	0121	10	9879*	48	7708*	23	1426
5683*	38	0989*	36	8576	16	1424*	8707	26	1293*	0131	10	9869*	48	7660*	22	1397
5712*	39	1025	37	8592	17	1408*	8733	26	1267*	0141*	10	9859	47	7612	21	1368*
0,6 5741*	37.40	0,7 1062	37	$\bar{1}$,7 8609*	16	0,2 1391	$\bar{1}$,8 8759	27	0,1 1241*	0,1 0151*	9	$\bar{1}$,8 9849	48	1,0 7565*	52.20	0,9 1339*
5770*	41	1099*	37	8625	17	1375*	8786*	26	1214	0160	10	9840*	48	7517	19	1310*
5799*	42	1136*	36	8642*	16	1358	8812*	26	1188	0170	10	9830*	47	7469	18	1281*
5828	43	1172	37	8658*	16	1342	8838*	26	1162	0180*	10	9820	48	7422*	17	1252*
5857	44	1209	37	8674	17	1326*	8864*	26	1136	0190*	9	9810	47	7374	16	1223*
0,6 5886	37.45	0,7 1246	37	$\bar{1}$,7 8691*	16	0,2 1309	$\bar{1}$,8 8890*	26	0,1 1110	0,1 0199	10	$\bar{1}$,8 9801*	48	1,0 7327*	52.15	0,9 1193
5915	46	1283*	37	8707*	16	1293	8916	26	1084*	0209	10	9791*	47	7279	14	1164
5944	47	1320*	36	8723	16	1277*	8942	26	1058*	0219*	10	9781	48	7232*	13	1135
5973	48	1356	37	8739	17	1261*	8968	26	1032*	0229*	10	9771	47	7184*	12	1106
6003*	49	1393	37	8756*	16	1244	8994	26	1006*	0239*	9	9761	47	7137*	11	1077
0,6 6032*	37.50	0,7 1430	37	$\bar{1}$,7 8772	16	0,2 1228*	$\bar{1}$,8 9020	26	0,1 0980*	0,1 0248	10	$\bar{1}$,8 9752*	48	1,0 7090*	52.10	0,9 1048
6061*	51	1467*	37	8788	17	1212*	9046	27	0954*	0258	10	9742*	47	7042	9	1019*
6090*	52	1504*	37	8805*	16	1195	9073*	26	0927	0268	10	9732*	48	6995*	8	0990*
6119*	53	1541*	36	8821*	16	1179	9099*	26	0901	0278*	10	9722	47	6947	7	0961*
6148*	54	1577	37	8837	16	1163*	9125*	26	0875	0288*	10	9712	47	6900*	6	0932*
0,6 6177	37.55	0,7 1614	37	$\bar{1}$,7 8853	16	0,2 1147*	$\bar{1}$,8 9151*	26	0,1 0849	0,1 0298*	9	$\bar{1}$,8 9702	48	1,0 6853*	52. 5	0,9 0903*
6206	56	1651	37	8869	17	1131*	9177*	26	0823	0307	10	9693*	47	6805	4	0873
6235	57	1688	37	8886*	16	1114	9203*	26	0797	0317	10	9683*	47	6758*	3	0844
6264	58	1725*	37	8902*	16	1098	9229*	26	0771	0327	10	9673*	48	6711*	2	0815
6293	59	1762*	37	8918	16	1082*	9255*	26	0745	0337*	10	9663	47	6663	1	0786
0,6 6323*	37.60	0,7 1799*		$\bar{1}$,7 8934		0,2 1066*	$\bar{1}$,8 9281*		0,1 0719	0,1 0347*		$\bar{1}$,8 9653		1,0 6616	52° 0'	0,9 0757
x = 52° / Lx = 1,0 6616				cos x / Séh Lx	D	séc x / Cosh Lx	cot x / Coséh Lx	D	tang x / Sih Lx	coséc x / Coth Lx	D	sin x / Tah Lx	D	Lx (R = 1)	d. m.	x (R = 1)

x R = 1	d. m.	L.x R = 1	D	sin x Tab L x	D	coséc x Coth L x	tang x Sih L x	D	cot x Coséh L x	séc x Cosh L x	D	cos x Séh L x	D	x = 38° L x = 0,7 1799*		
0,6 6323*	38° 0'	0,7 1799*	37	$\bar{1}$,7 8934	16	0,2 1066*	$\bar{1}$,8 9281*	26	0,1 0719	0,1 0347*	10	$\bar{1}$,8 9653	47	1,0 6616	51.60	0,9 0757
6351*	1	1836*	37	8950	17	1050*	9307	26	0693*	0357*	10	9643	47	6569*	59	0728
6381*	2	1873*	37	8967*	16	1033	9333	26	0667*	0367*	9	9633	47	6522*	58	0699*
6410*	3	1910*	37	8983*	16	1017	9359	26	0641*	0376	10	9624*	48	6475*	57	0670*
6439*	4	1947*	36	8999*	16	1001	9385	26	0615*	0386	10	9614*	47	6427	56	0641*
0,6 6468*	38. 5	0,7 1983	37	$\bar{1}$,7 9015*	16	0,2 0985	$\bar{1}$,8 9411	26	0,1 0589*	0,1 0396	10	$\bar{1}$,8 9604*	47	1,0 6380	51.55	0,9 0612*
6497	6	2020	37	9031	16	0969*	9437	26	0563*	0406	10	9594*	47	6333*	54	0583*
6526	7	2057	37	9047	16	0953*	9463	26	0537*	0416	10	9584*	47	6286*	53	0553
6555	8	2094	37	9063	16	0937*	9489	26	0511*	0426*	10	9574	47	6239*	52	0524
6584	9	2131	37	9079	16	0921*	9515	26	0485*	0436*	10	9564	47	6192*	51	0495
0,6 6613	38.10	0,7 2168	37	$\bar{1}$,7 9095	16	0,2 0905*	$\bar{1}$,8 9541	26	0,1 0459*	0,1 0446*	10	$\bar{1}$,8 9554	47	1,0 6145*	51.50	0,9 0466
6642	11	2205	37	9111	17	0889*	9567	26	0433*	0456*	10	9544	48	6098*	49	0437
6672*	12	2242	37	9128*	16	0872	9593	26	0407*	0466*	10	9534	47	6050	48	0408
6701*	13	2279	37	9144*	16	0856	9619	26	0381*	0476*	10	9524	47	6003	47	0379*
6730*	14	2316	37	9160*	16	0840	9645	26	0355*	0486*	10	9514	47	5956	46	0350*
0,6 6759*	38.15	0,7 2353	38	$\bar{1}$,7 9176*	16	0,2 0824	$\bar{1}$,8 9671	26	0,1 0329*	0,1 0496*	9	$\bar{1}$,8 9504	47	1,0 5909	51.45	0,9 0321*
6788*	16	2391*	37	9192*	16	0808	9697	26	0303*	0505	10	9495*	47	5862	44	0292*
6817	17	2428*	37	9208*	16	0792	9723	26	0277*	0515	10	9485*	48	5815	43	0263*
6846	18	2465*	37	9224*	16	0776	9749	26	0251*	0525	10	9475*	47	5769*	42	0234*
6875	19	2502*	37	9240*	16	0760	9775	26	0225*	0535	10	9465*	47	5722*	41	0204
0,6 6904	38.20	0,7 2539*	37	$\bar{1}$,7 9256*	16	0,2 0744	$\bar{1}$,8 9801	26	0,1 0199*	0,1 0545	10	$\bar{1}$,8 9455*	47	1,0 5675*	51.40	0,9 0175
6933	21	2576*	37	9272*	16	0728	9827*	26	0173	0555	10	9445*	47	5628*	39	0146
6962	22	2613*	37	9288*	16	0712	9853*	26	0147	0565	10	9435*	47	5581*	38	0117
6992*	23	2650	37	9304*	15	0696	9879*	26	0121	0575	10	9425*	47	5534	37	0088
7021*	24	2687	37	9319	16	0681*	9905*	26	0095	0585	10	9415*	47	5487	36	0059*
0,6 7050*	38.25	0,7 2724	37	$\bar{1}$,7 9335	16	0,2 0665*	$\bar{1}$,8 9931*	26	0,1 0069	0,1 0595	10	$\bar{1}$,8 9405*	46	1,0 5440	51.35	0,9 0030*
7079*	26	2761	38	9351	16	0649*	9957*	26	0043	0605	10	9395*	47	5394*	34	0001*
7108*	27	2799*	37	9367	16	0633*	9983*	26	0017	0615	10	9385*	47	5347*	33	0,8 9972
7137*	28	2836*	37	9383	16	0617*	$\bar{1}$,9 0009*	26	0,0 9991	0625	11	9375*	47	5300	32	9943*
7166	29	2873*	37	9399	16	0601*	0035*	26	9965	0636*	10	9364	46	5253	31	9914*
0,6 7195	38.30	0,7 2910	37	$\bar{1}$,7 9415*	16	0,2 0585	$\bar{1}$,9 0061*	25	0,0 9939	0,1 0646*	10	$\bar{1}$,8 9354	47	1,0 5207*	51.30	0,8 9884
7224	31	2947	37	9431*	16	0569	0086	26	9913*	0656*	10	9344	47	5160*	29	9855
7253	32	2984	38	9447*	16	0553	0112	26	9888*	0666*	10	9334	47	5113	28	9826
7282	33	3022*	37	9463*	15	0537	0138	26	9862*	0676*	10	9324	46	5066	27	9797
7312*	34	3059*	37	9478	16	0522*	0164	26	9836*	0686*	10	9314	47	5020*	26	9768
0,6 7341*	38.35	0,7 3096*	37	$\bar{1}$,7 9494	16	0,2 0506*	$\bar{1}$,9 0190	26	0,0 9810*	0,1 0696*	10	$\bar{1}$,8 9304	46	1,0 4973	51.25	0,8 9739
7370*	36	3133	37	9510	16	0490*	0216	26	9784*	0706*	10	9294	47	4927*	24	9710*
7399*	37	3170	38	9526*	16	0474	0242*	26	9758	0716	10	9284*	47	4880*	23	9681*
7428*	38	3208*	37	9542*	16	0458	0268*	26	9732	0726	10	9274*	46	4833	22	9652*
7457*	39	3245*	37	9558*	15	0442	0294*	26	9706	0736	10	9264*	47	4787*	21	9623
0,6 7486	38.40	0,7 3282	37	$\bar{1}$,7 9573	16	0,2 0427*	$\bar{1}$,9 0320*	26	0,0 9680	0,1 0746	10	$\bar{1}$,8 9254*	46	1,0 4740	51.20	0,8 9594*
7515	41	3319	38	9589	16	0411*	0346*	25	9654	0756	11	9244*	47	4694*	19	9564
7544	42	3357*	37	9605*	16	0395	0371	26	9629*	0767*	10	9233	46	4647	18	9535
7573	43	3394	37	9621*	15	0379	0397	26	9603*	0777*	10	9223	47	4601*	17	9506
7602	44	3431	38	9636	16	0364*	0423	26	9577*	0787*	10	9213	46	4554	16	9477
0,6 7632*	38.45	0,7 3469*	37	$\bar{1}$,7 9652	16	0,2 0348*	$\bar{1}$,9 0449	26	0,0 9551*	0,1 0797*	10	$\bar{1}$,8 9203	47	1,0 4508*	51.15	0,8 9448
7661*	46	3506*	37	9668*	16	0332	0475*	26	9525	0807	10	9193*	46	4461	14	9419
7690*	47	3543	37	9684*	15	0316	0501*	26	9499	0817	10	9183*	47	4415*	13	9390*
7719*	48	3580	38	9699	16	0301*	0527*	26	9473	0827	11	9173*	46	4368	12	9361*
7748*	49	3618*	37	9715	16	0285*	0553*	25	9447	0838*	10	9162	47	4322*	11	9332*
0,6 7777*	38.50	0,7 3655	37	$\bar{1}$,7 9731*	15	0,2 0269	$\bar{1}$,9 0578	26	0,0 9422*	0,1 0848*	10	$\bar{1}$,8 9152	46	1,0 4275	51.10	0,8 9303*
7806	51	3692	38	9746	16	0254*	0604	26	9396*	0858*	10	9142	46	4229	9	9274*
7835	52	3730*	37	9762	16	0238*	0630	26	9370*	0868	10	9132*	47	4183*	8	9245*
7864	53	3767	38	9778*	15	0222	0656	26	9344*	0878	10	9122*	46	4136	7	9215
7893	54	3805*	37	9793	16	0207*	0682*	26	9318	0888	11	9112*	46	4090*	6	9186
0,6 7922	38.55	0,7 3842*	37	$\bar{1}$,7 9809	16	0,2 0191*	$\bar{1}$,9 0708*	26	0,0 9292	0,1 0899*	10	$\bar{1}$,8 9101	47	1,0 4044*	51. 5	0,8 9157
7951	56	3879	38	9825*	15	0175	0734*	25	9266	0909*	10	9091	46	3997	4	9128
7981*	57	3917*	37	9840	16	0160*	0759	26	9241*	0919	10	9081*	46	3951	3	9099
8010*	58	3954	38	9856*	16	0144	0785	26	9215*	0929	11	9071*	46	3905*	2	9070*
8039*	59	3992*	37	9872*	15	0128	0811	26	9189*	0940*	10	9060	47	3859*	1	9041*
0,6 8068*	38.60	0,7 4029		$\bar{1}$,7 9887		0,2 0113*	$\bar{1}$,9 0837*		0,0 9163	0,1 0950*		$\bar{1}$,8 9050		1,0 3812	51° 0'	0,8 9012*
x = 51° L x = 1,0 3812				cos x Séh L x	D	séc x Cosh L x	cot x Coséh L x	D	tang x Sih L x	coséc x Coth L x	D	sin x Tab L x	D	L.x R = 1	d. m.	x R = 1

x (R = 1)	d. m.	Lx (R = 1)	D	sin x / Tah Lx	D	coséc x / Coth Lx	tang x / Sib Lx	D	cot x / Coséh Lx	séc x / Cosh Lx	D	cos x / Séh Lx	D	x = 39° / Lx = 0,7 4029		
0,6 8068*	39. 0	0,7 4029	37	1̄,7 9887	16	0,2 0113*	1̄,9 0837*	26	0,0 9163	0,1 0950*	10	1̄,8 9050	46	1,0 3812	50.60	0,8 9012*
8097*	1	4066	38	9903*	15	0097	0863*	26	9137	0960*	10	9040	46	3766	59	8983*
8126	2	4104*	37	9918	16	0082*	0889*	25	9111	0970	10	9030*	46	3720*	58	8954*
8155	3	4141	38	9934*	16	0066	0914	26	9086*	0980	11	9020*	46	3674*	57	8925*
8184	4	4179*	37	9950*	15	0050	0940	26	9060*	0991*	10	9009	47	3628*	56	8895
0,6 8213	39. 5	0,7 4216	38	1̄,7 9965	16	0,2 0035*	1̄,9 0966	26	0,0 9034*	0,1 1001*	10	1̄,8 8999	46	1,0 3581	50.55	0,8 8866
8242	6	4254*	37	9981*	15	0019	0992*	26	9008	1011	11	8989*	46	3535	54	8837
8271	7	4291	38	9996	16	0004*	1018*	25	8982	1022*	10	8978	46	3489	53	8808
8301*	8	4329*	37	1̄,8 0012*	15	0,1 9988	1043	26	8957*	1032*	10	8968	46	3443	52	8779
8330	9	4366	38	0027	16	9973*	1069	26	8931*	1042*	10	8958	46	3397	51	8750*
0,6 8359*	39.10	0,7 4404*	37	1̄,8 0043*	15	0,1 9957	1̄,9 1095	26	0,0 8905*	0,1 1052	11	1̄,8 8948*	46	1,0 3351*	50.50	0,8 8721*
8388*	11	4441	38	0058	16	9942*	1121*	26	8879	1063*	10	8937	46	3305*	49	8692*
8417*	12	4479*	37	0074*	15	9926	1147*	25	8853	1073*	10	8927	46	3259*	48	8663*
8446*	13	4516	38	0089	16	9911*	1172	26	8828*	1083	11	8917*	46	3213*	47	8634*
8475	14	4554*	37	0105*	15	9895	1198	26	8802*	1094*	10	8906	46	3167*	46	8605*
0,6 8504	39.15	0,7 4591	38	1̄,8 0120	16	0,1 9880*	1̄,9 1224	26	0,0 8776*	0,1 1104*	10	1̄,8 8896	46	1,0 3121*	50.45	0,8 8575
8533	16	4629	38	0136*	15	9864	1250*	26	8750	1114	11	8886*	46	3075*	44	8546
8562	17	4667*	37	0151	15	9849*	1276*	25	8724	1125*	10	8875	46	3029*	43	8517
8591	18	4704	38	0166	16	9834*	1301	26	8699*	1135*	10	8865	46	2983	42	8488
8621*	19	4742*	37	0182*	15	9818	1327	26	8673*	1145	11	8855*	46	2937	41	8459
0,6 8650*	39.20	0,7 4779	38	1̄,8 0197	16	0,1 9803*	1̄,9 1353*	26	0,0 8647	0,1 1156*	10	1̄,8 8844	46	1,0 2891	50.40	0,8 8430
8679*	21	4817*	38	0213*	15	9787	1379*	25	8621	1166*	10	8834	46	2845	39	8401*
8708*	22	4855*	37	0228	16	9772*	1404	26	8596*	1176	11	8824*	45	2799	38	8372*
8737*	23	4892	38	0244*	15	9756	1430	26	8570*	1187*	10	8813	46	2754*	37	8343*
8766*	24	4930*	38	0259*	15	9741	1456*	26	8544	1197	10	8803*	46	2708*	36	8314*
0,6 8795	39.25	0,7 4968*	37	1̄,8 0274	16	0,1 9726*	1̄,9 1482*	25	0,0 8518	0,1 1207	11	1̄,8 8793*	46	1,0 2662*	50.35	0,8 8285*
8824	26	5005	38	0290*	15	9710	1507	26	8493*	1218*	10	8782	46	2616	34	8255
8853	27	5043*	38	0305	15	9695*	1533	26	8467*	1228	11	8772*	45	2570	33	8226
8882	28	5081*	37	0320	16	9680*	1559*	26	8441	1239*	10	8761	46	2525*	32	8197
8911	29	5118	38	0336*	15	9664	1585*	25	8415	1249*	10	8751	46	2479*	31	8168
0,6 8941*	39.30	0,7 5156*	38	1̄,8 0351	15	0,1 9649*	1̄,9 1610	26	0,0 8390*	0,1 1259	11	1̄,8 8741*	46	1,0 2433	50.30	0,8 8139
8970*	31	5194*	37	0366	16	9634*	1636	26	8364*	1270*	10	8730	45	2387	29	8110
8999*	32	5231	38	0382*	15	9618	1662*	26	8338	1280	11	8720*	46	2342*	28	8081*
9028*	33	5269	38	0397*	15	9603	1688*	25	8312	1291*	10	8709	46	2296*	27	8052*
9057*	34	5307*	38	0412	16	9588*	1713	26	8287*	1301	11	8699*	46	2250	26	8023*
0,6 9086*	39.35	0,7 5345*	37	1̄,8 0428*	15	0,1 9572	1̄,9 1739	26	0,0 8261*	0,1 1312*	10	1̄,8 8688	46	1,0 2205*	50.25	0,8 7994*
9115	36	5382	38	0443*	15	9557	1765*	26	8235	1322*	10	8678	46	2159*	24	7965*
9144	37	5420	38	0458	15	9542*	1791*	25	8209	1332	11	8668*	45	2113	23	7936*
9173	38	5458*	38	0473	16	9527*	1816	26	8184*	1343*	10	8657	46	2068*	22	7906
9202	39	5496*	37	0489*	15	9511	1842*	26	8158	1353	11	8647*	46	2022	21	7877
0,6 9231	39.40	0,7 5533	38	1̄,8 0504*	15	0,1 9496	1̄,9 1868*	25	0,0 8132	0,1 1364*	10	1̄,8 8636	46	1,0 1977*	50.20	0,8 7848
9260	41	5571	38	0519	15	9481*	1893	26	8107*	1374	11	8626*	46	1931*	19	7819
9290*	42	5609*	38	0534	16	9466*	1919	26	8081*	1385*	10	8615	45	1885	18	7790
9319*	43	5647*	38	0550*	15	9450	1945*	26	8055	1395	11	8605*	46	1840*	17	7761*
9348*	44	5685*	37	0565*	15	9435	1971*	25	8029	1406*	10	8594	45	1794	16	7732*
0,6 9377*	39.45	0,7 5722	38	1̄,8 0580*	15	0,1 9420	1̄,9 1996	26	0,0 8004*	0,1 1416	11	1̄,8 8584*	46	1,0 1749*	50.15	0,8 7703*
9406*	46	5760	38	0595	15	9405*	2022*	26	7978	1427*	10	8573	45	1703	14	7674*
9435	47	5798	38	0610	15	9390*	2048*	25	7952	1437	11	8563*	46	1658*	13	7645*
9464	48	5836*	38	0625	16	9375*	2073	26	7927*	1448*	10	8552	46	1613*	12	7616*
9493	49	5874*	38	0641*	15	9359	2099*	26	7901	1458	11	8542*	45	1567	11	7586
0,6 9522	39.50	0,7 5912*	38	1̄,8 0656*	15	0,1 9344	1̄,9 2125*	25	0,0 7875	0,1 1469*	10	1̄,8 8531	46	1,0 1522*	50.10	0,8 7557
9551	51	5950*	37	0671*	15	9329	2150	26	7850*	1479	11	8521*	45	1476	9	7528
9580	52	5987	38	0686	15	9314*	2176	26	7824*	1490*	11	8510	46	1431*	8	7499
9610*	53	6025	38	0701	15	9299*	2202*	25	7798	1501*	10	8499	45	1385	7	7470
9639*	54	6063	38	0716	16	9284*	2227	26	7773*	1511	11	8489*	45	1340	6	7441*
0,6 9668*	39.55	0,7 6101	38	1̄,8 0731	15	0,1 9269*	1̄,9 2253	26	0,0 7747*	0,1 1522*	10	1̄,8 8478	46	1,0 1295*	50. 5	0,8 7412*
9697*	56	6139	38	0746	16	9254*	2279*	25	7721	1532	11	8468*	46	1249	4	7383*
9726*	57	6177	38	0762*	15	9238	2304	26	7696*	1543*	10	8457	46	1204	3	7354*
9755	58	6215	38	0777*	15	9223	2330	26	7670*	1553	11	8447*	45	1159*	2	7325*
9784	59	6253	38	0792*	15	9208	2356*	25	7644	1564	11	8436*	46	1114*	1	7296*
0,6 9813	39.60	0,7 6291*		1̄,8 0807*		0,1 9193	1̄,9 2381		0,0 7619*	0,1 1575*		1̄,8 8425		1,0 1068	50. 0	0,8 7266
x = 50° / Lx = 1,0 1068				cos x / Séh Lx	D	séc x / Cosh Lx	cot x / Coséh Lx	D	tang x / Sib Lx	coséc x / Coth Lx	D	sin x / Tah Lx	D	Lx (R = 1)	d. m.	x (R = 1)

x R = 1	x d. m.	Lx R = 1	D	sin x TahLx	D	coséc x CothLx	tang x SihLx	D	cot x CoséhLx	séc x CoshLx	D	cos x SéhLx	D	x = 40° Lx = 0,7 6291*		
0,6 9813	40. 0	0,7 6291*	38	1̄,8 0807*	15	0,1 9193	1̄,9 2381	26	0,0 7619*	0,1 1575*	10	1̄,8 8425	45	1,0 1068	49.60	0,8 7266
9842	1	6329*	38	0822*	15	9178	2407	26	7593*	1585	11	8415*	45	1023	59	7237
9871	2	6367*	38	0837*	15	9163	2433*	25	7567	1596*	10	8404	45	0978*	58	7208
9900	3	6405*	38	0852*	15	9148	2458	26	7542*	1606	11	8394*	45	0933*	57	7179
9930*	4	6443*	38	0867*	15	9133	2484*	26	7516	1617	11	8383*	45	0887	56	7150
0,6 9959*	40. 5	0,7 6481*	38	1̄,8 0882*	15	0,1 9118	1̄,9 2510*	25	0,0 7490	0,1 1628*	10	1̄,8 8372	45	1,0 0842	49.55	0,8 7121
9988*	6	6519*	38	0897*	15	9103	2535	26	7465*	1638	11	8362*	45	0797	54	7092*
0,7 0017*	7	6557*	38	0912*	15	9088	2561*	26	7439	1649*	11	8351	45	0752*	53	7063*
0046*	8	6595	38	0927*	15	9073	2587*	25	7413	1660*	10	8340	45	0707*	52	7034*
0075*	9	6633	38	0942*	15	9058	2612	26	7388*	1670	11	8330*	45	0662*	51	7005*
0,7 0104	40.10	0,7 6671	38	1̄,8 0957*	15	0,1 9043	1̄,9 2638*	25	0,0 7362	0,1 1681*	11	1̄,8 8319	45	1,0 0617*	49.50	0,8 6976*
0133	11	6709	38	0972*	15	9028	2663	26	7337*	1692*	10	8308	45	0571	49	6946
0162	12	6747	38	0987*	15	9013	2689	26	7311*	1702	11	8298*	45	0526	48	6917
0191	13	6785	38	1002*	15	8998	2715*	25	7285	1713*	11	8287	45	0481	47	6888
0220	14	6823	39	1017*	15	8983	2740	26	7260*	1724*	10	8276	45	0436	46	6859
0,7 0250*	40.15	0,7 6862*	38	1̄,8 1032*	15	0,1 8968	1̄,9 2766*	26	0,0 7234	0,1 1734	11	1̄,8 8266*	45	1,0 0391	49.45	0,8 6830
0279*	16	6900*	38	1047*	14	8953	2792*	25	7208	1745	11	8255*	45	0346	44	6801
0308*	17	6938*	38	1061	15	8939*	2817	26	7183*	1756*	10	8244	45	0301	43	6772*
0337*	18	6976*	38	1076	15	8924*	2843*	25	7157	1766	11	8234*	45	0256	42	6743*
0366*	19	7014	38	1091	15	8909*	2868	26	7132*	1777	11	8223*	45	0211	41	6714*
0,7 0395*	40.20	0,7 7052	38	1̄,8 1106	15	0,1 8894*	1̄,9 2894*	26	0,0 7106	0,1 1788*	11	1̄,8 8212	45	1,0 0166	49.40	0,8 6685*
0424	21	7090	38	1121*	15	8879	2920*	25	7080	1799*	10	8201	45	0121	39	6656*
0453	22	7129*	38	1136*	15	8864	2945	26	7055*	1809	11	8191*	44	0076	38	6627*
0482	23	7167*	38	1151*	15	8849	2971*	25	7029	1820	11	8180*	45	0032*	37	6597
0511	24	7205*	38	1166*	14	8834	2996	26	7004*	1831*	11	8169	45	0,9 9987*	36	6568
0,7 0540	40.25	0,7 7243	38	1̄,8 1180	15	0,1 8820*	1̄,9 3022*	26	0,0 6978	0,1 1842*	10	1̄,8 8158	45	0,9 9942*	49.35	0,8 6539
0569	26	7281	39	1195	15	8805*	3048*	25	6952	1852	11	8148*	45	9897*	34	6510
0599*	27	7320*	38	1210	15	8790*	3073	26	6927*	1863	11	8137*	45	9852	33	6481
0628*	28	7358*	38	1225*	15	8775	3099*	25	6901	1874*	11	8126	45	9807	32	6452*
0657*	29	7396	38	1240*	14	8760	3124	26	6876*	1885*	10	8115	44	9762	31	6423*
0,7 0686*	40.30	0,7 7434	39	1̄,8 1254	15	0,1 8746*	1̄,9 3150*	25	0,0 6850	0,1 1895	11	1̄,8 8105*	45	0,9 9718*	49.30	0,8 6394*
0715*	31	7473*	38	1269	15	8731*	3175	26	6825*	1906	11	8094*	45	9673*	29	6365*
0744	32	7511*	38	1284	15	8716*	3201	26	6799*	1917	11	8083*	45	9628	28	6336*
0773	33	7549	38	1299*	15	8701	3227*	25	6773	1928*	11	8072	44	9583	27	6307*
0802	34	7587	39	1314*	14	8686	3252	26	6748*	1939*	10	8061	45	9539*	26	6277
0,7 0831	40.35	0,7 7626*	38	1̄,8 1328	15	0,1 8672*	1̄,9 3278*	25	0,0 6722	0,1 1949	11	1̄,8 8051*	45	0,9 9494*	49.25	0,8 6248
0860	36	7664	38	1343	15	8657*	3303	26	6697*	1960	11	8040*	44	9449	24	6219
0889	37	7702	39	1358*	14	8642	3329*	25	6671	1971	11	8029*	45	9405*	23	6190
0919*	38	7741*	38	1372	15	8628*	3354	26	6646*	1982*	11	8018	45	9360*	22	6161
0948*	39	7779	38	1387	15	8613*	3380	26	6620*	1993*	11	8007	44	9315	21	6132*
0,7 0977*	40.40	0,7 7817	39	1̄,8 1402*	15	0,1 8598	1̄,9 3406*	25	0,0 6594	0,1 2004*	11	1̄,8 7996	45	0,9 9271*	49.20	0,8 6103*
1006*	41	7856*	38	1417*	14	8583	3431	26	6569*	2015*	10	7985	45	9226*	19	6074*
1035*	42	7894	38	1431	15	8569*	3457*	25	6543	2025	11	7975*	44	9181	18	6045*
1064*	43	7932	39	1446*	15	8554	3482	26	6518*	2036	11	7964*	45	9137	17	6016*
1093	44	7971*	38	1461*	14	8539	3508*	25	6492	2047	11	7953*	44	9092	16	5987*
0,7 1122	40.45	0,7 8009	39	1̄,8 1475	15	0,1 8525*	1̄,9 3533	26	0,0 6467*	0,1 2058	11	1̄,8 7942*	45	0,9 9048*	49.15	0,8 5957
1151	46	8048*	38	1490*	15	8510	3559*	25	6441	2069*	11	7931	45	9003*	14	5928
1180	47	8086	38	1505*	14	8495	3584	26	6416*	2080*	11	7920	44	8958	13	5899
1209	48	8124	39	1519	15	8481*	3610*	26	6390	2091*	11	7909	45	8914*	12	5870
1239*	49	8163*	38	1534*	15	8466	3636*	25	6364	2102*	11	7898	44	8869	11	5841
0,7 1268*	40.50	0,7 8201	39	1̄,8 1549*	14	0,1 8451	1̄,9 3661	26	0,0 6339*	0,1 2113*	10	1̄,8 7887	45	0,9 8825*	49.10	0,8 5812
1297*	51	8240*	38	1563	15	8437*	3687*	25	6313	2123	11	7877*	44	8780	9	5783*
1326*	52	8278	39	1578*	14	8422	3712	26	6288*	2134	11	7866*	44	8736*	8	5754*
1355*	53	8317*	38	1592	15	8408*	3738*	25	6262	2145	11	7855*	45	8692*	7	5725*
1384*	54	8355	39	1607*	15	8393	3763	26	6237*	2156	11	7844*	44	8647	6	5696*
0,7 1413	40.55	0,7 8394*	38	1̄,8 1622*	14	0,1 8378	1̄,9 3789*	25	0,0 6211	0,1 2167	11	1̄,8 7833*	45	0,9 8603*	49. 5	0,8 5667*
1442	56	8432	39	1636	15	8364*	3814	26	6186*	2178	11	7822*	44	8558	4	5637
1471	57	8471*	38	1651*	14	8349	3840*	25	6160	2189	11	7811*	45	8514*	3	5608
1500	58	8509	39	1665	15	8335*	3865	26	6135*	2200	11	7800*	44	8469	2	5579
1529	59	8548*	38	1680*	14	8320	3891*	25	6109	2211	11	7789*	44	8425	1	5550
0,7 1558	40.60	0,7 8586		1̄,8 1694		0,1 8306*	1̄,9 3916		0,0 6084*	0,1 2222		1̄,8 7778*		0,9 8381*	49. 0	0,8 5521
x = 49° Lx = 0,9 8381*				cos x SéhLx	D	séc x CoshLx	cot x CoséhLx	D	tang x SihLx	coséc x CothLx	D	sin x TahLx	D	Lx R = 1	x d. m.	x R = 1

x R = 1	x d. m.	L x R = 1	D	sin x Tah L x	D	coséc x Coth L x	tang x Sih L x	D	cot x Coséh L x	séc x Cosh L x	D	cos x Séh L x	D	x = 41° L x = 0,7 8586		
0,7 1558	41. 0	0,7 8586	39	1̄,8 1694	15	0,1 8306*	1̄,9 3916	26	0,0 6084*	0,1 2222	11	1̄,8 7778*	45	0,9 8381*	48.60	0,8 5521
1588*	1	8625*	38	1709*	14	8291	3942*	25	6058	2233*	11	7767	44	8336	59	5492
1617*	2	8663	39	1723	15	8277*	3967	26	6033*	2244*	11	7756	44	8292	58	5463*
1646*	3	8702*	39	1738*	14	8262	3993*	25	6007	2255*	11	7745	44	8248*	57	5434*
1675*	4	8741*	38	1752	15	8248*	4018	26	5982*	2266*	11	7734	45	8204*	56	5405*
0,7 1704*	41. 5	0,7 8779	39	1̄,8 1767*	14	0,1 8233	1̄,9 4044*	25	0,0 5956	0,1 2277	11	1̄,8 7723*	44	0,9 8159	48.55	0,8 5376*
1733	6	8818*	38	1781	15	8219*	4069	26	5931*	2288	11	7712*	44	8115	54	5347*
1762	7	8856	39	1796*	14	8204	4095*	25	5905	2299	11	7701*	44	8071*	53	5318*
1791	8	8895*	39	1810	15	8190*	4120	26	5880*	2310	11	7690*	45	8027*	52	5288
1820	9	8934*	38	1825*	14	8175	4146*	25	5854	2321	11	7679*	44	7982	51	5259
0,7 1849	41.10	0,7 8972	39	1̄,8 1839	15	0,1 8161*	1̄,9 4171	26	0,0 5829*	0,1 2332	11	1̄,8 7668*	44	0,9 7938	48.50	0,8 5230
1878	11	9011*	39	1854*	14	8146	4197*	25	5803	2343	11	7657*	44	7894*	49	5201
1908*	12	9050*	38	1868	14	8132*	4222	26	5778*	2354	11	7646*	44	7850*	48	5172
1937*	13	9088	39	1882	15	8118*	4248*	25	5752	2365	11	7635*	44	7806*	47	5143*
1966*	14	9127*	39	1897*	14	8103	4273	26	5727*	2376	11	7624*	45	7762*	46	5114*
0,7 1995*	41.15	0,7 9166*	38	1̄,8 1911	15	0,1 8089*	1̄,9 4299*	25	0,0 5701	0,1 2387	12	1̄,8 7613*	44	0,9 7717	48.45	0,8 5085*
2024*	16	9204	39	1926*	14	8074	4324	26	5676*	2399*	11	7601	44	7673	44	5056*
2053	17	9243*	39	1940	15	8060*	4350*	25	5650	2410*	11	7590	44	7629	43	5027*
2082	18	9282*	38	1955*	14	8045	4375	26	5625*	2421*	11	7579	44	7585	42	4998*
2111	19	9320	38	1969*	14	8031	4401*	25	5599	2432*	11	7568	44	7541	41	4968
0,7 2140	41.20	0,7 9359	39	1̄,8 1983	15	0,1 8017*	1̄,9 4426	26	0,0 5574*	0,1 2443*	11	1̄,8 7557	44	0,9 7497*	48.40	0,8 4939
2169	21	9398*	39	1998*	14	8002	4452*	25	5548	2454	11	7546*	44	7453*	39	4910
2198	22	9437*	38	2012*	14	7988	4477	26	5523*	2465	11	7535*	44	7409*	38	4881
2228*	23	9475	39	2026	15	7974*	4503*	25	5497	2476	11	7524*	44	7365*	37	4852
2257*	24	9514	38	2041*	14	7959	4528	26	5472*	2487	12	7513*	44	7321*	36	4823
0,7 2286*	41.25	0,7 9553*	39	1̄,8 2055*	14	0,1 7945	1̄,9 4554*	25	0,0 5446	0,1 2499*	11	1̄,8 7501	44	0,9 7277*	48.35	0,8 4794*
2315*	26	9592*	39	2069	15	7931*	4579	25	5421*	2510*	11	7490	44	7233*	34	4765*
2344*	27	9631*	38	2084*	14	7916	4604	26	5396*	2521*	11	7479	44	7189	33	4736*
2373*	28	9669	39	2098*	14	7902	4630*	25	5370	2532	11	7468*	44	7145	32	4707*
2402	29	9708	38	2112	14	7888*	4655	26	5345*	2543	11	7457*	44	7101	31	4678*
0,7 2431	41.30	0,7 9747	39	1̄,8 2126	15	0,1 7874*	1̄,9 4681*	25	0,0 5319	0,1 2554	12	1̄,8 7446*	44	0,9 7057	48.30	0,8 4648
2460	31	9786*	39	2141*	14	7859	4706	26	5294*	2566*	11	7434	44	7013	29	4619
2489	32	9825*	39	2155*	14	7845	4732*	25	5268	2577*	11	7423	43	6969	28	4590
2518	33	9864*	38	2169	15	7831*	4757	26	5243*	2588*	11	7412	44	6926*	27	4561
2548*	34	9902	39	2184*	14	7816	4783*	25	5217	2599	11	7401*	44	6882*	26	4532
0,7 2577*	41.35	0,7 9941	39	1̄,8 2198*	14	0,1 7802	1̄,9 4808	26	0,0 5192*	0,1 2610	12	1̄,8 7390*	44	0,9 6838*	48.25	0,8 4503*
2606*	36	9980	39	2212*	14	7788	4834*	25	5166	2622*	11	7378	44	6794	24	4474*
2635*	37	0,8 0019	39	2226	14	7774*	4859*	25	5141	2633*	11	7367	43	6750	23	4445*
2664*	38	0058	39	2240	15	7760*	4884	26	5116*	2644	11	7356*	44	6707*	22	4416*
2693*	39	0097*	39	2255*	14	7745	4910*	25	5090	2655	11	7345*	44	6663*	21	4387*
0,7 2722	41.40	0,8 0136*	39	1̄,8 2269*	14	0,1 7731	1̄,9 4935	26	0,0 5065*	0,1 2666	12	1̄,8 7334*	44	0,9 6619*	48.20	0,8 4358*
2751	41	0175*	39	2283	14	7717*	4961*	25	5039	2678*	11	7322	44	6575	19	4328
2780	42	0214*	39	2297	14	7703*	4986	26	5014*	2689*	11	7311	43	6531	18	4299
2809	43	0253*	39	2311	15	7689*	5012*	25	4988	2700	12	7300*	44	6488*	17	4270
2838	44	0292*	39	2326*	14	7674	5037	25	4963*	2712*	11	7288	44	6444	16	4241
0,7 2867	41.45	0,8 0331*	39	1̄,8 2340*	14	0,1 7660	1̄,9 5062	26	0,0 4938*	0,1 2723*	11	1̄,8 7277	43	0,9 6400	48.15	0,8 4212
2897*	46	0370*	39	2354*	14	7646	5088*	25	4912	2734	11	7266*	44	6357*	14	4183
2926*	47	0409*	39	2368*	14	7632	5113	26	4887*	2745	12	7255*	44	6313	13	4154*
2955*	48	0448*	39	2382	14	7618*	5139*	25	4861	2757*	11	7243	43	6269	12	4125*
2984*	49	0487*	39	2396	14	7604*	5164	26	4836*	2768*	11	7232	44	6226*	11	4096
0,7 3013*	41.50	0,8 0526*	39	1̄,8 2410	14	0,1 7590*	1̄,9 5190*	25	0,0 4810	0,1 2779	12	1̄,8 7221*	44	0,9 6182	48.10	0,8 4067*
3042	51	0565*	39	2424	15	7576*	5215	25	4785*	2791*	11	7209	43	6138	9	4038*
3071	52	0604*	39	2439*	14	7561	5240	26	4760*	2802*	11	7198	44	6095*	8	4009*
3100	53	0643*	39	2453*	14	7547	5266*	25	4734	2813	12	7187*	43	6051	7	3979
3129	54	0682	39	2467*	14	7533	5291	26	4709*	2825*	11	7175	44	6008*	6	3950
0,7 3158	41.55	0,8 0721	39	1̄,8 2481*	14	0,1 7519	1̄,9 5317*	25	0,0 4683	0,1 2836*	11	1̄,8 7164	43	0,9 5964	48. 5	0,8 3921
3187	56	0760	39	2495*	14	7505	5342	26	4658*	2847	12	7153*	44	5921*	4	3892
3217*	57	0799	39	2509*	14	7491	5368*	25	4632	2859*	11	7141	43	5877	3	3863
3246*	58	0838	40	2523	14	7477*	5393*	25	4607	2870*	11	7130	44	5834*	2	3834*
3275*	59	0878*	39	2537	14	7463*	5418	26	4582*	2881	12	7119*	43	5790	1	3805*
0,7 3304*	41.60	0,8 0917*		1̄,8 2551		0,1 7449*	1̄,9 5444*		0,0 4556	0,1 2893*		1̄,8 7107		0,9 5747*	48. 0	0,8 3776*
x = 48° L x = 0,9 5747*				cos x Séh L x	D	séc x Cosh L x	cot x Coséh L x	D	tang x Sih L x	coséc x Coth L x	D	sin x Tah L x	D	L x R = 1	x d. m.	x R = 1

x R = 1	x d. m.	L.x R = 1	D	sin x TabL.x	D	coséc x CothL.x	tang x SihL.x	D	cot x CoséhL.x	séc x CoshL.x	D	cos x SéhL.x	D	x = 42°, L.x = 0,8 0917*		
0,7 3304*	42. 0	0,8 0917*	39	ī,8 2551	14	0,1 7449*	ī,9 5444*	25	0,0 4556	0,1 2893*	11	ī,8 7107	44	0,9 5747*	47.60	0,8 3776*
3333*	1	0956*	39	2565	14	7435*	5469	26	4531*	2904	11	7096*	43	5703	59	3747*
3362	2	0995	39	2579	14	7421*	5495*	25	4505	2915	12	7085*	44	5660*	58	3718*
3391	3	1034	39	2593	14	7407*	5520*	25	4480	2927*	11	7073	43	5616	57	3689*
3420	4	1073	40	2607	14	7393*	5545	26	4455*	2938	12	7062*	44	5573*	56	3659
0,7 3449	42. 5	0,8 1123*	38	ī,8 2621	14	0,1 7379*	ī,9 5571*	25	0,0 4429	0,1 2950*	11	ī,8 7050	43	0,9 5529	47.55	0,8 3630
3478	6	1152*	39	2635	14	7365*	5596	26	4404*	2961	11	7039*	43	5486	54	3601
3507	7	1191*	39	2649	14	7351*	5622*	25	4378	2972	12	7028*	44	5443*	53	3572
3537*	8	1230	39	2663	14	7337*	5647*	25	4353	2984*	11	7016	43	5399	52	3543
3566*	9	1269	40	2677	14	7323*	5672	26	4328*	2995	12	7005*	43	5356*	51	3514
0,7 3595*	42.10	0,8 1309*	38	ī,8 2691*	14	0,1 7309	ī,9 5698*	25	0,0 4302	0,1 3007*	11	ī,8 6993	44	0,9 5313*	47.50	0,8 3485*
3624*	11	1348*	39	2705*	14	7295	5723	25	4277*	3018	12	6982*	43	5269	49	3456*
3653*	12	1387	39	2719*	14	7281	5748	26	4252*	3030*	11	6970	43	5226	48	3427*
3682*	13	1426	40	2733*	14	7267	5774*	25	4226	3041	12	6959*	44	5183*	47	3398*
3711	14	1466*	39	2747*	14	7253	5799	26	4201*	3053*	11	6947	43	5139	46	3369*
0,7 3740	42.15	0,8 1505	39	ī,8 2761*	14	0,1 7239	ī,9 5825*	25	0,0 4175	0,1 3064	12	ī,8 6936*	43	0,9 5096	47.45	0,8 3339
3769	16	1544	40	2775*	13	7225	5850	25	4150*	3076*	11	6924	43	5053*	44	3310
3798	17	1584*	39	2788	14	7212*	5875	26	4125*	3087*	11	6913	44	5010*	43	3281
3827	18	1623*	39	2802	14	7198*	5901*	25	4099	3098	12	6902*	43	4966	42	3252
3857*	19	1662	40	2816	14	7184*	5926	26	4074*	3110*	11	6890	43	4923	41	3223
0,7 3886*	42.20	0,8 1702*	39	ī,8 2830	14	0,1 7170*	ī,9 5952*	25	0,0 4048	0,1 3121	12	ī,8 6879*	43	0,9 4880	47.40	0,8 3194
3915*	21	1741*	39	2844*	14	7156	5977*	25	4023	3133*	12	6867	43	4837*	39	3165*
3944*	22	1780	40	2858*	14	7142	6002	26	3998*	3145*	11	6855	43	4794*	38	3136*
3973	23	1820*	39	2872*	13	7128	6028*	25	3972	3156	12	6844*	44	4751*	37	3107*
4002*	24	1859	40	2885	14	7115*	6053	25	3947*	3168*	11	6832	43	4707	36	3078*
0,7 4031	42.25	0,8 1899*	39	ī,8 2899	14	0,1 7101*	ī,9 6078	26	0,0 3922*	0,1 3179	12	ī,8 6821*	43	0,9 4664	47.35	0,8 3049*
4060	26	1938*	39	2913	14	7087*	6104*	25	3896	3191*	11	6809	43	4621	34	3019
4089	27	1977	40	2927*	14	7073	6129	26	3871*	3202	12	6798*	43	4578	33	2990
4118	28	2017*	39	2941*	14	7059	6155*	25	3845	3214*	11	6786	43	4535*	32	2961
4147	29	2056	40	2955*	13	7045	6180*	25	3820	3225	12	6775*	43	4492*	31	2932
0,7 4176	42.30	0,8 2096*	39	ī,8 2968	14	0,1 7032*	ī,9 6205	26	0,0 3795*	0,1 3237*	11	ī,8 6763	43	0,9 4449*	47.30	0,8 2903
4206*	31	2135	40	2982	14	7018*	6231*	25	3769	3248	12	6752*	43	4406*	29	2876
4235*	32	2175*	39	2996*	14	7004	6256*	25	3744	3260	12	6740*	43	4363*	28	2845*
4264*	33	2214	40	3010*	13	6990	6281	26	3719*	3272*	11	6728	43	4320*	27	2806*
4293*	34	2254*	39	3023	14	6977*	6307*	25	3693	3283	12	6717*	43	4277*	26	2787*
0,7 4322*	42.35	0,8 2293	40	ī,8 3037	14	0,1 6963*	ī,9 6332	25	0,0 3668*	0,1 3295*	11	ī,8 6705	43	0,9 4234*	47.25	0,8 2758
4351	36	2333*	39	3051*	14	6949	6357	26	3643*	3306	12	6694*	43	4191*	24	2729*
4380	37	2372	40	3065*	13	6935	6383*	25	3617	3318	12	6682*	43	4148*	23	2700*
4409	38	2412*	39	3078	14	6922*	6408	25	3592*	3330*	11	6670	43	4105*	22	2670
4438	39	2451	40	3092	14	6908*	6433	26	3567*	3341	12	6659*	43	4062*	21	2641
0,7 4467	42.40	0,8 2491*	39	ī,8 3106*	14	0,1 6894	ī,9 6459*	25	0,0 3541	0,1 3353	12	ī,8 6647*	43	0,9 4019*	47.20	0,8 2612
4496	41	2530	40	3120*	13	6880	6484	26	3516*	3365*	11	6635	43	3976*	19	2583
4526*	42	2570*	39	3133	14	6867*	6510*	25	3490	3376	12	6624*	43	3933	18	2554
4555*	43	2609	40	3147*	14	6853	6535*	25	3465	3388*	12	6612	43	3890	17	2525*
4584*	44	2649	40	3161*	13	6839	6560	26	3440*	3400*	11	6600	43	3847	16	2496*
0,7 4613*	42.45	0,8 2689*	39	ī,8 3174	14	0,1 6826*	ī,9 6586*	25	0,0 3414	0,1 3411	12	ī,8 6589*	42	0,9 3804	47.15	0,8 2467*
4642*	46	2728	40	3188*	14	6812	6611*	25	3389	3423*	12	6577	43	3762*	14	2438*
4671	47	2768*	40	3202*	13	6798	6636	26	3364*	3435*	11	6565	43	3719*	13	2409*
4700	48	2808*	39	3215	14	6785*	6662*	25	3338	3446	12	6554*	43	3676*	12	2380*
4729	49	2847	40	3229*	13	6771	6687*	25	3313	3458	12	6542*	43	3633	11	2350
0,7 4758	42.50	0,8 2887*	40	ī,8 3242	14	0,1 6758*	ī,9 6712	26	0,0 3288*	0,1 3470*	12	ī,8 6530	42	0,9 3590	47.10	0,8 2321
4787	51	2927*	39	3256	14	6744*	6738*	25	3262	3482*	11	6518	43	3548*	9	2292
4816	52	2966	40	3270*	13	6730	6763*	25	3237	3493	12	6507*	43	3505*	8	2263
4846*	53	3006*	40	3283	14	6717*	6788	26	3212*	3505*	12	6495	43	3462	7	2234
4875*	54	3046*	39	3297*	13	6703	6814*	25	3186	3517*	11	6483	42	3419	6	2205
0,7 4903*	42.55	0,8 3085	40	ī,8 3310	14	0,1 6690*	ī,9 6839*	25	0,0 3161	0,1 3528	12	ī,8 6472*	43	0,9 3377*	47. 5	0,8 2176*
4933*	56	3125	40	3324	14	6676*	6864	26	3136*	3540	12	6460*	43	3334*	4	2147*
4962*	57	3165*	40	3338*	13	6662	6890*	25	3110	3552*	12	6448	42	3291	3	2118*
4991*	58	3205*	39	3351	14	6649*	6915*	25	3085	3564*	11	6436	43	3249*	2	2089*
5020	59	3244	40	3365*	13	6635	6940	26	3060*	3575	12	6425*	43	3206*	1	2060*
0,7 5049	42.60	0,8 3284		ī,8 3378		0,1 6622*	ī,9 6966*		0,0 3034	0,1 3587		ī,8 6413*		0,9 3163	47. 0	0,8 2030
x = 47°, L.x = 0,9 3163				cos x SéhL.x	D	séc x CoshL.x	cot x CoséhL.x	D	tang x SihL.x	coséc x CothL.x	D	sin x TabL.x	D	L.x R = 1	x d. m.	x R = 1

x R = 1	x d. m.	Lx R = 1	D	sin x Tah Lx	D	coséc x Coth Lx	tang x Sih Lx	D	cot x Coséh Lx	séc x Cosh Lx	D	cos x Séh Lx	D	x = 43° Lx = 0,8 3284		
0,7 5049	43° 0′	0,8 3284	40	1̄,8 3378	14	0,1 6622*	1̄,9 6966*	25	0,0 3034	0,1 3587	12	1̄,8 6413*	42	0,9 3163	46.60	0,8 2030
5078	1	3324*	40	3392*	13	6608	6991*	25	3009	3599	12	6401*	43	3121*	59	2001
5107	2	3364*	39	3405	14	6595*	7016	26	2984*	3611*	12	6389	43	3078*	58	1972
5136	3	3403	40	3419*	13	6581	7042*	25	2958	3623*	11	6377	42	3035	57	1943
5166*	4	3443	40	3432	14	6568*	7067*	25	2933	3634	12	6366*	43	2993*	56	1914
0,7 5195*	43. 5	0,8 3483	40	1̄,8 3446*	13	0,1 6554	1̄,9 7092	26	0,0 2908*	0,1 3646	12	1̄,8 6354*	43	0,9 2950	46.55	0,8 1885
5224*	6	3523*	40	3459	14	6541*	7118*	25	2882	3658	12	6342*	42	2907	54	1856*
5253*	7	3563*	40	3473*	13	6527	7143*	25	2857	3670*	12	6330	43	2865*	53	1827*
5282*	8	3603*	39	3486	14	6514*	7168	25	2832*	3682*	12	6318	42	2822	52	1798*
5311*	9	3642	40	3500*	13	6500	7193	26	2807*	3694*	11	6306	43	2780*	51	1769*
0,7 5340	43.10	0,8 3682	40	1̄,8 3513	14	0,1 6487*	1̄,9 7219*	25	0,0 2781	0,1 3705	12	1̄,8 6295*	42	0,9 2737	46.50	0,8 1740*
5369	11	3722	40	3527*	13	6473	7244	25	2756*	3717	12	6283*	43	2695*	49	1710
5398	12	3762	40	3540	14	6460*	7269	26	2731*	3729	12	6271*	42	2652	48	1681
5427	13	3802	40	3554*	13	6446	7295*	25	2705	3741*	12	6259	43	2610*	47	1652
5456	14	3842*	40	3567	14	6433*	7320	25	2680*	3753*	12	6247	42	2567	46	1623
0,7 5485	45.15	0,8 3882*	40	1̄,8 3581*	13	0,1 6419	1̄,9 7345	26	0,0 2655*	0,1 3765*	12	1̄,8 6235	43	0,9 2525*	46.45	0,8 1594
5515*	16	3922*	40	3594	14	6406*	7371*	25	2629	3777*	12	6223	42	2482	44	1565
5544*	17	3962*	40	3608*	13	6392	7396	25	2604*	3789*	11	6211	42	2440*	43	1536*
5573*	18	4002*	40	3621*	13	6379	7421	26	2579*	3800	12	6200*	43	2398*	42	1507*
5602*	19	4042*	40	3634	14	6366*	7447*	25	2553	3812	12	6188*	42	2355	41	1478*
0,7 5631*	43.20	0,8 4082*	40	1̄,8 3648*	13	0,1 6352	1̄,9 7472*	25	0,0 2528	0,1 3824	12	1̄,8 6176*	43	0,9 2313*	46.40	0,8 1449*
5660	21	4122*	40	3661	13	6339*	7497	26	2503*	3836	12	6164*	42	2270	39	1420*
5689	22	4162*	40	3674	14	6326*	7523*	25	2477	3848	12	6152*	42	2228	38	1391*
5718	23	4202*	40	3688*	13	6312	7548*	25	2452	3860	12	6140*	43	2186*	37	1361
5747	24	4242*	40	3701	14	6299*	7573	25	2427*	3872*	12	6128	42	2143	36	1332
0,7 5776	43.25	0,8 4282*	41	1̄,8 3715*	13	0,1 6285	1̄,9 7598	26	0,0 2402*	0,1 3884*	12	1̄,8 6116	42	0,9 2101*	46.35	0,8 1303
5805	26	4322*	40	3728*	13	6272	7624*	25	2376	3896*	12	6104	43	2059*	34	1274
5835*	27	4362*	40	3741	14	6259*	7649	25	2351*	3908*	12	6092	42	2016	33	1245
5864*	28	4402*	40	3755*	13	6245	7674	26	2326*	3920*	12	6080	42	1974	32	1216*
5893*	29	4442	40	3768*	13	6232	7700*	25	2300	3932*	12	6068	42	1932*	31	1187*
0,7 5922*	43.30	0,8 4482	40	1̄,8 3781	14	0,1 6219*	1̄,9 7725*	25	0,0 2275	0,1 3944*	12	1̄,8 6056	43	0,9 1890*	46.30	0,8 1158*
5951*	31	4522	40	3795*	13	6205	7750	26	2250*	3956*	12	6044	42	1847	29	1129*
5980	32	4562	41	3808*	13	6192	7776*	25	2224	3968*	12	6032	42	1805	28	1100*
6009	33	4603*	40	3821	13	6179*	7801*	25	2199	3980*	12	6020	42	1763*	27	1071*
6038	34	4643*	40	3834	14	6166*	7826	25	2174*	3992*	12	6008	43	1721*	26	1042*
0,7 6067	43.35	0,8 4683*	40	1̄,8 3848*	13	0,1 6152	1̄,9 7851	26	0,0 2149*	0,1 4004*	12	1̄,8 5996	42	0,9 1678	46.25	0,8 1012
6096	36	4623*	40	3861*	13	6139	7877*	25	2123	4016*	12	5984	42	1636	24	0983
6125	37	4763	40	3874	13	6126*	7902	25	2098*	4028*	12	5972	42	1594	23	0954
6155*	38	4803	41	3887	14	6113*	7927	26	2073*	4040*	12	5960	42	1552*	22	0925
6184*	39	4844*	40	3901*	13	6099	7953*	25	2047	4052*	12	5948	42	1510*	21	0896
0,7 6213*	43.40	0,8 4884*	40	1̄,8 3914*	13	0,1 6086	1̄,9 7978*	25	0,0 2022	0,1 4064	12	1̄,8 5936*	43	0,9 1468*	46.20	0,8 0867*
6242*	41	4924*	40	3927	13	6073*	8003	26	1997*	4076	12	5924*	42	1425	19	0838*
6271*	42	4964	40	3940	14	6060*	8029*	25	1971	4088	12	5912*	42	1383	18	0809*
6300*	43	5004	41	3954*	13	6046	8054*	25	1946	4100	12	5900*	42	1341	17	0780*
6329	44	5045*	40	3967*	13	6033	8079	25	1921*	4112	12	5888*	42	1299	16	0751*
0,7 6358	43.45	0,8 5085*	40	1̄,8 3980	13	0,1 6020*	1̄,9 8104	26	0,0 1896*	0,1 4124	12	1̄,8 5876*	42	0,9 1257	46.15	0,8 0721
6387	46	5125	41	3993	13	6007*	8130*	25	1870	4136	13	5864*	42	1215	14	0692
6416	47	5166*	40	4006	14	5994*	8155	25	1845*	4149*	12	5851	42	1173*	13	0663
6445	48	5206*	40	4020*	13	5980	8180	26	1820*	4161*	12	5839	42	1131*	12	0634
6475*	49	5246	40	4033*	13	5967	8206*	25	1794	4173*	12	5827	42	1089*	11	0605
0,7 6504*	43.50	0,8 5286	41	1̄,8 4046*	13	0,1 5954	1̄,9 8231*	25	0,0 1769	0,1 4185*	12	1̄,8 5815	42	0,9 1047*	46.10	0,8 0576
6533*	51	5327*	40	4059	13	5941*	8256	25	1744*	4197	12	5803*	42	1005*	9	0547*
6562*	52	5367	40	4072	13	5928*	8281	26	1719*	4209	12	5791*	42	0963*	8	0518*
6591*	53	5407	41	4085	13	5915*	8307*	25	1693	4221	13	5779*	42	0921*	7	0489*
6620*	54	5448*	40	4098	14	5902*	8332	25	1668*	4234*	12	5766	42	0879	6	0460*
0,7 6649	43.55	0,8 5488	41	1̄,8 4112*	13	0,1 5888	1̄,9 8357	26	0,0 1643*	0,1 4246*	12	1̄,8 5754	42	0,9 0837	46. 5	0,8 0431*
6678	56	5529*	40	4125*	13	5875	8383*	25	1617	4258*	12	5742	42	0795	4	0402*
6707	57	5569*	40	4138*	13	5862	8408*	25	1592	4270	12	5730*	42	0753	3	0372
6736	58	5609	41	4151*	13	5849	8433	25	1567*	4282	12	5718*	42	0711	2	0343
6765	59	5650*	40	4164	13	5836*	8458	26	1542*	4294	13	5706*	41	0669	1	0314
0,7 6794	43.60	0,8 5690		1̄,8 4177		0,1 5823*	1̄,9 8484*		0,0 1516	0,1 4307*		1̄,8 5693		0,9 0628*	46° 0′	0,8 0285
x = 46°	Lx = 0,9 0628*			cos x Séh Lx	D	séc x Cosh Lx	cot x Coséh Lx	D	tang x Sih Lx	coséc x Coth Lx	D	sin x Tah Lx	D	Lx R = 1	x d. m.	x R = 1

x		Lx		sin x	D	coséc x	tang x	D	cot x	séc x	D	cos x	x = 44° Lx = 0,8 5690			
R = 1	d. m.	R = 1	D	Tab Lx		Coth Lx	Sib Lx		Coséh Lx	Cosh Lx		Séh Lx				
0,7 6794	44° 0′	0,8 5690	41	Ī,8 4177	13	0,1 5823*	Ī,9 8484*	25	0,0 1516	0,1 4307*	12	Ī,8 5693	42	0,9 0628*	45.60	0,8 0285
6824*	1	5731*	40	4190	13	5810*	8509*	25	1491	4319*	12	5681	42	0586*	59	0256
6853*	2	5771	41	4203	13	5797*	8534	26	1466*	4331	12	5669*	42	0544*	58	0227*
6882*	3	5812*	40	4216	13	5784*	8560*	25	1440	4343	12	5657*	42	0502*	57	0198*
6911*	4	5852	41	4229	13	5771*	8585*	25	1415	4355	13	5645*	42	0460	56	0169*
0,7 6940	44. 5	0,8 5893*	40	Ī,8 4242	13	0,1 5758*	Ī,9 8610	25	0,0 1390*	0,1 4368*	12	Ī,8 5632	41	0,9 0418	45.55	0,8 0140*
6969	6	5933	41	4255	14	5745*	8635	26	1365*	4380*	12	5620	42	0377*	54	0111*
6998	7	5974*	40	4269*	13	5731	8661*	25	1339	4392	12	5608*	42	0335*	53	0082*
7027	8	6014	41	4282*	13	5718	8686*	25	1314	4404	13	5596*	42	0293*	52	0052
7056	9	6055*	40	4295*	13	5705	8711	26	1289*	4417*	12	5583	42	0251	51	0023
0,7 7085	44.10	0,8 6095	41	Ī,8 4308*	13	0,1 5692	Ī,9 8737*	25	0,0 1263	0,1 4429*	12	Ī,8 5571	41	0,9 0209	45.50	0,7 9994
7114	11	6136*	40	4321*	13	5679	8762*	25	1238	4441	12	5559*	42	0168*	49	9965
7144*	12	6176	41	4334*	13	5666	8787	25	1213*	4453	13	5547*	42	0126*	48	9936
7173*	13	6217	41	4347*	13	5653	8812	26	1188*	4466*	12	5534	41	0084	47	9907*
7202*	14	6258*	40	4360*	13	5640	8838*	25	1162	4478	12	5522*	42	0043*	46	9878*
0,7 7231*	44.15	0,8 6298	41	Ī,8 4373*	12	0,1 5627	Ī,9 8863*	25	0,0 1137	0,1 4490	13	Ī,8 5510*	42	0,9 0001*	45.45	0,7 9849*
7260*	16	6339*	40	4385	13	5615*	8888	25	1112*	4503*	12	5497	42	0,8 9959	44	9820*
7289*	17	6379	41	4398	13	5602*	8913	26	1087*	4515	12	5485*	41	9917	43	9791*
7318	18	6420	41	4411	13	5589*	8939*	25	1061	4527	13	5473*	42	9876*	42	9762*
7347	19	6461*	40	4424	13	5576*	8964*	25	1036	4540*	12	5460	41	9834	41	9732
0,7 7376	44.20	0,8 6501	41	Ī,8 4437	13	0,1 5563*	Ī,9 8989	26	0,0 1011*	0,1 4552	12	Ī,8 5448*	42	0,8 9793*	45.40	0,7 9703
7405	21	6542*	41	4450	13	5550*	9015*	25	0985	4564	13	5436*	42	9751*	39	9674
7434	22	6583*	40	4463	13	5537*	9040*	25	0960	4577*	12	5423	41	9709	38	9645
7464*	23	6623	41	4476	13	5524*	9065	25	0935*	4589	12	5411*	42	9668*	37	9616
7493*	24	6664	41	4489*	13	5511	9090	26	0910*	4601	13	5399*	41	9626	36	9587
0,7 7522	44.25	0,8 6705*	41	Ī,8 4502*	13	0,1 5498	Ī,9 9116*	25	0,0 0884	0,1 4614*	12	Ī,8 5386	42	0,8 9585*	45.35	0,7 9558*
7551*	26	6746*	40	4515*	13	5485	9141*	25	0859	4626	13	5374*	42	9543	34	9529*
7580*	27	6786	41	4528*	12	5472	9166	25	0834*	4639*	12	5361	41	9501	33	9500*
7609*	28	6827	41	4540	13	5460*	9191	26	0809*	4651*	12	5349	42	9460*	32	9471*
7638	29	6868*	41	4553	13	5447*	9217*	25	0783	4663	13	5337*	41	9418	31	9442*
0,7 7667	44.30	0,8 6909*	40	Ī,8 4566	13	0,1 5434*	Ī,9 9242*	25	0,0 0758	0,1 4676*	12	Ī,8 5324	42	0,8 9377*	45.30	0,7 9412
7696	31	6949	41	4579	13	5421*	9267	26	0733*	4688	13	5312*	41	9335	29	9383
7725	32	6990	41	4592*	13	5408	9293*	25	0707	4701*	12	5299	42	9294*	28	9354
7754	33	7031*	41	4605*	13	5395	9318*	25	0682	4713	13	5287*	41	9252	27	9325
7784*	34	7072*	41	4618*	12	5382	9343	25	0657*	4726*	12	5274	41	9211	26	9296
0,7 7813*	44.35	0,8 7113*	40	Ī,8 4630	13	0,1 5370*	Ī,9 9368	26	0,0 0632*	0,1 4738*	12	Ī,8 5262	42	0,8 9170*	45.25	0,7 9267
7842*	36	7153	41	4643	13	5357*	9394*	25	0606	4750	13	5250*	41	9128	24	9238*
7871*	37	7194	41	4656*	13	5344	9419*	25	0581	4763*	12	5237	42	9087*	23	9209*
7900*	38	7235	41	4669*	13	5331	9444	25	0556*	4775	13	5225*	41	9045	22	9180*
7929*	39	7276	41	4682	12	5318*	9469	26	0531*	4788*	12	5212	41	9004*	21	9151*
0,7 7958	44.40	0,8 7317*	41	Ī,8 4694	13	0,1 5306*	Ī,9 9495*	25	0,0 0505	0,1 4800	13	Ī,8 5200*	42	0,8 8963*	45.20	0,7 9122*
7987	41	7358*	41	4707	13	5293*	9520*	25	0480	4813*	12	5187	41	8921	19	9093*
8016	42	7399*	41	4720*	13	5280	9545	25	0455*	4825	13	5175*	42	8880*	18	9063
8045	43	7440*	41	4733*	12	5267	9570	26	0430*	4838*	12	5162	41	8838	17	9034
8074	44	7481*	41	4745	13	5255*	9596*	25	0404	4850	13	5150*	41	8797	16	9005
0,7 8103	44.45	0,8 7522*	41	Ī,8 4758	13	0,1 5242*	Ī,9 9621	25	0,0 0379*	0,1 4863*	12	Ī,8 5137	42	0,8 8756*	45.15	0,7 8976
8133*	46	7563*	41	4771*	13	5229	9646	26	0354*	4875	13	5125*	41	8714	14	8947
8162*	47	7604*	41	4784*	12	5216	9672*	25	0328	4888*	12	5112	41	8673	13	8918*
8191*	48	7645*	41	4796	13	5204*	9697*	25	0303	4900	13	5100*	41	8632*	12	8889*
8220*	49	7686*	41	4809	13	5191*	9722	25	0278*	4913*	13	5087	42	8591*	11	8860*
0,7 8249	44.50	0,8 7727*	41	Ī,8 4822*	13	0,1 5178	Ī,9 9747	26	0,0 0253*	0,1 4926*	12	Ī,8 5074	41	0,8 8549	45.10	0,7 8831*
8278	51	7768*	41	4835*	12	5165	9773*	25	0227	4938	13	5062*	41	8508	9	8802*
8307	52	7809*	41	4847	13	5153*	9798*	25	0202	4951*	12	5049	41	8467*	8	8773*
8336	53	7850*	41	4860*	13	5140	9823	25	0177*	4963	13	5037*	42	8426*	7	8743
8365	54	7891*	41	4873*	12	5127	9848	26	0152*	4976*	12	5024	41	8384*	6	8714
0,7 8394	44.55	0,8 7932*	41	Ī,8 4885	13	0,1 5115*	Ī,9 9874*	25	0,0 0126	0,1 4988	13	Ī,8 5012*	41	0,8 8343	45. 5	0,7 8685
8423	56	7973*	41	4898*	13	5102	9899*	25	0101	5001	13	4999*	41	8302*	4	8656
8453*	57	8014*	41	4911*	12	5089	9924	25	0076*	5014*	12	4986	41	8261*	3	8627
8482*	58	8055	41	4923	13	5077*	9949	26	0051*	5026	13	4974*	41	8220*	2	8598*
8511*	59	8096	41	4936*	13	5064	9975*	25	0025	5039*	12	4961	42	8179*	1	8569*
0,7 8540*	44.60	0,8 8137		Ī,8 4949*		0,1 5051	0,0 0000		0,0 0000	0,1 5051		Ī,8 4949*		0,8 8137	45° 0′	0,7 8540*
x = 45° Lx = 0,8 8137				cos x	D	séc x	cot x	D	tang x	coséc x	D	sin x	D	R = 1	d. m.	R = 1
				Séh Lx		Cosh Lx	Coséh Lx		Sib Lx	Coth Lx		Tab Lx		Lx		x

FORMULES ET TABLE D'INTERPOLATION.

Cosh L(90° − x) = Coth L x; Tah L(90° − x) = Séh L x; Coséh L(90° − x) = Sih L x;
Sih L(90° − x) = Coséh L x; Coth L(90° − x) = Cosh L x; Séh L(90° − x) = Tah L x.

Lov π = 0,49714 98726 94134.
loh π = 1,14472 98858 49400

séc(90° − x) = Cosh L(90° − x);
tang(90° − x) = Sih L(90° − x).

Nota. Les nombres tabulaires T, à l'exception des deux extrêmes, ont $+\frac{3\alpha}{30}$ pour limite supérieure d'erreur.

Angles en degrés, minutes, secondes	Angles en secondes	S	T	L
° ′ ″				
0. 0. 0	0	$\bar{6}$,6 8557	$\bar{6}$,6 8557	12,9 3006
20.30	1230	8557	8558	3006*
35.10	2110	8557*	8559	3005
45.20	2720	8556	8560	3005*
53.40	3220	8556*	8561	3004
1. 0.50	3650	$\bar{6}$,6 8555	$\bar{6}$,6 8562	12,9 3004*
7.10	4030	8555*	8563	3003
13. 0	4380	8554	8564	3002
18.20	4700	8554*	8565	3002
1.23.30	5010	$\bar{6}$,6 8553	$\bar{6}$,6 8566	12,9 3002*
28.10	5290	8553*	8567	3001*
32.40	5560	8552	8568	3000
37. 0	5820	8552*	8569	3000*
1.41.10	6070	$\bar{6}$,6 8551	$\bar{6}$,6 8570	12,9 2999*
45.10	6310	8551*	8571	2999*
49. 0	6540	8550	8572	2998*
52.40	6760	8550*	8573	2997
56.10	6970	8549	8574	2997*
59.40	7180	8549*	8575	2996
2. 3. 0	7380	$\bar{6}$,6 8548	$\bar{6}$,6 8576	12,9 2996*
6.20	7580	8548*	8577	2995*
9.30	7770	8547	8578	2995*
12.30	7950	8547*	8579	2994*
15.40	8140	8546	8580	2994*
2.18.40	8320	$\bar{6}$,6 8546*	$\bar{6}$,6 8581	12,9 2993*
21.30	8490	8545	8582	2992
24.20	8660	8545*	8583	2992*
27.10	8830	8544	8584	2991
30. 0	9000	8544*	8585	2990
2.32.40	9160	$\bar{6}$,6 8543	$\bar{6}$,6 8586	12,9 2990
35.20	9320	8543*	8587	2989
37.50	9470	8542	8588	2989*
40.30	9630	8542*	8589	2988
43. 0	9780	8541	8590	2987
45.30	9930	8541*	8591	2987
2.47.50	10070	$\bar{6}$,6 854c	$\bar{6}$,6 8592	12,9 2987*
50.20	10220	8540*	8593	2986*
52.40	10360	8539	8594	2985
55. 0	10500	8539*	8595	2985*
57.20	10640	8538	8596	2984
59.40	10780	8538*	8597	2984*
3. 0. 0	10800	$\bar{6}$,6 8538*	$\bar{6}$,6 8597	12,9 2984*
Lov coséc x = **Lov Coth** L x = 1 − S − **Lov** x″; **Lov** cot x = **Lov Coséh** L x = 1 − T − **Lov** x″.	séc(90° − x) = coséc x; tang(90° − x) = cot x.	**Lov** sin x = **Lov Tah** L x = S + **Lov** x″; cos(90° − x) = sin x; cos(90° − x) = **Séh** L(90° − x).	**Lov** tang x = **Lov Sih** L x = T + **Lov** x″; cot(90° − x) = tang x; cot(90° − x) = **Coséh** L(90° − x).	L(90° − x) = L − **loh** x″.
		S	T	L

LONGUEURS. x = L x sin = tang **Tah** = **Sih**	R = 1 x	cot = coséc **Coséh** = **Coth**	LOGARITHMES. sin = tang **Tah** = **Sih**	D	cot = coséc **Coséh** = **Coth**	x = 0, L x = 0: D	L x = 0	x = 0	
	° ′ ″							° ′ ″	
0,0 00000	0. 0. 0	∞	− ∞		∞		∞	89.59.60	1,5 70796
00005*	1	206264,81*	$\bar{6}$,6 8557		5,3 1443*		12,9 3006	59	70791
00010*	2	103132,40	9 8660	30103	0 1340*	69314	2 3692*	58	70787*
00015*	3	68754,94	$\bar{5}$,1 6270*	17610	4,8 3730	40547	11,8 3145	57	70782*
00019	4	51566,20	2 8763	12493	7 1237*	28768	5 4377*	56	70777*
0,0 00024	0. 0. 5	41252,96	$\bar{5}$,3 8454	9691	4,6 1546*	22314	11,3 2063*	89.59.55	1,5 70772
00029	6	34377,47*	4 6373*	7919	5 3627	18233	1 3830	54	70767
00034*	7	29466,40	5 3067	6694	4 6933*	15415	10,9 8415	53	70762
00039*	8	25783,10	5 8866	5799	4 1134*	13353	8 5062	52	70758*
00044*	9	22918,31	6 3982*	5116	3 6018	11777	7 3285*	51	70753*
0,0 00048	0. 0.10	20626,48	$\bar{5}$,6 8557	4575	4,3 1443*	10537	10,6 2748*	89.59.50	1,5 70748*
00053	11	18751,35*	7 2697*	4140	2 7303	9531	5 3217*	49	70743*
00058	12	17188,73	7 6476*	3779	2 3524	8701	4 4516*	48	70738
00063	13	15866,52	7 9952*	3476	2 0048	8005	3 6511	47	70733
00068*	14	14733,20	8 3170	3218	1 6830*	7410	2 9101*	46	70728
0,0 00073*	0. 0.15	13750,99*	$\bar{5}$,8 6167*	2997	4,1 3833	6900	10,2 2201	89.59.45	1,5 70724*
00078*	16	12891,55	8 8969	2802	1 1031*	6454	1 5747	44	70719*
00082	17	12133,22	9 1602	2633	0 8398*	6062	0 9685*	43	70714*
00087	18	11459,16*	9 4085*	2483	0 5915	5716	0 3969	42	70709
00092	19	10856,04	9 6433*	2348	0 3567	5407	9,9 8562	41	70704
0,0 00097*	0. 0.20	10313,24	$\bar{5}$,9 8660	2227	4,0 1340*	5129	9,9 3433	89.59.40	1,5 70699
00102*	21	9822,13	$\bar{4}$,0 0779	2119	3,9 9221*	4879	8 8554	39	70695*
00107*	22	9375,67	2800*	2021	7200	4652	8 3902	38	70690*
00112*	23	8968,04*	4730	1930	5270*	4445	7 9457*	37	70685*
00116	24	8594,37*	6579*	1849	3421	4256	7 5201*	36	70680*
0,0 00121	0. 0.25	8250,59	$\bar{4}$,0 8351	1772	3,9 1649*	4082	9,7 1119*	89.59.35	1,5 70675
00126	26	7933,26	$\bar{4}$,1 0055*	1704	3,8 9945	3922	6 7197*	34	70670
00131*	27	7639,44*	1694*	1639	8306	3774	6 3423*	33	70665
00136*	28	7366,60	3273	1579	6727*	3637	5 9786*	32	70661*
00141*	29	7112,58*	4797	1524	5203*	3509	5 6277*	31	70656*
0,0 00145	0. 0.30	6875,494*	$\bar{4}$,1 6270*	1473	3,8 3730	3390	9,5 2887*	89.59.30	1,5 70651*
00150	31	6653,703	7694*	1424	2306	3279	4 9608*	29	70646
00155	32	6445,775	9072	1378	0928*	3175	4 6433*	28	70641
00160*	33	6250,449*	$\bar{4}$,2 0409*	1337	3,7 9591	3077	4 3356*	27	70636
00165*	34	6066,612*	1705	1296	8295*	2986	4 0370	26	70631
0,0 00170*	0. 0.35	5893,280	$\bar{4}$,2 2964	1259	3,7 7036*	2898	9,3 7472*	89.59.25	1,5 70627*
00175*	36	5729,578*	4188*	1224	5812	2818	3 4654	24	70622*
00179	37	5574,724	5378*	1190	4622	2739	3 1915*	23	70617*
00184	38	5428,021	6536*	1158	3464	2607	2 9248*	22	70612
00189	39	5288,841	7664*	1128	2336	2598	2 6650	21	70607
0,0 00194*	0. 0.40	5156,620	$\bar{4}$,2 8763	1099	3,7 1237*	2532	9,2 4118	89.59.20	1,5 70602
00199*	41	5030,849*	9836*	1073	0164	2469	2 1649	19	70598*
00204*	42	4911,067*	$\bar{4}$,3 0882	1046	3,6 9118*	2410	1 9239*	18	70593*
00208	43	4796,856*	1904	1022	8096*	2353	1 6886	17	70588*
00213	44	4687,837*	2903*	999	7097	2299	1 4587	16	70583
0,0 00218	0. 0.45	4583,662	$\bar{4}$,3 3879*	976	3,6 6121	2247	9,1 2340	89.59.15	1,5 70578
00223	46	4484,018*	4833	954	5167*	2198	1 0142	14	70573
00228*	47	4388,613*	5767	934	4233*	2150	0 7992	13	70568
00233*	48	4297,183	6682*	915	3318	2106	0 5886	12	70564*
00238*	49	4209,486*	7577	895	2423*	2062	0 3824	11	70559*
0,0 00242	0. 0.50	4125,296	$\bar{4}$,3 8454	877	3,6 1546*	2020	9,0 1804	89.59.10	1,5 70554*
00247	51	4044,408*	9315*	861	0685	1980	8,9 9824*	9	70549
00252	52	3966,631*	$\bar{4}$,4 0158*	843	3,5 9842	1942	9 7882*	8	70544
00257*	53	3891,789*	0985	827	9015*	1905	9 5977	7	70539
00262*	54	3819,719*	1797*	812	8203	1809	9 4108*	6	70535*
0,0 00267*	0. 0.55	3750,269	$\bar{4}$,4 2594*	797	3,5 7406	1835	8,9 2273	89.59. 5	1,5 70530*
00271	56	3683,300	3376	782	6624*	1802	9 0471	4	70525*
00276	57	3618,681*	4145*	769	5855	1770	8 8701	3	70520*
00281	58	3556,290*	4900	755	5100*	1739	8 6962	2	70515
00286	59	3496,014*	5643*	743	4357	1709	8 5253*	1	70510
0,0 00291*	0. 0.60	3437,747*	$\bar{4}$,4 6373*	730	3,5 3627	1681	8,8 3572*	89.59. 0	1,5 70505
	° ′ ″							° ′ ″	
cos = cot **Séh** = **Coséh**	R = 1	tang = séc **Sih** = **Cosh**	cos = cot **Séh** = **Coséh**	D	tang = séc **Sih** = **Cosh**	D	R = 1	d. m.	R = 1
LONGUEURS.			LOGARITHMES.			L x		x	

TABLE IV

DONNANT AVEC CINQ DÉCIMALES LES LOGARITHMES VULGAIRES

DES

FONCTIONS CIRCULAIRES ET HYPERBOLIQUES

DE 0 A 100^{gr}.

x R = 1	x grad.	Lx R = 1	D	sin x Tab Lx	D	coséc x Coth Lx	tang x Sih Lx	D	cot x Coséh Lx	séc x Cosh Lx	D	cos x Séh Lx	x = 0grade,00 Lx = 0			
	gr															
0,0 0000	0,00	0,0 0000	16	— ∞		∞	— ∞		∞	0,0 0000	0	0,0 0000		∞	100,00	1,5 7080*
0016*	01	0016*	15	$\bar{4}$,1 9612*	30103	3,8 0388	$\bar{4}$,1 9612*	30103	3,8 0388	0000	0	0000*	69314	9,4 5190	99,99	7064*
0031	02	0031	16	4 9715*	17609	5 0285	4 9715*	17609	5 0285	0000	0	0000*	40547	8,7 5876*	98	7048
0047	03	0047	16	6 7324	12494	3 2676*	6 7324	12494	3 2676*	0000	0	0000*	28768	3 5329	97	7033*
0063*	04	0063*	16	7 9818*	9691	2 0182	7 9818*	9691	2 0182	0000	0	0000*	22314	0 6561	96	7017*
0,0 0079*	0,05	0,0 0079*	15	$\bar{4}$,8 9509*	7918	3,1 0491	$\bar{4}$,8 9509*	7918	3,1 0491	0,0 0000	0	0,0 0000*	18232	7,8 4247*	99,95	1,5 7001
0094	06	0094	16	$\bar{4}$,9 7427	6695	3,0 2573*	$\bar{4}$,9 7427	6693	3,0 2573*	0000	0	0000*	15416	6 6015*	94	6985
0110*	07	0110*	16	$\bar{3}$,0 4122*	5799	2,9 5878	8,0 4122*	5799	2,9 5878	0000	0	0000*	13353	5 0599	93	6970*
0126*	08	0126*	15	9921*	5115	0079	9921	5113	0079*	0000	0	0000*	11778	3 7246	92	6954*
0141	09	0141	16	$\bar{3}$,1 5036	4576	2,8 4964*	$\bar{3}$,1 5036	4576	2,8 4964*	0000	0	0000*	10536	2 5468	91	6938
0,0 0157	0,10	0,0 0157	16	$\bar{3}$,1 9612*	4139	2,8 0388	$\bar{3}$,1 9612	4139	2,8 0388*	0,0 0000	0	0,0 0000*	9531	7,1 4932*	99,90	1,5 6923*
0173*	11	0173*	15	$\bar{3}$,2 3751	3779	2,7 6249*	$\bar{3}$,2 3751	3779	2,7 6249*	0000	0	0000*	8701	0 5401*	89	6907*
0188	12	0188	16	7530	3476	2470*	7530	3476	2470*	0000	0	0000*	8004	6,9 6700*	88	6891
0204	13	0204	16	$\bar{3}$,3 1006	3219	2,6 8994*	$\bar{3}$,3 1006	3219	2,6 8994*	0000	0	0000*	7411	8 8696*	87	6875
0220*	14	0220*	16	4225*	2990	5775	4225*	2996	5775	0000	0	0000*	6900	8 1285*	86	6860*
0,0 0236*	0,15	0,0 0236*	15	$\bar{3}$,3 7221	2803	2,6 2779*	$\bar{3}$,3 7221	2803	2,6 2779*	0,0 0000	0	0,0 0000*	6458	6,7 4385	99,85	1,5 6844
0251	16	0251	16	$\bar{3}$,4 0024*	2633	2,5 9976	$\bar{3}$,4 0024	2633	2,5 9976*	0000	0	0000*	6068	6,6 7932*	84	6828
0267	17	0267	16	2657*	2482	7343	2657*	2182	7343	0000	0	0000*	5716	1869	83	6813*
0283*	18	0283*	15	5139	2348	4861*	5139	2348	4861*	0000	0	0000*	5406	6,5 6153	82	6797*
0298	19	0298	16	7487	2228	2513*	7487	2228	2513*	0000	0	0000*	5130	0747*	81	6781
0,0 0314	0,20	0,0 0314	16	$\bar{3}$,4 9715*	2119	2,5 0285	$\bar{3}$,4 9715	2119	2,5 0285*	0,0 0000	0	0,0 0000*	4879	6,4 5617	99,80	1,3 6765
0330*	21	0330*	16	$\bar{3}$,5 1834*	2020	2,4 8166	$\bar{3}$,5 1834	2020	2,4 8166*	0000	0	0000*	4652	0738	79	6750*
0346*	22	0346*	15	3854	1931	6146*	3854	1931	6146*	0000	0	0000*	4446	6,3 6086	78	6734
0361	23	0361	16	5785*	1848	4215	5785*	1846	4215	0000	0	0000*	4256	1641*	77	6718
0377*	24	0377*	16	7633	1773	2367*	7633	1773	2367*	0000	0	0000*	4082	6,2 7385*	76	6703*
0,0 0393*	0,25	0,0 0393*	15	$\bar{3}$,5 9406*	1703	2,4 0594	$\bar{3}$,5 9406	1704	2,4 0594*	0,0 0000	0	0,0 0000*	3922	6,2 3303*	99,75	1,5 6687*
0408	26	0408	16	$\bar{3}$,6 1109	1639	2,3 8891*	$\bar{3}$,6 1110*	1639	2,3 8890	0000	0	0000*	3774	6,1 9381*	74	6671
0424	27	0424	16	2748	1580	7252*	2749*	1579	7251	0000	0	0000*	3637	5607*	73	6656*
0440*	28	0440*	15	4328*	1524	5672	4328	1524	5672*	0000	0	0000*	3509	1970*	72	6640*
0456*	29	0456*	15	5852*	1472	4148	5852	1472	4148*	0000	0	0000*	3390	6,0 8461*	71	6624
0,0 0471	0,30	0,0 0471	16	$\bar{3}$,6 7324*	1424	2,3 2676	$\bar{3}$,6 7324	1424	2,3 2676*	0,0 0000	1	0,0 0000*	3279	6,0 5071*	99,70	1,5 6608
0487*	31	0487*	16	8748*	1379	1252	8748	1379	1252*	0001*	0	$\bar{1}$,9 9999	3178	1792*	69	6523*
0503*	32	0503*	15	$\bar{3}$,7 0127*	1336	2,2 9873	$\bar{3}$,7 0127	1337	2,2 9873*	0001*	0	9999	3078	5,9 8617*	68	6577*
0518	33	0518	16	1463	1297	8537*	1464*	1296	8536	0001*	0	9999	2985	5539	67	6561
0534	34	0534	15	2760*	1259	7240	2760	1259	7240*	0001*	0	9999	2899	2554	66	6546*
0,0 0550*	0,35	0,0 0550*	15	$\bar{3}$,7 4019*	1223	2,2 5981	$\bar{3}$,7 4019	1224	2,2 5981*	0,0 0001*	0	$\bar{1}$,9 9999	2817	5,8 9655	99,65	1,5 6530*
0565	36	0565	16	5242	1190	4758*	5243*	1190	4757	0001*	0	9999	2740	6838	64	6514
0581	37	0581	16	6432*	1158	3568	6433*	1156	3567	0001*	0	9999	2666	4098	63	6498
0597*	38	0597*	16	7590	1128	2410*	7591*	1128	2409	0001*	0	9999	2598	1432*	62	6483*
0613*	39	0613*	15	8718	1100	1282*	8719*	1100	1281	0001*	0	9999	2532	5,7 8834	61	6467
0,0 0628	0,40	0,0 0628	16	$\bar{3}$,7 9818*	1072	2,2 0182	$\bar{3}$,7 9819*	1072	2,2 0181	0,0 0001*	0	$\bar{1}$,9 9999	2469	5,7 6302	99,60	1,5 6451
0644	41	0644	16	$\bar{3}$,8 0890	1047	2,1 9110*	$\bar{3}$,8 0891*	1047	2,1 9109	0001*	0	9999	2410	3833*	59	6436*
0660*	42	0660*	15	1937*	1021	8063	1938*	1021	8062	0001*	0	9999	2353	1423	58	6420*
0675	43	0675	16	2958	999	7042*	2959	999	7041*	0001*	0	9999	2299	5,6 9070	57	6404
0691	44	0691	16	3957*	976	6043	3958*	976	6042	0001	0	9999*	2247	6771	56	6388
0,0 0707*	0,45	0,0 0707*	16	$\bar{3}$,8 4933*	954	2,1 5067	$\bar{3}$,8 4934*	955	2,1 5066	0,0 0001	0	$\bar{1}$,9 9999*	2198	5,6 4524*	99,55	1,5 6373*
0723*	46	0723*	15	5887	934	4113*	5889*	904	4111	0001	0	9999*	2151	2326*	54	6357
0738	47	0738	16	6821	915	3179*	6823*	914	3177	0001	0	9999*	2105	0175	53	6341
0754*	48	0754*	16	7736*	895	2264	7737*	895	2263	0001	0	9999*	2062	5,5 8070*	52	6326*
0770*	49	0770*	15	8631	878	1369*	8632	878	1368*	0001	0	9999*	2020	6008*	51	6310*
0,0 0785	0,50	0,0 0785	16	$\bar{3}$,8 9509*	860	2,1 0491	$\bar{3}$,8 9510*	800	2,1 0490	0,0 0001	0	$\bar{1}$,9 9999*	1981	5,5 3988*	99,50	1,5 6294
0801	51	0801	16	$\bar{3}$,9 0369*	843	2,0 9631	3,9 0370*	843	2,0 9630	0001	0	9999*	1941	2007	49	6279*
0817*	52	0817*	16	1212*	827	8788	1213	828	8787*	0001	1	9999*	1905	0066*	48	6263*
0833*	53	0833*	15	2039	812	7961*	2041*	811	7959	0002*	0	9998	1870	5,4 8161*	47	6247
0848	54	0848	16	2851*	797	7149	2852	797	7148*	0002*	0	9998	1834	6291	46	6231
0,0 0864*	0,55	0,0 0864*	16	$\bar{3}$,9 3648*	782	2,0 6352	$\bar{3}$,9 3649	783	2,0 6351*	0,0 0002*	0	$\bar{1}$,9 9998	1802	5,4 4457*	99,45	1,5 6216*
0880*	56	0880*	13	4430	769	5570*	4432*	709	5568	0002*	0	9998	1770	2655*	44	6200*
0895	57	0895	16	5199*	755	4801	5201*	755	4799	0002*	0	9998	1740	0885*	43	6184
0911	58	0911	16	5954	743	4046*	5956*	742	4044	0002*	0	9998	1709	5,3 9145	42	6169*
0927	59	0927*	15	6697*	729	3303	6698	730	3302*	0002*	0	9998	1681	7436	41	6153*
0,0 0942	0,60	0,0 0942		$\bar{3}$,9 7426		2,0 2574*	$\bar{3}$,9 7428		2,0 2572*	0,0 0002*		$\bar{1}$,9 9998		5,3 5755	99,40 gr	1,5 6137
x = 99grades,40 Lx = 5,3 5755				cos x Séh Lx	D	séc x Cosh Lx	cot x Coséh Lx	D	tang x Sih Lx	coséc x Coth Lx	D	sin x Tah Lx	D	Lx R = 1	x grades.	x R = 1

x R = 1	x grad.	Lx R = 1	D	sin x Tab Lx	D	coséc x Coth Lx	tang x Sih Lx	D	cot x Coséh Lx	séc x Cosh Lx	D	cos x Séh Lx	D	x = 0grade,60 Lx = 0,00942 (Lx)	(grades)	(x R = 1)
0,0 0942	gr 0,60	0,0 0942	16	$\bar{3}$,9 7426	718	2,0 2574*	$\bar{3}$,9 7428	718	2,0 2572*	0,0 0002*	0	$\bar{1}$,9 9998	1653	5,3 5755	99,40	1,5 6137
0958	61	0958	16	8144	706	1856*	8146	707	1854*	0002*	0	9998	1625	4102	39	6121
0974*	62	0974*	16	8850	695	1150*	8853*	694	1147	0002	0	9998*	1600	2476	38	6106*
0990*	63	0990*	15	9545	684	0455*	9547	684	0453*	0002	0	9998*	1575	0876	37	6090
1005	64	1005	16	$\bar{2}$,0 0229	674	1,9 9771*	$\bar{2}$,0 0231	674	1,9 9769*	0002	0	9998*	1550	5,2 9301	36	6074
0,0 1021	0,65	0,0 1021	16	$\bar{2}$,0 0903*	663	1,9 9097	$\bar{2}$,0 0905*	663	1,9 9095	0,0 0002	0	$\bar{1}$,9 9998*	1527	5,2 7751*	99,35	1,5 6059*
1037*	66	1037*	15	1566*	653	8434	1568*	653	8432	0002	0	9998*	1504	6224	34	6043*
1052	67	1052	16	2219*	643	7781	2221	644	7779*	0002	0	9998*	1481	4720	33	6027
1068	68	1068	16	2862	634	7138*	2865*	634	7135	0002	1	9998*	1460	3239*	32	6011
1084*	69	1084*	16	3496	625	6504*	3499*	625	6501	0003*	0	9997	1439	1779*	31	5996*
0,0 1100*	0,70	0,0 1100*	15	$\bar{2}$,0 4121*	616	1,9 5879	$\bar{2}$,0 4124*	616	1,9 5876	0,0 0003*	0	$\bar{1}$,9 9997	1419	5,2 0340*	99,30	1,5 5980
1115	71	1115	16	4737*	607	5263	4740*	607	5260	0003*	0	9997	1398	5,1 8921	29	5964
1131*	72	1131*	16	5344	599	4656*	5347	599	4653*	0003*	0	9997	1380	7523*	28	5949*
1147*	73	1147*	15	5943	591	4057*	5946	591	4054*	0003*	0	9997	1360	6143	27	5933*
1162	74	1162	16	6534	583	3466*	6537	583	3463*	0003*	0	9997	1342	4783*	26	5917
0,0 1178	0,75	0,0 1178	16	$\bar{2}$,0 7117	575	1,9 2883*	$\bar{2}$,0 7120	575	1,9 2880*	0,0 0003	0	$\bar{1}$,9 9997*	1325	5,1 3441*	99,25	1,5 5902*
1194*	76	1194*	16	7692	568	2308*	7695	568	2305*	0003	0	9997*	1307	2116*	24	5886*
1210*	77	1210*	15	8260	560	1740*	8263	561	1737*	0003	0	9997*	1291	0809*	23	5870
1225	78	1225	16	8820	554	1180*	8824*	553	1176	0003	0	9997*	1274	5,0 9518	22	5854
1241*	79	1241*	16	9374*	546	0626	9377*	546	0623	0003	0	9997*	1257	8244	21	5839*
0,0 1257*	0,80	0,0 1257*	15	$\bar{2}$,0 9920*	539	1,9 0080	$\bar{2}$,0 9923	540	1,9 0077*	0,0 0003	1	$\bar{1}$,9 9997*	1243	5,0 6987*	99,20	1,5 5823*
1272	81	1272	16	$\bar{2}$,1 0459	533	1,8 9541*	$\bar{2}$,1 0463*	533	1,8 9537	0004*	0	9996	1227	5744	19	5807
1288	82	1288	16	0992	527	9008*	0996*	526	9004	0004*	0	9996	1212	4517	18	5792*
1304*	83	1304*	16	1519*	520	8481	1522	520	8478*	0004*	0	9996	1198	3305	17	5776*
1319	84	1320*	15	2039*	514	7961	2042	514	7958*	0004*	0	9996	1183	2107	16	5760
0,0 1335	0,85	0,0 1335	16	$\bar{2}$,1 2553*	508	1,8 7447	$\bar{2}$,1 2556	508	1,8 7444*	0,0 0004*	0	$\bar{1}$,9 9996	1170	5,0 0924*	99,15	1,5 5744
1351*	86	1351*	16	3061*	502	6939	3064	503	6936*	0004*	0	9996	1156	4,9 9754	14	5729*
1367*	87	1367*	15	3563*	496	6437	3567*	496	6433	0004	0	9996*	1143	8598	13	5713
1382	88	1382	16	4059*	491	5941	4063	491	5937*	0004	0	9996*	1130	7455	12	5697
1398	89	1398	16	4550*	485	5450	4554*	485	5446	0004	0	9996*	1117	6325	11	5682*
0,0 1414*	0,90	0,0 1414*	15	$\bar{2}$,1 5035*	480	1,8 4965	$\bar{2}$,1 5039	480	1,8 4961*	0,0 0004	0	$\bar{1}$,9 9996*	1105	4,9 5208*	99,10	1,5 5666*
1429	91	1429	16	5515*	474	4485	5519	475	4481*	0004	1	9996*	1093	4103*	09	5650
1445	92	1445	16	5989	470	4011*	5994*	469	4006	0005*	0	9995	1081	3010*	08	5634
1461*	93	1461*	16	6459*	464	3541	6463	465	3537*	0005*	0	9995	1070	1929*	07	5619*
1477*	94	1477*	15	6923	460	3077*	6928*	460	3072	0005*	0	9995	1058	0859	06	5603
0,0 1492	0,95	0,0 1492	16	$\bar{2}$,1 7383*	454	1,8 2617	$\bar{2}$,1 7388*	454	1,8 2612	0,0 0005*	0	$\bar{1}$,9 9995	1047	4,8 9801*	99,05	1,5 5587
1508*	96	1508	16	7837	450	2163*	7842	451	2158*	0005*	0	9995	1037	8754*	04	5572*
1524*	97	1524*	15	8287	446	1713*	8293*	445	1707	0005	0	9995*	1025	7717	03	5556*
1539	98	1539	16	8733*	441	1267	8738	441	1262*	0005	0	9995*	1016	6692*	02	5540
1555	99	1555	16	9174*	436	0826	9179	437	0821*	0005	0	9995*	1005	5676	01	5525*
0,0 1571*	1,00	0,0 1571*	16	$\bar{2}$,1 9610	432	1,8 0390*	$\bar{2}$,1 9616*	432	1,8 0384	0,0 0005	0	$\bar{1}$,9 9995*	995	4,8 4671	99,00	1,5 5509*
1587	01	1587*	15	$\bar{2}$,2 0042	428	1,7 9958*	$\bar{2}$,2 0048*	428	1,7 9952	0005	1	9995*	985	3676	98,99	5493
1602	02	1602	16	0470	424	9530*	0476*	423	9524	0006*	0	9994	976	2691	98	5477
1618*	03	1618*	16	0894*	419	9106	0899	420	9101*	0006*	0	9994	966	1715	97	5462*
1634*	04	1634*	15	1313	416	8687*	1319	416	8681*	0006*	0	9994	957	0749	96	5446
0,0 1649	1,05	0,0 1649	16	$\bar{2}$,2 1729*	412	1,7 8271	$\bar{2}$,2 1735*	412	1,7 8265	0,0 0006*	0	$\bar{1}$,9 9994	948	4,7 9792	98,95	1,5 5430
1665	06	1665	16	2141*	407	7859	2147*	407	7853	0006	0	9994*	939	8844	94	5415*
1681*	07	1681*	16	2548	404	7452*	2554	405	7446*	0006	0	9994*	930	7905	93	5399*
1696	08	1697*	15	2952	401	7048*	2959*	400	7041	0006	0	9994*	922	6975*	92	5383
1712	09	1712	16	3353*	396	6647	3359*	397	6641	0006	0	9994*	913	6053	91	5367
0,0 1728*	1,10	0,0 1728*	16	$\bar{2}$,2 3749	393	1,7 6251*	$\bar{2}$,2 3756*	393	1,7 6244	0,0 0006	1	$\bar{1}$,9 9994*	905	4,7 5140*	98,90	1,5 5352*
1744*	11	1744*	15	4142	390	5858*	4149*	389	5851	0007*	0	9993	897	4235*	89	5336
1759	12	1759	16	4532*	386	5468	4538	386	5462*	0007*	0	9993	889	3338	88	5320
1775*	13	1775	16	4918*	382	5082	4924	383	5076*	0007*	0	9993	881	2449	87	5305*
1791*	14	1791*	16	5300	379	4700*	5307	379	4693*	0007*	0	9993	873	1568*	86	5289*
0,0 1806	1,15	0,0 1807*	15	$\bar{2}$,2 5679	376	1,7 4321*	$\bar{2}$,2 5686	377	1,7 4314*	0,0 0007	0	$\bar{1}$,9 9993*	866	4,7 0695*	98,85	1,5 5273
1822	16	1822	16	6055	373	3945*	6063*	372	3937	0007	0	9993*	859	4,6 9829*	84	5258*
1838*	17	1838*	16	6428	370	3572*	6435	370	3565*	0007	0	9993*	851	8970	83	5242*
1854*	18	1854*	15	6798*	366	3202	6805	367	3195*	0007	1	9993*	844	8119	82	5226
1869	19	1869	16	7164	362	2836*	7172*	363	2828	0008*	0	9992	837	7275	81	5210
0,0 1885*	1,20	0,0 1885		$\bar{2}$,2 7528*		1,7 2472	$\bar{2}$,2 7535		1,7 2465*	0,0 0008*		$\bar{1}$,9 9992		4,6 6438	98,80 gr	1,5 5195*
x = 98grades,80 Lx = 4,6 6438				cos x Séh Lx	D	séc x Cosh Lx	cot x Coséh Lx	D	tang x Sih Lx	coséc x Coth Lx	D	sin x Tab Lx	D	R = 1 (Lx)	grades (x)	R = 1 (x)

x R = 1	grad.	Lx R = 1	D	sin x Tab Lx	D	coséc x Coth Lx	tang x Sih Lx	D	cot x Coséh Lx	séc x Cosh Lx	D	cos x Séh Lx	x = 1grade,20 D	Lx = 0,0 1885		
0,0 1885*	gr 1,20	0,0 1885	16	$\bar{2}$,2 7528*	360	1,7 2472	$\bar{2}$,2 7535	361	1,7 2465*	0,0 0008*	0	$\bar{1}$,9 9992	830	4,6 6438	98,80	1,5 5195*
1901*	21	1901*	15	7888*	357	2112	7896*	357	2104	0008*	0	9992	823	5608	79	5179*
1916	22	1916	16	8245	355	1755*	8253	355	1747*	0008*	0	9992	816	4785	78	5163
1932	23	1932	16	8600*	351	1400	8608*	352	1392	0008	0	9992*	810	3969*	77	5148*
1948*	24	1948*	16	8951	349	1049*	8960*	349	1040	0008	0	9992*	803	3159	76	5132*
0,0 1963	1,25	0,0 1964*	15	$\bar{2}$,2 9300	346	1,7 0700*	$\bar{2}$,2 9309*	346	1,7 0691	0,0 0008	1	$\bar{1}$,9 9992*	797	4,6 2356*	98,75	1,5 5116
1979	26	1979	16	9646	343	0354*	9655*	343	0345	0009*	0	9991	791	1559	74	5100
1995*	27	1995	16	9989	341	0011*	9998	341	0002*	0009*	0	9991	784	0768	73	5085*
2011*	28	2011*	15	$\bar{2}$,3 0330	338	1,6 9670*	$\bar{2}$,3 0339*	338	1,6 9661	0009*	0	9991	778	4,5 9984	72	5069
2026	29	2026	16	0668*	335	9332	0677*	335	9323	0009*	0	9991	772	9206*	71	5053
0,0 2042	1,30	0,0 2042	16	$\bar{2}$,3 1003	333	1,6 8997*	$\bar{2}$,3 1012	333	1,6 8988*	0,0 0009	0	$\bar{1}$,9 9991*	767	4,5 8434*	98,70	1,5 5038*
2058*	31	2058*	16	1336	330	8664*	1345	331	8655*	0009	0	9991*	760	7667	69	5022*
2073	32	2074*	15	1666	328	8334*	1676*	327	8324	0009	0	9991*	755	6907*	68	5006
2089	33	2089	16	1994*	325	8006	2003	326	7997*	0009	1	9991*	749	6152*	67	4990
2105*	34	2105	16	2319	323	7681*	2329*	323	7671	0010*	0	9990	744	5403*	66	4975*
0,0 2121*	1,35	0,0 2121*	15	$\bar{2}$,3 2642	321	1,6 7358*	$\bar{2}$,3 2652*	320	1,6 7348	0,0 0010*	0	$\bar{1}$,9 9990	738	4,5 4659	98,65	1,5 4959
2136	36	2136	16	2963*	318	7037	2972	319	7028*	0010*	0	9990	732	3921	64	4943
2152*	37	2152	16	3281*	315	6719	3291*	316	6709	0010	0	9990*	728	3189*	63	4928*
2168*	38	2168*	16	3596	314	6404*	3607*	313	6393	0010	0	9990*	722	2461	62	4912*
2183	39	2184*	15	3910	311	6090*	3920	312	6080*	0010	1	9990*	717	1739	61	4896
0,0 2199	1,40	0,0 2199	16	$\bar{2}$,3 4221	309	1,6 5779*	$\bar{2}$,3 4232*	309	1,6 5768	0,0 0011*	0	$\bar{1}$,9 9989	712	4,5 1022	98,60	1,5 4881*
2215*	41	2215*	16	4530	307	5470*	4541*	307	5459	0011*	0	9989	706	0310	59	4865*
2231*	42	2231*	15	4837	305	5163*	4848	305	5152*	0011*	0	9989	702	4,4 9604*	58	4849
2246	43	2246	16	5142*	303	4858	5153*	303	4847	0011*	0	9989	697	8902*	57	4833
2262*	44	2262	16	5445*	300	4555	5456*	300	4544	0011	0	9989*	692	8205*	56	4818*
0,0 2278*	1,45	0,0 2278*	16	$\bar{2}$,3 5745	298	1,6 4255*	$\bar{2}$,3 5756	299	1,6 4244*	0,0 0011	0	$\bar{1}$,9 9989*	688	4,4 7513*	98,55	1,5 4802*
2293	46	2294*	15	6043	297	3957*	6055*	296	3945	0011	1	9989*	682	6825	54	4786
2309	47	2309	16	6340*	294	3660	6351	295	3649*	0012*	0	9988	678	6143	53	4771*
2325*	48	2325*	16	6634	293	3366*	6646*	293	3354	0012*	0	9988	674	5465*	52	4755*
2340	49	2341*	15	6927*	290	3073	6939*	290	3061	0012*	0	9988	669	4791	51	4739
0,0 2356	1,50	0,0 2356	16	$\bar{2}$,3 7217	289	1,6 2783*	$\bar{2}$,3 7229	289	1,6 2771*	0,0 0012	0	$\bar{1}$,9 9988*	664	4,4 4122	98,50	1,5 4723
2372*	51	2372	16	7506*	286	2494	7518*	287	2482	0012	0	9988*	660	3458*	49	4708*
2388*	52	2388*	16	7792	285	2208*	7805*	284	2195	0012	1	9988*	656	2798*	48	4692
2403	53	2404*	15	8077*	283	1923	8089	284	1911*	0013*	0	9987	652	2142*	47	4676
2419	54	2419	16	8360*	281	1640	8373*	281	1627	0013*	0	9987	647	1490	46	4661*
0,0 2435*	1,55	0,0 2435*	16	$\bar{2}$,3 8641*	279	1,6 1359	$\bar{2}$,3 8654*	279	1,6 1346	0,0 0013*	0	$\bar{1}$,9 9987	643	4,4 0843	98,45	1,5 4645*
2450	56	2451*	15	8920	278	1080*	8933	278	1067*	0013	0	9987*	639	0200*	44	4629
2466	57	2466	16	9198*	275	0802	9311*	276	0789	0013	0	9987*	635	4,3 9561*	43	4613
2482*	58	2482	16	9473	274	0527*	9487*	274	0513	0013	1	9987*	631	8926*	42	4598*
2498*	59	2498*	16	9747	272	0253*	9761*	272	0239	0014*	0	9986	627	8295*	41	4582
0,0 2513	1,60	0,0 2514*	15	$\bar{2}$,4 0019	271	1,5 9981*	$\bar{2}$,4 0033	271	1,5 9967*	0,0 0014*	0	$\bar{1}$,9 9986	623	4,3 7668*	98,40	1,5 4566
2529*	61	2529	16	0290*	269	9710	0304*	269	9696	0014*	0	9986	619	7045*	39	4551*
2545*	62	2545*	16	0559*	267	9441	0573*	267	9427	0014	0	9986*	616	6426*	38	4535*
2560	63	2561*	15	0826	266	9174*	0840	266	9160*	0014	0	9986*	612	5810*	37	4519
2576	64	2576	16	1092*	264	8908	1106*	264	8894	0014	1	9986*	608	5198	36	4504*
0,0 2592*	1,65	0,0 2592	16	$\bar{2}$,4 1356*	262	1,5 8644	$\bar{2}$,4 1370	263	1,5 8630*	0,0 0015*	0	$\bar{1}$,9 9985	604	4,3 4590	98,35	1,5 4488*
2608*	66	2608*	16	1618*	261	8382	1633*	261	8367	0015*	0	9985	601	3986	34	4472
2623	67	2624*	15	1879*	259	8121	1894*	259	8106	0015*	0	9985	597	3385	33	4456
2639*	68	2639	16	2138*	258	7862	2153	258	7847*	0015	0	9985*	593	2788	32	4441*
2655*	69	2655*	16	2396*	256	7604	2411*	256	7589	0015	0	9985*	590	2195*	31	4425*
0,0 2670	1,70	0,0 2671*	15	$\bar{2}$,4 2652*	254	1,5 7348	$\bar{2}$,4 2667	255	1,5 7333*	0,0 0015	1	$\bar{1}$,9 9985*	587	4,3 1605*	98,30	1,5 4409
2686	71	2686	16	2906	254	7094*	2922	253	7078*	0016*	0	9984	583	1018	29	4394*
2702*	72	2702	16	3160*	251	6840	3175	252	6825*	0016*	0	9984	580	0435*	28	4378
2717	73	2718*	16	3411	251	6589*	3427	251	6573*	0016	0	9984*	576	4,2 9855	27	4362*
2733	74	2734*	15	3662*	248	6338	3678*	249	6322	0016	0	9984*	573	9279*	26	4346
0,0 2749*	1,75	0,0 2749	16	$\bar{2}$,4 3910	248	1,5 6090*	$\bar{2}$,4 3927*	247	1,5 6073	0,0 0016	1	$\bar{1}$,9 9984*	570	4,2 8706*	98,25	1,5 4331*
2765*	76	2765*	16	4158*	246	5842	4174	247	5826*	0017*	0	9983	567	8136*	24	4315
2780	77	2781*	15	4404*	244	5596	4421*	244	5579	0017*	0	9983	563	7569	23	4299
2796	78	2796	16	4648	244	5352*	4665	244	5335*	0017*	0	9983	561	7006*	22	4284*
2811*	79	2812	16	4892*	241	5108	4909*	242	5091	0017	0	9983*	557	6445	21	4268*
0,0 2827	1,80	0,0 2828*		$\bar{2}$,4 5133		1,5 4867*	$\bar{2}$,4 5151*		1,5 4849	0,0 0017		$\bar{1}$,9 9983*		4,2 5888	98,20 gr	1,5 4252
x = 98grades,20		Lx = 4,2 5888		cos x Séh Lx	D	séc x Cosh Lx	cot x Coséh Lx	D	tang x Sih Lx	coséc x Coth Lx	D	sin x Tab Lx	D	Lx R = 1	grades	x R = 1

x R = 1	x grad.	Lx R = 1	D	sin x / Tah Lx	D	coséc x / Coth Lx	tang x / Sih Lx	D	cot x / Coséh Lx	séc x / Cosh Lx	D	cos x / Séh Lx		x = 1grade,80 / Lx = 0,0 2828*		
0,0 2827	gr 1,80	0,0 2828*	16	$\bar{2}$,4 5133	241	1,5 4867*	$\bar{2}$,4 5151*	241	1,5 4849	0,0 0017	1	$\bar{1}$,9 9983*	554	4,2 5888	98,20	1,5 4252
2843	81	2844*	15	5374*	239	4626	5392*	239	4608	0018*	0	9982	551	5334	19	4236
2859*	82	2859	16	5613	238	4387*	5631*	238	4369	0018*	0	9982	548	4783*	18	4221*
2875*	83	2875	16	5851	237	4149*	5869	237	4131*	0018*	0	9982	545	4235*	17	4205
2890	84	2891*	15	6088*	235	3912	6106*	235	3894	0018	0	9982*	542	3690*	16	4189
0,0 2906*	1,85	0,0 2906	16	$\bar{2}$,4 6323	234	1,5 3677*	$\bar{2}$,4 6341	235	1,5 3659*	0,0 0018	1	$\bar{1}$,9 9982*	539	4,2 3148	98,15	1,5 4174*
2922*	86	2922	16	6557	233	3443*	6576*	233	3424	0019*	0	9981	537	2609*	14	4158*
2937	87	2938*	16	6790*	231	3210	6809*	231	3191	0019*	0	9981	533	2072	13	4142
2953	88	2954*	15	7021	231	2979*	7040	231	2960*	0019*	0	9981	531	1539	12	4127*
2969*	89	2969	16	7252*	229	2748	7271*	229	2729	0019	0	9981*	527	1008	11	4111*
0,0 2985*	1,90	0,0 2985*	16	$\bar{2}$,4 7481*	228	1,5 2519	$\bar{2}$,4 7500	228	1,5 2500*	0,0 0019	1	$\bar{1}$,9 9981*	525	4,2 0481*	98,10	1,5 4095
3000	91	3001*	15	7709*	227	2291	7728	227	2272*	0020*	0	9980	523	4,1 9956*	09	4079
3016*	92	3016	16	7936	225	2064*	7955	226	2045*	0020*	0	9980	519	9433	08	4064*
3032*	93	3032	16	8161	224	1839*	8181	225	1819*	0020*	0	9980	517	8914*	07	4048*
3047	94	3048*	16	8385	224	1615*	8406*	223	1594	0020	0	9980*	514	8397*	06	4032
0,0 3063	1,95	0,0 3064*	15	$\bar{2}$,4 8609*	222	1,5 1391	$\bar{2}$,4 8629	222	1,5 1371*	0,0 0020	1	$\bar{1}$,9 9980*	512	4,1 7883*	98,05	1,5 4017*
3079*	96	3079	16	8831*	221	1169	8851	221	1149*	0021*	0	9979	509	7371	04	4001*
3094	97	3095*	16	9055*	219	0948	9072	221	0928*	0021*	0	9979	506	6862	03	1,5 3985
3110	98	3111*	15	9271	219	0729*	9293*	218	0707	0021	0	9979*	504	6356*	02	3969
3126*	99	3126	16	9490	218	0510*	9511	218	0489*	0021	0	9979*	501	5852*	01	3954*
0,0 3142*	2,00	0,0 3142	16	$\bar{2}$,4 9708*	216	1,5 0292	$\bar{2}$,4 9729	217	1,5 0271*	0,0 0021	1	$\bar{1}$,9 9979*	499	4,1 5351*	98,00	1,5 3938
3157	01	3158*	16	9924	216	0076*	9946	216	0054*	0022*	0	9978	497	4852*	97,99	3922
3173	02	3174*	15	$\bar{2}$,5 0140*	214	1,4 9860	$\bar{2}$,5 0162*	214	1,4 9838	0022*	0	9978	494	4355	98	3907*
3189*	03	3189	16	0354	214	9646*	0376	214	9624*	0022	0	9978*	491	3861	97	3891*
3204	04	3205*	16	0568*	212	9432	0590*	212	9410	0022	1	9978*	489	3370*	96	3875
0,0 3220	2,05	0,0 3221*	15	$\bar{2}$,5 0780*	211	1,4 9220	$\bar{2}$,5 0802	212	1,4 9198*	0,0 0023*	0	$\bar{1}$,9 9977	487	4,1 2881*	97,95	1,5 3860*
3236*	06	3236	16	0991	210	9009*	1014*	210	8986	0023*	0	9977	484	2394	94	3844*
3252*	07	3252	16	1201	210	8799*	1224	210	8776*	0023*	0	9977	482	1910*	93	3828
3267	08	3268*	16	1411*	208	8589	1434	208	8566*	0023	0	9977*	480	1428*	92	3812
3283*	09	3284*	15	1619*	207	8381	1642	208	8358*	0023	1	9977*	477	0948	91	3797*
0,0 3299*	2,10	0,0 3299	16	$\bar{2}$,5 1826	206	1,4 8174*	$\bar{2}$,5 1850*	206	1,4 8150	0,0 0024*	0	$\bar{1}$,9 9976	475	4,1 0471*	97,90	1,5 3781*
3314	11	3315*	16	2032	206	7968*	2056	206	7944*	0024*	0	9976	473	4,0 9996*	89	3765
3330	12	3331*	15	2238*	204	7762	2262*	204	7738	0024	0	9976*	471	9523*	88	3750*
3346*	13	3346	16	2442*	203	7558	2466	204	7534*	0024	1	9976*	469	9052*	87	3734*
3362*	14	3362	16	2645	203	7355*	2670*	202	7330	0025*	0	9975	466	8583	86	3718
0,0 3377	2,15	0,0 3378*	16	$\bar{2}$,5 2848*	201	1,4 7152	$\bar{2}$,5 2872	202	1,4 7128*	0,0 0025*	0	$\bar{1}$,9 9975	464	4,0 8117	97,85	1,5 3702
3393*	16	3394*	15	3049	201	6951*	3074	201	6926*	0025*	0	9975	462	7653	84	3687*
3409*	17	3409	16	3250*	199	6750	3275*	200	6725	0025	0	9975*	460	7191	83	3671
3424	18	3425*	16	3449	199	6551*	3475*	199	6525	0025	1	9975*	458	6731	82	3655
3440	19	3441*	15	3648*	198	6352	3674*	198	6326	0026*	0	9974	455	6273	81	3640*
0,0 3456*	2,20	0,0 3456	16	$\bar{2}$,5 3846*	196	1,4 6154	$\bar{2}$,5 3872*	197	1,4 6128	0,0 0026*	0	$\bar{1}$,9 9974	454	4,0 5818*	97,80	1,5 3624*
3471	21	3472	16	4042	196	5958*	4069*	196	5931	0026	0	9974*	451	5364	79	3608
3487	22	3488*	16	4238	196	5762*	4265*	195	5735	0026	1	9974*	450	4913*	78	3592
3503*	23	3504*	15	4434*	194	5566	4460	195	5540*	0027*	0	9973	447	4463	77	3577*
3519*	24	3519	16	4628*	193	5372	4655*	193	5345	0027*	0	9973	446	4016*	76	3561
0,0 3534	2,25	0,0 3535	16	$\bar{2}$,5 4821	193	1,4 5179*	$\bar{2}$,5 4848	193	1,4 5152*	0,0 0027	0	$\bar{1}$,9 9973*	444	4,0 3570	97,75	1,5 3545
3550*	26	3551*	15	5014*	191	4986	5041	192	4959*	0027	1	9973*	441	3126	74	3530*
3566*	27	3566	16	5205	191	4795*	5233*	191	4767	0028*	0	9972	440	2685*	73	3514*
3581	28	3582	16	5396	190	4604*	5424	190	4576*	0028*	0	9972	437	2245	72	3498
3597	29	3598*	16	5586	189	4414*	5614	190	4386*	0028	0	9972*	436	1808*	71	3483*
0,0 3613*	2,30	0,0 3614*	15	$\bar{2}$,5 5775	189	1,4 4225*	$\bar{2}$,5 5804*	188	1,4 4196	0,0 0028	1	$\bar{1}$,9 9972*	434	4,0 1372*	97,70	1,5 3467*
3629*	31	3629	16	5964*	187	4036	5992	188	4008*	0029*	0	9971	432	0938*	69	3451
3644	32	3645	16	6151	187	3849*	6180	187	3820*	0029*	0	9971	431	0506*	68	3435
3660*	33	3661*	15	6338*	186	3662	6367*	186	3633	0029	0	9971*	428	0075	67	3420*
3676*	34	3676	16	6524*	185	3476	6553	186	3447*	0029	1	9971*	426	3,9 9647	66	3404*
0,0 3691	2,35	0,0 3692	16	$\bar{2}$,5 6709*	184	1,4 3291	$\bar{2}$,5 6739*	184	1,4 3261	0,0 0030*	0	$\bar{1}$,9 9970	425	3,9 9221*	97,65	1,5 3388
3707	36	3708*	16	6893	184	3107*	6923	184	3077*	0030*	0	9970	423	8796*	64	3373*
3723*	37	3724*	15	7077*	183	2923	7107*	183	2893	0030	0	9970*	421	8373*	63	3357*
3738	38	3739	16	7260*	182	2740	7290*	182	2710	0030	1	9970*	420	7952*	62	3341
3754	39	3755	16	7442*	181	2558	7472*	182	2528*	0031*	0	9969	417	7532	61	3325
0,0 3770*	2,40	0,0 3771*		$\bar{2}$,5 7623*		1,4 2377	$\bar{2}$,5 7654*		1,4 2346	0,0 0031*		$\bar{1}$,9 9969		3,9 7115*	97,60 gr	1,5 3310*
x = 97grades,60 / Lx = 3,97115*				cos x / Séh Lx	D	séc x / Cosh Lx	cot x / Coséh Lx	D	tang x / Sih Lx	coséc x / Coth Lx	D	sin x / Tab Lx	D	Lx R = 1	x grades	x R = 1

x R = 1	x grad	Lx R = 1	D	sin x Tah Lx	D	coséc x Coth Lx	tang x Sih Lx	D	cot x Coséh Lx	séc x Cosh Lx	D	cos x Séh Lx	D	$x = 2^{grades},40$ $Lx = 0,0\ 3771*$		
0,0 3770*	gr 2,40	0,0 3771*	16	$\bar{2}$,5 7623*	180	1,4 2377	$\bar{2}$,5 7654*	180	1,4 2346	0,0 0031*	0	$\bar{1}$,9 9969	416	3,9 7115*	97,60	1,5 3310*
3786*	41	3787*	15	7803	180	2197*	7834	180	2166*	0031	0	9969*	414	6699*	59	3294
3801	42	3802	16	7983	179	2017*	8014	180	1986*	0031	1	9969*	413	6285*	58	3278
3817	43	3818*	16	8162	178	1838*	8194*	178	1806	0032*	0	9968	411	5872	57	3263*
3833*	44	3834*	15	8340	178	1660*	8372	178	1628*	0032*	0	9968	409	5461	56	3247*
0,0 3848	2,45	0,0 3849	16	$\bar{2}$,5 8518*	177	1,4 1482	$\bar{2}$,5 8550	177	1,4 1450*	0,0 0032	0	$\bar{1}$,9 9968*	407	3,9 5052	97,55	1,5 3231
3864	46	3865	16	8695*	176	1305	8727	176	1273*	0032	1	9968*	406	4645*	54	3215
3880*	47	3881*	16	8871*	175	1129	8903	176	1097*	0033*	0	9967	404	4239	53	3200*
3896*	48	3897*	15	9046	175	0954*	9079	175	0921*	0033*	0	9967	403	3835*	52	3184
3911	49	3912	16	9221*	174	0779	9254	174	0746*	0033	0	9967*	400	3432	51	3168
0,0 3927*	2,50	0,0 3928*	16	$\bar{2}$,5 9395*	173	1,4 0605	$\bar{2}$,5 9428	174	1,4 0572*	0,0 0033	1	$\bar{1}$,9 9967*	400	3,9 3032*	97,50	1,5 3153*
3943*	51	3944*	15	9568	173	0432*	9602*	173	0398	0034*	0	9966	397	2632	49	3137*
3958	52	3959	16	9741*	172	0259	9775*	172	0225	0034	0	9966*	397	2235*	48	3121
3974	53	3975	16	9913*	171	0087	9947*	171	0053	0034	1	9966*	394	1838	47	3106*
3990*	54	3991*	16	$\bar{2}$,6 0084*	170	1,3 9916	$\bar{2}$,6 0118	171	1,3 9882*	0035*	0	9965	393	1444*	46	3090*
0,0 4006*	2,55	0,0 4007*	15	$\bar{2}$,6 0254	170	1,3 9746*	$\bar{2}$,6 0289	170	1,3 9711*	0,0 0035*	0	$\bar{1}$,9 9965	392	3,9 1051*	97,45	1,5 3074
4021	56	4022	16	0424	169	9576*	0459	170	9541*	0035	0	9965*	390	0659	44	3058
4037*	57	4038	16	0593	169	9407*	0629*	169	9371	0035	1	9965*	388	0269	43	3043*
4053*	58	4054*	15	0762	168	9238*	0798*	168	9202	0036*	0	9964	387	3,8 9881*	42	3027*
4068	59	4069	16	0930*	167	9070	0966*	167	9034	0036*	0	9964	386	9494*	41	3011
0,0 4084	2,60	0,0 4085	16	$\bar{2}$,6 1097	167	1,3 8903*	$\bar{2}$,6 1133	167	1,3 8867*	0,0 0036	1	$\bar{1}$,9 9964*	384	3,8 9108	97,40	1,5 2996*
4100*	61	4101*	16	1264*	166	8736	1300	167	8700*	0037*	0	9963	382	8724	39	2980*
4115	62	4117*	15	1430*	165	8570	1467*	165	8533	0037*	0	9963	381	8342*	38	2964
4131	63	4132	16	1595	165	8405*	1632	165	8368*	0037	0	9963*	380	7961*	37	2948
4147*	64	4148	16	1760*	164	8240	1797	165	8203*	0037	1	9963*	378	7581	36	2933*
0,0 4163*	2,65	0,0 4164*	16	$\bar{2}$,6 1924	164	1,3 8076*	$\bar{2}$,6 1962*	163	1,3 8038	0,0 0038*	0	$\bar{1}$,9 9962	377	3,8 7203	97,35	1,5 2917
4178	66	4180*	15	2088*	162	7912	2125	164	7875*	0038*	0	9962	375	6826	34	2901
4194	67	4195	16	2250	163	7750*	2289*	162	7711	0038	0	9962*	374	6451*	33	2886*
4210*	68	4211*	16	2413*	161	7587	2451	162	7549*	0038	1	9962*	373	6077	32	2870*
4225	69	4227*	15	2574	161	7426*	2613	161	7387*	0039*	0	9961	371	5704	31	2854
0,0 4241	2,70	0,0 4242	16	$\bar{2}$,6 2735	161	1,3 7265*	$\bar{2}$,6 2774	161	1,3 7226*	0,0 0039	0	$\bar{1}$,9 9961*	370	3,8 5333	97,30	1,5 2838
4257*	71	4258	16	2896*	160	7104	2935	160	7065*	0039	1	9961*	368	4963	29	2823*
4273*	72	4274*	16	3056*	159	6944	3095	160	6905*	0040*	0	9960	367	4595	28	2807
4288	73	4290*	15	3215*	159	6785	3255*	159	6745	0040*	0	9960	366	4228*	27	2791
4304*	74	4305	16	3374*	158	6626	3414*	158	6586	0040	1	9960*	364	3862	26	2776*
0,0 4320*	2,75	0,0 4321	16	$\bar{2}$,6 3532*	157	1,3 6468	$\bar{2}$,6 3572	158	1,3 6428*	0,0 0041*	0	$\bar{1}$,9 9959	363	3,8 3498*	97,25	1,5 2760*
4335	76	4337*	15	3689	157	6311*	3730	157	6270*	0041*	0	9959	362	3135*	24	2744
4351	77	4352	16	3846	157	6154*	3887	157	6113*	0041	0	9959*	361	2773*	23	2729*
4367*	78	4368	16	4003*	156	5997	4044	156	5956*	0041	1	9959*	359	2412	22	2713*
4383*	79	4384*	16	4159*	155	5841	4200	156	5800*	0042*	0	9958	358	2053	21	2697
0,0 4398	2,80	0,0 4400*	15	$\bar{2}$,6 4314*	155	1,3 5686	$\bar{2}$,6 4356*	155	1,3 5644	0,0 0042	0	$\bar{1}$,9 9958*	356	3,8 1695	97,20	1,5 2681
4414*	81	4415	16	4469*	154	5531	4511*	154	5489	0042	1	9958*	356	1339*	19	2666*
4430*	82	4431	16	4623*	153	5377	4665	154	5335*	0043*	0	9957	354	0983	18	2650*
4445	83	4447*	16	4776	153	5224*	4819	154	5181*	0043*	0	9957	353	0629	17	2634
4461	84	4463*	15	4929	153	5071*	4973*	152	5027	0043	1	9957*	351	0276	16	2619*
0,0 4477*	2,85	0,0 4478	16	$\bar{2}$,6 5082*	152	1,3 4918	$\bar{2}$,6 5125	153	1,3 4875*	0,0 0044*	0	$\bar{1}$,9 9956	351	3,7 9925*	97,15	1,5 2603
4492	86	4494*	16	5234*	151	4766	5278*	152	4722	0044*	0	9956	349	9574	14	2587*
4508	87	4510*	15	5385	151	4615*	5430*	151	4570	0044	0	9956*	348	9225	13	2571*
4524*	88	4525	16	5536	151	4464*	5581*	151	4419	0044	1	9956*	346	8877	12	2556
4540*	89	4541	16	5687*	150	4313	5732*	150	4268	0045*	0	9955	346	8531*	11	2540*
0,0 4555	2,90	0,0 4557*	16	$\bar{2}$,6 5837*	149	1,3 4163	$\bar{2}$,6 5882*	150	1,3 4118	0,0 0045	0	$\bar{1}$,9 9955*	344	3,7 8185	97,10	1,5 2524
4571	91	4573*	15	5986	149	4014*	6032*	149	3968	0045	1	9955*	343	7841*	09	2509*
4587*	92	4588	16	6135	148	3865*	6181*	148	3819	0046*	0	9954	342	7498*	08	2493*
4602	93	4604	16	6283	148	3717*	6329	149	3671*	0046	0	9954*	341	7156*	07	2477
4618	94	4620*	16	6431	148	3569*	6478*	147	3522	0046	1	9954*	340	6815*	06	2461
0,0 4634*	2,95	0,0 4636*	15	$\bar{2}$,6 6579*	147	1,3 3421	$\bar{2}$,6 6625	147	1,3 3375*	0,0 0047*	0	$\bar{1}$,9 9953	338	3,7 6475	97,05	1,5 2446*
4650*	96	4651	16	6726*	146	3274	6772	147	3228*	0047*	0	9953	338	6137*	04	2430
4665	97	4667*	16	6872*	146	3128	6919	146	3081*	0047	1	9953*	336	5799	03	2414
4681*	98	4683*	15	7018*	145	2982	7065	146	2935*	0048*	0	9952	335	5463*	02	2399*
4697*	99	4698	16	7163	145	2837*	7211	145	2789*	0048*	0	9952	334	5128*	01	2383*
0,0 4712	3,00	0,0 4714		$\bar{2}$,6 7308		1,3 2692*	$\bar{2}$,6 7356		1,3 2644*	0,0 0048		$\bar{1}$,9 9952*		3,7 4794*	97,00 gr	1,5 2367
$x = 97^{grades},00$ $Lx = 3,7\ 4794*$				cos x Séh Lx	D	séc x Cosh Lx	cot x Coséh Lx	D	tang x Sih Lx	coséc x Coth Lx	D	sin x Tah Lx	D	R = 1 Lx	grades x	R = 1 x

x R = 1	x grad.	Lx R = 1	D	sin x TahLx	D	coséc x CothLx	tang x SihLx	D	cot x CoséhLx	séc x CoshLx	D	cos x SéhLx	D	x = 3grados,00 Lx = 0,0 4714		
0,0 4712	gr 3,00	0,0 4714	16	$\bar{2}$,6 7308	144	1,3 2692*	$\bar{2}$,6 7356	143	1,3 2644*	0,0 0048	1	$\bar{1}$,9 9952*	333	3,7 4794*	97,00	1,5 2367
4728	01	4730*	16	7452	144	2548*	7501	144	2499*	0049*	0	9951	332	4461*	96,99	2352*
4744*	02	4746*	15	7596	144	2404*	7645	144	2355*	0049*	0	9951	331	4129	98	2336*
4760*	03	4761	16	7740*	143	2260	7789	143	2211*	0049	1	9951*	329	3798	97	2320
4775	04	4777	16	7883*	142	2117	7932	143	2068*	0050*	0	9950	329	3469*	96	2304
0,0 4791*	3,05	0,0 4793*	15	$\bar{2}$,6 8025	142	1,3 1975*	$\bar{2}$,6 8075	143	1,3 1925*	0,0 0050*	0	$\bar{1}$,9 9950	327	3,7 3140	96,95	1,5 2289*
4807*	06	4808	16	8167	142	1833*	8218*	142	1782	0050	1	9950*	327	2813*	94	2273*
4822	07	4824	16	8309*	141	1691	8360*	141	1640	0051*	0	9949	325	2486	93	2257
4838	08	4840*	15	8450	141	1550*	8501*	141	1499	0051*	0	9949	324	2161*	92	2242*
4854*	09	4856*	15	8591*	140	1409	8642*	141	1358	0051	1	9949*	324	1837*	91	2226*
0,0 4869	3,10	0,0 4871	16	$\bar{2}$,6 8731*	140	1,3 1269	$\bar{2}$,6 8783*	140	1,3 1217	0,0 0052*	0	$\bar{1}$,9 9948	322	3,7 1513	96,90	1,5 2210
4885	11	4887	16	8871*	139	1129	8923*	139	1077	0052*	0	9948	321	1191	89	2194
4901*	12	4903*	16	9010	139	0990*	9062	139	0938*	0052	1	9948*	320	0870	88	2179*
4917*	13	4919*	15	9149*	138	0851	9201	139	0799*	0053*	0	9947	319	0550	87	2163
4932	14	4934	16	9287	138	0713*	9340	139	0660*	0053*	0	9947	318	0231*	86	2147
0,0 4948	3,15	0,0 4950	16	$\bar{2}$,6 9425	138	1,3 0575*	$\bar{2}$,6 9479*	137	1,3 0521	0,0 0053	1	$\bar{1}$,9 9947*	317	3,6 9913*	96,85	1,5 2132*
4964*	16	4966*	15	9563*	137	0437	9616	138	0384*	0054*	0	9946	316	9596*	84	2116*
4979	17	4981	16	9700*	137	0300	9754*	137	0246	0054*	0	9946	315	9280*	83	2100
4995	18	4997	16	9837*	136	0163	9891*	136	0109	0054	1	9946*	315	8965*	82	2085*
5011*	19	5013*	16	9973*	136	0027	$\bar{2}$,7 0027	137	1,2 9973*	0055*	0	9945	313	8650	81	2069*
0,0 5027*	3,20	0,0 5029*	15	$\bar{2}$,7 0109*	135	1,2 9891	$\bar{2}$,7 0164*	135	1,2 9836	0,0 0055*	0	$\bar{1}$,9 9945	312	3,6 8337	96,80	1,5 2053
5042	21	5044	16	0244	135	9756*	0299	136	9701*	0055	1	9945*	311	8025	79	2037
5058*	22	5060	16	0379	135	9621*	0435*	135	9565	0056*	0	9944	310	7714	78	2022*
5074*	23	5076*	16	0514*	134	9486	0570*	134	9430	0056*	0	9944	309	7404*	77	2006*
5089	24	5092*	15	0648*	133	9352	0704	134	9296*	0056	1	9944*	309	7095*	76	1990
0,0 5105	3,25	0,0 5107	16	$\bar{2}$,7 0781	134	1,2 9219*	$\bar{2}$,7 0838	134	1,2 9162*	0,0 0057*	0	$\bar{1}$,9 9943	307	3,6 6786	96,75	1,5 1975*
5121*	26	5123	16	0915*	133	9085	0972*	133	9028	0057*	0	9943	307	6479*	74	1959*
5137*	27	5139*	15	1048*	132	8952	1105*	133	8895	0057	1	9943*	305	6172	73	1943
5152	28	5154	16	1180	132	8820*	1238*	132	8762	0058*	0	9942	305	5867*	72	1927
5168*	29	5170	16	1312	132	8688*	1370	132	8630*	0058	0	9942*	303	5562	71	1912*
0,0 5184*	3,30	0,0 5186*	16	$\bar{2}$,7 1444*	131	1,2 8556	$\bar{2}$,7 1502	132	1,2 8498*	0,0 0058	1	$\bar{1}$,9 9942*	303	3,6 5259*	96,70	1,5 1896
5199	31	5202*	15	1575	131	8425*	1634*	131	8366	0059*	0	9941	302	4956	69	1880
5215	32	5217	16	1706	131	8294*	1765	131	8235*	0059	0	9941*	301	4654	68	1865*
5231*	33	5233	16	1837*	130	8163	1896	131	8104*	0059	1	9941*	300	4353	67	1849*
5246	34	5249*	16	1967*	129	8033	2027*	130	7973	0060*	0	9940	299	4053	66	1833
0,0 5262	3,35	0,0 5265*	15	$\bar{2}$,7 2096	130	1,2 7904*	$\bar{2}$,7 2157*	129	1,2 7843	0,0 0060	1	$\bar{1}$,9 9940*	298	3,6 3754	96,65	1,5 1817
5278*	36	5280	16	2226*	129	7774	2286	130	7714*	0061*	0	9939	297	3456	64	1802*
5294*	37	5296	16	2355*	128	7645	2416*	128	7584	0061*	0	9939	297	3159*	63	1786
5309	38	5312*	16	2483	128	7517*	2544	129	7456*	0061	1	9939*	295	2862	62	1770
5325*	39	5328*	15	2611	128	7389*	2673	128	7327*	0062*	0	9938	295	2567*	61	1755*
0,0 5341*	3,40	0,0 5343	16	$\bar{2}$,7 2739	128	1,2 7261*	$\bar{2}$,7 2801	128	1,2 7199*	0,0 0062*	0	$\bar{1}$,9 9938	294	3,6 2272	96,60	1,5 1739*
5356	41	5359*	16	2867*	127	7133	2929*	127	7071	0062	1	9938*	293	1978	59	1723
5372	42	5375*	15	2994*	126	7006	3056	127	6944*	0063*	0	9937	292	1685	58	1708*
5388*	43	5390	16	3120	127	6880*	3183	127	6817*	0063	0	9937*	291	1393	57	1692*
5404*	44	5406	16	3247*	126	6753	3310	126	6690*	0063	1	9937*	290	1102*	56	1676
0,0 5419	3,45	0,0 5422*	16	$\bar{2}$,7 3373*	125	1,2 6627	$\bar{2}$,7 3436	126	1,2 6564*	0,0 0064*	0	$\bar{1}$,9 9936	290	3,6 0812*	96,55	1,5 1660
5435*	46	5438*	15	3498	125	6502*	3562	126	6438*	0064	1	9936*	289	0522*	54	1645*
5451*	47	5453	16	3623	125	6377*	3688*	125	6312	0065*	0	9935	288	0233	53	1629*
5466	48	5469	16	3748	125	6252*	3813	125	6187*	0065*	0	9935	287	3,5 9945	52	1613
5482	49	5485*	16	3873*	124	6127	3938	125	6062*	0065	1	9935*	286	9658	51	1598*
0,0 5498*	3,50	0,0 5501*	15	$\bar{2}$,7 3997*	124	1,2 6003	$\bar{2}$,7 4063*	124	1,2 5937	0,0 0066*	0	$\bar{1}$,9 9934	285	3,5 9372*	96,50	1,5 1582*
5513	51	5516	16	4121*	123	5879	4187*	124	5813	0066	0	9934*	285	9087*	49	1566
5529	52	5532	16	4244	123	5756*	4311*	123	5689	0066	1	9934*	284	8802*	48	1550
5545*	53	5548*	15	4367	123	5633*	4434	123	5566*	0067*	0	9933	283	8518	47	1535*
5561*	54	5563	16	4490*	122	5510	4557	123	5443*	0067	1	9933*	282	8235	46	1519
0,0 5576	3,55	0,0 5579	16	$\bar{2}$,7 4612	122	1,2 5388*	$\bar{2}$,7 4680*	122	1,2 5320	0,0 0068*	0	$\bar{1}$,9 9932	282	3,5 7953*	96,45	1,5 1503
5592	56	5595*	16	4734	122	5266*	4802	122	5198*	0068*	0	9932	280	7671	44	1488*
5608*	57	5611*	15	4856	121	5144*	4924	122	5076*	0068	1	9932*	280	7391*	43	1472*
5623	58	5626	16	4977	121	5023*	5046	121	4954*	0069*	0	9931	279	7111*	42	1456
5639	59	5642	16	5098	121	4902*	5167	122	4833*	0069	0	9931*	279	6832*	41	1440
0,0 5655*	3,60	0,0 5658*		$\bar{2}$,7 5219		1,2 4781*	$\bar{2}$,7 5289*		1,2 4711	0,0 0069		$\bar{1}$,9 9931*		3,5 6553	96,40 gr	1,5 1425*
x = 96grades,40 Lx = 3,5 6553				cos x SéhLx	D	séc x CoshLx	cot x CoséhLx	D	tang x SihLx	coséc x CothLx	D	sin x TahLx	D	Lx R = 1	x grades	x R = 1

x = 3grades,60 — Lx = 0,0 5658*

x R = 1	x grad.	Lx R = 1	D	sin x Tah Lx	D	coséc x Coth Lx	tang x Sih Lx	D	cot x Coséh Lx	séc x Cosh Lx	D	cos x Séh Lx	D	Lx	grades	x R = 1
0,0 5655*	gr 3,60	0,0 5658*	16	$\bar{2}$,7 5219	120	1,2 4781*	$\bar{2}$,7 5289*	120	1,2 4711	0,0 0069	1	$\bar{1}$,9 9931*	277	3,5 6553	96,40	1,5 1425*
5671*	61	5674*	15	5339	120	4661*	5409	121	4591*	0070*	0	9930	277	6276*	39	1409
5686	62	5689	16	5459	120	4541*	5530*	120	4470	0070	1	9930*	276	5999	38	1393
5702*	63	5705	16	5579	119	4421*	5650*	119	4350	0071*	0	9929	275	5723	37	1378*
5718*	64	5721*	16	5698	119	4302*	5769	120	4231*	0071	0	9929*	275	5448*	36	1362*
0,0 5733	3,65	0,0 5737*	15	$\bar{2}$,7 5817	119	1,2 4183*	$\bar{2}$,7 5889*	119	1,2 4111	0,0 0071	1	$\bar{1}$,9 9929*	273	3,5 5173	96,35	1,5 1346
5749	66	5752	16	5936	119	4064*	6008*	119	3992	0072*	0	9928	273	4900*	34	1331*
5765*	67	5768	16	6055*	118	3945	6127*	118	3873	0072	1	9928*	273	4627*	33	1315*
5781*	68	5784*	15	6173*	117	3827	6245	118	3755*	0073*	0	9927	271	4354	32	1299
5796	69	5799	16	6290	118	3710*	6363	118	3637*	0073*	0	9927	271	4083*	31	1283
0,0 5812*	3,70	0,0 5815	16	$\bar{2}$,7 6408*	117	1,2 3592	$\bar{2}$,7 6481	118	1,2 3519*	0,0 0073	1	$\bar{1}$,9 9927*	270	3,5 3812	96,30	1,5 1268*
5828*	71	5831*	16	6525*	117	3475	6599*	117	3401	0074*	0	9926	269	3542*	29	1252*
5843	72	5847*	15	6642*	116	3358	6716*	117	3284	0074	1	9926*	269	3273*	28	1236
5859	73	5862	16	6758	116	3242*	6833*	116	3167	0075*	0	9925	268	3004	27	1221*
5875*	74	5878	16	6874	116	3126*	6949	116	3051*	0075*	0	9925	267	2736	26	1205*
0,0 5890	3,75	0,0 5894*	16	$\bar{2}$,7 6990	116	1,2 3010*	$\bar{2}$,7 7065	116	1,2 2935*	0,0 0075	1	$\bar{1}$,9 9925*	267	3,5 2469*	96,25	1,5 1189
5906	76	5910*	15	7106*	115	2894	7181	116	2819*	0076*	0	9924	265	2202	24	1173
5922*	77	5925	16	7221*	115	2779	7297*	115	2703	0076	1	9924*	265	1937*	23	1158*
5938*	78	5941	16	7336*	114	2664	7412	115	2588*	0077*	0	9923	265	1672*	22	1142
5953	79	5957*	16	7450	115	2550*	7527	115	2473*	0077	0	9923*	263	1407	21	1126
0,0 5969	3,80	0,0 5973*	15	$\bar{2}$,7 7565*	114	1,2 2435	$\bar{2}$,7 7642*	114	1,2 2358	0,0 0077	1	$\bar{1}$,9 9923*	263	3,5 1144*	96,20	1,5 1111*
5985*	81	5988	16	7679*	113	2321	7756	114	2244*	0078*	0	9922	263	0881*	19	1095*
6000	82	6004	16	7792	114	2208*	7870	114	2130*	0078	1	9922*	261	0618	18	1079
6016	83	6020*	16	7906*	113	2094	7984	114	2016*	0079*	0	9921	261	0357*	17	1063
6032*	84	6036*	15	8019*	113	1981	8098*	113	1902	0079	0	9921*	260	0096*	16	1048*
0,0 6048*	3,85	0,0 6051	16	$\bar{2}$,7 8132*	112	1,2 1868	$\bar{2}$,7 8211	113	1,2 1789*	0,0 0079	1	$\bar{1}$,9 9921*	260	3,4 9836*	96,15	1,5 1032
6063	86	6067	16	8244	112	1756*	8324*	113	1676	0080*	0	9920	259	9576	14	1016
6079*	87	6083*	15	8356	112	1644*	8437*	112	1563	0080	1	9920*	258	9317	13	1001*
6095*	88	6098	16	8468	112	1532*	8549*	112	1451	0081*	0	9919	258	9059*	12	0985*
6110	89	6114	16	8580*	111	1420	8661	112	1339*	0081	1	9919*	256	8801	11	0969
0,0 6126	3,90	0,0 6130*	16	$\bar{2}$,7 8691	111	1,2 1309*	$\bar{2}$,7 8773*	111	1,2 1227	0,0 0082*	0	$\bar{1}$,9 9918	257	3,4 8545*	96,10	1,5 0954*
6142*	91	6146*	15	8802	111	1198*	8884	112	1116*	0082*	0	9918	255	8288	09	0938*
6158*	92	6161	16	8913	111	1087*	8996*	110	1004	0082	1	9918*	255	8033*	08	0922
6173	93	6177	16	9024*	110	0976	9106	111	0894*	0083*	0	9917	255	7778*	07	0906
6189*	94	6193*	16	9134*	110	0866	9217	110	0783*	0083	1	9917*	253	7523	06	0891*
0,0 6205*	3,95	0,0 6209*	15	$\bar{2}$,7 9244*	109	1,2 0756	$\bar{2}$,7 9327	111	1,2 0673*	0,0 0084*	0	$\bar{1}$,9 9916	253	3,4 7270*	96,05	1,5 0875*
6220	96	6224	16	9353	110	0647*	9438*	109	0562	0084	0	9916*	253	7017*	04	0859
6236	97	6240	16	9463*	109	0537	9547	110	0453*	0084	1	9916*	251	6764	03	0844*
6252*	98	6256*	16	9572	109	0428*	9657*	109	0343	0085*	0	9915	251	6513*	02	0828*
6267	99	6272*	15	9681*	108	0319	9766	109	0234*	0085	1	9915*	251	6262*	01	0812
0,0 6283	4,00	0,0 6287	16	$\bar{2}$,7 9789	109	1,2 0211*	$\bar{2}$,7 9875	109	1,2 0125*	0,0 0086*	0	$\bar{1}$,9 9914	250	3,4 6011	96,00	1,5 0796
6299	01	6303	16	9898*	108	0103	9984*	108	0016	0086	1	9914*	249	5761	95,99	0781*
6315*	02	6319*	16	$\bar{2}$,8 0006*	107	1,1 9994	$\bar{2}$,8 0092	109	1,1 9908*	0087*	0	9913	249	5512	98	0765
6330	03	6335*	15	0113	108	9887*	0201*	107	9799	0087	1	9913*	248	5263	97	0749
6346	04	6350	16	0221*	107	9779	0308	108	9692*	0088*	0	9912	247	5015	96	0734*
0,0 6362*	4,05	0,0 6366	16	$\bar{2}$,8 0328	107	1,1 9672*	$\bar{2}$,8 0416	108	1,1 9584*	0,0 0088*	0	$\bar{1}$,9 9912	247	3,4 4768	95,95	1,5 0718*
6377	06	6382*	15	0435	107	9565*	0524*	107	9476	0088	1	9912*	246	4521	94	0702
6393	07	6397	16	0542*	106	9458	0631*	107	9369	0089*	0	9911	245	4275	93	0686
6409*	08	6413	16	0648	106	9352*	0738*	106	9262	0089	1	9911*	245	4030*	92	0671*
6425*	09	6429*	16	0754	106	9246*	0844	106	9156*	0090*	0	9910	245	3785*	91	0655
0,0 6440	4,10	0,0 6445*	15	$\bar{2}$,8 0860	106	1,1 9140*	$\bar{2}$,8 0950	107	1,1 9050*	0,0 0090	1	$\bar{1}$,9 9910*	244	3,4 3540	95,90	1,5 0639
6456*	11	6460	16	0966	105	9034*	1057*	105	8943	0091*	0	9909	243	3296	89	0624*
6472*	12	6476	16	1071	106	8929*	1162	106	8838*	0091	0	9909*	242	3053	88	0608*
6487	13	6492*	16	1177*	104	8823	1268*	105	8732	0091	1	9909*	242	2811*	87	0592
6503	14	6508*	15	1281	105	8719*	1373	105	8627*	0092*	0	9908	242	2569*	86	0577*
0,0 6519*	4,15	0,0 6523	16	$\bar{2}$,8 1386	104	1,1 8614*	$\bar{2}$,8 1478	105	1,1 8522*	0,0 0092	1	$\bar{1}$,9 9908*	241	3,4 2327	95,85	1,5 0561*
6535*	16	6539	16	1490	105	8510*	1583	105	8417*	0093*	0	9907	240	2086	84	0545
6550	17	6555*	16	1595*	103	8405	1688*	104	8312	0093	1	9907*	240	1846	83	0529
6566*	18	6571*	15	1698	104	8302*	1792	104	8208*	0094*	0	9906	239	1606	82	0514*
6582*	19	6586	16	1802	103	8198*	1896	104	8104*	0094	1	9906*	238	1367	81	0498*
0,0 6597	4,20	0,0 6602		$\bar{2}$,8 1905		1,1 8095*	$\bar{2}$,8 2000*		1,1 8000	0,0 0095*		$\bar{1}$,9 9905		3,4 1129*	95,80 gr	1,5 0482
x = 95grades,80 — Lx = 3,4 1129*				cos x Séh Lx	D	séc x Cosh Lx	cot x Coséh Lx	D	tang x Sih Lx	coséc x Coth Lx	D	sin x Tah Lx	D	Lx R = 1	x grades	x R = 1

x R = 1	x grad.	Lx R = 1	D	sin x TabLx	D	coséc x CothLx	tang x SibLx	D	cot x CoséhLx	séc x CoshLx	D	cos x SéhLx		x = 4grades,20 Lx = 0,0 6602		
0,0 6597	4,20	0,0 6602	16	$\bar{2}$,8 1905	104	1,1 8095*	$\bar{2}$,8 2000*	104	1,1 8000	0,0 0095*	0	$\bar{1}$,9 9905	238	3,4 1129*	95,80	1,5 0482
6613	21	6618*	16	2009*	102	7991	2104*	103	7896	0095	0	9905*	238	0891*	79	0467*
6629*	22	6634*	15	2111	103	7889*	2207*	103	7793	0095	1	9905*	237	0653	78	0451*
6644	23	6649	16	2214	102	7786*	2310*	103	7690	0096*	0	9904	236	0416	77	0435
6660	24	6665	16	2316	103	7684*	2413*	102	7587	0096	1	9904*	236	0180	76	0419
0,0 6676*	4,25	0,0 6681*	16	$\bar{2}$,8 2419*	102	1,1 7581	$\bar{2}$,8 2515	103	1,1 7485*	0,0 0097*	0	$\bar{1}$,9 9903	235	3,3 9944	95,75	1,5 0404*
6692*	26	6697*	15	2521*	101	7479	2618*	102	7382	0097	1	9903*	234	9709	74	0388
6707	27	6712	16	2622	102	7378*	2720*	102	7280	0098*	0	9902	235	9475*	73	0372
6723	28	6728	16	2724*	101	7276	2822*	102	7178	0098	1	9902*	233	9240	72	0357*
6739*	29	6744*	16	2825*	101	7175	2924*	101	7076	0099*	0	9901	233	9007*	71	0341*
0,0 6754	4,30	0,0 6760*	15	$\bar{2}$,8 2926*	101	1,1 7074	$\bar{2}$,8 3025*	101	1,1 6975	0,0 0099	1	$\bar{1}$,9 9901*	233	3,3 8774*	95,70	1,5 0325
6770	31	6775	16	3027*	100	6973	3126	101	6874*	0100*	0	9900	231	8541	69	0310*
6786*	32	6791	16	3127	100	6873*	3227	101	6773*	0100	1	9900*	232	8310*	68	0294*
6802*	33	6807*	16	3227	100	6773*	3328*	100	6672	0101*	0	9899	231	8078	67	0278
6817	34	6823*	15	3327	100	6673*	3428	101	6572*	0101*	0	9899	230	7847	66	0262
0,0 6833*	4,35	0,0 6838	16	$\bar{2}$,8 3427	100	1,1 6573*	$\bar{2}$,8 3529*	100	1,1 6471	0,0 0101	1	$\bar{1}$,9 9899*	230	3,3 7617*	95,65	1,5 0247*
6849*	36	6854	16	3527*	99	6473	3629*	99	6371	0102*	0	9898	229	7387	64	0231*
6864	37	6870*	16	3626	99	6374*	3728	100	6272*	0102	1	9898*	229	7158*	63	0215
6880	38	6886*	15	3725	99	6275*	3828	99	6172*	0103*	0	9897	228	6929	62	0200*
6896*	39	6901	16	3824	99	6176*	3927	99	6073*	0103	1	9897*	228	6701*	61	0184*
0,0 6912*	4,40	0,0 6917	16	$\bar{2}$,8 3923*	98	1,1 6077	$\bar{2}$,8 4026	99	1,1 5974*	0,0 0104*	0	$\bar{1}$,9 9896	227	3,3 6473	95,60	1,5 0168
6927	41	6933*	16	4021	98	5979*	4125	99	5875*	0104	1	9896*	227	6246*	59	0152
6943*	42	6949*	15	4119	98	5881*	4224	99	5776*	0105*	0	9895	226	6019	58	0137*
6959*	43	6964	16	4217	98	5783*	4323*	98	5677	0105	1	9895*	226	5793	57	0121
6974	44	6980*	16	4315	98	5685*	4421*	98	5579	0106*	0	9894	225	5567	56	0105
0,0 6990	4,45	0,0 6996*	15	$\bar{2}$,8 4413*	97	1,1 5587	$\bar{2}$,8 4519*	98	1,1 5481	0,0 0106	1	$\bar{1}$,9 9894*	224	3,3 5342	95,55	1,5 0090*
7006*	46	7011	16	4510*	97	5490	4617*	97	5383	0107*	0	9893	224	5118*	54	0074*
7021	47	7027	16	4607	97	5393*	4714	98	5286*	0107	1	9893*	224	4894*	53	0058
7037	48	7043*	16	4704*	97	5296	4812*	97	5188	0108*	0	9892	223	4670*	52	0042
7053*	49	7059*	15	4801*	96	5199	4909*	97	5091	0108	1	9892*	223	4447*	51	0027*
0,0 7069*	4,50	0,0 7074	16	$\bar{2}$,8 4897	96	1,1 5103*	$\bar{2}$,8 5006*	96	1,1 4994	0,0 0109*	0	$\bar{1}$,9 9891	222	3,3 4224	95,50	1,5 0011
7084	51	7090	16	4993	96	5007*	5102	97	4898*	0109	1	9891*	222	4002*	49	1,4 9995
7100*	52	7106*	16	5089	96	4911*	5199*	96	4801	0110*	0	9890	221	3780	48	9980*
7116*	53	7122*	15	5185	96	4815*	5295	96	4705*	0110	1	9890*	221	3559	47	9964*
7131	54	7137	16	5281*	95	4719	5391	96	4609*	0111*	0	9889	220	3338	46	9948
0,0 7147	4,55	0,0 7153	16	$\bar{2}$,8 5376	95	1,1 4624*	$\bar{2}$,8 5487	96	1,1 4513*	0,0 0111	1	$\bar{1}$,9 9889*	220	3,3 3118	95,45	1,4 9933*
7163*	56	7169*	16	5471	95	4529*	5583*	95	4417	0112*	0	9888	219	2898	44	9917*
7179*	57	7185*	15	5566	95	4434*	5678	96	4322*	0112*	0	9888	219	2679	43	9901
7194	58	7200	16	5661	95	4339*	5774*	95	4226	0112	1	9888*	218	2460	42	9885
7210*	59	7216	16	5756*	94	4244	5869*	94	4131	0113*	0	9887	218	2242	41	9870*
0,0 7226*	4,60	0,0 7232*	16	$\bar{2}$,8 5850*	94	1,1 4150	$\bar{2}$,8 5963	95	1,1 4037*	0,0 0113	1	$\bar{1}$,9 9887*	217	3,3 2024	95,40	1,4 9854*
7241	61	7248*	15	5944	94	4056*	6058	95	3942*	0114*	0	9886	217	1807*	39	9838
7257	62	7263	16	6038	94	3962*	6153*	94	3847	0114	1	9886*	216	1590	38	9823*
7273*	63	7279	16	6132*	93	3868	6247*	94	3753	0115*	0	9885	216	1374*	37	9807*
7288	64	7295*	16	6225	94	3775*	6341*	94	3659	0115	1	9885*	216	1158*	36	9791
0,0 7304	4,65	0,0 7311*	15	$\bar{2}$,8 6319*	93	1,1 3681	$\bar{2}$,8 6435*	93	1,1 3565	0,0 0116*	0	$\bar{1}$,9 9884	215	3,3 0942	95,35	1,4 9775
7320*	66	7326	16	6412*	93	3588	6528	94	3472*	0116	1	9884*	214	0727	34	9760*
7336*	67	7342	16	6505*	92	3495	6622*	93	3378	0117*	0	9883	214	0513*	33	9744
7351	68	7358*	16	6597	93	3403*	6715*	93	3285	0117	1	9883*	214	0299*	32	9728
7367	69	7374*	15	6690*	92	3310	6808*	93	3192	0118*	0	9882	213	0085*	31	9713*
0,0 7383*	4,70	0,0 7389	16	$\bar{2}$,8 6782	92	1,1 3218*	$\bar{2}$,8 6901*	92	1,1 3099	0,0 0118	1	$\bar{1}$,9 9882*	213	3,2 9872*	95,30	1,4 9697*
7398	71	7405	16	6874	92	3126*	6993	93	3007*	0119*	0	9881	212	9659	29	9681
7414	72	7421*	16	6966	92	3034*	7086*	92	2914	0119	1	9881*	212	9447*	28	9665
7430*	73	7437*	15	7058	92	2942*	7178	92	2822*	0120*	0	9880	211	9235*	27	9650*
7446*	74	7452	16	7150*	91	2850	7270	92	2730*	0120	1	9880*	211	9024*	26	9634
0,0 7461	4,75	0,0 7468	16	$\bar{2}$,8 7241	91	1,1 2759*	$\bar{2}$,8 7362	92	1,1 2638*	0,0 0121*	1	$\bar{1}$,9 9879	211	3,2 8813*	95,25	1,4 9618
7477*	76	7484*	16	7332	91	2668*	7454*	91	2546	0122*	0	9878	210	8602	24	9603*
7493*	77	7500*	15	7423	91	2577*	7545	91	2455*	0122	1	9878*	210	8392	23	9587*
7508	78	7515	16	7514*	91	2486	7636	92	2364*	0123*	0	9877	209	8182	22	9571
7524	79	7531	16	7605*	90	2395	7728*	91	2272	0123	1	9877*	209	7973	21	9556*
0,0 7540*	4,80	0,0 7547*		$\bar{2}$,8 7695*		1,1 2305	$\bar{2}$,8 7819*		1,1 2181	0,0 0124*		$\bar{1}$,9 9876		3,2 7764	95,20	1,4 9540*
x = 95grades,20 Lx = 3,2 7764				cos x SéhLx	D	séc x CoshLx	cot x CoséhLx	D	tang x SibLx	coséc x CothLx	D	sin x TabLx	D	Lx R = 1	x grades	x R = 1

x R = 1	grad.	Lx R = 1	D	sin x Tah Lx	D	coséc x Coth Lx	tang x Sih Lx	D	cot x Coséh Lx	séc x Cosh Lx	D	cos x Séh Lx	D	x = 4grades,80 Lx = 0,0 7547*		
0,0 7540*	gr 4,80	0,0 7547*	16	$\bar{2}$,8 7695*	90	1,1 2305	$\bar{2}$,8 7819*	90	1,1 2181	0,0 0124*	0	$\bar{1}$,9 9876	208	3,2 7764	95,20	1,4 9540*
7556*	81	7563*	15	7785	90	2215*	7909	91	2091*	0124	1	9876*	208	7556	19	9524
7571	82	7578	16	7875	90	2125*	8000*	90	2000	0125*	0	9875	207	7348	18	9508
7587*	83	7594	16	7965	90	2035*	8090	90	1910*	0125	1	9875*	207	7141*	17	9493*
7603*	84	7610*	16	8055*	89	1945	8180	90	1820*	0126*	0	9874	207	6934*	16	9477*
0,0 7618	4,85	0,0 7626*	15	$\bar{2}$,8 8144	89	1,1 1856*	$\bar{2}$,8 8270	90	1,1 1730*	0,0 0126	1	$\bar{1}$,9 9874*	206	3,2 6727	95,15	1,4 9461
7634	86	7641	16	8233	90	1767*	8360	90	1640*	0127*	0	9873	206	6521	14	9446*
7650*	87	7657	16	8323*	88	1677	8450*	89	1550	0127	1	9873*	205	6315	13	9430*
7665	88	7673	16	8411	89	1589*	8539	89	1461*	0128*	0	9872	205	6110*	12	9414
7681	89	7689*	16	8500	89	1500*	8628	89	1372*	0128	1	9872*	204	5905	11	9398
0,0 7697*	4,90	0,0 7705*	15	$\bar{2}$,8 8589*	88	1,1 1411	$\bar{2}$,8 8717	89	1,1 1283*	0,0 0129*	0	$\bar{1}$,9 9871	205	3,2 5701*	95,10	1,4 9383*
7713*	91	7720	16	8677	88	1323*	8806	89	1194*	0129	1	9871*	203	5496	09	9367
7728	92	7736	16	8765	88	1235*	8895	89	1105*	0130*	0	9870	203	5293*	08	9351
7744	93	7752*	16	8853	88	1147*	8984*	88	1016	0130	1	9870*	203	5090*	07	9336*
7760*	94	7768*	16	8941	88	1059*	9072*	88	0928	0131*	0	9869	203	4887*	06	9320*
0,0 7775	4,95	0,0 7783	16	$\bar{2}$,8 9029*	87	1,1 0971	$\bar{2}$,8 9160	88	1,1 0840*	0,0 0131	1	$\bar{1}$,9 9869*	202	3,2 4684	95,05	1,4 9304
7791	96	7799	16	9116	87	0884*	9248	88	0752*	0132*	0	9868	201	4482	04	9288
7807*	97	7815*	16	9203	88	0797*	9336*	88	0664	0132	1	9868*	202	4281*	03	9273*
7823*	98	7831*	15	9291*	87	0709	9424*	87	0576	0133	1	9867*	200	4079	02	9257
7838	99	7846	16	9378*	86	0622	9511	87	0489*	0134*	0	9866	201	3879*	01	9241
0,0 7854*	5,00	0,0 7862	16	$\bar{2}$,8 9464	87	1,1 0536*	$\bar{2}$,8 9598	88	1,1 0402*	0,0 0134	1	$\bar{1}$,9 9866*	200	3,2 3678	95,00	1,4 9226*
7870*	01	7878*	16	9551*	86	0449	9686*	86	0314	0135*	0	9865	199	3478	94,99	9210*
7885	02	7894*	15	9637	87	0363*	9772	87	0228*	0135	1	9865*	200	3279*	98	9194
7901	03	7909	16	9724*	86	0276	9859	87	0141*	0136*	0	9864	198	3079	97	9179*
7917*	04	7925	16	9810*	86	0190	9946*	86	0054	0136	1	9864*	199	2881*	96	9163*
0,0 7933*	5,05	0,0 7941*	16	$\bar{2}$,8 9896*	85	1,1 0104	$\bar{2}$,9 0032	87	1,1 9968*	0,0 0137*	0	$\bar{1}$,9 9863	198	3,2 2682	94,95	1,4 9147
7948	06	7957*	15	9981	86	0019*	0119*	86	9881	0137	1	9863*	197	2484	94	9131
7964*	07	7972	16	$\bar{2}$,9 0067*	85	1,0 9933	0205*	86	9795	0138*	0	9862	198	2287*	93	9116*
7980*	08	7988	16	0152	85	9848*	0291*	85	9709	0138	1	9862*	197	2089	92	9100*
7995	09	8004*	16	0237	86	9763*	0376	86	9624*	0139*	1	9861	196	1892	91	9084
0,0 8011	5,10	0,0 8020*	15	$\bar{2}$,9 0323*	84	1,0 9677	$\bar{2}$,9 0462	85	1,0 9538*	0,0 0140*	0	$\bar{1}$,9 9860	196	3,2 1696*	94,90	1,4 9069*
8027*	11	8035	16	0407	85	9593*	0547	86	9453*	0140	1	9860*	196	1500*	89	9053*
8042	12	8051	16	0492	85	9508*	0633*	85	9367	0141*	0	9859	195	1304	88	9037
8058	13	8067*	16	0577*	84	9423	0718*	85	9282	0141	1	9859*	195	1109*	87	9021
8074*	14	8083*	15	0661	84	9339*	0803*	85	9197	0142*	0	9858	195	0914*	86	9006*
0,0 8090*	5,15	0,0 8098	16	$\bar{2}$,9 0745	84	1,0 9255*	$\bar{2}$,9 0888*	84	1,0 9112	0,0 0142	1	$\bar{1}$,9 9858*	194	3,2 0719	94,85	1,4 8990
8105	16	8114	16	0829	84	9171*	0972	85	9028*	0143*	0	9857	194	0525	84	8974
8121	17	8130*	16	0913	84	9087*	1057*	84	8943	0143	1	9857*	193	0331	83	8959*
8137*	18	8146*	15	0997	84	9003*	1141*	84	8859	0144*	0	9856	193	0138*	82	8943*
8152	19	8161	16	1081*	83	8919	1225	84	8775*	0144	1	9856*	193	3,1 9945*	81	8927
0,0 8168	5,20	0,0 8177	16	$\bar{2}$,9 1164	83	1,0 8836*	$\bar{2}$,9 1309	84	1,0 8691*	0,0 0145	1	$\bar{1}$,9 9855*	192	3,1 9752*	94,80	1,4 8911
8184*	21	8193*	16	1247	83	8753*	1393*	84	8607	0146*	0	9854	192	9560*	79	8896*
8200*	22	8209*	16	1330	83	8670*	1477*	83	8523	0146	1	9854*	192	9368*	78	8880
8215	23	8225*	15	1413	83	8587*	1560	83	8440*	0147*	0	9853	191	9176	77	8864
8231*	24	8240	15	1496	83	8504*	1643	84	8357*	0147	1	9853*	191	8985*	76	8849*
0,0 8247*	5,25	0,0 8256	16	$\bar{2}$,9 1579*	82	1,0 8421	$\bar{2}$,9 1727*	83	1,0 8273	0,0 0148*	0	$\bar{1}$,9 9852	191	3,1 8794*	94,75	1,4 8833*
8262	26	8272*	16	1661	82	8339*	1810*	82	8190	0148	1	9852*	190	8603	74	8817
8278	27	8288*	15	1743	83	8257*	1892	83	8108*	0149*	1	9851	189	8413	73	8802*
8294*	28	8303	16	1826*	82	8174	1975	83	8025*	0150*	0	9850	190	8224*	72	8786*
8310*	29	8319	16	1908*	81	8092	2058*	82	7942	0150	1	9850*	189	8034	71	8770
0,0 8325	5,30	0,0 8335*	16	$\bar{2}$,9 1989	82	1,0 8011*	$\bar{2}$,9 2140	82	1,0 7860*	0,0 0151*	0	$\bar{1}$,9 9849	189	3,1 7845*	94,70	1,4 8754
8341*	31	8351*	15	2071	82	7929*	2222	82	7778*	0151	1	9849*	188	7656	69	8739*
8357*	32	8366	15	2153*	81	7847	2304	82	7696*	0152*	0	9848	188	7468*	68	8723*
8372	33	8382	16	2234*	81	7766	2386	82	7614*	0152	1	9848*	188	7280*	67	8707
8388	34	8398*	16	2315	81	7685*	2468	82	7532*	0153*	1	9847	187	7092	66	8692*
0,0 8404*	5,35	0,0 8414*	15	$\bar{2}$,9 2396	81	1,0 7604*	$\bar{2}$,9 2550*	81	1,0 7450	0,0 0154*	0	$\bar{1}$,9 9846	187	3,1 6905*	94,65	1,4 8676*
8419	36	8429	16	2477	81	7523*	2631	82	7369*	0154	1	9846*	187	6718*	64	8660
8435	37	8445	16	2558*	81	7442	2713*	81	7287	0155*	0	9845	186	6531	63	8644
8451*	38	8461*	16	2639*	80	7361	2794*	81	7206	0155	1	9845*	186	6345	62	8629*
8467*	39	8477*	15	2719*	80	7281	2875*	81	7125	0156*	0	9844	185	6159	61	8613
0,0 8482	5,40	0,0 8492		$\bar{2}$,9 2799		1,0 7201*	$\bar{2}$,9 2956*		1,0 7044	0,0 0156		$\bar{1}$,9 9844*		3,1 5974*	94,60 gr	1,4 8597
x = 94grades,60 Lx = 3,1 5974*				cos x Séh Lx	D	séc x Cosh Lx	cot x Coséh Lx	D	tang x Sih Lx	coséc x Coth Lx	D	sin x Tah Lx	D	Lx R = 1	grades	x R = 1

x		Lx		sin x	D	coséc x	tang x	D	cot x	séc x	D	cos x	x = 5grades,40			
R = 1	grad.	R = 1	D	**TahLx**		**CothLx**	**SibLx**		**CoséhLx**	**CoshLx**		**SéhLx**	Lx = 0,0 8492			
0,0 8482	gr 5,40	0,0 8492	16	$\bar{2}$,9 2799	80	1,0 7201*	$\bar{2}$,9 2956*	80	1,0 7044	0,0 0156	1	$\bar{1}$,9 9844*	186	3,1 5974*	94,60	1,4 8597
8498	41	8508	16	2879	80	7121*	3036	81	6964*	0157	1	9843*	185	5788	59	8582*
8514*	42	8524	16	2959	80	7041*	3117	80	6883*	0158*	0	9842	184	5603	58	8566*
8529	43	8540*	16	3039	80	6961*	3197	81	6803*	0158	1	9842*	184	5419*	57	8550
8545	44	8556*	15	3119	80	6881*	3278*	80	6722	0159*	0	9841	184	5235*	56	8535*
0,0 8561*	5,45	0,0 8571	16	$\bar{2}$,9 3199*	79	1,0 6801	$\bar{2}$,9 3358*	80	1,0 6642	0,0 0159	1	$\bar{1}$,9 9841*	184	3,1 5051*	94,55	1,4 8519*
8577*	46	8587	16	3278	79	6722*	3438*	80	6562	0160*	1	9840	183	4867	54	8503
8592	47	8603*	16	3357	79	6643*	3518*	79	6482	0161*	0	9839	183	4684	53	8487
8608*	48	8619*	15	3436	79	6564*	3597	80	6403*	0161	1	9839*	182	4501	52	8472*
8624*	49	8634	16	3515	79	6485*	3677	79	6323*	0162*	0	9838	183	4319*	51	8456*
0,0 8639	5,50	0,0 8650	16	$\bar{2}$,9 3594	79	1,0 6406*	$\bar{2}$,9 3756	80	1,0 6244*	0,0 0162	1	$\bar{1}$,9 9838*	181	3,1 4136	94,50	1,4 8440
8655	51	8666*	16	3673*	78	6327	3836*	79	6164	0163*	0	9837	182	3955*	49	8425*
8671*	52	8682*	15	3751	79	6249*	3915*	79	6085	0163	1	9837*	181	3773	48	8409*
8687*	53	8697	16	3830*	78	6170	3994*	79	6006	0164	1	9836*	181	3592*	47	8393
8702	54	8713	16	3908	78	6092*	4073*	79	5927	0165*	0	9835	181	3411*	46	8377
0,0 8718*	5,55	0,0 8729*	16	$\bar{2}$,9 3986	78	1,0 6014*	$\bar{2}$,9 4152*	78	1,0 5848	0,0 0165	1	$\bar{1}$,9 9835*	180	3,1 3230	94,45	1,4 8362*
8734*	56	8745*	16	4064	78	5936*	4230	79	5770*	0166*	0	9834	180	3050	44	8346
8749	57	8761*	15	4142	78	5858*	4309*	78	5691	0166	1	9834*	179	2870	43	8330
8765	58	8776	16	4220*	77	5780	4387*	78	5613	0167	1	9833*	180	2691*	42	8315*
8781*	59	8792	16	4297	78	5703*	4465*	78	5535	0168*	0	9832	179	2511	41	8299*
0,0 8796	5,60	0,0 8808*	16	$\bar{2}$,9 4375*	77	1,0 5625	$\bar{2}$,9 4543	78	1,0 5457*	0,0 0168	1	$\bar{1}$,9 9832*	178	3,1 2332	94,40	1,4 8283
8812	61	8824*	15	4452	77	5548*	4621*	78	5379	0169*	0	9831	179	2154*	39	8267
8828*	62	8839	16	4529	77	5471*	4699*	77	5301	0169	1	9831*	178	1975	38	8252*
8844*	63	8855	16	4606	77	5394*	4776	78	5224*	0170	1	9830*	177	1797	37	8236
8859	64	8871*	16	4683	77	5317*	4854	77	5146*	0171*	0	9829	178	1620*	36	8220
0,0 8875*	5,65	0,0 8887*	15	$\bar{2}$,9 4760*	76	1,0 5240	$\bar{2}$,9 4931	77	1,0 5069*	0,0 0171	1	$\bar{1}$,9 9829*	177	3,1 1442	94,35	1,4 8205*
8891*	66	8902	16	4836	77	5164*	5008	77	4992*	0172*	0	9828	177	1265	34	8189*
8906	67	8918	16	4913*	76	5087	5085	77	4915*	0172	1	9828*	176	1088	33	8173
8922	68	8934*	16	4989	76	5011*	5162	77	4838*	0173	1	9827*	176	0912*	32	8158*
8938*	69	8950*	16	5065	76	4935*	5239	77	4761*	0174*	0	9826	176	0736*	31	8142*
0,0 8954*	5,70	0,0 8966*	15	$\bar{2}$,9 5141	76	1,0 4859*	$\bar{2}$,9 5316*	76	1,0 4684	0,0 0174	1	$\bar{1}$,9 9826*	176	3,1 0560	94,30	1,4 8126
8969	71	8981	16	5217	76	4783*	5392	77	4608*	0175*	1	9825	175	0384	29	8110
8985*	72	8997	16	5293	76	4707*	5469*	76	4531	0176*	0	9824	175	0209	28	8095*
9001*	73	9013*	16	5369*	75	4651	5545*	76	4455	0176	1	9824*	174	0034	27	8079*
9016	74	9029*	15	5444	76	4556*	5621	76	4379*	0177*	0	9823	175	3,0 9860*	26	8063
0,0 9032	5,75	0,0 9044	16	$\bar{2}$,9 5520*	75	1,0 4480	$\bar{2}$,9 5697	76	1,0 4303*	0,0 0177	1	$\bar{1}$,9 9823*	174	3,0 9685	94,25	1,4 8048*
9048*	76	9060	16	5595*	75	4405	5773*	76	4227	0178	1	9822*	173	9511	24	8032*
9063	77	9076*	16	5670	75	4330*	5849*	75	4151	0179*	0	9821	174	9338*	23	8016
9079	78	9092*	15	5745	75	4255*	5924	76	4076*	0179	1	9821*	173	9164	22	8000
9095*	79	9107	16	5820*	75	4180	6000*	75	4000	0180*	0	9820	173	8991	21	7985*
0,0 9111*	5,80	0,0 9123	16	$\bar{2}$,9 5895*	74	1,0 4105	$\bar{2}$,9 6075	75	1,0 3925*	0,0 0180	1	$\bar{1}$,9 9820*	172	3,0 8818	94,20	1,4 7969
9126	81	9139	16	5969	75	4031*	6150	76	3850*	0181	1	9819*	172	8646*	19	7953
9142	82	9155*	16	6044*	74	3956	6226*	74	3774	0182*	0	9818	172	8474*	18	7938*
9158*	83	9171*	15	6118	74	3882*	6300	75	3700*	0182	1	9818*	172	8302*	17	7922*
9173	84	9186	16	6192	74	3808*	6375	75	3625*	0183*	1	9817	171	8130	16	7906
0,0 9189	5,85	0,0 9202	16	$\bar{2}$,9 6266	74	1,0 3734*	$\bar{2}$,9 6450	75	1,0 3550*	0,0 0184*	0	$\bar{1}$,9 9816	171	3,0 7959*	94,15	1,4 7890
9205*	86	9218*	16	6340	74	3660*	6525*	74	3475	0184	1	9816*	171	7788*	14	7875*
9221*	87	9234*	15	6414	74	3586*	6599	74	3401*	0185*	1	9815	170	7617	13	7859
9236	88	9249	16	6488*	74	3512	6673	75	3327*	0186*	0	9814	171	7447*	12	7843
9252*	89	9235	16	6562*	73	3438	6748*	74	3252	0186	1	9814*	169	7276	11	7828*
0,0 9268*	5,90	0,0 9281*	16	$\bar{2}$,9 6635	73	1,0 3365*	$\bar{2}$,9 6822*	74	1,0 3178	0,0 0187*	0	$\bar{1}$,9 9813	170	3,0 7107*	94,10	1,4 7812*
9283	91	9297*	16	6708	74	3292*	6896*	74	3104	0187	1	9813*	169	6937	09	7796
9299	92	9313*	15	6782*	73	3218	6970*	73	3030	0188	1	9812*	169	6768*	08	7781*
9315*	93	9328	16	6855*	73	3145	7043	74	2957*	0189*	0	9811	169	6599*	07	7765*
9331	94	9344	16	6928*	72	3072	7117*	73	2883	0189	1	9811*	168	6430*	06	7749
0,0 9346	5,95	0,0 9360*	16	$\bar{2}$,9 7000	73	1,0 3000*	$\bar{2}$,9 7190	74	1,0 2810*	0,0 0190*	1	$\bar{1}$,9 9810	169	3,0 6262*	94,05	1,4 7733
9362*	96	9376*	15	7073	73	2927*	7264*	73	2736	0191*	0	9809	168	6093	04	7718*
9378*	97	9391	16	7146*	72	2854	7337*	73	2663	0191	1	9809*	167	5925	03	7702*
9393	98	9407	16	7218	73	2782*	7410	73	2590*	0192*	1	9808	167	5758*	02	7686
9409	99	9423*	16	7291*	72	2709	7483	73	2517*	0193*	0	9807	168	5591*	01	7671*
0,0 9425*	6,00	0,0 9439*		$\bar{2}$,9 7363*		1,0 2637	$\bar{2}$,9 7556*		1,0 2444	0,0 0193		$\bar{1}$,9 9807*		3,0 5423	94,00 gr	1,4 7635*
x = 94grades,00				cos x	D	séc x	cot x	D	tang x	coséc x	D	sin x	D	R = 1	grades	R = 1
Lx = 3,0 5423				**SéhLx**		**CoshLx**	**CoséhLx**		**SihLx**	**CothLx**		**TabLx**		Lx		x

x		Lx		sin x	D	coséc x	tang x	D	cot x	séc x	D	cos x	x = 6grades,00			
R = 1	grad.	R = 1	D	Tah Lx		Coth Lx	Sih Lx		Coséh Lx	Cosh Lx		Séh Lx	Lx = 0,0 9439*			
0,0 9425*	gr 6,00	0,0 9439*	31	$\bar{2}$,9 7363*	144	1,0 2637	$\bar{2}$,9 7556*	145	1,0 2444	0,0 0193	1	$\bar{1}$,9 9807*	333	3,0 5423	94,00	1,4 7655*
9456	02	9470	32	7507*	144	2493	7701	145	2299*	0194	2	9806*	332	5090	93,98	7623
9488*	04	9502*	31	7651*	143	2349	7846	145	2154*	0196*	1	9804	331	4758	96	7592
9519	06	9533	32	7794*	142	2206	7991*	144	2009	0197	1	9803*	330	4427*	94	7561*
9550	08	9565*	32	7936	142	2064*	8135*	143	1865	0198	2	9802*	329	4097*	92	7529
0,0 9582*	6,10	0,0 9597*	31	$\bar{2}$,9 8078	142	1,0 1922*	$\bar{2}$,9 8278	143	1,0 1722*	0,0 0200*	1	$\bar{1}$,9 9800	328	3,0 3768	93,90	1,4 7498*
9613	12	9628	32	8220	141	1780*	8421	143	1579*	0201*	1	9799	327	3440	88	7466
9645*	14	9660*	31	8361	141	1639*	8564*	142	1436	0202	2	9798*	325	3113	86	7435*
9676	16	9691	32	8502	141	1498*	8706*	142	1294	0204*	1	9796	325	2788*	84	7404*
9708*	18	9723*	31	8643*	139	1357	8848*	141	1152	0205*	1	9795	324	2463	82	7372
0,0 9739*	6,20	0,0 9754	32	$\bar{2}$,9 8782	140	1,0 1218*	$\bar{2}$,9 8989*	141	1,0 1011	0,0 0206	2	$\bar{1}$,9 9794*	322	3,0 2139	93,80	1,4 7341*
9770	22	9786*	31	8922*	139	1078	9130*	140	0870	0208*	1	9792	322	1817*	78	7309
9802*	24	9817	32	9061*	138	0939	9270*	140	0730	0209*	1	9791	320	1495	76	7278*
9833	26	9849	32	9199	138	0801*	9410*	139	0590	0210	2	9790*	320	1175*	74	7246
9865*	28	9881*	31	9337	138	0663*	9549	139	0451*	0212*	1	9788	318	0855	72	7215
0,0 9896	6,30	0,0 9912	32	$\bar{2}$,9 9475	137	1,0 0525*	$\bar{2}$,9 9688	139	1,0 0312*	0,0 0213*	1	$\bar{1}$,9 9787	318	3,0 0537*	93,70	1,4 7184*
9927	32	9944*	31	9612	137	0388*	9827*	138	0173	0214	2	9786*	316	0219	68	7152
9959*	34	9975	32	9749	136	0251*	9965*	138	0035	0216*	1	9784	316	2,9 9903*	66	7121*
9990	36	0,1 0007*	31	9885	136	0115*	$\bar{1}$,0 0103*	137	0,9 9897	0217	1	9783*	314	9587	64	7089
0,1 0022*	38	0038	32	$\bar{1}$,0 0021	136	0,9 9979*	0240*	137	9760	0218	2	9782*	314	9273*	62	7058*
0,1 0053	6,40	0,1 0070	32	$\bar{1}$,0 0157*	135	0,9 9843	$\bar{1}$,0 0377*	136	0,9 9623	0,0 0220*	1	$\bar{1}$,9 9780	312	2,9 8959	93,60	1,4 7027*
0085*	42	0102*	31	0292*	134	9708	0513	136	9487*	0221	2	9779*	312	8647*	58	6995
0116*	44	0133	32	0426	135	9574*	0649	136	9351*	0223*	1	9777	310	8335	56	6964*
0147	46	0165*	31	0561*	133	9439	0785*	135	9215	0224*	1	9776	310	8025*	54	6932
0179*	48	0196	32	0694	134	9306*	0920*	135	9080	0225	2	9775*	309	7715	52	6901*
0,1 0210	6,50	0,1 0228*	32	$\bar{1}$,0 0828*	133	0,9 9172	$\bar{1}$,0 1055*	134	0,9 8945	0,0 0227*	1	$\bar{1}$,9 9773	307	2,9 7406	93,50	1,4 6869
0242*	52	0260*	31	0961*	132	9039	1189*	134	8811	0228	2	9772*	307	7099*	48	6838
0273	54	0291	32	1093	132	8907*	1323*	133	8677	0230*	1	9770	306	6792*	46	6807*
0304	56	0323*	31	1225	132	8775*	1456	134	8544*	0231*	1	9769	305	6486*	44	6775
0336*	58	0354	32	1357	132	8643*	1590*	132	8410	0232	2	9768*	304	6181*	42	6744*
0,1 0367	6,60	0,1 0386*	31	$\bar{1}$,0 1489*	130	0,9 8511	$\bar{1}$,0 1722	133	0,9 8278*	0,0 0234*	1	$\bar{1}$,9 9766	303	2,9 5877*	93,40	1,4 6712
0399*	62	0417	32	1619	131	8381*	1855*	132	8145	0235	2	9765*	302	5574*	38	6681*
0430	64	0449	32	1750	130	8250*	1987*	131	8013	0237*	1	9763	302	5272*	36	6650*
0462*	66	0481*	31	1880	130	8120*	2118	131	7882*	0238	2	9762*	300	4970	34	6618
0493*	68	0512	32	2010*	129	7990	2249	131	7751*	0240*	1	9760	300	4670*	32	6587*
0,1 0524	6,70	0,1 0544*	31	$\bar{1}$,0 2139	129	0,9 7861*	$\bar{1}$,0 2380	131	0,9 7620*	0,0 0241*	1	$\bar{1}$,9 9759	298	2,9 4370	93,30	1,4 6555
0556*	72	0575	32	2268	129	7732*	2511*	130	7489	0242	2	9758*	298	4072*	28	6524*
0587	74	0607*	32	2397*	128	7603	2641*	129	7359	0244*	1	9756	297	3774	26	6492
0619*	76	0639*	31	2525	128	7475*	2770	130	7230*	0245	2	9755*	296	3477	24	6461
0650*	78	0670	32	2653*	127	7347	2900*	128	7100	0247*	1	9753	295	3181	22	6430*
0,1 0681	6,80	0,1 0702*	31	$\bar{1}$,0 2780	127	0,9 7220*	$\bar{1}$,0 3028	129	0,9 6972*	0,0 0248	2	$\bar{1}$,9 9752*	294	2,9 2886	93,20	1,4 6398
0713*	82	0733	32	2907	127	7093*	3157	128	6843*	0250*	1	9750	294	2592*	18	6367*
0744	84	0765*	32	3034	126	6966*	3285	128	6715*	0251	2	9749*	292	2298	16	6335
0776*	86	0797*	31	3160	126	6840*	3413*	127	6587	0253*	1	9747	292	2006*	14	6304*
0807	88	0828	32	3286	126	6714*	3540	127	6560	0254	2	9746*	291	1714	12	6273*
0,1 0838	6,90	0,1 0860*	31	$\bar{1}$,0 3412*	125	0,9 6588	$\bar{1}$,0 3667	127	0,9 6333*	0,0 0256*	1	$\bar{1}$,9 9744	290	2,9 1423	93,10	1,4 6241
0870*	92	0891	32	3537	125	6463*	3794	126	6206*	0257	2	9743*	289	1133	08	6210*
0901	94	0923*	32	3662*	124	6338	3920	126	6080*	0259*	1	9741	288	0844	06	6178
0933*	96	0955*	31	3786	124	6214*	4046	126	5954*	0260	2	9740*	288	0556*	04	6147*
0964	98	0986	32	3910	124	6090*	4172	125	5828*	0262*	1	9738	286	0268	02	6115
0,1 0996*	7,00	0,1 1018*	31	$\bar{1}$,0 4034	124	0,9 5966*	$\bar{1}$,0 4297	125	0,9 5703*	0,0 0263	2	$\bar{1}$,9 9737*	286	2,8 9982*	93,00	1,4 6084
1027*	02	1049	32	4158*	123	5842	4422	125	5578*	0265*	1	9735	285	9696*	92,98	6053*
1058	04	1081	32	4281*	122	5719	4547*	124	5453	0266	2	9734*	285	9411*	96	6021
1090*	06	1113*	31	4403	123	5597*	4671	124	5329*	0268*	1	9732	283	9126	94	5990*
1121	08	1144	32	4526*	122	5474	4795*	123	5205	0269	2	9731*	283	8843*	92	5958
0,1 1153*	7,10	0,1 1176*	31	$\bar{1}$,0 4648*	121	0,9 5352	$\bar{1}$,0 4918	124	0,9 5082*	0,0 0271*	1	$\bar{1}$,9 9729	282	2,8 8560	92,90	1,4 5927*
1184	12	1207	32	4769	122	5231*	5042*	122	4958	0272	2	9728*	281	8278	88	5896*
1215	14	1239	32	4891*	121	5109	5164	123	4836*	0274*	1	9726	280	7997	86	5864
1247*	16	1271*	31	5012*	120	4988	5287*	122	4713	0275	2	9725*	279	7716*	84	5833*
1278	18	1302	32	5132	121	4868*	5409	122	4591*	0277*	1	9723	278	7437	82	5801
0,1 1310*	7,20	0,1 1334*		$\bar{1}$,0 5253*		0,9 4747	$\bar{1}$,0 5531*		0,9 4469	0,0 0278		$\bar{1}$,9 9722*		2,8 7159*	92,80 gr	1,4 5770*
x = 92grades,80				cos x	D	séc x	cot x	D	tang x	coséc x	D	sin x	D	R = 1	grades	R = 1
Lx = 2,8 7159*				Séh Lx		Cosh Lx	Coséh Lx		Sih Lx	Coth Lx		Tah Lx		Lx		x

x R = 1	grad.	Lx R = 1	D	sin x Tab Lx	D	coséc x Coth Lx	tang x Sib Lx	D	cot x Coséh Lx	séc x Cosh Lx	D	cos x Séh Lx	D	x = 7 grades,20 Lx = 0,1 1334*		
0,1 1310*	gr 7,20	0,1 1334*	32	$\bar{1}$,0 5253*	120	0,9 4747	$\bar{1}$,0 5531*	121	0,9 4469	0,0 0278	2	$\bar{1}$,9 9722*	278	2,8 7159*	92,80	1,4 5770*
1341	22	1366*	31	5373*	119	4627	5652	122	4348*	0280*	1	9720	278	6881*	78	5738
1373*	24	1397	32	5492	119	4508*	5774*	120	4226	0281	2	9719*	276	6603	76	5707
1404*	26	1429*	31	5611	119	4389*	5894	121	4106*	0283	2	9717*	276	6327	74	5676*
1435	28	1460	32	5730	119	4270*	6015	120	3985*	0285*	1	9715	275	6051	72	5644
0,1 1467*	7,30	0,1 1492	32	$\bar{1}$,0 5849	118	0,9 4151*	$\bar{1}$,0 6135	120	0,9 3865*	0,0 0286	2	$\bar{1}$,9 9714*	274	2,8 5776	92,70	1,4 5613*
1498	32	1524*	31	5967	118	4033*	6255	120	3745*	0288*	1	9712	273	5502	68	5581
1530*	34	1555	32	6085	118	3915*	6375*	119	3625	0289	2	9711*	273	5229*	66	5550*
1561	36	1587*	32	6203*	117	3797	6494*	119	3506	0291*	1	9709	272	4956	64	5519*
1592	38	1619*	31	6320	117	3680*	6613*	118	3387	0292	2	9708*	271	4684	62	5487
0,1 1624*	7,40	0,1 1650	32	$\bar{1}$,0 6437	117	0,9 3563*	$\bar{1}$,0 6731	119	0,9 3269*	0,0 0294	2	$\bar{1}$,9 9706*	271	2,8 4413*	92,60	1,4 5456*
1655	42	1682*	31	6554*	116	3446	6850*	118	3150	0296*	1	9704	270	4142	58	5424
1687*	44	1713	32	6670	116	3330*	6968*	117	3032	0297	2	9703*	269	3872	56	5393*
1718	46	1745	32	6786	116	3214*	7085	118	2915*	0299*	1	9701	268	3603	54	5361
1750*	48	1777*	31	6902	116	3098*	7203*	117	2797	0300	2	9700*	268	3335	52	5330
0,1 1781*	7,50	0,1 1808	32	$\bar{1}$,0 7018*	115	0,9 2982	$\bar{1}$,0 7320*	116	0,9 2680	0,0 0302	2	$\bar{1}$,9 9698*	267	2,8 3067	92,50	1,4 5299*
1812	52	1840*	32	7133*	115	2867	7436	117	2564*	0304*	1	9696	266	2800	48	5267
1844*	54	1872*	31	7248*	114	2752	7553*	116	2447	0305	2	9695*	265	2534	46	5236*
1875	56	1903	32	7362	114	2638*	7669*	116	2331	0307*	2	9693	265	2269*	44	5204
1907*	58	1935*	32	7476	114	2524*	7785*	115	2215	0309*	1	9691	264	2004*	42	5173*
0,1 1938	7,60	0,1 1967*	31	$\bar{1}$,0 7590	114	0,9 2410*	$\bar{1}$,0 7900	116	0,9 2100*	0,0 0310	2	$\bar{1}$,9 9690*	264	2,8 1740*	92,40	1,4 5142*
1969	62	1998	32	7704*	113	2296	8016*	115	1984	0312*	1	9688	262	1476	38	5110
2001*	64	2030*	31	7817	113	2183*	8131*	114	1869	0313	2	9687*	262	1214*	36	5079*
2032	66	2061	32	7930	113	2070*	8245	115	1755*	0315	2	9685*	262	0952*	34	5047
2064*	68	2093	32	8043*	112	1957	8360*	114	1640	0317*	1	9683	261	0690	32	5016*
0,1 2095	7,70	0,1 2125*	31	$\bar{1}$,0 8155	112	0,9 1845*	$\bar{1}$,0 8474*	113	0,9 1526	0,0 0318	2	$\bar{1}$,9 9682*	260	2,8 0429	92,30	1,4 4985*
2127*	72	2156	32	8267	112	1733*	8587	114	1413*	0320	2	9680*	259	0169	28	4953
2158*	74	2188	32	8379	112	1621*	8701*	113	1299	0322*	1	9678	259	2,7 9910	26	4922*
2189	76	2220*	31	8491*	111	1509	8814*	113	1186	0323	2	9677*	258	9651	24	4890
2221*	78	2251	32	8602*	111	1398	8927*	113	1073	0325	2	9675*	257	9393	22	4859*
0,1 2252	7,80	0,1 2283*	32	$\bar{1}$,0 8713*	110	0,9 1287	$\bar{1}$,0 9040*	112	0,9 0960	0,0 0327*	1	$\bar{1}$,9 9673	257	2,7 9136*	92,20	1,4 4827
2284*	82	2315*	31	8823	111	1177*	9152*	112	0848	0328	2	9672*	256	8879	18	4796
2315	84	2346	32	8934*	110	1066	9264*	112	0736	0330	2	9670*	255	8623	16	4765*
2346	86	2378*	32	9044*	110	0956	9376*	111	0624	0332*	2	9668	255	8368*	14	4733
2378*	88	2410*	31	9154*	109	0846	9487	111	0513*	0334*	1	9666	254	8113*	12	4702*
0,1 2409	7,90	0,1 2441	32	$\bar{1}$,0 9263	109	0,9 0737*	$\bar{1}$,0 9598	111	0,9 0402*	0,0 0335	2	$\bar{1}$,9 9665*	254	2,7 7859*	92,10	1,4 4670
2441*	92	2473*	32	9372	109	0628*	9709	111	0291*	0337*	2	9663	253	7605	08	4639*
2472	94	2505*	31	9481	109	0519*	9820	110	0180*	0339*	1	9661	252	7352	06	4608*
2504*	96	2536	32	9590	108	0410*	9930	111	0070*	0340	2	9660*	251	7100	04	4576
2535*	98	2568*	32	9698	109	0302*	$\bar{1}$,1 0041*	109	0,8 9959	0342	2	9658*	251	6849*	02	4545*
0,1 2566	8,00	0,1 2600*	31	$\bar{1}$,0 9807*	107	0,9 0193	$\bar{1}$,1 0150	110	0,8 9850*	0,0 0344*	2	$\bar{1}$,9 9656	251	2,7 6598*	92,00	1,4 4513
2598*	02	2631	32	9914	108	0086*	0260	109	9740*	0346*	1	9654	251	6347	91,98	4482*
2629	04	2663*	32	$\bar{1}$,1 0022	107	0,8 9978*	0369	109	9631*	0347	2	9653*	250	6098*	96	4450
2661*	06	2695*	31	0129	107	9871*	0478	109	9522*	0349*	2	9651	248	5848	94	4419
2692	08	2726	32	0236	107	9764*	0587	109	9413*	0351*	1	9649	248	5600*	92	4388*
0,1 2723	8,10	0,1 2758*	32	$\bar{1}$,1 0343	107	0,8 9657*	$\bar{1}$,1 0696*	108	0,8 9304	0,0 0352	2	$\bar{1}$,9 9648*	247	2,7 5352	91,90	1,4 4356
2755*	12	2790*	31	0450*	106	9550	0804*	108	9196	0354	2	9646*	247	5105*	88	4325*
2786	14	2821	32	0556	106	9444*	0912	108	9088*	0356*	2	9644	246	4858	86	4293
2818*	16	2853*	32	0662	106	9338*	1020*	107	8980	0358*	2	9642	245	4612	84	4262*
2849	18	2885*	31	0768*	105	9232	1127	107	8873*	0360*	1	9640	245	4367*	82	4231*
0,1 2881*	8,20	0,1 2916	32	$\bar{1}$,1 0873	105	0,8 9127*	$\bar{1}$,1 1234	107	0,8 8766*	0,0 0361	2	$\bar{1}$,9 9639*	245	2,7 4122*	91,80	1,4 4199
2912*	22	2948*	32	0978	105	9022*	1341	107	8659*	0363	2	9637*	243	3877	78	4168*
2943	24	2980*	31	1083	105	8917*	1448	107	8552*	0365*	2	9635	243	3634*	76	4136
2975*	26	3011	32	1188	105	8812*	1555*	106	8445	0367*	1	9633	243	3391*	74	4105*
3006	28	3043	32	1293*	104	8707	1661*	106	8339	0368	2	9632*	242	3148	72	4073
0,1 3038*	8,30	0,1 3075*	31	$\bar{1}$,1 1397*	104	0,8 8603	$\bar{1}$,1 1767*	106	0,8 8233	0,0 0370	2	$\bar{1}$,9 9630*	241	2,7 2906	91,70	1,4 4042
3069	32	3106	32	1501*	103	8499	1873*	105	8127	0372*	2	9628	241	2665*	68	4011*
3100	34	3138	32	1604	104	8396*	1978	105	8022*	0374*	2	9626	240	2424*	66	3979
3132*	36	3170*	31	1708*	103	8292	2083	105	7917*	0376*	1	9624	240	2184*	64	3948*
3163	38	3201	32	1811*	103	8189	2188	105	7812*	0377	2	9623*	239	1944	62	3916
0,1 3195*	8,40	0,1 3233		$\bar{1}$,1 1914*		0,8 8086	$\bar{1}$,1 2293*		0,8 7707	0,0 0379		$\bar{1}$,9 9621*		2,7 1705	91,60 gr	1,4 3885*
x = 91 grades,60 Lx = 2,7 1705				cos x Séh Lx	D	séc x Cosh Lx	cot x Coséh Lx	D	tang x Sib Lx	coséc x Coth Lx	D	sin x Tah Lx	D	R = 1 Lx	grades	R = 1 x

x R = 1	x grad.	Lx R = 1	D	sin x / Tah Lx	D	coséc x / Coth Lx	tang x / Sih Lx	D	cot x / Coséh Lx	séc x / Cosh Lx	D	cos x / Séh Lx	x = 8grades,40 / Lx = 0,1 3233			
0,1 3195*	8,40 gr	0,1 3233	32	$\bar{1}$,1 1914*	102	0,8 8086	$\bar{1}$,1 2293*	104	0,8 7707	0,0 0379	2	$\bar{1}$,9 9621*	238	2,7 1705	91,60	1,4 3885*
3226	42	3265*	32	2016	103	7984*	2397	105	7603*	0381*	2	9619	238	1467*	58	3854*
3258*	44	3297*	31	2119*	102	7881	2502*	104	7498	0383*	2	9617	238	1229*	56	3822
3289*	46	3328	32	2221	102	7779*	2606*	103	7394	0385*	1	9615	237	0991	54	3791*
3320	48	3360*	32	2323	102	7677*	2709	104	7291*	0386	2	9614*	236	0754	52	3759
0,1 3352*	8,50	0,1 3392*	31	$\bar{1}$,1 2425*	101	0,8 7575	$\bar{1}$,1 2813	103	0,8 7187*	0,0 0388	2	$\bar{1}$,9 9612*	236	2,7 0518	91,50	1,4 3728*
3383	52	3423	32	2526	101	7474*	2916	103	7084*	0390	2	9610*	235	0282	48	3696
3415*	54	3455	32	2627	101	7373*	3019	103	6981*	0392*	2	9608	234	0047	46	3665
3446	56	3487*	31	2728	101	7272*	3122	103	6878*	0394*	2	9606	234	2,6 9813*	44	3634*
3477	58	3518	32	2829	101	7171*	3225*	102	6775	0396*	1	9604	234	9579*	42	3602
0,1 3509*	8,60	0,1 3550	32	$\bar{1}$,1 2930*	100	0,8 7070	$\bar{1}$,1 3327	102	0,8 6673*	0,0 0397	2	$\bar{1}$,9 9603*	233	2,6 9345	91,40	1,4 3571*
3540	62	3582*	32	3030*	100	6970	3429	102	6571*	0399	2	9601*	232	9112	38	3539
3572*	64	3614*	31	3130*	100	6870	3531	102	6469*	0401	2	9599*	232	8880*	36	3508*
3603	66	3645	32	3230*	99	6770	3633*	101	6367	0403	2	9597*	232	8648*	34	3477*
3635*	68	3677*	32	3329	100	6671*	3734	101	6266*	0405*	2	9595	231	8416	32	3445
0,1 3666*	8,70	0,1 3709*	31	$\bar{1}$,1 3429*	99	0,8 6571	$\bar{1}$,1 3835	101	0,8 6165*	0,0 0407*	2	$\bar{1}$,9 9593	230	2,6 8185	91,30	1,4 3414*
3697	72	3740	32	3528*	99	6472	3936	101	6064*	0409*	2	9591	230	7955	28	3382
3729*	74	3772	32	3627*	98	6373	4037	101	5963*	0411*	1	9589	229	7725	26	3351*
3760	76	3804*	32	3725	99	6275*	4138*	100	5862	0412	2	9588*	229	7496*	24	3319
3792*	78	3836*	31	3824*	98	6176	4238	100	5762*	0414	2	9586*	228	7267	22	3288
0,1 3823	8,80	0,1 3867	32	$\bar{1}$,1 3922*	98	0,8 6078	$\bar{1}$,1 4338	100	0,8 5662*	0,0 0416	2	$\bar{1}$,9 9584*	228	2,6 7039*	91,20	1,4 3257*
3854	82	3899*	32	4020*	98	5980	4438*	100	5562	0418	2	9582*	227	6811	18	3225
3886*	84	3931*	31	4118*	97	5882	4538*	99	5462	0420	2	9580*	227	6584*	16	3194*
3917	86	3962	32	4215	97	5785*	4637	99	5363*	0422*	2	9578	226	6357	14	3162
3949*	88	3994	32	4312	97	5688*	4736	99	5264*	0424*	2	9576	226	6131*	12	3131*
0,1 3980	8,90	0,1 4026*	32	$\bar{1}$,1 4409	97	0,8 5591*	$\bar{1}$,1 4835	99	0,8 5165*	0,0 0426*	2	$\bar{1}$,9 9574	225	2,6 5905	91,10	1,4 3100*
4012*	92	4058*	31	4506	97	5494*	4934*	99	5066	0428*	2	9572	225	5680	08	3068
4043*	94	4089	32	4603*	96	5397	5033*	98	4967	0430*	2	9570	224	5455	06	3037*
4074	96	4121	32	4699	97	5301*	5131*	98	4869	0432*	2	9568	224	5231	04	3005
4106*	98	4153*	31	4796*	95	5204	5229	98	4771*	0434*	1	9566	223	5007	02	2974*
0,1 4137	9,00	0,1 4184	32	$\bar{1}$,1 4891	96	0,8 5109*	$\bar{1}$,1 5327*	98	0,8 4673	0,0 0435	2	$\bar{1}$,9 9565*	222	2,6 4784	91,00	1,4 2942
4169*	02	4216	32	4987	96	5013*	5425*	97	4575	0437	2	9563*	223	4562*	90,98	2911
4200*	04	4248*	32	5083*	95	4917	5522	97	4478*	0439	2	9561*	221	4339	96	2880*
4231	06	4280*	31	5178	95	4822*	5619	97	4381*	0441	2	9559*	222	4118*	94	2848
4263*	08	4311	32	5273	95	4727*	5716	97	4284*	0443	2	9557*	220	3896	92	2817*
0,1 4294	9,10	0,1 4343	32	$\bar{1}$,1 5368	95	0,8 4632*	$\bar{1}$,1 5813	97	0,8 4187*	0,0 0445	2	$\bar{1}$,9 9555*	221	2,6 3676*	90,90	1,4 2785
4326*	12	4375*	32	5463*	94	4537	5910*	96	4090	0447	2	9553*	220	3455	88	2754*
4357	14	4407*	31	5557	95	4443*	6006	97	3994*	0449	2	9551*	219	3235	86	2723*
4388	16	4438	32	5652*	94	4348	6103*	96	3897	0451	2	9549*	219	3016	84	2691
4420*	18	4470	32	5746*	94	4254	6199*	96	3801	0453	2	9547*	218	2797	82	2660*
0,1 4451	9,20	0,1 4502*	32	$\bar{1}$,1 5840*	93	0,8 4160	$\bar{1}$,1 6295*	95	0,8 3705	0,0 0455	2	$\bar{1}$,9 9545*	218	2,6 2579*	90,80	1,4 2628
4483*	22	4534*	31	5933	94	4067*	6390	96	3610*	0457	2	9543*	217	2361*	78	2597*
4514	24	4565	32	6027*	93	3973	6486*	95	3514	0459	2	9541*	217	2144*	76	2565
4546*	26	4597	32	6120*	93	3880	6581*	95	3419	0461	2	9539*	217	1927*	74	2534
4577*	28	4629*	32	6213*	93	3787	6676*	95	3324	0463	2	9537*	216	1710	72	2503*
0,1 4608	9,30	0,1 4661*	31	$\bar{1}$,1 6306*	92	0,8 3694	$\bar{1}$,1 6771*	94	0,8 3229	0,0 0465	2	$\bar{1}$,9 9535*	216	2,6 1494*	90,70	1,4 2471
4640*	32	4692	32	6398	93	3602*	6865	95	3135*	0467	2	9533*	215	1278	68	2440*
4671	34	4724	32	6491*	92	3509	6960*	94	3040	0469	2	9531*	214	1063	66	2408
4703*	36	4756*	32	6583*	92	3417	7054	94	2946*	0471	2	9529*	215	0849*	64	2377*
4734	38	4788*	31	6675	92	3325*	7148	94	2852*	0473	2	9527*	213	0634	62	2346*
0,1 4765	9,40	0,1 4819	32	$\bar{1}$,1 6767*	91	0,8 3233	$\bar{1}$,1 7242	94	0,8 2758*	0,0 0475	2	$\bar{1}$,9 9525*	214	2,6 0421*	90,60	1,4 2314
4797*	42	4851	32	6858	92	3142*	7336*	93	2664	0477	2	9523*	213	0207	58	2283*
4828	44	4883*	32	6950*	91	3050	7429	93	2571*	0479	2	9521*	212	2,5 9994	56	2251
4860*	46	4915*	31	7041	91	2959*	7522	93	2478*	0481	2	9519*	212	9782*	54	2220*
4891	48	4946	32	7132	91	2868*	7615	93	2385*	0483	2	9517*	212	9570	52	2188
0,1 4923*	9,50	0,1 4978	32	$\bar{1}$,1 7223	91	0,8 2777*	$\bar{1}$,1 7708	92	0,8 2292*	0,0 0485	2	$\bar{1}$,9 9515*	211	2,5 9358	90,50	1,4 2157
4954*	52	5010	32	7314*	90	2686	7801	93	2199*	0487	2	9513*	210	9147	48	2126*
4985	54	5042*	32	7404	90	2596*	7894*	92	2106	0489	3	9511*	210	8937*	46	2094
5017*	56	5074*	31	7494	91	2506*	7986*	92	2014	0492*	2	9508	210	8727*	44	2063*
5048	58	5105	32	7585*	89	2415	8078	92	1922*	0494*	2	9506	210	8517*	42	2031
0,1 5080*	9,60	0,1 5137		$\bar{1}$,1 7674		0,8 2326*	$\bar{1}$,1 8170		0,8 1830*	0,0 0496*		$\bar{1}$,9 9504		2,5 8307	90,40 gr	1,4 2000*
x = 90grades,40 / Lx = 2,5 8307				cos x / Séh Lx	D	séc x / Cosh Lx	cot x / Coséh Lx	D	tang x / Sih Lx	coséc x / Coth Lx	D	sin x / Tab Lx	D	Lx R = 1	x grades	x R = 1

x R = 1	x grades	Lx R = 1	D	sin x Tab Lx	D	coséc x Coth Lx	tang x Sib Lx	D	cot x Coséh Lx	séc x Cosh Lx	D	cos x Séh Lx	x = 9grades,60 Lx = 0,1 5137 D	Lx R = 1	x grades	x R = 1
0,1 5080*	gr 9,60	0,1 5137	32	$\bar{1}$,1 7674	90	0,8 2326*	$\bar{1}$,1 8170	92	0,8 1830*	0,0 0496*	2	$\bar{1}$,9 9504	209	2,5 8307	90,40	1,4 2000*
5111	62	5169*	32	7764	90	2236*	8262*	91	1738	0498*	2	9502	208	8098	38	1969*
5142	64	5201*	31	7854*	89	2146	8353	92	1647*	0500*	2	9500	208	7890	36	1937
5174*	66	5232	32	7943*	89	2057	8445*	91	1555	0502*	2	9498	208	7682*	34	1906*
5205	68	5264	32	8032	89	1968*	8536	91	1464*	0504*	2	9496	207	7474	32	1874
0,1 5237*	9,70	0,1 5296	32	$\bar{1}$,1 8121*	89	0,8 1879	$\bar{1}$,1 8627	91	0,8 1373*	0,0 0506	2	$\bar{1}$,9 9494*	207	2,5 7267	90,30	1,4 1843*
5268	72	5328*	32	8210*	88	1790	8718*	91	1282	0508	2	9492*	206	7060	28	1811
5300*	74	5360*	31	8298	89	1702*	8809*	90	1191	0510	2	9490*	206	6854	26	1780
5331*	76	5391	32	8387*	88	1613	8899	90	1101*	0512	3	9488*	205	6648	24	1749*
5362	78	5423	32	8475*	88	1525	8989	91	1011*	0515*	2	9485	206	6443*	22	1717
0,1 5394*	9,80	0,1 5455*	32	$\bar{1}$,1 8563*	88	0,8 1437	$\bar{1}$,1 9080*	90	0,8 0920	0,0 0517*	2	$\bar{1}$,9 9483	204	2,5 6237	90,20	1,4 1686*
5425	82	5487*	32	8651*	87	1349	9170*	89	0830	0519*	2	9481	204	6033*	18	1654
5457*	84	5519*	31	8738	88	1262*	9259	90	0741*	0521*	2	9479	204	5829*	16	1623*
5488	86	5550	32	8826*	87	1174	9349*	89	0651	0523*	2	9477	204	5625*	14	1592*
5519	88	5582	32	8913	87	1087*	9438	90	0562*	0525	2	9475*	203	5421	12	1560
0,1 5551*	9,90	0,1 5614*	32	$\bar{1}$,1 9000	87	0,8 1000*	$\bar{1}$,1 9528*	89	0,8 0472	0,0 0527	2	$\bar{1}$,9 9473*	202	2,5 5218	90,10	1,4 1529*
5582	92	5646*	32	9087	87	0913*	9617*	89	0383	0529	3	9471*	203	5016*	08	1497
5614*	94	5678*	31	9174	87	0826*	9706*	88	0294	0532*	2	9468	202	4813	06	1466*
5645	96	5709	32	9261*	86	0739	9794	89	0206*	0534*	2	9466	201	4611	04	1435*
5677*	98	5741	32	9347	86	0653*	9883*	88	0117	0536*	2	9464	201	4410	02	1403
0,1 5708*	10,00	0,1 5773*	32	1,1 9433	86	0,8 0567*	$\bar{1}$,1 9971	88	0,8 0029*	0,0 0538	2	$\bar{1}$,9 9462*	201	2,5 4209	90,00	1,4 1372*
5739	02	5805*	32	9519	86	0481*	$\bar{1}$,2 0059	89	0,7 9941*	0540	2	9460*	200	4008	89,98	1340
5771*	04	5837*	31	9605	86	0395*	0148*	87	9852	0542	3	9458*	200	3808	96	1309*
5802	06	5868	32	9691*	85	0309	0235	88	9765*	0545*	2	9455	199	3608	94	1277
5834*	08	5900	32	9776	86	0224*	0323	88	9677*	0547*	2	9453	199	3409*	92	1246
0,1 5865	10,10	0,1 5932	32	$\bar{1}$,1 9862*	85	0,8 0138	$\bar{1}$,2 0411*	87	0,7 9589	0,0 0549*	2	$\bar{1}$,9 9451	199	2,5 3210*	89,90	1,4 1215*
5896	12	5964*	32	9947*	85	0053	0498	87	9502*	0551	2	9449*	198	3011	88	1183
5928*	14	5996*	31	$\bar{1}$,2 0032*	85	0,7 9068	0585	87	9415*	0553	2	9447*	198	2813*	86	1152*
5959	16	6027	32	0117*	85	9883	0672	87	9328*	0555	3	9445*	197	2615	84	1120
5991*	18	6059	32	0202*	84	9798	0759	87	9241*	0558*	2	9442	198	2418*	82	1089*
0,1 6022	10,20	0,1 6091	32	$\bar{1}$,2 0286	84	0,7 9714*	$\bar{1}$,2 0846*	86	0,7 9154	0,0 0560*	2	$\bar{1}$,9 9440	196	2,5 2220	89,80	1,4 1058*
6054*	22	6123*	32	0370	85	9630*	0932	87	9068*	0562	2	9438*	197	2024*	78	1026
6085*	24	6155*	32	0455*	84	9545	1019*	86	8981	0564	2	9436*	196	1827	76	0995*
6116	26	6187*	31	0539*	83	9461	1105	86	8895*	0566	3	9434*	195	1631	74	0963
6148*	28	6218	32	0622	84	9378*	1191	86	8809*	0569*	2	9431	195	1436*	72	0932*
0,1 6179	10,30	0,1 6250	32	$\bar{1}$,2 0706	84	0,7 9294*	$\bar{1}$,2 1277*	86	0,7 8723	0,0 0571*	2	$\bar{1}$,9 9429	195	2,5 1241*	89,70	1,4 0900
6211*	32	6282	32	0790*	83	9210	1363*	85	8637	0573	2	9427*	195	1046*	68	0869
6242	34	6314*	32	0873*	83	9127	1448	86	8552*	0575	3	9425*	194	0851	66	0838*
6273	36	6346*	32	0956	83	9044*	1534*	85	8466	0578*	2	9422	194	0657	64	0806
6305*	38	6378*	31	1039	83	8961*	1619*	85	8381	0580*	2	9420	193	0463	62	0775*
0,1 6336	10,40	0,1 6409	32	$\bar{1}$,2 1122*	83	0,7 8878	$\bar{1}$,2 1704	85	0,7 8296*	0,0 0582	2	$\bar{1}$,9 9418*	193	2,5 0270	89,60	1,4 0743
6368*	42	6441	32	1205*	82	8795	1789	85	8211*	0584	3	9416*	192	0077	58	0712*
6399	44	6473	32	1287	83	8713*	1874	84	8126*	0587*	2	9413	193	2,4 9885*	56	0681*
6431*	46	6505*	32	1370*	82	8630	1958	85	8042*	0589*	2	9411	192	9692	54	0649
6462*	48	6537*	32	1452*	82	8548	2043*	84	7957	0591	2	9409*	191	9500	52	0618*
0,1 6493	10,50	0,1 6569*	31	$\bar{1}$,2 1534*	82	0,7 8466	$\bar{1}$,2 2127	84	0,7 7873*	0,0 0593	3	$\bar{1}$,9 9407*	191	2,4 9309*	89,50	1,4 0586
6525*	52	6600	32	1616*	81	8384	2211	84	7789*	0596*	2	9404	191	9118*	48	0555*
6556	54	6632	32	1697	82	8303*	2295	84	7705*	0598*	2	9402	191	8927*	46	0523
6588*	56	6664	32	1779	81	8221*	2379	84	7621*	0600	3	9400*	190	8736	44	0492
6619	58	6696	32	1860	82	8140*	2463*	84	7537	0603*	2	9397	189	8546	42	0461*
0,1 6650	10,60	0,1 6728*	32	$\bar{1}$,2 1942*	81	0,7 8058	$\bar{1}$,2 2547*	83	0,7 7453	0,0 0605*	2	$\bar{1}$,9 9395	190	2,4 8357*	89,40	1,4 0429
6682*	62	6760*	32	2023*	81	7977	2630*	83	7370	0607	2	9393*	189	8167	38	0398*
6713	64	6792*	31	2104*	81	7896	2713	83	7287*	0609	3	9391*	188	7978	36	0366
6745*	66	6823	32	2185*	80	7815	2796	83	7204*	0612*	2	9388	189	7790*	34	0335*
6776	68	6855	32	2265	81	7735*	2879	83	7121*	0614	2	9386*	188	7601	32	0304*
0,1 6808*	10,70	0,1 6887	32	$\bar{1}$,2 2346*	80	0,7 7654	$\bar{1}$,2 2962	83	0,7 7038*	0,0 0616	3	$\bar{1}$,9 9384*	187	2,4 7413	89,30	1,4 0272
6839*	72	6919	32	2426	80	7574*	3045*	82	6955	0619*	2	9381	188	7226*	28	0241*
6870	74	6951*	32	2506	80	7494*	3127	83	6873*	0621*	2	9379	187	7038	26	0209
6902*	76	6983*	32	2586	80	7414*	3210*	82	6790	0623	3	9377*	186	6851	24	0178*
6933	78	7015*	32	2666	80	7334*	3292*	82	6708	0626*	2	9374	186	6665*	22	0146
0,1 6965*	10,80	0,1 7047*		$\bar{1}$,2 2746*		0,7 7254	$\bar{1}$,2 3374*		0,7 6626	0,0 0628*		$\bar{1}$,9 9372		2,4 6479*	89,20 gr	1,4 0115
x = 89grades,20 Lx = 2,4 6479*				cos x Séh Lx	D	séc x Cosh Lx	cot x Coséh Lx	D	tang x Sib Lx	coséc x Coth Lx	D	sin x Tab Lx	D	R = 1 Lx	grades x	R = 1 x

x (R = 1)	x (grades)	Lx (R = 1)	D	sin x / Tah Lx	D	coséc x / Coth Lx	tang x / Sih Lx	D	cot x / Coséh Lx	séc x / Cosh Lx	D	cos x / Séh Lx	D	Lx (R = 1)	x (grades)	x (R = 1)
	gr													x = 10grades,80		Lx = 0,1 7047*
0,1 6965*	10,80	0,1 7047*	31	$\bar{1}$,2 2746*	79	0,7 7254	$\bar{1}$,2 3374*	82	0,7 6626	0,0 0628*	2	$\bar{1}$,9 9372	186	2,4 6479*	89,20	1,4 0115
6996	82	7078	32	2825	80	7175*	3456*	81	6544	0630	3	9370*	186	6293*	18	0084*
7027	84	7110	32	2905*	79	7095	3537	82	6463*	0633*	2	9367	185	6107	16	0052
7059*	86	7142	32	2984	79	7016*	3619	82	6381*	0635*	2	9365	185	5922*	14	0021*
7090	88	7174	32	3063	79	6937*	3701*	81	6299	0637	3	9363*	185	5737	12	1,3 9989
0,1 7122*	10,90	0,1 7206*	32	$\bar{1}$,2 3142	79	0,7 6858*	$\bar{1}$,2 3782*	81	0,7 6218	0,0 0640*	2	$\bar{1}$,9 9360	184	2,4 5552	89,10	1,3 9958*
7153	92	7238*	32	3221	79	6779*	3863	81	6137*	0642	2	9358*	184	5368	08	9927*
7185*	94	7270*	32	3300*	78	6700	3944	81	6056*	0644	3	9356*	183	5184	06	9895
7216*	96	7302*	31	3378	79	6622*	4025	81	5975*	0647*	2	9353	183	5001*	04	9864*
7247	98	7333	32	3457*	78	6543	4106*	80	5894	0649	3	9351*	183	4818*	02	9832
0,1 7279*	11,00	0,1 7365	32	$\bar{1}$,2 3535*	78	0,7 6465	$\bar{1}$,2 4186	81	0,7 5814*	0,0 0652*	2	$\bar{1}$,9 9348	183	2,4 4635*	89,00	1,3 9801*
7310	02	7397	32	3613	78	6387*	4267*	80	5733	0654*	2	9346	182	4452	88,98	9769
7342*	04	7429	32	3691	78	6309*	4347	81	5653*	0656	3	9344*	182	4270*	96	9738
7373	06	7461	32	3769*	77	6231	4428*	80	5572	0659*	2	9341	182	4088*	94	9707*
7404	08	7493*	32	3846	78	6154*	4508*	80	5492	0661	3	9339*	181	3906	92	9675
0,1 7436*	11,10	0,1 7525*	32	$\bar{1}$,2 3924	77	0,7 6076*	$\bar{1}$,2 4588*	79	0,7 5412	0,0 0664*	2	$\bar{1}$,9 9336	181	2,4 3725	88,90	1,3 9644*
7467	12	7557*	32	4001	78	5999*	4667	80	5333*	0666*	2	9334	180	3544	88	9612
7499*	14	7589*	32	4079*	77	5921	4747*	79	5253	0668	3	9332*	181	3364*	86	9581*
7530	16	7621*	31	4156*	77	5844	4826	80	5174*	0671*	2	9329	180	3183	84	9550*
7562*	18	7652	32	4233*	77	5767	4906*	79	5094	0673	3	9327*	179	3003	82	9518
0,1 7593*	11,20	0,1 7684	32	$\bar{1}$,2 4310*	76	0,7 5690	$\bar{1}$,2 4985	79	0,7 5015*	0,0 0676*	2	$\bar{1}$,9 9324	180	2,4 2824*	88,80	1,3 9487*
7624	22	7716	32	4386	77	5614*	5064	79	4936*	0678	2	9322*	179	2644	78	9455
7656*	24	7748	32	4463*	76	5537	5143	79	4857*	0680	3	9320*	178	2465	76	9424*
7687	26	7780	32	4539	76	5461*	5222	79	4778*	0683*	2	9317	179	2287*	74	9392
7719*	28	7812	32	4615	77	5385*	5301*	78	4699	0685	3	9315*	178	2108	72	9361
0,1 7750*	11,30	0,1 7844*	32	$\bar{1}$,2 4692*	76	0,7 5308	$\bar{1}$,2 5379	79	0,7 4621*	0,0 0688*	2	$\bar{1}$,9 9312	178	2,4 1930	88,70	1,3 9330*
7781	32	7876*	32	4768*	75	5232	5458*	78	4542	0690	3	9310*	177	1752	68	9298
7813*	34	7908*	32	4843	76	5157*	5536	78	4464*	0693*	2	9307	177	1575*	66	9267*
7844	36	7940*	32	4919	76	5081*	5614	78	4386*	0695	3	9305*	177	1398*	64	9235
7876*	38	7972*	32	4995*	75	5005	5692	78	4308*	0698*	2	9302	177	1221*	62	9204*
0,1 7907	11,40	0,1 8004*	31	$\bar{1}$,2 5070	75	0,7 4930*	$\bar{1}$,2 5770	78	0,7 4230*	0,0 0700	3	$\bar{1}$,9 9300*	176	2,4 1044	88,60	1,3 9173*
7938	42	8035	32	5145	76	4855*	5848*	78	4152	0703*	2	9297	176	0868	58	9141
7970*	44	8067	32	5221*	75	4779	5926*	77	4074	0705	2	9295*	175	0692	56	9110*
8001	46	8099	32	5296*	75	4704	6003	78	3997*	0707	3	9293*	176	0517*	54	9078
8033*	48	8131	32	5371*	74	4629	6081*	77	3919	0710*	2	9290	175	0341	52	9047
0,1 8064	11,50	0,1 8163	32	$\bar{1}$,2 5445	75	0,7 4555*	$\bar{1}$,2 6158*	77	0,7 3842	0,0 0712	3	$\bar{1}$,9 9288*	174	2,4 0166	88,50	1,3 9015
8096*	52	8195	32	5520*	74	4480	6235*	77	3765	0715*	2	9285	175	2,3 9992*	48	8984
8127*	54	8227	32	5594	75	4406*	6312*	77	3688	0717	3	9283*	174	9817	46	8953*
8158	56	8259	32	5669*	74	4331	6389*	77	3611	0720*	2	9280	174	9643	44	8921
8190*	58	8291*	32	5743	74	4257*	6466*	76	3534	0722	3	9278*	173	9469	42	8890*
0,1 8221	11,60	0,1 8323*	32	$\bar{1}$,2 5817	74	0,7 4183*	$\bar{1}$,2 6542	77	0,7 3458*	0,0 0725*	3	$\bar{1}$,9 9275	173	2,3 9296*	88,40	1,3 8858
8253*	62	8355*	32	5891	74	4109*	6619*	76	3381	0728*	2	9272	173	9123*	38	8827*
8284	64	8387*	32	5965	74	4035*	6695	76	3305*	0730	3	9270*	173	8950*	36	8796*
8315	66	8419*	32	6039*	73	3961	6771	76	3229*	0733*	2	9267	172	8777*	34	8764
8347*	68	8451*	32	6112	74	3888*	6847	76	3153*	0735	3	9265*	172	8605*	32	8733*
0,1 8378	11,70	0,1 8483*	32	$\bar{1}$,2 6186*	73	0,7 3814	$\bar{1}$,2 6923	76	0,7 3077*	0,0 0738*	2	$\bar{1}$,9 9262	172	2,3 8433*	88,30	1,3 8701
8410*	72	8515*	32	6259	73	3741*	6999	76	3001*	0740	3	9260*	172	8261*	28	8670*
8441	74	8547*	32	6332	73	3668*	7075	76	2925*	0743*	2	9257	171	8089	26	8638
8473*	76	8579*	31	6405	73	3595*	7151*	75	2849	0745	3	9255*	171	7918	24	8607
8504*	78	8610	32	6478	73	3522*	7226	76	2774*	0748*	2	9252	170	7747	22	8576*
0,1 8535	11,80	0,1 8642	32	$\bar{1}$,2 6551	73	0,7 3449*	$\bar{1}$,2 7302*	75	0,7 2698	0,0 0750	3	$\bar{1}$,9 9250*	171	2,3 7577*	88,20	1,3 8544
8567*	82	8674	32	6624*	72	3376	7377*	75	2623	0753*	2	9247	170	7406	18	8513*
8598	84	8706	32	6696	73	3304*	7452*	75	2548	0755	3	9245*	169	7236	16	8481
8630*	86	8738	32	6769*	72	3231	7527*	75	2473	0758	3	9242*	170	7067*	14	8450*
8661	88	8770	32	6841	72	3159*	7602*	75	2398	0761*	2	9239	169	6897	12	8419*
0,1 8692	11,90	0,1 8802	32	$\bar{1}$,2 6913	73	0,7 3087*	$\bar{1}$,2 7677*	74	0,7 2323	0,0 0763	3	$\bar{1}$,9 9237*	169	2,3 6728*	88,10	1,3 8387
8724*	92	8834	32	6986*	72	3014	7751	75	2249*	0766*	2	9234	169	6559*	08	8356*
8755	94	8866	32	7058*	71	2942	7826*	74	2174	0768	3	9231*	168	6390	06	8324
8787*	96	8898	32	7129	72	2871*	7900	75	2100*	0771*	3	9229	168	6222*	04	8293*
8818	98	8930	32	7201	72	2799*	7975*	74	2025	0774*	2	9226	168	6054*	02	8261
0,1 8850*	12,00	0,1 8962		$\bar{1}$,2 7273*		0,7 2727	$\bar{1}$,2 8049*		0,7 1951	0,0 0776		$\bar{1}$,9 9224*		2,3 5886	88,00 gr	1,3 8230
x = 88grades,00		Lx = 2,3 5886		cos x / Séh Lx	D	séc x / Cosh Lx	cot x / Coséh Lx	D	tang x / Sih Lx	coséc x / Coth Lx	D	sin x / Tah Lx	D	Lx (R = 1)	x (grades)	x (R = 1)

x (R = 1)	x (grades)	Lx (R = 1)	D	sin x / TabLx	D	coséc x / CothLx	tang x / SihLx	D	cot x / CoséhLx	séc x / CoshLx	D	cos x / SéhLx	x = 12grades,00 / Lx = 0,1 8962 (D)			
	gr															
0,1 8850*	12,00	0,1 8962	32	$\bar{1}$,2 7273*	71	0,7 2727	$\bar{1}$,2 8049*	74	0,7 1951	0,0 0776	3	$\bar{1}$,9 9224*	167	2,3 5886	88,00	1,3 8230
8881*	02	8994	32	7344	71	2656*	8123*	74	1877	0779*	2	9221	168	5719*	87,98	8199*
8912	04	9026	32	7415	72	2585*	8197*	74	1803	0781	3	9219*	167	5551	96	8167
8944*	06	9058	32	7487*	71	2513	8271*	73	1729	0784*	3	9216	166	5384	94	8136*
8975	08	9090	32	7558*	71	2442	8344	74	1656*	0787*	2	9213	167	5218*	92	8104
0,1 9007*	12,10	0,1 9122	32	$\bar{1}$,2 7629*	71	0,7 2371	$\bar{1}$,2 8418*	73	0,7 1582	0,0 0789	3	$\bar{1}$,9 9211*	166	2,3 5051	87,90	1,3 8073*
9038	12	9154	32	7700*	70	2300	8491	74	1509*	0792*	2	9208	166	4885	88	8042*
9069	14	9186	32	7770	71	2230*	8565*	73	1435	0794	3	9206*	165	4719	86	8010
9101*	16	9218	32	7841*	70	2159	8638	73	1362*	0797	3	9203*	166	4554*	84	7979*
9132	18	9250	32	7911	71	2089*	8711	73	1289*	0800*	2	9200	165	4388	82	7947
0,1 9164*	12,20	0,1 9282	32	$\bar{1}$,2 7982*	70	0,7 2018	$\bar{1}$,2 8784	73	0,7 1216*	0,0 0802	3	$\bar{1}$,9 9198*	165	2,3 4223	87,80	1,3 7916*
9195	22	9314	32	8052	70	1948*	8857	73	1143*	0805	3	9195*	164	4058	78	7885*
9227*	24	9346	32	8122	70	1878*	8930*	73	1070	0808*	2	9192	164	3894*	76	7853
9258*	26	9378	32	8192	70	1808*	9003*	72	0997	0810	3	9190*	164	3730*	74	7822*
9289	28	9410	32	8262	70	1738*	9075	73	0925*	0813	3	9187*	164	3566*	72	7790
0,1 9321*	12,30	0,1 9442	32	$\bar{1}$,2 8332*	70	0,7 1668	$\bar{1}$,2 9148*	72	0,7 0852	0,0 0816*	2	$\bar{1}$,9 9184	164	2,3 3402*	87,70	1,3 7759*
9352	32	9474	32	8402*	69	1598	9220	72	0780*	0818	3	9182*	163	3238	68	7727
9384*	34	9506	32	8471	70	1529*	9292	72	0708*	0821	3	9179*	163	3075	66	7696
9415	36	9538	32	8541*	69	1459	9364	72	0636*	0824*	2	9176	163	2912	64	7665*
9446	38	9570	32	8610*	69	1390	9436	72	0564*	0826	3	9174*	162	2749	62	7633
0,1 9478*	12,40	0,1 9602	32	$\bar{1}$,2 8679	69	0,7 1321*	$\bar{1}$,2 9508	72	0,7 0492*	0,0 0829	3	$\bar{1}$,9 9171*	162	2,3 2587*	87,60	1,3 7602*
9509	42	9634	32	8748	69	1252*	9580	72	0420*	0832*	2	9168	162	2425*	58	7570
9541*	44	9666	32	8817	69	1183*	9652*	71	0348	0834	3	9166*	162	2263*	56	7539*
9572	46	9698	32	8886	69	1114*	9723	72	0277*	0837	3	9163*	161	2101	54	7508*
9604*	48	9730	32	8955*	69	1045	9795*	71	0205	0840*	3	9160	161	1940*	52	7476
0,1 9635*	12,50	0,1 9762	32	$\bar{1}$,2 9024*	68	0,7 0976	$\bar{1}$,2 9866	71	0,7 0134*	0,0 0843*	2	$\bar{1}$,9 9157	161	2,3 1779*	87,50	1,3 7445*
9666	52	9794	32	9092	69	0908*	9937	72	0063*	0845	3	9155*	161	1618*	48	7413
9698*	54	9826	32	9161*	68	0839	$\bar{1}$,3 0009*	71	0,6 9991	0848	3	9152*	160	1457	46	7382
9729	56	9858	32	9229*	68	0771	0080*	71	9920	0851*	3	9149	161	1297*	44	7350
9761*	58	9890	33	9297	68	0703*	0151*	70	9849	0854*	2	9146	159	1136	42	7319
0,1 9792	12,60	0,1 9923*	32	$\bar{1}$,2 9365	68	0,7 0635*	$\bar{1}$,3 0221	71	0,6 9779*	0,0 0856	3	$\bar{1}$,9 9144*	160	2,3 0977*	87,40	1,3 7288*
9823	62	9955*	32	9433	68	0567*	0292	71	9708*	0859*	3	9141	159	0817*	38	7256
9855*	64	9987*	32	9501*	68	0499	0363*	70	9637	0862*	2	9138	160	0658*	36	7225*
9886	66	0,2 0019*	32	9569*	67	0431	0433	71	9567*	0864	3	9136*	158	0498	34	7193
9918*	68	0051*	32	9636	68	0364*	0504*	70	9496	0867	3	9133*	159	0340*	32	7162*
0,1 9949	12,70	0,2 0083*	32	$\bar{1}$,2 9704*	67	0,7 0296	$\bar{1}$,3 0574*	70	0,6 9426	0,0 0870*	3	$\bar{1}$,9 9130	159	2,3 0181*	87,30	1,3 7131*
9981*	72	0115*	32	9771	68	0229*	0644	70	9356*	0873*	2	9127	158	0022	28	7099
0,2 0012*	74	0147*	32	9839*	67	0161	0714	70	9286*	0875	3	9125*	158	2,2 9864	26	7068*
0043	76	0179*	32	9906*	67	0094	0784	70	9216*	0878	3	9122*	157	9706	24	7036
0075*	78	0211*	32	9973*	67	0027	0854	70	9146*	0881	3	9119*	158	9549*	22	7005*
0,2 0106	12,80	0,2 0243	32	$\bar{1}$,3 0040*	67	0,6 9960	$\bar{1}$,3 0924*	69	0,6 9076	0,0 0884*	3	$\bar{1}$,9 9116	157	2,2 9391	87,20	1,3 6973
0138*	82	0275	32	0107*	67	9893	0993	70	9007*	0887*	2	9113	157	9234	18	6942
0169	84	0307	32	0174*	66	9826	1063	69	8937*	0889	3	9111*	157	9077	16	6911*
0200	86	0339	32	0240	67	9760*	1132	70	8868*	0892	3	9108*	156	8920	14	6879
0232*	88	0371	32	0307*	66	9693	1202*	69	8798	0895*	3	9105	156	8764*	12	6848*
0,2 0263	12,90	0,2 0403	32	$\bar{1}$,3 0373	67	0,6 9627*	$\bar{1}$,3 1271	69	0,6 8729*	0,0 0898*	3	$\bar{1}$,9 9102	156	2,2 8608*	87,10	1,3 6816
0295*	92	0435	33	0440*	66	9560	1340	69	8660*	0901*	2	9099	156	8452*	08	6785*
0326	94	0468*	32	0506*	66	9494	1409	69	8591*	0903	3	9097*	156	8296	06	6754*
0358*	96	0500*	32	0572	66	9428*	1478	69	8522*	0906	3	9094*	155	8140	04	6722
0389*	98	0532*	32	0638	66	9362*	1547	69	8453*	0909	3	9091*	155	7985	02	6691*
0,2 0420	13,00	0,2 0564*	32	$\bar{1}$,3 0704	66	0,6 9296*	$\bar{1}$,3 1616*	69	0,6 8384	0,0 0912*	3	$\bar{1}$,9 9088	155	2,2 7830	87,00	1,3 6659
0452*	02	0596*	32	0770*	66	9230	1685*	68	8315	0915*	3	9085	154	7675	86,98	6628*
0483	04	0628*	32	0836*	65	9164	1753	69	8247*	0918*	2	9082	155	7521*	96	6596
0515*	06	0660	32	0901	66	9099*	1822*	68	8178	0920	3	9080*	154	7366	94	6565
0546	08	0692	32	0967*	65	9033	1890*	68	8110	0923	3	9077*	153	7212	92	6534*
0,2 0577	13,10	0,2 0724	32	$\bar{1}$,3 1032	66	0,6 8968*	$\bar{1}$,3 1958	68	0,6 8042*	0,0 0926	3	$\bar{1}$,9 9074*	154	2,2 7059*	86,90	1,3 6502
0609*	12	0756	32	1098*	65	8902	2026	68	7974*	0929*	3	9071	154	6905*	88	6471*
0640	14	0788	32	1163*	65	8837	2094	68	7906*	0932*	3	9068	153	6751	86	6439
0672*	16	0820	33	1228*	65	8772	2162	68	7838*	0935*	2	9065	153	6598	84	6408*
0703	18	0853*	32	1293*	65	8707	2230	68	7770*	0937	3	9063*	152	6445	82	6377*
0,2 0735*	13,20	0,2 0885*		$\bar{1}$,3 1358*		0,6 8642	$\bar{1}$,3 2298		0,6 7702*	0,0 0940		$\bar{1}$,9 9060*		2,2 6293*	86,80	1,3 6345
															gr	
x = 86grades,80		Lx = 2,2 6293*		cos x / SéhLx	D	séc x / CoshLx	cot x / CoséhLx	D	tang x / SihLx	cosec x / CothLx	D	sin x / TabLx	D	Lx (R = 1)	x (grades)	x (R = 1)

x (R = 1)	x (grades)	Lx (R = 1)	D	sin x / Tah Lx	D	coséc x / Coth Lx	tang x / Sih Lx	D	cot x / Coséh Lx	séc x / Cosh Lx	D	cos x / Séh Lx	D	Lx (R = 1)	x (grades)	x (R = 1)
														x = 13grades,20 Lx = 0,2 0885*		
0,2 0735*	gr 13,20	0,2 0885*	32	$\bar{1}$,3 1358*	65	0,6 8642	$\bar{1}$,3 2298	68	0,6 7702*	0,0 0940	3	$\bar{1}$,9 9060*	153	2,2 6293*	86,80	1,3 6345
0766*	22	0917*	32	1423*	64	8577	2366*	67	7634	0943	3	9057*	152	6140	78	6314*
0797	24	0949*	32	1487	65	8513*	2433	68	7567*	0946	3	9054*	152	5988*	76	6282
0829*	26	0981	32	1552*	64	8448	2501*	67	7499	0949*	3	9051	152	5836*	74	6251*
0860	28	1013	32	1616	65	8384*	2568	68	7432*	0952*	3	9048	152	5684*	72	6219
0,2 0892*	13,30	0,2 1045	32	$\bar{1}$,3 1681*	64	0,6 8319	$\bar{1}$,3 2636*	67	0,6 7364	0,0 0955*	3	$\bar{1}$,9 9045	151	2,2 5532	86,70	1,3 6188
0923	32	1077	32	1745	64	8255*	2703*	67	7297	0958*	3	9042	151	5381	68	6157*
0954	34	1109	33	1809	64	8191*	2770*	67	7230	0961*	2	9039	151	5230*	66	6125
0986*	36	1142*	32	1873	64	8127*	2837*	67	7163	0963	3	9037*	151	5079*	64	6094*
1017	38	1174*	32	1937	64	8063*	2904*	67	7096	0966	3	9034*	150	4928	62	6062
0,2 1049*	13,40	0,2 1206*	32	$\bar{1}$,3 2001	64	0,6 7999*	$\bar{1}$,3 2971*	66	0,6 7029	0,0 0969	3	$\bar{1}$,9 9031*	150	2,2 4778*	86,60	1,3 6031*
1080	42	1238*	32	2065	64	7935*	3037	67	6963*	0972	3	9028*	150	4628*	58	6000*
1112*	44	1270	32	2129*	63	7871	3104*	66	6896	0975	3	9025*	150	4478*	56	5968
1143*	46	1302	32	2192	64	7808*	3170	67	6830*	0978	3	9022*	150	4328*	54	5937*
1174	48	1334	32	2256*	63	7744	3237*	66	6763	0981*	3	9019	149	4178	52	5905
0,2 1206*	13,50	0,2 1366	33	$\bar{1}$,3 2319	64	0,6 7681*	$\bar{1}$,3 3303	67	0,6 6697*	0,0 0984*	3	$\bar{1}$,9 9016	149	2,2 4029*	86,50	1,3 5874*
1237	52	1399*	32	2383*	63	7617	3370*	66	6630	0987*	3	9013	149	3880*	48	5842
1269*	54	1431*	32	2446*	63	7554	3436*	66	6564	0990*	3	9010	149	3731*	46	5811
1300*	56	1463*	32	2509	63	7491*	3502*	66	6498	0993*	3	9007	149	3582*	44	5780*
1331	58	1495	32	2572	63	7428*	3568*	66	6432	0996*	3	9004	148	3433	42	5748
0,2 1363*	13,60	0,2 1527	32	$\bar{1}$,3 2635	63	0,6 7365*	$\bar{1}$,3 3634*	65	0,6 6366	0,0 0999*	3	$\bar{1}$,9 9001	148	2,2 3285	86,40	1,3 5717*
1394	62	1559	32	2698*	63	7302	3699	66	6301*	1002*	3	8998	148	3137	38	5685
1426*	64	1591	33	2761*	62	7239	3765	66	6235*	1005*	3	8995	147	2989	36	5654*
1457	66	1624*	32	2823	63	7177*	3831*	65	6169	1008*	3	8992	148	2842*	34	5623*
1488	68	1656*	32	2886*	62	7114	3896	66	6104*	1011*	2	8989	147	2694	32	5591
0,2 1520*	13,70	0,2 1688*	32	$\bar{1}$,3 2948	63	0,6 7052*	$\bar{1}$,3 3962*	65	0,6 6038	0,0 1013	3	$\bar{1}$,9 8987*	147	2,2 2547*	86,30	1,3 5560*
1551	72	1720	32	3011*	62	6989	4027	65	5973*	1016	3	8984*	147	2400*	28	5528
1583*	74	1752	32	3073*	62	6927	4092	66	5908*	1019	3	8981*	146	2253	26	5497*
1614	76	1784	33	3135	62	6865*	4158*	65	5842	1022	3	8978*	147	2107*	24	5465
1646*	78	1817*	32	3197	62	6803*	4223*	65	5777	1025	3	8975*	146	1960	22	5434
0,2 1677*	13,80	0,2 1849*	32	$\bar{1}$,3 3259	62	0,6 6741*	$\bar{1}$,3 4288*	65	0,6 5712	0,0 1028	3	$\bar{1}$,9 8972*	146	2,2 1814*	86,20	1,3 5403*
1708	82	1881*	32	3321	62	6679*	4353*	64	5647	1031	3	8969*	146	1668*	18	5371
1740*	84	1913	32	3383*	62	6617	4417	65	5583*	1034	3	8966*	146	1522	16	5340*
1771	86	1945	32	3445*	61	6555	4482	65	5518*	1037	4	8963*	146	1377*	14	5308
1803*	88	1977	33	3506	62	6494*	4547*	64	5453	1041*	3	8959	145	1231	12	5277*
0,2 1834	13,90	0,2 2010*	32	$\bar{1}$,3 3568*	61	0,6 6432	$\bar{1}$,3 4611	65	0,6 5389*	0,0 1044*	3	$\bar{1}$,9 8956	145	2,2 1086	86,10	1,3 5246*
1865	92	2042*	32	3629	62	6371*	4676*	64	5324	1047*	3	8953	144	0941	08	5214
1897*	94	2074	32	3691*	61	6309	4740	65	5260*	1050*	3	8950	145	0797*	06	5183*
1928	96	2106	32	3752*	61	6248	4805*	64	5195	1053*	3	8947	144	0652	04	5151
1960*	98	2138	33	3813	61	6187*	4869*	64	5131	1056*	3	8944	144	0508*	02	5120*
0,2 1991	14,00	0,2 2171*	32	$\bar{1}$,3 3874	61	0,6 6126*	$\bar{1}$,3 4933*	64	0,6 5067	0,0 1059*	3	$\bar{1}$,9 8941	144	2,2 0364*	86,00	1,3 5088
2023*	02	2203*	32	3935	61	6065*	4997*	64	5003	1062*	3	8938	144	0220*	85,98	5057
2054*	04	2235*	32	3996	61	6004*	5061*	64	4939	1065*	3	8935	144	0076*	96	5026
2085	06	2267	32	4057*	61	5943	5125*	64	4875	1068*	3	8932	143	2,1 9932	94	4994
2117*	08	2299	33	4118*	60	5882	5189*	63	4811	1071*	3	8929	143	9789	92	4963*
0,2 2148	14,10	0,2 2332*	32	$\bar{1}$,3 4178	61	0,6 5822*	$\bar{1}$,3 5252	64	0,6 4748*	0,0 1074	3	$\bar{1}$,9 8926*	143	2,1 9646	85,90	1,3 4931
2180*	12	2364*	32	4239*	60	5761	5316*	63	4684	1077	3	8923*	143	9503	88	4900*
2211	14	2396*	32	4299	61	5701*	5379	64	4621*	1080	3	8920*	142	9360	86	4869*
2242	16	2428	32	4360*	60	5640	5443*	63	4557	1083	3	8917*	142	9218*	84	4837
2274*	18	2460	33	4420*	60	5580	5506	64	4494*	1086	3	8914*	143	9076*	82	4806*
0,2 2305	14,20	0,2 2493*	32	$\bar{1}$,3 4480	60	0,6 5520*	$\bar{1}$,3 5570*	63	0,6 4430	0,0 1089	4	$\bar{1}$,9 8911*	141	2,1 8933	85,80	1,3 4774
2337*	22	2525*	32	4540	60	5460*	5633*	63	4367	1093*	3	8907	142	8792*	78	4743*
2368	24	2557	32	4600	60	5400*	5696*	63	4304	1096*	3	8904	142	8650*	76	4711
2400*	26	2589	32	4660	60	5340*	5759*	63	4241	1099*	3	8901	141	8508	74	4680
2431*	28	2621	33	4720	60	5280*	5822*	63	4178	1102*	3	8898	141	8367*	72	4649*
0,2 2462	14,30	0,2 2654*	32	$\bar{1}$,3 4780*	59	0,6 5220	$\bar{1}$,3 5885*	63	0,6 4115	0,0 1105*	3	$\bar{1}$,9 8895	141	2,1 8226*	85,70	1,3 4617
2494*	32	2686*	32	4839	60	5161*	5948*	62	4052	1108	3	8892*	141	8085*	68	4586*
2525	34	2718	32	4899	60	5101*	6010	63	3990*	1111	3	8889*	140	7944	66	4554
2557*	36	2750	33	4959*	59	5041	6073*	62	3927	1114	3	8886*	141	7804*	64	4523*
2588	38	2783*	32	5018*	59	4982	6135	63	3865*	1117	4	8883*	140	7663	62	4492*
0,2 2619	14,40	0,2 2815*		$\bar{1}$,3 5077		0,6 4923*	$\bar{1}$,3 6198*		0,6 3802	0,0 1121*		$\bar{1}$,9 8879		2,1 7523*	85,60 gr	1,3 4460
x = 85grades,60 Lx = 2,1 7523*				cos x / Séh Lx	D	séc x / Cosh Lx	cot x / Coséh Lx	D	tang x / Sih Lx	coséc x / Coth Lx	D	sin x / Tah Lx	D	Lx (R = 1)	x (grades)	x (R = 1)

x R = 1	x grades	Lx R = 1	D	sin x / Tah Lx	D	coséc x / Coth Lx	tang x / Sih Lx	D	cot x / Coséh Lx	séc x / Cosh Lx	D	cos x / Séh Lx	D	x = 14grades,40 Lx = 0,2 2815*		
0,2 2619	gr 14,40	0,2 2815*	32	1̄,3 5077	60	0,6 4923*	1̄,3 6198*	62	0,6 3802	0,0 1121*	3	1̄,9 8879	140	2,1 7523*	85,60	1,3 4460
2651*	42	2847	32	5137*	59	4863	6260	63	3740*	1124*	3	8876	140	7383	58	4429*
2682	44	2879	33	5196*	59	4804	6323*	62	3677	1127*	3	8873	139	7243	56	4397
2714*	46	2912*	32	5255*	59	4745	6385*	62	3615	1130	3	8870*	140	7104*	54	4366*
2745	48	2944*	32	5314*	59	4686	6447*	62	3553	1133	3	8867*	139	6964	52	4335*
0,2 2777*	14,50	0,2 2976	32	1̄,3 5373*	58	0,6 4627	1̄,3 6509	62	0,6 3491*	0,0 1136	4	1̄,9 8864*	139	2,1 6825*	85,50	1,3 4303
2808	52	3008	33	5431	59	4569*	6571	62	3429*	1140*	3	8860	139	6686*	48	4272*
2839*	54	3041*	32	5490	59	4510*	6633*	62	3367	1143*	3	8857	139	6547	46	4240
2871*	56	3073*	32	5549*	58	4451	6695*	61	3305	1146*	3	8854	138	6408	44	4209*
2902	58	3105	32	5607	59	4393*	6756	62	3244*	1149	3	8851*	138	6270*	42	4177
0,2 2934*	14,60	0,2 3137	33	1̄,3 5666*	58	0,6 4334	1̄,3 6818	62	0,6 3182*	0,0 1152	3	1̄,9 8848*	138	2,1 6132*	85,40	1,3 4146
2965	62	3170*	32	5724	59	4276*	6880*	61	3120	1155	4	8845*	138	5994*	38	4115*
2996	64	3202*	32	5783*	58	4217	6941	62	3059*	1159*	3	8841	138	5856*	36	4083
3028*	66	3234	32	5841*	58	4159	7003*	61	2997	1162*	3	8838	138	5718*	34	4052*
3059	68	3266	33	5899	58	4101*	7064	61	2936*	1165	3	8835*	137	5580	32	4020
0,2 3091*	14,70	0,2 3299*	32	1̄,3 5957	58	0,6 4043*	1̄,3 7125	62	0,6 2875*	0,0 1168	3	1̄,9 8832*	137	2,1 5443	85,30	1,3 3989*
3122	72	3331*	32	6015	58	3985*	7187*	61	2813	1171	4	8829*	137	5306*	28	3958*
3154*	74	3363	33	6073	58	3927*	7248*	61	2752	1175*	3	8825	137	5169*	26	3926
3185*	76	3396*	32	6131*	58	3869	7309*	61	2691	1178*	3	8822	137	5032	24	3895*
3216	78	3428*	32	6189*	57	3811	7370*	61	2630	1181	3	8819*	136	4895	22	3863
0,2 3248*	14,80	0,2 3460	32	1̄,3 6246	58	0,6 3754*	1̄,3 7431*	60	0,6 2569	0,0 1184	4	1̄,9 8816*	136	2,1 4759*	85,20	1,3 3832*
3279	82	3492	33	6304*	57	3696	7491	61	2509*	1188*	3	8812	136	4623*	18	3800
3311*	84	3525*	32	6361	58	3639*	7552	61	2448*	1191*	3	8809	136	4487*	16	3769
3342	86	3557*	32	6419*	57	3581	7613*	60	2387	1194	3	8806*	136	4351*	14	3738*
3373	88	3589	33	6476	57	3524*	7673	61	2327*	1197	4	8803*	136	4215*	12	3706
0,2 3405*	14,90	0,2 3622*	32	1̄,3 6533	58	0,6 3467*	1̄,3 7734*	60	0,6 2266	0,0 1201*	3	1̄,9 8799	135	2,1 4079	85,10	1,3 3675*
3436	92	3654*	32	6591*	57	3409	7794	61	2206*	1204*	3	8796	135	3944	08	3643
3468*	94	3686	32	6648*	57	3352	7855*	60	2145	1207	3	8793*	135	3809*	06	3612*
3499	96	3718	33	6705*	57	3295	7915	60	2085*	1210	4	8790*	135	3674*	04	3581*
3531*	98	3751*	32	6762*	57	3238	7975	60	2025*	1214*	3	8786	135	3539*	02	3549
0,2 3562*	15,00	0,2 3783	32	1̄,3 6819*	56	0,6 3181	1̄,3 8035	60	0,6 1965*	0,0 1217*	3	1̄,9 8783	134	2,1 3404	85,00	1,3 3518*
3593	02	3815	33	6875	57	3125*	8095	60	1905*	1220	3	8780*	134	3270*	84,98	3486
3625*	04	3848*	32	6932	57	3068*	8155	60	1845*	1223	4	8777*	135	3136*	96	3455*
3656	06	3880*	32	6989*	56	3011	8215	60	1785*	1227*	3	8773	134	3001	94	3423
3688*	08	3912	33	7045	57	2955*	8275	60	1725*	1230*	3	8770	133	2867	92	3392
0,2 3719	15,10	0,2 3945*	32	1̄,3 7102*	56	0,6 2898	1̄,3 8335*	60	0,6 1665	0,0 1233	4	1̄,9 8767*	134	2,1 2734*	84,90	1,3 3361*
3750	12	3977*	32	7158	56	2842*	8395*	59	1605	1237*	3	8763	133	2600	88	3329
3782*	14	4009	33	7214	57	2786*	8454	60	1546*	1240*	3	8760	134	2467*	86	3298*
3813	16	4042*	32	7271*	56	2729	8514*	59	1486	1243	4	8757*	133	2333	84	3266
3845*	18	4074*	32	7327*	56	2673	8573	60	1427*	1247*	3	8753	133	2200	82	3235*
0,2 3876	15,20	0,2 4106	33	1̄,3 7383*	56	0,6 2617	1̄,3 8633*	59	0,6 1367	0,0 1250*	3	1̄,9 8750	132	2,1 2067	84,80	1,3 3204*
3908*	22	4139*	32	7439*	56	2561	8692	59	1308*	1253	3	8747*	133	1935*	78	3172
3939*	24	4171*	32	7495*	56	2505	8751	60	1249*	1256	4	8744*	132	1802*	76	3141*
3970	26	4203	33	7551*	56	2449	8811*	59	1189	1260*	3	8740	133	1670*	74	3109
4002*	28	4236*	32	7607*	55	2393	8870*	59	1130	1263	3	8737*	132	1537	72	3078*
0,2 4033	15,30	0,2 4268*	32	1̄,3 7662	56	0,6 2338*	1̄,3 8929*	59	0,6 1071	0,0 1266	4	1̄,9 8734*	132	2,1 1405	84,70	1,3 3046
4065*	32	4300	33	7718*	55	2282	8988*	59	1012	1270*	3	8730	131	1273	68	3015
4096	34	4333*	32	7773	56	2227*	9047*	58	0953	1273	4	8727*	132	1142*	66	2984*
4127	36	4365*	32	7829*	55	2171	9105	59	0895*	1277*	3	8723	131	1010	64	2952
4159*	38	4397	33	7884	56	2116*	9164	59	0836*	1280*	3	8720	132	0879*	62	2921*
0,2 4190	15,40	0,2 4430*	32	1̄,3 7940*	55	0,6 2060	1̄,3 9223*	59	0,6 0777	0,0 1283	4	1̄,9 8717*	131	2,1 0747	84,60	1,3 2889
4222*	42	4462	32	7995*	55	2005	9282*	58	0718	1287*	3	8713	131	0616	58	2858*
4253	44	4494	33	8050	55	1950*	9340	59	0660*	1290	3	8710*	130	0485	56	2827*
4285*	46	4527*	32	8105	55	1895*	9399*	58	0601	1293	4	8707*	131	0355*	54	2795
4316*	48	4559	33	8160	55	1840*	9457	58	0543*	1297*	3	8703	130	0224	52	2764*
0,2 4347	15,50	0,2 4592*	32	1̄,3 8215	55	0,6 1785*	1̄,3 9515	59	0,6 0485*	0,0 1300	4	1̄,9 8700*	130	2,1 0094*	84,50	1,3 2732
4379*	52	4624*	32	8270	55	1730*	9574*	58	0426	1304*	3	8696	131	2,0 9964*	48	2701*
4410	54	4656	33	8325*	55	1675	9632*	58	0368	1307*	3	8693	129	9833	46	2669
4442*	56	4689*	32	8380*	54	1620	9690	58	0310*	1310	4	8690*	130	9704*	44	2638
4473	58	4721	32	8434	55	1566*	9748	58	0252*	1314*	3	8686	130	9574*	42	2607*
0,2 4504	15,60	0,2 4753		1̄,3 8489*		0,6 1511	1̄,3 9806		0,6 0194*	0,0 1317		1̄,9 8683*		2,0 9444	84,40 gr	1,3 2575
x = 84grades,40 Lx = 2,0 9444				cos x / Séh Lx	D	séc x / Cosh Lx	cot x / Coséh Lx	D	tang x / Sih Lx	coséc x / Coth Lx	D	sin x / Tah Lx	D	Lx R = 1	x grades	x R = 1

x (R = 1)	x (grades)	Lx (R = 1)	D	sin x / Tah Lx	D	coséc x / Coth Lx	tang x / Sih Lx	D	cot x / Coséh Lx	séc x / Cosh Lx	D	cos x / Séh Lx	x = 15grades,60 / Lx = 0,2 4753			
0,2 4504	gr 15,60	0,2 4753	33	1̄,3 8489*	54	0,6 1511	1̄,3 9806	58	0,6 0194*	0,0 1317	4	1̄,9 8683*	129	2,0 9444	84,40	1,3 2575
4536*	62	4786*	32	8543	55	1457*	9864	58	0136*	1321*	3	8679	129	9315*	38	2544*
4567	64	4818	33	8598*	54	1402	9922*	58	0078	1324*	3	8676	130	9186*	36	2512
4599*	66	4851*	32	8652	55	1348*	9980*	57	0020	1327	4	8673*	128	9056	34	2481*
4630	68	4883*	32	8707*	54	1293	1̄,4 0037	58	0,5 9963*	1331*	3	8669	129	8928*	32	2450*
0,2 4662*	15,70	0,2 4915	33	1̄,3 8761*	54	0,6 1239	1̄,4 0095	58	0,5 9905*	0,0 1334	4	1̄,9 8666*	129	2,0 8799*	84,30	1,3 2418
4693*	72	4948*	32	8815*	54	1185	0153*	57	9847	1338*	3	8662	128	8670	28	2387*
4724	74	4980	33	8869	54	1131*	0210	58	9790*	1341	4	8659*	128	8542*	26	2355
4756*	76	5013*	32	8923	54	1077*	0268*	57	9732	1345*	3	8655	128	8413	24	2324*
4787	78	5045*	32	8977	54	1023*	0325	57	9675*	1348	4	8652*	126	8285	22	2292
0,2 4819*	15,80	0,2 5077	33	1̄,3 9031*	54	0,6 0969	1̄,4 0382	58	0,5 9618*	0,0 1352*	3	1̄,9 8648	127	2,0 8157	84,20	1,3 2261
4850*	82	5110*	32	9085*	53	0915	0440*	57	9560	1355*	3	8645	128	8030*	18	2230*
4881	84	5142	33	9138	54	0862*	0497*	57	9503	1358	4	8642*	128	7902*	16	2198
4913*	86	5175*	32	9192	54	0808*	0554	57	9446*	1362*	3	8638	127	7774	14	2167*
4944	88	5207	32	9246*	53	0754	0611	57	9389*	1365	4	8635*	127	7647	12	2135
0,2 4976*	15,90	0,2 5239	33	1̄,3 9299	54	0,6 0701*	1̄,4 0668	57	0,5 9332*	0,0 1369*	3	1̄,9 8631	127	2,0 7520*	84,10	1,3 2104*
5007	92	5272*	32	9353*	53	0647	0725	57	9275*	1372	4	8628*	127	7393*	08	2073*
5038	94	5304	33	9406	53	0594*	0782*	57	9218	1376*	3	8624	127	7266*	06	2041
5070*	96	5337*	32	9459	54	0541*	0839*	56	9161	1379	4	8621*	126	7139	04	2010*
5101	98	5369	33	9513*	53	0487	0895	57	9105*	1383*	3	8617	127	7013*	02	1978
0,2 5133*	16,00	0,2 5402*	32	1̄,3 9566*	53	0,6 0434	1̄,4 0952	57	0,5 9048*	0,0 1386	4	1̄,9 8614*	126	2,0 6886	84,00	1,3 1947*
5164	02	5434	32	9619*	53	0381	1009*	56	8991	1390*	3	8610	126	6760	83,98	1915
5196*	04	5466	33	9672*	53	0328	1065	57	8935*	1393	4	8607*	126	6634*	96	1884
5227*	06	5499*	32	9725*	53	0275	1122*	56	8878	1397*	3	8603	126	6508*	94	1853*
5258	08	5531	33	9778*	53	0222	1178	57	8822*	1400	4	8600*	125	6382	92	1821
0,2 5290*	16,10	0,2 5564*	32	1̄,3 9831*	52	0,6 0169	1̄,4 1235*	56	0,5 8765	0,0 1404*	3	1̄,9 8596	126	2,0 6257*	83,90	1,3 1790*
5321	12	5596	33	9883	53	0117*	1291*	56	8709	1407	4	8593*	125	6131	88	1758
5353*	14	5629*	32	9936	53	0064*	1347	56	8653*	1411*	3	8589	125	6006*	86	1727*
5384	16	5661	33	9989*	52	0011	1403	56	8597*	1414	4	8586*	125	5881*	84	1696*
5415	18	5694*	32	1̄,4 0041	53	0,5 9959*	1459	56	8541*	1418	4	8582*	125	5756*	82	1664
0,2 5447*	16,20	0,2 5726	33	1̄,4 0094*	52	0,5 9906	1̄,4 1515	56	0,5 8485*	0,0 1422*	3	1̄,9 8578	125	2,0 5631*	83,80	1,3 1633*
5478	22	5759*	32	0146	53	9854*	1571	56	8429*	1425	4	8575*	125	5506*	78	1601
5510*	24	5791*	32	0199*	52	9801	1627	56	8373*	1429*	3	8571	124	5381	76	1570*
5541	26	5823	33	0251*	52	9749	1683	56	8317*	1432	4	8568*	124	5257*	74	1538
5573*	28	5856*	32	0303	53	9697*	1739*	56	8261	1436*	3	8564	124	5133*	72	1507
0,2 5604*	16,30	0,2 5888	33	1̄,4 0355	52	0,5 9645*	1̄,4 1795*	55	0,5 8205	0,0 1439	4	1̄,9 8561*	124	2,0 5009*	83,70	1,3 1476*
5635	32	5921*	32	0407	52	9593*	1850	56	8150*	1443*	4	8557	124	4885*	68	1444
5667*	34	5953	33	0459	52	9541*	1906*	55	8094	1447*	3	8553	124	4761*	66	1413*
5698	36	5986*	32	0511	52	9489*	1961	56	8039*	1450	4	8550*	123	4637	64	1381
5730*	38	6018	33	0563	52	9437*	2017*	55	7983	1454*	3	8546	124	4514*	62	1350*
0,2 5761	16,40	0,2 6051*	32	1̄,4 0615*	52	0,5 9385	1̄,4 2072	56	0,5 7928*	0,0 1457	4	1̄,9 8543*	123	2,0 4390	83,60	1,3 1319*
5792	42	6083	33	0667*	51	9333	2128*	55	7872	1461*	3	8539	123	4267*	58	1287
5824*	44	6116*	32	0718	52	9282*	2183*	55	7817	1464	4	8536*	123	4144*	56	1256*
5855	46	6148	33	0770	52	9230*	2238	55	7762*	1468	4	8532*	123	4021*	54	1224
5887*	48	6181*	32	0822*	51	9178	2293	55	7707*	1472*	3	8528	123	3898	52	1193*
0,2 5918	16,50	0,2 6213	33	1̄,4 0873	51	0,5 9127*	1̄,4 2348	55	0,5 7652*	0,0 1475	4	1̄,9 8525*	122	2,0 3775	83,50	1,3 1161
5950*	52	6246*	32	0924	52	9076*	2403	55	7597*	1479*	4	8521	122	3653*	48	1130
5981*	54	6278	33	0976*	51	9024	2458	55	7542*	1483*	3	8517	123	3531*	46	1099*
6012	56	6311*	32	1027	51	8973*	2513	55	7487*	1486	4	8514*	122	3408	44	1067
6044*	58	6343	33	1078	52	8922*	2568	55	7432*	1490*	3	8510	122	3286	42	1036*
0,2 6075	16,60	0,2 6376*	32	1̄,4 1130*	51	0,5 8870	1̄,4 2623*	55	0,5 7377	0,0 1493	4	1̄,9 8507*	121	2,0 3164	83,40	1,3 1004
6107*	62	6408	33	1181*	51	8819	2678*	54	7322	1497	4	8503*	122	3043*	38	0973*
6138	64	6441*	32	1232*	51	8768	2732	55	7268*	1501*	3	8499	122	2921*	36	0942*
6169	66	6473	33	1283*	51	8717	2787	55	7213*	1504	4	8496*	121	2799	34	0910
6201*	68	6506*	32	1334*	50	8666	2842*	54	7158	1508	4	8492*	121	2678	32	0879*
0,2 6232	16,70	0,2 6538	33	1̄,4 1384	51	0,5 8616*	1̄,4 2896	55	0,5 7104*	0,0 1512*	3	1̄,9 8488	121	2,0 2557*	83,30	1,3 0847
6264*	72	6571*	32	1435	51	8565*	2951*	54	7049	1515	4	8485*	121	2436*	28	0816*
6295	74	6603	33	1486*	51	8514	3005*	54	6995	1519	4	8481*	121	2315*	26	0785*
6327*	76	6636	33	1537*	50	8463	3059	55	6941*	1523*	3	8477	121	2194	24	0753
6358*	78	6669*	32	1587	51	8413*	3114*	54	6886	1526	4	8474*	120	2073	22	0722*
0,2 6389	16,80	0,2 6701		1̄,4 1638*		0,5 8362	1̄,4 3168*		0,5 6832	0,0 1530		1̄,9 8470*		2,0 1953*	83,20 gr	1,3 0690
x = 83grades,20 / Lx = 2,0 1953*				cos x / Séh Lx	D	séc x / Cosh Lx	cot x / Coséh Lx	D	tang x / Sih Lx	coséc x / Coth Lx	D	sin x / Tah Lx	D	Lx (R = 1)	x (grades)	x (R = 1)

x (R = 1)	x (grades)	Lx (R = 1)	D	sin x / TahLx	D	coséc x / CothLx	tang x / SibLx	D	cot x / CoséhLx	séc x / CoshLx	D	cos x / SéhLx	D	x = 16grades,80 / Lx = 0,2 6701		
0,2 6389	16,80 gr	0,2 6701	33	$\bar{1}$,4 1638*	50	0,5 8362	$\bar{1}$,4 3168*	54	0,5 6832	0,0 1530	4	$\bar{1}$,9 8470*	121	2,0 1953*	83,20	1,3 0690
6421*	82	6734*	32	1688	51	8312*	3222*	54	6778	1534*	3	8466	120	1832	18	0659*
6452	84	6766	33	1739*	50	8261	3276	54	6724*	1537	4	8463*	120	1712	16	0627
6484*	86	6799*	32	1789*	50	8211	3330	54	6670*	1541	4	8459*	120	1592	14	0596
6515	88	6831	33	1839	50	8161*	3384	54	6616*	1545*	4	8455	120	1472	12	0565*
0,2 6546	16,90	0,2 6864*	32	$\bar{1}$,4 1889	51	0,5 8111*	$\bar{1}$,4 3438*	54	0,5 6562	0,0 1549*	3	$\bar{1}$,9 8451	119	2,0 1352	83,10	1,3 0533
6578*	92	6896	33	1940*	50	8060	3492*	54	6508	1552	4	8448*	120	1233*	08	0502*
6609	94	6929*	33	1990*	50	8010	3546*	53	6454	1556	4	8444*	119	1113	06	0470
6641*	96	6962*	32	2040*	50	7960	3599	54	6401*	1560*	3	8440	119	0994*	04	0439*
6672	98	6994	33	2090*	50	7910	3653	54	6347*	1563	4	8437*	120	0875*	02	0408*
0,3 6704*	17,00	0,2 7027*	32	$\bar{1}$,4 2140*	49	0,5 7860	$\bar{1}$,4 3707*	53	0,5 6293	0,0 1567	4	$\bar{1}$,9 8433*	119	2,0 0755	83,00	1,3 0376
6735*	02	7059	33	2189	50	7811*	3760	54	6240*	1571*	4	8429	118	0636	82,98	0345*
6766	04	7092*	32	2239	50	7761*	3814*	53	6186	1575*	3	8425	119	0518*	96	0313
6798*	06	7124	33	2289*	50	7711	3867	54	6133*	1578	4	8422*	119	0399*	94	0282*
6829	08	7157*	33	2339*	49	7661	3921*	53	6079	1582	4	8418*	118	0280	92	0250
0,2 6861*	17,10	0,2 7190*	32	$\bar{1}$,4 2388	50	0,5 7612*	$\bar{1}$,4 3974	53	0,5 6026*	0,0 1586*	4	$\bar{1}$,9 8414	118	2,0 0162*	82,90	1,3 0219
6892	12	7222	33	2438*	49	7562	4027	54	5973*	1590*	3	8410	119	0044*	88	0188*
6923	14	7255*	32	2487	50	7513*	4081*	53	5919	1593	4	8407*	118	1,9 9925	86	0156
6955*	16	7287	33	2537*	49	7463	4134*	53	5866	1597	4	8403*	118	9807	84	0125*
6986	18	7320*	33	2586*	49	7414	4187*	53	5813	1601*	4	8399	117	9689	82	0093
0,2 7018*	17,20	0,2 7353*	32	$\bar{1}$,4 2635	49	0,5 7365*	$\bar{1}$,4 4240*	53	0,5 5760	0,0 1605*	4	$\bar{1}$,9 8395	118	1,9 9572*	82,80	1,3 0062*
7049	22	7385	33	2684	50	7316*	4293*	53	5707	1609*	3	8391	118	9454*	78	0031*
7081*	24	7418*	32	2734*	49	7266	4346*	53	5654	1612	4	8388*	117	9336	76	1,2 9999
7112*	26	7450	33	2783*	49	7217	4399*	53	5601	1616	4	8384*	117	9219	74	9968*
7143	28	7483*	33	2832*	49	7168	4452*	52	5548	1620*	4	8380	117	9102*	72	9936
0,2 7175*	17,30	0,2 7516*	32	$\bar{1}$,4 2881*	49	0,5 7119	$\bar{1}$,4 4504	53	0,5 5496*	0,0 1624*	4	$\bar{1}$,9 8376	117	1,9 8985*	82,70	1,2 9905*
7206	32	7548	33	2930*	49	7070	4557	53	5443*	1628*	3	8372	117	8868*	68	9873
7238*	34	7581*	32	2979*	48	7021	4610*	53	5390	1631	4	8369*	117	8751*	66	9842
7269	36	7613	33	3027	49	6973*	4663*	52	5337	1635	4	8365*	116	8634	64	9811*
7300	38	7646	33	3076	49	6924*	4715	53	5285*	1639*	4	8361	117	8518*	62	9779
0,2 7332*	17,40	0,2 7679*	32	$\bar{1}$,4 3125*	48	0,5 6875	$\bar{1}$,4 4768*	52	0,5 5232	0,0 1643*	4	$\bar{1}$,9 8357	116	1,9 8401	82,60	1,2 9748*
7363	42	7711	33	3173	49	6827*	4820	52	5180*	1647*	3	8353	116	8285*	58	9716
7395*	44	7744*	33	3222	49	6778*	4872	53	5128*	1650	4	8350*	116	8169*	56	9685*
7426	46	7777*	32	3271*	48	6729	4925*	52	5075	1654	4	8346*	116	8053*	54	9654*
7458*	48	7809	33	3319	48	6681*	4977	52	5023*	1658	4	8342*	116	7937*	52	9622
0,2 7489*	17,50	0,2 7842*	32	$\bar{1}$,4 3367	49	0,5 6633*	$\bar{1}$,4 5029	53	0,5 4971*	0,0 1662*	4	$\bar{1}$,9 8338	116	1,9 7821*	82,50	1,2 9591*
7520	52	7874	33	3416*	48	6584	5082*	52	4918	1666*	4	8334	115	7705	48	9559
7552*	54	7907	33	3464	48	6536*	5134*	52	4866	1670*	4	8330	116	7590*	46	9528*
7583	56	7940*	32	3512	48	6488*	5186*	52	4814	1674*	3	8326	115	7474	44	9496
7615*	58	7972	33	3560	49	6440*	5238*	52	4762	1677	4	8323*	115	7359*	42	9465
0,2 7646	17,60	0,2 8005	33	$\bar{1}$,4 3609*	48	0,5 6391	$\bar{1}$,4 5290*	52	0,5 4710	0,0 1681	4	$\bar{1}$,9 8319*	115	1,9 7244*	82,40	1,2 9434*
7677	62	8038*	32	3657*	48	6343	5342*	52	4658	1685	4	8315*	115	7129*	38	9402
7709*	64	8070	33	3705*	48	6295	5394*	51	4606	1689*	4	8311	115	7014*	36	9371*
7740	66	8103	33	3753*	48	6247	5445	52	4555*	1693*	4	8307	115	6899	34	9339
7772*	68	8136*	32	3801*	47	6199	5497	52	4503*	1697*	4	8303	114	6784	32	9308*
0,2 7803	17,70	0,2 8168	33	$\bar{1}$,4 3848	48	0,5 6152*	$\bar{1}$,4 5549*	52	0,5 4451	0,0 1701*	4	$\bar{1}$,9 8299	114	1,9 6670*	82,30	1,2 9277*
7835*	72	8201	33	3896	48	6104*	5601*	51	4399	1705*	3	8295	115	6556*	28	9245
7866*	74	8234*	32	3944*	47	6056	5652	52	4348*	1708	4	8292*	114	6441	26	9214*
7897	76	8266	33	3991	48	6009*	5704*	51	4296	1712	4	8288*	114	6327	24	9182
7929*	78	8299	33	4039	48	5961*	5755	52	4245*	1716	4	8284*	114	6213	22	9151*
0,2 7960	17,80	0,2 8332*	32	$\bar{1}$,4 4087*	47	0,5 5913	$\bar{1}$,4 5807*	51	0,5 4193	0,0 1720	4	$\bar{1}$,9 8280*	114	1,9 6099	82,20	1,2 9119
7992*	82	8364	33	4134	48	5866*	5858	52	4142*	1724	4	8276*	113	5985	18	9088
8023	84	8397	33	4182*	47	5818	5910*	51	4090	1728	4	8272*	114	5872*	16	9057*
8054	86	8430*	33	4229*	47	5771	5961*	51	4039	1732*	4	8268	113	5758	14	9025
8086*	88	8463	32	4276	48	5724*	6012	51	3988*	1736*	4	8264	113	5645*	12	8994*
0,2 8117	17,90	0,2 8495	33	$\bar{1}$,4 4324*	47	0,5 5676	$\bar{1}$,4 6063	52	0,5 3937*	0,0 1740*	4	$\bar{1}$,9 8260	114	1,9 5532*	82,10	1,2 8962
8149*	92	8528*	33	4371*	47	5629	6115*	51	3885	1744*	4	8256	113	5418	08	8931*
8180	94	8561*	32	4418*	47	5582	6166*	51	3834	1748*	4	8252	113	5305	06	8900*
8212*	96	8593	33	4465*	47	5545	6217*	51	3783	1752*	4	8248	112	5192	04	8868
8243*	98	8626	33	4512	47	5488*	6268*	51	3732	1756*	4	8244	113	5080*	02	8837*
0,2 8274	18,00	0,2 8659*		$\bar{1}$,4 4559		0,5 5441*	$\bar{1}$,4 6319*		0,5 3681	0,0 1760*		$\bar{1}$,9 8240		1,9 4967*	82,00 gr	1,2 8805
x = 82grades,00 / Lx = 1,9 4967*				cos x / SéhLx	D	séc x / CoshLx	cot x / CoséhLx	D	tang x / SibLx	coséc x / CothLx	D	sin x / TahLx	D	Lx (R = 1)	x (grades)	x (R = 1)

x R = 1	x grades	Lx R = 1	D	sin x / Tah Lx	D	coséc x / Coth Lx	tang x / Sih Lx	D	cot x / Coséh Lx	séc x / Cosh Lx	D	cos x / Séh Lx	D	x = 18grades,00 / Lx = 0,2 8659*		
0,2 8274	gr 18,00	0,2 8659*	82	$\bar{1}$,4 4559	117	0,5 5441*	$\bar{1}$,4 6319*	127	0,5 3681	0,0 1760*	10	$\bar{1}$,9 8240	281	1,9 4967*	82,00	1,2 8805
8353*	05	8741*	81	4676	117	5324*	6446*	127	3554	1770*	9	8230	281	4686*	81,95	8727*
8431	10	8822	82	4793	117	5207*	6573*	126	3427	1779	10	8221*	279	4405	90	8648
8510*	15	8904	82	4910*	116	5090	6699	126	3301*	1789	10	8211*	279	4126*	85	8570*
8588	20	8986	82	5026*	116	4974	6825	126	3175*	1799	10	8201*	278	3847	80	8491
0,2 8667	18,25	0,2 9068*	82	$\bar{1}$,4 5142*	115	0,5 4858	$\bar{1}$,4 6951	126	0,5 3049*	0,0 1809	11	$\bar{1}$,9 8191*	278	1,9 3569*	81,75	1,2 8413*
8746*	30	9150*	82	5257	116	4743*	7077*	125	2923	1820*	10	8180	276	3291	70	8334
8824	35	9232*	82	5373*	114	4627	7202	125	2798*	1830*	10	8170	276	3015*	65	8256
8903*	40	9314*	82	5487	115	4513*	7327	125	2673*	1840*	10	8160	275	2739*	60	8177*
8981	45	9396*	82	5602*	114	4398	7452*	124	2548	1850*	10	8150	275	2464*	55	8098
0,2 9060*	18,50	0,2 9478*	82	$\bar{1}$,4 5716	114	0,5 4284*	$\bar{1}$,4 7576	124	0,5 2424*	0,0 1860	10	$\bar{1}$,9 8140*	274	1,9 2189	81,50	1,2 8020*
9138	55	9560*	82	5830	114	4170*	7700	124	2300*	1870	11	8130*	273	1915	45	7941
9217*	60	9642*	82	5944*	113	4056	7824	124	2176*	1881*	10	8119	272	1642	40	7863*
9295	65	9724*	82	6057*	113	3943	7948*	123	2052	1891*	10	8109	272	1370	35	7784
9374*	70	9806*	82	6170*	112	3830	8071*	123	1929	1901	11	8099*	270	1098	30	7706*
0,2 9452	18,75	0,2 9888*	82	$\bar{1}$,4 6282	113	0,5 3718*	$\bar{1}$,4 8194*	123	0,5 1806	0,0 1912*	10	$\bar{1}$,9 8088	271	1,9 0828*	81,25	1,2 7627
9531*	80	9970*	82	6395*	112	3605	8317*	122	1683	1922*	10	8078	269	0557	20	7549*
9610*	85	0,3 0052*	82	6507*	111	3493	8439*	122	1561	1932	11	8068*	269	0288*	15	7470
9688	90	0134	82	6618	112	3382*	8561	122	1439*	1943*	10	8057	268	0019*	10	7392*
9767*	95	0216	82	6730*	111	3270	8683*	121	1317	1953	11	8047*	268	1,8 9751	05	7313
0,2 9845	19,00	0,3 0298	83	$\bar{1}$,4 6841*	110	0,5 3159	$\bar{1}$,4 8804	122	0,5 1196*	0,0 1964*	10	$\bar{1}$,9 8036	266	1,8 9483	81,00	1,2 7235*
9924*	05	0381*	82	6951	111	3049*	8926*	120	1074	1974	11	8026*	266	9217*	80,95	7156*
0,3 0002	10	0463*	82	7062*	110	2938	9046	121	0954*	1985*	10	8015	266	8951*	90	7077
0081*	15	0545*	82	7172*	110	2828	9167	121	0833*	1995	11	8005*	265	8685	85	6999*
0159	20	0627	82	7282*	109	2718	9288*	120	0712	2006*	10	7994	264	8420	80	6920
0,3 0238*	19,25	0,3 0709	83	$\bar{1}$,4 7391	109	0,5 2609*	$\bar{1}$,4 9408*	120	0,5 0592	0,0 2016	11	$\bar{1}$,9 7984*	263	1,8 8156	80,75	1,2 6842*
0316	30	0792*	82	7500	109	2500*	9528*	119	0472	2027	11	7973*	262	7893*	70	6763
0395*	35	0874	82	7609	109	2391*	9647	119	0353*	2038*	11	7962	262	7630	65	6685*
0473	40	0956	83	7718*	108	2282	9766	119	0234*	2049*	10	7951	261	7368	60	6606
0552*	45	1039*	82	7826	108	2174*	9885	119	0115*	2059	11	7941*	261	7107*	55	6528*
0,3 0631*	19,50	0,3 1121	82	$\bar{1}$,4 7934	108	0,5 2066*	$\bar{1}$,5 0004	119	0,4 9996*	0,0 2070	11	$\bar{1}$,9 7930*	260	1,8 6846*	80,50	1,2 6449
0709	55	1203	83	8042	107	1958*	0123*	118	9877	2081*	11	7919	260	6586*	45	6371*
0788*	60	1286*	82	8149	107	1851*	0241*	118	9759	2092*	11	7908	259	6326	40	6292
0866	65	1368	83	8256	107	1744*	0359*	118	9641	2103*	10	7897	258	6067	35	6213
0945*	70	1451*	82	8363	107	1637*	0477*	117	9523	2113	11	7887*	257	5809	30	6135*
0,3 1023	19,75	0,3 1533	83	$\bar{1}$,4 8470*	106	0,5 1530	$\bar{1}$,5 0594	117	0,4 9406*	0,0 2124	11	$\bar{1}$,9 7876*	257	1,8 5552*	80,25	1,2 6056
1102*	80	1616*	82	8576	106	1424*	0711	117	9289*	2135	11	7865*	257	5295*	20	5978*
1180	85	1698	83	8682	106	1318*	0828	117	9172*	2146	11	7854*	255	5038	15	5899
1259*	90	1781*	82	8788*	105	1212	0945*	116	9055	2157	11	7843*	256	4783*	10	5821*
1337	95	1863	83	8893	105	1107*	1061	117	8939*	2168	11	7832*	254	4527	05	5742
0,3 1410*	20,00	0,3 1946*	82	$\bar{1}$,4 8998	105	0,5 1002*	$\bar{1}$,5 1178*	116	0,4 8822	0,0 2179	11	$\bar{1}$,9 7821*	254	1,8 4278*	80,00	1,2 5664*
1494	05	2028	83	9103	105	0897*	1294*	115	8706	2190	12	7810*	253	4019	79,95	5585
1573	10	2111	83	9208*	104	0792	1409	116	8591*	2202*	11	7798	253	3766*	90	5507*
1652*	15	2194*	82	9312*	104	0688	1525*	115	8475	2213*	11	7787	252	3513	85	5428
1730	20	2276	83	9416*	104	0584	1640*	115	8360	2224*	11	7776	251	3261	80	5350*
0,3 1809*	20,25	0,3 2359	83	$\bar{1}$,4 9520*	103	0,5 0480	$\bar{1}$,5 1755*	115	0,4 8245	0,0 2235	11	$\bar{1}$,9 7765*	251	1,8 3010*	79,75	1,2 5271
1887	30	2442*	82	9623	103	0377*	1870*	114	8130	2246	12	7754*	250	2759*	70	5192
1966*	35	2524	83	9726	103	0274*	1984*	114	8016	2258*	11	7742	250	2509*	65	5114*
2044	40	2607	83	9829	103	0171*	2098	114	7902*	2269*	11	7731	249	2259	60	5035
2123*	45	2690*	83	9932*	102	0068	2212	114	7788*	2280	12	7720*	248	2010	55	4957*
0,3 2201	20,50	0,3 2773*	83	$\bar{1}$,5 0034	102	0,4 9966*	$\bar{1}$,5 2326*	113	0,4 7674	0,0 2292*	11	$\bar{1}$,9 7708	248	1,8 1762*	79,50	1,2 4878
2280*	55	2856*	82	0136	102	9864*	2439	114	7561*	2303	11	7697*	248	1514*	45	4800*
2358	60	2938	83	0238	102	9762*	2553*	113	7447	2314	12	7686*	246	1266	40	4721
2437*	65	3021	83	0340*	101	9660	2666*	112	7334	2326*	11	7674	246	1020*	35	4643*
2515	70	3104	83	0441	101	9559*	2778	113	7222*	2337	12	7663*	246	0774*	30	4564
0,3 2594	20,75	0,3 3187*	83	$\bar{1}$,5 0542	101	0,4 9458*	$\bar{1}$,5 2891	112	0,4 7109*	0,0 2349*	11	$\bar{1}$,9 7651	245	1,8 0528	79,25	1,2 4486*
2673*	80	3270*	83	0643*	100	9357	3003	112	6997*	2360	12	7640*	244	0283	20	4407
2751	85	3353*	83	0743	101	9257*	3115	112	6885*	2372	12	7628*	244	0039*	15	4329*
2830*	90	3436*	83	0844*	100	9156	3227	112	6773*	2384*	11	7616	244	1,7 9795*	10	4250*
2908	95	3519*	83	0944*	99	9056	3339*	111	6661	2395	12	7605*	242	9551	05	4171
0,3 2987*	21,00	0,3 3602*		$\bar{1}$,5 1043		0,4 8957*	$\bar{1}$,5 3450		0,4 6550*	0,0 2407*		$\bar{1}$,9 7593		1,7 9309*	79,00 gr	1,2 4093*
x = 79grades,00 / Lx = 1,7 9309*				cos x / Séh Lx	D	séc x / Cosh Lx	cot x / Coséh Lx	D	tang x / Sih Lx	coséc x / Coth Lx	D	sin x / Tah Lx	D	R = 1 / Lx	grades	R = 1 / x

x (R = 1)	x (grades)	Lx (R = 1)	D	sin x / Tab Lx	D	coséc x / Coth Lx	tang x / Sih Lx	D	cot x / Coséh Lx	séc x / Cosh Lx	D	cos x / Séh Lx	D	x = 21grades,00 / Lx = 0,3 3602*		
0,3 2987*	21,00 gr	0,3 3602*	83	1̄,5 1043	100	0,4 8957*	1̄,5 3450	112	0,4 6550*	0,0 2407*	12	1̄,9 7593	243	1,7 9309*	79,00	1,2 4093*
3065	05	3685*	83	1143*	99	8857	3562*	111	6438	2419*	11	7581	241	9066	78,95	4014
3144*	10	3768*	83	1242	99	8758*	3673*	110	6327	2430	12	7570*	241	8825*	90	3936*
3222	15	3851*	83	1341	99	8659*	3783	111	6217*	2442	12	7558*	241	8584*	85	3857
3301*	20	3934*	83	1440*	98	8560	3894*	110	6106	2454*	12	7546	240	8343	80	3779*
0,3 3379	21,25	0,3 4017	83	1̄,5 1538	99	0,4 8462*	1̄,5 4004	110	0,4 5996*	0,0 2466*	12	1̄,9 7534	239	1,7 8103	78,75	1,2 3700
3458*	30	4100	83	1637*	98	8363	4114	110	5886*	2478*	11	7522	238	7864*	70	3622*
3537*	35	4183	84	1735*	97	8265	4224	110	5776*	2489	12	7511*	239	7625*	65	3543
3615	40	4267*	83	1832	98	8168*	4334*	109	5666	2501	12	7499*	237	7386	60	3465*
3694*	45	4350*	83	1930*	97	8070	4443	109	5557*	2513	12	7487*	238	7149*	55	3386
0,3 3772	21,50	0,3 4433	83	1̄,5 2027	97	0,4 7973*	1̄,5 4552	109	0,4 5448*	0,0 2525	12	1̄,9 7475*	236	1,7 6911	78,50	1,2 3308*
3851	55	4516	84	2124	97	7876*	4661	109	5339*	2537	12	7463*	237	6675*	45	3229*
3929	60	4600*	83	2221*	96	7779	4770	109	5230*	2549	12	7451*	235	6438	40	3150
4008*	65	4683*	83	2317	97	7683*	4879*	108	5121	2561	12	7439*	236	6203*	35	3072*
4086	70	4766	84	2414*	96	7586	4987	108	5013*	2573	13	7427*	234	5967	30	2993
0,3 4165*	21,75	0,3 4850*	83	1̄,5 2510*	96	0,4 7490	1̄,5 5095	108	0,4 4905*	0,0 2586*	12	1̄,9 7414	234	1,7 5733*	78,25	1,2 2915*
4243	80	4933*	83	2606*	95	7394	5203	108	4797*	2598*	12	7403	234	5499*	20	2836
4322*	85	5016	84	2701	95	7299*	5311*	107	4689	2610*	12	7390	233	5265*	15	2758*
4400	90	5100*	83	2796	95	7204*	5418	108	4582*	2622	12	7378*	233	5032*	10	2679
4479*	95	5183	84	2892*	94	7108	5526*	107	4474	2634	13	7366*	232	4799	05	2601*
0,3 4558*	22,00	0,3 5267*	83	1̄,5 2986	95	0,4 7014*	1̄,5 5633*	107	0,4 4367	0,0 2647*	12	1̄,9 7353	232	1,7 4567	78,00	1,2 2522
4636	05	5350	84	3081	94	6919*	5740*	107	4260	2659*	12	7341	231	4335	77,95	2444*
4715*	10	5434*	83	3175	95	6825*	5847*	106	4153	2671	13	7329*	230	4104	90	2365
4793	15	5517	84	3270*	93	6730	5953	106	4047*	2684*	12	7316	230	3874*	85	2286
4872*	20	5601*	83	3363	94	6637*	6059	107	3941*	2696*	12	7304	230	3644*	80	2208*
0,3 4950	22,25	0,3 5684	84	1̄,5 3457	94	0,4 6543*	1̄,5 6166*	105	0,4 3834	0,0 2708	13	1̄,9 7292*	229	1,7 3414	77,75	1,2 2129
5029*	30	5768*	84	3551*	93	6449	6271	106	3729*	2721*	12	7279	229	3185*	70	2051*
5107	35	5852*	83	3644*	93	6356	6377	106	3623*	2733	13	7267*	228	2956	65	1972
5186*	40	5935	84	3737*	93	6263	6483*	105	3517	2746*	12	7254	227	2728	60	1894*
5264	45	6019*	84	3830*	92	6170	6588	105	3412*	2758	13	7242*	228	2501*	55	1815
0,3 5343*	22,50	0,3 6103*	83	1̄,5 3922	93	0,4 6078*	1̄,5 6693	105	0,4 3307*	0,0 2771*	12	1̄,9 7229	226	1,7 2273	77,50	1,2 1737*
5421	55	6186	84	4015*	92	5985	6798	105	3202*	2783	13	7217*	227	2047*	45	1658
5500*	60	6270	84	4107*	92	5893	6903*	104	3097	2796	13	7204*	225	1820	40	1580*
5579*	65	6354*	84	4199*	91	5801	7007	105	2993*	2809*	12	7191	225	1595*	35	1501
5657	70	6438*	83	4290	92	5710*	7112*	104	2888	2821	13	7179*	225	1370*	30	1423*
0,3 5736*	22,75	0,3 6521	84	1̄,5 4382*	91	0,4 5618	1̄,5 7216*	104	0,4 2784	0,0 2834	13	1̄,9 7166*	223	1,7 1145*	77,25	1,2 1344
5814	80	6605	84	4473	91	5527*	7320*	104	2680	2847*	13	7153	223	0920	20	1265
5893*	85	6689	84	4564	91	5436*	7424*	103	2576	2860*	13	7140	224	0697*	15	1187*
5971	90	6773	84	4655*	90	5345	7527	104	2473*	2873*	12	7127	223	0473	10	1108
6050*	95	6857*	84	4745	91	5255*	7631*	103	2369	2885	13	7115*	222	0250	05	1030*
0,3 6128	23,00	0,3 6941*	84	1̄,5 4836*	90	0,4 5164	1̄,5 7734	103	0,4 2266*	0,0 2898	13	1̄,9 7102*	222	1,7 0028*	77,00	1,2 0951
6207*	05	7025*	84	4926	90	5074*	7837	103	2163*	2911	13	7089*	221	1,6 9806	76,95	0873*
6285	10	7109*	84	5016*	90	4984	7940	103	2060*	2924	13	7076*	221	9585*	90	0794
6364*	15	7193*	84	5106*	89	4894	8043*	102	1957	2937	13	7063*	220	9363	85	0716*
6442	20	7277*	84	5195	90	4805*	8145	103	1855*	2950	13	7050*	220	9143*	80	0637
0,3 6521	23,25	0,3 7361	84	1̄,5 5285*	89	0,4 4715	1̄,5 8248*	102	0,4 1752	0,0 2963	13	1̄,9 7037*	220	1,6 8923*	76,75	1,2 0559*
6600*	30	7445	84	5374*	89	4626	8350*	102	1650	2976	13	7024*	219	8703	70	0480
6678	35	7529	84	5463*	88	4537	8452*	102	1548	2989	13	7011*	219	8484*	65	0402*
6757*	40	7613	85	5551	89	4449*	8554*	101	1446	3002	13	6998*	218	8265	60	0323*
6835	45	7698*	84	5640*	88	4360	8655	102	1345*	3015	14	6985*	218	8047*	55	0244
0,3 6914*	23,50	0,3 7782*	84	1̄,5 5728*	88	0,4 4272	1̄,5 8757*	101	0,4 1243	0,0 3029*	13	1̄,9 6971	218	1,6 7829*	76,50	1,2 0166*
6992	55	7866*	84	5816	88	4184*	8858*	101	1142	3042*	13	6958	217	7611	45	0087
7071*	60	7950	85	5904*	88	4096	8959*	101	1041	3055	13	6945*	216	7394	40	0009*
7149	65	8035*	84	5992*	87	4008	9060*	101	0940	3068	14	6932*	216	7178*	35	1,1 9930
7228*	70	8119*	84	6079*	87	3921	9161*	100	0839	3082*	13	6918	216	6962*	30	9852*
0,3 7306	23,75	0,3 8203	85	1̄,5 6166	87	0,4 3834*	1̄,5 8261	101	0,4 0739*	0,0 3095	13	1̄,9 6905*	215	1,6 6746*	76,25	1,1 9773
7385*	80	8288*	84	6253	87	3747*	9362*	100	0638	3108	14	6892*	215	6531*	20	9695*
7463	85	8372*	84	6340	87	3660*	9462*	100	0538	3122*	13	6878	215	6316*	15	9616
7542	90	8456	84	6427*	86	3573	9562*	100	0438	3135	14	6865*	214	6101	10	9538*
7621*	95	8540	85	6513	86	3487*	9662*	100	0338	3149*	13	6851	213	5887	05	9459
0,3 7699	24,00	0,3 8625		1̄,5 6599		0,4 3401*	1̄,5 9762*		0,4 0238	0,0 3162		1̄,9 6838*		1,6 5674*	76,00 gr	1,1 9381*
x = 76grades,00 / Lx = 1,6 5674*				cos x / Séh Lx	D	séc x / Cosh Lx	cot x / Coséh Lx	D	tang x / Sih Lx	coséc x / Coth Lx	D	sin x / Tab Lx	D	Lx (R = 1)	x (grades)	x (R = 1)

x		Lx		sin x	D	coséc x	tang x	D	cot x	séc x	D	cos x	x = 24grades,00			
R = 1	grades	R = 1	D	**Tah** Lx		**Coth** Lx	**Sih** Lx		**Coséh** Lx	**Cosh** Lx		**Séh** Lx	Lx = 0,3 8625			
0,3 7699	24,00 gr	0,3 8625	85	1̄,5 6599	87	0,4 3401*	1̄,5 9762*	99	0,4 0238	0,0 3162	14	1̄,9 6838*	213	1,6 5674*	76,00	1,1 9381*
7778*	05	8710*	84	6686*	85	3314	9861	100	0139*	3176*	13	6824	213	5461*	75,95	9302*
7856	10	8794	83	6771	86	3229*	9961*	99	0039	3189	14	6811*	212	5248*	90	9223
7935*	15	8879*	84	6857	86	3143*	1̄,6 0060*	99	0,3 9940	3203*	13	6797	212	5036*	85	9145*
8013	20	8963	83	6943*	85	3057	0159*	99	9841	3216	14	6784*	212	4824*	80	9066
0,3 8092*	24,25	0,3 9048*	84	1̄,5 7028*	85	0,4 2972	1̄,6 0258*	99	0,3 9742	0,0 3230	14	1̄,9 6770*	211	1,6 4612	75,75	1,1 8988*
8170	30	9132	83	7113*	85	2887	0357*	98	9643	3244*	13	6756	210	4401	70	8909
8249*	35	9217	85	7198*	84	2802	0455	99	9545*	3257	14	6743*	211	4191*	65	8831*
8327	40	9302*	85	7282	85	2718*	0554*	98	9446	3271	14	6729*	209	3980	60	8752
8406*	45	9387*	84	7367*	84	2633	0652*	98	9348	3285*	14	6715	210	3771*	55	8674*
0,3 8485*	24,50	0,3 9471	85	1̄,5 7451	84	0,4 2549*	1̄,6 0750*	98	0,3 9250	0,0 3299*	14	1̄,9 6701	209	1,6 3561	75,50	1,1 8595
8563	55	9556*	85	7535	84	2465*	0848*	98	9152	3313*	13	6687	208	3352	45	8517*
8642*	60	9641*	85	7619	84	2381*	0946*	97	9054	3326	14	6674*	209	3144*	40	8438
8720	65	9726*	84	7703	84	2297*	1043	98	8957*	3340	14	6660*	207	2935	35	8360*
8799*	70	9810	85	7787*	83	2213	1141*	97	8859	3354	14	6646*	208	2728*	30	8281*
0,3 8877	24,75	0,3 9895	85	1̄,5 7870*	83	0,4 2130	1̄,6 1238	97	0,3 8762*	0,0 3368	14	1̄,9 6632*	207	1,6 2520	75,25	1,1 8202
8956*	80	9980	85	7953	83	2047*	1335	97	8665*	3382	14	6618*	206	2313	20	8124*
9034	85	0,4 0065	85	8036	83	1964*	1432	97	8568*	3396	14	6604*	207	2107*	15	8045
9113*	90	0150	85	8119*	83	1881	1529	97	8471*	3410	14	6590*	205	1900	10	7967*
9191	95	0235*	85	8202*	82	1798	1626*	96	8374	3424	14	6576*	206	1695*	05	7888
0,3 9270*	25,00	0,4 0320*	85	1̄,5 8284*	82	0,4 1716	1̄,6 1722	97	0,3 8278*	0,0 3438	15	1̄,9 6562*	205	1,6 1489	75,00	1,1 7810*
9348	05	0405*	85	8366	82	1634*	1819*	96	8181	3453*	14	6547	205	1284	74,95	7731
9427	10	0490	85	8448	82	1552*	1915	96	8085*	3467*	14	6533	204	1079	90	7653*
9506*	15	0575	85	8530	82	1470*	2011	96	7989*	3481*	14	6519	204	0875	85	7574
9584	20	0660	85	8612*	81	1388	2107	96	7893*	3495	15	6505*	203	0671	80	7496*
0,3 9663*	25,25	0,4 0745	86	1̄,5 8693	82	0,4 1307*	1̄,6 2203*	96	0,3 7797	0,0 3510*	14	1̄,9 6490	203	1,6 0468*	74,75	1,1 7417
9741	30	0831*	85	8775*	81	1225	2299*	95	7701	3524*	14	6476	203	0265*	70	7338
9820*	35	0916*	85	8856*	81	1144	2394	95	7606*	3538	15	6462*	202	0062*	65	7260*
9898	40	1001*	85	8937*	81	1063	2489	96	7511*	3553*	14	6447	202	1,5 9860*	60	7181
9977*	45	1086	85	9018*	80	0982	2585*	95	7415	3567*	14	6433	202	9658*	55	7103*
0,4 0055	25,50	0,4 1171	86	1̄,5 9098	81	0,4 0902*	1̄,6 2680*	95	0,3 7320	0,0 3581	15	1̄,9 6419*	201	1,5 9456*	74,50	1,1 7024
0134*	55	1257*	85	9179*	80	0821	2775*	94	7225	3596*	14	6404	201	9255*	45	6946*
0212	60	1342	85	9259	80	0741*	2869	95	7131*	3610	15	6390*	201	9054*	40	6867
0291*	65	1427	86	9339	80	0661*	2964	95	7036*	3625*	14	6375	200	8853	35	6789*
0369	70	1513*	85	9419	80	0581*	3059*	94	6941	3639	15	6361*	200	8653	30	6710
0,4 0448	25,75	0,4 1598	86	1̄,5 9499*	80	0,4 0501	1̄,6 3153*	94	0,3 6847	0,0 3654*	15	1̄,9 6346	199	1,5 8453	74,25	1,1 6632*
0527*	80	1684*	85	9579*	79	0421	3247	94	6753*	3669*	14	6331	199	8254	20	6553
0605	85	1769	86	9658*	79	0342	3341	94	6659*	3683	15	6317*	199	8055	15	6475*
0684*	90	1855*	85	9737	79	0263*	3435	94	6565*	3698*	15	6302	198	7856	10	6396
0762	95	1940	86	9816	79	0184*	3529*	94	6471	3713*	14	6287	198	7658	05	6317
0,4 0841*	26,00	0,4 2026*	85	1̄,5 9895	79	0,4 0105*	1̄,6 3623*	93	0,3 6377	0,0 3727	15	1̄,9 6273*	197	1,5 7460	74,00	1,1 6239*
0919	05	2111	86	9974*	79	0026	3716	93	6284*	3742	15	6258*	198	7263*	73,95	6160
0998*	10	2197	86	1̄,6 0053*	78	0,3 9947	3809	94	6191*	3757*	15	6243	197	7065	90	6082*
1076	15	2283*	85	0131*	78	9869	3903*	93	6097	3772*	15	6228	196	6868	85	6003
1155*	20	2368	86	0209	78	9791*	3996*	93	6004	3787*	15	6213	196	6672*	80	5925*
0,4 1233	26,25	0,4 2454	86	1̄,6 0287	78	0,3 9713*	1̄,6 4089*	93	0,3 5911	0,0 3802*	14	1̄,9 6198	196	1,5 6476*	73,75	1,1 5846
1312*	30	2540*	86	0365	78	9635*	4182*	92	5818	3816	15	6184*	195	6280	70	5768*
1390	35	2626*	85	0443*	77	9557	4274	93	5726*	3831	15	6169*	196	6085*	65	5689
1469	40	2711	86	0520	78	9480*	4367*	92	5633	3846	15	6154*	194	5889	60	5611*
1548*	45	2797	86	0598*	77	9402	4459	93	5541*	3861	16	6139*	195	5695*	55	5532
0,4 1626	26,50	0,4 2883	86	1̄,6 0675	77	0,3 9325*	1̄,6 4552*	92	0,3 5448	0,0 3877*	15	1̄,9 6123	194	1,5 5500	73,50	1,1 5454*
1705*	55	2969*	86	0752	77	9248*	4644*	92	5356	3892*	15	6108	194	5306	45	5375*
1783	60	3055*	86	0829	77	9171*	4736*	92	5264	3907*	15	6093	193	5112	40	5296
1862*	65	3141*	86	0906*	76	9094	4828*	91	5172	3922*	15	6078	193	4919	35	5218*
1940	70	3227*	86	0982	77	9018*	4919	92	5081*	3937	15	6063*	193	4726	30	5139
0,4 2019*	26,75	0,4 3313*	86	1̄,6 1059*	76	0,3 8941	1̄,6 5011	92	0,3 4989*	0,0 3952	16	1̄,9 6048*	192	1,5 4533	73,25	1,1 5061*
2097	80	3399*	86	1135	76	8865*	5103*	91	4897	3968*	15	6032	192	4341*	20	4982
2176*	85	3485*	86	1211	76	8789*	5194	91	4806*	3983*	15	6017	192	4149*	15	4904*
2254	90	3571	86	1287	76	8713*	5285	91	4715*	3998	16	6002*	191	3957	10	4825
2333*	95	3657	86	1363*	75	8637	5376	91	4624*	4014*	15	5986	191	3766*	05	4747*
0,4 2412*	27,00	0,4 3743		1̄,6 1438		0,3 8562*	1̄,6 5467		0,3 4533*	0,0 4029*		1̄,9 5971		1,5 3575*	73,00 gr	1,1 4658
x = 73grades,00				cos x	D	séc x	cot x	D	tang x	coséc x	D	sin x	D	R = 1	grades	R = 1
Lx = 1,5 3575*				**Séh** Lx		**Cosh** Lx	**Coséh** Lx		**Sih** Lx	**Coth** Lx		**Tah** Lx	Lx		x	

x R = 1	x grades	Lx R = 1	D	sin x / Tah Lx	D	coséc x / Coth Lx	tang x / Sih Lx	D	cot x / Coséh Lx	séc x / Cosh Lx	D	cos x / Séh Lx	D	x = 27grades,00 Lx = 0,4 3743		
0,4 2412*	gr 27,00	0,4 3743	86	$\bar{1}$,6 1438	76	0,3 8562*	$\bar{1}$,6 5467	91	0,3 4533*	0,0 4029*	15	$\bar{1}$,9 5971	191	1,5 3575*	73,00	1,1 4668
2490	05	3829	87	1514*	75	8486	5558	91	4442*	4044	16	5956*	190	3384	72,95	4590*
2569*	10	3916*	85	1589	75	8411*	5649	91	4351*	4060*	15	5940	190	3194*	90	4511
2647	15	4002*	86	1664	75	8336*	5740*	90	4260	4075	16	5925*	190	3004*	85	4433*
2726*	20	4088	87	1739	75	8261*	5830	91	4170*	4091*	15	5909	189	2814	80	4354*
0,4 2804	27,25	0,4 4175*	86	$\bar{1}$,6 1814	75	0,3 8186*	$\bar{1}$,6 5921*	90	0,3 4079	0,0 4106	16	$\bar{1}$,9 5894*	189	1,5 2625*	72,75	1,1 4275
2883*	30	4261*	86	1889*	74	8111	6011*	90	3989	4122*	16	5878	189	2436*	70	4197*
2961	35	4347	87	1963	75	8037*	6101	90	3899*	4138*	15	5862	188	2247*	65	4118
3040*	40	4434*	86	2038*	74	7962	6191	90	3809*	4153	16	5847*	189	2059*	60	4040*
3118	45	4520	87	2112	74	7888*	6281*	90	3719	4169*	16	5831	187	1870	55	3961
0,4 3197*	27,50	0,4 4607*	86	$\bar{1}$,6 2186	74	0,3 7814*	$\bar{1}$,5 6371*	89	0,3 3629	0,0 4185*	15	$\bar{1}$,9 5815	188	1,5 1683*	72,50	1,1 3883*
3275	55	4693	87	2260	74	7740*	6460	90	3540*	4200	16	5800*	187	1495	45	3804
3354*	60	4780*	86	2334*	73	7666	6550*	89	3450	4216	16	5784*	187	1308	40	3726*
3433*	65	4866	87	2407	74	7593*	6639	90	3361*	4232*	16	5768	186	1121	35	3647
3511	70	4953*	86	2481*	73	7519	6729*	89	3271	4248*	16	5752	186	0935*	30	3569*
0,4 3590*	27,75	0,4 5039	87	$\bar{1}$,6 2554	73	0,3 7446*	$\bar{1}$,6 6818*	89	0,3 3182	0,0 4264*	16	$\bar{1}$,9 5736	186	1,5 0749*	72,25	1,1 3490
3668	80	5126	87	2627	73	7373*	6907*	89	3093	4280*	15	5720	186	0563*	20	3411
3747*	85	5213*	86	2700	73	7300*	6996*	89	3004	4295	16	5705*	185	0377	15	3333*
3825	90	5299	87	2773	73	7227*	7085*	88	2915	4311	16	5689*	185	0192	10	3254
3904*	95	5386	87	2846*	72	7154	7173	89	2827*	4327	16	5673*	184	0007	05	3176*
0,4 3982	28,00	0,4 5473	87	$\bar{1}$,6 2918	73	0,3 7082*	$\bar{1}$,6 7262*	88	0,3 2738	0,0 4343	17	$\bar{1}$,9 5657*	185	1,4 9823*	72,00	1,1 3097
4061*	05	5560*	87	2991*	72	7009	7350	89	2650*	4360*	16	5640	184	9638	71,95	3019*
4139	10	5647*	87	3063	72	6937*	7439*	88	2561	4376*	16	5624	183	9454	90	2940
4218*	15	5734*	86	3135	72	6865*	7527*	88	2473	4392*	16	5608	184	9271*	85	2862*
4296	20	5820	87	3207	72	6793*	7615	88	2385*	4408*	16	5592	183	9087	80	2783
0,4 4375*	28,25	0,4 5907	87	$\bar{1}$,6 3279	72	0,3 6721*	$\bar{1}$,6 7703	88	0,3 2297*	0,0 4424	16	$\bar{1}$,9 5576*	183	1,4 8904	71,75	1,1 2705*
4454*	30	5994	87	3351*	71	6649	7791	88	2209*	4440	17	5560*	182	8721	70	2626
4532	35	6081	87	3422	72	6578*	7879*	88	2121	4457*	16	5543	182	8539*	65	2548*
4611*	40	6168	88	3494*	71	6506	7967*	87	2033	4473*	16	5527	182	8357*	60	2469
4689	45	6256*	87	3565*	71	6435	8054	88	1946*	4489	17	5511*	182	8175*	55	2390
0,4 4768*	28,50	0,4 6343*	87	$\bar{1}$,6 3636	71	0,3 6364*	$\bar{1}$,6 8142*	87	0,3 1858	0,0 4506*	16	1,9 5494	181	1,4 7993	71,50	1,1 2312*
4846	55	6430*	87	3707*	71	6293	8229*	87	1771	4522*	16	5478	181	7812*	45	2233
4925*	60	6517*	87	3778*	70	6222	8316	87	1684*	4538	17	5462*	181	7631*	40	2155*
5003	65	6604	87	3848	71	6152*	8403	87	1597*	4555*	16	5445	180	7450	35	2076
5082*	70	6691	88	3919*	70	6081	8490	87	1510*	4571	17	5429*	180	7270*	30	1998*
0,4 5160	28,75	0,4 6779*	87	$\bar{1}$,6 3989	71	0,3 6011*	$\bar{1}$,6 8577	87	0,3 1423*	0,0 4588*	16	$\bar{1}$,9 5412	180	1,4 7090*	71,25	1,1 1919
5239*	80	6866*	87	4060*	70	5940	8664	87	1336*	4604	17	5396*	180	6910*	20	1841*
5317	85	6953	88	4130*	70	5870	8751*	86	1249	4621	17	5379*	179	6730	15	1762
5396	90	7041*	87	4200*	70	5800	8837	87	1163*	4638*	16	5362	179	6551	10	1684*
5475*	95	7128	88	4270*	69	5730	8924*	86	1076	4654	17	5346*	179	6372	05	1605
0,4 5553	29,00	0,4 7216*	87	$\bar{1}$,6 4339	70	0,3 5661*	$\bar{1}$,6 9010	87	0,3 0990*	0,0 4671	17	$\bar{1}$,9 5329*	178	1,4 6193	71,00	1,1 1527*
5632*	05	7303	88	4409*	69	5591	9097*	86	0903	4688*	17	5312	178	6015	70,95	1448*
5710	10	7391*	87	4478	70	5522*	9183*	86	0817	4705*	16	5295	178	5837*	90	1369
5789*	15	7478	88	4548*	69	5452	9269*	86	0731	4721	17	5279*	177	5659	85	1291*
5867	20	7566*	87	4617*	69	5383	9355*	86	0645	4738	17	5262*	178	5482*	80	1212
0,4 5946*	29,25	0,4 7653	88	$\bar{1}$,6 4686*	69	0,3 5314	$\bar{1}$,6 9441*	85	0,3 0559	0,0 4755	17	$\bar{1}$,9 5245*	177	1,4 5304	70,75	1,1 1134*
6024	30	7741*	88	4755*	68	5245	9526	86	0474*	4772*	17	5228	176	5127	70	1055
6103*	35	7829*	87	4823	69	5177*	9612	86	0388*	4789*	17	5211	177	4951*	65	0977*
6181	40	7916	88	4892*	68	5108	9698*	85	0302	4806*	17	5194	176	4774	60	0898
6260*	45	8004	88	4960	69	5040*	9783	85	0217*	4823*	17	5177	176	4598	55	0820*
0,4 6338	29,50	0,4 8092*	88	$\bar{1}$,6 5029*	68	0,3 4971	$\bar{1}$,6 9868	86	0,3 0132*	0,0 4840*	17	$\bar{1}$,9 5160	175	1,4 4422	70,50	1,1 0741
6417	55	8180*	87	5097*	68	4903	9954*	85	0046	4857*	17	5143	176	4247*	45	0663*
6496*	60	8267	88	5165*	68	4835	$\bar{1}$,7 0039*	85	0,2 9961	4874*	17	5126	175	4071	40	0584
6574	65	8355	88	5233*	68	4767	0124*	85	9876	4891	17	5109*	174	3896	35	0506*
6653*	70	8443	88	5301*	67	4699	0209*	85	9791	4908	17	5092*	175	3722*	30	0427*
0,4 6731	29,75	0,4 8531	89	$\bar{1}$,6 5368	68	0,3 4632*	$\bar{1}$,7 0294*	85	0,2 9706	0,0 4925	18	$\bar{1}$,9 5075*	174	1,4 3547	70,25	1,1 0348
6810*	80	8619	88	5436*	67	4564	0379*	84	9621	4943*	17	5057	174	3373*	20	0270*
6888	85	8707	88	5503	68	4497*	0463	85	9537*	4960*	17	5040	174	3199	15	0191
6967*	90	8795	88	5571*	67	4429	0548*	84	9452	4977	18	5023*	173	3025	10	0113*
7045	95	8883	89	5638*	67	4362	0632	85	9368*	4995*	17	5005	173	2852*	05	0034
0,4 7124*	30,00	0,4 8972*		$\bar{1}$,6 5705*		0,3 4295	$\bar{1}$,7 0717*		0,2 9283	0,0 5012*		$\bar{1}$,9 4988		1,4 2679*	70,00 gr	1,0 9956*
x = 70grades,00 Lx = 1,4 2679*				cos x / Séh Lx	D	séc x / Cosh Lx	cot x / Coséh Lx	D	tang x / Sih Lx	coséc x / Coth Lx	D	sin x / Tab Lx	D	Lx R = 1	x grades	x R = 1

x R = 1	x grades	Lx R = 1	D	$\sin x$ Tah Lx	D	coséc x Coth Lx	tang x Sih Lx	D	cot x Coséh Lx	séc x Cosh Lx	D	$\cos x$ Séh Lx	x = 30grades,00	Lx = 0,4 8972*		
0,4 7124*	gr 30,00	0,4 8972*	88	1̄,6 5705*	67	0,3 4295	1̄,7 0717*	84	0,2 9283	0,0 5012*	17	1̄,9 4988	173	1,4 2679*	70,00	1,0 9956*
7202	05	9060*	88	5772*	66	4228	0801*	84	9199	5029	16	4971*	173	2506*	69,95	9877
7281*	10	9148*	88	5838	67	4162*	0885	84	9115*	5047*	17	4953	172	2333	90	9799*
7360*	15	9236	88	5905*	66	4095	0969	84	9031*	5064	18	4936*	172	2161	85	9720
7438	20	9324	89	5971	67	4029*	1053	84	8947*	5082*	17	4918	172	1989*	80	9642*
0,4 7517*	30,25	0,4 9413*	88	1̄,6 6038*	66	0,3 3962	1̄,7 1137	84	0,2 8863*	0,0 5099	18	1̄,9 4901*	171	1,4 1817	69,75	1,0 9563
7595	30	9501	88	6104	66	3896*	1221*	84	8779	5117*	17	4883	172	1646*	70	9485*
7674*	35	9589	89	6170	66	3830*	1305*	83	8695	5134	18	4866*	171	1474	65	9406*
7752	40	9678*	88	6236	66	3764*	1388	84	8612*	5152	18	4848*	170	1303	60	9327
7831	45	9766	89	6302*	66	3698	1472*	83	8528	5170*	17	4830	171	1133*	55	9249*
0,4 7909	30,50	0,4 9855*	88	1̄,6 6368*	65	0,3 3632	1̄,7 1555	83	0,2 8445*	0,0 5187	18	1̄,9 4813*	170	1,4 0962	69,50	1,0 9170
7988*	55	9943	89	6433	66	3567*	1638	84	8362*	5205	18	4795*	170	0792*	45	9092*
8066	60	0,5 0032*	88	6499*	66	3501	1722*	83	8278	5223*	18	4777	170	0622*	40	9013
8145*	65	0120	89	6564	65	3436*	1805*	83	8195	5241*	18	4759	169	0452	35	8935*
8223	70	0209	89	6629	65	3371*	1888*	83	8112	5259*	17	4741	170	0283*	30	8856
0,4 8302*	30,75	0,5 0298*	88	1̄,6 6694	65	0,3 3306*	1̄,7 1971*	83	0,2 8029	0,0 5276	18	1̄,9 4724*	169	1,4 0113	69,25	1,0 8778*
8381*	80	0386	88	6759	65	3241*	2054*	83	7946	5294	18	4706*	168	1,3 9944	20	8699
8459	85	0475	88	6824	65	3176*	2137*	82	7863	5312	18	4688*	169	9776*	15	8621*
8538*	90	0564*	89	6889*	65	3111	2219	83	7781*	5330	18	4670*	168	9607	10	8542
8616	95	0653*	89	6954*	64	3046	2302*	82	7698	5348	18	4652*	168	9439*	05	8463
0,4 8695*	31,00	0,5 0742*	89	1̄,6 7018	64	0,3 2982*	1̄,7 2384	83	0,2 7616*	0,0 5366	18	1̄,9 4634*	168	1,3 9271*	69,00	1,0 8385*
8773	05	0831*	88	7082	65	2918*	2467*	82	7533	5384	18	4616*	167	9103	68,95	8306
8852*	10	0919	89	7147*	64	2853	2549	82	7451*	5402	19	4598*	167	8936*	90	8228*
8930	15	1008	89	7211*	64	2789	2631	83	7369*	5421*	18	4579	167	8769*	85	8149
9009*	20	1097	89	7275*	64	2725	2714*	82	7286	5439*	18	4561	167	8602*	80	8071*
0,4 9087	31,25	0,5 1186	90	1̄,6 7339*	63	0,3 2661	1̄,7 2796*	82	0,2 7204	0,0 5457	18	1̄,9 4543*	167	1,3 8435*	68,75	1,0 7992
9166*	30	1276*	89	7402	64	2598*	2878*	82	7122	5475	19	4525*	166	8268	70	7914*
9244	35	1365*	89	7466	64	2534*	2960*	81	7040	5494*	18	4506	166	8102	65	7835
9323	40	1454*	89	7530*	63	2470	3041	82	6959*	5512*	18	4488	166	7936	60	7757*
9402*	45	1543*	89	7593*	63	2407	3123	82	6877*	5530	19	4470*	165	7770	55	7678
0,4 9480	31,50	0,5 1632	89	1̄,6 7656	63	0,3 2344*	1̄,7 3205*	81	0,2 6795	0,0 5549*	18	1̄,9 4451	165	1,3 7605*	68,50	1,0 7600*
9559*	55	1721	90	7719	63	2281*	3286	82	6714*	5567	18	4433*	165	7440*	45	7521
9637	60	1811*	89	7782	63	2218*	3368*	81	6632	5585	19	4415*	165	7275*	40	7442
9716*	65	1900	89	7845	63	2155*	3449	82	6551*	5604*	19	4396	165	7110*	35	7364*
9794	70	1989	90	7908	63	2092*	3531*	81	6469	5623*	18	4377	164	6945	30	7285
0,4 9873*	31,75	0,5 2079*	89	1̄,6 7971*	62	0,3 2029	1̄,7 3612*	81	0,2 6388	0,0 5641	19	1̄,9 4359*	164	1,3 6781*	68,25	1,0 7207*
9951	80	2168	90	8033	63	1967*	3693	81	6307*	5660*	18	4340	164	6617*	20	7128
0,5 0030*	85	2258*	89	8096*	62	1904	3774	81	6226*	5678	19	4322*	164	6453*	15	7050*
0108	90	2347	90	8158	62	1842*	3855	81	6145*	5697*	19	4303	163	6289	10	6971
0187*	95	2437*	90	8220	63	1780*	3936	81	6064*	5716*	18	4284	163	6126*	05	6893*
0,5 0265	32,00	0,5 2527*	89	1̄,6 8283*	61	0,3 1717	1̄,7 4017*	81	0,2 5983	0,0 5734	19	1̄,9 4266*	163	1,3 5963*	68,00	1,0 6814
0344	05	2616	90	8344	62	1646*	4098*	80	5902	5753	19	4247*	163	5800*	67,95	6736*
0423*	10	2706*	90	8406	62	1594*	4178	81	5822*	5772*	19	4228	162	5637	90	6657
0501	15	2796*	89	8468	62	1532*	4259*	80	5741	5791*	19	4209	163	5475*	85	6579*
0580*	20	2885	90	8530*	61	1470	4339	81	5661*	5810*	19	4190	161	5312	80	6500*
0,5 0658	32,25	0,5 2975	90	1̄,6 8591	62	0,3 1409*	1̄,7 4420*	80	0,2 5580	0,0 5829*	19	1̄,9 4171	162	1,3 5151*	67,75	1,0 6421
0737*	30	3065*	90	8653*	61	1347	4500	81	5500*	5848*	19	4152	162	4989*	70	6343*
0815	35	3155*	90	8714	61	1286*	4581*	80	5419	5867*	19	4133	161	4827	65	6264
0894*	40	3245*	90	8775	61	1225*	4661*	80	5339	5886*	19	4114	161	4666*	60	6186*
0972	45	3335*	90	8836	61	1164*	4741*	80	5259	5905*	19	4095	161	4505*	55	6107
0,5 1051*	32,50	0,5 3425*	90	1̄,6 8897	61	0,3 1103*	1̄,7 4821*	80	0,2 5179	0,0 5924*	19	1̄,9 4076	161	1,3 4344*	67,50	1,0 6029*
1129	55	3515*	90	8958	61	1042*	4901*	80	5099	5943*	19	4057	160	4183	45	5950
1208*	60	3605*	90	9019*	60	0981	4981*	80	5019	5962*	19	4038	160	4023*	40	5872*
1287*	65	3695*	90	9079	61	0921*	5061*	79	4939	5981	19	4019*	160	3863*	35	5793
1365	70	3785	90	9140*	60	0860	5140	80	4860*	6000	20	4000*	160	3703	30	5715*
0,5 1444*	32,75	0,5 3875	91	1̄,6 9200	61	0,3 0800*	1̄,7 5220*	80	0,2 4780	0,0 6020*	19	1̄,9 3980	159	1,3 3543	67,25	1,0 5636
1522	80	3966*	90	9261*	60	0739	5300*	79	4700	6039*	19	3961	160	3384*	20	5558*
1601*	85	4056*	90	9321*	60	0679	5379	80	4621*	6058	20	3942*	159	3224	15	5479*
1679	90	4146	91	9381*	60	0619	5459*	79	4541	6078*	19	3922	159	3065	10	5400
1758*	95	4237*	90	9441*	60	0559	5538*	79	4462	6097*	19	3903	158	2906	05	5322*
0,5 1836	33,00	0,5 4327*		1̄,6 9501*		0,3 0499	1̄,7 5617		0,2 4383*	0,0 6116		1̄,9 3884*		1,3 2748*	67,00 gr	1,0 5243
x = 67grades,00		Lx = 1,3 2748*		$\cos x$ Séh Lx	D	séc x Cosh Lx	cot x Coséh Lx	D	tang x Sih Lx	coséc x Coth Lx	D	$\sin x$ Tah Lx	D	Lx R = 1	x grades	x R = 1

x R = 1	x grades	Lx R = 1	D	sin x / Tab Lx	D	coséc x / Coth Lx	tang x / Sib Lx	D	cot x / Coséh Lx	séc x / Cosb Lx	D	cos x / Séh Lx	D	x = 33grades,00 / Lx = 0,5 4327*		
0,5 1836	33,00 gr	0,5 4327*	90	$\bar{1}$,6 9501*	59	0,3 0499	$\bar{1}$,7 5617	79	0,2 4383*	0,0 6116	20	$\bar{1}$,9 3884*	159	1,3 2748*	67,00	1,0 5243
1915*	05	4417	91	9560	60	0440*	5696	80	4304*	6136*	19	3864	158	2589	66,95	5165*
1993	10	4508*	90	9620	60	0380*	5776*	79	4224	6155	20	3845*	158	2431	90	5086
2072*	15	4598	91	9680*	59	0320	5855*	79	4145	6175*	20	3825	158	2273	85	5008*
2150	20	4689*	91	9739	59	0261*	5934*	78	4066	6195*	19	3805	157	2115	80	4929
0,5 2229*	33,25	0,5 4780*	90	$\bar{1}$,6 9798	60	0,3 0202*	$\bar{1}$,7 6013*	78	0,2 3987	0,0 6214	20	$\bar{1}$,9 3786*	157	1,3 1958*	66,75	1,0 4851*
2308*	30	4870	91	9858*	59	0142	6091	79	3909*	6234*	20	3766	158	1801*	70	4772
2386	35	4961*	91	9917*	59	0083	6170	79	3830*	6254*	19	3746	156	1643	65	4694*
2465*	40	5052*	90	9976*	59	0024	6249*	79	3751	6273	20	3727*	157	1487*	60	4615
2543	45	5142	91	$\bar{1}$,7 0035*	58	0,2 9965	6328*	78	3672	6293*	20	3707	157	1330*	55	4536
0,5 2622*	33,50	0,5 5233	91	$\bar{1}$,7 0093	59	0,2 9907*	$\bar{1}$,7 6406	79	0,2 3594*	0,0 6313*	20	$\bar{1}$,9 3687	156	1,3 1173	66,50	1,0 4458*
2700	55	5324*	91	0152	59	9848*	6485*	78	3515	6333*	19	3667	156	1017	45	4379
2779*	60	5415*	91	0211*	58	9789	6563	78	3437*	6352	20	3648*	156	0861	40	4301*
2857	65	5506*	91	0269	58	9731*	6641	79	3359*	6372	20	3628*	155	0705	35	4222
2936*	70	5597*	91	0327	59	9673*	6720*	78	3280	6392	20	3608*	156	0550*	30	4144*
0,5 3014	33,75	0,5 5688*	91	$\bar{1}$,7 0386*	58	0,2 9614	$\bar{1}$,7 6798*	78	0,2 3202	0,0 6412	20	$\bar{1}$,9 3588*	155	1,3 0394	66,25	1,0 4065
3093*	80	5779*	91	0444*	58	9556	6876	78	3124*	6432	20	3568*	155	0239*	20	3987*
3171	85	5870*	91	0502*	58	9498	6954	78	3046*	6452	20	3548*	155	0084*	15	3908
3250*	90	5961	91	0560*	58	9440	7032	78	2968*	6472	21	3528*	154	1,2 9929	10	3830*
3329*	95	6052	92	0618*	57	9382	7110	78	2890*	6493*	20	3507	155	9775*	05	3751
0,5 3407	34,00	0,5 6144*	91	$\bar{1}$,7 0675	58	0,2 9325*	$\bar{1}$,7 7188	78	0,2 2812*	0,0 6513*	20	$\bar{1}$,9 3487	154	1,2 9620	66,00	1,0 3673*
3486*	05	6235*	91	0733*	57	9267	7266*	78	2734	6533*	20	3467	154	9466*	65,95	3594
3564	10	6326	91	0790	58	9210*	7344*	77	2656	6553	20	3447*	154	9312*	90	3515
3643*	15	6417	92	0848*	57	9152	7421	78	2579*	6573	21	3427*	153	9158	85	3437*
3721	20	6509*	91	0905	57	9095*	7499*	77	2501	6594*	20	3406	154	9005*	80	3358
0,5 3800*	34,25	0,5 6600	92	$\bar{1}$,7 0962	58	0,2 9038*	$\bar{1}$,7 7576	78	0,2 2424*	0,0 6614	20	$\bar{1}$,9 3386*	153	1,2 8851	65,75	1,0 3280*
3878	30	6692*	91	1020*	57	8980	7654*	77	2346	6634	21	3366*	153	8698	70	3201
3957*	35	6783	92	1077*	56	8923	7731	78	2269*	6655*	20	3345	153	8545	65	3123*
4035	40	6875*	91	1133	57	8867*	7809*	77	2191	6675	21	3325*	152	8392	60	3044
4144*	45	6966	92	1190	57	8810*	7886*	77	2114	6696*	20	3304	153	8240*	55	2966*
0,5 4192	34,50	0,5 7058	92	$\bar{1}$,7 1247*	57	0,2 8753	$\bar{1}$,7 7963	77	0,2 2037*	0,0 6716	21	$\bar{1}$,9 3284*	152	1,2 8087	65,50	1,0 2887
4271	55	7150*	92	1304*	56	8696	8040	77	1960*	6737*	20	3263	152	7935	45	2809*
4350*	60	7242*	91	1360	56	8640*	8117	77	1883*	6757	21	3243*	152	7783	40	2730
4428	65	7333	92	1416	57	8584*	8194	77	1806*	6778	21	3222*	151	7631	35	2652*
4507*	70	7425	92	1473*	56	8527	8271	77	1729*	6799*	20	3201	152	7480*	30	2573
0,5 4585	34,75	0,5 7517	92	$\bar{1}$,7 1529*	56	0,2 8471	$\bar{1}$,7 8348	77	0,2 1652*	0,0 6819	21	$\bar{1}$,9 3181*	151	1,2 7328	65,25	1,0 2494
4664*	80	7609*	92	1585	56	8415*	8425	77	1575*	6840	21	3160*	151	7177	20	2416*
4742	85	7701*	92	1641	56	8359*	8502*	77	1498	6861*	21	3139	151	7026	15	2337
4821*	90	7793*	92	1697*	56	8303	8579*	76	1421	6882*	21	3118	150	6875	10	2259*
4899	95	7885*	92	1753*	56	8247	8655	77	1345*	6903*	20	3097	151	6725*	05	2180
0,5 4978*	35,00	0,5 7977	92	$\bar{1}$,7 1809*	55	0,2 8191	$\bar{1}$,7 8732*	76	0,2 1268	0,0 6923	21	$\bar{1}$,9 3077*	150	1,2 6574	65,00	1,0 2102*
5056	05	8069	92	1864	56	8136*	8808	77	1192*	6944	21	3056*	150	6424	64,95	2023
5135*	10	8161	93	1920*	55	8080	8885*	76	1115	6965	21	3035*	150	6274	90	1945*
5213	15	8254*	92	1975	55	8025*	8961	77	1039*	6986	21	3014*	149	6124	85	1866
5292	20	8346*	92	2030	56	7970*	9038*	76	0962	7007	21	2993*	150	5975*	80	1788*
0,5 5371*	35,25	0,5 8438	93	$\bar{1}$,7 2086*	55	0,2 7914	$\bar{1}$,7 9114*	76	0,2 0886	0,0 7028	21	$\bar{1}$,9 2972*	149	1,2 5825	64,75	1,0 1709
5449	30	8531*	92	2141*	55	7859	9190	76	0810*	7049	22	2951*	149	5676	70	1631*
5528*	35	8623*	92	2196*	55	7804	9266	77	0734*	7071*	21	2929	149	5527*	65	1552*
5606	40	8715	93	2251*	55	7749	9343*	76	0657	7092*	21	2908	149	5378	60	1473
5685*	45	8808*	92	2306*	54	7694	9419*	76	0581	7113	21	2887*	148	5229	55	1395*
0,5 5763	35,50	0,5 8900	93	$\bar{1}$,7 2360	55	0,2 7640*	$\bar{1}$,7 9495*	75	0,2 0505	0,0 7134	22	$\bar{1}$,9 2866*	148	1,2 5081*	64,50	1,0 1316
5842*	55	8993*	93	2415*	54	7585	9570	76	0430*	7156*	21	2844	149	4933*	45	1238*
5920	60	9086*	92	2469	55	7531*	9646	76	0354*	7177*	21	2823	148	4784	40	1159
5999*	65	9178	93	2524*	54	7476	9722	76	0278*	7198	22	2802*	147	4636	35	1081*
6077	70	9271	93	2578	55	7422*	9798*	76	0202	7220*	21	2780	148	4489*	30	1002
0,5 6156*	35,75	0,5 9364*	93	$\bar{1}$,7 2633*	54	0,2 7367	$\bar{1}$,7 9874*	75	0,2 0126	0,0 7241	22	$\bar{1}$,9 2759*	147	1,2 4341	64,25	1,0 0924*
6235*	80	9457*	92	2687*	54	7313	9949	76	0051*	7263*	21	2737	148	4194*	20	0845
6313	85	9549	93	2741*	54	7259	$\bar{1}$,8 0025*	75	0,1 9975	7284	22	2716*	147	4046	15	0767*
6392*	90	9642	93	2795*	54	7205	0100	76	9900*	7306*	21	2694	147	3899	10	0688
6470	95	9735	93	2849*	53	7151	0176*	75	9824	7327	22	2673*	147	3753*	05	0610*
0,5 6549*	36,00	0,5 9828		$\bar{1}$,7 2902		0,2 7098*	$\bar{1}$,8 0251		0,1 9749*	0,0 7349*		$\bar{1}$,9 2651		1,2 3606*	64,00 gr	1,0 0531*
x = 64grades,00 / Lx = 1,2 3606*				cos x / Séh Lx	D	séc x / Cosh Lx	cot x / Coséh Lx	D	tang x / Sib Lx	coséc x / Coth Lx	D	sin x / Tab Lx	D	Lx R = 1	x grades	x R = 1

x R = 1	x grades	Lx R = 1	D	sin x / Tah Lx	D	coséc x / Coth Lx	tang x / Sih Lx	D	cot x / Coséh Lx	séc x / Cosh Lx	D	cos x / Séh Lx	D	x = 36grades,00 / Lx = 0,5 9828		
0,5 6549*	36,00	0,5 9828	93	$\bar{1}$,7 2902	54	0,2 7098*	$\bar{1}$,8 0251	76	0,1 9749*	0,0 7349*	22	$\bar{1}$,9 2651	147	1,2 3606*	64,00	1,0 0531*
6627	05	9921	93	2956	54	7044*	0327*	75	9673	7371*	21	2629	146	3459	63,95	0452
6706*	10	0,6 0014	94	3010*	53	6990	0402	75	9598*	7392	22	2608*	146	3313	90	0374*
6784	15	0108*	93	3063	54	6937*	0477	75	9523*	7414*	22	2586	146	3167	85	0295
6863*	20	0201*	93	3117*	53	6883	0552	76	9448*	7436*	22	2564	146	3021	80	0217*
0,5 6941	36,25	0,6 0294*	93	$\bar{1}$,7 3170	53	0,2 6830*	$\bar{1}$,8 0628*	75	0,1 9372	0,0 7458*	21	$\bar{1}$,9 2542	145	1,2 2875	63,75	1,0 0138
7020*	30	0387	94	3223	53	6777*	0703*	75	9297	7479	22	2521*	146	2730*	70	0060*
7098	35	0481*	93	3276	53	6724*	0778*	75	9222	7501	22	2499*	145	2584	65	0,9 9981
7177*	40	0574*	93	3329	53	6671*	0853*	75	9147	7523	22	2477*	145	2439	60	9903*
7256*	45	0667	94	3382	53	6618*	0928*	75	9072	7545	22	2455*	145	2294	55	9824
0,5 7334	36,50	0,6 0761*	93	$\bar{1}$,7 3435	53	0,2 6565*	$\bar{1}$,8 1003*	74	0,1 8997	0,0 7567	22	$\bar{1}$,9 2433*	145	1,2 2149	63,50	0,9 9746*
7413*	55	0854	94	3488	53	6512*	1077	75	8923*	7589	22	2411*	144	2004	45	9667
7491	60	0948*	94	3541*	52	6459	1152	75	8848*	7611	22	2389*	144	1860*	40	9588
7570*	65	1042*	93	3593	53	6407*	1227*	75	8773	7633	23	2367*	145	1716*	35	9510*
7648	70	1135	94	3646*	52	6354	1302*	74	8698	7656*	22	2344	144	1571	30	9431
0,5 7727*	36,75	0,6 1229*	94	$\bar{1}$,7 3698	53	0,2 6302*	$\bar{1}$,8 1376	75	0,1 8624*	0,0 7678*	22	$\bar{1}$,9 2322	143	1,2 1427	63,25	0,9 9353*
7805	80	1323*	93	3751*	52	6249	1451*	74	8549	7700	22	2300*	144	1284*	20	9274
7884*	85	1416	94	3803*	52	6197	1525	75	8475*	7722	23	2278*	144	1140*	15	9196*
7962	90	1510	94	3855	52	6145*	1600*	74	8400	7745*	22	2255	143	0996	10	9117
8041*	95	1604	94	3907	52	6093*	1674	74	8326*	7767*	22	2233	143	0853	05	9039*
0,5 8119	37,00	0,6 1698	94	$\bar{1}$,7 3959	52	0,2 6041*	$\bar{1}$,8 1748	75	0,1 8252*	0,0 7789	23	$\bar{1}$,9 2211*	143	1,2 0710*	63,00	0,9 8960
8198	05	1792	94	4011*	52	5989	1823*	74	8177	7812*	22	2188	143	0567*	62,95	8882*
8277*	10	1886	94	4063*	51	5937	1897*	74	8103	7834	23	2166*	142	0424	90	8803
8355	15	1980	94	4114	52	5886*	1971	74	8029*	7857*	22	2143	143	0282*	85	8725*
8434*	20	2074	95	4166	52	5834*	2045	74	7955*	7879	23	2121*	142	0139	80	8646
0,5 8512	37,25	0,6 2169*	94	$\bar{1}$,7 4218*	51	0,2 5782	$\bar{1}$,8 2119	75	0,1 7881*	0,0 7902*	23	$\bar{1}$,9 2098	142	1,1 9997*	62,75	0,9 8567
8591*	30	2263*	94	4269	51	5731*	2194*	74	7806	7925*	22	2075	142	9855*	70	8489*
8669	35	2357	94	4320	52	5680*	2268*	73	7732	7947	23	2053*	142	9713*	65	8410
8748*	40	2451	95	4372*	51	5628	2341	74	7659*	7970*	23	2030	142	9571*	60	8332*
8826	45	2546*	94	4423*	51	5577	2415	74	7585*	7993*	22	2007	141	9429	55	8253
0,5 8905*	37,50	0,6 2640	95	$\bar{1}$,7 4474*	51	0,2 5526	$\bar{1}$,8 2489	74	0,1 7511*	0,0 8015	23	$\bar{1}$,9 1985*	141	1,1 9288*	62,50	0,9 8175*
8983	55	2735*	94	4525*	51	5475	2563	74	7437*	8038	23	1962*	142	9147*	45	8096
9062*	60	2829	95	4576*	51	5424	2637*	74	7363	8061	23	1939*	140	9005	40	8018*
9140	65	2924*	95	4627*	50	5373	2711*	73	7289	8084*	23	1916	141	8865*	35	7939
9219	70	3019*	94	4677	51	5323*	2784	74	7216*	8107*	23	1893	141	8724*	30	7861*
0,5 9298*	37,75	0,6 3113	95	$\bar{1}$,7 4728	51	0,2 5272*	$\bar{1}$,8 2858*	73	0,1 7142	0,0 8130*	23	$\bar{1}$,9 1870	140	1,1 8583	62,25	0,9 7782
9376	80	3208*	95	4779*	50	5221	2931	74	7069*	8153*	23	1847	141	8443*	20	7704*
9455*	85	3303*	95	4829	51	5171*	3005*	73	6995	8176*	23	1824	140	8302	15	7625*
9533	90	3398*	94	4880*	50	5120	3078	74	6922*	8199*	23	1801	140	8162	10	7546
9612*	95	3492	95	4930*	50	5070	3152*	73	6848	8222	23	1778*	140	8022	05	7468*
0,5 9690	38,00	0,6 3587	95	$\bar{1}$,7 4980	50	0,2 5020*	$\bar{1}$,8 3225	74	0,1 6775*	0,0 8245	23	$\bar{1}$,9 1755*	139	1,1 7882	62,00	0,9 7389
9769*	05	3682	95	5030	50	4970*	3299*	73	6701	8268	24	1732*	140	7743*	61,95	7311*
9847	10	3777	95	5080	50	4920*	3372*	73	6628	8292*	23	1708	139	7603	90	7232
9926*	15	3872	96	5130	50	4870*	3445	73	6555*	8315*	23	1685	139	7464*	85	7154*
0,6 0004	20	3968*	95	5180	50	4820*	3518	74	6482*	8338	24	1662*	139	7325*	80	7075
0,6 0083*	38,25	0,6 4063*	95	$\bar{1}$,7 5230*	50	0,2 4770	$\bar{1}$,8 3592*	73	0,1 6408	0,0 8362*	23	$\bar{1}$,9 1638	139	1,1 7186*	61,75	0,9 6997*
0161	30	4158	95	5280*	49	4720	3665*	73	6335	8385	23	1615*	139	7047*	70	6918
0240	35	4253	96	5329	50	4671*	3738*	73	6262	8408	24	1592*	138	6908	65	6840*
0319*	40	4349*	95	5379*	49	4621	3811*	73	6189	8432*	23	1568	139	6770*	60	6761
0397	45	4444	96	5428	50	4572*	3884*	73	6116	8455	24	1545*	138	6631	55	6683*
0,6 0476*	38,50	0,6 4540*	95	$\bar{1}$,7 5478*	49	0,2 4522	$\bar{1}$,8 3957*	73	0,1 6043	0,0 8479*	24	$\bar{1}$,9 1521	138	1,1 6493	61,50	0,9 6604*
0554	55	4635	96	5527	49	4473*	4030*	73	5970	8503*	23	1497	138	6355	45	6525
0633*	60	4731*	95	5576	49	4424*	4103*	72	5897	8526	24	1474*	138	6217	40	6447*
0711	65	4826	96	5625	50	4375*	4175	73	5825*	8550*	24	1450	137	6079	35	6368
0790*	70	4922*	96	5675*	48	4325	4248	73	5752*	8574*	23	1426	136	5942*	30	6290*
0,6 0868	38,75	0,6 5018*	95	$\bar{1}$,7 5723	49	0,2 4277*	$\bar{1}$,8 4321*	73	0,1 5679	0,0 8597	24	$\bar{1}$,9 1403*	137	1,1 5804	61,25	0,9 6211
0947*	80	5113	96	5772	49	4228*	4394*	72	5606	8621	24	1379*	137	5667	20	6133*
1025	85	5209	96	5821	49	4179*	4466	73	5534*	8645*	24	1355	137	5530*	15	6054
1104*	90	5305*	96	5870*	49	4130	4539*	72	5461	8669*	24	1331	137	5393*	10	5976*
1183*	95	5401*	96	5919*	48	4081	4611	73	5389*	8693*	24	1307	136	5256	05	5897
0,6 1261	39,00	0,6 5497*		$\bar{1}$,7 5967		0,2 4033*	$\bar{1}$,8 4684*		0,1 5316	0,0 8717*		$\bar{1}$,9 1283		1,1 5120*	61,00	0,9 5819*
x = 61grades,00 / Lx = 1,1 5120*				cos x / Séh Lx	D	séc x / Cosh Lx	cot x / Coséh Lx	D	tang x / Sih Lx	coséc x / Coth Lx	D	sin x / Tah Lx	D	Lx R = 1	x grades	x R = 1

$x = 39^{\text{grades}},00$ — $Lx = 0,6\ 5497*$

x R = 1	x grades	Lx R = 1	D	sin x / Tah Lx	D	coséc x / Coth Lx	tang x / Sih Lx	D	cot x / Coséh Lx	séc x / Cosh Lx	D	cos x / Séh Lx	D	Lx R = 1	grades	x R = 1
0,6 1261	39,00 gr	0,6 5497*	96	$\bar{1}$,7 5967	49	0,2 4033*	$\bar{1}$,8 4684*	72	0,1 5316	0,0 8717*	24	$\bar{1}$,9 1283	137	1,1 5120*	61,00	0,9 5819*
1340*	05	5593*	96	6016*	48	3984	4756	73	5244*	8741*	24	1259	136	4983	60,95	5740
1418	10	5689*	96	6064	48	3936*	4829*	72	5171	8765*	24	1235	137	4847*	90	5661
1497*	15	5785	96	6112	49	3888*	4901	73	5099*	8789*	24	1211	136	4710	85	5583*
1575	20	5881	96	6161*	48	3839	4974*	72	5026	8813*	24	1187	136	4574	80	5504
0,6 1654*	39,25	0,6 5977	97	$\bar{1}$,7 6209*	48	0,2 3791	$\bar{1}$,8 5046*	72	0,1 4954	0,0 8837	24	$\bar{1}$,9 1163*	135	1,1 4438	60,75	0,9 5426*
1732	30	6074*	96	6257*	48	3743	5118	72	4882*	8861	25	1139*	136	4303*	70	5347
1811*	35	6170	97	6305*	48	3695	5190	73	4810*	8886*	24	1114	135	4167	65	5269*
1889	40	6267*	96	6353*	48	3647	5263*	72	4737	8910*	24	1090	136	4032*	60	5190
1968*	45	6363*	96	6401*	47	3599	5335*	72	4665	8934	24	1066*	135	3896	55	5112*
0,6 2046	39,50	0,6 6459	97	$\bar{1}$,7 6448	48	0,2 3552*	$\bar{1}$,8 5407*	72	0,1 4593	0,0 8958	25	$\bar{1}$,9 1042*	135	1,1 3761	60,50	0,9 5033
2125*	55	6556	97	6496	48	3504*	5479	72	4521*	8983*	24	1017	135	3626	45	4955*
2204*	60	6653*	96	6544*	47	3456	5551	72	4449*	9007	25	0993*	134	3491	40	4876
2282	65	6749	97	6591	48	3409*	5623	72	4377*	9032*	24	0968	135	3357*	35	4798*
2361*	70	6846	96	6639*	47	3361	5695	72	4305*	9056	25	0944*	134	3222	30	4719
0,6 2439	39,75	0,6 6943*	97	$\bar{1}$,7 6686	47	0,2 3314*	$\bar{1}$,8 5767*	72	0,1 4233	0,0 9081*	24	$\bar{1}$,9 0919	135	1,1 3088*	60,25	0,9 4640
2518*	80	7040*	97	6733	48	3267*	5839*	72	4161	9105	25	0895*	134	2953	20	4562*
2596	85	7137*	96	6781*	47	3219	5911*	72	4089	9130	25	0870*	134	2819	15	4483
2675*	90	7233	97	6828*	47	3172	5983*	71	4017	9155*	24	0845	134	2685	10	4405*
2753	95	7330	98	6875*	47	3125	6054	72	3946*	9179	25	0821*	133	2551	05	4326
0,6 2832*	40,00	0,6 7428*	97	$\bar{1}$,7 6922*	47	0,2 3078	$\bar{1}$,8 6126	72	0,1 3874*	0,0 9204	25	$\bar{1}$,9 0796*	134	1,1 2418*	60,00	0,9 4248*
2910	05	7525*	97	6969*	47	3031	6198*	71	3802	9229	25	0771*	133	2284	59,95	4169
2989*	10	7622*	97	7016*	46	2984	6269	72	3731*	9254*	25	0746	133	2151*	90	4091*
3067	15	7719	97	7062	47	2938*	6341	72	3659*	9279*	25	0721	134	2018*	85	4012
3146	20	7816	98	7109	47	2891*	6413*	71	3587	9304*	25	0696	133	1884	80	3934*
0,6 3225*	40,25	0,6 7914*	97	$\bar{1}$,7 7156*	46	0,2 2844	$\bar{1}$,8 6484	72	0,1 3516*	0,0 9329*	25	$\bar{1}$,9 0671	132	1,1 1751	59,75	0,9 3855
3303	30	8011	97	7202	47	2798*	6556*	71	3444	9354*	25	0646	133	1619*	70	3777*
3382*	35	8108	98	7249*	46	2751	6627	72	3373*	9379*	25	0621	133	1486*	65	3698*
3460	40	8206*	98	7295*	46	2705	6699*	71	3301	9404*	25	0596	132	1353	60	3619
3539*	45	8304*	97	7341	46	2659*	6770	72	3230*	9429*	25	0571	132	1221*	55	3541*
0,6 3617	40,50	0,6 8401	98	$\bar{1}$,7 7387	47	0,2 2613*	$\bar{1}$,8 6842*	71	0,1 3158	0,0 9454	25	$\bar{1}$,9 0546*	132	1,1 1089*	59,50	0,9 3462
3696*	55	8499*	98	7434*	46	2566	6913*	71	3087	9479	26	0521*	132	0957*	45	3384*
3774	60	8597*	97	7480*	46	2520	6984	72	3016*	9505*	25	0495	132	0825*	40	3305
3853*	65	8694	98	7526*	46	2474	7056*	71	2944	9530*	25	0470	132	0693*	35	3227*
3931	70	8792	98	7572*	45	2428	7127*	71	2873	9555	26	0445*	132	0561	30	3148
0,6 4010*	40,75	0,6 8890	98	$\bar{1}$,7 7617	46	0,2 2383*	$\bar{1}$,8 7198	71	0,1 2802*	0,0 9581*	25	$\bar{1}$,9 0419	131	1,1 0429	59,25	0,9 3070*
4088	80	8988	98	7663	46	2337*	7269	71	2731*	9606	25	0394*	131	0298	20	2991
4167	85	9086	98	7709*	46	2291	7340	72	2660*	9631	26	0369*	131	0167*	15	2913*
4246*	90	9184	98	7755*	45	2245	7412*	71	2588	9657*	26	0343	131	0036*	10	2834
4324	95	9282	98	7800	46	2200*	7483*	71	2517	9683*	25	0317	131	1,0 9905*	05	2756*
0,6 4403*	41,00	0,6 9380	99	$\bar{1}$,7 7846*	45	0,2 2154	$\bar{1}$,8 7554*	71	0,1 2446	0,0 9708	26	$\bar{1}$,9 0292*	131	1,0 9774*	59,00	0,9 2677*
4481	05	9479*	98	7891*	45	2109	7625*	71	2375	9734*	25	0266	131	9643*	58,95	2598
4560*	10	9577*	98	7936	45	2064*	7696*	71	2304	9759	26	0241*	130	9412	90	2520*
4638	15	9675	99	7981	46	2019*	7767*	71	2233	9785	26	0215*	130	9382*	85	2441
4717*	20	9774*	98	8027*	45	1973	7838*	70	2162	9811*	26	0189	131	9252*	80	2363*
0,6 4795	41,25	0,6 9872	99	$\bar{1}$,7 8072*	45	0,2 1928	$\bar{1}$,8 7908	71	0,1 2092*	0,0 9837*	26	$\bar{1}$,9 0163	130	1,0 9121	58,75	0,9 2284
4874*	30	9971*	98	8117*	45	1883	7979	71	2021*	9863*	25	0137	130	8991	70	2206*
4952	35	0,7 0069	99	8162*	45	1838	8050	71	1950*	9888	26	0112*	129	8861	65	2127
5031*	40	0168*	99	8207*	44	1793	8121*	71	1879	9914	26	0086*	130	8732*	60	2049*
5110*	45	0267*	98	8251	45	1749*	8192*	70	1808	9940	26	0060*	130	8602*	55	1970
0,6 5188	41,50	0,7 0365	99	$\bar{1}$,7 8296	45	0,2 1704*	$\bar{1}$,8 8262	71	0,1 1738*	0,0 9966	26	$\bar{1}$,9 0034*	129	1,0 8472	58,50	0,9 1892*
5267*	55	0464	99	8341*	44	1659	8333	71	1667*	9992	26	0008*	129	8343*	45	1813
5345	60	0563	99	8385	45	1615*	8404*	71	1596	0,1 0018	27	$\bar{1}$,8 9982*	129	8214*	40	1735*
5424*	65	0662	99	8430*	44	1570	8475*	70	1525	0045*	26	9955	129	8085*	35	1656*
5502	70	0761	99	8474	45	1526*	8545	71	1455*	0071*	26	9929	129	7956*	30	1577
0,6 5581*	41,75	0,7 0860	99	$\bar{1}$,7 8519*	44	0,2 1481	$\bar{1}$,8 8616*	70	0,1 1384	0,1 0097	26	$\bar{1}$,8 9903*	129	1,0 7827*	58,25	0,9 1499*
5659	80	0959	100	8563	44	1437*	8686	71	1314*	0123*	27	9877	129	7698	20	1420
5738*	85	1059*	99	8607	44	1393*	8757*	70	1243	0150*	26	9850	128	7569	15	1342*
5816	90	1158*	99	8651	44	1349*	8827	71	1173*	0176*	26	9824	128	7441*	10	1263
5895*	95	1257	99	8695	44	1305*	8898*	70	1102	0202	27	9798*	129	7313*	05	1185*
0,6 5973	42,00	0,7 1356		$\bar{1}$,7 8739		0,2 1261*	$\bar{1}$,8 8968		0,1 1032*	0,1 0229*		$\bar{1}$,8 9771		1,0 7184	58,00 gr	0,9 1106
				cos x / Séh Lx	D	séc x / Cosh Lx	cot x / Coséh Lx	D	tang x / Sih Lx	coséc x / Coth Lx	D	sin x / Tah Lx	D	Lx R = 1	grades	x R = 1

$x = 58^{\text{grades}},00$ — $Lx = 1,0\ 7184$

x R = 1	x grades	Lx R = 1	D	sin x TahLx	D	coséc x CothLx	tang x SihLx	D	cot x CoséhLx	séc x CoshLx	D	cos x SéhLx	D	x = 42grades,00 Lx = 0,7 1356		
0,6 5973	gr 42,00	0,7 1356	100	$\bar{1}$,7 8739	44	0,2 1261*	$\bar{1}$,8 8968	71	0,1 1032*	0,1 0229*	26	$\bar{1}$,8 9771	128	1,0 7184	58,00	0,9 1106
6052*	05	1456*	99	8783	44	1217*	9039*	70	0961	0255	27	9745*	128	7056	57,95	1027*
6131*	10	1555	100	8827	44	1173*	9109	70	0891*	0282*	26	9718	127	6928	90	0949
6209	15	1655*	100	8871	44	1129*	9179	71	0821*	0308	27	9692*	128	6801*	85	0871*
6288*	20	1755*	99	8915*	43	1085	9250*	70	0750	0335*	27	9665	128	6673*	80	0792
0,6 6366	42,25	0,7 1854	100	$\bar{1}$,7 8958	44	0,2 1042*	$\bar{1}$,8 9320	70	0,1 0680*	0,1 0362*	26	$\bar{1}$,8 9638	127	1,0 6545	57,75	0,9 0713
6445*	30	1954*	100	9002	44	0998*	9390	71	0610*	0388	27	9612*	127	6418*	70	0635*
6523	35	2054*	100	9046*	43	0954	9461*	70	0539	0415	27	9585*	128	6291*	65	0556
6602*	40	2154*	99	9089*	43	0911	9531*	70	0469	0442*	27	9558	127	6163	60	0478*
6680	45	2253	100	9132	44	0868*	9601*	70	0399	6469*	27	9531	127	6036	55	0399
0,6 6759*	42,50	0,7 2353	100	$\bar{1}$,7 9176*	43	0,2 0824	$\bar{1}$,8 9671	70	0,1 0329*	0,1 0496*	26	$\bar{1}$,8 9504	126	1,0 5909	57,50	0,9 0321*
6837	55	2453	101	9219*	43	0781	9741	70	0259*	0522	27	9478*	127	5783*	45	0242
6916*	60	2554*	100	9262	43	0738*	9811	71	0189*	0549	27	9451*	127	5656*	40	0164*
6994	65	2654*	100	9305	43	0695*	9882*	70	0118	0576	27	9424*	126	5529	35	0085
7073	70	2754	100	9348	43	0652*	9952*	70	0048	0603	28	9397*	126	5403*	30	0007*
0,6 7152*	42,75	0,7 2854	101	$\bar{1}$,7 9391	43	0,2 0609*	$\bar{1}$,9 0022*	70	0,0 9978	0,1 0631*	27	$\bar{1}$,8 9369	126	1,0 5277*	57,25	0,8 9928
7230	80	2955*	100	9434	43	0566*	0092*	70	9908	0658*	27	9342	127	5151*	20	9850*
7309*	85	3055	101	9477	43	0523*	0162*	70	9838	0685*	27	9315	125	5024	15	9771
7387	90	3156*	100	9520*	42	0480	0232*	70	9768	0712	27	9288*	126	4899*	10	9692
7466*	95	3256	101	9562	43	0438*	0302*	69	9698	0739	28	9261*	126	4773*	05	9614*
0,6 7544	43,00	0,7 3357*	100	$\bar{1}$,7 9605*	42	0,2 0395	$\bar{1}$,9 0371	70	0,0 9629*	0,1 0767*	27	$\bar{1}$,8 9233	124	1,0 4647	57,00	0,8 9535
7623*	05	3457	101	9647	43	0353*	0441	70	9559*	0794*	27	9106	126	4522*	56,95	9457*
7701	10	3558	101	9690*	42	0310	0511	70	9489*	0821	28	9179*	125	4396	90	9378
7780*	15	3659*	101	9732	43	0268*	0581	70	9419*	0849*	27	9151	125	4271*	85	9300*
7858	20	3760*	101	9775*	42	0225	0651*	70	9349	0876	28	9124*	125	4146*	80	9221
0,6 7937*	43,25	0,7 3861*	101	$\bar{1}$,7 9817*	42	0,2 0183	$\bar{1}$,9 0721*	69	0,0 9279	0,1 0904*	27	$\bar{1}$,8 9096	125	1,0 4021*	56,75	0,8 9143*
8015	30	3962*	101	9859	42	0141*	0790	70	9210*	0931	28	9069*	125	3896*	70	9064
8094	35	4063*	101	9901	42	0099*	0860	70	9140*	0959*	28	9041	125	3771*	65	8986*
8173*	40	4164*	101	9943	42	0057*	0930*	70	9070	0987*	27	9013	125	3646	60	8907
8251	45	4265*	101	9985	42	0015*	1000*	69	9000	1014	28	8986*	124	3521	55	8829*
0,6 8330*	43,50	0,7 4366	102	$\bar{1}$,8 0027	42	0,1 9973*	$\bar{1}$,9 1069	70	0,0 8931*	0,1 1042	28	$\bar{1}$,8 8958*	124	1,0 3397	56,50	0,8 8750*
8408	55	4468*	101	0069	42	9931*	1139	70	8861	1070*	28	8930	125	3273*	45	8671
8487*	60	4569*	101	0111*	42	9889	1209*	69	8791	1098*	28	8902	124	3148	40	8593*
8565	65	4670	102	0153*	41	9847	1278	70	8722*	1126*	27	8874	124	3024	35	8514
8644*	70	4772*	101	0194	42	9806*	1348*	69	8652	1153	28	8847*	123	2900	30	8436*
0,6 8722	43,75	0,7 4873	102	$\bar{1}$,8 0236*	41	0,1 9764	$\bar{1}$,9 1417	70	0,0 8583*	0,1 1181	28	$\bar{1}$,8 8819*	124	1,0 2777*	56,25	0,8 8357
8801*	80	4975	102	0277	42	9723*	1487*	69	8513	1209	29	8791*	124	2653*	20	8279*
8879	85	5077*	102	0319*	41	9681	1556	70	8444*	1238*	28	8762	123	2529	15	8200
8958*	90	5179*	101	0360	42	9640*	1626*	69	8374	1266*	28	8734	124	2406*	10	8122*
9036	95	5280	102	0402*	41	9598	1695	70	8305*	1294*	28	8706	123	2282	05	8043
0,6 9115	44,00	0,7 5382	102	$\bar{1}$,8 0443*	41	0,1 9557	$\bar{1}$,9 1765*	69	0,0 8235	0,1 1322*	28	$\bar{1}$,8 8678	123	1,0 2159*	56,00	0,8 7965*
9194*	05	5484	102	0484	41	9516*	1834	70	8166*	1350	29	8650*	123	2036*	55,95	7886
9272	10	5586	102	0525	41	9475*	1904*	69	8096	1379*	28	8621	123	1913*	90	7808*
9351*	15	5688	103	0566	41	9434*	1973	69	8027*	1407*	28	8593	123	1790*	85	7729*
9429	20	5791*	102	0607	41	9393*	2042	70	7958*	1435	29	8565*	123	1667	80	7650
0,6 9508*	44,25	0,7 5893*	102	$\bar{1}$,8 0648	41	0,1 9352*	$\bar{1}$,9 2112*	69	0,0 7888	0,1 1464*	28	$\bar{1}$,8 8536	122	1,0 1544	55,75	0,8 7572*
9586	30	5995	102	0689	41	9311*	2181	69	7819*	1492	29	8508*	123	1422*	70	7493
9665*	35	6097	103	0730*	41	9270	2250	70	7750*	1521*	28	8479	122	1299	65	7415*
9743	40	6200*	102	0771*	40	9229	2320*	69	7680	1549	29	8451*	122	1177*	60	7336
9822*	45	6302	103	0811	41	9189*	2389	69	7611*	1578*	28	8422	122	1055*	55	7258*
0,6 9900	44,50	0,7 6405*	103	$\bar{1}$,8 0852*	40	0,1 9148	$\bar{1}$,9 2458	70	0,0 7542*	0,1 1606	29	$\bar{1}$,8 8394*	122	1,0 0933*	55,50	0,8 7179
9979*	55	6508*	102	0892	41	9108*	2528*	69	7472	1635	29	8365*	122	0811*	45	7101*
0,7 0058*	60	6610	103	0933*	40	9067	2597*	69	7403	1664*	29	8336	122	0689*	40	7022
0136	65	6713	103	0973	41	9027*	2666*	69	7334	1693*	28	8307	122	0567*	35	6944*
0215*	70	6816*	103	1014*	40	8986	2735	69	7265*	1721	29	8279*	121	0445	30	6865
0,7 0293	44,75	0,7 6919*	103	$\bar{1}$,8 1054*	40	0,1 8946	$\bar{1}$,9 2804	69	0,0 7196*	0,1 1750	29	$\bar{1}$,8 8250*	122	1,0 0324*	55,25	0,8 6786
0372*	80	7022*	103	1094	40	8906*	2873	70	7127*	1779	29	8221*	121	0202	20	6708*
0450	85	7125*	103	1134	40	8866*	2943*	69	7057	1808	29	8192*	121	0081*	15	6629
0529*	90	7228*	103	1174	40	8826*	3012*	69	6988	1837	29	8163*	121	0,9 9960*	10	6551*
0607	95	7331	103	1214	40	8786*	3081*	69	6919	1866	29	8134*	121	9839*	05	6472
0,7 0686*	45,00	0,7 7434		$\bar{1}$,8 1254		0,1 8746*	$\bar{1}$,9 3150*		0,0 6850	0,1 1895		$\bar{1}$,8 8105*		0,9 9718*	55,00 gr	0,8 6394*
x = 55grades,00 Lx = 0,9 9718*				cos x SéhLx	D	séc x CoshLx	cot x CoséhLx	D	tang x SihLx	coséc x CothLx	D	sin x TahLx	D	Lx R = 1	grades	x R = 1

x R = 1	x grades	Lx R = 1	D	sin x TabL x	D	coséc x CothL x	tang x SihL x	D	cot x CoséhL x	séc x CoshL x	D	cos x SéhL x	$x = 45^{grades},00$ D	$Lx = 0,7\ 7434$		
0,7 0686*	45,00 gr	0,7 7434	104	$\bar{1}$,8 1254	40	0,1 8746*	$\bar{1}$,9 3150*	69	0,0 6850	0,1 1895	30	$\bar{1}$,8 8105*	121	0,9 9718*	55,00	0,8 6394*
0764	05	7538*	103	1294	40	8706*	3219*	69	6781	1925*	29	8075	121	9597*	54,95	6315
0843*	10	7641	104	1334	40	8666*	3288*	69	6712	1954*	29	8046	121	9476	90	6237*
0921	15	7745*	103	1374*	40	8626	3357	69	6643*	1983	29	8017*	120	9355	85	6158
1000*	20	7848	104	1414*	39	8586	3426	69	6574*	2012	30	7988*	121	9235*	80	6080*
0,7 1079*	45,25	0,7 7952*	103	$\bar{1}$,8 1453	40	0,1 8547*	$\bar{1}$,9 3495	69	0,0 6505*	0,1 2042*	29	$\bar{1}$,8 7958	120	0,9 9114	54,75	0,8 6001
1157	30	8055	104	1493*	39	8507	3564	69	6436*	2071	30	7929*	120	8994	70	5923*
1236*	35	8159	104	1532	40	8468*	3633*	69	6367	2101*	29	7899	120	8874*	65	5844
1314	40	8263*	104	1572*	39	8428	3702*	69	6298	2130*	30	7870	120	8754*	60	5765
1393*	45	8367*	104	1611	40	8389*	3771*	69	6229	2160*	29	7840	120	8634*	55	5687*
0,7 1471	45,50	0,7 8471*	104	$\bar{1}$,8 1651*	39	0,1 8349	$\bar{1}$,9 3840*	69	0,0 6160	0,1 2189	30	$\bar{1}$,8 7811*	120	0,9 8514*	54,50	0,8 5608
1550*	55	8575*	103	1690*	39	8310	3909*	69	6091	2219*	29	7781	120	8394	45	5530*
1628	60	8678	105	1729	39	8271*	3978*	68	6022	2248	30	7752*	119	8274	40	5451
1707*	65	8783*	104	1768	39	8232*	4046	69	5954*	2278	30	7722*	120	8155*	35	5373*
1785	70	8887	105	1807	39	8193*	4115	69	5885*	2308*	30	7692	119	8035	30	5294
0,7 1864*	45,75	0,7 8992*	104	$\bar{1}$,8 1846	39	0,1 8154*	$\bar{1}$,9 4184	69	0,0 5816*	0,1 2338*	30	$\bar{1}$,8 7662	118	0,9 7916	54,25	0,8 5216*
1942	80	9096*	104	1885	39	8115*	4253*	69	5747	2368*	29	7632	119	7797*	20	5137
2021	85	9200	105	1924	39	8076*	4322*	69	5678	2397	30	7603*	120	7678*	15	5059*
2100*	90	9305*	104	1963	39	8037*	4391*	68	5609	2427	30	7573*	118	7558	10	4980
2178	95	9409	105	2002*	39	7998	4459	69	5541*	2457	30	7543*	119	7440*	05	4902*
0,7 2257*	46,00	0,7 9514	105	$\bar{1}$,8 2041*	38	0,1 7959	$\bar{1}$,9 4528	69	0,0 5472*	0,1 2487	31	$\bar{1}$,8 7513*	119	0,9 7321*	54,00	0,8 4823
2335	05	9619*	105	2079	39	7021*	4597*	69	5403	2518*	30	7482	118	7202	53,95	4744
2414*	10	9724*	105	2118*	38	7882	4666*	68	5334	2548*	30	7452	119	7084*	90	4666*
2492	15	9829*	105	2156	39	7844*	4734	69	5266*	2578*	30	7422	118	6965	85	4587
2571*	20	9934*	105	2195*	38	7805	4803	69	5197*	2608	30	7392*	119	6847*	80	4509*
0,7 2649	46,25	0,8 0039*	105	$\bar{1}$,8 2233	39	0,1 7767*	$\bar{1}$,9 4872*	68	0,0 5128	0,1 2638	31	$\bar{1}$,8 7362*	118	0,9 6728	53,75	0,8 4430
2728*	30	0144*	105	2272*	38	7728	4940	69	5060*	2669*	30	7331	118	6610	70	4352*
2806	35	0249*	105	2310*	38	7690	5009	69	4991*	2699	31	7301*	118	6492	65	4273
2885*	40	0354	105	2348	38	7652*	5078*	68	4922	2730*	30	7270	118	6374	60	4195*
2963	45	0459	106	2386	38	7614*	5146	69	4854*	2760	31	7240*	117	6256	55	4116
0,7 3042	46,50	0,8 0565*	105	$\bar{1}$,8 2424	39	0,1 7576*	$\bar{1}$,9 5215	69	0,0 4785*	0,1 2791*	30	$\bar{1}$,8 7209	118	0,9 6139*	53,50	0,8 4038*
3121*	55	0670	106	2463*	38	7537	5284*	68	4716	2821	31	7179*	118	6021	45	3959
3199	60	0776*	105	2501*	37	7499	5352	69	4648*	2852*	30	7148	117	5903	40	3881*
3278*	65	0881	106	2538	38	7462*	5421*	68	4579	2882	31	7118*	118	5786*	35	3802*
3356	70	0987	106	2576	38	7424*	5489	69	4511*	2913	31	7087*	117	5668	30	3723
0,7 3435*	46,75	0,8 1093*	106	$\bar{1}$,8 2614	38	0,1 7386*	$\bar{1}$,9 5558	69	0,0 4442*	0,1 2944*	31	$\bar{1}$,8 7056	117	0,9 5551	53,25	0,8 3645*
3513	80	1199*	106	2652*	38	7348	5627*	68	4373	2975*	31	7025	117	5434	20	3566
3592*	85	1305*	106	2690*	37	7310	5695	69	4305*	3006*	31	6994	117	5317*	15	3488*
3670	90	1411*	106	2727	38	7273*	5764*	68	4236	3037*	30	6963	117	5200	10	3409
3749*	95	1517*	106	2765*	37	7235	5832	69	4168*	3067	31	6933*	117	5083	05	3331*
0,7 3827	47,00	0,8 1623*	106	$\bar{1}$,8 2802	38	0,1 7198*	$\bar{1}$,9 5901*	68	0,0 4099	0,1 3098	32	$\bar{1}$,8 6902*	116	0,9 4966	53,00	0,8 3252*
3906*	05	1729	106	2840*	37	7160	5969	69	4031*	3130*	31	6870	117	4850*	52,95	3174*
3985*	10	1835	107	2877	38	7123*	6038*	68	3962	3161*	31	6839	116	4733	90	3095
4063	15	1942*	106	2915*	37	7085	6106	69	3894*	3192*	31	6808	117	4617*	85	3017*
4142*	20	2048	107	2952*	37	7048	6175*	68	3825	3223	31	6777*	116	4500	80	2938
0,7 4220	47,25	0,8 2155*	106	$\bar{1}$,8 2989	37	0,1 7011*	$\bar{1}$,9 6243	69	0,0 3757*	0,1 3254	32	$\bar{1}$,8 6746*	116	0,9 4384	52,75	0,8 2860*
4299*	30	2261	107	3026	37	6974*	6312*	68	3688	3286*	31	6714	116	4268	70	2781*
4377	35	2368	107	3063	37	6937*	6380	69	3620*	3317*	31	6683	116	4152*	65	2702
4456*	40	2475*	107	3100	37	6900*	6449*	68	3551	3348	32	6652*	116	4036	60	2624*
4534	45	2582*	107	3137	37	6863*	6517	69	3483*	3380*	31	6620	116	3920	55	2545
0,7 4613*	47,50	0,8 2689*	107	$\bar{1}$,8 3174	37	0,1 6826*	$\bar{1}$,9 6586*	68	0,0 3414	0,1 3411	32	$\bar{1}$,8 6589*	115	0,9 3804	52,50	0,8 2467*
4691	55	2796*	107	3211	37	6789*	6654*	68	3346	3443*	31	6557	116	3689*	45	2388
4770*	60	2903*	107	3248*	37	6752	6722	69	3278*	3474	32	6526*	115	3573	40	2310*
4848	65	3010*	107	3285*	36	6715	6791*	68	3209	3506	32	6494*	116	3458*	35	2231
4927*	70	3117	107	3321	37	6679*	6859	69	3141*	3538*	32	6462	115	3342	30	2153*
0,7 5006*	47,75	0,8 3224	108	$\bar{1}$,8 3358	37	0,1 6642*	$\bar{1}$,9 6928*	68	0,0 3072	0,1 3570*	31	$\bar{1}$,8 6430	115	0,9 3227	52,25	0,8 2074
5084	80	3332*	107	3395*	36	6605	6996*	68	3004	3601	32	6399*	115	3112*	20	1996*
5163*	85	3439	108	3431	37	6569*	7064	69	2936*	3633	32	6367*	115	2997*	15	1917
5241	90	3547*	107	3468*	36	6532	7133*	68	2867	3665	32	6335*	115	2882*	10	1838
5320*	95	3654	108	3504*	36	6496	7201	68	2799*	3697	32	6303*	115	2767	05	1760*
0,7 5398	48,00	0,8 3762		$\bar{1}$,8 3540		0,1 6460*	$\bar{1}$,9 7269		0,0 2731*	0,1 3729		$\bar{1}$,8 6271*		0,9 2652	52,00 gr	0,8 1681
$x = 52^{grades},00$	$Lx = 0,9\ 2652$			cos x SéhL x	D	séc x CoshL x	cot x CoséhL x	D	tang x SihL x	coséc x CothL x	D	sin x TabL x	D	R = 1 (Lx)	grades (x)	R = 1 (x)

x R = 1	x grades	L.x R = 1	D	sin x / Tah L.x	D	coséc x / Coth L.x	tang x / Sih L.x	D	cot x / Coséh L.x	séc x / Cosh L.x	D	cos x / Séh L.x	D	x = 48grades,00 L.x = 0,8 3762		
0,7 5398	48,00 gr	0,8 3762	108	$\bar{1}$,8 3540	37	0,1 6460*	$\bar{1}$,9 7269	69	0,0 2731*	0,1 3729	32	$\bar{1}$,8 6271*	114	0,9 2652	52,00	0,8 1681
5477*	05	3870*	108	3577*	36	6423	7338*	68	2662	3761	32	6239*	115	2538*	51,95	1603*
5555	10	3978*	108	3613*	36	6387	7406	68	2594*	3793	32	6207*	114	2423	90	1524
5634*	15	4086*	108	3649	36	6351*	7474	69	2526*	3825	33	6175*	115	2309*	85	1446*
5712	20	4194*	108	3685	36	6315*	7543*	68	2457	3858*	32	6142	114	2194	80	1367
0,7 5791*	48,25	0,8 4302*	108	$\bar{1}$,8 3721	36	0,1 6279*	$\bar{1}$,9 7611	68	0,0 2389*	0,1 3890*	32	$\bar{1}$,8 6110	114	0,9 2080*	51,75	0,8 1289*
5869	30	4410	108	3757	36	6243*	7679	69	2321*	3922	33	6078*	115	1966*	70	1210
5948	35	4518	109	3793	36	6207*	7748*	68	2252	3955*	32	6045	114	1851	65	1132*
6027*	40	4627*	108	3829	36	6171*	7816	68	2184*	3987*	32	6013	113	1737	60	1053
6105	45	4735	109	3865*	36	6135	7884	69	2116*	4019	33	5981*	114	1624*	55	0975*
0,7 6184*	48,50	0,8 4844*	108	$\bar{1}$,8 3901*	35	0,1 6099	$\bar{1}$,9 7953*	68	0,0 2047	0,1 4052*	33	$\bar{1}$,8 5948	114	0,9 1510*	51,50	0,8 0896
6262	55	4952	109	3936	36	6064*	8021*	68	1979	4085*	32	5915	114	1396*	45	0817
6341*	60	5061*	109	3972	36	6028*	8089	69	1911*	4117	33	5883*	113	1282	40	0739*
6419	65	5170*	108	4008*	35	5992	8158*	68	1842	4150*	33	5850	114	1169*	35	0660
6498*	70	5278	109	4043	36	5957*	8226*	68	1774	4183*	32	5817	113	1055	30	0582*
0,7 6576	48,75	0,8 5387	109	$\bar{1}$,8 4079*	35	0,1 5921	$\bar{1}$,9 8294	68	0,0 1706*	0,1 4215	33	$\bar{1}$,8 5785*	113	0,9 0942*	51,25	0,8 0503
6655*	80	5496	109	4114	36	5886*	8362	69	1638*	4248	33	5752*	113	0829*	20	0425*
6733	85	5605	110	4150*	35	5850	8431*	68	1569	4281*	33	5719	113	0716*	15	0346
6812*	90	5715*	109	4185*	35	5815	8499*	68	1501	4314*	33	5686	113	0602	10	0268*
6890	95	5824*	109	4220	35	5780*	8567	68	1433*	4347*	33	5653	112	0489	05	0189
0,7 6969	49,00	0,8 5933	109	$\bar{1}$,8 4255	36	0,1 5745*	$\bar{1}$,9 8635	69	0,0 1365*	0,1 4380*	33	$\bar{1}$,8 5620	113	0,9 0377*	51,00	0,8 0111*
7048*	05	6042	110	4291*	35	5709	8704*	68	1296	4413*	33	5587	113	0264*	50,95	0032
7126	10	6152*	110	4326*	35	5674	8772*	68	1228	4446	33	5554*	113	0151*	90	0,7 9954*
7205*	15	6262*	109	4361*	35	5639	8840	68	1160*	4479	34	5521*	112	0038	85	9875*
7283	20	6371	110	4396*	35	5604	8908	69	1092*	4513*	33	5487	113	0,8 9926*	80	9796
0,7 7362*	49,25	0,8 6481*	110	$\bar{1}$,8 4431*	35	0,1 5569	$\bar{1}$,9 8977*	68	0,0 1023	0,1 4546*	33	$\bar{1}$,8 5454	112	0,8 9813	50,75	0,7 9718*
7440	30	6591*	110	4466*	35	5534	9045*	68	0955	4579	34	5421*	112	9701	70	9639
7519*	35	6701*	110	4501*	34	5499	9113	68	0887*	4613*	33	5387	112	9589*	65	9561*
7597	40	6811*	110	4535	35	5465*	9181	69	0819*	4646	34	5354*	113	9477*	60	9482
7676*	45	6921*	110	4570	35	5430*	9250*	68	0750	4680*	33	5320	112	9364	55	9404*
0,7 7754	49,50	0,8 7031*	110	$\bar{1}$,8 4605*	34	0,1 5395	$\bar{1}$,9 9318*	68	0,0 0682	0,1 4713	34	$\bar{1}$,8 5287*	111	0,8 9252	50,50	0,7 9325
7833*	55	7141	111	4639	35	5361*	9386	68	0614*	4747*	33	5253	112	9141*	45	9247*
7911	60	7252*	110	4674*	34	5326	9454	68	0546*	4780	34	5220*	112	9029*	40	9168
7990	65	7362*	110	4708	35	5292*	9522	69	0478*	4814	34	5186*	112	8917	35	9090*
8069*	70	7472	111	4743*	34	5257	9591*	68	0409	4848*	34	5152	111	8805	30	9011
0,7 8147	49,75	0,8 7583	111	$\bar{1}$,8 4777	35	0,1 5223*	$\bar{1}$,9 9659*	68	0,0 0341	0,1 4882*	33	$\bar{1}$,8 5118	112	0,8 8694*	50,25	0,7 8933*
8226*	80	7694*	111	4812*	34	5188	9727	68	0273*	4915	34	5085*	111	8582	20	8854*
8304	85	7805*	110	4846*	34	5154	9795	69	0205*	4949	34	5051*	111	8471*	15	8775
8383*	90	7915	111	4880	34	5120*	9864*	68	0136	4983	34	5017*	112	8360*	10	8697*
8461	95	8026	111	4914	35	5086*	9932*	68	0068	5017*	34	4983	111	8248	05	8618
0,7 8540*	50,00	0,8 8137		$\bar{1}$,8 4949*		0,1 5051	0,0 0000		0,0 0000	0,1 5051		$\bar{1}$,8 4949*		0,8 8137	50,00 gr	0,7 8540*
x = 50grades,00 L.x = 0,8 8137				cos x / Séh L.x	D	séc x / Cosh L.x	cot x / Coséh L.x	D	tang x / Sih L.x	coséc x / Coth L.x	D	sin x / Tah L.x	D	L.x R = 1	x grades	x R = 1

TABLE DES MATIÈRES.

PRÉFACE III

INTRODUCTION :

CHAPITRE I. — Notations et définitions V
CHAPITRE II. — Description des Tables VII
CHAPITRE III. — Remarques générales VIII
CHAPITRE IV. — Interpolation X
CHAPITRE V. — Usage de la Table I XV
CHAPITRE VI. — Usage de la Table II XVI
CHAPITRE VII. — Remarques au sujet des Tables III et IV et de quelques Tables supplémentaires XXI

FORMULES *relatives aux logarithmes et fonctions hyperboliques et circulaires, ainsi qu'à la résolution des triangles rectilignes et sphériques :*

SECTION I. — Notation et formules d'interpolation XXIII
SECTION II. — Formules relatives aux logarithmes naturels et aux fonctions exponentielles, circulaires et hyperboliques XXVI
SECTION III. — Résolution des triangles rectilignes XLI
SECTION IV. — Résolution des triangles sphériques XLVI
SECTION V. Formules diverses LII

TABLE I, *donnant avec cinq décimales les logarithmes vulgaires et naturels des nombres de 1 à 10800* 1

TABLE II, *donnant avec cinq décimales la vraie longueur des fonctions circulaires et hyperboliques de minute en minute de 0 à 90 degrés* 65

TABLE III, *donnant avec cinq décimales les logarithmes vulgaires des fonctions circulaires et hyperboliques de minute en minute de 0 à 90 degrés* 113

TABLE IV, *donnant avec cinq décimales les logarithmes vulgaires des fonctions circulaires et hyperboliques de 0 à 100 grades* 161

PARIS. — IMPRIMERIE DE GAUTHIER-VILLARS, QUAI DES AUGUSTINS, 55.

DENFER, chef des travaux graphiques de l'École Centrale des Arts et Manufactures. — **Album de serrurerie**, conforme au cours de Constructions civiles professé à l'École Centrale par E. MULLER, et contenant *l'emploi du fer dans la maçonnerie et dans la charpente en bois, la charpente en fer, les ferrements des menuiseries en bois, la menuiserie en fer, les grosses fontes et articles divers de quincaillerie.* Grand in-4, contenant 100 belles planches lithographiées; 1872 .... 13 fr.

DIEN. — **Atlas céleste**, contenant plus de 100 000 Étoiles et Nébuleuses. In-folio de 26 planches gravées sur cuivre, dont trois doubles, avec une *Introduction* par M. *Babinet*, Membre de l'Institut; 2e tirage, 1869.
Prix : Cartonné, toile pleine .... 35 fr.
Relié avec luxe, demi-chagrin rouge .... 40 fr.

DUHAMEL, Membre de l'Institut. — **Des Méthodes dans les sciences de raisonnement.** 4 vol. in-8; 1865-1866-1868-1870 .... 25 fr.

On vend séparément :

PREMIÈRE PARTIE : *Des Méthodes communes à toutes les sciences de raisonnement.* In-8; 1865 .... 2 fr. 50 c.
DEUXIÈME PARTIE : *Application des Méthodes à la science des nombres et à la science de l'étendue.* In-8, avec figures dans le texte; 1866 .... 7 fr. 50 c.
TROISIÈME PARTIE : *Application de la science des nombres à la science de l'étendue.* In-8, avec figures dans le texte; 1868 .. 7 fr. 50 c.
QUATRIÈME PARTIE : *Application des Méthodes générales à la science des forces.* In-8, avec figures dans le texte; 1870 .... 7 fr. 50 c.

ERMEL, Professeur à l'École centrale des Arts et Manufactures. — **Album des éléments et organes de machines**, traités dans le Cours de Construction des machines à l'École centrale des Arts et Manufactures; composé et dessiné sous la direction de M. ERMEL, Professeur du Cours, par M. FERNIQUE, Chef des Travaux graphiques et Répétiteur du même Cours; suivi de quelques planches relatives aux *Machines soufflantes*, d'après des documents fournis par M. JORDAN, Professeur du Cours de Métallurgie. Portefeuille oblong, cartonné, contenant 19 planches de texte explicatif ou tableaux, et 102 planches de dessins cotés .... 13 fr.

Détail des planches : Classification et propriétés des bois (Pl. 1 à 4). — Dimensions des bois du commerce. Poids d'un mètre cube des principales essences (Pl. 5). — Assemblages des bois (Pl. 6 à 10). — Ferrures (Pl. 11). — Tableaux des propriétés des métaux usuels (Pl. 12 et 13). — Outils de forge. Soudures. Rivures des tôles (Pl. 14 à 17). — Boulons. Écrous. Freins (Pl. 18 à 21). — Clefs (Pl. 22 et 23). — Clavettes d'arrêt (Pl. 24). — Joints d'assemblage. Joints de tuyaux (Pl. 25 à 28). — Garniture de tiges et de pistons (Pl. 29 et 30). — Robinets (Pl. 31 à 36). — Soupapes. Clapets. Pistons de pompe à eau (Pl. 37 à 46). — Pistons à vapeur. Joints de cylindre à vapeur (Pl. 47 à 50). — Bielles (Pl. 51 à 56). — Balanciers (Pl. 57 à 59). — Parallélogramme de Watt (Pl. 60 à 61). — Manivelles. Plateaux-manivelles. Excentriques (Pl. 62 à 64). — Arbres droits et coudés (Pl. 65 à 67). — Tourillons et pivots (Pl. 68). — Accouplement d'arbres (Pl. 69 à 70). — Guides de tiges de pistons (Pl. 71 à 72). — Paliers et supports (Pl. 73 à 79). — Paliers-graisseurs (Pl. 80 et 81). — Chaises. Consoles. Transmissions (Pl. 82 à 90). — Crapaudines. Colliers-graisseurs (Pl. 91 à 93). — Poulies (Pl. 94). — Engrenages (Pl. 95 et 96). — Volants (Pl. 97 à 99). — Modificateurs du mouvement (Pl. 100 à 104). — Pistons de machines soufflantes (Pl. 105 à 109). — *Résumé du Cours de Construction de machines* professé en 1re année à l'École centrale des Arts et Manufactures.

FLYE SAINTE-MARIE, Capitaine d'Artillerie, ancien élève de l'École Polytechnique. — **Études analytiques sur la théorie des parallèles.** In-8, avec 8 planches; 1871 .... 5 fr.

Ce travail se distingue particulièrement des *Études géométriques* de Lobatschewsky sur la même matière, par l'emploi des méthodes analytiques et par des développements qui établissent avec rigueur l'indépendance existant entre le *postulatum* d'Euclide et les autres axiomes de la Géométrie. Un chapitre spécial est consacré à diverses applications de l'Analyse à la Géométrie *non euclidienne* ou *imaginaire*, et contient en outre l'aperçu des services que la Géométrie imaginaire peut être appelée à son tour à rendre à l'Algèbre et à l'Analyse.

HOÜEL (J.), Professeur de Mathématiques à la Faculté des Sciences de Bordeaux. — **Tables de Logarithmes à CINQ DÉCIMALES pour les Nombres et les Lignes trigonométriques**, suivies des Logarithmes d'addition et de soustraction ou Logarithmes de Gauss et de diverses Tables usuelles. Nouvelle édition, revue et augmentée. In-8; 1871. (*L'introduction de cet Ouvrage dans les Écoles publiques est autorisée par décision du Ministre de l'Instruction publique et des Cultes en date du 22 août 1859.*). 2 fr.

HOÜEL (J.), Professeur de Mathématiques pures à la Faculté des Sciences de Bordeaux. — **Recueil de Formules et de Tables numériques**, formant le complément des *Tables de logarithmes à cinq décimales* du même Auteur; 2e édition, revue et corrigée. Grand in-8; 1868... 4 fr. 50 c.

HOÜEL (J.), Professeur de Mathématiques pures à la Faculté des Scienc de Bordeaux. — **Théorie élémentaire des quantités complexes.** Gra in-8, avec figures dans le texte.

Première Partie : **Algèbre des quantités complexes**; 1867. 2 fr. 50
Deuxième Partie : **Théorie des fonctions uniformes**; 1868. 4 fr. »
Troisième Partie : **Théorie des fonctions multiformes**... 3 fr. »

JAMIN (J.), Membre de l'Institut, Professeur de Physique à l'École Pol technique. — **Cours de Physique de l'École Polytechnique.** 2e éditio 3 vol. in-8, avec 943 figures dans le texte et 8 planches gravées sur acie 1869-1871. (Ouvrage complet.) .... 32 f

On vend séparément :

Le tome Ier .... 12 f
Les tomes II et III .... 20 f

JAMIN (J.), Membre de l'Institut, Professeur à l'École Polytechnique et la Faculté des Sciences de Paris. — **Petit Traité de Physique**, à l'usa des Établissements d'instruction, des aspirants aux Baccalauréats et d Candidats aux Écoles du Gouvernement. In-8, avec 686 figures dans texte et un spectre en couleur; 1870. (Ouvrage complet.) .... 8 f

MOUTIER (J.), Professeur au Collège Stanislas. — **Éléments de Therm dynamique.** In-18 jésus; 1872 .... 2 fr. 50

PONCELET, Membre de l'Institut. — **Introduction à la Mécanique indu trielle, physique ou expérimentale.** 3e édition, publiée par M. KRET Ingénieur en chef des manufactures de l'État. Un beau volume in-8 757 pages, avec 3 planches; 1870 .... 12 f

PONCELET, Membre de l'Institut. — **Applications d'Analyse et de Gé métrie** qui ont servi de principal fondement au **Traité des Propriét projectives des figures**, avec additions par MM. *Mannheim* et *Moutar* anciens Élèves de l'École Polytechnique. 2 volumes in-8 avec figur dans le texte, imprimés sur carré fin satiné; 1864 .... 20 f
Chaque volume se vend séparément .... 10 f

PONCELET, Membre de l'Institut. — **Traité des Propriétés projective des figures.** Ouvrage utile à ceux qui s'occupent des applications de Géométrie descriptive et d'opérations géométriques sur le terrain. 2e éd tion, 1865-1866; 2 beaux volumes in-4 d'environ 450 pages chacun, im primés sur carré fin satiné, avec de nombreuses planches gravées su cuivre .... 40 fr
Le Tome II se vend séparément .... 20 fr

Le Ier volume contient non-seulement toute la matière du volume unique d la 1re édition, mais encore des Annotations nouvelles dont l'étendue et le nombr sont justifiés par leur importance au point de vue historique et à celui des doc trines.

Le IIe volume contient : Théorie générale des centres de moyennes harmo niques. — Théorie générale des polaires réciproques. Principe de réciprocit polaire et Applications diverses des relations métriques ou descriptives. — Ana lyse des transversales et Applications.

RESAL (H.), Ingénieur des Mines, Docteur ès Sciences. — **Traité élémen taire de Mécanique céleste.** In-8, avec planche; 1865 .... 8 fr

L'Auteur s'est proposé pour but dans cet Ouvrage d'exposer les principes fon damentaux de la *Mécanique céleste* à l'aide de démonstrations assez simple pour être introduites dans l'enseignement.

SELLE (de), Professeur à l'École centrale des Arts et Manufactures. — **Cours de Minéralogie et de Géologie**, professé à l'École centrale (d'aprè les Notes prises par les élèves). In-4, lithographié; 1871 .... 15 fr

TARNIER, Inspecteur de l'Instruction primaire à Paris. — **Éléments de Géométrie pratique**, conformes au programme de l'enseignement secon daire spécial (année préparatoire, Sciences), à l'usage des Écoles primaire et des divers établissements scolaires. In-8, avec figures dans le texte accompagné d'un Atlas in-folio contenant 1 planche typographique e 7 belles planches coloriées gravées sur acier; 1872. Prix du texte broché avec l'Atlas en feuilles dans une couverture imprimée .... 10 fr.
Prix du texte cartonné et de l'Atlas cartonné sur onglets.. 12 fr. 75 c

On vend séparément :

Le texte, broché...	4 fr. 50 c.	Le texte, cartonné.....	5 fr. 25 c
L'Atlas, en feuilles.	6 fr. 50 c.	L'Atlas, cart. sur onglets	8 fr. 50 c

Les 8 planches collées sur toile, et formant une *grande carte murale*, vernie, avec gorge et rouleau .... 15 fr.

Les 8 planches collées séparément sur carton, avec anneau de suspension .... 12 fr. 50 c.

PARIS. — IMPRIMERIE DE GAUTHIER-VILLARS, QUAI DES AUGUSTINS, 55.

www.ingramcontent.com/pod-product-compliance
Lightning Source LLC
Chambersburg PA
CBHW070636170426
43200CB00010B/2041
* 9 7 8 2 0 1 4 4 8 3 7 4 1 *